Karl Heinz Borgwardt

Optimierung Operations Research Spieltheorie

Mathematische Grundlagen

Springer Basel AG

Autor:
Karl Heinz Borgwardt
Institut für Mathematik
Universität Augsburg
Universitätsstrasse 14
D-86135 Augsburg
e-mail: borgwardt@math.uni-augsburg.de

2000 Mathematical Subject Classification 90C05, 90C10, 90C20, 90C30, 90C35, 90C27, 90C25, 90D05, 90D06, 90D10, 90D12

Die Deutsche Bibliothek – CIP-Einheitsaufnahme
Borgwardt, Karl Heinz:
Optimierung, Operations Research, Spieltheorie : mathematische Grundlagen / Karl Heinz Borgwardt. - Basel ; Boston ; Berlin : Birkhäuser, 2001
  ISBN 978-3-7643-6519-6   ISBN 978-3-0348-8252-1 (eBook)
  DOI 10.1007/978-3-0348-8252-1

Das Werk ist urheberrechtlich geschützt. Die dadurch begründeten Rechte, insbesondere die der Übersetzung, des Nachdrucks, des Vortrags, der Entnahme von Abbildungen und Tabellen, der Funksendung, der Mikroverfilmung oder der Vervielfältigung auf anderen Wegen und der Speicherung in Datenverarbeitungsanlagen, bleiben, auch bei nur auszugsweiser Verwertung, vorbehalten. Eine Vervielfältigung dieses Werkes oder von Teilen dieses Werkes ist auch im Einzelfall nur in den Grenzen der gesetzlichen Bestimmungen des Urheberrechtsgesetzes in der jeweils geltenden Fassung zulässig. Sie ist grundsätzlich vergütungspflichtig. Zuwiderhandlungen unterliegen den Strafbestimmungen des Urheberrechts.

© 2001 Springer Basel AG
Ursprünglich erschienen bei Birkhäuser Verlag, Basel 2001
Ein Unternehmen der Fachverlagsgruppe BertelsmannSpringer
Umschlaggestaltung: Micha Lotrovsky, Therwil, Schweiz
Gedruckt auf säurefreiem Papier, hergestellt aus chlorfrei gebleichtem Zellstoff. TCF ∞

9 8 7 6 5 4 3 2 1

Inhaltsverzeichnis

Abbildungsverzeichnis xii

Vorwort xvii

Lineare Optimierung

Überblick 1

1 Einführung

   1.1 Optimierungsprobleme 4

   1.2 Beispiele für lineare Optimierungsprobleme 7

   1.3 Bezeichnungen, Schreibweisen und Abkürzungen 12

   1.4 Übungsaufgaben 15

2 Lineare Ungleichungssysteme

   2.1 Das Lemma von Farkas und andere Alternativsätze 17

   2.2 Darstellungsformen und Transformationen 25

   2.3 Übungsaufgaben 28

3 Grundlagen der Polyedertheorie

   3.1 Konvexität 31

   3.2 Der Satz von Caratheodory 35

   3.3 Polyeder und polyedrische Kegel 37

   3.4 Seitenflächen von Polyedern 41

   3.5 Primitive Seitenflächen 47

   3.6 Übungsaufgaben 49

4 Erzeugung und Darstellung von Polyedern

- 4.1 Endliche Erzeugermengen 51
- 4.2 Der Darstellungssatz von Weyl 53
- 4.3 Der Zerlegungssatz für Polyeder 55
- 4.4 Spitze Polyeder 60
- 4.5 Übungsaufgaben 62

5 Dualität

- 5.1 Duale Probleme 63
- 5.2 Dualitätssätze 68
- 5.3 Sätze vom komplementären Schlupf 71
- 5.4 Dualität, Schattenpreise und Sensitivitätsanalyse 75
- 5.5 Übungsaufgaben 81

6 Das Simplexverfahren

- 6.1 Ein Verbesserungsalgorithmus 83
- 6.2 Die Tableaumethode 90
- 6.3 Bestimmung einer zulässigen Ecke 94
- 6.4 Sicherstellung der Endlichkeit des Verfahrens 105
- 6.5 Übungsaufgaben 109

7 Variationen des Simplexverfahrens

- 7.1 Das variablenorientierte Simplexverfahren 111
- 7.2 Restrikt. Algorithmus und duales Problem 117
- 7.3 Äußerer Algorithmus für das primale Problem 119
- 7.4 Ein innerer Algorithmus für das duale Problem 120
- 7.5 Übungsaufgaben 122

8 Verbesserungen am Simplexverfahren

- 8.1 Einsparmöglichkeiten beim Simplexverfahren 123
- 8.2 Revidiertes Simplexverfahren 124
- 8.3 Die Produktform der Inversen 127
- 8.4 Beispiel 130
- 8.5 Postoptimierung 133
- 8.6 Parametrische Optimierung 136
- 8.7 Übungsaufgaben 140

9 Komplexität des Simplexverfahrens
   9.1 Die Kodierungslänge und Laufzeit 143
   9.2 Kodierungslängen für Lin. Optimierung 146
   9.3 Die Nichtpolynomialität von Simplexvarianten 149
   9.4 Probabilistische Analyse des Simplexalgorithmus 154

10 Die Ellipsoidmethode
   10.1 Abschätzungen für die Ellipsoidmethode 161
   10.2 Ellipsoidmethode — ein polynomiales Verfahren 164

11 Innere-Punkte-Verfahren von Karmarkar
   11.1 Der Algorithmus von Karmarkar 171
   11.2 Beendigung des Verfahrens 175
   11.3 Problemumformulierung 177
   11.4 Übungsaufgaben 181
   Ausblick 182

Nichtlineare Optimierung
   Überblick 183

12 Einführung in die konvexe Optimierung
   12.1 Beispielhafte Problemstellungen 185
   12.2 Konvexe Mengen 188
   12.3 Konvexität und Differenzierbarkeit 192
   12.4 Optimierungseigenschaften 204
   12.5 Verallgemeinerungen der Resultate 208
   12.6 Übungsaufgaben 214

13 Optimalitätskriterien
   13.1 Probleme ohne Nebenbedingungen 217
   13.2 Probleme mit Ungleichungsrestriktionen 219
   13.3 Constraint Qualifications 226
   13.4 Hinzunahme von Gleichheitsbedingungen 231
   13.5 Übungsaufgaben 233

14 Dualität in der nichtlinearen Optimierung
   14.1 Lagrange-Probleme 235
   14.2 Dualitätssätze 237
   14.3 Sattelpunkte 240
   14.4 Übungsaufgaben 244

15 Algorithmen
15.1 Konzeption und Konvergenz 245
15.2 Komposition von Punkt-Menge-Abbildungen 249
15.3 Grundsätzliche Anforderungen an Algorithmen 254
15.4 Übungsaufgaben 255

16 Eindimensionale Optimierung (Liniensuche)
16.1 Zusammenhang mit Nullstellenbestimmung 257
16.2 Direkte Suchmethoden für den Minimalpunkt 264
16.3 Liniensuche durch Kurvenanpassung 269
16.4 Abgeschlossenheit und Ungenauigkeit 276
16.5 Übungsaufgaben 283

17 Mehrdim. Suche ohne Nebenbedingungen
17.1 Allgemeine Verfügbarkeit von Funktionswerten 285
17.2 Mehrdimensionale Suche mit Ableitungen 290
17.3 Methoden mit konjugierten Richtungen 298
17.4 Quasi-Newton-Verfahren (Variable Metrik) 305
17.5 Übungsaufgaben 309

18 Verfahren für restringierte Probleme
18.1 Straffunktionsverfahren (Penalty-Verfahren) 312
18.2 Barriere-Funktionen 318
18.3 Methode von Zoutendijk 323
18.4 Die Gradienten-Projektionsmethode von Rosen 328
18.5 Übungsaufgaben 334

19 Karmarkars Algorithmus aus nichtlinearer Sicht
19.1 Der skalierte steilste Abstieg (SSD) 337
19.2 Problemformulierung und Erfolgsmessung 339
19.3 Der Algorithmus von Karmarkar 341
19.4 Die Komplexität des Karmarkar-Algorithmus 344

20 Pfadverfolgungs-Methoden
20.1 Der zentrale Pfad eines LP 347
20.2 Distanzmessung zum zentralen Pfad 350
20.3 Ein Newton-Verfahren auf Kern A 351
20.4 Einige vorbereitende Lemmas 353
20.5 Pfadfolgende Algorithmen und ihre Analyse 356
20.6 Auffinden eines Startpunktes und prob. Analyse 364

Ausblick 369

Ganzzahlige/Kombinatorische Optimierung

Überblick 371

21 Ganzzahlige lineare Optimierung
21.1 Problemstellung 373
21.2 Theorie der Ganzzahligen Optimierung 374
21.3 Abschätzungen 379
21.4 Allgemeines Branch- und Bound-Verfahren 384
21.5 Ganzzahlige Optimierung mit Branch und Bound 390
21.6 Schnittebenenverfahren 392
21.7 Schnittebenengenerierung bei Standardproblemen 403
21.8 Übungsaufgaben 404

22 Grundbegriffe der Graphentheorie
22.1 Graphen 409
22.2 Grundlegende Zusammenhänge 412
22.3 Übungsaufgaben 414

23 Komplexität von Problemen/Algorithmen
23.1 Kodierungslänge, Probleme und Algorithmen (Wiederholung) . . . 415
23.2 Die Klassen $\mathbb{P}$ und $\mathbb{NP}$ 417
23.3 $\mathbb{NP}$-vollständige Probleme 419
23.4 $\mathbb{NP}$-schwere und $\mathbb{NP}$-harte Probleme 422
23.5 Übungsaufgaben 425

24 Aufspannende Untergraphen und Wege
24.1 Allg. kombinatorische Optimierungsprobleme 427
24.2 Bäume und Wälder 429
24.3 Kürzeste Wege in Graphen 438
24.4 Übungsaufgaben 449

25 Flüsse in Netzwerken
25.1 Maximalflüsse 451
25.2 Das Maximalflussproblem als LP 458
25.3 Flüsse mit minimalen Kosten 461
25.4 Übungsaufgaben 472

26 Heuristiken
26.1 Das Rucksackproblem 475
26.2 Das Traveling-Salesman-Problem 488
26.3 Übungsaufgaben 504

Ausblick 505

Spieltheorie

Überblick 509

27 Einleitung und Begriffsbildung
27.1 Zweck der Spieltheorie 511
27.2 Klassifikationen 512
27.3 Übungsaufgaben 515

28 Mathematische Modelle für Spiele
28.1 Der Informationsbegriff 517
28.2 Spiele in extensiver Form 519
28.3 Spiele in Normalform 522
28.4 Gemischte Strategien 524
28.5 Spiele in expliziter Form 525
28.6 Übungsaufgaben 527

29 Gleichgewichtspunkte
29.1 Die Konzeption 529
29.2 Existenz von Gleichgewichtspunkten I 530
29.3 Existenz von Gleichgewichtspunkten II 535
29.4 Existenz von Gleichgewichtspunkten III 537
29.5 Zweckdienlichkeit gemischter Strategien 539
29.6 Diskussion des Lösungskonzepts 543
29.7 Übungsaufgaben 544

30 Zweipersonen-Nullsummenspiele
30.1 Gleichgewichtsüberlegungen 545
30.2 Reduktion von 2-PNSS 546
30.3 Bayes-Strategien 549
30.4 Minimax-Strategien 551
30.5 Definite Zweipersonen-Nullsummenspiele 554
30.6 Übungsaufgaben 557

31 Zweipersonen-Nullsummenspiele
31.1 Minimax-Strategien 559
31.2 Gemischte Strategien bei 2-PNSS in Matrixform . . . 560
31.3 $k \times l$-Matrixspiele und ihre Lösung als LP 564
31.4 Elementare Lösungsmethoden bei Matrixspielen 565
31.5 Übungsaufgaben 568

32 Zweipersonen-Nichtkonstantsummenspiele
32.1 Nichtkoop. 2-PNKSS 569
32.2 Kooperative Spiele ohne Drohungen 578
32.3 Kooperative Spiele mit Drohungen 587
32.4 Übungsaufgaben 592

33 n-Personenspiele
33.1 Kooperative n-Personenspiele 593
33.2 Koalitionsinterne Auszahlungsaufteilungen 596
33.3 Stabile Mengen 601
33.4 Der Shapley-Wert 604
33.5 Übungsaufgaben 606
Ausblick 607

Literaturverzeichnis 609

Index 613

Abbildungsverzeichnis

1.1	Geometrische Veranschaulichung	9
1.2	Unzulässigkeit	10
1.3	Unbeschränktheit des Zulässigkeitsbereichs	10
1.4	Mehrere Optimalpunkte	11
2.1	Alternative I im Farkas-Lemma	19
2.2	Alternative II im Farkas-Lemma	20
3.1	Extremalpunkte	33
3.2	Satz von Caratheodory	36
3.3	Redundanz	39
3.4	Entfernen redundanter Restriktionen	39
5.1	Ökonomisches Beispiel	78
5.2	Veränderung der Ungleichung (2)	79
5.3	Veränderung der Ungleichung (3)	80
6.1	Entartungssituation	88
6.2	Verlauf des Verbesserungsalgorithmus und Polarkegeleigenschaft der Zielfunktion	89
6.3	Flexibel orientierte Hilfsrestriktionen	96
9.1	Klee-Minty-Polyeder	150
9.2	primales und polares Polyeder	156
9.3	Schattenecken	157
9.4	Schnitt der Facetten von Y mit $LH(u,v)$ im Hintergrund und im Vordergrund	158
10.1	Ellipsoid	164
10.2	Ein Iterationsschritt der Ellipsoidmethode	165
11.1	Fortschrittsrichtungen	173

12.1	Beispiel	187
12.2	Stützhyperebenen	191
12.3	Illustration $\tilde{x}, \bar{x}, \tilde{u}, u$	194
12.4	Epigraph und Hypograph	196
12.5	Subgradient und Supergradient	197
12.6	Illustration	198
12.7	Illustration	200
12.8	Illustration	207
12.9	Illustration	208
12.10	Konvexitätseigenschaften	209
12.11	Konvexitätseigenschaften	211
12.12	Beispiel: strikt quasikonvex, nicht quasikonvex	211
12.13	Konvexitätseigenschaften	213
13.1	Gradientenabstiegsrichtungen und verbessernde Richtungen	220
13.2	Illustration zur Abstandminimierung	221
13.3	Illustration zum Fritz-John-Beispiel	223
13.4	KKT-Punkte	225
13.5	Tangentialkegel	227
13.6	Konstruktion weiterer CQ's	229
13.7	Kegel der zulässigen Richtungen	229
13.8	Kegel der annehmbaren Richtungen	230
14.1	Illustration zum Lagrange-Problem	236
14.2	Dualitätslücke	238
15.1	Beispiel (c)	248
15.2	Beispiel (d)	248
15.3	Beispiel (e)	248
15.4	zusammengesetzte Abbildungen	250
16.1	Idee des Newton-Verfahrens	259
16.2	Schwierigkeiten beim Newton-Verfahren	260
16.3	Problemfall für das Newton-Verfahren	262
16.4	Nachteil bei der Sekantenmethode	263
16.5	Funktionsbeispiele zur Unimodalität	264
16.6	Newton-Verfahren zur Kurvenanpassung	270
16.7	Approximation mit Regula Falsi	271
16.8	Kurvenanpassung, Konstellation der Funktionswerte I	273
16.9	Kurvenanpassung, Konstellation der Funktionswerte II	273
16.10	Lage des Vergleichspunktes x_4	275
16.11	Lage des Vergleichspunktes x_4	275
16.12	Prozenttest	278
16.13	Armijo's Regel	279
16.14	Goldstein-Test	280

Abbildungsverzeichnis

17.1	Zyklisches Abstiegsverfahren	287
17.2	Die Methode von Hooke und Jeewes	288
17.3	Methode des steilsten Abstiegs	293
17.4	Newton-Verfahren	296
17.5	Illustration	299
18.1	Illustration zu Beispiel 1	313
18.2	Illustration zu Beispiel 2	313
18.3	Illustration zu Beispiel 3	314
18.4	Barriere-Funktion	319
18.5	Illustration der Hilfsfunktion	320
18.6	Zulässige Richtungen	324
18.7	Tangentialrichtung und Korrekturbewegung	325
18.8	Benutzung der Fast-Straffen-Restriktionen	326
18.9	Illustration zum Beispiel	327
18.10	Projizierter Gradient	330
18.11	Behandlung von nichtlinearen Nebenbedingungen	333
18.12	Illustration zum Beispiel	334
21.1	Zulässigkeitsbereich und Lösungspunkte von LP und ILP	375
21.2	Zulässigkeitsbereich eines gemischtganzzahligen Problems	376
21.3	Unterschiede bei der Bildung der konvexen Hülle	376
21.4	Lösungsbaum	388
21.5	Illustration zum Beispiel	396
23.1	Ein Beispiel zur Intervallschachtelung	424
24.1	Beispiel zum Algorithmus von Dijkstra	440
24.2	Komplikation durch Auftauchen eines negativ bewerteten Kreises	442
24.3	Beispiel zum Algorithmus von Moore-Bellman	444
25.1	Ein Fluss in einem Netzwerk	453
25.2	Illustration	453
25.3	Illustration	454
25.4	Die Restriktionen zum Flussmaximierungsproblem	458
25.5	Pfadreduktion 1	465
25.6	Pfadreduktion 2	466
25.7	Pfadreduktion 3	466
25.8	Pfadreduktion 4	467
25.9	Pfadreduktion 5	467
25.10	Netzwerk	469
25.11	Augmentierendes Netzwerk	469
25.12	Neues Netzwerk	470
25.13	Neues augmentierendes Netzwerk	470
25.14	Neues Netzwerk	471
25.15	Neues augmentierendes Netzwerk	471

26.1	NN	489
26.2	DNN	490
26.3	NA	490
26.4	NI	491
26.5	CI	491
26.6	FI	492
26.7	ST	493
26.8	CH	494
26.9	Beispiel für das extreme Versagen von NN	497
26.10	Zweieraustausch	498
26.11	Beispiele zu 3-Opt	499
26.12	2-Knoten-Opt	500
26.13	2-Matching und Tour	502
26.14	1-Baum-Relaxierung	502
26.15	Touren, Untertouren und Teilbelegungen	503
27.1	Spielbaum	513
27.2	Vereinfachtes Hölzchen-Spiel	515
28.1	Informationsmengen 1	520
28.2	Informationsmengen 2	520
28.3	Informationsmengen 3	521
28.4	Strategiezuordnung	522
29.1	Teilspielabtrennung	533
30.1	Sattelpunkt	546
31.1	Graphische Darstellung von $2 \times l$-Spielen	567
31.2	Darstellung zum obigen Beispiel	568
32.1	Illustration zur Nash-Lösung	583
32.2	Alternativen-Erweiterung	583
32.3	Die Bereiche A und A'	584
32.4	Situation nach Transformation	585
32.5	Paretorand und monotone Verhandlungslösung	586
32.6	Die Verhandlungslösungen bei unterschiedlichen Basispunkten	588
33.1	Illustration zum Beispiel 2	600
33.2	Stabile Mengen 1	603
33.3	Stabile Mengen 2	604

Vorwort

Nahezu alle Lebensbereiche sind von dem Bestreben durchdrungen, bestmöglich zu handeln und zu entscheiden. Diese Intention lässt sich auch übertragen auf die Absicht, angestrebte Ziele oder Wirkungen mit geringstmöglichem Aufwand zu erreichen, also möglichst effektiv zu handeln. In jedem Fall soll eine Zielgröße so gut wie möglich gestaltet werden, während bestimmte Nebenbedingungen einzuhalten sind.

Der Mathematik und den Mathematikern gibt diese Erkenntnis die Anregung, über Optimierungsprobleme nachzudenken. Dabei ist die Grundlage eine quantifizierende Modellierung der Entscheidungs- und Aktionsmöglichkeiten, die zur Verfügung stehen. In dieses Modell müssen weiter die Auswirkungen der Entscheidungen auf die Zielgröße und auf die Einhaltung der Nebenbedingungen eingehen. Auf diese Weise muss es rechnerisch möglich werden, jeweils den Wert der Zielgröße zu messen und über die Zugehörigkeit zum Bereich der zulässigen Lösungsvorschläge zu entscheiden. Ist diese Modellierung gelungen, dann ist es eine weitere Aufgabe der Mathematik, Rechenverfahren zu entwickeln, die nun den besten der zulässigen Vorschläge ausfindig machen. Dabei steht zunächst einmal die Exaktheit der Lösung im Vordergrund. Allerdings muss dieser Wunsch in vielen Bereichen abgewogen werden mit dem Ziel, in möglichst kurzer Rechenzeit ein Ergebnis zu erhalten. Viele Probleme könnten in endlicher Zeit erschöpfend behandelt werden, jedoch würde das oft einen nicht mehr vertretbaren Rechenaufwand auslösen. Deshalb befasst sich die Mathematik der Optimierung und des Operations Research auch mit der Komplexität der auftretenden Probleme und der zur Lösung eingesetzten Algorithmen.

Während es Optimierungsrechnungen schon immer in versteckter Form gab, hat dieses mathematische Fach seit der Einführung der Simplexmethode kurz vor 1950 eine enorme Bedeutung erlangt. Die mathematische Weiterentwicklung und die elektronische Datenverarbeitung haben es ermöglicht, dass heute Probleme mit riesigen Datenmengen bewältigt werden können. Und dies resultiert vor allen Dingen auf geschickt entwickelten Algorithmen. Durch sie ist Optimierung im Hochtechnologie-Zeitalter zu einem unverzichtbaren Instrumentarium geworden, auf das sich die technische und zivilisatorische Entwicklung stützt.

Unter dem Begriff „Optimierung" wird vor allem der Komplex der Rechenverfahren und ihrer Theorie gesehen. „Operations Research" benutzt diese Verfahren dann als Handwerkszeug und beschäftigt sich mit ihrer Einsetzbarkeit bei realen Umsetzungen, z.B. auch bei der Modellierung und der Auslotung des erforderlichen Kompromisses zwischen Rechengenauigkeit und Rechenzeitaufwand. Diese mehr ganzheitliche Sicht fragt also danach, was man mit Optimierung erreichen kann, wo ihr Einsatz sinnvoll ist, wie verlässlich die verfügbaren Informationen sind und was eigentlich die angestrebten Ziele, Beschränkungen und idealen Lösungskonzepte sind. Natürlich sind die so beschriebenen Grenzen zwischen Optimierung und Operations Research fließend.

Optimierung und Operations Research stellen ein Herzstück der Studiengänge zur Wirtschaftsmathematik dar. Vielerorts (so auch hier in Augsburg) gibt es Vorlesungsserien, in denen die verschiedenen Teilgebiete getrennt behandelt werden. So lese ich in dieser Reihenfolge die Vorlesungen „Lineare Optimierung", „Nichtlineare Optimierung", „Ganzzahlige und kombinatorische Optimierung" und „Spieltheorie", wobei auf Grund meiner individuellen Forschungsrichtung oft noch eine Ergänzungsvorlesung zur Linearen und Nichtlinearen Optimierung hinzukommt. Der Inhalt dieser Schrift orientiert sich am Verlauf dieser Vorlesungen.

Hieraus ergeben sich auch meine Absichten beim Schreiben. Es handelt sich hier nicht um ein Fachbuch, das in Form eines Nachschlagewerkes viele Seitenzweige eines Gebietes bis hin zu den aktuellen Entwicklungen abdeckt. Statt dessen strebe ich ein eigentliches „Vorlesungsbuch" an, das eher den Charakter einer Vorlesungsmitschrift aufweist. Der Schwierigkeitsgrad richtet sich nach der Vorgabe, dass Studenten ab dem dritten Semester mit dem Stoff klarkommen sollten. Als Voraussetzungen benötigt der Leser Vorkenntnisse aus Analysis I und II sowie aus Linearer Algebra I und II. In geringem Maße wird auch elementare Wahrscheinlichkeitsrechnung gebraucht. Alles Weitere wird selbsttragend entwickelt.

Daran interessierte Dozenten können diese Vorlesungen komplett oder auch in ausgewählten Teilen übernehmen. Aber auch zum Selbststudium und als Begleitmaterial zu Vorlesungen vergleichbaren Inhalts dürfte das Buch geeignet sein.

Der Inhalt richtet sich an Wirtschaftsmathematiker und Mathematiker, sowie an Informatiker, Wirtschaftswissenschaftler, Ingenieure und Naturwissenschaftler, die an den mathematischen Grundlagen Interesse haben. Auf verstehbare, aber mathematisch saubere und vollständige Weise soll der Stoff präsentiert werden. Es geht nicht nur um die Vorstellung von anwendbaren Rechenmethoden, sondern auch um deren Funktionsweise und um eine nachvollziehbare, beweismäßige Absicherung ihrer Richtigkeit. Dieser Ansatz unterscheidet sich aber auch von dem in mathematisch sehr tiefen Fachbüchern, bei denen die Lösung hochdimensionierter Realprobleme und deren technische Handhabung im Vordergrund stehen.

Das Ziel ist also eine gute Verstehbarkeit ohne Abstriche an der Präzision. Eine große Anzahl von Übungsaufgaben, ausführlich beschriebenen Beispielen und von vielen erläuternden Abbildungen soll diesen Zweck unterstützen. Darüber hinaus enthält der Text neben den „offiziellen Übungsaufgaben" auch viele Anregungen zu ergänzenden Beweisführungen.

Gleichzeitig soll ein möglichst breites Spektrum abgedeckt werden. Das kann natürlich nur durch eine (subjektiv geprägte) Auswahl geschehen. Jeder Teil beginnt mit einem Überblick über die besprochenen Themen und die hauptsächlich benutzten Literaturquellen. Am Ende jedes Teiles steht dann jeweils ein Ausblick auf weitere Themen dieses Gebietes und dafür nützliche Informationsquellen. Nun soll in aller Kürze noch etwas zu den vier Einzelteilen gesagt werden.

In der Linearen Optimierung geht es um die Maximierung oder Minimierung einer linearen Zielfunktion unter Einhaltung von endlich vielen Nebenbedingungen, die in Form von linearen Gleichungen oder Ungleichungen beschrieben werden. Anknüpfend an die Lineare Algebra werden hier das Lemma von Farkas, die Theorie der Polyeder und die Dualitätstheorie entwickelt. Danach werden zwei Varianten des Simplexverfahrens vorgestellt. Die erste arbeitet auf volldimensionalen Polyedern, resultierend aus Ungleichungsnebenbedingungen, und ermöglicht deshalb eine gute geometrische Illustration. Die zweite (wohl bekanntere) ist dazu äquivalent, aber zugeschnitten auf Probleme mit Gleichungen und Vorzeichenbedingungen. Diese Variante ist für die geometrische Vorstellung weniger geeignet, weil sie in höherdimensionalen Räumen bzw. mit unterdimensionalen Polyedern arbeitet.

Danach folgen weitere Aspekte der Linearen Optimierung, wie Variationen der Aufgabenstellung oder andere Lösungsmethoden, wobei es vor allem um die Komplexität geht. Diese etwas anspruchsvolleren Inhalte verlagere ich oft in die erwähnte Ergänzungsvorlesung.

Als zweiter Teil wird die Nichtlineare Optimierung präsentiert. Hier geht es um entsprechende Problemlösungstechniken, aber diesmal entfallen die Vorzüge, die lineare Probleme aufweisen. Der Name Nichtlineare Optimierung ist insofern etwas irreführend, als hier eine Verallgemeinerung der Problemstellung vorgenommen wird. Ich bin hier vom Speziellen zum Allgemeinen gegangen, habe also der Linearen Optimierung einen eigenen (ersten) Teil gewidmet, um dem Stellenwert dieses deutlich einfacheren Spezialfalls für den Einsatz in praktischen Problemen gerecht zu werden. Daneben erlauben Lineare Optimierungsprobleme viel effizientere Bearbeitungstechniken als Nichtlineare, so dass die Methoden sich grundsätzlich unterscheiden und in der Linearen Optimierung Probleme mit extrem höheren Dimensionen bearbeitbar sind.

In diesem zweiten Teil werden zunächst Nichtlineare Probleme analysiert und es werden Optimalitätskriterien entwickelt. Danach folgt die Vorstellung von Lösungskonzepten für eindimensionale, mehrdimensionale und restringierte Optimierungsaufgaben. Dieser Teil benutzt das Buch von Bazaraa et al. [3] als Leitfaden.

Bei der Ganzzahligen Optimierung im dritten Teil werden Probleme obiger Art angegangen, aber gleichzeitig wird noch die Forderung nach ganzzahligen Lösungsvorschlägen erhoben. Entsprechend sind in der kombinatorischen Optimierung bestimmte Kombinationen aus einer endlichen Menge zugelassen, und die beste davon soll ermittelt werden. Hier gibt es starke Querbeziehungen zur Graphentheorie. Eine vollständige Enumeration der hier zulässigen Lösungskandidaten bzw. eine exakte Ermittlung des Optimums scheitert oft daran, dass die dazu benötigte Rechenzeit über alle Maßen mit der Problemdimension wächst. Deshalb spielt in diesem Teil (wie schon im ersten Teil) die Komplexitätstheorie eine wichtige Rolle. Auch wird versucht, die Idee von Annäherungsverfahren, die in angemessener Zeit arbeiten, zu vermitteln. Damit wird der Tatsache Rechnung getragen, dass im Bereich des Operations Research eine gute Annäherung in vertretbarer Zeit der Erfolgsorientierung oft besser entspricht als eine langwierige Suche nach einer exakten Lösung. Dieser Teil orientiert sich als Teilauswahl an den Augsburger Vorlesungen meines ehemaligen Kollegen Grötschel.

Der letzte Teil, die Spieltheorie, hier oft als Operations Research II gelesen, stellt einmal eine Brücke zum stochastisch orientierten Teil von Operations Research her. Andererseits tritt nun dessen bewertende, ganzheitliche und modellierende Komponente in den Vordergrund. Hier wird auch wieder optimiert, aber gleichzeitig von verschiedenen Entscheidungsträgern, und die sind sich in der Regel nicht darüber einig, in welcher Weise dies geschehen soll. Dabei geht es weniger um genaue quantitative Auswertungen, als um die angemessene Modellierung von Konfliktsituationen, um deren Darstellung und Analyse, die Erarbeitung von vernünftigen Lösungskonzepten und das Gewinnen von Handlungsvorschlägen. Eine Vorbildfunktion für diesen Teil hatte das Buch von Rauhut et al. [51].

Ich habe den hier zugrundeliegenden Vorlesungszyklus mittlerweile siebenmal gehalten. Entstanden ist die schriftliche Fassung aus vier Vorlesungsskripten, die von studentischen Hilfskräften verfasst wurden: Marianne Rauh und Simone Beil (Lineare Optimierung), Jürgen Nießner und Stefan Holland (Nichtlineare Optimierung), Konstanze Wulf und Stefan Fischer (Ganzzahlige und Kombinatorische Optimierung) und Simone Beil (Spieltheorie). Allen bin ich sehr dankbar für ihre wertvolle und kompetente Hilfe. Ein herzlicher Dank ergeht außerdem noch an Simone Beil für genaues Korrekturlesen.

Zu danken ist auch für die Unterstützung meiner Lehrveranstaltungen und die Hilfestellung bei der technischen Anfertigung dieser Arbeit meinen Mitarbeiterinnen Gabriele Höfner und Petra Huhn.

Und ein großes Pensum an Schreibarbeit, vor allem in der Schlussphase der Fertigstellung, hat Frau Margit Brandt, unsere Lehrstuhlsekretärin, übernommen. Herzlichen Dank dafür.

Vor allem aber richtet sich mein Dank an Petra Huhn, ohne deren kompetente und zeitintensive wissenschaftliche, organisatorische und technische Hilfe diese Gesamtfassung nicht hätte entstehen können.

Augsburg, im März 2000   Karl Heinz Borgwardt

Teil 1
Lineare Optimierung

Überblick zum 1. Teil (Lineare Optimierung)

In der Linearen Optimierung geht es uns um die Ermittlung von Optimalpunkten und Optimalwerten einer linearen Zielfunktion auf gewissen, durch lineare Ungleichungen oder Gleichungen beschriebenen Zulässigkeitsbereichen (Polyedern).

Anknüpfend an die Grundlagen der Linearen Algebra werden die Leser zunächst mit der Formulierung und Typen von Linearen Optimierungsproblemen und mit der Theorie der linearen Ungleichungen (Alternativsätze) vertraut gemacht. Hier stützen wir uns wesentlich auf Mangasarian [37].
Danach folgen zwei Kapitel über Polyedertheorie, die die Kenntnis über solche Zulässigkeitsbereiche vertiefen. Grundlagen sind hier die Bücher von Rockafellar [53] und Stoer, Witzgall [59].
Die Besprechung der Dualitätstheorie ergibt sich hier aus den Alternativsätzen (Lemma von Farkas). Sie erfolgt im fünften Kapitel. Ich ziehe diese Reihenfolge (der auch möglichen umgekehrten) vor, da sie in stärkerem Maße den Übergang von der Linearen Algebra zur Optimierung demonstriert.
Anschließend, im sechsten Kapitel, stellen wir einen auf Probleme mit Ungleichungsrestriktionen zugeschnittenen eigenen Simplexalgorithmus vor, der die Direktbehandlung solcher Probleme ohne Dimensionsaufblähung ermöglicht. Dadurch gewinnt man didaktisch die Möglichkeit der geometrischen Illustration der Zulässigkeitsbereiche bereits im $\mathbb{R}^2$ oder $\mathbb{R}^3$. Dies trägt ganz wesentlich dazu bei, Rechentechnik und Geometrie parallel sehen zu können, und beides wechselseitig zu interpretieren. Dieser sogenannte „restriktionsorientierte" Algorithmus hat starke Bezüge zum in der Literatur oft erwähnten dualen Algorithmus. Wegen der manchmal verwirrenden Mehrfachverwendung des Begriffes „dual" in der OR-Terminologie versuchen wir aber generell, diesen oft relativ gebrauchten Begriff so sparsam wie möglich einzusetzen.
Im siebten Kapitel wird das aus der Literatur und Implementation bekannte „variablenorientierte" Verfahren zur Bearbeitung von Problemen mit Gleichungen und

Vorzeichenbedingungen dargestellt. Außerdem wird gezeigt, dass diese beiden Algorithmusarten essentiell äquivalent sind. Über ihre Auswirkung auf die jeweiligen Problemarten erkennt man innere (zulässige) und äußere (in Unzulässigkeitsbereichen agierende) Algorithmen.

Im achten Kapitel werden Einspar- und Beschleunigungsmöglichkeiten besprochen, wie etwa das revidierte Simplexverfahren in Anlehnung an Chvatal [9]. Außerdem enthält dieses Kapitel Ausführungen über Postoptimierung und Parametrische Optimierung (siehe Murty [41]).

Das neunte Kapitel beschäftigt sich mit Komplexitätsfragen der Linearen Optimierung. Hier spielen die Kodierungslänge und die Größenordnung der Tableaueinträge eine wesentliche Rolle. Danach geht es um die schlimmstmögliche Iterationszahl (Stichwort Klee-Minty-Polyeder, vgl. Klee [33]) und schließlich um die Schrittzahl im Durchschnittsfall (vgl. Borgwardt [5], [6]).

Im zehnten Kapitel steht die Ellipsoid-Methode, ein theoretisch polynomiales, aber praktisch kaum verwendbares Verfahren im Vordergrund. Die Ausführungen orientieren sich an Bland, Goldfarb, Todd [4] und Grötschel, Lovász, Schrijver [22] sowie Gács, Lovász [16].

Schließlich folgt zunächst (in diesem ersten Teil) ein mehr berichtendes Kapitel über den Innere-Punkte-Algorithmus von Karmarkar [32], das auf die theoretisch und praktisch guten Eigenschaften dieser Algorithmen hinweist.

Der zugehörige Komplexitätsnachweis wird mit Hilfe der nichtlinearen Argumentation am Ende des zweiten Teils geführt (Gonzaga [18]). Begleitend dazu findet man dort auch noch eine Darstellung über Pfadfolgende Innere-Punkte-Verfahren (Roos [54]).

Der Gesamtaufbau berücksichtigt auch die Struktur der von 1984 bis 1991 abwechselnd mit M. Grötschel gehaltenen Vorlesungen und sein Skript [20]. Desgleichen habe ich mich orientiert an den Standardwerken von Collatz, Wetterling [10], Dantzig [13], Kall [30] und Schrijver [56].

Kapitel 1
Einführung

Zu mathematischen Optimierungsproblemen kann man auf mehrere Arten gelangen, von denen zwei typische hier dargestellt werden sollen.

1. Innerhalb von mathematischen Überlegungen ist es oft erforderlich, von einer betrachteten Größe den maximalen oder minimalen Wert zu wissen, den diese Größe annehmen kann. Oft reichen auch Abschätzungen für den schlimmsten Fall, um damit die mathematische Analyse (evtl. vereinfacht) fortsetzen zu können.

2. Bei Fragestellungen aus realen Anwendungen werden oft Ziele verfolgt, die unter Einhaltung gegebener Erfordernisse bestmöglich gestaltet werden sollen.
   In dieser Situation muss zunächst einmal das Realproblem genau studiert werden, um überhaupt im Anwendungsbereich zu wissen, was man anstrebt und wo die Beschränkungen der eigenen Möglichkeiten liegen.
   Danach muss – um die Brücke zur Mathematik zu schlagen, eine sogenannte mathematische Modellierung erfolgen.
   Bei dieser Übersetzung des Realproblems in die mathematische Formalsprache mit Auflistung der kennzeichnenden Daten kommt es darauf an, dass

   – das Modell die realen Zusammenhänge hinreichend genau beschreibt und nicht verfälscht,

   – die mathematische Formulierung zu einem mathematisch lösbaren Problem führt.

Hat man erst einmal eine solche mathematische Formulierung, egal ob aus 1. oder aus 2. gewonnen, dann ist nach der mathematischen Struktur des vorliegenden Problems zu fragen.
Für eine Reihe von Strukturtypen entwickelt die Mathematik speziell zugeschnittene Lösungsverfahren. Viele davon werden in diesem Buch besprochen.

Die Kunst der Modellierung kann nur an Beispielen demonstriert und eingeübt werden. Insbesondere seien dem Leser dazu die sich an jedes Kapitel anschließenden Übungsaufgaben, vor allem die Formulierungaufgaben, ans Herz gelegt.
Aber auch die Rechen- und Beweisaufgaben und die im Textverlauf angeregten Beweisergänzungen können in hohem Maße dabei helfen, den Stoff zu verstehen. Nichts ist so wertvoll wie die eigene aktive Erfahrung beim Beweisen, Berechnen, Implementieren und Austesten.

1.1 Optimierungsprobleme

Nun wollen wir (die) Problemtypen auflisten, mit denen wir uns befassen und für die wir Lösungstechniken entwickeln wollen.

Definition 1.1 *Gegeben sei eine Menge S sowie eine geordnete Menge $(T, \leq)$. Außerdem sei eine Abbildung $f : S \to T$ erklärt. Sucht man ein Element $x_* \in S$ mit*

$$f(x_*) \geq f(x) \text{ für alle } x \in S,$$

so heißt diese Problemstellung ein Maximierungsproblem.
Sucht man ein $y_* \in S$ mit

$$f(y_*) \leq f(y) \text{ für alle } y \in S,$$

so spricht man von einem Minimierungsproblem.
Beide sind Optimierungsprobleme.

Bezeichnung
Für Maximierungsprobleme lautet die Aufgabenbeschreibung:
maximiere $f(x)$ unter der Nebenbedingung $x \in S$, formal

$$\max f(x)$$
$$\text{unter } x \in S \quad \Leftrightarrow \quad \text{s.t. } x \in S$$

Dies unterscheidet man von der Schreibweise für den Maximalwert:

$$\text{Maximum}\{f(x) \mid x \in S\} = \text{Max}\{f(x) \mid x \in S\}.$$

Entsprechend beschreibt man ein Minimierungsproblem durch

$$\min f(x)$$
$$\text{unter } x \in S.$$

Beispiele für die Zielmenge $(T, \leq)$: $(\mathbb{Q}, \leq), (\mathbb{Z}, \leq), (\mathbb{R}, \leq)$.

1.1. Optimierungsprobleme

Definition 1.2 *Lineares Optimierungsproblem*
Gegeben seien $c \in \mathbb{R}^n, A \in \mathbb{R}^{(m,n)}, b \in \mathbb{R}^m$. Dann heißt

$$\max c^T x \quad (\text{bzw. } \min c^T x)$$
$$\text{unter } Ax \leq b \text{ und } x \in \mathbb{R}^n$$

ein lineares Optimierungsproblem.

Hierbei ist

$$A = \begin{pmatrix} a_{11} & a_{12} & \ldots & a_{1n} \\ a_{21} & a_{22} & \ldots & a_{2n} \\ \vdots & \vdots & & \vdots \\ a_{m1} & a_{m2} & \ldots & a_{mn} \end{pmatrix} \text{ und } b = \begin{pmatrix} b^1 \\ b^2 \\ \vdots \\ b^m \end{pmatrix}.$$

Die Nebenbedingungen, ausführlich geschrieben, besagen, dass

$$a_{11}x^1 + a_{12}x^2 + \ldots + a_{1n}x^n \leq b^1$$
$$\vdots \qquad \vdots \qquad \qquad \vdots$$
$$a_{m1}x^1 + a_{m2}x^2 + \ldots + a_{mn}x^n \leq b^m.$$

Die Menge der Punkte, die die Nebenbedingungen erfüllen, bezeichnen wir auch als *Zulässigkeitsbereich* und notieren ihn als $X = \{x \mid Ax \leq b\}$.

Definition 1.3 *Lineares ganzzahliges Optimierungsproblem*
Gegeben seien $c \in \mathbb{R}^n, A \in \mathbb{R}^{(m,n)}, b \in \mathbb{R}^m$. Dann heißt

$$\max c^T x$$
$$\text{unter } Ax \leq b \quad \text{und } x \in \mathbb{Z}^n$$

ein lineares ganzzahliges Optimierungsproblem.

Definition 1.4 *Lineares kombinatorisches Optimierungsproblem*
Gegeben sei eine endliche Grundmenge E und eine Bewertungsfunktion $c : E \to \mathbb{R}$. Außerdem sei ein System von E-Teilmengen $\mathcal{A} \subset \wp(E)$ gegeben. Dann heißt

$$\max \sum_{e \in S} c(e)$$
$$\text{unter } S \in \mathcal{A}$$

ein lineares kombinatorisches Optimierungsproblem.

Definition 1.5 *Konvexes/konkaves Optimierungsproblem*
Sei $M \subset \mathbb{R}^n$ eine konvexe Menge und f eine konvexe Funktion von M nach $\mathbb{R}$. Dann heißt

$$\min f(x)$$
$$\text{unter } x \in M$$

ein konvexes Minimierungsproblem.

$-f$ ist konkav, und wir können obiges Problem auch schreiben als

$$\max -f(x)$$
$$\text{unter } x \in M$$

und somit als konkaves Maximierungsproblem auffassen.
Ist f konkav, so heißt

$$\min f(x)$$
$$\text{unter } x \in M$$

konkaves Minimierungsproblem. Analog dazu können wir auch ein konvexes Maximierungsproblem definieren.

Definition 1.6 *Allgemeines nichtlineares Optimierungsproblem*
Es seien f, g_i ($i = 1, \ldots, m$), h_j ($j = 1, \ldots, p$) Funktionen von $\mathbb{R}^n$ nach $\mathbb{R}$. Dann heißt

$$\max f(x)$$
$$\text{unter } g_i(x) \leq 0 \quad \text{für alle } i = 1, \ldots, m$$
$$\qquad h_j(x) = 0 \quad \text{für alle } j = 1, \ldots, p$$

ein nichtlineares Optimierungsproblem.

Definition 1.7 *Infinites Optimierungsproblem*
Sei I eine möglicherweise unendliche Menge und seien f, g_i ($i \in I$) stetige Funktionen von $\mathbb{R}^n$ nach $\mathbb{R}$. Dann heißt

$$\max f(x)$$
$$\text{unter } g_i(x) \leq 0 \quad \text{für alle } i \in I,\ x \in \mathbb{R}^n$$

ein infinites Optimierungsproblem.

Definition 1.8 *Kontinuierliches Optimierungsproblem*
Seien I ein Intervall und f, g_i ($i \in I$) stetige Funktionen von $\mathbb{R}^n$ nach $\mathbb{R}$. Dann heißt

$$\max f(x)$$
$$\text{unter } g_i(x) \leq 0 \quad \text{für alle } i \in I, x \in \mathbb{R}^n$$

ein kontinuierliches Optimierungsproblem.

Nicht mehr unter den Begriff Optimierungsproblem fallen **Approximationsprobleme**, z.B. finde zu gegebener Funktion $g : [a, b] \to \mathbb{R}$ dasjenige Polynom k-ten Grades, $f \in P_k[x]$, welches folgende Größe (Zielfunktion) minimiert:

$$\|f - g\| = [\int_a^b (f(x) - g(x))^2 dx]^{\frac{1}{2}}$$

sowie **Kontrollprobleme**, z.B.

$$\begin{aligned}
&\min \quad \int_0^T u(t)dt \\
&\text{unter} \quad x(0) = a, \quad x(T) = b, \quad (a, b \in \mathbb{R}) \\
&\text{mit} \quad \frac{\partial x}{\partial t} = \dot{x}(t) = f(t, x(t), u(t)),
\end{aligned}$$

wobei f bekannt ist.

1.2 Beispiele für lineare Optimierungsprobleme

Ein Kraftfahrzeughersteller steht vor der Frage, wieviele LKW und PKW er produzieren soll. Für jedes produzierte Fahrzeug ist der Gewinn (Nettoüberschuß) bekannt.

1. Zielfunktion

Gewinn pro 1000 PKW (Einheit (=E) sei 1000): 4 Mio DM,
Gewinn pro 1000 LKW (Einheit (=E) sei 1000): 16 Mio DM.

2. Nebenbedingungen

(a) Am Markt sind höchstens 10 E PKW und 3 E LKW absetzbar.

(b) Es stehen 4000 Arbeitskräfte zur Verfügung.
Die Herstellung von 1 E PKW bindet 200 Arbeitskräfte.
Die Herstellung von 1 E LKW bindet 1000 Arbeitskräfte.

(c) Es muss der gleiche Maschinenpark benutzt werden. Dieser kann wie folgt aufgeteilt werden.
1 E PKW belegt den Maschinenpark zu $\frac{1}{12}$,
1 E LKW belegt den Maschinenpark zu $\frac{2}{12}$.

(d) Zur Beschaffung der Produktionsmittel stehen höchstens 100 Mio DM zur Verfügung.
Für 1 E PKW müssen 5 Mio DM investiert werden,
für 1 E LKW müssen 15 Mio DM investiert werden.

(e) Aufgrund von Lieferverpflichtungen müssen mindestens 4 E PKW und 1 E LKW produziert werden.

(f) Negative Produktionszahlen sind ausgeschlossen.

3. Problembeschreibung

$\begin{pmatrix} x^1 \\ x^2 \end{pmatrix} \in \mathbb{R}^2$ beschreibt das Produktionsprogramm,
x^1 = Anzahl der PKW-Einheiten, x^2 = Anzahl der LKW-Einheiten.
Aufgabe:

$$\max 4x^1 + 16x^2 \quad \text{unter}$$

$$\begin{aligned}
(a) \quad & x^1 && \leq 10 \\
& & x^2 & \leq 3 \\
(b) \quad & 200x^1 + 1000x^2 & & \leq 4000 \quad \Leftrightarrow \quad x^1 + 5x^2 \leq 20 \\
(c) \quad & x^1 + 2x^2 & & \leq 12 \\
(d) \quad & 5x^1 + 15x^2 & & \leq 100 \quad \Leftrightarrow \quad x^1 + 3x^2 \leq 20 \\
(e) \quad & x^1 & & \geq 4 \\
& & x^2 & \geq 1 \\
(f) \quad & x^1 & & \geq 0 \\
& & x^2 & \geq 0
\end{aligned}$$

d.h. $\quad \max c^T x$
unter $Ax \leq b \quad$ mit

$$A = \begin{pmatrix} 1 & 0 \\ 0 & 1 \\ 1 & 5 \\ 1 & 2 \\ 1 & 3 \\ -1 & 0 \\ 0 & -1 \\ -1 & 0 \\ 0 & -1 \end{pmatrix}, \quad b = \begin{pmatrix} 10 \\ 3 \\ 20 \\ 12 \\ 20 \\ -4 \\ -1 \\ 0 \\ 0 \end{pmatrix} \quad \text{und} \quad c = \begin{pmatrix} 4 \\ 16 \end{pmatrix}$$

4. Geometrische Veranschaulichung

Die Ecken des Zulässigkeitsbereiches, aufgezählt im Uhrzeigersinn, sind:

$$\begin{pmatrix} 4 \\ 1 \end{pmatrix}, \begin{pmatrix} 4 \\ 3 \end{pmatrix}, \begin{pmatrix} 5 \\ 3 \end{pmatrix}, \begin{pmatrix} 6\frac{2}{3} \\ 2\frac{2}{3} \end{pmatrix}, \begin{pmatrix} 10 \\ 1 \end{pmatrix}.$$

Der zugehörige Gewinn ist:

$$32,\ 64,\ 68,\ 69\frac{1}{3},\ 56.$$

Eine Bewegung orthogonal zum Zielfunktionsvektor $\begin{pmatrix} 1 \\ 4 \end{pmatrix}$ bringt keine Gewinnänderung. Der zulässige Punkt mit der höchsten Projektion auf die Zielrichtung ist optimal (maximal).

1.2. Beispiele für lineare Optimierungsprobleme

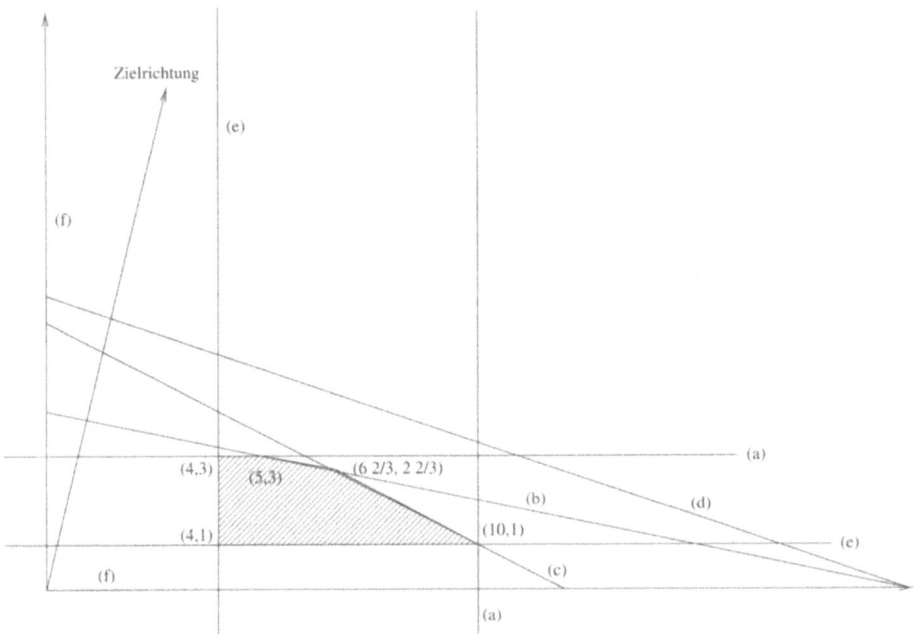

Abbildung 1.1: Geometrische Veranschaulichung

Eine graphische Lösung erreicht man, indem man die Orthogonale zur Zielrichtung so weit nach oben verschiebt, bis sie den Zulässigkeitsbereich nur noch tangiert. Der (die) Berührungspunkt(e) ist (sind) optimal.

Also wird das Optimum bei $x_* = \binom{6\frac{2}{3}}{2\frac{2}{3}}$ mit Zielfunktionswert $c^T x_* = 69\frac{1}{3}$ angenommen, d.h. eine Produktion von $6666\frac{2}{3}$ PKW und $2666\frac{2}{3}$ LKW maximiert den Gewinn, der $69\frac{1}{3}$ Mio DM beträgt (solange wir gebrochene Lösungen akzeptieren).

Bemerkung

Obiges Problem sollte hier nur als Einführungsbeispiel für die lineare Optimierung dienen. Natürlich macht es in Wirklichkeit keinen Sinn, $\frac{2}{3}$ PKW herzustellen und es handelt sich hier eigentlich um ein ganzzahliges Optimierungsproblem. Wie man hierfür einen ganzzahligen Optimalpunkt bestimmen kann, wird in Kapitel 21 behandelt werden. Wir werden dann sehen, daß die ganzzahlige Optimallösung im Allgemeinen nicht immer mit dem gerundeten Wert der linearen Lösung übereinstimmt. (Hier wäre die ganzzahlige Lösung bei 6665 PKW und 2667 LKW mit einem Gewinn von 69,332 Mio DM.)

Mögliche Zulässigkeitsbereiche X

(a) Unzulässiger Fall: $X = \emptyset$. Es gibt keinen zulässigen Punkt. Damit ist das Problem unlösbar. In unserer Abbildung 1.2 würde hier gefordert sein, dass ein Punkt bzgl. jeder Restriktion auf der schraffierten Seite liegt.

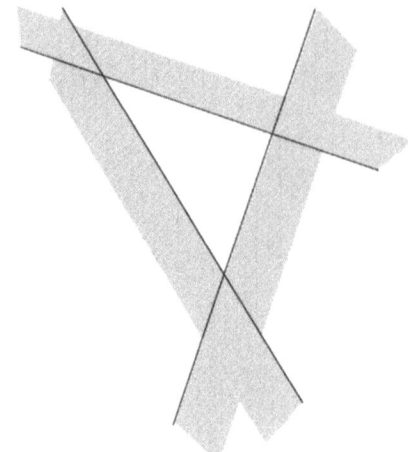

Abbildung 1.2: Unzulässigkeit

(b) Die Zielfunktion kann im Zulässigkeitsbereich beliebig groß werden. Das Maximierungsproblem ist also unbeschränkt. Bei Minimierung jedoch existiert ein Optimalpunkt x_*, vgl. dazu Abb. 1.3.

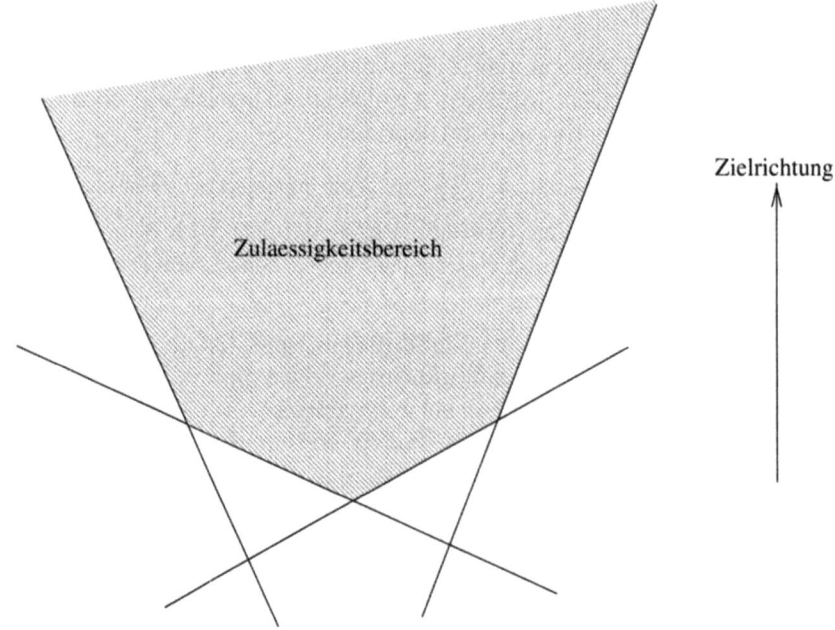

Abbildung 1.3: Unbeschränktheit des Zulässigkeitsbereichs

1.2. Beispiele für lineare Optimierungsprobleme

(c) Die Zielrichtung steht senkrecht auf einer Restriktionshyperebene, es gibt unendlich viele Optimalpunkte $x \in [x_1, x_2]$, vgl. dazu Abb. 1.4.

Abbildung 1.4: Mehrere Optimalpunkte

Erste grobe Strategie bei der Suche des Optimalpunktes

- Enumerieren aller möglichen Ecken (Schnittpunkten von n Restriktionshyperebenen) und Überprüfen auf Zulässigkeit, da unter den Optimalpunkten (fast immer) eine Ecke ist.

- Vergleichen der Zielfunktionswerte an den zulässigen Ecken und Suchen des maximalen Punktes.
  im $\mathbb{R}^2$: $\binom{m}{2}$ mögliche Ecken
  im $\mathbb{R}^n$: $\binom{m}{n}$ mögliche Ecken

1.3 Bezeichnungen, Schreibweisen und Abkürzungen

Mengen

Zahlenmengen: $\mathbb{N}, \mathbb{Z}, \mathbb{Q}, \mathbb{R}$. K steht für einen der angeordneten Körper $\mathbb{R}$ oder $\mathbb{Q}$.

$\subset$ und $\subseteq$ heißt *Teilmenge von*, $\subsetneq$ heißt *echte Teilmenge von*.

M sei eine Menge, $\wp(M)$ Potenzmenge von M und $M_n = M \times M \times \cdots \times M$ karthesisches Produkt bzw. Menge aller n-Tupel über M.

Vektoren und Matrizen

Vektoren $x = \begin{pmatrix} x^1 \\ \vdots \\ x^n \end{pmatrix}$ werden grundsätzlich als Spaltenvektoren aufgefasst.

Transponierte Vektoren $x^T = (x^1, x^2, \ldots, x^n)$ sind Zeilenvektoren.
$x^T y$ bezeichnet das Standard-Skalarprodukt zweier Vektoren x und y, also $x^T y = \sum_{i=1}^n x^i y^i$.

Obere Indizes bezeichnen die Komponenten, untere Indizes unterscheiden verschiedene Vektoren. Treten zusätzlich Exponenten auf, so wird dies durch Klammern verdeutlicht.

$\|\cdot\|$ bezeichnet die euklidische Norm: $\|x\| := \sqrt{(x^1)^2 + \ldots + (x^n)^2}$

Schreiben wir für Vektoren $x, y \in K^n$

$x > y$, dann ist $x^i > y^i$ für alle $i = 1, \ldots, n$.

$x \geq y$, dann ist $x^i \geq y^i$ für alle $i = 1, \ldots, n$.

$x \gneq y$, dann ist $x \geq y$ und $x^i > y^i$ für mindestens ein i.
Entsprechend verwendet man die Relationen $x < y$, $x \leq y$ und $x \lneq y$.

Mengenoperationen

S, T seien Mengen.
$S + T = \{x + y \mid x \in S, y \in T\}$
$S - T = \{x - y \mid x \in S, y \in T\}$
$\alpha S = \{\alpha x \mid x \in S\}$

Spezielle Vektoren aus K^n

$\mathbf{1} = \begin{pmatrix} 1 \\ \vdots \\ 1 \end{pmatrix}$, genauer $\mathbf{1}_n$, um auszudrücken, dass ein Vektor in K^n vorliegt.

Analog schreiben wir $\mathbf{0}_n$, wenn wir betonen wollen, dass der Nullvektor in K^n gemeint ist.

1.3. Bezeichnungen, Schreibweisen und Abkürzungen

e_j ist der j-te Einheitsvektor, d.h. $e_j^i = \begin{cases} 1, & i = j; \\ 0, & i \neq j. \end{cases}$

$K^{(m,n)}$ ist die Menge der $(m \times n)$-Matrizen über K.

Zu $A = \begin{pmatrix} a_{11} & a_{12} & \cdots & a_{1n} \\ a_{21} & a_{22} & \cdots & a_{2n} \\ \vdots & \vdots & & \vdots \\ a_{m1} & a_{m2} & \cdots & a_{mn} \end{pmatrix}$ bezeichnen wir die

i-te Zeile von A mit $A_{i\cdot}$, und die j-te Spalte von A mit $A_{\cdot j}$.
Diese Grössen werden tatsächlich als Zeilenvektoren bzw. Spaltenvektoren angesehen.

Oft ist es jedoch nötig, die Zeilen einer Matrix wie allgemeine Vektoren (also Spaltenvektoren) zu behandeln. Dazu übertragen wir die Inhalte von $A_{i\cdot}$ komponentenweise in einen Spaltenvektor a_i. Damit wird

$$A = \begin{pmatrix} a_1^T \\ \vdots \\ a_m^T \end{pmatrix} \in K^{(m,n)}$$

(die Matrix wird so als Komposition von Zeilenvektoren interpretiert).

Zeilenindex- und Spaltenindexvektoren für $A \in K^{(m,n)}$ sind Vektoren der Art

$I = \begin{pmatrix} i_1 \\ \vdots \\ i_p \end{pmatrix}$ mit $1 \leq i_1 < \cdots < i_p \leq m$, $i_k \in \{1, \ldots, m\}$ für alle $k = 1, \ldots, p$,

$J = \begin{pmatrix} j_1 \\ \vdots \\ j_q \end{pmatrix}$ mit $1 \leq j_1 < \cdots < j_q \leq n$, $j_l \in \{1, \ldots, n\}$ für alle $l = 1, \ldots, q$.

Damit wird $A_{IJ} = \begin{pmatrix} a_{i_1 j_1} & \cdots & a_{i_1 j_q} \\ \vdots & & \vdots \\ a_{i_p j_1} & \cdots & a_{i_p j_q} \end{pmatrix}$.

Diese Matrix wird zu A, falls $I = \begin{pmatrix} 1 \\ \vdots \\ m \end{pmatrix}$, $J = \begin{pmatrix} 1 \\ \vdots \\ n \end{pmatrix}$.

Spezielle Matrizen

$$\mathbf{1} = \begin{pmatrix} 1 & \cdots & 1 \\ \vdots & \ddots & \vdots \\ 1 & \cdots & 1 \end{pmatrix} \in K^{(m,n)} \text{ ist eine Einsmatrix, genauer } \mathbf{1}_{m,n}.$$

Analog schreiben wir $0_{m,n}$ für eine Nullmatrix in $K^{(m,n)}$.

$$E = \begin{pmatrix} 1 & & 0 \\ & \ddots & \\ 0 & & 1 \end{pmatrix} \in K^{(n,n)} \text{ ist eine Einheitsmatrix.}$$

Kombination von Vektoren, Hüllen und Unabhängigkeit

- Ein Vektor $x \in K^n$ heißt *lineare Kombination* einer Punktmenge $Y \subset K^n$, wenn gilt:
  Es gibt eine endliche Menge $\{y_1, \ldots, y_k\} \subset Y$ und $\lambda_1, \ldots, \lambda_k \in K$, so dass $x = \sum_{i=1}^{k} \lambda_i y_i$.

- Sind dabei alle $\lambda_i \geq 0, i = 1, \ldots, k$, dann heißt x eine *konische Kombination* von Y.

- Bei $\lambda_i > 0, i = 1, \ldots, k$, spricht man von einer *positiven Kombination* von Y.

- Bei $\sum_{i=1}^{k} \lambda_i = 1$ spricht man von einer *affinen Kombination* von Y.

- Bei $\sum_{i=1}^{k} \lambda_i = 1$ und $\lambda_i \geq 0, i = 1, \ldots, k$, spricht man von einer *konvexen Kombination* von Y.

Die folgenden Abkürzungen orientieren sich an den deutschen Bezeichnungen; die in der englischsprachigen Standardliteratur verwendeten Abkürzungen sind zusätzlich angegeben.

- Für eine nichtleere Teilmenge $Y \subset K^n$ bezeichnet LH(Y) die *lineare Hülle* von Y:
  LH(Y) = $\{x \in K^n \mid \exists \lambda_1, \ldots, \lambda_k \in K, y_1, \ldots, y_k \in Y \text{ mit } x = \sum_{i=1}^{k} \lambda_i y_i\}$ =: lin(Y).

- AH(Y) ist die *affine Hülle* von Y:
  AH(Y) = $\{x \in K^n \mid \exists \lambda_1, \ldots, \lambda_k \in K, y_1, \ldots, y_k \in Y \text{ mit } \sum_{i=1}^{k} \lambda_i = 1 \text{ und } x = \sum_{i=1}^{k} \lambda_i y_i\}$ =: aff(Y).

- KH(Y) bezeichnet die *konvexe Hülle* von Y:
  KH(Y) = $\{x \in K^n \mid \exists \lambda_1, \ldots, \lambda_k \in K, y_1, \ldots, y_k \in Y \text{ mit } \lambda_1, \ldots, \lambda_k \geq 0, \sum_{i=1}^{k} \lambda_i = 1 \text{ und } x = \sum_{i=1}^{k} \lambda_i y_i\}$ =: conv(Y).

- KK(Y) ist der *konvexe Kegel*, den Y aufspannt (die *konische Hülle* von Y).
  KK(Y) = $\{x \in K^n \mid \exists \lambda_1, \ldots, \lambda_k \in K, y_1, \ldots, y_k \in Y$ mit $\lambda_1, \ldots, \lambda_k \geq 0$
  und $x = \sum_{i=1}^{k} \lambda_i y_i\} =: \mathrm{cone}(Y)$.
  Achtung:
  Unterscheide KK(Y) vom *Kegel* $\{x \mid \exists y \in Y$ und $\lambda \geq 0$, so dass $x = \lambda y\}$.
  KK(Y) ist konvex im Gegensatz zum Kegel.

- Der Name einer Matrix wird oft zur Bezeichnung ihrer Spaltenmenge benutzt. So ist SR(A) der *Spaltenraum* von A. Entsprechend ist ZR(A) der *Zeilenraum* von A.
  Es gilt LH(A) = SR(A) und AH(A), KH(A), KK(A) $\subset$ SR(A), und für den Zeilenraum gilt ZR(A) = LH(A^T).

- Eine Menge $M \subset K^n$ heißt
  linearer Raum, falls $M = \mathrm{LH}(M)$,
  affiner Raum, falls $M = \mathrm{AH}(M)$,
  konvexe Menge, falls $M = \mathrm{KH}(M)$,
  konvexer Kegel, falls $M = \mathrm{KK}(M)$.

- Eine Teilmenge Y von K^n heißt *linear unabhängig*, wenn für alle Linearkombinationen gilt: $\sum_{i=1}^{k} \lambda_i y_i = 0 \Rightarrow \lambda_1, \ldots, \lambda_k = 0$.
  Ist $M \subset K^n$ ein linearer Unterraum, dann heißt die Elementanzahl der größten linear unabhängigen Teilmenge von M der *Rang* oder *Dimension* von M (dim M).
  Ist $M \subset K^n$ ein affiner Unterraum von K^n, dann ist die *(affine) Dimension* von M die Dimension des Differenzraumes zu AH(M).
  Also ist dim M = dim AH(M).
  Für den *Differenzraum* schreiben wir DR(M) bzw. DR(AH(M)).

- Eine Teilmenge $Y \subset K^n$ heißt *affin unabhängig*, wenn sich kein Element von Y als Affinkombination der anderen darstellen lässt. Man sagt auch: *die Elemente von Y sind in allgemeiner Lage*. Im K^n können nie mehr als $n+1$ Punkte in allgemeiner Lage sein.

- Der *affine Rang* von M ist die Maximalzahl der affin unabhängigen Vektoren aus M.
  Demnach gilt die Beziehung affine Dimension = affiner Rang -1.

1.4 Übungsaufgaben

Aufgabe 1.1 Fünf Reiter eines Reitvereins möchten an einem Dressurwettbewerb teilnehmen. Ihr Reitverein stellt fünf Schulpferde zur Verfügung. Die einzelnen Reiter kommen mit den verschiedenen Pferden unterschiedlich gut zurecht und haben damit auch unterschiedliche Gewinnchancen. Zudem verlangt das Reglement des Wettbewerbs, dass kein Reiter und kein Pferd mehrfach starten darf. Es

soll nun eine Zuordnung von Reitern zu Pferden gefunden werden, die die Summe
der Gewinnchancen maximiert.
Formulieren Sie dieses Problem als lineares, ganzzahliges Optimierungsproblem.

Aufgabe 1.2 Ein Zweitaktmotor wird mit einem Öl-Benzin-Gemisch betrieben.
Dabei ist zu beachten, dass dieses Gemisch mindestens 4 Prozent Öl enthält, aber
auch mindestens 85 Prozent Benzin. Das Gemisch soll möglichst kostengünstig
sein.
Formulieren Sie ein entsprechendes lineares Optimierungsproblem.

Aufgabe 1.3 Zeichnen Sie den Zulässigkeitsbereich des folgenden Optimierungsproblems. Geben Sie den Optimalpunkt und dessen Zielfunktionswert an.

$$\begin{aligned}
\max \quad & 2x^1 + x^2 \\
\text{unter} \quad & x^1 + x^2 \leq 5 \\
& 2x^1 + 3x^2 \leq 12 \\
& x^1 \leq 4 \\
& x^1, x^2 \geq 0
\end{aligned}$$

Aufgabe 1.4 Finden Sie notwendige und hinreichende Bedingungen für die reellen
Zahlen r, s und t, damit das lineare Optimierungsproblem

$$\begin{aligned}
\max \quad & x^1 + x^2 \\
\text{unter} \quad & rx^1 + sx^2 \leq t \\
& x^1, x^2 \geq 0
\end{aligned}$$

a) eine Optimallösung besitzt; b) unzulässig ist; c) unbeschränkt ist.

Aufgabe 1.5 Bestimmen Sie den Kegel und den konvexen Kegel (KK) der folgenden Mengen:

a) $\{x \in \mathbb{R}^2 \mid x^1 > 0, x^2 = 1\}$.

b) $\{x \in \mathbb{R}^2 \mid (x^1 \geq 0 \text{ und } x^2 \geq 0) \text{ oder } (x^1 \leq 0 \text{ und } x^2 \leq 0)\}$.

Aufgabe 1.6 Sei $Y \subset \mathbb{R}^n$. Zeigen Sie:

a) $\text{AH}(Y) = \text{LH}(Y) \iff 0 \in \text{AH}(Y)$.

b) Für alle $x, y \in \text{AH}(Y)$ gilt: $\text{AH}(Y) = x + \text{LH}(Y - y)$.

c) $\text{KK}(Y) = \text{LH}(Y) \iff$ für alle $x \in Y$ gilt: $-x \in \text{KK}(Y \setminus \{x\})$.

Kapitel 2
Lineare Ungleichungssysteme

2.1 Das Lemma von Farkas und andere Alternativsätze

Bevor wir eines der nützlichsten Instrumente für die Lineare Optimierung, das Farkas-Lemma, beweisen, ein kurzer Rückblick auf die Lösbarkeitstheorie linearer Gleichungssysteme aus der Linearen Algebra.

Satz 2.1 *Sei $A \in K^{(m,n)}$ und $b \in K^m$, dann sind folgende Aussagen äquivalent:*

I $Ax = b$ ist lösbar,
II für alle $z \in K^m$ mit $A^T z = 0$, ist $b^T z = 0$.

Beweis:

$I \to II$:
Sei $Ax = b$ und es gelte $A^T z = 0$. Dann folgt $b^T z = (Ax)^T z = x^T A^T z = 0$.

$II \to I$:
K^n ist endlichdimensionaler Vektorraum, also existieren orthogonale Komplemente. Aus $A^T z = 0$ folgt $b^T z = 0$. Steht also z senkrecht auf allen Spalten von A, dann auch auf b.
Also ist jedes $z \in \mathrm{SR}(A)^\perp$ ein Element von $\mathrm{LH}(b)^\perp$.
Es folgt $\mathrm{SR}(A)^\perp \subset \mathrm{LH}(b)^\perp$.
Bildet man hiervon das orthogonale Komplement, so ergibt sich
$(\mathrm{SR}(A)^\perp)^\perp \supset (\mathrm{LH}(b)^\perp)^\perp$.
Dies ist äquivalent zu $\mathrm{SR}(A) \supset \mathrm{LH}(b)$. Deshalb kann b als Linearkombination der Spalten von A geschrieben werden. □

Diese Tatsache kann auch in der Form eines Alternativsatzes geschrieben werden. In einem Alternativsatz werden zwei sich ausschließende Aussagen aufgelistet, von denen aber bei jeder Spezifizierung immer eine wahr ist.

Satz 2.2 *Alternativsatz für lineare Gleichungssysteme*
Sind $A \in K^{(m,n)}$ und $b \in K^m$, dann gilt folgende Alternative:

Entweder gilt I es existiert ein $x \in K^n$ mit $Ax = b$, d.h. $b \in \text{SR}(A)$,
oder II es existiert ein $z \in K^m$ mit $b^T z = 1$ $(b^T z \neq 0)$, aber $A^T z = 0$.
(II ist gleichbedeutend mit Rang A < Rang (A,b).)

Wir kommen nun zum wichtigsten Alternativsatz für lineare Ungleichungssysteme.

Satz 2.3 *Lemma von Farkas*

Entweder gilt I   es existiert ein $x \in K^n$ mit $Ax = b$ und $x \geq 0$
   oder II   es existiert ein $z \in K^m$ mit $A^T z \leq 0$ sowie $b^T z > 0$.

Beweis:

1. Zu zeigen ist, dass beide Aussagen unvereinbar sind.
   Wird I erfüllt durch ein x mit $Ax = b$ und $x \geq 0$, dann ist $b^T z = (Ax)^T z = x^T A^T z$.
   Ist aber gleichzeitig z ein Vektor, der II erfüllt, also $A^T z \leq 0$ und $x \geq 0$, dann ist $x^T A^T z \leq 0$ und somit $b^T z \leq 0$, und dies steht im Widerspruch zu II.

2. Zu zeigen ist nun noch, dass eine dieser Bedingungen auf jeden Fall gilt. Sollte also I nicht wahr sein, dann müssen wir die Gültigkeit von II nachweisen. Wir behandeln deshalb den Fall, dass kein x existiert, welches I erfüllt. Dies kann zwei Ursachen haben. Wir unterscheiden zwei Fälle.

   Wenn $Ax = b$ an sich schon unlösbar ist, dann erkennen wir: Nach Satz 2.2 gibt es ein $z \in K^m$ mit $b^T z = 1$ und $A^T z = 0$, also ist in diesem Fall schon die Gültigkeit von II gesichert.
   Deshalb müssen wir uns nur noch mit der folgenden Situation befassen: $Ax = b$ besitzt Lösungen, aber jede Lösung x hat mindestens eine negative Komponente.

   Mit vollständiger Induktion über die Dimension n beweisen wir die Induktionsbehauptung: Wenn $Ax = b$ lösbar ist, es aber keine Lösung hierfür mit $x \geq 0$ gibt, dann hat $A^T z \leq 0, b^T z > 0$ eine Lösung z.
   O.B.d.A. gelte dabei $A \neq 0$.
   Induktionsanfang: $n = 1$
   $A = A_{.1}$, $x = x^1$. Falls gilt $xA_{.1} = b$, dann ist $x < 0$ und $b \neq 0$. Wir setzen $z = b$. Es ist $b^T z = b^T b > 0$, aber $A_{.1}^T z = A_{.1}^T b = A_{.1}^T (A_{.1} x) = (A_{.1}^T A_{.1}) x < 0$, also $A^T z < 0$ für $z = b$ und $z^T b > 0$. Somit ist II gültig.
   Induktionsannahme: Die Aussage gelte für $k \leq n-1$ Spaltenvektoren.
   Induktionsschluss:
   Es gebe kein $x \geq 0$ mit $Ax = b$, d.h. $b \notin \text{KK}(A_{.1}, \ldots, A_{.n})$, also auch $b \notin \text{KK}(A_{.1}, \ldots, A_{.n-1})$. Nach der Induktionsannahme gibt es $v \in K^m$ mit $(A_{.1}, \ldots, A_{.n-1})^T v \leq 0$, aber $b^T v > 0$ (II).

2.1. Das Lemma von Farkas und andere Alternativsätze

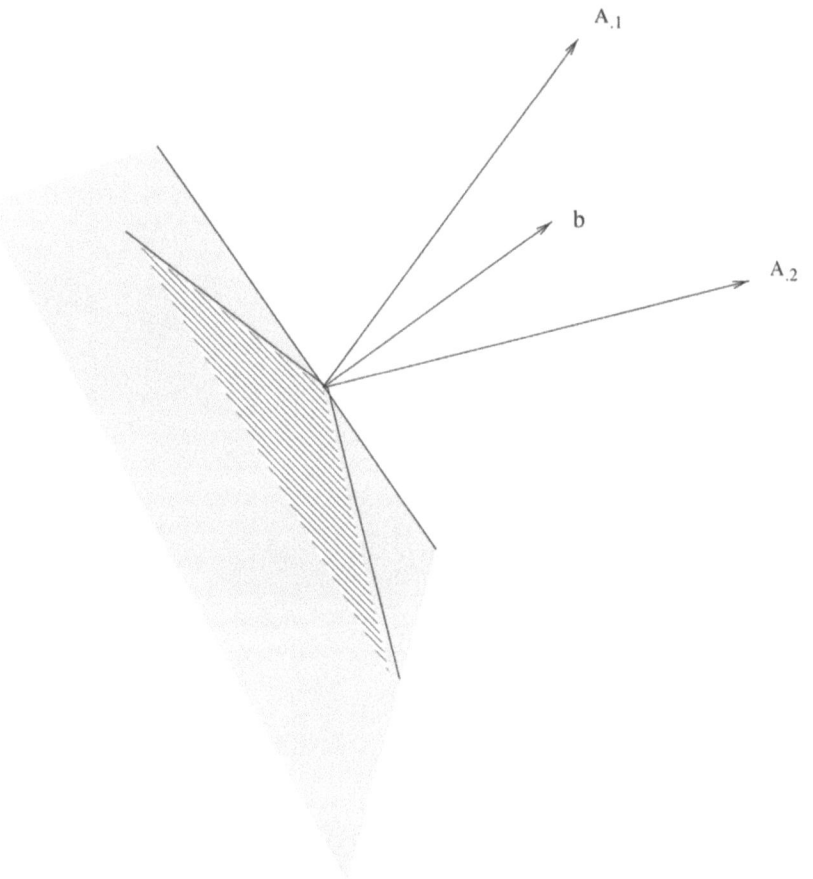

Abbildung 2.1: Alternative I im Farkas-Lemma

Geometrische Interpretation:
In Abbildung 2.1 ist der Bereich, in dem $A^T z \leq 0$ ist (der sogenannte Polarkegel), ganz enthalten im Bereich, in dem $b^T z \leq 0$ ist.

Wir wollen zeigen, dass dies auch noch bei $k = n$ der Fall ist.
Fall (i): $A_{.n}^T v \leq 0$, damit ist $A^T v \leq 0$, also das, was gebraucht wird.
Fall (ii): $A_{.n}^T v > 0$ und $(A_{.1}, \ldots, A_{.n-1})^T v \leq 0$ sowie $b^T v > 0$. Bei dieser Situation definieren wir für $i = 1, \ldots, n$

$$\begin{aligned} \bar{A}_{.i} &= (A_{.i}^T v) A_{.n} - (A_{.n}^T v) A_{.i} \text{ und} \\ \bar{b} &= (b^T v) A_{.n} - (A_{.n}^T v) b. \end{aligned}$$

(Man beachte, dass dann: $\bar{A}_{.i}^T v = 0 = \bar{b}^T v$.)
Es können wieder zwei Fälle auftreten:

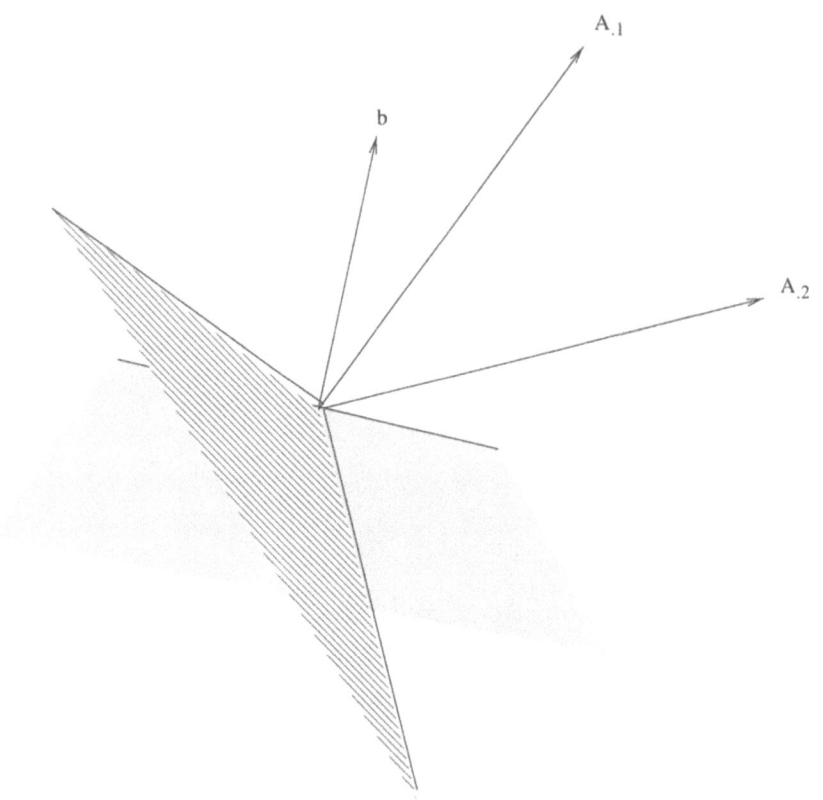

Abbildung 2.2: Alternative II im Farkas-Lemma

Abbildung 2.2 zeigt, dass der Kegel $A^T z \leq 0$ Punkte mit positivem Skalarprodukt auf b enthält, also $b^T z > 0$.

Fall a) $\bar{b} \in \text{KK}(\bar{A}_{.1}, \ldots, \bar{A}_{.n-1})$,
d.h. es gibt $\rho_1, \ldots, \rho_{n-1} \geq 0$ mit $\bar{b} = \sum_{i=1}^{n-1} \rho_i \bar{A}_{.i}$.
Also ist $b = -\frac{1}{A_{.n}^T v}\bar{b} + \frac{b^T v}{A_{.n}^T v} A_{.n} = -\frac{1}{A_{.n}^T v} \sum_{i=1}^{n-1} \rho_i \bar{A}_{.i} + \frac{b^T v}{A_{.n}^T v} A_{.n} =$
$-\frac{1}{A_{.n}^T v} \sum_{i=1}^{n-1} \rho_i [(A_{.i}^T v) A_{.n} - (A_{.n}^T v) A_{.i}] + \frac{b^T v}{A_{.n}^T v} A_{.n} =$
$\sum_{i=1}^{n-1} \rho_i A_{.i} + \sum_{i=1}^{n-1} \rho_i \frac{(-A_{.i}^T v)}{A_{.n}^T v} A_{.n} + \frac{b^T v}{A_{.n}^T v} A_{.n} \in \text{KK}(A_{.1}, \ldots, A_{.n})$.
Dies widerspricht dem Ansatz, denn alle Koeffizienten sind nicht negativ. Folglich kann dieser Unterfall ausgeschlossen werden.
Fall b) $\bar{b} \notin \text{KK}(\bar{A}_{.1}, \ldots, \bar{A}_{.n-1})$.
Nach Induktionsannahme gibt es ein $y \in K^m$, so dass $(\bar{A}_{.1}, \ldots, \bar{A}_{.n-1})^T y \geq 0$ und $\bar{b}^T y < 0$.
Setze nun $z = (-A_{.n}^T y) v + (A_{.n}^T v) y$, dann ist für $i = 1, \ldots, n-1$

2.1. Das Lemma von Farkas und andere Alternativsätze

$$A_{.i}^T z = A_{.i}^T[(-A_{.n}^T y)v + (A_{.n}^T v)y] = [-(A_{.i}^T v)A_{.n}^T + (A_{.n}^T v)A_{.i}^T]y = -\bar{A}_{.i}^T y \leq 0,$$
weil $\bar{A}_{.i}^T y \geq 0$.

$A_{.n}^T z = A_{.n}^T v(-A_{.n}^T y) + A_{.n}^T y(A_{.n}^T v) = 0$.

Damit steht schon fest, dass $A^T z \leq 0$. Außerdem ist $b^T z = b^T(-A_{.n}^T y)v + b^T y(A_{.n}^T v) = [(A_{.n}^T v)b - (b^T v)A_{.n}]^T y = -\bar{b}^T y > 0$, also auch $\bar{b}^T y < 0$.

Also gibt es ein geeignetes z. □

Dieses Ergebnis kann auf vielerlei Arten ausgedrückt werden, z.B.

Korollar 2.1

Entweder gilt I   es existiert ein x mit $Ax = -c$ und $x \geq 0$
oder II   es existiert ein z mit $A^T z \leq 0$ und $c^T z < 0$.

Korollar 2.2

Entweder gilt I   es existiert ein x mit $Ax = b$ und $x \geq 0$
oder II   es existiert ein y mit $A^T y \geq 0$ und $b^T y < 0$.

In Anlehnung an [37] geben wir nun weitere wichtige Alternativsätze an. Ein sehr hilfreiches Ergebnis stammt von Motzkin.

Satz 2.4 Motzkin
A, C, D seien gegebene (dimensionsverträgliche) Matrizen. A sei auf jeden Fall vorhanden, (gegebenenfalls 0, was dann zu II führt). Dann gilt:

Entweder I $Ax > 0$, $Cx \geq 0$, $Dx = 0$ hat eine Lösung x

oder II das System $\left\langle \begin{array}{c} A^T y_1 + C^T y_3 + D^T y_4 = 0 \\ y_1 \geq \neq 0, \ y_3 \geq 0 \end{array} \right\rangle$ hat eine Lösung $y = \begin{pmatrix} y_1 \\ y_3 \\ y_4 \end{pmatrix}$.

Beweis:
I ist äquivalent zur Existenz von x und $\delta > 0$, so dass $Ax \geq \delta \mathbf{1}$, $Cx \geq 0$, $Dx = 0$. Wir erweitern A, C, D um jeweils eine Spalte zu $\bar{A} = (A, -\mathbf{1})$, $\bar{C} = (C, 0)$, $\bar{D} = (D, 0)$. x wird zu $\tilde{x} = \begin{pmatrix} x \\ \delta \end{pmatrix}$ und wir setzen $\tilde{b} = e_{n+1}$, sowie

$\tilde{A} = \begin{pmatrix} -\bar{A} \\ -\bar{C} \\ \bar{D} \\ -\bar{D} \end{pmatrix} = \begin{pmatrix} -A & \mathbf{1} \\ -C & 0 \\ D & 0 \\ -D & 0 \end{pmatrix}$. Damit haben wir

$\begin{array}{rl} -Ax \ +\mathbf{1}\delta & \leq 0 \\ -Cx & \leq 0 \\ Dx & \leq 0 \\ -Dx & \leq 0 \end{array}$ und $e_{n+1}^T \begin{pmatrix} x \\ \delta \end{pmatrix} > 0$

$\Leftrightarrow \tilde{A}\tilde{x} \leq 0$ und $\tilde{b}^T \tilde{x} > 0$

Nach Farkas-Lemma (Satz 2.3) ist dies eine Alternative zu:
Es existiert ein z mit $\tilde{A}^T z = \tilde{b}$ und $z \geq 0$.

Schreibt man z als $\begin{pmatrix} z_1 \\ \vdots \\ z_4 \end{pmatrix} \geq 0$, dann ergibt sich:

$-z_1^T A - z_2^T C + (z_3 - z_4)^T D = 0^T = z_1^T A + z_2^T C + (z_4 - z_3)^T D$,

und in der letzten Spalte: $z_1^T \mathbf{1} = 1$.

Folglich ist $z_1 \neq 0$ und $z_1 \geq 0$, $z_2 \geq 0$, $z_4 - z_3 \in K$ und man kann $y_1 := z_1, y_3 := z_2, y_4 := z_4 - z_3$ setzen. Auf diese Weise erkennt man:

Das System $\left\langle \begin{array}{c} A^T y_1 + C^T y_3 + D^T y_4 = 0 \\ y_1 \geq \neq 0, \; y_3 \geq 0 \end{array} \right\rangle$ ist genau dann lösbar,

wenn $\tilde{A}^T z = \tilde{b}$, $z \geq 0$ lösbar ist. $\square$

Nun wollen wir auch nichthomogene Ungleichungen behandeln können.

Satz 2.5 *Nichthomogenes Farkas-Theorem*
Sei $A \in K^{(m,n)}$, $b \in K^n$, $c \in K^m$ und $\beta \in K$. Es gilt

entweder I $\quad b^T x > \beta$, $Ax \leq c$ ist lösbar mit $x \in K^n$

oder II $\left\langle \begin{array}{ll} A^T y = b, & c^T y \leq \beta, \; y \geq 0 \\ A^T y = 0, & c^T y < 0, \; y \geq 0 \end{array} \text{oder} \right\rangle$ besitzt eine Lösung $y \in K^m$.

Beweis:

I ist äquivalent zur Lösbarkeit von I' : $\left\langle \begin{array}{cc} b^T x - \beta \rho & > 0 \\ \rho & > 0 \\ -Ax + c\rho & \geq 0 \end{array} \right\rangle$.

(Man verlängere dazu x entsprechend.)
Nach Motzkin (Satz 2.4) ist dies eine Alternative zur Lösbarkeit von

II' : $\left\langle \begin{array}{c} \begin{pmatrix} b & 0 \\ -\beta & 1 \end{pmatrix} \begin{pmatrix} \eta_1 \\ \eta_2 \end{pmatrix} + \begin{pmatrix} -A^T \\ c^T \end{pmatrix} y_3 = 0 \\ y_1 = \begin{pmatrix} \eta_1 \\ \eta_2 \end{pmatrix} \geq \neq 0, \; y_3 \geq 0 \end{array} \right\rangle$.

Dies ist aber nur eine Umformulierung von II. Hier ist entweder $\eta_1 > 0$ (oder $\eta_1 = 0$ und folglich $\eta_2 > 0$).
Fall 1: $\eta_1 > 0$.
Wir setzen $y = \frac{y_3}{\eta_1}$, also $y \geq 0 \Leftrightarrow y_3 \geq 0$,
$b\eta_1 - A^T y_3 = 0 \Leftrightarrow b = A^T y$,
$-\beta\eta_1 + \eta_2 + c^T y_3 = 0 \Leftrightarrow \beta = c^T y + \frac{\eta_2}{\eta_1}$ und $\eta_2 \geq 0 \Leftrightarrow \beta \geq c^T y$.
Fall 2: $\eta_1 = 0$ und $\eta_2 > 0$.
Setze $y = y_3$, dann ist $-A^T y = 0$ und $\eta_2 + c^T y = 0$. Das bedeutet aber $c^T y < 0$, da ja hier $\eta_2 > 0$. $\square$

2.1. Das Lemma von Farkas und andere Alternativsätze

Satz 2.6 Gordan
Für eine gegebene Matrix $A \in K^{(m,n)}$ ist

  entweder I $Ax > 0$
  oder II $A^T y = 0$ mit $y \geq\neq 0$ lösbar.

Satz 2.7 Gale: Lösbarkeit eines Ungleichungssystems

  Entweder I $Ax \leq c$
    oder II $A^T y = 0$, $c^T y < 0, y \geq 0$ ist lösbar.

Beweis:
I ist äquivalent zur Existenz eines $\xi > 0$, so dass $\xi c - Ax \geq 0$ eine Lösung $\binom{x}{\xi}$ hat.
Dies ist gleichbedeutend mit $e_{n+1}^T \begin{pmatrix} x \\ \xi \end{pmatrix} > 0$ und $(\,-A \;\; c\,) \begin{pmatrix} x \\ \xi \end{pmatrix} \geq 0$.
Eine Alternative dazu ist nach Motzkin (Satz 2.4)

$$\left\langle \begin{array}{c} e_{n+1} y_1 + \begin{pmatrix} -A^T \\ c^T \end{pmatrix} y_3 = 0 \\ y_1 \geq\neq 0,\; y_3 \geq 0 \end{array} \right\rangle \;\Leftrightarrow\; A^T y_3 = 0 \text{ und } y_1 + c^T y_3 = 0$$

$$\Leftrightarrow\; c^T y_3 = -y_1 < 0.$$

Mit $y = y_3$ ergibt sich $y \geq 0$.   □

Satz 2.8 Gale: Nichtnegative Lösbarkeit eines Ungleichungssystems

  Entweder I $Ax \leq c,\; x \geq 0$
    oder II $A^T y \geq 0,\; c^T y < 0,\; y \geq 0$ ist lösbar.

Beweis:
Ersetze I durch $\tilde{A} x \leq \tilde{c}$ mit $\tilde{A} = \begin{pmatrix} A \\ -E \end{pmatrix}$ und $\tilde{c} = \begin{pmatrix} c \\ 0 \end{pmatrix}$, also gilt $\begin{pmatrix} A \\ -E \end{pmatrix} x \leq \begin{pmatrix} c \\ 0 \end{pmatrix}$.
Nach Satz 2.7 ist dies eine Alternative zu $\tilde{A}^T y = 0$, $\tilde{c}^T y < 0$ und $y \geq 0$.
Wir splitten y in zwei Teile, nämlich $y = \binom{y_1}{y_2} \geq 0$. $(A^T, -E^T) \binom{y_1}{y_2} = 0$ und $\tilde{c}^T y = c^T y_1 + 0^T y_2 = c^T y_1 < 0$. Das ist aber gleichbedeutend mit $y_1 \geq 0$, $A^T y_1 \geq 0$ und $c^T y_1 < 0$.
Daraus folgt die Behauptung, wenn wir nun $y := y_1$ setzen.   □

Satz 2.9 Stiemke: Strikt positive Lösbarkeit

  Entweder I $Ax = 0,\; x > 0$
    oder II $A^T y \geq\neq 0$ ist lösbar.

Beweis:
Wende Motzkin (Satz 2.4) an und setze $\tilde{A} = E \Leftrightarrow Ex > 0$, sowie $\tilde{D} = -A$, das heißt $\tilde{D} x = 0 \Leftrightarrow -Ax = 0$.
Alternative nach Motzkin ist $\tilde{A}^T y_1 + \tilde{D}^T y_4 = 0 \Leftrightarrow E^T y_1 - A^T y_4 = 0 \Leftrightarrow A^T y_4 = y_1,\; y_1 \geq\neq 0,\; y_4$ beliebig. Setze also $y = y_4$ und das bewirkt alles.   □

Satz 2.10 *Redundanzsatz*
$Ax \leq b$ definiere einen nichtleeren Zulässigkeitsbereich. Dann ist $c^T x \leq \gamma$ genau dann redundant bez. $Ax \leq b$ (d.h. die Ungleichung ist verzichtbar), wenn sich c als konische Kombination der Zeilen von A schreiben lässt und die entsprechende Kombination der b-Komponenten nicht mehr als γ liefert.

Beweis:
Satz 2.5 liefert die Alternativen

I es existiert ein x mit $c^T x > \gamma$, $Ax \leq b$

II es existiert ein $y \geq 0$ mit $c = A^T y$ und $b^T y \leq \gamma$ oder
   es existiert ein $y \geq 0$ mit $A^T y = 0$ und $b^T y < 0$.

Letzteres ist aber nach Satz 2.7 eine Alternative zu der nach Voraussetzung richtigen Aussage „es existiert ein x mit $Ax \leq b$", und scheidet bei unserer Voraussetzung aus, da es deshalb immer falsch sein muß. Infolgedessen bleiben bei $X \neq \emptyset$ nur die Alternativen

I es existiert ein x mit $c^T x > \gamma$ und $Ax \leq b$,

II es existiert ein $y \geq 0$ mit $c = A^T y$ und $b^T y \leq \gamma$. □

Der folgende Satz bildet die geometrische Grundlage der algorithmischen Lösung von linearen Optimierungsproblemen.

Satz 2.11 *Polarkegelsatz*
Zu einem linearen Optimierungsproblem

$$\max c^T x \text{ unter } Ax \leq b$$

sei ein Punkt x_0 gegeben, für den gilt: $Ax_0 \leq b$, $A_I x_0 = b_I$, $A_J x_0 < b_J$, $I \cup J = \{1, \ldots, m\}$.
Dann ist $c^T x_0$ unter der Nebenbedingung $Ax \leq b$ genau dann optimal, wenn gilt:
$c \in \text{KK}(a_i \mid i \in I) = \text{KK}(A_{i.}^T \mid i \in I)$.
($\text{KK}(a_i \mid i \in I)$ wird auch Polarkegel genannt).

Beweis:
$\Leftarrow$: Wenn gilt $c \in \text{KK}(a_i \mid i \in I)$, dann gibt es ein $u \in K^{\#(I)}$ mit $A_I^T u = c$, $u \geq 0$, das heißt die erste Alternative des Lemmas von Farkas 2.3 ist für die Matrix A_I^T und den Vektor c erfüllt. Also kann die zweite Alternative nicht gelten und es gibt kein z mit $A_I z \leq 0$ und $c^T z > 0$.
Wäre nun ein anderer Punkt y mit $Ay \leq b$ besser als x_0, d.h. $c^T y > c^T x_0$, dann müsste für die Differenz (die Bewegung) $z := y - x_0$ gelten $c^T z > 0$ und $A_I z \leq 0$. Das geht aber nicht.
$\Rightarrow$: wenn nun $c \notin \text{KK}(a_i \mid i \in I)$, dann gilt aus dem Lemma von Farkas Alternative II. Folglich gibt es nun ein z mit $c^T z > 0$ und $A_i z \leq 0$.
Wenn wir nun ein $\epsilon > 0$ klein genug wählen, so dass $A_J(x_0 + \epsilon z) \leq b_J$ bleibt, dann haben wir auch: $A_I(x_0 + \epsilon z) \leq b_I$ sowie $c^T(x_0 + \epsilon z) > c^T x_0$. Dann kann also x_0 nicht der Optimalpunkt sein. □

2.2 Darstellungsformen und Transformationen für lineare Optimierungsprobleme

Ein Optimierungsproblem kann auf sehr verschiedene Arten beschrieben werden. Dies kann Konsequenzen auf den Rechenaufwand haben. Um solche verschiedenen Beschreibungen handhaben zu können, befassen wir uns jetzt mit Transformationen zwischen Darstellungsformen.

Definition 2.1 *Ein System der Art*

$$
\begin{array}{ll}
Ax + By + Cz \leq a & A \in K^{(m_1,p)}, B \in K^{(m_1,q)}, C \in K^{(m_1,r)}, a \in K^{m_1} \\
Dx + Fy + Gz = b & D \in K^{(m_2,p)}, F \in K^{(m_2,q)}, G \in K^{(m_2,r)}, b \in K^{m_2} \\
Hx + Iy + Jz \geq c & H \in K^{(m_3,p)}, I \in K^{(m_3,q)}, J \in K^{(m_3,r)}, c \in K^{m_3} \\
x \quad\quad\quad\quad\quad \geq 0 & 0 \in K^p, \quad x \in K^p, \quad y \in K^q, \quad z \in K^r \\
\quad\quad\quad z \leq 0 & 0 \in K^r
\end{array}
$$

heißt Ungleichungssystem in allgemein(st)er Form.

Definition 2.2 *Zwei Ungleichungssysteme heißen transformationsidentisch, wenn sie sich durch folgende Maßnahmen ineinander überführen lassen.*

Umwandlungsmöglichkeiten zwischen Problemtypen

1. **Beschreibung einer Gleichung durch zwei Ungleichungen und umgekehrt:**
   $a^T x = \beta \Leftrightarrow a^T x \leq \beta$ und $a^T x \geq \beta$.

2. **Umwandlung einer $\geq$ in eine $\leq$ Beziehung und umgekehrt:**
   $a^T x \geq \beta \Leftrightarrow -a^T x \leq -\beta$.

3. **Einführung und Entfernung von Schlupfvariablen:**

   Es gelte i) $a^T x \leq \beta$, *dann kann man auch verlangen*
   ii) $a^T x + \gamma = \beta$, $\gamma \geq 0$.
   γ *heißt hier Schlupfvariable.*
   i) ist genau dann durch x erfüllt, wenn es zu x ein $\gamma \in K$ gibt, so dass $\binom{x}{\gamma}$ die Bedingung ii) erfüllt.
   Beachte:
   Aus einem Ungleichungssystem wird durch Einführung von Schlupfvariablen ein Gleichungssystem mit teilweiser Vorzeichenbedingung. Die Dimension des Raumes wächst dabei um die Dimension des Schlupfvariablenvektors an.

4. **Einführung und Entfernung von vorzeichenbeschränkten Variablen**
   x sei nicht vorzeichenbeschränkt.
   Setze $x = x_+ - x_-$ mit $x_+^i = \text{Max}\{x^i, 0\}$, $x_-^i = \text{Max}\{0, -x^i\}$.
   Statt $Ax = b$ schreibt man dann $Dw = d$, $w \geq 0$ mit $D = [A, -A]$ und $w = \binom{x_+}{x_-}$, $w \in K^{2n}$, $d = b$.

5. **Änderung von Vorzeichen oder Vorzeichenbeschränkungen**
   Man ersetzt eine Variable $x^i \geq 0$ durch eine Variable $z^i \leq 0$ bei gleichzeitiger Alternierung der betreffenden Spalte und umgekehrt. Dann liefert $A_{.i}x^i$ bei $x^i \geq 0$ den gleichen Beitrag wie $-A_{.i}z^i$ bei $z^i \leq 0$.
   Oder aber man ersetzt eine nicht vorzeichenbeschränkte Variable y^i durch die Variable $-y^i$ unter gleichzeitiger Alternierung der Spalte.

6. **Austausch zwischen Vorzeichenbedingung und Ungleichung**
   Vorzeichenbedingungen können auch in den Ungleichungen bereits erwähnt werden.

Bemerkung
All diese Transformationen haben die Eigenschaft, dass man aus dem Ergebnis der Transformation eines Punktes und der Angabe der ausgeführten Transformation jeweils den Ausgangspunkt in der ursprünglichen Darstellung rekonstruieren kann.

Bemerkung
Da Transformationsidentität eine reflexive, symmetrische und transitive Relation ist, kann man von einer Äquivalenzrelation sprechen.

Lemma 2.1 *Zu jedem System der Form*

$$\begin{array}{llll}
Ax + By + Cz \leq a & A \in K^{(m_1,p)}, & B \in K^{(m_1,q)}, & C \in K^{(m_1,r)}, \; a \in K^{m_1} \\
Dx + Fy + Gz = b & D \in K^{(m_2,p)}, & F \in K^{(m_2,q)}, & G \in K^{(m_2,r)}, \; b \in K^{m_2} \\
Hx + Iy + Jz \geq c & H \in K^{(m_3,p)}, & I \in K^{(m_3,q)}, & J \in K^{(m_3,r)}, \; c \in K^{m_3} \\
x \qquad\qquad \geq 0 & 0 \in K^p, & x \in K^p, & y \in K^q, \quad z \in K^r \\
\quad\; z \leq 0 & 0 \in K^r & &
\end{array}$$

gibt es eine transformationsidentische Darstellung des Zulässigkeitsbereichs in Ungleichungsform:

$$\begin{pmatrix} A & B & C \\ D & F & G \\ -D & -F & -G \\ -H & -I & -J \\ -E & 0 & 0 \\ 0 & 0 & E \end{pmatrix} \begin{pmatrix} x \\ y \\ z \end{pmatrix} \leq \begin{pmatrix} a \\ b \\ -b \\ -c \\ 0 \\ 0 \end{pmatrix} \quad :\Leftrightarrow \tilde{A}\tilde{x} \leq \tilde{b}.$$

Ebenso existiert eine transformationsidentische Darstellung in Gleichungsform mit Vorzeichenbedingungen:

$$\begin{pmatrix} A & B & -B & -C & E & 0 \\ D & F & -F & -G & 0 & 0 \\ H & I & -I & -J & 0 & -E \end{pmatrix} \begin{pmatrix} x \\ y_1 \\ y_2 \\ \bar{z} \\ s_1 \\ s_2 \end{pmatrix} = \begin{pmatrix} a \\ b \\ c \end{pmatrix}$$

mit $x \geq 0$, $y_1 \geq 0$, $y_2 \geq 0$, $\bar{z} \geq 0$, $s_1 \geq 0$, $s_2 \geq 0$ $\quad :\Leftrightarrow \tilde{A}\tilde{x} = \tilde{b}$ *mit* $\tilde{x} \geq 0$.

2.2. Darstellungsformen und Transformationen

Definition 2.3 Man spricht von zwei transformationsidentischen Optimierungsproblemen, wenn die zugehörigen Ungleichungssysteme transformationsidentisch sind und wenn die entsprechende Transformation auch auf die Zielfunktion angewandt worden ist. Außerdem wird noch der Übergang von der Maximierung der Zielfunktion zur Minimierung der entsprechenden negativen Zielfunktion zugelassen (und umgekehrt).

Definition 2.4 Wir erklären die kanonische Form eines Optimierungsproblems als

$$\max v^T x$$
$$\text{unter } Ax \leq b$$
$$\text{mit } v, x \in K^n, A \in K^{(m,n)}, b \in K^m$$

(kanonisch bezieht sich auf die Art der Beschreibung des Zulässigkeitsbereichs).

Definition 2.5 In der Literatur und bei Implementierungen spielt die sog. Standardform die Hauptrolle:

$$\max v^T x \; (\text{bzw. } \min v^T x)$$
$$\text{unter } Ax = b, \; x \geq 0.$$

Lemma 2.2 Zu einer kanonischen Darstellung gibt es immer eine äquivalente Standarddarstellung und umgekehrt.

Beweis:
Die kanonische Darstellung $\max v^T x$ unter $Ax \leq b$ sei gegeben.
Wir erhöhen die Dimension von n auf $2n + m$ und setzen

$$D := (A, -A, E_m), \; d := b \text{ und fordern } D \begin{pmatrix} r \\ s \\ t \end{pmatrix} = d \text{ sowie } r \geq 0, \; s \geq 0, \; t \geq 0.$$

Wenn x das Ungleichungssystem $Ax \leq b$ erfüllt, dann erfüllt der Vektor

$$\begin{pmatrix} x_+ \\ x_- \\ b - Ax_+ + Ax_- \end{pmatrix} \text{ die zweite Bedingung } D \begin{pmatrix} r \\ s \\ t \end{pmatrix} = d.$$

Wenn umgekehrt $\begin{pmatrix} r \\ s \\ t \end{pmatrix}$ die Bedingung $D \begin{pmatrix} r \\ s \\ t \end{pmatrix} = d = b$ mit $r \geq 0, s \geq 0, t \geq 0$
erfüllt, dann heißt dies:
$Ar - As + t = b$, folglich gibt es ein $\tilde{x} = r - s$, und ein $z := t \geq 0$, die zusammen $A\tilde{x} + z = b$ erfüllen, also hat man $A\tilde{x} \leq b$.
Es ist klar, dass $\tilde{x}$ eindeutig durch r und s bestimmt ist. Als neue Zielfunktion verwenden wir $\max(v^T r - v^T s)$.

Ebenso sieht man, dass die Standarddarstellung $\max v^T w$ unter $Dw = b$, $w \geq 0$ in die kanonische Form überführt werden kann mittels

$$\begin{array}{rcl} Dw & \leq & b \\ -Dw & \leq & -b \\ -Ew & \leq & 0 \end{array}, \text{ also } \tilde{A}w \leq \tilde{b} \text{ mit } \tilde{A} = \begin{pmatrix} D \\ -D \\ -E \end{pmatrix} \text{ und } \tilde{b} = \begin{pmatrix} b \\ -b \\ 0 \end{pmatrix}.$$

Hier bleibt der Zulässigkeitsbereich gleich. Die Aufblähung erfolgt diesmal über die Zahl der Restriktionen. Als Zielfunktion verwendet man einfach $\max v^T x$ weiter. □

Korollar 2.3 *In jeder Transformations-Äquivalenzklasse von Optimierungsproblemen befinden sich ein kanonisches und ein Standardproblem.*

2.3 Übungsaufgaben

Aufgabe 2.1 Beweisen Sie den folgenden Alternativsatz:

I: $\exists x : Ax \leq \neq c$

II: $\exists y : (A^T y = 0, c^T y = -1, y \geq 0) \vee (A^T y = 0, c^T y \leq 0, y > 0)$

Aufgabe 2.2 Es seien A, B, a, b dimensionsverträgliche Matrizen bzw. Vektoren. Dann gilt genau eine der beiden Alternativen:

I: $\exists x$ mit $Ax \leq a, Bx < b$.

II: 1) $\exists u \geq 0, v \geq \neq 0$ mit $u^T A + v^T B = 0, u^T a + v^T b \leq 0$ oder
2) $\exists u \geq 0$ mit $u^T A = 0, u^T a < 0$.

Aufgabe 2.3 Gegeben sei der folgende Zulässigkeitsbereich:

$$\begin{array}{rcl} x^1 + 2x^2 & \leq & 5 \\ -x^1 + 3x^2 & \leq & 3 \end{array}$$

Zeigen Sie für eine beliebige (zu maximierende) Zielfunktion $c^T x$ mit $c \in \mathbb{R}^2$ mit Hilfe des Lemmas von Farkas:
Entweder gilt $c \in \text{KK}\left(\begin{pmatrix} 1 \\ 2 \end{pmatrix}, \begin{pmatrix} -1 \\ 3 \end{pmatrix}\right)$ und es existiert eine Optimallösung, oder die Zielfunktion $c^T x$ lässt sich auf dem Zulässigkeitsbereich unbeschränkt verbessern.

Aufgabe 2.4

$$\max x^1 - 2x^3 - 2x^4$$
$$-7x^1 + 3x^2 \geq 6$$
$$5x^1 + 3x^3 - 4x^4 = 3$$
$$x^1 + 2x^2 - x^3 \leq 0$$
$$x^1 = 1, \ x^2 \geq 0, \ x^4 \leq 5$$

2.3. Übungsaufgaben

nach Transformation von	$By = d$	$By \leq d$	$By = d$, $y \geq 0$	$By \leq d$, $y \geq 0$
$Ax = b$	$B = A$ $d = b$ $y = x$	$B = \begin{pmatrix} A \\ -A \end{pmatrix}$ $d = \begin{pmatrix} b \\ -b \end{pmatrix}$ $y = x$	$B = (A, -A)$ $d = b$ $y = \begin{pmatrix} x_+ \\ x_- \end{pmatrix}$	$B = \begin{pmatrix} A & -A \\ -A & A \end{pmatrix}$ $d = \begin{pmatrix} b \\ -b \end{pmatrix}$ $y = \begin{pmatrix} x_+ \\ x_- \end{pmatrix}$
$Ax \leq b$		$B = A$ $d = b$ $y = x$	$B = (A, -A, E)$ $d = b$ $y = \begin{pmatrix} x_+ \\ x_- \\ b - Ax \end{pmatrix}$	$B = (A, -A)$ $d = b$ $y = \begin{pmatrix} x_+ \\ x_- \end{pmatrix}$
$Ax = b$ $x \geq 0$		$B = \begin{pmatrix} A \\ -A \\ -E \end{pmatrix}$ $d = \begin{pmatrix} b \\ -b \\ 0 \end{pmatrix}$ $y = x$	$B = A$ $d = b$ $y = x$	$B = \begin{pmatrix} A \\ -A \end{pmatrix}$ $d = \begin{pmatrix} b \\ -b \end{pmatrix}$ $y = x$
$Ax \leq b$ $x \geq 0$		$B = \begin{pmatrix} A \\ -E \end{pmatrix}$ $d = \begin{pmatrix} b \\ 0 \end{pmatrix}$ $y = x$	$B = (A, E)$ $d = b$ $y = \begin{pmatrix} x \\ b - Ax \end{pmatrix}$	$B = A$ $d = b$ $y = x$

Die leeren Felder sind normalerweise unmögliche Fälle.

Formulieren Sie das obige lineare Optimierungsproblem als

   a) Minimierungsproblem;
   b) Problem in Ungleichungsform mit Vorzeichenbedingungen;
   c) Problem in Standardform;
   d) Problem in kanonischer Form.

Kapitel 3
Grundlagen der Polyedertheorie

3.1 Konvexität

Unser Ziel ist es, die Geometrie von linearen Optimierungsaufgaben vollständig zu verstehen und daraus für die algebraische und arithmetische Lösung die richtigen Konsequenzen zu ziehen. Dementsprechend beschäftigen wir uns zunächst mit einer wichtigen Eigenschaft des Zulässigkeitsbereichs von linearen Optimierungsproblemen, der Konvexität.

Definition 3.1 *Eine Menge $X \subset K^n$ heißt konvex, wenn mit zwei Punkten x_1 und x_2 aus X auch alle Punkte $\lambda x_1 + (1-\lambda)x_2$ zu X gehören ($\lambda \in [0,1]$). Man schreibt auch $[x_1, x_2] \subset X$. Mit $[x_1, x_2]$ beschreibt man das Liniensegment zwischen x_1 und x_2.*

Beispiel für konvexe Mengen im K^n:
$\{x \mid a^T x = \beta\}$ mit $a \in K^n$, $\beta \in K$ (Hyperebene)
$\{x \mid a^T x \leq \beta\}$ (abgeschlossener Halbraum)

Bemerkung
Der Durchschnitt beliebig vieler konvexer Mengen ist konvex.

Lemma 3.1 *Sei S eine Teilmenge von K^n. Dann ist $\mathrm{KH}(S)$ die kleinste konvexe Menge, die S enthält.*

Beweis:

1. $\mathrm{KH}(S) = \{x \mid \exists \lambda_1, \ldots, \lambda_k \in K,\ x_1, \ldots, x_k \in S, \lambda_i \geq 0\ \forall 1 \leq i \leq k,\ \sum_{i=1}^{k} \lambda_i = 1,\ x = \sum_{i=1}^{k} \lambda_i x_i\}$
   $y, z \in \mathrm{KH}(S)$ seien gegeben.
   Zu zeigen ist: $[y, z] \subset \mathrm{KH}(S)$.
   y und z lassen sich als endliche Konvexkombinationen von S schreiben. Wähle $\{x_1, \ldots, x_k\}$ als Vereinigungsmenge der dabei benutzten S–Elemente.

Dann gilt: $y = \lambda_1 x_1 + \ldots + \lambda_k x_k \in \mathrm{KH}(S)$, $\sum \lambda_i = 1, \lambda_i \geq 0 \, \forall i$,
$z = \mu_1 x_1 + \ldots + \mu_k x_k \in \mathrm{KH}(S)$, $\sum \mu_i = 1, \mu_i \geq 0 \, \forall i$
(falls ein x_i nicht gebraucht wird, ist μ_i bzw. $\lambda_i = 0$).
Betrachte einen Zwischenpunkt $\rho y + (1-\rho)z$, $0 \leq \rho \leq 1$, also
$[\rho \lambda_1 + (1-\rho)\mu_1] x_1 + \ldots + [\rho \lambda_k + (1-\rho)\mu_k] x_k$.
Hier gilt $[\rho \lambda_i + (1-\rho)\mu_i] \geq 0$ und
$\sum_{i=1}^{k}[\rho \lambda_i + (1-\rho)\mu_i] = \rho \sum_{i=1}^{k} \lambda_i + (1-\rho) \sum_{i=1}^{k} \mu_i = \rho + (1-\rho) = 1$ und
somit $\rho y + (1-\rho)z \in \mathrm{KH}(S)$.

2. Zu zeigen ist: jede konvexe Menge, die S enthält, enthält auch ganz $\mathrm{KH}(S)$.
Sei jetzt M konvex, $S \subset M$.
Induktionsbehauptung:
M enthält alle Konvexkombinationen von k Punkten aus S.
Induktionsanfang:
$k=1$ trivial; $k=2$ leicht verifizierbar mit der Definition von Konvexität
Induktionsannahme:
Für k Punkte aus S gelte die Behauptung, also wenn $\sum_{i=1}^{k} \lambda_i x_i = x$
mit $\sum_{i=1}^{k} \lambda_i = 1$, $\lambda_i \geq 0$, $x_i \in S$, dann folgt $x \in M$.
Induktionsschluss:
Sei $y = \mu_1 x_1 + \ldots + \mu_k x_k + \mu_{k+1} x_{k+1}$, $\sum_{i=1}^{k+1} \mu_i = 1$, $\mu_i \geq 0$. Zu zeigen ist: $y \in M$.
$y = [\mu_1 x_1 + \ldots + \mu_k x_k] + \mu_{k+1} x_{k+1} = \mu_{k+1} x_{k+1} + (1-\mu_{k+1}) \frac{1}{1-\mu_{k+1}} [\mu_1 x_1 + \ldots + \mu_k x_k]$.
O.B.d.A. sei $\mu_{k+1} \neq 1$ (sonst trivial).
Nun ist aber $\frac{1}{1-\mu_{k+1}}[\mu_1 x_1 + \ldots + \mu_k x_k] = \sum_{i=1}^{k} \frac{\mu_i}{1-\mu_{k+1}} x_i = r \in M$ wegen
$\sum_{i=1}^{k} \frac{\mu_i}{1-\mu_{k+1}} = \frac{\mu_1 + \ldots + \mu_k}{1-\mu_{k+1}} = \frac{1-\mu_{k+1}}{1-\mu_{k+1}} = 1$, $\frac{\mu_i}{1-\mu_{k+1}} \geq 0 \, \forall i$ und der Induktionsannahme.
Die Konvexkombination zweier Punkte von M, nämlich von x_{k+1} und r, liegt auch in M. □

Definition 3.2 Sei M eine konvexe Menge. $x \in M$ heißt Extremalpunkt von M, wenn es unmöglich ist, x als echte Konvexkombination von verschiedenen Elementen aus M darzustellen, d.h. aus $x = \lambda x_1 + (1-\lambda) x_2$ mit $0 < \lambda < 1$ folgt $x_1 = x_2 = x$.

Beispiel (vgl. Abbildung 3.1)

Definition 3.3 Eine Menge $H \subset K^n$ heißt Hyperebene, wenn es einen Vektor $a \in K^n \setminus \{0\}$ und ein $\beta \in K$ gibt, so dass $H = \{x \in K^n \mid a^T x = \beta\}$. Dabei heißt a Normalenvektor zu H.

Bemerkung
Eine Hyperebene H ist also ein affiner Unterraum der Dimension $n-1$. Wählt

3.1. Konvexität   33

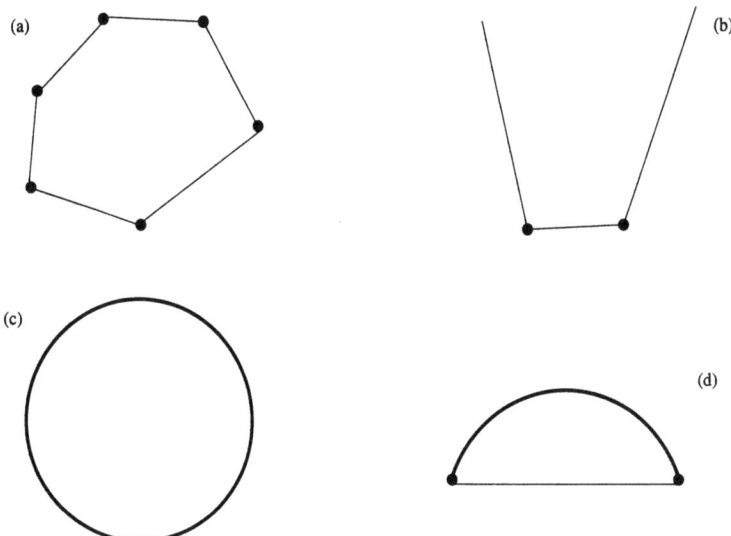

Abbildung 3.1: Extremalpunkte

man einen speziellen Punkt $x_0 \in H$, dann gilt für alle $x \in H$: $(x - x_0)^T a = 0$ und $x = x_0 + z$ mit $z \in \mathrm{DR}(H)$.

Definition 3.4 Eine Teilmenge $\mathrm{HR} \subset K^n$ heißt Halbraum, falls es einen Vektor $a \in K^n \setminus \{0\}$ und ein $\beta \in K$ gibt, so dass $\mathrm{HR} = \{x \mid a^T x \leq \beta\}$. Dann heißt $H = \{x \mid a^T x = \beta\}$ die HR begrenzende Hyperebene.

Bezeichnung
Durch H werden folgende Halbräume begrenzt: $\mathrm{HR}(a, \beta, \leq)$, $\mathrm{HR}(a, \beta, \geq)$, sowie $\mathrm{Int}\,\mathrm{HR}(a, \beta, \leq) = \mathrm{HR}(a, \beta, <)$, $\mathrm{Int}\,\mathrm{HR}(a, \beta, \geq) = \mathrm{HR}(a, \beta, >)$.

Definition 3.5 Ist $\bar{x}, d \in K^n$ und $d \neq 0$, dann nennt man eine Punktmenge $\{x \mid x = \bar{x} + \lambda d,\ \lambda \geq 0,\ \lambda \in K\}$ eine Halbgerade. $\bar{x}$ heißt die Ecke bzw. der Eckpunkt der Halbgeraden und d heißt Richtungsvektor der Halbgeraden.

Definition 3.6 Es sei $M \subset K^n$ eine beliebige Menge und $d \neq 0$, $d \in K^n$. Gibt es dann ein $\bar{x} \in M$, so dass $\{x \mid x = \bar{x} + \lambda d,\ \lambda \geq 0\} \subset M$, dann heißt d eine freie Richtung von M.

Bemerkung
Wenn M beschränkt ist, dann besitzt M keine freie Richtung.
Wenn eine freie Richtung existiert, dann ist M unbeschränkt.

Lemma 3.2 Ist $M \subseteq \mathbb{R}^n$ eine abgeschlossene, konvexe Menge, und ist d eine freie Richtung von M, dann gilt für alle $x_0 \in M$:
Die Halbgerade $\{x \mid x = x_0 + \lambda d,\ \lambda \geq 0\}$ liegt ganz in M.

Beweis:
Da d freie Richtung ist, muss es ein $\bar{x}$ geben, so dass $\bar{x} + \lambda d \in M$ für alle $\lambda \geq 0$.
Sei nun $x_0 \in M$ beliebig, also $[\bar{x}, x_0] \subset M$, da M konvex ist. Außerdem ist
$[\bar{x} + \lambda d, x_0] \subset M$ für alle $\lambda \geq 0$. Betrachte die Folge $(\bar{x} + \lambda nd)_{n \in \mathbb{N}} \in M$.
Es gilt $[x_0, \bar{x} + \lambda nd] \subset M$. Betrachte nun die Folge von Konvexkombinationen aus diesem Intervall: $(1 - \frac{1}{n})x_0 + \frac{1}{n}(\bar{x} + \lambda nd) \in M$, also $(x_0 + \frac{1}{n}[\bar{x} - x_0] + \lambda d)_{n \in \mathbb{N}} \in M$.
$\mathbb{R}^n$ ist vollständig, M abgeschlossen, also besitzt eine konvergente Folge in M einen Grenzpunkt. Es folgt somit, dass $x_0 + \lambda d \in M$ für alle $\lambda \geq 0$. □

Lemma 3.3 *M sei eine konvexe Menge, D die zugehörige Menge aller freien Richtungen d. Dann ist D konvex.*

Beweis:
Sei d eine freie Richtung zu x, und sei $\bar{d}$ eine freie Richtung zu $\bar{x}$. Dann gilt für alle $0 \leq \lambda \leq 1$: Zu $\tilde{x} = \lambda x + (1-\lambda)\bar{x}$ ist $\tilde{d} = \lambda d + (1-\lambda)\bar{d}$ eine freie Richtung.
Denn für alle $\rho \geq 0$ gilt:

$$\tilde{x} + \rho\tilde{d} = \lambda x + \lambda\rho d + (1-\lambda)\bar{x} + (1-\lambda)\rho\bar{d} = \lambda(x + \rho d) + (1-\lambda)(\bar{x} + \rho\bar{d})$$
$$\in \text{KH}(M) = M.$$
□

Definition 3.7 *Eine freie Richtung d einer konvexen Menge M heißt extremal, wenn sie nicht als Positivkombination zweier verschiedener freier Richtungen aus M dargestellt werden kann. Dabei heißen die Richtungen d_1 und d_2 verschieden, wenn es kein $\rho > 0$ gibt mit $d_1 = \lambda d_2$.*
Formal kann man dies so ausdrücken:
$\exists \rho_1 > 0, \rho_2 > 0$ mit $d = \rho_1 d_1 + \rho_2 d_2 \Rightarrow \exists \mu_1 > 0 : d = \mu_1 d_1$ oder $\exists \mu_2 > 0 : d = \mu_2 d_2$.

Definition 3.8 *Ein konvexer Kegel C ist eine konvexe Menge mit der Zusatzeigenschaft, dass $\lambda x \in C$ für alle $\lambda \geq 0$ und $x \in C$.*

Lemma 3.4 *Sei S eine Menge in K^n. Dann ist $\text{KK}(S)$ der kleinste konvexe Kegel, der S enthält.*

Beweis:

1. $\text{KK}(S)$ ist nach Definition ein konvexer Kegel, der S enthält.

2. Zu zeigen ist, dass es keinen kleineren konvexen Kegel M als $\text{KK}(S)$ gibt, der S enthält.
   Gehört $\bar{x} = \sum_{i=1}^{p} \bar{\lambda}_i z_i$, $\bar{\lambda}_i \geq 0$, $z_i \in S$ nicht zu M, dann umfasst M zwar $z_1, \ldots, z_p$, nicht aber $\sum_{i=1}^{p} \bar{\lambda}_i z_i \frac{1}{\sum \bar{\lambda}_i}$, $\sum_{i=1}^{p} \bar{\lambda}_i \neq 0$. D.h. es gibt eine Konvexkombination, die nicht in M liegt, also war M im Gegensatz zur Annahme nicht konvex. Es folgt, dass es keinen kleineren konvexen Kegel als $\text{KK}(S)$ gibt. □

3.2 Der Satz von Caratheodory

Wir werden eine Möglichkeit kennenlernen, die Punkte einer konvexen Menge mit nur wenigen Angaben zu beschreiben.

Erinnerung:
Für eine beliebige Menge T aus K^n gilt:
$\dim T = \dim \text{AH}(T) = \dim \text{DR}(\text{AH}(T)) = $ affiner $\text{Rang}(T) - 1$.

Hilfssatz *Sei S eine beliebige Menge in K^n. Dann gilt:*
$\dim \text{KH}(S) \leq \dim \text{KK}(S) \leq \dim \text{KH}(S) + 1$ *und*
$\dim \text{KH}(S) = \dim \text{KK}(S)$, *falls* $0 \in \text{AH}(S)$,
$\dim \text{KH}(S) = \dim \text{KK}(S) - 1$, *falls* $0 \notin \text{AH}(S)$.

Beweis:
Klar ist, dass gilt: $\dim \text{KH}(S) = \dim \text{AH}(S)$ und $\dim \text{KK}(S) = \dim \text{LH}(S)$. Betrachte den Differenzraum von $\text{AH}(S) : \text{DR}(\text{AH}(S))$.
Eine Basis hierzu sei $w_1, \ldots, w_k$ mit $\dim \text{KH}(S) = k$. x_0 sei ein Verankerungspunkt von $\text{AH}(S)$.
$\text{AH}(S) = x_0 + \text{LH}(w_1, \ldots, w_k)$. Folglich gibt es für alle $y \in \text{AH}(S)$ folgende Darstellung: $y = x_0 + \delta_1 w_1 + \ldots + \delta_k w_k$, δ_i beliebig in K.
Man zeigt nun, dass $\text{LH}(S)$ bereits durch die Vektoren $x_0, w_1, \ldots w_k$ erzeugt wird. Außerdem gilt $\text{AH}(S) \subset \text{LH}(S)$, und $\dim \text{LH}(S)$ ist höchstens um eins größer als $\dim \text{AH}(S)$. Sei also $z \in \text{LH}(S)$, das heißt
$z = \lambda_1 s_1 + \ldots + \lambda_r s_r = \lambda_1 [x_0 + \delta_1^1 w_1 + \ldots + \delta_k^1 w_k] + \ldots + \lambda_r [x_0 + \delta_1^r w_1 + \ldots + \delta_k^r w_k] = (\lambda_1 + \ldots + \lambda_r) x_0 + [\lambda_1 \delta_1^1 + \ldots + \lambda_r \delta_1^r] w_1 + \ldots + [\lambda_1 \delta_k^1 + \ldots + \lambda_r \delta_k^r] w_k$.
Wir wissen jetzt:

$$k = \underset{\dim \text{KH}(S)}{\underset{\|}{\dim \text{AH}(S)}} \leq \underset{\dim \text{KK}(S)}{\underset{\|}{\dim \text{LH}(S)}} \leq \underset{\dim \text{KH}(S) + 1}{\underset{\|}{\dim \text{AH}(S) + 1}} = k+1$$

Um zu entscheiden, welche Ungleichung in obiger Abschätzungskette straff ist, unterscheidet man:

1. x_0 ist als Linearkombination von $w_1, \ldots, w_k$ darstellbar, also $\dim \text{LH}(S) = k$. $x_0 \in \text{AH}(S)$ und $x_0 \in \text{DR}(\text{AH}(S))$, also auch $-x_0 \in \text{DR}(\text{AH}(S))$ und $0 \in \text{AH}(S)$.

2. $x_0, w_1, \ldots, w_k$ sind linear unabhängig, also $\dim \text{LH}(S) = k+1$. $x_0 \in \text{AH}(S)$, $\text{AH}(S) = x_0 + \text{LH}(w_1, \ldots, w_k)$, $x_0 \notin \text{DR}(w_1, \ldots, w_k)$, folglich ist $-x_0 \notin \text{LH}(w_1, \ldots, w_k)$, also gilt $0 = x_0 + (-x_0) \notin \text{AH}(S)$. □

Satz 3.1 *Satz von Caratheodory für konvexe Kegel*
S sei eine Teilmenge von K^n und $d = \dim \text{KK}(S)$. Dann gibt es zu jedem $x \in \text{KK}(S)$ d Punkte $s_1, \ldots, s_d \in S$, so dass gilt: $x \in \text{KK}(s_1, \ldots, s_d)$.

Beweis:
Der Nachweis für $d = 0$ und $x = 0$ ist trivial. Sei also $d \geq 1$ und $x \in \text{KK}(S)$.
Dann gibt es $\rho_1, \ldots, \rho_r \geq 0$ und $s_1, \ldots, s_r \in S$, so dass $x = \sum_{i=1}^{r} \rho_i s_i$.
1.Fall: $r \leq d$, die Behauptung ist demnach für x gültig.
2.Fall: $r > d$.
Im Folgenden wird gezeigt, dass man bereits mit $r - 1$ Punkten aus $s_1, \ldots, s_r$ auskommt, o.B.d.A. sei ein $\rho_i > 0$.
Ist $d < r$, dann ist $\{s_1, \ldots, s_r\}$ eine linear abhängige Menge, es gibt also $\lambda_1, \ldots, \lambda_r$ mit $0 = \sum_{i=1}^{r} \lambda_i s_i$ und $\lambda_i \neq 0$ für mindestens ein i.
Definiere $\theta = \text{Min}\{\frac{\rho_i}{\lambda_i} \mid \lambda_i > 0\} = \frac{\rho_j}{\lambda_j}, \lambda_j > 0$. Außerdem sei $\eta_i = \rho_i - \theta \lambda_i, i \leq r$.
Bei $\lambda_i \leq 0$ haben wir: $\eta_i = \rho_i - \theta \lambda_i \geq \rho_i \geq 0$.
Bei $\lambda_i > 0$ haben wir: $\eta_i = \rho_i - \frac{\rho_j}{\lambda_j} \lambda_i \geq \rho_i - \frac{\rho_i}{\lambda_i} \lambda_i = 0$.
Ist $i = j$, dann ist $\eta_j = \rho_j - \frac{\rho_j}{\lambda_j} \lambda_j = 0$, also ist ein $\eta_i = 0$, alle anderen sind ≥ 0.
Deshalb gilt
$x = x - 0 = \sum_{i=1}^{r} \rho_i s_i - \theta \sum_{i=1}^{r} \lambda_i s_i = \sum_{i=1}^{r} [\rho_i - \theta \lambda_i] s_i = \sum_{i=1, i \neq j}^{r} \eta_i s_i$ mit $\eta_i \geq 0$, also genügen $r - 1$ Punkte, um x konisch zu erzeugen.
Nun verfährt man analog bei $r - 1 \to r - 2 \to \ldots \to d$ und bestätigt so die Behauptung. □

Satz 3.2 *Satz von Caratheodory für konvexe Mengen*
Sei S eine Teilmenge von K^n und $\dim S = d$. Dann existieren zu jedem $x \in \text{KH}(S)$ $d + 1$ Punkte $s_1, \ldots, s_{d+1}$, so dass $x \in \text{KH}(s_1, \ldots, s_{d+1})$.

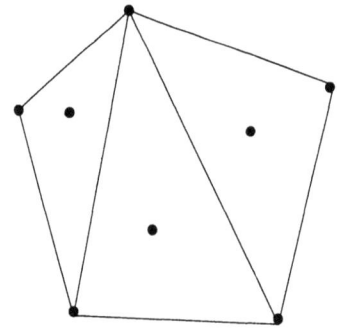

Abbildung 3.2: Satz von Caratheodory

Bei $d = 2$ kann jeder Punkt in $\text{KH}(S)$ durch $d + 1 = 3$ Punkte aus S konvex erzeugt werden.

Beweis:
Betrachte statt S die Menge $\tilde{S} = \{\binom{y}{1} \in K^{n+1} \mid y \in S\} \subset K^{n+1}$. Hier ist $0 \notin \text{AH}(\tilde{S})$, und für jeden Verankerungspunkt x_0 gilt: $x_0 \notin \text{DR}(\text{AH}(S))$. Somit ist $\dim \text{KH}(\tilde{S}) = \dim \text{KK}(\tilde{S}) - 1$.

$\dim \mathrm{KH}(\tilde{S}) = \dim \mathrm{AH}(\tilde{S}) = \dim \mathrm{DR}(\mathrm{AH}(\tilde{S}))$.
$\mathrm{DR}(\mathrm{AH}(\tilde{S})) = \{z \mid z = \binom{x}{1} - \binom{y}{1},\ x, y \in \mathrm{AH}(S)\}$, also hat jedes $z \in \mathrm{DR}(\mathrm{AH}(\tilde{S}))$ eine 0 in der letzten Komponente.
$\{z \mid z = \binom{x-y}{0}\} = \{\binom{u}{0} \mid u \in \mathrm{DR}(\mathrm{AH}(S))\}$. Daher haben wir

$$\begin{aligned}\dim \mathrm{KH}(\tilde{S}) &= \dim \mathrm{AH}(\tilde{S}) = \dim \mathrm{DR}(\mathrm{AH}(\tilde{S})) \\ &= \dim \mathrm{DR}(\mathrm{AH}(S)) = \dim \mathrm{AH}(S) = d\,.\end{aligned}$$

Aber nach dem vorigen Hilfssatz gilt:
$\dim \mathrm{AH}(\mathrm{KK}(\tilde{S})) = \dim(\mathrm{LH}(\tilde{S})) = \dim \mathrm{KH}(\tilde{S}) + 1 = \dim \mathrm{KH}(S) + 1 = d + 1$.
Also existieren $d+1$ Punkte der Form $\binom{s_i}{1}$, so dass ein gegebenes $\binom{x}{1}$ mit $x \in \mathrm{KH}(S)$ im Kegel $\{\binom{s_1}{1}, \ldots, \binom{s_{d+1}}{1}\}$ liegt. Es gilt somit $\binom{x}{1} = \sum_{i=1}^{d+1} \rho_i \binom{s_i}{1}$. Für die letzte Komponente bedeutet dies: $1 = \sum_{i=1}^{d+1} \rho_i$, also ist x Konvexkombination von $s_1, \ldots, s_{d+1}$. □

Die Vorgehensweise im letzten Beweis (Dimensionssteigerung um 1 zur Beweisführung) nennen wir „Homogenisierung".

3.3 Polyeder und polyedrische Kegel

Im folgenden werden die für die lineare Optimierung wichtigsten konvexen Mengen betrachtet, nämlich Polyeder bzw. polyedrische Kegel.

Definition 3.9 *Eine Teilmenge $P \subset K^n$ heißt* Polyeder, *wenn es ein $m \in \mathbb{N}$, eine Matrix $A \in K^{(m,n)}$ sowie einen Vektor $b \in K^m$ gibt mit $P = \{x \in K^n \mid Ax \leq b\}$.*

Bezeichnung
Um zu verdeutlichen, dass P von A und b abhängt, schreiben wir $P = P(A, b)$. Ist P beschränkt, dann sprechen wir von einem *Polytop*. Also ist jedes Polytop ein Polyeder, aber nicht umgekehrt.

Bemerkungen

1. Halbräume sind Polyeder ($m = 1$).

2. Die leere Menge ist ein Polyeder: $\emptyset = \{x \mid 0^T x \leq -1\}$.

3. K^n ist ein Polyeder: $K^n = \{x \mid 0^T x \leq 0\}$.

4. Sind bei $P(A, b)$ alle Zeilen $A_{i\cdot}$ von A ungleich Null, dann ist $P(A, b)$ Durchschnitt von m Halbräumen. Gibt es in A Nullzeilen, dann ist entweder $P(A, b) = \emptyset$ (falls entsprechendes $b_i < 0$) oder die Nullzeile ist entbehrlich (Ungleichung beschreibt K^n).

5. Konsequenz aus 1.–4.: Jedes von K^n verschiedene Polyeder ist Durchschnitt von endlich vielen Halbräumen.

Bezeichnung
$P = P(A, b)$ sei ein Polyeder. Dann heißt das Ungleichungssystem $Ax \leq b$ ein P *definierendes System*.

Bemerkung
P verändert sich bei Multiplikation von Ungleichungen mit $\lambda > 0$ oder bei Addition von Ungleichungen nicht.
Achtung: Multiplikation mit $\mu \leq 0$ und Subtraktion würde i.A. den Zulässigkeitsbereich verändern.
Folglich bestimmen A und b das Polyeder P, aber P hat unendlich viele definierende Ungleichungssysteme.

Beispiel
Betrachte das Ungleichungssystem aus unserem Anfangsbeispiel:

$$
\begin{array}{rlrl}
(1) & x^1 & & \leq 10 \\
(2) & & x^2 & \leq 3 \\
(3) & x^1 & + 5x^2 & \leq 20 \\
(4) & x^1 & + 2x^2 & \leq 12 \\
(5) & 5x^1 & + 15x^2 & \leq 100 \\
(6) & -x^1 & & \leq -4 \\
(7) & & -x^2 & \leq -1 \\
(8) & -x^1 & & \leq 0 \\
(9) & & -x^2 & \leq 0
\end{array}
\quad \text{mit} \quad A = \begin{pmatrix} 1 & 0 \\ 0 & 1 \\ 1 & 5 \\ 1 & 2 \\ 5 & 15 \\ -1 & 0 \\ 0 & -1 \\ -1 & 0 \\ 0 & -1 \end{pmatrix} \quad b = \begin{pmatrix} 10 \\ 3 \\ 20 \\ 12 \\ 100 \\ -4 \\ -1 \\ 0 \\ 0 \end{pmatrix}.
$$

An der dazugehörigen Skizze (Abbildung 1.1) kann man sehen, dass die Ungleichungen (5), (8) und (9) keine Rolle bei der Gestaltung von P spielen:

$$(3),(8),(9) \Rightarrow (5) \text{ unnötig}; \quad (6) \Rightarrow (8) \text{ unnötig}; \quad (7) \Rightarrow (9) \text{ unnötig};$$

Diese Beobachtung veranlasst zu folgender Definition:

Definition 3.10 *Sei ein Polyeder $P = P(A, b)$ gegeben. Eine Ungleichung $a_i^T x \leq b^i$ heißt für P redundant, wenn sich beim Weglassen dieser Ungleichung P nicht verändert.*
Vorsicht: Redundanz ist keine restriktionsindividuelle, sondern eine systembedingte Eigenschaft.

Beispiel vgl. Abbildung 3.3 und Abbildung 3.4

Vorsicht: Das gleichzeitige Entfernen mehrerer redundanter Restriktionen kann dazu führen, dass der Zulässigkeitsbereich verändert wird. Deshalb darf das Entfernen redundanter Ungleichungen nur sukzessive erfolgen.

Besonders einfache Polyeder sind die sogenannten polyedrischen Kegel.

Definition 3.11 *Ein Kegel $C \in K^n$ heißt polyedrischer Kegel, wenn C ein Polyeder ist.*

3.3. Polyeder und polyedrische Kegel

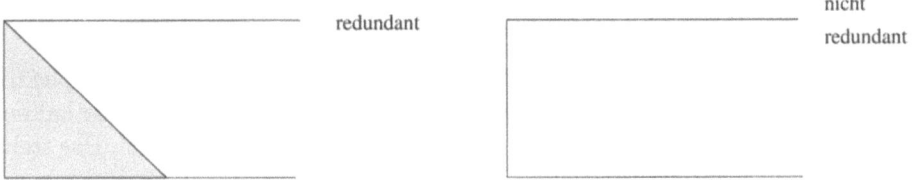

Abbildung 3.3: Redundanz

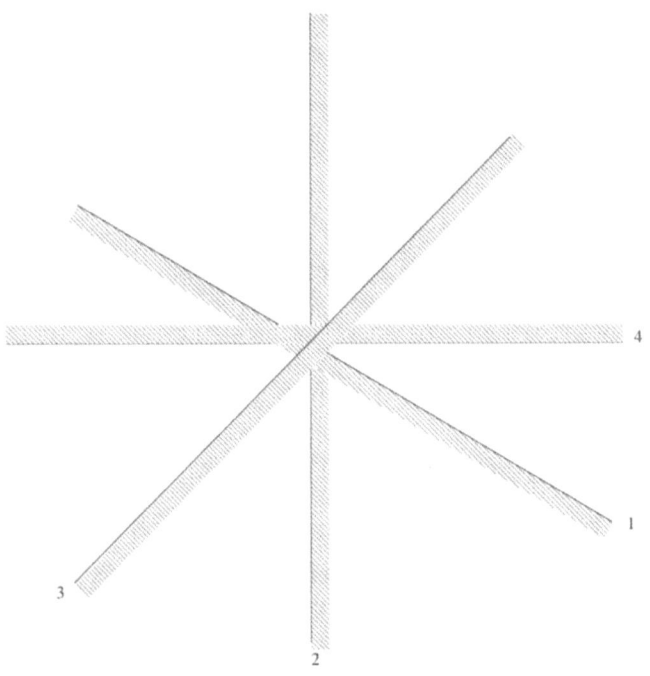

Abbildung 3.4: Entfernen redundanter Restriktionen

2 und 3 sind redundant. Zugelassen sind die Halbräume mit Schraffierung. Gleichzeitiges Weglassen von beiden Restriktionen führt zur Vergrößerung des Zulässigkeitsbereichs.

Lemma 3.5 *Eine Menge $C \in K^n$ ist genau dann ein polyedrischer Kegel, wenn es eine Matrix $A \in K^{(m,n)}$ gibt, so dass $C = P(A,0)$ (d.h. C wird durch ein homogenes Ungleichungssystem definiert).*

Beweis:
Hat C die Form $P(A,0) = \{x \mid Ax \leq 0\}$, dann ist C sicher ein Polyeder, und C ist ein Kegel, denn mit $y \in \{x \mid Ax \leq 0\}$ folgt $\lambda y \in \{x \mid Ax \leq 0\}$ für alle $\lambda \geq 0$.

Ist umgekehrt C ein polyedrischer Kegel, dann existiert eine Matrix A und ein Vektor b, so dass $C = \{x \mid Ax \leq b\}$. Zu zeigen ist also, dass $b = 0$ gilt.
In $\{x \mid Ax \leq b\}$ kann es keinen zulässigen Punkt $\bar{x}$ geben, für den ein $a_i^T \bar{x}$ positiv wird. Wäre nämlich $a_i^T \bar{x} > 0$, dann würde C alle Vektoren $\lambda \bar{x}$ ebenfalls enthalten, also würde $a_i^T \lambda \bar{x}$ in C beliebig groß, also auch irgendwann größer als b^i. Das steht im Widerspruch zur Zulässigkeit.
Alle Kegelpunkte erfüllen also $Ax \leq 0$ und damit wissen wir, dass $C = P(A,b) \subset P(A,0)$. Es ist noch zu zeigen, dass $P(A,0) \subset C = P(A,b)$. Sei $y \in P(A,b)$, also $a_i^T y \leq b^i$, und außerdem $a_i^T y \leq 0$ für beliebiges i. Da C ein Kegel ist, gilt auch: $0y \in C$, also $0y \in P(A,b)$. Es kann somit kein negatives b^i geben. Hieraus folgt aber: $\{x \mid Ax \leq 0\} \subset \{x \mid Ax \leq b\}$. □

Definition 3.12 *Ist $P(A,b)$ ein Polyeder, so nennt man den Kegel $P(A,0)$ den Rezessionskegel von $P(A,b)$ (bezeichnet mit RK(P)).*

Lemma 3.6 *Gegeben sei das Polyeder $P(A,b) \neq \emptyset$. Dann ist $d \in K^n$, $d \neq 0$ genau dann eine freie Richtung von $P(A,b)$, wenn $Ad \leq 0$ gilt, d.h. $\mathrm{RK}(P) = \{d \mid d \text{ freie Richtung }\} \cup \{0\}$.*

Beweis:
Sei $\bar{x} \in P(A,b) \Rightarrow A\bar{x} \leq b$ und sei $Ad \leq 0 \Rightarrow A(\bar{x} + \rho d) \leq A\bar{x} \leq b \ \forall \rho \geq 0 \Rightarrow d$ ist freie Richtung.
Umgekehrt: $\forall \rho \geq 0$ ist $A(\bar{x} + \rho d) = A(\bar{x}) + \rho Ad \leq b \Rightarrow \rho Ad \leq 0 \Rightarrow Ad \leq 0$. □

Satz 3.3 Trennungssatz für Polyeder
Seien $P = P(A,f)$ und $Q = P(B,g)$ zwei K^n-Polyeder mit der Eigenschaft $P \cap Q = \emptyset$, $P \neq Q$, $P \neq K^n$, $Q \neq K^n$.
Dann gibt es einen Vektor $c \in K^n \setminus \{0\}$ und ein $\gamma \in K$ mit $P \subset \{x \mid c^T x < \gamma\}$ und $Q \subset \{x \mid c^T x > \gamma\}$, d.h. die Hyperebene $H = H(c,\gamma) = \{x \mid c^T x = \gamma\}$ trennt P und Q strikt.

Beweis:
Wenn P oder Q leer ist, ist der Beweis einfach. O.B.d.A. sei Q leer, P nicht. Dann wird wegen $P \neq K^n$ eine Zeile $A_i \neq 0$. Wir setzen $c := a_i$ und $\gamma = f^i + 1$. Also liegt P in $\{x \mid a_i^T x < \gamma\}$, Q in $\{x \mid a_i^T x > \gamma\}$.
Nun seien P und Q beide nichtleer. Nach Voraussetzung gilt $P \cap Q = \emptyset$. Somit ist $P(\binom{A}{B}, \binom{f}{g}) = \emptyset$. Mit dem Alternativsatz von Gale (Satz 2.7) folgt aus Unlösbarkeit von $\binom{A}{B} x \leq \binom{f}{g}$, dass es ein $y \geq 0$ gibt mit $(A^T, B^T)y = 0$ sowie $(f^T, g^T)y < 0$.
Setze nun $y = \binom{u}{v}$ mit $u \in K^{m_1}$, $v \in K^{m_2}$, so gilt
$A^T u + B^T v = 0$, $f^T u + g^T v < 0$, $u \geq 0$, $v \geq 0$.
Setzt man $c = A^T u = -B^T v$ und $\gamma = \frac{1}{2}(f^T u - g^T v)$, dann folgt
für $x \in P(A,f)$: $c^T x = u^T A x \leq u^T f < \frac{1}{2}(f^T u - g^T v) = \gamma$,
für $x \in P(B,g)$: $c^T x = -v^T B x \geq -v^T g > \frac{1}{2}(f^T u - g^T v) = \gamma$. □

3.4 Seitenflächen von Polyedern

In der Polyedertheorie spielen Extremalpunkte, -linien und -flächen eine wichtige Rolle. Auf diese konzentrieren wir uns im folgenden Abschnitt.

Definition 3.13 M sei eine konvexe Menge in K^n. Eine konvexe Teilmenge W von M heißt extremale Teilmenge von M, wenn für alle $x \in W$ gilt:
Falls $x = \lambda y + (1-\lambda)z$ mit $\lambda \in (0,1)$ und $y, z \in M$, dann folgt $y \in W$ und $z \in W$.

Bemerkungen

1. Eine einpunktige extremale Teilmenge von M heißt extremaler Punkt.

2. Eine konvexe Menge M ist extremale Teilmenge von sich selbst.

3. Jede Extremalmenge W von M lässt sich als $W = M \cap (\mathrm{AH}(W))$ darstellen.

Beweis: (zu 3.)

$\subset$: $W \subset M \cap (\mathrm{AH}(W))$ ist trivial.

$\supset$: Sei $x \in M$ und $x \in \mathrm{AH}(W)$.
x kann dargestellt werden als $x = \mu_1 w_1 + \ldots + \mu_k w_k$ mit $\mu_1 + \ldots + \mu_k = 1$ und $w_1, \ldots, w_k \in W$.
1. Fall: Alle $\mu_i \geq 0$, also ist $x \in \mathrm{KH}(w_1, \ldots, w_k) \subset W$.
2. Fall: Nicht alle $\mu_i \geq 0$. Setze $\alpha = -\sum_{i=1, \mu_i < 0}^{k} \mu_i > 0$.
Bilde weiter $z_1 = \frac{1}{1+\alpha} \sum_{i=1, \mu_i \geq 0}^{k} \mu_i w_i$, $z_2 = -\frac{1}{\alpha} \sum_{i=1, \mu_i < 0}^{k} \mu_i w_i$, also $(1+\alpha)z_1 - \alpha z_2 = x$ und damit $x \in \mathrm{AH}(z_1, z_2)$.
Folglich ist $z_1 = \frac{1}{1+\alpha} x + \frac{\alpha}{1+\alpha} z_2$, also $z_1 \in (x, z_2)$.
Nun sind $z_1 \in W, z_2 \in W$ und deshalb auch $x \in W$, da W extremal ist.
Somit ist $M \cap \mathrm{AH}(W) \subset W$. □

Definition 3.14

(a) Ist $P(A, b)$ vorgegeben, dann nennt man die Hyperebenen $H(a_i, b^i) = \{x \mid a_i^T x = b^i\}$ Restriktionshyperebenen von $P(A, b)$.

(b) $H(c, \alpha) = \{x \mid c^T x = \alpha\}$ sei eine Hyperebene aus K^n mit $c^T x \leq \alpha$ für alle $x \in P(A, b)$. Dann heißt H trennende Hyperebene zu $P(A, b)$. (H trennt P von mindestens einem Komplementärpunkt) und $c^T x \leq \alpha$ heißt gültige Ungleichung für $P(A, b)$.

(c) $H(c, \alpha)$ heißt Stützhyperebene zu P, wenn H das Polyeder P trennt und gleichzeitig berührt, d.h. $P \subset \mathrm{HR}(c, \alpha, \leq)$ und $P \cap H(c, \alpha) \neq \emptyset$.

Definition 3.15 Eine Stützhyperebene H zu P heißt singulär, wenn gilt: $H \cap P = P$, also $P \subset H$.

Definition 3.16 *Die Schnittmenge eines Polyeders P mit einer endlichen Menge S von Stützhyperebenen zu P heißt Seitenfläche von P. Jede Seitenfläche F kann also folgendermaßen dargestellt werden: $F = P \cap \bigcap_{H \in S} H$. Auch $\emptyset$ und P sind Seitenflächen von P.*

Definition 3.17 *Sei P ein Polyeder der Dimension d in K^n und H eine Stützhyperebene zu P. Dann nennt man eine Seitenfläche $H \cap P$ eine Facette von P, wenn $\dim(H \cap P) = d - 1$.*
Man nennt eine Seitenfläche $H \cap P$ Ecke von P, wenn $\dim(H \cap P) = 0$(und $H \cap P \neq \emptyset$).
Man nennt eine Seitenfläche $H \cap P$ Kante von P, wenn $\dim(H \cap P) = 1$.

Lemma 3.7 $H_1, \ldots, H_k$ *seien endlich viele Stützhyperebenen an P, so dass gerade $F = P \cap H_1 \cap \ldots \cap H_k$ eine Seitenfläche ist. Dann gibt es auch eine Hyperebene H, so dass bereits $F = P \cap H$ gilt.*

Beweis:
Die H_i seien bestimmt durch Gleichungen $c_i^T x = \gamma_i$ und die HR_i durch Ungleichungen $c_i^T x \leq \gamma_i$.
Wähle nun $c := \sum_{i=1}^k \frac{1}{k} c_i$ und $\gamma := \sum_{i=1}^k \frac{1}{k} \gamma_i$. Dann ist durch $c^T x = \gamma$ eine Hyperebene H und durch $c^T x \leq \gamma$ ein Halbraum HR bestimmt.
$x \in P \wedge c^T x = \gamma$ bedeutet wegen $c_i^T x \leq \gamma_i \; \forall i$ und $\forall x \in P$, dass $c_i^T x = \gamma_i \; \forall i$, weil keine Kompensationsmöglichkeit in P besteht. Und $x \in P \wedge c_i^T x = \gamma_i \; \forall i$ führt natürlich zu $c^T x = \gamma$. □

Damit reicht auch schon eine Stützhyperebene zur Generierung einer Seitenfläche.

Lemma 3.8 *Jede Seitenfläche eines Polyeders ist extremal.*

Beweis:
Betrachte eine Seitenfläche F von P. F ist Durchschnitt von P mit gewissen Stützhyperebenen zu P, nenne diese $H_1, \ldots, H_k$. Seien $y, z \in P$ gegeben, $\bar{x} \in (y, z) \cap (H_1 \cap \ldots \cap H_k) \neq \emptyset$, dann gilt für beliebiges H_i, $H_i = \{x \mid c_i^T x = \alpha^i\}$: $c_i^T \bar{x} = \alpha^i$.
Ist H_i Stützhyperebene, so gilt: $c_i^T y \leq \alpha_i$ und $c_i^T z \leq \alpha_i$. Nun sei $\bar{x}$ eine echte Konvexkombination von y und z mit $c_i^T \bar{x} = \alpha_i$. Also gilt $c_i^T y = \alpha_i = c_i^T z$, und somit ist $y, z \in H_i$ für beliebiges i und die Seitenfläche ist extremal. □

Bezeichnung
Eine Ungleichung $a_i^T x \leq b^i$ heißt bei $\bar{x}$ *straff*, wenn $a_i^T \bar{x} = b^i$, und *locker*, wenn $a_i^T \bar{x} < b^i$.

Lemma 3.9 *P sei gegeben durch Restriktionen $a_i{}^T x \leq b^i$ und Restriktionshyperebenen $\{x \mid a_i{}^T x = b^i\}$. Dann gelten:*

3.4. Seitenflächen von Polyedern

1. $W \neq P$ sei eine extremale Teilmenge von P. Dann enthält W keinen inneren Punkt, und es gibt mindestens eine Restriktionshyperebene, die W vollständig enthält.

2. Ist $W \neq P$, $W \neq \emptyset$, dann ist W die Schnittmenge aller Restriktionshyperebenen, die W vollständig enthalten, mit P.

3. Bei $W \neq \emptyset$ ist $\mathrm{AH}(W) = \bigcap_{W \subset H_i} H_i$, wobei $H_i = \{x \mid a_i^T x = b^i\}$ und damit ist auch $\dim(W) = \dim(\bigcap_{W \subset H_i} H_i)$

Beweis:

1. Würde W einen inneren Punkt $x \in P$ besitzen, dann gäbe es eine Umgebung $U_\epsilon(x) \subset P$, so dass für jedes $x + z \in U_\epsilon(x)$ auch $x - z \in U_\epsilon(x)$. Deshalb gilt nun auch $x = \frac{1}{2}(x+z) + \frac{1}{2}(x-z) \in W$, also ist x echte Konvexkombination der beiden Punkte. Somit gehört $U_\epsilon(x)$ zu W. Sei y ein beliebiger Punkt von $P \setminus W$, dann ist auch $[y, x]$ in P und es gibt ein $\delta > 0$, so dass $[x + \delta(x-y)] \subset U_\epsilon(x)$. Dann gilt aber, dass $x \in [y, x + \delta(x-y)]$, nämlich $x = \frac{1}{1+\delta}[\delta y + (x + \delta(x-y))]$. Wegen der Extremalität von W gilt dann $y \in W$. Es war allerdings vorausgesetzt, dass $y \notin W$. Dieser Widerspruch garantiert, dass W keine inneren Punkte von P enthält. Es gibt also zu jedem $w \in W$ eine Indexmenge $I_w \neq \emptyset$ so, dass für alle $i \in I_w$ gilt $a_i^T w = b^i$ (falls alle $a_i^T w < b^i$ wären, wäre w ein innerer Punkt). Es ist klar, dass es nur endlich viele solcher Teilmengen I_w geben kann. Wir behaupten $J := \bigcap_{w \in W} I_w \neq \emptyset$, d.h. mindestens eine Restriktionshyperebene enthält ganz W.
Angenommen $J = \emptyset$. Wir wählen endlich viele Punkte $w_1, \ldots, w_k$, so dass bereits für diese gilt: $I_{w_1} \cap \ldots \cap I_{w_k} = \emptyset$. Dies ist möglich, da ja die Anzahl der möglichen I_w endlich ist. Somit gilt für

$$x := \frac{1}{k}w_1 + \ldots + \frac{1}{k}w_k \text{ und für alle } i: \ a_i^T x = \frac{1}{k}\sum_{j=1}^k a_i^T w_j < \frac{1}{k} k b^i = b^i.$$

Also ist x innerer Punkt und deshalb $x \notin W$ nach obiger Erkenntnis. (Widerspruch).
(Die eben angewandte Beweismethodik nennen wir Unterbietungstrick).

2. Angenommen, es gibt ein $x \in F := P \cap \bigcap_{i \in J} H_i$ mit $x \notin W$, also gilt für dieses x nun $a_i^T x \leq b^i \ \forall i \in \{1, \ldots, m\}$ und $a_i^T x = b^i \ \forall i \in J$.
1. Fall: $\#(J) = m$, das heißt, alle Restriktionshyperebenen enthalten W vollständig.
Betrachte nun x wie oben und ein beliebiges $w \in W$. Dann ist $x - w \neq 0$, $x = w + (x-w)$ und wir setzen $z := w - (x-w)$. x gehört zu $F \subset P$ und z gehört zu P wegen $a_i^T z = a_i^T w - a_i^T x + a_i^T w = b^i \ \forall i = 1 \ldots m$. Nun ist aber $w = \frac{1}{2}x + \frac{1}{2}z \in W$. Wegen der Extremalität von W sind dann $x, z \in W$. (Widerspruch).

2. Fall: $\#(J) < m$. Wir wählen (mit dem Unterbietungstrick aus 1.) ein $w \in W$, so dass $a_i^T w < b^i \;\forall i \notin J$. Mit $x = w + (x - w)$ und der Setzung $z := w - \epsilon(x - w)$ bei genügend kleiner Wahl von ϵ erreicht man, dass $x \in P$ und $z \in P$, weil alle bei w lockeren Restriktionen auch bei z locker bleiben. Es gilt dann $w = \frac{1}{1+\epsilon}[\epsilon x + z]$, also ist w echte Konvexkombination von x und z. Aus der Extremalität von W folgt aber $x \in W$. (Widerspruch).

3. Behauptung: $W \neq \emptyset \Rightarrow \mathrm{AH}(W) = \bigcap_{W \subset H_i} H_i$.

   $\subset$: $W \subset \bigcap_{W \subset H_i} H_i$, also auch $\mathrm{AH}(W) \subset \mathrm{AH}(\bigcap_{W \subset H_i} H_i) = \bigcap_{W \subset H_i} H_i$, da $\bigcap_{W \subset H_i} H_i$ ein affiner Unterraum ist.

   $\supset$: Angenommen, es gibt ein $g \in \bigcap_{W \subset H_i} H_i$ und $g \notin \mathrm{AH}(W)$. Betrachte g und ein $w \in W$, das wie in 1. mit dem dortigen Unterbietungstrick gewonnen wurde (d.h. straff sind in w nur die Restriktionen, die auf ganz W straff sind).
   Weiter brauchen wir $z_1 := w + \epsilon(g-w)$ und $z_2 := w - \epsilon(g-w)$ mit $g \neq w$. W gehört zu P und ist $\epsilon > 0$ genügend klein, bleiben in z_1 und z_2 alle bei w lockeren Ungleichungen locker. Restriktionen, die bei w und g gleichzeitig straff sind, sind auch straff in z_1 und z_2. $\Rightarrow z_1, z_2 \in P$. Nun gilt $w = \frac{1}{2} z_1 + \frac{1}{2} z_2$, also sind auch wegen der Extremalität von W z_1 und z_2 aus W. Somit folgt, dass $g = w + \frac{1}{2\epsilon}(z_1 - z_2) = w + \frac{1}{2\epsilon} 2\epsilon(g-w)$, also $g \in \mathrm{AH}(w, z_1, z_2)$ mit $\lambda_1 = 1$, $\lambda_2 = \frac{1}{2\epsilon}$, $\lambda_3 = -\frac{1}{2\epsilon}$, d.h. $g \in \mathrm{AH}(W)$ im Widerspruch zur Annahme. Die Dimensionsaussage folgt nun automatisch. $\square$

Satz 3.4

1. Die extremalen Teilmengen eines Polyeders sind seine Seitenflächen.

2. Die extremalen Punkte eines Polyeders sind seine Ecken.

3. Jede Ecke ist eindeutig bestimmt als Schnittpunkt aller Restriktionshyperebenen, auf denen sie liegt.

Beweis als Übungsaufgabe mit den folgenden Hinweisen:

1. folgt aus Lemma 3.9 (2) und Definition 3.16. Denn jede extremale Teilmenge ist Seitenfläche und jede Seitenfläche ist extremal nach Lemma 3.8.

2. folgt aus Definition 3.17 und Lemmas 3.7, 3.8 und 3.9.

3. Eine Ecke x wird beschrieben als $x = P \cap \bigcap_{x \in H_i} H_i$, wobei gilt: $\dim[P \cap \bigcap_{x \in H_i} H_i] = 0 = \dim[\bigcap_{x \in H_i} H_i]$ (wegen Lemma 3.9 (3)). Somit kann es keinen weiteren Punkt geben, in dem sich alle Restriktionshyperebenen schneiden.

3.4. Seitenflächen von Polyedern

Korollar 3.1 *Sei $P \neq \emptyset$ und $\dim P < n$. Dann ist $\mathrm{AH}(P)$ der Durchschnitt aller singulären Restriktionshyperebenen von P.*

Beweis:
Beachte Lemma 3.9 (3). □

Satz 3.5 *Sei $P \neq \emptyset$. Dann ist die Anzahl der Seitenflächen der Dimension k unabhängig vom Ungleichungssystem, das P beschreibt.*

Beweis:
Eine Seitenfläche liegt immer dann vor, wenn eine extremale Teilmenge auftritt, unabhängig von der Darstellung im Ungleichungssystem. Bleibt P erhalten, dann bleiben auch die extremalen Teilmengen erhalten. □

Satz 3.6 *Für $P \neq \emptyset$ gibt es eine Minimalbeschreibung durch Ungleichungen, wobei die minimale Anzahl der notwendigen Ungleichungen eindeutig bestimmt ist.*
Diese Minimalzahl von Ungleichungen ergibt sich aus: Anzahl der Facetten + $n - \dim(P) + 1$.
Werden auch Gleichungen als Restriktionen akzeptiert, dann reichen so viele Ungleichungen, wie es Facetten gibt, zuzüglich $n - \dim(P)$ Gleichungen.

Beweis:
Entfernt man sukzessive die redundanten Restriktionen, dann bleibt ein nicht mehr zu verkleinerndes System. Wir zeigen, dass in einem redundanzfreien System eine Restriktionshyperebene entweder singulär ist oder eine Facette definiert (Lemma 3.9 (3)). Denn schneidet man eine irredundante, nichtsinguläre Restriktionshyperebene H_m mit allen singulären H_i, dann ist die Schnittmenge $R = \bigcap_{H_i \text{ sing.}} H_i \cap H_m$ ein affiner Unterraum der Dimension $\dim(P) - 1$.
Wir behaupten, es gibt dann eine extremale Teilmenge W von P mit $\mathrm{AH}(W) = \bigcap_{W \subset H_i \text{ sing.}} H_i \cap H_m$ und $\dim(W) = \dim(P) - 1$. Dazu betrachten wir $\bigcap_{H_i \text{ sing.}} H_i$, also den Durchschnitt der affinen Unterräume zu den singulären Hyperebenen (o.B.d.A. $H_1, \ldots, H_k$). Wir weisen (mit dem vom vorherigen Beweis bekannten Unterbietungstrick) nach, dass es einen Punkt x gibt mit $a_i^T x = b^i$ für alle $i \leq k$ und $a_i^T x < b^i$ für alle $i > k$.
Damit ist das folgende strikte Ungleichungssystem lösbar:
$a_i^T x < b^i$ für alle $i > k$, und $a_i^T x = b^i$ für alle $i \leq k$.
1. Fall: Es existiert ein $\bar{x}$ mit $a_m^T \bar{x} = b^m$ und $a_i^T \bar{x} = b^i$ ($i \leq k$), $a_i^T \bar{x} < b^i$ ($i > k, i < m$). $\bar{x}$ ist also relativer innerer Punkt von $P \cap \{x \mid a_m^T x = b^m\}$.
Es gilt $\dim[P \cap \{x \mid a_m^T x = b^m\}] = \dim P - 1$, denn wäre dies $\dim P$, dann wäre $a_m^T x \leq b^m$ singulär. Wir haben also eine Facette.
2. Fall: Es gibt kein $\tilde{x}$ mit $a_m^T \tilde{x} = b^m$ und $a_i^T \tilde{x} = b^i$ ($i \leq k$), $a_i^T \tilde{x} < b^i$ ($k < i < m$). Demnach gibt es auch kein $\bar{y}$ mit $a_m^T \bar{y} > b^m$, $a_i^T \bar{y} = b^i$ ($i \leq k$) und $a_i^T \bar{y} \leq b^i$ ($k < i < m$). Sonst wähle ein geeignetes $\tilde{x} \in [\bar{y}, x]$ und dieses $\tilde{x}$ erfüllt obige Bedingung dann doch. Also: aus $a_i^T x = b^i$ ($i \leq k$) und $a_i^T x \leq b^i$ ($k < i < m$) folgt $a_m^T x \leq b^m$,

d.h. $a_m^T x \leq b^m$ ist redundant. (Fall 2 scheidet aus, da das System redundanzfrei sein sollte.)

Alle anderen Seitenflächen ergeben sich als Schnitte dieser Facetten-Hyperebenen mit P: $P \cap H_{k+1} \cap \ldots \cap H_n = (P \cap H_{k+1}) \cap \ldots \cap (P \cap H_n)$. Jede redundanzfreie Darstellung braucht also zunächst einmal schon so viele Ungleichungen, wie es Facetten gibt. Ist darüberhinaus noch $\dim P = n - k$, dann braucht man zusätzlich genau k singuläre Hyperebenen. Dazu reichen k zusätzliche Restriktionen in Gleichheitsform aus. Will man nur Ungleichungsrestriktionen benutzen, dann gelingt dies bereits mit $k+1$ dieser Restriktionen. Wähle beispielsweise $a_{k+1} = \sum_{i=1}^{k} -a_i$ und $b^{k+1} = \sum_{i=1}^{k} -b^i$. Somit ist die Minimalanzahl eindeutig festgelegt. $\square$

Korollar 3.2 *Für $P \neq \emptyset$ ist die Anzahl der Facetten $\bar{m} - s$. Hierbei ist $\bar{m}$ die Anzahl der Restriktionshyperebenen im redundanzfreien System, und s die Anzahl der singulären Hyperebenen.*

Definition 3.18 *Eine Teilmenge W einer konvexen Menge M heißt exponiert, wenn es eine lineare Funktion $f : K^n \to K$ gibt, die überall auf W und sonst nirgendwo ihren Maximalwert annimmt.*
Also gilt $W = \{z \in M \mid f(z) \geq f(x) \ \forall x \in M\}$.
Auch $\emptyset$ ist exponiert.

Satz 3.7 *Jede exponierte Teilmenge von $P(A, b)$ ist eine Seitenfläche von P und jede Seitenfläche ist exponiert.*

Beweis:
Jede exponierte Teilmenge ist extremal, denn der Maximalwert wird genau dort angenommen. Will man also einen Maximalpunkt echt konvex erzeugen, dann braucht man zwei Maximalpunkte (Satz 3.4 (1)). Andererseits wird eine Seitenfläche nach Lemma 3.7 durch den Schnitt von P mit einer Stützhyperebene H bereits bestimmt. Betrachtet man H in seiner Darstellung mit Hilfe eines Skalarprodukts $a^T x$, dann ist $P \cap H$ gerade eine exponierte Teilmenge von P. $\square$

Definition 3.19 *Eine Seitenfläche F heißt echt, wenn $F \neq P$ und nichttrivial, wenn $F \neq \emptyset$. Ist eine Seitenfläche $F = P$, dann nennt man die Seitenfläche singulär.*
Ein Punkt $x \in P$ heißt relativer Randpunkt von P, wenn er zu mindestens einer echten Seitenfläche gehört. Die zugehörige Menge heißt $\partial_R(P)$.
Punkte aus $P \setminus \partial_R(P)$ gehören zum relativen Inneren von P: $\text{Int}_R(P)$.

Korollar 3.3 *Jede echte, nichttriviale Seitenfläche von P hat eine Darstellung $P \cap H$, wobei H eine Stützhyperebene zu P ist.*

Korollar 3.4 *Wenn eine lineare Funktion auf einem Polyeder ihr Maximum annimmt, dann gleich auf einer ganzen, diesen Punkt enthaltenden Seitenfläche.*

3.5 Primitive Seitenflächen

Korollar 3.5 *Sind F und G verschiedene Seitenflächen von P, dann gilt:*
$\text{Int}_R(F) \cap \text{Int}_R(G) = \emptyset$.

Beweis:
Sei $F = P \cap \bigcap_{i \in I} H_i$, $G = P \cap \bigcap_{j \in J} H_j$.
O.B.d.A. sei $F \not\subseteq G$, also es gibt ein $y \in F$ und $y \notin G$. Somit gibt es auch ein $\bar{j} \in J$ mit $a_{\bar{j}}^T y < b^{\bar{j}}$, d.h. $\bar{j} \notin I$. Also kann $H_{\bar{j}}$ nicht singulär bzgl. F sein. Sei x nun ein beliebiger innerer Punkt von F. Es gilt, dass $a_{\bar{j}}^T x < b^{\bar{j}}$ (sonst wäre x ein Randpunkt von F), also ist $x \notin G$. □

3.5 Primitive Seitenflächen

In diesem Abschnitt versuchen wir, ein Polyeder durch Angabe einer möglichst kleinen Erzeugermenge und der diesbezüglichen Konvexkombination darzustellen.

Definition 3.20 *Ein Polyeder wird primitiv genannt, wenn es nicht die konvexe Hülle seiner relativen Randpunkte bzw. seiner echten Seitenflächen ist. Die leere Menge sei nicht primitiv.*

Lemma 3.10 *Jedes nichtleere Polyeder ist die konvexe Hülle seiner primitiven Seitenflächen.*

Beweis:
Entweder ist P bereits selbst primitiv, dann ist die Behauptung trivial, oder P ist die konvexe Hülle seiner echten Seitenflächen. Betrachte eine solche echte Seitenfläche, die wieder selbst ein Polyeder ist. Wiederhole diese Argumentation rekursiv, bis man an einer primitiven Seitenfläche angelangt ist (Seitenfläche der Dimension 0). Eine Seitenfläche der Dimension 0 (Ecke) ist primitiv, da sie nicht konvexe Hülle ihrer echten Seitenflächen ist. Sie besitzt nämlich gar keine echte Seitenfläche. Da dieser Zerlegungsprozess endlich ist, folgt die Behauptung. □

Bemerkung

1. Jeder nichtleere affine Unterraum ist ein primitives Polyeder.

2. Jeder affine Halbraum (Durchschnitt eines Halbraums mit einem affinen Unterraum) ist ein primitives Polyeder.

Definition 3.21 *Ein affiner Halbraum ist der nichtleere Durchschnitt zwischen einem affinen Unterraum und einem Halbraum, welcher den affinen Unterraum nicht ganz enthält.*

Satz 3.8 Klee
Ein primitives Polyeder ist entweder ein nichtleerer affiner Unterraum oder ein (nichtleerer) affiner Halbraum.

Beweis:
Hilfsbehauptung: Bei einem primitiven Polyeder liegen alle Randpunkte – falls es welche gibt – in einer einzigen Restriktionshyperebene. Zum Beweis nehmen wir an, dass es Randpunkte $v_1, v_2 \in P$ mit $v_1 \in H_1$ und $v_2 \in H_2$ gibt. Dabei seien H_1, H_2 nicht identische Restriktionshyperebenen und $v_1 \notin H_2, v_2 \notin H_1$. Nun können wir zeigen, dass dann jeder innere Punkt $u \in P$ Konvexkombination von Randpunkten ist. Sei u also innerer Punkt von P, $H_1 = \{x \mid a_1^T x = b^1\}$ und $H_2 = \{x \mid a_2^T x = b^2\}$, dann gilt:
$a_1^T u < b^1, a_1^T v_1 = b^1, a_1^T v_2 < b^1$ und $a_2^T u < b^2, a_2^T v_1 < b_2, a_2^T v_2 = b^2$.
$\Rightarrow a_1^T(v_1 - v_2) > 0$ und $a_2^T(v_1 - v_2) < 0$
$\Rightarrow \exists \alpha_1, \alpha_2 > 0$ mit $a_1^T \underbrace{[u + \alpha_1(v_1 - v_2)]}_{:=y_1} > b^1$ und $a_2^T \underbrace{[u + \alpha_2(v_2 - v_1)]}_{:=y_2} > b^2$.
In den offenen Intervallen (u, y_1) und (u, y_2) befinden sich Randpunkte $\bar{y}_1, \bar{y}_2 \in P$. Folglich ist u selbst Konvexkombination der Randpunkte $\bar{y}_1$ und $\bar{y}_2$. Somit ist das Polyeder nicht primitiv.
Es ist jetzt noch zu zeigen, dass P ein affiner Raum oder ein affiner Halbraum ist. Da die Randpunkte alle auf einer nichtsingulären Restriktionshyperebene liegen, folgt die Behauptung.
Sei also H eine Hyperebene, die alle Randpunkte umfasst, HR der zugehörige Halbraum und M die Schnittmenge aller singulären Restriktionshyperebenen für P. Wir zeigen nun, dass $P = \text{HR} \cap M$.

⊂: $P \subset \text{HR} \cap M$ ist trivial.

⊃: Angenommen, es gibt ein $x \in \text{HR} \cap M$ mit $x \notin P$.
1.Fall: Es existieren Randpunkte.
O.B.d.A. habe P relativ innere Punkte (ansonsten wäre P primitiv und die Behauptung trivial). Mit dem Unterbietungstrick findet man einen solchen inneren Punkt u (wähle zu jeder nichtsingulären Restriktionshyperebene einen Punkt mit $a_i^T u_i < b^i$ und bilde aus diesen eine echte Konvexkombination). Im offenen Intervall (u, x) gibt es sicher einen Randpunkt y von P, aber alle Randpunkte liegen in H, also ist $y \in H$, und somit ist $H \cap M$ eine Seitenfläche von $\text{HR} \cap M$, also extremal. Damit liegt auch u in H im Widerspruch zur Annahme, dass u innerer Punkt sein sollte.
2.Fall: Es gibt keine Randpunkte.
Sei u ein Punkt von P, $x \notin P$ aber $x \in M$, also ist $(u, x) \in M$ und enthält einen Randpunkt. Dies ist ein Widerspruch. □

Korollar 3.6 *Jedes Polyeder ist die konvexe Hülle von endlich vielen affinen Unterräumen oder affinen Halbräumen.*

Lemma 3.11

1. *Jeder affine Unterraum ist die Summe eines Punktes und eines Untervektorraums.*

2. Jeder affine Halbraum ist die Summe einer Halbgeraden und eines Untervektorraums.

Beweis: zu 2.
Betrachte den affinen Halbraum $\mathrm{HR} \cap M$, wobei M affiner Unterraum sei und $\mathrm{HR} = \{x \mid a_0^T x \le b^0\}$, HR enthalte M nicht ganz. Dann schneidet $H = \{x \mid a_0^T x = b^0\}$ aus M einen Bereich der Dimension $\dim(M) - 1$ heraus. Dies ist ein affiner Unterraum mit dem Differenzraum $\mathrm{DR}(M \cap H)$. Seine Dimension ist um 1 kleiner als die von $\mathrm{DR}(M)$. Deshalb gibt es auch $d \ne 0$ mit $d \in \mathrm{DR}(M) \setminus \mathrm{DR}(M \cap H)$. O.B.d.A. sei nun $a_0^T d < 0$. Betrachte dann eine beliebige Halbgerade $x_0 + K^+ d$ mit $x_0 \in M \cap H$. Dann ergibt sich direkt, dass $x_0 + K^+ d + \mathrm{DR}(M \cap H) = \mathrm{HR} \cap M$. □

3.6 Übungsaufgaben

Aufgabe 3.1 Im $\mathbb{R}^3$ definieren wir die Menge $M := A \cup B$, wobei

$$A := \{(0,0,z) \mid -1 < z < 1\}$$
$$B := \{(x,y,0) \mid (x+1)^2 + y^2 = 1\}$$

Bestimmen Sie mit Hilfe einer Zeichnung (ohne Beweis) die konvexe Hülle: $\mathrm{KH}(M)$, den Abschluß der konvexen Hülle: $\overline{\mathrm{KH}(M)}$, die Menge E_1 der Extremalpunkte von $\mathrm{KH}(M)$, und die Menge E_2 der Extremalpunkte von $\overline{\mathrm{KH}(M)}$.

Aufgabe 3.2

a) Bestimmen Sie die freien Richtungen der Menge
$\{x \mid x^1 - 2x^2 \ge -6, x^1 - x^2 \ge -2, x^1 + x^2 \ge 1, x^1 \ge 0, x^2 \ge 0\}$.

b) Gegeben sei das Polyeder $P(A,b)$ mit $A \in \mathbb{R}^{(n,n)}, b \in \mathbb{R}^n, \det(A) \ne 0$ und ein Punkt $\bar{x}$ mit $A\bar{x} = b$.

Zeigen Sie: Die $z_i := A^{-1}(-e_i)$, $i = 1, \ldots, n$, spannen den konvexen Kegel der freien Richtungen auf. Diese $z_i, i = 1, \ldots, n$ sind genau die extremalen freien Richtungen.
Die Schnitte aus je $n-1$ Hyperebenen der Form $\{x \mid a_i^T x = b^i\}$, $i = 1, \ldots, n$ sind affine Unterräume. Zeigen Sie, dass der Differenzraum eines solchen Schnittes durch eine extremale freie Richtung von $P(A,b)$ aufgespannt wird.

Aufgabe 3.3 Sei folgende Menge gegeben:

$$S = \left\{ \begin{pmatrix} 1 \\ 0 \end{pmatrix}, \begin{pmatrix} 3 \\ 0 \end{pmatrix}, \begin{pmatrix} 4 \\ 2 \end{pmatrix}, \begin{pmatrix} 0 \\ 1 \end{pmatrix}, \begin{pmatrix} 0 \\ 3 \end{pmatrix}, \begin{pmatrix} 2 \\ 1/2 \end{pmatrix} \right\}$$

a) Geben Sie eine Beschreibung von $\mathrm{KH}(S)$ mittels Ungleichungen im $\mathbb{R}^2$ an.

b) Stellen Sie den Punkt $(2, 1/2)$ als Konvexkombination von Extremalpunkten von $\mathrm{KH}(S)$ dar. Ist diese Darstellung eindeutig?

Aufgabe 3.4 $P(A,b)$ sei durch die folgenden Ungleichungen gegeben:

$$\begin{aligned}
4x^1 - 2x^2 &\leq 2 \\
-5x^1 + 5/2x^2 &\leq -5/2 \\
-x^1 &\leq -1 \\
-x^2 &\leq -1 \\
-2x^1 - 3/2x^2 &\leq -7/2 \\
x^1 + 4x^2 &\leq 14 \\
7x^1 - 3x^2 &\leq 5 \\
x^1 &\leq 3
\end{aligned}$$

a) Stellen Sie $P(A,b)$ graphisch dar.

b) Welche Ungleichungen sind redundant?

c) Wieviele irredundante Beschreibungen von $P(A,b)$ gibt es? Geben Sie drei verschiedene davon an.

Aufgabe 3.5 Sei $W \neq \emptyset$ eine nichttriviale Seitenfläche des Polyeders $P(A,b)$. In der Vorlesung wurde gezeigt, dass AH(W) der Durchschnitt aller Restriktionshyperebenen ist, die W enthalten. Sei $I := \{i : a_i^T x = b^i \text{ für alle } x \in W\}$ die Indexmenge dieser Restriktionshyperebenen und A_I die Matrix der zugehörigen Zeilenvektoren von A.

Zeigen Sie: $\dim(W) = n - \text{Rang}(A_I)$.

Aufgabe 3.6 Bestimmen Sie alle Seitenflächen des Polyeders $P(A,b)$ mit

$$A = \begin{pmatrix} -1 & -1 & 0 \\ -1 & 0 & 0 \\ 1 & -1 & 1 \\ -1 & 0 & -1 \end{pmatrix} \quad b = \begin{pmatrix} -1 \\ -1 \\ 1 \\ 0 \end{pmatrix}$$

und interpretieren Sie diese geometrisch.

Kapitel 4
Erzeugung und Darstellung von Polyedern

4.1 Endliche Erzeugermengen

In diesem Abschnitt wird geklärt, dass zur Charakterisierung und Erzeugung von Polyedern bereits recht wenige, nämlich endlich viele geometrische Informationen ausreichen.

Definition 4.1 *Ein Paar von endlichen Punktmengen $G = \{x_1, \ldots, x_k\} \subset K^n$, $H = \{y_1, \ldots, y_l\} \subset K^n$ heißt endliche Erzeugermenge eines Polyeders P, wenn gilt $P = \text{KH}(G) + \text{KK}(H)$.*

Lemma 4.1

1. *Für einen affinen Unterraum U existiert immer eine endliche Erzeugermenge.*

2. *Für einen affinen Halbraum $\text{HR} \cap U$ existiert immer eine endliche Erzeugermenge.*

Beweis:

1. U besitzt die Darstellung $U = u_0 + \text{DR}(U)$. $\text{DR}(U)$ habe die Basis $u_1, \ldots, u_l$. Es gilt also: $U = \text{KH}(u_0) + \text{KK}(u_1, \ldots, u_l, -u_1, \ldots, -u_l)$.

2. $\text{HR} \cap U$ ist die Summe eines Untervektorraums und einer Halbgeraden $\{x \mid x = u_0 + \beta w,\ \beta \geq 0\}$. Eine Basis des Untervektorraums sei $u_1, \ldots, u_k$. Somit gilt: $\text{HR} \cap U = \text{KH}(u_0) + \text{KK}(w, u_1, \ldots, u_k, -u_1, \ldots, -u_k)$. □

Satz 4.1 *Satz von der endlichen Erzeugermenge*
Jedes Polyeder hat eine endliche Erzeugermenge.

Beweis:
Sei $P = \emptyset$. Dann gilt $P = \text{KH}(\emptyset) + \text{KK}(\emptyset)$, also $G = H = \emptyset$.
Ist $P \neq \emptyset$, dann ist nach Korollar 3.6 das Polyeder die konvexe Hülle von endlich

vielen affinen Unterräumen und affinen Halbräumen. Jede dieser Mengen hat aber ein endliches Erzeugersystem.
Somit gilt $P = \text{KH}(P_1, \ldots, P_k)$ mit $P_i = \text{KH}(x_1^{(i)}, \ldots, x_{l(i)}^{(i)}) + \text{KK}(y_1^{(i)}, \ldots, y_{n(i)}^{(i)})$, $i = 1, \ldots, k$.
Für jedes $z \in P$ gibt es eine Darstellung mit Hilfe der $p_i \in P_i$

$$z = \sum_{i=1}^{k} \lambda_i p_i = \sum_{i=1}^{k} \lambda_i \left(\sum_{j=1}^{l(i)} \mu_j^{(i)} x_j^{(i)} + \sum_{j=1}^{n(i)} \rho_j^{(i)} y_j^{(i)} \right)$$

mit $\sum_{i=1}^{k} \lambda_i = 1$, $\sum_{j=1}^{l(i)} \mu_j^{(i)} = 1$, $\lambda_i, \rho_j^{(i)}, \mu_j^{(i)} \geq 0$ für alle i, j. Also folgt, dass
$z \in \text{KH}(x_1^{(1)}, \ldots, x_{l(1)}^{(1)}, \ldots, x_1^{(k)}, \ldots, x_{l(k)}^{(k)}) + \text{KK}(y_1^{(1)}, \ldots, y_{n(1)}^{(1)}, \ldots, y_1^{(k)}, \ldots, y_{n(k)}^{(k)})$
$= \tilde{M}$.
Wenn wir zeigen können, dass P mit dieser Menge $\tilde{M}$ übereinstimmt, dann haben wir unser endliches Erzeugersystem. Es ist demnach noch zu zeigen, dass $\text{KH}(P_1, \ldots, P_k) \supset \tilde{M}$ gilt.
$\text{KH}(P_1, \ldots, P_k)$ ist ein Polyeder, denn es stimmt mit P überein. Alle $y_j^{(i)}$ sind freie Richtungen von P_i, und somit kann $y_j^{(i)}$ beliebig an $x^{(i)} \in P_i$ angehängt werden. Also ist $y_j^{(i)}$ auch freie Richtung für P, weil P abgeschlossen ist (Lemma 3.2).
Weiter ist eine beliebige Konvexkombination x der $x_1^{(1)}, \ldots, x_{l(k)}^{(k)}$, nämlich
$x = \sum_{i=1}^{k} \sum_{j=1}^{l(i)} \mu_j^{(i)} x_j^{(i)}$ mit $\sum_{i=1}^{k} \sum_{j=1}^{l(i)} \mu_j^{(i)} = 1$, $\mu_j^{(i)} \geq 0$,
auch Element von $\text{KH}(P_1, \ldots, P_k)$.
Dies sieht man ein, weil folgende Darstellung mit den erfassten i möglich ist:
$x = \sum_{i=1}^{k} (\sum_{j=1}^{l(i)} \mu_j^{(i)}) \sum_{j=1}^{l(i)} \frac{\mu_j^{(i)}}{\sum_{j=1}^{l(i)} \mu_j^{(i)}} x_j^{(i)}$.

Man hat hier also Punkte aus $P_1, \ldots, P_k$ und mit den Ausdrücken $\frac{\mu_j^{(i)}}{\sum_{j=1}^{l(i)} \mu_j^{(i)}}$ Konvexkoeffizienten dazu. Somit ist $x + \text{KK}(y_1^{(1)}, \ldots, y_{n(k)}^{(k)}) \subset P$. □

Satz 4.2 Minkowski
Jeder polyedrische Kegel hat eine endliche Erzeugermenge.

Beweis:
Behauptung folgt direkt aus Satz 4.1. □

Die nun gewonnenen Ergebnisse haben Auswirkungen auf lineare Optimierungsprobleme. Es gilt:

Satz 4.3 Ist $c^T x$ auf einem nichtleeren Polyeder P nach oben (unten) beschränkt, dann nimmt $c^T x$ auf P sein Maximum (Minimum) an.

Beweis:
Es sei $P = \text{KH}(x_1, \ldots, x_k) + \text{KK}(y_1, \ldots, y_l)$. Die Existenz einer solchen Darstellung folgt aus Satz 4.1. Setzt man $c^T x = f(x)$, dann kann man $f(x)$ wie folgt

4.2. Der Darstellungssatz von Weyl

schreiben:
$f(x) = \sum_{i=1}^{k} \mu_i f(x_i) + \sum_{j=1}^{l} \eta_j f(y_j)$ mit $\sum_{i=1}^{k} \mu_i = 1$, $\mu_i, \eta_j \geq 0$,
$x = \sum_{i=1}^{k} \mu_i x_i + \sum_{j=1}^{l} \eta_j y_j$.
Ist $f(x) = c^T x$ nach oben beschränkt, so muss gelten: $f(y_j) \leq 0$ für alle $j = 1, \ldots, l$. Denn anderenfalls würde $\eta_j f(y_j)$ alle Schranken für $\eta_j \to \infty$ überbieten. Außerdem gilt $\sum_{i=1}^{k} \mu_i f(x_i) \leq \text{Max}_{i=1,\ldots,k} f(x_i) =: f(\bar{x})$. Es folgt damit
$\sum_{i=1}^{k} \mu_i f(x_i) + \sum_{j=1}^{l} \eta_j f(y_j) \leq \sum_{i=1}^{k} \mu_i f(\bar{x}) + 0 = f(\bar{x})$.
Der Beweis für nach unten beschränkte Zielfunktionen verläuft analog. □

4.2 Der Darstellungssatz von Weyl

Unser Ziel ist es nun, zu zeigen, dass auch die Umkehrung des Satzes von der endlichen Erzeugermenge gilt, nämlich dass jede endlich erzeugte Menge ein Polyeder ist.

Definition 4.2 Ist U eine konvexe Menge aus K^n, dann bezeichnen wir mit U^0 bzw. mit $\text{PK}(U)$ die Menge $\{x \mid x^T u \leq 0 \; \forall u \in U\}$. U^0 bzw. $\text{PK}(U)$ heißt Polarkegel von U.

Lemma 4.2 Sei $P(A, 0) = P$ vorgegeben. Dann gilt:
$P^0 = \{x \mid Ax \leq 0\}^0 = (\text{RK}(A))^0 = \text{KK}(a_1, \ldots, a_m)$, wobei $a_i := (A_{i\cdot})^T$ Zeilen von A als Spaltenvektoren geschrieben sind.

Beweis:
Nach dem Lemma von Farkas (Satz 2.3) gilt: $b \in \text{KK}(a_1, \ldots, a_m)$
$\Leftrightarrow \exists z \geq 0$ mit $A^T z = b \Leftrightarrow \not\exists x$ mit $b^T x > 0$ und $Ax \leq 0$
$\Leftrightarrow \forall x$ mit $Ax \leq 0$ gilt $b^T x \leq 0$
$\Leftrightarrow b$ hat nichtpositives Skalarprodukt mit allen Elementen von $P(A, 0) \Leftrightarrow b \in P^0$
Nun wissen wir: $\text{KK}(a_1, \ldots, a_m) = P^0$. □

Lemma 4.3 Sei C ein endlich erzeugter Kegel. Dann gilt: $C = C^{00}$.

Beweis:
Setze $C = \text{KK}(a_1, \ldots, a_m)$. Also ist C^0 die Menge aller d, so dass $d^T y \leq 0$ für alle $y \in \text{KK}(a_1, \ldots, a_m)$. Weiter sei $P = \{d \mid Ad \leq 0\} = \{d \mid a_i^T d \leq 0 \; \forall i, \ldots, m\}$. Nun gilt
$d \in \text{KK}(a_1, \ldots, a_m)^0 \quad \Leftrightarrow \quad d^T y \leq 0 \; \forall y \in \text{KK}(a_1, \ldots, a_m)$
$\Leftrightarrow \quad d^T y \leq 0 \; \forall y = A^T u, \; u \geq 0$
$\Leftrightarrow \quad \not\exists u \geq 0$ mit $d^T(A^T u) = (Ad)^T u > 0$
$\Leftrightarrow \quad Ad \leq 0$.
Also ist $\text{KK}(a_1, \ldots, a_m)^0 = \{d \mid Ad \leq 0\}$, woraus folgt
$\text{KK}(a_1, \ldots, a_m)^{00} = \{d \mid Ad \leq 0\}^0 = P^0 = \text{KK}(a_1, \ldots, a_m)$. □

Satz 4.4 *Satz von Weyl für konvexe Kegel*
Jeder konvexe Kegel mit einem endlichen Erzeugersystem ist polyedrisch.

Beweis:
Sei $\text{KK}(a_1, \ldots, a_m)$ gegeben. Dann gilt $\text{KK}(a_1, \ldots, a_m)^0 = \{x \mid Ax \leq 0\}$. Folglich ist $\text{KK}(a_1, \ldots, a_m)^0$ ein polyedrischer Kegel. Nach dem Satz von Minkowski (Satz 4.2) gibt es zu $\text{KK}(a_1, \ldots, a_m)^0$ eine endliche Erzeugermenge $\{c_1, \ldots, c_l\}$. Also ist $\text{KK}(a_1, \ldots, a_m)^0 = \text{KK}(c_1, \ldots, c_l)$ und $\text{KK}(a_1, \ldots, a_m) = \text{KK}(a_1, \ldots, a_m)^{00} = \text{KK}(c_1, \ldots, c_l)^0 = \{x \mid c_1^T x \leq 0, \ldots, c_l^T x \leq 0\} = \{x \mid Cx \leq 0\}$, wobei c_i die Zeilenvektoren von C sind. Somit ist $\text{KK}(a_1, \ldots, a_m)$ ein polyedrischer Kegel. □

Satz 4.5 *Satz von Weyl für Polyeder*
Wenn $G = \{y_1, \ldots, y_k\}$ und $H = \{z_1, \ldots, z_l\}$ endliche Punktmengen sind, dann ist $P = \text{KH}(G) + \text{KK}(H)$ ein Polyeder.

Beweis:
Diesen Beweis führen wir wieder mit der Homogenisierungsmethode. Wir betrachten zunächst den konvexen Kegel in K^{n+1}, der von $\{\binom{y_1}{1}, \ldots, \binom{y_k}{1}, \binom{z_1}{0}, \ldots, \binom{z_l}{0}\}$ erzeugt wird und nennen ihn C^{n+1}. Nach Satz 4.4 ist C^{n+1} polyedrischer Kegel, also gibt es ein $A' \in K^{(m,n+1)}$, so dass $C^{n+1} = \{x \in K^{n+1} \mid A'x \leq 0\}$.
Betrachtet man dann $\bar{C} = C^{n+1} \cap \{x \in K^{n+1} \mid x^{n+1} = 1\}$, dann sieht man leicht, dass $\bar{C} = \{\binom{y}{1} \mid y \in P\}$.

⊂: Sei $x \in \bar{C}$, also $x^{n+1} = 1$ und $x \in C^{n+1}$, also $x = \sum_{i=1}^{k} \lambda_i \binom{y_i}{1} + \sum_{j=1}^{l} \rho_j \binom{z_j}{0}$
mit $\lambda_i, \rho_j \geq 0$. Daraus folgt: $\sum_{i=1}^{k} \lambda_i = 1$.
Für die ersten n Komponenten gilt:
$$\begin{pmatrix} x^1 \\ \vdots \\ x^n \end{pmatrix} = \sum_{i=1}^{k} \lambda_i y_i + \sum_{j=1}^{l} \rho_j z_j \in \text{KH}(y_1, \ldots, y_l) + \text{KK}(z_1, \ldots, z_l).$$

⊃: Sei $y \in P$, also $y = \sum_{i=1}^{k} \lambda_i y_i + \sum_{j=1}^{l} \rho_j z_j$ mit $\sum_{i=1}^{k} \lambda_i = 1, \lambda_i, \rho_j \geq 0$.
Somit gilt $\binom{y}{1} = \sum_{i=1}^{k} \lambda_i \binom{y_i}{1} + \sum_{j=1}^{l} \rho_j \binom{z_j}{0}$. Da $\sum_{i=1}^{k} \lambda_i = 1$, erhalten wir $\binom{y}{1} \in C^{n+1}$.

Nun ist noch die Polyedereigenschaft nachzuweisen.
C^{n+1} ist nach Satz 4.4 Lösungsmenge von
$$\begin{array}{cccc} a'_{11}x^1 + \ldots & +a'_{1n}x^n & +a'_{1n+1}x^{n+1} & \leq 0 \\ \vdots & \vdots & \vdots & \vdots \\ a'_{m1}x^1 + \ldots & +a'_{mn}x^n & +a'_{mn+1}x^{n+1} & \leq 0. \end{array}$$

Falls $x \in \bar{C}$ gilt zusätzlich $x^{n+1} = 1$.
Als Ungleichungssystem für die ersten n Variablen ergibt sich dann:
$$\begin{array}{ccc} a'_{11}x^1 + \ldots + a'_{1n}x^n & \leq 0 - a'_{1n+1} & := b^1 \\ \vdots & \vdots & \vdots \\ a'_{m1}x^1 + \ldots + a'_{mn}x^n & \leq 0 - a'_{mn+1} & := b^m. \end{array}$$

Setzt man dann $a_{ij} := a'_{ij}$ für $j \leq n$, so ergibt sich für P die Darstellung
$P = \{x \mid Ax \leq b,\ A \in K^{(m,n)},\ x \in K^n\}$. □

Satz 4.6 *Krein-Milman*
Jedes beschränkte Polyeder (Polytop) ist die konvexe Hülle seiner endlich vielen Ecken.

Beweis:
Mit P sind seine Seitenflächen beschränkt, also auch seine primitiven Seitenflächen. Nach Satz von Klee (Satz 3.8) ist ein primitives Polyeder entweder ein nichtleerer affiner Unterraum oder ein affiner Halbraum. Beide sind unbeschränkt, es sei denn, es liegen Ecken als affine Unterräume vor. Nach Lemma 3.10 ist jedes nichtleere Polyeder die konvexe Hülle seiner primitiven Seitenflächen, im beschränkten Fall also seiner endlich vielen Ecken. □

4.3 Der Zerlegungssatz für Polyeder

Wir interessieren uns jetzt für die Gesamtstruktur eines Polyeders. Hierbei suchen wir eine Darstellung durch Ecken, freie Richtungen und lineare Unterräume.

Definition 4.3 *Ein Polyeder heißt spitz, wenn es mindestens eine Ecke besitzt.*

Bemerkung
Da jedes nichtleere Polytop die konvexe Hülle seiner Ecken ist, muss es mindestens eine Ecke enthalten. Also ist jedes Polytop spitz.

Satz 4.7

1. $P = \{x \mid Ax \leq b\}$ ist genau dann ein Polytop, wenn P keine Halbgerade enthält.
   Ist P nicht leer, dann gilt dies genau dann, wenn $Az \leq 0$ nur mit $z = 0$ lösbar ist.

2. Das nichtleere Polyeder P ist genau dann spitz, wenn P keine Gerade ganz enthält. In diesem Fall ist $Aw = 0$ nur mit $w = 0$ lösbar.

Beweis:

1. Ein Polytop kann trivialerweise keine Halbgerade enthalten.
   P enthalte keine Halbgerade. Nach Satz 4.1 gilt $P = \text{KH}(G) + \text{KK}(H)$ für zwei endliche Mengen G und H. Angenommen $H \neq \emptyset$, dann wäre mindestens eine Halbgerade in P enthalten. Also muss gelten: $H = \emptyset$. Folglich ist $P = \text{KH}(G)$ und somit ein Polytop. Setzt man z als den Richtungvektor der Halbgeraden, dann ergibt sich der Zusatz.

2. Enthält P eine Gerade $\mathrm{AH}(x_1, x_2)$ mit $x_1 \neq x_2$, dann ist $w = x_1 - x_2 \neq 0$ nichttriviale Lösung des Gleichungssystems $Aw = 0$.
   Damit kann es aber auch keine Ecke x mehr geben, denn $x = \frac{1}{2}(x+w) + \frac{1}{2}(x-w)$ ist dann echte Konvexkombination zweier zulässiger Punkte und somit keine Ecke.
   Enthält P nun keine Gerade ganz, dann enthält auch $\mathrm{KK}(H)$ keine Gerade ganz, also sind alle primitiven Seitenflächen Ecken oder Halbgeraden. Es existiert daher eine Ecke, und P ist somit spitz. Der Scheitel einer Halbgerade ist auch eine Ecke, wenn bereits die Halbgerade extremale Seitenfläche ist. □

Wir wissen nun, dass es zu einem Polyeder $P = \{x \mid Ax \leq b\}$ eine Darstellung $P = \mathrm{KH}(G) + \mathrm{KK}(H)$ gibt und umgekehrt. Im Folgenden befassen wir uns mit der Eindeutigkeit von $\mathrm{KK}(H)$.

Lemma 4.4 *Gegeben sei $P(A,b) = \mathrm{KH}(G) + \mathrm{KK}(H) = \mathrm{KH}(G') + \mathrm{KK}(H')$. Dann folgt $\mathrm{KK}(H) = \mathrm{KK}(H') = \{z \mid Az \leq 0\} = \mathrm{RK}(A)$.*

Beweis:
Sei $G = \{y_1, \ldots, y_k\}$, $H = \{z_1, \ldots, z_l\}$, $u \in \mathrm{KK}(H)$, also $u = \sum_{i=1}^{l} \rho_i z_i$, $\rho_i \geq 0$.
Dann ist $Au = \sum_{i=1}^{l} \rho_i A z_i$. Wäre nun $A z_i > 0$ in irgendeiner Komponente, dann wäre für groß genug gewähltes ρ immer $y_j + \rho z_i \notin P$ für alle $j \leq k$.
Sei nun z mit $Az \leq 0$ gegeben. Dann gilt für alle $\rho \geq 0$: $x + \rho z \in P$.
Angenommen $z \notin \mathrm{KK}(H)$. Dann ist z von $\mathrm{KK}(H)$ trennbar (folgt nach dem Lemma von Farkas, Satz 2.3), es gibt also ein $c \in K^n$ mit $c^T z > 0$ und $c^T z_i \leq 0$ für alle $i = 1, \ldots, l$. Für $x \in P$ gilt:

$$c^T x = c^T \sum_{i=1}^{k} \lambda_i y_i + c^T \sum_{j=1}^{l} \rho_i z_i \leq c^T \sum_{i=1}^{k} \lambda_i y_i \leq \mathrm{Max}\{c^T y_1, \ldots, c^T y_k\} =: \gamma$$

mit $\lambda_i \geq 0$ und $\sum_{i=1}^{k} \lambda_i = 1$.
Wegen $c^T z > 0$ ist aber $c^T(x + \rho z) > \gamma$ für ρ groß genug. $x + \rho z$ ist zulässig wegen $A(x + \rho z) = Ax + \rho Az \leq Ax \leq b$, was im Widerspruch zu $x + \rho z \notin P$ steht. Also ist $z \in \mathrm{KK}(H)$.
Dieselbe Betrachtung kann man für $\mathrm{KK}(H')$ anstellen, woraus folgt:
$z \in \mathrm{KK}(H')$, also $\mathrm{KK}(H') = \mathrm{KK}(H)$. □

Definition 4.4 *C sei ein konvexer Kegel, $-C$ der Kegel $\{x \mid -x \in C\}$. Wir nennen $L = C \cap -C$ den Linienraum von C.*

Bemerkung
Der Linienraum ist der größte lineare Untervektorraum von C.
Mit x gehört immer $-x$ zu L.

Lemma 4.5 *L ist die kleinste nichtleere extremale Teilmenge von C.*

4.3. Der Zerlegungssatz für Polyeder

Beweis:
$L \neq \emptyset$, denn $0 \in L$.
Zu zeigen ist, dass L extremal ist.
Mit $x, y \in C$ und $z \in (x, y) \cap L$, also $z = \lambda x + (1-\lambda)y$, $\lambda \in (0, 1)$ gilt $-z \in L$. $-x$ lässt sich darstellen als $-x = \frac{1}{\lambda}[-z + (1-\lambda)y]$ und $-y = \frac{1}{1-\lambda}[-\lambda x - (1-\lambda)y + \lambda x]$.
Folglich ist $-x \in \mathrm{KK}(-z, y) \subset C$, $-y \in \mathrm{KK}(-z, x) \subset C$. Somit sind auch $-x$ und $-y \in C$ und x und y im Linienraum L. L ist also extremal.
Nun ist noch zu zeigen, dass L minimal unter dieser Eigenschaft ist.
Wir nehmen dazu an, $\emptyset \neq W \subsetneq L$ sei extremal, $z \in L$, $z \notin W$, $w \in W$. Es gilt $C \cap (-C) = L$, $0 = \frac{1}{2}z + \frac{1}{2}(-z) \in L$, weil sowohl z als auch $-z$ zu $L \subset C$ gehören.
Natürlich ist auch $0 \in W$ wegen der Extremalität von W in C, denn $w = \frac{1}{2}0 + \frac{1}{2}2w$ wird von $0, 2w \in C$ konvex erzeugt.
Somit haben auch z und $-z$ ein Element aus W konvex erzeugt, nämlich 0. Folglich liegen z und $-z$ in W, da W ja extremal ist.
Also gilt $L \subset W$ und L ist minimal. □

Definition 4.5 Ist $L = C \cap (-C) = \{0\}$, d.h. 0 ist Extremalpunkt von C, dann heißt C spitzer Kegel.

Satz 4.8 Jeder konvexe Kegel ist die direkte Summe seines Linienraumes L und des spitzen Kegels $\bar{C} = C \cap L^\perp$ mit $L^\perp = \{u \mid u^T x = 0 \; \forall x \in L\}$. Also ist $C = (C \cap L^\perp) \oplus L$.

Beweis:

⊃: Es gilt $L \oplus L^\perp = K^n$, also besitzt jedes $x \in K^n$ eine eindeutige Zerlegung $x = y + z$ mit $y \in L$, $z \in L^\perp$. Sei $x = y + z \in L \oplus (C \cap L^\perp)$. Dabei ist $z \in C$, und es folgt wegen $y \in L \subset C$, dass auch $x = y + z \in C$.

⊂: Sei umgekehrt $x \in C$, dann folgt wegen $z = x - y$ und $-y \in L \subset C$, dass $z \in C$ ist. Damit ist $C = L \oplus (L^\perp \cap C) = L \oplus \bar{C}$.

Es ist noch zu zeigen, dass $\bar{C}$ spitz ist.
$\bar{C} \cap (-\bar{C}) = (L^\perp \cap C) \cap (L^\perp \cap (-C)) = (L^\perp \cap L^\perp) \cap (C \cap (-C)) = L^\perp \cap L = \{0\}$.
Also ist $\bar{C}$ spitz. □

Lemma 4.6 Sei $C = \mathrm{KK}(\binom{w_1}{\omega_1}, \ldots, \binom{w_r}{\omega_r})$ mit $w_1, \ldots, w_r \in K^n$ und $\omega_1, \ldots, \omega_r \in K \geq 0$.

1. Dann gibt es ein endliches Erzeugersystem für C der Form
   $C = \mathrm{KK}\left(\binom{v_1}{1}, \ldots, \binom{v_s}{1}, \binom{u_1}{0}, \ldots, \binom{u_t}{0}\right)$.

2. Es gilt $L(C) = \{\binom{z}{0} \mid z \in L(\mathrm{KK}(u_1, \ldots, u_t))\}$.

Beweis:

1. Betrachte die $\omega_i > 0$. Nummeriert man diese ω_i von 1 bis s und teilt die Vektoren $\binom{w_i}{\omega_i}$ durch ω_i, dann erhält man $\binom{v_i}{1}$, $i = 1,\ldots,s$. Nimmt man nun die Vektoren zu $\omega_i = 0$ und nummeriert diese, so erhält man $\binom{u_i}{0}$, $i = 1,\ldots,t$, mit $s+t=r$.
   C hat dann die Darstellung $C = \text{KK}\left(\binom{v_1}{1},\ldots,\binom{v_s}{1},\binom{u_1}{0},\ldots,\binom{u_t}{0}\right)$.

2. $\supset$: Ist $z \in L(\text{KK}(u_1,\ldots,u_t))$, dann ist auch $-z \in L(\text{KK}(u_1,\ldots,u_t))$.
   Wenn $\binom{z}{0} \in C$, dann ist auch $\binom{-z}{0} \in C$, und deshalb ist $\binom{z}{0} \in L(C)$.

   $\subset$: Sei $\binom{z}{\xi} \in L(C)$, dann ist $\binom{-z}{-\xi} \in L(C)$. Da alle Vektoren aus C in der letzten Komponente stets nichtnegative Werte haben, ist $\xi = 0$. Es ist also $\binom{z}{0}$ und $\binom{-z}{0} \in C$.
   $z = \sum_{i=1}^{t} \rho_i u_i$ und $-z = \sum_{i=1}^{t} \eta_i u_i$, $\rho_i, \eta_i \geq 0$,
   also ist $z \in L(\text{KK}(u_1,\ldots,u_t))$. $\square$

Satz 4.9 *Zerlegungssatz für Polyeder*
Jedes Polyeder P besitzt eine Zerlegung $P = (Q + C) \oplus L$, wobei Q ein Polytop, C ein spitzer Kegel und L ein Untervektorraum (Linienraum von P) ist.

Beweis:
Wir wenden wieder die Homogenisierungstechnik an, um Erkenntnisse über Kegel für Polyeder nutzbar zu machen.
Sei $P = \text{KH}(x_1,\ldots,x_k) + \text{KK}(y_1,\ldots,y_l)$.
Wir betrachten den Kegel $\tilde{P} = \text{KK}\left(\binom{x_1}{1},\ldots,\binom{x_k}{1},\binom{y_1}{0},\ldots,\binom{y_l}{0}\right)$.
Dann gilt $\binom{x}{1} \in \tilde{P} \cap \{\bar{x} \in K^{n+1} \mid \bar{x}_{n+1} = 1\} \Leftrightarrow x \in P$.
Nun benutzen wir unsere Erkenntnisse für $\tilde{P}$. Nach Satz 4.8 gibt es einen spitzen Kegel $\tilde{P} \cap L^\perp(\tilde{P})$, so dass $\tilde{P} = L(\tilde{P}) \oplus [\tilde{P} \cap L^\perp(\tilde{P})]$.
Beide Summanden sind Polyeder, haben infolgedessen eine endliche Erzeugermenge. Nach Lemma 4.6 gilt
$\tilde{P} = \text{KK}\left(\binom{a_1}{0},\ldots,\binom{a_r}{0}\right) \oplus [\text{KH}(\binom{b_1}{1},\ldots,\binom{b_s}{1}) + \text{KK}\left(\binom{c_1}{0},\ldots,\binom{c_t}{0}\right)]$

$$x \in P \Leftrightarrow \binom{x}{1} \in \tilde{P} \Leftrightarrow \quad x = \sum_{i=1}^{r} \rho_i a_i + \sum_{i=1}^{s} \lambda_i b_i + \sum_{i=1}^{t} \eta_i c_i,$$

$$\rho_i, \lambda_i, \eta_i \geq 0, \quad \sum_{i=1}^{s} \lambda_i = 1.$$

Also ist $P = \text{KK}(a_1,\ldots,a_r) + [\text{KH}(b_1,\ldots,b_s) + \text{KK}(c_1,\ldots,c_t)]$.
Die Zerlegung ist eindeutig, denn $\text{KK}(\binom{a_1}{0},\ldots,\binom{a_r}{0})$ steht senkrecht auf $\text{KK}(\binom{b_1}{1},\ldots,\binom{c_t}{0})$. Also steht $\text{KK}(a_1,\ldots,a_r)$ senkrecht auf $\text{KK}(b_1,\ldots,c_t)$, d.h. $\text{KK}(a_1,\ldots,a_r)$ steht senkrecht auf $[\text{KH}(b_1,\ldots,b_s) + \text{KK}(c_1,\ldots,c_t)]$.
Dabei ist $\text{KK}(a_1,\ldots,a_r) = L(\text{KK}(y_1,\ldots,y_l)) = L(P)$. $\text{KH}(b_1,\ldots,b_s)$ ist ein Polytop, $\text{KK}(c_1,\ldots,c_t)$ ist spitz, sonst wäre für ein $c \in \text{KK}(c_1,\ldots,c_t)$ auch $-c \in$

4.3. Der Zerlegungssatz für Polyeder

$KK(c_1, \ldots, c_t)$, und damit $\binom{c}{0}, \binom{-c}{0} \in KK(\binom{c_1}{0}, \ldots, \binom{c_t}{0})$, also auch $\tilde{P} \cap L^\perp(\tilde{P})$ nicht spitz. □

Korollar 4.1 *Ist $P = \{x \mid Ax \leq b\} = KH(G) + KK(H)$, dann lässt sich P darstellen als $P = (Q + C) \oplus L$, wobei $L = \{x \mid Ax = 0\}$, $C = \{x \mid Ax \leq 0\} \cap L^\perp$ und $C \oplus L = KK(H) = \{x \mid Ax \leq 0\}$.*

Satz 4.10 *f sei eine lineare Abbildung von K^n nach K^m. P sei ein Polyeder in K^n. Dann ist $f(P)$ Polyeder in K^m.*

Beweis:
Es gelte $P = KH(y_1, \ldots, y_k) + KK(z_1, \ldots, z_l)$. Ein $x \in P$ hat also die Darstellung $x = \sum_{i=1}^k \lambda_i y_i + \sum_{j=1}^l \rho_j z_j$ mit $\sum_{i=1}^k \lambda_i = 1$, $\lambda_i, \rho_j \geq 0$.
Wir zeigen: $f(P) = KH(f(y_1), \ldots, f(y_k)) + KK(f(z_1), \ldots, f(z_l))$.

⊂: Ein $w \in f(P)$ hat somit die Darstellung $w = \sum_{i=1}^k \lambda_i f(y_i) + \sum_{j=1}^l \rho_j f(z_j)$. Also ist $f(P) \in KH(f(y_1), \ldots, f(y_k)) + KK(f(z_1), \ldots, f(z_l))$.

⊃: Gilt $w = \sum_{i=1}^k \lambda_i f(y_i) + \sum_{j=1}^l \rho_j f(z_j)$ und $\sum_{i=1}^k \lambda_i = 1$, $\lambda_i, \rho_j \geq 0$, dann ist $w = f(\sum_{i=1}^k \lambda_i y_i + \sum_{j=1}^l \rho_j z_j) \in f(P)$. Nach dem Satz von Weyl (Satz 4.5) ist also $f(P) = KH(f(y_1), \ldots, f(y_k)) + KK(f(z_1), \ldots, f(z_l))$ ein Polyeder. □

Satz 4.11 *Ist f eine lineare Abbildung von K^n nach K^m und $P \subset f(K^n) \subset K^m$ ein Polyeder, dann gibt es ein Polyeder $Q \subset K^n$, so dass $f(Q) = P$ gilt, also ein Urbildpolyeder.*

Beweis:
Bestimme die Erzeugermenge von P und nenne sie $y_1, \ldots, y_k, z_1, \ldots, z_l$. Diese existieren, da P ein Polyeder ist. Somit ist $P = KH(y_1, \ldots, y_k) + KK(z_1, \ldots, z_l)$. Wählt man die Urbilder a_i zu y_i, also $a_i = f^{-1}(y_i)$, $i = 1, \ldots, k$, und die zu $y_1 + z_j$, $j = 1, \ldots, l$, nämlich $c_j = f^{-1}(y_1 + z_j)$, dann gilt für $b_j = c_j - a_1$: $f(b_j) = f(c_j) - f(a_1) = y_1 + z_j - y_1 = z_j$. Setzt man $Q = KH(a_1, \ldots, a_k) + KK(b_1, \ldots, b_l)$, so erhält man ein Polyeder, von dem nun zu zeigen ist, dass $f(Q) = P$ gilt.

⊂: Sei $x \in Q$ mit $x = \sum_{i=1}^k \lambda_i a_i + \sum_{j=1}^l \rho_j b_j$ und $\sum_{i=1}^k \lambda_i = 1$, $\lambda_i, \rho_j \geq 0$, dann ist $f(x) = \sum_{i=1}^k \lambda_i f(a_i) + \sum_{j=1}^l \rho_j f(b_j) = \sum_{i=1}^k \lambda_i y_i + \sum_{j=1}^l \rho_j z_j \in KH(y_1, \ldots, y_k) + KK(z_1, \ldots, z_l) = P$.

⊃: Sei $y \in P$, also $y = \sum_{i=1}^k \lambda_i y_i + \sum_{j=1}^l \rho_j z_j$ wie oben. Es gilt $y = \sum_{i=1}^k \lambda_i f(a_i) + \sum_{j=1}^l \rho_j f(b_j) = f(\sum_{i=1}^k \lambda_i a_i + \sum_{j=1}^l \rho_j b_j) \in f(Q)$. □

Bemerkung
Analog zeigt man die Aussage für affin lineare Abbildungen.

4.4 Spitze Polyeder

Für die Anwendung der Algorithmen zur linearen Optimierung sind spitze Polyeder sehr wichtig.

Satz 4.12 *Sei $\emptyset \neq P(A,b) \subset K^n$. Dann sind folgende Aussagen äquivalent:*

1. *P ist spitz.*

2. *Rang$A = n$.*

3. *$L(P) = \{0\}$.*

Beweis: Anwendung von Satz 4.7 (2). □

Korollar 4.2 *Für $P = P^=(A,b) = \{x \mid Ax = b, \ x \geq 0\}$ gilt: P ist genau dann spitz, wenn P nicht leer ist.*

Beweis:
Sei $P = \emptyset$, dann ist P nicht spitz. Ist P nicht leer, dann kann keine Gerade in P liegen, da $x \geq 0$ ist, also ist P spitz. □

Korollar 4.3 *P sei ein Polytop. Dann gilt: P ist genau dann spitz, wenn P nicht leer ist.*

Beweis: analog zu Korollar 4.2. □

Korollar 4.4 *Ist P spitz, dann sind auch alle seine Seitenflächen spitz.*

Satz 4.13 *P sei ein spitzes Polyeder. Das Problem*

$$\max c^T x$$
$$\text{unter } x \in P$$

besitze eine Optimallösung. Dann gibt es in der Menge der Optimallösungen eine Ecke.

Beweis:
Optimalwerte werden stets auf einer Seitenfläche angenommen, diese ist aber wiederum ein Polyeder und ebenso spitz. Somit hat die Seitenfläche eine Ecke, und diese ist auch Ecke für P. □

4.4. Spitze Polyeder

Korollar 4.5 *Es sei $P \neq \emptyset$ und P ein Polytop, dann hat jedes lineare Optimierungsproblem*

$$\max c^T x$$
$$\text{unter } x \in P$$

eine optimale Ecklösung.

Beweis:
$c^T x$ ist beschränkt, also gibt es eine Optimallösung. Da P spitz ist, folgt die Behauptung aus Satz 4.13. □

Folgerung:
Bei linearen Optimierungsproblemen der Form

$$\max c^T x \qquad \text{oder} \qquad \max c^T x$$
$$\text{unter } Ax = b,\ x \geq 0 \qquad \text{unter } Ax \leq b,\ x \geq 0$$

gilt:
Genau dann, wenn es eine Optimallösung gibt, existiert auch eine optimale Ecklösung.

Satz 4.14 *Ein spitzes Polyeder lässt sich darstellen als $P = \text{KH}(v_1, \ldots, v_k) + \text{KK}(u_1, \ldots, u_l)$, wobei $v_1, \ldots, v_k$ die Ecken von P und $u_1, \ldots, u_l$ die extremalen freien Richtungen von P sind.*

Beweis:
Betrachte die Zerlegung $P = L(P) \oplus (Q + C)$.
Da P spitz ist, gilt $P = Q + C$ mit C spitz, $L(P) = \{0\}$, also
$P = \text{KH}(\tilde{v}_1, \ldots, \tilde{v}_{k'}) + \text{KK}(\tilde{u}_1, \ldots, \tilde{u}_{l'})$. $\text{KH}(\tilde{v}_1, \ldots, \tilde{v}_{k'})$ ist ein Polytop. Nach dem Satz von Krein-Milman (Satz 4.6) gibt es Ecken, die das Polytop als konvexe Hülle erzeugen.
Also ist $\text{KH}(\tilde{v}_1, \ldots, \tilde{v}_{k'}) = \text{KH}(v_1, \ldots, v_{k''})$, wobei $v_1, \ldots, v_{k''}$ die Ecken von Q sind. Nach Lemma 4.4 ist $\text{KK}(\tilde{u}_1, \ldots, \tilde{u}_{l'})$ eindeutig festgelegt. Entfernt man also sukzessive diejenigen $\tilde{u}_i$, die durch die anderen konisch erzeugt werden, so bleiben die extremalen freien Richtungen übrig. In $\text{KH}(v_1, \ldots, v_k)$ müssen alle Ecken von P erfaßt sein. Diese lassen sich auf keinen Fall alternativ erzeugen. Wir dürfen aber verzichten auf solche Ecken von Q, die nicht Ecken von P sind. Sei etwa $v_1 = v + u$ mit $v_1 \neq v \in \text{KH}(v_1, \ldots, v_k)$ und $u \in \text{KK}$. Dann gibt es eine Darstellung
$v_1 = \sum_{i=1}^{k''} \eta_i v_i + \sum_{j=1}^{l''} \rho_j u_j$. Dann ist klar, dass die zweite Summe nicht trivial ist und dass $\eta_1 < 1$. Deshalb kann man schreiben
$v_1 = \frac{1}{1-\eta_1} \sum_{i=2}^{k''} \eta_i v_i + \frac{1}{1-\eta_1} \sum_{j=1}^{l''} \rho_j u_j$. Nun ist erkennbar, dass v_1 komplett substituiert werden kann. □

Korollar 4.6 *Ein spitzes Polyeder P hat eine eindeutig bestimmte Minimaldarstellung der Form:*

$P = \mathrm{KH}(v_1, \ldots, v_k) + \mathrm{KK}(u_1, \ldots, u_l)$. Für allgemeine Polyeder (also nicht notwendigerweise spitze) sind nur k und l eindeutig.

Satz 4.15 P sei nicht leer und spitz. Das Optimierungsproblem

$$\max c^T x$$
$$\text{unter } x \in P$$

hat keine Optimallösung genau dann, wenn es eine extremale freie Richtung u mit $c^T u > 0$ gibt.

Beweis:

$\Rightarrow$: $c^T x$ werde auf P unbeschränkt groß.
Da $P = \mathrm{KH}(v_1, \ldots, v_k) + \mathrm{KK}(u_1, \ldots, u_l)$ ist, gibt es ein $c^T u_i > 0$, denn $c^T x$ ist auf $\mathrm{KH}(v_1, \ldots, v_k)$ nach oben beschränkt.

$\Leftarrow$: Es gebe eine extremale freie Richtung u mit $c^T u > 0$. Betrachtet man $v_1 + \rho u$ für ein beliebig großes ρ, dann wird auch $c^T v_1 + \rho c^T u$ beliebig groß und bleibt zulässig. Demnach ist das Optimierungsproblem unbeschränkt. $\square$

4.5 Übungsaufgaben

Aufgabe 4.1

a) Geben Sie eine Menge im $\mathbb{R}^2$ an, die sich als konvexe Hülle von endlich vielen Polyedern schreiben lässt, aber nicht endlich erzeugt ist.

b) Warum widerlegt Ihr Beispiel aus a) den Satz, dass jedes Polyeder P eine endliche Erzeugermenge hat, **nicht**?

Aufgabe 4.2 Das Polyeder $P \subset \mathbb{R}^3$ sei durch das folgende Ungleichungssystem gegeben:

$$\begin{array}{rl}
x^1 + x^2 + x^3 & \geq 1 \\
2x^1 + 2x^2 & \geq 1 \\
2x^1 + 2x^2 - x^3 & \leq 4 \\
x^1 & \geq 0 \\
x^2 & \geq 0 \\
x^3 & \geq 0
\end{array}$$

Stellen Sie P mit Hilfe einer endlichen Erzeugermenge dar.

Aufgabe 4.3 Bestimmen Sie eine Zerlegung $P(A,b) = (Q+C) \oplus L$ (Q Polytop, C spitzer Kegel, L Linienraum) für

$$A = \begin{pmatrix} 1 & -2 & 1 \\ 2 & 0 & -2 \\ -1 & -2 & 3 \\ 0 & -1 & 1 \end{pmatrix} \quad b = \begin{pmatrix} 1 \\ 3 \\ 1 \\ 0 \end{pmatrix}.$$

Kapitel 5
Dualität

5.1 Duale Probleme

Oft ist es nötig nachzuweisen, dass ein Zielfunktionswert (z.B. für eine Ecke) optimal ist. Bei Problemen der Form

$$\max c^T x$$
$$\text{unter } Ax \leq b$$

kann man zu diesem Zweck konische Kombinationen der Ungleichungen aus $Ax \leq b$ so konstruieren, dass eine obere Schranke für $c^T x$ auf dem Zulässigkeitsbereich X entsteht. Entspricht diese obere Schranke dem erreichten Zielfunktionswert, so ist die Optimallösung gefunden.

Lemma 5.1 *Gibt es ein $u \in K^m$, $u \geq 0$ mit $A^T u = c$, dann liefert $b^T u$ eine obere Schranke für $c^T x$ auf $X = \{x \mid Ax \leq b\}$.*

Beweis:
Für alle $x \in X$ gilt:
$$\begin{array}{ccc} a_1^T x \leq b^1 & & u^1(a_1^T x) \leq u^1 b^1 \\ \vdots & \Rightarrow & \vdots \\ a_m^T x \leq b^m & & u^m(a_m^T x) \leq u^m b^m. \end{array}$$

Durch Summation folgt: $(\sum_{i=1}^m u^i a_i)^T x \leq u^T b$.
Nach Voraussetzung ist $A^T u = c$, also $(\sum_{i=1}^m u^i a_i)^T = c^T$ und $c^T x \leq u^T b$ für alle $x \in X$. Also ist $u^T b$ eine obere Schranke für die Zielfunktionswerte. □

Bisher konnte u frei gewählt werden. Variiert man u nun so, dass $u^T b$ minimal wird, so ist die Abschätzung nach oben so scharf wie möglich. Somit heißt das neue Problem

$$\min u^T b$$
$$\text{unter } A^T u = c, \ u \geq 0$$

das begleitend zum ursprünglichen Problem

$$\max c^T x$$
$$\text{unter } Ax \leq b$$

entstanden ist.

Analog gewinnt man eine Unterschranke für das neue Problem

$$\min b^T u$$
$$\text{unter } A^T u = c,\ u \geq 0\,.$$

Lemma 5.2 *Gibt es $y \in K^n$ mit $y \in X = \{x \mid Ax \leq b\}$, dann liefert $c^T y$ eine untere Schranke für $b^T u$ auf $\{u \mid A^T u = c, u \geq 0\}$.*

Beweis:
Für alle $u \in U = \{u \mid A^T u = c, u \geq 0\}$ gelten folgende Tatbestände:
Wenn man b aufspaltet in $b = b_1 + b_2$ mit $b_2 \geq 0$ und wenn man gleichzeitig b_1 so wählt, dass gilt $b_1^T u = \gamma\ \forall u \in U$ mit einem Wert $\gamma \in K$, dann ist $b^T u \geq \gamma\ \forall u \in U$.
Die Fixierung von $b_1^T u$ auf U gelingt folgendermaßen: Für jede konische Kombination $b_1^T = y^T A^T$ von Zeilen von A^T ist jeweils $b_1^T u$ auf ganz U konstant wegen $b_1^T u = y^T A^T u = y^T c =: \gamma$. Statt $b_1^T = y^T A^T$ können wir aber auch schreiben $Ay = b_1$.
Für einen Vektor $b_2 \geq 0$ gilt auf ganz U immer $b_2^T u \geq 0$.
Gilt also $b = b_1 + b_2$ unter diesen Vorgaben, dann hat man auf ganz U: $b^T u \geq \gamma$.
Konsequenz: So lange wie $Ay = b_1 \leq b$ bzw. $b_1 + b_2 = b$ mit $b_2 \geq 0$ gilt, so lange ist $c^T y \leq b^T u$. □

Da wir noch frei sind in der geeigneten Aufspaltung von b in $b_1 + b_2$ und wir interessiert sind an der größtmöglichen Unterschranke, stellt sich uns das Maximierungsproblem

$$\max c^T y$$
$$\text{unter } Ay \leq b$$

Damit sind wir aber gerade beim Ausgangsproblem angelangt.

Um den Zusammenhang der beiden Optimierungsprobleme näher zu untersuchen, wiederholen wir kurz die *Transformationsmöglichkeiten zwischen linearen Programmen* aus Kapitel 2.2:

1. Beschreibung einer Gleichung durch zwei Ungleichungen, Zusammenfassen zweier Ungleichungen zu einer Gleichung.

2. Umwandlung einer „≤"-Beziehung in eine „≥"-Beziehung und umgekehrt.

3. Einführung von Schlupfvariablen zum Übergang von einer Ungleichung zu einer Gleichung mit Vorzeichenbeschränkung oder umgekehrt, das Fallenlassen einer Schlupfvariablen beim Übergang zur Ungleichung.

5.1. Duale Probleme

4. Einführung von vorzeichenbeschränkten Variablen (Splitting) zum Übergang von nicht vorzeichenbeschränkten Variablen zu vorzeichenbeschränkten. Zusammenfassen von vorzeichenbeschränkten Variablen.

5. Übergang von max-Problemen zu min-Problemen durch Multiplikation der Zielfunktion mit (-1) und umgekehrt.

6. Ersetzung einer „$x^i \geq 0$"-Spalte durch die negative Spalte bei $z^i \leq 0$ und umgekehrt.

7. Umwandlung von Variablen in negativ orientierte.

8. Ersetzung einer Variablenvorzeichenbedingung durch die entsprechende Ungleichung und umgekehrt.

Definition 5.1 *Auf der Menge aller linearen Programme (Darstellungsformen für Optimierungsprobleme) definiert man eine Äquivalenzrelation folgendermaßen:*
P und P' sind genau dann transformationsidentisch, wenn sie mit den Maßnahmen 1. – 8. ineinander übergeführt werden können oder wenn bereits $P = P'$ ist.

Bemerkung
Da diese Relation reflexiv, symmetrisch und transitiv ist, ist sie eine Äquivalenzrelation.

Um zu einem klaren, festlegbaren Begriff von dualen Programmen und Problemen zu kommen, definieren wir nun als Einstieg ein formales Übersetzungsschema, das wir direkte Dualisierung nennen. Dies liefert zu jedem Programm ein eindeutiges direkt duales Programm.

Definition 5.2 *Direkt duale Programme*
Sei P_p das Programm

$$
\begin{array}{rl}
\max & d^T x + e^T y + f^T z \qquad \text{bzw.} \quad \min -d^T x - e^T y - f^T z \\
\text{unter} & Ax + By + Cz \leq a \\
& Dx + Fy + Gz = b \\
& Hx + Iy + Jz \geq c \\
& x \geq 0 \\
& z \leq 0,
\end{array}
$$

dann bezeichnen wir als (direkt) duales Programm P_d hierzu

$$
\begin{array}{rl}
\min & a^T u + b^T v + c^T w \qquad \text{bzw.} \quad \max -a^T u - b^T v - c^T w \\
\text{unter} & A^T u + D^T v + H^T w \geq d \\
& B^T u + F^T v + I^T w = e \\
& C^T u + G^T v + J^T w \leq f \\
& u \geq 0 \\
& w \leq 0.
\end{array}
$$

Lemma 5.3 *Sind P_p und P'_p transformationsidentisch, dann sind dies auch P_d und P'_d. Also erhält die direkte Dualisierung Transformationsidentität.*

Beweis als Übungsaufgabe:
Betrachte die folgenden transformationsidentischen Fälle:

1. P Gleichung $=$ P' zwei Ungleichungen $\leq \geq$
2. P Ungleichung $\leq$ P' Ungleichung $\geq$
3. P $a_i^T x \leq b^i$ P' $a_i^T x + \gamma = b^i$, $\gamma \geq 0$
4. P x beliebig P' $\binom{x^+}{x^-} \geq 0$
5. P $\max c^T x$ P' $\min(-c^T)x$
6. P Spalte bei $x^i \geq 0$ P' negative Spalte bei $z^i \leq 0$
7. P Spalte zu y^i P' negative Spalte zu y^i
8. P Vorzeichenrestriktion P' Ungleichung

Für diese Fälle betrachte man nun die dualen Programme, die auf beide alternativen Arten entstehen. Anschließend weise man in jedem der acht Fälle nach, dass diese so gewonnenen Programme transformationsidentisch sind. □

Lemma 5.4 *Die beiden folgenden Programme sind direkt dual:*

$$P: \quad \max c^T x \qquad\qquad D: \quad \min b^T u$$
$$\text{unter } Ax \leq b \qquad\qquad \text{unter } A^T u = c,\ u \geq 0.$$

Beweis:
Betrachte

$$\max e^T y$$
$$\text{unter } By \leq a,$$

dann liefert Definition 5.2 als duales Programm

$$\min a^T u$$
$$\text{unter } B^T u = e,\ u \geq 0.$$

Setze $e := c$, $B := A$, $a := b$, $y := x$, dann folgt die Behauptung. □

Definition 5.3 *Von nun an nennen wir ein Programm $P_{\tilde{d}}$ zu einem Programm P_p dual, wenn $P_{\tilde{d}}$ und das direkt duale Programm P_d zu P_p transformationsidentisch sind.*

Bemerkung
In jeder Äquivalenzklasse gibt es ein kanonisches und ein Standardprogramm. Deshalb können wir unsere Betrachtungen auf diese beschränken.

5.1. Duale Probleme

Satz 5.1 *Dualisiert man P_d direkt, dann ergibt sich ein zu P_p transformationsidentisches Programm.*

Beweis:
P_d lässt sich wie folgt schreiben:

$$
\begin{array}{ll}
\min & a^T u + b^T v + c^T w \\
\text{unter} & A^T u + D^T v + H^T w \geq d \\
& B^T u + F^T v + I^T w = e \\
& C^T u + G^T v + J^T w \leq f \\
& u \geq 0 \\
& w \leq 0
\end{array}
\quad \text{oder} \quad
\begin{array}{ll}
\max & -a^T u - b^T v - c^T w \\
\text{unter} & C^T u + G^T v + J^T w \leq f \\
& B^T u + F^T v + I^T w = e \\
& A^T u + D^T v + H^T w \geq d \\
& u \geq 0 \\
& w \leq 0.
\end{array}
$$

Daraus entsteht nach direkter Dualisierung:

$$
\begin{array}{ll}
\min & f^T r + e^T s + d^T t \\
\text{unter} & Cr + Bs + At \geq -a \\
& Gr + Fs + Dt = -b \\
& Jr + Is + Ht \leq -c \\
& r \geq 0 \\
& t \leq 0.
\end{array}
$$

Mit $r = -z$, $s = -y$, $t = -x$ wird daraus

$$
\begin{array}{ll}
\min & -f^T z - e^T y - d^T x \\
\text{unter} & -Cz - By - Ax \geq -a \\
& -Gz - Fy - Dx = -b \\
& -Jz - Iy - Hx \leq -c \\
& z \leq 0 \\
& x \geq 0
\end{array}
\quad
\begin{array}{c}\text{transfor-}\\ \text{mations-}\\ \text{identisch}\end{array}
\quad
\begin{array}{ll}
\max & d^T x + e^T y + f^T z \\
\text{unter} & Ax + By + Cz \leq a \\
& Dx + Fy + Gz = b \\
& Hx + Iy + Jz \geq c \\
& x \geq 0 \\
& z \leq 0.
\end{array}
$$
$\square$

Allgemeine Transformationsregeln (zur Dualisierung)

primales Programm	duales Programm
max Zielfunktion	min Zielfunktion
min Zielfunktion	max Zielfunktion
Gleichung oder Ungleichung	Variable
Ungleichung $\leq$ bei max:	Variable ≥ 0
Ungleichung $\leq$ bei min:	Variable ≤ 0
Ungleichung $\geq$ bei max:	Variable ≤ 0
Ungleichung $\geq$ bei min:	Variable ≥ 0
Gleichung	Variable, nicht vorzeichenbeschränkt
Variable ≥ 0 bei max:	Ungleichung $\geq$
Variable ≥ 0 bei min:	Ungleichung $\leq$
Variable ≤ 0 bei max:	Ungleichung $\leq$
Variable ≤ 0 bei min:	Ungleichung $\geq$
Variable, nicht vorzeichenbeschränkt	Gleichung

Satz 5.2 *Auflistung dualer Programme zu wichtigen Typen*

primal			dual		
$\max c^T x$	unter	$Ax \leq b$	$\min b^T u$	unter	$A^T u = c,\ u \geq 0$
$\max c^T x$		$Ax \leq b,\ x \geq 0$	$\min b^T u$		$A^T u \geq c,\ u \geq 0$
$\max c^T x$		$Ax \leq b,\ x \leq 0$	$\min b^T u$		$A^T u \leq c,\ u \geq 0$
$\max c^T x$		$Ax = b$	$\min b^T u$		$A^T u = c$
$\max c^T x$		$Ax = b,\ x \geq 0$	$\min b^T u$		$A^T u \geq c$
$\max c^T x$		$Ax = b,\ x \leq 0$	$\min b^T u$		$A^T u \leq c$
$\max c^T x$		$Ax \geq b$	$\min b^T u$		$A^T u = c,\ u \leq 0$
$\max c^T x$		$Ax \geq b,\ x \geq 0$	$\min b^T u$		$A^T u \geq c,\ u \leq 0$
$\max c^T x$		$Ax \geq b,\ x \leq 0$	$\min b^T u$		$A^T u \leq c,\ u \leq 0$

primal			dual		
$\min c^T x$	unter	$Ax \leq b$	$\max b^T u$	unter	$A^T u = c,\ u \leq 0$
$\min c^T x$		$Ax \leq b,\ x \geq 0$	$\max b^T u$		$A^T u \leq c,\ u \leq 0$
$\min c^T x$		$Ax \leq b,\ x \leq 0$	$\max b^T u$		$A^T u \geq c,\ u \leq 0$
$\min c^T x$		$Ax = b$	$\max b^T u$		$A^T u = c$
$\min c^T x$		$Ax = b,\ x \geq 0$	$\max b^T u$		$A^T u \leq c$
$\min c^T x$		$Ax = b,\ x \leq 0$	$\max b^T u$		$A^T u \geq c$
$\min c^T x$		$Ax \geq b$	$\max b^T u$		$A^T u = c,\ u \geq 0$
$\min c^T x$		$Ax \geq b,\ x \geq 0$	$\max b^T u$		$A^T u \leq c,\ u \geq 0$
$\min c^T x$		$Ax \geq b,\ x \leq 0$	$\max b^T u$		$A^T u \geq c,\ u \geq 0$

5.2 Dualitätssätze

Dieser Abschnitt beschreibt die Wechselwirkungen zwischen zueinander dualen Programmen. Im Folgenden sei stets das primale Problem

$$P: \quad \max c^T x$$
$$\text{unter } Ax \leq b,$$

das duale sei

$$D: \quad \min b^T u$$
$$\text{unter } A^T u = c, \quad u \geq 0.$$

Wie schon aus den beiden Lemmata zu Beginn dieses Kapitels ersichtlich, besteht eine Abgrenzung der Zielfunktionswerte, die im primalen und im dualen Problem angenommen werden können.

Satz 5.3 *Schwacher Dualitätssatz*
Für alle x mit $Ax \leq b$ und für alle u mit $A^T u = c$, $u \geq 0$ gilt $c^T x \leq b^T u$.

5.2. Dualitätssätze

Beweis:
Wenn x und u die verlangten Eigenschaften haben, dann gilt:
$c^T x - u^T b = u^T A x - u^T b = u^T (Ax - b) \leq 0$. □

Die Wechselbeziehungen zwischen P und D sind aber noch weit intensiver.

Satz 5.4 Dualitätssatz
Seien P und D wie oben, dann sind 4 Konstellationen möglich:

1. P und D besitzen zulässige Punkte. Dann besitzen beide sogar Optimalpunkte, deren Zielfunktionswerte gleich sind.

2. P ist unzulässig, aber D ist zulässig. Dann besitzt D keinen Optimalpunkt, die Zielfunktion ist nach unten unbeschränkt.

3. D ist unzulässig, P ist zulässig. Dann besitzt P keinen Optimalpunkt, die Zielfunktion ist nach oben unbeschränkt.

4. P und D sind beide unzulässig.

Beweis:
Sei $x \in X = \{x \mid Ax \leq b\}$ Zulässigkeitsbereich von P.
Sei $u \in U = \{u \mid A^T u = c, u \geq 0\}$ Zulässigkeitsbereich von D. Nach Lemma 5.1 gilt $c^T x \leq b^T u$. Gibt es Punkte $\bar{x} \in X$ und $\bar{u} \in U$ mit $c^T \bar{x} = b^T \bar{u}$, so sind beide bereits optimal.

1. Sind P und D zulässig, dann müssen die Zielfunktionen auf beiden Zielfunktionsbereichen beschränkt sein (P nach oben, D nach unten). Also ist wegen Zulässigkeit das folgende System lösbar

$$\left\{\begin{array}{rl} Ax & \leq b \\ A^T u & \leq c \\ -A^T u & \leq -c \\ -E^T u & \leq 0 \end{array}\right\}. \text{ Aber unlösbar ist } \left\{\begin{array}{rl} Ax & \leq b \\ A^T u & \leq c \\ -A^T u & \leq -c \\ -E^T u & \leq 0 \\ c^T x - b^T u & > 0 \end{array}\right\}.$$

Diese Unlösbarkeit garantiert der schwache Dualitätssatz (Satz 5.3).

Setze nun $\tilde{A} = \begin{pmatrix} A & 0 \\ 0 & A^T \\ 0 & -A^T \\ 0 & -E \end{pmatrix}$, $\tilde{c} = \begin{pmatrix} b \\ c \\ -c \\ 0 \end{pmatrix}$, $\tilde{b} = \begin{pmatrix} c \\ -b \end{pmatrix}$, $\beta = 0$.

Wende Satz von Gale (Satz 2.7) auf das erste System an, so ergibt sich, dass $\tilde{A}^T y = 0$, $\tilde{c}^T y < 0$, $y \geq 0$ mit $y = \begin{pmatrix} y^1 \\ \vdots \\ y^4 \end{pmatrix}$ unlösbar ist. Wird das nichthomogene Farkas-Lemma (Satz 2.5) auf das zweite System angewandt, dann

folgt, dass
$\tilde{A}^T y = \tilde{b}$, $\tilde{c}^T y \leq 0$, $y \geq 0$ lösbar ist, oder $\tilde{A}^T y = 0$, $\tilde{c}^T y < 0$, $y \geq 0$.
Letzteres ist, wie schon gesagt, unlösbar. Also ist ersteres System lösbar.
Dieses wird nun zurücktransformiert, indem man setzt: $\bar{u} = y_1$, $\bar{x} = y_3 - y_2$.
$A^T \bar{u} = c$ und $-Ay_2 + Ay_3 + Ey_4 = b$, also $A\bar{x} = A(y_3 - y_2) \leq b$.
$\bar{u} \geq 0$, also $b^T \bar{u} - c^T \bar{x} \leq 0$ und somit gilt $b^T \bar{u} \leq c^T \bar{x}$, also $c^T \bar{x} = b^T \bar{u}$.

2. Es gibt ein $\bar{u}$ mit $A^T \bar{u} = c$, $\bar{u} \geq 0$. Weil aber $Ax \leq b$ unlösbar ist, gibt es nach Satz von Gale (Satz 2.7) ein u mit $A^T u = 0$, $b^T u < 0$ sowie $u \geq 0$. Also gilt für alle $\rho \geq 0$, dass $\bar{u} + \rho u$ immer noch für D zulässig ist, denn $A^T(\bar{u}+\rho u) = c+\rho 0$ und $\bar{u}+\rho u \geq 0$, ebenso $b^T(\bar{u}+\rho u) = b^T \bar{u}+\rho b^T u < b^T \bar{u}$. Mit $\rho \to \infty$ bleiben wir zulässig und $\rho b^T u$ wird beliebig klein.

3. Es gibt ein zulässiges $\bar{x}$ und $A^T u = c$, $u \geq 0$ ist unlösbar. Nach dem Lemma von Farkas (Satz 2.3) gibt es dann ein $z \in K^n$ mit $Az \leq 0$ und $c^T z > 0$. Also sind in P alle Punkte $\bar{x} + \rho z$ mit $\rho \geq 0$ zulässig, denn $A(\bar{x} + \rho z) = A\bar{x} + \rho Az \leq b + \rho 0 = b$. Außerdem wird $c^T(\bar{x} + \rho z) = c^T \bar{x} + \rho c^T z$ für $\rho \to \infty$ beliebig groß, somit gibt es keinen Optimalpunkt.

4. Dies ist der Komplementärfall zu 1., 2., 3. □

Bemerkung
Fall 4 ist durchaus real, betrachte z.B. folgendes Problem:

$$P: \quad \max x^1 + x^2$$
$$\text{unter } x^1 - x^2 \leq 0$$
$$-x^1 + x^2 \leq -1.$$

Die beiden Nebenbedingungen sind widersprüchlich, also ist P unzulässig.

$$D: \quad \min -y^2$$
$$\text{unter } y^1 - y^2 = 1$$
$$-y^1 + y^2 = 1$$
$$y \geq 0.$$

Die Nebenbedingungen sind ebenfalls nicht gleichzeitig zu erfüllen, also ist auch D unzulässig.

Korollar 5.1 (*Umformulierung von Satz 5.4*)
Ist P und D wie bisher, dann gilt

bez. Zulässigkeit:		bez. Zielfunktion:
P und D zulässig	⇔	P und D besitzen Optimalpunkte
nur P ist zulässig	⇔	Zielfunktion für P ist nach oben unbeschränkt
nur D ist zulässig	⇔	Zielfunktion für D ist nach unten unbeschränkt
P und D nicht zulässig	⇔	es existiert kein zulässiger Zielfunktionswert.

Bemerkung
Transformationen haben keine Auswirkungen auf die Zulässigkeit und Beschränktheit der Zielfunktion.

5.3 Sätze vom komplementären Schlupf

Bisher haben wir nur Paare von linearen Optimierungsaufgaben zueinander in Beziehung gesetzt. Nun lässt sich die Dualitätstheorie aber auch dazu verwenden, um Eigenschaften von Optimalpunkten zu beschreiben und diese Punkte zu charakterisieren. O.B.d.A. beschränken wir uns auf die einfachen Probleme P und D und verallgemeinern die gewonnenen Resultate dann auf beliebige Systeme.

Satz 5.5 *Satz vom schwachen komplementären Schlupf*
Gegeben seien die beiden zueinander dualen Programme

$$P: \quad \max c^T x \qquad \text{und} \qquad D: \quad \min b^T u$$
$$\text{unter } Ax \leq b \qquad\qquad\qquad \text{unter } A^T u = c, \quad u \geq 0.$$

$\tilde{x}$ *und* $\tilde{u}$ *seien zulässige Vektoren für P und D. Dann sind folgende Aussagen äquivalent:*
  (a) $\tilde{x}$ *ist optimal für P und* $\tilde{u}$ *ist optimal für D.*
  (b) $\tilde{u}^T(b - A\tilde{x}) = 0$.
  (c) *Für alle Komponenten* $\tilde{u}^i$ *gilt: Aus* $\tilde{u}^i > 0$ *folgt* $a_i^T \tilde{x} = b^i$.
  (d) *Für alle Zeilenindizes i von A gilt: Aus* $a_i^T \tilde{x} < b^i$ *folgt* $\tilde{u}^i = 0$.

Beweis:

(a)$\Rightarrow$(b) Nach dem Dualitätssatz (Satz 5.4) gilt $c^T \tilde{x} = b^T \tilde{u}$. Außerdem ist $c^T = (A^T u)^T$ und damit $0 = c^T \tilde{x} - (A^T \tilde{u})^T \tilde{x} = b^T \tilde{u} - \tilde{u}^T A \tilde{x} = \tilde{u}^T (b - A\tilde{x})$.

(b)$\Rightarrow$(c) Ist $\tilde{u}^i > 0$, dann gilt $b^i - a_i^T \tilde{x} = 0$.

(c)$\Rightarrow$(d) Negative Formulierung von (c) (äquivalent).

(d)$\Rightarrow$(b) In jedem Komponentenprodukt ist ein Faktor 0.

(b)$\Rightarrow$(a) $\tilde{u}^T(b - A\tilde{x}) = 0$ und $\tilde{u}^T A = c^T$, weil ja $\tilde{u}$ zulässig für D ist. Also ist $\tilde{u}^T b = \tilde{u}^T A \tilde{x} = c^T \tilde{x}$ und somit sind $\tilde{x}$ und $\tilde{u}$ optimal. $\square$

Satz 5.6 *Satz vom starken komplementären Schlupf*
Besitzen die Programme

$$P: \quad \max c^T x \qquad \text{und} \qquad D: \quad \min b^T u$$
$$\text{unter } Ax \leq b \qquad\qquad\qquad \text{unter } A^T u = c, \ u \geq 0$$

beide zulässige Lösungen, dann existieren Optimalpunkte $\tilde{x}$ *und* $\tilde{u}$, *so dass für*

dieses Paar $(\tilde{x}, \tilde{u})$ gilt:
$$\tilde{u}^i > 0 \Leftrightarrow a_i^T \tilde{x} = b^i \text{ und}$$
$$a_i^T \tilde{x} < b^i \Leftrightarrow \tilde{u}^i = 0.$$

Beweis:
Da die zweite Äquivalenz nur die Negation der ersten ist, brauchen wir nur die erste beweisen.

$\Rightarrow$: Folgt direkt aus dem Satz von schwachen komplementären Schlupf (Satz 5.5).

$\Leftarrow$: Hierzu ist zu zeigen, dass folgendes System lösbar ist:
$$I: \quad \begin{array}{rl} -A\tilde{x} + \tilde{u} & > -b \quad \text{mit } \tilde{u} \geq 0 \\ A\tilde{x} & \leq b \\ A^T \tilde{u} & = c \\ c^T \tilde{x} - b^T \tilde{u} & = 0. \end{array}$$

Bekannt ist bereits, dass folgendes System lösbar ist:
$$II: \quad \begin{array}{rl} A\tilde{x} & \leq b \quad \text{mit } \tilde{u} \geq 0 \\ A^T \tilde{u} & = c \\ c^T \tilde{x} - b^T \tilde{u} & = 0. \end{array}$$

Will man den Satz von Motzkin (Satz 2.4) auf beide Systeme anwenden, müssen beide erst homogenisiert werden (rechte Seite soll 0 sein):

$$I': \begin{pmatrix} 0 & 0 & 1 \\ -A & E & b \\ -A & 0 & b \\ 0 & E & 0 \\ 0 & -A^T & c \\ c^T & -b^T & 0 \end{pmatrix} \begin{pmatrix} x \\ u \\ \lambda \end{pmatrix} \begin{array}{l} > 0 \\ > 0 \\ \geq 0 \\ \geq 0 \\ = 0 \\ = 0 \end{array} \quad II': \begin{pmatrix} 0 & 0 & 1 \\ -A & 0 & b \\ 0 & E & 0 \\ 0 & -A^T & c \\ c^T & -b^T & 0 \end{pmatrix} \begin{pmatrix} x \\ u \\ \lambda \end{pmatrix} \begin{array}{l} > 0 \\ \geq 0 \\ \geq 0 \\ = 0 \\ = 0. \end{array}$$

Finden wir eine Lösung des homogenisierten Systems I', dann ergibt die Division durch λ eine Lösung des Originalproblems. Man beachte, dass im rechten System die zweite Zeile fehlt, ansonsten stimmt es mit dem linken überein.

Die Alternative zur Unlösbarkeit von System I' ist nach Motzkin (Satz 2.4) die Unlösbarkeit von System $\overline{I'}$ mit

$$\overline{I'}: \begin{pmatrix} 0 & -A^T & -A^T & 0 & 0 & c \\ 0 & E & 0 & E & -A & -b \\ 1 & b^T & b^T & 0 & c^T & 0 \end{pmatrix} \begin{pmatrix} u_1 \\ u_2 \\ v_1 \\ v_2 \\ w_1 \\ w_2 \end{pmatrix} = \begin{pmatrix} 0 \\ 0 \\ 0 \end{pmatrix}$$

$$\text{mit } \begin{pmatrix} u_1 \\ u_2 \end{pmatrix} \geq \neq 0, \begin{pmatrix} v_1 \\ v_2 \end{pmatrix} \geq 0.$$

5.3. Sätze vom komplementären Schlupf

Wenn wir nun die Unlösbarkeit von $\overline{I'}$ zeigen können, dann ist I sicher lösbar. Da es Optimalpunkte für P und D gibt, wären I ohne seine erste Zeile und I' ohne seine zweite Zeile sicher lösbar. Somit wäre $\overline{I'}$ ohne die zweite Spalte unlösbar, d.h. mit $u_2 = 0$ unlösbar. Soll $\overline{I'}$ sonst noch irgendwie lösbar sein, dann also nur mit $u_2 \geq \neq 0$.

1.) Gibt es aber dafür eine Lösung $(\bar{u}_1, \bar{u}_2, \bar{v}_1, \bar{v}_2, \bar{w}_1, \bar{w}_2)$ mit $\bar{u}_1 > 0$, dann könnten wir diese zu einer Lösung des folgenden Systems ausnutzen

$$\overline{II'} : \begin{pmatrix} 0 & -A^T & 0 & 0 & c \\ 0 & 0 & E & -A & -b \\ 1 & b^T & 0 & c^T & 0 \end{pmatrix} \begin{pmatrix} u_1 \\ v_1 \\ v_2 \\ w_1 \\ w_2 \end{pmatrix} = \begin{pmatrix} 0 \\ 0 \\ 0 \end{pmatrix}$$

$$\text{mit } u_1 \geq\neq 0, \ \begin{pmatrix} v_1 \\ v_2 \end{pmatrix} \geq 0.$$

Dazu setzt man einfach: $u_1 = \bar{u}_1, v_1 = \bar{v}_1 + \bar{u}_2, v_2 = \bar{v}_1 + \bar{u}_2, w_1 = \bar{w}_1, w_2 = \bar{w}_2$. Diese Wahl erfüllt alle Anforderungen.
Das darf aber auf keinen Fall sein, weil es sich hier um die Alternative zum sicher lösbaren System II handelt.

2.) Gibt es dafür eine Lösung $(\bar{u}_1, \bar{u}_2, \bar{v}_1, \bar{v}_2, \bar{w}_1, \bar{w}_2)$ mit $\bar{u}_1 = 0$, dann kommt man ohne die erste, aber nicht ohne die zweite Spalte aus. Also ist wieder $u_2 \geq \neq 0$.
Die drei Zeilen unseres Gleichungssystems in $\overline{I'}$ lassen sich dann in folgender Weise formulieren:

$$\begin{array}{rlll} (a) & cw_2 & = A^T u_2 & +A^T v_1 \\ (b) & bw_2 & = u_2 & +v_2 & -Aw_1 \\ (c) & 0 & = b^T u_2 & +b^T v_1 & & +c^T w_1. \end{array}$$

Multiplizieren wir (c) mit $w_2 \geq 0$, $w_2 \in K$, dann erhalten wir

$$0 = w_2 b^T u_2 + w_2 b^T v_1 + w_2 c^T w_1.$$

Setzt man (a) und (b) hierin ein:

$$\begin{aligned} 0 &= (u_2 + v_2 - Aw_1)^T u_2 + (u_2 + v_2 - Aw_1)^T v_1 + (A^T u_2 + A^T v_1)^T w_1 \\ &= (u_2 + v_2)^T (u_2 + v_1) - w_1^T A^T (u_2 + v_1) + (u_2 + v_1)^T A w_1 \\ &= (u_2 + v_2)^T (u_2 + v_1) > 0 \ \text{wegen} \ u_2 \geq\neq 0, \ \begin{pmatrix} v_1 \\ v_2 \end{pmatrix} \geq 0 \end{aligned}$$

im Widerspruch zu (c). Also gelingt auch in diesem Komplementärfall die Lösung von $\overline{I'}$ nicht. □

Satz 5.7 Verallgemeinerter Satz vom schwachen komplementären Schlupf
Es seien die folgenden zueinander dualen Programme gegeben:

$$
\begin{array}{rlrl}
P: \max & d^T x + e^T y + f^T z & D: \min & u^T a + v^T b + w^T c \\
\text{unter} & Ax + By + Cz \leq a & \text{unter} & A^T u + D^T v + H^T w \geq d \\
& Dx + Fy + Gz = b & & B^T u + F^T v + I^T w = e \\
& Hx + Iy + Jz \geq c & & C^T u + G^T v + J^T w \leq f \\
& x \geq 0 & & u \geq 0 \\
& z \leq 0 & & w \leq 0.
\end{array}
$$

Seien $\begin{pmatrix}\tilde{x}\\ \tilde{y}\\ \tilde{z}\end{pmatrix}$ zulässig für P und $\begin{pmatrix}\tilde{u}\\ \tilde{v}\\ \tilde{w}\end{pmatrix}$ für D, dann sind folgende Aussagen äquivalent:

(a) $\begin{pmatrix}\tilde{x}\\ \tilde{y}\\ \tilde{z}\end{pmatrix}$ ist für P und $\begin{pmatrix}\tilde{u}\\ \tilde{v}\\ \tilde{w}\end{pmatrix}$ für D optimal.

(b) $[A^T\tilde{u} + D^T\tilde{v} + H^T\tilde{w} - d]^T \tilde{x} + [C^T\tilde{u} + G^T\tilde{v} + J^T\tilde{w} - f]^T \tilde{z} + \tilde{u}^T[a - A\tilde{x} - B\tilde{y} - C\tilde{z}] + \tilde{w}^T[c - H\tilde{x} - I\tilde{y} - J\tilde{z}] = 0$.

(c) Für alle Komponenten der Duallösung gilt:
$$\tilde{u}^i > 0 \Rightarrow A_{i.}\tilde{x} + B_{i.}\tilde{y} + C_{i.}\tilde{z} = a^i,$$
$$\tilde{w}^i < 0 \Rightarrow H_{i.}\tilde{x} + I_{i.}\tilde{y} + J_{i.}\tilde{z} = c^i,$$

und für alle Spalten j von $\begin{pmatrix}A\\ D\\ H\end{pmatrix}$ gilt:
$$\tilde{u}^T A_{.j} + \tilde{v}^T D_{.j} + \tilde{w}^T H_{.j} > d^j \Rightarrow \tilde{x}^j = 0,$$

und für alle Spalten j von $\begin{pmatrix}C\\ G\\ J\end{pmatrix}$ gilt:
$$\tilde{u}^T C_{.j} + \tilde{v}^T G_{.j} + \tilde{w}^T J_{.j} < f^j \Rightarrow \tilde{z}^j = 0.$$

(d) Für alle Zeilenindizes von (A, B, C) gilt:
$$A_{i.}\tilde{x} + B_{i.}\tilde{y} + C_{i.}\tilde{z} < a^i \Rightarrow \tilde{u}^i = 0.$$
Für alle Zeilenindizes von (H, I, J) gilt:
$$H_{i.}\tilde{x} + I_{i.}\tilde{y} + J_{i.}\tilde{z} > c^i \Rightarrow \tilde{w}^i = 0.$$
Für alle Komponenten der Primallösung gilt:
$$\tilde{x}^j > 0 \Rightarrow \tilde{u}^T A_{.j} + \tilde{v}^T D_{.j} + \tilde{w}^T H_{.j} = d^j,$$
$$\tilde{z}^j < 0 \Rightarrow \tilde{u}^T C_{.j} + \tilde{v}^T G_{.j} + \tilde{w}^T J_{.j} = f^j.$$

Satz 5.8 Allgemeiner Satz vom starken komplementären Schlupf
Betrachte P und D wie in Satz 5.7. Besitzen beide Programme zulässige Punkte $\begin{pmatrix}x\\ y\\ z\end{pmatrix}$ bzw. $\begin{pmatrix}u\\ v\\ w\end{pmatrix}$, dann existieren Optimalpunkte $\begin{pmatrix}\tilde{x}\\ \tilde{y}\\ \tilde{z}\end{pmatrix}$ und $\begin{pmatrix}\tilde{u}\\ \tilde{v}\\ \tilde{w}\end{pmatrix}$, so

dass
$$\tilde{u}^i > 0 \Leftrightarrow A_{i.}\tilde{x} + B_{i.}\tilde{y} + C_{i.}\tilde{z} = a^i,$$
$$\tilde{w}^i < 0 \Leftrightarrow H_{i.}\tilde{x} + I_{i.}\tilde{y} + J_{i.}\tilde{z} = c^i,$$
$$\tilde{x}^j > 0 \Leftrightarrow \tilde{u}^T A_{.j} + \tilde{v}^T D_{.j} + \tilde{w}^T H_{.j} = d^j,$$
$$\tilde{z}^j < 0 \Leftrightarrow \tilde{u}^T C_{.j} + \tilde{v}^T G_{.j} + \tilde{w}^T J_{.j} = f^j.$$

Beweis als Übungsaufgabe:
1. Schritt: Kanonisiere P, standardisiere D.
2. Schritt: Wie sehen die Optimalpunkte der neugewonnenen Probleme aus, wie ist ihr Verhältnis zu den alten Optimalpunkten?
3. Schritt: Zeige, dass aus Satz 5.5 und Satz 5.6 für vereinfachte Probleme die obige Formulierung folgt. □

5.4 Dualität, Schattenpreise und Sensitivitätsanalyse

Es liegen folgende Probleme vor

$$P: \quad \max \quad c^T x \qquad \text{und} \qquad D: \quad \min b^T u$$
$$\text{unter} \quad Ax \leq b \qquad\qquad\qquad \text{unter } A^T u = c,\ u \geq 0.$$

Wir nehmen an, dass P eine Optimallösung besitzt und stellen die Frage, wie sich wohl der Optimalwert verhält, wenn b geringfügig verändert wird.

Satz 5.9 $\tilde{x}_b$ und $\tilde{u}_b$ seien die Optimalpunkte von P und D bei rechter Seite b von P, X_b und U_b die betreffenden Optimalmengen. Nun verändert man in P die rechte Seite auf $b + \epsilon d$ mit $\|d\| = 1$, ϵ genügend klein. Dann gilt:

1. $c^T x$ kann auf $\{x \mid Ax \leq b + \epsilon d\}$ nicht unbeschränkt groß werden.

2. Wenn $\{x \mid Ax \leq b + \epsilon d\}$ für ϵ klein genug nicht verschwindet, dann gibt es ein $\epsilon_0 > 0$, so dass für alle $0 < \epsilon < \epsilon_0$ ein $\tilde{u}_{b+\epsilon d}$ existiert mit $c^T \tilde{x}_{b+\epsilon d} - c^T \tilde{x}_b = \epsilon d^T \tilde{u}_{b+\epsilon d}$.

3. Wird für beliebig kleines $\epsilon > 0$ $\{x \mid Ax \leq b + \epsilon d\} = \emptyset$, dann wird $u^T d$ auf U_b beliebig klein (unbeschränkt nach unten) und umgekehrt.

4. Falls U_b einpunktig ist, d.h. $U_b = \{\tilde{u}_b\}$, dann gibt es ein $\epsilon_0 > 0$, so dass für alle $0 < \epsilon < \epsilon_0$ gilt:
$c^T \tilde{x}_{b+\epsilon d} - c^T \tilde{x}_b = \epsilon d^T \tilde{u}_b$.

5. Ist speziell in der Konstellation von 4. $d = e_i \in K^m$ und ist $\epsilon > 0$ genügend klein, dann wächst der Optimalwert um genau $\epsilon \tilde{u}_b^i$ an.

Beweis:
Es gilt bekanntlich $c^T \tilde{x}_b = b^T \tilde{u}_b$ für alle $\tilde{u}_b \in U_b$. U_b ist Seitenfläche F des Polyeders $\{u \mid A^T u = c,\ u \geq 0\}$, $F = \text{KH}(z_1, \ldots, z_k) + \text{KK}(v_1, \ldots, v_l)$, wobei

$z_1, \ldots, z_k$ die Ecken von F sind und $v_1, \ldots, v_l$ die extremalen freien Richtungen dieser Seitenfläche.
Auf F wird $b^T u$ minimiert und es gilt $c^T \tilde{x}_b = b^T z_1 = \ldots = b^T z_k$ sowie $b^T v_1 = \ldots = b^T v_l = 0$, da $c^T x$ ja beschränkt ist.
Sei z eine weitere Ecke von $\{u \mid A^T u = c,\ u \geq 0\}$ und v eine weitere extremale freie Richtung. Es gilt dann $b^T z > b^T z_1$ und $b^T v > 0$, da $b^T u$ minimiert wird. Verändert man nun in P die rechte Seite auf $b + \epsilon d$, dann ändert sich in D der Zulässigkeitsbereich nicht. Die Zielfunktion wird zu $(b + \epsilon d)^T u$. Für D suchen wir nun das Minimum von $(b + \epsilon d)^T u$ auf $\{u \mid A^T u = c,\ u \geq 0\}$.

1. Angenommen, $c^T x$ kann im neuen Polyeder (mit modifiziertem b) unbeschränkt groß werden. Dann ist $\{u \mid A^T u = c,\ u \geq 0\} = \emptyset$ unabhängig von b. Also muss dies schon zuvor gegolten haben, aber $c^T x$ sollte auf $\{x \mid Ax \leq b\}$ beschränkt sein. Also ist obige Annahme falsch.

2. $(b + \epsilon d)^T u$ bleibt auf F nach unten beschränkt, weil das Primalproblem zulässig ist, d.h. $d^T v_1 \geq 0, \ldots, d^T v_l \geq 0$. Somit existiert ein Minimalpunkt für F. Es gilt außerdem $\{u \mid A^T u = c,\ u \geq 0\}$ ist spitz, also gibt es auch eine optimale Ecke. Sei $z \notin F$ eine weitere Ecke. Dann ist $b^T z > b^T z_1 = \ldots = b^T z_k$. Ist ϵ klein genug, dann bleibt $(b + \epsilon d)^T z > (b + \epsilon d)^T z_i$ für alle $i \leq k$. Also stammt die neue Optimalecke $\tilde{u}_{b+\epsilon d}$ wieder aus F.
Es gilt nun $c^T \tilde{x}_{b+\epsilon d} = (b + \epsilon d)^T \tilde{u}_{b+\epsilon d}$ mit $\tilde{u}_{b+\epsilon d} \in \{z_1, \ldots, z_k\}$ und
$c^T \tilde{x}_b = b^T \tilde{u}_b = b^T z_i = b^T \tilde{u}_{b+\epsilon d}$ für alle $i \leq k$. Deshalb ist
$c^T \tilde{x}_{b+\epsilon d} - c^T \tilde{x} = b^T \tilde{u}_{b+\epsilon d} + \epsilon d^T \tilde{u}_{b+\epsilon d} - b^T \tilde{u}_{b+\epsilon d} = \epsilon d^T \tilde{u}_{b+\epsilon d}$.

3. Ist für beliebig kleines $\epsilon > 0$ $\{x \mid Ax \leq b + \epsilon d\} = \emptyset$, dann muss für mindestens ein v_i gelten $d^T v_i < 0$, sonst könnte $(b + \epsilon d)^T u$ auf F nicht unbeschränkt klein werden. Denn für alle freien Richtungen v, die nicht zu F gehören, wissen wir, dass $b^T v > 0$. Bei genügend kleinem ϵ bewirkt d dann nichts am Vorzeichen von $b^T v > 0$.

4. Ist $U_b = \{\tilde{u}_b\}$ einpunktig, dann ist $\tilde{u}_b$ eine Ecke für das Polyeder zu D. Für alle anderen Ecken z bzw. für alle anderen extremalen freien Richtungen v gilt $b^T z > b^T \tilde{u}_b$ und $b^T v > 0$. Somit belässt eine genügend kleine Verschiebung von b den Punkt $\tilde{u}_b$ optimal und sogar als einzige Lösung. Somit kann 2. zur Sensitivitätsanalyse benutzt werden.

5. Spezialisierung auf eine Richtung. □

Definition 5.4 *Die Komponenten von $\tilde{u}_b$, also $\tilde{u}_b^i$ mit $i = 1, \ldots, m$, werden als Schattenpreise bezeichnet. Sie geben einen Multiplikator für die Verbesserung des Zielfunktionswertes $\epsilon \tilde{u}_b^i$ an, wenn statt b^i nun $b^i + \epsilon$ verwendet wird.*

Korollar 5.2 *Die infinitesimal kleine Verschiebung von lockeren Restriktionen bewirkt nichts, und es gilt $\tilde{u}^i = 0$ auf ganz U_b. Bei straffen Restriktionen kann es*

5.4. Dualität, Schattenpreise und Sensitivitätsanalyse

sein, dass es evtl. mehrere Punkte in U_b gibt, die zu beachten sind. Für uns ist es einfacher, wenn eine Situation wie in 4. vorliegt.

Lemma 5.5 U_b ist einpunktig, wenn $c^T x$ sein Maximum in einem eindeutigen Punkt von X annimmt und in diesem Punkt $\tilde{x}$ genau n Restriktionen straff sind.

Beweis:
Seien $a_1^T x = b^1, \ldots, a_n^T x = b^n$ die bei $\tilde{x}$ straffen Restriktionen. Da $\tilde{x}$ exponiert ist, muss es eine Ecke sein. Also ist Rang $\begin{pmatrix} a_1^T \\ \vdots \\ a_n^T \end{pmatrix} = n$. Zu U_b können nach dem Dualitätssatz (Satz 5.4) nur Punkte gehören mit $\bar{u}^i = 0$ für $i = n+1, \ldots, m$.
Zur Erinnerung: $U = \{u \mid A^T u = c, u \geq 0 \text{ und } b^T u \text{ minimal, wobei } A \in K^{(m,n)}\}$.
Das Gleichungssystem ist eindeutig lösbar, also gibt es nur einen dualen Optimalpunkt. □

Bemerkung
Umgekehrt gilt: X_b ist einpunktig, wenn $u^T b$ sein Minimum in einem eindeutigen Punkt annimmt und wenn in diesem Punkt u nur $m-n$ der Vorzeichenbedingungen straff sind. Diese sind immer linear unabhängig.

Bemerkung
X_b ist einpunktig, wenn es ein $\tilde{u}_b \in U_b$ gibt mit mindestens n positiven Komponenten (also nichtentartete Ecke) und wenn die entsprechende Teilmatrix im Gleichungssystem $A_\Delta x = b^\Delta$ (aus den Zeilen zu den positiven u_i's) vollen Rang hat.

Bemerkung
U_b ist einpunktig, wenn in $\tilde{x}_b$ genau n Restriktionen straff sind (nämlich $A_\Delta \tilde{x}_b = b_\Delta$), und wenn das verbleibende Gleichungssystem $A_\Delta^T \tilde{u}_b = c$ vollen Rang hat.

Beweis:
Dann ist $\tilde{x}_b$ Partner zu jedem $\tilde{u} \in U_b$ und $u^i = 0 \; \forall \; i \notin \Delta$. Also kann es nur diese u–Lösung geben. □

Ein ökonomisches Beispiel
Zu lösen sei folgendes Problem

$$\begin{array}{rlrl}
\max & 2x^1 & + & x^2 \\
\text{unter} & x^1 & + & 2x^2 & \leq 12 & (1) \\
& x^1 & + & x^2 & \leq 8 & (2) \\
& 3x^1 & + & x^2 & \leq 18 & (3) \\
& -x^1 & & & \leq 0 \\
& & & -x^2 & \leq 0,
\end{array}$$

wobei die Zielfunktion den erwarteten Gewinn beschreibt, und die Ungleichungen (1)–(3) die Bedürfnisse an Rohstoffen angeben.

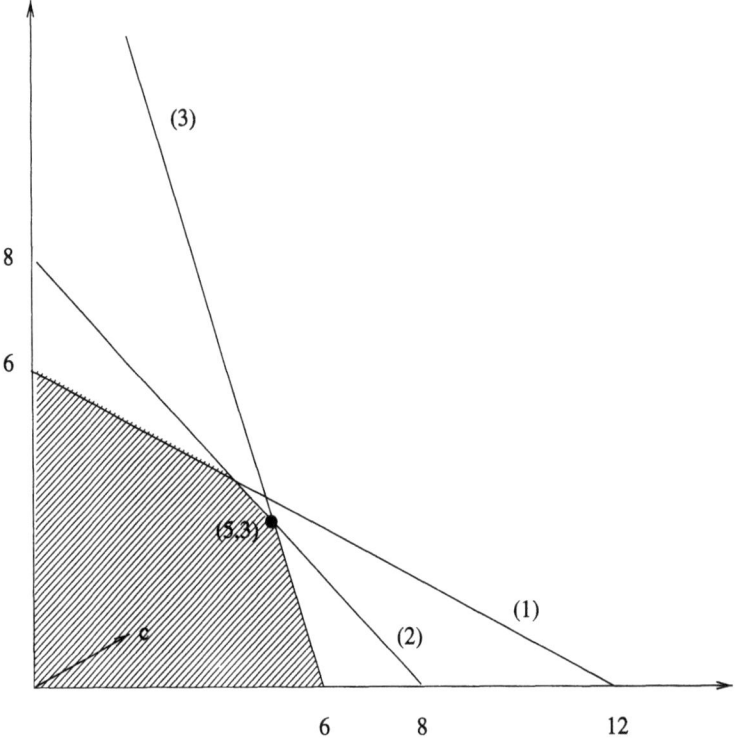

Abbildung 5.1: Ökonomisches Beispiel

$$\text{Ecken} \quad \begin{pmatrix} 0 \\ 0 \end{pmatrix} \quad \begin{pmatrix} 0 \\ 6 \end{pmatrix} \quad \begin{pmatrix} 4 \\ 4 \end{pmatrix} \quad \begin{pmatrix} 5 \\ 3 \end{pmatrix} \quad \begin{pmatrix} 6 \\ 0 \end{pmatrix}$$
$$c^T x \quad\quad 0 \quad\quad\; 6 \quad\quad\; 12 \quad\quad 13 \quad\quad 12$$

Das Optimum der Produktion liegt bei $O = \begin{pmatrix} 5 \\ 3 \end{pmatrix}$. Es wird also in einem eindeutigen Punkt angenommen und dort sind nur $n = 2$ Restriktionen straff (vgl. Lemma 5.5). $\Rightarrow U_b$ ist einpunktig.
Wird nun die Ungleichung (2) zu (2′) verändert mit
(2′) $x^1 + x^2 \leq 7$, also $\epsilon = -1$,
dann ergibt sich die Situation aus Abbildung 5.2.
Das neue Optimum befindet sich bei $O = \begin{pmatrix} 5\frac{1}{2} \\ 1\frac{1}{2} \end{pmatrix}$ und der dazugehörige Zielfunktionswert ist $12\frac{1}{2}$. Die andere neue Ecke ist $\begin{pmatrix} 2 \\ 5 \end{pmatrix}$.
Wird dann statt (2) die Ungleichung (3) verändert auf
(3′) $3x^1 + x^2 \leq 21$, also $\epsilon = 3$, dann haben wir die Situation aus Abbildung 5.3.

5.4. Dualität, Schattenpreise und Sensitivitätsanalyse

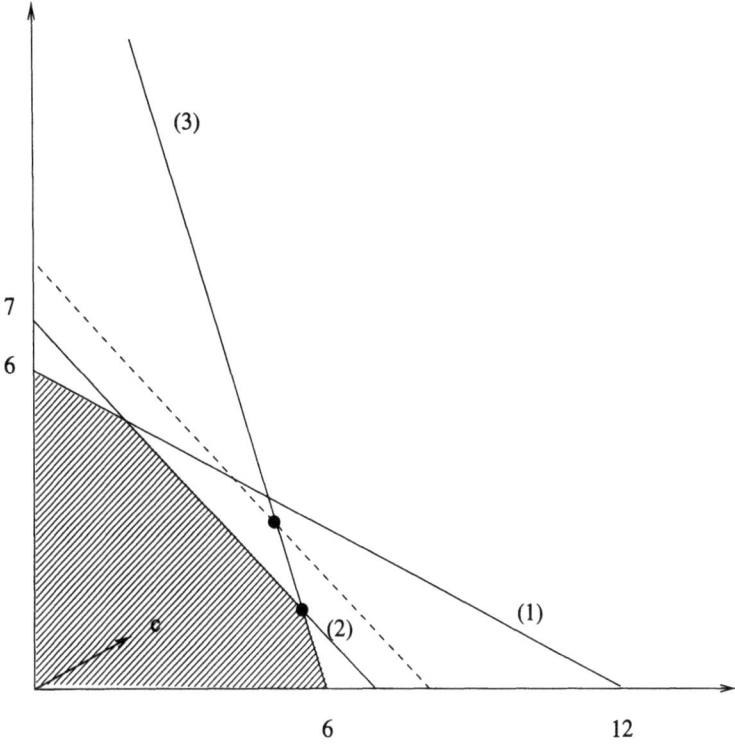

Abbildung 5.2: Veränderung der Ungleichung (2)

Neuer Optimalpunkt: $O = \begin{pmatrix} 6\frac{1}{2} \\ 1\frac{1}{2} \end{pmatrix}$, Zielfunktionswert: $14\frac{1}{2}$, andere neue Ecke $\begin{pmatrix} 7 \\ 0 \end{pmatrix}$.

Das zum ursprünglichen Programm duale lautet:

$$\begin{array}{rlllll}
\min & 12u^1 + & 8u^2 + & 18u^3 & & \\
\text{unter} & u^1 + & u^2 + & 3u^3 - u^4 & & = 2 \\
& 2u^1 + & u^2 + & u^3 & - u^5 & = 1 \\
& & & & u^i \geq 0, & i = 1, \ldots, 5.
\end{array}$$

Die Zielfunktion ist durch 0 nach unten beschränkt. Dies bedeutet, daß, wenn es zulässige Punkte gibt, auch eine optimale Ecke existiert. Für eine Ecke müssen aber $2 + m - n = 5$ Restriktionen straff sein.
Zwei Restriktionen sind nach Vorgabe straff, d.h. es müssen noch drei der Vorzeichenbedingungen straff sein.
Betrachte nun die Fälle, die auftreten, wenn zwei Variablen frei sind:

$\begin{pmatrix} 1 & 1 \\ 2 & 1 \end{pmatrix} \begin{pmatrix} u^1 \\ u^2 \end{pmatrix} = \begin{pmatrix} 2 \\ 1 \end{pmatrix} \quad \Rightarrow \quad u^1 = -1,\ u^2 = 3$ unzulässig

$\begin{pmatrix} 1 & 3 \\ 2 & 1 \end{pmatrix} \begin{pmatrix} u^1 \\ u^3 \end{pmatrix} = \begin{pmatrix} 2 \\ 1 \end{pmatrix} \quad \Rightarrow \quad u^1 = \frac{1}{5},\ u^3 = \frac{3}{5},\ b^T u = 13\frac{1}{5}$

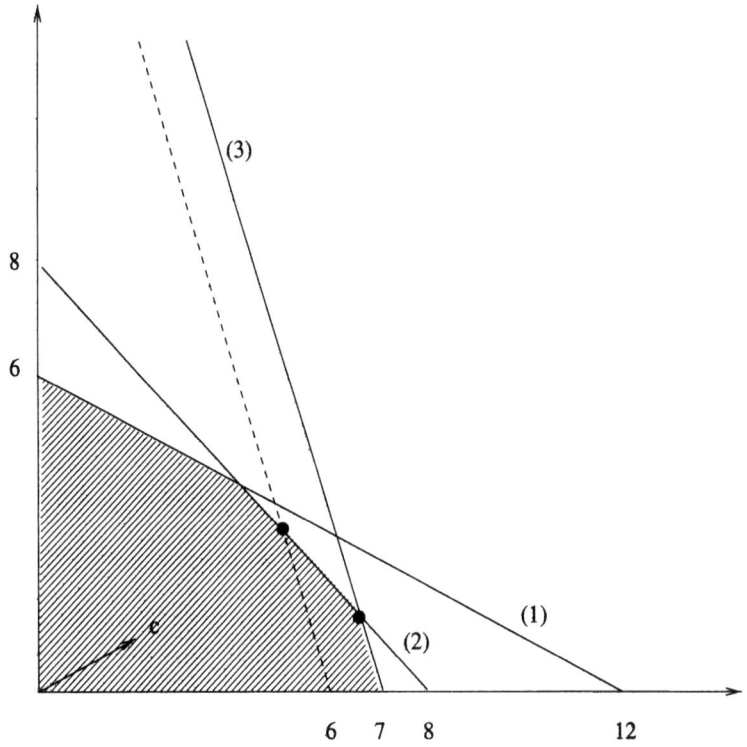

Abbildung 5.3: Veränderung der Ungleichung (3)

$$\begin{pmatrix} 1 & -1 \\ 2 & 0 \end{pmatrix} \begin{pmatrix} u^1 \\ u^4 \end{pmatrix} = \begin{pmatrix} 2 \\ 1 \end{pmatrix} \quad \Rightarrow \quad u^1 = \tfrac{1}{2},\ u^4 = -\tfrac{3}{2} \text{ unzulässig}$$

$$\begin{pmatrix} 1 & 0 \\ 2 & -1 \end{pmatrix} \begin{pmatrix} u^1 \\ u^5 \end{pmatrix} = \begin{pmatrix} 2 \\ 1 \end{pmatrix} \quad \Rightarrow \quad u^1 = 2,\ u^5 = 3,\ b^T u = 24$$

$$\begin{pmatrix} 1 & 3 \\ 1 & 1 \end{pmatrix} \begin{pmatrix} u^2 \\ u^3 \end{pmatrix} = \begin{pmatrix} 2 \\ 1 \end{pmatrix} \quad \Rightarrow \quad u^2 = \tfrac{1}{2},\ u^3 = \tfrac{1}{2},\ b^T u = 13$$

$$\begin{pmatrix} 1 & -1 \\ 1 & 0 \end{pmatrix} \begin{pmatrix} u^2 \\ u^4 \end{pmatrix} = \begin{pmatrix} 2 \\ 1 \end{pmatrix} \quad \Rightarrow \quad u^2 = 1,\ u^4 = -1 \text{ unzulässig}$$

$$\begin{pmatrix} 1 & 0 \\ 1 & -1 \end{pmatrix} \begin{pmatrix} u^2 \\ u^5 \end{pmatrix} = \begin{pmatrix} 2 \\ 1 \end{pmatrix} \quad \Rightarrow \quad u^2 = 2,\ u^5 = 1,\ b^T u = 16$$

$$\begin{pmatrix} 3 & -1 \\ 1 & 0 \end{pmatrix} \begin{pmatrix} u^3 \\ u^4 \end{pmatrix} = \begin{pmatrix} 2 \\ 1 \end{pmatrix} \quad \Rightarrow \quad u^3 = 1,\ u^4 = 1,\ b^T u = 18$$

$$\begin{pmatrix} 3 & 0 \\ 1 & -1 \end{pmatrix} \begin{pmatrix} u^3 \\ u^5 \end{pmatrix} = \begin{pmatrix} 2 \\ 1 \end{pmatrix} \quad \Rightarrow \quad u^3 = \tfrac{2}{3},\ u^5 = -\tfrac{1}{3} \text{ unzulässig}$$

5.5. Übungsaufgaben

$$\begin{pmatrix} -1 & 0 \\ 0 & -1 \end{pmatrix} \begin{pmatrix} u^4 \\ u^5 \end{pmatrix} = \begin{pmatrix} 2 \\ 1 \end{pmatrix} \quad \Rightarrow \quad u^4 = -2, \; u^5 = -1 \text{ unzulässig.}$$

Das Minimum wird bei $\tilde{u}^T = (0, \frac{1}{2}, \frac{1}{2}, 0, 0)$ erreicht mit $b^T u = 13$. In $\tilde{u}$ sind die Variablen u^2 und u^3 positiv, dann ist in P die zweite und dritte Restriktion straff. Das führt zu einem eindeutigen Optimalpunkt in P.
Gilt $u^i = 0$, dann ist auch der Multiplikator 0, im anderen Fall gilt $\frac{1}{2}$ ist Multiplikator für die 2. und 3. Restriktion.
Verifikation unseres graphischen Ergebnisses ist nun also über den Multiplikator möglich. Eine Mehreinheit von Rohstoff 1 wäre somit nichts wert, eine von Rohstoff 2 wäre $\frac{1}{2}$ und eine von Rohstoff 3 auch $\frac{1}{2}$ wert.

5.5 Übungsaufgaben

Aufgabe 5.1 Zeigen oder widerlegen Sie, dass die Programme (P) und (D) dual zueinander sind.

(P)
$$\begin{array}{rl}
\max & 2x^1 - 2x^2 + 3x^3 + 4x^4 \\
\text{unter} & x^1 - x^2 - x^3 \geq 3 \\
& x^1 + x^2 + x^3 \geq -3 \\
& x^3 + 3x^4 \leq 2 \\
& -5x^1 + 5x^2 + 4x^3 + x^4 = 10 \\
& x^1, \; x^2, \; x^3 \geq 0
\end{array}$$

(D)
$$\begin{array}{rl}
\min & -3y^1 + 2y^2 + 10y^3 \\
\text{unter} & -y^1 \quad\quad - 5y^3 = 2 \\
& -y^1 - y^2 - 4y^3 \leq -3 \\
& 3y^2 + y^3 = 4 \\
& y^2 \geq 0
\end{array}$$

Aufgabe 5.2 Ist $x = (0, \frac{5}{2}, 0, \frac{7}{2}, 0, \frac{1}{2})$ Optimallösung des folgenden linearen Programms?
$$\begin{array}{rl}
\max & 4x^1 + x^2 + 5x^3 + 3x^4 - 5x^5 + 8x^6 \\
& x^1 - 4x^2 \quad\quad + 3x^4 + x^5 + x^6 \leq 1 \\
& 5x^1 + x^2 + 3x^3 \quad\quad - 5x^5 + 3x^6 \leq 4 \\
& 4x^1 - 3x^2 + 5x^3 + 3x^4 - 4x^5 + x^6 \leq 4 \\
& \quad\quad x^3 - 2x^4 - x^5 + 5x^6 \geq -5 \\
& -2x^1 + x^2 + x^3 + x^4 + 2x^5 + 2x^6 \leq 7 \\
& 2x^1 + 2x^2 - 3x^3 \quad\quad - x^4 + 4x^5 + 5x^6 \leq 5 \\
& x \geq 0
\end{array}$$

Aufgabe 5.3 Beweisen Sie das Lemma von Farkas mit dem Dualitätssatz.
Hinweis: Stellen Sie ein geeignetes Paar von dualen Problemen auf!

Aufgabe 5.4

a) Ein Student möchte im Winter Fruchtsäfte kaufen, um seinen Vitaminbedarf zu decken. Pro Woche braucht er 100 mg Vitamin A, 150 mg Vitamin B und 300 mg Vitamin C. In der Cafeteria gibt es drei Sorten Fruchtsäfte mit folgenden Vitaminmengen (in mg):

	A	B	C	Kosten in DM
I	13	12	0	0,80
II	24	1	11	1,20
III	0	9	15	0,90

Formulieren Sie ein lineares Optimierungsproblem, das die Kosten zur Deckung des Vitaminbedarfs für den Student minimiert.

b) Ein Apotheker verkauft Vitamintabletten für Vitamin A,B,C.
Für 10 mg Vitamin A verlangt er P_A. Für 10 mg Vitamin B verlangt er P_B. Für 10 mg Vitamin C verlangt er P_C. Wie hoch darf er mit seinen Preisen P_A, P_B, P_C gehen, damit der Student nur noch bei ihm kauft? Formulieren Sie ein entsprechendes lineares Optimierungsproblem.

c) In welcher Beziehung stehen die Probleme aus a) und b) zueinander?

Kapitel 6
Das Simplexverfahren, eine geometrische Interpretation

6.1 Ein Verbesserungsalgorithmus

Wir haben bisher gezeigt, dass die Menge der Optimallösungen eines linearen Programms, falls es eine solche gibt, eine Seitenfläche des dazugehörigen Polyeders ist. Dieses Ergebnis konnte verschärft werden, indem man zeigte, dass bei spitzen Polyedern das Optimum – wenn es existiert – stets in einer Ecke angenommen wird. Wir wollen nun ein Verfahren entwerfen, das lineare Programme über spitzen Polyedern löst, indem es eine optimale Ecke findet oder feststellt, dass keine optimale Ecke existiert.

Hierzu wollen wir in Anlehnung an die Darstellungsweisen in der Polyedertheorie eine geometrische Version des Simplexverfahrens betrachten.

Die tatsächlich kommerziell verwendete und in der Literatur meist beschriebene Standardimplementierung ist zwar gleichwertig, hat aber eine abweichende äußere Form. Es werden in diesem Fall die Probleme in Standardform gebracht, d.h. man benötigt Schlupfvariablen, die die Raumdimension aufblähen. Man betrachtet also die Einbettung eines Polyeders in einen Raum höherer Dimension, was die Vorstellung und die Illustration erschwert. Deshalb behandeln wir zunächst nur Probleme in kanonischer Form:

$$\max c^T x \text{ unter } Ax \leq b \quad \text{mit } A \in K^{(m,n)},\ b \in K^m,\ c \in K^n$$

und entwickeln einen darauf zugeschnittenen Algorithmus.

Vorläufige Vereinbarungen

(a) $P(A,b)$ sei spitz (also insbesondere nichtleer).

(b) Eine Ecke $\bar{x}$ von $P(A,b)$ sei bekannt.

(c) Die Indexmenge I zu den bei $\bar{x}$ straffen Restriktionen ist bekannt.
Es sei $\Delta \subset I$ mit $\#\Delta = n$ und A_Δ sei eine $(n \times n)$–Matrix mit vollem Rang.
Außerdem sei A_Δ^{-1} bekannt.

(d) Es sei $m \geq n$.

Lemma 6.1 *$\bar{x}$ sei ein Punkt von $P(A,b)$. $A_{I(\bar{x})}$ sei die Teilmatrix zu den bei $\bar{x}$ straffen Restriktionen, wobei $I(\bar{x}) \subset \{1,\ldots,m\}$ ist.*
$A_{I(\bar{x})}$ hat Rang n genau dann, wenn $\bar{x}$ eine Ecke ist.

Beweis:

$\Rightarrow$: $A_{I(\bar{x})}$ habe Rang n, also ist $\text{RK}(\bar{x}) = \{z \mid A_{I(\bar{x})} z \leq 0\}$ spitz, weil $A_{I(\bar{x})} w = 0$ keine Lösung $w \neq 0$ besitzt. Also ist 0 eine Ecke von $\text{RK}(\bar{x})$ und damit ist $\bar{x}$ Ecke von $\{x \mid Ax \leq b\} \subset \bar{x} + \text{RK}(\bar{x})$.

$\Leftarrow$: $A_{I(\bar{x})}$ habe nicht vollen Rang. Also gibt es ein $z \neq 0$ mit $A_{I(\bar{x})} z = 0$. Es gibt also ein $\epsilon > 0$, so dass $\bar{x} + \epsilon z$ sowie $\bar{x} - \epsilon z$ zulässig sind. Somit ist $\bar{x}$ eine echte Konvexkombination der beiden Punkte und kann keine Ecke sein. □

Darstellung der Ausgangslage
Bekannt sind A_Δ und A_Δ^{-1} mit $\Delta = \{\Delta^1,\ldots,\Delta^n\} \subset \{1,\ldots,m\}$, wobei die Δ^i alle verschieden sind, und es sei $\bar{x} = A_\Delta^{-1} b_\Delta$.
Somit ist durch $(a_{\Delta^1},\ldots,a_{\Delta^n})$ eine Basis des $\mathbb{R}^n$ gegeben und jeder Vektor kann durch sie dargestellt werden, z.B. $a_i = \sum_{j=1}^n \alpha_i^j a_{\Delta^j}$.
Es sei daran erinnert, dass a_{Δ^i} Spaltenvektoren sind, welche die Zeilen von A_Δ repräsentieren, d.h.

$$A_\Delta^T = (a_{\Delta^1},\ldots,a_{\Delta^n}) \text{ und } A_\Delta = \begin{pmatrix} a_{\Delta^1}^T \\ \vdots \\ a_{\Delta^n}^T \end{pmatrix}.$$

Wir verwenden eine „aktualisierte" Form der Matrix A, nämlich $\hat{A} := A A_\Delta^{-1}$ und verwenden die Vektoren $\hat{a}_i$ entsprechend zu den Vektoren a_i.

$\hat{A}_\Delta^T = (\hat{a}_{\Delta^1},\ldots,\hat{a}_{\Delta^n})$, wobei $\hat{a}_i = \begin{pmatrix} \alpha_i^1 \\ \vdots \\ \alpha_i^n \end{pmatrix} = (A_\Delta^{-1})^T a_i = (A_\Delta^T)^{-1} a_i$ für alle $i = 1,\ldots,m$.

Speziell gilt: $\hat{a}_j = e_k = (A_\Delta^{-1})^T a_j$ für $j = \Delta^k$.

Analog ist die Darstellung für den Vektor c:

$$c = \sum_{j=1}^n \xi^j a_{\Delta^j} \text{ und } \hat{c} = \begin{pmatrix} \xi^1 \\ \vdots \\ \xi^n \end{pmatrix} = (A_\Delta^{-1})^T c.$$

6.1. Ein Verbesserungsalgorithmus

Entscheidend für die Zulässigkeit von $\bar{x}$ sind die Werte von $a_i^T \bar{x}$. Sie können wie folgt dargestellt werden.
$a_i = \sum_{j=1}^n \alpha_i^j a_{\Delta^j}$ und $\bar{x} = A_\Delta^{-1} b_\Delta$, also
$a_{\Delta^1}^T \bar{x} = b^{\Delta^1}, \ldots, a_{\Delta^n}^T \bar{x} = b^{\Delta^n}$ und $a_i^T \bar{x} = \sum_{j=1}^n \alpha_i^j a_{\Delta^j}^T \bar{x} = \sum_{j=1}^n \alpha_i^j b^{\Delta^j}$.

Der Schlupfvektor bei $\bar{x}$ ist $\beta = b - A\bar{x} = b - [AA_\Delta^{-1}]b_\Delta = b - \hat{A} b_\Delta$.

Der mögliche Schlupf der i-ten Restriktion ergibt sich also folgendermaßen:
$\beta^i = b^i - a_i^T \bar{x} = b^i - [(A_\Delta^{-1})^T a_i]^T b_\Delta = b^i - \sum_{j=1}^n \alpha_i^j b^{\Delta^j}$.

Der Zielfunktionswert ist somit
$Q(\bar{x}) = c^T \bar{x} = \sum_{j=1}^n \xi^j a_{\Delta^j}^T \bar{x} = \sum_{j=1}^n \xi^j b^{\Delta^j} = [(A_\Delta^{-1})^T c]^T b_\Delta = c^T A_\Delta^{-1} b_\Delta$.

Wir haben also alle aktuellen Größen mit Hilfe der Ausgangsdaten, der erreichten Ecke $\bar{x}$, der Basis $a_{\Delta^1}, \ldots, a_{\Delta^n}$ und der Matrix A_Δ^{-1} dargestellt.

Im nächsten Lemma soll klargestellt werden, welche Rolle die von $\bar{x}$ ausgehenden Kanten bzw. freien Richtungen spielen.

Lemma 6.2 $\bar{x}$ sei eine Ecke von $X = P(A, b)$, $I := I(\bar{x})$ die zugehörige Indexmenge der straffen Restriktionen, $\Delta \subset I$ eine zu $\bar{x}$ gehörige Basisindexmenge. Dann gilt:

1. $X = P(A, b) \subset \bar{x} + \text{KK}(A_\Delta^{-1}(-e_1), \ldots, A_\Delta^{-1}(-e_n)) =: \bar{x} + \text{KK}(z_1, \ldots, z_n)$.

2. $z_i = A_\Delta^{-1}(-e_i)$, $i = 1, \ldots, n$ sind die extremalen freien Richtungen von $\text{RK}(A_\Delta) = \{z \mid A_\Delta z \leq 0\}$.

3. Zu $i \in \{1, \ldots, n\}$ gibt es ein $\delta_i \in [0, \infty]$, so dass $\bar{x} + \rho z_i \in X$ für $\rho \in [0, \delta_i]$, sowie $\bar{x} + \rho z_i \notin X$ für alle $\rho > \delta_i$. Dabei ist
   $\delta_i = \infty$, falls für alle $j \in I$ gilt $z_i^T a_j \leq 0$,
   $\delta_i > 0$, falls $I = \Delta$ und
   $\delta_i = 0$, falls für ein $j \in I \setminus \Delta$ gilt $z_i^T a_j > 0$.

Beweis:

1. Sei $x \in X$, also $Ax \leq b$. Wähle $z := x - \bar{x}$. Dann muß gelten $A_I z \leq 0$, also auch $A_\Delta z \leq 0$ und es folgt $x = \bar{x} + z$ mit $z \in \text{RK}(A_\Delta)$.
   Nun ist aber $\{z \mid A_\Delta z \leq 0\} = \text{KK}(A_\Delta^{-1}(-e_1), \ldots, A_\Delta^{-1}(-e_n))$, denn

   $\subset$: Sei $A_\Delta z = \begin{pmatrix} \rho_1 \\ \vdots \\ \rho_n \end{pmatrix} \leq 0 \Rightarrow$

   $z = \sum_{i=1}^n |\rho_i| A_\Delta^{-1}(-e_i) \in \text{KK}(A_\Delta^{-1}(-e_1), \ldots, A_\Delta^{-1}(-e_n))$.

   $\supset$: $z = A_\Delta^{-1} \begin{pmatrix} -\rho_1 \\ \vdots \\ -\rho_n \end{pmatrix} \Rightarrow A_\Delta z = \begin{pmatrix} -\rho_1 \\ \vdots \\ -\rho_n \end{pmatrix} \leq 0$, weil $\rho_i \geq 0$ für alle i.

2. Die z_i spannen also $\mathrm{RK}(A_\Delta)$ auf. Sie sind sogar extremal, denn wäre
   $z_i \in \mathrm{KK}(z_1, \ldots, z_{i-1}, z_{i+1}, \ldots, z_n)$, dann würde gelten:
   $A_\Delta^{-1}(-e_i) \subset \mathrm{KK}(A_\Delta^{-1}(-e_1), \ldots, A_\Delta^{-1}(-e_{i-1}), A_\Delta^{-1}(-e_{i+1}), \ldots, A_\Delta^{-1}(-e_n))$
   $\Rightarrow -e_i \subset \mathrm{KK}(-e_1, \ldots, -e_{i-1}, -e_{i+1}, \ldots, -e_n)$, was offensichtlich falsch ist.

3. X ist konvex und $\bar{x} \in X$, womit die Hauptaussage folgt.
   Falls für alle $j \in I$ gilt $z_i^T a_j \leq 0$, dann entlastet eine Bewegung in Richtung z_i alle Restriktionen und erhält die Zulässigkeit. Dann ist $\delta_i = \infty$.
   Falls $I = \Delta$, sind alle Restriktionen mit $j \notin \Delta$ locker bei $\bar{x}$. Deshalb kann δ_i nicht 0 werden, denn bei genügend kleiner Verschiebung in Richtung z_i bleibt die Restriktion j locker.
   Ist $z_i^T a_j > 0$ für ein $j \in I \setminus \Delta$, dann gilt für $\epsilon > 0$ beliebig klein, dass $a_j^T(\bar{x} + \epsilon z_i) = b^j + \epsilon a_j^T z_i > b^j$, also $\bar{x} + \epsilon z_i$ ist unzulässig. Also muss hier $\delta_i = 0$ sein. □

Der nächste Satz beleuchtet die Situation, bei der die Bewegung in Richtung eines z_i dazu führt, dass bisher lockere Restriktionen straff werden.

Satz 6.1 $\bar{x}$ sei eine Ecke, $I(\bar{x})$ die Indexmenge der straffen Restriktionen, $\Delta \subset I(\bar{x})$ Indexmenge zu einer Basis von Restriktionsvektoren. $z_1, \ldots, z_n$ seien die extremalen freien Richtungen zu $\mathrm{RK}(A_\Delta)$. Ist für ein $\delta_i \in [0, \infty)$ (wie in Lemma 6.2) $[\bar{x}, \bar{x} + \delta_i z_i] = X \cap \{\bar{x} + \rho z_i \mid \rho \geq 0\}$, dann gilt:

1. Es gibt ein $\bar{\jmath} \in \{1, \ldots, m\} \setminus \Delta$, so dass $a_{\bar{\jmath}}^T(\bar{x} + \delta_i z_i) = b^{\bar{\jmath}}$ und $a_{\bar{\jmath}}^T z_i > 0$.

2. Der Austausch von i gegen $\bar{\jmath}$ in Δ führt zu einem linear unabhängigen System $a_1, \ldots, a_{i-1}, a_{\bar{\jmath}}, a_{i+1}, \ldots, a_n$.

3. $\tilde{x} = \bar{x} + \delta_i z_i$ ist eine Ecke von X. Ist $\delta_i > 0$, dann ist $\bar{x} \neq \tilde{x}$.

Beweis:
Setze $\tilde{x} = \bar{x} + \delta_i z_i$ mit $z_i = A_\Delta^{-1}(-e_i)$.

1. Wäre $a_j^T z_i \leq 0$ für alle $j \in \{1, \ldots, m\}$, dann wäre $\delta_i = \infty$ im Gegensatz zur Voraussetzung.
   Betrachte also für alle j mit $a_j^T z_i > 0$ die Werte
   $\delta_i^j = \mathrm{Max}\{\rho \mid \rho \geq 0, \ a_j^T(\bar{x} + \rho z_i) \leq b^j\}$ (mindestens ein solches j existiert und δ_i^j ist endlich).
   Bilde nun $\delta_i = \mathrm{Min}\{\delta_i^j \mid j \text{ mit } a_j^T z_i > 0\}$, dann ist δ_i endlich. Dieses Minimum werde bei $\bar{\jmath}$ angenommen, also $a_{\bar{\jmath}}^T(\bar{x} + \delta_i z_i) = b^{\bar{\jmath}}$ und $a_j^T(\bar{x} + \delta_i z_i) \leq b^j$ für $j = 1, \ldots, m$.

2. Für alle $k \in \Delta$ mit $k \neq i$ gilt $a_k^T z_i = 0$, denn $a_k^T A_\Delta^{-1}(-e_i) = e_k^T(-e_i) = 0$, also $a_k^T(\bar{x} + \rho z_i) = b^k$. Aber für $a_{\bar{\jmath}}$ (aus 1.) mit $a_{\bar{\jmath}}^T z_i > 0$ gilt diese Gleichung nicht. Demnach ist $a_{\bar{\jmath}} \notin \mathrm{LH}(a_1, \ldots, a_{i-1}, a_{i+1}, \ldots, a_n)$, also ist $(a_1, \ldots, a_{i-1}, a_{\bar{\jmath}}, a_{i+1}, \ldots, a_n)$ eine linear unabhängige Menge.

6.1. Ein Verbesserungsalgorithmus

3. $\tilde{x}$ hat als Indexmenge der straffen Restriktionen eine Obermenge von
$\Delta_{neu} = \{\Delta^1, \ldots, \Delta^{i-1}, \bar{j}, \Delta^{i+1}, \ldots, \Delta^n\} \subset I(\tilde{x})$ und $A_{\Delta_{neu}}$ hat Rang n.
Also hat auch $A_{I(\tilde{x})}$ Rang n und somit ist $\tilde{x}$ nach Lemma 6.1 eine Ecke. □

Bemerkungen

1. Auf jeder „Kante" ausgehend von $\bar{x}$ in Richtung z_i gibt es drei Möglichkeiten für die Wahl von δ_i:

   i) $\delta_i = 0$, d.h. $\tilde{x} = \bar{x}$, man bleibt in der alten Ecke.

   ii) $0 < \delta_i < \infty$, d.h. $\tilde{x} \neq \bar{x}$, die neue Ecke ist von der alten verschieden und $[\bar{x}, \tilde{x}]$ ist eine Kante von X.

   iii) $\delta_i = \infty$, d.h. $\bar{x} + \rho z_i \in X$ für alle $\rho \geq 0$, wir befinden uns also auf einer unbeschränkten Kante von X.

2. Für eine Bewegung in Kantenrichtung z_i ergibt sich folgende Änderung des Zielfunktionswertes

$$c^T z_i = c^T(A_\Delta^{-1}(-e_i)) = (-e_i)^T A_\Delta^{-1\,T} c = -e_i^T \xi = -\xi^i.$$

Gilt nun
$\xi^i > 0$, dann ist $\tilde{x}$ schlechter als $\bar{x}$,
$\xi^i < 0$, dann ist $\tilde{x}$ besser als $\bar{x}$,
$\xi^i = 0$, dann sind die beiden Ecken gleich gut.

Satz 6.2 Sei $\bar{x}$ eine Ecke von X, Δ und I wie bisher. Dann gilt:

1. (a) Ist $c^T z_i \leq 0$ für alle $i \in \Delta$, dann ist $\bar{x}$ optimal.
   (b) Ist $\xi = (A_\Delta^{-1})^T c \geq 0$, dann ist $\bar{x}$ optimal.
2. Gibt es ein z_i mit $Az_i \leq 0$ und $z_i^T c > 0$, dann existiert kein Optimalpunkt.
3. Gilt $\infty > \delta_i > 0$ und $c^T z_i > 0$, dann liefert $\tilde{x} = \bar{x} + \delta_i z_i$ eine bessere Ecke als $\bar{x}$.

Beweis:

1. Für alle $x \in X$ ist $x = \bar{x} + z$ mit $z \in KK(z_1, \ldots, z_n)$.
   Also ist $c^T x = c^T \bar{x} + \rho_1 c^T z_1 + \ldots + \rho_n c^T z_n \leq c^T \bar{x}$, wenn $\rho_i \geq 0$. Folglich ist $\bar{x}$ Optimalpunkt.

2., 3. folgen aus bereits Bekanntem. □

Korollar 6.1 *notwendiges Optimalitätskriterium*
Falls bei $\bar{x}$ gilt: $\Delta = I(\bar{x})$, dann gilt sogar:
Falls $\bar{x}$ optimal ist, so ist $\xi = (A_\Delta^{-1})^T c \geq 0$ bzw. $c^T z_i \leq 0$ für alle z_i.

Beweis:
Da $\bar{x}$ optimal ist, kann es kein z mit $Az \leq 0$ und $c^T z > 0$ geben. Also gibt es auch kein z mit $A_\Delta z \leq 0$ und $c^T z > 0$, weil ja alle Restriktionen außer denen in I locker

sind. Nach dem Lemma von Farkas (Satz 2.3) ist dann $c \in \mathrm{KK}(a_{\Delta^1}, \ldots, a_{\Delta^n})$, also $(A_\Delta^{-1})^T c \geq 0$. Es folgt, dass $\xi \geq 0$ ist und $c^T z_i \leq 0$. □

Beispiel (vgl. Abbildung 6.1)
Hier wird gezeigt, dass man nur bei $\Delta = I(\bar{x})$ so wie in obigem Korollar folgern kann.
In dem Beispiel ist $\bar{x}$ optimal bez. $c^T x$ auf dem schraffierten Bereich X. a_1, a_2 sind linear unabhängig, sie bilden eine Kegelbasis für den Optimalpunkt. Aber $c \notin \mathrm{KK}(a_1, a_2)$. Wäre $a_3^T x \leq b^3$ nicht vorhanden, so würde eine Bewegung in Richtung z_1 den Wert von $c^T x$ erhöhen. Eine Bewegung in diese Richtung wird aber sofort wegen $a_3^T \bar{x} = b^3$, also $\delta_1 = 0$ gestoppt.

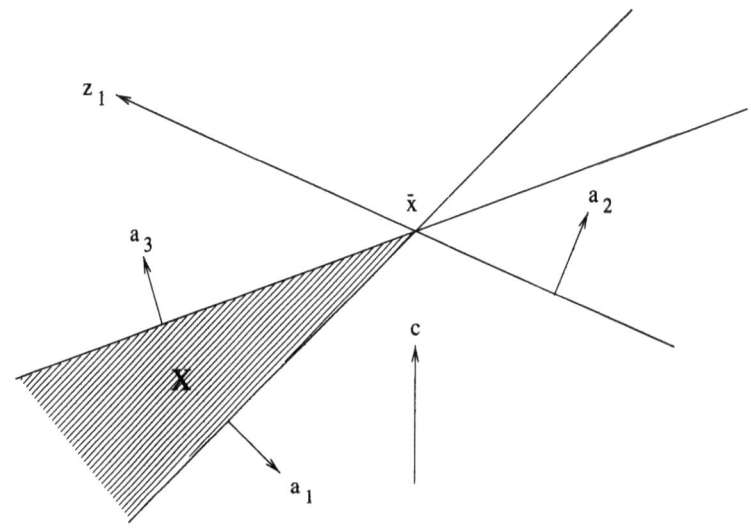

Abbildung 6.1: Entartungssituation

Algorithmus 6.1 Verbesserungsalgorithmus (restriktionsorientierter Simplexalgorithmus)
Vorgegeben sei die Ecke $\bar{x}$ und das zugehörige Δ sowie A_Δ^{-1}.
Verbesserungsschritt:

1. Berechne $(A_\Delta^{-1})^T c = \xi$.
   Ist $\xi \geq 0 \longrightarrow$ STOP.
   Gibt es ein $\xi^i < 0$, dann wähle ein solches $\bar{i}$ aus.

2. Berechne $z_{\bar{i}} = A_\Delta^{-1}(-e_{\bar{i}})$ und $a_j^T z_{\bar{i}}$ für alle $j \notin \Delta$.
   Ist $a_j^T z_{\bar{i}} \leq 0 \; \forall j \notin \Delta$, dann ist $c^T x$ auf X unbeschränkt $\longrightarrow$ STOP.

3. Bestimme $\delta_{\bar{i}}$ und eine in $\bar{x} + \delta_{\bar{i}} z_{\bar{i}}$ stoppende Restriktion.
   $a_{\bar{j}}^T x \leq b^{\bar{j}}$ mit $\bar{j} \notin \Delta$, wobei $\delta_{\bar{i}} = \mathrm{Min}\{\delta_{\bar{i}}^j \mid j \notin \Delta,\ a_j^T z_{\bar{i}} > 0\}$ mit
   $\delta_{\bar{i}}^j = \frac{b^j - a_j^T \bar{x}}{a_j^T z_{\bar{i}}} = \frac{\beta^j}{a_j^T z_{\bar{i}}}$, und $\delta_{\bar{i}} = \delta_{\bar{i}}^{\bar{j}}$.

6.1. Ein Verbesserungsalgorithmus

4. Ersetze $\bar{x}$ durch $\bar{x} + \delta_{\bar{i}} z_{\bar{i}} =: \tilde{x}$.
   Ersetze Δ durch $\Delta \setminus \{\bar{i}\} \cup \{j\} =: \Delta_{neu}$.
   Ersetze $Q(\bar{x})$ durch $Q(\bar{x}) + \delta_{\bar{i}} c^T z_{\bar{i}} =: Q(\tilde{x})$.

5. Berechne $A_{\Delta_{neu}}^{-1}$.

6. Gehe zu 1.

Abbildung 6.2 illustriert den Verlauf des Verbesserungsalgorithmus 6.1 bei dem Optimierungsproblem

$$\begin{aligned} \max \quad & x^1 + 3x^2 \\ \text{unter} \quad & x^2 \leq 2 \\ & -2x^1 - 2x^2 \leq 4 \\ & 3x^1 - 2x^2 \leq 6 \\ & -3x^1 + 2x^2 \leq 8 \\ & x^1 - 4x^2 \leq 6 \\ & 5x^1 + 2x^2 \leq 10 \\ & -x^1 \leq 2. \end{aligned}$$

Gestartet wurde bei der Ecke $x_0 = \begin{pmatrix} -\frac{4}{5} \\ -\frac{8}{5} \end{pmatrix}$ mit $\Delta = \{2, 5\}$.

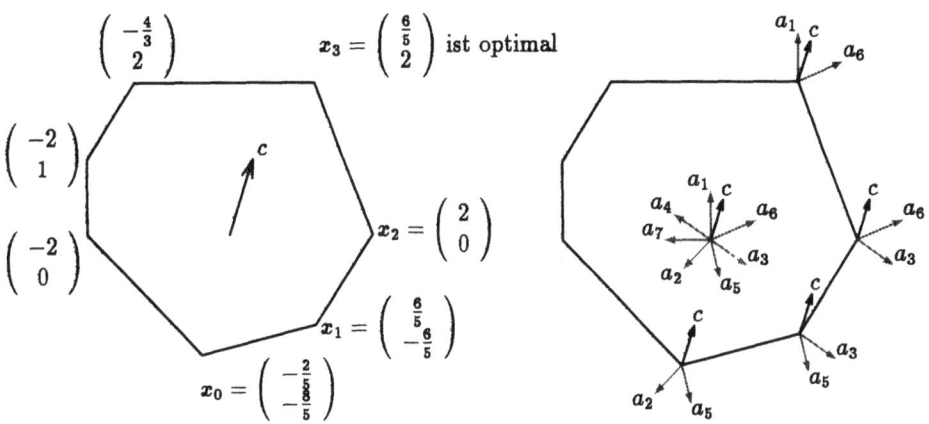

Abbildung 6.2. Verlauf des Verbesserungsalgorithmus und Polarkegeleigenschaft der Zielfunktion

Definition 6.1 Eine Ecke $\bar{x}$ von $P(A, b)$ heißt entartet, wenn $\#(I(\bar{x})) > n$.
Ein Problem bzw. ein Polyeder heißt nichtentartet, wenn für alle Ecken $\bar{x}$ gilt $\#(I(x)) = n$.

Ein Problem heißt stark nichtentartet, *wenn für alle Basislösungen* $x_\Delta = A_\Delta^{-1} b_\Delta$ *mit* $\Delta \subset \{1, \ldots, m\}$ *und* $\#\Delta = n$ *gilt:* $\#(I(x_\Delta)) = n$.

Satz 6.3 *Für nichtentartete Probleme führt Algorithmus 6.1 zur Optimalecke oder zu der Erkenntnis, dass* $c^T x$ *keinen Optimalpunkt in X besitzt.*

Beweis:
In allen erfassten Ecken gilt $I = \Delta$, also ist $\delta_{\bar{i}} > 0$ in jedem Schritt, d.h. in jedem Schritt wird $c^T x$ verbessert.
Da in jedem Schritt eine neue Ecke erreicht wird und die Anzahl der Ecken durch $\binom{m}{n}$ beschränkt ist, ist das Verfahren endlich. □

Warnung:
Liegen entartete Ecken vor, dann kann es zu Loops oder Kreisen in einer Ecke kommen. Man wechselt zwar den Kegel $KK(a_{\Delta^1}, \ldots, a_{\Delta^n})$, aber nicht die Ecke, und man bleibt mit dem neuen Kegel im Polarkegel $KK\{a_i \mid i \in I\}$. Somit liegt die Gefahr einer unendlichen Laufzeit vor.
Man kann geeignete Maßnahmen treffen, um die Möglichkeit des Kreisens auszuschließen und somit die Endlichkeit des Algorithmus theoretisch sicherzustellen. Aus den beiden folgenden Gründen sind diese Überlegungen praktisch aber kaum relevant:

- Bewegt man sich in einer Ecke von Kegelbasis zu Kegelbasis innerhalb des Polarkegels, dann stößt man im Allgemeinen irgendwann auf einen Ausgang, also primal auf eine Kante, die echt verbessert. Oder aber man findet eine Kegelbasis, die c konisch darstellt.

- Entartung tritt beim Computer wegen Rundungsfehlern so gut wie nie auf (dafür lösen Rundungsfehler aber eventuell andere Irritationen aus).

Den Beweis für die Endlichkeit auch bei Entartung stellen wir vorerst zurück.

6.2 Die Tableaumethode

Es geht nun, da wir die prinzipiellen Methoden in 6.1 bereits angesprochen haben, darum, die verfügbaren Informationen richtig zu organisieren und abrufbar zu machen. Des weiteren versuchen wir, Schritt 5. des Verbesserungsalgorithmus (Berechnng von $A_{\Delta_{neu}}^{-1}$) zu vereinfachen. Dazu müssen wir ermitteln, wie sich die Größen $\alpha_l^k, \xi^k, \beta^l$ und Q verändern, wenn wir den Austausch in der Kegelbasis von $(a_{\Delta^1}, \ldots, a_{\Delta^n})$ zu $(a_{\Delta^1}, \ldots, a_{\Delta^{i-1}}, a_j, a_{\Delta^{i+1}}, \ldots, a_n)$ vornehmen. Hierzu schreiben wir alle Daten in ein **Tableau**:

6.2. Die Tableaumethode

	a_1 ...	a_l ...	a_h ...	a_j	... a_r ...	a_m	$-e_1$ ...	$-e_s$ ...	$-e_n$	c
a_{Δ^1}	α_1^1	α_l^1	α_h^1	α_j^1	0	α_m^1				ξ^1
⋮										
a_{Δ^k}	α_1^k	α_l^k	α_h^k	α_j^k	0	α_m^k		$\gamma_s^k := \alpha_{m+s}^k$		ξ^k
⋮										
a_{Δ^i}	α_1^i	α_l^i	α_h^i	α_j^i	1	α_m^i				ξ^i
⋮										
a_{Δ^n}	α_1^n	α_l^n	α_h^n	α_j^n	0	α_m^n				ξ^n
	β^1	β^l	β^h	β^j	β^r	β^m	x^1	x^s	x^n	$-Q$

Pivotspalte

Das folgende Tableau zeigt die darin verarbeiteten Matrizen:

	a_1 ... ... a_m	$-e_1$ ... $-e_n$	c
a_{Δ^1} ⋮ a_{Δ^n}	$\hat{A}^T = \left(AA_\Delta^{-1}\right)^T$	$-\left(A_\Delta^{-1}\right)^T$	$\left(A_\Delta^{-1}\right)^T c$
	$\left(b - AA_\Delta^{-1}b_\Delta\right)^T$	$x^T = \left(A_\Delta^{-1}b_\Delta\right)^T$	$-Q = -c^T A_\Delta^{-1} b_\Delta$

1. Alte Darstellung bei $\bar{x}$ unter Benutzung von $a_{\Delta^1}, \ldots, a_{\Delta^n}$:
$a_l = \alpha_l^1 a_{\Delta^1} + \ldots + \alpha_l^i a_{\Delta^i} + \ldots + \alpha_l^n a_{\Delta^n}$ mit $l = 1, \ldots, m$.
Spezialfall: $\Delta^i = r$, also $a_r = 0 \cdot a_{\Delta^1} + \ldots + 1 \cdot a_{\Delta^i} + \ldots + 0 \cdot a_{\Delta^n} = a_{\Delta^i}$,

$$c = \xi^1 a_{\Delta^1} + \ldots + \xi^i a_{\Delta^i} + \ldots + \xi^n a_{\Delta^n},$$
$$\beta^l = b^l - a_l^T \bar{x} = b^l - \alpha_l^1 b^{\Delta^1} - \ldots - \alpha_l^i b^{\Delta^i} - \ldots - \alpha_l^n b^{\Delta^n},$$
$$-Q(\bar{x}) = 0 - c^T \bar{x} = 0 - (\xi^1 b^{\Delta^1} + \ldots + \xi^i b^{\Delta^i} + \ldots + \xi^n b^{\Delta^n}).$$

Es gilt $\beta^{m+s} = \bar{x}^s =$ (Schlupf von $-e_s^T x \leq 0$) und $-Q$ kann man ansehen als den Schlupf einer fiktiven Ungleichung $c^T x \leq 0$.

2. In der Basis wird nun a_{Δ^i} durch a_j ersetzt, wobei gelten muss: $\alpha_j^i \neq 0$. Dies ist wegen der linearen Unabhängigkeit von a_j zu den Basiselementen ohne a_{Δ^i} garantiert. Als neue Darstellung bei dem neuen Punkt $\tilde{x}$ erhält man:

$a_j = \alpha_j^1 a_{\Delta^1} + \ldots + \alpha_j^i a_{\Delta^i} + \ldots + \alpha_j^n a_{\Delta^n}$, daraus folgt

$a_{\Delta^i} = -\frac{\alpha_j^1}{\alpha_j^i} a_{\Delta^1} - \ldots - \frac{\alpha_j^{i-1}}{\alpha_j^i} a_{\Delta^{i-1}} + \frac{1}{\alpha_j^i} a_j - \ldots - \frac{\alpha_j^n}{\alpha_j^i} a_{\Delta^n}$.

Für l mit $l \notin \Delta$, $l \neq j$ gilt:

$$\begin{aligned}
a_l =& \alpha_l^1 a_{\Delta^1} + \ldots + \alpha_l^{i-1} a_{\Delta^{i-1}} + \alpha_l^{i+1} a_{\Delta^{i+1}} + \ldots + \alpha_l^n a_{\Delta^n} + \\
& + \alpha_l^i [-\frac{\alpha_j^1}{\alpha_j^i} a_{\Delta^1} - \ldots + \frac{1}{\alpha_j^i} a_j - \ldots - \frac{\alpha_j^n}{\alpha_j^i} a_{\Delta^n}] \\
=& (\alpha_l^1 - \alpha_l^i \frac{\alpha_j^1}{\alpha_j^i}) a_{\Delta^1} + \ldots + (\alpha_l^{i-1} - \frac{\alpha_l^i \alpha_j^{i-1}}{\alpha_j^i}) a_{\Delta^{i-1}} + \frac{\alpha_l^i}{\alpha_j^i} a_j \\
& + (\alpha_l^{i+1} - \frac{\alpha_l^i \alpha_j^{i+1}}{\alpha_j^i}) a_{\Delta^{i+1}} + \ldots + (\alpha_l^n - \frac{\alpha_l^i \alpha_j^n}{\alpha_j^i}) a_{\Delta^n} \text{ (Viererregel).}
\end{aligned}$$

Für c ergibt sich entsprechend:

$$\begin{aligned}
c =& \xi^1 a_{\Delta^1} + \ldots + \xi^{i-1} a_{\Delta^{i-1}} + \xi^{i+1} a_{\Delta^{i+1}} + \ldots + \xi^n a_{\Delta^n} \\
& + \xi^i [-\frac{\alpha_j^1}{\alpha_j^i} a_{\Delta^1} - \ldots + \frac{1}{\alpha_j^i} a_j - \ldots - \frac{\alpha_j^n}{\alpha_j^i} a_{\Delta^n}] \\
=& (\xi^1 - \frac{\xi^i \alpha_j^1}{\alpha_j^i}) a_{\Delta^1} + \ldots + (\xi^{i-1} - \frac{\xi^i \alpha_j^{i-1}}{\alpha_j^i}) a_{\Delta^{i-1}} + \frac{\xi^i}{\alpha_j^i} a_j \\
& + (\xi^{i+1} - \frac{\xi^i \alpha_j^{i+1}}{\alpha_j^i}) a_{\Delta^{i+1}} + \ldots + (\xi^n - \frac{\xi^i \alpha_j^n}{\alpha_j^i}) a_{\Delta^n} .
\end{aligned}$$

Für β ergibt sich bei $\tilde{x}$:

$$\begin{aligned}
\beta^l =& b^l - \alpha_l^1 b^{\Delta^1} - \ldots - \alpha_l^{i-1} b^{\Delta^{i-1}} - \alpha_l^{i+1} b^{\Delta^{i+1}} - \ldots - \alpha_l^n b^{\Delta^n} \\
& - \alpha_l^i [-\frac{\alpha_j^1}{\alpha_j^i} b^{\Delta^1} - \ldots + \frac{1}{\alpha_j^i} b^j - \ldots - \frac{\alpha_j^n}{\alpha_j^i} b^{\Delta^n}] .
\end{aligned}$$

Für $Q = Q(\tilde{x})$ erhält man:

$$\begin{aligned}
-Q =& -\xi^1 b^{\Delta^1} - \ldots - \xi^{i-1} b^{\Delta^{i-1}} - \xi^{i+1} b^{\Delta^{i+1}} - \ldots - \xi^n b^{\Delta^n} \\
& - \xi^i [-\frac{\alpha_j^1}{\alpha_j^i} b^{\Delta^1} - \ldots + \frac{1}{\alpha_j^i} b^j - \ldots - \frac{\alpha_j^n}{\alpha_j^i} b^{\Delta^n}] .
\end{aligned}$$

Durch die alten Koeffizienten ausgedrückt heißt dies:

$\beta_{neu}^l = \beta_{alt}^l + \alpha_l^i b^{\Delta^i} - \frac{\alpha_l^i}{\alpha_j^i} [\beta_{alt}^j + \alpha_j^i b^{\Delta^i}] = \beta_{alt}^l - \frac{\alpha_l^i}{\alpha_j^i} \beta_{alt}^j$,

$\beta_{neu}^r = \beta_{alt}^r - \frac{\alpha_r^i \beta_{alt}^j}{\alpha_j^i} = -\frac{\beta_{alt}^j}{\alpha_j^i}$, weil $\beta_{alt}^r = \beta_{alt}^{\Delta^i} = 0$ und $\alpha_r^i = \alpha_{\Delta^i}^i = 1$,

$-Q_{neu} = -Q_{alt} + \xi^i b^{\Delta^i} - \frac{\xi^i}{\alpha_j^i} [\beta_{alt}^j + \alpha_j^i b^{\Delta^i}] = -Q_{alt} - \frac{\xi^i \beta_{alt}^j}{\alpha_j^i}$.

Mit diesen Umformungen ergibt sich ein neues Tableau

6.2. Die Tableaumethode

	a_1	a_l	a_j	a_r a_m	$-e_1$	$-e_s$	$-e_n$
a_{Δ^1}	⋮		⋮		⋮		⋮
a_{Δ^k}	…	$\alpha_l^k - \frac{\alpha_l^i \alpha_j^k}{\alpha_j^i}$ …	0 …	$-\frac{\alpha_j^k}{\alpha_j^i}$ …	… $\gamma_s^k - \frac{\gamma_s^i \alpha_j^k}{\alpha_j^i}$ …		$\xi^k - \xi^i \frac{\alpha_j^k}{\alpha_j^i}$
		⋮	⋮	⋮		⋮	⋮
$a_{\Delta^i}^{neu} = a_j$	…	$\frac{\alpha_l^i}{\alpha_j^i}$ …	1 …	$\frac{1}{\alpha_j^i}$ …	…	$\frac{\gamma_s^i}{\alpha_j^i}$ …	$\frac{\xi^i}{\alpha_j^i}$
			⋮				
a_{Δ^n}	⋮		0	⋮		⋮	⋮
	$\beta^l - \frac{\alpha_l^i \beta^j}{\alpha_j^i}$		0	$-\frac{\beta^j}{\alpha_j^i}$	$x^s - \frac{\gamma_s^i \beta^j}{\alpha_j^i}$		$-Q - \frac{\xi^i \beta^j}{\alpha_j^i}$

Als Übungsaufgabe überlege man sich, dass man genau auf die gleiche Neubesetzung des Tableaus kommt, wenn man die Gaußsche Elimination mit dem Ziel anwendet, in der Spalte j eine Eins an der i-ten Stelle und ansonsten nur Nullen zu haben. Also ist die „Viererregel" nur eine verkappte Version hiervon.

Betrachtung des Verbesserungsalgorithmus:
In $\bar{x}$ sind alle $\beta^l = 0$ bei straffen Restriktionen, bei lockeren ist $\beta^l > 0$, d.h. $\beta^l = 0$ für alle $l \in \Delta$. Ist $\xi \geq 0$, dann bilden die straffen Restriktionen die Basis für die Optimalecke, der Algorithmus ist fertig. Wenn dies nicht so ist, findet man ein $\xi^i < 0$, d.h. auf z_i kann $c^T x$ verbessert werden. Eine solche Bewegung wirkt auf $a_i^T x \leq b^i$:
$a_j^T z_i = a_j^T A_\Delta^{-1}(-e_i) = [A_\Delta^{-1^T} a_j]^T (-e_i) = (\alpha_j^1, \ldots, \alpha_j^n)(-e_i) = -\alpha_j^i$.
Ist also $\alpha_j^i \geq 0$ für alle $j \notin \Delta$ und $\xi^i < 0$, dann ist $c^T x$ nach oben unbeschränkt. Falls ein $\alpha_j^i < 0$ existiert, bestimmt man $\delta_i = \text{Min}_{j \notin \Delta} \delta_i^j$ unter $\alpha_j^i < 0$, (also $a_j^T z_i > 0$) mit $\delta_i^j = \frac{\beta^j}{-\alpha_j^i}$, d.h. $\delta_i = \text{Min}\{\frac{\beta^j}{-\alpha_j^i} \mid \alpha_j^i < 0, j \notin \Delta\}$. Somit bleiben alle $\beta \geq 0$.

Wichtige Varianten des Simplexalgorithmus
Regeln für die Auswahl von $\xi^i < 0$ unter mehreren möglichen:

1. Wähle die oberste Zeile (Variante der ersten Wahl).
2. Wähle i mit kleinstem oder größtem Originalindex Δ^i (Variante von Bland).
3. Wähle i so, dass bei $\xi^k < 0$, $\xi^i < 0$ gilt: $|\xi^i| \geq |\xi^k|$ (denn $Q_{neu} = Q_{alt} + \frac{\xi^i \beta^j}{\alpha_j^i}$, d.h. die Verbesserung hängt von ξ ab) (Variante von Dantzig).
4. Wähle i so, dass $\frac{\xi^i \beta^j}{\alpha_j^i}$ maximal wird (Variante der größten Verbesserung).
5. Wähle i so, dass $\frac{|\xi^i|}{\|z_i\|}$ maximal wird (Variante des steilsten Anstiegs).

Bemerkung:
z_i kann aus der zweiten Tableauhälfte abgelesen werden: Man beachte, dass in den Spalten $m+1,\ldots,m+n$ zusammen die Matrix $((-E)A_\Delta^{-1})^T = -(A_\Delta^{-1})^T$ steht. Also findet man in der i-ten Zeile davon gerade $(-e_i)^T (A_\Delta^{-1})^T = A_\Delta^{-1}(-e_i) = z_i$.

6.3 Bestimmung einer zulässigen Ecke

Die Optimalecke kann bestimmt werden, wenn wir eine (andere) Ecke mit zugehöriger Matrix A_Δ kennen (falls sie existiert). Nun muss geklärt werden, wie man überhaupt zu einer solchen Anfangsecke kommt.

Spezialfall 1
Gegeben sei das Problem
$$\max c^T x \text{ unter } Ax \leq b,\ x \geq 0, \text{ wobei } b \geq 0.$$
Setze $\tilde{A} = \begin{pmatrix} A \\ -E \end{pmatrix}$, $\tilde{b} = \begin{pmatrix} b \\ 0 \end{pmatrix}$.

Bemerkung
$x = 0$ ist zulässig und sogar eine Ecke von X, da Rang $A_{I(0)} = n$. Da die Basis zu $x = 0$ aus den Vektoren $-e_1,\ldots,-e_n$ besteht, können wir leicht eine Darstellung für die restlichen Zeilen von A bzw. für c finden.

Vorgehensweise: Darstellung der a_j durch die Vektoren $-e_i$, $i = 1,\ldots,n$, $\Delta^1 = m+1,\ldots,\Delta^n = m+n$.

Ergebnis:
$\alpha_l^k = -a_{lk}\ \forall l, k$
$\xi^k = -c^k$
$\bar{x}^l = 0 \Rightarrow \beta^l = b^l$ für $l = 1,\ldots,m$
$\beta^l = 0$ für $l = m+1,\ldots,m+n$
$Q = Q(\bar{x}) = c^T \bar{x} = 0$
Da schon $-e_i$-Zeilen in der Matrix bzw. $-e_i$-Spalten im Tableau als echte Restriktionen sind, können wir auf den statistischen Zusatzteil verzichten.

Anfangstableau für Spezialfall 1:

	a_1	a_l	a_m	$-e_1$		$-e_n$	
$-e_1 = a_{\Delta^1}$				1		0	$-c^1$
$-e_k = a_{\Delta^k}$		$-a_l^k$			$\ddots$		
$-e^n = a_{\Delta^n}$				0		1	$-c^n$
	b^1	b^l	b^m	0	$\cdots$	0	0

Der e_i-Teil ist bei dieser Problemstellung voll integriert und relevant für die Pivotspaltenauswahl.

6.3. Bestimmung einer zulässigen Ecke

Spezialfall 2

Gegeben sei
$$\max c^T x \text{ unter } Ax \leq b,$$
und ein zulässiger Punkt $w = (w^1, \ldots, w^n)^T$ sei bekannt. $f_1^T x \leq \gamma^1, \ldots, f_n^T x \leq \gamma^n$ seien irgendwelche Ungleichungen (unabhängig von A, b), die alle in w straff sind und bei denen $\{f_1, \ldots, f_n\}$ ein linear unabhängiges System ist, z.B. $(-e_1)^T x \leq -w^1, \ldots, (-e_n)^T x \leq -w^n$, d.h. $f_1 = -e_1, \ldots, f_n = -e_n$, und $\gamma^1 = -w^1, \ldots, \gamma^n = -w^n$. Dann ist $f_1, \ldots, f_n$ eine Basis und wir können $a_1, \ldots, a_m, a_{m+1} = -e_1, \ldots, a_{m+n} = -e_n$ und c, sowie die Schlupfwerte $\beta^1, \ldots, \beta^m, \beta^{m+1}, \ldots, \beta^{m+n}, Q$ bez. dieser Basis darstellen.

Damit hat man hilfsweise die Zusatzrestriktionen $f_1^T x \leq \gamma^1, \ldots, f_n^T x \leq \gamma^n$ eingeführt. Gewonnen hat man damit eine „Quasi-Eckeneigenschaft" von w im eingeschränkten Polyeder $\{x \mid Ax \leq b \wedge Fx \leq \gamma\}$.

Unser Ziel ist es nun, von dieser Ecke durch Basisaustauschschritte wegzukommen und zu einer Ecke des Originalpolyeders $\{x \mid Ax \leq b\}$ vorzustoßen. Dabei wird angestrebt, dass $f_1, \ldots, f_n$ aus der Basis verschwinden. Zu diesem Zweck entfernen wir – wenn möglich – ein f_k und vergessen die Restriktion danach bewusst. Für das Tableau heißt dies, dass die Restriktion bei der Bestimmung der Pivotspalte nicht mehr berücksichtigt wird.

Im Idealfall erhält man so nach n Austauschschritten eine Basis aus $a_1, \ldots, a_m$ unter Erhaltung aller wirklich bindenden Ungleichungen (alle $\beta^1, \ldots, \beta^m$ bleiben ≥ 0). Dies ist möglich, da w zulässig war.

Hinweis: Bei diesen Austauschschritten ist nur wichtig, dass $\alpha_j^i \neq 0$. Die ξ-Werte sind dabei uninteressant.

Es ist vorteilhaft, wenn gilt: $f_i = -e_i$ für $i = 1, \ldots, n$. Dann können n Spalten eingespart werden.

Vorgehensweise:

Wir wollen ein f_k austauschen. Da die ξ-Werte keine Rolle spielen, können wir hiermit beginnen. Zur Erhaltung der Zulässigkeit berücksichtigt man nun nur die β^l, für die $l \leq m$ und $l \notin \Delta$ gilt. Es gibt hierbei folgende Fälle:

1. In der k-ten Zeile gibt es ein $\alpha_l^k < 0$ mit $l \leq m$.
   Bestimme dann j durch $\frac{\beta^j}{-\alpha_j^k} := \text{Min}\{\frac{\beta^l}{-\alpha_l^k} \mid l \notin \Delta, \alpha_l^k < 0\}$.

2. In der k-ten Zeile gilt $\alpha_l^k \geq 0$ für alle $l \leq m$. Versuche eine Lockerung der f_k-Restriktion nach der anderen Seite: $f_k^T x \geq \gamma^k$ anstelle von $f_k^T x \leq \gamma^k$ (da die Restriktion nur zu Hilfszwecken eingeführt wurde, ist diese Abänderung möglich). Die Eliminationsrichtung ist z_k.

2.(a) Es gibt zwar keine negativen, aber positive Elemente α_l^k, $l \leq m$, $l \notin \Delta$.
   Dann bestimme j durch $\frac{\beta^j}{\alpha_j^k} = \text{Min}\{\frac{\beta^l}{\alpha_l^k} \mid l \leq m, l \notin \Delta, \alpha_l^k > 0\}$. Durch den Austausch wird f_k eliminiert (eigentlich $-f_k$).

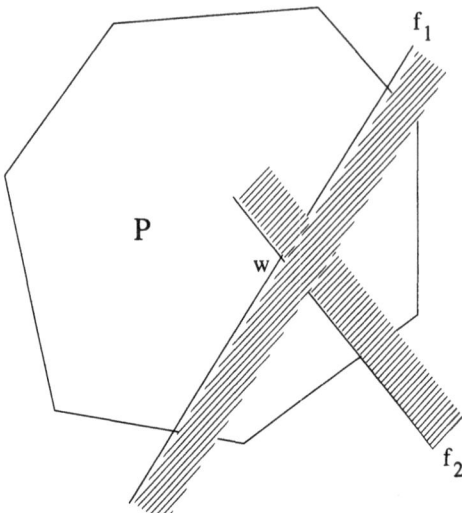

Abbildung 6.3: Flexibel orientierte Hilfsrestriktionen

2.(b) Alle α_l^k $(l \leq m, l \notin \Delta)$ sind 0, also liegt z_k im Linienraum von X, denn für alle a_l gilt $z_k^T a_l = a_l^T z_k = a_l^T A_\Delta^{-1}(-e_k) = -\alpha_l^k = 0$. Bewegungen in Richtung z_k und $-z_k$ werden nicht gestoppt. Wir müssen drei Situationen unterscheiden:

(i) $\xi^k < 0$: Bewegung in z_k-Richtung verbessert, somit ist $c^T x$ unbeschränkt.

(ii) $\xi^k > 0$: Bewegung in $-z_k$-Richtung verbessert, somit ist $c^T x$ unbeschränkt.

(iii) $\xi^k = 0$: Im relevanten Bereich ist die komplette Zeile 0. Die Aufnahme von $f_k^T x \leq \gamma^k$ führt zwar zu einer Teilung des Zulässigkeitsbereichs, aber der Optimalwert von $c^T x$ bleibt gleich. Sei nämlich x^* zulässiger Punkt des Originalproblems, dann ist $x^* + \delta z_k$ für alle $\delta \in \mathbb{R}$ zulässig und $c^T x^* = c^T (x^* + \delta z_k)$ wegen $c^T z_k = -\xi^k = 0$. Ist x^* unzulässig bez. $f_k^T x \leq \gamma_k$, dann beachte: z_k lockert bekanntlich $f_k^T x$. Deshalb gibt es in der Menge $\{x \mid x = x^* + \delta z_k\}$ ein $\bar{\delta}$, so dass $f_k^T (x^* + \delta z_k) \leq \gamma_k$ für alle $\delta > \bar{\delta}$ und deshalb bleiben alle Restriktionen erfüllt.
⇒ Der Optimalwert des eingeschränkten Problems ist gleich dem Optimalwert des Originalproblems. Entsprechendes gilt für alle Zielfunktionswerte, deshalb bleibt auch die eventuelle Unbeschränktheit der Zielfunktion erhalten. Das Hinzufügen von $f_k^T x \leq \gamma^k$ liefert eine künstliche Ecke mit gleichem Optimalwert. Wenn wir dann f_k in der Basis lassen und nicht mehr austauschen, bleibt gewährleistet, dass das Polyeder spitz ist.

Satz 6.4 *Ist ein zulässiger Punkt bekannt, dann führt das oben beschriebene Verfahren der Einführung von flexibel orientierten Hilfsrestriktionen nach spätestens n Pivotschritten entweder zu*

(a) *einer Originalecke*

(b) *einem Abbruch wegen Unbeschränktheit der Zielfunktion*

(c) *einer Reduzierung der Anzahl von relevanten Zeilen und beständiger Aufnahme von bestimmten f_i. Ist s die Anzahl der so aufgenommenen f_i, dann gilt Rang $A = n - s$. Der Wertebereich der Zielfunktion bleibt erhalten.*

Bei (a) und (c) steht eine Ecke mit zugehöriger Basis und Basisdarstellung zur Verfügung. Mit dieser kann ein Simplexalgorithmus starten.

Bemerkung
Damit ist insbesondere der Fall $b \geq 0$ vollständig geklärt, denn $x = 0$ ist zulässig. Man kann dann $f_i = -e_i$ und $\gamma^i = 0$ wählen und die fiktiven Vorzeichenrestriktionen hier als flexibel orientierte Hilfsrestriktionen verwenden. Bei der Entfernung dieser Hilfsrestriktionen kommt es entweder zu einem Abbruch wegen Unbeschränktheit der Zielfunktion oder aber man erreicht eine Ecke von X oder zumindest eine Ecke eines eingeschränkten Polyeders mit gleichem Optimalwert. Im Falle des Auffindens einer solchen Ecke kann diese als Startecke für den Simplexalgorithmus (Phase II) dienen.

Allgemeiner Fall:
Folgendes Problem sei zu lösen:

$$\max c^T x \text{ unter } Ax \leq b,$$

b sei beliebig und es sei kein zulässiger Punkt bekannt.
Wir formulieren unsere Frage nach der Existenz eines zulässigen Punktes selbst als lineares Optimierungsproblem:

Definition 6.2 *Phase-I-Problem*

$$\begin{aligned} PI: \quad & \min \eta \\ & \text{unter } a_1^T x - \eta \leq b^1 \\ & \qquad \vdots \\ & \quad a_m^T x - \eta \leq b^m \\ & \qquad\quad -\eta \leq 0, \; x \in K^n, \; \eta \in K. \end{aligned}$$

Die Hinzunahme einer $(n+1)$-ten Variable η macht die Herstellung von Zulässigkeit auch dann immer möglich, wenn b auch negative Komponenten hat. Wenn wir dieses modifizierte Problem lösen können, dann wissen wir, ob $X = \{x \mid Ax \leq b\}$ leer ist.

Satz 6.5 *PI hat zwei mögliche Ausgänge:*

1. *Der Optimalwert von η ist positiv, dann ist $X = \emptyset$.*
2. *Der Optimalwert von η ist 0, dann gilt $X \neq \emptyset$.*

Beweis:
Wegen $\eta \geq 0$ ist der Optimalwert nach unten durch 0 beschränkt.
PI ist ein zulässiges Problem. Wähle dazu ein beliebiges x und setze
$\eta = \text{Max}_{i=1,\ldots,m}\{0, a_i^T x - b^i\}$, also gilt $a_i^T x - \text{Max}_{i=1,\ldots,m}\{0, a_i^T x - b^i\} \leq b^i$.

1. Gilt für alle zulässigen $\begin{pmatrix} x \\ \eta \end{pmatrix}$, dass $\eta > 0$, dann folgt: Es gibt kein x mit $Ax - 0 \leq b$, also ist $Ax \leq b$ unlösbar.

2. Ist im Optimum $\eta = 0$, dann erfüllt $\begin{pmatrix} \bar{x} \\ 0 \end{pmatrix}$ tatsächlich $A\bar{x} - 0 \leq b$, also ist $\bar{x}$ dann zulässig. □

Der Vorteil von PI ist: Wir kennen einen zulässigen Punkt und wir können die Bearbeitung dieses Problems mühelos starten.
In Anlehnung an die Erkenntnisse des vorigen Abschnitts (flexibel orientierte Hilfsrestriktionen) können wir versuchsweise ein Tableau zu $\begin{pmatrix} x \\ \eta \end{pmatrix} = \begin{pmatrix} 0 \\ 0 \end{pmatrix}$, erstellen, bei dem $n+1$ Hilfsrestriktionen (induziert durch Einheitsvektoren) straff sind. Dies hat dann folgende Gestalt:

	$\tilde{a}_1$	$\tilde{a}_j$	$\tilde{a}_l$	$\tilde{a}_m$	$\tilde{a}_{m+1}$	$-e_1$	$-e_n$	$-e_{n+1}$	c	$-e_{n+1}$
$-e_1$	⋮	⋮	⋮	⋮	⋮	1	0	0	⋮	0
$-e_k$	$-a_1$	$-a_j$	$-a_l$	$-a_m$	0	⋱		⋮	$-c$	⋮
$-e_n$	⋮	⋮	⋮	⋮	⋮	0	1	0	⋮	0
$-e_{n+1}$	1	1	1	1	1	0	0	1	0	1
	b^1	b^j	b^l	b^m	0	0	0	0	$-Q_c = 0$	$-Q_{-\eta} = 0$

flexibel orientierte
Hilfsrestriktionen

Dabei haben wir gesetzt: $\tilde{a}_i := \begin{pmatrix} a_i \\ -1 \end{pmatrix}$ für $i = 1, \ldots, m+1$, wobei $a_{m+1} = 0$ sein soll. Damit haben wir $m+1$ Restriktionsvektoren für unser Problem PI.
Leider entspricht dieses Tableau noch nicht unseren Ansprüchen an ein *zulässiges* Simplextableau, weil durchaus einige Werte $b^i < 0$ sein können. Diese Schwäche kann aber leicht (mit einem Pivotschritt/Basisaustausch) ausgemerzt werden, wenn wir folgende Erkenntnis ausnutzen.

6.3. Bestimmung einer zulässigen Ecke

Lemma 6.3 Wenn wir definieren $b^{min} := \text{Min}\{b^1, \ldots, b^m, 0 = b^{m+1}\}$, dann ist $\begin{pmatrix} 0 \\ \bar{\eta} \end{pmatrix}$ mit $0 \in K^n$ und $\bar{\eta} = |b^{min}|$ zulässig für PI.

Beweis:
Bei der Wahl von $x = 0$ und $\bar{\eta}$ wie oben ergibt sich in den Restriktionen $i = 1, \ldots, m+1$:
1. $b^i < 0: a_i^T x - \bar{\eta} = 0 - \bar{\eta} = 0 - |b^{min}| \leq b^i$
2. $b^i \geq 0: a_i^T x - \bar{\eta} = 0 - \bar{\eta} = -|b^{min}| \leq 0 \leq b^i$. □

Zum Hilfsproblem PI können wir nun durch einen Pivotschritt zu einem zulässigen Punkt und dessen Tableau gelangen. Dazu setzen wir $w^T = (0, \ldots, 0, |b^{min}|)$ mit $b^{min} = \text{Min}\{0, b^1, \ldots, b^m\}$. Bei w sind folgende Restriktionen straff:

$$-e_1^T \begin{pmatrix} x \\ \eta \end{pmatrix} \leq 0, \ldots, -e_n^T \begin{pmatrix} x \\ \eta \end{pmatrix} \leq 0 \text{ und } a_j^T x - \eta \leq b^j, \text{ falls } b^j = b^{min}. \text{ Man}$$

beachte wiederum, dass hier $a_{m+1} = 0$ und $b^{m+1} = 0$. Die dabei verwendeten Restriktionsvektoren definieren eine Basis für K^{n+1}:

$-e_1, \ldots, -e_n, \begin{pmatrix} a_i \\ -1 \end{pmatrix}$. Durch Entfernen von $-e_{n+1}$ aus der Basis und durch Aufnahme von $\tilde{a}_j = \begin{pmatrix} a_j \\ -1 \end{pmatrix}$ bei $b^j = b^{min}$ erreichen wir das folgende zulässige Tableau mit einem Basisaustausch:

Zulässiges Starttableau für Phase I(a):

	$\tilde{a}_1$	$\tilde{a}_j$	$\tilde{a}_m$	$\tilde{a}_{m+1}$	$-e_1$		$-e_n$	$-e_{n+1}$
$f_1 = -e_1$	⋮	0	⋮	⋮	1	0	⋮	⋮
$f_k = -e_k$	$-a_1 + a_j$	⋮	$-a_m + a_j$	a_j	⋱	a_j	$-c$	a_j
$f_n = -e_n$	⋮	0	⋮	⋮	0	1	⋮	⋮
$a_{\triangle^{n+1}} = \tilde{a}_j$	1	1	1	1	0	0	1	0	1
	$b^1 - b^{min}$	0	$b^m - b^{min}$	$-b^{min}$	0	0	$-b^{min}$	$-Q_c$	$-Q_{-\eta}$

$$\text{flex. orientierte} \qquad = $$
$$\text{Hilfsrestriktionen} \qquad -b^{min}$$

Im Fall $b^{min} = 0$ entscheide man sich bei Mehrdeutigkeit für einen Eintausch von $\tilde{a}_{m+1}$. Dann gilt $b^i \geq 0 \ \forall i$ und es findet ein Austausch zwischen dem Basisvektor e_{n+1} und $\tilde{a}_{m+1}$ statt. Dieser Pivotschritt ist scheinbar wirkungslos, weil dann gilt $a_j = 0$ und weil sich somit an der Besetzung der Tableaueinträge gar nichts ändert. Die einzige formale Änderung liegt im Verschwinden der letzten flexiblen

Hilfsrestriktion (zu $-e_{n+1}$) aus der Basis. Aber diese Art der Interpretation sichert eine systematische Behandlung des Starts im allgemeinen Fall.

Dass wir mit der Lösung unseres Hilfsproblems etwas für die zweite Phase anfangen können, soll jetzt garantiert werden.

Lemma 6.4 *Der Linienraum von P stimmt mit dem Bild einer Projektion des Linienraums von PI auf K^n überein. Die analoge Aussage gilt für $\tilde{P}$ und $\tilde{P}I$, d.h. wenn zusätzliche Hilfsrestriktionen eingefügt werden.*

Beweis:
Sei $\begin{pmatrix} g \\ \lambda \end{pmatrix}$ im Linienraum von PI, also $\begin{pmatrix} A & -\mathbf{1}_m \\ 0 \ldots 0 & -1 \end{pmatrix} \begin{pmatrix} g \\ \lambda \end{pmatrix} = 0$. Es gilt $\lambda = 0$ und $Ag - \lambda \mathbf{1} = 0$, also auch $Ag = 0$, d.h. g ist im Linienraum von P. Angenommen, $g \in L(P)$, dann folgt $Ag = 0$, und somit ist $\begin{pmatrix} g \\ 0 \end{pmatrix}$ im Linienraum von PI. Führt man in PI zusätzliche Restriktionen ein, um eine Ecke zu erzeugen und tut man dies simultan in P, so hat dies genau denselben Effekt, denn PI ist erst spitz, wenn P spitz ist und umgekehrt. □

Satz 6.6 *Zu lösen sei*

$$P: \quad \max c^T x \quad \text{unter } Ax \leq b.$$

Wir betrachten das Hilfsproblem

$$PI: \quad \min \eta$$
$$\text{unter } Ax - \eta \mathbf{1} \leq b$$
$$-\eta \leq 0,$$

und erkennen $w = \begin{pmatrix} 0 \\ |b^{min}| \end{pmatrix}$ *als zulässigen Punkt für PI mit* $b^{min} = \text{Min}\{0, b^1, \ldots, b^m\}$.
Wir wählen nun in Phase I(a): $-e_1^T \begin{pmatrix} x \\ \eta \end{pmatrix} \leq 0, \ldots, -e_n^T \begin{pmatrix} x \\ \eta \end{pmatrix} \leq 0$, und $a_j^T x - \eta \leq b^j$, falls $b^j = b^{min}$ (mit $j = m+1$ bei $b^{min} = 0$) als zusätzliche Restriktion und erhalten daraus eine Basis in K^{n+1}:
$-e_1, \ldots, -e_n \in K^{n+1}$ und $\begin{pmatrix} a_j \\ -1 \end{pmatrix}$.

Zur Tableaudarstellung kommt man entweder durch Direktberechnung der Darstellungen durch diese Basis oder einfacher durch einen Pivotschritt zum (evtl. unzulässigen) Tableau zum Punkt $0 \in K^{n+1}$.
Führen wir dann den Eckensuchalgorithmus aus Satz 6.4 durch, dann sind drei Fälle möglich:

6.3. Bestimmung einer zulässigen Ecke

(a) Man erhält eine Ecke von PI und kann von dort aus das Simplexverfahren (Verbesserungsalgorithmus) für PI starten.

(b) Man erhält eine Ecke des modifizierten PI-Problems $\overline{PI}$, d.h. einige Hilfsrestriktionen bleiben in der Basis. Mit dieser kann man wie in (a) verfahren, da der Optimalwert für PI und $\overline{PI}$ gleich ist.

(c) Man bricht ab, weil eine Nullzeile im Tableau mit ξ^i-Wert $\neq 0$ auftritt.

In den Fällen (a) und (b) startet man nun das Simplexverfahren zur Lösung von PI. Diese Phase I(b) liefert entweder eine Optimalecke von PI oder eine von $\overline{PI}$. Ist dieser Optimalwert positiv, dann ist P unzulässig und es kann abgebrochen werden. Ist er Null, dann ist die zugehörige Ecke $\begin{pmatrix} \bar{x} \\ 0 \end{pmatrix}$ und somit $\bar{x}$ Ecke von P.

Mit dieser Ecke $\bar{x}$ startet man nun die Phase II des Simplexalgorithmus für P und erreicht gegebenenfalls die Optimalecke.

Beweis:
Die Zielfunktion auf PI ist niemals unbeschränkt, da wir bez. η minimieren und $\eta \geq 0$ gelten muss. Somit erreicht man eine Ecke von PI oder $\overline{PI}$.
Im Fall (c) ist evtl. noch nicht über Zulässigkeit entschieden. Nun besteht noch die Möglichkeit, dass $c^T x$ unbeschränkt ist, dann bricht man ab. Im Fall (a) haben wir unser Ziel erreicht, für Fall (b) gilt: $\overline{PI}$ und $\bar{P}$ sind garantiert spitz, und eine Ecke für $\overline{PI}$ entspricht einer Ecke für $\bar{P}$. Denn ist $\begin{pmatrix} \bar{x} \\ 0 \end{pmatrix}$ Ecke von $\overline{PI}$, dann gibt es kein $w \neq 0$ mit $\left[\begin{pmatrix} \bar{x}+w \\ 0 \end{pmatrix}, \begin{pmatrix} \bar{x}-w \\ 0 \end{pmatrix} \right] \in \overline{PI}$, also kann $\bar{x}$ in $\bar{P}$ nicht echt konvex kombiniert werden, d.h. $\bar{x}$ ist Ecke von $\bar{P}$. □

Bemerkung:
Obwohl die Originalzielfunktion vorerst nicht benötigt wird, ist es ratsam, c von Beginn an mitzuführen, da der entsprechende Tableauteil leicht zu besetzen ist und evtl. einen früheren Abbruch anzeigt.

Im PI-Problem entstehen aus a_i die Vektoren $\tilde{a}_i = \begin{pmatrix} a_i \\ -1 \end{pmatrix}$ und zusätzlich $-e_{n+1}^T \begin{pmatrix} x \\ \eta \end{pmatrix} \leq 0$, wobei $\tilde{a}_{m+1} := -e_{n+1}$ gilt.

Als flexible Hilfsrestriktionen verwenden wir zunächst
$-e_1^T \begin{pmatrix} x \\ \eta \end{pmatrix} \leq 0, \ldots, -e_n^T \begin{pmatrix} x \\ \eta \end{pmatrix} \leq 0, -e_{n+1}^T \begin{pmatrix} x \\ \eta \end{pmatrix} \leq 0$.

Aus dem zugehörigen Tableau suche man sich die Spalte mit dem β-Eintrag b^{min} heraus und tausche das zugehörige $\begin{pmatrix} a_j \\ -1 \end{pmatrix} = \tilde{a}_j$ in die Basis ein unter Austausch der flexiblen Hilfsrestriktion $-e_{n+1}^T \begin{pmatrix} x \\ \eta \end{pmatrix} \leq 0$.

(Bei Mehrdeutigkeit bzgl. b^{min} entscheide man sich für den höheren Index.)

Danach werden die Vektoren $\tilde{a}_1, \ldots, \tilde{a}_m, \tilde{a}_{m+1}(= -e_{n+1})$ durch $-e_1, \ldots, -e_n, \tilde{a}_j$ dargestellt:
Dies gelingt in der Form $\tilde{a}_i = \tilde{a}_j + (a_j^1 - a_i^1)(-e_1) + \ldots + (a_j^n - a_i^n)(-e_n)$.
Der Hilfszielvektor ist $-e_{n+1}^T$ und hat im Tableau demnach denselben Eintrag wie die Spalte zu $\tilde{a}_{m+1}$. Zielfunktionswert $Q_{-\eta}$ ist zunächst $-|b^{min}| = b^{min}$. Ziel ist es, ihn auf 0 zu steigern. Man beachte: im Tableau wird $-Q_{-\eta}$ eingetragen.
Der Schlupf β^j für $\tilde{a}_j$ ist 0, für $-e_{n+1}$ ist er $\beta^{m+1} = -b^{min}$. Und $\beta^l = b^l - b^{min}$ für alle anderen l bzw. 0 für die Hilfsrestriktionen. Q_c ist 0. Man beachte, dass $b^{min} = 0$ schon von Beginn an zu einem zulässigen Tableau führt und dass hier der Übergang zum Anfangstableau trivial ist.

Vorgehensweise

1. Tausche zuerst die Hilfsrestriktion mit $-e_{n+1}$ (dieses ist problemlos möglich) und dann sukzessive die Vektoren $-e_1, \ldots, -e_n$, in beliebiger Reihenfolge aus. Dies gelingt, wenn in der entsprechenden Zeile i ein $\alpha_l^i \neq 0$ gefunden wird ($l \notin \Delta, l \leq m+1$).

2. Wenn der Austausch nicht möglich ist, dann wird das entsprechende $-e_i$ in der Basis belassen. Die Zeile und das entsprechende $x^i = 0$ verändern sich nicht mehr.

3. Ist in dieser „Nullzeile" (d.h. $\alpha_l^i = 0 \ \forall l \notin \Delta, l \leq m+1$) ein Wert $\xi^i \neq 0$, dann wird abgebrochen (wegen Unbeschränktheit im Originalproblem, allerdings ist die Frage nach der Zulässigkeit noch nicht geklärt).
   (Falls man daran interessiert ist, die Zulässigkeit zu prüfen, kann man die Phase 1 zu Ende führen und dann mit dem Ergebnis „unzulässig" bzw. „zulässig und unbeschränkt" stoppen.)

Ergebnis 1:
Ankunft bei einer Ecke von PI oder $\overline{PI}$, von der aus das Simplexverfahren gestartet wird.

Ergebnis 2:
Ist $Q_{-\eta} = 0$, dann gehen wir zu einem Tableau für Phase II über. Ansonsten ist P unzulässig und es wird abgebrochen.

Übergang zur Phase II

- Falls noch nicht geschehen, wird $\tilde{a}_{m+1}$ durch einen Austausch mit $\tilde{a}_{\Delta^i}, \Delta^i \leq m$, in die Basis gebracht (da dies eine in $\bar{x}$ straffe Restriktion ist). Dazu muss ein $\alpha_{m+1}^i \neq 0$ sein. Dies ist garantiert, sonst wäre $\tilde{a}_{m+1} = 0$.

- Danach wird die Zeile zu $\tilde{a}_{m+1} = \tilde{a}_{\Delta^i}$ und die Spalte zu $\tilde{a}_{m+1}$ gestrichen. Die η–Zielfunktion fällt weg.

6.3. Bestimmung einer zulässigen Ecke

- Die $\tilde{a}_l$ werden durch die a_l, die $\tilde{a}_{\Delta^i}$ durch die a_{Δ^i} ersetzt. Es gilt:
  $\tilde{a}_l = \alpha_l^1 \tilde{a}_{\Delta^1} + \ldots + \alpha_l^n \tilde{a}_{\Delta^n} + \alpha_l^{n+1}(-e_{n+1}) \Rightarrow$
  $a_l = \alpha_l^1 a_{\Delta^1} + \ldots + \alpha_l^n a_{\Delta^n}$, d.h. die Koeffizienten bleiben gleich in den Zeilen, die beibehalten werden.

- Nun kann Phase II starten, das Tableau hat die gewohnte Form.

Beispiel

Problem: $\max \ x^3$
unter
$$\begin{array}{rcrcrcr} x^1 & + & 2x^2 & + & 3x^3 & \leq & 6 \\ & & x^2 & & & \leq & 4 \\ -x^1 & + & x^2 & - & x^3 & \leq & -2 \\ -x^1 & & & + & x^3 & \leq & -1 \end{array}$$

$$\begin{aligned} c^T &= (0,0,1) \quad b^T = (6,4,-2,-1) \\ a_1^T &= (1,2,3) \\ a_2^T &= (0,1,0) \\ a_3^T &= (-1,1,-1) \\ a_4^T &= (-1,0,1) \end{aligned}$$

$b^{min} = b^3 = -\eta$, d.h. die 3. Restriktion wird straff sein.

$$\begin{aligned} \tilde{a}_1^T &= (1,2,3,-1) \\ \tilde{a}_2^T &= (0,1,0,-1) \\ \tilde{a}_3^T &= (-1,1,-1,-1) \\ \tilde{a}_4^T &= (-1,0,1,-1) \\ \tilde{a}_5 &= (0,0,0,-1) \end{aligned}$$

Einfaches Anfangstableau mit flexibel orientierten Hilfsrestriktionen:

	$\tilde{a}_1$	$\tilde{a}_2$	$\tilde{a}_3$	$\tilde{a}_4$	$\tilde{a}_5$	$-e_1$	$-e_2$	$-e_3$	$-e_4$	c	$-e_4$
$-e_1$	-1	0	1	1	0	1	0	0	0	0	0
$-e_2$	-2	-1	-1	0	0	0	1	0	0	0	0
$-e_3$	-3	0	1	-1	0	0	0	1	0	-1	0
$-e_4$	1	1	**1**	1	1	0	0	0	1	0	1
	6	4	-2	-1	0	0	0	0	0	0	0

Phase I(a):

	$\tilde{a}_1$	$\tilde{a}_2$	$\tilde{a}_3$	$\tilde{a}_4$	$\tilde{a}_5$	$-e_1$	$-e_2$	$-e_3$	$-e_4$	c	$-e_4$
$-e_1$	-2	-1	0	0	$\underline{-1}$	1	0	0	-1	0	-1
$-e_2$	-1	0	0	1	1	0	1	0	1	0	1
$-e_3$	-4	-1	0	-2	-1	0	0	1	-1	-1	-1
$\tilde{a}_3$	1	1	1	1	1	0	0	0	1	0	1
	8	6	0	1	2	0	0	0	2	0	2

$\tilde{a}_5$	2	1	0	0	1	-1	0	0	1	0	1
$-e_2$	-3	-1	0	1	0	1	1	0	0	0	0
$-e_3$	-2	0	0	$\underline{-2}$	0	-1	0	1	0	-1	0
$\tilde{a}_3$	-1	0	1	1	0	1	0	0	0	0	0
	4	4	0	1	0	2	0	0	0	0	0

Die Pivotzeile wurde nach Einfachheit ausgesucht.
Das Optimum ist erreicht, aber es sind noch Hilfsrestriktionen in der Basis.

$\tilde{a}_5$	2	1	0	0	1	-1	0	0	1	0	1
$-e_2$	$\underline{-4}$	-1	0	0	0	$\frac{1}{2}$	1	$\frac{1}{2}$	0	$-\frac{1}{2}$	0
$\tilde{a}_4$	1	0	0	1	0	$\frac{1}{2}$	0	$-\frac{1}{2}$	0	$\frac{1}{2}$	0
$\tilde{a}_3$	-2	0	1	0	0	$\frac{1}{2}$	0	$\frac{1}{2}$	0	$-\frac{1}{2}$	0
	3	4	0	0	0	$\frac{3}{2}$	0	$\frac{1}{2}$	0	$-\frac{1}{2}$	0

$\tilde{a}_5$	0	$\frac{1}{2}$	0	0	1	$-\frac{3}{4}$	$\frac{1}{2}$	$-\frac{1}{4}$	1	$-\frac{1}{4}$	1
$\tilde{a}_1$	1	$\frac{1}{4}$	0	0	0	$-\frac{1}{8}$	$-\frac{1}{4}$	$-\frac{1}{8}$	0	$\frac{1}{8}$	0
$\tilde{a}_4$	0	$-\frac{1}{4}$	0	1	0	$\frac{5}{8}$	$\frac{1}{4}$	$-\frac{3}{8}$	0	$\frac{3}{8}$	0
$\tilde{a}_3$	0	$\frac{1}{2}$	1	0	0	$\frac{1}{4}$	$-\frac{1}{2}$	$\frac{1}{4}$	0	$-\frac{1}{4}$	0
	0	$\frac{13}{4}$	0	0	0	$\frac{15}{8}$	$\frac{3}{4}$	$\frac{7}{8}$	0	$-\frac{7}{8}$	0

6.4. Sicherstellung der Endlichkeit des Verfahrens

Zum Start für Phase II Verkleinerung des Tableaus:

	a_1	a_2	a_3	a_4	$-e_1$	$-e_2$	$-e_3$	c
a_1	1	$\frac{1}{4}$	0	0	$-\frac{1}{8}$	$-\frac{1}{4}$	$-\frac{1}{8}$	$\frac{1}{8}$
a_4	0	$-\frac{1}{4}$	0	1	$\frac{5}{8}$	$\frac{1}{4}$	$-\frac{3}{8}$	$\frac{3}{8}$
a_3	0	$\frac{1}{2}$	1	0	$\frac{1}{4}$	$-\frac{1}{2}$	$\frac{1}{4}$	$-\frac{1}{4}$
	0	$\frac{13}{4}$	0	0	$\frac{15}{8}$	$\frac{3}{4}$	$\frac{7}{8}$	$-\frac{7}{8}$

Es gilt also: $c^T x = x^3$ ist unbeschränkt auf $\begin{pmatrix} \frac{15}{8} \\ \frac{3}{4} \\ \frac{7}{8} \end{pmatrix} + \rho \begin{pmatrix} \frac{1}{4} \\ -\frac{1}{2} \\ \frac{1}{4} \end{pmatrix}$, $\rho \geq 0$, und

diese Halbgerade ist zulässig, da gilt $A \begin{pmatrix} \frac{15}{8} \\ \frac{3}{4} \\ \frac{7}{8} \end{pmatrix} \leq \begin{pmatrix} 6 \\ 4 \\ -2 \\ -1 \end{pmatrix}$,

$Az_3 = A \begin{pmatrix} \frac{1}{4} \\ -\frac{1}{2} \\ \frac{1}{4} \end{pmatrix} = \begin{pmatrix} 0 \\ -\frac{1}{2} \\ -1 \\ 0 \end{pmatrix} \leq \begin{pmatrix} 0 \\ 0 \\ 0 \\ 0 \end{pmatrix}$.

6.4 Sicherstellung der Endlichkeit des Verfahrens

Wir wollen jetzt eine Ecke $\bar{x}$ näher betrachten und dabei sowohl $\Delta = I(\bar{x}) =: I$ als auch $\Delta \subsetneq I$ zulassen.

Definition 6.3 *Zur Ecke $\bar{x}$ gehören der Rezessionskegel* $\mathrm{RK}(\bar{x}) = \{z \mid A_I z \leq 0\}$ *und* $\mathrm{PK}(\bar{x}) = \mathrm{KK}(\{a_i \mid i \in I\})$, *der Polarkegel zu $\bar{x}$.*

Lemma 6.5

1. Sei $l = \dim L(\mathrm{PK}(\bar{x}))$ (Linienraum von $\mathrm{PK}(\bar{x})$), dann folgt
   $\dim \mathrm{AH}(\mathrm{RK}(\bar{x})) = \dim(\mathrm{RK}(\bar{x})) = n - l =: d$.

2. $\dim(\mathrm{RK}(\bar{x})) = \dim P$.

3. $\mathrm{RK}(\bar{x})$ wird durch mindestens d linear unabhängige Kanten erzeugt.

Beweis:
O.B.d.A. sei $I = \{1, \ldots, r\}$.

1. Wir zeigen, dass $\mathrm{AH}(\mathrm{RK}(\bar{x})) = L(\mathrm{PK}(\bar{x}))^\perp$

⊂: Sei $z \in \mathrm{RK}(\bar{x})$, $f \in L(\mathrm{PK}(\bar{x}))$, also gehören f und $-f$ zum Polarkegel. D.h. $f^T z \leq 0$ und $-f^T z \leq 0$, mithin $f^T z = 0$, dann steht natürlich auch f senkrecht auf jeder Affinkombination solcher Vektoren $z \in \mathrm{RK}(\bar{x})$ und somit ist $z \in L(\mathrm{PK}(\bar{x}))^\perp$.

⊃: Wir zeigen zunächst $\mathrm{AH}(\mathrm{RK}(\bar{x}))^\perp \subset L(\mathrm{PK}(\bar{x}))$, woraus folgt: $L(\mathrm{PK}(\bar{x}))^\perp \subset \mathrm{AH}(\mathrm{RK}(\bar{x}))$.
Betrachte $a \in \mathrm{RK}(\bar{x})^\perp$, also $z^T a = 0$ und $z^T(-a) = 0$ für alle $z \in \mathrm{RK}(\bar{x})$. Somit sind a und $-a$ im $\mathrm{PK}(\bar{x})$, denn nach Lemma 4.2 ist $\mathrm{PK}(\bar{x}) = \mathrm{KK}(a_1, \ldots, a_r) = \mathrm{RK}(\bar{x})^0 = \{a \mid a^T z \leq 0 \ \forall z \in \mathrm{RK}(\bar{x})\}$. Es folgt also $a \in L(\mathrm{PK})$.

2. Aus 1. folgt $\dim \mathrm{AH}(\mathrm{RK}(\bar{x})) = d$ und $P \subset \bar{x} + \mathrm{RK}(\bar{x})$. Es folgt $\dim P \leq \dim \mathrm{RK}(\bar{x})$. Für alle $z \in \mathrm{RK}(\bar{x})$ gilt, es gibt ein $\delta(z) > 0$ mit $\bar{x} + \delta z \in P$ (da I ausgeschöpft ist), woraus folgt: $\dim P \geq \dim \mathrm{RK}(\bar{x})$.

3. Man kann $\mathrm{RK}(\bar{x})$ schreiben als $\mathrm{KK}(z_1, \ldots, z_k)$ wobei z_i, $i = 1, \ldots, k$, die extremalen freien Richtungen sind, von denen d linear unabhängig sind, o.B.d.A. $(z_1, \ldots, z_d)$. Dann sind auch $[\bar{x}, \bar{x} + \delta(z_i) z_i]$ ($1 \leq i \leq d$) linear unabhängige Kanten und die Behauptung folgt. □

Lemma 6.6

1. Jede Facette von $\mathrm{PK}(\bar{x})$ enthält $L(\mathrm{PK}(\bar{x}))$, den Linienraum von $\mathrm{PK}(\bar{x})$.

2. Die (Außen-)Normalen auf die Facetten von $\mathrm{PK}(\bar{x})$ sind die extremalen freien Richtungen von $\mathrm{RK}(\bar{x})$.

Beweis:

1. Sei F eine Facette von $\mathrm{PK}(\bar{x})$ und $a \in L(\mathrm{PK}(\bar{x}))$. Wegen $a \in \mathrm{PK}(\bar{x})$ und $-a \in \mathrm{PK}(\bar{x})$ gilt dann für die Außennormale z von F:
$z^T f = 0 \ \forall f \in F$ und $z^T a \leq 0$ sowie $z^T(-a) \leq 0$, also $z^T a = 0$. Somit ist a und $-a$ in F.

2. Durch $F = \{a \mid a^T z = 0, \ a \in \mathrm{PK}(\bar{x})\}$ werde eine Facette von $\mathrm{PK}(\bar{x})$ definiert. Dann ist z extremale freie Richtung von $\mathrm{RK}(\bar{x})$, denn F hat Dimension $\dim(\mathrm{PK}(\bar{x})) - 1 = n - 1$ und wird von $n - 1$ linear unabhängigen Vektoren (o.B.d.A. $a_1, \ldots, a_{n-1}$) aufgespannt, auf denen z senkrecht steht. Somit ist $a_1, \ldots, a_{n-1}, z$ Basis von K^n. Es kann also kein $y \neq 0$ geben mit $a_1^T(z+y) \leq 0, \ldots, a_{n-1}^T(z+y) \leq 0$ sowie $a_1^T(z-y) \leq 0, \ldots, a_{n-1}^T(z-y) \leq 0$, das zudem linear unabhängig zu z ist. Sonst wäre nämlich $a_i^T y = 0$, $i = 1, \ldots, n-1$, und somit $y \in \mathrm{LH}(z)$. Also kann z nicht echt konvex erzeugt werden, d.h. z ist extremal.
Sei nun z extremal in $\mathrm{RK}(\bar{x})$. Angenommen, z definiere keine Facette, dann führen weniger als $n - 1$ linear unabhängige a_i, $i \in I$, zu $a_i^T z = 0$, alle anderen zu $a_i^T z < 0$. Dann kann man ein $y \neq 0$ finden, so dass $y \perp z$ und $y \perp a_i$ gilt,

falls $z^T a_i = 0$, $i \in I$. Staucht man y mit $\delta > 0$ genügend klein, dann bleibt $a_i^T(z + \delta y) \leq 0$ für alle $i \in I$ und $a_i^T(z - \delta y) \leq 0$ für alle $i \in I$, also kann z nicht extremal sein. Durch den Widerspruch folgt die Behauptung. □

Satz 6.7

1. Liegt c nicht in $\mathrm{PK}(\bar{x}) = \mathrm{KK}(\{a_i \mid i \in I\})$, dann gibt es mindestens eine Kante z_i von $\mathrm{RK}(\bar{x})$ mit $c^T z_i > 0$.

2. Ist $\bar{x}$ optimal, so gilt: $c \in \mathrm{KK}(\{a_i \mid i \in I\}) = \mathrm{PK}(\bar{x})$.

3. Liegt c in $\mathrm{PK}(\bar{x})$, dann gibt es n linear unabhängige Vektoren a_j aus $\{a_i \mid i \in I\}$ (entspricht A_Δ), so dass $c \in \mathrm{KK}(a_{j_1}, \ldots, a_{j_n})$ (entspricht $\mathrm{KK}(A_\Delta)$).

Beweis:

1. Alle Kanten von $\mathrm{RK}(\bar{x})$ haben positive Länge. $P \subset \bar{x} + \mathrm{RK}(\bar{x})$. Hätten alle Kanten die Eigenschaft, dass $c^T z_i \leq 0$ ist, dann wird $c^T x$ auf dem Rezessionskegel nur verschlechtert.

2. Es muss gelten $c^T z_i \leq 0$, $i = 1, \ldots, n$, dann ist $c \in \mathrm{PK}(\bar{x})$.

3. $c \in \mathrm{KK}(A_I)$ mit $\#(I) > n$. Sei $\{a_{i_1}, \ldots, a_{i_k}\}$ ein elementminimales System, so dass $c \in \mathrm{KK}(a_{i_1}, \ldots, a_{i_k})$, wobei $i_1, \ldots, i_k \in I$, dann folgt nach dem Satz von Caratheodory (Satz 3.1), dass $k \leq n$ ist. $a_{i_1}, \ldots, a_{i_k}$ sind linear unabhängig, sonst ist nämlich $\dim(\mathrm{LH}(a_{i_1}, \ldots, a_{i_k})) \leq k-1$ und $k-1$ Punkte aus diesen würden zur Darstellung ausreichen. Somit war das System nicht elementminimal. Ergänzt man dann $a_{i_1}, \ldots, a_{i_k}$ durch beliebige dazu linear unabhängige Punkte, dann liegt A_Δ vor. □

Wir wissen jetzt: Im nichtoptimalen Fall gibt es immer ein A_Δ, das eine geeignete Facette mit z_i ($c^T z_i > 0$) enthält. Im optimalen Fall gibt es $A_\Delta \subset A_I$ mit $c \in \mathrm{KK}(A_\Delta)$. Dieses Δ finden wir über Auswahlregeln für ξ^i und j, falls $\mathrm{Min}\{\frac{\beta^l}{\alpha_l^i}\}$ mehrdeutig ist.

Algorithmus 6.2 *Abgesicherter (restriktionsorientierter) Simplexalgorithmus*
<u>Typischer Schritt:</u> Es liege das Tableau zur Ecke x und zur Basis A_Δ vor.

1. Betrachte $\hat{c} = (A_\Delta^T)^{-1} c = \xi$. Gilt $\xi^i \geq 0$ $\forall i = 1, \ldots, n$, dann kann wegen Optimalität gestoppt werden. Gibt es ein $\bar{i}$ mit $\xi^{\bar{i}} < 0$, dann wähle ein solches aus (nach selbstbestimmter Variante).

2. Bestimme ein $\delta_{\bar{i}} = \mathrm{Min}\{\frac{\beta^j}{-\alpha_j^{\bar{i}}} \mid j \notin \Delta, \alpha_j^{\bar{i}} < 0\} = \frac{\beta^{\bar{j}}}{-\alpha_{\bar{j}}^{\bar{i}}}$ und daraus $\bar{j}$.
   Sind alle $\alpha_j^{\bar{i}} \geq 0$, $j \notin \Delta$, dann liegt Unbeschränktheit von $c^T x$ vor, und es wird gestoppt.

3. Ist $\delta_{\bar{i}} > 0$, dann gehe zu 5.

4. (Blands Regel) Bestimme $\bar{i}$ neu: Suche $\mathrm{Min}\{\Delta^k \mid k = 1, \ldots, n, \xi^k < 0\} = \Delta^{\tilde{i}}$, also den kleinsten Originalindex. Setze $\bar{i} := \tilde{i}$.

Bestimme $\bar{j}$ neu: Berechne $\delta_{\bar{i}}$ durch $\delta_{\bar{i}} = \text{Min}\{\frac{\beta^j}{-\alpha_j^{\bar{i}}} \mid j \notin \Delta, \alpha_j^{\bar{i}} < 0\} = \frac{\beta^{\tilde{j}}}{-\alpha_{\tilde{j}}^{\bar{i}}}$
und daraus $\tilde{j}$. Bei Mehrdeutigkeit wähle das kleinstmögliche $\tilde{j}$. Setze $\bar{j} := \tilde{j}$.
Sind alle $\alpha_j^{\bar{i}} \geq 0$ ($j \notin \Delta$), dann ist $c^T x$ unbeschränkt, es wird gestoppt.

5. Führe Pivotschritt mit Pivotelement $(\bar{i}, \bar{j})$ aus.

6. Gehe zu 1.

Satz 6.8 Benutzt man in entarteten Ecken die Variante von Bland, dann können keine Zyklen von Basen entstehen, und das Simplexverfahren (Algorithmus 6.2) bricht nach endlich vielen Schritten ab.

Beweis:
Annahme: Trotz Befolgung von Blands Variante entsteht an einer Ecke ein Zyklus von Basen $\Delta_0, \Delta_1, \ldots, \Delta_k = \Delta_0$. Wir nennen a_i beweglich, wenn es in manchen dieser Basen vorkommt, aber nicht in allen. a_t sei der bewegliche Vektor mit höchstem Index, d.h. $a_{t+1}, \ldots, a_m$ sind in allen oder keiner der Basen vorhanden. Bei Δ werde a_t in die Basis gebracht, a_s verlässt sie dafür. Bei Δ' verlässt a_t die Basis wieder, dafür kommt a_r hinzu. Also:

$$\begin{pmatrix} \text{Basis} & \text{nach drinnen} & \text{nach draußen} \\ \Delta & a_t & a_s \\ \Delta' & a_r & a_t \end{pmatrix}$$

Sowohl bei Δ als auch bei Δ' liegen Darstellungen für c und alle a_i durch die a_{Δ^j} bzw. die $a_{\Delta'^j}$ vor. Da wir an der gleichen Ecke geblieben sind, sind alle β^l mit $l \in I$ gleich Null und $Q_{c_\Delta} = Q_{c_{\Delta'}}$. Wir kennen $\hat{c}_\Delta = \begin{pmatrix} \xi^1 \\ \vdots \\ \xi^n \end{pmatrix}_\Delta$ und $\hat{c}_{\Delta'} = \begin{pmatrix} \zeta^1 \\ \vdots \\ \zeta^n \end{pmatrix}_{\Delta'}$

mit $c = \sum_{i=1}^n \xi_\Delta^i a_{\Delta^i} = \sum_{i=1}^n \zeta_{\Delta'}^i a_{\Delta'^i}$.
Für unsere Zwecke ist es günstiger, mit erweiterten ξ-Vektoren zu arbeiten. Setze dazu $\bar{\xi}_\Delta = (\bar{\xi}_\Delta^1, \ldots, \bar{\xi}_\Delta^m)^T$, wobei

$$\bar{\xi}_\Delta^i = \begin{cases} \xi^k & \text{falls } i \in \Delta, \Delta^k = i \\ 0 & \text{falls } i \notin \Delta \end{cases} \quad \text{und } \bar{\zeta}_{\Delta'} \text{ analog.}$$

Im Tableau ist folgende Situation gegeben:

	a_1	a_r	a_s	a_t	a_m		ξ	ζ
							ξ_Δ^1	$\zeta_{\Delta'}^1$
$a_{\Delta^\sigma} = a_s$	α_1^σ	α_r^σ	$\alpha_\mathbf{s}^\sigma$	α_t^σ		z_σ	$\xi_\Delta^\sigma < 0$	$\zeta_{\Delta'}^\sigma < 0$
							ξ_Δ^n	$\zeta_{\Delta'}^n$
		β						

Hierbei ist $\beta^l = 0 \,\forall\, l \in I$. Bei Δ wurde a_t in die Basis gebracht, also gilt $\alpha_i^\sigma \geq 0$ für alle $i < t$ mit $i \in I$ und $\alpha_t^\sigma < 0$. Außerdem gilt $\bar{\xi}_\Delta^i \geq 0 \,\forall\, i < s$ und $\xi_\Delta^\sigma < 0$.
Für Δ' gilt: $\bar{\zeta}_{\Delta'}^j \geq 0 \,\forall\, j < t$ mit $j \in I$ und $\alpha_i'^\sigma \geq 0 \,\forall\, i < r$, $\bar{\zeta}_{\Delta'}^t < 0$, $\alpha_r'^\sigma < 0$.

Außerdem ist bei Δ : $\alpha_i^\sigma = 0 \,\forall i \in \Delta$, $i \neq s$ und $\alpha_s^\sigma = 1$. Wir stellen nun c bei Δ und bei Δ' dar:
$c = \sum_{i=1}^m \bar{\xi}_\Delta^i a_i$ und $c = \sum_{i=1}^m \bar{\zeta}_{\Delta'}^i a_i$.
Setze z_σ wie bekannt gleich $A_\Delta^{-1}(-e_\sigma)$; dies ist die Kante der Lockerung von a_s, also gilt $c^T z_\sigma = \sum_{i=1}^m \bar{\xi}_\Delta^i a_i^T z_\sigma = \bar{\xi}_\Delta^s a_s^T z_\sigma = \bar{\xi}_\Delta^s(-1) = -\xi_\Delta^\sigma > 0$, denn z_σ steht senkrecht auf allen a_i mit $i \in \Delta$, $i \neq s$, außerdem sind alle $\bar{\xi}_\Delta^i$ mit $i \notin \Delta$ Null.
Es gilt ebenso:
$c^T z_\sigma = \sum_{i=1}^m \bar{\zeta}_{\Delta'}^i a_i^T z_\sigma = \sum_{i=1}^m \bar{\zeta}_{\Delta'}^i(-\alpha_i^\sigma) = \sum_{i=1, i\in\Delta', i\notin\Delta\setminus\{s\}}^t \bar{\zeta}_{\Delta'}^i(-\alpha_i^\sigma)$
mit $a_i^T z_\sigma = a_i^T A_\Delta^{-1}(-e_\sigma) = (\alpha_i^1,\ldots,\alpha_i^n)^T(-e_\sigma) = -\alpha_i^\sigma$, also die α aus dem Δ-Tableau.
Begründung:

1. $i \in \Delta'$: nur solche i können $\bar{\zeta}_{\Delta'}^i \neq 0$ liefern, denn $\bar{\zeta}_{\Delta'}^i = 0 \,\forall i \notin \Delta'$.

2. $\alpha_i^\sigma = 0$ wenn $i \in \Delta$ und $i \neq s$, können alle Summanden mit $i \in \Delta\setminus\{s\}$ entfallen.

3. $i > t$ entfällt, weil a_i entweder nie in der Basis ist ($\bar{\xi}_\Delta^i = \bar{\zeta}_{\Delta'}^i = 0$) oder weil es in Δ und Δ' ist, also nicht in der Differenzmenge. Die Basis besteht nach t nur noch aus unbeweglichen Vektoren.

Die Konsequenz ist nun: in obiger Summe sind alle $\bar{\zeta}_{\Delta'}^i \geq 0$, wenn $i < t$, aber $\bar{\zeta}_{\Delta'}^t < 0$. Es sind außerdem alle $\alpha_i^\sigma \geq 0$, also $-\alpha_i^\sigma \leq 0$, wenn $i < t$, aber $\alpha_t^\sigma < 0$.
So sind alle Summanden kleiner oder gleich Null, der letzte t-Summand ist sicher negativ. Nach Wahl von Δ gilt aber $c^T z_\sigma > 0$. Widerspruch!
Also können keine Schleifen entstehen, wir kommen immer zu einer neuen Basis. Davon gibt es nur endlich viele. Dies garantiert den Abbruch nach endlicher Zeit. □

6.5 Übungsaufgaben

Aufgabe 6.1 Im Verbesserungsalgorithmus ist die Ecke $\bar{x}$ genau dann optimal, wenn $\xi \geq 0$ (vorausgesetzt, das Problem ist nicht entartet). Zeigen Sie, dass dieses ξ nach entsprechender Erweiterung mit 0-Komponenten die duale Optimallösung darstellt.

Aufgabe 6.2 Lösen Sie das folgende Optimierungsproblem mit dem Verbesserungsalgorithmus. Starten Sie dabei im Punkt (0,0).

$$\begin{aligned}
\max \quad & 2x^1 + x^2 \\
\text{unter} \quad & x^1 + 2x^2 \le 12 \\
& x^1 + x^2 \le 8 \\
& 3x^1 + x^2 \le 18 \\
& -x^1 \le 0 \\
& \quad\quad - x^2 \le 0
\end{aligned}$$

Aufgabe 6.3 Lösen Sie die folgenden linearen Programme mit der Tableaumethode (per Hand): Benutzen Sie als Zeilenauswahlregel die Regel von Dantzig.

(a) $$\begin{aligned}
\max \quad & x^1 - x^2 - x^3 \\
\text{unter} \quad & 2x^1 - x^2 + x^3 \le 3 \\
& x^1 \quad\quad\quad - x^3 \le -2 \\
& x^1 + x^2 - 2x^3 \le -3 \\
& -x^1 - x^2 \quad\quad \le 1 \\
& 3x^1 - 3x^2 + 2x^3 \le 8
\end{aligned}$$

(b) $$\begin{aligned}
\max \quad & x^1 \quad\quad + 0.5x^3 \\
\text{unter} \quad & x^1 \quad\quad + 0.5x^3 \le -1 \\
& x^1 + x^2 \quad\quad \le 0
\end{aligned}$$

Aufgabe 6.4 Gegeben sei das folgende Optimierungsproblem:

$$\begin{aligned}
\max \quad & 2x^1 - x^2 - 3x^3 + \tfrac{7}{2}x^4 \\
\text{unter} \quad & x^1 \quad\quad\quad\quad\quad + x^4 \le 3 \\
& \quad\quad 2x^2 \quad\quad + x^4 \le 6 \\
& x^1 \quad\quad + 3x^3 + x^4 \le 7 \\
& \quad\quad x^2 + 2x^3 \quad\quad \le 3 \\
& x^1 - x^2 \quad\quad\quad\quad \le 4 \\
& \quad\quad\quad\quad - x^3 + x^4 \le 3 \\
& \quad\quad\quad\quad\quad\quad - x^4 \le -2
\end{aligned}$$

und die Ecke $(1, 2, 0.5, 2)$ des obigen Polyeders. Stellen Sie das Tableau für diese Ecke auf und lösen Sie das Optimierungsproblem ausgehend vom diesem Tableau mit der Tableaumethode.

Kapitel 7
Variationen des Simplexverfahrens

7.1 Das variablenorientierte Simplexverfahren

In diesem Abschnitt lernen wir die Version des Simplexverfahrens kennen, die in der Literatur zumeist als „primaler" Algorithmus beschrieben ist. Hier stellt sich der Zulässigkeitsbereich als Lösungsmenge eines Gleichungssystems dar, wobei außerdem auch noch Vorzeichenbedingungen einzuhalten sind.

Unser restriktionsorientierter Algorithmus läuft in der Literatur zumeist unter dem Namen „dualer" Algorithmus.

Wir werden in diesem Kapitel zunächst den „variablenorientierten" Algorithmus entwickeln und danach die enge Verwandtschaft bzw. die Äquivalenz beider Versionen erklären.

Zu lösen sei das Problem

$$\min c^T x \quad \text{unter } Ax = b,\ x \geq 0$$
$$\text{mit } c, x \in \mathbb{R}^n,\ m \leq n,\ A \in \mathbb{R}^{(m,n)},\ b \in \mathbb{R}^m.$$

Ziel ist es also, das Gleichungssystem mit $x \geq 0$ zu erfüllen, und unter dieser Nebenbedingung zu optimieren.

Diesmal müssen wir vorwiegend mit Spalten der Matrix A operieren. Zur Vereinfachung schreiben wir A_i für eine solche Spalte $A_{.i}$, $A_B := A_{.B}$ bzw. $A_N := A_{.N}$ sind dann Spaltenmengen von A. x^i, $i = 1, \ldots, n$ sind die disponierbaren Variablen.

Lemma 7.1 *Wenn A Rang m hat, dann sind Basislösungen genau die Punkte mit $Ax = b$, wobei mindestens $n - m$ der x^i Null sind und die A_i zu den positiven x^i linear unabhängig sind.*

Beweis:
In einer Basislösung müssen n linear unabhängige Restriktionen straff sein. Für die m Restriktionen $a_1^T x = b^1, \ldots, a_m^T x = b^m$ gilt dies sowieso, also brauchen wir zur Basisergänzung noch linear unabhängig davon $n-m$ Einheitsvektoren $-e_i$ mit $-e_i^T x \leq 0$ und bekommen damit eine Basis von n straffen Restriktionen.

	X	X	X	x	X	x	x	X	x
	X	X	X	x	X	x	x	X	x
A	X	X	X	x	X	x	x	X	x
	X	X	X	x	X	x	x	X	x
	0	0	−1	0	0	0	0	0	0
	0	−1	0	0	0	0	0	0	0
	0	0	0	0	−1	0	0	0	0
	−1	0	0	0	0	0	0	0	0
	0	0	0	0	0	0	0	−1	0

Im unteren Block ergeben sich auf diese Weise $(n-m)$ Spaltenvektoren der Form $(-e_i)$ und der Form (0). Ohne Rangverlust können wir die A-Spalten über den $-e_i$-Vektoren annullieren (X). Es verbleiben m Spalten von A mit der Kennzeichnung (x). Sie müssen linear unabhängig sein. Alle Spalten, die mit positiven x^i-Werten korrespondieren, gehören dazu. Umgekehrt führt obige Situation sofort zu einer Basislösung. □

Bemerkung
Hat A nicht den Rang m, dann finden wir weniger als m linear unabhängige Spalten bzw. dann liefert der Gauß–Algorithmus eine Nullzeile, auf die wir verzichten können. Mit jeder Auswahl einer Basis unter den A_i generieren wir eine Basislösung. Mit dem Gaußschen Algorithmus kann damit die Matrix so vereinfacht werden, dass „links" E und „rechts" $A_B^{-1} A_N$ steht. Dabei sammelt B als Indexmenge die Basisvariablen (Spalten) und N die Nichtbasisvariablen (Spalten). Besser wären hierfür die Ausdrücke „abhängige" (B) und „unabhängige" (N) Variablen. Aus der Linearen Algebra wissen wir, wie die Lösungsmenge von $Ax = b$ bestimmt werden kann.

$$\begin{array}{ccccccc} & B & & & N & & \\ x_B^1 & \cdots & x_B^m & x_N^1 & \cdots & x_N^{n-m} & \\ 1 & & 0 & \gamma_{m+1}^1 & \cdots & \gamma_n^1 & = \chi^1 \\ & \ddots & & & \ddots & & \\ 0 & & 1 & \gamma_{m+1}^m & \cdots & \gamma_n^m & = \chi^m \end{array}$$

7.1. Das variablenorientierte Simplexverfahren

Wir erhalten mit $\begin{pmatrix} \chi^1 \\ \vdots \\ \chi^m \\ 0 \\ \vdots \\ 0 \end{pmatrix}$ und $\begin{pmatrix} -\gamma^1_{m+i} \\ \vdots \\ -\gamma^m_{m+i} \\ 0 \\ \vdots \\ 1(i\text{-te Stelle}) \\ \vdots \\ 0 \end{pmatrix}$ eine spezielle Lösung (abhängig von B) und die aufspannenden Vektoren des Kerns.

Offensichtlich gilt $x = \begin{pmatrix} x_B \\ x_N \end{pmatrix} = \begin{pmatrix} \chi^1 \\ \vdots \\ \chi^m \\ 0 \\ \vdots \\ 0 \end{pmatrix} + x_N^1 \begin{pmatrix} -\gamma^1_{m+1} \\ \vdots \\ -\gamma^m_{m+1} \\ 1 \\ \vdots \\ 0 \end{pmatrix} + \ldots + x_N^{n-m} \begin{pmatrix} -\gamma^1_n \\ \vdots \\ -\gamma^m_n \\ 0 \\ \vdots \\ 1 \end{pmatrix}$.

Dabei können wir aus der Gaußprozedur bestimmen:
$\chi = A_B^{-1}b$, $\gamma_{m+i} = A_B^{-1}A_{m+i}$, und wir haben $b = Ax = A_B x_B + A_N x_N$ und $\chi = x_B + \Gamma_N x_N$ mit $\Gamma_N = A_B^{-1}A_N$. Dies ist äquivalent zu $x_B = \chi - \Gamma_N x_N$.
Setzen wir $x_N = 0$, dann führt dies bei gegebenem B zur Basislösung $b = A_B x_B \Leftrightarrow x_B = A_B^{-1}b$.
Beliebige Festsetzung von x_N liefert $A_B^{-1}b = x_B + A_B^{-1}A_N x_N$
$\Leftrightarrow x_B = A_B^{-1}b - A_B^{-1}A_N x_N$ (abhängig von x_N).
Für die Zielfunktion schreiben wir entsprechend $Q(x) = c^T x = c_B^T x_B + c_N^T x_N$.
Bei Wahl von $x_N = 0$ ergibt sich $Q(x) = c^T x = c_B^T x_B$.
Allgemein gilt $Q(x)_{x_N} = c_B^T x_B + c_N^T x_N = c_B^T(A_B^{-1}b - A_B^{-1}A_N x_N) + c_N^T x_N = c_B^T A_B^{-1}b + (c_N^T - c_B^T A_B^{-1}A_N)x_N$.
Der sogenannte Vektor der „reduzierten Kostenkoeffizienten" ist $c^T - c_B^T A_B^{-1}A$. Der interessante Teilvektor $c_N^T - c_B^T A_B^{-1}A_N$ beschreibt also, wie sich eine Veränderung von x_N auf die Zielfunktion auswirkt.

Lösen wir uns nun von genau einer straffen Restriktion in Richtung Zulässigkeitsbereich, dann erhöhen wir ein x_N^i von Null aus (Kante des Polyeders). Die Wirkung der Erhöhung von x_N^i um 1 ist dann $c_N^i - (c_B^T A_B^{-1}A_N)^i$ (sogenannter reduzierter Kostenkoeffizient).
Ist also der reduzierte Kostenkoeffizient negativ, dann bringt eine isolierte Erhöhung von x_N^i eine Senkung der Zielfunktion.

Wie weit können wir denn erhöhen?
Zur Zulässigkeit ist immer erforderlich, dass $x_B \geq 0$ und alle $x_N \geq 0$. Ein x_N^i wird positiv gemacht, die übrigen bleiben 0, in x_B darf keine Komponente kleiner als Null werden.

Also beachte, dass Folgendes eingehalten werden muss:

$$\begin{pmatrix} \chi^1 \\ \vdots \\ \chi^j \\ \vdots \\ \chi^m \end{pmatrix} + x_N^i \begin{pmatrix} -\gamma_{m+i}^1 \\ \vdots \\ -\gamma_{m+i}^j \\ \vdots \\ -\gamma_{m+i}^m \end{pmatrix} \geq 0.$$

Wenn alle γ_{m+i}^j negativ sind, folgt Unbeschränktheit (man kann $x_N{}^i$ beliebig erhöhen).

Wenn ein γ_{m+i}^j positiv ist, dann wird $x_{\bar{j}}$ durch $\text{Min}\{\frac{\chi^j}{\gamma_{m+i}^j} \mid \gamma_{m+i}^j > 0, j = 1, \ldots, m\}$ (Quotientenvergleich) bestimmt.

Wir erreichen dadurch eine neue Ecke und B ändert sich:
$B^{neu} = B^{alt} \cup \{m+i\} \setminus \{j\}$.

Die Größen $A_{B^{neu}}^{-1}$, $A_{B^{neu}}^{-1} A_N$ bzw. $A_{B^{neu}}^{-1} A = (E, \Gamma)$, $x_{B^{neu}}$,
$c^T - c_{B^{neu}}^T A_{B^{neu}}^{-1} A = (0, c_{N^{neu}}^T - c_{B^{neu}}^T A_{B^{neu}}^{-1} A_{N^{neu}})$, $\chi = A_{B^{neu}}^{-1} b$, $c_{B^{neu}}^T x_{B^{neu}}$
müssen neu berechnet werden.

Wir ordnen diese Größen in einem Tableau an:

	A_1	A_i	A_h	A_l		A_n	
A_{B^1}	0	1	γ_i^1	0	γ_l^1	$\cdots$	γ_n^1	χ^1
$\vdots$	$\vdots$	$\vdots$	$\vdots$	$\vdots$	$\vdots$		$\vdots$	$\vdots$
$A_h = A_{B^j}$	0	0	γ_i^j	1	γ_l^j	$\cdots$	γ_n^j	χ^j
$\vdots$	$\vdots$	$\vdots$	$\vdots$	$\vdots$	$\vdots$	$\cdots$	$\vdots$	$\vdots$
A_{B^m}	1	0	γ_i^m	0	γ_l^m	$\cdots$	γ_n^m	χ^m
	0	0	$\tilde{c}^i$	0	$\tilde{c}^l$	$\cdots$	$\tilde{c}^n$	$-Q$

γ_i^j sind die Darstellungskoeffizienten von A_i durch die Spalten von A_B. Somit steht im Hauptteil des Tableaus die Matrix $A_B^{-1} A$.

Die rechte Spalte ergibt sich aus $\chi = A_B^{-1} b \in K^m$.

Der Zeilenvektor in der untersten Tableauzeile ist $\tilde{c} = (\tilde{c}^1, \ldots, \tilde{c}^n)$, er sammelt die Komponenten von $c^T - c_B^T A_B^{-1} A$.

Und der Zielfunktionswert ist $Q = c_B^T A_B^{-1} b$. Über $\tilde{c}^i$ wird zunächst die Pivotspalte bestimmt. Das Pivotelement bestimmt sich danach aus der Quotientenregel (zwischen rechtester Spalte und Pivotspalte) und legt die Pivotzeile fest.

Ein Basisaustausch verläuft wie folgt:

A_i wird Basisspalte, A_{B^j} Nichtbasisspalte. h sei der Originalindex von B^j, das heißt $A_h = A_{B^j}$.

7.1. Das variablenorientierte Simplexverfahren

Unsere Pivotregeln liefern:

Für Spalten $l \neq i, 1 \leq n$ und Zeilen $k \neq j, 1 \leq k \leq m$:
$$\gamma_l^k(neu) = \gamma_l^k - \gamma_l^j \frac{\gamma_i^k}{\gamma_i^j}, \qquad \tilde{c}^l(neu) = \tilde{c}^l - \gamma_l^j \frac{\tilde{c}^i}{\gamma_i^j}, \qquad \chi^k(neu) = \chi^k - \chi^j \frac{\gamma_i^k}{\gamma_i^j}.$$

Für die Spalte i und Zeilen $k \neq j, 1 \leq k \leq m$:
$$\gamma_i^k(neu) = 0, \quad \text{sowie } \tilde{c}^k(neu) = 0.$$

Für Spalten $l \neq i, 1 \leq n$ und die Zeile j:
$$\gamma_l^j(neu) = \frac{\gamma_l^j}{\gamma_i^j}, \quad \text{sowie } \chi^j(neu) = \frac{\chi^j}{\gamma_i^j}.$$

Natürlich ist in Spalte i und Zeile j gerade
$$\gamma_i^j(neu) = 1.$$

Und in der untersten Spalte und Zeile steht:
$$-Q(neu) = -Q - \chi^j \frac{\tilde{c}^i}{\gamma_i^j}.$$

Damit erreichen wir neue γ-Darstellungsfaktoren zu B^{neu} innerhalb der Hauptmatrix, ebenso wird χ in neuer Form dargestellt. Schließlich wird auch die unterste Zeile (der „reduzierten Kostenkoeffizienten") in richtiger Weise auf die neue Basis adaptiert. Zum Beweis mache man sich klar, dass wir es hier mit einer Zeile $c^T - c_B^T A_B^{-1} A$ zu tun haben, die unter einem Basiswechsel zu erneuern ist.

Beim restriktionsorientierten Tableau hatten wir eine unterste Zeile mit der Bedeutung $b^T - b_\Delta^T (A_\Delta^{-1})^T A^T$ und hatten dort nachgewiesen, dass eine Austauschaktion für Δ durch die Pivotoperation auch diese unterste Zeile richtig transformiert. Hätten wir aber dort nicht das spezielle Problem „$\max c^T x$ unter $Ax \leq b$", sondern das Problem „$\max b^T x$ unter $A^T x \leq c$" behandelt, dann hätten wir genau die Einträge in der letzten Zeile beobachtet wie jetzt. Gleiches gilt für $-Q$.

Unser Algorithmus für Phase II sieht also so aus:

Algorithmus 7.1 *Konzept des variablenorientierten Simplexalgorithmus*

1. Überprüfe, ob $\tilde{c} \geq 0$, wenn ja, dann STOP wegen Optimalität, ansonsten suche ein $\tilde{c}^i < 0$ und bestimme daraus die Pivotspalte $\bar{i}$.

2. Betrachte die γ_i^j mit $j = 1, \ldots, m$. Sind alle $\gamma_i^j \leq 0$, dann ist das Problem unbeschränkt nach unten.

3. Gibt es Werte $\gamma_i^j > 0$, dann bestimme die Pivotzeile $\bar{j}$ durch
$$\text{Min}\{\frac{\bar{x}_B^j}{\gamma_i^j} \mid \gamma_i^j > 0, j = 1, \ldots, m\} = \frac{\bar{x}_B^{\bar{j}}}{\gamma_i^{\bar{j}}}.$$

4. Führe nun einen Basiswechsel der Spalten durch:
B geht über in $B \setminus B^j \cup \{i\}$. Dadurch bleibt auch $x_{B^{neu}} \geq 0$ und nach dem Quotientenkriterium wird Q nicht verschlechtert:
$$Q_{neu} = Q_{alt} + \frac{x_B^j \tilde{c}^i}{\gamma_i^j} \leq Q_{alt}.$$

5. Gehe zu 1.

Phase I für den variablenorientierten Algorithmus:
Zu lösen sei

$$\min c^T x$$
$$\text{unter } Ax = b,\ x \geq 0\,.$$

Wir sorgen zunächst dafür, dass auf der rechten Seite keine negativen Werte mehr stehen. Deshalb wandeln wir das Problem um durch Multiplikation mit -1 aller $b^i < 0$–Zeilen.
Neues Problem:

$$\min c^T x$$
$$\text{unter } \hat{A}x = \hat{b},\ x \geq 0\,.$$

Um zulässige Punkte zu bekommen, müssen wir zunächst Schlupfvariablen einführen und unser PI-Problem formulieren

$$\min \mathbf{1}^T u$$
$$\text{unter } \hat{A}x + E_m u = \hat{b},\ x \geq 0,\ u \geq 0$$
$$\text{mit}\quad x \in K^n,\ u \in K^m,\ \mathbf{1} \in K^m.$$

Bekannt ist ein zulässiger Punkt $\begin{pmatrix} x \\ u \end{pmatrix} = \begin{pmatrix} 0 \\ \hat{b} \end{pmatrix}$. Eine mögliche Spaltenbasis wird von E_m geliefert.
Anfangstableau:

	x^1	x^n	u^1	u^m	
	A_1	A_n	E_1	E_m	$\hat{b}$
u^1			1	0	$\hat{b}^1$
	$\gamma_i^j = A_i^j$		$\ddots$		$\vdots$
u^m			0	1	$\hat{b}^m$
	$0 - \sum_{j=1}^m \gamma_i^j$		0 $\cdots$	0	$-\mathbf{1}^T u = -\sum \hat{b}^i$
	c^l		0 $\cdots$	0	$-Q = 0$

$u_1, \ldots, u_m$ müssen aus der Basis entfernt werden. Danach startet man Phase II unter Weglassen der Hilfszielfunktion, falls $\mathbf{1}^T u = 0$ wird.

Wir lösen mit dieser Methode nochmals das Programm aus Abschnitt 5.4.

$$\begin{array}{rrrrrrrl}
\min & 12x^1 & + & 8x^2 & + & 18x^3 & & \\
\text{unter} & x^1 & + & x^2 & + & 3x^3 & - x^4 & = 2 \\
& 2x^1 & + & x^2 & + & x^3 & \quad - x^5 & = 1 \\
& & & & & & x^i \geq 0 & i = 1, \ldots, 5
\end{array}$$

	x^1	x^2	x^3	x^4	x^5	u^1	u^2	x_B
u^1	1	1	**3**	-1	0	1	0	2
u^2	2	1	1	0	-1	0	1	1
	-3	-2	-4	1	1	0	0	-3
	12	8	18	0	0	0	0	0

	x^1	x^2	x^3	x^4	x^5	u^1	u^2	x_B
x^3	$\frac{1}{3}$	$\frac{1}{3}$	1	$-\frac{1}{3}$	0	$\frac{1}{3}$	0	$\frac{2}{3}$
u^2	**$\frac{5}{3}$**	$\frac{2}{3}$	0	$\frac{1}{3}$	-1	$-\frac{1}{3}$	1	$\frac{1}{3}$
	$-\frac{5}{3}$	$-\frac{2}{3}$	0	$-\frac{1}{3}$	1	$\frac{4}{3}$	0	$-\frac{1}{3}$
	6	2	0	6	0	-6	0	-12

	x^1	x^2	x^3	x^4	x^5	u^1	u^2	x_B
x^3	0	$\frac{1}{5}$	1	$-\frac{2}{5}$	$\frac{1}{5}$	$\frac{2}{5}$	$-\frac{1}{5}$	$\frac{3}{5}$
x^1	1	**$\frac{2}{5}$**	0	$\frac{1}{5}$	$-\frac{3}{5}$	$-\frac{1}{5}$	$\frac{3}{5}$	$\frac{1}{5}$
	0	0	0	0	0	1	1	0
	0	$-\frac{2}{5}$	0	$\frac{24}{5}$	$\frac{18}{5}$	$-\frac{24}{5}$	$-\frac{18}{5}$	$-\frac{66}{5}$

	x^1	x^2	x^3	x^4	x^5	u^1	u^2	x_B
x^3	$-\frac{1}{2}$	0	1	$-\frac{1}{2}$	$\frac{1}{2}$	$\frac{1}{2}$	$-\frac{1}{2}$	$\frac{1}{2}$
x^2	$\frac{5}{2}$	1	0	$\frac{1}{2}$	$-\frac{3}{2}$	$-\frac{1}{2}$	$\frac{3}{2}$	$\frac{1}{2}$
	1	0	0	5	3	-5	-3	-13

7.2 Die Wirkung des restriktionsorientierten Algorithmus auf das duale Problem

Erinnern wir uns an die Phase II unseres Verbesserungsalgorithmus. Er wurde an einem Punkt $\bar{x}$ gestartet, bei dem $\beta^l \geq 0$ war, für alle $l = 1, \ldots, m$. Ziel war es, $\xi \geq 0$ zu erhalten und deshalb wurde durch geeignete Pivotschritte die Basis verändert.

Mit dem Problem P wurde auch das duale Problem D gelöst mit

$$P: \qquad \max c^T x \qquad D: \qquad \min b^T u$$
$$\text{unter } Ax \leq b \qquad\qquad \text{unter } A^T u = c, \ u \geq 0$$

mit $A \in K^{(m,n)}$, $b \in K^m$, $c \in K^n$ und $m \geq n$.
Wir wollen nun betrachten, was im Verlauf des Algorithmus 6.1 mit D geschieht.
Hierzu betrachtet man zuerst $\bar{u} = \bar{\xi} = \begin{pmatrix} \bar{\xi}^1 \\ \vdots \\ \bar{\xi}^m \end{pmatrix}$ (wie in Kapitel 6.4, S. 108)

also $\bar{u}^i = \bar{\xi}^i = \begin{cases} 0 & \text{falls } i \notin \Delta \\ \xi^k & \text{falls } i = \Delta^k. \end{cases}$

Es gilt dann: $c = \sum_{i=1}^{m} \bar{u}^i a_i$, also ist auch $A^T \bar{u} = c$ erfüllt, doch $\bar{u} \geq 0$ ist noch nicht geklärt.
Wir stellen D nun in der kanonischen Form dar:

$$\max \quad -b^T u$$
$$\text{unter} \quad A^T u \leq c$$
$$-A^T u \leq -c$$
$$-Eu \leq 0$$
$$u \in K^m.$$

Bei $\bar{u}(\bar{x})$ sind alle Restriktionen, die zu $A^T u \leq c$ bzw. zu $-A^T u \leq -c$ gehören, straff, ebenso $-e_k^T u \leq 0$ für alle $k \notin \Delta$. Wir haben dann $2n + m - n = m + n$ straffe Restriktionen. Da wir in K^m sind, müssen m davon linear unabhängig sein, denn die Matrix aus den Zeilen zu A^T, zu $-A^T$ und aus den Zeilen e_k^T mit $k \notin \Delta$,

kurz: $\begin{pmatrix} A^T \\ -A^T \\ -e_k^T \end{pmatrix}$, $k \notin \Delta$ hat gleichen Rang wie die Matrix $\begin{pmatrix} A^T \\ -e_k^T \end{pmatrix}$, $k \notin \Delta$,

d.h. die Matrix aus den Zeilen zu A^T und den e_k^T mit $k \notin \Delta$. A^T hat m Spalten, davon n linear unabhängige, $(a_{\Delta^1}, \ldots, a_{\Delta^n})$, diese werden noch verlängert durch die Einträge zu den $-e_k$. Deren Einsen stehen unter den a_i mit $i \notin \{\Delta^1, \ldots, \Delta^n\}$. Da es $m-n$ solche Einheitsvektoren gibt, ist der Spaltenrang m. Da in $\bar{u}$ mindestens m linear unabhängige Restriktionen straff sind, muss $\bar{u}$ eine Basislösung von D sein.
Der Schlupf bei den straffen Restriktionen ist 0, bei den Ungleichungen $-u^i \leq 0$ mit $i \in \Delta$ ist er evtl. ungleich Null, kann also auch negativ sein. Dafür liegt der Zielvektor $-b$ bereits im Polarkegel. Denn wegen der Zulässigkeit von $\bar{x}$, gilt $0 \leq \beta = b - \sum_{i=1}^{n} A_i \bar{x}^i$ und zunächst einmal $-b = (-\bar{x}^1)A_1 + \ldots + (-\bar{x}^n)A_n + \sum_{l=1, l \notin \Delta}^{m} \beta^l (-e_l)$.
Da das Ungleichungssystem A^T und $-A^T$ enthält, kann man (falls $-\bar{x}^i > 0$) zu $-A_i$ übergehen, was die Verwendung von $-\bar{x}^i$ in $(-\bar{x}^i)(-A_i)$ erlaubt. Außerdem ist sowieso $\beta^l \geq 0$.

7.3. Äußerer Algorithmus für das primale Problem

Wir konstruieren nun neue Basislösungen unter Erhaltung von $\beta \geq 0$, d.h. der Zielvektor bleibt im Polarkegel. Es wird angestrebt, dass $u \geq 0$ wird und somit die Zulässigkeit bez. D erreicht wird. Dann hat man eine zulässige und optimale Ecke für D gefunden. Zu Unbeschränktheit der Zielfunktion kann es nicht kommen, da $\bar{x}$ für P zulässig war. Die Zielfunktion $-b^T u$ ist ständig gefallen, denn $\sum_{i=1}^{m} -b^i \bar{\xi}^i = -\sum_{j=1}^{m} \bar{\xi}^j a_{\Delta^j}^T \bar{x} = -c^T \bar{x}$. Da $-b^T u$ zu maximieren war und $c^T x$ ständig erhöht, also $-c^T x$ vermindert wurde, haben wir uns ständig verschlechtert.

Entsprechend interpretiert wäre dies bei D-Formulierung mit $\min b^T u$ eine ständige Erhöhung, also ebenfalls eine Verschlechterung. Unter Verschlechterung der Zielfunktion haben wir es schließlich bis zur Zulässigkeit gebracht.

Definition 7.1 *Ein Verfahren, das ausgehend von einer Basislösung, die polar zulässig ist (Zielvektor im Polarkegel der straffen Restriktionen) die Zulässigkeit anstrebt, nennt man äußeren Simplexalgorithmus.*

Definition 7.2 *Das in Kapitel 6 beschriebene Tableauverfahren nennen wir restriktionsorientierten Simplexalgorithmus.*

Vergleich:

	Ausgangssituation	Ziel	Ergebnis
innerer Algorithmus	Ecke	polare Zulässigkeit durch Verbesserung der Zielfunktion	optimale Ecke
äußerer Algorithmus	Basislösung, die polar zulässig ist	Zulässigkeit durch Verschlechterung der Zielfunktion	optimale Ecke

7.3 Ein äußerer Algorithmus für das kanonische (primale) Problem

Um einen äußeren Algorithmus für P zu konstruieren, muss vorausgesetzt werden, dass eine Basislösung vorhanden ist und dass die Zielrichtung im dazugehörigen Polarkegel liegt.

Das Ausgangstableau hat dann folgende Gestalt:

a_{Δ^1}			ξ^1
a_{Δ^i}	α_j^i	γ_r^i	ξ^i
a_{Δ^n}			ξ^n
	$\beta^1 \quad \beta^j \quad \beta^m$	$x^1 \quad\quad x^n$	Q_c

Es liegt vor: $\xi^k \geq 0$, $k = 1, \ldots, n$.
Ziel: $\beta^j \geq 0$, $j = 1, \ldots, m$.

Algorithmus 7.2 *Variablenorientierter Simplexalgorithmus*

1. Überprüfe, ob $\beta \geq 0$ ist. Wenn ja $\longrightarrow$ STOP wegen Optimalität.
   Ansonsten suche ein $\beta^j < 0$ und bestimme dadurch die Pivotspalte j.

2. Betrachte die α^i_j für $i = 1, \ldots, n$. Sind alle $\alpha^i_j \leq 0$, dann ist P unzulässig,
   denn: $a_j \in \mathrm{KK}(-a_{\Delta^1}, \ldots, -a_{\Delta^n})$, $c \in \mathrm{KK}(a_{\Delta^1}, \ldots, a_{\Delta^n})$ und
   $X \subset \bar{x} + \{z \mid A_\Delta z \leq 0\}$ sowie $a_j^T \bar{x} > b^j$.
   Es folgt, dass $a_j^T z = \sum_{i=1}^n \rho_i (-a_{\Delta^i})^T z = -\sum_{i=1}^n \rho_i a_{\Delta^i}^T z \geq 0$, also kann
   $\bar{x} + z$ die j-te Restriktion nicht erfüllen und $X = \emptyset$.

3. Gibt es Werte $\alpha^k_j > 0$, dann bestimme die Pivotzeile i durch
   $\mathrm{Min}\{\frac{\xi^k}{\alpha^k_j} \mid k = 1, \ldots, n, \; \alpha^k_j > 0\} = \frac{\xi^i}{\alpha^i_j}$.

4. Führe einen Basiswechsel durch: Δ wird zu $\Delta \setminus \{\Delta^i\} \cup \{j\}$. Dabei bleibt
   $\xi^k \geq 0$, denn bei

   i) $\alpha^k_j \leq 0$ ist dies trivial.

   ii) $\alpha^k_j > 0$ ist $\xi^k - \frac{\xi^i \alpha^k_j}{\alpha^i_j} \geq \xi^k - \frac{\xi^k \alpha^k_j}{\alpha^k_j} = 0$.

   Q wird nicht verbessert, denn $Q_{neu} = Q_{alt} + \frac{\xi^i \beta^j}{\alpha^i_j} \leq Q_{alt}$.

5. Gehe zu 1.

Satz 7.1 *Nach endlich vielen Schritten des Algorithmus 7.2 gelingt (evtl. mit Blands Regel) der Abbruch wegen polarer und primaler Zulässigkeit und damit Optimalität oder wegen Unzulässigkeit.*

Bemerkung
Ist $c^T x$ unbeschränkt nach oben auf X, dann kann dieser äußere Algorithmus überhaupt nicht starten, denn $\xi \geq 0$ impliziert Zulässigkeit von D.

Definition 7.3 *Diesen Algorithmus nennen wir variablenorientiert.*

7.4 Ein innerer Algorithmus für das duale Problem

Wir betrachten die Wirkung des variablenorientierten Verfahrens auf D mit

$$\max -b^T u \quad \text{bzw.} \quad \min b^T u$$
$$\text{unter } A^T u = c, \; u \geq 0.$$

7.4. Ein innerer Algorithmus für das duale Problem

Zu jedem Tableau des Algorithmus 7.2 gehört eine Basislösung von D, nämlich $\bar{u}$. Die a_k bzw. a_{Δ^k} entsprechen jetzt n Spalten von A^T. Der Schlupfvektor β hat folgende Bedeutung:
$b = \beta + Ax \Rightarrow$
$-b = -\beta - Ax = \sum_{l \notin \Delta} \rho_l(-e_l) + x^{1+}(-a_1) + x^{1-}(a_1) + \ldots + x^{n+}(-a_n) + x^{n-}(a_n).$
Wir wollen den Zielvektor $-b$ durch eine konische Kombination der Gradienten zu den straffen Restriktionen von $A^T u = c$, $u \geq 0$ darstellen. Von den „$u^k \geq 0$"-Restriktionen sind dies $m - n$.

Bemerkung
Zu den Δ^k gehören jetzt gewisse Spalten (Basisspalten) und zu diesen wiederum $u^{\Delta^k} = \bar{\xi}^{\Delta^k}$ (Basisvariablen). Die Basisvariablen sind also ≥ 0, die Nichtbasisvariablen $= 0$.

Die Zulässigkeit in D ist gesichert, denn $A^T \bar{u} = c$ und $\bar{u} \geq 0$ wegen $\bar{\xi} \geq 0$. Da $\bar{u}$ Basislösung ist, ist $\bar{u}$ Ecke von P, das durch $A^T u = c$, $u \geq 0$ beschrieben wird.
Der Algorithmus hat nun folgende Wirkung:

1. Wir beginnen in D bei einer Ecke und brechen ab, sobald $\beta^l \geq 0$ erreicht ist, d.h. sobald alle $\rho_l \geq 0$ sind und $-b$ im Polarkegel der straffen Restriktionen liegt.

2. Sind zu einem $\beta^l < 0$ alle $\alpha_l^k \leq 0$, dann wird abgebrochen, da die Zielfunktion $(-b^T u)$ nach oben unbeschränkt ist. Dies gilt wegen
   $a_l^T = \mu_1 a_{\Delta^1}^T + \ldots + \mu_n a_{\Delta^n}^T$ mit $\mu_i < 0 \, \forall \, i = 1, \ldots, n$, aber
   $b^l < \mu_1 a_{\Delta^1}^T x + \ldots + \mu_n a_{\Delta^n}^T x = \sum_{i=1}^n \mu_i b^{\Delta^i}$.
   Wir können jetzt die Variable u^l z.B. um 1 erhöhen und dies kompensieren durch gleichzeitige Erhöhung der Variablen zu Δ^1 um $|\mu_1|, \ldots$, zu Δ^n um $|\mu_n|$. Dann ergibt sich ein neuer Vektor $u + s$, wobei $s^l = 1$, $s^k = |\mu_j|$, falls $k = \Delta^j$, $s^k = 0$ sonst.
   Dann gilt: $A^T(u + s) = A^T u + a_l + |\mu_1|a_{\Delta^1} + \ldots + |\mu_n|a_{\Delta^n} = A^T u = c$, und es ist $u + s \geq 0$, also $u + s$ zulässig für D.
   Für die Zielfunktion gilt:
   $-b^T(u + s) = -b^T u - b^l - |\mu_1|b^{\Delta^1} - \ldots - |\mu_n|b^{\Delta^n} > -b^T u$.
   Wir können also den Zielfunktionswert beliebig steigern, ohne die Zulässigkeit zu verlieren.

3. Gibt es ein $\alpha_l^k > 0$, dann wird die Pivotzeile gemäß Quotientenkriterium gesucht. Wie gezeigt, bleibt $\bar{\xi} \geq 0$.

4. $Q = b^T u$ wird nicht erhöht, also wird $-b^T u$ nicht verringert, denn
   $Q_{neu} = Q_{alt} + \frac{\xi^i \beta^l}{\alpha_l^i} \leq Q_{alt}$, weil $\beta^l < 0$.
   In der Literatur wird dieser innere Algorithmus häufig beschrieben. Die Abbruchkriterien unterscheiden sich, je nachdem, ob mimimiert oder maximiert wird.

Satz 7.2 *Betrachte die Probleme*

$$P: \quad \max c^T x \qquad \text{und} \qquad D: \quad \min b^T u$$
$$\text{unter } Ax \leq b \qquad\qquad\qquad \text{unter } A^T u = c,\ u \geq 0$$

und den restriktionsorientierten sowie den variablenorientierten Algorithmus. Dann gilt:
Das restriktionsorientierte Verfahren liefert einen inneren Algorithmus für P und einen äußeren für D.
Das variablenorientierte Verfahren liefert einen äußeren Algorithmus für P und einen inneren für D.

7.5 Übungsaufgaben

Aufgabe 7.1 Lösen Sie das folgende lineare Programm mit dem variablenorientierten Simplexverfahren (per Hand):

$$
\begin{array}{rrrrrrrl}
\min & x^1 & +2x^2 & & +x^4 & +x^5 & -5x^6 & \\
& 6x^1 & -2x^2 & +x^3 & -2x^4 & +x^5 & +2x^6 & = 4 \\
& 12x^1 & -2x^2 & -6x^3 & +6x^4 & +3x^5 & & = 12 \\
& 6x^1 & -2x^2 & +4x^3 & +8x^4 & +x^5 & +2x^6 & = 4 \\
& & & & & & x & \geq 0
\end{array}
$$

Aufgabe 7.2 Gegeben sei das folgende lineare Problem:

$$
\begin{array}{rrrrrl}
\max & 2x^1 & -x^2 & -3x^3 & +4x^4 & \\
& x^1 & & & +x^4 & \leq -3 \\
& & 2x^2 & & +x^4 & \leq 6 \\
& x^1 & & +3x^3 & +x^4 & \leq 7 \\
& 2x^1 & +2x^2 & +3x^3 & +3x^4 & \leq 16
\end{array}
$$

Lösen Sie das obige Problem mit dem variablenorientierten Simplexverfahren, nachdem Sie die Ungleichungen mit Hilfe von Schlupfvariablen in Gleichungen überführt haben und die nicht vorzeichenbeschränkten Variablen in vorzeichenbeschränkte Variablen gesplittet haben.

Kapitel 8
Technische Verbesserungen am Simplexverfahren

8.1 Einsparmöglichkeiten beim Simplexverfahren

Bisher haben wir in unseren Tableaudarstellungen jeweils eine Menge an statistischen Informationen mitgeschleppt, die zur Ausführung des Iterationsprozesses nicht unbedingt erforderlich gewesen wäre. Allenfalls am Optimalpunkt ist man vielleicht an manchen dieser Daten interessiert, kann sie sich aber dann ohne großen Aufwand aus den aktuellen Daten errechnen.

Beispiel: Verzichtet man im restriktionsorientierten Verfahren auf den statistischen Teil, dann fehlen jeweils die Angaben über den jeweiligen Iterationspunkt x. Dieser lässt sich aber am Ende errechnen als $x_\Delta = A_\Delta^{-1} b_\Delta$ bzw. als Lösung von $A_\Delta x_\Delta = b_\Delta$.

Außer dieser speichermäßig wirksamen Einsparung lassen sich gleich nochmal m Spalten am Tableau im variablenorientierten und n Spalten am Tableau im restriktionsorientierten Algorithmus einsparen, indem man die Basisspalten mit ihrer Einheitsspalten-Besetzung einfach weglässt. An den Einträgen auf den linken Seiten unserer Tableaus ist dann immer noch zu erkennnen, welche Variablen bzw. welche Restriktionsvektoren gerade in der Basis sind.

Allerdings wäre es dann vollkommen unpraktisch, die Nichtbasisspalten im Tableau in der Originalreihenfolge zu belassen, weil dann ein Basiswechsel ggfs. zur Verschiebung mehrerer Spalten um 1 nach rechts oder nach links führen würde. Um diesen Umspeicherungsaufwand zu vermeiden, platziert man das aus der Basis ausgetretene Element genau dorthin, wo das eingetretene Element eine Lücke hinterlassen hat. Damit entsteht gegenüber unserer ausführlichen Tableauschreibweise eine nunmehr unsortierte Reihenfolge der Nichtbasiselemente in den Tableauspalten.

So würde beispielsweise das Tableau aus Abschnitt 7.1 die folgende Form haben.

	A_i	A_l	$\cdots$	A_n	
A_{B^1}	γ_i^1	γ_l^1	$\cdots$	γ_n^1	χ^1
$\vdots$	$\vdots$	$\vdots$		$\vdots$	$\vdots$
$A_h = A_{B^j}$	γ_i^j	γ_l^j	$\cdots$	γ_n^j	χ^j
$\vdots$	$\vdots$	$\vdots$		$\vdots$	$\vdots$
A_{B^m}	γ_i^m	γ_l^m	$\cdots$	γ_n^m	χ^m
	$\tilde{c}^i$	$\tilde{c}^l$	$\cdots$	$\tilde{c}^n$	$-Q$

Nun wird A_i Basisspalte und ersetzt A_h in der Rolle von A_{B^j}. Dies führt zu:

	A_h	A_l	$\cdots$	A_n	
A_{B^1}	$-\frac{\gamma_i^1}{\gamma_i^j}$	$\gamma_l^1 - \frac{\gamma_i^1 \gamma_l^j}{\gamma_i^j}$	$\cdots$	$\gamma_n^1 - \frac{\gamma_i^1 \gamma_n^j}{\gamma_i^j}$	$\chi^1 - \frac{\gamma_i^1 \chi^j}{\gamma_i^j}$
$\vdots$	$\vdots$	$\vdots$		$\vdots$	$\vdots$
$A_i = A_{B^j}$	$\frac{1}{\gamma_i^j}$	$\frac{\gamma_l^j}{\gamma_i^j}$	$\cdots$	$\frac{\gamma_n^j}{\gamma_i^j}$	$\frac{\chi^j}{\gamma_i^j}$
$\vdots$	$\vdots$	$\vdots$		$\vdots$	$\vdots$
A_{B^m}	$-\frac{\gamma_i^m}{\gamma_i^j}$	$\gamma_l^m - \frac{\gamma_i^m \gamma_l^j}{\gamma_i^j}$	$\cdots$	$\gamma_n^m - \frac{\gamma_i^m \gamma_n^j}{\gamma_i^j}$	$\chi^m - \frac{\gamma_i^m \chi^j}{\gamma_i^j}$
	$-\frac{\tilde{c}^i}{\gamma_i^j}$	$\tilde{c}^l - \frac{\tilde{c}^i \gamma_l^j}{\gamma_i^j}$	$\cdots$	$\tilde{c}^n - \frac{\tilde{c}^i \gamma_n^j}{\gamma_i^j}$	$-Q - \frac{\tilde{c}^i \chi^j}{\gamma_i^j}$

8.2 Revidiertes Simplexverfahren

Beim variablenorientierten Simplexverfahren wird in jeder Iteration eine zulässige Basislösung durch eine neue ersetzt. Wir haben das alte Tableau dazu benutzt, um das neue zu berechnen. Dadurch haben wir die neue Basislösung gefunden, das Tableau wird ansonsten nicht benötigt. Wenn man nur den Teil des Tableaus hernimmt, der für die neue Basislösung unentbehrlich ist, erhält man ein *revidiertes Simplexverfahren* und damit weitere Einsparmöglichkeiten. Computerimplementationen beruhen auf dieser Modifikation.

Sie bearbeiten meist die Standardform des Problems:

$$\max c^T x \text{ unter } Ax = b, \ x \geq 0$$

mit $c, x \in K^n$, $A \in K^{(m,n)}$, $b \in K^m$ und $m \leq n$.

Das Verfahren ist nun variablenorientiert, die Variablen sind $x^1, \ldots, x^n$. Zu jeder Basislösung von $Ax = b$ gehört eine Basis (im Entartungsfall mehrere) des Spaltenraums von A. Es sei garantiert, dass der Spaltenrang von A, also $SR(A) = m$ ist,

8.2. Revidiertes Simplexverfahren

ansonsten müssen überflüssige Zeilen weggelassen werden. Die zur Basis gehörigen Variablen heißen Basisvariablen, die nicht zur aktuellen Basis gehörigen Variablen heißen Nichtbasisvariablen. Die revidierte Simplexmethode löst nun sukzessive zwei Gleichungssysteme, die zur „Zielfunktionszeile" und einer „Matrixspalte" gehören. Vor allem bei dünn besetzten Matrizen ist das revidierte Verfahren vorteilhaft.

B sei die Indexmenge für Basisvariablen und $N = \bar{B}$ die für Nichtbasisvariablen.
Es gilt: $Ax = A_B x_B + A_N x_N = b$,
wobei A_B die Teilmatrix von A, bestehend aus den Basisspalten, A_N die Restmatrix darstellt. x_B und x_N sind die entsprechenden Variablen.
Eine Basislösung dieses Systems erreicht man, indem man $x_N = 0$ setzt. Dadurch ergibt sich für den Restvektor x_B:
$A_B x_B = b$, also $x_B = A_B^{-1} b$, A_B ist invertierbar, da es sich um eine Basis handelt.
Bei anderer Besetzung von x_N gilt:
$Ax = A_B x_B + A_N x_N = b$ (generelle Beziehung) $\Rightarrow x_B = A_B^{-1} b - A_B^{-1} A_N x_N$.
Für die Zielfunktion schreiben wir: $Q(x) = c^T x = c_B^T x_B + c_N^T x_N$.
Ist speziell $x_N = 0$, dann ist $Q(x) = c_B^T x_B$.
Da x_B schon bekannt ist, folgt: $Q(x) = c_B^T A_B^{-1} b + (c_N^T - c_B^T A_B^{-1} A_N) x_N$.
Somit hat man eine Tableaukurzfassung der Form

$$A_B^{-1} b - A_B^{-1} A_N x_N = x_B$$
$$c_B^T A_B^{-1} b + (c_N^T - c_B^T A_B^{-1} A_N) x_N = Q(x).$$

Bei einer Iteration wird zunächst die Variable, die in die Basis aufgenommen werden soll, gesucht (Pivotspaltenauswahl). Danach wird die Variable, die die Basis verlässt, bestimmt (Pivotzeilenwahl). Anschließend werden A_B, A_N, x_B, x_N neu bestimmt und das neue $Q(x)$ berechnet. Zur neu aufzunehmenden Spalte gehört ein positiver Koeffizient in der Zielfunktionszeile. Dort stehen die Einträge $c_N^T - c_B^T A_B^{-1} A_N$.
Man braucht nun eine (bei der Dantzig-Variante beispielsweise: die größte) positive Komponente dieses Vektors, um die dazugehörige Variable in B aufnehmen zu können.

Zusammenfassung:
In einem Iterationsschritt wird zuerst die neu in die Basis kommende Variable bestimmt. In der Zielfunktionszeile stehen die Einträge: $c_N^T - c_B^T A_B^{-1} A_N$.
Es wird eine positive Komponente gesucht. Dazu führt man zwei Schritte aus:

1. Finde $y^T = c_B^T A_B^{-1}$ durch Lösen von $A_B^T y = c_B$.

2. Berechne $c_N^T - y^T A_N$.

Denn i.A. ist das Lösen von Gleichungssystemen einfacher, als eine Matrix zu invertieren.
So sind nun die Koeffizienten der Zielfunktionszeile verfügbar, und man kann einen positiven (z.B. den größten) auswählen. Die entsprechende Variable soll in B aufgenommen werden.

Hinweis:
Die Komponenten von $c_N^T - y^T A_N$ sind auch einzeln berechenbar. Wenn eine Nichtbasisvariable x^j einer Komponente c^j von c_N^T entspricht, sowie einer Spalte A_j von A_N, dann ist die zugehörige Komponente von $c_N^T - y^T A_N$ gleich $c^j - y^T A_j$. Also kann jede Variable mit $y^T A_j < c^j$ gewählt werden. A_j ist die betretende Spalte.

Nun wird in einem Iterationsschritt die betretende Variable x^j von Null so weit erhöht, bis zum erstenmal eine x_B-Komponente negativ würde. Die so erhaltene maximale Erhöhung sei t (erhältlich durch Quotientenvergleich im Tableau).
Betrachten wir also die Spalte A_j der Ausgangsmatrix. Inzwischen ist daraus $d = A_B^{-1} A_j$ geworden, also ändert sich x_B bei Erhöhung von x^j (von 0 auf t) zu $x_B^{neu} := x_B - td$, denn $x_B = A_B^{-1} b - A_B^{-1} A_N x_N$.
d ergibt sich durch die Lösung von $A_B d = A_j$.
Man bestimmt jetzt durch Quotientenvergleich in $x_B - td$ die Pivotzeile, indem man $\text{Min}\{\frac{x_B^i}{d^i} \mid d^i > 0\}$ bestimmt, was der Suche nach der zuerst negativ werdenden Komponente bei Erhöhung von x^j entspricht. Es ergibt sich $B_{neu} = B_{alt} \setminus \{i\} \cup \{j\}$, $x^j := t$, $x^i := 0$.

Algorithmus 8.1 *Revidiertes Simplexverfahren*

1. Löse $y^T A_B = c_B^T$.

2. Berechne $c_N^T - y^T A_N = c_N^T - c_B^T A_B^{-1} A_N$.
   Suche eine Spalte A_j von A_N mit $y^T A_j < c^j$, $j \in N$. Diese wird dann in die Basis eingewechselt. Gibt es keine solche Spalte, dann ist Optimalität erreicht. → STOP

3. Löse $A_B d = A_j$, also $d = A_B^{-1} A_j$. (d ist die aktuelle Version von A_j.)

4. Finde durch Quotientenvergleich das größte $t \geq 0$ mit $x_B^{alt} - td \geq 0$, d.h. bestimme $\text{Min}\{\frac{x_B^i}{d^i} \mid d^i > 0\}$. Gibt es kein maximales t, dann ist das Problem unbeschränkt. Findet man dagegen ein solches, dann wird eine Komponente von $x_B^{alt} - td$ Null und eine solche verlässt die Basis.

5. x^j kommt in die Basis und wird auf t gesetzt. Verlässt A_i die Basis, dann ist x^i nun Null und $B = B \setminus \{i\} \cup \{j\}$. Es gilt $x_B^{neu} = x_B^{alt} - td$ in den Komponenten außer j. In A_B wird die ausscheidende Spalte gegen die neu hinzukommende getauscht, ebenso werden die Variablen getauscht.

Dies ist im Grunde nur eine andere Beschreibung des bereits bekannten Verfahrens. Ein Einspareffekt wird aber nur erreicht, wenn man beim Lösen der Gleichungssysteme nicht invertieren muss. Um die Lösung zu vereinfachen, gibt es folgende Methode.

8.3 Die Produktform der Inversen

$A_B^{(k)}$ sei die Basismatrix nach k Iterationen. $A_B^{(k)}$ unterscheidet sich von $A_B^{(k-1)}$ in genau einer Spalte. Dies sei o.B.d.A. die p-te Spalte von $A_B^{(k)}$, die in der k-ten Iteration aufgenommen wurde.

Hierzu wurde im Schritt 3 gelöst: $A_B^{(k-1)}d = A_j$. j ist der Originalindex.

Es gilt nun $A_B^{(k)} = A_B^{(k-1)} \tilde{E}_k$ mit $\tilde{E}_k = \begin{pmatrix} 1 & & d^1 & & 0 \\ & \ddots & d^r & & \\ & & d^p & & \\ & & d^s & \ddots & \\ 0 & & d^m & & 1 \end{pmatrix}$ mit dem Vektor

d in der p-ten Spalte, denn alle Spalten außer der p-ten werden von $A_B^{(k-1)}$ in $A_B^{(k)}$ übernommen. Die p-te Spalte von $A_B^{(k)}$ wird $A_p = A_B^{(k-1)}d$.

Bezeichnung
Matrizen von Typ $\tilde{E}_k$ werden *Eta-Matrizen* genannt.

Bemerkung
Wenn $A_B^{(0)} = E$ ist, dann gilt: $A_B^{(0)} = E \Rightarrow A_B^{(1)} = \tilde{E}_1 \Rightarrow A_B^{(k)} = \tilde{E}_1 \tilde{E}_2 \cdots \tilde{E}_k$.
Die Gleichungssysteme, die zu lösen sind, lauten: $y^T A_B^{(k-1)} = c_B^T$ und $A_B^{(k-1)}d = A_p$ in der Basismatrix bzw. A_j in der Originalmatrix.
Gilt nun, dass $A_B^{(0)} = E$, dann kann man diese Gleichungssysteme wie folgt schreiben: $y^T \tilde{E}_1 \tilde{E}_2 \cdots \tilde{E}_{k-1} = c_B^T$ und $\tilde{E}_1 \cdots \tilde{E}_{k-1} d = A_p$.
Um dies zu lösen, bedient man sich der sukzessiven Rückwärtsauflösung. Hierbei löst man der Reihe nach k Gleichungssysteme

$$\begin{aligned} u^T \tilde{E}_{k-1} &= c_B^T \\ v^T \tilde{E}_{k-2} &= u^T \\ w^T \tilde{E}_{k-3} &= v^T \\ &\vdots \\ y^T \tilde{E}_1 &= x^T \end{aligned}$$

und somit ist das erste Gleichungssystem gelöst. Da die Einzelsysteme sehr leicht zu lösen sind, ist dieses Vorgehen plausibel. Vor allem bei dünn besetzten Matrizen bringt es Zeitgewinn.

Z.B. ist das erste Gleichungssytem:

$$ u^T \begin{pmatrix} 1 & & d^1 & & \\ & \ddots & \vdots & 0 & \\ & & d^p & & \\ & 0 & \vdots & \ddots & \\ & & d^m & & 1 \end{pmatrix} = c_B^T . $$

Damit hat man sofort $u^i = c_B^i \ \forall \ i \neq p$ und bei $i = p$ gilt

$$c_B^p = d^1 u^1 + \ldots + d^m u^m \quad \text{und}$$
$$d^p u^p = c_B^p - d^1 u^1 - \ldots - d^{p-1} u^{p-1} - d^{p+1} u^{p+1} - \ldots - d^m u^m.$$

Teilt man durch d^p, dann wird u^p erreicht. Analog verfährt man bei den übrigen Gleichungssystemen.

Wir haben somit für ein Gleichungssystem $n-1$ Wertzuweisungen, $n-1$ Multiplikationen, $n-1$ Subtraktionen und eine Division durchzuführen. Insbesondere ist dies leicht, wenn mehrere Nullen vorkommen.

Gilt hingegen, dass $A_B^{(0)} \neq E$, dann faktorisiert man in der Form
$A_B^{(k)} = A_B^{(0)} \tilde{E}_1 \cdots \tilde{E}_k$.
Somit ist $c_B^T = y^T A_B^{(0)} \tilde{E}_1 \cdots \tilde{E}_{k-1}$ und $A_p = A_B^{(0)} \tilde{E}_1 \cdots \tilde{E}_{k-1} d$.
In diesem Fall nimmt man vor der ersten Iteration eine Dreiecksfaktorisierung von $A_B^{(0)}$ vor. Dazu betrachten wir zuerst die Gauß'sche Eliminationsmethode. Wir gehen von einem Gleichungssystem mit $m = n = 6$ Gleichungen und $n = 6$ Variablen aus.

$$\begin{array}{rl}
d^1 = & x^1 + c_{12} x^2 + c_{13} x^3 + c_{14} x^4 + c_{15} x^5 + c_{16} x^6 \\
d^2 = & x^2 + c_{23} x^3 + c_{24} x^4 + c_{25} x^5 + c_{26} x^6 \\
d^3 = & x^3 + c_{34} x^4 + c_{35} x^5 + c_{36} x^6 \\
d^4 = & c_{44} x^4 + c_{45} x^5 + c_{46} x^6 \\
d^5 = & c_{54} x^4 + c_{55} x^5 + c_{56} x^6 \\
d^6 = & c_{64} x^4 + c_{65} x^5 + c_{66} x^6
\end{array}$$

Im folgenden Iterationsschritt wird c_{44} normiert und c_{54} sowie c_{64} eliminiert. Dazu multipliziert man beide Seiten des obigen Gleichungssystems $Cx = d$ von links mit der Matrix

$$L = \begin{pmatrix} 1 & & & & & 0 \\ & 1 & & & & 0 \\ & & 1 & & & 0 \\ & & & \frac{1}{c_{44}} & & \\ & & & -\frac{c_{54}}{c_{44}} & 1 & \\ & & & -\frac{c_{64}}{c_{44}} & & 1 \end{pmatrix}.$$

Dies ist möglich, falls $c_{44} \neq 0$ gilt. Ansonsten werden die unteren Zeilen permutiert. Dies erreicht man, indem man mit einer Permutationsmatrix z.B.

$$P = \begin{pmatrix} 1 & 0 & 0 & 0 & 0 & 0 \\ 0 & 1 & 0 & 0 & 0 & 0 \\ 0 & 0 & 1 & 0 & 0 & 0 \\ 0 & 0 & 0 & 0 & 0 & 1 \\ 0 & 0 & 0 & 0 & 1 & 0 \\ 0 & 0 & 0 & 1 & 0 & 0 \end{pmatrix} \text{ multipliziert.}$$

8.3. Die Produktform der Inversen

Allgemeine Situation:
Es liege $Cx = d$ vor. Die ersten $k - 1$ Zeilen liefern Substitutionsformeln für $x^1, \ldots, x^{k-1}$. Die letzten $n-k+1$ Zeilen liefern das Residualsystem. Anschließende Elimination von x^k in den Zeilen unterhalb der k-ten ergibt ein System $\bar{C}x = \bar{d}$, mit dem sich $x^1, \ldots, x^k$ substituieren lassen. $\bar{C}$ entsteht also durch $\bar{C} = LPC$, wobei P eine Permutationsmatrix und L eine untere Dreiecks–Eta–Matrix ist. Genauso gilt $\bar{d} = LPd$. Das neue System kann man beschreiben als

$$L_k P_k C x = L_k P_k d.$$

Der gesamte Prozeß sieht dann so aus:

$$Ax = b$$
$$L_1 P_1 A x = L_1 P_1 b$$
$$\vdots$$
$$L_n P_n L_{n-1} P_{n-1} \ldots L_1 P_1 A x = L_n P_n L_{n-1} P_{n-1} \ldots L_1 P_1 b.$$

Setzt man $U := L_n P_n \ldots L_1 P_1 A$, so ist U eine obere Dreiecksmatrix mit Einsen in der Diagonale. (Man beachte, dass sich hier P_n zu E trivialisiert.) Man speichert nun die $L_i P_i$ nicht explizit, sondern überführt $C = L_{k-1} P_{k-1} \ldots L_1 P_1 A$ und $d = L_{k-1} P_{k-1} \ldots L_1 P_1 b$ iterationsweise in $\bar{C} = L_k P_k C$ sowie $\bar{d} = L_k P_k d$.
Wir erhalten dadurch $P_1, L_1, \ldots, P_n, L_n$ und $U = L_n P_n \ldots L_1 P_1 A$. Von den L_k wird jeweils nur die Eta-Spalte, von den P_k werden nur die Vertauschungsindizes gespeichert. Da $L_1, \ldots, L_n$ Dreiecksmatrizen sind, sprechen wir von einer Dreiecksfaktorisierung von A (bzw. von U).
Hat man diese Faktorisierung vorliegen, dann ist es einfach, für beliebige rechte Seiten b die (jeweilige) Lösung zu finden.
Man berechne hierzu $v = L_n P_n \ldots L_1 P_1 b$ und löse dann $Ux = v$, wobei U ja nun eine obere Dreiecksmatrix ist. Ist U dünn besetzt, dann kann man noch weiter an Arbeit einsparen. Die P_k bewirken Vertauschungen von Variablen, die L_k bringen $n - k + 1$ Multiplikationen und $n - k$ Additionen.
Ähnlich werden die Systeme $y^T A = c^T$ gelöst, indem man Dreieckssysteme $w^T U = c^T$ und $y^T = w^T L_n P_n \ldots L_1 P_1$ findet.

Zusammenfassung:
Für die explizite Inversenberechnung von $Ax = b$ benötigt man zwar nur n^2 Multiplikationen und n^3 Additionen, jedoch hat die Dreiecksfaktorisierung erhebliche Vorteile:

- zusätzliche Kalkulationen bei A^{-1} führen zu höheren Rundungsfehlern,

- bei dünner Besetzung ist Dreiecksfaktorisierung erheblich einfacher als Inversenberechnung.

Man geht also wie folgt vor:
Löse $y^T A_B^{(k)} = c_B^T$, wobei $L_n P_n \ldots L_1 P_1 A_B^{(k)} = L_n P_n \ldots L_1 P_1 A_B^{(0)} \tilde{E}_1 \ldots \tilde{E}_k = U \tilde{E}_1 \ldots \tilde{E}_k = U_n \ldots U_1 \tilde{E}_1 \ldots \tilde{E}_k$.

Dabei sind L_i die Eta-Matrizen (und P_i die Permutationsmatrizen), um $A_B^{(0)}$ auf obere Dreiecksgestalt zu bringen. Das Ergebnis ist dann U. U selbst lässt sich erzeugen mit Hilfe von eigenen Eta-Matrizen $U_n \ldots U_1$ (oberen Dreiecksmatrizen mit jeweiligen Spalten von U und Einsen in der Diagonale). Nun löst man zuerst $((((\tilde{y}^T U_n) U_{n-1} \ldots U_1) \tilde{E}_1) \ldots) \tilde{E}_k = c_B^T$, das heißt $[\tilde{y}^T L_n P_n \ldots L_1 P_1] A_B^{(k)} = c_B^T$. Danach bildet man $y^T = \tilde{y}^T L_n P_n \ldots L_1 P_1$ und hat eine gewünschte Lösung, denn: $y^T A_B^{(k)} = \tilde{y}^T U_n U_{n-1} \ldots U_1 \tilde{E}_1 \ldots \tilde{E}_k = c_B^T$.

Details:

1. Lösung von $y^T A_B^{(k)} = c_B^T$:
   Setze $y^T = c_B^T$.
   Für $i = k$ bis 1 führe aus: Setze $v := y$ und berechne dann y aus $y^T \tilde{E}_i = v^T$.
   Für $j = 1$ bis n führe aus: Setze $v := y$ und berechne dann y aus $y^T U_j = v^T$.
   Für $j = n$ bis 1 führe aus: Setze $v := y$ und berechne $y := v L_j P_j$.

2. Lösung von $A_B^{(k)} d = a$:
   Setze $d := a$.
   Für $j = 1$ bis n führe aus: Setze $v := d$ und berechne $d := L_j P_j v$.
   Für $j = n$ bis 1 führe aus: Setze $v := d$ und berechne d aus $U_j d = v$.
   Für $i = 1$ bis k führe aus: Setze $v := d$ und berechne dann d aus $\tilde{E}_i d = v$.

Um $\tilde{E}_i$ zu speichern, ist nur die Eta-Spalte und ihre Position wichtig. Wir legen eine Speicherdatei Eta-File mit $P_1 L_1 \ldots P_n L_n U_n U_{n-1} \ldots U_1 \tilde{E}_1 \ldots \tilde{E}_k$ an. Hier wird der Speicher zur Lösung von $y^T A_B^{(k)} = c_B^T$ einmal durchlaufen. Dies geschieht von hinten nach vorne und wird deshalb Backwardtransformation oder BTRAN genannt. Um $A_B^{(k)} d = a$ zu berechnen, wird der Speicher von vorne nach hinten durchlaufen, und es liegt eine Forwardtransformation FTRAN vor. Es empfiehlt sich deshalb, abwechselnd einen Iterationsschritt mit BTRAN und einen mit FTRAN durchzuführen. Danach wird $\tilde{E}_{k+1}$ hinzugefügt. Da das Eta-File bei jeder Iteration um eine Spalte wächst, wird der Speicher immer größer und die Prozeduren immer aufwendiger.
Ab einer bestimmten Größe des Eta-Files lohnt sich dieses Vorgehen nicht mehr, das Gleichungssystem ist schneller direkt lösbar.
Deshalb sollte man regelmäßig $A_B^{(k)}$ als das neue $A_B^{(0)}$, also als neue Ausgangsmatrix, interpretieren und eine neue Dreiecksfaktorisierung dieser Matrix berechnen. Dies nennt man dann Refaktorisierung oder Reinvertierung.

8.4 Beispiel

Zu lösen sei $\max c^T x$ unter $Ax = b$, $x \geq 0$

mit $A = \begin{pmatrix} 3 & 2 & 1 & 2 & 1 & 0 & 0 \\ 1 & 1 & 1 & 1 & 0 & 1 & 0 \\ 4 & 3 & 3 & 4 & 0 & 0 & 1 \end{pmatrix}$, $b = \begin{pmatrix} 225 \\ 117 \\ 420 \end{pmatrix}$, $c^T = (19, 13, 12, 17, 0, 0, 0)$,

8.4. Beispiel

$A_B^{(0)} := E$, $x_B^* = \begin{pmatrix} x^5 \\ x^6 \\ x^7 \end{pmatrix} = \begin{pmatrix} 225 \\ 117 \\ 420 \end{pmatrix}$, $x^1 = x^2 = x^3 = x^4 = 0$.

1. Iteration

1. Löse $y^T A_B^{(0)} = c_B^T = (c^5, c^6, c^7) \Rightarrow y^T = (0,0,0)$.

2. $c^1 - y^T \begin{pmatrix} 3 \\ 1 \\ 4 \end{pmatrix} = 19 > 0$, $c^2 - y^T \begin{pmatrix} 2 \\ 1 \\ 3 \end{pmatrix} = 13 > 0$, $c^3 - y^T \begin{pmatrix} 1 \\ 1 \\ 3 \end{pmatrix} = 12 > 0$,

   $c^4 - y^T \begin{pmatrix} 2 \\ 1 \\ 4 \end{pmatrix} = 17 > 0$.

   $\Rightarrow x^3$ kann und soll hier in die Basis aufgenommen werden.

3. Löse $A_B^{(0)} d = A_3 \Rightarrow d^T = (1,1,3)$.

4. t ergibt sich aus Quotientenvergleich zwischen $\begin{pmatrix} 225 \\ 117 \\ 420 \end{pmatrix}$ und $\begin{pmatrix} 1 \\ 1 \\ 3 \end{pmatrix}$ als maximaler Wert mit $\begin{array}{rcl} 225 - t & \geq & 0 \\ 117 - t & \geq & 0 \\ 420 - 3t & \geq & 0 \end{array} \Rightarrow t = 117$ und x^6 verlässt die Basis.

5. $\begin{pmatrix} x^5 \\ x^3 \\ x^7 \end{pmatrix} = \begin{pmatrix} 225 - t \\ 117 \\ 420 - 3t \end{pmatrix} = \begin{pmatrix} 108 \\ 117 \\ 69 \end{pmatrix} = x_B^{neu}$, $A_B^{(1)} = \begin{pmatrix} 1 & 1 & 0 \\ 0 & 1 & 0 \\ 0 & 3 & 1 \end{pmatrix} = \tilde{E}_1$.

2. Iteration

1. $y^T \begin{pmatrix} 1 & 1 & 0 \\ 0 & 1 & 0 \\ 0 & 3 & 1 \end{pmatrix} = (0, 12, 0) = (c^5, c^3, c^7)$, also $y^T = (0, 12, 0)$.

2. $c^1 - y^T \begin{pmatrix} 3 \\ 1 \\ 4 \end{pmatrix} = 19 - 12 = 7 > 0 \Rightarrow x^1$ kann und soll die Basis betreten.

3. Löse $A_B^{(1)} d = A_1$, also $\begin{pmatrix} 1 & 1 & 0 \\ 0 & 1 & 0 \\ 0 & 3 & 1 \end{pmatrix} d = \begin{pmatrix} 3 \\ 1 \\ 4 \end{pmatrix} \Rightarrow d = \begin{pmatrix} 2 \\ 1 \\ 1 \end{pmatrix}$.

4. Quotientenvergleich zwischen $\begin{pmatrix} 108 \\ 117 \\ 69 \end{pmatrix}$ und $\begin{pmatrix} 2 \\ 1 \\ 1 \end{pmatrix} \Rightarrow t = 54$ und x^5 verlässt die Basis.

5. $\begin{pmatrix} x^1 \\ x^3 \\ x^7 \end{pmatrix} = \begin{pmatrix} 54 \\ 63 \\ 15 \end{pmatrix} = x_B^{neu}, \; A_B^{(2)} = \tilde{E}_1 \tilde{E}_2 = \begin{pmatrix} 1 & 1 & 0 \\ 0 & 1 & 0 \\ 0 & 3 & 1 \end{pmatrix} \begin{pmatrix} 2 & 0 & 0 \\ 1 & 1 & 0 \\ 1 & 0 & 1 \end{pmatrix}.$

3. Iteration

1. Löse $y^T A_B^{(2)} = c_B^T \Leftrightarrow (y^T \tilde{E}_1) \tilde{E}_2 = c_B^T$.

   $u^T \tilde{E}_2 = c_B^T \Leftrightarrow u^T \begin{pmatrix} 2 & 0 & 0 \\ 1 & 1 & 0 \\ 1 & 0 & 1 \end{pmatrix} = (19, 12, 0) \Rightarrow u^T = (3.5, 12, 0),$

   $y^T \tilde{E}_1 = u^T \Rightarrow y^T = (3.5, 8.5, 0).$

2. $c_4 - y^T \begin{pmatrix} 2 \\ 1 \\ 4 \end{pmatrix} = 17 - 15.5 = 1.5 > 0 \Rightarrow x^4$ kann und soll die Basis betreten.

3. Löse $A_B^{(2)} d = A_4 \Leftrightarrow \tilde{E}_1(\tilde{E}_2 d) = A_4 \Rightarrow \tilde{E}_1 u = A_4 \Rightarrow u^T = (1, 1, 1) \Rightarrow$
   $d^T = (0.5, 0.5, 0.5).$

4. Quotientenvergleich zwischen $\begin{pmatrix} 54 \\ 63 \\ 15 \end{pmatrix}$ und $\begin{pmatrix} 0.5 \\ 0.5 \\ 0.5 \end{pmatrix} \Rightarrow t = 30$ und x^5 verlässt die Basis.

5. $\begin{pmatrix} x^1 \\ x^3 \\ x^4 \end{pmatrix} = \begin{pmatrix} 39 \\ 48 \\ 30 \end{pmatrix} = x_B^{neu}, \; \tilde{E}_3 = \begin{pmatrix} 1 & 0 & 0.5 \\ 0 & 1 & 0.5 \\ 0 & 0 & 0.5 \end{pmatrix},$

   $A_B^{(3)} = \tilde{E}_1 \tilde{E}_2 \tilde{E}_3 = \begin{pmatrix} 1 & 1 & 0 \\ 0 & 1 & 0 \\ 0 & 3 & 1 \end{pmatrix} \begin{pmatrix} 2 & 0 & 0 \\ 1 & 1 & 0 \\ 1 & 0 & 1 \end{pmatrix} \begin{pmatrix} 1 & 0 & 0.5 \\ 0 & 1 & 0.5 \\ 0 & 0 & 0.5 \end{pmatrix}.$

4. Iteration

1. Löse $y^T A_B^{(3)} = c_B^T \Leftrightarrow ((y^T \tilde{E}_1) \tilde{E}_2) \tilde{E}_3 = c_B^T$.

   $u^T \tilde{E}_3 = u^T \begin{pmatrix} 1 & 0 & 0.5 \\ 0 & 1 & 0.5 \\ 0 & 0 & 0.5 \end{pmatrix} = c_B^T \Rightarrow u^T = (19, 12, 3),$

   $u^T = v^T \tilde{E}_2 = v^T \begin{pmatrix} 2 & 0 & 0 \\ 1 & 1 & 0 \\ 1 & 0 & 1 \end{pmatrix} \Rightarrow v^T = (2, 12, 3),$

   $v^T = y^T \tilde{E}_1 = y^T \begin{pmatrix} 1 & 1 & 0 \\ 0 & 1 & 0 \\ 0 & 3 & 1 \end{pmatrix} \Rightarrow y^T = (2, 1, 3).$

2. $c^2 - y^T \begin{pmatrix} 2 \\ 1 \\ 3 \end{pmatrix} = -1 < 0$, $c^5 - y^T \begin{pmatrix} 1 \\ 0 \\ 0 \end{pmatrix} = -2 < 0$, $c^6 - y^T \begin{pmatrix} 0 \\ 1 \\ 0 \end{pmatrix} = -1 < 0$,

$c^7 - y^T \begin{pmatrix} 0 \\ 0 \\ 1 \end{pmatrix} = -3 < 0$.

$\Rightarrow$ Optimalität ist für $x = (39, 0, 48, 30, 0, 0, 0)$ erreicht.

8.5 Postoptimierung

Bisher haben wir das Simplexverfahren unter der Annahme entwickelt, dass die Daten A, b und c fest vorgegeben sind. In der Praxis können jedoch häufig nicht alle der benötigten Zahlen mit Sicherheit angegeben werden, d.h. eine Beschränkung b kann sich nachträglich als ungenau oder falsch herausstellen, oder es kann eine Restriktion auftreten, die vorher übersehen wurde. Wir werden uns nun überlegen, wie wir solche Änderungen behandeln können, nachdem wir die Lösung des ursprünglichen Programms schon gefunden haben.

Wir betrachten ein Problem in Standardform und eins in kanonischer Form:

min	$c^T x$		max	$b^T y$
unter	$Ax = b, x \geq 0$		unter	$A^T y \leq c$,
mit	$A \in \mathbb{R}^{(m,n)}, m \leq n$		mit	$A^T \in \mathbb{R}^{(n,m)}, m \leq n$.

Hierbei beschränken wir uns auf einige (die folgenden) Variationen. Hier sind links die Variationen des Standardproblems und rechts die dazu entsprechenden Variationen des kanonischen Problems festgehalten.

1. Variation der rechten Seite b
2. Variation des Zielvektors c
3. Änderung einer Spalte
4. Hinzufügen einer neuen Variablen
5. Hinzufügen einer neuen Restriktion

1. Variation des Zielvektors b
2. Variation des Kapazitätenvektors c
3. Änderung einer Zeilenrestriktion
4. Hinzufügen einer neuen Ungleichungsrestriktion
5. Hinzufügen einer neuen Variable

Wir behandeln nun die Problematik am Standardproblem.

Übungsaufgabe: Man zeige, dass die im Folgenden vorgeschlagenen Maßnahmen für Variationen des Standardproblems genauso erfolgreich eingesetzt werden können, wenn die in obiger Auflistung zugeordnete Variation des kanonischen Problems vorliegt.

Also gehen wir nun davon aus, dass ein Problem in Standardform vorliegt:

$$\min c^T x \text{ unter } Ax = b, x \geq 0,$$
$$\text{mit } A \in \mathbb{R}^{(m,n)}, m \leq n,$$

und dass wir eine optimale Basis A_B des Spaltenraums von A kennen.

1. Variation der rechten Seite b

Die rechte Seite des Problems ändert sich von b auf $b^{neu} := b + \delta$. Wir berechnen die neue Basislösung zur Basis A_B. Diese folgt aus $x_B^{neu} = A_B^{-1}(b+\delta) = x_B^{alt} + A_B^{-1}\delta$ und $x_N^{neu} = 0$.

(a) $x_B^{neu} \geq 0$.
   Wir sind immer noch optimal, da sich an der Zielfunktionszeile
   $c_N^T - c_B^T A_B^{-1} A_N = \tilde{c}^T \geq 0$ nichts geändert hat, und $\begin{pmatrix} x_B^{neu} \\ x_N^{neu} \end{pmatrix}$ ist zulässige Ecke.

(b) $x_B^{neu} \not\geq 0$.
   Es ist zwar polare Zulässigkeit vorhanden, aber keine primale Zulässigkeit mehr. Wir wenden also den äußeren Algorithmus für das Standardproblem an, d.h. das restriktionsorientierte Verfahren.

2. Änderung der Zielfunktion c

Wir gehen wieder davon aus, dass wir eine Optimalbasis A_B des ursprünglichen Problems kennen. Die Zielfunktion ändert sich nun von c auf $c + \delta$. Für den Zielfunktionswert gilt:

$$(c+\delta)^T x = (c_B^T + \delta_B^T)A_B^{-1}b + (c_N^T + \delta_N^T - (c_B^T + \delta_B^T)A_B^{-1}A_N)x_N$$
$$= c_B^T A_B^{-1}b + (c_N^T - c_B^T A_B^{-1} A_N)x_N + \delta_B^T A_B^{-1}b + (\delta_N^T - \delta_B^T A_B^{-1} A_N)x_N$$
$$= c_B^T \tilde{b} + \tilde{c}^T x_N + \delta_B^T \tilde{b} + \tilde{\delta}^T x_N$$

Mit ~ sind die jeweils aktuellen Einträge des jeweiligen Tableaus gekennzeichnet.

(a) Es wird keiner der Koeffizienten von c_B^T geändert, d.h. $\delta_B = 0$. Da $x_N = 0$ gilt, ändert sich der Zielfunktionswert nicht. Die Ecke bleibt optimal, solange die polare Zulässigkeit erhalten bleibt. Die Form des Polyeders und damit auch die primale Zulässigkeit bleiben unberührt. Polare Zulässigkeit würde bedeuten, dass $\tilde{c} + \tilde{\delta} \geq 0$. Ist ein Koeffizient hiervon negativ, dann wenden wir den inneren Algorithmus für das Standardproblem (variablenorientiert) an.

(b) Es wird auch (oder nur) c_B geändert.
   Die bisherige Basislösung ist immer noch zulässig, aber der Zielfunktionswert ändert sich um $\delta_B^T \tilde{b} = \delta_B^T A_B^{-1} b$. Bleibt $c_N^T - c_B^T A_B^{-1} A_N \geq 0$, dann ist die bisherige Lösung immer noch polar zulässig, also optimal. Gilt dies nicht, dann wenden wir den inneren (variablenorientierten) Algorithmus an.

3. Änderung einer Spalte

(a) Änderung einer Nichtbasisspalte:
   Wir wollen die j-te Spalte von A um δ ändern. Sie lautet aktualisiert:
   $\tilde{A}_j^{neu} = A_B^{-1}(A_j + \delta) = \tilde{A}_j^{alt} + A_B^{-1}\delta$.

8.5. Postoptimierung

Die Basislösung x zu A_B bleibt weiterhin zulässig, da die Änderung keinen Einfluss auf x_B und $x_N = 0$ hat. Unter Umständen verliert x jedoch seine Optimalität, denn der reduzierte Kostenkoeffizient zur j-ten Spalte ändert sich folgendermaßen:

$$\begin{aligned}\tilde{c}_j^{neu} &= c_j - c_B^T(\tilde{A}_j + A_B^{-1}\delta) \\ &= c_j - c_B^T \tilde{A}_j - c_B^T A_B^{-1}\delta \\ &= \tilde{c}_j^{alt} - c_B^T A_B^{-1}\delta \\ &= \tilde{c}_j^{alt} - u^T \delta.\end{aligned}$$

u ist dabei die optimale duale Lösung.

Die Optimalität der derzeitigen Basislösung x bleibt genau dann erhalten, wenn $\tilde{c}_j^{alt} - u^T\delta \geq 0$ gilt. Andernfalls geht die Optimalität verloren und wir arbeiten mit dem inneren Simplexalgorithmus (variablenorientiert) weiter.

(b) Bei Änderung einer Basisspalte sind kaum Vorhersagen möglich. Es kann dabei sowohl die Optimalität als auch die Zulässigkeit verlorengehen. In diesem Fall sollte man eine neue Variable und Spalte einführen und diese in einem Pivotschritt statt der alten Spalte in die Basis bringen.

4. Hinzufügen einer neuen Variablen

Sei A_{n+1} die neue Spalte von A und c_{n+1} der Zielfunktionskoeffizient der neuen Variablen x^{n+1}. Wir verlängern nun den Vektor N der Nichtbasisindizes um eine Komponente und erhalten $\tilde{c}_{n+1} = c_{n+1} - c_B^T A_B^{-1} A_{n+1}$.

Ist $\tilde{c}_{n+1} \geq 0$, dann bleibt die alte Lösung optimal. Andernfalls führen wir mit der Anfangsbasis A_B den inneren Algorithmus aus. Es ist dann $\tilde{a}_{n+1} = A_B^{-1} A_{n+1}$. Im ersten Schritt wird die neue Spalte als die einzige mit negativem reduzierten Kostenkoeffizienten in die Basis eingetauscht.

5. Hinzufügen einer neuen Gleichung als Restriktion

Zu den bestehenden Nebenbedingungen fügen wir $A_{m+1}.\, x = b^{m+1}$ hinzu.

(a) Die Basislösung $\tilde{x}$ zu A_B erfülle $A_{m+1}.\, \tilde{x} = b^{m+1}$.

In diesem Fall ist auch $\tilde{x}$ die optimale Lösung des erweiterten Problems. Will man nicht nur das reine Ergebnis, sondern auch das Endtableau haben, dann verfahre man wie in (b). Ist die neu hinzugefügte Zeile linear abhängig von den anderen Zeilen, so ist sie irrelevant für das Problem und kann gestrichen werden.

Ist die neue Zeile linear unabhängig von den anderen, so ist $\tilde{x}$ eine entartete Basislösung. Eine der Nichtbasisvariablen wird mit Wert 0 in die Basis aufgenommen und die Basis entsprechend erweitert.

(b) Die neue Gleichung wird von $\tilde{x}$ nicht erfüllt.

Wir führen eine neue Schlupfvariable $x^{n+1} \geq 0$ ein und fordern, dass
$\sum_{i=1}^n A_{m+1,i}\, \tilde{x}^i + x^{n+1} = b^{m+1}$, falls $A_{m+1}.\, \tilde{x} > b^{m+1}$ war, oder
$\sum_{i=1}^n A_{m+1,i}\, \tilde{x}^i - x^{n+1} = b^{m+1}$, falls $A_{m+1}.\, \tilde{x} < b^{m+1}$ war.

B wird um eine Komponente verlängert und $\#B = m+1$. Wir nehmen x^{n+1} als Basisvariable mit dem Wert $\tilde{b}^{m+1} = -|b^{m+1} - A_{m+1}.\tilde{x}|$ auf. Da $\tilde{b}^{m+1}$ negativ ist, ist die neue Basis unzulässig. An der Zielfunktionszeile hat sich hingegen nichts geändert. Die neue Basis hat jetzt die Form

$$\begin{pmatrix} A_B & 0 \\ A_{m+1,B} & 1 \end{pmatrix}, \text{ falls } A_{m+1}.\tilde{x} > b^{m+1}, \text{ und}$$

$$\begin{pmatrix} A_B & 0 \\ A_{m+1,B} & -1 \end{pmatrix}, \text{ falls } A_{m+1}.\tilde{x} < b^{m+1}.$$

Betrachten wir nun den ersten Fall, dass $A_{m+1}.\tilde{x} > b^{m+1}$ gilt.

Die inverse Basismatrix ist $\begin{pmatrix} A_B^{-1} & 0 \\ -A_{m+1,B}A_B^{-1} & 1 \end{pmatrix}$.

Die neue $(m+1)$-te Zeile in $\tilde{A}$ ist

$$(-A_{m+1,B}A_B^{-1}, 1)\begin{pmatrix} A_N \\ A_{m+1,N} \end{pmatrix} = -A_{m+1,B}\tilde{A}_N + A_{m+1,N} = \tilde{A}_{m+1,N}.$$

Wir versuchen nun, durch einen Pivotschritt die Schlupfvariable x^{n+1} aus der Basis zu entfernen. Dies geschieht mit dem äußeren Verfahren. Es ergibt sich somit eine neue Lösung mit $x^{n+1} \geq 0$ oder wir stellen Unzulässigkeit fest.

Gilt nun $A_{m+1}.\tilde{x} < b^{m+1}$, dann ist die inverse Basismatrix

$$\begin{pmatrix} A_B^{-1} & 0 \\ A_{m+1,B}A_B^{-1} & -1 \end{pmatrix}.$$

Die neue $(m+1)$-Zeile in $\tilde{A}$ ist

$$(A_{m+1,B}A_B^{-1}, -1)\begin{pmatrix} A_N \\ A_{m+1,N} \end{pmatrix} = A_{m+1,B}\tilde{A}_N - A_{m+1,N} = \tilde{A}_{m+1,N}.$$

Man verfährt nun wie oben und erreicht entweder $x^{n+1} \geq 0$ oder stellt Unzulässigkeit fest.

Beim ersten Schritt entfernen wir x^{n+1} aus der Basis und ignorieren es von da an. Dadurch bleibt $x^{n+1} = 0$ und $A_{m+1}.x = b^{m+1}$. Der reduzierte Kostenkoeffizient zu x^{n+1} interessiert nicht.

8.6 Parametrische Optimierung

In vielen realen Situationen kommt die Problematik des vorherigen Abschnitts in etwas anderer Form auf. Nun ist nicht – wie vorher – ein Teilbereich des Datensatzes zum bereits gelösten Problem falsch, sondern man hält zwei verschiedene Besetzungen dieses Teilbereichs für denkbar. Ja, es soll sogar möglich sein, dass Mischungen beider Datensätze relevant werden.

Beispiele:

1. Man verfolgt eigentlich zwei Zielsetzungen, ist sich aber noch nicht im Klaren, welcher man die Priorität gibt oder wie man beide Ziele gewichtet (zu einem gemischten Ziel zusammenzieht).

8.6. Parametrische Optimierung

2. Es gibt zwei mögliche Szenarien, unter denen sich die Kapazitäten (rechte Seiten der Restriktionen) verschieden darstellen. Man kann nun darüber gewichten, mit welcher Wahrscheinlichkeit diese Szenarien eintreffen. Da man aber vorher optimieren muss, ist dann ein Mischungsszenario angemessen.

3. Es soll a priori optimiert werden, aber es bleibt einem Entscheidungsträger danach überlassen, welche Datenmischung zugrunde gelegt werden soll. Es ist dann sinnvoll, für jede mögliche Gewichtung den Lösungspunkt zu errechnen.

4. Man will den Weg der Optimalpunkte beobachten, wenn die Gewichtung kontinuierlich von einer Ausprägung auf die andere übergeht.

Wir wollen also alle Punkte bestimmen, die für irgendeine Konvex-Mischung der beiden Datenausprägungen optimal werden.
Zur Vereinfachung beschränken wir uns auf zwei Fälle, nämlich

a) wo Unsicherheit über die verwendete Zielfunktion herrscht,

b) wo Mischungen zweier Kapazitätsvektoren (rechter Seiten) relevant sind und evaluiert werden sollen.

Beides studieren wir am Standardproblem (das kanonische liefert eine Übungsaufgabe).
Verzichtet wird auf die Erörterung von Schwankungen in der Restriktionsmatrix, oder auf den auch wichtigen Fall, wo drei oder mehr Ausprägungen gemischt werden können. Das ist auch noch machbar, aber deutlich komplizierter.

Zur Diskussion steht also ein Standardproblem

$$\min \ c^T x \text{ unter } Ax = b, \ x \geq 0$$

und für c gebe es zwei Ausprägungen c_1, c_2.
Deshalb stellen wir uns jetzt folgende Aufgabe:

$$\begin{aligned} \min \quad & [(1-\lambda)c_1 + \lambda c_2]^T x = c_1^T x + \lambda(c_2 - c_1)^T x \quad \forall \lambda \in [0,1] \\ \text{unter} \quad & Ax = b, \ x \geq 0. \end{aligned}$$

Nun ist es sinnvoll, zuerst einmal bezüglich c_1 zu optimieren. Danach beobachtet man algorithmisch den Verlauf der Optimalpunkte bei wachsendem λ bis zum Endwert $\lambda = 1 \hat{=} c_2$.
Es empfiehlt sich nun, mit einem Tableau zu arbeiten, das <u>zwei</u> Zeilen für reduzierte Kostenkoeffizienten aufweist, eine zu c_1 und eine zu c_2.
Nun sind zwei Fälle zu unterscheiden, falls X überhaupt nichtleer ist.

1. Zur Zielrichtung c_1 gibt es eine Optimalecke. Diese und das zugehörige Tableau findet man mit dem normalen Simplexverfahren. In diesem Tableau enthält die $\tilde{c}_1$-Zeile keine negativen Einträge.

2. In Zielrichtung c_1 ist die Aufgabenstellung unbeschränkt. Das äußert sich durch eine Negativspalte über einem negativen Eintrag in der $\tilde{c}_1$-Zeile.
Man erhöhe nun λ so weit, bis in der betreffenden Spalte die Kombination $(1-\lambda)\tilde{c}_1^l+\lambda\tilde{c}_2^l$ nicht mehr negativ ist. Dann versucht man eine Optimierung in Zielrichtung $(1-\lambda)c_1+\lambda c_2$ und erhöht sukzessive λ gegebenenfalls nochmals, falls erneut eine Unbeschränktheit auftaucht usw. Entweder erreicht man so durch mehrmalige Erhöhung den Wert $\lambda = 1$ (was die Unbeschränktheit für alle Mischungen mit $\lambda \in [0, 1]$ absichert), oder man findet ein minimales $\lambda_{\min}$, für das eine Optimalecke existiert. Der Optimierungsprozess liefert diese Optimalecke.

In beiden positiven Fällen kommen wir also zu einem Optimaltableau für eine $\lambda_{\min}$-Mischung aus c_1 und c_2.

Grundlegend für die Richtigkeit unserer Vorgehensweise ist die Linearität der reduzierten Kostenkoeffizienten. In einem Tableau mit Basis B bezüglich λ, d.h. mit $c(\lambda)^T = (1-\lambda)\,c_1^T + \lambda\,c_2^T$ haben wir

$$\begin{aligned}
\tilde{c}(\lambda) &= c(\lambda)^T - c(\lambda)_B^T A_B^{-1} A_N = \\
&= [(1-\lambda)c_1^T + \lambda c_2^T] - [(1-\lambda)\,c_{1B}^T + \lambda\,c_{2B}^T]A_B^{-1}A_N = \\
&= (1-\lambda)(c_1^T - c_{1B}^T A_B^{-1} A_N) + \lambda(c_2^T - c_{2B}^T A_B^{-1} A_N) = \\
&= (1-\lambda)\tilde{c}_1 + \lambda\tilde{c}_2 .
\end{aligned}$$

Ab einer $\lambda_{\min}$-Mischung ist es also möglich, ein Optimaltableau zu errechnen. Dies sei gekennzeichnet durch die Basis B. Für diese Basis ist also $\tilde{c}(\lambda)$ nichtnegativ, wenn wir mit λ ein Intervall $[\underline{\lambda}_B, \overline{\lambda}_B]$ durchwandern. Wir können λ erhöhen, so lange, bis das derzeitige Tableau seine Optimalität verliert, also bis eine Komponente von $\tilde{c}(\lambda)$ negativ wird.

	A_1	A_j	A_i	A_h	A_l		A_n	
$A_j = A_{B^1}$	0	1	γ_i^1	0	γ_l^1	$\cdots$	γ_n^1	χ^1
$\vdots$	$\vdots$	$\vdots$	$\vdots$	$\vdots$	$\vdots$		$\vdots$	$\vdots$
$A_h = A_{B^j}$	0	0	γ_i^j	1	γ_l^j	$\cdots$	γ_n^j	χ^j
$\vdots$	$\vdots$	$\vdots$	$\vdots$	$\vdots$	$\vdots$	$\cdots$	$\vdots$	$\vdots$
$A_1 = A_{B^m}$	1	0	γ_i^m	0	γ_l^m	$\cdots$	γ_n^m	χ^m
	0	0	$\tilde{c}_1^i$	0	$\tilde{c}_1^l$	$\cdots$	$\tilde{c}_1^n$	$-Q_1$
	0	0	$\tilde{c}_2^i$	0	$\tilde{c}_2^l$	$\cdots$	$\tilde{c}_2^n$	$-Q_2$

Dieses Prinzip gilt nicht nur für die erste Ecke, sondern für jedes Tableau bzw. jede λ-Mischung, die zu einem Optimaltableau führt.

8.6. Parametrische Optimierung

Sei also $\tilde{c}(\lambda) \geq 0$. Der Optimalitätsbereich für das gegenwärtige Tableau endet somit bei einem Wert $\overline{\lambda} \geq \lambda$ bei dem zum erstenmal ein bisher positiver reduzierter Kostenkoeffizent $\tilde{c}(\overline{\lambda})$ auf Null sinkt.
Diesen Grenzpunkt $\overline{\lambda}_B$ der λ-Erhöhung und die kritische Spalte j erhält man mit folgender Vorschrift:

$$\overline{\lambda}_B = \frac{\tilde{c}_1^j}{\tilde{c}_1^j - \tilde{c}_2^j} = \text{Min}\left\{ \frac{\tilde{c}_1^i}{\tilde{c}_1^i - \tilde{c}_2^i} \mid \tilde{c}_1^i > 0,\ \tilde{c}_2^i < 0 < \tilde{c}_1^i \right\}.$$

Dies führt zur kritischen Mischung mit $\overline{\lambda}_B$.
Um bei weiterer Erhöhung von λ optimal zu bleiben, muss jetzt ein Basisaustausch stattfinden, bei dem A_j in die Basis kommt. Dieser Basisaustausch führt zu einer anderen Basis, die ebenfalls bereits bei $\overline{\lambda}_B$ optimal ist. Für diese neue Basis B' ist dies dann $\underline{\lambda}_{B'}$. Diese Optimalität hält an, bis erneut ein reduzierter Kostenkoeffizient negativ wird (im Entartungsfall kann das sofort sein, dann wendet man Bland's Regel an).
Nun wiederholt sich dieser Schritt.
Schließlich endet man mit der Optimalecke zu $\lambda = 1$ (wenn dort eine Optimalecke existiert) oder aber bei einem $\lambda_{\max}$, ab dem Unbeschränktheit vorliegt.

Da jeder solche Wechsel zu einer benachbarten (Optimal-)Ecke führt, und da mit λ-Steigerung und Höhergewichtung von c_2 ja auch immer $\tilde{c}_2^j < 0$ für die Pivotspalte sein muss, haben wir gleichzeitig auch eine Simplexvariante zur Optimierung von $c_2^T x$ entdeckt. Sie trägt den Namen „parametrische Variante" oder „Schatteneckenalgorithmus" (weil man aus einer ausgezeichneten Perspektive gesehen, nämlich unter Projektion auf $LH(c_1, c_2)$ auf dem Schattenrand des Polyeders entlangläuft). Dies ist abgesichert durch folgende Aussagen, die dem Leser zum Beweis angeboten werden.

Übungsaufgabe: Hat man ein optimales Tableau zu λ vor sich, dann ergibt sich die Untergrenze der λ-Werte, für die dies optimal ist, aus der Formel

$$\underline{\lambda}_B = \frac{\tilde{c}_1^j}{\tilde{c}_1^j - \tilde{c}_2^j} = \text{Max}\left\{ \frac{\tilde{c}_1^i}{\tilde{c}_1^i - \tilde{c}_2^i} \mid \tilde{c}_2^i > 0 > \tilde{c}_1^i \right\}.$$

Übungsaufgabe: Wenn eine Ecke für zwei verschiedene Werte $0 \leq \lambda_1 < \lambda_2 \leq 1$ optimal ist, dann auch für ganz $[\lambda_1, \lambda_2]$.

Übungsaufgabe: Sind c_1, c_2 linear unabhängig und existieren keine Optimalpunkte bei $\lambda = 0$ und bei $\lambda = 1$ wegen Unbeschränktheit, dann ist das Optimierungsproblem für jede λ-Mischung aus $[0, 1]$ unbeschränkt.

Analog verfährt man, wenn die rechte Seite von b_1 auf b_2 schwankt.
Zunächst löse man das System mit b_1. Gelingt dies für b_1 oder erstmals für ein $\overline{\lambda} > 0$, also dem Mischwert $b_1 + \overline{\lambda}(b_2 - b_1)$, dann ergibt sich der erste Optimaltableau-Wechsel dort, wo $\frac{\chi_1^i}{\chi_1^i - \chi_2^i}$ unter denjenigen Kandidaten mit $\chi_2^i < 0,\ \chi_1^i > 0$ minimal ist (zur Erinnerung: $\chi_1 = A_B^{-1} b_1,\ \chi_2 = A_B^{-1} b_2$).

Somit entsteht bei dieser Minimal-Auswahl von $\frac{\chi_1^j}{\chi_1^j-\chi_2^j} = \overline{\lambda}_B$ rechts ein Nulleintrag (der ins Negative überzugehen droht).

	A_1	A_j	A_i	A_h	A_l		A_n		
$A_j = A_{B^1}$	0	1	γ_i^1	0	γ_l^1	$\cdots$	γ_n^1	χ_1^1	χ_2^1
$\vdots$	$\vdots$	$\vdots$	$\vdots$	$\vdots$	$\vdots$		$\vdots$	$\vdots$	$\vdots$
$A_h = A_{B^j}$	0	0	γ_i^j	1	γ_l^j	$\cdots$	γ_n^j	χ_1^j	χ_2^j
$\vdots$	$\vdots$	$\vdots$	$\vdots$	$\vdots$	$\vdots$		$\vdots$	$\vdots$	$\vdots$
$A_1 = A_{B^m}$	1	0	γ_i^m	0	γ_l^m	$\cdots$	γ_n^m	χ_1^m	χ_2^m
	0	0	$\tilde{c}^i$	0	$\tilde{c}^l$	$\cdots$	$\tilde{c}^n$	$-Q_1$	$-Q_2$

Ein Schritt des äußeren Algorithmus behebt diese Gefahr, indem er die entsprechende Basisvariable zur Zeile j aus der Basis entfernt.

Man erreicht eine neue (benachbarte) Optimalbasis. Entsprechend liefert dies ein Verfahren zur Konstruktion einer sukzessive benachbarten Eckenfolge (Simplexalgorithmus). Den Einstieg schafft man wie oben über b_1 oder kontinuierliche Erhöhung von λ.

Übungsaufgabe: Gibt es für b_1 und b_2 zulässige Punkte, dann auch für ganz $[b_1, b_2]$.

Übungsaufgabe: Hat man ein optimales Tableau vor sich, dann ergibt sich eine Untergrenze der λ-Werte, für die dieses Tableau noch optimal ist, aus

$$\underline{\lambda}_B = \text{Max}\left\{\frac{\chi_1^i}{\chi_1^i - \chi_2^i} \mid \chi_1^i < 0, \chi_2^i > 0\right\}.$$

Übungsaufgabe: Ist eine Basis zu b_1 und b_2 optimal, dann auch für ganz $[b_1, b_2]$.

Übungsaufgabe: Schließlich mache man sich klar, dass der erste der eben beschriebenen Algorithmen das <u>kanonische</u> parametrische Optimierungsproblem mit variierenden Kapazitäten löst, wobei er in der Form eines äußeren Algorithmus arbeitet. Und der zweite Algorithmus (der restriktionsorientierte) löst als innerer Algorithmus das <u>kanonische</u> parametrische Optimierungsproblem mit variierenden Zielfunktionen.

8.7 Übungsaufgaben

Aufgabe 8.1 Gegeben sei das Optimierungsproblem:

$$
\begin{array}{rrrrrcr}
\min & x^1 & +x^2 & & +10x^4 & & \\
\text{unter} & -2x^1 & +6x^2 & +4x^3 & +2x^4 & = & 10 \\
& x^1 & +2x^2 & -2x^3 & +x^4 & = & 4 \\
& & & & x & \geq & 0.
\end{array}
$$

8.7. Übungsaufgaben

Bei der Lösung des Problems mit dem variablenorientierten Verfahren erhält man als Endtableau der Phase 2:

	x^1	x^2	x^3	x^4	$-e_1$	$-e_2$	b
x^2	0	1	0	$\frac{2}{5}$	$-\frac{1}{10}$	$-\frac{1}{5}$	$\frac{9}{5}$
x^1	1	0	-2	$\frac{1}{5}$	$\frac{1}{5}$	$-\frac{3}{5}$	$\frac{2}{5}$
	0	0	2	$\frac{47}{5}$	$-\frac{1}{10}$	$\frac{4}{5}$	$\frac{11}{5}$

a) Wie ändert sich die Optimallösung, wenn die Zielfunktion zu $c^{neu} = (1, 0, -3, 10)$ abgeändert wird?

b) Wie ändert sich die Optimallösung, wenn als zusätzliche Gleichung $x^1 + x^2 - x^4 = 2$ eingefügt werden soll?

Stellen Sie jeweils, ausgehend von dem vorliegenden Endtableau, das neue Tableau auf und lösen Sie dann das geänderte Optimierungsproblem mit den Verfahren der Postoptimierung bzw. der Parametrischen Optimierung.

Aufgabe 8.2 Gegeben sei das Optimierungsproblem:

$$\begin{array}{rl}
\min \;\; -6x^1 - x^2 - 3x^3 + 2x^4 - 4x^5 - 5x^6 & \\
2x^2 + 2x^3 - x^4 - x^5 + 2x^6 & \leq 4 \\
\tfrac{1}{2}x^2 + 2x^3 + x^4 - x^5 + x^6 & \leq 2 \\
x^1 - x^3 - \tfrac{1}{2}x^4 + x^5 & \leq 4 \\
-2x^1 - x^2 + 2x^6 & \leq 0 \\
x & \geq 0
\end{array}$$

a) Lösen Sie das obige Problem mit dem variablenorientierten Simplexverfahren, indem Sie Schlupfvariablen einführen und mit den Schlupfvariablen als Basisvariablen ein Starttableau aufstellen. Ein statistischer Teil muss nicht mitgeführt werden!
Benutzen Sie als Spaltenauswahlregel die Regel von Dantzig.

b) Geben Sie die Matrix A_B^{-1} zur Basis im Optimalpunkt an.

c) Wie verändert sich die Optimallösung, wenn sich die rechte Seite von $(4, 2, 4, 0)$ auf $(1, 1, 1, 0)$ verschiebt?

Aufgabe 8.3 Entwickeln Sie ein revidiertes Simplexverfahren für Probleme in kanonischer Form.

Kapitel 9
Komplexität des Simplexverfahrens

9.1 Die Kodierungslänge und Laufzeit

Wir haben uns bis jetzt damit befasst, dass der Simplexalgorithmus funktioniert und was man dafür tun muss, aber wir haben uns noch nicht gefragt, wie gut er denn funktioniert. Das ist eine entscheidende Frage, denn der Speicherplatz eines Rechners ist begrenzt, und es steht natürlich auch nicht beliebig viel Zeit zur Verfügung. Deshalb sehen wir in der benötigten *Rechenzeit*, im *Speicherplatzbedarf* und in der *Genauigkeit* die Hauptkriterien für Effizienz.

Wir wollen uns zunächst mit der Kodierungslänge von Problemen beschäftigen.

Bezeichnung
Bei der Formulierung eines Problems benutzen wir Symbole bzw. Ketten (Strings) von Symbolen.

Definition 9.1 *Sei Σ eine endliche Menge von Symbolen. Dann heißt Σ Alphabet. Eine geordnete und endliche Folge von Symbolen aus Σ heißt Kette (String) oder Wort. Σ^* sei die Menge aller möglichen Wörter, die aus Σ geformt werden können. Die Länge eines Wortes ist die Zahl seiner Buchstaben. Das Wort der Länge 0 sei das leere Wort $\emptyset$.*

Beispiele für Strings:
Folgen von rationalen Zahlen, Vektoren, Matrizen, Graphen usw.

Gegeben sei nun eine eindeutige Vorschrift, wie ein gegebenes Objekt durch die zur Verfügung stehenden Symbole ausgedrückt werden soll. Diese Vorschrift induziert dann ein Konzept, um die Länge dieser Objekte zu messen.

Beispiele
Ganze Zahl: Maß für die Länge ist die Anzahl von Ziffern oder von Binärstellen.
Dezimalzahl: Maß für die Länge ist die Anzahl der Ziffern vor und nach dem Komma.

Definition 9.2

1. *Die Kodierungslänge einer ganzen Zahl $k \neq 0$ ist definiert als*

$$\langle k \rangle := \lfloor \log_2(|k|) + 1 \rfloor + 1 = \lceil \log_2(|k| + 1) \rceil + 1.$$

Für $\langle 0 \rangle$ setzen wir 2.
Für eine Potenz von 2 braucht man $1 + \log_2(k)$ Stellen. Liegt man zwischen zwei Potenzen, dann sind nur $\lfloor \log_2(k) + 1 \rfloor$ Stellen notwendig. Eine weitere Stelle wird für das Vorzeichen bzw. die Worttrennung benötigt.

2. *Für eine rationale Zahl $r = \frac{p}{q}$ mit $p, q \in \mathbb{Z}$ gilt:*
$\langle r \rangle = 2 + \lfloor \log_2(|p|) + 1 \rfloor + \lfloor \log_2(|q|) + 1 \rfloor = \langle p \rangle + \langle q \rangle$.

3. *Für einen Vektor $c \in \mathbb{Z}^n$ bzw. $c \in \mathbb{Q}^n$ definieren wir $\langle c \rangle = \sum_{i=1}^{n} \langle c^i \rangle$.*

4. *Für eine Matrix $A \in \mathbb{Z}^{(m,n)}$ bzw. $A \in \mathbb{Q}^{(m,n)}$ definieren wir*
$\langle A \rangle = \sum_{i=1}^{m} \sum_{j=1}^{n} \langle a_{ij} \rangle$.

Bemerkung
Die Kodierungslänge einer linearen Ungleichung $a^T x \leq \eta$ kann durch $\langle a \rangle + \langle \eta \rangle$ beschrieben werden, wobei alle Daten als rational angenommen werden.
Die Kodierungslänge eines linearen Programms der Form

$$\max \quad c^T x$$
$$\text{unter} \quad Ax \leq b$$

mit $A \in \mathbb{Q}^{(m,n)}$, $b \in \mathbb{Q}^m$, $c \in \mathbb{Q}^n$ beträgt $\langle c \rangle + \langle A \rangle + \langle b \rangle$.
Bisher haben wir nur lineare Optimierungsprobleme behandelt, man kann jedoch allgemeine Problemtypen definieren.

Definition 9.3

1. *Ein Problemtyp Π ist eine Teilmenge von $\Sigma^* \times \Sigma^*$. Zu (jedem) gegebenen $z \in \Sigma^*$ (erste Stelle) ist ein Partner $y \in \Sigma^*$ zu finden, so dass $(z, y) \in \Pi$, bzw. es ist zu klären, dass es dort keinen Partner gibt (allgemeine Problemstellung).*

2. *Ein Problembeispiel (instance) ist die Aufgabe, zu einem einzelnen, konkret vorgegebenen $z \in \Sigma^*$ die obige Anforderung zu erfüllen. Ein solches Problembeispiel wird mit $I (I \in \Pi)$ bezeichnet.*

Um ein Problembeispiel eines bestimmten Problems zu lösen, verwendet man Algorithmen, z.B. den Simplexalgorithmus zum Lösen von linearen Optimierungsproblemen. Grob gesprochen ist ein Algorithmus ein Liste von Instruktionen, nach denen ein Problem gelöst werden soll.

9.1. Die Kodierungslänge und Laufzeit

Informelle Definition:
Der Algorithmus entspricht einem Computerprogramm. Übergibt man dieses zusammen mit einer Datenmenge an den Computer, so wird ein Output erzeugt oder es wird bestätigt, dass es keinen zulässigen Output gibt.

Effizienzkriterien für einen Algorithmus sind die Laufzeit und die Speicherplatzkapazität.

Definition 9.4 *Der Speicherplatzbedarf des Algorithmus A auf I ist definiert als die Anzahl der Speicherplätze, die bis zur Lösung von I mindestens einmal besetzt werden (abgekürzt $s_A(I)$).*

Definition 9.5 *Die Laufzeit eines Algorithmus A zur Lösung eines Problembeispiels I ist definiert als die Anzahl von Bewegungen, die der „Kopf" der Turing-Maschine bis zum Stoppen ausführt (Abkürzung $t_{A_{TM}}(I)$).*

Für unsere Zwecke reicht folgende Interpretation aus:
Laufzeit entspricht der Summe über die Länge aller Zahlen (in Bits), welche in arithmetischen Operationen bei Ausführung von A auf I auftreten.
Speziell: Sind alle Zahlen gleich lang, dann ist die Laufzeit ein Vielfaches der Anzahl von arithmetischen Operationen.
Dementsprechend wollen wir den Begriff der Laufzeit abstrahieren, indem wir statt der Bewegungen des Kopfes der Turing-Maschine die elementaren Rechenoperationen zählen.
Hierzu legen wir fest, dass elementare Rechenschritte die Operationen

Addition, Subtraktion, Multiplikation, Division und Vergleich

von rationalen Zahlen seien.

Definition 9.6

(a) Die Laufzeit eines Algorithmus A zur Lösung eines Problems I, bezeichnet mit $t_A(I)$, ergibt sich als Summe über alle elementaren Rechenschritte, die bei der Ausführung des Algorithmus durchgeführt werden, wobei summiert wird über die Kodierungslängen der dabei bearbeiteten Zahlen.
$t_A(I) = \sum_{i=1}^{\#(RS)}(\langle p_i \rangle + \langle q_i \rangle)$, wenn der i-te Schritt p_i und q_i bearbeitet und $\#(RS)$ für die Zahl der Rechenschritte steht.
Eine einfachere Oberschranke ergibt sich aus $\#(RS)$ multipliziert mit der Kodierungslänge der größten Zahl, die bei der Ausführung des Algorithmus aufgetreten ist.

(b) Die worst-case Laufzeitfunktion von A für das Problem Π ist
$t_{A,\Pi}(n) = \sup_{I \in \Pi_n}\{t_A(I)\}$ mit $\Pi_n = \{I \mid \langle I \rangle = n\}$.
Entsprechend gilt für die worst-case Speicherplatzfunktion
$s_{A,\Pi}(n) = \sup_{I \in \Pi_n}\{s_A(I)\}$.

Bemerkung
$t_{A,\Pi}$ und $s_{A,\Pi}$ sind monoton wachsend in n, weil „kleinere" Probleme durch Verwendung überflüssiger Stellen in größere eingebettet werden können.

Definition 9.7 *Ein Algorithmus hat* polynomiale Laufzeit *im worst-case, wenn es ein Polynom* $p\colon \mathbb{R} \to \mathbb{R}$ *gibt mit* $t_{A,\Pi}(n) \leq p(n)$ *für alle* $n \in \mathbb{N}$.
Ein Algorithmus hat polynomialen Speicherplatzbedarf *im worst-case, wenn es ein Polynom* $q(n)$ *gibt, mit* $s_{A,\Pi}(n) \leq q(n)$ *für alle* $n \in \mathbb{N}$.
Analog spricht man von linearem ($\leq Cn$), quadratischem ($\leq Cn^2$), kubischem ($\leq Cn^3$), *usw. sowie von* exponentiellem ($\leq e^{Cn}$) *Aufwand.*

Bemerkung
Entsprechend definiert man polynomialen Speicherplatzbedarf.

Bemerkung
Ein Algorithmus ist genau dann polynomial, wenn er im worst-case nur polynomial viele arithmetische Operationen ausführt und die auftretenden Zahlen polynomial beschränkt in der Inputlänge bleiben.

Bemerkung
Hat ein Algorithmus eine Speicherplatzfunktion, die nicht durch ein Polynom in der Inputlänge beschränkt werden kann, dann kann auch die Laufzeitfunktion nicht polynomial bleiben.
Beweis:
Die Besetzung und Benutzung aller Speicherplätze beinhaltet mindestens so viele arithmetische Operationen (Additionen, Subtraktionen, Multiplikationen, Divisionen, Vergleiche, Zuweisungen), wie Speicherplätze benötigt werden. □

9.2 Kodierungslängenergebnisse für Lineare Optimierung

Wir betrachten ein lineares Optimierungsproblem

$$\begin{aligned} \max \quad & c^T x \\ \text{unter} \quad & Ax \leq b \end{aligned}$$

mit $c \in \mathbb{Z}^n$, $b \in \mathbb{Z}^m$, $A \in \mathbb{Z}^{(m,n)}$.
Die Kodierungslänge des Problems ist, wie wir schon feststellten, $\langle A \rangle + \langle b \rangle + \langle c \rangle$. In jedem Iterationsschritt des Simplexverfahrens sind $O(mn)$ arithmetische Operationen auszuführen. Wenn wir untersuchen wollen, ob unser Algorithmus polynomial ist, müssen wir also noch klären, ob

- die Länge der auftretenden Daten beschränkt bleibt,
- nicht zu viele Pivotschritte anfallen.

Hierzu erinnern wir uns an den restriktionsorientierten Algorithmus. In jeder Spalte des Tableaus steht die Lösung eines Gleichungssystems $A_\Delta \tilde{x} = a_k$.

9.2. Kodierungslängen für Lin. Optimierung

Mit Hilfe der Cramerschen Regel erhält man
$\tilde{x}^i = \frac{D_i}{D}$ mit $D = \det(A_\Delta)$ und $D_i = \det(A_\Delta{}^i)$, wobei die Matrix $A_\Delta{}^i$ aus der A_Δ entsteht, indem man die i-te Spalte in A_Δ durch b ersetzt.
D und D_i sind wegen ganzzahliger Eingabedaten ebenfalls ganzzahlig. Sei $D \neq 0$, dann ist $|\tilde{x}^i| \leq s$ mit $s = |D_i|$. Dies gilt, da $|D| \geq 1$ ist.

Lemma 9.1

(a) Für jede Zahl $k \in \mathbb{Z}$ gilt: $|k| \leq 2^{\langle k \rangle} - 1 \leq 2^{\langle k \rangle}$.

(b) Für jeden Vektor $d \in \mathbb{Z}^n$ gilt: $\|d\|_2 \leq \|d\|_1 \leq 2^{\langle d \rangle} - 1 \leq 2^{\langle d \rangle}$.

(c) Für jede Matrix $A \in \mathbb{Z}^{(n,n)}$ gilt: $|\det A| \leq 2^{\langle A \rangle} - 1 \leq 2^{\langle A \rangle}$.

Beweis:

(a) $2^{\langle k \rangle} - 1 = 2^{\lfloor \log_2 |k|+1 \rfloor +1} - 1 \geq 2^{\log_2(|k|)+1} - 1 \geq 2|k| - 1 \geq |k|$, wenn $k \neq 0$ gilt.
Ist $k = 0$, dann ist $2^{\langle k \rangle} - 1 = 2^2 - 1 = 3 \geq 0$.

(b) $1 + \|d\|_1 = 1 + \sum_{j=1}^{n} |d^j| \leq \prod_{j=1}^{n}(1 + |d^j|) \leq \prod_{j=1}^{n} 2^{\langle d^j \rangle} = 2^{\langle d^1 \rangle + \ldots + \langle d^n \rangle} = 2^{\langle d \rangle}$.

(c) Nach der Ungleichung von Hadamard gilt für eine $(n \times n)$-Matrix D mit den Spaltenvektoren $d_1, \ldots, d_n$:
$|\det D| \leq \prod_{j=1}^{n} \|d_j\|_2$, also
$1 + |\det D| \leq 1 + \prod_{j=1}^{n} \|d_j\|_2 \leq \prod_{j=1}^{n}(1 + \|d_j\|_2) \leq \prod_{j=1}^{n}(1 + \|d_j\|_1) \leq \prod_{j=1}^{n} 2^{\langle d_j \rangle} = 2^{\langle d_1 \rangle + \ldots + \langle d_n \rangle} = 2^{\langle D \rangle}$. □

Bezeichnung

Wir setzen A_{Δ^*} für die quadratische Untermatrix von A mit dem maximal erreichten Wert von $\langle A_\Delta \rangle$ innerhalb von A. Das heißt:
$\langle A_\Delta \rangle \leq \langle A_{\Delta^*} \rangle \; \forall \Delta$ und $\exists \Delta$ mit $\langle A_\Delta \rangle = \langle A_{\Delta^*} \rangle$.
Entsprechend sei b_{Δ_*} die Auswahl von n Komponenten von b, die den maximalen Wert von $\langle b_\Delta \rangle$ ergibt.

Lemma 9.2

(a) Bei $X = \{x \mid Ax \leq b\}$ gilt für alle Basislösungen $\tilde{x}_\Delta = A_\Delta^{-1} b_\Delta$:
$\tilde{x}_\Delta^i$ ist rational, d.h. $\tilde{x}_\Delta^i = \frac{p}{q}$ mit $p, q \in \mathbb{Z}$, wobei
$|p| \leq 2^{\langle A_\Delta \rangle + \langle b_\Delta \rangle - 2n} \leq 2^{\langle A \rangle + \langle b \rangle - 2n(m-n+1)}$ ist und
$1 \leq |q| \leq 2^{\langle A_\Delta \rangle} \leq 2^{\langle A \rangle - 2n(m-n)}$.
Somit ist $2^{-\langle A_\Delta \rangle} \leq |\tilde{x}_\Delta^i| = |\frac{p}{q}| \leq 2^{\langle A_\Delta \rangle + \langle b_\Delta \rangle - 2n} \leq 2^{\langle A \rangle + \langle b \rangle - 2n(m-n+1)}$.

(b) Für alle Spalten des Tableaus gilt:
$\hat{a} = A_\Delta^{T^{-1}} a_k$ mit $\hat{a}^j = \frac{p}{q}$, wobei $p, q \in \mathbb{Z}$ und
$|p| \leq 2^{\langle A_\Delta \rangle + \langle a_k \rangle - 2n} \leq 2^{\langle A \rangle - 2n(m-n)}$ und $1 \leq |q| \leq 2^{\langle A_\Delta \rangle} \leq 2^{\langle A \rangle - 2n(m-n)}$,
und damit $2^{-\langle A_\Delta \rangle} \leq |\hat{a}^j| = |\frac{p}{q}| \leq 2^{\langle A_\Delta \rangle + \langle a_k \rangle - 2n} \leq 2^{\langle A \rangle - 2n(m-n)}$.

(c) Für die Zielfunktionskoeffizienten im Tableau gilt:
$\xi = A_\Delta^{T^{-1}} c$ mit $\xi^i = \frac{p}{q}$ und $|p| \leq 2^{\langle A_\Delta \rangle + \langle c \rangle - 2n}$ und $1 \leq |q| \leq 2^{\langle A_\Delta \rangle}$, also
$2^{-\langle A_\Delta \rangle} \leq |\xi^i| = |\frac{p}{q}| \leq 2^{\langle A_\Delta \rangle + \langle c \rangle - 2n} \leq 2^{\langle A \rangle + \langle c \rangle - 2n(m-n+1)}$.

(d) Für die Schlupfwerte gilt:
$\beta = b - Ax$,
$|\beta^j| = |b^j - a_j^T x| \leq |b^j| + |a_j^T A_\Delta^{-1} b_\Delta| \leq 2^{\langle b \rangle - 2(m-1)} + 2^{\langle a_j \rangle + \langle A_\Delta \rangle + \langle b_\Delta \rangle - 2n}$.

(e) Für den Wert der Zielfunktion bei einer Basislösung x_Δ gilt:
$c^T x = c^T A_\Delta^{-1} b_\Delta = \xi^T b_\Delta = \frac{p}{q}$ mit $|p| \leq 2^{\langle A_\Delta \rangle + \langle b_\Delta \rangle + \langle c \rangle - 2n}$ und
$1 \leq |q| = |\det A_\Delta| \leq 2^{\langle A_\Delta \rangle}$ und damit
$2^{-\langle A_\Delta \rangle} \leq \frac{1}{q} \leq \frac{p}{q} \leq p \leq 2^{\langle A_\Delta \rangle + \langle b_\Delta \rangle + \langle c \rangle - 2n}$.

Beweis:

(a) $\tilde{x}^i = \frac{\det D_i}{\det D}$ und $|\det D| \leq 2^{\langle A_\Delta \rangle} \leq 2^{\langle A \rangle - 2n(m-n)}$.
$|\det D_i| \leq 2^{\langle A_\Delta \rangle + \langle b_\Delta \rangle - 2n}$, da D_i aus D durch Austauschen einer Spalte mit b_Δ entsteht. Also gilt:

$$|\tilde{x}_\Delta^i| \leq \frac{|\det D_i|}{|\det D|} \leq |\det D_i| \leq 2^{\langle A_\Delta \rangle + \langle b_\Delta \rangle - 2n} \leq 2^{\langle A \rangle + \langle b \rangle - 2n(m-n+1)}$$

(b) Ersetze in (a) A_Δ durch A_Δ^T und b_Δ durch a_k.

(c) Analogie zu (b), entsprechend mit c statt a_k.

(d) Wir beachten, dass $a_j^T (A_\Delta^{-1} b_\Delta) \leq (|a_j^1| + \ldots + |a_j^n|) \operatorname{Max}_{i=1,\ldots,n}(|x^i|) \leq$
$\leq \|a_j\|_1 2^{\langle A_\Delta \rangle + \langle b_\Delta \rangle - 2n} \leq 2^{\langle a_j \rangle + \langle A_\Delta \rangle + \langle b_\Delta \rangle - 2n}$.
Da a_j ganz ist, werden in Wirklichkeit nur die Zähler multipliziert. Die Nenner der x-Komponenten bleiben unverändert. Diese sind aber alle gleich. Deshalb bleibt auch nach Addition dieser einheitliche Nenner bestehen. Nun muss noch der Term $|b^j|$ addiert werden.

(e) Analog zu (d) arbeitet man hier mit c statt mit a_j. □

Lemma 9.3 Existiert ein zulässiger Punkt zu $Ax \leq b$ mit $|c^T x| < 2^{-\langle A_{\Delta^*} \rangle}$, erst recht also bei $|c^T x| < 2^{-\langle A \rangle}$, dann nimmt $c^T x$ auf dem Zulässigkeitsbereich den Wert 0 an, also gibt es $x_1, x_2 \in X$ mit $c^T x_1 \leq 0 \leq c^T x_2$.

Beweis:
Ist die Zielfunktion nach unten (nach oben) beschränkt, dann gibt es (spätestens nach Einführung von flexiblen Hilfsrestriktionen) Minimalecken (Maximalecken). Solche Minimalwerte (Maximalwerte) von $c^T x$ kommen — wenn überhaupt, dann auch an mindestens einer Ecke vor. Diese sind Basislösungen und besitzen nach Lemma 9.2 (e) nur Zielfunktionswert-Beträge ≤ 0 oder $\geq \frac{1}{2^{-\langle A_{\Delta^*} \rangle}}$. □

9.3. Die Nichtpolynomialität von Simplexvarianten

Lemma 9.4 Bei $X = \{x \mid Ax \leq b,\ x \geq 0\}$ sowie $X = \{x \mid Ax = b\ x \geq 0\}$ gelten die Abschätzungen von Lemma 9.2 und Lemma 9.3 analog.

Beweis:
Fall: $X = \{x \mid Ax \leq b,\ x \geq 0\}$
Zunächst zu den Basislösungen. Eventuell sind Einheitsvektoren als Restriktionszeilen im Spiel. Diese sind aber kodierungsmäßig noch einfacher als A-Zeilen.
Zu den Tableaueinträgen: Betrachte das Tableau mit statistischem Teil (ernstgenommen). Alle relevanten Informationen sind dort bereits enthalten. Die obigen Erkenntnisse gelten also hier auch.
Fall: $X = \{x \mid Ax = b,\ x \geq 0\}$
Wenn wir die Dimension so wählen, dass A n Zeilen und m Spalten hat (Vertauschung der Dimensionen), dann gelten alle Abschätzungen ganz genau wie vorher. Dies ist klar, weil das kanonische Tableau genauso für Standardprobleme verwendet werden kann. □

Nun haben wir also erkannt, dass die Tableaueinträge in ihrem Betrag durch

$$2^{\langle A \rangle + \langle b \rangle + \langle c \rangle - 2n}$$

beschränkt bleiben, also mit ihrer Kodierungslänge in $L = \langle A \rangle + \langle b \rangle + \langle c \rangle$ polynomial bleiben. L war bekanntlich die Eingabelänge des Problems.
Weil es aber nur $O(mn)$ Tableaueinträge gibt und pro Iterationsschritt grob gesagt zwei arithmetische Operationen auszuführen sind, wird klar, dass ein einzelner Pivotschritt einen in L polynomialen Rechenaufwand verursacht.

9.3 Die Nichtpolynomialität von Simplexvarianten

Viel schwieriger als die Ermittlung des Aufwands für einen einzelnen Pivotschritt gestaltet sich die Erfassung der Anzahl von nötigen Pivotschritten bis zum Erreichen der Optimalecke oder bis zum Erkennen von Unbeschränktheit der Zielfunktion.
Hier gab es 1972 eine große Enttäuschung, die zu starker Verunsicherung und zu Irritationen führte. Denn Klee und Minty [33] zeigten damals, dass es bei Problemen der Art

$$\begin{aligned}
\max \quad & e_n^T x \\
\text{unter} \quad & 0 \leq x^1 \leq 1 \\
& \epsilon x^i \leq x^{i+1} \leq 1 - \epsilon x^i \quad \text{für alle } i = 1, \ldots, n-1 \\
\text{mit} \quad & \epsilon \in (0, \tfrac{1}{2})
\end{aligned}$$

einen Simplexpfad gibt, der alle 2^n Ecken des Polyeders X_n durchläuft. Da hier $m = 2n$ Restriktionen und n Variablen vorliegen, wächst also die Anzahl der Pivotschritte exponentiell in der Anzahl der Variablen und damit in $L = \langle A \rangle + \langle b \rangle + \langle c \rangle$ für diese Familie von $(2n, n)$-Problemen. Somit ist das Simplexverfahren mit der Variante der beliebigen Kantenwahl nicht polynomial.

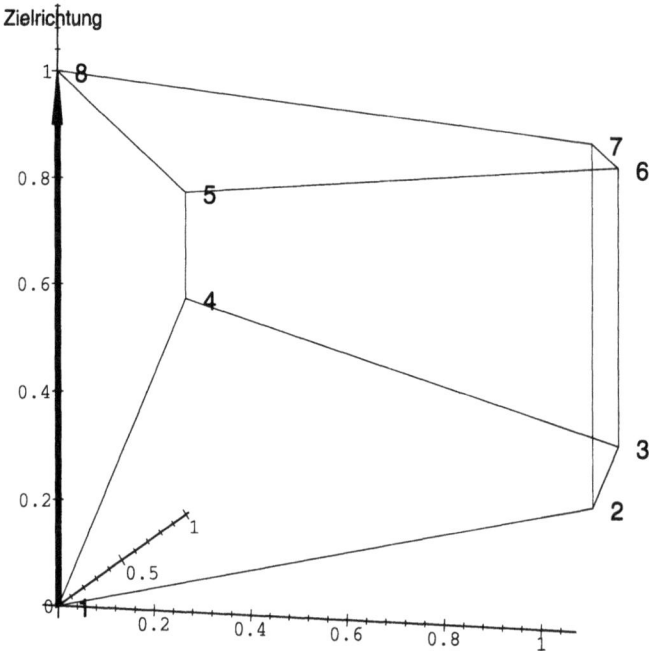

Abbildung 9.1: Klee-Minty-Polyeder

Satz 9.1 *Das Klee-Minty-Polyeder besitzt 2^n Ecken und einen Simplexpfad, der über alle diese 2^n Ecken führt.*

Beweis:
Wir bestimmen zunächst die Eckenmenge. Im $\mathbb{R}^2$ hat X_2 die Form eines Trapezes. Beim Übergang zu $\mathbb{R}^3$ erfolgt eine Verdopplung des Grundmusters durch Einführung einer „Decke" $x^3 = 1$ und eines „Bodens" $x^3 = 0$.
Nun erfolgt eine Verdrehung. x^3 darf nicht mehr zwischen 0 und 1, sondern nur noch zwischen ϵx^2 und $(1-\epsilon)x^2$ variieren. Dadurch wird die Decke hinten gesenkt, der Boden hinten angehoben. Bei Maximierung von 0 aus in Richtung x^3 können bis zum Optimalpunkt $7 = 2^3 - 1$ Pivotschritte ausgeführt werden.

Man fährt mit dieser Verdopplungsmethode und diesen Anhebungen, Absenkungen bei jeder Dimensionssteigerung fort, bis schließlich Dimension n erreicht ist.

Zu zeigen ist nun, dass es tatsächlich genau 2^n Ecken geben wird, und dass diese Ecken alle von einem (monotonen) Simplexpfad durchlaufen werden.

Behauptung: Die Ecken von X_n entsprechen den 2^n Ecken des Würfels $W_n = \{x \in \mathbb{R}^n \mid 0 \leq x^i \leq 1$ für alle $i = 1, \ldots, n\}$.
Dies sind die Punkte $(i_1, \ldots, i_n)$ mit $i_k = \begin{cases} 0 & \text{wenn } x^k = 0, \\ 1 & \text{wenn } x^k = 1. \end{cases}$

9.3. Die Nichtpolynomialität von Simplexvarianten

Da gilt $X_n \neq W_n$, verwenden wir folgende Schreibweise für die Ecken:

$(j_1, \ldots, j_n)$ mit $j_k = \begin{cases} 0 & \text{wenn } x_k \text{ an der unteren Schranke,} \\ 1 & \text{wenn } x_k \text{ an der oberen Schranke.} \end{cases}$

Klar ist jedenfall $X_n \subset W_n$.

Behauptung: Wegen $0 < \epsilon < \frac{1}{2}$ gilt für zulässige x^i immer $\epsilon x^i < 1 - \epsilon x^i$.
Beweis:
Da $x^i \in [0,1]$ und $\epsilon < \frac{1}{2}$ gilt $\epsilon x^i < \frac{1}{2} = 1 - \frac{1}{2} < 1 - \epsilon x^i$.
Deshalb kann nie eine Variable x^{i+1} an beiden Schranken gleichzeitig sein, und es bleibt für sie bei gegebenem x^i immer ein positiver Intervallspielraum. Als Kandidaten für Ecken bleiben deshalb tatsächlich nur die Tupel $(j_1, \ldots, j_n)$ übrig und all diese sind wirklich zulässig. Verschieden sind sie sicherlich auch.
Wir müssen nun nachweisen, dass es sich dabei in der Tat um Ecken handelt. Genau n Restriktionen sind schon einmal straff. Die Gradienten dieser Restriktionen haben folgende Gestalt.

Unterschranken:
$$\begin{pmatrix} -1 \\ 0 \\ 0 \\ \vdots \\ 0 \\ 0 \\ 0 \end{pmatrix}, \begin{pmatrix} \epsilon \\ -1 \\ 0 \\ \vdots \\ 0 \\ 0 \\ 0 \end{pmatrix}, \ldots, \begin{pmatrix} 0 \\ 0 \\ \epsilon \\ -1 \\ 0 \\ \vdots \\ 0 \end{pmatrix}, \ldots, \begin{pmatrix} 0 \\ 0 \\ \vdots \\ 0 \\ 0 \\ \epsilon \\ -1 \end{pmatrix},$$

Oberschranken:
$$\begin{pmatrix} 1 \\ 0 \\ 0 \\ \vdots \\ 0 \\ 0 \\ 0 \end{pmatrix}, \begin{pmatrix} \epsilon \\ 1 \\ 0 \\ \vdots \\ 0 \\ 0 \\ 0 \end{pmatrix}, \ldots, \begin{pmatrix} 0 \\ 0 \\ \epsilon \\ 1 \\ 0 \\ \vdots \\ 0 \end{pmatrix}, \ldots, \begin{pmatrix} 0 \\ 0 \\ \vdots \\ 0 \\ 0 \\ \epsilon \\ 1 \end{pmatrix}.$$

In einer Ecke wird aus jedem Paar ein Restriktionsvektor verwendet. Die Matrix der straffen Restriktionsvektoren ist

$$\begin{pmatrix} \pm 1 & \epsilon & & & 0 \\ & \pm 1 & \epsilon & & \\ & & \ddots & \ddots & \\ & & & \pm 1 & \epsilon \\ 0 & & & & \pm 1 \end{pmatrix} \text{ mit einem Determinantenbetrag von 1.}$$

Also ist diese Matrix regulär. Damit liegen bei allen untersuchten 2^n Punkten wirklich Ecken vor.

Nun beschäftigen wir uns mit der Frage, ob all diese Ecken denn durchlaufen werden.

Eine Kante verläuft immer zwischen zwei n–Tupeln $(j_1, \ldots, j_n)$ und $(j'_1, \ldots, j'_n)$, die sich nur in einem Eintrag unterscheiden. Dies ist dort der Fall, wo eine Variable von der Unterschranke zur Oberschranke wechselt.
Wir definieren nun eine kombinatorische Folge der Tupel $(j_1, \ldots, j_n)$:

$$n=2: \begin{pmatrix}0\\0\end{pmatrix} \to \begin{pmatrix}1\\0\end{pmatrix} \to \begin{pmatrix}1\\1\end{pmatrix} \to \begin{pmatrix}0\\1\end{pmatrix}.$$

$$n=3: \begin{pmatrix}0\\0\\0\end{pmatrix} \to \begin{pmatrix}1\\0\\0\end{pmatrix} \to \begin{pmatrix}1\\1\\0\end{pmatrix} \to \begin{pmatrix}0\\1\\0\end{pmatrix} \to \begin{pmatrix}0\\1\\1\end{pmatrix} \to \begin{pmatrix}1\\1\\1\end{pmatrix} \to \begin{pmatrix}1\\0\\1\end{pmatrix} \to \begin{pmatrix}0\\0\\1\end{pmatrix}.$$

Induktiv ist dies so definiert:
Verwende die n-dimensionale Folge, augmentiere sie mit 0 in der $(n+1)$-ten Koordinate und durchlaufe die jetzt vorliegenden Vektoren in der bekannten Reihenfolge. Danach erhöhe die $(n+1)$-te Koordinate auf 1 und durchlaufe die entsprechende n-dimensionale Folge diesmal rückwärts.

Die Verknüpfung der beiden Halbfolgen erfolgt immer in der Form $\begin{pmatrix}0\\ \vdots \\ 0 \\ 1 \\ 0\end{pmatrix} \to \begin{pmatrix}0\\ \vdots \\ 0 \\ 1 \\ 1\end{pmatrix}$

und repräsentiert damit wiederum eine bestehende Kante. In den beiden Halbfolgen ist dies aus Gründen der Induktionsannahme bereits klar. Durch die Art der Konstruktion ist gewährleistet, dass alle kombinatorischen Tupel auch erfaßt werden.
Zu erörtern bleibt der Verlauf der Zielfunktion:

$$n=2: \begin{pmatrix}0\\0\end{pmatrix} \to \begin{pmatrix}1\\\epsilon\end{pmatrix} \to \begin{pmatrix}1\\1-\epsilon\end{pmatrix} \to \begin{pmatrix}0\\1\end{pmatrix}.$$

$$n=3: \begin{pmatrix}0\\0\\0\end{pmatrix} \to \begin{pmatrix}1\\\epsilon\\\epsilon^2\end{pmatrix} \to \begin{pmatrix}1\\1-\epsilon\\\epsilon(1-\epsilon)\end{pmatrix} \to \begin{pmatrix}0\\1\\\epsilon\end{pmatrix} \to \begin{pmatrix}0\\1\\1-\epsilon\end{pmatrix} \to$$

$$\to \begin{pmatrix}1\\1-\epsilon\\1-\epsilon(1-\epsilon)\end{pmatrix} \to \begin{pmatrix}1\\\epsilon\\1-\epsilon^2\end{pmatrix} \to \begin{pmatrix}0\\0\\1\end{pmatrix}.$$

Bei $n=3$ erkennt man, dass die Zielfunktion x^3, die man in der letzten Komponente findet, monoton wächst. Wir benutzen dies als Induktionsverankerung für die Behauptung, dass x^n, also die letzte Komponente der Vektoren in der konstruierten Folge, jeweils auch monoton wächst.

<u>Induktionsschritt</u>
Wir nehmen an, dass in X_n die Größe x^n ansteigt. Fraglich ist nun, was dann beim Übergang zu X_{n+1} mit x^{n+1} geschieht.

9.3. Die Nichtpolymialität von Simplexvarianten

Auf dem Hinweg (der ersten Halbfolge) befindet sich die neue Variable x^{n+1} an ihrer Unterschranke. Dies bedeutet aber, dass man dafür nur die bereits wachsenden x^n–Werte mit ϵ zu multiplizieren hat, also gilt: $x^{n+1} = x^n \epsilon$. Die Monotonie überträgt sich dann natürlich auf die neue Variable.

Auf dem Rückweg (d.h. in der zweiten Halbfolge) fällt x^n (umgekehrter Durchlauf zu oben). Da jetzt x^{n+1} an seiner Oberschranke liegen soll, müssen wir bilden: $x^{n+1} = 1 - x^n \epsilon$. Diese Werte werden also ebenfalls monoton wachsen.

Zuletzt betrachten wir den Übergang zwischen beiden Halbfolgen. Hier steht x^n auf 1, folglich wechselt x^{n+1} von ϵ nach $1 - \epsilon$. Deshalb beschreibt unser vollständiger Eckenpfad sogar einen Simplexpfad. □

Satz 9.2 *Die Simplexvariante der beliebigen Pivotauswahl ist nicht polynomial (in der Kodierungslänge der Probleme), weil es eine Familie von $(2n, n)$-Problemen (für alle $n \in \mathbb{N}$) gibt, bei denen jeweils $2^n - 1$ Pivotschritte anfallen.*

Ähnliche, aber kompliziertere Konstruktionen haben auch für ausgeklügeltere Varianten zur Widerlegung der erhofften Polynomialität geführt. Unter anderem ist bekannt:

Satz 9.3 *Für folgende Simplexvarianten gibt es Familien von linearen Optimierungsproblemen mit exponentiellem Wachstum der benötigten Schrittzahl:*

- *größte Verbesserung*
- *steilster Anstieg*
- *Dantzig-Regel*
- *Schatteneckenalgorithmus oder parametrische Variante*
- *Regel von Bland*
- *beliebige Pivotsuche*
- *zufällige Pivotsuche.*

Bemerkung
Noch ist nicht geklärt, ob es wirklich keine polynomiale Simplexvariante gibt (Vermutet wird: NEIN).
Man weiß noch nicht einmal, ob überhaupt von jeder Ecke zu jeder anderen ein Simplexpfad polynomialer Länge existiert. Hier ist die Existenz fraglich.
Die hierzu verschärfte Version:
Es sind maximal $m - n$ Schritte bei kanonischen (m, n)-Problemen nötig, um von jeder beliebigen Ecke zu jeder beliebigen anderen zu kommen, ist widerlegt. (Dies war die monotone Hirsch-Vermutung.)
Eine immense Herausforderung stellt also folgende Aufgabe dar: Beweise, dass es eine polynomiale Simplexvariante gibt.

9.4 Probabilistische Analyse des Simplexalgorithmus

Nachdem die Worst-Case Analyse des Simplexalgorithmus also zu einem sehr beunruhigenden Ergebnis geführt hat, stellte sich 1972 die Frage, ob diese hohen Schrittzahlen nun extreme Ausfälle waren oder ob man generell mit hohem Rechenaufwand bei Simplexverfahren zu rechnen hat. Die bis dahin gemachten praktischen Beobachtungen waren sehr gut gewesen. Aber bei diesen sowie bei experimentellen Tests muss man aus mathematischer Sicht sehr vorsichtig sein. Da man erst mit vielen Tests einigermaßen robuste Ergebnisse erhält, ist der Rechenaufwand riesig und man kann nicht in große Dimensionen vorstoßen. Somit sind qualitative Aussagen (insbesondere für hohe Dimensionen) so nicht zu gewinnen. Auch die Auswahl der Problembeispiele kann zu gewaltigen Verzerrungen führen. Und das resultierende Zahlenwerk ist eher Zahlensalat, d.h. es kann kaum richtig interpretiert werden. Diese Einwände gelten auch für eventuelle Durchschnittsermittlungen von Rechenzeiten usw.

Eine mathematisch sinnvolle Erörterung der obigen Frage müsste also im Sinne einer theoretischen Analyse des Durchschnittsverhaltens (Average-Case-Analyse) erfolgen, bei der eine gewisse Wahrscheinlichkeitsverteilung der auftretenden Probleme unterstellt wird, und bei der dann mit Mitteln der Geometrie, Optimierung und Wahrscheinlichkeitsrechnung eine Studie des Erwartungswerts, der Varianz oder der Verteilung zur Rechenzeit bzw. Schrittzahl vorgenommen wird. Man spricht hier von einer Probabilistischen Analyse.

Wir kümmern uns wieder um folgende Problemstellung:

$$\max v^T x \text{ unter } a_1^T x \leq 1, \ldots, a_m^T x \leq 1,$$

wobei $x, v, a_1, \ldots, a_m \in \mathbb{R}^n$ und $m \geq n$. Also ist m die Zahl der Restriktionen, n die Zahl der Variablen. Und der Zulässigkeitsbereich ist das Polyeder

$$X = \{x \mid a_1^T x \leq 1, \ldots, a_m^T x \leq 1\}.$$

Hierfür definieren wir ein probabilistisches Modell, das beschreibt, wie häufig bestimmte Problembeispiele auftreten.

Rotations-Symmetrie-Modell (RSM)

$a_1, \ldots, a_m$ und v (sowie ein Hilfsvektor u) seien unabhängig, identisch und rotationssymmetrisch verteilt auf $\mathbb{R}^n \setminus \{0\}$.

Wir gehen aus von einer Nichtentartungsbedingung, die Fallunterscheidungen überflüssig macht und die in unserem Modell keinen Einfluss auf das durchschnittliche Verhalten hat, weil sie nämlich fast sicher (d.h. mit Wahrscheinlichkeit 1) erfüllt ist.

Nichtentartungsbedingung: (unter RSM fast sicher)
Jede Teilauswahl von n Vektoren aus $\{a_1, \ldots, a_m, v, u\}$ ist linear unabhängig.
Jede Teilauswahl von $(n+1)$ Vektoren aus $\{a_1, \ldots, a_m\}$ ist in allgemeiner Lage.

9.4. Probabilistische Analyse des Simplexalgorithmus

Wir geben nun eine Kurzinterpretation des Simplexverfahrens.
Es löst lineare Optimierungsprobleme in zwei Phasen.

Das Simplexverfahren

Phase I: Stelle fest, ob X eine Ecke besitzt.
STOP wenn dies nicht der Fall ist.
Andernfalls berechne eine solche Ecke $x_0 \in X$.

Phase II: Konstruiere eine Folge von Ecken $x_0, \ldots, x_s \in X$, so dass für $i = 0, \ldots, s-1$ jeweils x_i and x_{i+1} benachbart sind und dass gilt $v^T x_i < v^T x_{i+1}$. Die Folge endet bei x_s,

- wenn dies die Optimalecke ist
- wenn sich dort erweist, dass kein Optimalpunkt existiert.

Noch ist in Phase II nicht endgültig festgelegt, wie die Auswahl der Nachfolgerecke erfolgen soll. Daraus bestimmt sich die verwendete Variante.
Wir werden hier als spezifische Variante den Schatteneckenalgorithmus verwenden, das ist der parametrische Algorithmus aus Kapitel 8.6 bei zwei Zielfunktionen und kanonischer Problemstellung.
Da Phase I nach genau demselben Schematismus wie Phase II abläuft, werden wir uns zunächst auf Phase II konzentrieren. Wichtig ist die Information über das probabilistische Verhalten der Größe s im Schatteneckenalgorithmus.
Nun empfiehlt sich eine Betrachtung im Dualraum, das ist der Raum, der die Restriktionsvektoren a_i beinhaltet. Dort kann man einfacher rechnen, weil dort die Zufallsvektoren ja erzeugt werden.
Wir betrachten ein primales und ein polares Polyeder.

$$X := \{x \mid a_1^T x \leq 1, \ldots, a_m^T x \leq 1\} \quad \text{(primales Polyeder)}$$
$$Y := \text{KH}(0, a_1, \ldots, a_m) \quad \text{(polares Polyeder)}$$

Jede Indexmenge Δ induziert einen Punkt im Primalraum und einen Simplex (Polytop mit n Ecken) im Dualraum.
x_Δ ist der Lösungspunkt des Gleichungssystems

$$a_{\Delta^1}^T x = 1, \ldots, a_{\Delta^n}^T x = 1 \quad \text{(Basislösung)},$$

$\Sigma(\Delta)$ ist ein (Basis-)Simplex mit n Erzeugern

$$\Sigma(\Delta) := \text{KH}(a_{\Delta^1}, \ldots, a_{\Delta^n}).$$

Somit besteht eine eineindeutige Zuordnung

$$x_\Delta \longleftrightarrow \Delta \longleftrightarrow \Sigma(\Delta).$$

Lemma 9.5 *Jeder Ecke x_Δ von X entspricht eine Facette $\Sigma(\Delta)$ von Y.*

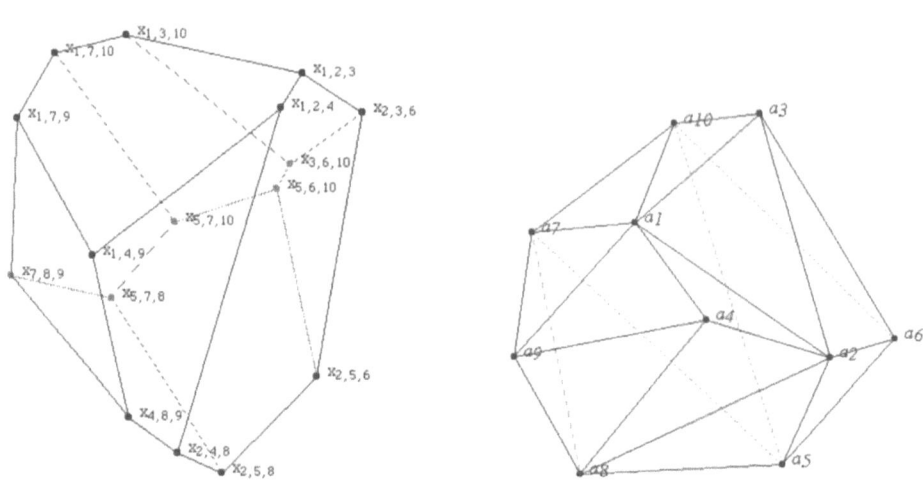

Abbildung 9.2: primales und polares Polyeder

Beweis:

x_Δ ist eine Ecke von X
⇔ $a_i^T x_\Delta \leq 1 \ \forall\, i \notin \Delta$ und $a_i^T x_\Delta = 1 \ \forall\, i \in \Delta$
⇔ alle Punkte a_i mit $i \notin \Delta$ liegen „unterhalb" der Hyperebene durch $\Sigma(\Delta)$ (also im selben Halbraum wie der Ursprung)
⇔ $\Sigma(\Delta) = \mathrm{KH}(a_{\Delta^1},\ldots,a_{\Delta^n})$ ist Y-Facette.

□

Reines Nachdenken über Ecken löst aber bei weitem noch nicht unser Problem, weil viel mehr Ecken existieren als besucht werden. Wenn wir aber die parametrische Variante, also den Schatteneckenalgorithmus verwenden, dann können wir eine klare geometrische Bedingung erkennen.

Zunächst einmal sei die von Phase I gelieferte Startecke x_0. Da dies eine Ecke ist gibt es Zielrichtungen, für die dieses x_0 die Optimalecke ist. Sei u eine solche Richtung, bzw. sei $u^T x$ eine in x_0 maximierte Zielfunktion.

Die Schatteneckenbedingung

Schattenecken von X sind Ecken, die bei orthogonaler Projektion von X auf $\mathrm{LH}(u,v)$ ihre Eckeneigenschaft behalten. Ihre Anzahl ist S (Im Bild 9.3 ist $S = 10$). Der Schatteneckenalgorithmus benutzt nur Schattenecken, die Anzahl der besuchten Schattenecken ist s (Im Bild 9.3 ist jeweils $s = 6$).

Schatteneckenalgorithmus

1. Starte mit x_0, der zu $u^T x$ optimalen Ecke.

2. Führe Verbesserungsschritte für $v^T x$ folgendermaßen durch:

9.4. Probabilistische Analyse des Simplexalgorithmus

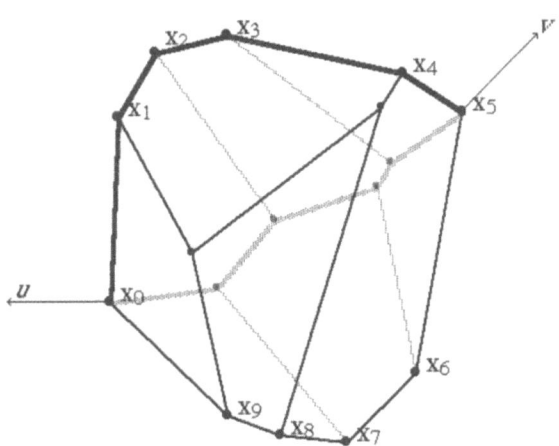

Abbildung 9.3: Schattenecken

a) Bestimme eine Pivotzeile i durch die parametrische Regel

$$i = \arg\min\left\{\frac{\xi_1^k}{\xi_1^k - \xi_2^k} \mid \xi_1^k > 0,\ \xi_2^k < 0\right\}.$$

b) Tausche die Restriktion a_{Δ^i} aus gegen eine Restriktion a_j (errechenbar durch Quotientenvergleich).

c) Überprüfe das neue Tableau auf Optimalität bzw. Unbeschränktheit und STOPPE in beiden Fällen.

d) Andernfalls gehe zu a).

Aus dem Polarkegelsatz (Satz 2.11) folgert man nun leicht folgende Erkenntnis:

Eine Ecke x_Δ von X ist (u,v)-Schattenecke
$\Leftrightarrow$ x_Δ ist optimal bzgl. $w^T x$ auf X mit einem $w \in \text{LH}(u,v)$.
$\Leftrightarrow$ $\text{KK}(a_{\Delta^1}, \ldots, a_{\Delta^n}) \cap \text{LH}(u,v) \neq \emptyset$.

Wir suchen also nun alle Facetten, die gleichzeitig die Schnittbedingung erfüllen. Klar ist deshalb $s \leq S$ und $E_{m,n}(s) \leq E_{m,n}(S) \approx 4E_{m,n}(s)$ (Erwartungswert bei m Restriktionen und n Variablen). $\text{LH}(u,v)$ schneidet jede erfasste Facette in genau zwei ihrer Seiten. Wenn man nun die Rotationssymmetrie der Lage der Vektoren u,v in unserem Modell beachtet, dann erkennt man folgendes einfache Gesetz:

Die Schnittwahrscheinlichkeit für eine Seite
$Prob\,(\text{KK}(a_1,\ldots,a_{n-1}) \cap \text{LH}(u,v) \neq \{0\})$ ist proportional zu
$W(a_1,\ldots,a_{n-1})$, dem sphärischen Maß des von
$\{a_1,\ldots,a_{n-1}\}$ aufgespannten Kegels.

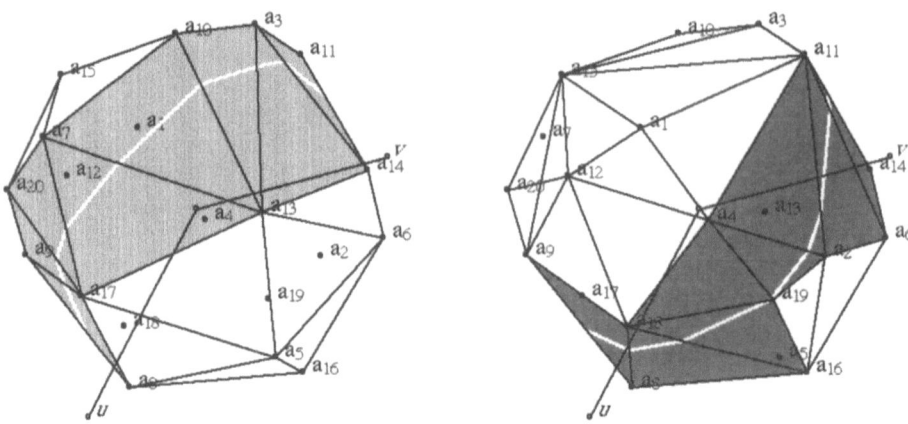

Abbildung 9.4. Schnitt der Facetten von Y mit $LH(u,v)$ im Hintergrund und im Vordergrund

Daraus erhält man mit der Linearität der Erwartungswerte folgende Auswertungs-Integralformel für die mittlere Anzahl der Schattenecken.

$$E_{m,n}(S) = \binom{m}{n} n \cdot \int_{\mathbb{R}^n} \ldots \int_{\mathbb{R}^n} Prob(a_1,\ldots,a_n \text{ induzieren Facette})$$
$$\cdot W(a_1,\ldots,a_{n-1}) f(a_1)\ldots f(a_n) da_1 \ldots da_n.$$

f ist die Dichtefunktion der a_i über $\mathbb{R}^n$.
$\binom{m}{n}$ ist die Zahl der Kandidaten für Schattenecken bzw. geschnittene Facetten, n ist die Zahl der Seiten eines Simplex $\Sigma(\Delta)$. $W(a_1, \ldots, a_{n-1})$ beschreibt die Wahrscheinlichkeit, dass eine Seite geschnitten wird. Und schließlich wird über alle Konstellationen von $a_1, \ldots, a_n$ integriert.
Also gibt das Integral die Wahrscheinlichkeit an, dass $KH(a_1, \ldots, a_n)$ eine Facette bildet und $KH(a_1, \ldots, a_{n-1})$ geschnitten wird. Weil es aber $\binom{m}{n} n$ solche Kandidaten gibt, gibt die Integralformel den Erwartungswert an.

Die Auswertung dieser Integralformel gestaltete sich sehr kompliziert. Begonnen wurde sie 1977 [5], beendet 1996 [6].

Resultate
Hauptergebnis aus dem Polynomialitätsbeweis von 1996:

Satz 9.4

$$E_{m,n}(S) \leq Const. \, m^{\frac{1}{n-1}} \cdot n^2 \text{ für alle } (m,n) \text{ und für alle RSM-Verteilungen.}$$

Seit 1987 ist eine (asymptotische) Unterschranke im Falle einer speziellen RSM-Verteilung bekannt:

9.4. Probabilistische Analyse des Simplexalgorithmus

Für Gleichverteilung auf der Kugeloberfläche gilt

$$E_{m,n}(S) \geq \text{Const.}\, m^{\frac{1}{n-1}} \cdot n^2 \text{ für } m \to \infty \text{ und } n \text{ fest.}$$

Also ist unsere Oberschranke scharf, weil eine Verteilung existiert, die in einem Dimensionsbereich (für $m \to \infty$ und n fest) keine besseren Rechenzeiten ergeben kann als in der Oberschranke angegeben.

Bis jetzt haben wir uns nur um einen fiktiven Phase II-Algorithmus gekümmert, der bei einer Optimalecke für die Hilfszielrichtung u startet. Aber diesen Punkt haben wir nicht, und er selbst muss erst bestimmt werden. Deshalb soll jetzt eine Phase I-Methode erörtert werden, welche einen garantierten Einstieg in Phase II ermöglicht.

Eine spezielle Eigenschaft unserer Aufgabenstellung ist die Zulässigkeit des Ursprungs, welche jedes Problembeispiel zulässig macht. Deshalb können wir folgende Methode einsetzen. Sie wendet den Schatteneckenalgorithmus $(n-1)$-mal an und steigert bei jeder Anwendung die Dimension des behandelten Problems. In jeder Stufe sind alle stochastischen Anforderungen unseres Modells erfüllt. Hier führen wir folgende Bezeichnung ein:

$X^{(k)}$ bezeichnet $\{x \mid Ax \leq \mathbf{1},\, x^{k+1} = \ldots = x^n = 0\}$,

und nun formulieren wir den

Algorithmus 9.1 *Dimensionssteigerungs-Algorithmus*
Initialisierung (**Stufe** $k = 1$)
Starte ausgehend vom Ursprung und finde eine Ecke von $X^{(1)} = \{x \mid Ax \leq \mathbf{1},\, x^2 = \ldots = x^n = 0\}$, welche $v^T x = v^1 \cdot x^1$ maximiert. Wenn eine solche Maximalecke nicht existiert, dann STOP.
Typischer Schritt: **Stufe** k ($2 \leq k \leq n$)
Benutze den Optimalpunkt $(\bar{x}^1, \ldots, \bar{x}^{k-1}, 0, \ldots, 0)^T$ für $v^T x$ auf $X^{(k-1)}$, welcher auf einer Kante von $X^{(k)}$ liegt.

1. *Finde eine benachbarte Ecke in $X^{(k)}$ zu dieser Kante.*

2. *Wende den Schatteneckenalgorithmus an und benutze $e_k^T x$ und $v^T x$ als das Paar von Zielrichtungen, um $v^T x$ auf $X^{(k)}$ zu maximieren. Wenn sich nun herausstellt, dass $v^T x$ unbeschränkt ist auf $X^{(k)}$, STOP.*

3. *Falls $k < n$, setze $k = k+1$ und gehe zur nächsten Stufe über. Falls $k = n$, gib die Optimalecke auf X aus.*

Man gewinnt eine Oberschranke für diese Kumulation von $n-1$ Anwendungen des Schatteneckenalgorithmus durch Aufsummieren der dazu nötigen Schritte in den Einzelstufen. So erhalten wir das folgende Resultat (welches auch für Probleme mit Ungleichungen und Vorzeichenbedingungen gilt).

Satz 9.5 *Für jedes Dimensionspaar (m,n) mit $m \geq n$ und jede RSM-Verteilung auf $\mathbb{R}^n$, erfüllt die erwartete Gesamtanzahl von Pivotschritten $(E_{m,n}(s^{total}))$ für den Dimensionssteigerungs-Algorithmus die Abschätzung*

$$E_{m,n}(s^{total}) \leq m^{\frac{1}{n-1}} \cdot n^3 \cdot C.$$

Es sollte klar sein, dass dieser Algorithmus umständlich arbeitet und dass er vor allem dazu eingeführt worden ist, um die stochastischen Anforderungen des RSM in jeder Stufe zu erfüllen. Es ist sehr plausibel, dass selbst er mit einem Verhalten von $n^{\frac{5}{2}}$ bzgl. n auskommt und dass effizientere Algorithmen auch nur n^2 brauchen, und dass damit der Phase I-Aufwand nicht höher ist als der von Phase II.

Kapitel 10
Die Ellipsoidmethode

10.1 Abschätzungen für die Ellipsoidmethode

Die von Khachiyan 1979 entwickelte Ellipsoidmethode (siehe [4], [16]) ist ein Verfahren, um in polynomialer Zeit zu entscheiden, ob ein Ungleichungssystem mit ganzzahligen Daten, also

$$Ax \leq b \text{ mit } A \in \mathbb{Z}^{(m,n)}, \ b \in \mathbb{Z}^m$$

lösbar ist, und um dann eine Lösung zu errechnen.
Hierzu noch einige Vorbereitungen:
Wir setzen $L = \langle A \rangle + \langle b \rangle$ und $L_{\Delta^*} := \langle A_{\Delta^*} \rangle + \langle b_{\Delta_*} \rangle$. Dabei ist, wie üblich, $\langle A_{\Delta^*} \rangle$ die maximale Kodierungslänge, die bei quadratischen Untermatrizen von A auftritt, $\langle b_{\Delta_*} \rangle$ ist entsprechend die höchste Kodierungslänge von n der b-Komponenten.

Lemma 10.1 *Hat $X = \{x \mid Ax \leq b\}$ mit $m \geq n$ zulässige Punkte, dann gibt es auch zulässige Punkte mit $\|x\|_2 \leq 2^{L_{\Delta^*}} - 2^{-2L_{\Delta^*}}$ bzw. mit $\|x\|_2 \leq 2^{L_{\Delta^*}}(2^{-2n}\sqrt{n})$.*

Beweis:
Wegen $|\bar{x}_\Delta^i| \leq 2^{\langle A_{\Delta^*} \rangle + \langle b_{\Delta_*} \rangle - 2n}$ gilt für alle Ecken $\|\bar{x}_\Delta\| \leq \sqrt{n} 2^{\langle A_{\Delta^*} \rangle + \langle b_{\Delta_*} \rangle - 2n}$. Ist nun $X \neq \emptyset$, dann gibt es mindestens ein Orthanten-Problem
$X = \{x \mid Ax \leq b, \ \sigma_i x^i \geq 0\}$, wobei $\sigma_i \in \{-1, 1\}$, welches ebenfalls zulässig ist. O.B.d.A. sei dies der Fall bei $\sigma_i = 1$ für alle $i = 1, \ldots, n$. Dieses Orthanten-Problem besitzt dann sogar eine Ecke x_Δ. Hierfür gilt obige Abschätzung. Für diese Ecke x_Δ gilt
$\|x_\Delta\| \leq \sqrt{n} 2^{L_{\Delta^*} - 2n} = 2^{L_{\Delta^*}}(2^{-2n}\sqrt{n}) \leq 2^{L_{\Delta^*}} 0.5$
$\leq 2^{L_{\Delta^*}}(1 - 2^{-3L_{\Delta^*}}) = 2^{L_{\Delta^*}} - 2^{-2L_{\Delta^*}}$. □

Lemma 10.2 *Genau dann ist das System*
(1) $Ax \leq b$ lösbar, wenn
(2) $2^{L_{\Delta^*}} Ax < 2^{L_{\Delta^*}} b + 1$ lösbar ist.

Beweis:
Zu beweisen ist nur: (2) ⇒ (1).
Wir nehmen an, (2) wäre lösbar, (1) jedoch nicht. Dann müßte das „Phase I-Problem"

$$\begin{aligned} \min \quad & \eta \\ & a_1^T x - \eta \leq b^1 \\ & \vdots \\ & a_m^T x - \eta \leq b^m \\ & \eta \geq 0 \end{aligned}$$

einen Zulässigkeitspunkt mit $0 < \eta < 2^{-L_{\Delta^*}}$ aufweisen.
Sei A' die hierzu gehörige Matrix. Nach Lemma 9.3 folgt aber: Existiert ein zulässiger Punkt x mit $\frac{1}{|\det A'_{\Delta^*}|} > |c^T x|$, dann nimmt $c^T x$ auch einen Wert ≤ 0 an. Hier übernimmt bekanntlich η die Rolle der Zielfunktion $c^T x$. Die Matrix A'_{Δ^*} hat nun $n+1$ Spalten, letzter Eintrag jeweils -1. Dadurch bekommen wir

$$|\det A'_{\Delta^*}| \leq n |\det A_{\Delta^*}| \leq n 2^{\langle A_{\Delta^*}\rangle} \leq 2^{\langle A_{\Delta^*}\rangle + 2n} \leq 2^{\langle A_{\Delta^*}\rangle + \langle b_{\Delta^*}\rangle} = 2^{L_{\Delta^*}}.$$

Damit greift Lemma 9.3. Der Wert 0 wird angenommen, deshalb ist (1) lösbar. □

Bemerkung
Der Beweis von Lemma 10.2 ist ein Existenzbeweis. Man kann jedoch in einfacher Weise aus einem zulässigen Punkt $\bar{x}$ für das Ungleichungssystem aus (2) einen zulässigen Punkt für $Ax \leq b$ konstruieren: Der Punkt $\bar{x}$ ist zusammen mit einem $\eta < 2^{-L_{\Delta^*}}$ zulässig für das Phase-I Problem des obigen Beweises. Man kann nun flexible Hilfsrestriktionen (wie in Phase I beim Simplexalgorithmus) an diesem Punkt einführen und diesen zu einer „Ecke" machen. Achtet man nun beim Entfernen der Hilfsrestriktionen darauf, dass die Zielfunktion verbessert wird, so wird man an einer Ecke des Phase-I Problems ankommen, die einen Zielfunktionswert kleiner als $2^{-L_{\Delta^*}}$. Nach Lemma 9.3 muss dieser Punkt nun Zielfunktionswert $0 (=\eta)$ haben, womit wir einen zulässigen Punkt für $Ax \leq b$ erhalten.
Ein weiteres Verfahren, das zur Konstruktion benutzt werden kann, wird in Kapitel 11.2 vorgestellt.

Lemma 10.3

(i) Ist (1) aus Lemma 10.2 lösbar, dann gibt es dazu einen Lösungspunkt $\bar{x}$ innerhalb von $\{x \mid \|\bar{x}\| \leq 2^{L_{\Delta^*}} - 2^{-L_{\Delta^*}}\}$, so dass eine zugehörige Kugel $\Omega(\bar{x}, 2^{-2L_{\Delta^*}})$ ganz im Lösungsbereich von (2) aus Lemma 10.2 und gleichzeitig in $\{x \mid \|x\| \leq 2^{L_{\Delta^*}}\}$ liegt.

(ii) Ist (1) lösbar, dann enthält der Bereich $\{\|x\| \leq 2^{L_{\Delta^*}}\}$ eine Lösungsmenge für (2) vom Mindestvolumen $C 2^{-2nL_{\Delta^*}}$, wobei $C = \Pi^{\frac{2}{n}} \Gamma(\frac{n+1}{2})^{-1}$ das Volumen der Einheitskugel im $\mathbb{R}^n$ ist.

10.1. Abschätzungen für die Ellipsoidmethode

Beweis:

(i) Ergibt sich aus Lemma 10.1. Danach betrachte man einen Punkt y der Kugel.
$\bar{x}$ existiert innerhalb von $\{x \mid \|x\| \leq 2^{L_{\Delta^*}} - 2^{-2L_{\Delta^*}}\}$. y hat eine Darstellung
$y = \bar{x} + w$ mit $\|w\| \leq 2^{-2L_{\Delta^*}} \Rightarrow$
$b^i - a_i^T y = b^i - a_i^T \bar{x} - a_i^T w \geq 0 - a_i^T w \geq -\|a_i\| 2^{-2L_{\Delta^*}} > -2^{L_{\Delta^*}} 2^{-2L_{\Delta^*}} = -2^{-L_{\Delta^*}} \Rightarrow$
$a_i^T y < b^i + 2^{-L_{\Delta^*}} \Rightarrow y \in \{x \mid Ax < b + 2^{-L_{\Delta^*}} \mathbf{1}\}$, also ist y zulässig für (2).
y liegt außerdem in $\{x \mid \|x\| \leq 2^{L_{\Delta^*}}\}$, weil
$\|y\| = \|x + w\| \leq \|x\| + \|w\| \leq 2^{L_{\Delta^*}} - 2^{-2L_{\Delta^*}} + 2^{-2L_{\Delta^*}} = 2^{L_{\Delta^*}}$.

(ii) Obige Kugel liegt nun ganz im $2^{L_{\Delta^*}}$-Bereich.
Sie hat ein Volumen der Größe $C \cdot 2^{-2L_{\Delta^*} n}$ und ist volldimensional. □

Lemma 10.4 *Eine Kugel $\Omega(\bar{x}, 2^{-2L_{\Delta^*}})$ kann höchstens eine Ecke enthalten. (Dies ermöglicht eine eindeutige Rundung.)*

Beweis:
Angenommen, es gäbe zwei Ecken in dieser Kugel. Dann ist ihr Abstand kleiner als $2 \cdot 2^{-2L_{\Delta^*}}$. Deshalb unterscheiden sich die einzelnen Komponenten um weniger als $2^{-2L_{\Delta^*}+1}$. Nach Lemma 9.3 ist aber die Mindestdifferenz zweier verschiedener Quotienten $|\frac{p_1 q_2 - p_2 q_1}{q_1 q_2}| \geq \frac{1}{2^{2\langle A_{\Delta^*}\rangle}}$ (weil ja nicht 0) $= 2^{-2\langle A_{\Delta^*}\rangle} = 2^{-2L_{\Delta^*}+2\langle b_{\Delta_*}\rangle} > 2^{-2L_{\Delta^*}+1}$, was zum Widerspruch führt. □

Vorbemerkung über die Ellipsoidmethode
Ellipsoide kann man darstellen in der Form
$Ell = Ell(B, a) = \{x \in \mathbb{R}^n \mid (x-a)^T B^{-1}(x-a) \leq 1\}$, wobei $a \in \mathbb{R}^n$ und $B \in \mathbb{R}^{(n,n)}$ eine positiv definite Matrix ist.

Veranschaulichung (siehe auch Abb. 10.1)
a ist Zentrum des Ellipsoids.
Eigenvektoren von B sind die Richtungen der Halbachsen.
Wurzeln aus den Eigenwerten sind die Längen der jeweiligen Halbachse.
$B = \begin{pmatrix} \lambda_1 & 0 \\ 0 & \lambda_2 \end{pmatrix} \Rightarrow B^{-1} = \begin{pmatrix} \frac{1}{\lambda_1} & 0 \\ 0 & \frac{1}{\lambda_2} \end{pmatrix}$, $a = \begin{pmatrix} a^1 \\ a^2 \end{pmatrix} \Rightarrow$
$Ell(B, a) = \{x \in \mathbb{R}^2 \mid (x^1 - a^1)^2 \lambda_1^{-1} + (x^2 - a^2)^2 \lambda_2^{-1} \leq 1\}$. Ellipsoide kann man ansehen als transformierte Einheitskugeln:

$$\begin{aligned} Ell(B, a) &= \{x \in \mathbb{R}^n \mid (x-a)^T B^{-1}(x-a) \leq 1\} \\ &= a + \{y \in \mathbb{R}^n \mid y^T B^{-1} y \leq 1\} \\ &= a + \{y \in \mathbb{R}^n \mid \|B^{-0.5} y\| \leq 1\} \\ &= a + \{B^{0.5} z \mid \|z\| \leq 1\} \\ &= a + B^{0.5}\{z \mid \|z\| \leq 1\} \end{aligned}$$

$\Rightarrow$ Volumen $Ell(B, a) = \det B^{0.5} C = \sqrt{\det B} \cdot \Pi^{\frac{n}{2}} \Gamma\left(\frac{n+1}{2}\right)^{-1}$.

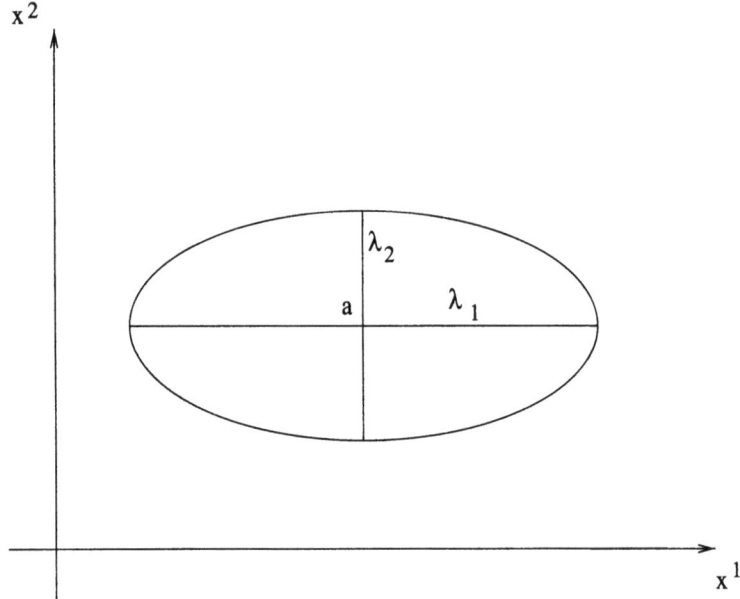

Abbildung 10.1: Ellipsoid

10.2 Die Ellipsoidmethode – ein polynomiales Verfahren

Anstelle der eigentlichen Problemstellung

(1) Finde einen zulässigen Punkt von $Ax \leq b$ mit $A \in \mathbb{Z}^{(m,n)}$, $b \in \mathbb{Z}^m$

begnügen wir uns jetzt also mit einer Lösung der perturbierten Aufgabe

(2) Finde einen zulässigen Punkt von $Ax < b + 2^{-L_{\Delta^*}} \mathbf{1}$, mit $A \in \mathbb{Z}^{(m,n)}$, $b \in \mathbb{Z}^m$.

Enthält das System (2) und damit auch (1) überhaupt einen Lösungspunkt, dann enthält $\Omega(0, 2^{L_{\Delta^*}})$ mindestens eine Kugel vom Radius $2^{-2L_{\Delta^*}}$ von Punkten, die für (2) zulässig sind. Diese Kugel nennen wir Z.

Unser Ziel ist es nun, einen zulässigen Punkt für unser Problem zu finden oder zu zeigen, dass es solche nicht gibt. Hierzu starten wir folgende Iteration mit positiv definiten $K^{(n,n)}$-Matrizen B_k:

Algorithmus 10.1 *Ellipsoidmethode*
Initialisierung: Setze $x_0 := 0$, $B_0 := E 2^{2L_{\Delta^*}}$ und $k := 0$.
Typischer Schritt:

1. *Betrachte den Punkt x_k. Erfüllt x_k die Restriktionen $a_i^T x_k \leq b^i + \frac{1}{2^{L_{\Delta^*}}}$, $i = 1, \ldots, m$, dann breche ab, da Zulässigkeit erreicht ist bzw. mit polynomialer Rundung erreicht werden kann. Ansonsten gehe zu 2.*

10.2. Ellipsoidmethode — ein polynomiales Verfahren

2. Wähle unter den bei x_k verletzten Restriktionen eine aus (dies sei a_i) und setze $a := a_i$.

3. Berechne nun $x_{k+1} = x_k - \frac{1}{n+1} \frac{B_k a}{\sqrt{a^T B_k a}}$ und
$B_{k+1} = \frac{n^2}{n^2-1} [B_k - \frac{2}{n+1} \frac{B_k a (B_k a)^T}{a^T B_k a}]$.

4. Überprüfe, ob $k+1 < 6n(n+1)L_{\Delta^*}$ ist. Wenn nicht, dann breche wegen Unzulässigkeit ab.
Wenn ja, dann setze $k := k+1$ und gehe zu 1.

Ist A eine positiv definite Matrix, dann definiert $\{x \mid (x-x_0)^T A^{-1}(x-x_0) \leq 1\}$ ein Ellipsoid mit Zentrum x_0.
Definiere nun die Ellipsoide $Ell_k = \{x \mid (x-x_k)^T B_k^{-1}(x-x_k) \leq 1\}$.

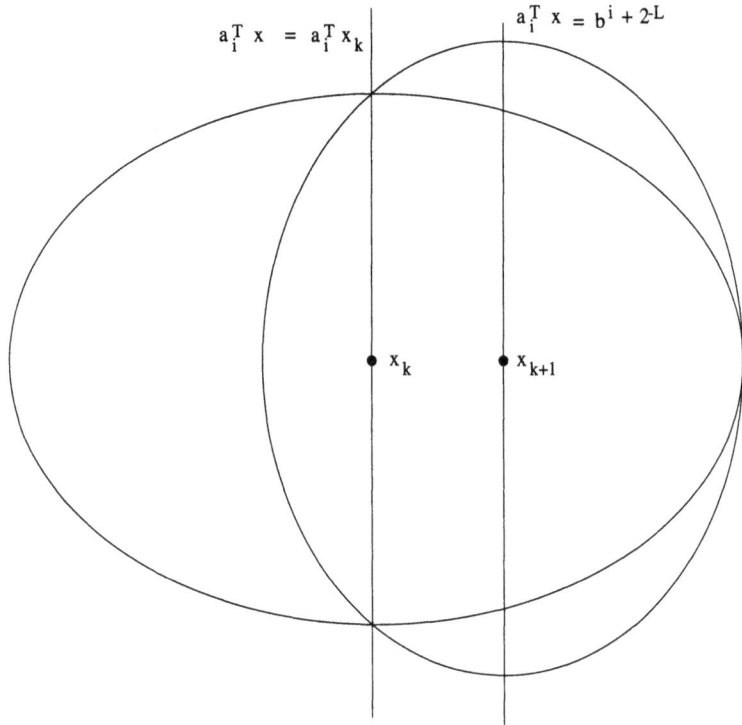

Abbildung 10.2: Ein Iterationsschritt der Ellipsoidmethode

Lemma 10.5 $Ell_{k+1} := Ell(B_{k+1}, x_{k+1})$ ist wieder ein Ellipsoid, denn B_{k+1} ist symmetrisch und positiv definit, weil B_k symmetrisch und positiv definit ist.

Beweis:
$z^T B_{k+1} z = \frac{n^2}{n^2-1}[z^T B_k z - \frac{2}{n+1} \frac{z^T B_k a a^T B_k^T z}{a^T B_k a}] \geq \frac{n^2}{n^2-1} \frac{n-1}{n+1}[z^T B_k z] > 0$ für $n > 1$ und $z \neq 0$, denn nach der Cauchy-Schwarz'schen Ungleichung gilt bekanntlich $[z^T B_k z][a^T B_k a] - [z^T B_k a][a^T B_k^T z] \geq 0$. □

Bemerkung
Man rechnet leicht nach, dass $Ell_{(0)}$ mit $\Omega(0, 2^{L_{\Delta^*}})$ übereinstimmt und ganz Z enthält.
Ist x_k, der Mittelpunkt von Ell_k, zulässig, dann kann man abbrechen. Andernfalls konstruiert man mit Hilfe von x_k, B_k und dem Restriktionsvektor a ein neues Ellipsoid Ell_{k+1}. □

Lemma 10.6 Ell_{k+1} ist ein Ellipsoid, welches das Halbellipsoid $Ell'_k = Ell_k \cap \{x \mid a^T x \leq a^T x_k\}$ enthält. (Unter allen Ellipsoiden mit dieser Eigenschaft ist es sogar dasjenige mit dem kleinsten Volumen.)

Beweis:
Wir beweisen nur die Inklusionsbeziehung. O.B.d.A. sei $a = e_1$ und $x_k = 0$ (ggf. erreicht durch Verschiebung und Drehung des Ellipsoids und des Polyeders). Es gilt dann $x_{k+1} = 0 - \frac{1}{n+1} \frac{B_{\cdot 1}}{\sqrt{b_{11}}}$ und

$$B_{k+1} = \frac{n^2}{n^2-1}[B_k - \frac{2}{n+1} \frac{B_{\cdot 1} B_{\cdot 1}^T}{b_{11}}] = \frac{n^2}{n^2-1} B_k [E - \frac{2}{n+1} \frac{B_k^{-1} B_{\cdot 1} B_{\cdot 1}^T}{b_{11}}]$$

$$= \frac{n^2}{n^2-1} B_k [E - \frac{2}{(n+1)b_{11}} \begin{pmatrix} 1 \\ 0 \\ \vdots \\ 0 \end{pmatrix} B_{\cdot 1}^T]$$

$$= \frac{n^2}{n^2-1} B_k \begin{pmatrix} 1 - \frac{2}{n+1} & -\frac{2b_{21}}{(n+1)b_{11}} & -\frac{2b_{31}}{(n+1)b_{11}} & \cdots & -\frac{2b_{n1}}{(n+1)b_{11}} \\ 0 & 1 & & & 0 \\ & & \ddots & & \\ & & & \ddots & \\ 0 & & & & 1 \end{pmatrix}.$$

Durch Invertierung ergibt sich:

$$(B_{k+1})^{-1} = \frac{n^2-1}{n^2} \begin{pmatrix} \frac{n+1}{n-1} & \frac{2b_{21}}{(n-1)b_{11}} & \cdots & \frac{2b_{n1}}{(n-1)b_{11}} \\ 0 & 1 & & 0 \\ \vdots & & \ddots & \\ 0 & & & 1 \end{pmatrix} B_k^{-1}$$

10.2. Ellipsoidmethode — ein polynomiales Verfahren

$$= \frac{n^2-1}{n^2}\left[B_k^{-1} + \frac{2}{(n-1)b_{11}}\begin{pmatrix} b_{11} & b_{21} & \cdots & b_{n1} \\ 0 & & & \\ & & \ddots & \\ & & & 0 \end{pmatrix}B_k^{-1}\right]$$

$$= \frac{n^2-1}{n^2}\left[B_k^{-1} + \frac{2}{(n-1)b_{11}}\begin{pmatrix} 1 & 0 & \cdots & 0 \\ 0 & 0 & & 0 \\ \vdots & & \ddots & \vdots \\ 0 & & \cdots & 0 \end{pmatrix}\right], \text{ weil ja } B_k^{-1} = (B_k^{-1})^T.$$

Wenn gilt $x \in Ell_k$, dann ist $x^T B_k^{-1} x \leq 1$. Die Zugehörigkeit zum Halbraum $\{x \mid a^T x \leq a^T x_k\}$ bedeutet bei $a = e_1$, dass $a^T x = x^1 \leq 0 = a^T x_k$. Wir müssen nun zeigen, dass für dieses x gilt: $(x - x_{k+1})^T B_{k+1}^{-1}(x - x_{k+1}) \leq 1$.

Wir wissen, dass $x^T B_k^{-1} x \leq 1$.

$$(x - x_{k+1})^T B_{k+1}^{-1}(x - x_{k+1}) = x^T B_{k+1}^{-1} x - 2x^T B_{k+1}^{-1} x_{k+1} + x_{k+1}^T B_{k+1}^{-1} x_{k+1}$$

$$= \frac{n^2-1}{n^2}\left(x^T B_k^{-1} x + \frac{2x^1}{\sqrt{b_{11}}(n+1)}\right.$$

$$\left. + \frac{1}{(n+1)^2} + \frac{2}{(n-1)b_{11}}(x^1)^2 + \frac{4x^1}{\sqrt{b_{11}}(n+1)(n-1)} + \frac{2}{(n+1)^2(n-1)}\right)$$

$$= \frac{n^2-1}{n^2} x^T B_k^{-1} x + 2\frac{(n+1)}{n^2\sqrt{b_{11}}} x^1 + \frac{2(n+1)}{b_{11}n^2}(x^1)^2 + \frac{1}{n^2}$$

$$\leq \frac{n^2-1}{n^2} + 2\frac{(n+1)}{n^2\sqrt{b_{11}}} x^1 + \frac{2(n+1)}{b_{11}n^2}(x^1)^2 + \frac{1}{n^2}$$

$$\leq 1 + \frac{2(n+1)}{n^2}\left[\frac{x^1}{\sqrt{b_{11}}}\left(1 + \frac{x^1}{\sqrt{b_{11}}}\right)\right].$$

Falls der Ausdruck in $[\ldots] \leq 0$ ist, dann ist alles klar (1 ist eine Oberschranke). $\frac{x^1}{\sqrt{b_{11}}} \leq 0$ ist offensichtlich, zu zeigen bliebe deshalb noch $(1 + \frac{x^1}{\sqrt{b_{11}}}) \geq 0$. Nun ist aber $x^T B_k^{-1} x \leq 1$. Wir versuchen, unter dieser Nebenbedingung eine Unterschranke für $x^1 = a^T x$ zu finden.

Wie schon in Sektion 10.1 erwähnt, haben wir für das k-te Ellipsoid eine Darstellung als $B^{0.5}\{z \mid \|z\| \leq 1\}$. Wenn wir zur Vereinfachung für die Matrix $B^{0.5}$ nun F schreiben, dann gilt für alle solchen z: $|(Fz)^1| \leq |F_{1.}\frac{F_{1.}}{\|F_{1.}\|}| = \|F_{1.}\|$.

Andererseits ist $F^T F = B = B^T = FF^T$ und damit insbesondere $\|F_{1.}\|^2 = F_{1.}F_{1.}^T = b_{11}$. Daraus folgt aber $\|F_{1.}\| \leq \sqrt{b_{11}}$ und folglich $x^1 \geq -\sqrt{b_{11}}$ auf unserem Ellipsoid. Also gilt $(1 + \frac{x^1}{\sqrt{b_{11}}}) \geq 0$. □

Lemma 10.7 *In jedem Schritt schrumpft das Volumen der Ellipsoide um einen Faktor von mindestens $e^{-\frac{1}{2(n+1)}}$, d.h.*
$vol(Ell_{k+1}) < e^{-\frac{1}{2(n+1)}} vol(Ell_k)$ für alle $k \in \mathbb{N}$.

Beweis:
Verlagerungen des Koordinatenursprungs und Drehungen sind ohne Einfluss auf die Volumina. Deshalb können wir wieder o.B.d.A. annehmen, dass $x_k = 0$ und $a = e_1$. Wir wissen bereits, dass

$$B_{k+1} = \tfrac{n^2}{n^2-1}\left[B_k - \tfrac{2}{(n+1)b_{11}}\begin{pmatrix} b_{11} \\ b_{21} \\ \vdots \\ b_{n1} \end{pmatrix}\begin{pmatrix} b_{11} & \cdots & b_{n1} \end{pmatrix}\right] =$$

$$\tfrac{n^2}{n^2-1}B_k\left[E - \tfrac{2}{(n+1)b_{11}}\begin{pmatrix} b_{11} & b_{21} & \cdots & b_{n1} \\ 0 & 0 & & 0 \\ \vdots & & \ddots & \vdots \\ 0 & & \cdots & 0 \end{pmatrix}\right].$$

$$\Rightarrow \det B_{k+1} = \det B_k (\tfrac{n^2}{n^2-1})^n \det \begin{pmatrix} \tfrac{n-1}{n+1} & -\tfrac{2b_{21}}{(n+1)b_{11}} & \cdots & -\tfrac{2b_{n1}}{(n+1)b_{11}} \\ 0 & 1 & & 0 \\ \vdots & & \ddots & \\ 0 & & & 1 \end{pmatrix}$$

$$= \det B_k (\tfrac{n^2}{n^2-1})^n (\tfrac{n-1}{n+1}).$$

Es gilt $\mathrm{vol}(Ell_{k+1}) = \tfrac{\sqrt{\det B_{k+1}}}{\sqrt{\det B_k}}\mathrm{vol}(Ell_k)$, denn nach unserer Vorbemerkung war ja jeweils $\mathrm{vol}(Ell(B,a)) = \det B^{0.5} C = \sqrt{\det B} \cdot C$. Es folgt:

$$\mathrm{vol}(Ell_{k+1}) = (\tfrac{n^2}{n^2-1})^{\tfrac{n}{2}}(\tfrac{n-1}{n+1})^{\tfrac{1}{2}}\mathrm{vol}(Ell_k) = (\tfrac{n^2}{n^2-1})^{\tfrac{n-1}{2}}\tfrac{n}{n+1}\mathrm{vol}(Ell_k).$$

Nun sehen wir hier aber, dass

$\tfrac{n^2}{n^2-1} = 1 + \tfrac{1}{n^2-1} < e^{\tfrac{1}{n^2-1}}$ und $\tfrac{n}{n+1} = 1 - \tfrac{1}{n+1} < e^{-\tfrac{1}{n+1}}$,

also $\tfrac{\mathrm{vol}(Ell_{k+1})}{\mathrm{vol}(Ell_k)} < e^{\tfrac{n-1}{2(n^2-1)} - \tfrac{1}{n+1}} = e^{-\tfrac{1}{2(n+1)}}$.

Nun sind wir in der Lage, die Abbrucheigenschaft der Ellipsoidmethode zu erkennen. □

Satz 10.1 *Die Ellipsoidmethode entscheidet in nicht mehr als $6L_{\Delta^*}n(n+1)$ Iterationsschritten über die Zulässigkeit eines Ungleichungssystems $Ax \leq b$ mit $A \in \mathbb{Z}^{(m,n)}$, $b \in \mathbb{Z}^m$ der Kodierungslänge L und Schlimmst-Basis-Kodierungslänge L_{Δ^*}. Sie liefert bei Zulässigkeit des Systems einen zulässigen Punkt.*

Beweis:
Wir hatten erkannt, dass mit der Lösbarkeit von (1) der Zulässigkeitsbereich von (2) mindestens eine Kugel vom Radius $2^{-L_{\Delta^*}}$ und mit Volumen $2^{-2L_{\Delta^*}n}C$ enthält. Wenn wir aber $6L_{\Delta^*}n(n+1)$ Schritte der Ellipsoidmethode ausführen

10.2. Ellipsoidmethode — ein polynomiales Verfahren

könnten, dann wäre das Volumen der Ellipsoide inzwischen stärker als um den Faktor $e^{-\frac{1}{2(n+1)}(6L_{\Delta^*}n(n+1))} = e^{-3L_{\Delta^*}n} < 2^{-3L_{\Delta^*}n}$ geschrumpft.
Deshalb wäre $\text{vol}[Ell_{6L_{\Delta^*}n(n+1)}] < \text{vol}(Z)$.
Dies ist aber ein Widerspruch zu der Gewissheit, dass $Ell_k \supset Z$ für alle k. Dieser Widerspruch wird nur dadurch auflösbar, dass bei jedem nichtleeren Zulässigkeitsbereich schon vorher abgebrochen sein musste. Wird die Schranke $6L_{\Delta^*}n(n+1)$ tatsächlich erreicht, dann ist dies ein Beweis für Unzulässigkeit. □

Beachtet man die Rundungen bei Berechnungen auf dem Computer, dann müssen Vorsichtsmaßnahmen getroffen werden, doch auf die benötigte (sehr große) Rechengenauigkeit (z.B. beim Errechnen der Wurzeln) wollen wir hier nicht näher eingehen, sondern uns mit der Analyse der Zahl von Iterationsschritten zufrieden geben.

Man löst mit Hilfe der Ellipsoidmethode ein Optimierungsproblem wie etwa

$$\max \quad c^T x$$
$$\text{unter} \quad Ax \leq b,$$

mit Hilfe von binärer Suche (Einschachtelungsverfahren).
Dabei braucht man jeweils nur das System $Ax \leq b$, $c^T x \geq \gamma$ in Verbindung mit einem Zahlenwert γ zu lösen. Man evaluiert damit die möglichen Zielfunktionswerte. Da es wegen der Rationalität der Basislösungen nur endlich viele mögliche Zielfunktionswerte bei Basislösungen gibt, ergibt sich eine endliche Zahl von γ- Werten, die zu untersuchen sind (nach Lemma 9.2 (e) sind das $O(2^{2(\langle A_{\Delta^*}\rangle + \langle c \rangle + \langle b_{\Delta_*}\rangle)})$). Bei der Einschachtelung reichen aber dann schon $\log_2(\#(\text{mögliche Optimalwerte von } c^T x))$ Untersuchungen. Diese Größe ist ca.

$$2(\langle A_{\Delta^*}\rangle + \langle c \rangle + \langle b_{\Delta_*}\rangle)$$

nach Lemma 9.2 (e). Jede Einzel-Untersuchung braucht

$$6(n+1)n(\langle A\rangle + \langle b\rangle + \langle c\rangle + \langle \gamma\rangle)$$

Schritte. Deshalb reicht hier schon ein Aufwand von $O((L_{\Delta^*}^{opt})^2)$ Iterationsschritten aus.

Satz 10.2 *Lineare Optimierungsprobleme sind mit der Ellipsoidmethode in polynomialer Zeit lösbar.*

Damit wollen wir das Kapitel über die Ellipsoidmethode beenden. Genaueres kann bei Grötschel, Lovász und Schrijver (1988) [22] nachgelesen werden.

Kapitel 11
Das Innere-Punkte-Verfahren von Karmarkar

11.1 Der Algorithmus von Karmarkar

Narendra Karmarkar [32] hat im Jahre 1984 einen Algorithmus zur Lösung linearer Programme entwickelt, der nicht nur theoretisch polynomial ist, sondern auch in der Praxis bei vielen Problemen schneller als das Simplexverfahren arbeitet.
Dies ist ein iteratives Verfahren, das die optimale Lösung so genau annähert, dass bei der anschließenden Rundung auf eine Ecke ein Irrtum ausgeschlossen werden kann. Man benutzt also einen Approximationsalgorithmus, kann dann jedoch die exakte Lösung bestimmen.
Die Essenz des Verfahrens liegt in der Konstruktion einer Folge von zulässigen, sogar inneren Punkten, die gegen den Optimalpunkt konvergieren. Allerdings ist das Verfahren auf einen bestimmten Problemtyp zugeschnitten, d.h. allgemeine lineare Optimierungsprobleme müssen zuerst in diesen transformiert werden, damit Karmarkars Algorithmus angewendet werden kann.
Wir stellen dieses Verfahren kurz vor und berichten über seine Komplexität (Polynomialität). Da der Beweis hierfür vom Schwierigkeitsgrad und vom Umfang her den vorgegebenen Rahmen sprengen würde, verzichten wir hier auf seine Behandlung. Er wird allerdings zu einem späteren Zeitpunkt – nach der Nichtlinearen Optimierung – in einer einfacheren Form nachgeholt. Die Argumentation im Sinne nichtlinearer Optimierungsverfahren (Newton-Verfahren, Barriere-Funktionen, usw.) trägt stark zur Vereinfachung bei, ist aber erst dann verfügbar. Außerdem bieten die Potentialreduktionsmethode von Gonzaga [18] und die Methoden der Pfadverfolgung [54] hervorragende Anwendungsfelder für das im zweiten Teil gewonnene Wissen.

Wir betrachten nun dieses Verfahren und berichten über die Polynomialität der Iterationszahl zur ausreichenden Annäherung. Anschließend wird gezeigt, wie man aus Annäherungspunkten die Optimalecke erhält und wie man allgemeine Probleme auf die erforderliche Form bringt.

Gestellt sei das Problem

$$\min v^T x \text{ unter } x \in U \cap S$$

mit $U := \{x \mid Ax = 0\}$, $S := \{x \mid \sum_{i=1}^{n} x^i = 1, \ x \geq 0\}$ und $A \in \mathbb{R}^{(m,n)}$, $v, x \in \mathbb{R}^n$.
U ist ein linearer Unterraum von $\mathbb{R}^n$, der den Ursprung enthält und S ist ein $(n-1)$-dimensionaler Simplex in $\mathbb{R}^n$.

Folgende spezielle Voraussetzungen sollen gelten:

- Der Minimalwert für $v^T x$ auf $U \cap S$ ist 0.

- Das Problem ist zulässig und der Mittelpunkt von S, also $\frac{1}{n}\mathbf{1}$, ist zulässig.

- Wir kennen einen Abbruchparameter $q \in \mathbb{N}$, so dass wir abbrechen dürfen, sobald für einen Iterationspunkt x_k gilt: $\frac{v^T x_k}{v^T x_0} \leq 2^{-q}$.

Unter diesen Bedingungen konstruiert der Algorithmus eine Punktfolge $x_0, \ldots, x_k$ mit $x_0 := \frac{1}{n}\mathbf{1}$, die gegen eine Optimalecke konvergiert.

Geometrische Beschreibung eines Iterationsschrittes

Angenommen, man hat einen zulässigen Punkt x_k, dann sucht man eine Richtung d, bzgl. der der Zielfunktionswert verbessert werden kann. Man bestimmt dann zu dieser Richtung d eine Schrittlänge t, so dass für den nächsten Iterationspunkt gilt: $x_{k+1} := x_k + td$. Dieser Punkt soll dann einen erheblich besseren Zielfunktionswert haben, d.h. wir müssen die Richtung und Schrittlänge geschickt wählen.

Bei derartigen Verfahren ist man oft zwar in der Lage, eine gute Richtung zu bestimmen, die den Zielfunktionswert stark absinken lässt, kann aber damit nur einen sehr kleinen Schritt machen, wenn man die zulässige Menge nicht verlassen will. Man kommt also tatsächlich kaum vorwärts und erzielt so nur ein sehr schlechtes Konvergenzverhalten. Man muss also einen möglichst effektiven Kompromiss zwischen der „Qualität der Richtung" und der „möglichen Schrittlänge" finden, um insgesamt eine gute Verbesserung zu erhalten.

Ist man, wie bei Abbildung 11.1, zwar im Zulässigkeitsbereich, aber sehr nahe am Rand, und geht man in die Richtung des größten Fortschritts, dann ist es möglich, dass man sehr bald, ohne große Fortschritte erzielt zu haben, an die Grenze des Zulässigkeitsbereichs stößt. Karmarkars Idee zur Umgehung dieser Schwierigkeit liegt in der Verwendung eines Hilfspolyeders in einem Hilfsraum, welches das Originalpolyeder angemessen repräsentiert. Dazu verwendet man eine projektive Transformation, die den Simplex S auf sich selbst abbildet und den linearen Unterraum U auf einen anderen linearen Unterraum U'.

Dem Punkt x_k aus dem Originalraum entspricht dann im Hilfsraum das Zentrum von S, also $\frac{1}{n}\mathbf{1}$. Vom Mittelpunkt des Hilfspolyeders aus kann man nun große Schritte in beliebige Richtungen machen, ohne schon bald die Zulässigkeitsgrenze zu erreichen. Man bestimmt also einen neuen Hilfspunkt, der einen großen Fortschritt mit sich bringt und transformiert diesen zurück, um den nächsten Iterationspunkt x_{k+1} zu erhalten.

11.1. Der Algorithmus von Karmarkar

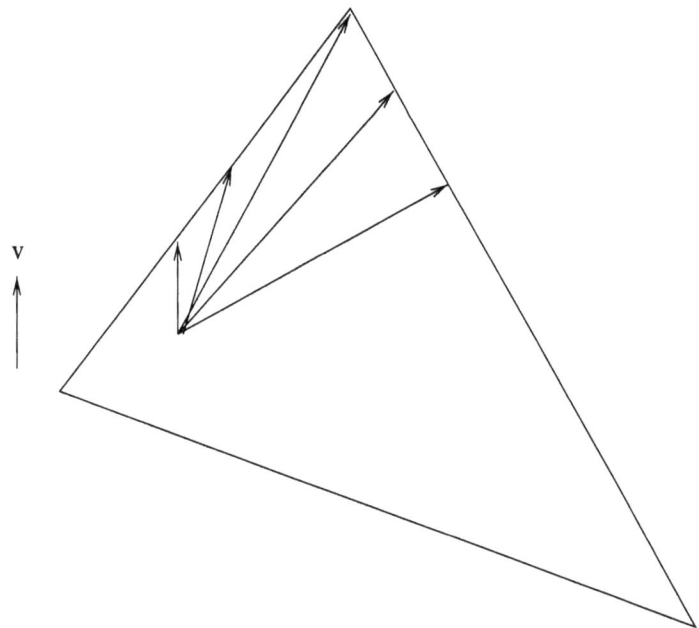

Abbildung 11.1: Fortschrittsrichtungen

Algorithmus 11.1 *Verfahren von Karmarkar*
<u>Initialisierung</u>: Setze $k := 0$ und $x_0 := \frac{1}{n}\mathbf{1}$.
<u>Typischer Schritt</u>:

1. Setze $a := x_k$ und $D := \begin{pmatrix} a^1 & & 0 \\ & \ddots & \\ 0 & & a^n \end{pmatrix} \in \mathbb{R}^{(n,n)}$.

2. Setze $B := \begin{pmatrix} AD \\ 1 \quad \ldots \quad 1 \end{pmatrix} \in \mathbb{R}^{(n+1,n)}$.

3. Führe eine projektive Transformation durch: $x \in S \to T(x) := \frac{D^{-1}x}{\mathbf{1}^T D^{-1} x} \in S$.
   Bei dieser Abbildung geht a in $\frac{1}{n}\mathbf{1}$ über.

4. Transformiere v in Dv, projiziere Dv auf den Kern B und normiere:
   $$\hat{v} := \frac{(E - B^T(BB^T)^{-1}B)Dv}{\|(E - B^T(BB^T)^{-1}B)Dv\|}.$$

5. Berechne $y_b := \frac{1}{n}\mathbf{1} - \frac{\alpha}{\sqrt{n^2-n}}\hat{v}$, wobei $\alpha \in (0, \frac{1}{2})$ ist und speziell $\alpha = \frac{1}{5}$ gewählt wird.

6. Mache nun die projektive Transformation rückgängig $b := T^{-1}(y_b) = \frac{Dy_b}{\mathbf{1}^T Dy_b}$.

7. Setze $x_{k+1} := b$ und $k := k + 1$.

8. Überprüfe, ob $\frac{v^T x_k}{v^T x_0} \leq 2^{-q}$ ist.
   Wenn ja, wird wie später erklärt gerundet, wenn nein, gehe zurück zu 1.

Sei r der Inkugel- und R der Umkugelradius des Zulässigkeitsbereichs um x_k. Das Verfahren ist so angelegt, dass man die Punkte der Inkugel um x_k auf jeden Fall erreichen kann. Damit erzielt man aber nur einen Teil des angestrebten Fortschritts, den man mit Hilfe des Umkreisradius von der anderen Seite abschätzen kann. Wäre nun das $\frac{r}{R}$-Verhältnis durch eine positive Konstante nach unten beschränkt, dann läge lineare Konvergenz vor. Leider nähern wir uns aber dem Rand (sogar einer Ecke), und dies verdirbt obigen Effekt (zumindest im Originalraum).

Mit Karmarkars projektiver Transformation verschafft er sich aber zumindest im Hilfsraum einen nennenswerten Bewegungsspielraum, weil diese die Konstellation aus Polyeder und Punkt so verzerrt, dass der Punkt ziemlich in der Mitte eines dickbauchigen bzw. nahezu kugelförmigen Polytops liegt. Dort gibt es jetzt ein brauchbares Verhältnis zwischen den beiden Radien.

Man kann nun den Erfolg mit Hilfe einer Potentialfunktion $f(x) = \sum_{i=1}^{n} \ln(\frac{v^T x}{x^i})$ messen und beweisen:

Lemma 11.1 *So lange wie man in der Iteration noch nicht einen Punkt x_k erreicht hat, für den gilt $v^T x_k = 0$, verringert sich die Funktion $f(x)$ in jedem Iterationsschritt um mehr als einen gleichbleibenden konstanten Betrag δ. Dieser Betrag ist zwar vom Problem abhängig, aber in jedem Fall grösser als $\frac{1}{10}$.*

Lemma 11.2 *$Min_{x \in S} |\sum_{i=1}^{n} \ln \frac{1}{x^i}|$ wird bei $\frac{1}{n}\mathbf{1}$ mit Wert $n \ln n$ angenommen.*

Das zeigt, dass jede über diesen Tiefstwert hinausgehende Verkleinerung der Potentialfunktion sich in einer Reduktion von $n \ln v^T x$ niederschlagen muss. So folgt

Satz 11.1 *Polynomialität der Schrittzahl*
Spätestens nach $10[n(q + \ln n)]$ Iterationsschritten liegt im Originalraum ein Punkt $\bar{x}$ aus dem Zulässigkeitsbereich vor, für den gilt:

entweder (i) $v^T \bar{x} = 0$

oder (ii) $\dfrac{v^T \bar{x}}{v^T x_0} \leq 2^{-q}$.

Bemerkung
Jeder einzelne Iterationsschritt erfordert einen Aufwand von $O(n^3)$ Operationen mit der Präzision L (Inversion von BB^T).
Dieser Aufwand lässt sich sogar verringern, wenn man einen selbstkorrigierenden Approximationsalgorithmus verwendet. Der Aufwand ist dann $O(n^{2,5})$.

Korollar 11.1 *Es reicht aus, $q = 2L$ zu wählen (Lemma 9.4), denn wir müssen eine Genauigkeit von 2^{-L} erreichen, um besser als die zweitbeste Ecke zu sein (dies wird im folgenden Abschnitt gerechtfertigt). Wir beginnen aber mit einer Größenordnung der Zielfunktion von maximal 2^L. Es reicht also $q = 2L$ aus.*

Satz 11.2

(a) Der Algorithmus von Karmarkar erreicht die geforderte Genauigkeit nach spätestens $10n(2L + \ln n)$ Schritten.

(b) Der Gesamtaufwand ist nicht größer als
$10n(2L + \ln n)Ln^{2,5} = O(L^2 n^{3,5} \ln n)$.

11.2 Beendigung des Verfahrens

Hat man einen inneren Punkt x_K eines n-dimensionalen spitzen Zulässigkeitsbereichs X zur Minimierung einer linearen Zielfunktion $v^T x$ zur Verfügung, dann kann man auf folgende Weise versuchen, einen Eckpunkt anzusteuern.

Stufe 1: Bewege dich von x_K aus in der Zielrichtung $-v$, bis eine Restriktionshyperebene von X erreicht ist. Stoppe bei Projektionsergebnis 0 oder wenn die Bewegung unbeschränkt ist.

Stufe 2: Projiziere $-v$ auf die erreichte Hyperebene und bewege dich in der projizierten Zielrichtung, bis eine zweite Restriktionshyperebene von X erreicht ist. Stoppe bei Projektionsergebnis 0 oder wenn die Bewegung unbeschränkt ist.

Stufe l ≤ n: Wir befinden uns in einem Randpunkt von X mit $l-1$ aktiven Restriktionen. Projiziere $-v$ auf die Schnittmenge der zugehörigen $l-1$ Hyperebenen und bewege dich in der projizierten Zielrichtung, bis eine l-te Restriktionshyperebene von X erreicht ist. Stoppe bei Projektionsergebnis 0 oder wenn die Bewegung unbeschränkt ist.

Wegen der Verfolgung der projizierten Negativ-Gradienten von $v^T x$ in allen Stufen hat jede Bewegung den Zielfunktionswert verbessert. Es gilt also $v^T x \leq v^T x_K$, für jeden in diesen Stufen erreichten Punkt.

Verlaufen die n Stufen erfolgreich, dann sind n linear unabhängige Restriktionen aktiv und wir haben deshalb eine Ecke x_{rund} erreicht.

Oder aber wir haben in einer der Stufen abgebrochen, weil unsere Bewegung nicht mehr beschränkt war. Damit ist unser Problem gelöst.

Oder irgendeine Bewegung bis zu Stufe $n-1$ hat Projektionsergebnis 0 gezeigt. In diesem Fall haben wir einen affinen Unterraum erreicht, zu dem v senkrecht steht. Somit sind alle seine Punkte gleich gut. Ist das Polyeder X spitz, dann gilt dies auch für den affinen Unterraum. (Legt man Wert auf die Kenntnis einer darin befindlichen Ecke, dann schafft man dies rekursiv mit Hilfe von entsprechenden Suchen mit zu v orthogonalen Richtungen des Differenzraums.)

Diesen Rundungsversuch kann man von jedem inneren Punkt aus machen. Wenn wir ihn aber bei einem x_K durchführen, zu dem es keine zwei verschiedene, bessere Zielfunktionswerte bei Ecken mehr gibt, also dessen Zielfunktionswert bereits niedriger ist als bei der zweitbesten Ecke, dann führt dieses Vorgehen zum definitiven Abschluss der Problembearbeitung. Denn eine dann noch gefundene Ecke kann nur noch die beste Ecke sein und wir können überprüfen, ob sie auch ein Optimalpunkt ist.

Lemma 11.3 *Ist X spitz, dann führt die Rundungsprozedur ausgehend von $x_K \in$ Int(X) garantiert zu einem Minimalpunkt oder zum Nachweis der Unbeschränktheit, wenn $v^T x_K \leq v^T x_{II}$, wobei x_{II} die zweitbeste Ecke von X bezeichnet.*
Ist X spitz und $v^T x$ auf X beschränkt nach unten, dann erreicht man unter obiger Voraussetzung einen Optimalpunkt.

Beweis:
Wenn wir den Rundungsversuch bei einem x_K durchführen, zu dem es keine zwei Ecken mit verschiedenen kleineren Zielfunktionswerten mehr gibt, dann führt dieses Vorgehen zum definitiven Abschluss der Problembearbeitung.
Erfolgt ein Ausstieg wegen Unbeschränktheit, dann ist das Problem sowieso gelöst. Findet man noch eine Ecke, dann kann dies nur die beste Ecke sein.
Ein Ausstieg wegen Nullprojektion geschieht bei einem Punkt in einem affinen Unterraum, auf dem v senkrecht steht, und der eine Ecke enthält. Eine noch bessere Ecke kann es dann nicht mehr geben.
In den beiden letzten Fällen liefert dann die Berechung der Dualvariablen mit Hilfe des Satzes vom komplementären Schlupf uns die Information, ob wir einen Optimalpunkt haben, oder ob Unbeschränktheit vorliegt.
Der zweite Teil der Behauptung ergibt sich aus dem Ausschluss von Unbeschränktheit und der Existenz einer optimalen Ecke bzw. von Optimalpunkten. □

Nun sieht der Algorithmus von Karmarkar vor, dass man so weit iteriert, bis man einen Iterationspunkt $\bar{x}$ hat, der besser als die zweitbeste Ecke ist. Da man dies aber nicht unbedingt direkt bemerkt, sollte man von Zeit zu Zeit (evtl. nach jeder Iteration von x_k aus) einen solchen Rundungsversuch machen. Ergibt sich dabei eine Ecke, dann kann man an Hand der Dualvariablen (Satz vom komplementären Schlupf) feststellen, ob es sich um die Optimalecke handelt. Andernfalls kehrt man zum inneren Punkt zurück und setzt das Innere-Punkte-Verfahren fort. Dabei liegt der Aufwand für diese Rundungen nicht höher als der Aufwand für die Einzeliterationen.

Zur Worst-Case Komplexität ist zu bemerken: Bei vorgegebener Kodierungslänge L des LP ist der Zielfunktionsvorsprung einer Optimalecke zur zweitbesten Ecke durch eine positive Zahl nach unten beschränkt, nämlich in der Form

$$v^T x_{II} - v^T x_{opt} > 2^{-L}.$$

Deshalb kann q in der Größenordnung $O(L)$ gewählt werden.

Zu einer schärferen Wahl von q im Worst-Case kommt man sogar, wenn man die größte in der Problemmatrix auftretende Unterdeterminante in Betracht zieht und q so groß wie deren Logarithmus wählt.

11.3. Problemumformulierung

Nun sei dieses Verfahren noch einmal algorithmisch dargestellt. Zu lösen sei

$$\max v^T x \text{ unter } \tilde{A}x = \tilde{b} \text{ und } Ax \leq b$$

wobei $\tilde{A} \in \mathbb{R}^{(l,n)}$, $\tilde{b} \in \mathbb{R}^l$, $n > l \geq 0$, $\text{Rang}(\tilde{A}) = l$ und $A \in \mathbb{R}^{(m,n)}$, $b \in \mathbb{R}^m$, $m \geq n - l$.

Algorithmus 11.2 *Rundungsalgorithmus*
Input: x mit $\tilde{A}x = \tilde{b}$ und $Ax < b$ *(innerer Punkt von X).*
Output: Ecke von X oder Meldung, dass $v^T x$ unbeschränkt nach oben auf X ist, oder Angabe eines Optimalpunkts von $v^T x$.
Initialisierung: $I_l := \emptyset$, $k := l$, $\hat{A}_l := \tilde{A}$, $d_l := (E - \tilde{A}^T(\tilde{A}\tilde{A}^T)^{-1}\tilde{A}^T)(-v)$, $w_l := x$.
Typischer Schritt: Für $k := l$ bis $n - 1$ führe aus:

1. Berechne $\lambda_k := \text{Min}\{\frac{b^i - a_i^T w_k}{a_i^T d_k} \mid i \notin I_k, a_i^T d_k > 0\}$ und
   $i_k := \arg\min\{\frac{b^i - a_i^T w_k}{a_i^T d_k} \mid i \notin I_k, a_i^T d_k > 0\}$.
   Stoppe, wenn kein solches $i \notin I_k, a_i^T d_k > 0$ existiert (Unbeschränktheit).

2. $w_{k+1} := w_k + \lambda_k d_k$, $I_{k+1} := I_k \cup \{i_k\}$, $\hat{A}_{I_{k+1}} := \begin{pmatrix} \hat{A}_{I_k} \\ a_{i_k} \end{pmatrix}$.

3. Falls $k + 1 < n$, berechne $d_{k+1} := (E - \hat{A}_{I_{k+1}}^T(\hat{A}_{I_{k+1}}\hat{A}_{I_{k+1}}^T)^{-1}\hat{A}_{I_{k+1}})(-v) = (E - a_{i_k}(a_{i_k}{}^T a_{i_k})^{-1}a_{i_k}{}^T)d_k$.

4. *Stoppe, falls $d_{k+1} = 0$.*

11.3 Umformulierung eines Problems von allgemeiner Form

Die bisher gemachten Aussagen über die Polynomialität des Verfahrens von Karmarkar trafen stets nur für einen ganz bestimmten Problemtyp zu. Es wäre nun möglich, dass durch Transformation eines allgemeinen Problems in die spezielle Form die Dimension und die Kodierungslänge so stark aufgebläht werden, dass die Polynomialität bez. der Original-Kodierungslänge nicht mehr gilt. Dass dies nicht der Fall ist, werden wir jetzt zeigen.

1. Gestellt sei das Problem

$$\min v^T x \text{ unter } Ax \leq b, \ x \geq 0$$

mit $v, x \in \mathbb{R}^n$, $b \in \mathbb{R}^m$, $A \in \mathbb{R}^{(m,n)}$.

2. Dies kann man in ein Zulässigkeitsproblem umformen:

   Gesucht ist (x, y) mit
   $$\begin{array}{rcl} v^T x - b^T y &=& 0 \\ Ax &\leq& b \\ A^T y &\geq& v \\ x, y &\geq& 0. \end{array}$$

3. Als Gleichheitsproblem formuliert, lautet es:

   Gesucht ist (x, y, z, w) mit
   $$\begin{aligned} -v^T x &+ b^T y + 0_m^T z - 0_n^T w = 0 \\ Ax & = b \\ A^T y & + E_m z = b \\ A^T y & - E_n w = v \\ x, y, z, w & \geq 0. \end{aligned}$$

   Setzt man $D := \begin{pmatrix} -v^T & b^T & 0 & 0 \\ A & 0 & E_m & 0 \\ 0 & A^T & 0 & -E_n \end{pmatrix} \in \mathbb{R}^{(N+1, 2N)}$ und $f = \begin{pmatrix} 0 \\ b \\ v \end{pmatrix} \in$

   $\mathbb{R}^{N+1}$ mit $N = m + n$, $u^T = (x^T, y^T, z^T, w^T)$, dann lautet das Problem:
   Finde u mit $Du = f$, $u \geq 0$.

4. Es soll nun der Mittelpunkt des Simplex zulässig werden. Hierzu führen wir eine weitere Schlupfvariable λ ein und lösen:

   $$\begin{aligned} \min \lambda \text{ unter } \quad & (Du - f) = \lambda(D\mathbf{1}_{2N} - f) \\ & u, \lambda \geq 0, \end{aligned}$$

   wobei $\mathbf{1}_{2N}^T = (1, \ldots, 1)$. Hier ist $(u^T, \lambda)^T = (\mathbf{1}_{2N}^T, 1)^T$ zulässig, und es fragt sich, ob eine Minimierung den Wert von λ bis auf 0 drücken kann. In diesem Fall gäbe es dann ein zulässiges u. Vereinfacht ist die Problemstruktur jetzt

   $$\min (0^T, 1)p \text{ unter } Gp = f$$

   mit $G = (D, -D\mathbf{1}_{2N} + f)$, $p^T = (u^T, \lambda)$, $p \in \mathbb{R}^{2N+1}$.

5. Das Gleichungssystem ist jetzt allerdings noch inhomogen. Deshalb betrachten wir eine projektive Transformation Π des positiven Orthanten von $\mathbb{R}^{2N+1}$ auf den positiven Simplex im $\mathbb{R}^{2N+2}$.

   Hierzu sei $\chi^i := \frac{p^i}{\sum_{j=1}^{2N+1} p^j + 1}$ für $i = 1, \ldots, 2N+1$, und
   $\chi^{2N+2} := 1 - \sum_{j=1}^{2N+1} \chi^j$ (dies ist immer positiv).

   (a) Unter Π geht $\{p \in \mathbb{R}^{2N+1} \mid p \geq 0\}$ über auf

   $$S'_{2N+2} = \{\chi \in \mathbb{R}^{2N+2} \mid \sum_{i=1}^{2N+2} \chi^i = 1, \chi \geq 0, \chi^{2N+2} > 0\}.$$

   (b) Π ist bijektiv mit Umkehrabbildung Π^{-1}, wobei
   $[\Pi^{-1}(\chi)]^i = \frac{\chi^i}{\chi^{2N+2}} = \frac{p^i}{\sum_{j=1}^{2N+1} p^j + 1} (1 - \sum_{j=1}^{2N+1} \frac{p^j}{\sum_{k=1}^{2N+1} p^k + 1})^{-1} =$
   $p^i(1 + \sum_{j=1}^{2N+1} p^j - \sum_{j=1}^{2N+1} p^j)^{-1} = p^i$.

11.3. Problemumformulierung

(c) G_i sei die i-te Spalte von G.

Die Nebenbedingung $Gp = f \Leftrightarrow \sum_{i=1}^{2N+1} G_i p^i = f$ überträgt sich jetzt in $\sum_{i=1}^{2N+1} G_i \frac{[\Pi(p)]^i}{[\Pi(p)]^{2N+2}} = f$ bzw. $\sum_{i=1}^{2N+1} G_i \chi^i - \chi^{2N+2} f = 0$, weil $\frac{[\Pi(p)]^i}{[\Pi(p)]^{2N+2}} = \frac{\chi^i}{\chi^{2N+2}} = p^i$. Da 1_{2N+1} vorher zulässig war, ist im neuen Bildraum auch $(\frac{1}{2N+2}, \ldots, \frac{1}{2N+2})^T$ zulässig.

(d) Statt mit p^{2N+1} arbeiten wir jetzt auf mit einer „verfälschten" Zielfunktion auf $\mathbb{R}^{2N+2}$

$$(0, \ldots, 0, 1, 0)^T \chi = \frac{p^{2N+1}}{1 + \sum_{i=1}^{2N+1} p^i}.$$

Diese gibt zwar nicht exakt die Werte der früheren Zielfunktion $(0, \ldots, 0, 1)^T p$ wieder, jedoch leistet sie das Wesentliche, denn $(0, \ldots, 0, 1, 0)^T \chi$ ist auf dem erweiterten Zulässigkeitsbereich

$$H\chi = 0, \quad \chi \geq 0, \quad \sum_{i=1}^{2N+2} \chi^i = 1 \text{ mit } H = (G, -f)$$

durch 0 nach unten beschränkt.

Besaß p^{2N+1} den Minimalwert 0, dann besitzt auch χ^{2N+1} Minimalwert 0.
Wir müssen noch darüber nachdenken, ob wir denn aus $\chi^{2N+1} = 0$ direkt folgern können, dass ein zulässiger Punkt verfügbar ist.
Erhalten wir zum Abschluss des Innere-Punkte-Verfahrens einen Lösungspunkt mit $\chi^{2N+1} = 0$ und $\chi^{2N+2} > 0$, dann ist alles klar, denn dann liefert uns die Umkehrabbildung einen optimalen Originalpunkt p und damit einen Lösungspunkt des inhomogenen Systems $Du = f$.
Führt aber die Iteration im erweiterten Zulässigkeitsbereich auf einen Optimalpunkt mit $\chi^{2N+1} = 0$ und $\chi^{2N+2} = 0$, dann können wir auf diesen die Umkehrabbildung nicht ausführen, und wir wissen nur, dass das homogene System $Du = 0$ gelöst ist.
Nun ist zu klären, ob es wirklich unmöglich ist, ein $\tilde{\chi}$ zu finden mit $\tilde{\chi}^{2N+1} = 0$ und $\tilde{\chi}^{2N+2} > 0$, sowie $H\tilde{\chi} = 0$, $\tilde{\chi} \geq 0$, $\sum_{i=1}^{2N+2} \tilde{\chi}^i = 1$.
Das können wir entscheiden, indem wir mit Hilfe der Dualvariablen überprüfen, ob denn unser vorliegendes χ auch maximal ist bzgl. der Zielfunktion $e_{2N+2}^T \chi$ und unter den Nebenbedingungen $\tilde{\chi}^{2N+1} = 0$, sowie $H\tilde{\chi} = 0$, $\tilde{\chi} \geq 0$, $\sum_{i=1}^{2N+2} \tilde{\chi}^i = 1$.
Denn χ erfüllt ja schon diese Nebenbedingungen.
Wenn ja, dann gibt es wirklich keine Punkte mit positiver letzter Komponente und das heißt, dass zwar $Du = 0$, nicht aber $Du = f$ lösbar ist.
Ist χ aber nicht maximal, dann finden wir (durch Verfolgung der projizierten Zielrichtung analog zum letzten Abschnitt) einen besseren Punkt $\tilde{\chi}$ und dessen Urbild löst das inhomogene Ausgangssystem. Somit kann unter unserer Voraussetzung die Minimierung von $(0, \ldots, 0, 1, 0)^T \chi$ im erweiterten Problem alle erforderlichen Informationen erbringen.

Unser Problem lautet nun also

$$\min \quad (0_{2N}^T, 1, 0)\chi$$

$$\text{unter} \quad \left(\begin{pmatrix} -v^T & b^T & 0 & 0 \\ A & 0 & E_m & 0 \\ 0 & A^T & 0 & -E_n \end{pmatrix} - D\mathbf{1}_{2N} + \begin{pmatrix} 0 \\ b \\ v \end{pmatrix} \middle| - \begin{pmatrix} 0 \\ b \\ v \end{pmatrix} \right) \chi = 0,$$

$$\chi \geq 0, \quad \sum_{i=1}^{2N+2} \chi^i = 1.$$

Wir haben ein lineares Gleichungssystem, es ist homogen. Der Mittelpunkt des Simplex, $\frac{1}{2N+2}\mathbf{1}_{2N+2}$, ist zulässig.
Ist der Optimalwert 0, dann läuft der Karmarkar-Algorithmus, ansonsten scheitert die δ-Mindestverbesserung schließlich und löst das Problem durch die Mitteilung: Unzulässigkeit. Fraglich ist nun nur noch die Wahl von q.
q können wir durch Bestimmung der Kodierungslänge des neuen Problems ermitteln. Aber präziser wird unsere Anforderung an q, wenn wir jeweils den Betrag der maximal möglichen Unterdeterminante der Restriktionsmatrix erörtern.
Diese kann man wie folgt abschätzen:
Betrachte das Produkt der euklidischen Länge von $n+m+1$ Spalten (dies ist die Zeilenzahl).

Wir betrachten die beiden Abteilungen $\begin{pmatrix} -v^T \\ A \\ 0 \end{pmatrix}$ und $\begin{pmatrix} b^T \\ 0 \\ A^T \end{pmatrix}$. In der ersten Abteilung erzeugen die ausgewählten r_1 Spalten allenfalls das Längenprodukt $2^{\langle A \rangle + \langle v \rangle}$ und in der zweiten erhalten wir allenfalls $2^{\langle A \rangle + \langle b \rangle}$.

Die Abteilungen $\begin{pmatrix} 0 \\ E_m \\ 0 \end{pmatrix}$ und $\begin{pmatrix} 0 \\ 0 \\ -E_n \end{pmatrix}$ sind völlig harmlos (jeweils $= 1$).

Schnell abgehakt ist auch die letzte Spalte. Diese Spalte bewirkt maximal $2^{\langle b \rangle + \langle v \rangle}$. Bleibt noch die vorletzte Spalte. Diese bewirkt allenfalls $2^{\langle b \rangle + \langle v \rangle} \cdot 2^{\langle A \rangle} \cdot 2^{\langle A \rangle} = 2^{\langle b \rangle + \langle v \rangle + 2\langle A \rangle}$. Hier nutzt man aus, dass nach Lemma 9.1b gilt

$$\|d\|_2 \leq \|d\|_1 \leq \sum_{i=1}^{n+m+1} |d^i| \leq 2^{\langle d^1 \rangle + \ldots + \langle d^{n+m+1} \rangle}.$$

Also ist eine Oberschranke für den größten denkbaren Unterdeterminantenbetrag $2^{3\langle v \rangle + 4\langle A \rangle + 3\langle b \rangle}$.
Und der Logarithmus hiervon ist nicht größer als

$$3\langle v \rangle + 3\langle b \rangle + 4\langle A \rangle \leq 4[\langle A \rangle + \langle b \rangle + \langle v \rangle] = 4L.$$

Damit bleibt die Polynomialität des Algorithmus auch nach der Problemtransformation erhalten.

Betrachtet man den Gesamtalgorithmus, so stellt man fest, dass bei der Transformation polynomial viele Schritte durchgeführt werden, ebenso wie bei der Lösung des Hilfsproblems. Der Rundungsalgorithmus hat eine Laufzeit von $O(nL)$, also bleibt die Polynomialität des gesamten Verfahrens erhalten.

11.4 Übungsaufgaben

Aufgabe 11.1 Sei x_k der aktuelle Iterationspunkt, $v^T x_k$ der aktuelle Zielfunktionswert und x_* der Optimalpunkt. r und R seien Radien von Kugeln um x_k, so dass die r-Kugel ganz in X liegt, die R-Kugel ganz X umfasst. Zeigen Sie:
$v^T x_* - v^T x_{k+1} \leq (1 - \frac{r}{R})(v^T x_* - v^T x_k)$ mit $x_{k+1} := x_k + rv$.

Aufgabe 11.2 Zeigen Sie: Die projektive Transformation $T(x) = \frac{D^{-1}x}{1^T D^{-1}x}$ überführt $a > 0$ in $\frac{1}{n}1$, wobei $D = \text{diag}(a)$ (also wie im Algorithmus 11.1 von Karmarkar definiert) ist.

Aufgabe 11.3 Bei der Transformation $T(x) = \frac{D^{-1}x}{1^T D^{-1}x}$ geht $U = \text{Kern } A$ in $\tilde{U} = \text{Kern } AD$ über, also in einen Unterraum von $\mathbb{R}^n$. $S \cap \tilde{U}$ ist wiederum affiner Unterraum von $\mathbb{R}^n$. S wird durch T bijektiv auf S abgebildet, falls $a > 0$ ist.

Aufgabe 11.4 Zeigen Sie: Die inverse Abbildung zur projektiven Transformation $T(x) = y = \frac{D^{-1}x}{1^T D^{-1}x}$ ist $T^{-1}(y) = \frac{Dy}{1^T Dy}$.

Aufgabe 11.5 Zeigen Sie: Die Funktion $f(x) = \sum_{i=1}^n \ln(\frac{v^T x}{x^i})$ wird im Hilfsraum durch $\tilde{f}(y) = \sum_{i=1}^n \ln \frac{(Dv)^T y}{y^i} - \sum_{i=1}^n \ln(a^i)$ simuliert. Für $y = T(x)$ gilt also $\tilde{f}(y) = f(x)$.

Aufgabe 11.6 $\text{Min}_{x \in S} |\sum_{i=1}^n \ln \frac{1}{x^i}|$ wird bei $\frac{1}{n}1$ mit Wert $n \ln n$ angenommen.

Aufgabe 11.7

(a) Um $\frac{1}{n}1$ existiert in S eine Inkugel der Dimension $(n-1)$ vom Radius $r = \frac{1}{\sqrt{n^2-n}}$.

(b) Ist U ein affiner Unterraum, der 0 und $\frac{1}{n}1$ enthält, dann existiert in $S \cap U$ um $\frac{1}{n}1$ eine Inkugel der Dimension $(S \cap U)$ vom Radius $r = \frac{1}{\sqrt{n^2-n}}$.

Aufgabe 11.8 Zeigen Sie, dass Sie einen genauso wirkungsvollen Abbruchalgorithmus auch dadurch gewinnen, dass Sie die Methode der flexiblen Hilfsrestriktionen anwenden. x_K sei dazu der Ausgangspunkt. Und jeder Austausch einer Hilfsrestriktion gegen eine echte ergibt zwei Möglichkeiten der Bewegung entlang einer Hilfskante. Eine davon verschlechtert die Zielfunktion nicht.

Ausblick zum 1. Teil (Lineare Optimierung)

Obwohl wir jetzt sehr ausführlich auf die Lineare Optimierung eingegangen sind, blieben viele Bereiche noch unbehandelt. Hier sei auf einige weiterführende und aktuelle Aspekte, z.T. mit Verweisen auf Überblicksliteratur hingewiesen.

Zum Thema Polyedertheorie findet man Wichtiges bei Ziegler [62]. In diesen Zusammenhang fällt auch das Problem der vollständigen Erfassung von Polyedern, d.h. all seiner Ecken und Facetten. Und hier sind wir dann sehr in der Nähe der allgemeinen parametrischen bzw. Mehrzieloptimierung (vgl. Steuer [58]), von der nur der Spezialfall mit 2 Zielen angesprochen worden ist.

Nicht gesprochen haben wir über Lineare Komplementaritätsprobleme, bei denen Primal- und Dual-Probleme zusammengefasst werden (Murty [42]).

Ein aktuelles Thema ist zur Zeit auch (wieder) die Frage, ob man Pivotschritte immer nur nach dem Schema eines inneren oder immer nach dem Schema eines äußeren Algorithmus durchführen muss und sollte. Ansätze zur Mischung beider Konzepte sind in der „Criss-Cross-Methode" vorhanden.

Ebenso sind wir hier nicht auf numerische Probleme der Linearen Algebra (der Sensitivität und der Robustheit, der Konditionierung, der Cholesky-Faktorisierung usw.) eingegangen, die im Zusammenhang mit Problemen sehr großer Dimensionen bei allen LP-Lösungsverfahren in den Vordergrund treten (vgl. Minoux [38] und Gill et al. [17]).

Bei Padberg [48] findet man hierzu einige wertvolle Hinweise, ebenso wie eine Hinführung auf die Modellierung von „großen" Anwendungsproblemen (siehe auch Williams [61]): Die Bedeutung der Linearen Optimierung für (große) kombinatorische Optimierungsprobleme wird auch deutlich im Buch von Grötschel et al. [22].

Unbedingt zu erwähnen sind auch noch die Inhalte der „Stochastischen Optimierung", bei der optimiert werden soll, obwohl die Daten stochastisch schwanken können (vgl. Kall [31] und Prekopa [50]).

Teil 2
Nichtlineare Optimierung

Überblick zum 2. Teil (Nichtlineare Optimierung)
In diesem Teil lösen wir uns von der vereinfachenden Annahme, dass alle auftretenden Funktionen linear sind. Was hier behandelt wird, ist im eigentlichen Sinne eine „nicht notwendigerweise lineare Optimierung". Man untersucht Methoden, die die Optimalpunkte iterativ annähern (sollen) und diskutiert unter anderem die Frage, ob und welche Erkenntnisse aus der Linearen Optimierung noch erhalten bleiben, wenn die Linearität nicht mehr gesichert, aber ersetzt worden ist durch Differenzierbarkeit und Konvexität.

Unsere Darstellung folgt in vielen Teilen dem Buch von Bazaraa, Sherali und Shetty [3], an das sich auch viele Beispiele und Abbildungen anlehnen. In einigen Kapiteln stützen wir uns auf Mangasarian [37] und Luenberger [36], das Augsburger Vorlesungskript von Grötschel und Colonius [23], und vereinzelt auf Spellucci [57] und Dennis und Schnabel [14].

Im ersten Kapitel dieses Teils (Kapitel 12) legen wir Wert auf die Erarbeitung von „Nichtlinearer" und „Konvexer" Optimierung aus der Anfängervorlesung „Analysis II" heraus. Deshalb stehen am Beginn zunächst Aufarbeitungen von Differenzierbarkeitseigenschaften und von Konvexität.

Daran schließt sich ein Kapitel über notwendige und hinreichende Optimalitätskriterien an. Ich sehe darin den Hauptzweck der ersten Hälfte dieses Teils, der dann im dritten Kapitel (Kapitel 14) abgerundet wird von Betrachtungen über Dualität und Sattelpunkte.

Einen Übergang vom Analysieren zum spezifischen Problem-Lösen stellt das vierte Kapitel (Kapitel 15) dar, in dem es um grundsätzliche Eigenschaften von Lösungsalgorithmen geht, wie beispielsweise um Konvergenzverhalten, Abgeschlossenheit oder Unabhängigkeit von Startpunktwahl oder Rundungsverhalten.

Ab dem fünften Kapitel (Kapitel 16) werden Spezialalgorithmen zur Lösung einzelner (Teil-) Aufgaben besprochen. Zunächst geht es vor allen Dingen um das Auffinden von Optimalpunkten in eindimensionalen Bereichen (Liniensuche).

Danach, in Kapitel 17, werden Methoden zur Minimierung auf unrestringierten Bereichen vorgestellt. Eine herausragende Rolle nehmen dabei quadratische Optimierungsprobleme ein, weil oft durch die Lösung quadratischer Annäherungen gute Iterationsfolgen für die Originalprobleme entstehen.

Schließlich diskutieren wir im siebten Kapitel (Kapitel 18) dieses Teils Konzepte zur Optimierung bei Vorliegen von Restriktionen, wie Straffunktions-Barriere-Verfahren, Methoden der zulässigen Richtungen und Projektionsverfahren.

Danach kehren wir in zwei Kapiteln noch einmal zur Linearen Optimierung zurück, weil wir nun nämlich in der Lage sind, den Algorithmus von Karmarkar zu analysieren und seine Polynomialität zu beweisen. Unter Vorlage einer Arbeit von Gonzaga [18] gelingt dies in der Sprache der eben erlernten Nichtlinearen Optimierung.

Zum Abschluss wird noch eine andere Art von Innere-Punkte-Verfahren vorgestellt, nämlich die Pfadfolgenden Methoden. Angelehnt an eine Arbeit von Roos [54] wird gezeigt, dass die Komplexität bei diesem Verfahren noch deutlich besser ist.

Kapitel 12
Einführung in die konvexe Optimierung

In diesem Kapitel wird es darum gehen, unsere bisherigen Erkenntnisse über Optimierungsaufgaben zu erweitern und zu übertragen auf Probleme, bei denen Linearität nicht mehr vorliegt. Oft hat man aber noch den Vorteil, dass man es mit konvexen Mengen bzw. Funktionen zu tun hat. In vielen Fällen reicht dies für die Sicherstellung erwünschter Regeln schon aus. Um dies einzusehen und nachzuweisen, befassen wir uns zunächst intensiv mit solchen Konvexitätseigenschaften.

12.1 Beispielhafte Problemstellungen

Wir formulieren zunächst nochmal ein allgemeines nichtlineares Optimierungsproblem (siehe Definition 1.6).

Definition 12.1 *Allgemeines* nichtlineares Optimierungsproblem

$$\begin{array}{rlll} \min & f(x^1,\ldots,x^n) & & f: \Gamma \to \mathbb{R} \\ \text{unter} & g_i(x^1,\ldots,x^n) \leq 0 & \forall i \in \{1,\ldots,m\} & g_i: \Gamma \to \mathbb{R} \\ & h_j(x^1,\ldots,x^n) = 0 & \forall j \in \{1,\ldots,l\} & h_j: \Gamma \to \mathbb{R} \\ & x \in \Gamma \subseteq \mathbb{R}^n & & \end{array}$$

Dabei sind die Fälle $m = 0$ und $l = 0$ als Spezialfälle erlaubt.

Bezeichnungen
Der *Zulässigkeitsbereich* des nichtlinearen Optimierungsproblems aus Definition 12.1 ist somit:

$$X = \{x \in \Gamma \subseteq \mathbb{R}^n \mid g_i(x) \leq 0, h_j(x) = 0 \text{ für } i = 1,\ldots,m \text{ und } j = 1,\ldots,l\}.$$

f ist die *Zielfunktion*, g_i sind die *Ungleichungsrestriktionen* und h_j die *Gleichungsrestriktionen*.

Ein Punkt $\bar{x} \in X$ heißt *Minimalpunkt*, wenn gilt:
$$f(\bar{x}) \leq f(x) \quad \forall\, x \in X\,;$$
er heißt *Maximalpunkt*, wenn
$$f(\bar{x}) \geq f(x) \quad \forall\, x \in X\,.$$
Je nach Aufgabenstellung sprechen wir dabei von *Optimalpunkten*.

Bemerkung
Eine Minimierung von f entspricht der Maximierung von $-f$. Der Übergang zu $-g$ gestattet auch Ungleichungen mit $\geq$. Gleichungsrestriktionen können durch zwei entgegengesetzte Ungleichungsrestriktionen ersetzt werden und umgekehrt.

Beispiel (nach [3], siehe auch Abb. 12.1)

$$\begin{array}{rlrl}
\min & f(x) & = (x^1-3)^2 + (x^2-2)^2 & \\
\text{unter} & g_1(x) & = (x^1)^2 - x^2 - 3 & \leq 0 \\
& g_2(x) & = x^2 - 1 & \leq 0 \\
& g_3(x) & = -x^1 & \leq 0
\end{array}$$

Definition 12.2 *Ein Punkt $\bar{x} \in X$ heißt* globaler Minimalpunkt *von f auf X, wenn $f(\bar{x}) \leq f(x)\ \forall\, x \in X$ gilt.*
Ein zulässiger Punkt $\hat{x} \in X$ heißt lokaler Minimalpunkt, *wenn eine Umgebung $U(\hat{x}, \varepsilon) := \{y \mid \|y - \hat{x}\| < \varepsilon\}$, $\varepsilon > 0$ existiert, auf der gilt:*
$$f(\hat{x}) \leq f(x) \quad \forall\, x \in U(\hat{x}, \varepsilon) \cap X\,.$$

Im Folgenden werden einige Spezialfälle von Optimierungsproblemen angegeben.

Lineare Optimierungsprobleme

$$\begin{array}{rlrl}
\min & f(x) & = c^T x & \qquad f : \mathbb{R}^n \to \mathbb{R}, \\
\text{unter} & g(x) & = Ax - b \ \leq\ 0 & \qquad g : \mathbb{R}^n \to \mathbb{R}^m \\
& h(x) & = Bx - d \ =\ 0 & \qquad h : \mathbb{R}^n \to \mathbb{R}^l \\
& & x \in \mathbb{R}^n &
\end{array}$$

In diesem Fall heißt die Funktion f *linear*, g und h heißen *affin linear*.

Quadratische Optimierungsprobleme

$$\begin{array}{rlrl}
\min & f(x) & = x^T Q x + c^T x + \gamma & \\
\text{unter} & g(x) & = Ax - b & \leq 0 \\
& h(x) & = Bx - d & = 0 \\
& & x \in \mathbb{R}^n &
\end{array}$$

Dabei sind $Q \in \mathbb{R}^{(n,n)}$ symmetrisch, $c \in \mathbb{R}^n$, $\gamma \in \mathbb{R}$, $A \in \mathbb{R}^{(m,n)}$, $b \in \mathbb{R}^m$, $B \in \mathbb{R}^{(l,n)}$ und $d \in \mathbb{R}^l$.

12.1. Beispielhafte Problemstellungen

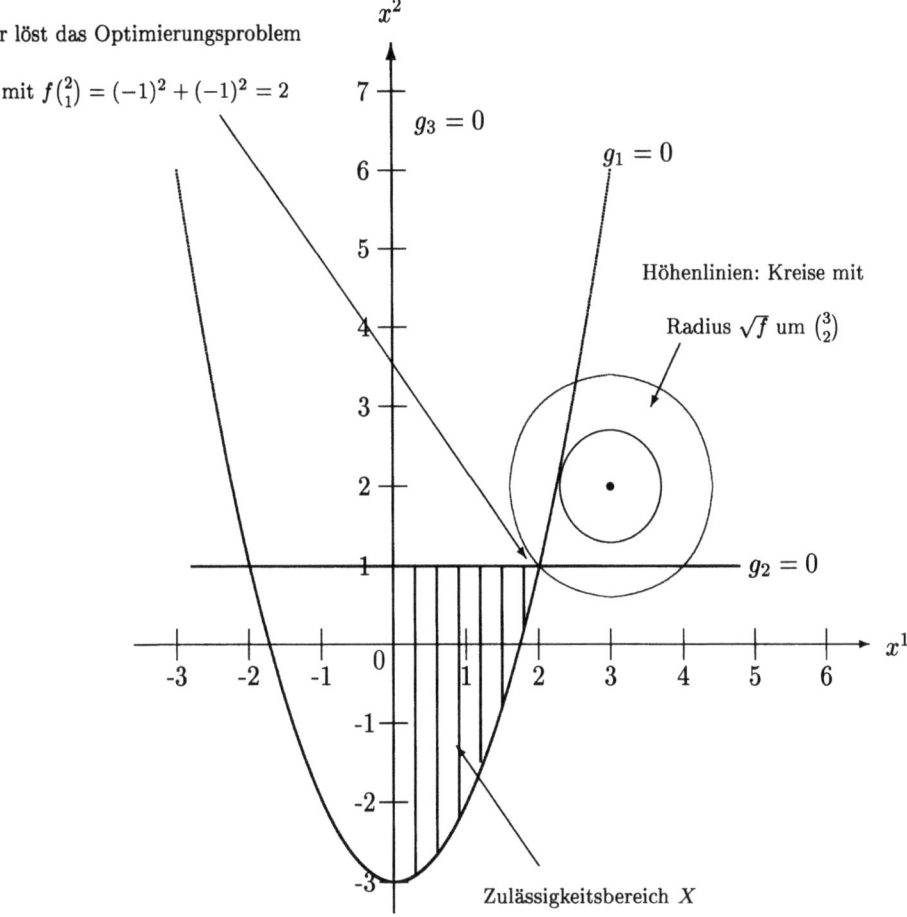

$\binom{2}{1}$ ist erster Berührpunkt

er löst das Optimierungsproblem

mit $f\binom{2}{1} = (-1)^2 + (-1)^2 = 2$

Höhenlinien: Kreise mit Radius $\sqrt{f}$ um $\binom{3}{2}$

Zulässigkeitsbereich X

Abbildung 12.1: Beispiel

Konvexe Optimierungsprobleme

$$\begin{aligned} \min \quad & f(x) \\ \text{unter} \quad & g(x) \leq 0 \\ & h(x) = 0 \\ & x \in \Gamma \subseteq \mathbb{R}^n \end{aligned}$$

Dabei sind f, g konvexe Funktionen, h eine affin lineare Funktion und Γ eine konvexe Menge.

Hyperbolische (gebrochen rationale) Optimierungsprobleme

$$\min \quad f(x) = \frac{Z(x)}{N(x)} \qquad \begin{array}{l} Z : \Gamma \to \mathbb{R} \\ N : \Gamma \to \mathbb{R}^+ \end{array}$$
$$\text{unter} \quad x \in \Gamma \subseteq \mathbb{R}^n$$

Solche Problemstellungen treten oft auf, wenn es um die Renditemaximierung bei Investitionen geht. Im Zähler steht mit $Z(x)$ ein Maß für den erwarteten Gewinn, im Nenner mit $N(x)$ die Höhe des investierten Betrages.

Separable Optimierungsprobleme

$$\begin{array}{rll} \min & f(x) := \sum_{p=1}^{n} f_p(x^p) & \\ \text{unter} & g_i(x) := \sum_{p=1}^{n} g_{i_p}(x^p) \leq 0 & \forall\, i = 1, \ldots, m \\ & h_j(x) := \sum_{p=1}^{n} h_{j_p}(x^p) = 0 & \forall\, j = 1, \ldots, l \\ \text{und} & x \in \Gamma \subseteq \mathbb{R}^n & \end{array}$$

(x^p bezeichnet dabei die p-te Komponente von x.)

Klassische (unrestringierte) Optimierungsprobleme

$$\begin{array}{cc} \min & f(x) \\ \text{unter} & x \in \Gamma = \mathbb{R}^n. \end{array}$$

Die wichtigsten Fragen für unser Studium dieser Probleme sind:

- Existenz und Eindeutigkeit der Optimalpunkte;
- Notwendige und/oder hinreichende Bedingungen für Optimalität;
- Algorithmen zum Auffinden von lokalen/globalen Optimalpunkten.

12.2 Konvexe Mengen

Bei der Behandlung von linearen Optimierungsproblemen wurde oft viel Wert auf die Konvexität des Zulässigkeitsbereichs gelegt. Die Linearität war oft gar nicht so wichtig. Deshalb interessieren wir uns nun dafür, welche Resultate noch zu retten sind, wenn man nur einfach Konvexität verlangt. Insbesondere soll geklärt werden, was man mit Konvexität in vollständigen Räumen wie $\mathbb{R}^n$ anfangen kann.

Zunächst werden einige grundlegende Eigenschaften konvexer Mengen (meist ohne Beweis) zusammengestellt. Wir erinnern hier auch an die Definition 3.1 und die Ausführungen in Kapitel 3.

Bezeichnungen

Sei $M \subseteq \mathbb{R}^n$. Dann bezeichnet $\overline{M}$ die *abgeschlossene Hülle* von M, $\text{Int}(M)$ das *Innere* von M, $\partial M = \overline{M} \setminus \text{Int}(M)$ den *Rand* von M.

12.2. Konvexe Mengen

Lemma 12.1 *Sei $M \neq \emptyset$ eine konvexe Menge im $\mathbb{R}^n$ und $\text{Int}(M) \neq \emptyset$, sowie $x_1 \in \overline{M}$, $x_2 \in \text{Int}(M)$. Dann ist $(x_1, x_2) \subseteq \text{Int}(M)$ ein offenes Intervall im Inneren von M.*

Korollar 12.1 *Sei jeweils $M \neq \emptyset$ konvex. Dann gilt:*
$\text{Int}(M)$ ist konvex, $\overline{M}$ ist konvex. Ist zusätzlich $\text{Int}(M) \neq \emptyset$, so folgt $\overline{\text{Int}(M)} = \overline{M}$ und daraus $\text{Int}(\overline{M}) = \text{Int}(M)$.

Satz 12.1 *M sei eine (nichtleere) abgeschlossene, konvexe Teilmenge des $\mathbb{R}^n$ und $y \notin M$. Dann existiert ein eindeutig bestimmter Punkt $\bar{x} \in M$ mit Minimaldistanz zu y. Dieses $\bar{x}$ ist charakterisiert durch $(x - \bar{x})^T(\bar{x} - y) \geq 0 \quad \forall\, x \in M$.*

Beweis:
M ist abgeschlossen und nichtleer. Zu y gibt es also ein $\varepsilon > 0$, so dass $U = U(y, \varepsilon) \cap M$ nicht leer ist. Ferner ist $\overline{U}$ beschränkt und somit kompakt. Folglich nimmt $\|x - y\|$ auf $\overline{U}$ sein Minimum an, da die Abstandsfunktion stetig ist.
Seien x_1, x_2 zwei solche Minima, d.h. es gelte insbesondere $\|x_1 - y\| = \|x_2 - y\|$. Sind nun x_1 und x_2 verschieden, so folgt aus der strikten Konvexität der Kugel um y, dass gilt: $\|\frac{x_1 + x_2}{2} - y\| < \|x_1 - y\|$. Dies widerspricht der Minimalität von x_1, weswegen $x_1 = x_2$ gelten muss.
Die Charakterisierungseigenschaft ist notwendig:
Ist $\bar{x}$ optimal, so gilt $\|y - x\|^2 \geq \|y - \bar{x}\|^2$ für alle $x \in M$. Somit gilt auch $\|y - \tilde{x}\|^2 \geq \|y - \bar{x}\|^2$ für Punkte der Art $\tilde{x} := \bar{x} + \lambda(x - \bar{x})$ mit $\lambda \in [0, 1]$, da diese $\tilde{x}$ wegen der Konvexität von M in M enthalten sind. Folglich gilt:

$$\begin{aligned}\|y - \bar{x}\|^2 &\leq \|y - \bar{x} - \lambda(x - \bar{x})\|^2 \\ &= \|y - \bar{x}\|^2 + \lambda^2 \|x - \bar{x}\|^2 + 2\lambda(x - \bar{x})^T(\bar{x} - y).\end{aligned}$$

Rückt nun $\tilde{x}$ gegen $\bar{x}$, also $\lambda \to 0$, dann verschwinden die Terme $\lambda^2 \|x - \bar{x}\|^2$ und $2\lambda(x - \bar{x})^T(\bar{x} - y)$. Nachdem der erste Term aber schneller gegen Null geht, dominiert ab einem genügend kleinen λ der gemischte Term und dies beweist $2\lambda(x - \bar{x})^T(\bar{x} - y) \geq 0$.
Die Charakterisierungseigenschaft ist hinreichend:

$$\begin{aligned}\|x - y\|^2 &= \|(x - \bar{x}) + (\bar{x} - y)\|^2 \\ &= \underbrace{(x - \bar{x})^T(x - \bar{x})}_{\geq 0} + 2\underbrace{(x - \bar{x})^T(\bar{x} - y)}_{\geq 0 \text{ nach Vor.}} + (\bar{x} - y)^T(\bar{x} - y) \\ &\geq (\bar{x} - y)^T(\bar{x} - y).\end{aligned}$$

Folglich ist $\bar{x}$ optimal. $\square$

Definition 12.3 *Eine Hyperebene $\{x \mid c^T x = \alpha\}$ mit $c \neq 0$ trennt zwei nichtleere Teilmengen Γ und Λ des $\mathbb{R}^n$, wenn gilt:*

$$c^T x \leq \alpha \quad \forall x \in \Gamma \quad \text{und} \quad c^T x \geq \alpha \quad \forall x \in \Lambda.$$

Gelten an Stelle von $\leq$ und $\geq$ sogar $<$ und $>$, so spricht man von einer strikten Trennung. In diesen Fällen heißen Γ und Λ trennbar, bzw. strikt trennbar.

Satz 12.2 Trennbarkeit von Menge und Punkt
Sei $M \neq \emptyset$ eine abgeschlossene, konvexe Menge und $y \notin M$. Dann gibt es ein $p \in \mathbb{R}^n$ und ein $\alpha \in \mathbb{R}$ mit $p^T y > \alpha$ und $p^T x < \alpha \ \forall x \in M$.

Beweis:
Nach Satz 12.1 gibt es ein $\bar{x} \in M$, welches den Abstand zu y minimiert und für das gilt:

$$(x - \bar{x})^T (y - \bar{x}) \leq 0 \quad \forall x \in M.$$

Daraus folgt nun sofort:

$$-\bar{x}^T (y - \bar{x}) \leq -x^T (y - \bar{x}).$$

Ferner gilt: $\|y - \bar{x}\|^2 = (y - \bar{x})^T (y - \bar{x}) = y^T (y - \bar{x}) - \bar{x}^T (y - \bar{x})$.
Somit erhalten wir:

$$\|y - \bar{x}\|^2 \leq y^T (y - \bar{x}) - x^T (y - \bar{x}) = (y - x)^T (y - \bar{x}).$$

Setzen wir nun $p := y - \bar{x}$ ($\neq 0$, wegen $y \notin M, \bar{x} \in M$), so gilt:

$$\begin{aligned} p^T y &= y^T (y - \bar{x}) \\ &\geq \|y - \bar{x}\|^2 + x^T (y - \bar{x}) \\ &= \|y - \bar{x}\|^2 + x^T p \quad \forall x \in M. \end{aligned}$$

Folglich gilt für alle $x \in M$: $p^T x \leq p^T y - \|y - \bar{x}\|^2$.
Nun setzen wir $\tilde{\alpha} := \sup\{p^T x : x \in M\} < \infty$.
Wegen $p^T x \leq p^T y - \|y - \bar{x}\|^2$ folgt dann

$$p^T y \geq \|y - \bar{x}\|^2 + \tilde{\alpha} > \frac{\|y - \bar{x}\|^2}{2} + \tilde{\alpha} =: \alpha.$$

Ferner gilt: $p^T x \leq \tilde{\alpha} < \tilde{\alpha} + \frac{\|y - \bar{x}\|^2}{2} = \alpha \quad \forall x \in M$. □

Korollar 12.2 Ist M abgeschlossen und konvex, so ist M der Durchschnitt aller Halbräume, die M enthalten.

Definition 12.4 M sei eine nichtleere Teilmenge des $\mathbb{R}^n$ und $\bar{x} \in \partial M$. Eine Hyperebene $H := \{x \mid c^T x = c^T \bar{x}\}$ heißt Stützhyperebene zu M bei $\bar{x}$, falls für alle $y \in M$ gilt: $c^T y \leq c^T \bar{x}$.

Satz 12.3 M sei eine nichtleere, konvexe Teilmenge des $\mathbb{R}^n$ und $\bar{x} \in \partial M$. Dann gibt es eine Hyperebene, die M bei $\bar{x}$ stützt.

12.2. Konvexe Mengen

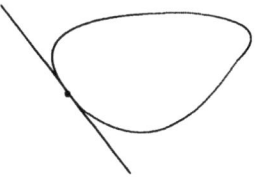
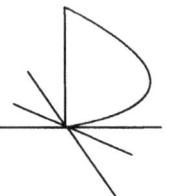

eine Stützhyperebene hat einen Berührpunkt

mehrere Stützhyperebenen an einem Berührpunkt

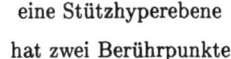

eine Stützhyperebene hat zwei Berührpunkte

Zulässigkeitsbereich liegt ganz in der Stützhyperebene

Abbildung 12.2: Stützhyperebenen

Beweis:
Wegen $\bar{x} \in \partial M$ gibt es eine Folge (y_k), die nicht in $\overline{M}$ liegt mit $y_k \to \bar{x}$. Jeder dieser Punkte y_k kann strikt von M getrennt werden mit Vektoren p_k (wie vorher definiert). O.B.d.A. kann man die p_k auf $\|p_k\| = 1$ normieren. Somit ist (p_k) eine beschränkte Menge und hat eine konvergente Teilfolge mit Grenzwert p und $\|p\| = 1$.
Für jedes k aus dieser Teilfolge ist $p_k^T y_k > p_k^T x \ \forall x \in \overline{M}$. Fixiere $x \in \overline{M}$ und schließe auf den Grenzpunkt p der p_k:

$$\lim_{k \to \infty} p_k^T y_k = (\lim_{k \to \infty} p_k)^T (\lim_{k \to \infty} y_k) = p^T \bar{x}.$$

Somit gilt für alle $x \in M$: $p^T \bar{x} \geq p^T x$ und damit $p^T(x - \bar{x}) \leq 0$.
Insbesondere gilt dies für alle $x \in \overline{M}$ und damit ist alles bewiesen. □

Korollar 12.3 *Sei M eine nichtleere, konvexe Menge im $\mathbb{R}^n$ und $\bar{x} \notin M$. Dann gibt es einen Nichtnullvektor p mit $p^T(x - \bar{x}) \leq 0 \quad \forall x \in \overline{M}$.*

Satz 12.4 *Trennung zweier Mengen*
M_1 und M_2 seien zwei nichtleere, konvexe Teilmengen des $\mathbb{R}^n$ mit $M_1 \cap M_2 = \emptyset$. Dann existiert eine Hyperebene, die M_1 und M_2 trennt, d.h.

$$\exists p \neq 0 \text{ mit } \inf\{p^T x \mid x \in M_1\} \geq \sup\{p^T x \mid x \in M_2\}.$$

Beweis:
Sei $M := M_1 - M_2 = \{x_1 - x_2 \mid x_1 \in M_1; x_2 \in M_2\}$ (dies ist eine konvexe Menge).
Da $M_1 \cap M_2 = \emptyset$ ist, folgt $0 \notin M$. Dann kann aber M von 0 getrennt werden, d.h.
$\exists p \neq 0, p \in \mathbb{R}^n$ mit $p^T x_1 \geq p^T x_2 \; \forall x_1 \in M_1, x_2 \in M_2$. □

Korollar 12.4 M_1 und M_2 seien nichtleere, konvexe Teilmengen des $\mathbb{R}^n$. Sei $\text{Int}(M_2) \neq \emptyset$ und $M_1 \cap \text{Int}(M_2) = \emptyset$.
Dann existiert ein $p \neq 0$ mit $\inf\{p^T x \mid x \in M_1\} \geq \sup\{p^T x \mid x \in M_2\}$.

Beweis:
Ersetze in obigem Satz M_2 durch $\text{Int}(M_2)$ und beachte, dass gilt:
$\sup\{p^T x \mid x \in M_2\} = \sup\{p^T x \mid x \in \text{Int}(M_2)\}$. □

Korollar 12.5 Seien M_1 und M_2 konvexe Mengen mit nichtleerem Inneren und $\text{Int}(M_1) \cap \text{Int}(M_2) = \emptyset$.
Dann existiert ein $p \neq 0$ mit $\inf\{p^T x \mid x \in M_1\} \geq \sup\{p^T x \mid x \in M_2\}$.

Satz 12.5 Seien M_1 und M_2 abgeschlossen und konvex, M_1 beschränkt. Ist $M_1 \cap M_2 = \emptyset$, dann gilt

$$\exists p \neq 0 \text{ und } \varepsilon > 0 \text{ mit } \inf\{p^T x \mid x \in M_1\} \geq \varepsilon + \sup\{p^T x \mid x \in M_2\}.$$

Beweis:
Setze wieder $M := M_1 - M_2$. Folglich ist M konvex und $0 \notin M$. Ferner ist M sogar abgeschlossen. Denn man kann für $(x_k) \to x$ mit $x_k = y_k - z_k$ ($y_k \in M_1, z_k \in M_2$) Folgendes zeigen:
M_1 ist kompakt, so dass eine Teilfolge (y_{k_j}) existiert, die in M_1 gegen $y \in M_1$ konvergiert. Ferner gilt $y_k - z_k \to x$ und $y_{k_j} \to y$, so dass (z_{k_j}) gegen $z := y - x$ konvergiert. Da M_2 abgeschlossen ist, gilt $z \in M_2$, weshalb $x = y - z \in M$ ist. Somit ist M abgeschlossen und damit von 0 strikt trennbar.
Folglich gibt es ein $p \neq 0$ mit $p^T x \geq \varepsilon \; \forall x \in M$ und $\varepsilon > p^T 0 = 0$. Damit gilt:
$p^T x_1 \geq \varepsilon + p^T x_2 \; \forall x_1 \in M_1, x_2 \in M_2$. □

12.3 Konvexität und Differenzierbarkeit bei Funktionen

Wir werden nun Eigenschaften von Ziel- und Restriktionsfunktionen untersuchen, die sich bei Optimierungsproblemen als vorteilhaft erweisen.

Definition 12.5 Sei Γ eine nichtleere, konvexe Menge im $\mathbb{R}^n$. Eine reellwertige Funktion φ heißt konvex auf Γ, wenn $\forall x_1, x_2 \in \Gamma$ und $\forall \lambda \in [0, 1]$ gilt:

$$\varphi(\lambda x_1 + (1 - \lambda)x_2) \leq \lambda \varphi(x_1) + (1 - \lambda)\varphi(x_2).$$

Ist bei $\lambda \in (0, 1)$ und $x_1 \neq x_2$ die obige Ungleichung immer strikt, so heißt φ strikt konvex.

12.3. Konvexität und Differenzierbarkeit

φ heißt *konkav (bzw. strikt konkav)* auf Γ, wenn $-\varphi$ konvex (bzw. strikt konvex) ist.

Eine Vektorfunktion heißt konvex, wenn alle Komponentenfunktionen konvex sind.

Hinweis
Die Konvexität des Definitionsbereichs Γ ist erforderlich, um der Definition konvexer Funktionen überhaupt einen Sinn zu geben.

Bemerkung
f sei eine mehrdimensionale Vektorfunktion auf dem konvexen Bereich $\Gamma \subseteq \mathbb{R}^n$. Falls $f = (f_1, \ldots, f_m)$ konvex ist, dann ist auch jede konische Kombination der f_i eine konvexe Funktion, d.h. $\forall \rho_1, \ldots, \rho_m$ mit $\rho_i \geq 0$ $(i = 1, \ldots, m)$, ist $\varphi = \sum_{i=1}^{m} \rho_i f_i$ konvex.

Bezeichnung
φ sei eine konvexe Funktion und $\alpha \in \mathbb{R}$. $N_\alpha := \{x \in \Gamma \mid \varphi(x) \leq \alpha\}$ bezeichnet dann die *Niveaumenge* von φ zu α. Entsprechend bezeichnet $N_{\alpha-}$ die analoge Menge mit $\varphi(x) < \alpha$.

Bemerkung
Ist φ eine konvexe Funktion, so sind $\forall \alpha \in \mathbb{R}$ die Mengen N_α und $N_{\alpha-}$ konvex.

Satz 12.6 *Sei $\Gamma \neq \emptyset$, $\Gamma \subseteq \mathbb{R}^n$ konvex und $\varphi : \Gamma \to \mathbb{R}$ konvex. Dann ist φ auf $\text{Int}(\Gamma)$ stetig.*

Beweis:
Sei $\bar{x} \in \text{Int}(\Gamma)$. Dann gibt es einen Würfel W um $\bar{x}$ mit Seitenlänge $2\delta > 0$ und den 2^n Ecken $v_1, \ldots, v_{2^n}$:

$$\bar{x} + \delta \begin{pmatrix} 1 \\ 1 \\ \vdots \\ 1 \end{pmatrix}, \quad \ldots, \quad \bar{x} + \delta \begin{pmatrix} \pm 1 \\ \pm 1 \\ \vdots \\ \pm 1 \end{pmatrix}, \quad \ldots, \quad \bar{x} + \delta \begin{pmatrix} -1 \\ -1 \\ \vdots \\ -1 \end{pmatrix}.$$

Jedes $\tilde{x} \in W$ ist Konvexkombination der $(v_1, \ldots, v_{2^n})$.
Bestimme nun $\Theta := \text{Max}\{\varphi(v_i) - \varphi(\bar{x}) \mid i = 1, \ldots, 2^n\}$.
Dann gelten für $x = \sum_{i=1}^{2^n} \lambda_i v_i$ mit $\sum_{i=1}^{2^n} \lambda_i = 1, \lambda_i \geq 0$:

$$\varphi(\tilde{x}) \leq \sum_{i=1}^{2^n} \lambda_i \varphi(v_i) \quad \text{und}$$

$$\varphi(\tilde{x}) - \varphi(\bar{x}) \leq \sum_{i=1}^{2^n} \lambda_i [\varphi(v_i) - \varphi(\bar{x})] \leq \sum_{i=1}^{2^n} \lambda_i \Theta = \Theta.$$

Betrachte nun ein solches $\tilde{x}$ mit $\|\bar{x} - \tilde{x}\| = \gamma\delta$ $(\gamma \in (0, 1))$. $\tilde{x}$ liegt also in der δ-Kugel um $\bar{x}$. Dann ist $\gamma = \frac{\|\bar{x}-\tilde{x}\|}{\delta}$ und $\tilde{x} \in W$. Ferner ist $u := \bar{x} + \frac{1}{\gamma}(\tilde{x} - \bar{x})$ ein

Punkt in W mit $\|u - \bar{x}\| = \delta$. Des Weiteren lässt sich $\tilde{x}$ dann wie folgt darstellen:
$\tilde{x} = (1-\gamma)\bar{x} + \gamma u$.
Betrachte nun $\tilde{\tilde{u}} := \bar{x} - (u - \bar{x})$. Dann folgt:

$$\begin{aligned}
\bar{x} &= \tilde{\tilde{u}} + (u - \bar{x}) = \tilde{\tilde{u}} + \tfrac{1}{\gamma}(\tilde{x} - \bar{x}) \\
\Rightarrow (1+\tfrac{1}{\gamma})\bar{x} &= \tilde{\tilde{u}} + \tfrac{1}{\gamma}\tilde{x} \\
\Rightarrow \bar{x} &= \tfrac{\gamma}{1+\gamma}\tilde{\tilde{u}} + \tfrac{1}{1+\gamma}\tilde{x}. \quad (*)
\end{aligned}$$

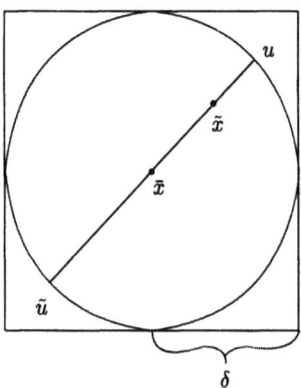

Abbildung 12.3: Illustration $\tilde{x}, \bar{x}, \tilde{\tilde{u}}, u$

Die Konvexität von φ sorgt für:

$$\varphi(\tilde{x}) \leq (1-\gamma)\varphi(\bar{x}) + \gamma\varphi(u) = \gamma[\varphi(u) - \varphi(\bar{x})] + \varphi(\bar{x}).$$

Folglich gilt:

$$\varphi(\tilde{x}) - \varphi(\bar{x}) \leq \gamma[\varphi(u) - \varphi(\bar{x})] \leq \gamma\Theta.$$

Wegen $(*)$ und der Konvexität von φ gilt:

$$\begin{aligned}
\varphi(\bar{x}) &\leq \tfrac{1}{1+\gamma}[\gamma\varphi(\tilde{\tilde{u}}) + \varphi(\tilde{x})] \\
\Rightarrow \tfrac{1}{1+\gamma}[\varphi(\bar{x}) - \varphi(\tilde{x})] &\leq \tfrac{\gamma}{1+\gamma}[\varphi(\tilde{\tilde{u}}) - \varphi(\bar{x})] \leq \tfrac{\gamma}{1+\gamma}\Theta \\
\Rightarrow \varphi(\bar{x}) - \varphi(\tilde{x}) &\leq \gamma\Theta.
\end{aligned}$$

Also ist $|\varphi(\tilde{x}) - \varphi(\bar{x})| \leq \gamma\Theta = \Theta\frac{\|\tilde{x}-\bar{x}\|}{\delta}$.
Damit wäre für $\Theta = 0$ bereits alles gezeigt.
Bei $\Theta > 0$ folgt für ein vorgegebenes $0 < \varepsilon \leq \Theta$:

$$\forall \tilde{x} \quad \text{mit} \quad \|\tilde{x} - \bar{x}\| < \delta\frac{1}{\Theta}\varepsilon \quad \text{ist} \quad |\varphi(\tilde{x}) - \varphi(\bar{x})| \leq \varepsilon.$$

Denn wegen $\frac{\varepsilon}{\Theta} \leq 1$ ist dann $\|\tilde{x}-\bar{x}\| < \delta$, also ist $\tilde{x}$ im Würfel. Folglich funktioniert die obige Argumentation für dieses x. Damit ist φ stetig. □

12.3. Konvexität und Differenzierbarkeit

Definition 12.6 *Richtungsableitung*
Seien $\Gamma \neq \emptyset$, $\Gamma \subseteq \mathbb{R}^n$ und $f : \Gamma \to \mathbb{R}$. Ferner seien $\bar{x} \in \Gamma$ und $d \in \mathbb{R}^n$, so dass $\bar{x} + \lambda d \in \Gamma \; \forall \, 0 < \lambda < \varepsilon$ *(für ein $\varepsilon > 0$)*.
Die Richtungsableitung von φ bei $\bar{x}$ entlang d (in Richtung d) wird im Falle ihrer Existenz durch folgenden Grenzwert beschrieben:

$$\varphi'(\bar{x}, d) := \lim_{\lambda \to 0+} \frac{\varphi(\bar{x} + \lambda d) - \varphi(\bar{x})}{\lambda}.$$

Lemma 12.2 Sei $\Gamma \neq \emptyset$ und φ eine konvexe Funktion. Sei $\bar{x} \in Int(\Gamma)$ und $d \neq 0$ so, dass für genügend kleines $\lambda > 0$ gilt: $\bar{x} + \lambda d \in \Gamma$.
Dann existiert folgender Grenzwert:

$$\lim_{\lambda \to 0+} \frac{\varphi(\bar{x} + \lambda d) - \varphi(\bar{x})}{\lambda} \in \mathbb{R}.$$

Beweis:
Sei $\lambda_2 > \lambda_1 > 0$ genügend klein.

$$\begin{aligned}
\Rightarrow \quad \bar{x} + \lambda_1 d &= \tfrac{\lambda_2 - \lambda_1}{\lambda_2}\bar{x} + \tfrac{\lambda_1}{\lambda_2}(\bar{x} + \lambda_2 d) \\
\Rightarrow \quad \varphi(\bar{x} + \lambda_1 d) &= \varphi((1 - \tfrac{\lambda_1}{\lambda_2})\bar{x} + \tfrac{\lambda_1}{\lambda_2}(\bar{x} + \lambda_2 d)) \\
&\leq (1 - \tfrac{\lambda_1}{\lambda_2})\varphi(\bar{x}) + \tfrac{\lambda_1}{\lambda_2}\varphi(\bar{x} + \lambda_2 d) \\
\Rightarrow \quad \tfrac{\varphi(\bar{x} + \lambda_1 d) - \varphi(\bar{x})}{\lambda_1} &\leq \tfrac{\varphi(\bar{x} + \lambda_2 d) - \varphi(\bar{x})}{\lambda_2}.
\end{aligned}$$

Dieser Quotient wächst also monoton mit λ an, er fällt, wenn $\lambda \to 0+$ läuft. Eine monoton fallende Funktion konvergiert aber gegen eine Zahl aus $[-\infty, \infty)$. Somit müssen wir nur noch den Fall $-\infty$ ausschließen.
Weil $\bar{x}$ im Inneren von Γ liegt, können wir uns ein Stück weit in eine Richtung d vor- und zurückbewegen, ohne das Innere zu verlassen. Durch die Konvexität von φ haben wir bei $\lambda > 0$:

$$\begin{aligned}
\varphi(\bar{x}) &= \varphi\left(\frac{\lambda}{1+\lambda}(\bar{x} - d) + \frac{1}{1+\lambda}(\bar{x} + \lambda d)\right) \\
&\leq \frac{\lambda}{1+\lambda}\varphi(\bar{x} - d) + \frac{1}{1+\lambda}\varphi(\bar{x} + \lambda d).
\end{aligned}$$

Somit gilt: $\dfrac{\varphi(\bar{x} + \lambda d) - \varphi(\bar{x})}{\lambda} \geq \varphi(\bar{x}) - \varphi(\bar{x} - d)$.
Die bei $\lambda \to 0+$ monoton abnehmende Folge der Quotienten links ist also von unten durch die rechte Konstante beschränkt. Damit existiert der Grenzwert tatsächlich und ist gegeben durch:

$$\lim_{\lambda \to 0+} \frac{\varphi(\bar{x} + \lambda d) - \varphi(\bar{x})}{\lambda} = \inf_{\lambda > 0} \frac{\varphi(\bar{x} + \lambda d) - \varphi(\bar{x})}{\lambda}.$$

□

Definition 12.7 Sei $\Gamma \neq \emptyset$, $\Gamma \subseteq \mathbb{R}^n$ und $\varphi : \Gamma \to \mathbb{R}$. Der Epigraph ist eine Teilmenge von $\mathbb{R}^{n+1}$ und folgendermaßen definiert:

$$\text{Epi}(\varphi) := \{ \begin{pmatrix} x \\ \xi \end{pmatrix} \mid x \in \Gamma, \xi \in \mathbb{R} \quad \text{mit} \quad \varphi(x) \leq \xi \}.$$

Entsprechend bezeichnet der Hypograph von φ eine Teilmenge von $\mathbb{R}^{n+1}$ mit:

$$\text{Hyp}(\varphi) := \{ \begin{pmatrix} x \\ \xi \end{pmatrix} \mid x \in \Gamma, \xi \in \mathbb{R} \quad \text{mit} \quad \varphi(x) \geq \xi \}.$$

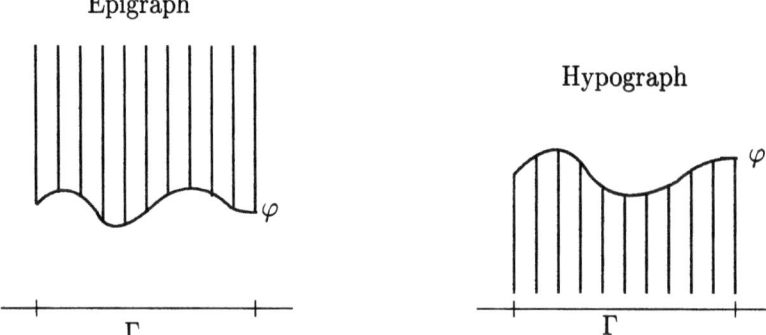

Abbildung 12.4: Epigraph und Hypograph

Satz 12.7 $\Gamma \neq \emptyset$ sei konvex und φ sei reellwertig. φ ist genau dann konvex, wenn Epi(φ) eine konvexe Menge ist.

Beweis: Übungsaufgabe.

Definition 12.8 $\Gamma \neq \emptyset$ sei konvex und $\varphi : \Gamma \to \mathbb{R}$. Dann heißt ein Vektor L Subgradient von φ bei $\bar{x}$, wenn gilt:

$$\varphi(x) \geq \varphi(\bar{x}) + L^T(x - \bar{x}) \quad \forall x \in \Gamma. \tag{12.1}$$

Gilt in (12.1) $\leq$ anstelle von $\geq$, so nennen wir hier L Supergradient von φ bei $\bar{x}$.

Bemerkung
Man beachte in der Definition des Subgradienten, dass die obige Abschätzung verlangt wird für alle Punkte des Definitionsbereichs von φ. Wenn also dort $\Gamma = \mathbb{R}^n$ ist, dann muss die Abschätzung auch auf ganz $\mathbb{R}^n$ erfüllt sein und nicht nur auf einer Teilmenge.

Bemerkung
Die Punktmenge $\{ y = \begin{pmatrix} x \\ \varphi(\bar{x}) + L^T(x - \bar{x}) \end{pmatrix} \mid x \in \Gamma \}$ entspricht einer Stützhyperebene an den Epi- bzw. Hypographen von φ in $\bar{x}$.

12.3. Konvexität und Differenzierbarkeit

hier im eindimensionalen Fall gibt L die Steigung an

Abbildung 12.5: Subgradient und Supergradient

$\begin{pmatrix} L \\ -1 \end{pmatrix}$ entspricht dem zugehörigen Normalenvektor in der Beschreibung:

$$\text{SHE} = \{y \mid \begin{pmatrix} L \\ -1 \end{pmatrix}^T y = L^T x - \varphi(\bar{x}) - L^T(x - \bar{x}) = \underbrace{L^T \bar{x} - \varphi(\bar{x})}_{\text{konstant}}\}.$$

Beispiel (nach [3], S. 85) (siehe Abb. 12.6)
Sei $f(x) = \text{Min}[f_1(x), f_2(x)]$ mit $f_1(x) = 4 - |x|$ und $f_2(x) = 4 - (x-2)^2$. Damit kann f auch wie folgt dargestellt werden:

$$f(x) = \begin{cases} 4 - x & : \ 1 \leq x \leq 4, \\ 4 - (x-2)^2 & : \ \text{sonst.} \end{cases}$$

Supergradienten hierzu sind für $\quad x < 1 \quad : \quad L = -2(x-2),$
für $\quad 1 < x < 4 \quad : \quad L = -1,$
für $\quad 4 < x \quad : \quad L = -2(x-2).$

Bei $x = 1$ und $x = 4$ sind die Supergradienten nicht eindeutig bestimmt. Bei $x = 1$ kommen für L alle Werte zwischen -1 und 2 und bei $x = 4$ alle Werte zwischen -4 und -1 in Frage.

Satz 12.8 *Existenzsatz für Subgradienten bei konvexen Funktionen*
$\emptyset \neq \Gamma \subseteq \mathbb{R}^n$ sei konvex und $\varphi : \Gamma \to \mathbb{R}$ sei konvex. Dann existiert für $\bar{x} \in \text{Int}(\Gamma)$ ein Vektor $L \in \mathbb{R}^n$, so dass die Hyperebene
$H := \{\begin{pmatrix} x \\ \xi \end{pmatrix} \mid \xi = \varphi(\bar{x}) + L^T(x - \bar{x})\} \subseteq \mathbb{R}^{n+1}$ den Epigraphen von φ bei $\begin{pmatrix} \bar{x} \\ \varphi(\bar{x}) \end{pmatrix}$
stützt. Gemeint ist damit, dass gilt:

$$\varphi(x) \geq \varphi(\bar{x}) + L^T(x - \bar{x}) \quad \forall x \in \Gamma.$$

Mit anderen Worten: L ist ein Subgradient von φ bei $\bar{x}$.

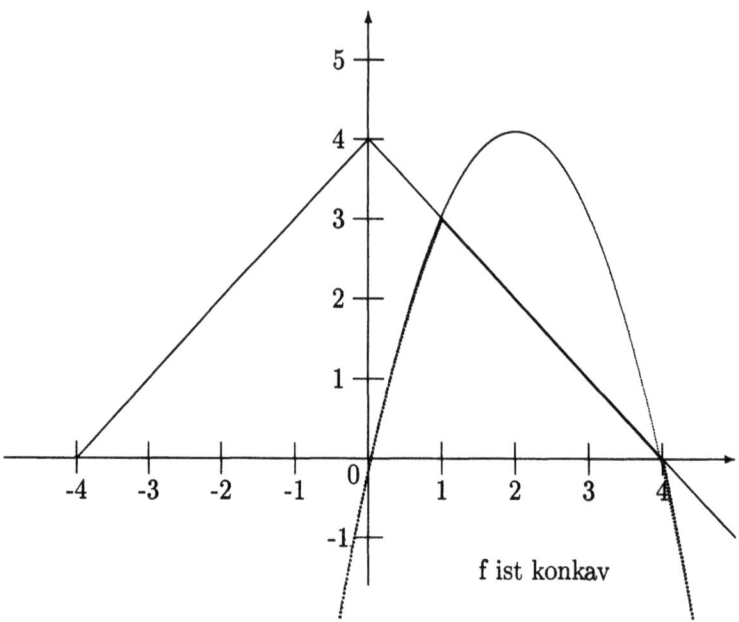

Abbildung 12.6: Illustration

Beweis:
Epi(φ) ist konvex. Sicherlich gehört $\begin{pmatrix} \bar{x} \\ \varphi(\bar{x}) \end{pmatrix}$ zu ∂Epi(φ). Also gibt es dort eine Stützhyperebene mit Normalenvektor $\begin{pmatrix} p \\ \pi \end{pmatrix}$ und

$$p^T(x-\bar{x}) + \pi(\xi - \varphi(\bar{x})) \leq 0 \quad \forall \begin{pmatrix} x \\ \xi \end{pmatrix} \in \text{Epi}(\varphi).$$

Dabei kann π nicht positiv sein, weil bei $x = \bar{x}$ alle $\xi > \varphi(\bar{x})$ in Epi(φ) zugelassen sind, also ist hier ξ beliebig groß wählbar.
Ferner kann π auch nicht Null sein, weil sonst für alle $x \in \Gamma$ $p^T(x-\bar{x}) \leq 0$ gelten würde und damit (wegen $\bar{x} \in \text{Int}(\Gamma)$) $p = 0$ sein müsste. Dann wäre $\begin{pmatrix} p \\ \pi \end{pmatrix} = 0$ und somit kein Normalenvektor mehr.
Folglich ist π negativ und wir können normieren: $\tilde{p} := \frac{1}{|\pi|} p$.
Nun folgt:
$$\begin{aligned} p^T(x-\bar{x}) &\leq -\pi(\xi - \varphi(\bar{x})) \\ \Leftrightarrow \tilde{p}^T(x-\bar{x}) &\leq \xi - \varphi(\bar{x}). \end{aligned}$$

Also gilt insbesondere $\tilde{p}^T(x-\bar{x}) + \varphi(\bar{x}) \leq \xi \quad \forall \begin{pmatrix} x \\ \xi \end{pmatrix} \in \text{Epi}(\varphi)$.
Damit ist mit $\xi = \varphi(x)$ gewährleistet, dass $\tilde{p}^T(x-\bar{x}) + \varphi(\bar{x}) \leq \varphi(x)$.
Somit ist hier $\tilde{p}$ ein Subgradient und übernimmt die Rolle von L. □

12.3. Konvexität und Differenzierbarkeit

Korollar 12.6 *Sei $\Gamma \neq \emptyset$ konvex und φ strikt konvex. Dann gibt es zu $\bar{x} \in \text{Int}(\Gamma)$ einen Vektor L, so dass sogar gilt:*

$$\varphi(x) > \varphi(\bar{x}) + L^T(x - \bar{x}) \quad \forall x \in \Gamma, x \neq \bar{x}.$$

Beweis:
Dass wir „$\geq$" erreichen können, ist schon geklärt. Sei also jetzt L ein solcher Subgradient mit $\varphi(x) \geq \varphi(\bar{x}) + L^T(x - \bar{x}) \quad \forall x \in \Gamma$.
Annahme: $\exists \tilde{x} \in \Gamma$ mit $\varphi(\tilde{x}) = \varphi(\bar{x}) + L^T(\tilde{x} - \bar{x})$ und $\tilde{x} \neq \bar{x}$.
Betrachte jetzt für ein $\lambda \in (0, 1)$ den Vektor $x := \lambda \tilde{x} + (1 - \lambda)\bar{x}$. Dann gilt:

$$\begin{aligned}
\varphi(x) &= \varphi(\lambda \tilde{x} + (1 - \lambda)\bar{x}) \\
&\stackrel{(*)}{<} \lambda \varphi(\tilde{x}) + (1 - \lambda)\varphi(\bar{x}) \\
&= \lambda[\varphi(\bar{x}) + L^T(\tilde{x} - \bar{x})] + (1 - \lambda)\varphi(\bar{x}) \quad \text{(nach Annahme)} \\
&= \varphi(\bar{x}) + L^T[\lambda(\tilde{x} - \bar{x})] \\
&= \varphi(\bar{x}) + L^T(x - \bar{x}).
\end{aligned}$$

Dabei ergibt sich die Abschätzung (*) aus der strikten Konvexität von φ. Schließlich erhalten wir wegen $\varphi(x) < \varphi(\bar{x}) + L^T(x - \bar{x})$ einen Widerspruch zur Wahl von L. □

Die Umkehrung hierzu ist allerdings nicht allgemein gültig, da aus der Existenz der Subgradienten die Konvexität nicht gefolgert werden kann.

Beispiel (siehe auch Abb. 12.7)
Sei $\Gamma = \{\begin{pmatrix} x^1 \\ x^2 \end{pmatrix} : 0 \leq x^1, x^2 \leq 1\}$ und $\varphi : \Gamma \to \mathbb{R}$ wie folgt definiert:

$$\varphi\begin{pmatrix} x^1 \\ x^2 \end{pmatrix} = \begin{cases} 0 & \text{für } 0 \leq x^1 \leq 1 \text{ und } 0 < x^2 \leq 1 \\ \frac{1}{4} - (x^1 - \frac{1}{2})^2 & \text{für } 0 \leq x^1 \leq 1 \text{ und } x^2 = 0. \end{cases}$$

Aber Folgendes lässt sich retten:

Satz 12.9 *$\Gamma \neq \emptyset$ sei konvex, φ beliebig. Für jedes $\bar{x} \in \text{Int}(\Gamma)$ existiere ein Subgradient L mit $\varphi(x) \geq \varphi(\bar{x}) + L^T(x - \bar{x}) \,\forall\, x \in \Gamma$. Dann ist φ konvex auf $\text{Int}(\Gamma)$.*

Beweis:
Seien $x_1, x_2 \in \text{Int}(\Gamma)$, $\lambda \in (0, 1)$. Da $\text{Int}(\Gamma)$ konvex ist, gilt:
$$\lambda x_1 + (1 - \lambda)x_2 \in \text{Int}(\Gamma).$$
Bei $\bar{x} := \lambda x_1 + (1 - \lambda)x_2$ existiert nach Voraussetzung ein Subgradient L, d.h.
$\varphi(x_1) \geq \varphi(\bar{x}) + L^T(x_1 - \bar{x})$ und $\varphi(x_2) \geq \varphi(\bar{x}) + L^T(x_2 - \bar{x})$ und deshalb:

$$\varphi(x_1) \geq \varphi(\bar{x}) + (1 - \lambda)L^T(x_1 - x_2), \quad (12.2)$$
$$\varphi(x_2) \geq \varphi(\bar{x}) + \lambda L^T(x_2 - x_1). \quad (12.3)$$

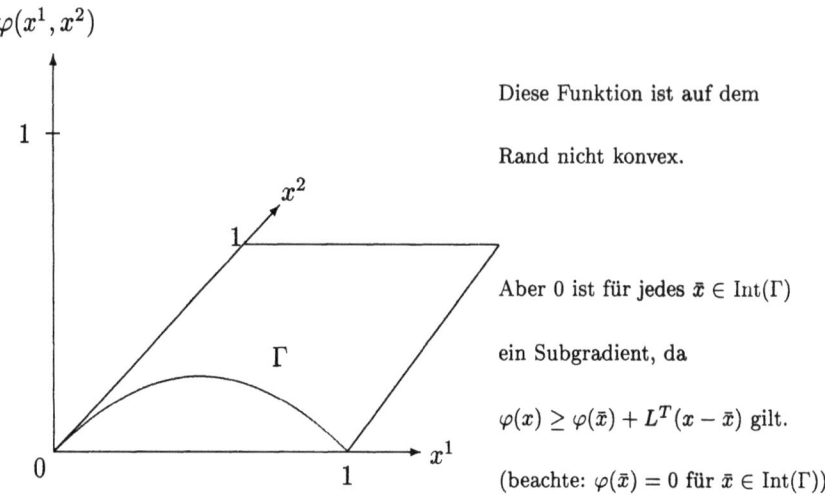

Abbildung 12.7: Illustration

Multipliziert man nun die Ungleichung (12.2) mit λ, die Ungleichung (12.3) mit $(1-\lambda)$ und addiert dann die so erhaltenen Ungleichungen, so erhalten wir:

$$\lambda \varphi(x_1) + (1-\lambda)\varphi(x_2) \geq \varphi(\bar{x}) + 0\,.$$

Somit erhalten wir die Konvexität von φ auf $\mathrm{Int}(\Gamma)$. □

Besonders gut kommen wir mit Ziel- und Restriktionsfunktionen zurecht, wenn diese differenzierbar sind.

Definition 12.9 Sei $\Gamma \neq \emptyset$ und $\varphi : \Gamma \to \mathbb{R}$. Man nennt φ bei $\bar{x} \in \mathrm{Int}(\Gamma)$ differenzierbar, wenn ein Vektor $\nabla \varphi(\bar{x}) \in \mathbb{R}^n$ (der Gradient) und eine Funktion $\alpha : \mathbb{R}^n \times \mathbb{R}^n \to \mathbb{R}$ existieren mit $\lim_{x \to \bar{x}} \alpha(\bar{x}, x - \bar{x}) = 0$ und

$$\varphi(x) = \varphi(\bar{x}) + \nabla \varphi(\bar{x})^T (x - \bar{x}) + \|x - \bar{x}\| \alpha(\bar{x}, x - \bar{x}) \quad \forall\, x \in \Gamma.$$

φ heißt differenzierbar auf $\mathrm{Int}(\Gamma)$, wenn es bei jedem $\bar{x} \in \mathrm{Int}(\Gamma)$ differenzierbar ist.
$\nabla_x \varphi(\bar{x})$ soll den Gradienten von φ an der Stelle $\bar{x}$ (φ abgeleitet nach x) bezeichnen. Dies ist:

$$\nabla_x \varphi(\bar{x}) = \begin{pmatrix} \frac{\partial \varphi(\bar{x})}{\partial x_1} \\ \vdots \\ \frac{\partial \varphi(\bar{x})}{\partial x_n} \end{pmatrix}.$$

Lemma 12.3 $\Gamma \neq \emptyset$ sei konvex, $\varphi : \Gamma \to \mathbb{R}$ ebenfalls. Ferner sei φ bei $\bar{x} \in \mathrm{Int}(\Gamma)$ differenzierbar. Dann gibt es genau einen Subgradienten bei $\bar{x}$, nämlich $\nabla \varphi(\bar{x})$.

12.3. Konvexität und Differenzierbarkeit

Beweis:
Nach Satz 12.8 gibt es bei $\bar{x}$ einen Subgradienten. Sei L ein solcher Subgradient. Dann gilt:
$$\varphi(\bar{x} + \lambda d) \geq \varphi(\bar{x}) + \lambda L^T d \quad \forall d \in \mathbb{R}^n \setminus \{0\} \text{ und } \lambda \geq 0.$$

Die Differenzierbarkeit impliziert:
$$\varphi(\bar{x} + \lambda d) = \varphi(\bar{x}) + \nabla\varphi(\bar{x})^T(\lambda d) + \alpha(\bar{x}, \lambda d)\|\lambda d\|.$$

Zusammen ergibt dies:
$$\nabla\varphi(\bar{x})^T(\lambda d) - \lambda L^T d + |\lambda|\alpha(\bar{x}, \lambda d)\|d\| \geq 0 \quad \forall d \in \mathbb{R}^n \setminus \{0\}.$$

Die Division durch $|\lambda|$ ergibt:
$$\nabla\varphi(\bar{x})^T d - L^T d + \alpha(\bar{x}, \lambda d)\|d\| \geq 0 \quad \forall d \in \mathbb{R}^n \setminus \{0\}.$$

Nun lassen wir λ gegen Null gehen und erhalten somit
$$(\nabla\varphi(\bar{x}) - L)^T d = \nabla\varphi(\bar{x})^T d - L^T d \geq 0 \quad \forall d \in \mathbb{R}^n \setminus \{0\}.$$

Dies impliziert aber sofort $\nabla\varphi(\bar{x}) - L = 0$ und damit $\nabla\varphi(\bar{x}) = L$. □

Satz 12.10 $\Gamma \neq \emptyset$ sei offen und konvex. φ sei auf Γ differenzierbar. φ ist genau dann konvex, wenn $\forall x_1, x_2 \in \Gamma$ gilt:
$$[\nabla\varphi(x_2) - \nabla\varphi(x_1)]^T(x_2 - x_1) \geq 0.$$

Analog gilt: φ ist strikt konvex $\iff$ es gilt „>" für $x_1 \neq x_2$.

Beweis:
„$\Rightarrow$":
Sei φ konvex. Dann gelten folgende Ungleichungen:
$$\varphi(x_1) \geq \varphi(x_2) + \nabla\varphi(x_2)^T(x_1 - x_2), \tag{12.4}$$
$$\varphi(x_2) \geq \varphi(x_1) + \nabla\varphi(x_1)^T(x_2 - x_1). \tag{12.5}$$

Addiert man die Ungleichungen (12.4) und (12.5), so erhält man:
$$\varphi(x_1) + \varphi(x_2) \geq \varphi(x_1) + \varphi(x_2) + [\nabla\varphi(x_2) - \nabla\varphi(x_1)]^T(x_1 - x_2).$$

Dies ergibt nun sofort $[\nabla\varphi(x_2) - \nabla\varphi(x_1)]^T(x_2 - x_1) \geq 0$.
„$\Leftarrow$":
Gelte nun obige Ungleichung $\forall x_1, x_2 \in \Gamma$. Seien x_1, x_2 beliebig. Nach dem Mittelwertsatz gibt es dann ein $x \in (x_1, x_2)$ mit
$$\varphi(x_2) - \varphi(x_1) = \nabla\varphi(x)^T(x_2 - x_1),$$

wobei $x = \lambda x_1 + (1-\lambda)x_2 \in \Gamma$ ($\lambda \in (0,1)$) ist. Mit unserer Ungleichung ergibt sich dann:

$$\begin{aligned}
&[\nabla\varphi(x) - \nabla\varphi(x_1)]^T(x - x_1) &\geq& \quad 0 \\
\Longleftrightarrow \quad &[\nabla\varphi(x) - \nabla\varphi(x_1)]^T(\lambda x_1 + (1-\lambda)x_2 - x_1) &\geq& \quad 0 \\
\Longleftrightarrow \quad &(1-\lambda)[\nabla\varphi(x) - \nabla\varphi(x_1)]^T(x_2 - x_1) &\geq& \quad 0 \\
\Longleftrightarrow \quad &\nabla\varphi(x)^T(x_2 - x_1) &\geq& \quad \nabla\varphi(x_1)^T(x_2 - x_1).
\end{aligned}$$

Zusammen erhalten wir also:

$$\varphi(x_2) - \varphi(x_1) = \nabla\varphi(x)^T(x_2 - x_1) \geq \nabla\varphi(x_1)^T(x_2 - x_1).$$

Da nun x_1, x_2 beliebig gewählt waren, ist dies nach Satz 12.9 ein Nachweis für Konvexität. □

Konvexität auf diese Art nachzuweisen, ist schwer und oft nicht machbar. Besser kommt man mit folgender Bedingung zurecht.

Definition 12.10 $\Gamma \neq \emptyset$ und $\varphi : \Gamma \to \mathbb{R}$ seien gegeben. φ heißt bei $\bar{x} \in \text{Int}(\Gamma)$ *zweimal differenzierbar*, wenn es einen Vektor $\nabla\varphi(\bar{x})$ und eine Matrix $H(\bar{x})$ (die *Hesse-Matrix*), sowie eine Funktion $\alpha : \mathbb{R}^n \times \mathbb{R}^n \to \mathbb{R}$ mit $\lim_{x \to \bar{x}} \alpha(\bar{x}, x - \bar{x}) = 0$ und folgender Eigenschaft gibt:

$$\varphi(x) = \varphi(\bar{x}) + \nabla\varphi(\bar{x})^T(x - \bar{x}) + \frac{1}{2}(x - \bar{x})^T H(\bar{x})(x - \bar{x}) + \|x - \bar{x}\|^2 \alpha(\bar{x}, x - \bar{x}).$$

Entsprechend heißt φ auf $\text{Int}(\Gamma)$ *zweimal differenzierbar*, wenn es bei jedem $\bar{x} \in \text{Int}(\Gamma)$ zweimal differenzierbar ist.

Die Hesse-Matrix $H(\bar{x})$ ist zusammengesetzt aus den zweiten (zweifachen) partiellen Ableitungen und hat damit folgende Form:

$$H(\bar{x}) = \begin{pmatrix}
\frac{\partial^2 \varphi(\bar{x})}{(\partial x_1)^2} & \frac{\partial^2 \varphi(\bar{x})}{\partial x_1 x_2} & \cdots & \cdots & \cdots & \frac{\partial^2 \varphi(\bar{x})}{\partial x_1 x_n} \\
\frac{\partial^2 \varphi(\bar{x})}{\partial x_2 x_1} & \frac{\partial^2 \varphi(\bar{x})}{(\partial x_2)^2} & & & & \vdots \\
\vdots & & \ddots & & & \vdots \\
\vdots & & & \ddots & & \vdots \\
\vdots & & & & \frac{\partial^2 \varphi(\bar{x})}{\partial x_i x_j} & \ddots & \vdots \\
\frac{\partial^2 \varphi(\bar{x})}{\partial x_n x_1} & \cdots & \cdots & \cdots & \cdots & \frac{\partial^2 \varphi(\bar{x})}{(\partial x_n)^2}
\end{pmatrix}.$$

Schreibt man die zweimaligen partiellen Ableitungen (nach x_i, x_j) in der Form φ_{ij} und die einmaligen (nach x_j) in der Form φ_j, dann hat man:

$$\begin{aligned}
\varphi(x) &= \varphi(\bar{x}) + \sum_{j=1}^n \varphi_j(\bar{x})(x_j - \bar{x}_j) + \frac{1}{2}\sum_{i=1}^n \sum_{j=1}^n \varphi_{ij}(\bar{x})(x_i - \bar{x}_i)(x_j - \bar{x}_j) \\
&\quad + \|x - \bar{x}\|^2 \alpha(\bar{x}, x - \bar{x}).
\end{aligned}$$

12.3. Konvexität und Differenzierbarkeit

Dies ist (ohne den letzten Term) die Taylor-Approximation (Entwicklung) zweiter Ordnung.

Satz 12.11 $\Gamma \neq \emptyset$ sei offen und konvex, φ sei zweimal differenzierbar auf Γ. φ ist genau dann konvex, wenn die Hesse-Matrix bei jedem $x \in \Gamma$ positiv semidefinit ist.

Beweis:
„$\Longrightarrow$":
Sei φ konvex und $\bar{x} \in \Gamma$. Wir wollen zeigen, dass $x^T H(\bar{x})x \geq 0 \ \forall x \in \mathbb{R}^n$ gilt. Da Γ offen ist, gilt für ein genügend kleines λ: $\bar{x} + \lambda x \in \Gamma$. Wegen der Konvexität von φ gilt dann

$$\varphi(\bar{x} + \lambda x) \geq \varphi(\bar{x}) + \nabla \varphi(\bar{x})^T \lambda x.$$

Nun folgt aus der zweimaligen Differenzierbarkeit:

$$\varphi(\bar{x} + \lambda x) = \varphi(\bar{x}) + \nabla \varphi(\bar{x})^T \lambda x + \frac{1}{2} \lambda^2 x^T H(\bar{x}) x + \lambda^2 \|x\|^2 \alpha(\bar{x}, \lambda x).$$

Zusammen erhalten wir nun:

$$\frac{1}{2} \lambda^2 x^T H(\bar{x}) x + \lambda^2 \|x\|^2 \alpha(\bar{x}, \lambda x) \geq 0.$$

Teilen wir nun durch λ^2 und lassen dann λ gegen 0 gehen, so verschwindet die Funktion α und wir erhalten $x^T H(\bar{x}) x \geq 0$.

„$\Longleftarrow$":
Sei nun H positiv semidefinit. Wir betrachten x und $\bar{x} \in \Gamma$. Nach dem Mittelwertsatz gibt es ein $\hat{x} \in [x, \bar{x}] \subseteq \Gamma$ mit:

$$\varphi(x) = \varphi(\bar{x}) + \nabla \varphi(\bar{x})^T (x - \bar{x}) + \frac{1}{2} (x - \bar{x})^T H(\hat{x})(x - \bar{x}).$$

Da H positiv semidefinit ist, folgt:

$$\varphi(x) \geq \varphi(\bar{x}) + \nabla \varphi(\bar{x})^T (x - \bar{x})$$

und damit die Konvexität von φ. □

Korollar 12.7 *Ist die Hesse-Matrix unter obigen Voraussetzungen positiv definit, dann ist φ strikt konvex.*
Allerdings folgt aus strikter Konvexität nur positiv semidefinit, nicht positiv definit.

Beispiel
Betrachte $\varphi(x) := x^4$, welches strikt konvex ist. Die Hesse-Matrix hat folgendes Aussehen $H(x) = 12x^2$ und ist nur positiv semidefinit (z.B. für $\bar{x} = 0$).

Die Überprüfung von Konvexität reduziert sich nun auf die Überprüfung der Hesse-Matrix H (auf positiv semidefinit). Dazu bestimmt man die Eigenwerte von H (beachte: H ist symmetrisch). Sind alle Eigenwerte nicht-negativ, so ist H positiv semidefinit.
Die andere Richtung gilt auch, d.h. ist H positiv semidefinit, dann besitzt H nur nicht-negative Eigenwerte.

12.4 Optimierungseigenschaften

Wir erkennen nun einige wichtige Vorteile von konvexen Funktionen bei Minimierungs- und Maximierungsproblemen.

Satz 12.12 $\emptyset \neq \Gamma \subseteq \mathbb{R}^n$ *sei konvex und* $f : \Gamma \to \mathbb{R}$. *Zu lösen sei:*

$$(MP) \quad \min f(x) \text{ unter } x \in \Gamma.$$

Nun sei $\bar{x} \in \Gamma$ *ein lokales Optimum für dieses Problem. Dann gilt:*

1. *Falls* f *konvex ist, dann ist* $\bar{x}$ *auch globaler Optimalpunkt.*

2. *Falls* f *strikt konvex ist, dann ist* $\bar{x}$ *eindeutiger globaler Optimalpunkt.*

Beweis: Übung.

Bezeichnung
(MP) kürzt ab: minimiere $f(x)$ unter $x \in \Gamma$.
(LMP) kürzt ab: finde $\bar{x}$, welches $f(x)$ auf $U(x,\varepsilon) \cap \Gamma$ für ein $\varepsilon > 0$ minimiert.

Satz 12.13 *Sei* $f : \mathbb{R}^n \to \mathbb{R}$ *eine konvexe Funktion,* $\Gamma \neq \emptyset$ *sei konvex. Dann gilt:*
$\bar{x} \in \Gamma$ *löst genau dann (MP), wenn* f *einen Subgradienten* L *bei* $\bar{x}$ *mit*
$L^T(x - \bar{x}) \geq 0 \quad \forall x \in \Gamma$ *besitzt.*

Beweis:
„$\Longleftarrow$":
Sei L ein Subgradient bei $\bar{x}$ mit $L^T(x - \bar{x}) \geq 0 \, \forall x \in \Gamma$. Dann gilt:

$$f(x) \geq f(\bar{x}) + L^T(x - \bar{x}) \geq f(\bar{x}) \quad \forall x \in \Gamma.$$

Folglich löst $\bar{x}$ (MP).
„$\Longrightarrow$":
Sei $\bar{x}$ Lösung von (MP). Konstruiere dazu:

$$\Omega_1 := \{\begin{pmatrix} x - \bar{x} \\ \xi \end{pmatrix} \mid x \in \mathbb{R}^n, \xi > f(x) - f(\bar{x})\},$$

$$\Omega_2 := \{\begin{pmatrix} x - \bar{x} \\ \xi \end{pmatrix} \mid x \in \Gamma, \xi \leq 0\}.$$

12.4. Optimierungseigenschaften

Ω_2 ist offensichtlich eine konvexe Menge. Um zu zeigen, dass Ω_1 auch eine konvexe Menge ist, betrachten wir zwei Punkte $\begin{pmatrix} x - \bar{x} \\ \xi \end{pmatrix}$ und $\begin{pmatrix} y - \bar{x} \\ \eta \end{pmatrix}$ aus Ω_1 und eine Konvexkombination ω dieser Punkte (mit $\lambda \in [0, 1]$):

$$\omega := \lambda \begin{pmatrix} x - \bar{x} \\ \xi \end{pmatrix} + (1 - \lambda) \begin{pmatrix} y - \bar{x} \\ \eta \end{pmatrix} = \begin{pmatrix} \lambda x + (1 - \lambda) y - \bar{x} \\ \lambda \xi + (1 - \lambda) \eta \end{pmatrix}.$$

Nun gilt aber:

$$\begin{aligned} \lambda \xi + (1 - \lambda) \eta &> \lambda[f(x) - f(\bar{x})] + (1 - \lambda)[f(y) - f(\bar{x})] \\ &= \lambda f(x) + (1 - \lambda) f(y) - f(\bar{x}) \\ &\geq f(\lambda x + (1 - \lambda) y) - f(\bar{x}). \end{aligned}$$

Somit ist ω ein Element von Ω_1 und damit Ω_1 konvex.
Da nun $\bar{x}$ Lösung von (MP) ist, gilt $f(x) \geq f(\bar{x}) \; \forall x \in \Gamma$, so dass alle Komponenten ξ in $\Omega_1 > 0$ sind (für $x \in \Gamma$), weshalb $\Omega_1 \cap \Omega_2 = \emptyset$ ist. Folglich existiert eine Hyperebene, die Ω_1 und Ω_2 trennt, also ein Vektor $\begin{pmatrix} \tilde{L} \\ \mu \end{pmatrix} \neq \begin{pmatrix} 0 \\ 0 \end{pmatrix}$ mit einem $\alpha \in \mathbb{R}$, so dass

$$\begin{pmatrix} \tilde{L} \\ \mu \end{pmatrix}^T \begin{pmatrix} x - \bar{x} \\ \xi \end{pmatrix} \leq \alpha, \quad \text{falls } \xi > f(x) - f(\bar{x}) \text{ und } x \in \mathbb{R}^n,$$

$$\begin{pmatrix} \tilde{L} \\ \mu \end{pmatrix}^T \begin{pmatrix} x - \bar{x} \\ \xi \end{pmatrix} \geq \alpha \quad \text{falls } x \in \Gamma, \xi \leq 0.$$

Mit $x = \bar{x}$ und $\xi = 0$ gehört der Punkt $\begin{pmatrix} 0 \\ 0 \end{pmatrix}$ zu Ω_2 und deshalb muss $\alpha \leq 0$ gelten. Betrachten wir ferner mit $x = \bar{x}$ und $\xi = \varepsilon > 0$ den Punkt $\begin{pmatrix} 0 \\ \varepsilon \end{pmatrix} \in \Omega_1$, so erhalten wir: $\varepsilon \mu \leq \alpha$. Aus $\alpha \leq 0$ folgt nun, dass $\mu \leq 0$ ist. Ferner gilt $\varepsilon \mu \leq \alpha$ aber auch für jedes noch so kleine ε, so dass $\alpha \geq 0$ und damit sogar $\alpha = 0$ gelten muss. Angenommen, es wäre $\mu = 0$. Dann setzen wir $x := \bar{x} + \tilde{L}$ in die obige Ungleichung ein und erhalten:

$$0 = \alpha \geq \tilde{L}^T(x - \bar{x}) = \tilde{L}^T \tilde{L}.$$

Somit wäre auch $\tilde{L} = 0$ und damit $\begin{pmatrix} \tilde{L} \\ \mu \end{pmatrix} = \begin{pmatrix} 0 \\ 0 \end{pmatrix}$ (WIDERSPRUCH).
Folglich ist $\mu < 0$. Es gilt:

$$\begin{aligned} \tilde{L}^T(x - \bar{x}) &\leq \alpha - \mu \xi = -\mu \xi, & \text{falls } \xi > f(x) - f(\bar{x}) \text{ und } x \in \mathbb{R}^n, \\ \tilde{L}^T(x - \bar{x}) &\geq \alpha - \mu \xi = -\mu \xi, & \text{falls } \xi \leq 0, x \in \Gamma. \end{aligned}$$

Wir dividieren durch $-\mu$, setzen $L := \frac{1}{-\mu} \tilde{L}$ und erreichen somit:

$$\begin{aligned} L^T(x - \bar{x}) &\leq \tfrac{\alpha}{-\mu} + \xi = \xi, & \text{falls } \xi > f(x) - f(\bar{x}) \text{ und } x \in \mathbb{R}^n, \quad (*) \\ L^T(x - \bar{x}) &\geq \tfrac{\alpha}{-\mu} + \xi = \xi, & \text{falls } \xi \leq 0, x \in \Gamma. \end{aligned}$$

Mit der ersten dieser beiden Abschätzungen (∗) erkennt man schon die Subgradienteneigenschaft. Denn auf dem ganzen Definitionsbereich von f, also auf $\mathbb{R}^n$, gilt nun $L^T(x-\bar{x}) \leq f(x) - f(\bar{x})$. (Beachte die Bemerkung nach Definition 12.8.)
Setzt man nun noch in der unteren Zeile $\xi := 0$ ein, so erhält man auch noch $L^T(x-\bar{x}) \geq 0 \, \forall x \in \Gamma$, was die behauptete Zusatzeigenschaft beweist. □

Korollar 12.8 Sei zusätzlich f differenzierbar. $\bar{x}$ ist genau dann Lösung von (MP), wenn gilt: $\nabla f(\bar{x})^T(x-\bar{x}) \geq 0 \, \forall x \in \Gamma$.
Falls Γ offen ist, kann $\bar{x}$ (MP) nur dann lösen, wenn $\nabla f(\bar{x}) = 0$ ist.

Korollar 12.9 Sei Γ offen. Dann gilt:

$$\bar{x} \text{ ist Lösung von (MP)} \iff \text{Subgradient} = 0 \text{ liegt vor.}$$

Beispiel (nach [3], S. 105, siehe auch Abb. 12.8)

$$\min \quad f\begin{pmatrix} x^1 \\ x^2 \end{pmatrix} = (x^1 - \frac{3}{2})^2 + (x^2 - 5)^2$$
$$\text{unter} \quad -x^1 + x^2 \leq 2, \quad 2x^1 + 3x^2 \leq 11, \quad x^1, x^2 \geq 0.$$

f ist konvex (Abstandsquadrat zu $\begin{pmatrix} \frac{3}{2} \\ 5 \end{pmatrix}$). Offensichtlich ist $\begin{pmatrix} 1 \\ 3 \end{pmatrix}$ der globale Optimalpunkt.
Aber bei $\begin{pmatrix} 0 \\ 0 \end{pmatrix}$ ist $\nabla f\begin{pmatrix} 0 \\ 0 \end{pmatrix} = \begin{pmatrix} -3 \\ -10 \end{pmatrix}$, also erreichen wir in allen positiven Richtungen $d > 0$ eine Verbesserung (Verkleinerung).

Satz 12.14 $f : \mathbb{R}^n \to \mathbb{R}$ sei konvex, $\Gamma \neq \emptyset$ sei konvex. Betrachte das Problem: maximiere $f(x)$ unter $x \in \Gamma$. Dann gilt:
Wenn $\bar{x} \in \Gamma$ ein lokales Optimum darstellt, so ist $L^T(x-\bar{x}) \leq 0 \, \forall x \in \Gamma$ für jeden Subgradienten L von f bei $\bar{x}$.

Beweis:
Sei $\bar{x} \in \Gamma$ eine lokal optimale Lösung. Dann existiert eine ε-Umgebung $U(\bar{x}, \varepsilon)$ mit $f(x) \leq f(\bar{x}) \, \forall x \in \Gamma \cap U(\bar{x}, \varepsilon)$.
Betrachte ein beliebiges $x \in \Gamma$ und beachte, dass für genügend kleines $\lambda > 0$ gilt: $\bar{x} + \lambda(x-\bar{x}) \in U(\bar{x}, \varepsilon)$.
Deshalb gilt: $f(\bar{x} + \lambda(x-\bar{x})) \leq f(\bar{x})$.
Nun sei L ein Subgradient von f bei $\bar{x}$, d.h. es gilt:

$$f(\bar{x} + \lambda(x-\bar{x})) \geq f(\bar{x}) + \lambda L^T(x-\bar{x}).$$

Dies impliziert nun, dass $\lambda L^T(x-\bar{x}) \leq 0$ ist. Dividiert man schließlich noch durch λ, so erhalten wir die Behauptung. □

12.4. Optimierungseigenschaften 207

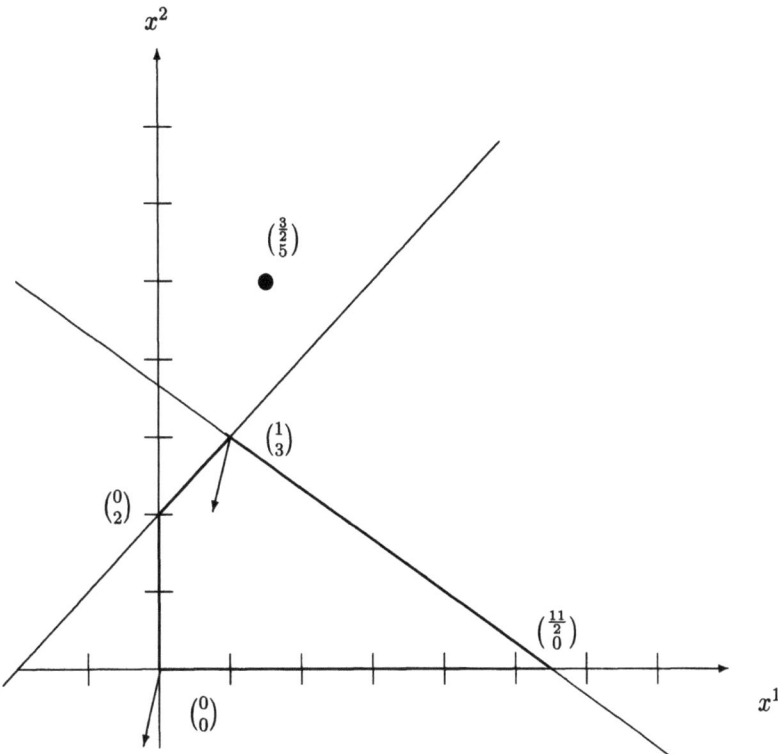

Abbildung 12.8: Illustration

Korollar 12.10 Wenn zusätzlich f noch differenzierbar und $\bar{x}$ lokal optimal ist, so gilt: $\nabla f(\bar{x})^T(x-\bar{x}) \leq 0 \ \forall x \in \Gamma$.

Dieses Resultat ist im Allgemeinen notwendig, aber nicht hinreichend für die Optimalität.

Beispiel (siehe auch Abb. 12.9)
Sei $f(x) = x^2$ und $\Gamma = [-1, 2]$. Dann haben wir ein Maximum bei $x = 2$ mit Wert 4. Ferner erhalten wir für 0: $\nabla f(0) = 0$, aber 0 ist kein lokales Maximum.

Beispiel
Im Beispiel zu Abb. 12.8 wären $\begin{pmatrix} 0 \\ 0 \end{pmatrix}$ und $\begin{pmatrix} \frac{11}{2} \\ 0 \end{pmatrix}$ lokale Maximalpunkte. Von $\begin{pmatrix} 0 \\ 0 \end{pmatrix}$ aus wissen wir jedoch nicht, wie wir zu dem globalen Maximum $\begin{pmatrix} \frac{11}{2} \\ 0 \end{pmatrix}$ kommen sollen. Ferner können wir dort mit den obigen Kriterien die Optimalität nicht feststellen.

Satz 12.15 f sei konvex, Γ ein Polytop. Dann liegt ein globales Maximum in einer Ecke von Γ.

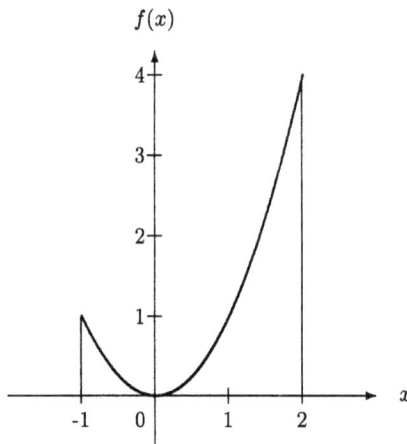

Abbildung 12.9: Illustration

Beweis:
Jedes $x \in \Gamma$ ist Konvexkombination der Ecken $v_1, \ldots, v_k$ von Γ,
d.h. $x = \sum_{i=1}^{k} \lambda_i v_i$, $\lambda_i \geq 0$, $\sum_{i=1}^{k} \lambda_i = 1$.
Folglich gilt: $f(x) \leq \sum_{i=1}^{k} \lambda_i f(v_i) \leq 1 \cdot \text{Max}\{f(v_i) \mid i = 1, \ldots, k\}$. □

12.5 Verallgemeinerungen der Resultate

Um Optimalitätskriterien für konkrete praktische Situationen zu gewinnen, sind die Anforderungen „Zielfunktion konvex" und „Restriktionsfunktionen konvex" häufig zu scharf.

Definition 12.11 $\Gamma \neq \emptyset$ sei konvex. f heißt quasikonvex, wenn $\forall x_1, x_2 \in \Gamma$ gilt:

$$f(\lambda x_1 + (1 - \lambda)x_2) \leq \text{Max}\{f(x_1), f(x_2)\} \quad \forall \lambda \in [0, 1].$$

f heißt quasikonkav, wenn $-f$ quasikonvex ist.

Quasikonvexität liegt also bereits dann vor, wenn das Intervallmaximum jeweils an einem Randpunkt angenommen wird.

Die Wirkung dieser Eigenschaften zeigt sich an den Niveaumengen und damit an den Zulässigkeitsbereichen der Optimierungsprobleme.

Satz 12.16 Sei $\Gamma \neq \emptyset$ konvex und $f : \Gamma \to \mathbb{R}$. f ist genau dann quasikonvex, wenn $N_\alpha := \{x \in \Gamma : f(x) \leq \alpha\} \ \forall \alpha \in \mathbb{R}$ eine konvexe Menge ist.

12.5. Verallgemeinerungen der Resultate

Abbildung 12.10: Konvexitätseigenschaften

Beweis:
"$\Longrightarrow$":
Sei f quasikonvex und $x_1, x_2 \in N_\alpha$. Damit sind x_1, x_2 insbesondere Elemente von Γ und es gilt: $\text{Max}\{f(x_1), f(x_2)\} \leq \alpha$. Ferner gilt für alle $\lambda \in [0,1]$:

$$f(\lambda x_1 + (1-\lambda)x_2) \leq \text{Max}\{f(x_1), f(x_2)\} \leq \alpha.$$

Folglich ist $\lambda x_1 + (1-\lambda)x_2$ in N_α enthalten und damit ist N_α konvex.
"$\Longleftarrow$":
Sei nun N_α konvex $\forall \alpha \in \mathbb{R}$. Betrachte $x_1, x_2 \in \Gamma$ und setze
$\alpha := \text{Max}\{f(x_1), f(x_2)\}$. Da N_α konvex ist, gilt: $\lambda x_1 + (1-\lambda)x_2 \in N_\alpha \ \forall \lambda \in [0,1]$.
Somit folgt:

$$f(\lambda x_1 + (1-\lambda)x_2) \leq \alpha = \text{Max}\{f(x_1), f(x_2)\}.$$

Hieraus folgt nun die Quasikonvexität von f. □

Satz 12.17 *Über einem Polytop X nimmt eine quasikonvexe Funktion ihr Maximum in einer Ecke an.*

Beweis:
Seien $v_1, \ldots, v_k$ die Ecken von X und o.B.d.A.
$f(v_1) = \text{Max}\{f(v_i) \mid i = 1, \ldots, k\} =: \alpha$.
Angenommen, es existiert ein $\hat{x} \in X$ mit $f(\hat{x}) > \alpha$. Da nun zum einen $\hat{x}$ eine Konvexkombination der v_i ist, zum anderen die v_i zu N_α gehören, $\hat{x}$ jedoch nicht, ist N_α nicht konvex und damit f auch nicht quasikonvex (WIDERSPRUCH). □

Satz 12.18 $\Gamma \neq \emptyset$ *sei offen und konvex, f differenzierbar auf Γ. f ist genau dann quasikonvex, wenn für $x_1, x_2 \in \Gamma$ eine der folgenden äquivalenten Aussagen gilt:*

(1) $\quad f(x_1) \leq f(x_2) \quad\quad \Rightarrow \quad \nabla f(x_2)^T(x_1 - x_2) \leq 0$
(2) $\quad \nabla f(x_2)^T(x_1 - x_2) > 0 \quad \Rightarrow \quad f(x_1) > f(x_2)$.

Beweis:
(2) ist einfach die Negation von (1), so dass die Äquivalenz der Aussagen klar ist.
„$\Longrightarrow$":
Sei also f quasikonvex, $x_1, x_2 \in \Gamma$ und o.B.d.A. $f(x_1) \leq f(x_2)$. Dann gilt $\forall \lambda \in (0,1)$: $f(x_2) \geq f(\lambda x_1 + (1-\lambda)x_2)$ und es gibt eine α–Funktion mit

$$f(\lambda x_1 + (1-\lambda)x_2) = f(x_2) + \lambda \nabla f(x_2)^T(x_1 - x_2)$$
$$+ \lambda \|x_1 - x_2\| \alpha(x_2, \lambda(x_1 - x_2)) \leq f(x_2).$$

Folglich gilt $\forall \lambda \in (0,1)$:

$$\lambda \nabla f(x_2)^T(x_1 - x_2) + \lambda \|x_1 - x_2\| \alpha(x_2, \lambda(x_1 - x_2)) \leq 0.$$

Dividiert man nun durch λ und lässt dann $\lambda \to 0$ gehen, so verschwindet die Funktion α und wir erhalten die Behauptung.
„$\Longleftarrow$":
Es gelte nun (1) und (2). Seien $x_1, x_2 \in \Gamma$ mit $f(x_1) \leq f(x_2)$ gegeben. Zu zeigen ist:

$$f(\lambda x_1 + (1-\lambda)x_2) \leq f(x_2) \quad \forall \lambda \in [0,1].$$

Angenommen, $\exists \hat{x} \in [x_1, x_2]$, d.h. $\hat{x} = \lambda x_1 + (1-\lambda)x_2$ und $\lambda \in (0,1]$ mit $f(\hat{x}) > f(x_2)$.
f ist differenzierbar und stetig, folglich gibt es ein $\delta > 0$ mit

$$f(\hat{x} + \mu(x_2 - \hat{x})) > f(x_2) \; \forall 0 < \mu < \delta \quad \text{und} \quad f(\hat{x} + \delta(x_2 - \hat{x})) < f(\hat{x}).$$

Folglich gilt für ein $\tilde{x} \in (\hat{x}, \hat{x} + \delta(x_2 - \hat{x}))$:

$$\tilde{x} = \eta \hat{x} + (1-\eta)\delta x_2 + (1-\eta)(1-\delta)\hat{x} \quad \text{mit } \eta \in (0,1)$$
$$\text{und} \quad 0 < f(\hat{x}) - f(\hat{x} + \delta(x_2 - \hat{x})) = \nabla f(\tilde{x})^T \delta(\hat{x} - x_2)$$
$$\Rightarrow \quad 0 < \nabla f(\tilde{x})^T \delta(\tilde{x} - x_2).$$

Division durch δ ergibt: $\nabla f(\tilde{x})^T(\hat{x} - x_2) > 0$ und $\nabla f(\tilde{x})^T(\tilde{x} - x_2) > 0 \quad (*)$.
Andererseits gilt $f(\tilde{x}) > f(x_2) \geq f(x_1)$, weswegen nach (1) gilt:

$$\nabla f(\tilde{x})^T(x_1 - \tilde{x}) \leq 0.$$

Daraus folgt $\nabla f(\tilde{x})^T(x_1 - x_2) \leq 0$, da $\tilde{x} \in [x_1, x_2]$,
und aus $(*)$ folgt $\nabla f(\tilde{x})^T(x_1 - x_2) > 0$, da $\hat{x} \in [x_1, x_2]$, was sich offensichtlich widerspricht. □

Beispiel
Sei $f(x) = x^3$. Dann gilt: $[x_1 \leq x_2] \iff [f(x_1) \leq f(x_2)]$. Ferner ist $\nabla f(x) = 3x^2 \geq 0 \; \forall x \in \mathbb{R}$, so dass gilt: $f(x_1) \leq f(x_2) \iff x_1 \leq x_2 \Rightarrow \nabla f(x_2)(x_1 - x_2) \leq 0$.
Damit ist f quasikonvex.

12.5. Verallgemeinerungen der Resultate

Für $f\begin{pmatrix} x^1 \\ x^2 \end{pmatrix} := (x^1)^3 + (x^2)^3$ gilt: $\nabla f\begin{pmatrix} x^1 \\ x^2 \end{pmatrix} = \begin{pmatrix} 3(x^1)^2 \\ 3(x^2)^2 \end{pmatrix}$. Betrachten wir die Punkte $y_1 = \begin{pmatrix} 2 \\ -2 \end{pmatrix}$ und $y_2 = \begin{pmatrix} 1 \\ 0 \end{pmatrix}$, so erhalten wir: $f(y_1) = 0, f(y_2) = 1$, also $f(y_1) \leq f(y_2)$ und $\nabla f(y_2) = \begin{pmatrix} 3 \\ 0 \end{pmatrix}$. Folglich gilt:

$$\nabla f(y_2)^T(y_1 - y_2) = \begin{pmatrix} 3 \\ 0 \end{pmatrix}^T \left[\begin{pmatrix} 2 \\ -2 \end{pmatrix} - \begin{pmatrix} 1 \\ 0 \end{pmatrix}\right] = 3 > 0$$

weshalb f nicht quasikonvex ist.

Definition 12.12 $\Gamma \neq \emptyset$ sei konvex. f heißt strikt quasikonvex, wenn für alle $x_1, x_2 \in \Gamma$ mit $f(x_1) < f(x_2)$ gilt: $\forall x \in (x_1, x_2)$ ist $f(x) < f(x_2)$.
f heißt strikt quasikonkav, wenn $-f$ strikt quasikonvex ist.

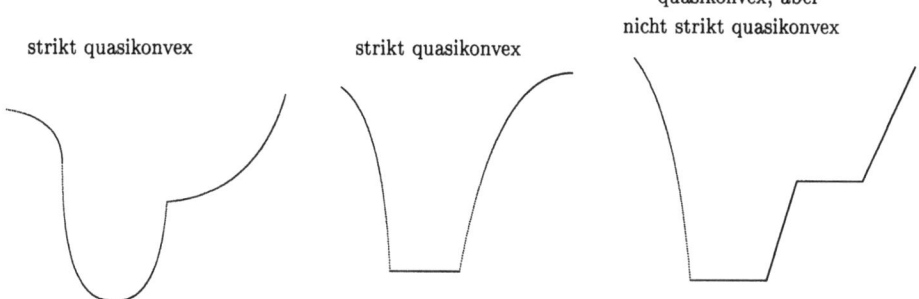

Abbildung 12.11: Konvexitätseigenschaften

Satz 12.19 f sei strikt quasikonvex. Betrachte (MP) auf offenem, konvexen Γ. Wenn $\bar{x}$ ein lokales Minimum ist, dann ist $\bar{x}$ auch globales Minimum.

ACHTUNG:
Strikt quasikonvex ist keine Verschärfung von quasikonvex, denn folgende Funktion ist strikt quasikonvex, aber nicht quasikonvex.

Abbildung 12.12: Beispiel: strikt quasikonvex, nicht quasikonvex

Definition 12.13 Sei $\Gamma \neq \emptyset$ konvex. Dann heißt f stark quasikonvex, wenn $\forall x_1, x_2 \in \Gamma$ mit $x_1 \neq x_2$ gilt:

$$f(\lambda x_1 + (1 - \lambda)x_2) < \text{Max}\{f(x_1), f(x_2)\} \quad \forall \lambda \in (0, 1).$$

f ist stark quasikonkav, wenn $-f$ stark quasikonvex ist.

Satz 12.20 *Sei f stark quasikonvex. Betrachte (MP) mit einem nichtleeren, konvexen Γ. Wenn dann $\bar{x}$ lokales Minimum ist, dann auch eindeutiges globales Minimum.*

Definition 12.14 *Γ sei offen und f differenzierbar auf Γ. f heißt pseudokonvex, wenn $\forall x_1, x_2 \in \Gamma$ mit $\nabla f(x_1)^T (x_2 - x_1) \geq 0$ auch $f(x_2) \geq f(x_1)$ gilt.*
f heißt strikt pseudokonvex, wenn $\forall x_1 \neq x_2 \in \Gamma$ die Ungleichung $\nabla f(x_1)^T (x_2 - x_1) \geq 0$ impliziert, dass $f(x_2) > f(x_1)$ gilt.
Entsprechend heißt f (strikt) pseudokonkav, wenn $-f$ (strikt) pseudokonvex ist.

Satz 12.21 *Das folgende Schaubild (nach [3], S. 116) zeigt die Implikationen zwischen den besprochenen Abschwächungen von Konvexität.*

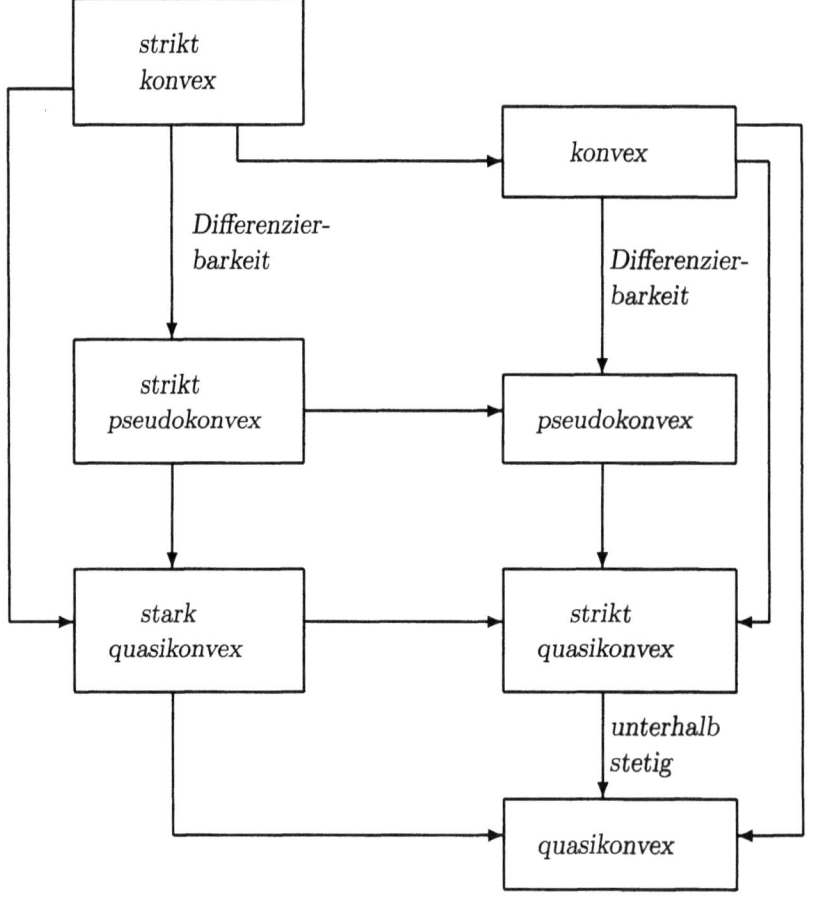

Nützlich sind auch Konvexitätsaussagen an einem Punkt, die nun definiert werden sollen.

12.5. Verallgemeinerungen der Resultate

Definition 12.15 Sei $\Gamma \neq \emptyset$ konvex und $f : \Gamma \to \mathbb{R}$. Bei $\bar{x} \in \Gamma$ liegen die folgenden Konvexitätseigenschaften vor, wenn gilt:

Konvexität	: $f(\lambda \bar{x} + (1-\lambda)x) \leq \lambda f(\bar{x}) + (1-\lambda)f(x)$ $\forall \lambda \in (0,1), \forall x \in \Gamma$
Strikte Konvexität	: $f(\lambda \bar{x} + (1-\lambda)x) < \lambda f(\bar{x}) + (1-\lambda)f(x)$ $\forall \lambda \in (0,1), \forall x \in \Gamma$ mit $x \neq \bar{x}$
Quasikonvexität	: $f(\lambda \bar{x} + (1-\lambda)x) \leq \text{Max}\{f(\bar{x}), f(x)\}$ $\forall \lambda \in (0,1), \forall x \in \Gamma$
Strikte Quasikonvexität	: $f(\lambda \bar{x} + (1-\lambda)x) < \text{Max}\{f(\bar{x}), f(x)\}$ $\forall \lambda \in (0,1)$, falls $f(x) \neq f(\bar{x})$
Starke Quasikonvexität	: $f(\lambda \bar{x} + (1-\lambda)x) < \text{Max}\{f(\bar{x}), f(x)\}$ $\forall \lambda \in (0,1), \forall x \in \Gamma$ mit $x \neq \bar{x}$
Pseudokonvexität	: $\nabla f(\bar{x})^T (x - \bar{x}) \geq 0 \Rightarrow f(x) \geq f(\bar{x})$ $\forall x \in \Gamma$, f differenzierbar bei $\bar{x}$
Strikte Pseudokonvexität	: $\nabla f(\bar{x})^T (x - \bar{x}) \geq 0 \Rightarrow f(x) > f(\bar{x})$ $\forall x \in \Gamma$ mit $x \neq \bar{x}$, f differenzierbar bei $\bar{x}$.

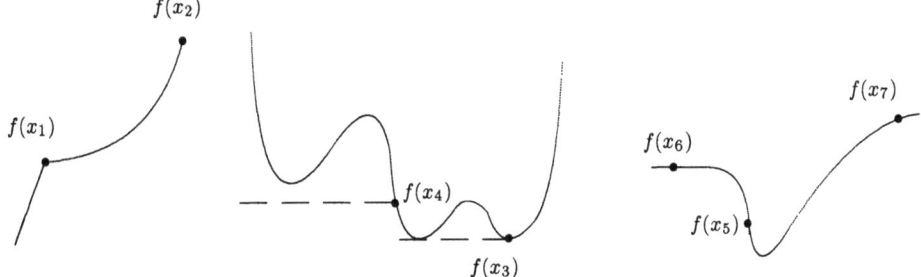

Abbildung 12.13: Konvexitätseigenschaften

In obiger Zeichnung (Abb. 12.13) liegen bei den folgenden Punkten folgende Konvexitätseigenschaften vor:
bei x_1 konvex, aber nicht strikt konvex.
bei x_2 keine Konvexität.
bei x_3 pseudokonvex, aber nicht strikt pseudokonvex.
bei x_4 strikt pseudokonvex.
bei x_5 quasikonvex, aber nicht strikt quasikonvex.
bei x_6 quasikonvex, aber nicht strikt quasikonvex.
bei x_7 quasikonvex, stark und strikt quasikonvex.

Hiermit lassen sich folgende Aussagen zeigen, deren Beweise als Übungsaufgaben gedacht sind. Dabei sei jeweils $\Gamma \neq \emptyset$ konvex und $f : \Gamma \to \mathbb{R}$.

Satz 12.22 f sei konvex und differenzierbar bei $\bar{x}$. Dann gilt:
$$f(x) \geq f(\bar{x}) + \nabla f(\bar{x})^T (x - \bar{x}) \quad \forall x \in \Gamma.$$

Ist f strikt konvex, so gilt die strikte Ungleichung für $x \neq \bar{x}$.

Satz 12.23 *f sei konvex und zweimal differenzierbar bei $\bar{x} \in \text{Int}(\Gamma)$. Dann ist die Hesse-Matrix positiv semidefinit.*

Satz 12.24 *f sei konvex und differenzierbar bei $\bar{x} \in \Gamma$. Dann gilt:*

$$\bar{x} \text{ ist Optimallösung zu (MP)} \iff \nabla f(\bar{x})^T(x - \bar{x}) \geq 0 \,\forall x \in \Gamma.$$

Ist zusätzlich $\bar{x} \in \text{Int}(\Gamma)$, so gilt:

$$\bar{x} \text{ ist Optimallösung} \iff \nabla f(\bar{x}) = 0.$$

Satz 12.25 *f sei konvex bei $\bar{x} \in \Gamma$ und $\bar{x}$ sei eine Optimallösung zu (LMP). Dann ist $\bar{x}$ globale Optimallösung.*

Satz 12.26 *f sei konvex und differenzierbar bei $\bar{x} \in \Gamma$. Sei $\bar{x}$ Optimallösung zu maximiere $f(x)$ unter $x \in \Gamma$.*
Dann gilt: $\nabla f(\bar{x})^T(x - \bar{x}) \leq 0 \quad \forall x \in \Gamma.$

Satz 12.27 *f sei quasikonvex und differenzierbar bei $\bar{x} \in \Gamma$. $x \in \Gamma$ erfülle $f(x) \leq f(\bar{x})$. Dann ist $\nabla f(\bar{x})^T(x - \bar{x}) \leq 0$.*

Satz 12.28 *Sei $\bar{x}$ eine Lösung von (LMP). Ist f strikt quasikonvex bei $\bar{x}$, so ist $\bar{x}$ globales Optimum.*

Satz 12.29 *Zu lösen sei (MP). Bei $\bar{x}$ sei $\nabla f(\bar{x}) = 0$. Dann gilt:*

1. *Ist f pseudokonvex bei $\bar{x}$, so ist $\bar{x}$ globales Optimum.*

2. *Ist f strikt pseudokonvex bei $\bar{x}$, so ist $\bar{x}$ sogar eindeutiges globales Optimum.*

12.6 Übungsaufgaben

Aufgabe 12.1 Bestimmte Funktionen $f : \mathbb{R}^n \to \mathbb{R}$ treten häufig als Zielfunktion bei speziellen Optimierungsproblemen auf, z.B.:

a) $f(x) = \frac{1}{2}x^T Q x + q^T x$ mit $Q \in \mathbb{R}^{n \times n}$, $q \in \mathbb{R}^n$, Q symmetrisch.

b) $f(x) = \dfrac{a^T x + \alpha}{b^T x + \beta}$ mit $a, b \in \mathbb{R}^n$, $\alpha, \beta \in \mathbb{R}$, $b^T x + \beta \neq 0$.

c) $f(x) = \|x - a\|_2$, $\|.\|_2$ bezeichnet die euklidische Norm.

Bestimmen Sie Gradient und Hessematrix (falls existent) dieser Funktionen.

Aufgabe 12.2 Das Volumen eines Pakets mit längster Seitenlänge x^1, Breite x^2 und Höhe x^3 soll maximiert werden unter folgenden Beschränkungen:

12.6. Übungsaufgaben

- keine Dimension darf länger als 42 cm sein,
- Umfang $2(x^2 + x^3)$ plus Länge des Paketes darf nicht größer als 170 cm sein.

a) Formulieren Sie dies als Optimierungsproblem und lösen Sie das Problem.

b) Formulieren Sie das Optimierungsproblem in folgender Form: max $f(x)$ unter $g_i(x) \leq 0$, $i = 1, \ldots, k$. Berechnen Sie die Gradienten der Zielfunktion und der im Optimalpunkt straffen Restriktionen.

Was stellen Sie fest, wenn Sie diese Gradienten im Optimalpunkt betrachten?

Aufgabe 12.3 Diskutieren Sie die Funktionen $f_i : \mathbb{R}^2 \to \mathbb{R}$

$$f_1(x, y) = xy,$$
$$f_2(x, y) = \text{Max}\{x + y, (x + y)^2\}$$

bezüglich Konvexität und Differenzierbarkeit. Geben Sie für beide Funktionen einen Subgradienten oder Gradienten (falls existent und definiert) im Punkt $(0, 0)$ an und bestimmen Sie einen globalen Minimalpunkt, falls ein solcher existiert.

Aufgabe 12.4 Betrachten Sie die Funktion

$$\theta(u^1, u^2) := \text{Min}\{x^1(1 - u^1) + x^2(1 - u^2) \mid (x^1)^2 + (x^2)^2 \leq 1\}.$$

a) Zeigen Sie, dass die Funktion θ konkav ist.

b) Bestimmen Sie $\theta(1, 1)$.

c) Geben Sie einen Supergradienten von θ im Punkt $(1, 1)$ an.

Aufgabe 12.5 Seien $f_i : \mathbb{R}^n \to \mathbb{R}$, $i = 1, \ldots, k$ konvexe Funktionen. Zeigen Sie:

a) Die Funktion $f(x) := \text{Max}\{f_1(x), \ldots, f_k(x)\}$ ist konvex.

b) Die Funktion $f(x) := \sum_{i=1}^{k} \alpha_i f_i(x)$ mit $\alpha_i > 0 \ \forall i$ ist konvex.

Gelten ähnliche Aussagen für konkave Funktionen?

Aufgabe 12.6 Sei $f : \mathbb{R}^n \to \mathbb{R}$ differenzierbar.
Zeigen Sie, dass dann für jeden Punkt $x \in \mathbb{R}^n$ und jede Richtung $d \in \mathbb{R}^n$ gilt:

$$f'(x; d) = \nabla f(x)^T d \quad (f'(x; d) \text{ bezeichnet die Richtungsableitung}).$$

Kapitel 13
Optimalitätskriterien

13.1 Probleme ohne Nebenbedingungen

Unser Problem habe in diesem Abschnitt die Form:

$$(\text{MP}) : \quad \min f(x) \quad \text{unter } x \in \Gamma = \mathbb{R}^n.$$

Zunächst geben wir ein notwendiges Kriterium für lokale Optima an.

Satz 13.1 f sei differenzierbar bei $\bar{x}$. Wenn es einen Vektor $d \in \mathbb{R}^n$ mit $\nabla f(\bar{x})^T d < 0$ gibt, so gilt:

$$\exists \delta > 0 \quad \text{mit} \quad f(\bar{x} + \lambda d) < f(\bar{x}) \quad \forall \lambda \in (0, \delta).$$

Dann nennen wir d eine Abstiegsrichtung von f bei $\bar{x}$. Folglich kann $\bar{x}$ nur dann lokales Minimum sein, wenn kein solcher Vektor d existiert, d.h. wenn $\nabla f(\bar{x}) = 0$.

Beweis:
f ist differenzierbar bei $\bar{x}$, so dass (mit $\alpha(\bar{x}, \lambda d) \to 0$ bei $\lambda \to 0$) gilt:

$$f(\bar{x} + \lambda d) = f(\bar{x}) + \lambda \nabla f(\bar{x})^T d + \lambda \|d\| \alpha(\bar{x}, \lambda d).$$

Dies ist äquivalent zu (beachte $\lambda > 0$):

$$\frac{f(\bar{x} + \lambda d) - f(\bar{x})}{\lambda} = \nabla f(\bar{x})^T d + \|d\| \alpha(\bar{x}, \lambda d).$$

Wegen $\nabla f(\bar{x})^T d < 0$ und $\alpha(\bar{x}, \lambda d) \to 0$ für $\lambda \to 0$ existiert ein $\delta > 0$, so dass gilt:

$$\nabla f(\bar{x})^T d + \|d\| \alpha(\bar{x}, \lambda d) < 0 \quad \forall \lambda \in (0, \delta).$$

Folglich ist $f(\bar{x} + \lambda d) < f(\bar{x}) \quad \forall \lambda \in (0, \delta)$. □

Dies war eine Bedingung erster Ordnung, nun kommen wir zu einer Bedingung zweiter Ordnung.

Satz 13.2 f sei zweimal differenzierbar bei $\bar{x}$. Wenn $\bar{x}$ ein lokaler Minimalpunkt sein soll, dann muss gelten:

(a) $\nabla f(\bar{x}) = 0$.

(b) $H(\bar{x})$ ist positiv semidefinit.

Beweis:
Betrachte eine beliebige Richtung d. Die Differenzierbarkeit von f bei $\bar{x}$ liefert mit $\alpha(\bar{x}, \lambda d) \to 0$ bei $\lambda \to 0$:

$$f(\bar{x} + \lambda d) = f(\bar{x}) + \lambda \nabla f(\bar{x})^T d + \frac{1}{2}\lambda^2 d^T H(\bar{x}) d + \lambda^2 \|d\|^2 \alpha(\bar{x}, \lambda d).$$

$\bar{x}$ soll lokales Minimum sein, also gilt zumindest $\nabla f(\bar{x}) = 0$. Damit erhalten wir:

$$\frac{f(\bar{x} + \lambda d) - f(\bar{x})}{\lambda^2} = \frac{1}{2} d^T H(\bar{x}) d + \|d\|^2 \alpha(\bar{x}, \lambda d).$$

Nun soll aber $f(\bar{x} + \lambda d) - f(\bar{x}) \geq 0$ sein für beliebig kleine λ. Deshalb kann $\frac{1}{2} d^T H(\bar{x}) d$ nicht negativ werden. $\square$

Jetzt suchen wir nach hinreichenden Bedingungen.

Satz 13.3 Sei f zweimal differenzierbar. Ist $\nabla f(\bar{x}) = 0$ und $H(\bar{x})$ positiv definit, dann stellt $\bar{x}$ einen lokalen Minimalpunkt dar.

Beweis:
Mit $\alpha(\bar{x}, x - \bar{x}) \to 0$ bei $x \to \bar{x}$ gilt $\forall x$:

$$f(x) = f(\bar{x}) + \nabla f(\bar{x})^T (x - \bar{x}) + \frac{1}{2}(x - \bar{x})^T H(\bar{x})(x - \bar{x}) + \|x - \bar{x}\|^2 \alpha(\bar{x}, x - \bar{x}).$$

Angenommen, $\bar{x}$ ist kein lokaler Minimalpunkt. Dann existiert eine Folge $y_k \to \bar{x}$ mit $f(y_k) < f(\bar{x})$.
Betrachte $d_k := \frac{1}{\|y_k - \bar{x}\|}(y_k - \bar{x})$ als Folge von normierten Vektoren. Dann existiert eine Teilfolge (d_{k_i}) mit $k_i \in \mathcal{K} \subseteq \mathbb{N}$, die auf der Einheitssphäre (kompakt) einen Häufungspunkt d mit $\|d\| = 1$ besitzt.

$$\Rightarrow \quad \frac{1}{2} d_{k_i}^T H(\bar{x}) d_{k_i} + \alpha(\bar{x}, y_{k_i} - \bar{x}) < 0 \quad \Rightarrow \quad \frac{1}{2} d^T H(\bar{x}) d \leq 0.$$

Dies widerspricht nun der positiven Definitheit von $H(\bar{x})$. $\square$

Ist f pseudokonvex, so reicht bereits $\nabla f(\bar{x}) = 0$ aus, um die globale Optimalität von $\bar{x}$ zu beweisen.

Satz 13.4 Sei f pseudokonvex bei $\bar{x}$. $\bar{x}$ ist genau dann globaler Minimalpunkt für (MP), wenn $\nabla f(\bar{x}) = 0$ gilt.

Beweis:
„$\Longrightarrow$": gilt nach Satz 13.1.
„$\Longleftarrow$": Sei $\nabla f(\bar{x}) = 0 \Rightarrow \nabla f(\bar{x})^T(x - \bar{x}) \geq 0 \; \forall x \in \mathbb{R}^n$.
Nun ist f pseudokonvex bei $\bar{x}$, also gilt $\forall x$ mit $\nabla f(\bar{x})^T(x - \bar{x}) \geq 0$ auch $f(x) \geq f(\bar{x})$. Folglich ist $\bar{x}$ globaler Minimalpunkt. □

Beispiel
Betrachte die Funktion $f(x) = (x^2 - 1)^3$. Hier gilt:

$$\begin{aligned} \nabla f(x) &= 3(x^2 - 1)^2 \cdot 2x = 6x \cdot (x^2 - 1)^2, \\ H(x) &= 6x \cdot 2(x^2 - 1) \cdot 2x + 6(x^2 - 1)^2 \\ &= 24x^2(x^2 - 1) + 6(x^2 - 1)^2. \end{aligned}$$

Für die Punkte $x_1 = -1$, $x_2 = 0$ und $x_3 = 1$ erhalten wir $\nabla f(x_i) = 0 \; (i = 1, 2, 3)$.
Ferner ist $H(x_1) = H(x_3) = 0$ und $H(x_2) = 6$.
Somit ist H in $\{-1, 0, 1\}$ positiv semidefinit, doch nur bei 0 liegt eine Minimalstelle vor, da H nur dort positiv definit ist.

13.2 Probleme mit Ungleichungsrestriktionen

Sind Ungleichungsrestriktionen vorhanden, dann spielt der Kegel der Richtungen, auf denen auch noch zulässige Punkte liegen, eine entscheidende Rolle.

Definition 13.1 *Sei $\bar{x} \in X \subseteq \mathbb{R}^n$, $X \neq \emptyset$. Dann heißt*
$$D := \{d \mid d \neq 0 \text{ und } \exists \delta(d) > 0 \text{ mit } \bar{x} + \lambda d \in X \; \forall \lambda \in (0, \delta)\}$$
der Kegel der zulässigen Richtungen für X bei $\bar{x}$.

Definition 13.2 *Sei f differenzierbar bei $\bar{x} \in \Gamma$. Dann definieren wir*
$$F := \{d \mid \nabla f(\bar{x})^T d < 0\}$$
und nennen F den Kegel der verkleinernden Richtungen.

Von nun an betrachten wir das Minimierungsproblem (MP):
$$\min \; f(x) \quad \text{unter } g_i(x) \leq 0 \; (i = 1, \ldots, m), \; x \in \Gamma.$$

Definition 13.3 *Sei $\Gamma \neq \emptyset$ offen, $\bar{x}$ zulässig für (MP) und I die Indexmenge der bei $\bar{x}$ straffen Restriktionen, d.h.*
$$I := \{i \mid g_i(\bar{x}) = 0, \; i = 1, \ldots, m\}.$$
Sind alle g_i (für $i \in I$) differenzierbar bei $\bar{x}$, dann sei

$$G_I := \{d \mid \nabla g_I d < 0\} \quad \text{mit } \nabla g_I := \begin{pmatrix} \nabla g_{i_1}^T \\ \vdots \\ \nabla g_{i_k}^T \end{pmatrix} \quad \text{wenn } I = \{i_1, \ldots, i_k\}$$

der Kegel der Gradientenabstiegsrichtungen.
Ferner bezeichnet in diesem Fall $g_I = (g_{i_1}, \ldots, g_{i_k})^T$.

Achtung:
Der Gradient ∇g_i ist im Folgenden stets ein Spaltenvektor. Dagegen stehen in der Matrix ∇g_I die transponierten Gradienten zeilenweise. Dies entspricht unserer Schreibweise a_i für die Zeilen einer Matrix A.

Satz 13.5 Sei f differenzierbar bei $\bar{x} \in \Gamma$. Ist $\bar{x}$ lokaler Minimalpunkt, dann gilt $F \cap D = \emptyset$.

Satz 13.6 Sei $\Gamma \neq \emptyset$ offen. Betrachte (MP). $\bar{x}$ sei dafür zulässig, f und g_I differenzierbar bei $\bar{x}$ und $g_{\{1,\ldots,m\}\setminus I}$ zumindest stetig bei $\bar{x}$.
Ist dann $\bar{x}$ lokal optimal, so gilt: $F \cap G_I = \emptyset$.

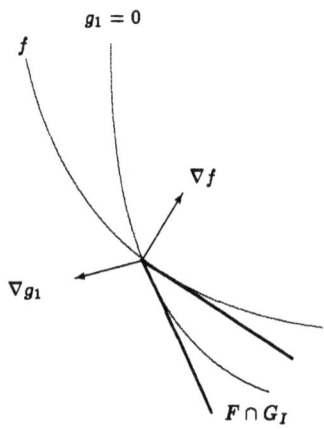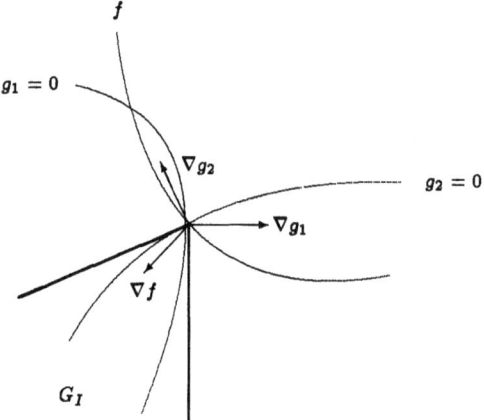

∇f hat negatives Skalarprodukt mit Vektoren aus $F \cap G_I$ und damit ist Verbesserung möglich

∇f hat positives Skalarprodukt mit Vektoren aus G_I; eine Verbesserung ist also nicht möglich

Abbildung 13.1: Gradientenabstiegsrichtungen und verbessernde Richtungen

Beweis:
Annahme: Sei $d \in F \cap G_I$. Also ist $\nabla f(\bar{x})^T d < 0$ und $\nabla g_i(\bar{x})^T d < 0\ \forall i \in I$.
Dann $\exists\, \delta > 0$, so dass $\forall \lambda \in (0, \delta)$ gilt:

$$f(\bar{x} + \lambda d) < f(\bar{x}) \quad \text{und} \quad g_i(\bar{x} + \lambda d) < 0\ \forall i \in I$$

und wegen der Stetigkeit von g_i ($i \in I$) ist $g_i(\bar{x} + \lambda d) < 0$. Folglich ist eine Verbesserung möglich. □

Beispiel

$$\begin{aligned}
\min \quad & (x^1 - 1)^2 + (x^2 - 1)^2 \\
\text{unter} \quad & (x^1 + x^2 - 1)^3 \leq 0, \quad -x^1 \leq 0, \quad -x^2 \leq 0.
\end{aligned}$$

13.2. Probleme mit Ungleichungsrestriktionen

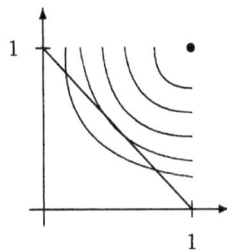

Abbildung 13.2: Illustration zur Abstandminimierung

Die notwendige Bedingung ist hier $\forall x \in \mathbb{R}^2$ mit $x^1 + x^2 = 1$ erfüllt, denn es gilt:

$$\nabla g \begin{pmatrix} x^1 \\ x^2 \end{pmatrix} = \begin{pmatrix} 3(x^1 + x^2 - 1)^2 & 3(x^1 + x^2 - 1)^2 \\ -1 & 0 \\ 0 & -1 \end{pmatrix} = \begin{pmatrix} 0 & 0 \\ -1 & 0 \\ 0 & -1 \end{pmatrix}$$

für alle diese Punkte. Also erhalten wir in der ersten Zeile nur Einträge 0, falls wir einen Punkt mit $x^1 + x^2 = 1$ einsetzen. Folglich ist G_I leer. Ersetzen wir aber $(x^1 + x^2 - 1)^3 \leq 0$ durch $(x^1 + x^2 - 1) \leq 0$, so verändert dies den Zulässigkeitsbereich zwar nicht, aber wir erhalten $\nabla g \begin{pmatrix} x^1 \\ x^2 \end{pmatrix} = \begin{pmatrix} 1 & 1 \\ -1 & 0 \\ 0 & -1 \end{pmatrix}$.

Für x mit $x^1 + x^2 = 1$ und $x^1 \geq 0$, $x^2 \geq 0$ unterscheiden wir drei Fälle:

$$\begin{aligned}
x^T \neq (1,0) \text{ und } x^T \neq (0,1) &\implies G_I = \{d \mid d^1 + d^2 < 0\} & g_2, g_3 \text{ locker} \\
x^T = (0,1) &\implies G_I = \{d \mid d^1 + d^2 < 0, d^1 > 0\} & g_3 \text{ locker} \\
x^T = (1,0) &\implies G_I = \{d \mid d^1 + d^2 < 0, d^2 > 0\} & g_2 \text{ locker}
\end{aligned}$$

Somit ist in diesen drei Fällen G_I nicht leer.
Betrachten wir nun f. Es gilt: $\nabla f \begin{pmatrix} x^1 \\ x^2 \end{pmatrix} = \begin{pmatrix} 2(x^1 - 1) \\ 2(x^2 - 1) \end{pmatrix}$ und damit

$$F = \{d \mid \begin{pmatrix} 2(x^1 - 1) \\ 2(x^2 - 1) \end{pmatrix}^T d < 0\}.$$

Nun wollen wir $F \cap G_I$ für die drei vorher beschriebenen Fälle von G_I betrachten.
(a) $x^1 + x^2 = 1$, $x^T \neq (1,0)$ und $x^T \neq (0,1)$, d.h. $G_I = \{d \mid d^1 + d^2 < 0\}$. Dann gilt:

$$\begin{aligned}
F \cap G_I &= \{d \mid 2(x^1 - 1)d^1 + 2(x^2 - 1)d^2 < 0, d^1 + d^2 < 0\} \\
&= \{d \mid (1 - x^1)d^1 + (1 - x^2)d^2 > 0, d^1 + d^2 < 0\}.
\end{aligned}$$

Wir unterscheiden drei Fälle:
<u>Fall 1:</u> $x^1 > x^2$. Wählt man $d^1 = -1$ und $d^2 < 1$ noch so groß, dass $(1 - x^1) < d^2(1 - x^2)$, dann ist $d^1 + d^2 < 0$ und $(1 - x^1)d^1 + (1 - x^2)d^2 > 0$. Diese Wahl ist möglich, und damit ist $F \cap G_I$ nicht leer.

Fall 2: $x^1 < x^2$. Dann wählen wir analog $d^2 = -1$ und $d^1 < 1$ sowie $1 - x^2 < d^1(1 - x^1) < 1$, also auch hier ist $F \cap G_I \neq \emptyset$.
Fall 3: $x^1 = x^2 = \frac{1}{2}$. Dann lauten die Bedingungen $\frac{1}{2}d^1 + \frac{1}{2}d^2 > 0$ und $d^1 + d^2 < 0$. Offensichtlich sind diese Bedingungen nicht gleichzeitig zu erfüllen, so dass $F \cap G_I$ leer ist.
(b) $x^T = (0, 1)$, d.h. $G_I = \{d \mid d^1 + d^2 < 0, d^1 > 0\}$. Ferner kommt $0 > 2(x^1 - 1)d^1 + 2(x^2 - 1)d^2 = -2d^1$ hinzu. Wähle nun $d^1 > 0$ und $d^2 < -d^1$, so sind die Bedingungen erfüllt, also gilt $F \cap G_I \neq \emptyset$.
(c) Bei $x^T = (1, 0)$ erhält man analog mit $d^2 > 0$ und $d^1 < -d^2$ einen Vektor in $F \cap G_I$.
Fazit: nur bei $x^T = (\frac{1}{2}, \frac{1}{2})$ ist $F \cap G_I = \emptyset$.

Beispiel

Minimiere $f(x)$ unter $g(x) = 0$, d.h. $g_1(x) \leq 0$ und $g_2(x) \leq 0$ mit $g = g_1 = -g_2$. Hier ist $\bar{x}$ nur zulässig, wenn $g(\bar{x}) = 0$ ist. Folglich ist $I = \{1, 2\}$ und es gilt: $\nabla g_1 = -\nabla g_2$. Deshalb kann es keinen Vektor d in G_I geben. Damit gilt: $\emptyset = G_I = F \cap G_I$. Also ist in allen zulässigen Punkten das notwendige Optimalitätskriterium erfüllt.

Konsequenz: Das Vorliegen des notwendigen Optimalitätskriteriums hat i. A. keine hinreichende Wirkung.

Definition 13.4 $\Gamma \neq \emptyset$ sei offen. Zu lösen sei (MP) mit $f, g_1, \ldots, g_m$. $\bar{x}$ sei zulässig und f, g_I seien differenzierbar bei $\bar{x}$, die g_i ($i \notin I$) seien bei $\bar{x}$ stetig.

(a) Man sagt, dass $\bar{x}$ die Fritz-John-Bedingungen erfüllt, wenn $u_0, u_i \ \forall i \in I$ existieren mit:

$$u_0 \nabla f(\bar{x}) + \sum_{i \in I} u_i \nabla g_i(\bar{x}) = 0$$

$$u_0, u_i \geq 0 \ \forall i \in I$$

$$(u_0, u_I) \neq (0, 0, \ldots, 0).$$

(b) Sind zusätzlich auch die g_i mit $i \notin I$ bei $\bar{x}$ differenzierbar, dann erfüllt $\bar{x}$ die Fritz-John-Bedingungen, wenn $u_0, u_i \ \forall i = 1, \ldots, m$ existieren mit:

$$u_0 \nabla f(\bar{x}) + \sum_{i=1}^{m} u_i \nabla g_i(\bar{x}) = 0$$

$$u_i g_i(\bar{x}) = 0 \ \forall i = 1, \ldots, m$$

$$u_0, u_i \geq 0 \ \forall i = 1, \ldots, m$$

$$(u_0, u) \neq (0, 0, \ldots, 0).$$

Satz 13.7 Notwendigkeit der Fritz-John-Bedingungen
$\Gamma \neq \emptyset$ sei offen. Zu lösen sei (MP) mit $f, g_1, \ldots, g_m$. $\bar{x}$ sei zulässig und f, g_I seien differenzierbar bei $\bar{x}$. Die g_i ($i \notin I$) seien bei $\bar{x}$ stetig. Wenn nun $\bar{x}$ (LMP) löst, dann erfüllt $\bar{x}$ die Fritz-John-Bedingungen gemäß Definition (13.4) (a), bzw. (b).

13.2. Probleme mit Ungleichungsrestriktionen

Beweis:
Wenn $\bar{x}$ (LMP) löst, so existiert kein Vektor d mit $\nabla f(\bar{x})^T d < 0$ und $\nabla g_I(\bar{x})d < 0$.

Setzt man nun mit $I = \{i_1, \ldots, i_k\}$: $A := \begin{pmatrix} \nabla f(\bar{x})^T \\ \nabla g_{i_1}(\bar{x})^T \\ \vdots \\ \nabla g_{i_k}(\bar{x})^T \end{pmatrix}$, so ist $Ad < 0$ unlösbar.

Nach dem Satz von Gordan (Satz 2.6) bedeutet dies aber die Lösbarkeit von $A^T y = 0$ mit $y \geq \neq 0$. Dieses y ist von der Form $y = \begin{pmatrix} u_0 \\ u_I \end{pmatrix}$.

Zur Vervollständigung für (b) setzen wir $u_i = 0$ für $i \notin I$. □

Beispiel (nach [3], S. 147)

$$\min \quad -x^1$$
$$\text{unter} \quad x^2 - (1-x^1)^3 \leq 0, \quad -x^2 \leq 0$$

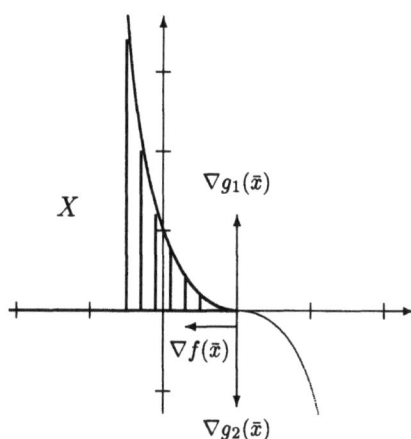

Abbildung 13.3: Illustration zum Fritz-John-Beispiel

Betrachte $\bar{x} = \begin{pmatrix} 1 \\ 0 \end{pmatrix}$ mit $\nabla f(\bar{x}) = \begin{pmatrix} -1 \\ 0 \end{pmatrix}$ und $\nabla g_I(\bar{x}) = \begin{pmatrix} 0 & 1 \\ 0 & -1 \end{pmatrix}$. Die Gleichung $u_0 \begin{pmatrix} -1 \\ 0 \end{pmatrix} + u_1 \begin{pmatrix} 0 \\ 1 \end{pmatrix} + u_2 \begin{pmatrix} 0 \\ -1 \end{pmatrix} = 0$ ist lösbar mit $u_0 = 0$ und $u_1 = u_2 = 1$.
Folglich erfüllt $\bar{x}$ die Fritz-John-Bedingungen. Tatsächlich ist $\bar{x}$ auch der Optimalpunkt.
Hätten wir x^1 minimieren wollen, so wäre bei $\bar{x}$ alles gleich geblieben, da ∇f wegen $u_0 = 0$ belanglos ist. Allerdings ist dann $\bar{x}$ nicht mehr optimal, da das Problem unbeschränkt ist.

Der nächste Satz sorgt dafür, dass $u_0 > 0$ und damit auf 1 normierbar wird. Er gilt unter gewissen verschiedenartigen Zusatzbedingungen (Constraint Qualifications).

Diese sorgen also erst dafür, dass die folgenden Karush-Kuhn-Tucker-Bedingungen in Optimalpunkten wirklich notwendig werden.

Definition 13.5 *Karush-Kuhn-Tucker-Bedingungen*
$\Gamma \neq \emptyset$ sei offen. Zu lösen sei (MP) mit $f, g_1, \ldots, g_m$. $\bar{x}$ sei zulässig und f, g_I seien differenzierbar bei $\bar{x}$. Die g_i $(i \notin I)$ seien bei $\bar{x}$ stetig.

(a) Man sagt, dass $\bar{x}$ die Karush-Kuhn-Tucker-Bedingungen bzw. die KKT-Bedingungen erfüllt, wenn $u_i \;\forall i \in I$ existieren mit:

$$\nabla f(\bar{x}) + \sum_{i \in I} u_i \nabla g_i(\bar{x}) = 0$$
$$u_i \geq 0 \quad \forall i \in I.$$

(b) Sind zusätzlich auch die g_i mit $i \notin I$ bei $\bar{x}$ differenzierbar, dann erfüllt $\bar{x}$ die Karush-Kuhn-Tucker-Bedingungen, wenn $u_i \;\forall i = 1, \ldots, m$ existieren mit:

$$\nabla f(\bar{x}) + \sum_{i=1}^{m} u_i \nabla g_i(\bar{x}) = 0$$
$$u_i g_i(\bar{x}) = 0 \quad \forall i = 1, \ldots, m$$
$$u_i \geq 0 \quad \forall i = 1, \ldots, m.$$

Satz 13.8 $\Gamma \neq \emptyset$ sei offen. Betrachte (MP) mit zulässigem $\bar{x}$. g sei differenzierbar bei $\bar{x}$. Unter gewissen Constraint Qualifications (CQ's) kann ausgeschlossen werden, dass u_0 in der Fritz-John-Bedingung 0 wird. Dann folgt:
Wenn $\bar{x}$ (LMP) löst, dann erfüllt es notwendigerweise die Karush-Kuhn-Tucker-Bedingungen.
Eine CQ, die dies leistet, ist die LU-CQ: die $\nabla g_i(\bar{x})$ mit $i \in I$ sind linear unabhängig, g_i $(i \notin I)$ seien bei $\bar{x}$ stetig, Γ offen.

Beweis:
Nach Satz 13.7 sind die Fritz-John-Bedingungen erfüllt. Folglich gibt es einen Vektor $\begin{pmatrix} u_0 \\ u \end{pmatrix} \geq \neq \begin{pmatrix} 0 \\ 0 \end{pmatrix} \in \mathbb{R}^{m+1}$ mit $u_0 \nabla f(\bar{x}) + \sum_{i \in I} u_i \nabla g_i(\bar{x}) = 0$. Wäre dann $u_0 = 0$, so wären die $\nabla g_i(\bar{x})$ linear abhängig $(i \in I)$. Dies wird aber durch die CQ ausgeschlossen, so dass u_0 nicht 0 sein kann. Folglich ist u_0 auf 1 normierbar. □

Bemerkung
Die u_i heißen Lagrange-Multiplikatoren, $u^T g(\bar{x}) = 0$ entspricht den Sätzen vom komplementären Schlupf 5.5 und 5.6. Zu $\sum_{i \in I} u_i \nabla g_i$ gehört $\text{KK}(\nabla g_i \mid i \in I)$.
Die KKT-Eigenschaft besagt, dass gilt: $-\nabla f(\bar{x}) \in \text{KK}(\nabla g_i \mid i \in I)$.
Dies erinnert uns an die Polarkegeleigenschaft (Satz 2.11) im linearen Fall.

Satz 13.9 *Die KKT-Bedingungen sind hinreichend*
$\Gamma \neq \emptyset$ sei offen und $\bar{x}$ zulässig. f sei pseudokonvex bei $\bar{x}$, g_i sei quasikonvex $\forall i \in I(\bar{x})$ und differenzierbar bei $\bar{x}$. Ist dann $\bar{x}$ ein KKT-Punkt, so ist $\bar{x}$ globale (MP)-Lösung.

13.2. Probleme mit Ungleichungsrestriktionen

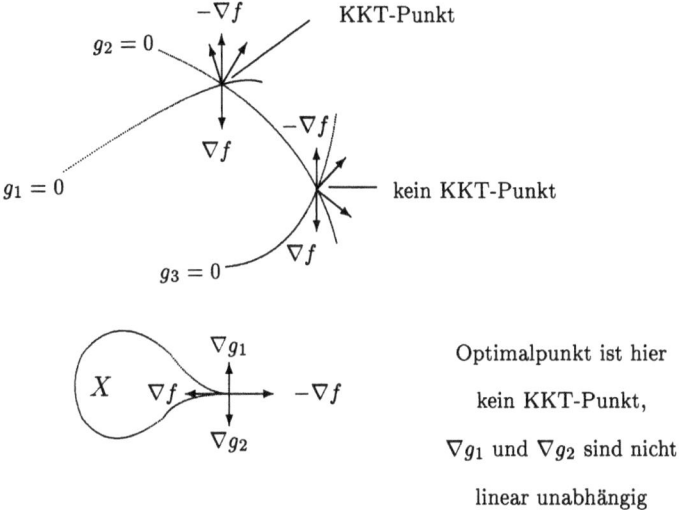

Abbildung 13.4: KKT-Punkte

Beweis:
Sei x ein beliebiger zulässiger Punkt. $\forall i \in I(\bar{x})$ ist $g_i(x) \leq g_i(\bar{x}) = 0$. Da nun die g_i bei $\bar{x}$ quasikonvex sind, gilt $\forall \lambda \in [0,1]$:

$$g_i(\bar{x} + \lambda(x - \bar{x})) = g_i(\lambda x + (1-\lambda)\bar{x}) \leq \text{Max}\{g_i(x), g_i(\bar{x})\} = g_i(\bar{x}) = 0.$$

Also steigt g_i bei Bewegung von $\bar{x}$ nach x nicht an, weshalb $\nabla g_i(\bar{x})^T(x - \bar{x}) \leq 0$ gilt. Folglich ist auch $[\sum_{i \in I} u_i \nabla g_i(\bar{x})^T](x - \bar{x}) \leq 0$. Auf der anderen Seite gilt wegen $\nabla f(\bar{x}) + \sum_{i \in I} u_i \nabla g_i(\bar{x}) = 0$ auch $[\nabla f(\bar{x}) + \sum_{i \in I} u_i \nabla g_i(\bar{x})]^T(x - \bar{x}) = 0$, weswegen $\nabla f(\bar{x})^T(x - \bar{x}) \geq 0$ gilt. Aus der Pseudokonvexität von f folgt dann $f(x) \geq f(\bar{x})$ und somit ist $\bar{x}$ global optimal. □

Die allgemeine Problemstellung

$$\begin{array}{rl} \min & f(x) \\ \text{unter} & g_i(x) \leq 0 \quad i = 1, \ldots, m \\ & h_j(x) = 0 \quad j = 1, \ldots, l \end{array}$$

lässt sich analog behandeln. Man kann dafür zeigen:

Satz 13.10 *Notwendigkeit der KKT-Bedingungen bei Gleichungsrestriktionen*
$\Gamma \neq \emptyset$ sei offen, $\bar{x}$ zulässig. f und g seien differenzierbar bei $\bar{x}$ und h_j $(j = 1, \ldots, l)$ seien stetig differenzierbar. Unter der LU-CQ:

$\{\nabla g_i(\bar{x}), \nabla h_j(\bar{x}) \mid i \in I, j \in \{1, \ldots, l\}\}$ *sind linear unabhängig;*

gilt: Wenn $\bar{x}$ (LMP) löst, so gibt es $u_i, v_j \in \mathbb{R}$ mit

$$\begin{aligned}
\nabla f(\bar{x}) + \sum_{i=1}^{m} u_i \nabla g_i(\bar{x}) + \sum_{j=1}^{l} v_j \nabla h_j(\bar{x}) &= 0 \\
u_i g_i(\bar{x}) &= 0 & \forall i = 1, \ldots, m \\
h_j(\bar{x}) &= 0 & \forall j = 1, \ldots, l \\
u_i &\geq 0 & \forall i = 1, \ldots, m.
\end{aligned}$$

Entsprechend lässt sich eine hinreichende KKT-Bedingung formulieren:

Satz 13.11 *KKT hinreichend bei Gleichungsnebenbedingungen*
$\Gamma \neq \emptyset$ *sei offen und $\bar{x}$ sei zulässig. Ferner seien die KKT-Bedingungen bei $\bar{x}$ erfüllt,
d.h. $\exists u_i, v_j$ mit*

$$\begin{aligned}
\nabla f(\bar{x}) + \sum_{i=1}^{m} u_i \nabla g_i(\bar{x}) + \sum_{j=1}^{l} v_j \nabla h_j(\bar{x}) &= 0 \\
u_i g_i(\bar{x}) &= 0 & \forall i = 1, \ldots, m \\
h_j(\bar{x}) &= 0 & \forall j = 1, \ldots, l \\
u_i &\geq 0 & \forall i = 1, \ldots, m.
\end{aligned}$$

*Sei weiterhin $J_+ := \{j \mid v_j > 0\}$, $J_- := \{j \mid v_j < 0\}$. Sind dann bei $\bar{x}$ f
pseudokonvex, g_I quasikonvex, h_{J_+} quasikonvex und h_{J_-} quasikonkav, so löst $\bar{x}$
das Problem (MP).*

13.3 Constraint Qualifications

Im vorigen Abschnitt wurde bewiesen:

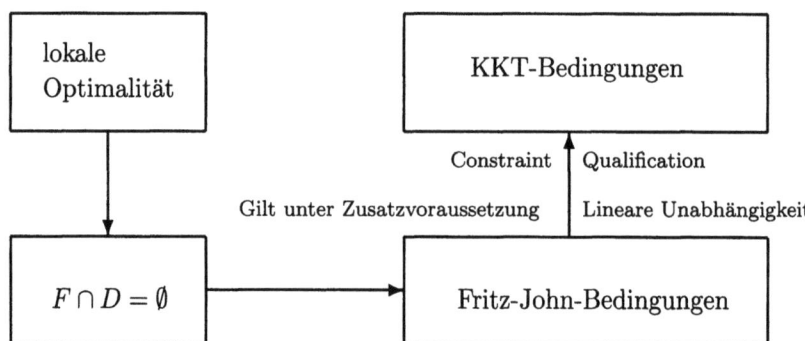

Wir suchen nun nach Möglichkeiten, die KKT-Bedingungen auch anders (evtl. mit anderen CQ's) zu erzwingen. Dies geschieht direkt ohne Umweg über die Fritz-John-Bedingungen. (Vgl. [3], Kapitel 5)

Definition 13.6 $\Gamma \neq \emptyset$ *sei eine Teilmenge von $\mathbb{R}^n$ und $\bar{x} \in \overline{\Gamma}$. Der Tangentialkegel T zu Γ bei $\bar{x}$ ist der Kegel, der aufgespannt wird von allen Richtungen $d \neq 0$ mit*

$$d := \lim_{k \to \infty} \lambda_k (x_k - \bar{x}) \quad \text{wobei } x_k \to \bar{x} \text{ und } \lambda_k := \frac{1}{\|x_k - \bar{x}\|}, \, x_k \neq \bar{x}, x_k \in \Gamma \quad \forall k.$$

13.3. Constraint Qualifications

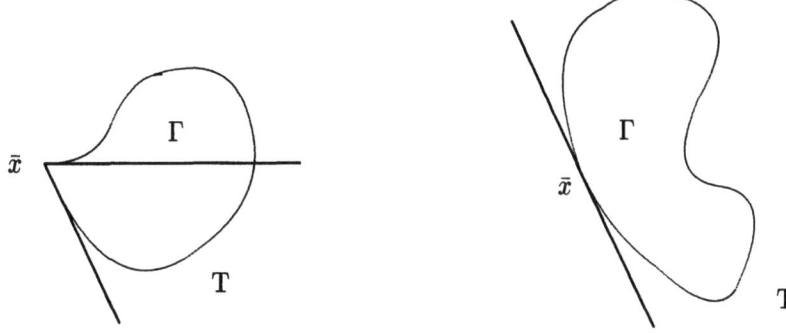

Abbildung 13.5: Tangentialkegel

Satz 13.12 $\Gamma \neq \emptyset$, $\bar{x} \in \Gamma$. f sei differenzierbar bei $\bar{x}$. Wenn $\bar{x}$ (LMP) löst, dann gilt $F \cap T = \emptyset$.

Beweis:
Sei $d \in T$, d.h. $d = \lim_{k \to \infty} \frac{x_k - \bar{x}}{\|x_k - \bar{x}\|}$ mit $x_k \to \bar{x}$, $x_k \in \Gamma$ und $x_k \neq \bar{x}$.
Wegen der Differenzierbarkeit von f bei $\bar{x}$ gilt mit $\alpha(\bar{x}, x_k - \bar{x}) \to 0$ für $x_k \to \bar{x}$:

$$f(x_k) - f(\bar{x}) = \nabla f(\bar{x})^T(x_k - \bar{x}) + \|x_k - \bar{x}\|\alpha(\bar{x}, x_k - \bar{x}).$$

Da $\bar{x}$ (LMP) löst, gilt für genügend große k: $f(x_k) \geq f(\bar{x})$ und somit

$$\nabla f(\bar{x})^T(x_k - \bar{x}) + \|x_k - \bar{x}\|\alpha(\bar{x}, x_k - \bar{x}) \geq 0.$$

Teilen wir nun durch $\|x_k - \bar{x}\|$ und betrachten den Grenzprozess $k \to \infty$, so erhalten wir $\nabla f(\bar{x})^T d \geq 0$. Folglich ist $F \cap T$ leer. □

Unser Minimierungsproblem heiße erneut: $\min f(x)$ unter $g(x) \leq 0$, $x \in \Gamma$.

Definition 13.7 Sei $\Gamma \neq \emptyset$, $\bar{x}$ zulässig, f und g_I seien bei $\bar{x}$ differenzierbar. Dann lautet die ABADIE-CQ:

$$T = G_I^{\leq} := \{d \mid \nabla g_I(\bar{x})d \leq 0\}.$$

Bemerkung
Klar ist, dass $T \subseteq G_I^{\leq}$ stets gilt.

Satz 13.13 Sei $\Gamma \neq \emptyset$, $\bar{x}$ zulässig, f und g_I seien bei $\bar{x}$ differenzierbar. Falls die ABADIE-CQ gilt, haben wir:
Falls $\bar{x}$ (LMP) löst, dann gibt es $u_I \geq 0$ mit $\nabla f(\bar{x})^T + u_I^T \nabla g_I(\bar{x}) = 0$.

Beweis:
Nach Satz 13.12 wissen wir, dass $F \cap T = \emptyset$ gilt. Wegen der ABADIE-CQ ist $T = G_I^{\leq}$, so dass $F \cap G_I^{\leq} = \emptyset$ folgt. Also gibt es keine Lösung $d \neq 0$ mit $\nabla f(\bar{x})^T d <$

0 und $\nabla g_I(\bar{x})d \leq 0$. Nach dem Lemma von Farkas (Satz 2.3) folgt dann $-\nabla f(\bar{x}) \in$ KK$(\nabla g_i(\bar{x}) \mid i \in I)$. Dies bedeutet aber gerade die Existenz von u_I mit $\nabla f(\bar{x})^T + u_I^T \nabla g_I(\bar{x}) = 0$. □

Korollar 13.1 Sei $\Gamma \neq \emptyset$, $\bar{x}$ zulässig, f und g_I seien bei $\bar{x}$ differenzierbar. Löst $\bar{x}$ (LMP) und ist $G_{\bar{I}}^{\leq} = \{0\}$, so gelten die KKT-Bedingungen.

Beweis:
Wegen $0 \notin F$ und $G_{\bar{I}}^{\leq} = \{0\}$ folgt $F \cap G_{\bar{I}}^{\leq} = \emptyset$. Analog dem Beweis zu Satz 13.13 folgt durch Anwendung des Farkas-Lemmas 2.3 die Gültigkeit der KKT-Bedingungen. □

Beispiel (Zeichnung dazu auf Seite 223)

$$\min \quad -x^1$$
$$\text{unter} \quad x^2 - (1-x^1)^3 \leq 0 \text{ und } -x^2 \leq 0.$$

Betrachte den Punkt $\bar{x} = \begin{pmatrix} 1 \\ 0 \end{pmatrix}$. Dort gilt:

$$\nabla f(\bar{x}) = \begin{pmatrix} -1 \\ 0 \end{pmatrix}, \quad \nabla g_1(\bar{x}) = \begin{pmatrix} 3(1-\bar{x}^1)^2 \\ 1 \end{pmatrix} = \begin{pmatrix} 0 \\ 1 \end{pmatrix}, \quad \nabla g_2(\bar{x}) = \begin{pmatrix} 0 \\ -1 \end{pmatrix}.$$

Folglich ist $-\nabla f(\bar{x}) \notin \text{KK}\left(\begin{pmatrix} 0 \\ 1 \end{pmatrix}, \begin{pmatrix} 0 \\ -1 \end{pmatrix} \right)$.

Ferner ist $G_{\bar{I}}^{\leq} = \{ \begin{pmatrix} a \\ 0 \end{pmatrix} \mid a \in \mathbb{R} \}$ und $T = \{ \begin{pmatrix} a \\ 0 \end{pmatrix} \mid a < 0 \}$. Somit gilt $T \subsetneq G_{\bar{I}}^{\leq}$.

Wären die Restriktionen jedoch linear, so wäre die ABADIE-CQ erfüllt.

Lemma 13.1 Sei $X = \{x \mid Ax \leq b\}$, $\bar{x} \in X$ mit $A_I \bar{x} = b_I$ und $A_{\bar{I}} \bar{x} < b_{\bar{I}}$. Dann gelten bei (LMP)-Lösungen $\bar{x}$ auch die ABADIE-CQ und damit auch die KKT-Bedingungen, falls f differenzierbar ist.

Beweis:
T sei der Tangentialkegel, $G_{\bar{I}}^{\leq} = \{d \mid A_I d \leq 0\}$ der Rezessionskegel bei $\bar{x}$.
Ist $I(\bar{x}) = \emptyset$, so gilt $G_{\bar{I}}^{\leq} = \mathbb{R}^n$. Ferner gilt $\bar{x} \in \text{Int}(X)$, so dass auch $T = \mathbb{R}^n$ gilt.
Ist $I(\bar{x}) \neq \emptyset$, so unterscheiden wir zwei Fälle:
Ist $G_{\bar{I}}^{\leq} = \{0\}$, so erhalten wir die Behauptung aus Korollar 13.1.
Sei nun $d \in G_{\bar{I}}^{\leq} = RK(A_I)$ mit $d \neq 0$. Sei o.B.d.A. d normiert. Dann $\exists \delta > 0$, so dass $A_{\bar{I}}(\bar{x} + \lambda d) < b_{\bar{I}} \ \forall 0 < \lambda < \delta$. Außerdem ist $A_I(\bar{x} + \lambda d) \leq b_I \ \forall \lambda \geq 0$.
Nun wählen wir $x_k := \bar{x} + \frac{1}{k}d$ und erhalten somit $x_k \in X$ für hinreichend großes k, $x_k \neq \bar{x} \ \forall k$ und $x_k \to \bar{x}$. Ferner gilt

$$\lim_{k \to \infty} \frac{x_k - \bar{x}}{\|x_k - \bar{x}\|} = \lim_{k \to \infty} \frac{\bar{x} + \frac{1}{k}d - \bar{x}}{\|\bar{x} + \frac{1}{k}d - \bar{x}\|} = \lim_{k \to \infty} \frac{\frac{1}{k}d}{\frac{1}{k}\|d\|} = d.$$

Somit ist $d \in T$ und damit $G_{\bar{I}}^{\leq} \subseteq T$. Wegen $T \subseteq G_{\bar{I}}^{\leq}$ erhalten wir somit die ABADIE-CQ und hieraus mit Satz 13.13 die Behauptung. □

13.3. Constraint Qualifications

Weitere CQ's

Lokale Optimalität sichert auf jeden Fall $F \cap T = \emptyset$ nach Satz 13.12. $T \subseteq G_{\overline{I}}^{\leq}$ ist gewährleistet. Ist bereits $G_{\overline{I}}^{\leq} \subseteq T$, so folgt $F \cap G_{\overline{I}}^{\leq} = \emptyset$ und daraus mit dem Farkas-Lemma (Satz 2.3) die Gültigkeit der KKT-Bedingungen.

Immer dann, wenn wir für einen Kegel C nachweisen können, dass $G_{\overline{I}}^{\leq} \subseteq C \subseteq T$ gilt, dann würde dies KKT garantieren. Siehe dazu auch Abbildung 13.6.

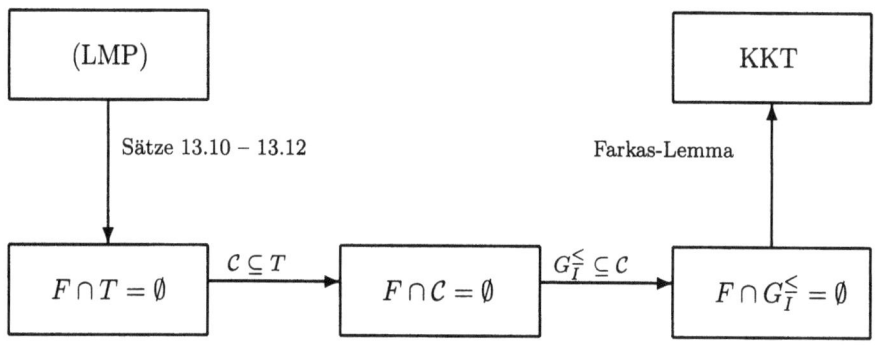

Abbildung 13.6: Konstruktion weiterer CQ's

Für diese Rolle von C würden sich solche Kegel anbieten, bei denen beide Eigenschaften leicht ermittelbar wären. In Frage kommen dafür der Kegel D der zulässigen Richtungen:

$$D = \{d \mid \exists \delta > 0 \text{ mit } \bar{x} + \lambda d \text{ zulässig } \forall 0 < \lambda < \delta \text{ und } d \neq 0\}$$

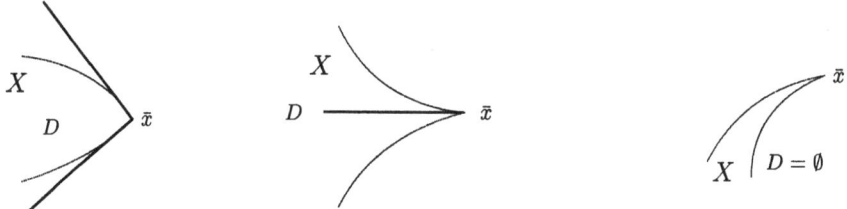

Abbildung 13.7: Kegel der zulässigen Richtungen

und der Kegel G_I der negativen Tangentialvoraussagen: $G_I = \{d \mid \nabla g_I(\bar{x})d < 0\}$. Bei offenem Γ und stetigen g_i ($i \in \overline{I}$) folgt für genügend kleines $\lambda > 0$: $\bar{x} + \lambda d \in \text{Int}(\Gamma)$.

Definition 13.8 *Der Kegel A der annehmbaren Richtungen ist definiert als*

$$A := \{d \mid \exists \delta > 0 \text{ und } \gamma : \mathbb{R} \to \mathbb{R}^n \text{ mit } \gamma \text{ ist stetig und}$$
$$\gamma(\lambda) \in \Gamma \,\forall \lambda \in (0, \delta),\, \gamma(0) = \bar{x},\, \lim_{\lambda \to 0+} \frac{\gamma(\lambda) - \gamma(0)}{\lambda} = d\}.$$

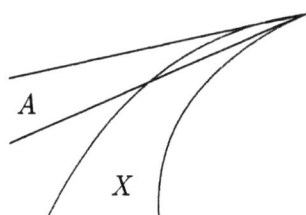

Abbildung 13.8: Kegel der annehmbaren Richtungen

Es muss also eine auf $\bar{x}$ zulaufende Kurve in Γ mit Krümmungs-Endverhalten d geben.

Übungsaufgabe: Man überlege sich ein Beispiel, in dem $\overline{A} \neq T$ ist.

Lemma 13.2 *Sei $\Gamma \neq \emptyset$, $\bar{x}$ zulässig und g_I differenzierbar bei $\bar{x}$. Dann gilt:*
$$\overline{D} \subseteq \overline{A} \subseteq T \subseteq G_I^{\leq}.$$
Falls Γ offen und $g_{\bar{I}}$ stetig bei $\bar{x}$ ist, so gilt $G_I \subseteq D$, woraus folgt:
$$\overline{G_I} \subseteq \overline{D} \subseteq \overline{A} \subseteq T \subseteq G_I^{\leq}.$$

Beachte, dass sehr wohl der Fall auftreten kann, wo $G_I = \emptyset$ und $G_I^{\leq} \neq \emptyset$ und damit $\overline{G_I} \neq G_I^{\leq}$ gilt.
Unter welchen Zusatzbedingungen (CQ's) wäre jetzt also z.B. KKT notwendig?

Definition 13.9 *Constraint Qualifications*
Slater CQ:
Γ offen, g_I pseudokonvex bei $\bar{x}$, $g_{\bar{I}}$ stetig bei $\bar{x}$. Es gibt ein $x \in \Gamma$ mit $g_I(x) < 0$.
Lineare Unabhängigkeits-CQ:
Γ offen, $g_{\bar{I}}$ stetig bei $\bar{x}$, $\{\nabla g_i(\bar{x}) \mid i \in I\}$ linear unabhängige Menge.

Cottle CQ: Γ offen, $g_{\bar{I}}$ stetig, $\overline{G_I} = G_I^{\leq}$.

Zangwill CQ: $\overline{D} = G_I^{\leq}$.

Kuhn-Tucker-CQ: $\overline{A} = G_I^{\leq}$.

ABADIE-CQ: $T = G_I^{\leq}$.

Satz 13.14 *Alle CQ's aus Definition 13.9 erzwingen KKT bei lokalen Minima.*

13.4. Hinzunahme von Gleichheitsbedingungen

Beweis:
Wir wissen bereits, dass nach Satz 13.13 die ABADIE-CQ ($T = G_I^{\leq}$) KKT erzwingt. Nun wollen wir zeigen, dass alle anderen obigen CQ's die ABADIE-CQ implizieren.
Wegen Lemma 13.2 und Satz 13.13 sind die im nachfolgenden Schaubild gekennzeichneten Implikationen bereits sicher. Zu zeigen bleiben also (1) und (2).

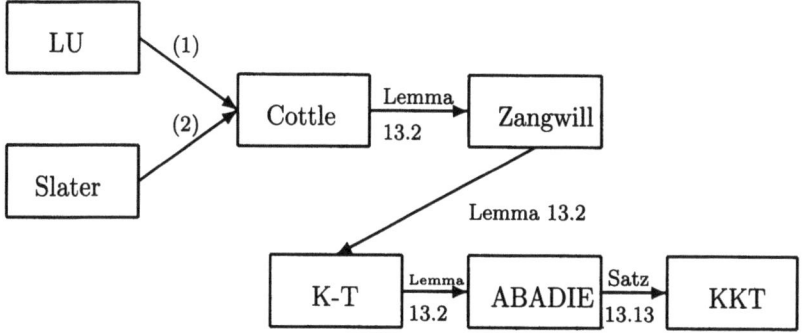

(1) Lineare Unabhängigkeit:
$\sum_{i \in I} u_i \nabla g_i(\bar{x}) = 0$ hat keine nichttriviale Lösung $u_I \geq 0$. Nach dem Satz von Gordan (Satz 2.6) existiert ein d mit $\nabla g_I(\bar{x}) d < 0$. Folglich ist $G_I \neq \emptyset$.

(2) Slater:
$\exists x$ mit $g_i(x) < 0 \, \forall i \in I$. Die g_i sind pseudokonvex bei $\bar{x}$, so dass folgt: $\nabla g_i(\bar{x})^T (x - \bar{x}) < 0 \, \forall i \in I$. Folglich ist $d := x - \bar{x}$ ein Element von G_I, so dass insbesondere $G_I \neq \emptyset$ ist.

Nun haben wir in beiden Fällen gezeigt, dass G_I nicht leer ist. Daraus müssen wir folgern, dass die Cottle-CQ ($\overline{G_I} = G_I^{\leq}$) gilt.
Sei also d eine Richtung mit $d \in G_I^{\leq}$. Folglich gilt $\nabla g_i(\bar{x})^T d \leq 0 \, \forall i \in I$. Da G_I nicht leer ist, existiert ein $\hat{d} \in G_I$, für das gilt: $\nabla g_i(\bar{x})^T \hat{d} < 0 \, \forall i \in I$. Betrachten wir nun alle Konvexkombinationen aus $\hat{d}$ und d. Jede echte Konvexkombination gehört noch zu G_I, so dass gilt: $d = \lim_{\lambda_k \to 0} (1 - \lambda_k) d + \lambda_k \hat{d} \in \overline{G_I}$. □

13.4 Hinzunahme von Gleichheitsbedingungen

Die Problemstellung lautet nun:

$$\begin{array}{rl} \min & f(x) \\ \text{unter} & g_i(x) \leq 0 \quad \forall i = 1, \ldots, m \\ & h_j(x) = 0 \quad \forall j = 1, \ldots, l \\ & x \in \Gamma. \end{array}$$

Definition 13.10 *Wir bezeichnen als Raum der konstanten Tangentialvoraussagen*

$$H := \{d \mid \nabla h_j(\bar{x})^T d = 0 \quad \forall j = 1, \ldots, l\}.$$

Definition 13.11 *Die erweiterte ABADIE-CQ lautet:* $T = G_I^{\leq} \cap H$.

Satz 13.15 $\bar{x}$ *löse (LMP) mit Gleichungsbedingungen.* f, g_I *und* h *seien differenzierbar. Die ABADIE-CQ sei erfüllt. Dann gelten bei* $\bar{x}$ *die Karush-Kuhn-Tucker-Bedingungen, d.h.* $\exists u_I \geq 0$, v_j $(j = 1, \ldots, l)$, *so dass gilt:*

$$\nabla f(\bar{x})^T + u_I^T \nabla g_I(\bar{x}) + v^T \nabla h(\bar{x}) = 0^T.$$

Beweis:
$\bar{x}$ löst (LMP), also gilt nach Satz 13.12 $F \cap T = \emptyset$. Somit folgt aus der ABADIE-CQ $F \cap G_I^{\leq} \cap H = \emptyset$. Setzen wir nun

$$A := \begin{pmatrix} \nabla g_I(\bar{x}) \\ \nabla h(\bar{x}) \\ -\nabla h(\bar{x}) \end{pmatrix} \quad \text{und} \quad c := -\nabla f(\bar{x}),$$

dann hat das System $Ad \leq 0$, $c^T d > 0$ keine Lösung. Somit hat nach dem Farkas-Lemma (Satz 2.3) das System $A^T y = c$, $y \geq 0$ eine Lösung. Dies impliziert die Existenz nichtnegativer Vektoren u_I, α und β ($\alpha, \beta \in \mathbb{R}^l$) mit

$$\nabla f(\bar{x})^T + u_I^T \nabla g_I(\bar{x}) + \alpha^T \nabla h(\bar{x}) - \beta^T \nabla h(\bar{x}) = 0^T.$$

Setzen wir nun $v := \alpha - \beta$, so folgt die Behauptung. □

Wir präsentieren hier noch einige CQ's, welche die KKT-Bedingungen erforderlich machen.

Definition 13.12
Slater-CQ:
Γ sei offen. Bei $\bar{x}$ seien g_I pseudokonvex, $g_{\bar{I}}$ stetig, h quasikonvex und quasikonkav, sowie stetig differenzierbar. Ferner seien die $\nabla h(\bar{x})$ linear unabhängig. Außerdem gebe es ein x mit $g_I(x) < 0$, $g(x) \leq 0$ und $h(x) = 0$.
Lineare Unabhängigkeits-CQ:
Γ sei offen, $g_{\bar{I}}$ stetig bei $\bar{x}$. Ferner seien $\nabla g_I(\bar{x})$ und $\nabla h(\bar{x})$ linear unabhängig. h sei stetig differenzierbar bei $\bar{x}$.
Cottle-CQ:
Γ sei offen, $g_{\bar{I}}$ stetig bei $\bar{x}$ und h stetig differenzierbar bei $\bar{x}$. Ferner seien $\nabla h(\bar{x})$ linear unabhängig, sowie $\overline{G}_I \cap H = G_I^{\leq} \cap H$.
Kuhn-Tucker-CQ:
$\overline{A} = G_I^{\leq} \cap H$.
ABADIE-CQ:
$T = G_I^{\leq} \cap H$.

13.5. Übungsaufgaben

Satz 13.16 *Es gelten wieder wie vorher die im Schaubild gezeigten Implikationen.*

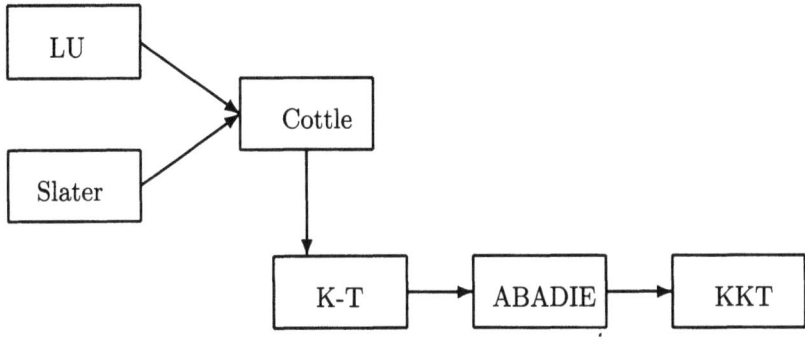

13.5 Übungsaufgaben

Aufgabe 13.1 Gegeben sei das Optimierungsproblem

$$\min (x^1 - 4)^2 + (x^2 - 3)^2 \quad \text{unter } (x^1)^2 \leq x^2, \quad x^2 \leq 4.$$

Zeigen Sie, dass der Punkt $x = (2,4)$ kein lokaler Minimalpunkt ist. Machen Sie eine Skizze des Zulässigkeitsbereichs und zeichnen Sie die Kegel F und D.

Aufgabe 13.2 Betrachten Sie das Problem $\min \|Ax - b\|_2^2$ mit $A \in \mathbb{R}^{m,n}$, $b \in \mathbb{R}^m$.

a) Geben Sie notwendige Optimalitätsbedingungen für dieses Problem an. Sind diese Bedingungen auch hinreichend?

b) Existiert eine Optimallösung? Falls eine Optimallösung existiert, unter welchen Voraussetzungen ist diese Optimallösung eindeutig bestimmt?

c) Lösen Sie das Optimierungsproblem für

$$A = \begin{pmatrix} 1 & -1 & 0 \\ 0 & 2 & 1 \\ 0 & 1 & 0 \\ 1 & 0 & 1 \end{pmatrix} \quad b = \begin{pmatrix} 2 \\ 1 \\ 1 \\ 0 \end{pmatrix}.$$

Aufgabe 13.3 Überprüfen Sie für das Minimierungsproblem

$$\min \frac{x^1 + 3x^2 + 3}{2x^1 + x^2 + 6} \quad \text{unter } 2x^1 + x^2 \leq 12, \quad -x^1 + 2x^2 \leq 4, \quad x^1, x^2 \geq 0$$

die Karush-Kuhn-Tucker-Bedingungen an den Ecken des Zulässigkeitsbereichs. Zeigen Sie, dass die Karush-Kuhn-Tucker-Bedingungen hinreichend sind für dieses Problem, und dass jeder Punkt auf der Verbindungslinie von $(0,0)$ und $(6,0)$ optimal ist.

Aufgabe 13.4 Die Aufgabe sei: $\min x^2 - 5x$ unter $g_1(x) \leq 0$, mit $g_1(x) = x$.

a) Zeigen Sie, dass die LU-CQ, Abadie-CQ, Zangwill-CQ bei $\bar{x} = 0$ gültig sind.

b) Verifizieren Sie die KKT-Bedingungen bei $\bar{x} = 0$ und geben Sie die Lagrangemultiplikatoren an.

Es werde nun eine weitere Restriktion hinzugefügt, nämlich $g_2(x) \leq 0$ mit
$$g_2(x) = \begin{cases} -1 - x, & \text{falls } x \geq 0, \\ 1 - x, & \text{falls } x < 0. \end{cases}$$

c) Zeigen Sie graphisch, dass $\bar{x} = 0$ immer noch die Optimallösung ist.

d) Überprüfen Sie, welche der Constraint Qualifications aus a) noch gültig sind.

Kapitel 14
Dualität in der nichtlinearen Optimierung

Einem nichtlinearen Optimierungsproblem kann man auf einfache Weise ein anderes Problem zuordnen, nämlich das Lagrange-Duale Problem. Unter gewissen Konvexitätsannahmen haben das primale und das duale Programm gleiche Optimalwerte.

14.1 Lagrange-Probleme

Definition 14.1 *Zum folgenden primalen Programm (MP)*

$$\begin{array}{ll} \min & f(x) \\ \text{unter} & g_i(x) \leq 0 \quad \forall i = 1, \ldots, m \\ & h_j(x) = 0 \quad \forall j = 1, \ldots, l \\ & x \in \Gamma \end{array}$$

definieren wir das Lagrange-Duale Problem (DP) wie folgt:

$$\begin{array}{ll} \max & \Theta(u,v) := \inf_{x \in \Gamma}\{f(x) + \sum_{i=1}^m u_i g_i(x) + \sum_{j=1}^l v_j h_j(x)\} \\ \text{unter} & u \geq 0,\ u \in \mathbb{R}^m, \\ & v \in \mathbb{R}^l. \end{array}$$

Geometrische Interpretation
Einfaches Beispiel: Nur eine Ungleichung, keine Gleichung. Betrachte dazu

$$M := \{\begin{pmatrix} z_1 \\ z_2 \end{pmatrix} \mid z_1 = g_1(x),\ z_2 = f(x) \text{ für ein } x \in X\}.$$

Das primale Problem verlangt: Suche einen Punkt in M, der links von der z_2-Achse liegt ($g_1(x) \leq 0$), so dass $f(x)$ so klein wie möglich wird.
Duales Problem
1. Schritt: Für jedes $u \geq 0$ minimiere man $f(x) + ug(x)$ über Γ. Eine Minimierung bei $u = 0$ entspricht einer Minimierung von $f(x)$ (waagerechte Höhenlinien), eine

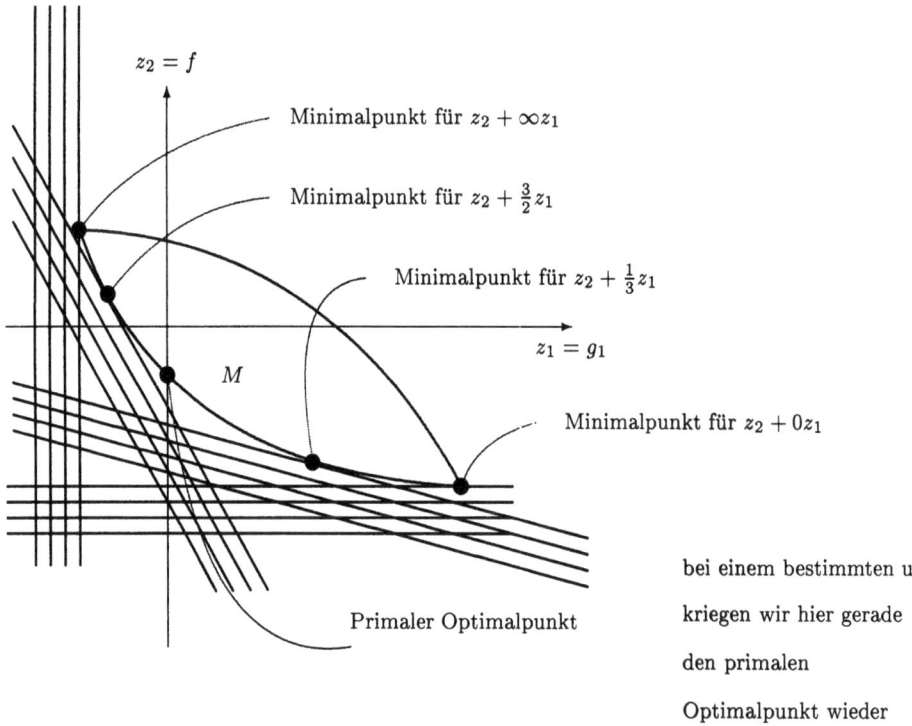

Abbildung 14.1: Illustration zum Lagrange-Problem

Minimierung bei $u = 1$ entspricht der Minimierung von $f(x) + g(x)$ (diagonale Höhenlinien) und eine Minimierung bei $u = \infty$ entspricht einer Minimierung von $g(x)$ (senkrechte Höhenlinien); analoges gilt für sämtliche Zwischenwerte von u.
$\Theta(u) = \inf_{x \in \Gamma}\{f(x) + ug(x)\}$ ist immer ablesbar bei dem Schnittpunkt der Tangente mit der z_2-Achse. Nun ist dies aber zu maximieren.
Bei $u = \infty$ ist der Optimalwert $\Theta(u)$ zunächst unendlich tief. Er wird dann höher mit sinkendem u (über $u = \frac{3}{2}$ zu $u = \frac{1}{2}$). Dort kehrt sich die Sache dann um. Weiteres Absinken von u (über $u = \frac{1}{3}$ zu $u = 0$) lässt $\Theta(u)$ wieder absinken. Das Maximum wurde also bei $u = \frac{1}{2}$ erreicht.

Anwendung: Quadratische Optimierung
Betrachte folgende Primale Aufgabenstellung

$$\begin{aligned} \min \quad & \tfrac{1}{2}x^T H x + d^T x \\ \text{unter} \quad & A x \leq b. \end{aligned}$$

Dabei ist H positiv definit und symmetrisch. Die Zielfunktion ist strikt konvex. Das hierzu Lagrange-Duale Problem lautet:

$$\begin{aligned} \max \quad & \Theta(u) \;=\; \inf_{x \in \mathbb{R}^n}\{\tfrac{1}{2}x^T H x + d^T x + u^T(Ax - b)\} \\ \text{unter} \quad & u \;\geq\; 0. \end{aligned}$$

Für gegebenes u ist jeweils $\frac{1}{2}x^T H x + d^T x + u^T(Ax-b)$ strikt konvex. Das Minimum wird angenommen bei $Hx + d + A^T u = 0$, also lautet unser spezialisiertes Problem:

$$\begin{array}{rl} \max & \Theta(u) \\ \text{unter} & Hx + A^T u = -d \\ & u \geq 0. \end{array}$$

Übungsaufgabe: Man folgere aus den Eigenschaften von H, dass sich diese Problemstellung zurückführen lässt auf das quadratische Problem

$$\max_{u \geq 0} \frac{1}{2} u^T D u + u^T c$$

mit einem festen Vektor c und mit einer festen symmetrischen und positiv definiten Matrix D, wenn $\text{Kern}(A^T) = 0$ ist.

14.2 Dualitätssätze

Kann man die Dualitätsbeziehungen aus der linearen Optimierung auch in der nichtlinearen Theorie wiederfinden?

Satz 14.1 *Schwacher Dualitätssatz*
x sei ein zulässiger Punkt zu (MP), also $x \in \Gamma$, $g(x) \leq 0$ und $h(x) = 0$. (u,v) sei ein zulässiger Punkt zu (DP), d.h. $u \geq 0$. Dann gilt $f(x) \geq \Theta(u,v)$.

Beweis:
Die Definition von Θ und die Zulässigkeit von x liefern bei festen $u \geq 0$, $v \in \mathbb{R}^l$:

$$\begin{aligned} \Theta(u,v) &= \inf_{y \in \Gamma} \{f(y) + u^T g(y) + v^T h(y)\} \\ &\leq f(x) + \underbrace{u^T}_{\geq 0} \underbrace{g(x)}_{\leq 0} + v^T \underbrace{h(x)}_{=0} \leq f(x). \end{aligned}$$

□

Korollar 14.1 *Es gilt:*
$\inf\{f(x) \mid x \in \Gamma,\ g(x) \leq 0,\ h(x) = 0\} \geq \sup\{\Theta(u,v) \mid u \geq 0\}.$

Korollar 14.2 *Seien $\bar{x}$ und $(\bar{u}, \bar{v})$ zulässige Punkte für (MP), bzw. (DP). Gilt dann $f(\bar{x}) = \Theta(\bar{u}, \bar{v})$, so sind $\bar{x}$ und $(\bar{u}, \bar{v})$ für (MP), bzw. (DP) optimal.*

Korollar 14.3 *Falls $\inf\{f(x) \mid x \in \Gamma,\ g(x) \leq 0,\ h(x) = 0\} = -\infty$ ist, so gilt $\forall u \geq 0$ und $\forall v \in \mathbb{R}^l$: $\Theta(u,v) = -\infty$.*

Korollar 14.4 *Falls $\sup\{\Theta(u,v) \mid u \geq 0\} = \infty$ ist, so hat das primale Problem einen leeren Zulässigkeitsbereich.*

Beachte den Unterschied in den beiden vorausgegangenen Korollaren 14.3 und 14.4. Wenn zuletzt für f nur Werte ∞ übrig bleiben, dann kann es kein zulässiges x geben. Wissen wir aber, dass $\Theta(u,v) = -\infty$ ist, dann handelt es sich bei Θ um eine Infimumsgröße bei einer Ermittlung über eine nichtleere Menge von Paaren (u, v).

Definition 14.2 *Seien $\bar{x}$ optimal für (MP) und $(\bar{u}, \bar{v})$ optimal für (DP). Gilt dann $\Theta(\bar{u}, \bar{v}) < f(\bar{x})$, so spricht man von einer Dualitätslücke.*

Beispiel: siehe Abb. 14.2.

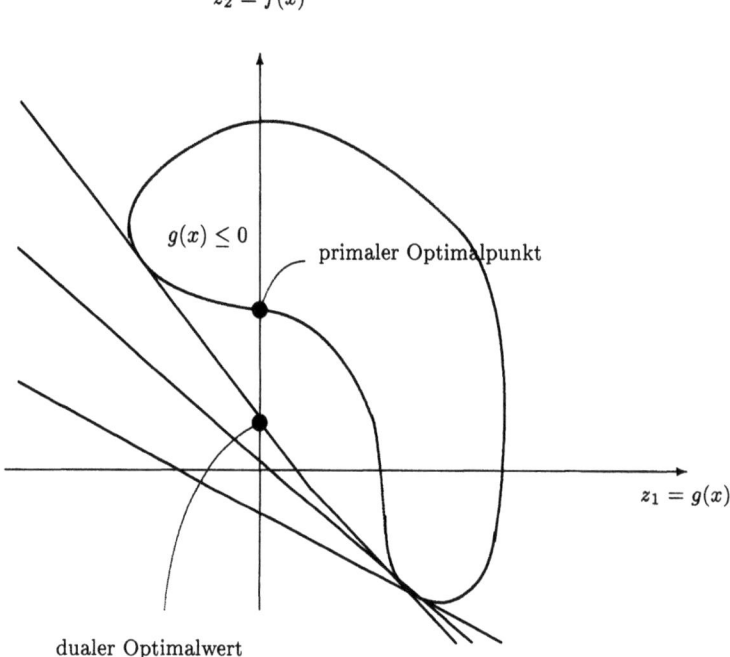

Abbildung 14.2: Dualitätslücke

Lemma 14.1 *Konvexer Alternativsatz*
$\Gamma \neq \emptyset$ sei konvex, $f : \mathbb{R}^n \to \mathbb{R}$ und $g : \mathbb{R}^n \to \mathbb{R}^m$ seien konvex und $h : \mathbb{R}^n \to \mathbb{R}^l$ sei affin linear, d.h. $h(x) = Ax - b$. Betrachte die beiden Systeme:

$$\begin{array}{rl} \text{System I} : & f(x) < 0, \ g(x) \leq 0, \ h(x) = 0 \quad \text{für ein } x \in \Gamma \\ \text{System II} : & u_0 f(x) + u^T g(x) + v^T h(x) \geq 0 \quad \forall \, x \in \Gamma \\ \text{und} & (u_0, u^T) \geq 0, \quad (u_0, u^T, v^T) \neq (0, 0, 0). \end{array}$$

Wenn das angegebene System I keine Lösung x besitzt, dann besitzt aber das System II eine Lösung (u_0, u^T, v^T) mit $u_0 \in \mathbb{R}$, $u \in \mathbb{R}^m$, $v \in \mathbb{R}^l$.
Besitzt System II eine Lösung mit $u_0 > 0$, so hat System I keine Lösung.

14.2. Dualitätssätze

Beweis:
Angenommen, System I hat keine Lösung. Betrachte die Menge Λ mit:

$$\Lambda := \{ \begin{pmatrix} p \\ q \\ r \end{pmatrix} \mid p > f(x),\ q \geq g(x),\ r = h(x) \quad \text{für ein } x \in \Gamma\}.$$

Γ, f und g sind konvex, h affin linear, so dass Λ auch konvex ist. Nachdem System I keine Lösung hat, gilt: $(0,0,0)^T \notin \Lambda$. Deshalb kann man $(0,0,0)^T$ von Λ trennen, d.h. es gibt einen Vektor $(u_0, u, v)^T$ mit

$$\begin{pmatrix} u_0 \\ u \\ v \end{pmatrix} \neq \begin{pmatrix} 0 \\ 0 \\ 0 \end{pmatrix} \quad \text{und} \quad \begin{pmatrix} u_0 \\ u \\ v \end{pmatrix}^T \begin{pmatrix} p \\ q \\ r \end{pmatrix} \geq 0\ \forall\ \begin{pmatrix} p \\ q \\ r \end{pmatrix} \in \overline{\Lambda}.$$

Wir fixieren nun ein $x \in \Gamma$.
p und q können beliebig groß werden, so dass $u_0 \geq 0$ und $u \geq 0$ erforderlich ist. Außerdem ist der Punkt $(f(x), g(x), h(x))^T$ in $\overline{\Lambda}$ enthalten, so dass gilt:

$$u_0 f(x) + u^T g(x) + v^T h(x) \geq 0 \quad \forall x \in \Gamma.$$

Folglich ist $(u_0, u, v)^T$ eine Lösung von System II.
Nun habe System II eine Lösung (u_0, u, v) mit $u_0 > 0$, $u \geq 0$ und

$$u_0 f(x) + u^T g(x) + v^T h(x) \geq 0 \quad \forall x \in \Gamma.$$

Sei wie in I verlangt $x \in \Gamma$ zulässig, d.h. $g(x) \leq 0$ und $h(x) = 0$. Dann folgt:

$$u_0 f(x) \geq -\underbrace{u^T}_{\geq 0} \underbrace{g(x)}_{\leq 0} - v^T \underbrace{h(x)}_{=0} \geq 0.$$

Wegen $u_0 > 0$ folgt somit $f(x) \geq 0$, so dass System I keine Lösung besitzt. $\square$

Definition 14.3 *Slater-CQ*

$$\exists \hat{x} \in \Gamma\ \text{mit}\ g(\hat{x}) < 0,\ h(\hat{x}) = 0\ \text{sowie}\ 0 \in \text{Int}(h(\Gamma)).$$

Satz 14.2 *Starker Dualitätssatz*
$\Gamma \neq \emptyset$ sei konvex, $f : \mathbb{R}^n \to \mathbb{R}$, $g : \mathbb{R}^n \to \mathbb{R}^m$ seien konvex und $h : \mathbb{R}^n \to \mathbb{R}^l$ sei affin linear, also $h(x) = Ax - b$. Unter der Slater-CQ gilt mit
$\Theta(u,v) = \inf_{y \in \Gamma}\{f(y) + u^T g(y) + v^T h(y)\}$:

$$\inf\{f(x) \mid x \in \Gamma,\ g(x) \leq 0,\ h(x) = 0\} = \sup_{(u,v)}\{\Theta(u,v) \mid u \geq 0\}.$$

Ist die linke Seite endlich, dann wird das Supremum bei einem $(\bar{u}, \bar{v})$ mit $\bar{u} \geq 0$ angenommen. Wenn das Infimum bei $\bar{x}$ angenommen wird, so gilt: $\bar{u}^T g(\bar{x}) = 0$.

Beweis:
Sei γ das Infimum auf der linken Seite der behaupteten Gleichung. Ist $\gamma = -\infty$, so ist nach Korollar 14.3 auch sup $= -\infty$ und somit gilt die Gleichung.
Sei nun γ endlich. Betrachte das System $f(x) - \gamma < 0$, $g(x) \leq 0$, $h(x) = 0$ und $x \in \Gamma$. Nach der Definition von γ hat dieses System keine Lösung. Also liefert der Alternativsatz aus Lemma 14.1 die Existenz einer Lösung $(u_0, u^T, v^T) \neq (0,0,0)$ mit $(u_0, u^T) \geq 0$ zu

$$u_0(f(x) - \gamma) + u^T g(x) + v^T h(x) \geq 0 \quad \forall x \in \Gamma. \quad (*)$$

Wir wollen nun $u_0 > 0$ zeigen. Dazu nehmen wir $u_0 = 0$ an und betrachten $\hat{x}$ aus der Slater-CQ, d.h. $g(\hat{x}) < 0$ und $h(\hat{x}) = 0$. Somit reduziert sich die Ungleichung $(*)$ bei $\hat{x}$ auf: $u^T g(\hat{x}) \geq 0$. Wegen $u \geq 0$ und $g(\hat{x}) < 0$ folgt $u = 0$. Da aber $(u_0, u^T, v^T) \neq (0,0,0)$ ist, muss somit $v \neq 0$ gelten. Weiter ist nach der Slater-CQ 0 in $\text{Int}(h(\Gamma))$ enthalten, weswegen ein $\bar{x}$ existiert mit: $h(\bar{x}) = -\lambda v$, mit $\lambda > 0$ hinreichend klein. Setzen wir dieses $\bar{x}$ in die Ungleichung $(*)$ ein, so erhalten wir $0 \leq v^T h(\bar{x}) = -\lambda v^T v < 0$, weil $u_0 = 0$ und $u = 0$ gesetzt waren. (Widerspruch)
Teilen wir nun durch $u_0 > 0$, so erhalten wir mit $\bar{u} = \frac{u}{u_0}$ und $\bar{v} = \frac{v}{u_0}$:

$$f(x) + \bar{u}^T g(x) + \bar{v}^T h(x) \geq \gamma \quad \forall x \in \Gamma.$$

Folglich gilt nach der Definition von Θ:

$$\Theta(\bar{u}, \bar{v}) = \inf_{x \in \Gamma} \{f(x) + \bar{u}^T g(x) + \bar{v}^T h(x)\} \geq \gamma.$$

Nach dem schwachen Dualitätssatz (Satz 14.1) gilt aber:

$$\Theta(\bar{u}, \bar{v}) \leq \inf_{x \in \Gamma} \{f(x) \mid g(x) \leq 0,\, h(x) = 0\} = \gamma.$$

Folglich gilt $\Theta(\bar{u}, \bar{v}) = \gamma$, weswegen $(\bar{u}, \bar{v})$ das (DP) löst und die behauptete Gleichung erfüllt ist.
Sei nun $\bar{x}$ Optimalpunkt zu (MP), also $\bar{x} \in \Gamma$, $g(\bar{x}) \leq 0$, $h(\bar{x}) = 0$ und $f(\bar{x}) = \gamma$.
Aus Ungleichung $(*)$ folgt:

$$0 \leq 1\underbrace{(f(\bar{x}) - \gamma)}_{=\gamma} + \underbrace{\bar{u}^T}_{\geq 0}\underbrace{g(\bar{x})}_{\leq 0} + \bar{v}^T \underbrace{h(\bar{x})}_{=0} \leq 0.$$

Somit erhalten wir $\bar{u}^T g(\bar{x}) = 0$. □

14.3 Sattelpunkte

Als Konsequenz aus Satz 14.2 leiten wir nun sogenannte Sattelpunktkriterien her. Dabei braucht der Notwendigkeitsteil Konvexität und eine CQ, wohingegen der Hinreichendteil ohne solche Annahmen auskommt.

14.3. Sattelpunkte

Definition 14.4 $\Phi(x, u, v) := f(x) + u^T g(x) + v^T h(x)$ mit $\Phi : (\mathbb{R}^n \times \mathbb{R}^m \times \mathbb{R}^l) \to \mathbb{R}$ heißt Sattelpunktfunktion oder Lagrange-Funktion.
Ein Punkt $(\bar{x}, \bar{u}, \bar{v})$ heißt Sattelpunkt, wenn gilt: $\bar{x} \in \Gamma$, $\bar{u} \geq 0$ und

$$\Phi(\bar{x}, u, v) \leq \Phi(\bar{x}, \bar{u}, \bar{v}) \leq \Phi(x, \bar{u}, \bar{v}) \quad \forall x \in \Gamma \text{ und } \forall (u, v) \text{ mit } u \geq 0.$$

Satz 14.3 Ein Punkt $(\bar{x}, \bar{u}, \bar{v})$ mit $\bar{x} \in \Gamma$ und $\bar{u} \geq 0$ ist genau dann ein Sattelpunkt für $\Phi(x, u, v) = f(x) + u^T g(x) + v^T h(x)$, wenn gilt:

(a) $\Phi(\bar{x}, \bar{u}, \bar{v}) = \text{Min}_{x \in \Gamma} \Phi(x, \bar{u}, \bar{v})$.

(b) $g(\bar{x}) \leq 0$ und $h(\bar{x}) = 0$.

(c) $\bar{u}^T g(\bar{x}) = 0$.

Zusätzlich ist $(\bar{x}, \bar{u}, \bar{v})$ genau dann Sattelpunkt, wenn $\bar{x}$ und $(\bar{u}, \bar{v})$ beides Optimalpunkte zu den primalen und dualen Problemen (MP) und (DP) ohne Dualitätslücke sind. Das heißt also $f(\bar{x}) = \Theta(\bar{u}, \bar{v})$.

Beweis:
Erster Teil des Satzes
„$\Longrightarrow$":
$(\bar{x}, \bar{u}, \bar{v})$ sei Sattelpunkt für Φ. Dann muss zumindest (a) nach der Definition eines Sattelpunktes erfüllt sein. Ferner gilt nach Definition 14.4:

$$f(\bar{x}) + \bar{u}^T g(\bar{x}) + \bar{v}^T h(\bar{x}) \geq f(\bar{x}) + u^T g(\bar{x}) + v^T h(\bar{x}) \quad \forall (u, v) \text{ mit } u \geq 0.$$

Dies impliziert aber sofort $g(\bar{x}) \leq 0$ und $h(\bar{x}) = 0$, denn ansonsten könnte man eine passende Komponente von u so groß oder eine passende Komponente von v betragsmäßig so groß wählen, dass die rechte Seite die linke überträfe (WIDERSPRUCH). Damit gilt also auch (b).
Zum Beweis von (c) setzt man $u = 0$ in obige Ungleichung ein und erhält $\bar{u}^T g(\bar{x}) \geq 0$. Wegen $g(\bar{x}) \leq 0$ und $\bar{u} \geq 0$ bedeutet dies $\bar{u}^T g(\bar{x}) = 0$ und somit gilt auch (c).
„$\Longleftarrow$":
Sei nun $(\bar{x}, \bar{u}, \bar{v})$ mit $\bar{x} \in \Gamma$ und $\bar{u} \geq 0$ gegeben, welcher (a), (b) und (c) erfüllt. Wegen (a) gilt dann sofort $\Phi(\bar{x}, \bar{u}, \bar{v}) \leq \Phi(x, \bar{u}, \bar{v}) \, \forall x \in \Gamma$. Des Weiteren gilt:

$$\begin{aligned}
\Phi(\bar{x}, \bar{u}, \bar{v}) &= f(\bar{x}) + \underbrace{\bar{u}^T g(\bar{x})}_{=0 \text{ wg (c)}} + \underbrace{\bar{v}^T h(\bar{x})}_{=0 \text{ wg (b)}} \\
&= f(\bar{x}) \geq f(\bar{x}) + \underbrace{u^T}_{\geq 0} \underbrace{g(\bar{x})}_{\leq 0} + v^T \underbrace{h(\bar{x})}_{=0} \\
&= \Phi(\bar{x}, u, v) \quad \forall (u, v) \text{ mit } u \geq 0.
\end{aligned}$$

Damit ist $(\bar{x}, \bar{u}, \bar{v})$ tatsächlich ein Sattelpunkt.

Zweiter Teil des Satzes
„⟹":
$(\bar{x}, \bar{u}, \bar{v})$ sei Sattelpunkt für Φ. Nach (b) ist $\bar{x}$ zulässig für (MP). Wegen $\bar{u} \geq 0$ ist $(\bar{u}, \bar{v})$ ebenso für (DP) zulässig. Ferner folgt aus (a), (b) und (c):

$$\Theta(\bar{u}, \bar{v}) = \Phi(\bar{x}, \bar{u}, \bar{v}) = f(\bar{x}) + \bar{u}^T g(\bar{x}) + \bar{v}^T h(\bar{x}) = f(\bar{x}).$$

Nach Korollar 14.2 lösen aber dann zwingend $\bar{x}$ (MP) und $(\bar{u}, \bar{v})$ (DP) und es gibt keine Dualitätslücke.
„⟸":
Schließlich seien $\bar{x}$ und $(\bar{u}, \bar{v})$ jeweilige Optimalpunkte mit der Eigenschaft $f(\bar{x}) = \Theta(\bar{u}, \bar{v})$. Dann ist aber $\bar{x} \in \Gamma$, $g(\bar{x}) \leq 0$, $h(\bar{x}) = 0$ und $\bar{u} \geq 0$. Somit gilt:

$$\Theta(\bar{u}, \bar{v}) = \inf_{x \in \Gamma} \{f(x) + \bar{u}^T g(x) + \bar{v}^T h(x)\}$$
$$\overset{(\bar{x}=x)}{\leq} f(\bar{x}) + \underbrace{\bar{u}^T g(\bar{x})}_{\leq 0} + \underbrace{\bar{v}^T h(\bar{x})}_{=0} \leq f(\bar{x}).$$

Die äußeren Größen sind aber gleich, so dass die gesamte Ungleichungskette mit Gleichheit erfüllt ist. Insbesondere gilt deshalb $\bar{u}^T g(\bar{x}) = 0$. Folglich gilt auch

$$\Phi(\bar{x}, \bar{u}, \bar{v}) = f(\bar{x}) = \Theta(\bar{u}, \bar{v}) = \mathop{\text{Min}}_{x \in \Gamma}\{\Phi(x, \bar{u}, \bar{v})\}.$$

Damit haben wir (a), (b) und (c) aus dem ersten Teil gezeigt, so dass nach Teil 1 $(\bar{x}, \bar{u}, \bar{v})$ ein Sattelpunkt ist. □

Satz 14.4 Seien Γ, f und g konvex und h affin linear, d.h. $h(x) = Ax - b$. Weiter sei $0 \in \text{Int}(h(\Gamma))$ und es gebe ein $\hat{x}$ mit $g(\hat{x}) < 0$ und $h(\hat{x}) = 0$. Wenn $\bar{x}$ Optimalpunkt für (MP) ist, dann existiert $(\bar{u}, \bar{v})$ mit $\bar{u} \geq 0$, so dass $(\bar{x}, \bar{u}, \bar{v})$ Sattelpunkt ist.

Beweis:
Nach dem starken Dualitätssatz (Satz 14.2) gibt es einen Punkt $(\bar{u}, \bar{v})$ mit $\bar{u} \geq 0$, welcher für (DP) optimal ist mit $f(\bar{x}) = \Theta(\bar{u}, \bar{v})$. Nach Satz 14.3 ist damit $(\bar{x}, \bar{u}, \bar{v})$ ein Sattelpunkt. □

Es soll geklärt werden, was diese mit den Sattelpunktkriterien zu tun haben.

Satz 14.5

(a) $\bar{x} \in \Gamma$ erfülle die *KKT-Bedingungen* und f und g seien differenzierbar, d.h.:

$$\begin{aligned}
\nabla f(\bar{x})^T + \bar{u}^T \nabla g(\bar{x}) + \bar{v}^T \nabla h(\bar{x}) &= 0 \\
\bar{u}^T g(\bar{x}) &= 0 \\
g(\bar{x}) &\leq 0 \\
h(\bar{x}) &= 0 \\
\bar{u} &\geq 0
\end{aligned}$$

$\bar{v}$ beliebig.

14.3. Sattelpunkte

f, g_I seien konvex bei $\bar{x}$. Für $v_j \neq 0$ sei jeweils h_j affin linear. Dann ist $(\bar{x}, \bar{u}, \bar{v})$ für $\Phi(x, u, v) = f(x) + u^T g(x) + v^T h(x)$ ein Sattelpunkt.

(b) Erfüllt $(\bar{x}, \bar{u}, \bar{v})$ die Sattelpunktkriterien und ist $\bar{x} \in \text{Int}(\Gamma)$, $\bar{u} \geq 0$, so ist $\bar{x}$ zulässig für (MP) und $(\bar{x}, \bar{u}, \bar{v})$ erfüllen die KKT-Bedingungen.

Beweis:

(a) f, g_I sind bei $\bar{x}$ konvex, h_j affin linear $\forall j \in J = \{j \mid v_j \neq 0\}$. Dann gilt $\forall x$:

$$\begin{aligned} f(x) &\geq f(\bar{x}) + \nabla f(\bar{x})^T (x - \bar{x}) \\ g_i(x) &\geq g_i(\bar{x}) + \nabla g_i(\bar{x})^T (x - \bar{x}) & \forall i \in I \\ h_j(x) &= h_j(\bar{x}) + \nabla h_j(\bar{x})^T (x - \bar{x}) & \forall j = 1, \ldots, l. \end{aligned}$$

Multipliziert man die mittlere Zeile mit $\bar{u}_i \geq 0$, die dritte Zeile mit $\bar{v}_j$ und addiert dann alles auf, so erhält man:

$$\begin{aligned} f(x) + \bar{u}_I^T g_I(x) + \bar{v}^T h(x) &= f(\bar{x}) + \nabla f(\bar{x})^T (x - \bar{x}) \\ &\quad + \bar{u}_I^T g_I(\bar{x}) + \bar{u}_I^T \nabla g_I(\bar{x})(x - \bar{x}) \\ &\quad + \bar{v}^T h(\bar{x}) + \bar{v}^T \nabla h(\bar{x})(x - \bar{x}). \end{aligned}$$

Wegen der KKT-Bedingungen entfällt aber die Summe der Gradientenprodukte rechts. Deshalb erhalten wir:

$$\begin{aligned} \Phi(x, \bar{u}, \bar{v}) &= f(x) + \bar{u}_I^T g_I(x) + \bar{v}^T h(x) \\ &\geq f(\bar{x}) + \bar{u}_I^T g_I(\bar{x}) + \bar{v}^T h(\bar{x}) \\ &= \Phi(\bar{x}, \bar{u}, \bar{v}). \end{aligned}$$

Andererseits ist

$$\begin{aligned} \Phi(\bar{x}, u, v) &= f(\bar{x}) + u_I^T g_I(\bar{x}) + v^T h(\bar{x}) \\ &\leq f(\bar{x}) + \bar{u}_I^T g_I(\bar{x}) + \bar{v}^T h(\bar{x}) \\ &= f(\bar{x}) = \Phi(\bar{x}, \bar{u}, \bar{v}). \end{aligned}$$

Folglich gilt

$$\Phi(\bar{x}, u, v) \leq \Phi(\bar{x}, \bar{u}, \bar{v}) \leq \Phi(x, \bar{u}, \bar{v}).$$

(b) Nun erfülle $(\bar{x}, \bar{u}, \bar{v})$ die Sattelpunktkriterien und es gelte: $\bar{x} \in \text{Int}(\Gamma)$, $\bar{u} \geq 0$. Wegen $\Phi(\bar{x}, u, v) \leq \Phi(\bar{x}, \bar{u}, \bar{v}) \, \forall u \geq 0, v$ folgt daraus:

$$g(\bar{x}) \leq 0, \, h(\bar{x}) = 0, \, \bar{u}^T g(\bar{x}) = 0 \quad \text{(letzteres durch Verwendung von } u = 0\text{)}.$$

$\bar{x}$ ist zulässig für (MP). Wegen $\Phi(\bar{x}, \bar{u}, \bar{v}) \leq \Phi(x, \bar{u}, \bar{v})$ löst $\bar{x}$ das Problem minimiere $\Phi(x, \bar{u}, \bar{v})$ über $x \in \Gamma$. Weil $\bar{x} \in \text{Int}(\Gamma)$ ist, gilt noch:

$$\nabla_x \Phi(\bar{x}, \bar{u}, \bar{v}) = 0 \implies \nabla f(\bar{x})^T + \bar{u}^T \nabla g(\bar{x}) + \bar{v}^T \nabla h(\bar{x}) = 0.$$

Also gelten die KKT-Bedingungen. □

Dies beendet die Analyse von nichtlinearen Optimierungsproblemen. Wir befassen uns ab jetzt mit dem Auffinden und Annähern von Optimalpunkten.

14.4 Übungsaufgaben

Aufgabe 14.1 Gegeben sei ein primales Problem (MP) $\min f(x)$ unter $g(x) \leq 0, h(x) = 0, x \in \Gamma$, wobei $f : \mathbb{R}^n \to \mathbb{R}$, $g : \mathbb{R}^n \to \mathbb{R}^m$ und $h : \mathbb{R}^n \to \mathbb{R}^l$. Durch Einführung von Schlupfvariablen erhält man das Problem

$$\begin{aligned}\min \quad & f(x) \\ \text{unter} \quad & g(x) + s = 0 \quad \text{und} \quad h(x) = 0 \\ \text{wobei} \quad & (x, s) \in \Gamma' = \{(x, s) \mid x \in \Gamma, s \geq 0\}.\end{aligned}$$

Formulieren Sie das Lagrange-duale Problem zu diesem Problem und zeigen Sie, dass es äquivalent ist zu dem zu (MP) dualen Problem.

Aufgabe 14.2 Betrachten Sie das Problem

$$\min (x^1)^2 + (x^2)^2 \text{ unter } x^1 + x^2 \leq 4 \text{ und } x^1, x^2 \geq 0.$$

Lösen Sie das primale Problem, finden Sie eine explizite Form von $\theta(u)$ (d.h. eine Darstellung von θ ohne Infimum) und lösen Sie das Lagrange-duale Problem.

Aufgabe 14.3 Gegeben sei das Optimierungsproblem (MP)

$$\begin{aligned}\min \quad & x^1 - x^2 \\ \text{unter} \quad & (x^1)^2 + (x^2)^2 - 1 = 0 \\ & x^1 + x^2 - 1 \leq 0.\end{aligned}$$

Zu überprüfen wäre, ob hierbei eine Dualitätslücke entsteht. Also:

a) Lösen Sie das Problem (MP).

b) Geben Sie das dazu duale Problem (DP) an ($\Gamma = \mathbb{R}^2$).

c) Bestimmen Sie alle Werte $\Theta(u, v)$ und lösen Sie das duale Problem vollständig.

d) Gibt es eine Dualitätslücke?

Aufgabe 14.4 Seien $\emptyset \neq X \subseteq \mathbb{R}^n$, $\emptyset \neq Y \subseteq \mathbb{R}^m$ kompakte, konvexe Mengen und $\phi : X \times Y \to \mathbb{R}$ eine stetige und konvex-konkave Funktion, d.h. für festes $y \in Y$ ist ϕ eine konvexe Funktion in x und für festes $x \in X$ ist ϕ eine konkave Funktion in y. Weiterhin sei $M(x) := \text{Max}_{y \in Y} \phi(x, y)$ und $m(y) := \text{Min}_{x \in X} \phi(x, y)$.

a) Zeigen Sie, dass generell (also auch ohne die Forderung der Konvexität bzw. Konkavität) $\text{Min}_{x \in X} M(x) \geq \text{Max}_{y \in Y} m(y)$ gilt.

b) Zeigen Sie, dass $M(x)$ konvex in x ist und $m(y)$ konkav in y ist.

c) Ein Punkt $(\bar{x}, \bar{y}) \in X \times Y$ heißt Sattelpunkt von ϕ, falls $\phi(\bar{x}, y) \leq \phi(\bar{x}, \bar{y}) \leq \phi(x, \bar{y})$ für alle $x \in X$ und $y \in Y$ gilt.
Zeigen Sie: $(\bar{x}, \bar{y})$ ist genau dann eine Sattelpunkt von ϕ, wenn $\bar{x}$ optimal für $\min_{x \in X} M(x)$ und $\bar{y}$ optimal für $\max_{y \in Y} m(y)$ ist und $M(\bar{x}) = m(\bar{y})$ gilt.

Kapitel 15
Algorithmen

15.1 Konzeption und Konvergenz

Im weiteren Verlauf der Vorlesung werden zur Lösung von nichtlinearen Optimierungsaufgaben verschiedenartige Algorithmen entwickelt. Diese beruhen auf teilweise sehr unterschiedlichen Ansätzen. Sie haben jedoch grundsätzlich einiges gemeinsam: Alle sind iterative Abstiegsverfahren. Also werden sukzessive auf der Basis von bereits erreichten Punkten neue Iterationspunkte errechnet. Man versucht, Abstiegsverfahren zu realisieren, d.h. die Folge der so erzielten Zielfunktionswerte soll monoton fallen. Ferner erwartet man eine Lösung nach endlich vielen Schritten oder zumindest Konvergenz gegen einen Optimalpunkt. Außerdem wünscht man sich eine schnelle Annäherung ans Optimum und eine gewisse Unabhängigkeit und Stabilität bzgl. des Startpunktes.

Fast alle Verfahren der nichtlinearen Optimierung haben folgende Form:
Beginnend mit einem gegenwärtigen Punkt $x_k \in \mathbb{R}^n$ werden (unter Benutzung von Informationen über f an der Stelle x_k und eventuell $x_{k-1}, \ldots, x_0$) eine Veränderungsrichtung $d_k \in \mathbb{R}^n$ und eine Schrittlänge $\lambda_k \in \mathbb{R}$ mit $\lambda_k > 0$ bestimmt. Der neue Iterationspunkt x_{k+1} wird dann gegeben durch $x_{k+1} = x_k + \lambda_k d_k$. Unterschiede gibt es vor allem bzgl. der Bestimmung von d_k und von λ_k.

Um aber so allgemein wie möglich zu bleiben, fassen wir den Algorithmusbegriff etwas weiter.

Problemstellung $\min f(x)$ unter $x \in X \, (\subseteq \mathbb{R}^n)$.

Definition 15.1 *Ein Algorithmus A ist eine Abbildung, die jedem Punkt einer Menge Γ eine Teilmenge von Γ zuordnet. Also haben wir eine Abbildung*

$$A : \Gamma \to \wp(\Gamma) \qquad \text{(Punkt-Menge-Abbildung)}.$$

Die Ausführung eines Iterationsschrittes stellen wir uns wie folgt vor:

(a) *Ein Anfangswert $x_0 \in \Gamma$ wird vorgegeben und $k := 0$ gesetzt.*

(b) *Man überprüfe ein Abbruchkriterium und stoppe bei Erfüllung.*

(c) Aus $x_k \in \Gamma$ wird die verfügbare Menge $A(x_k) \subseteq \Gamma$ ermittelt.

(d) Ein x_{k+1} wird aus $A(x_k)$ ausgewählt und $k := k+1$ gesetzt. Dann wird mit Schritt (b) fortgefahren.

Bemerkung
Normalerweise würde man bei einer Iteration an eine Punkt-Punkt-Abbildung denken. Mit der Punkt-Menge-Abbildung will man sich aber unabhängig machen von geringfügigen Störungseinflüssen. Beispielsweise sei die Veränderungsrichtung d bereits festgelegt. Dann wäre es wünschenswert, λ so zu ermitteln, dass der wirkliche Optimalpunkt auf $\{x \mid x = x_k + \lambda d,\ \lambda \in \mathbb{R}\}$ erreicht wird. Dies ist aber schon wieder ein Optimierungsproblem und man muss sich mit einer Annäherungslösung meist zufrieden geben. Dadurch und durch Rundungen (usw.) ist nicht mehr ganz definitiv voraussagbar, wie der Algorithmus fortgesetzt wird. In jedem Fall sollte aber erreicht werden, dass an dieser Unbestimmtheit der Algorithmus nicht scheitert.

Bemerkung
An sich wollen wir ja den Optimalpunkt erreichen. Dies ist aber in der Regel nicht exakt möglich und zudem dadurch erschwert, dass dem Optimalpunkt keine algorithmisch auswertbare mathematische Charakterisierung zukommt (wie z.B. beim Simplexverfahren). Deshalb begnügt man sich mit Kriterien, die klar entscheidbar sind. Man testet also das Erreichen sogenannter Lösungsmengen Ω. Beispiele hierfür sind:

(0) $\Omega = \{x \mid x \text{ ist global optimal}\}$. Dies ist oft nicht berechenbar.

(i) $\Omega = \{x \mid x \text{ ist lokal optimal}\}$. Dies erfordert Zusatzüberlegungen.

(ii) $\Omega = \{x \mid x \in \Gamma,\ f(x) \leq b\}$ (erwünschte Absolut-Qualität).

(iii) $\Omega = \{x \mid x \in \Gamma,\ f(x) < u + \varepsilon\}$ (z.B. bei Betrachtung des dualen Problems). u ist untere Schranke für den Optimalwert und ε ist die Toleranzgrenze.

(iv) $\Omega = \{x \mid x \in \Gamma,\ f(x) - f(\bar{x}) < \varepsilon\}$. Dabei ist $\varepsilon > 0$, $\bar{x}$ ein unbekannter Optimalpunkt, wobei aber der Optimalwert $f(\bar{x})$ bekannt sei.

(v) $\Omega = \{x \mid x \in \Gamma,\ \text{ist KKT-Punkt}\}$.

(vi) $\Omega = \{x \mid x \in \Gamma,\ \text{ist Fritz-John-Optimalpunkt}\}$.

Definition 15.2 *Sei Γ ein metrischer Raum (meist $\mathbb{R}^n$) und Ω eine Teilmenge von Γ, die sogenannte Lösungsmenge. Sei A ein Algorithmus auf Γ. Eine Funktion $\alpha : \Gamma \to \mathbb{R}$ heißt Abstiegsfunktion bzgl. Γ und A, wenn gilt:*

(a) *α ist stetig.*

(b) *Sind $x \notin \Omega$ und $y \in A(x)$, dann gilt: $\alpha(y) < \alpha(x)$.*

(c) *Sind $x \in \Omega$ und $y \in A(x)$, dann gilt: $\alpha(y) \leq \alpha(x)$.*

15.1. Konzeption und Konvergenz

Man denke an die Zielfunktion $\alpha := c^T x$ des Simplexverfahrens (beachte aber hierbei die Schwierigkeit mit (b) bei entarteten Ecken). Hier hat man ein gutes Beispiel für die Punkt-Menge-Abbildung. Zu einer Ecke werden alle Ecken zugeordnet, die den Zielfunktionswert verbessern und gleichzeitig benachbart zu der derzeitig betrachteten Ecke sind.

Um zu garantieren, dass wir uns dem Optimum annähern, brauchen wir jetzt eine Voraussetzung über unsere algorithmischen Abbildungen.

Definition 15.3 *Seien Γ und Ψ nichtleere, abgeschlossene Teilmengen des $\mathbb{R}^p$, bzw. $\mathbb{R}^q$. Sei $A : \Gamma \to \wp(\Psi)$ eine Punkt-Menge-Abbildung. Dann heißt A bei $x \in \Gamma$ abgeschlossen, falls $\forall$ Folgen (x_k) in Γ mit $x_k \to x$ und $\forall$ Folgen (y_k) in $A(x_k)$ mit $y_k \to y$ zwingend gilt: $y \in A(x)$.*

Beispiele

(a) Ist A eine stetige Punkt-Punkt-Abbildung, d.h. $\#(A(x)) = 1 \ \forall x \in \Gamma$, dann ist A abgeschlossen.

(b) Abgeschlossene Punkt-Punkt-Abbildungen müssen aber nicht stetig sein. Betrachte dazu

$$f(x) = \begin{cases} \frac{1}{x}, & \text{für } x \neq 0, \\ 0, & \text{für } x = 0. \end{cases}$$

f ist außer bei 0 überall stetig. Ist (x_i) eine Folge, die gegen 0 konvergiert, so konvergiert $(f(x_i))$ gegen $\pm \infty$. Somit ist die Voraussetzung aus Definition 15.3 nicht erfüllbar, demzufolge ist die Aussage wahr.

(c) Nicht konvergente algorithmische Abbildung

$$A(x) = \begin{cases} \frac{1}{2}(x+1) & \text{für } x < 2, \\ [\frac{3}{2} + \frac{1}{4}x, 1 + \frac{1}{2}x] & \text{für } x \geq 2. \end{cases}$$

Für einen Anfangspunkt $x_0 \geq 2$ konvergiert die Folge gegen 2. Für einen Anfangspunkt $x_0 < 2$ konvergiert $A(x)$ gegen $1 = A(1)$. Geht aber $x \to 2_-$, so gelten: $A(x) \to \frac{3}{2}$ und $A(2) = 2 \neq \frac{3}{2}$. Somit ist A nicht abgeschlossen.

(d) Positives Beispiel. Betrachte:

$$A(x) = \begin{cases} [1, \frac{1}{2}(x+1)] & \text{für } x \geq 1, \\ [\frac{1}{2}(x+1), 1] & \text{für } x < 1. \end{cases}$$

Für $x_k \to 1$ gilt für $y_k \in A(x_k)$: $y_k \to 1 \in A(1)$. Damit ist A abgeschlossen.

(e) Sei $A(x) := \left[-\frac{|x|}{2}, \frac{|x|}{2}\right]$. Dann gilt: $A(x_k) \to 0$, $A(0) = 0$.

Satz 15.1 *Globaler Konvergenzsatz (GKS)*
Γ sei eine abgeschlossene, nichtleere Teilmenge des $\mathbb{R}^n$. $\emptyset \neq \Omega \subseteq \Gamma$ sei eine Lösungsmenge. $A : \Gamma \to \wp(\Gamma)$ sei eine algorithmische Punkt-Menge-Abbildung. Zu gegebenem x_0 werde die Folge (x_k) wie folgt erzeugt:

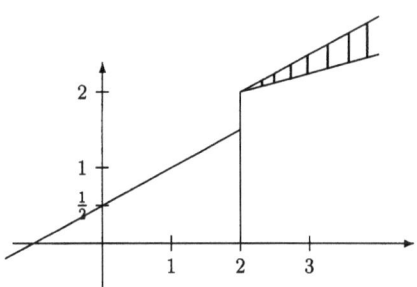
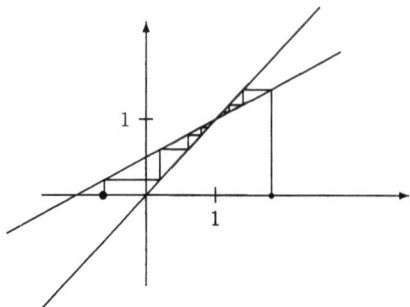

Abbildung 15.1: Beispiel (c)

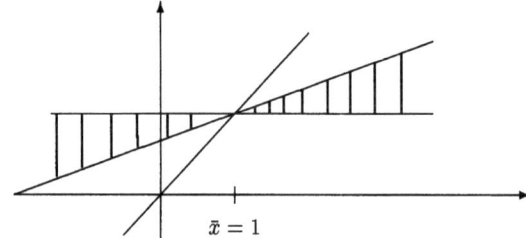

Abbildung 15.2: Beispiel (d)

(1) Falls $x_k \in \Omega \longrightarrow$ STOP.

(2) Wähle $x_{k+1} \in A(x_k)$ und setze $k := k+1$.

(3) Gehe zu (1).

Außerdem seien erfüllt:

(a) Alle Punkte x_k liegen in einer kompakten Teilmenge von Γ.

(b) Es gibt eine Abstiegsfunktion α bzgl. Γ und A.

(c) A sei abgeschlossen über $\Gamma \setminus \Omega$.

Dann stoppt der Algorithmus nach endlich vielen Schritten in Ω oder aber jeder Häufungspunkt von (x_k) ist in Ω und es gilt: $\alpha(x_k) \to \alpha(x)$ für ein $x \in \Omega$.

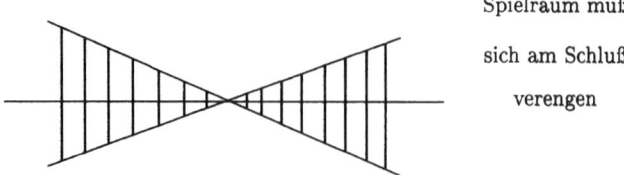

Spielraum muß sich am Schluß verengen

Abbildung 15.3: Beispiel (e)

15.2. Komposition von Punkt-Menge-Abbildungen

Beweis:
Falls bei irgendeiner Iteration ein $x_k \in \Omega$ erreicht wird, so stoppt man. Nun werde eine unendliche Folge (x_k) mit $k \in \mathcal{K}$ erzeugt (innerhalb der kompakten Menge). $x \in \Gamma$ sei Häufungspunkt. α ist stetig, also ist auch $\alpha(x)$ Häufungspunkt der $\alpha(x_k)$ mit $k \in \mathcal{K}$.

In der entsprechenden Teilfolge hat man bei genügend großem Index:

$$\alpha(x_k) - \alpha(x) < \varepsilon, \quad \text{also} \quad \alpha(x_k) \underset{k \to \infty,\ k \in \mathcal{K}}{\longrightarrow} \alpha(x).$$

Da aber α eine Abstiegsfunktion ist, gilt sogar $\forall k \in \mathbb{N}$: $\alpha(x_k) \to \alpha(x)$ bei $k \to \infty$, d.h. die monotone Abnahme ist gesichert, wobei $x_k \to x$ nicht sicher ist.
Somit bleibt zu zeigen: $x \in \Omega$.
Angenommen, es gilt: $x \notin \Omega$. Betrachte dann die Teilfolge (x_{k+1}) mit $k \in \mathcal{K}$. Sie besitzt wieder eine konvergente Teilfolge $(x_{k'+1})$ ($k' \in \mathcal{K}'$ mit $\mathcal{K}' \subseteq \mathcal{K}$), die gegen $\bar{x}$ konvergiert. Die α-Werte werden gleich oder geringer sein als in der $\mathcal{K}$-Folge (Argument ist wechselseitig durch Indexanpassung). Somit ist $\alpha(\bar{x}) \leq \alpha(x)$ und deshalb gilt: $\alpha(\bar{x}) = \alpha(x)$. Folglich kann $\alpha(x_k)$ nur einen Häufungspunkt haben.
Ferner ist A bei x abgeschlossen, so dass für $k \in \mathcal{K}$ gilt: bei $x_k \to x$, $x_{k+1} \in A(x_k)$ mit $x_{k+1} \to \bar{x}$ ist sicher $\bar{x} \in A(x)$.
Da aber nach unserer Annahme $x \notin \Omega$ ist, folgt nun $\alpha(\bar{x}) < \alpha(x)$, denn α ist Abstiegsfunktion. WIDERSPRUCH. □

Korollar 15.1 *Ist unter obigen Voraussetzungen Ω eine Einpunktmenge, dann konvergiert die ganze Folge gegen $\bar{x}$.*

Bemerkung
Für α wählt man oft f (nicht zwingend), z.B. auch $\ln f$, $\sum_{i=1}^{n} \ln \frac{f}{|x_i|}$ oder auch $\|\nabla f\|$ (usw).

Gebräuchliche Abbruchkriterien

(1)	$\|x_{k+N} - x_k\|$	$< \varepsilon$
(2)	$\frac{\|x_{k+1} - x_k\|}{\|x_k\|}$	$< \varepsilon$
(3)	$\alpha(x_k) - \alpha(x_{k+N})$	$< \varepsilon$
(4)	$\frac{\alpha(x_k) - \alpha(x_{k+1})}{|\alpha(x_k)|}$	$< \varepsilon$
(5)	$\alpha(x_k) - \alpha(\bar{x})$	$< \varepsilon$ für ein $\bar{x} \in \Omega$.

15.2 Komposition von Punkt-Menge-Abbildungen

In den meisten nichtlinearen Optimierungsalgorithmen ergeben sich die algorithmischen Abbildungen durch Zusammensetzungen. Es stellt sich die Frage, ob und wann man auch dann noch einen solchen globalen Konvergenzsatz beweisen kann.

Beispiel
Gegeben sei x_k; bestimme eine Suchrichtung und danach eine Schrittweite. D gilt als Richtungsoperator und Λ als Schrittweitenoperator. Folglich gilt: $A = \Lambda D$.

Definition 15.4 Seien $X \subseteq \mathbb{R}^n$, $Y \subseteq \mathbb{R}^p$ und $Z \subseteq \mathbb{R}^q$ nichtleere, abgeschlossene Mengen. $B : X \to \wp(Y)$ und $C : Y \to \wp(Z)$ seien Punkt-Menge-Abbildungen. Die zusammengesetzte Abbildung $A = CB$ wird dann als Punkt-Menge-Abbildung wie folgt erklärt:

$$A : X \to \wp(Z) \text{ mit } A(x) := \bigcup \{C(y) \mid y \in B(x)\}$$

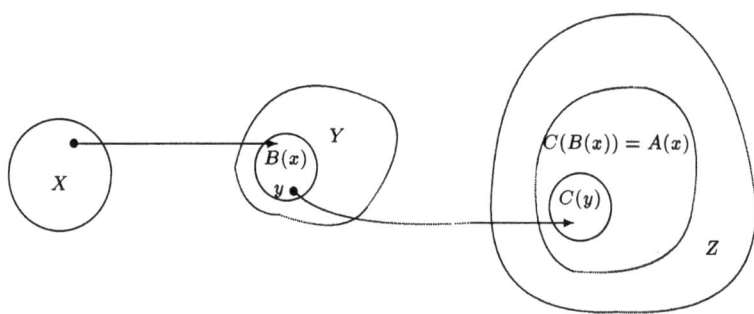

Abbildung 15.4: Zusammengesetzte Abbildungen

Satz 15.2 X, Y und Z seien nichtleere, abgeschlossene Mengen. $B : X \to \wp(Y)$ und $C : Y \to \wp(Z)$ seien Punkt-Menge-Abbildungen. Betrachte die zusammengesetzte Abbildung $A = CB$. B sei bei x und C sei auf $B(x)$ abgeschlossen. Gibt es dann zu jeder Folge (x_k), die gegen x konvergiert, und zu jeder Folge (y_k) mit $y_k \in B(x_k)$ ein $y \in Y$, so dass y ein Häufungspunkt der (y_k) ist, dann ist A abgeschlossen bei x.

Beweis:
Es sei gegeben: $x_k \to x$, $(z_k) \in A(x_k)$ mit $z_k \to z$. Dann müssen wir zeigen: $z \in A(x)$.
Beachte nun die Definition von A. Für jedes k gibt es ein $y_k \in B(x_k)$ mit $z_k \in C(y_k)$. Nach Voraussetzung gibt es eine konvergente Teilfolge (y_k) mit $k \in \mathcal{K}$, die gegen y konvergiert. Nachdem B bei x abgeschlossen ist, gilt $y \in B(x)$.
Nun ist C auf $B(x)$ abgeschlossen, also auch bei y. Wenn $z_k \to z$, dann gilt:

$$z \in C(y) \subseteq C(B(x)) = A(x).$$

Folglich ist A bei x abgeschlossen. □

Korollar 15.2 Ist B abgeschlossen bei x, C abgeschlossen bei $B(x)$ und Y kompakt, so ist $A = CB$ abgeschlossen bei x.

Korollar 15.3 $B : X \to Y$ sei eine Punkt-Punkt-Abbildung, C wie oben. Ist dann B stetig bei x und C abgeschlossen auf $B(x)$, so ist $A = CB$ abgeschlossen bei x.

Wichtig ist bei beiden Korollaren die Existenz der Häufungspunkte.

15.2. Komposition von Punkt-Menge-Abbildungen

Beispiel

$$B(x) = \begin{cases} \frac{1}{x} & \text{für } x \neq 0, \\ 0 & \text{für } x = 0; \end{cases} \qquad C(y) = \{z \mid |z| \leq |y|\}$$

B und C sind überall abgeschlossen. Betrachte $A = CB$.

$$A(x) = C(B(x)) = \{z \mid |z| \leq |B(x)|\} = \left\{ z \; \middle| \; \begin{array}{ll} |z| \leq |\frac{1}{x}| & \text{für } x \neq 0 \\ |z| \leq 0 & \text{für } x = 0 \end{array} \right\}$$

Hier ist A bei 0 nicht abgeschlossen, denn mit $x_k = \frac{1}{k} \to 0$ gilt:
$A(x_k) = \{z \mid |z| \leq |k|\}$. Folglich ist $z_k = 1 \in A(x_k)\ \forall k$, aber $1 \notin A(0)$ (hier hat $y_k \in B(x_k)$ keine konvergente Teilfolge).

Satz 15.3 *Konvergenzsatz für zusammengesetzte Abbildungen (KSZA)*
$X \neq \emptyset$ sei abgeschlossen in $\mathbb{R}^n$, $\emptyset \neq \Omega \subseteq X$ sei die Lösungsmenge. $\alpha: \mathbb{R}^n \to \mathbb{R}$ sei stetig. $C: X \to \wp(X)$ erfülle: für ein gegebenes x ist $\alpha(y) \leq \alpha(x)$ für $y \in C(x)$.
$B: X \to \wp(X)$ sei über $X \setminus \Omega$ abgeschlossen und $\alpha(y) < \alpha(x)\ \forall y \in B(x)$ mit $x \in X \setminus \Omega$. Schließlich sei $\Lambda = \{x \mid \alpha(x) \leq \alpha(x_0)\}$ kompakt.
Betrachte nun den Algorithmus, der durch $A = CB$ definiert wird. Dann stoppt der Algorithmus nach endlich vielen Schritten in Ω oder aber alle Häufungspunkte liegen in Ω.

Beweis:
Erreichen wir mit einem x_k die Lösungsmenge Ω, so bricht der Algorithmus ab. Betrachten wir nun den Fall, dass (x_k) außerhalb von Ω bleibt. (x_k) mit $k \in \mathcal{K}$ sei eine konvergente Teilfolge mit Grenzwert x. Da α stetig ist, gilt $\alpha(x_k) \to \alpha(x)$ für $k \in \mathcal{K}$. Wie im Beweis zum GKS (Satz 15.1) folgt auch $\alpha(x_k) \to \alpha(x)\ \forall k \in \mathbb{N}$.
Bleibt also zu zeigen: $x \in \Omega$.
Annahme: $x \notin \Omega$. Betrachten wir wieder (x_{k+1}) mit $k \in \mathcal{K}$. Nach der Definition von A ist zu beachten, dass gilt: $x_{k+1} \in C(y_k)$ mit $y_k \in B(x_k)$ und $x_{k+1}, y_k \in \Lambda$ (siehe Eigenschaften von B und C mit $x_k \notin \Omega$).
Wegen der Kompaktheit von Λ gibt es eine Indexfolge $\mathcal{K}' \subseteq \mathcal{K}$ mit $y_k \to y$ und $x_{k+1} \to x'$ für $k \in \mathcal{K}'$ (dies sind Grenzpunkte).
B ist abgeschlossen bei $x \notin \Omega \Rightarrow y \in B(x)$ und $\alpha(y) < \alpha(x)$. Da $x_{k+1} \in C(y_k)$ ist, folgt: $\alpha(x_{k+1}) \leq \alpha(y_k)$ für $k \in \mathcal{K}'$. Damit gilt mit den herbeigarantierten Grenzpunkten x' und y: $\alpha(x') \leq \alpha(y)$. Zusammen erhalten wir nun: $\alpha(x') \leq \alpha(y) < \alpha(x)$, weshalb $x \neq x'$ sicher ist.
Schließlich erhalten wir wegen $\alpha(x_{k+1}) \to \alpha(x')$ für $k \in \mathcal{K}'$ und $\alpha(x') < \alpha(x)$ einen Widerspruch zur Konvergenz der Folge $\alpha(x_k) \to \alpha(x)$ für $k \in \mathbb{N}$.
Damit ist unsere Annahme falsch, d.h. es gilt $x \in \Omega$. □

Dieser Satz bewirkt eine Abschwächung der Voraussetzung, weil wir C nicht mehr als abgeschlossen gefordert haben.

Wir beschäftigen uns jetzt im Vorgriff mit späteren Algorithmen, bei denen mit Hilfe von n linear unabhängigen Suchrichtungen (so kann man überall hinkommen) die Iterationen durchgeführt werden. x_{k+1} wird aus x_k errechnet, indem man auf einer Suchrichtung minimiert, vom Ergebnispunkt aus dasselbe auf einer zweiten Suchrichtung tut, usw. Das schließlich gewonnene Ergebnis heißt dann x_{k+1}.

Satz 15.4 *Konvergenz von mehrdimensionaler Suche (KMDS)*
Zu lösen sei $\min f(x)$ *über* $x \in \mathbb{R}^n$, *wobei* f *differenzierbar sei.*
$y \in A(x)$ *bedeutet, dass* y *aus einer sequentiellen Minimierung entlang* $d_1, \ldots, d_n$ *mit Start bei* x *gewonnen wird. Dabei können* $d_1, \ldots, d_n$ *von* x *abhängen, aber es gilt:* $\|d_i\| = 1 \ \forall i = 1, \ldots, n$. *Des Weiteren soll aber generell gelten:*

(1) $\exists \varepsilon > 0$, *so dass* $|\det_x(d_1, \ldots, d_n)| \geq \varepsilon \ \ \forall x \in \mathbb{R}^n$.

(2) Auf jeder Suchrichtung gibt es einen eindeutigen Minimalpunkt.

Ω *sei hier die Menge* $\{x \mid \nabla f(x) = 0\}$. *Falls nun alle* (x_k) *zu einer kompakten Teilmenge von* $\mathbb{R}^n$ *gehören, so liegt jeder Häufungspunkt in* Ω.

Beweis:
Wird bei einer Iteration Ω erreicht, bricht der Algorithmus ab.
Betrachten wir nun den Fall, dass Ω nicht erreicht wird, d.h. (x_k) läuft unendlich. $(x_k)_{k \in \mathbb{N}}$ ist in einer kompakten Teilmenge enthalten, also gibt es eine konvergente Teilfolge $(x_k)_{k \in \mathcal{K}}$ mit Grenzwert x. Für dieses x müssen wir nun $\nabla f(x) = 0$ zeigen.
Annahme: $\nabla f(x) \neq 0$.
Betrachte die Folge $(x_{k+1})_{k \in \mathcal{K}}$. Auch hier gibt es eine konvergente Teilfolge mit $k \in \mathcal{K}'$, da die Grundmenge kompakt ist. Der Konvergenzpunkt sei x'. Wie erreicht man x' von x aus?
Sei D_k die Matrix der Suchrichtungen in der k-ten Iteration (linear unabhängig). Wir bezeichnen mit $d_{j(k)}$ die j-te Suchrichtung in der k-ten Iteration. Damit gilt:

$$x_{k+1} = x_k + D_k \begin{pmatrix} \lambda_{1(k)} \\ \vdots \\ \lambda_{n(k)} \end{pmatrix} = x_k + \sum_{j=1}^{n} d_{j(k)} \lambda_{j(k)},$$

$\lambda_{j(k)}$ ist die ausgeführte Schrittweite entlang $d_{j(k)}$. Setze nun:
$y_{0(k)} := x_k$, $y_{1(k)} := y_{0(k)} + \lambda_{1(k)} d_{1(k)}, \ldots, y_{j(k)} := y_{j-1(k)} + \lambda_{j(k)} d_{j(k)}$ usw. bis $x_{k+1} := y_{n(k)}$ ist. Damit folgt:

$$f(y_{j(k)}) \leq f(y_{j-1(k)} + \rho d_{j(k)}) \quad \forall \rho \in \mathbb{R}.$$

Nach Voraussetzung ist D_k jeweils invertierbar, so dass gilt:
$$(\lambda_{1(k)}, \ldots, \lambda_{n(k)})^T = D_k^{-1}(x_{k+1} - x_k).$$
Jede Spalte (Suchrichtung) hat Norm 1 und die Einheitssphäre ist kompakt, so dass gilt:

$$\exists \mathcal{K}'' \subseteq \mathcal{K}' \subseteq \mathcal{K} \quad \text{mit} \quad (D_k)_{k \in \mathcal{K}''} \longrightarrow D.$$

15.2. Komposition von Punkt-Menge-Abbildungen

Da $|\det(D_k)| \geq \varepsilon \ \forall k$ ist, folgt auch $|\det(D)| \geq \varepsilon$ und somit ist auch D invertierbar.
Nun gilt für $k \in \mathcal{K}''$:

$$x_{k+1} \longrightarrow x', \quad x_k \longrightarrow x \quad \text{und} \quad D_k \longrightarrow D,$$

so dass zwingend gilt:

$$\begin{pmatrix} \lambda_{1(k)} \\ \vdots \\ \lambda_{n(k)} \end{pmatrix} \longrightarrow \begin{pmatrix} \lambda_1 \\ \vdots \\ \lambda_n \end{pmatrix} = D^{-1}(x' - x).$$

Daraus folgt nun $x' = x + D \begin{pmatrix} \lambda_1 \\ \vdots \\ \lambda_n \end{pmatrix} = x + \sum_{j=1}^{n} d_j \lambda_j$.

Sei nun $y_0 := x, \ldots, y_j := y_{j-1} + \lambda_j d_j, \ldots, y_n := x'$. Es gilt:
$f(y_j) \leq f(y_{j-1} + \rho d_j) \ \forall \rho \in \mathbb{R}$ und $j = 1, \ldots, n$. Nun gelten aber bei $k \in \mathcal{K}''$ und mit $k \to \infty$ folgende Grenzwertaussagen:

$$\lambda_{j(k)} \longrightarrow \lambda_j, \quad d_{j(k)} \longrightarrow d_j, \quad x_k \longrightarrow x, \quad \text{und} \quad x_{k+1} \longrightarrow x',$$

so dass gilt: $y_{j(k)} \longrightarrow y_j$.
Aus der Stetigkeit von f folgt: $f(y_j) \leq f(y_{j-1} + \rho d_j) \ \forall \rho \in \mathbb{R}$. Damit ergibt sich x' als notwendiger Iterationsnachfolger von x und deshalb gilt: $f(x') \leq f(x)$.
1. Fall: $f(x') < f(x)$.
Weil $(f(x_k))$ monoton fällt und $f(x_k) \to f(x)$ bei $k \in \mathcal{K}$ konvergiert, folgt: $\lim_{k \to \infty} f(x_k) = f(x)$ für allgemeine k. Weil aber $x_{k+1} \to x'$ (für $k \in \mathcal{K}'$) und $f(x') < f(x)$ gilt, ist dieser Fall ausgeschlossen.
2. Fall: $f(x') = f(x)$.
Wir benutzen die Eindeutigkeit der Minimalpunkte. Man erhält x' aus sukzessiver Minimierung über Richtungen von x aus. Da aber keine echte Verbesserung erzielt wird, ist in keiner Richtung eine Bewegung erfolgt, und es gilt $x' = x$. Folglich gilt: $\nabla f(x)^T d_j = 0 \ \forall j = 1, \ldots, n$. Da aber nun die $d_1, \ldots, d_n$ linear unabhängig sind, folgt schließlich $\nabla f(x) = 0$. □

Hinweis:
Von dem D-Operator haben wir weder Abgeschlossenheit noch Stetigkeit verlangt, aber die d_i sollen linear unabhängig bleiben und auch nicht asymptotisch entarten ($\det \not\to 0$).

Beispiele
Für die Suchrichtungen können eine feste Kollektion von Vektoren, orthogonale Vektoren oder auch gedrehte Systeme verwendet werden.

15.3 Grundsätzliche Anforderungen an Algorithmen

Man kann von den Algorithmen zur nichtlinearen Optimierung keine Antworten erwarten wie etwa:

- Es existiert ein Optimalpunkt.
- Es existiert kein Optimalpunkt.
- Der Optimalpunkt ist ...
- Der Optimalpunkt ist eindeutig.

Stattdessen müssen wir uns zufriedengeben mit Aussagen wie etwa:

- Eine Näherungslösung ist ...
- In der vorgegebenen Zeit konnte keine (bessere) Näherungslösung gefunden werden.

Gütekriterien für Algorithmen sind:

- allgemeine Verwendbarkeit, gekennzeichnet durch die Typen bewältigbarer Aufgaben, Arten der Annahmen über die verwendeten Funktionen.
- Verlässlichkeit, Robustheit.
- Sensitivität gegenüber dem Ansatz von Startdaten oder Algorithmusparametern.
- Aufwand für Berechnung und Datenaufbereitung.
- Konvergenzordnung, bzw. Konvergenzgeschwindigkeit.

Zur Erinnerung geben wir die verschiedenen Interpretationen des limes superior und limes inferior einer Folge von Zahlen a_i an:

$$\begin{aligned}
\limsup(a_i) &= \inf\{x \mid x \text{ wird nur von endlich vielen } a_i \text{ übertroffen}\}, \\
&= \sup\{x \mid x \text{ unterbietet unendlich viele } a_i\}, \\
&= \text{größter Häufungspunkt;} \\
\liminf(a_i) &= \sup\{x \mid x \text{ wird nur von endlich vielen } a_i \text{ unterboten}\}, \\
&= \inf\{x \mid x \text{ übertrifft unendlich viele } a_i\}, \\
&= \text{kleinster Häufungspunkt.}
\end{aligned}$$

Definition 15.5 *Die Folge* (x_i) *konvergiere gegen* $x^* \in \mathbb{R}^n$. *Dann ist die Konvergenzordnung* $\bar{p}$ *der Folge wie folgt definiert:*

$$\bar{p} := \sup_{p>0} p \quad \textit{mit} \quad \beta := \limsup \frac{\|x_{i+1} - x^*\|}{\|x_i - x^*\|^p} < \infty.$$

Falls $0 < \beta < 1$ *für* $\bar{p} = 1$ *ist, so spricht man von* linearer Konvergenz.
Ist $\beta = 0$ *mit* $\bar{p} = 1$ *oder ist* $\bar{p} > 1$, *so spricht man von* superlinearer Konvergenz.
Falls $\bar{p} \geq 2$ *ist, so spricht man von* quadratischer Konvergenz.
Falls $\bar{p} \geq 3$ *ist, so spricht man von* kubischer Konvergenz.

Das Konvergenzverhalten muss aber auch noch unter zwei verschiedenen qualitativen Aspekten erörtert werden, nämlich globales Konvergenzverhalten und lokale Konvergenzeigenschaften.

Bei globaler Konvergenz liefert jeder Startpunkt Konvergenz zum Ziel (wenigstens zu einem lokalen Optimalpunkt). Dies haben wir in obigen Konvergenzsätzen erörtert.

Lokale Konvergenzeigenschaften machen Aussagen über die Konvergenzgeschwindigkeit in der unmittelbaren Nähe des Optimums. Oft kommt es gerade darauf sehr an.

Meist hat man lineare Konvergenz, erreicht aber durch Anpassung oft superlineare Konvergenz. Quadratische Konvergenz ist nur selten erreichbar.

15.4 Übungsaufgaben

Aufgabe 15.1 Gegeben sei die algorithmische Abbildung A, die jeder positiven reellen Zahl ihre positive quadratische Wurzel zuordnet.
Zeigen Sie, dass der durch A definierte Algorithmus für jede positive Zahl gegen $\bar{x} = 1$ konvergiert.
Bestimmen Sie die Konvergenzordnung des Algorithmus.

Aufgabe 15.2 Untersuchen Sie die algorithmischen Abbildungen $B, C : \mathbb{R} \to \mathbb{R}$ mit

$$B(x) = \frac{x}{2} \; \forall x \quad \text{und} \quad C(x) = \begin{cases} x & \text{für } -1 \leq x \leq 1, \\ x+1 & \text{für } x < -1, \\ x-1 & \text{für } x > 1. \end{cases}$$

Die Lösungsmenge sei $\Omega = \{0\}$ und die Abstiegsfunktion sei $\alpha(x) = x^2$.

a) Bestimmen Sie die algorithmische Abbildung $A = C \circ B$.

b) Zeigen Sie, dass A nicht abgeschlossen ist.

c) Zeigen Sie, dass jeder Häufungspunkt der durch $x_{k+1} = A(x_k)$ definierten Folge in Ω liegt.

d) Zeigen Sie, dass der durch A definierte Algorithmus gegen den Punkt $\bar{x} = 0$ konvergiert für beliebige Startpunkte, obwohl A nicht abgeschlossen ist.

Aufgabe 15.3 Sei $f : \mathbb{R}^n \to \mathbb{R}$ stetig. Für ein $\delta > 0$ sei der Algorithmus S^δ: $\mathbb{R}^{2n} \to \mathbb{R}^n$ definiert durch

$$S^\delta(x, d) := \{y = x + \lambda d \mid 0 \leq \lambda \leq \delta, \; f(y) = \underset{0 \leq \mu \leq \delta}{\text{Min}} f(x + \mu d)\}.$$

Zeigen Sie, dass S^δ auch im Punkt $(x, 0)$ abgeschlossen ist.

Aufgabe 15.4 Gegeben sei eine konvexe und stetig differenzierbare Funktion f, eine Abstiegsrichtung d für f im Punkt x und eine kompakte, konvexe Menge S. Zu lösen sei das folgende Liniensuchproblem:

$$\min\ f(x + \lambda d) \qquad \text{unter } x + \lambda d \in S \quad \text{sowie } \lambda \geq 0.$$

Zeigen Sie, dass dieses Problem durch $\lambda^\star = \text{Min}\{\lambda_1, \lambda_2\}$ optimal gelöst wird, wobei für λ_1 gilt $\nabla f(x + \lambda_1 d)^T d = 0, \lambda_1 \geq 0$ und $\lambda_2 = \text{Max}\{\lambda\,|\,x + \lambda d \in S\}$.

Kapitel 16
Eindimensionale Optimierung (Liniensuche)

16.1 Zusammenhang mit Nullstellenbestimmung

Bei vielen Optimierungsalgorithmen muss (immer wieder) auf einer Gerade (oder einem endlichen Stück einer Gerade) eine optimale Schrittweite λ_k bestimmt werden, so dass aus einem Ausgangspunkt x_k und der Bewegungsrichtung d_k ein neuer Iterationspunkt $x_{k+1} = x_k + \lambda_k d_k$ entsteht. Dabei spielt es eigentlich keine Rolle, ob wir im $\mathbb{R}^n$ auf einer Gerade optimieren oder eine einfache Funktion von $\mathbb{R}$ nach $\mathbb{R}$ betrachten. In jedem Fall entsteht das sogenannte Liniensuche-Problem:

$$\min \Theta(\lambda) = f(x_k + \lambda d_k) \quad \text{unter} \quad \lambda \in [a,b], \ a,b \in \overline{\mathbb{R}}.$$

Meist müssen wir uns mit Approximationen an das Linienminimum zufrieden geben. Informativer als reine Approximationen sind Einschließungen für den Optimalpunkt in Form eines Unsicherheitsintervalls.

Wünschenswert ist es dann, die Konvergenz des Approximationsverfahrens gegen das wahre Optimum zu beweisen und eine Konvergenzrate abzusichern.

Bemerkung
In jedem lokalen Optimalpunkt $\bar{\lambda}$ einer differenzierbaren Funktion $\Theta(\lambda)$ im Inneren des Definitionsbereichs von λ muss $\Theta'(\lambda) = 0$ sein. Durch die Erfassung dieses notwendigen Optimalitätskriteriums gewinnen wir ein Hilfsmittel zur Kandidatenauslese.

Also ist es für uns auch interessant, das folgende Nullstellenproblem zu lösen:

$$\text{suche} \quad x^* \quad \text{mit} \quad f(x^*) = 0.$$

Hierbei können wir $f := \Theta'$ setzen und somit Kandidaten für die Minimaleigenschaft bei Θ finden bzw. annähern.

Generell versuchen wir also, eine gute Einschachtelung $a < x^* < b$ mit $a \approx b$ zu finden, am besten durch $a < b < a + \delta$ mit $f(a)f(b) < 0$ für ein vorgegebenes $\delta > 0$. Dann liegt bei stetigen Funktionen eine Nullstelle in (a,b) vor.

Algorithmus 16.1 *Bisektionsmethode (binäre Suche)*

<u>Input</u>: a, b $(a < b)$ mit $f(a) \cdot f(b) < 0$ und $\delta > 0$.

<u>Typischer Schritt</u>:

(1) Setze $x := \frac{a+b}{2}$. Bestimme $f(x)$ und $\text{sign} f(x)$.

(2) Falls $f(x) = 0 \longrightarrow$ STOP.
Falls $\text{sign}(f(x)) = \text{sign}(f(a)) \implies a := x$.
Falls $\text{sign}(f(x)) = \text{sign}(f(b)) \implies b := x$.

(3) Solange wie $b - a > \delta$ ist, gehe zu (1).

In jedem Schritt wird also das Unsicherheitsintervall halbiert. Bei einer Genauigkeit δ sind dafür $k = \log_2 \frac{b-a}{\delta}$ Schritte auszuführen (dann wird $2^{-k} = \frac{\delta}{b-a}$). Grob gesehen ist dies ein Aufwand von $\log_2 \frac{1}{\delta}$.

Newton-Verfahren
Falls f differenzierbar ist, kann man f im jeweiligen Punkt x_k linear approximieren. Dabei stellt man fest, wo die Tangente die Null-Linie durchstößt. Dorthin legt man den neuen Iterationspunkt x_{k+1}, weil bei linearem Verlauf von f dies die exakte Nullstelle ergäbe. Aus der Skizze in Abb. 16.1 entnimmt man folgende Logik der Berechnungsformeln

$$f'(x_{\text{alt}}) = \frac{\Delta y}{\Delta x} = \frac{f(x_{\text{alt}}) - f(x_{\text{neu}})}{x_{\text{alt}} - x_{\text{neu}}} \implies x_{k+1} = x_k - \frac{f(x_k)}{f'(x_k)}.$$

Man erhält dies auch mit der Taylorformel (dabei bezeichne $f^{(i)}$ die i-te Ableitung von f):

$$\begin{aligned} f(x) &= f(x_k) + f'(x_k)(x - x_k) + \frac{1}{2} f''(x_k)(x - x_k)^2 + \ldots \\ &= \sum_{i=0}^{\infty} \frac{(x - x_k)^i}{i!} f^{(i)}(x_k) \end{aligned}$$

bzw. mit der Differenzierbarkeitsformel:

$$f(x) = f(x_k) + f'(x_k)(x - x_k) + \alpha(x_k, x - x_k) \|x - x_k\|.$$

Man approximiert nun f durch die lineare Funktion F, wobei gilt:
$F(x) = f(x_k) + f'(x_k)(x - x_k)$ und bestimmt eine Nullstelle von F durch:

$$0 = F(x) = f(x_k) + f'(x_k)(x - x_k) \quad \Longleftrightarrow \quad x = x_k - \frac{f(x_k)}{f'(x_k)}.$$

Verwende dieses x für x_{k+1}.

16.1. Zusammenhang mit Nullstellenbestimmung

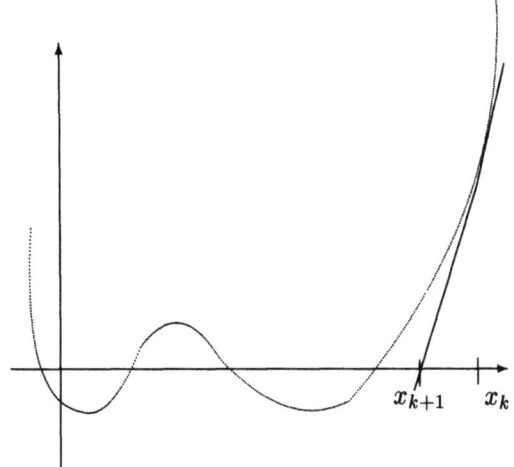

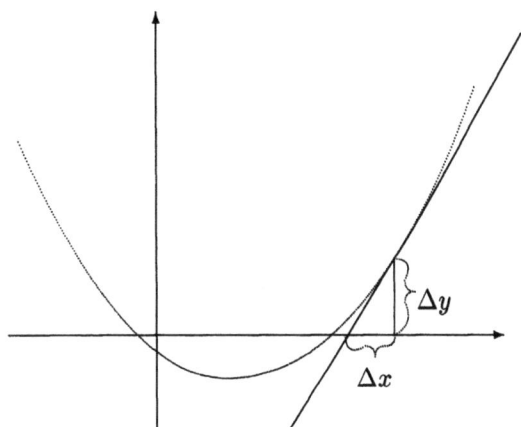

Abbildung 16.1: Idee des Newton-Verfahrens

Algorithmus 16.2 *Newton-Verfahren*
<u>Input</u>: x_0, $k := 0$, $\varepsilon > 0$.
<u>Typischer Schritt</u>:

(1) $x_{k+1} := x_k - \frac{f(x_k)}{f'(x_k)}$.

(2) *Falls* $|f(x_{k+1})| < \varepsilon \longrightarrow$ *STOP.*

(3) $k := k+1 \longrightarrow$ *Gehe zu (1).*

STOP mit <u>Output</u>: $x_{k+1}, f(x_{k+1})$.

In jedem einzelnen Iterationsschritt ignorieren wir alle höheren Ableitungen bzw. die Krümmung. Das kann fehlschlagen, wenn wir weit von der Nullstelle entfernt sind oder $f'(x_k)$ nahe bei 0 liegt (siehe Abb. 16.2). Bei genügender Nähe zur

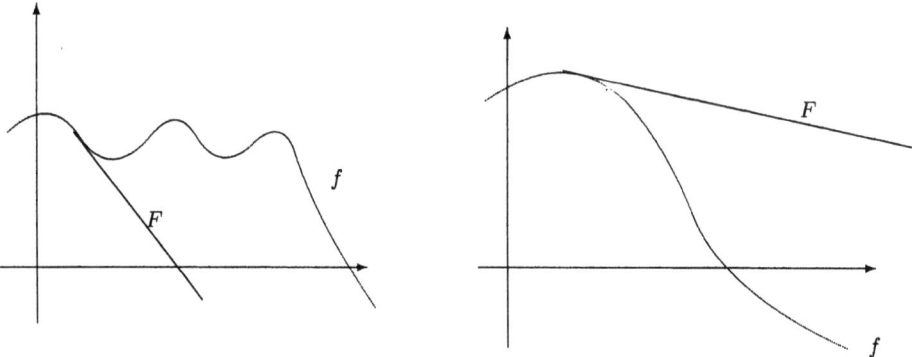

Abbildung 16.2: Schwierigkeiten beim Newton-Verfahren

Nullstelle funktioniert das Newton-Verfahren allerdings sehr gut, weil dort die lineare Annäherung sehr gut ist.

Definition 16.1 *Eine Funktion $g : \mathbb{R} \to \mathbb{R}$ ist in $\Gamma \subseteq \mathbb{R}$ γ-Lipschitzstetig ($\gamma \in \mathbb{R}^+$), falls $\forall\, x, y \in \Gamma$ gilt:*
$$|g(x) - g(y)| \leq \gamma |x - y|.$$

Lemma 16.1 *Auf einem offenem Intervall (a, b) sei f' γ-Lipschitzstetig. Dann gilt für ein beliebiges Pärchen $x, y \in (a, b)$:*
$$|f(y) - f(x) - f'(x)(y - x)| \leq \frac{\gamma(y-x)^2}{2}.$$

Beweis: O.B.d.A. sei $y > x$. Dann gilt
$$\begin{aligned} f(y) - f(x) &= \int_x^y f'(z)dz \\ &= f'(x)(y-x) + \int_x^y (f'(z) - f'(x))dz. \end{aligned}$$

Damit erhalten wir:
$$|f(y) - f(x) - f'(x)(y - x)| = \left| \int_x^y (f'(z) - f'(x))dz \right|$$
$$\leq \int_x^y \gamma |z - x|\, dz \stackrel{(*)}{=} \gamma |y - x| \int_0^1 t\, |y - x|\, dt = \gamma |y - x|^2 \frac{1}{2}.$$

Dabei wurde bei (*) z durch $t \cdot |y - x| + x$ substituiert. $\square$

γ ersetzt also $f''(\xi)$ als Oberschranke in der Taylorreihe.

16.1. Zusammenhang mit Nullstellenbestimmung

Satz 16.1 *Sei f differenzierbar auf (a, b), f' sei γ-Lipschitzstetig. Für ein $\rho > 0$ sei $f'(x) \geq \rho$ auf ganz (a, b). Gibt es dort eine Nullstelle x_* von f, dann existiert ein $\eta > 0$, so dass für jedes x_0 mit $|x_0 - x_*| < \eta$ die durch die Iterationsvorschrift $x_{k+1} = x_k - \frac{f(x_k)}{f'(x_k)}$ generierte Folge $(x_k)_{k \in \mathbb{N}}$ gegen x_* konvergiert und außerdem noch gilt (quadratische Konvergenz):*

$$|x_{k+1} - x_*| \leq \frac{\gamma}{2\rho} |x_k - x_*|^2 .$$

Beweis:
Wir werden die Behauptung mit Induktion über k beweisen.
Für $k = 0$ gilt:

$$\begin{aligned}
|x_1 - x_*| &= \left| x_0 - x_* - \frac{f(x_0)}{f'(x_0)} \right| = \left| x_0 - x_* - \frac{f(x_0) - f(x_*)}{f'(x_0)} \right| \\
&= \left| \frac{1}{f'(x_0)} [f(x_*) - f(x_0) - f'(x_0)(x_* - x_0)] \right| \\
&\leq \left| \frac{1}{f'(x_0)} \right| \gamma \frac{(x_* - x_0)^2}{2} \\
&\leq \frac{\gamma (x_* - x_0)^2}{2\rho} < \frac{\gamma \eta^2}{2\rho} .
\end{aligned}$$

Diese Abschätzungskette können wir auch für den Übergang von x_1 auf x_2 verwenden, allerdings muss sichergestellt sein, dass x_1 die oben an x_0 gestellten Anforderungen erfüllt, insbesondere muss $|x_1 - x_*| \leq \eta$ garantiert sein.
Wählen wir also η so klein, dass $\frac{\gamma \eta}{2\rho} < 1$ ist, also $\eta \leq \frac{2\rho}{\gamma}$ ist, dann gilt auch $|x_1 - x_*| \leq \eta$. Um außerdem noch zu garantieren, dass $x_1 \in (a, b)$ gilt, muss jetzt noch $\eta \leq \text{Min}\{\frac{2\rho}{\gamma}, x_* - a, b - x_*\}$ gewährleistet werden. Dies ist aber einhaltbar mit einem existierenden η, weil alle drei Ausdrücke positiv sind.
Dann gelten die obigen Voraussetzungen auch für x_1 und wir können die analogen Überlegungen induktiv für jedes x_k anstellen. □

Korollar 16.1 *Im obigen Iterationsverlauf haben wir etwa:*

$$|x_0 - \bar{x}| \leq \delta < \eta, \quad |x_1 - \bar{x}| \leq \frac{\gamma}{2\rho} \delta^2, \quad |x_2 - \bar{x}| \leq (\frac{\gamma}{2\rho})^3 \delta^4,$$

und damit induktiv: $\quad |x_k - \bar{x}| \leq (\frac{\gamma}{2\rho})^{2^k - 1} \delta^{2^k} .$

Bei genügend kleinem δ haben wir quadratische Konvergenz.

Bemerkung
Ist also $f'(x_k) \neq 0$ und f' stetig, dann haben wir quadratische Konvergenz, nicht aber bei $f'(x_*) = 0$ (mehrfache Nullstelle).
Ferner besteht die Gefahr der Divergenz bei großen Abweichungen. Die häufigen Ableitungsberechnungen sind außerdem sehr aufwendig und numerisch instabil.

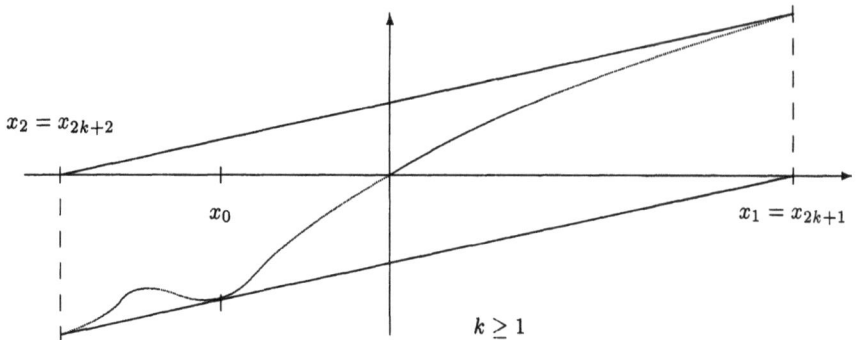

Abbildung 16.3: Problemfall für das Newton-Verfahren

Algorithmus 16.3 *Sekantenmethode (lineare Interpolation)*
Input: Zwei Punkte x_0 und x_1 mit Funktionswerten $f(x_0)$ und $f(x_1)$, $\varepsilon > 0$, $k := 1$.
Typischer Schritt:

(1) Berechne $x_{k+1} := x_k - \frac{x_k - x_{k-1}}{f(x_k) - f(x_{k-1})} f(x_k)$.

(2) Falls $|f(x_{k+1})| < \varepsilon \longrightarrow$ STOP.

(3) $k := k+1 \longrightarrow$ Gehe zu (1).

STOP mit Output: $x_{k+1}, f(x_{k+1})$.

Die Idee dahinter ist die Linearisierung der Funktion anhand der Informationen bei x_k und x_{k-1} gemäß:

$$F(x) = f(x_k) + \underbrace{\frac{f(x_k) - f(x_{k-1})}{x_k - x_{k-1}}}_{\text{errechnete Steigung}} (x - x_k).$$

Setzt man hier $F(x) = 0$ an, dann ergibt sich eine Formel für x:

$$F(x) = 0 \iff x = x_k - \frac{x_k - x_{k-1}}{f(x_k) - f(x_{k-1})} f(x_k).$$

Verwende nun x als Iterationspunkt x_{k+1} und gewinne:

$$x_{k+1} := x_k - \frac{x_k - x_{k-1}}{f(x_k) - f(x_{k-1})} f(x_k).$$

Dies nennen wir Sekantenmethode. Der Nachteil der Sekantenmethode liegt in der möglicherweise auftretenden Abdrift, wie die Zeichnung 16.4 zeigt:

16.1. Zusammenhang mit Nullstellenbestimmung

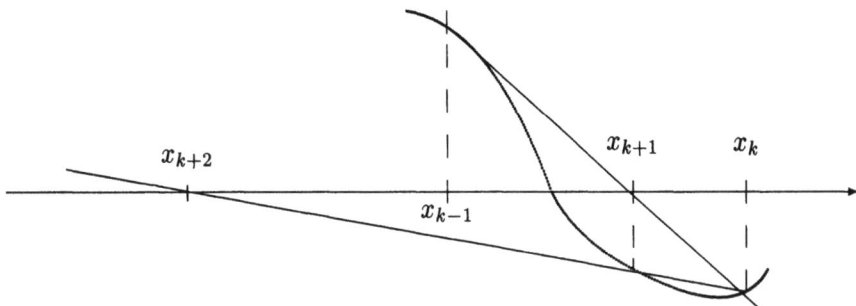

Abbildung 16.4: Nachteil bei der Sekantenmethode

Bemerkung
Bei $f(x_*) \neq 0$ konvergiert die Sekantenmethode superlinear, wenn die Startpunkte nahe genug bei x_* liegen. Die Konvergenz bezogen auf den Rechenaufwand ist schneller als beim Newton-Verfahren.
Numerische Instabilitäten können bei $f(x_k) \approx f(x_{k-1})$ auftreten.
x_{k+1} liegt i.A. nicht in $[x_{k-1}, x_k]$, nämlich immer dann wenn $\operatorname{sign} f(x_{k-1}) = \operatorname{sign} f(x_k)$ ist. Die dadurch erforderlichen Extrapolationen sind aber unzuverlässig. Es wäre also besser, nur zu interpolieren.

Regula Falsi
Idee: Verwende x_{k+1} als Substitut für den letzten Punkt identischen Vorzeichens, d.h. nicht unbedingt für x_{k-1}, sondern evtl. auch für x_k.

Algorithmus 16.4 *Regula Falsi*
Input: $x_0 := a_0 < b_0 =: x_1$ mit $f(a_0) \cdot f(b_0) < 0$, $\delta > 0$, $k := 1$.
Typischer Schritt:

(1) Bestimme $c := x_k - \frac{x_k - x_{k-1}}{f(x_k) - f(x_{k-1})} f(x_k)$.

(2) Berechne $f(c)$.

(3) Falls $\operatorname{sign} f(c) = 0 \longrightarrow$ STOP.

(4) Falls $\operatorname{sign} f(c) = \operatorname{sign} f(x_k) \Rightarrow x_k := c$, $x_{k+1} := x_{k-1}$.

(5) Falls $\operatorname{sign} f(c) = \operatorname{sign} f(x_{k-1}) \Rightarrow x_{k+1} := c$.

(6) Falls $|x_{k+1} - x_k| > \delta \longrightarrow$ Gehe zu (1).

STOP mit Output: x_k, x_{k+1}, c, $f(x_k)$, $f(x_{k+1})$ und $f(c)$.

Die Nullstelle wird hier eingeschachtelt, die Verengung des Intervalls verläuft aber langsamer als bei Bisektion im Worst-Case (lineare Konvergenz).

Zusammenfassung

Bei der Bisektionsmethode oder Regula Falsi erhalten wir globale Konvergenz. Eine Einschließung ist erforderlich. Die Konvergenzrate ist linear.
Die Newton-Methode oder Sekantenmethode sind nicht global konvergent. Wir erhalten aber lokal quadratische oder superlineare Konvergenz (in einer engen Umgebung des Optimalpunkts).

Empfehlung

Zuerst Einschachtelung, danach Newton-Methode oder Sekantenmethode. Bei Versagen (Vergrößerung des Einschließungsintervalls) Einschließungsverfahren benutzen.

16.2 Direkte Suchmethoden für den Minimalpunkt

Wir erinnern uns jetzt wieder an die eigentliche Aufgabenstellung, nämlich die Minimierung einer eindimensionalen Funktion.
Wir stellen hier zwei Varianten der Bisektionsmethode vor, welche direkt für Optimierungsprobleme entworfen sind.

Definition 16.2 *Eine Funktion $f : \mathbb{R} \to \mathbb{R}$ heißt unimodal auf einem abgeschlossenen Intervall $[a, b] \subseteq \mathbb{R}$, wenn gilt:*

(a) *f hat genau einen lokalen Minimalpunkt x_* in $[a, b]$.*

(b) *$a \leq x_1 < x_2 \leq x_* \implies f(x_1) > f(x_2)$.*

(c) *$x_* \leq x_1 < x_2 \leq b \implies f(x_2) > f(x_1)$.*

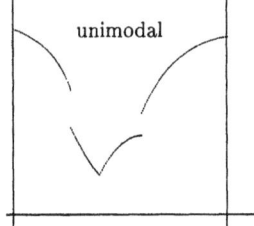
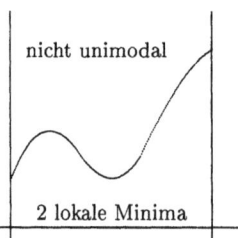
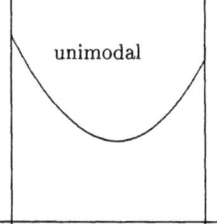

Abbildung 16.5: Funktionsbeispiele zur Unimodalität

Lemma 16.2 *Eine stetige Funktion $f : \mathbb{R} \to \mathbb{R}$ ist genau dann unimodal auf einem abgeschlossenem Intervall $[a, b]$, wenn f genau ein lokales Minimum auf $[a, b]$ hat.*

Beweis: als Übungsaufgabe.

16.2. Direkte Suchmethoden für den Minimalpunkt

Lemma 16.3

(a) Ist f unimodal auf $[a,b]$, so ist f stark quasikonvex auf $[a,b]$.

(b) Ist f stark quasikonvex auf $[a,b]$ und hat f ein lokales Minimum auf $[a,b]$, so ist f unimodal.

Beweis:

(a) x_* sei der eindeutige Minimalpunkt.
Wir nehmen an, f sei nicht stark quasikonvex. Dann gibt es $a < x < y < b$ mit $z \in (x,y)$ und $f(z) \geq \text{Max}\{f(x), f(y)\}$.
Falls z links von x_* liegt, dann müsste wegen Unimodalität aber $f(x) > f(z)$ sein. WIDERSPRUCH.
Falls z rechts von x_* liegt, dann müsste wegen Unimodalität aber $f(y) > f(z)$ sein. WIDERSPRUCH.

(b) x_* sei ein lokaler Minimalpunkt und $x_1 < x_2 \leq x_*$. Dann gibt es ein $x' \in (x_1, x_*)$ mit $f(x') \geq f(x_*)$ wegen der lokalen Minimalität. Wäre nun $f(x_1) \leq f(x_*)$, dann ergäbe $f(x_1) \leq f(x_*) \leq f(x')$ einen Widerspruch zur starken Quasikonvexität. Also gilt $f(x_1) > f(x_*)$. Damit ist für den Fall $x_1 < x_2 = x_*$ alles geklärt.
Zu untersuchen bleibt der Fall $x_1 < x_2 < x_*$. Zunächst ist dann klar, dass $f(x_2) > f(x_*)$, weil man obige Argumentation auch mit x_2 an Stelle von x_1 durchführen kann. Nun ist $\text{Max}\{f(x_1), f(x_*)\} = f(x_1)$ und wegen der starken Quasikonvexität $f(x_2) < f(x_1)$.
Bedingung (c) aus Definition 16.2 folgt analog. □

Aus stark quasikonvex folgt strikt quasikonvex und das reicht für ein Suchverfahren.

Lemma 16.4 Seien $x, y \in [a,b]$ mit $x < y$. Dann gilt:

(a) Wenn f stark quasikonvex ist auf $[a,b]$:
$f(x) \geq f(y) \implies f(z) \geq f(x) \,\forall z \in [a,x]$.
$f(x) \leq f(y) \implies f(z) \geq f(y) \,\forall z \in [y,b]$.

(b) Wenn f strikt quasikonvex ist auf $[a,b]$:
$f(x) \geq f(y) \implies f(z) \geq f(y) \,\forall z \in [a,x]$.
$f(x) \leq f(y) \implies f(z) \geq f(x) \,\forall z \in [y,b]$.

Beweis:
Wir beweisen immer nur die erste Beziehung.

(a) $f(z) < f(x) \geq f(y)$ mit $z < x$ würde der starken Quasikonvexität widersprechen wegen der Forderung $f(x) < \text{Max}\{f(z), f(y)\}$.

(b) $f(z) < f(y) \leq f(x)$ mit $z < x$ würde die strikte Quasikonvexität verletzen wegen der Forderung, dass bei $f(z) < f(y)$ gelten muss
$f(x) < \text{Max}\{f(z), f(y)\} \leq f(x)$. □

Bei einer stark quasikonvexen Funktion kann man also die Beobachtung $f(x) \geq f(y)$ dazu ausnutzen, um $[a, x]$ zu eliminieren. Der Rest enthält dann immer noch Minimalwerte. Gleiches gilt bei einer strikt quasikonvexen Funktion, obwohl dort die Abschätzung etwas schlechter ist.

Algorithmus 16.5 *Direkte Suchmethode*
Input: $a < b$, Genauigkeit ε, $k := 0$, f strikt quasikonvex.
Typischer Schritt:

(1) Wähle x, y mit $a < x < y < b$.

(2) Berechne $f(x)$ und $f(y)$.

(3) Falls $f(x) \geq f(y)$ ($\Rightarrow x_* \in [x, b]$), so setze $a := x$.

(4) Falls $f(x) \leq f(y)$ ($\Rightarrow x_* \in [a, y]$), so setze $b := y$.

(5) Falls $b - a < \varepsilon \longrightarrow$ STOP.

(6) Gehe zu (1).

STOP mit Output: $f(a), f(b), a, b$.

Nicht festgelegt ist bisher die Art der Auswahl von x, y. Hier müssen pro Iterationsschritt zwei Funktionswerte ausgewertet werden. Man überlegt, ob man nicht die Grenzen so ziehen kann, dass man mit einer Funktionsauswertung auskommt und dennoch das Unsicherheitsintervall signifikant schrumpft.

Definition 16.3 *Die Elemente der rekursiv definierten Folge* $F_0 := 0$, $F_1 := 1$, $F_k := F_{k-1} + F_{k-2}$ *für* $k \geq 2$ *heißen* Fibonacci-Zahlen.

F_0	F_1	F_2	F_3	F_4	F_5	F_6	F_7	F_8	F_9	F_{10}	F_{11}	F_{12}	F_{13}	F_{14}	F_{15}
0	1	1	2	3	5	8	13	21	34	55	89	144	233	377	610

Algorithmus 16.6 *Fibonacci-Suche*
Input: Grundintervall $[a, b]$, strikt quasikonvexe, unimodale Funktion f, $\delta > 0$, N ausführbare Schritte,
Initialisierung: $l_1 := a$, $r_1 := b$, $F_0, F_1, \ldots, F_{N+1}$ berechnet, $k := 1$.
Typischer Schritt:

(1) $x_k^1 := l_k + \frac{F_{N-k}}{F_{N+2-k}}(r_k - l_k)$.
$x_k^2 := l_k + \frac{F_{N+1-k}}{F_{N+2-k}}(r_k - l_k)$.

(2) Falls $f(x_k^1) \leq f(x_k^2) \rightarrow r_{k+1} := x_k^2$, $l_{k+1} := l_k$.
Falls $f(x_k^1) > f(x_k^2) \rightarrow l_{k+1} := x_k^1$, $r_{k+1} := r_k$.

(3) Setze $k := k + 1$. Falls $k < N - 1$ gehe zu (1).

16.2. Direkte Suchmethoden für den Minimalpunkt

(4) $x^1_{N-1} := x^1_{N-1} - \delta \quad x^2_{N-1} := x^2_{N-1} + \delta$.

(5) Falls $f(x^1_{N-1}) \leq f(x^2_{N-1}) \quad \rightarrow \quad r_N := x^2_{N-1}, \quad l_N := l_{N-1}.$
    Falls $f(x^1_{N-1}) > f(x^2_{N-1}) \quad \rightarrow \quad l_N := x^1_{N-1}, \quad r_N := r_{N-1}.$

Satz 16.2 *Beim Fibonacci-Algorithmus gilt Folgendes:*

(i) *Das Minimum bleibt eingesperrt.*

(ii) x^1_k *und* x^2_k *liegen jeweils symmetrisch im Intervall* $[l_k, r_k]$.

(iii) *Man muss für jeden Schritt nur einen Funktionswert berechnen, weil entweder* $x^2_{k+1} := x^1_k$ *oder* $x^1_{k+1} := x^2_k$ *gesetzt wird.*

(iv) *Bei* $k = N - 1$ *ergibt sich eine Komplikation, da dort gelten würde:* $x^1_{N-1} = x^2_{N-1}$. *Dies behebt man durch eine leichte Störung mit* $\delta > 0$ *(siehe (4)).*

(v) *Nach* N *Iterationsschritten und* $N+1$ *Funktionsauswertungen hat man* $r_N - l_N = (r_1 - l_1)(\frac{1}{F_{N+1}} + \frac{16}{r_1 - l_1})$.

Beweis:

(i) Betrachte (2). Gesichert sei, dass $l_k \leq x_* \leq r_k$. Stellt sich jetzt heraus, dass $f(x^1_k) \leq f(x^2_k)$ gilt, so kann auf $[x^2_k, r_k]$ verzichtet werden. Bei $f(x^1_k) \geq f(x^2_k)$ kann das Minimum nicht mehr links von x^1_k liegen. Beim Index $N-1$ erfolgt das Gleiche mit den gestörten Punktwerten.

(ii) Es gilt:

$$\frac{x^1_k - l_k}{r_k - l_k} = \frac{F_{N-k}}{F_{N+2-k}} = 1 - \frac{F_{N+1-k}}{F_{N+2-k}}$$

$$= \frac{(r_k - l_k) - \frac{F_{N+1-k}}{F_{N+2-k}}(r_k - l_k)}{r_k - l_k} = \frac{(r_k - l_k) - (x^2_k - l_k)}{r_k - l_k} = \frac{r_k - x^2_k}{r_k - l_k}.$$

Daraus ist die Symmetrie der Wahl von x^1_k und x^2_k erkennbar. Wir können uns demnach im nächsten Punkt auf die Erörterung eines Falles konzentrieren, der andere ergibt sich aus Symmetriegründen.

(iii) Wird in (2) $r_{k+1} := x^2_k$ gesetzt, dann ist $l_k = l_{k+1}$ und damit gilt:

$$\begin{aligned}
x^1_k &= l_k + \frac{F_{N-k}}{F_{N+2-k}}(r_k - l_k) \\
&= l_k + \frac{F_{N-k}}{F_{N+2-k}}(r_{k+1} - l_k)\frac{F_{N+2-k}}{F_{N+1-k}} \\
&= l_{k+1} + \frac{F_{N-k}}{F_{N+1-k}}(r_{k+1} - l_{k+1}) \\
&= l_{k+1} + \frac{F_{N+1-(k+1)}}{F_{N+2-(k+1)}}(r_{k+1} - l_{k+1}) = x^2_{k+1}.
\end{aligned}$$

Wird $l_{k+1} := x_k^1$ gesetzt, dann ist $r_k = r_{k+1}$ und damit gilt symmetrisch:

$$x_k^2 = l_{k+1} + \frac{F_{N-(k+1)}}{F_{N+2-(k+1)}}(r_{k+1} - l_{k+1}) = x_{k+1}^1.$$

(iv) $\frac{F_1}{F_3} = \frac{F_2}{F_3} = \frac{1}{2}$. Wir gehen auf der einen sich ergebenden Seite um δ zurück.

(v) In jedem Schritt erfolgt eine Reduktion um $\frac{F_{N+1-k}}{F_{N+2-k}}$ bis zu $k = N-1$. Damit kommen wir wegen

$$\frac{F_{N+1-1}}{F_{N+2-1}} \cdot \ldots \cdot \frac{F_{N+1-(N-1)}}{F_{N+2-(N-1)}} = \frac{F_2}{F_{N+1}} = \frac{1}{F_{N+1}}$$

zu einem Intervall der Länge $\frac{1}{F_{N+1}}(r_1 - l_1)$. Allerdings geben wir dann noch δ hinzu. Relativiert heißt das $(r_1 - l_1)(\frac{1}{F_{N+1}} + \frac{1\delta}{r_1 - l_1})$. □

Beachte: Die Fibonacci-Methode braucht $N+1$ Funktionsauswertungen.

Bemerkung
Unter allen Suchstrategien mit gleich vielen $(N+1)$ Funktionsauswertungen ist das Unsicherheitsintervall hier am kleinsten. Nachteilig ist aber der Zwang zur vorherigen Festlegung von N, wenn die beobachteten Funktionswerte noch stark schwanken.

Bemerkung
Die Rekursionslösung von $F_N = F_{N-1} + F_{N-2}$ ist $F_N = A\tau_1^N + B\tau_2^N$ mit

$$\tau_1 = \frac{1+\sqrt{5}}{2} \approx 1,618, \quad \tau_2 = \frac{1-\sqrt{5}}{2}, \quad \frac{1}{\tau_1} \approx 0,618.$$

Asymptotisch ist also $F_N \approx A\tau_1^N$ (erster Term dominant). Folglich gilt:

$$\lim \frac{F_{N-1}}{F_N} = \frac{1}{\tau_1} = 0,618.$$

Damit haben wir lineare Konvergenz mit Faktor 0,618.

Den Nachteil der vorherigen N-Festlegung und der unregelmäßigen Aufteilung (Reduktion) wollen wir nun beheben. Unsere Wünsche sind also:

– Symmetrische Platzierung von x_k^1 und x_k^2 in $[l_k, r_k]$.
– Konstante Intervallängenreduktion um jeweils σ.
– Nur ein neuer Punkt soll jeweils anfallen.

Dazu setzen wir:

$$\begin{aligned} x_k^1 &:= l_k + s_1(r_k - l_k) \\ x_k^2 &:= l_k + s_2(r_k - l_k) \\ \sigma &:= 1 - s_1 = s_2. \end{aligned}$$

Wenn l_{k+1} auf x_k^1 übergeht, dann soll $x_k^1 + s_1(r_k - x_k^1) = x_k^2$ sein (symmetrisch ebenso); o.B.d.A. sei $(r_k - l_k) = 1$. Die Konsequenz ist:

$$l_k + (1-\sigma) + (1-\sigma)\sigma = l_k + \sigma$$
$$\Longleftrightarrow \quad (1-\sigma) + \sigma(1-\sigma) = \sigma$$
$$\Longleftrightarrow \quad \sigma^2 + \sigma - 1 = 0$$
$$\Rightarrow \quad \sigma_{1,2} = -\tfrac{1}{2} \pm \tfrac{\sqrt{1+4}}{2} = -\tfrac{1}{2} \pm \tfrac{\sqrt{5}}{2}.$$

Da wir ein $\sigma > 0$ benötigen, nehmen wir $\sigma = -\tfrac{1}{2} + \tfrac{\sqrt{5}}{2} \approx 0{,}618$.

Algorithmus 16.7 *Verfahren des goldenen Schnitts*
<u>Input</u>: $[a_1, b_1]$, $\varepsilon > 0$, Funktion f (strikt quasikonvex), $\sigma := -\tfrac{1}{2} + \tfrac{\sqrt{5}}{2}$.
<u>Initialisierung</u>: $x_1^1 := a_1 + (1-\sigma)(b_1 - a_1)$, $x_1^2 := a_1 + \sigma(b_1 - a_1)$, $k := 1$, $f_1 := f(x_1^1)$, $f_2 := f(x_1^2)$.
<u>Typischer Schritt</u>:

(1) Falls $f_1 \leq f_2$ ist, so setzen wir:

$$b := x_k^2, \quad f_2 := f_1, \quad x_{k+1}^1 := a + (1-\sigma)(b-a), \quad f_1 := f(x_{k+1}^1).$$

Falls $f_1 > f_2$ ist, so setzen wir:

$$a := x_k^1, \quad f_1 := f_2, \quad x_{k+1}^2 := a + \sigma(b-a), \quad f_2 := f(x_{k+1}^2).$$

(2) Falls $b - a < \varepsilon \longrightarrow$ STOP.
Sonst gehe zu (1).

STOP mit <u>Output</u>: $[a, b]$.

Satz 16.3 *Das Verfahren des goldenen Schnittes erreicht nach $N + 1$ Schritten eine Intervallänge von $b_{N+1} - a_{N+1} = (b_0 - a_0) \cdot \sigma^{N+1}$. Also haben wir lineare Konvergenz mit $\sigma \approx 0{,}618$.*

Asymptotisch haben also beide Verfahren gleich gutes Konvergenzverhalten.

16.3 Liniensuche durch Kurvenanpassung

Die direkten Suchmethoden arbeiten unter der allgemeinen Voraussetzung der Unimodalität, bzw. der (strikten) Quasikonvexität, nutzen aber ansonsten überhaupt nicht anderweitige gute Eigenschaften, wie hohe Differenzierbarkeit, Glätte, an Hand von Nachbarwerten aus. In praktischen Anwendungen kann man oft auf eine solche Gutartigkeit bauen.
Wir werden deshalb versuchen, unseren Optimierungsprozess zu verbessern und zu beschleunigen, indem wir möglichst viele Informationen aus den bisher bereits vorliegenden Iterationspunkten ausnutzen. Dies soll dazu dienen, eine lokale Approximation mit Hilfe einer einfach handhabbaren Funktion zu gewinnen. Von

letzterer ist ohne viel Aufwand eine Minimalstelle gewinnbar. Diese Minimalstelle wird dann als vorläufige Voraussage für den eigentlichen Optimalpunkt verwendet. Unter guten Eigenschaften der Originalfunktion erhält man so gute Konvergenzordnungen.

Das Newton-Verfahren zur Kurvenanpassung
Interpretiert man das vorher besprochene Verfahren zur Nullstellenbestimmung von $g(x) = f'(x)$, wobei f zu minimieren sei, als Versuch, für f (zumindest einen Kandidaten) den Minimalpunkt zu erhalten, dann liegt beim Newton-Verfahren gerade eine solche hilfsweise Approximation mit Hilfe einer Funktion zweiten Grades vor.

Zu minimieren sei eine zweimal differenzierbare Funktion f. Es liege ein Iterationspunkt x_k vor, der die Auswertung von $f(x_k)$, $f'(x_k)$ und $f''(x_k)$ ermöglicht. Dann können wir eine quadratische Funktion $q(x)$ gewinnen, die bei x_k bis zur zweiten Ableitung mit f übereinstimmt, nämlich:

$$q(x) = f(x_k) + f'(x_k)(x - x_k) + \frac{1}{2} f''(x_k)(x - x_k)^2.$$

Suchen wir eine Voraussage x_{k+1} für den Minimalpunkt von f durch Bestimmung der Nullstelle von $g = q'$, dann müssen wir ansetzen:

$$0 = q'(x_{k+1}) = f'(x_k) + f''(x_k)(x_{k+1} - x_k).$$

Daraus erhalten wir sofort eine Iterationsvorschrift $x_{k+1} = x_k - \frac{f'(x_k)}{f''(x_k)}$. Mit $f' = g$ ist dies das bekannte Nullstellenverfahren: $x_{k+1} = x_k - \frac{g(x_k)}{g'(x_k)}$.

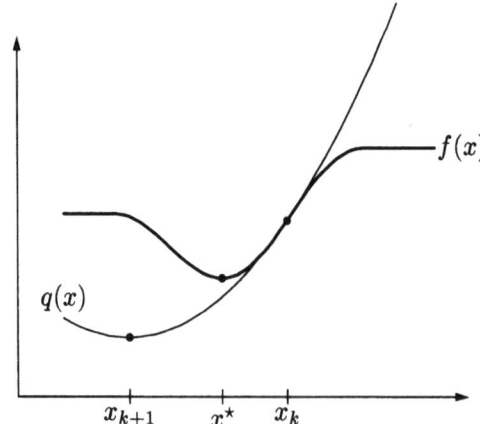

Abbildung 16.6: Newton-Verfahren zur Kurvenanpassung

Aus Satz 16.1 erkennt man die quadratische Konvergenz.

16.3. Liniensuche durch Kurvenanpassung

Korollar 16.2 *Korollar zu Satz 16.1*
Sei f zweimal differenzierbar, f'' γ-Lipschitzstetig und $f''(x_k) > 0$ für eine lokale Minimalstelle von f. Dann konvergiert obiges Verfahren in einer genügend kleinen Umgebung von x_* quadratisch gegen x_*.

Regula Falsi
Ähnlich lässt sich die Regula Falsi für unsere Absichten umdeuten. Im Gegensatz zum Newton-Verfahren benötigt man hier keine zweiten Ableitungen, sondern erste Ableitungen an zwei verschiedenen Stellen.
Wir bilden also die Voraussagefunktion $q(x)$ aus $f(x_k)$, $f'(x_k)$ und $f'(x_{k-1})$ gemäß:

$$q(x) = f(x_k) + f'(x_k)(x - x_k) + \frac{1}{2} \cdot \frac{f'(x_{k-1}) - f'(x_k)}{x_{k-1} - x_k}(x - x_k)^2.$$

Bei x_k hat hier q die Ableitung $f'(x_k)$ und den Funktionswert $f(x_k)$, bei $x = x_{k-1}$ ist die Ableitung $f'(x_k) + f'(x_{k-1}) - f'(x_k) = f'(x_{k-1})$. Wir brauchen nun den Punkt, bei dem q' verschwindet.

$$0 = q'(x) = f'(x_k) + \frac{f'(x_{k-1}) - f'(x_k)}{x_{k-1} - x_k}(x - x_k)$$

$$\Rightarrow \quad x_{k+1} = x_k - f'(x_k)\left[\frac{x_{k-1} - x_k}{f'(x_{k-1}) - f'(x_k)}\right]$$

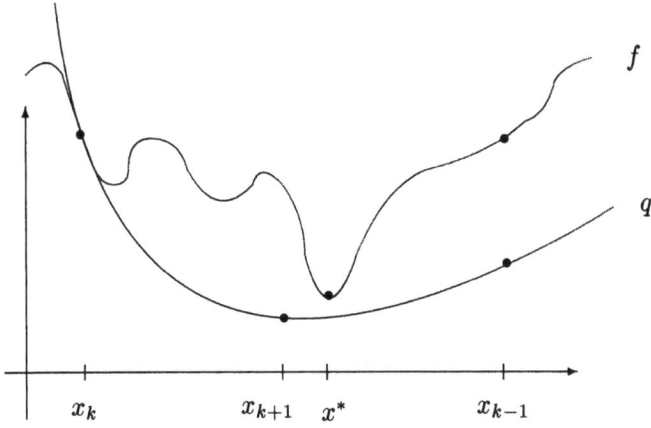

Abbildung 16.7: Approximation mit Regula Falsi

Satz 16.4 *f habe eine stetige dritte Ableitung und bei x_* sei $f'(x_*) = 0$, $f''(x_*) > 0$. Dann konvergiert die Regula Falsi, wenn in einer genügend kleinen Umgebung von x_* gestartet wird, mit Konvergenzordnung $\tau_1 = \frac{1+\sqrt{5}}{2} \approx 1,618$ gegen x_*.*

Allgemeine quadratische Approximation

Das Konzept der Kurvenapproximation ist auch anwendbar, wenn keine Ableitungen vorliegen. Gegeben seien allein drei Punkte mit ihren Funktionsauswertungen, also $x_1 < x_2 < x_3$, $f_1 = f(x_1)$, $f_2 = f(x_2)$ und $f_3 = f(x_3)$. Je nach Lage der Funktionswerte unterscheiden wir folgende Fälle:

$$\text{Fall 1: } f_1 > f_2 > f_3, \quad \text{Fall 3: } f_1 > f_2 < f_3,$$
$$\text{Fall 2: } f_1 < f_2 < f_3, \quad \text{Fall 4: } f_1 < f_2 > f_3.$$

Bei Fall (3) ist gewährleistet, dass es in $[x_1, x_3]$ ein Minimum von f gibt (falls f stetig bzw. quasikonvex ist); dies kann dann durch einen Verfeinerungsalgorithmus angenähert werden. Bei Fall (4) haben wir entsprechend ein Maximum in $[x_1, x_3]$ vorliegen. (vgl. Abbildung 16.9.)

In den Fällen (1) und (2) (siehe auch Abbildung 16.8) scheint die Funktion monoton fallend bzw. wachsend zu sein und man kann durch Bewegung nach links oder rechts eventuell ein Intervall erreichen, in dem ein Minimum liegt.

Dieses „Einfangen" eines Minimums ist Voraussetzung für den späteren Verfeinerungsalgorithmus. Für die Fälle (1), (2) und (4) müssen wir überlegen, wie wir die untere Dreieckssituation wie in Fall (3) vielleicht doch herbeiführen können. Dazu dient folgender Algorithmus:

Verfahren von Swan

Algorithmus zur Herbeiführung eines Dreiecksmusters $x_1 < x_2 < x_3$ mit $f_1 > f_2 < f_3$ mit eventueller, alternativer Minimierung.

Algorithmus 16.8 *Verfahren von Swan*
<u>Input:</u> Definitionsbereich $[A, B]$ mit $A < B$, Anfangspunkt $a \in (A, B)$, Abbruchparameter ε, Anfangsschrittlänge λ.
<u>Typischer Schritt:</u>

(1) Berechne a, $a + \lambda$, $a - \lambda$, sowie $f(a)$, $f(a + \lambda)$ und $f(a - \lambda)$.

(2) Falls $f(a - \lambda) > f(a) < f(a + \lambda)$ → STOP (Tripel gefunden).

(3) Bestimme $\text{Min}\{f(a - \lambda), f(a + \lambda)\}$ und setze
$$\delta := +\lambda, \quad \text{falls Min} = f(a + \lambda),$$
$$\delta := -\lambda, \quad \text{falls Min} = f(a - \lambda).$$

(4) Setze $k := 0$, $a_{-1} := a$ und $a_0 := a + \delta$.

(5) <u>Wiederhole</u>
$a_{k+1} := a_k + \delta \cdot 2^k$.
Falls $f(a_{k-1}) > f(a_k) < f(a_{k+1})$ → STOP (Tripel gefunden).
$k := k + 1$.
so lange bis Schranke A oder B des Definitionsbereiches erreicht wird.

STOP mit <u>Output:</u> a_{k-1}, a_k, a_{k+1}.

16.3. Liniensuche durch Kurvenanpassung

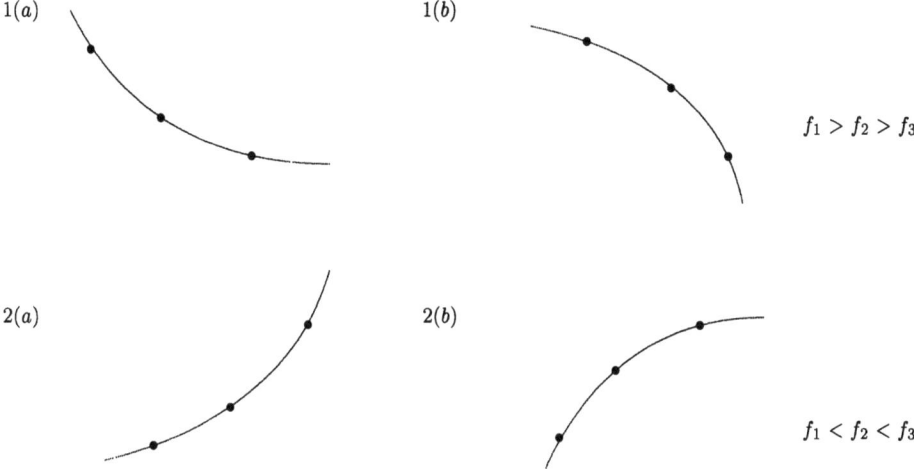

Abbildung 16.8: Tripel $x_1 < x_2 < x_3$ und die Konstellation von f_1, f_2 und f_3

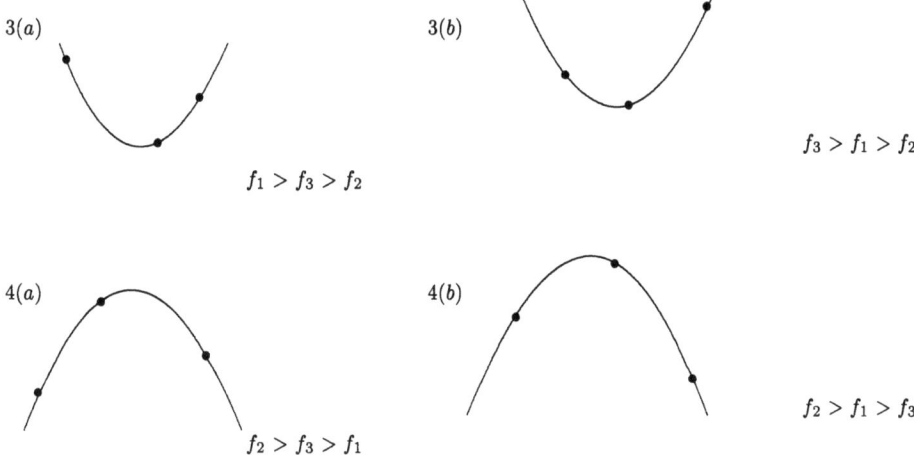

Abbildung 16.9: Tripel $x_1 < x_2 < x_3$ und die Konstellation von f_1, f_2 und f_3

Das Nichtauffinden eines unteren Dreiecksmusters sollte uns nicht stören, weil wir ja ständig verkleinert haben. Mehr ist in diesem Lauf nicht zu erreichen. Jetzt könnte man natürlich mit feineren Schritten zurücklaufen.

Wir unterstellen jetzt, dass ein Tripel $x_1 < x_2 < x_3$ mit $f_1 > f_2 < f_3$ vorliegt (Fall (3)). Für die Kurvenapproximation definieren wir:

$$q(x) := \sum_{i=1}^{3} \left[f_i \frac{\prod_{j \neq i}(x - x_j)}{\prod_{j \neq i}(x_i - x_j)} \right].$$

Diese Funktion interpoliert f an den Stellen x_1, x_2, x_3.

Nun suchen wir eine Stelle, wo q' verschwindet. Es gilt:

$$q'(x) = \sum_{i=1}^{3}\left[f_i \frac{\sum_{j\neq i}(x-x_j)}{\prod_{j\neq i}(x_i-x_j)}\right]$$

$$= \frac{f_1}{(x_1-x_2)(x_1-x_3)}[(x-x_2)+(x-x_3)]$$
$$+ \frac{f_2}{(x_2-x_1)(x_2-x_3)}[(x-x_1)+(x-x_3)]$$
$$+ \frac{f_3}{(x_3-x_1)(x_3-x_2)}[(x-x_1)+(x-x_2)]$$

$$= 2x\left[\frac{f_1}{(x_1-x_2)(x_1-x_3)}+\frac{f_2}{(x_2-x_1)(x_2-x_3)}+\frac{f_3}{(x_3-x_1)(x_3-x_2)}\right]$$
$$- \left[\frac{f_1(x_2+x_3)}{(x_1-x_2)(x_1-x_3)}+\frac{f_2(x_1+x_3)}{(x_2-x_1)(x_2-x_3)}+\frac{f_3(x_1+x_2)}{(x_3-x_1)(x_3-x_2)}\right].$$

Soll also $q'(x) = 0$ sein, so muss x folgende Gestalt haben:

$$x = \frac{1}{2}\cdot\frac{f_1(x_2^2-x_3^2)+f_2(x_3^2-x_1^2)+f_3(x_1^2-x_2^2)}{f_1(x_2-x_3)+f_2(x_3-x_1)+f_3(x_1-x_2)}.$$

Dies wird x_4, die neue Auswertungsstelle. Für die zweite Ableitung gilt:

$$q''(x_4) = 2\cdot\left[\frac{f_1(x_2-x_3)}{(x_1-x_2)(x_1-x_3)(x_2-x_3)} + \frac{f_2(x_3-x_1)}{(x_1-x_2)(x_1-x_3)(x_2-x_3)}\right.$$
$$\left. + \frac{f_3(x_1-x_2)}{(x_1-x_2)(x_1-x_3)(x_2-x_3)}\right].$$

Das Vorzeichen ergibt sich aus $-\bigl(f_1(x_2-x_3)+f_2(x_3-x_1)+f_3(x_1-x_2)\bigr)$.
Sei $x_1 < x_2 < x_3$. Dann ist dies gerade die Konvexitätsabfrage. Wir teilen durch (x_3-x_1). Die Frage ist nun:

$$f_2 \overset{>}{<} \underbrace{f_1\frac{x_3-x_2}{x_3-x_1}+f_3\frac{x_2-x_1}{x_3-x_1}}_{(*)} = \lambda f_1 + (1-\lambda)f_3.$$

Dabei sei λ so gewählt, dass gilt: $x_2 = \lambda x_1 + (1-\lambda)x_3$. Ein Minimum erhalten wir immer dann bei q, wenn $f_2 < (*)$, und ein Maximum bei $f_2 > (*)$.

Da wir unterstellt haben, dass ein Dreiecksmuster $x_1 < x_2 < x_3$ mit $f_1 > f_2 < f_3$ vorliegt, nimmt die Interpolationsfunktion q sicherlich ihr Minimum bei x_4 zwischen x_1 und x_3 an. Die Frage ist nur, wie dieses Minimum bzgl. x_2 liegt. Dabei können wir die Fälle (I): $x_4 < x_2$ und (II): $x_4 > x_2$ unterscheiden. Zudem sollten wir $f_4 = f(x_4)$ auswerten.

16.3. Liniensuche durch Kurvenanpassung

Die obigen Fälle (I) und (II) lassen sich dann wie folgt noch einmal zerlegen:

$(I)(a)$ $f(x_4) > f(x_2),$ $(II)(a)$ $f(x_4) > f(x_2),$
$(I)(b)$ $f(x_4) < f(x_2),$ $(II)(b)$ $f(x_4) < f(x_2).$

Daraus ergeben sich neue Anregungen für neue Dreiecksmuster, die ein Minimum einschließen:

Fall (I)(a) $x_4 < x_2 < x_3,$
Fall (I)(b) $x_1 < x_4 < x_2,$
Fall (II)(a) $x_1 < x_2 < x_4,$
Fall (II)(b) $x_2 < x_4 < x_3.$

So ergibt sich nun folgendes Verfahren nach Powell:

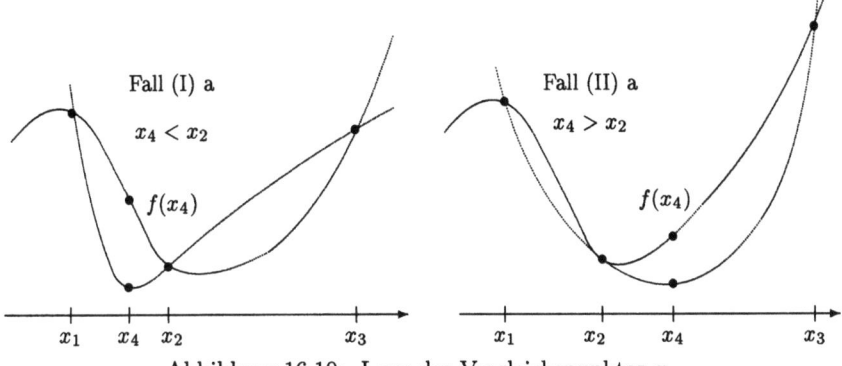

Abbildung 16.10: Lage des Vergleichspunktes x_4

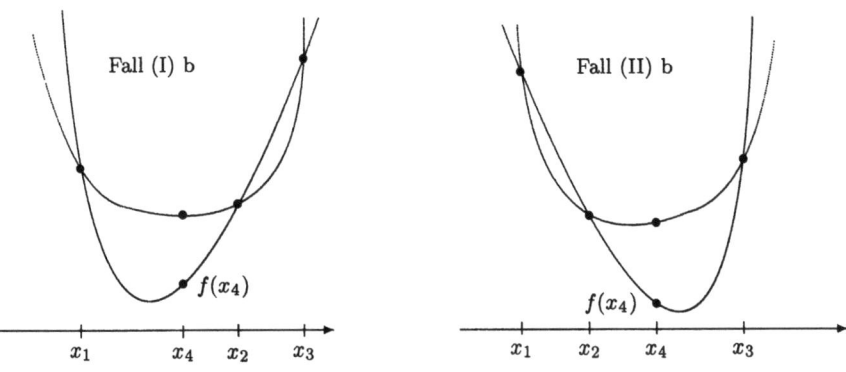

Abbildung 16.11: Lage des Vergleichspunktes x_4

Algorithmus 16.9 Verkleinerung des Dreiecksmusters
Input: Dreiecksmuster $x_1 < x_2 < x_3$ mit $f_1 > f_2 < f_3$, $\varepsilon > 0$. Setze $a := x_1$, $b := x_2$ und $c := x_3$.

Typischer Schritt:

(1) Berechne $d := \frac{(b^2-c^2)f(a)+(c^2-a^2)f(b)+(a^2-b^2)f(c)}{2[(b-c)f(a)+(c-a)f(b)+(a-b)f(c)]}$.

(2) Berechne $f(d)$.

(3) (a) Falls $f(d) > f(b)$ und $d < b$, so setze $a := d$.

    (b) Falls $f(d) < f(b)$ und $d < b$, so setze $c := b$ und $b := d$.

    (c) Falls $f(d) > f(b)$ und $d > b$, so setze $c := d$.

    (d) Falls $f(d) < f(b)$ und $d > b$, so setze $a := b$ und $b := d$.

(4) Falls $c - a < \varepsilon \rightarrow STOP$. Ansonsten gehe zu (1).

Bemerkung

Ist hier ein lokales Minimum vorhanden, so konvergiert das Verfahren dagegen. Ist die Funktion nach unten beschränkt, dann kommen wir zu einem lokalen Infimum. Ist sie nicht nach unten beschränkt, dann finden wir ein lokales Minimum oder bekommen nach Swan einen Ausstieg.
Falls f gut quadratisch approximierbar ist, konvergiert das Verfahren sehr schnell (erheblich besser als Goldener Schnitt oder Fibonacci).

Globale Konvergenz von Kurvenanpassung

Wie erhält man eine Abstiegsfunktion, so dass GKS global greift?
Voraussetzung: f sei zweimal stetig differenzierbar, $f'' > 0$. Mit Dreiecksmustern erreicht man immer ein Minimum der Approximationsfunktion. x_4 wird zusätzlich berechnet und $f(x_4)$ ermittelt. Entweder erhalten wir $f(x_4) < f(x_2)$ oder aber $f(x_4) > f(x_2)$.
Wir bekommen in jedem Fall ein Dreiecksmuster mit x_4 und zwei alten Punkten. A macht also aus (x_1, x_2, x_3) ein neues Tripel. Als Abstiegsfunktion können wir $\alpha = x_3 - x_1$ (Abstand rechtester-linkester Rand) verwenden. Die Lösungsmenge soll sein: $\Omega = \{x_* \mid f'(x_*) = 0\}$. α ist offensichtlich Abstiegsfunktion, da wir immer einen der Außenpunkte durch einen weiter innen liegenden Punkt ersetzen. Zuletzt bekommen wir $A(x_*) = x_*$ und damit $\alpha(A(x_*)) = \alpha(x_*) = 0$.
Zur Vollständigkeit muss vereinbart werden, wie man q produziert, wenn x_1, x_2 oder x_3 zusammenfallen. Man benutzt beim Zusammenfallen von zwei Punkten $f'(x_2)$ und beim Zusammenfallen aller Punkte $f'(x_2)$ und $f''(x_2)$ zur Konstruktion von q. Alle Punkte gehören zum Anfangsintervall $\Rightarrow$ GKS greift. Konvergenz gegen die Lösung ist gesichert.

16.4 Abgeschlossenheit und Ungenauigkeit

Die meisten Minimierungsverfahren über dem $\mathbb{R}^n$ verwenden Liniensuche in einer Abstiegsrichtung. Um für derartige Verfahren den Konvergenzsatz für zusammengesetzte Abbildungen anwenden zu können, muss man zeigen, dass die Liniensuche eine abgeschlossene Abbildung definiert. Dies sollte (langfristig) auch noch gelten,

16.4. Abgeschlossenheit und Ungenauigkeit

wenn die Liniensuche nach endlich vielen Iterationen, also mit einer (genügend guten) Approximation des Linienminimalpunktes abgebrochen wird.

Definition 16.4 *Sei I ein abgeschlossenes Intervall in $\mathbb{R}$. Eine Abbildung $S : \mathbb{R}^{2n} \to \wp(\mathbb{R}^n)$ mit*

$$S(x,d) := \{y \in \mathbb{R}^n \mid \exists \sigma \in I \text{ mit } y = x + \sigma d \text{ und } f(y) = \underset{\lambda \in I}{\text{Min}}\, f(x+\lambda d)\}$$

heißt allgemeines Liniensuch-Verfahren.
Wenn dieses Minimum nicht existiert, setzt man $S(x,d) = \emptyset$. Im Allgemeinen wird $I := \mathbb{R}$ oder $I := [0,\infty)$ gesetzt.

Bemerkung
Anwenden wird man ein Liniensuch-Verfahren immer nur in einer konkreten Richtung. Deshalb ist $d = 0$ nicht von Interesse. Man beachte, dass S eine algorithmische Abbildung ist (das Minimum muss nicht eindeutig sein).

Satz 16.5 *Sei $f : \mathbb{R}^n \to \mathbb{R}$ stetig. Dann ist das allgemeine Liniensuch-Verfahren $S : \mathbb{R}^{2n} \to \wp(\mathbb{R}^n)$ abgeschlossen in (x,d), wenn $d \neq 0$ gilt.*

Beweis:
Seien (x_i) und (d_i) Folgen mit $(x_i, d_i) \to (x,d)$, wobei $d \neq 0$ ist. Seien jeweils $y_i \in S(x_i, d_i)$ und es möge gelten: $y_i \to y$.
Falls $S(x_i, d_i)$ leer ist, gibt es kein y_i (also Nichtexistenz der Folge); damit ist nichts zu beweisen. O.B.d.A. können wir so davon ausgehen, dass alle $S(x_i, d_i) \neq \emptyset$.
Zu zeigen ist nun, dass $y \in S(x,d)$ gilt.
Wegen $d \neq 0$ können wir annehmen, dass $d_i \neq 0\ \forall i \in \mathbb{N}$ gilt. Deshalb können wir normieren: $|\sigma_i| = \frac{\|y_i - x_i\|}{\|d_i\|}$. Die Stetigkeit der Norm liefert:

$$\lim_{i \to \infty} |\sigma_i| = \lim_{i \to \infty} \frac{\|y_i - x_i\|}{\|d_i\|} = \frac{\|y - x\|}{\|d\|}.$$

Also konvergiert $|\sigma_i|$ gegen einen Grenzwert Σ.
1.Fall: $\Sigma = 0$. Hier gilt somit $\sigma_i \to 0$.
2.Fall: $\Sigma \neq 0$. Angenommen, $|\sigma_i|$ würde konvergieren, aber nicht σ_i. Dann wären Σ und $-\Sigma$ Häufungspunkte. Wegen $\sigma_i \in I\ \forall i \in \mathbb{N}$ sind dann Σ und $-\Sigma$ aus I.
Betrachte zwei Teilfolgen $(\sigma_i)_{i \in \mathcal{K}}$ und $(\sigma_i)_{i \in \mathcal{K}'}$ von $(\sigma_i)_{i \in \mathbb{N}}$, wovon eine gegen Σ, die andere gegen $-\Sigma$ konvergiert. Dann gilt aber

$$(x_i + \sigma_i d_i)_{i \in \mathcal{K}} \to x + \Sigma d \quad \text{und} \quad (x_i + \sigma_i d_i)_{i \in \mathcal{K}'} \to x - \Sigma d.$$

Nach Voraussetzung gilt aber $(x_i + \sigma_i d_i)_{i \in \mathbb{N}} \to y$.
Da nun $(x_i + \sigma_i d_i)_{i \in \mathcal{K}}$ und $(x_i + \sigma_i d_i)_{i \in \mathcal{K}'}$ Teilfolgen der konvergenten Teilfolge $(x_i + \sigma_i d_i)_{i \in \mathbb{N}}$ sind, folgt zwingend: $x + \Sigma d = x - \Sigma d$ und damit doch wieder $\Sigma = 0$ (WIDERSPRUCH). Folglich gilt $y = x + \Sigma d$.

Bisher ist klar: $y \in \{x + \lambda d \mid \lambda \in I\}$. Bleibt zu zeigen, dass y Minimalpunkt ist.
Es gilt: $f(y_i) \leq f(x_i + \sigma d_i)$ $\forall i \in \mathbb{N}$ und $\forall \sigma \in I$, da y_i Minimalpunkt auf der (x_i, d_i)-Geraden ist. Wegen der Stetigkeit von f ergibt sich:

$$\begin{aligned} f(y) &= \lim_{i\to\infty} f(y_i) \\ &\leq \lim_{i\to\infty} f(x_i + \sigma d_i) \\ &= f(x + \sigma d) \quad \text{(für jedes feste } \sigma\text{)} \\ \Rightarrow f(y) &\leq \operatorname{Min}_{\sigma \in I} f(x + \sigma d). \end{aligned}$$

Damit ist $y \in S(x,d)$. □

In der Praxis wird man im Allgemeinen die Linienminima nicht exakt finden können. Dann gilt der obige Satz so nicht. Auch aus Rechenzeitgründen ist eine totale Minimierung nicht anzustreben. Wie soll man die Liniensuche beenden? Für gegebene $x, d \in \mathbb{R}^n$ sei grundsätzlich $\bar{\sigma}$ so zu bestimmen, dass gilt:

$$f(x + \bar{\sigma} d) = \operatorname*{Min}_{\sigma}\{f(x + \sigma d)\} \quad \text{(Grundsatzaufgabe)}.$$

Wann ist eine zufriedenstellende Annäherung an $\bar{\sigma}$ erreicht?

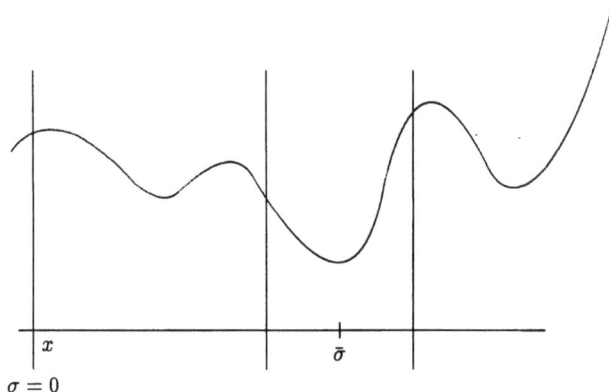

Abbildung 16.12: Prozenttest

1. Variante: Prozenttest
Bestimme σ so, dass σ innerhalb eines vorgegebenen Prozentsatzes oder Anteils vom optimalen $\bar{\sigma}$ liegt. Das heißt, man gibt eine Konstante c (z.B. $0,1$) vor und führt die Liniensuche so lange fort, bis klar ist, dass gilt: $|\sigma - \bar{\sigma}| \leq c\bar{\sigma}$.
Allerdings braucht man hier unbedingt Kenntnisse (Einschließung) über die Lage von $\bar{\sigma}$. Für strikt quasikonvexe Funktionen liefern dies die vorher genannten Einschließungsmethoden. Bei differenzierbaren Funktionen bleiben wir stehen, wenn $\nabla f(x)^T d = 0$ ist.
Grundsätzlich werden wir in der Richtung suchen, bei der die Tangente einen Abstieg verspricht.

2. Variante: Armijo's Regel

Hier sei f differenzierbar in x. Die lineare Approximation in x an $f(x+\sigma d)$ ist dann $f(x) + f'_d \cdot \sigma$ (im eindimensionalen Fall) bzw. $f(x) + \nabla f(x)^T d \cdot \sigma$ (im mehrdimensionalen Fall).

Wir definieren $\Phi(\sigma) := f(x+\sigma d)$ und $\Phi'(0) = \nabla f(x)^T d$, bzw. f'_d. Als lineare Approximation können wir dann auch ansehen: $\Phi(\sigma) \approx \Phi(0) + \Phi'(0)\sigma$.

Dies bezeichnen wir als Tangentialvoraussage (TV).

(a) Betrachte für ein festes $0 < \varepsilon < 1$ die affine Funktion $\Phi(0) + \varepsilon\Phi'(0)\sigma$.

Diese Funktion sinkt also um einen Faktor ε langsamer als TV. Eine Wahl von σ wird als nicht zu groß angesehen, wenn noch gilt: $\Phi(\sigma) \leq \Phi(0) + \varepsilon\Phi'(0)\sigma$.

(b) Um nicht ein zu kleines σ zu erhalten, fixiert man ein $\eta > 1$ und betrachtet das Kriterium

$$\Phi(\eta\sigma) \geq \Phi(0) + \varepsilon\Phi'(0)\eta\sigma$$

und akzeptiert nur solche Punkte, bei denen dieses Kriterium zusätzlich erfüllt ist. Damit schafft man eine Untergrenze durch Reduktion der Obergrenze um einen Faktor η. (b) sorgt also dafür, dass man sich auch von links kommend dem Minimum nennenswert annähert.

Übliche Konstanten sind etwa $\varepsilon = 0,2$ und $\eta = 2$.

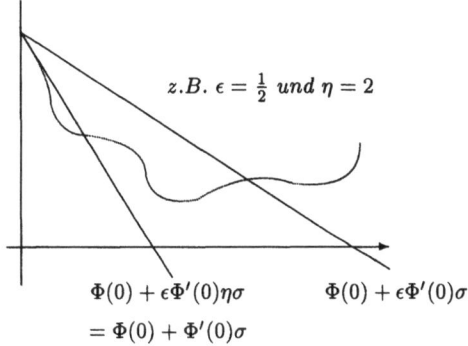

Abbildung 16.13: Armijo's Regel

3. Variante: Goldstein-Test

Hier verlangt man von einem Abbruchkandidaten wieder

(a) $\Phi(\sigma) \leq \Phi(0) + \varepsilon\Phi'(0)\sigma$ mit einem $0 < \varepsilon < 0,5$.

Also sorgt dieses Kriterium wieder dafür, dass σ nicht zu groß wird. Um σ nicht zu klein zu wählen, fordert man

(b) $\Phi(\sigma) \geq \Phi(0) + (1-\varepsilon)\Phi'(0)\sigma$.

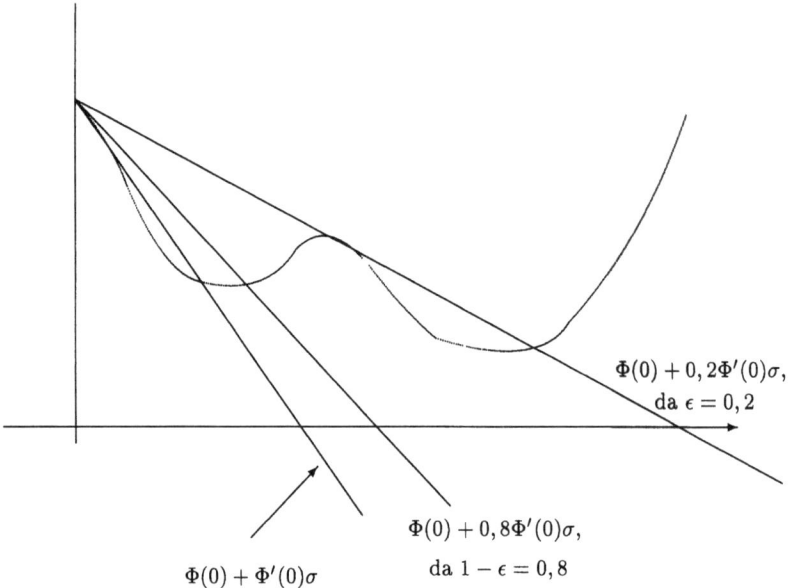

Abbildung 16.14: Goldstein-Test

(a) und (b) liefern zusammen:

$$\varepsilon \le \underbrace{\frac{\overbrace{\Phi(\sigma) - \Phi(0)}^{\text{realisierter Abstieg}}}{\Phi'(0)\sigma}}_{\text{vorausgesagter Abstieg}} \le (1-\varepsilon)$$

weil $\Phi'(0)\sigma$ ja negativ sein sollte.

In der ursprünglichen Notation mit Iterationspunkten bedeutet das: x_{k+1} ist als nächster Iterationspunkt akzeptabel, wenn gilt:

$$\varepsilon \le \frac{f(x_{k+1}) - f(x_k)}{\sigma \nabla f(x_k) d_k} \le (1-\varepsilon) \quad \text{wobei} \quad \Phi'(0) = \nabla f(x_k) d_k < 0.$$

Würde man sich mit $> \Phi(0) + \Phi'(0)\sigma$ oder $> \Phi(0) + (1-\alpha)\Phi'(0)\sigma$ mit $\alpha > 0$ zufriedengeben, dann wäre dies nach kleiner Bewegung schon erreicht, man hätte keine signifikante Bewegung erzwungen.

Hinweis:
Wenn es überhaupt keine Punkte gibt, die beide Bedingungen (stetige Funktion) erfüllen, dann verläuft Φ völlig unterhalb von $\Phi(0) + (1-\varepsilon)\Phi'(0)\sigma$. Dies motiviert zur Fortsetzung der Abstiegssuche.
Eine andere Frage ist, wie man zu einem Erfüllpunkt kommt. Ist bereits ein Punkt erreicht, der (a) verletzt, dann führe man Intervallschachtelung durch, bis man

16.4. Abgeschlossenheit und Ungenauigkeit

einen Punkt hat, der in den bewussten Kegel fällt (0 erfüllt (a), aber nicht (b)).
Solche Punkte existieren dann, genügende Genauigkeit ermöglicht das Auffinden.
Dieser Goldstein-Test führt zu einem abgeschlossenen Liniensuch-Verfahren.

Satz 16.6 Sei $f : \mathbb{R}^n \to \mathbb{R}$ stetig differenzierbar, $0 < \varepsilon < \frac{1}{2}$ fest. Dann ist die algorithmische Abbildung $S : \mathbb{R}^n \times \mathbb{R}^n \to \wp(\mathbb{R}^n)$ definiert durch:

$$S(x,d) := \{y \mid y = x + \sigma d \text{ für ein } \sigma \geq 0$$
$$\text{mit } \varepsilon \leq \tfrac{f(y)-f(x)}{\sigma \nabla f(x)^T d} \leq 1 - \varepsilon\} \quad \text{falls } \nabla f(x)^T d < 0$$
$$S(x,d) := \{x\} \quad \text{falls } \nabla f(x)^T d \geq 0$$

abgeschlossen in (x,d) für alle (x,d) mit $\nabla f(x)^T d < 0$.

Beweis:
Es gelte $(x_i) \to x$, $(d_i) \to d \neq 0$, und $(y_i) \to y$ mit $y_i \in S(x_i, d_i) \; \forall i \in \mathbb{N}$.
Zu zeigen ist: $y \in S(x,d)$.
Für jedes i gilt: $y_i = x_i + \sigma_i d_i$, wobei σ_i aus einer erlaubten Menge stammt. Also ist dann $\sigma_i = \frac{\|y_i - x_i\|}{\|d_i\|}$, falls $d_i \neq 0$.
Da $d \neq 0$, werden ab einem $\bar{i}$ für alle $i > \bar{i}$ die $d_i \neq 0$ sein. Wir beschränken unsere Aufmerksamkeit auf diese. Nun geht aber

$$\sigma_i = \frac{\|y_i - x_i\|}{\|d_i\|} \longrightarrow \frac{\|y - x\|}{\|d\|} =: \Sigma \geq 0,$$

d.h. $\sigma_i \to \Sigma$ und $y = x \pm \Sigma d$ (o.B.d.A. $y = x + \Sigma d$).
Definiere nun:

$$\psi(x, d, \Sigma) := \frac{f(x + \Sigma d) - f(x)}{\Sigma \cdot \nabla f(x)^T d}.$$

Dieser Grenzwert existiert wegen der stetigen Differenzierbarkeit von f und weil $d \neq 0$, $\nabla f(x)^T d < 0$ nach Voraussetzung. Dann gilt mit Goldstein-Regel immer:

$$\varepsilon \leq \psi(x_i, d_i, \sigma_i) \leq 1 - \varepsilon \quad \forall i \text{ mit } d_i \neq 0,$$

zumindest immer ab $i > \bar{i}$, und es folgt: $\varepsilon \leq \psi(x, d, \sigma) \leq 1 - \varepsilon$, d.h. $y \in S(x,d)$. □

Damit bleibt Satz 16.5 selbst dann wahr, wenn man die Liniensuche nicht exakt, sondern nach dem Goldstein-Test durchführt.

Bemerkung
Analoges lässt sich für den Prozenttest bei stetiger Differenzierbarkeit zeigen. Ebenso ist der Armijo-Test behandelbar, indem man am Grenzwert die Gültigkeit beider Beziehungen nachweist.

Lemma 16.5 *Das Goldstein-Kriterium ist realisierbar bei stetiger Differenzierbarkeit, wenn es in der gegebenen Suchrichtung einen Minimalpunkt gibt.*

Beweis:
Man bestimme die Tangentialvoraussage (TV) am Punkt x und bewege sich in die Richtung, wo diese negativ wird. Bei $\nabla f(x)^T d = 0$ bleiben wir ja stehen. Nun muss irgendwo wieder ein Anstieg erfolgen. Also kreuzt man den bewussten (fiktiven) Kegel. Begonnen hat man bei $1 \cdot$ TV. Käme man nie über $(1-\varepsilon) \cdot$TV hinaus, dann würde die Funktion gegen $-\infty$ fallen (WIDERSPRUCH). □

Satz 16.7 *Konvergenz von mehrdimensionaler Suche mit Goldstein-Regel*
Zu lösen sei $\min f(x)$ über $x \in \mathbb{R}^n$, f sei stetig differenzierbar. $y \in A(x)$ bedeutet, dass y aus sequentieller Minimierung entlang $d_1, \ldots, d_n$ mit Goldstein-Abbruchkriterium gewonnen wird, wobei $A(x) := \{x\}$ gesetzt wird, wenn $\nabla f(x)^T d = 0$ ist. Wir starten bei x_0. $\|d_j\|$ sei jeweils $1 \; \forall j = 1, \ldots, n$. Generell soll gelten:

(1) $\exists \varepsilon > 0$, so dass $|\det_x(d_1, \ldots, d_n)| \geq \varepsilon \quad \forall x \in \mathbb{R}^n$.

(2) Auf jeder Suchrichtung existiert ein eindeutiger Minimalpunkt.

(3) Alle (x_k) gehören zu einer kompakten Teilmenge von $\mathbb{R}^n$.

Goldstein garantiert, dass $\forall y_{j+1} \in S(y_j, d_j)$ gilt:

$$\varepsilon \leq \frac{f(y_{j+1}) - f(y_j)}{\nabla f(y_j)^T (y_{j+1} - y_j)} \leq 1 - \varepsilon \quad \text{mit } 0 < \varepsilon < \frac{1}{2}$$

so lange wie $\nabla f(y_j)^T (y_{j+1} - y_j) < 0$.
Dann gehört jeder Häufungspunkt der Folge (x_k) zu $\Omega = \{x \mid \nabla f(x) = 0\}$.

Beweis als Übungsaufgabe.
Anleitung: Man argumentiere analog zum Beweis von Satz 15.4 unter der Annahme, dass beim Grenzpunkt x gilt $\nabla f(x) \neq 0$. Mit der entsprechenden Setzung von $y_{j(k)}$ folgt wegen des Goldstein-Tests $y_{j(k)} = y_{j-1(k)}$ immer dann, wenn $\nabla f(y_{j-1(k)})^T d_{j(k)} = 0$ und ansonsten

$$\varepsilon \leq \frac{f(y_{j(k)}) - f(y_{j-1(k)})}{\nabla f(y_{j(k)})^T (y_{j(k)} - y_{j-1(k)})} \leq 1 - \varepsilon \quad \text{mit } 0 < \varepsilon < \frac{1}{2}.$$

Hat man schließlich x' als Iterationsnachfolger von x identifiziert und $x = y_0, \ldots, y_n = x'$ eingeführt, dann kann man diesmal unter Ausnutzung der Grenzwertaussagen so argumentieren:
Aus der Stetigkeit von f und ∇f folgt:

$$f(y_{j(k)}) \to f(y_j) \quad \text{und} \quad \nabla f(y_{j(k)}) \to \nabla f(y_j).$$

Des Weiteren gilt: $\frac{y_{j(k)} - y_{j-1(k)}}{\|y_{j(k)} - y_{j-1(k)}\|} \to d_j$ und $f(x) = f(x')$.
Die vorher bewiesene Abgeschlossenheit von $S(x, d)$ sorgt nun dafür, dass $y_j \in S(y_{j-1}, d_j)$ gilt, wenn $\nabla f(y_{j-1})^T d_j < 0$ ist. Dies bedeutet aber:

Entweder $\nabla f(y_{j-1})^T d_j = 0$ und $y_j = y_{j-1}$ jedesmal oder aber mindestens einmal $\nabla f(y_{j-1})^T d_j < 0$ und nach Goldstein:

$$\varepsilon < \frac{f(y_j) - f(y_{j-1})}{\nabla f(y_{j-1})^T (y_j - y_{j-1})} < 1 - \varepsilon \iff \varepsilon < \frac{f(\sigma_j d + y_{j-1}) - f(y_{j-1})}{\nabla f(y_{j-1})^T \sigma_j d} < 1 - \varepsilon$$

weil bei $\sigma \to 0$ der Bruch gegen 1 ginge, ist obiges also nur für positives σ denkbar. Deshalb ist dann auch garantiert, dass gilt:

$$0 < \sigma \varepsilon \left| \nabla f(y_{j-1})^T d \right| < f(y_{j-1}) - f(y_{j-1} + \sigma d) = f(y_{j-1}) - f(y_j).$$

Also ist hier ein Abstieg erzielt worden.
Keinen Abstieg auf dem Weg von x zu x' gibt es also nur bei $\nabla f(x) = 0$. Andererseits ist bekannt (siehe alter Beweis), dass $f(x) = f(x')$ gilt und damit ist bewiesen, dass unser Häufungspunkt zu Ω gehören muss. □

16.5 Übungsaufgaben

Aufgabe 16.1 Bestimmen Sie für $f(x) = 2x^2 - 6x - 3$ eine Nullstelle mit Hilfe

a) der Bisektionsmethode. Benutzen Sie als Startpunkte $a = 0, b = 5$.

b) des Sekantenverfahrens. Benutzen Sie als Startpunkte $x_0 = 0, x_1 = 5$.

c) der Regula falsi. Benutzen Sie als Startpunkte $x_0 = 0, x_1 = 5$.

d) des Newton-Verfahrens. Benutzen Sie als Startpunkt $x_0 = 0$.

e) des Newton-Verfahrens. Benutzen Sie als Startpunkt $x_0 = 5$.

Aufgabe 16.2 Gegeben sei eine zweimal differenzierbare Funktion $f : \mathbb{R} \to \mathbb{R}$.

a) Wie findet man mit dem Newton-Verfahren eine Nullstelle von $f'(x)$?

b) Die Funktion f kann lokal durch eine Taylor-Reihe approximiert werden:

$$f(x) \approx f(x_k) + (x - x_k)f'(x_k) + \frac{1}{2}(x - x_k)f''(x_k)(x - x_k) =: q_k(x).$$

Zeigen Sie, dass der Punkt x_{k+1}, der mit dem Newton-Verfahren aus Teil a) berechnet wird, ein KKT-Punkt der quadratischen Approximation $q_k(x)$ ist.

c) Lösen Sie mit Hilfe des Newton-Verfahrens aus Teil a) das Optimierungsproblem:

$$\min \, (x_1 + x_2)^2 + x_2^2 - x_1 \quad \text{unter } x_1 + x_2 = 1.$$

Aufgabe 16.3 Sei f pseudokonvex auf dem Intervall $[a, b]$.
Entwickeln Sie aus der Bisektionsmethode ein Verfahren zur Minimierung von f auf dem Intervall $[a, b]$.

Aufgabe 16.4

a) Bestimmen Sie mit dem Verfahren der quadratischen Approximation ein Minimum der Funktion $f(x) = x^3 - 3x^2 - 6x + 8$. Suchen Sie zunächst mit dem Verfahren von Swan ein Dreiecksmuster, verwenden Sie

1) $a = 4$ als Startpunkt
2) $a = -3$ als Startpunkt

und $\lambda = 1$ als Anfangsschrittweite. Der Abbruch soll erfolgen, wenn $|a_k| > 15$ gilt. Wenn Sie jedoch ein Dreiecksmuster gefunden haben, verkleinern Sie es soweit, bis die Intervallänge maximal $1/3$ beträgt.

b) Bestimmen Sie mit dem Verfahren vom goldenen Schnitt und mit der Fibonacci-Suche ($\delta = 10^{-3}$) ebenfalls das Minimum der Funktion aus Teil a). Als Startintervall soll das Intervall des in Teil a1) gefundenen Dreiecksmusters dienen. Der Abbruch soll erfolgen, wenn die Intervallänge maximal $1/3$ beträgt.

Kapitel 17
Mehrdimensionale Suche ohne Nebenbedingungen

17.1 Allgemeine Verfügbarkeit von Funktionswerten

Wir wollen nun eine mehrdimensionale Suche organisieren, ohne auf Ableitungen zurückgreifen zu müssen.

Es liege zunächst einmal $x \in \mathbb{R}^n$ vor. Man bestimmt nun eine zulässige Richtung $d \neq 0$ und minimiert dann f auf $L = x + \mathbb{R}d$. So erhält man einen neuen Iterationspunkt y.

Denkbar ist auch, wie im Satz von der mehrdimensionalen Suche, dass am Iterationspunkt x bereits n Suchrichtungen $d_1, \ldots, d_n$ vorgegeben werden. Dann könnte eine Sukzessivsuche auf diesen Richtungen mit den Zwischenpunkten $y_0 = x_{\text{alt}}$, $y_1 = y_0 + \lambda_1 d_1, \ldots, y_n = y_{n-1} + \lambda_n d_n = x_{\text{neu}}$ erfolgen. Dabei spielt es keine Rolle, ob nun die y_i die genauen Minima sind oder nicht.

Wenn die Bestimmung der neuen Richtungen allein vom erreichten Iterationspunkt abhängt, dann formuliert man gleich $x_{\text{neu}} = x_{\text{alt}} + \lambda d$.

Wir haben gesehen, dass eine Liniensuche zwei Resultate ergeben kann:

(1) Kein Abbruch mit Aufzeigen der Unbeschränktheit des Originalproblems.

(2) Abbruch mit Näherung an den Minimalpunkt oder Einhaltung der Abbruchregeln, z.B. von Goldstein.

Das zyklische Koordinatenabstiegsverfahren

Hier benutzt man die Koordinatenrichtungen als Suchrichtungen, d.h. $d_1 = e_1, \ldots, d_n = e_n$. Also verändert Schritt k nur die Komponente $k \bmod n$. Abbruchkriterium sei hier $\|x_{k+1} - x_k\| < \varepsilon$.

Algorithmus 17.1 *Zyklisches Abstiegsverfahren*
<u>Input</u>: $\varepsilon > 0$, Anfangspunkt x_0, $y_0 := x_0$, $k := 0$, $j := 1$.

Typischer Schritt:

(1) Führe Liniensuche aus: $\min_{\lambda \in \mathbb{R}} f(y_{j-1} + \lambda d_j)$. Der Abbruch erfolge nach Goldstein-Regel bei $\overline{\lambda}_j$. Setze $y_j := y_{j-1} + \overline{\lambda}_j d_j$.
Falls $j \leq n-1$ setze $j := j+1$ und wiederhole.

(2) Setze $x_{k+1} := y_n$.
Falls $\|x_{k+1} - x_k\| < \varepsilon \longrightarrow$ STOP.
Ansonsten setze $y_0 := x_{k+1}$, $j := 1$, $k := k+1$ und gehe zu (1).

STOP mit Output: x_{k+1}, $f(x_{k+1})$, k.

Bemerkung
Unter den folgenden Voraussetzungen ist Konvergenz gewährleistet.

(1) Entlang jeder Linie hat f ein eindeutig bestimmtes Minimum.

(2) Die Folge aller erzeugten Punkte liegt in einem Kompaktum.

(3) f ist differenzierbar.

Beweis:
Wir ziehen den Beweis zum Konvergenzsatz für mehrdimensionale Suche (Satz 16.7) mit Goldstein-Abbruch heran. $\det D = 1$ und der Verbleib in einem Kompaktum garantieren Konvergenz auch bei Goldstein-Abbruch. Damit kommen wir zu einem Häufungspunkt x mit $\nabla f(x) = 0$. Die Abstiegsfunktion ist hier $\alpha = f$. Damit gilt: $x_k \to x$, $x_{k+1} = A(x_k) \to \bar{y} \implies$ Abgeschlossenheit und $\Omega = \{x \mid \nabla f(x) = 0\}$. □

Verbesserungsvorschlag:
Man sollte Stockungen dadurch überwinden, dass man schräg weitersucht (in Richtung der bisherigen Differenzen von Folgepunkten).

Die Methode von Hooke und Jeewes
Ausgehend von einem Punkt x_1 produziert man durch Koordinatensuche den Punkt x_2. Nun versucht man es mit Liniensuche entlang der Richtung $x_2 - x_1$. Das Ergebnis sei y_1. Wir suchen über Koordinatenrichtungen nun von y_1 aus wieder x_3 und anschließend ein neues y_2 auf $x_3 - x_2$ (ausgehend von x_3).
Also dient die Koordinatensuche zur Festlegung der Richtung und nicht der Punkte.

Algorithmus 17.2 *Methode von Hooke und Jeewes*
Input: $\varepsilon > 0$, x_1, $z_0 := x_1$, $k := j := 1$.
Typischer Schritt:

(1) $z_{j-1} + \overline{\lambda}_j d_j$ sei Minimalpunkt auf $z_{j-1} + \mathbb{R} e_j$ (oder Goldstein). Setze $z_j := z_{j-1} + \overline{\lambda}_j d_j$, $j := j+1$. Solange $j \leq n$ ist, wiederhole dies.

(2) Setze $x_{k+1} := z_n$.

17.1. Allgemeine Verfügbarkeit von Funktionswerten

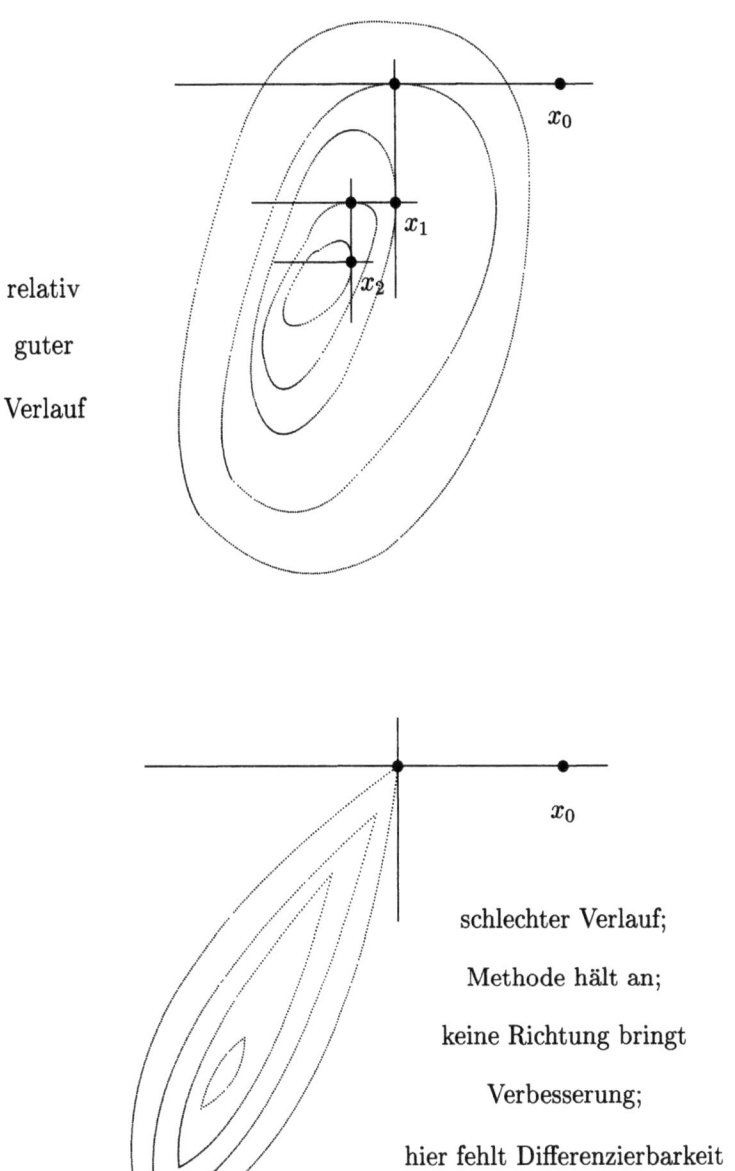

Abbildung 17.1: Zyklisches Abstiegsverfahren

(3) Falls $\|x_{k+1} - x_k\| < \varepsilon \longrightarrow$ STOP.

(4) Setze $d := x_{k+1} - x_k$ und bestimme $\bar{\lambda} := \arg\min_{\lambda \in \mathbb{R}} f(x_{k+1} + \lambda d)$ (oder als Abbruchwert nach Goldstein).

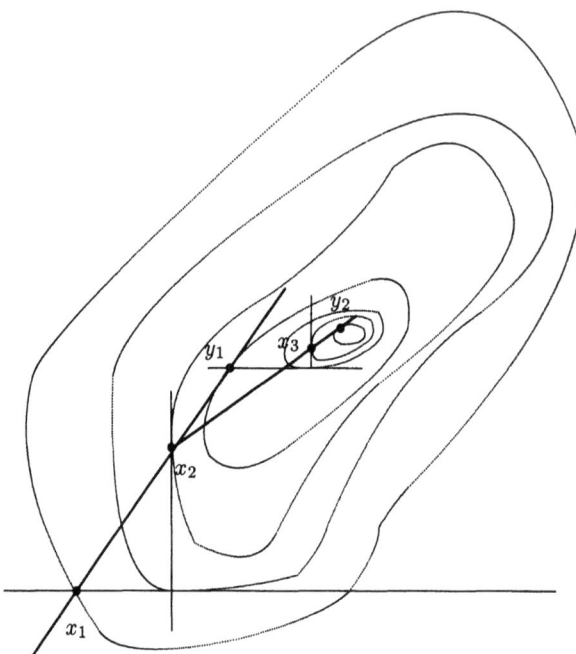

Abbildung 17.2: Die Methode von Hooke und Jeewes

(5) Setze $z_0 := x_{k+1} + \bar{\lambda}d$, $j := 1$, $k := k+1$; falls $z_0 \notin \Omega$, dann gehe zu (1).

STOP mit Output: x_k, x_{k+1}, $f(x_k)$, $f(x_{k+1})$.

Konvergenzbetrachtung

Wir ziehen den Beweis zum Konvergenzsatz für mehrdimensionale Suche (Satz 16.7) mit Goldstein-Abbruch heran und entnehmen daraus die Abgeschlossenheit der zyklischen Koordinatensuche außerhalb von $\Omega = \{x \mid \nabla f(x) = 0\}$. Die Abstiegsfunktion f wird dort bei jedem Durchlauf gesenkt. Die sich anschließende Schrägsuche wird den Wert von f auf jeden Fall nicht verschlechtern. Bezeichnen wir die Koordinatensuche als B und die Schrägsuche als C, dann ergibt sich unser Algorithmus aus der Zusammensetzung von B und C wie bei KSZA (Satz 15.3). Daraus folgt aber die Konvergenz. □

Die Methode von Rosenbrock

Das Koordinatenrichtungs-Suchsystem könnte natürlich auch variiert werden. Einen Ansatz hierfür liefert die Methode von Rosenbrock.
$d_1, \ldots, d_n$ seien orthonormierte Vektoren im $\mathbb{R}^n$. Man startet bei $x_k = y_0$, minimiert sukzessive in den Richtungen $d_{1(k)}, \ldots, d_{n(k)}$ und erhält daraus x_{k+1}. Also gilt: $x_{k+1} - x_k = \sum_{j=1}^n \lambda_j d_j$ (λ_j ist die jeweilige Schrittweite in Richtung d_j).

17.1. Allgemeine Verfügbarkeit von Funktionswerten

Wir erhalten bei x_{k+1} eine neue Basis $\bar{d}_1, \ldots, \bar{d}_n$ mit Hilfe des Gram-Schmidtschen Orthogonalisierungsverfahrens:

$$a_j = \begin{cases} \sum_{i=j}^{n} \lambda_i d_i & \text{falls } \lambda_j \neq 0, \\ d_j & \text{falls } \lambda_j = 0. \end{cases}$$

Diese Vektoren werden noch normiert und orthogonal gemacht:

$$\bar{d}_j = \begin{cases} \frac{a_j}{\|a_j\|} & \text{für } j = 1, \\ \frac{a_j - \sum_{i=1}^{j-1}(a_j^T \bar{d}_i)\bar{d}_i}{\|a_j - \sum_{i=1}^{j-1}(a_j^T \bar{d}_i)\bar{d}_i\|} & \text{für } j = 2, 3, \ldots, n. \end{cases}$$

Das folgende Lemma zeigt die lineare Unabhängigkeit und Orthonormiertheit der $\bar{d}_1, \ldots, \bar{d}_n$.

Lemma 17.1 *Die oben definierten $\bar{d}_j$ sind orthonormiert.*

Beweis:
Seien $d_1, \ldots, d_n$ orthonormiert. Falls die a_j ($j = 1, \ldots, n$) eine Basis bilden, so ist bekannt, dass die Vorschrift $\bar{d}_j$ aus dem Gram-Schmidtschen Orthogonalisierungsverfahren eine orthonormale Basis liefert.
Also bleibt zu zeigen, dass die a_j linear unabhängig sind.
O.B.d.A. sei I die Indexmenge der j mit $\lambda_j = 0$. Dann setzen wir an:

$$\sum_{j=1}^{n} \mu_j a_j = \sum_{j \in I} \mu_j d_j + \sum_{j \notin I} \mu_j (\sum_{i=j}^{n} \lambda_i d_i)$$

$$= \sum_{j \in I} \mu_j d_j + \sum_{i \notin I} \lambda_i (\sum_{\substack{j \leq i \\ j \notin I}} \mu_j) d_i + \underbrace{\sum_{i \in I} \lambda_i (\sum_{\substack{j \leq i \\ j \notin I}} \mu_j) d_i}_{=0}.$$

Wegen der linearen Unabhängigkeit der d_j haben wir $\mu_j = 0 \,\forall j \in I$.
Außerdem gilt:

$$\lambda_i (\sum_{\substack{j \leq i \\ j \notin I}} \mu_j) = 0 \,\forall i \notin I.$$

Nun sind aber gerade dort die $\lambda_i \neq 0$. Deshalb erhalten wir:

$$(\sum_{\substack{j \leq i \\ j \notin I}} \mu_j) = 0 \,\forall i \notin I.$$

Daraus lässt sich sukzessive beweisen, dass auch alle anderen μ_j ($j \notin I$) Null sein müssen. □

Man erkennt also, dass die Richtung $\bar{d}_j$ mit d_j übereinstimmt, falls $\lambda_j = 0$ ist. Denn jedes a_j ($j \notin I$) gehört zu $[\text{LH}\{a_i \mid i \in I\}]^\perp$. Insofern spielt die Reihenfolge, in der die I-Elemente unter den a_j's erscheinen, auch keine Rolle. Ganz deutlich wird das Ergebnis aber, wenn die I-Menge zuerst kommt.

Algorithmus 17.3 *Methode von Rosenbrock*
Input: wähle $\varepsilon > 0$, $d_1, \ldots, d_n$ als orthonormiertes Grundsystem, Startpunkt x_1, $y_0 := x_1$, $j := 1$, $k := 1$.
Typischer Schritt:

(1) Bei $y_j := y_{j-1} + \lambda_j d_j$ liege das f-Minimum über $y_{j-1} + \mathbb{R} d_j$ (oder eine Goldstein-Abbruchstelle).

(2) Falls $j < n$ setze $j := j + 1$ und wiederhole (1).

(3) Setze $x_{k+1} := y_n$. Falls $\|x_{k+1} - x_k\| < \varepsilon \longrightarrow$ STOP.

(4) Setze $y_0 := x_{k+1}$, $k := k + 1$, $j := 1$.

(5) Erzeuge aus $\lambda_1, \ldots, \lambda_n$ und $d_1, \ldots, d_n$ ein neues orthonormiertes Koordinatensystem $\bar{d}_1, \ldots, \bar{d}_n$.

(6) Setze $d_1 := \bar{d}_1, \ldots, d_n := \bar{d}_n$ und gehe zu (1).

STOP mit Output: x_{k+1}, x_k, $f(x_{k+1})$ und $f(x_k)$.

Konvergenzbetrachtung

- Wenn das Minimum entlang jeder Linie eindeutig ist ($\to$ Goldstein bricht ab) und

- wenn die Punktfolge in einem Kompaktum bleibt,

dann nutzen wir aus, dass die Suchrichtungen linear unabhängig, normiert und orthogonal sind $\Rightarrow |\det D| = 1 \Rightarrow$ nach KMDS (Satz 15.4) (bzw. Satz 16.7 bei ungenauer Suche) ist jeder Häufungspunkt in der Lösungsmenge.

17.2 Mehrdimensionale Suche mit Ableitungen

Wir betrachten jetzt eine differenzierbare Funktion.

Die Methode des steilsten Abstiegs (Gradientenmethode)

$d \neq 0$ heißt bekanntlich Abstiegsrichtung bei x, falls ein $\delta > 0$ existiert mit:
$$f(x + \lambda d) < f(x) \quad \forall \lambda \in (0, \delta).$$

Hinreichend ist hierfür, wenn (bei Richtungs-Differenzierbarkeit) gilt:
$$f'(x, d) = L(x, d) = \lim_{\lambda \to 0+} \frac{f(x + \lambda d) - f(x)}{\lambda} < 0.$$

Wir suchen ein $d \in \omega_n = \{x \mid \|x\| = 1\}$, so dass $L(x, d)$ minimal wird (dies nennt man die Richtung des steilsten Abstiegs).

17.2. Mehrdimensionale Suche mit Ableitungen

Lemma 17.2 $f : \mathbb{R}^n \to \mathbb{R}$ sei differenzierbar bei x und $\nabla f(x) \neq 0$. Dann ist $\bar{d} := \frac{-\nabla f(x)}{\|\nabla f(x)\|}$ die Richtung des steilsten Abstiegs bei x für f.

Beweis:
Aus der Differenzierbarkeit von f bei x folgt:

$$f'(x,d) = \lim_{\lambda \to 0+} \frac{f(x+\lambda d) - f(x)}{\lambda} = \nabla f(x)^T d.$$

Minimiere nun $\nabla f(x)^T d$ auf ω_n. Nach Cauchy-Schwarz gilt bekanntlich:

$$|\nabla f(x)^T d| \leq \|\nabla f(x)\| \cdot \|d\| = \|\nabla f(x)\| \cdot 1.$$

Daraus folgt nun:

$$\nabla f(x)^T d \geq -\|\nabla f(x)\| = \nabla f(x)^T \frac{-\nabla f(x)}{\|\nabla f(x)\|}.$$

Mit $\bar{d} = \frac{-\nabla f(x)}{\|\nabla f(x)\|}$ wird aber diese untere Schranke gerade realisiert, weshalb dieses $\bar{d}$ den Minimalwert liefert. □

Algorithmus 17.4 *Methode des steilsten Abstiegs*
Input: $\varepsilon > 0$, x_0, $k := 0$.
Typischer Schritt:

(1) Bestimme $f(x_k)$ und $\nabla f(x_k)$.

(2) Wenn $\|\nabla f(x_k)\| < \varepsilon \longrightarrow$ STOP.

(3) Setze $d_{k+1} := -\nabla f(x_k)$.

(4) Führe Liniensuche auf $x_k + \mathbb{R}d_{k+1}$ aus. Der Minimalpunkt (oder Goldstein-Abbruchpunkt) sei $x_k + \bar{\lambda}_{k+1} d_{k+1}$.

(5) Setze $x_{k+1} := x_k + \bar{\lambda}_{k+1} d_{k+1}$, $k := k+1$ und gehe zu (1).

STOP mit Output: x_k, $f(x_k)$, $\nabla f(x_k)$ und $\|\nabla f(x_k)\|$.

Zur Konvergenz des Verfahrens geben wir folgenden Satz an:

Satz 17.1 Sei f stetig differenzierbar und (x_k) liege in einem Kompaktum. Ferner besitzt jede Liniensuche ein eindeutiges Minimum. Dann liegt jeder Häufungspunkt der Folge (x_k), die mit der Methode des steilsten Abstiegs gewonnen wurde, in $\Omega = \{x \mid \nabla f(x) = 0\}$.

Beweis:
Verwende f als Abstiegsfunktion. Die algorithmische Abbildung ist $A = M \circ D$ mit $D(x) = [x, -\nabla f(x)]$ und mit M als Liniensuch-Operator über $[0, \infty)$, also $M[x, -\nabla f(x)] = x - \lambda \nabla f(x)$.
Wenn dann f stetig differenzierbar ist, dann ist auch D stetig. M ist abgeschlossen bei exakter Liniensuche nach Satz 16.5 und bei Goldstein-Suche nach Satz 16.6.
Dann ist aber auch A wegen Korollar 15.3 abgeschlossen.
Falls hier $x \notin \Omega$ gilt, d.h. $\nabla f(x)^T d < 0$ mit $d = \frac{-\nabla f(x)}{\|\nabla f(x)\|}$, dann ist d Abstiegsrichtung und der Funktionswert wird durch Liniensuche echt verbessert: $f(y) < f(x) \quad \forall y \in A(x)$.
f kann also als Abstiegsfunktion interpretiert werden. Da auch noch immer ein Minimum existiert und wir in einem Kompaktum bleiben, folgt Konvergenz bzw. Häufung gegen einen Ω-Punkt nach dem globalen Konvergenzsatz (Satz 15.1). □

Warnung vor Zickzack-Gefahr
Die Methode arbeitet anfänglich meist gut. Wird jedoch ein stationärer Punkt ($\nabla f(x) = 0$) approximiert, dann verschlechtert sich das Verhalten meist erheblich. Hier treten kleine, zueinander orthogonale Schritte auf (bei exakter Minimierung).

Plausibilitätsüberlegung
Wegen der Differenzierbarkeit von f folgt:

$$f(x_k + \lambda d) = f(x_k) + \lambda \nabla f(x_k)^T d + \lambda \|d\| \alpha(x_k, \lambda d).$$

Sei $d = \frac{-\nabla f(x_k)}{\|\nabla f(x_k)\|}$ und x_k nahe einem stationären Punkt, also $\|\nabla f(x_k)\| < \varepsilon \ll 1$.
Ist f stetig differenzierbar, dann folgt:

$$\|\nabla f(x_k)\| < \varepsilon \implies \left| -\lambda \nabla f(x_k)^T \frac{\nabla f(x_k)}{\|\nabla f(x_k)\|} \right| < \lambda \varepsilon.$$

Der letzte Term in der Differenzierbarkeitsgleichung (α-Term) wird evtl. noch nicht ganz klein sein, er wird aber bei der Richtungssuche ignoriert. Der erste Term ist aber jedenfalls sehr klein. Also ist der Term, auf den man voll baut, nicht größer als der Störterm. Dies kann zu Irritationen führen.

Bemerkung
x_k und x_{k+1} seien Iterationspunkte. Dann stehen $\nabla f(x_k)$ und $\nabla f(x_{k+1})$ (bei exakter Liniensuche) aufeinander senkrecht.

Beweis:
Definiere $g(\lambda) := x_k - \lambda \frac{\nabla f(x_k)}{\|\nabla f(x_k)\|}$ und $h(\lambda) := f(g(\lambda)) = (f \circ g)(\lambda)$. Dann hat h in λ_{k+1} ein relatives Minimum, welches durch Liniensuche gefunden wird. Somit ist λ_{k+1} innerer Punkt auf der Suchgeraden und folglich gilt: $h'(\lambda_{k+1}) = 0$.

17.2. Mehrdimensionale Suche mit Ableitungen

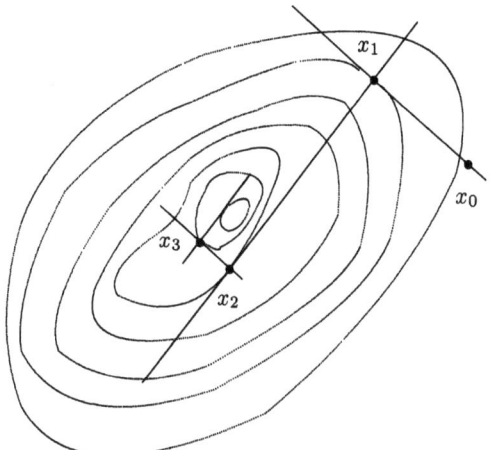

Abbildung 17.3: Methode des steilsten Abstiegs

Damit folgt:

$$\begin{aligned}
0 &= h'(\lambda_{k+1}) = \nabla f(g(\lambda_{k+1}))g'(\lambda_{k+1}) \\
&= \nabla f(x_k - \lambda_{k+1}\frac{\nabla f(x_k)}{\|\nabla f(x_k)\|})^T [\frac{-\nabla f(x_k)}{\|\nabla f(x_k)\|}] \\
&= -\nabla f(x_{k+1})^T \frac{\nabla f(x_k)}{\|\nabla f(x_k)\|}.
\end{aligned}$$

Folglich ist $\nabla f(x_{k+1})^T \nabla f(x_k) = 0$. □

Bemerkung
Bei $f(x) = x^T A x - b^T x$ mit positiv definitem A (quadratisches Optimierungsproblem) hat man lineare Konvergenz mit Faktor $\left(\frac{\Lambda-\lambda}{\Lambda+\lambda}\right)^2$, wobei Λ der größte und λ der kleinste Eigenwert von A sei.

Die Newton-Methode
Die vorher beschriebene Schwäche des „Nichtfertigwerdens" können wir vermeiden, wenn wir Methoden verwenden, die lokal sehr schnell konvergieren. Damit sollte man wieder nach dem bekannten Prinzip vorgehen:
Global guter Algorithmus (wie Gradientenmethode) so lange wie nötig, lokal guter Algorithmus (wie Newton) so oft wie möglich. Für lokale Konvergenz bietet sich wieder ein Newton-Verfahren an.
Neben der Tangentialvoraussage, die im Gradientenverfahren berücksichtigt wurde, kommt nun auch die zweite Ableitung oder Krümmung ins Spiel. Wir suchen also eine quadratische Approximation. Eine solche gewinnt man bei x_k gemäß:
$q(x) = f(x_k) + \nabla f(x_k)(x - x_k) + \frac{1}{2}(x - x_k)^T H_f(x_k)(x - x_k)$,
wobei $H_f(x_k)$ die Hesse-Matrix von f an der Stelle x_k ist. Notwendig für eine Minimalstelle von q ist $\nabla q(x) = 0$, bzw. $\nabla f(x_k) + H_f(x_k)(x - x_k) = 0$.

Existiert zu $H_f(x_k)$ die inverse Matrix $H_f(x_k)^{-1}$, dann ist eine mögliche Iterationsvorschrift so zu gewinnen:

$$\nabla f(x_k) + H_f(x_k)(x_{k+1} - x_k) = 0 \;\Rightarrow\; x_{k+1} = x_k - H_f(x_k)^{-1}\nabla f(x_k).$$

Wir verwenden nun die Schreibweise H anstelle von H_f, wenn klar ist, welche Hesse-Matrix gemeint ist.

Algorithmus 17.5 Newton-Verfahren
Input: $\varepsilon > 0$, x_0, $k := 0$, zweimal differenzierbares f mit überall regulärer Hesse-Matrix H.
Typischer Schritt:

(1) Wenn $\|\nabla f(x_k)\| < \varepsilon \;\longrightarrow\;$ STOP.

(2) $x_{k+1} := x_k - H(x_k)^{-1}\nabla f(x_k)$.

(3) Setze $k := k+1$.

(4) Berechne $f(x_k)$ und $\nabla f(x_k)$. Gehe dann zu (1).

STOP mit Output: x_k, $f(x_k)$ und $\nabla f(x_k)$.

Bemerkung
Ist $\nabla f(\bar{x}) = 0$, $H(\bar{x})$ positiv definit beim lokalen Minimum $\bar{x}$ und f zweimal stetig differenzierbar, dann ist $H(x)$ auch in der Nähe von $\bar{x}$ positiv definit.
Wegen $\nabla f(\bar{x}) = 0$ wird dann $\bar{x}$ zum Fixpunkt in obiger Iterationsvorschrift.
Konvergenz ist nicht mehr generell gesichert, weil $H(x_k)$ ja singulär werden könnte, bzw. $f(x_{k+1}) > f(x_k)$ eintreten könnte. Ist der Startpunkt nahe genug an $\bar{x}$, dann hat man bei vollem Rang von $H(\bar{x})$ die gewünschte Konvergenz. Setze dazu $\alpha(x) := \|x - \bar{x}\|$ als Abstiegsfunktion ein.

Satz 17.2 $f : \mathbb{R}^n \to \mathbb{R}$ sei zweimal stetig differenzierbar. Bei $\bar{x}$ existiere $H(\bar{x})^{-1}$ und es sei $\nabla f(\bar{x}) = 0$. x_0 liege genügend nahe bei $\bar{x}$, d.h. es existieren $K_1, K_2 > 0$ mit $0 < K_1 \cdot K_2 < 1$, so dass gilt:

(1) $\|H(x)^{-1}\| \leq K_1 \quad$ mit $\|A\| = \text{Max}\{\|Ax\| \,|\, x \in \mathbb{R}^n, \|x\| = 1\}$.

(2) $\dfrac{\|\nabla f(\bar{x}) - \nabla f(x) - H(x)(\bar{x}-x)\|}{\|\bar{x}-x\|} \leq K_2$.

Dann konvergiert das Verfahren gegen $\bar{x}$.

Beweis:
Interpretiere das Newton-Verfahren als algorithmische Abbildung

$$A(x) = x - H(x)^{-1}\nabla f(x)$$

17.2. Mehrdimensionale Suche mit Ableitungen

und betrachte die Normdefinition für Matrizen:

$$\|A\| := \text{Max}\{\|Ax\| \mid x \in \mathbb{R}^n, \|x\| = 1\} \quad \Rightarrow \quad \|Ax\| \leq \|A\|\,\|x\|.$$

Es sei $\Lambda := \{x \mid \|x - \bar{x}\| \leq \|x_0 - \bar{x}\|\}$ (Beschränkung durch die Anfangsdistanz) und die Lösungsmenge sei beschrieben als $\Omega = \{\bar{x}\}$.

Wir greifen nun auf den globalen Konvergenzsatz (Satz 15.1) zurück. Λ ist kompakt. A ist auf Λ abgeschlossen, wegen Korollar 15.3 (A ist stetige Punkt-Punkt-Abbildung).

Nachzuweisen ist noch die Abstiegseigenschaft von $\alpha = \|x - \bar{x}\|$. Sei $x \in \Lambda$, $x \neq \bar{x}$ und $y \in A(x)$, d.h. $y = A(x)$. Dann gilt:

$$\begin{aligned}
\|y - \bar{x}\| &= \|(x - \bar{x}) - H(x)^{-1}[\nabla f(x) - \underbrace{\nabla f(\bar{x})}_{=0}]\| \\
&= \|H(x)^{-1}[H(x)(x - \bar{x}) - \nabla f(x) + \nabla f(\bar{x})]\| \\
&\leq K_1 K_2 \|x - \bar{x}\| < 1 \cdot \|x - \bar{x}\|.
\end{aligned}$$

Wir haben also lineare Konvergenz und bleiben in Λ. □

Fordert man stärkere Differenzierbarkeitseigenschaften, dann lässt sich sogar quadratische Konvergenz nachweisen.

Satz 17.3 *Sei f dreimal stetig differenzierbar. Beim lokalen Minimalpunkt $\bar{x}$ sei $H(\bar{x})$ positiv definit. Liegt dann der Startpunkt x_0 genügend nahe bei $\bar{x}$, dann konvergieren die (x_k) mit Konvergenzordnung zwei oder mehr gegen $\bar{x}$.*

Beweis:
Zunächst gebe es ein $\rho > 0$ und $K_1, K_2 > 0$ mit $\rho \cdot K_1 \cdot K_2 < 1$, so dass $\forall x$ mit $\|x - \bar{x}\| < \rho$ gilt:

(1) $\|H(x)^{-1}\| < K_1$.

(2) $\|\nabla f(\bar{x}) - \nabla f(x) - H(x)(\bar{x} - x)\| \leq K_2 \cdot \|x - \bar{x}\|^2$ (wegen der dreimaligen stetigen Differenzierbarkeit von f ist ∇f zweimal stetig differenzierbar).

Nun zeigen wir die quadratische Konvergenz:
Wie im obigen Satz ergibt sich die Konvergenz gegen $\bar{x}$. Die Qualität der Konvergenz erhält man folgendermaßen: für $x \neq \bar{x}$ sei $y \in A(x)$ dessen Nachfolger. Wegen $\nabla f(\bar{x}) = 0$ bekommen wir:

$$y - \bar{x} = x - \bar{x} - H(x)^{-1}\nabla f(x) = H(x)^{-1}[\nabla f(\bar{x}) - \nabla f(x) - H(x)(\bar{x} - x)]$$

und daraus:

$$\begin{aligned}
\|y - \bar{x}\| &= \|H(x)^{-1}[\nabla f(\bar{x}) - \nabla f(x) - H(x)(\bar{x} - x)]\| \\
&\leq \|H(x)^{-1}\|\,\|\nabla f(\bar{x}) - \nabla f(x) - H(x)(\bar{x} - x)\| \\
&< K_1 \cdot K_2 \cdot \|x - \bar{x}\|^2.
\end{aligned}$$

Dies beweist, dass die Bedingung für quadratische Konvergenz in diesem Iterationsschritt erfüllt ist. Wir müssen allerdings noch sicherstellen, dass auch zu Beginn des nächsten Iterationsschrittes noch die nötigen Voraussetzungen gelten. Also schätzen wir ab:

$$K_1 \cdot K_2 \cdot \|x - \bar{x}\| \cdot \|x - \bar{x}\| < K_1 \cdot K_2 \cdot \rho \cdot \|x - \bar{x}\|$$
$$< 1 \cdot \|x - \bar{x}\| \quad (\text{wegen } K_1 \cdot K_2 \cdot \rho < 1).$$

Das heißt: die Konvergenz ist quadratisch und die Abstände zu $\bar{x}$ verkleinern sich. So bleibt die Voraussetzung $\|x_k - \bar{x}\| < \rho$ immer gewahrt, falls $\|x_0 - \bar{x}\| < \rho$ war. Deshalb ist obige Überlegung für jeden Iterationsschritt gültig. □

Beispiel (siehe Abb. 17.4)
$$\min f(x) = \underbrace{(x^1 - 2)^2}_{\text{Abstand zur Gerade}} + \underbrace{(x^1 - 2x^2)^2}_{\text{Abstand zur Halbdiagonalen}}$$

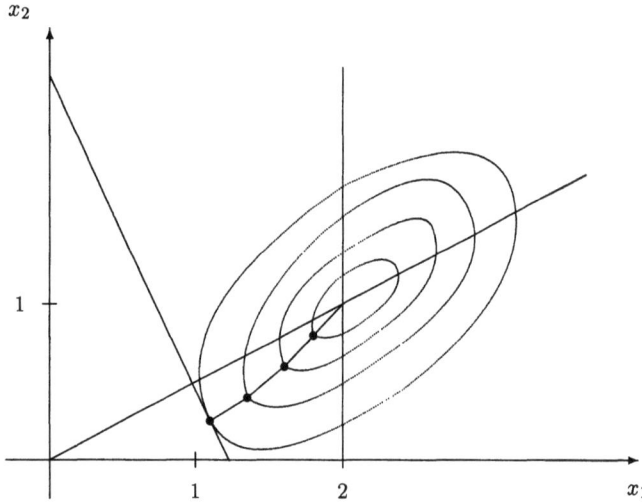

Abbildung 17.4: Newton-Verfahren

Mischung aus Gradientenverfahren und Newton-Verfahren zur Herstellung schneller globaler Konvergenz

Algorithmus 17.6 *Hybrid-Algorithmus aus steilstem Abstieg und Newton-Verfahren*
Input: $\varepsilon > 0$, x_0, $k := 0$, zweimal differenzierbares f mit überall regulärer Hesse-Matrix H.

17.2. Mehrdimensionale Suche mit Ableitungen

Typischer Schritt:

(0) Falls $\|\nabla f(x_k)\| < \varepsilon \longrightarrow$ STOP.

(1) Berechne $y_{k+1} := x_k - H(x_k)^{-1} \nabla f(x_k)$.

(2) Falls $f(y_{k+1}) < f(x_k)$ ist, setze $x_{k+1} := y_{k+1}$, $k := k+1$ und gehe zu (0).

(3) Falls $f(y_{k+1}) \geq f(x_k)$ ist, dann setze $z_k := x_k$.

(4) Bestimme $f(z_k)$ und $\nabla f(z_k) =: -d_{k+1}$.

(5) Führe Liniensuche auf $z_k + \mathbb{R} d_{k+1}$ aus. Der Minimalpunkt oder Goldstein-Abbruchpunkt sei $z_k + \bar{\lambda} d_{k+1}$.

(6) Setze $x_{k+1} := z_k + \bar{\lambda} d_{k+1}$, $k := k+1$ und gehe zu (0).

STOP mit <u>Output</u>: x_k, $f(x_k)$, $\nabla f(x_k)$ und $\|\nabla f(x_k)\|$.

Die Konvergenz solcher „Hybrid-Algorithmen" kann mit folgender Variante des GKS (Satz 15.1) bewiesen werden.

Satz 17.4 *Spacer-Step-Theorem, Zangwill*
Sei $\Gamma \subseteq \mathbb{R}^n$ abgeschlossen und nichtleer. $\Omega \neq \emptyset$ sei die Lösungsmenge. $B : \Gamma \to \wp(\Gamma)$ sei eine algorithmische Abbildung, die über $\Gamma \setminus \Omega$ abgeschlossen sei. Ferner sei α eine Abstiegsfunktion bzgl. B und Ω. Schließlich sei $(x_k)_{k \in \mathbb{N}}$ eine Folge mit den Eigenschaften:

(i) $x_{k+1} \in B(x_k) \quad \forall k \in K \subseteq \mathbb{N}$ mit $\#(K) = \infty$.

(ii) $\alpha(x_{k+1}) \leq \alpha(x_k) \quad \forall k \in \mathbb{N}$.

Falls dann $\{y \in \Gamma \mid \alpha(y) \leq \alpha(x_0)\}$ kompakt ist, konvergiert (x_k) gegen Ω.

Beweis:
Es gelte $x_{k+1} \in B(x_k) \, \forall k \in K$. Die unendliche Folge $(x_k)_{k \in K}$ wird dann erzeugt durch die zusammengesetzte algorithmische Abbildung $A : B \circ C$, wobei $C(x) := \{y \in \Gamma \mid \alpha(y) \leq \alpha(x)\}$ sei (solange wird C innerhalb von $(x_k)_{k \in \mathbb{N}}$ angewendet, bis einmal wieder B mit der α-Verkleinerung greift).
A stellt also jeweils einen Abschnitt in der Iterationskette dar: Einige C-Anwendungen und dann eine erfolgreiche B-Anwendung.
Dass C abgeschlossen ist, sieht man wie folgt:
Sei z_i eine Folge von Punkten mit Grenzwert z und $\xi^i \in C(z_i)$ mit Grenzwert ξ. Dann gilt $\alpha(\xi^i) \leq \alpha(z_i) \, \forall i$ und somit $\alpha(\xi) \leq \alpha(z)$. Folglich ist $\xi \in C(z)$.
Also greift hier Satz über zusammengesetzte Abbildungen (Satz 15.2) zusammen mit Korollar 15.2 und liefert die Abgeschlossenheit von A. Damit aber ist für die K-Folge der GKS (Satz 15.1) anwendbar. Dies beweist mit der Abstiegsfunktion (B verringert $f(x)$), dass alle Häufungspunkte in Ω liegen müssen und dass $(\alpha(x_k))_{k \in K}$ konvergiert. □

Dieser Satz ist besonders geeignet, um die Konvergenz komplizierter Algorithmen zu erreichen, da man oft als „spacer step" ein konvergentes Verfahren einschiebt. Daraus folgt nun:

Satz 17.5 *Bei einer zweimal differenzierbaren Funktion f mit kompaktem $\{y \mid f(y) \leq f(x_0)\}$ konvergiert Algorithmus 17.6 gegen $\Omega = \{x \mid \nabla f(x) = 0\}$.*

17.3 Methoden mit konjugierten Richtungen

Bei der Auswahl der Suchrichtungen $d_1, \ldots, d_n$ können bestimmte Modifikationen zum Ziel führen, die eine geeignete Anpassung an die vorliegende Funktion bewirken. Diese Modifikationen lassen sich unter dem Stichwort „konjugierte Richtungen" zusammenfassen. Besonders bewähren sich diese bei quadratischer Zielfunktion.

Definition 17.1 *H sei eine symmetrische $(n \times n)$-Matrix. Die Vektoren $d_1, \ldots, d_k$ heißen H-konjugiert, wenn sie linear unabhängig sind und wenn gilt:*
$$d_i^T H d_j = 0 \quad \forall i, j \text{ mit } i \neq j.$$

Beispiel (siehe auch Abb. 17.5)
minimiere$_{x \in \mathbb{R}^2}$ $f(x) = -12x^2 + 4(x^1)^2 + 4(x^2)^2 - 4x^1 x^2$.

Die Hesse-Matrix lautet: $\begin{pmatrix} 8 & -4 \\ -4 & 8 \end{pmatrix}$.

Wir brauchen konjugierte Richtungen d_1 und d_2. Dazu fangen wir o.B.d.A. mit $d_1 = e_1 = (1, 0)^T$ an. Folglich muss für d_2 gelten: $d_2^T H d_1 = 0$ und in unserem Beispiel mit $d_2 = (\alpha, \beta)^T$:

$$0 = (\alpha, \beta) \begin{pmatrix} 8 & -4 \\ -4 & 8 \end{pmatrix} \begin{pmatrix} 1 \\ 0 \end{pmatrix} = (\alpha, \beta) \begin{pmatrix} 8 \\ -4 \end{pmatrix} = 8\alpha - 4\beta.$$

Also muss gelten: $d_2 \in \mathbb{R} \cdot \begin{pmatrix} 1 \\ 2 \end{pmatrix}$. Setze etwa $d_2 = \begin{pmatrix} 1 \\ 2 \end{pmatrix}$.

Minimierung von f entlang der Gerade $x_{(0)} + \mathbb{R} \begin{pmatrix} 1 \\ 0 \end{pmatrix}$ mit $x_{(0)} = \begin{pmatrix} -\frac{1}{2} \\ 1 \end{pmatrix}$ führt zur eindimensionalen Funktion:

$$\begin{aligned} \varphi_1(\lambda) &= f\begin{pmatrix} -\frac{1}{2} + \lambda \\ 1 \end{pmatrix} \\ &= -12 + 4(-\frac{1}{2} + \lambda)^2 + 4 - 4(-\frac{1}{2} + \lambda) \\ &= -8 + 4(-\frac{1}{2} + \lambda)(-\frac{3}{2} + \lambda). \end{aligned}$$

Diese Funktion wird minimal bei $\lambda = 1$, also brauchen wir den Punkt:

$$y_{0(0)} + 1 \cdot \begin{pmatrix} 1 \\ 0 \end{pmatrix} = \begin{pmatrix} -\frac{1}{2} + 1 \\ 1 + 0 \end{pmatrix} = \begin{pmatrix} \frac{1}{2} \\ 1 \end{pmatrix} =: y_{1(0)}.$$

17.3. Methoden mit konjugierten Richtungen

Von $\begin{pmatrix}\frac{1}{2}\\1\end{pmatrix}$ aus werden wir nun auf der Geraden $\begin{pmatrix}\frac{1}{2}\\1\end{pmatrix}+\mathbb{R}\cdot\begin{pmatrix}1\\2\end{pmatrix}$ minimieren.

Dabei ergibt sich die zu minimierende eindimensionale (reellwertige) Funktion:

$$\begin{aligned}\varphi_2(\rho) &= f\left(\begin{pmatrix}\frac{1}{2}\\1\end{pmatrix}+\rho\begin{pmatrix}1\\2\end{pmatrix}\right) = f\begin{pmatrix}\frac{1}{2}+\rho\\1+2\rho\end{pmatrix}\\
&= -12(1+2\rho)+4(\frac{1}{2}+\rho)^2+4(1+2\rho)^2-4(\frac{1}{2}+\rho)(1+2\rho).\end{aligned}$$

Für ein Minimum benötigen wir $\varphi_2'(\rho)=0$. Es gilt:

$$\varphi_2'(\rho)=-24+8(\frac{1}{2}+\rho)+16(1+2\rho)-8(\frac{1}{2}+\rho)-4(1+2\rho)=-12+24\rho.$$

Folglich gilt: $\varphi_2'(\frac{1}{2})=0$. Dies ist wegen $\varphi_2''(\frac{1}{2})=24>0$ auch tatsächlich ein Minimum. Damit erhalten wir als Endpunkt:

$$y_{2(0)}=y_{1(0)}+\frac{1}{2}\begin{pmatrix}1\\2\end{pmatrix}=\begin{pmatrix}\frac{1}{2}\\1\end{pmatrix}+\frac{1}{2}\begin{pmatrix}1\\2\end{pmatrix}=\begin{pmatrix}1\\2\end{pmatrix}=x_{(1)}.$$

Probe: Nachweis der Optimalität von $x_{(2)}$: als Übungsaufgabe.

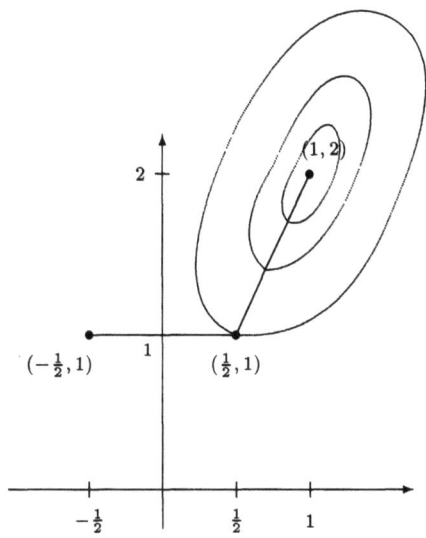

Abbildung 17.5: Illustration

Übungsaufgabe: An diesem Rechenbeispiel soll nachvollzogen werden, dass das Verfahren von jedem Startpunkt aus und mit jedem d_1 zum richtigen Ergebnis kommt.

Im quadratischen Fall kommt man mit n Minimierungsschritten aus. Dies ist auch für den allgemeinen Fall wertvoll, weil viele praktische Funktionen gut quadratisch approximiert werden können.

Satz 17.6 Sei $f = c^T x + \frac{1}{2} x^T H x$ mit einer symmetrischen $(n \times n)$-Matrix H. $d_1, \ldots, d_n$ seien H-konjugiert. x_0 sei ein beliebiger Startpunkt. Für $k = 1, \ldots, n$ sei jeweils $\bar{\lambda}_k = \arg\min_\lambda f(x_{k-1} + \lambda d_k)$ mit $x_k = x_{k-1} + \bar{\lambda}_k d_k$ bei $k = 1, \ldots, n$. Dann gilt:

(1) $\nabla f(x_k)^T d_j = 0 \quad \forall j = 1, \ldots, k$.

(2) $\nabla f(x_0)^T d_{k+1} = \nabla f(x_k)^T d_{k+1} \quad \forall k = 0, \ldots, n-1$.

(3) x_k ist optimal für $\min f(x)$ unter $x \in x_0 + \mathrm{LH}(d_1, \ldots, d_k)$.

(4) x_n ist der Minimalpunkt von f über $\mathbb{R}^n$.

Beweis:
(1) $f(x_{(j-1)} + \lambda d_j)$ nimmt sein Minimum bei $\bar{\lambda}_j$ nur an, wenn gilt:
$$\nabla f(x_{(j-1)} + \bar{\lambda}_j d_j)^T d_j = 0, \quad \text{also } \nabla f(x_{(j)})^T d_j = 0.$$

Somit ist die Aussage (1) zumindest für $j = k$ erfüllt.
Bei $j < k$ beachten wir, dass gilt:

$$\begin{aligned} \nabla f(x_{(k)}) &= c + H x_{(k)} \\ &= c + H x_{(j)} + H \left(\sum_{i=j+1}^{k} \lambda_i d_i \right) \\ &= \nabla f(x_{(j)}) + H \left(\sum_{i=j+1}^{k} \lambda_i d_i \right). \end{aligned}$$

Wegen der Konjugiertheit der Richtungen gilt: $d_i^T H d_j = 0$ für $i = j+1, \ldots, k$ und damit $\nabla f(x_{(k)})^T d_j = \nabla f(x_{(j)})^T d_j = 0$. Somit erhalten wir die Gültigkeit von (1).

(2) Es gilt: $\nabla f(x_{(k)}) = \nabla f(x_{(0)}) + H(\sum_{i=1}^{k} \lambda_i d_i)$. Dies multiplizieren wir mit d_{k+1} und beachten, dass $d_{k+1}^T H d_i = 0 \; \forall i \leq k$ gilt. Dann folgt:

$$\nabla f(x_{(k)})^T d_{k+1} = d_{k+1}^T \nabla f(x_{(0)}) \implies (2).$$

(3) Aus $d_i^T H d_j = 0 \; \forall i \neq j$ folgt:

$$\begin{aligned} f(x_k) &= f(x_0 + x_k - x_0) \\ &= f\left(x_0 + \sum_{j=1}^{k}(x_j - x_{j-1}) \right) \\ &= f\left(x_0 + \sum_{i=1}^{k}(\lambda_j d_j) \right) \quad \text{(weil dies eine quadratische Funktion ist)} \end{aligned}$$

17.3. Methoden mit konjugierten Richtungen

$$
\begin{aligned}
&= f(x_0) + \nabla f(x_0)^T [\sum_{j=1}^k (\lambda_j d_j)] + [\sum_{j=1}^k (\lambda_j d_j)]^T H [\sum_{j=1}^k (\lambda_j d_j)] \cdot \frac{1}{2} \\
&= f(x_0) + \nabla f(x_0)^T [\sum_{j=1}^k (\lambda_j d_j)] + \sum_{r=1}^k \sum_{s=1}^k \lambda_r \lambda_s d_r^T H d_s \cdot \frac{1}{2} \\
&= f(x_0) + \nabla f(x_0)^T [\sum_{j=1}^k (\lambda_j d_j)] + \frac{1}{2} \sum_{j=1}^k (\lambda_j)^2 d_j^T H d_j .
\end{aligned}
$$

Sei nun $x - x_0 \in \text{LH}(d_1, \ldots, d_k)$, d.h. $x = x_0 + \sum_{j=1}^k (\mu_j d_j)$. Analog zu oben erhalten wir dann:

$$f(x) = f(x_0) + \nabla f(x_0)^T [\sum_{j=1}^k (\mu_j d_j)] + \frac{1}{2} \sum_{j=1}^k (\mu_j)^2 d_j^T H d_j .$$

Nun müssen wir zeigen: $f(x) \geq f(x_k)$.
Annahme: $f(x) < f(x_k)$.
Die Entwicklung um x_0 liefert:

$$\nabla f(x_0)^T (\sum_{j=1}^k \mu_j d_j) + \frac{1}{2} \sum_{j=1}^k \mu_j^2 d_j^T H d_j < \nabla f(x_0)^T (\sum_{j=1}^k \lambda_j d_j) + \frac{1}{2} \sum_{j=1}^k \lambda_j^2 d_j^T H d_j .$$

Beachte nun aber, dass gilt: $f(x_{j-1} + \lambda_j d_j) \leq f(x_{j-1} + \mu_j d_j) \; \forall j$. Damit folgt:

$$
\begin{aligned}
&f(x_{j-1}) + \lambda_j \nabla f(x_{j-1})^T d_j + \frac{1}{2} \lambda_j^2 d_j^T H d_j \\
\leq\; &f(x_{j-1}) + \mu_j \nabla f(x_{j-1})^T d_j + \frac{1}{2} \mu_j^2 d_j^T H d_j .
\end{aligned}
$$

Nach (2) wissen wir aber, dass gilt: $\nabla f(x_{j-1})^T d_j = \nabla f(x_0)^T d_j$. Setzen wir dies ein, so erhalten wir:

$$\lambda_j \nabla f(x_0)^T d_j + \frac{1}{2} \lambda_j^2 d_j^T H d_j \leq \mu_j \nabla f(x_0)^T d_j + \frac{1}{2} \mu_j^2 d_j^T H d_j .$$

Bloße Summation über diese Ungleichung für $j = 1, \ldots, k$ widerspricht obiger Annahme, folglich ist diese falsch.
Somit ist x_k tatsächlich Optimalpunkt über $x_0 + \text{LH}(d_1, \ldots, d_k)$.
(4) Die Behauptung ergibt sich implizit aus Aussage (3), weil $d_1, \ldots, d_n$ eine linear unabhängige Menge bilden müssen (definitionsgemäß) und daher eine Basis des $\mathbb{R}^n$ bilden. Folglich ist $\text{LH}(d_1, \ldots, d_n) = \mathbb{R}^n$. □

Man optimiert also in einem immer größer werdenden Raum evtl. nach.

Wir müssen uns nun mit der Frage befassen, wie man konjugierte Richtungen erzeugt und wie man dieses Konzept auch in dem Fall verwirklicht, wo f keine quadratische Funktion ist. Dann nämlich wechselt die Hesse-Matrix und wir müssen sie in jedem Iterationsschritt neu berechnen, um $d_1, \ldots, d_n$ bestimmen zu können.

Die Methode der konjugierten Gradienten
Hier werden die Richtungen nicht von vornherein festgelegt, sondern im Verfahren sukzessiv berechnet und zwar als konjugierte Richtungen der jeweiligen Gradienten.
Zu diesem Zweck wird in Schritt k der negative Gradient der gegenwärtigen Punkte x_k berechnet und dazu eine Linearkombination der bereits bestimmten Richtungen hinzugefügt, so dass daraus eine Richtung entsteht, die zu den vorherigen konjugiert ist.

Algorithmus 17.7 *Methode der konjugierten Gradienten*
Input: positiv definite, symmetrische $(n \times n)$-Matrix Q, $b \in \mathbb{R}^n$, x_0.
(gewünschter) Output: Minimalpunkt x_* von $f(x) := \frac{1}{2}x^T Q x - b^T x$.
Initialisierung: Setze $k := 1$, $g_1 := Qx_0 - b$, $d_1 := -g_1$.
Typischer Schritt:

(1) Setze $\alpha_k := \frac{-g_k^T d_k}{d_k^T Q d_k} \left(= \frac{g_k^T g_k}{d_k^T Q d_k} \right)$ (Min-Stelle für λ_k).

(2) $x_k := x_{k-1} + \alpha_k d_k$.

(3) Falls $k = n$ oder $g_k = 0 \longrightarrow$ STOP.

(4) $g_{k+1} := Qx_k - b \, (= \nabla f(x_k))$.

(5) $\beta_k := \frac{g_{k+1}^T Q d_k}{d_k^T Q d_k} \left(= \frac{g_{k+1}^T g_{k+1}}{g_k^T g_k} \right)$.

(6) $d_{k+1} := -g_{k+1} + \beta_k d_k$ (diese Modifikation der Gradientenrichtungen gewährleistet Q-Konjugiertheit).

(7) Setze $k := k + 1$ und gehe zu (1).

STOP mit Output: x_n, $f(x_n)$ und $\nabla f(x_n)$, bzw. x_k, $f(x_k)$ und $\nabla f(x_k)$.

Der erste Schritt erfolgt in Richtung des steilsten Abstiegs. Die Update-Formeln sind ziemlich einfach und kaum schwieriger zu implementieren als bei der Methode des steilsten Abstiegs.

Hier wird im quadratischen Fall nicht nur Konvergenz, sondern auch Abbruch nach n Schritten gewährleistet.

Satz 17.7

(a) Die Suchrichtungen $d_1, \ldots, d_n$ in der Methode der konjugierten Gradienten sind Q-konjugiert.

(b) Falls der Algorithmus nicht bereits in x_k, $0 \le k \le n-1$ endet, gilt jeweils:

17.3. Methoden mit konjugierten Richtungen

(1) $\text{LH}(g_1, \ldots, g_k) = \text{LH}(g_1, Qg_1, \ldots, Q^{k-1}g_1) = \text{LH}(d_1, \ldots, d_k)$
$= \text{LH}(d_1, Qd_1, \ldots, Q^{k-1}d_1)$.

(2) $d_k^T Q d_i = 0 \quad \forall 1 \leq i \leq k-1$.

(3) $\alpha_k := \frac{-g_k^T d_k}{d_k^T Q d_k} = \frac{g_k^T g_k}{d_k^T Q d_k}$.

(4) $\beta_k := \frac{g_{k+1}^T Q d_k}{d_k^T Q d_k} = \frac{g_{k+1}^T g_{k+1}}{g_k^T g_k}$.

Beweis: als Übungsaufgabe mit folgender Anleitung:
Die Behauptung (a) folgt unmittelbar aus (b)(2). Somit ist also nur (b) zu zeigen.
Dabei wollen wir zuerst die Teile (1) und (2) gleichzeitig per Induktion zeigen.
Für $k = 1$ ist alles klar. Nehmen wir also nun die Behauptungen für k als bewiesen
an und zeigen diese für $k+1$.
Für (1) zeige man zunächst, dass $g_{k+1} = g_k + \alpha_k Q d_k$ und man wende dann die
Induktionsannahme an.
Um (2) zu beweisen, betrachte man:

$$d_{k+1}^T Q d_i = -g_{k+1}^T Q d_i + \beta_k d_k^T Q d_i.$$

Nun analysiere man dies für $i = k$ und $i < k$.
Um (3) zu zeigen, benutze man:

$$-g_k^T d_k = g_k^T g_k - \beta_{k-1} g_k^T d_{k-1}.$$

Und um (4) zu zeigen, beachte man: $g_{k+1}^T g_k = 0$. □

Die oben vorgestellte Methode ist so nur zur Minimierung quadratischer Funktionen anwendbar. Da man aber quadratische Probleme somit gut im Griff hat und diese Funktionen die allgemeinen Funktionen gut approximieren, scheint folgendes Konzept sinnvoll:
Sei also f zweimal differenzierbar:

(1) Wähle einen Startpunkt x_0.
(2) Berechne die quadratische Approximation von f in x_0:
$q(x) = \nabla f(x_0)(x - x_0) + \frac{1}{2}(x - x_0)^T H_f(x_0)(x - x_0)$.
(3) Bestimme das Minimum x_1 von q mit Hilfe der Methode der konjugierten Gradienten.
(4) Setze $x_0 := x_1$.
(5) Berechne $\nabla f(x_0)$.
Falls $\|\nabla f(x_0)\| > \varepsilon$ (vorgegeben), so berechne $H_f(x_0)$. Dann gehe zurück zu (2).
Ansonsten schließe ab.

STOP mit Output: x_0, $f(x_0)$, $\nabla f(x_0)$ und $\|\nabla f(x_0)\|$.

Wir haben hier also keine Liniensuche mit der wahren Funktion durchgeführt, aber es fielen immer wieder Berechnungen der Hesse-Matrix an. Konvergenz ist so kaum zu beweisen. Also versuchen wir es jetzt einmal mit Liniensuche.

Algorithmus 17.8 *Die Methode von Fletcher-Reeves*
Input: eine stetig differenzierbare Funktion $f : \mathbb{R}^n \to \mathbb{R}$, x_0, $\varepsilon > 0$ und $l = 0$.
Typischer Schritt:

(1) $y_0 := x_l$, $g_1 := \nabla f(y_0)$, $d_1 := -g_1$.

(2) Falls $\|\nabla f(y_0)\| < \varepsilon \longrightarrow$ STOP.

(3) Für $k = 1, \ldots, n$ wiederhole:

    (a) Berechne $\bar{\alpha}_k := \arg\min_\alpha f(y_{k-1} + \alpha d_k)$ oder führe einen Goldstein-Abbruch herbei.

    (b) Setze $y_k := y_{k-1} + \bar{\alpha}_k d_k$.

    (c) Falls $k < n$ ist, so setze:
$$g_{k+1} := \nabla f(y_k)$$
$$\beta_k := \frac{g_{k+1}^T g_{k+1}}{g_k^T g_k}$$
$$d_{k+1} := -g_{k+1} + \beta_k d_k$$
(dies sorgt dafür, dass die neue Suchrichtung zur vorigen konjugiert ist).

(4) Setze $x_{l+1} := y_n$, $l := l + 1$ und gehe zu (1).

STOP mit Output: y_0, $\nabla f(y_0)$ und $f(y_0)$.

Wie bei der Methode der konjugierten Gradienten wird hier $g_k := \nabla f(x_k)$ gesetzt. $\bar{\alpha}_k$ (bester Wert für α_k) kann hier aber nicht durch einen Formelausdruck berechnet werden. Deshalb braucht man hier Liniensuche, aber keine Hesse-Matrix. Im quadratischen Fall reicht ein Durchlauf.
Allgemein gilt:

Satz 17.8 *Die Fletcher-Reeves-Methode ist unter den folgenden Voraussetzungen global konvergent:*

(1) $\{x \mid f(x) \leq f(x_0)\}$ ist kompakt.

(2) Jede Linie hat ein Minimum.

Beweis:
Für $\alpha = f$ wird zumindest bei $k = 1$ jeweils eine Abnahme erreicht (steilster Abstieg). Bei $k = 2, \ldots, n$ kann der Funktionswert nicht erhöht werden (Liniensuche) (Zangwill's Spacer-Step-Theorem). Also ist f Abstiegsfunktion. Ferner sind alle Schritte abgeschlossen, so dass Konvergenz folgt. □

17.4 Quasi-Newton-Verfahren (Variable Metrik)

Bei den Methoden, die wir jetzt besprechen wollen, spart man sich die kostspielige Berechnung der Hesse-Matrix, indem man sie mit einfachen Mitteln approximiert. Trotzdem soll aber die Newton-Methode simuliert werden.
Ist die Hesse-Matrix $D := H_f(x)$ positiv definit, so wird durch sie eine Norm $y^T D y$ auf dem $\mathbb{R}^n$ und somit dadurch eine Metrik definiert. Ändert sich in jedem Schritt die Hesse-Matrix, so werden in jedem Schritt andere Metriken betrachtet, daher der Name „Variable Metrik". Zu den konjugierten Richtungen besteht ein enger Zusammenhang.

Algorithmus 17.9 *Davidon-Fletcher-Powell*
Input: $\varepsilon > 0$, x_0, D_0 (symmetrisch und positiv definit), $y_0 := x_0$, $k := 0$, $j := 1$.
Typischer Schritt:

(1) Falls $\|\nabla f(y_{j-1})\| < \varepsilon \longrightarrow$ STOP.

(2) Setze $d_j := -D_{j-1} \nabla f(y_{j-1})$.

(3) Setze $\lambda_j := \arg\min_{\lambda \geq 0} \{ f(y_{j-1} + \lambda d_j) \}$.

(4) Setze $y_j := y_{j-1} + \lambda_j d_j$.

(5) Falls $j = n$ ist, setze $x_{k+1} := y_n$, $k := k+1$ und $j := 1$.
Gehe zurück zu (1).

(6) Konstruiere D_j als dyadische Produkt-Matrix:
$$D_j := D_{j-1} + \frac{p_j p_j^T}{p_j^T q_j} - \frac{(D_{j-1} q_j)(q_j^T D_{j-1})}{q_j^T D_{j-1} q_j},$$
mit $p_j = \lambda_j d_j$ und $q_j = \nabla f(y_j) - \nabla f(y_{j-1})$.
Setze $j := j+1$ und gehe zu (1).

STOP mit Output: y_{j-1}, $f(y_{j-1})$, $\nabla f(y_{j-1})$, x_k, $f(x_k)$ und $\nabla f(x_k)$.

Lemma 17.3 *Sei $y_0 \in \mathbb{R}^n$, D_0 eine Startmatrix, die symmetrisch und positiv definit ist. Für $j = 1, \ldots, n$ sei $y_j = y_{j-1} + \lambda_j d_j$ mit*
$$\lambda_j = \arg\min_{\lambda \geq 0} f(y_{j-1} + \lambda d_j) \quad \text{und} \quad d_j = -D_{j-1} \nabla f(y_{j-1}).$$

D_j sei wie oben erklärt.
Falls dann $\nabla f(y_0) \neq 0, \nabla f(y_1) \neq 0, \ldots, \nabla f(y_{n-1}) \neq 0$ sind, dann sind alle $D_0, D_1, \ldots, D_{n-1}$ symmetrisch und positiv definit, so dass $d_1, \ldots, d_n$ Abstiegsrichtungen werden.

Beweis:
D_0 ist nach Annahme symmetrisch und positiv definit. Deshalb gilt: $\nabla f(y_0)^T d_1 = -\nabla f(y_0)^T D_0 \nabla f(y_0) < 0$. Somit ist d_1 Abstiegsrichtung.

Wir nehmen an, dass die Behauptung bis zu D_{j-1}, bzw. d_j stimmt und gehen über zu j, bzw. $j+1$.
Sei $0 \neq x \in \mathbb{R}^n$. Dann ist:

$$x^T D_j x = x^T D_{j-1} x + \frac{x^T p_j p_j^T x}{p_j^T q_j} - \frac{(x^T D_{j-1} q_j)(q_j^T D_{j-1} x)}{q_j^T D_{j-1} q_j}.$$

D_{j-1} ist eine symmetrische und positiv definite Matrix, folglich existiert $D_{j-1}^{\frac{1}{2}}$ mit $D_{j-1} = D_{j-1}^{\frac{1}{2}} \cdot D_{j-1}^{\frac{1}{2}}$. Sei nun $a := D_{j-1}^{\frac{1}{2}} x$ und $b := D_{j-1}^{\frac{1}{2}} q_j$. Dann gilt:

$$x^T D_{j-1} x = a^T a, \quad q_j^T D_{j-1} q_j = b^T b, \quad x^T D_{j-1} q_j = a^T b.$$

Folglich gilt (falls $b^T b > 0$ ist):

$$\begin{aligned} x^T D_j x &= a^T a + \frac{(x^T p_j)^2}{p_j^T q_j} - \frac{(a^T b)(b^T a)}{b^T b} \\ &= \frac{(x^T p_j)^2}{p_j^T q_j} + \frac{(a^T a)(b^T b) - (a^T b)^2}{b^T b}. \end{aligned}$$

Nach der Cauchy-Schwarz'schen Ungleichung gilt: $(a^T a)(b^T b) - (a^T b)^2 \geq 0$, so dass

$$x^T D_j x \geq \frac{(x^T p_j)^2}{p_j^T q_j}, \quad \text{falls } b^T b > 0.$$

Dazu ist zu beachten, dass gilt: $b^T b = q_j^T D_{j-1} q_j$. Somit ist $b^T b$ genau dann größer Null, wenn q_j verschieden von Null ist.
Zeigen wir nun $q_j \neq 0$ und $p_j^T q_j > 0$, so folgt:

$$x^T D_j x \geq \frac{(x^T p_j)^2}{p_j^T q_j} \geq 0.$$

Nach Definition folgt: $p_j^T q_j = \lambda_j d_j^T (\nabla f(y_j) - \nabla f(y_{j-1}))$.
Nun ist aber $d_j^T \nabla f(y_j) = 0$ (weil y_j Optimalpunkt bei der d_j-Berechnung ist) und es gilt: $d_j = -D_{j-1} \nabla f(y_{j-1})$. Durch Einsetzen folgt:

$$p_j^T q_j = \lambda_j \nabla f(y_{j-1})^T D_{j-1} \nabla f(y_{j-1}).$$

Nach Annahme war $\nabla f(y_{j-1}) \neq 0$ und D_{j-1} war positiv definit, so dass gilt:

$$\nabla f(y_{j-1})^T D_{j-1} \nabla f(y_{j-1}) > 0.$$

Wäre nun $\lambda_j = 0$, so wäre $f(y_{j-1} + \lambda d_j) \geq f(y_{j-1}) \; \forall \lambda \geq 0$ und somit wäre d_j keine Abstiegsrichtung (Widerspruch zur Induktionsannahme). Folglich ist auch $\lambda_j > 0$ und somit ist $p_j^T q_j > 0$. Daraus folgt aber nun sofort auch $q_j \neq 0$.
Nun müssen wir nur noch $x^T D_j x = 0$ mit $x \neq 0$ ausschließen.

17.4. Quasi-Newton-Verfahren (Variable Metrik)

Annahme: $\exists x \neq 0$ mit $x^T D_j x = 0$.
Dann muss gelten: $(a^T a)(b^T b) = (a^T b)^2$ und $(x^T p_j)^2 = 0$. Daraus folgt nun:
$a = \mu b$, also: $D_{j-1}^{\frac{1}{2}} x = \mu D_{j-1}^{\frac{1}{2}} q_j$. Folglich gilt: $x = \mu q_j$. Wegen $x \neq 0$ ist auch $\mu \neq 0$. Setzt man nun dieses x in $(x^T p_j)^2 = 0$ ein, so erhält man:

$$0 = (p_j^T x)^2 = \underbrace{\mu^2}_{>0} \underbrace{(p_j^T q_j)^2}_{>0} > 0 \quad (WID).$$

Folglich gilt $x^T D_j x > 0$ und damit ist D_j tatsächlich positiv definit.
Weil aber nun D_j positiv definit ist und nach Voraussetzung $\nabla f(y_j) \neq 0$ gilt, folgt:

$$\nabla f(y_j)^T d_{j+1} = -\nabla f(y_j)^T D_j \nabla f(y_j) < 0.$$

Damit ist d_{j+1} Abstiegsrichtung. □

Satz 17.9 H sei eine symmetrische, positiv definite Matrix aus $\mathbb{R}^{n \times n}$. Zu lösen sei $\min f(x) = c^T x + \frac{1}{2} x^T H x$ auf $\mathbb{R}^n$. Man unterstelle, dass dieses Problem gelöst wird mit Davidon-Fletcher-Powell, Startpunkt y_0 und einer positiv definiten Start-Matrix D_0.
Für $j = 1, \ldots, n$ sei jeweils $\lambda_j = \arg\min_{\lambda \geq 0} f(y_{j-1} + \lambda d_j)$. Es werde jeweils $y_j := y_{j-1} + \lambda_j d_j$ gesetzt, wobei $d_j = -D_{j-1} \nabla f(y_{j-1})$ (∗) (mit D_{j-1} wie oben) sei.
Wenn $\nabla f(y_{j-1}) \neq 0 \,\forall j$ ist, dann sind $d_1, \ldots, d_n$ H-konjugiert und es gilt: $D_n = H^{-1}$. Zusätzlich ist y_n ein Optimalpunkt zu diesem Problem.

Beweis:
Wir zeigen zunächst einmal Folgendes:
$\forall j$ mit $1 \leq j \leq n$ müssen folgende Bedingungen erfüllt sein:

(1) $d_1, \ldots, d_j$ sind linear unabhängig.

(2) $d_i^T H d_k = 0$ für $i \neq k$ und $i, k \leq j$.

(3) $D_j H p_k = p_k$ oder äquivalent $D_j H d_k = d_k \,\forall 1 \leq k \leq j$, wobei $p_k = \lambda_k d_k$.

Dies wollen wir mit Induktion über j zeigen.
Für $j = 1$ sind die Aussagen (1) und (2) trivial. $\forall k$ gilt:

$$H p_k = H(\lambda_k d_k) = H(y_k - y_{k-1}) = \nabla f(y_k) - \nabla f(y_{k-1}) = q_k.$$

Insbesondere ist $H p_1 = q_1$. Setzt man $j := 1$ in der Berechnung für D_1, dann folgt:

$$D_1 = D_0 + \frac{p_1 p_1^T}{p_1^T q_1} - \frac{(D_0 q_1)(q_1^T D_0)}{q_1^T D_0 q_1} \Rightarrow$$

$$D_1 H p_1 = \left(D_0 + \frac{p_1 p_1^T}{p_1^T q_1} - \frac{(D_0 q_1)(q_1^T D_0)}{q_1^T D_0 q_1} \right) q_1$$

$$= D_0 q_1 + p_1 \frac{p_1^T q_1}{p_1^T q_1} - D_0 q_1 \frac{q_1^T D_0 q_1}{q_1^T D_0 q_1} = p_1.$$

Also gilt auch (3) für $j = 1$.

Nun mögen (1), (2) und (3) für j ($\leq n-1$) gelten. Betrachten wir $j+1$.
Nach Satz 17.6 wissen wir, dass $d_i^T \nabla f(y_j) = 0 \; \forall i \leq j$ ist. Nach Induktionsannahme für (3) ist dann $d_i = D_j H d_i$ für $i \leq j$. Also gilt dort:

$$0 = d_i^T \nabla f(y_j) = d_i^T H^T D_j^T \nabla f(y_j) = d_i^T H D_j \nabla f(y_j) \stackrel{wg\,(*)}{=} -d_i^T H d_{j+1}$$

(letzteres ist wegen Induktionsannahme konjugiert).
Damit gilt (2) auch bis $j+1$ an der zweiten Stelle. Nun wollen wir (3) für $j+1$ zeigen:
Sei also $k \leq j+1$. Dann gilt:

$$D_{j+1} H p_k = \left[D_j + \frac{p_{j+1} p_{j+1}^T}{p_{j+1}^T q_{j+1}} - \frac{(D_j q_{j+1})(q_{j+1}^T D_j)}{q_{j+1}^T D_j q_{j+1}} \right] H p_k \,.$$

Wir beachten $H p_k = q_k$ und setzen zunächst einmal $k := j+1$. Dann gilt:

$$D_{j+1} H p_{j+1} = D_j q_{j+1} + p_{j+1} - D_j q_{j+1} = p_{j+1}.$$

Für $k \leq j$ gilt (2) bei $j+1$ und damit auch $p_{j+1}^T H p_k = \lambda_k \lambda_{k+1} d_{j+1}^T H d_k = 0$.
Außerdem gilt (3) bei $k \leq j$ nach Induktionsannahme.
Somit folgt:

$$q_{j+1}^T D_j H p_k = q_{j+1}^T p_k = p_{j+1}^T H p_k = \lambda_{j+1} \lambda_k d_{j+1}^T H d_k = 0\,.$$

Dies setzen wir nun ein und beachten die Induktionsannahme:

$$\begin{aligned} D_{j+1} H p_k &= D_j H p_k + \frac{p_{j+1} p_{j+1}^T}{p_{j+1}^T q_{j+1}} H p_k - \frac{(D_j q_{j+1})^T (q_{j+1} D_j)}{q_{j+1}^T D_j q_{j+1}} H p_k \\ &= D_j H p_k + 0 - 0 = p_k\,. \end{aligned}$$

Damit gilt auch (3) für $j+1$.
Nun müssen wir noch (1) für $j+1$ nachweisen. Angenommen, es gilt $\sum_{i=1}^{j+1} \alpha_i d_i = 0$. Multipliziert man beide Seiten mit $d_{j+1}^T H$ und beachtet, dass wir (2) bereits für $j+1$ nachgewiesen haben, so gilt:

$$\begin{aligned} 0 &= d_{j+1}^T H \left(\sum_{i=1}^{j+1} \alpha_i d_i \right) \\ &= \alpha_{j+1} d_{j+1}^T H d_{j+1} + \sum_{i=1}^{j} \alpha_i \underbrace{d_{j+1}^T H d_i}_{=0} \\ &= \alpha_{j+1} d_{j+1}^T H d_{j+1}\,. \end{aligned}$$

Nun ist aber $d_{j+1} \neq 0$, denn es gilt $d_{j+1} = -D_j \nabla f(y_j)$ und $\nabla f(y_j)$ ist nach Voraussetzung $\neq 0$. Ferner ist D_j positiv definit (und damit regulär) nach Lemma

17.3. Somit folgt $d_{j+1} = -D_j \nabla f(y_j) \neq 0$. Des Weiteren ist H positiv definit, weshalb nun $d_{j+1}^T H d_{j+1} > 0$ gilt. Folglich muss $\alpha_{j+1} = 0$ sein. Da aber $d_1, \ldots, d_j$ nach Induktionsannahme linear unabhängig sind, müssen auch alle anderen $\alpha_i = 0$ sein. Damit haben wir schließlich auch (1) für $j+1$ gezeigt.

Die behauptete Konjugiertheit folgt nun aus (1) und (2). Ferner erhalten wir für $j = n$ in (3): $D_n H d_k = d_k \ \forall 1 \leq k \leq n$. Bezeichnen wir mit D die Matrix $(d_1, \ldots, d_n)$, so folgt: $D_n H D = D$. Wegen (1) ist D invertierbar, so dass gilt: $D_n H = E$ und damit schließlich $D_n = H^{-1}$.

Nach Satz 17.6 ist dann y_n optimal. □

Bemerkung
Addiert man in der Update-Vorschrift für D_j aus Algorithmus 17.9 (6) noch den Term $\delta v_j v_j^T$ mit:

$$v_j := \sqrt{p_j^T D_{j-1} p_j} \left(\frac{p_j}{p_j^T q_j} - \frac{D_{j-1} q_j}{q_j^T D_{j-1} q_j} \right)$$

dann erhält man als Verallgemeinerung die sogenannte Broyden-Klasse von Variable-Metrik-Methoden.

Die Update-Vorschrift würde dann lauten:

$$D_j := D_{j-1} + \frac{p_j p_j^T}{p_j^T q_j} - \frac{(D_{j-1} q_j)(q_j^T D_{j-1})}{q_j^T D_{j-1} q_j} + \delta v_j v_j^T.$$

Für $\delta = 1$ haben wir eine BFGS Methode (sehr effizient; beste Methode für Funktionen aus C^2).

17.5 Übungsaufgaben

Aufgabe 17.1

1) Wie verläuft das Verfahren von Rosenbrock im Vergleich zu der Methode von Hooke und Jeewes, wenn bei Rosenbrock die Einheitsvektoren als Suchrichtungen (in der ersten Iteration) verwendet werden?

2) Versuchen Sie mit den Verfahren zur mehrdimensionalen Suche das Minimum der Funktion $f(x^1, x^2) = 2(x^1)^2 + 2x^1 x^2 + 4(x^2)^2 + x^1 + 4x^2$ zu bestimmen. Berechnen Sie dazu eine Iteration

   a) des zyklischen Koordinatenabstiegsverfahrens,

   b) der Methode von Hooke und Jeewes und

   c) der Methode von Rosenbrock.

Führen Sie die Liniensuchen exakt durch und verwenden Sie (3,1) als jeweiligen Startpunkt. Verwenden Sie beim Algorithmus von Rosenbrock die Einheitsvektoren als Suchrichtungen in der ersten Iteration und bestimmen Sie zusätzlich die Suchrichtungen der zweiten Iteration.

Aufgabe 17.2 Betrachten Sie die Funktion $f(x) = (x^1)^4 + x^1 x^2 + (1 + x^2)^2$ und den Punkt $x_0 = (0,0)$.
Sind die Richtung des steilsten Abstiegs ($d = -\nabla f(x_0)/\|\nabla f(x_0)\|$) und die Newton-Richtung ($\bar{d} = -H(x_0)^{-1}\nabla f(x_0)$) im Punkt x_0 Abstiegsrichtungen? Ist die Newton-Richtung eine Abstiegsrichtung für die Funktion $h(x) = \nabla f(x)^T \nabla f(x)$? Wann ist (für eine allgemeine Funktion $f \in C^2$ und x) die Newton-Richtung eine Abstiegsrichtung für f?

Aufgabe 17.3 Lösen Sie das Problem:
$\max f(x^1, x^2) = -(x^1)^2 - (x^2)^2 + x^1 x^2 - x^1 + 2x^2$
mit der Methode der konjugierten Gradienten (Startpunkt sei $x_0 = (0,0)$).

Aufgabe 17.4 Lösen Sie das Problem: $\max f(x^1, x^2) = -(x^1)^2 - (x^2)^2 + x^1 x^2 - x^1 + 2x^2$ mit der Methode von Davidon-Fletcher-Powell. Startpunkt sei $x_0 = (0,0)$ und $D_0 = E$.

Aufgabe 17.5 Sei D eine Diagonalmatrix mit positiven Einträgen.
Zeigen Sie, dass das zyklische Koordinatenabstiegsverfahren für quadratische Funktionen der Form $\frac{1}{2} x^T D x - b^T x$ nach endlich vielen Schritten abbricht, indem Sie sich die Gestalt der einzelnen Iterationspunkte näher anschauen.

Kapitel 18
Optimierungsverfahren bei Vorliegen von Restriktionen

Nun wollen wir uns mit Verfahren zur Minimierung von f bei Vorliegen von Restriktionen beschäftigen. Zwei grundsätzliche Konzepte stehen uns hier zur Verfügung.

Einmal kann man versuchen, durch Ummodellierung die Nebenbedingungen auf irgendeine Weise in die Zielfunktion einzubeziehen, so dass einerseits ein „scheinbar" unrestringiertes Problem entsteht, welches mit den vorher besprochenen Methoden behandelt werden kann. Eine ernstzunehmende mathematische Herausforderung stellt es dann aber dar, dafür zu sorgen, dass die Optimalpunkte der modifizierten Probleme kaum noch vom eigentlichen Optimalpunkt abweichen. Gleichzeitig muss man in Rechnung stellen, dass die dadurch komplizierte modifizierte Problemstellung auch numerisch anspruchsvoll wird, so dass die uns bekannten Verfahren oft nicht mehr anstandslos laufen.

Der zweite Ansatz berücksichtigt die Nebenbedingungen explizit und modifiziert diesmal die Verfahren so, dass sie den Zulässigkeitsbereich nicht verlassen und trotzdem noch ein akzeptables Konvergenzverhalten haben.

Befassen wir uns zunächst mit dem ersten Konzept. Hierin sind auch wieder zwei Prinzipien erkennbar. Einmal kann man das Verlassen des Zulässigkeitsbereiches mit einer hohen Strafe belegen. Normalerweise wird dies noch nicht ganz ausreichen, um wirklich zulässig zu bleiben. Deshalb realisiert man eine Folge von solchen Problemen mit steigender Bestrafung.

Andererseits kann man (wenn man bereits einen inneren Punkt hat) die Annäherung an den Rand bestrafen. In zusätzlichen Iterationen wird dann die Strafe verringert, um Konvergenz gegen den Optimalpunkt zu erreichen.

Beide Modifikationen machen speziell numerisch abgesicherte Verfahren wünschenswert.

18.1 Straffunktionsverfahren (Penalty-Verfahren)

Gestellt sei ein Minimierungsproblem (P):

$$\begin{array}{ll} \min & f(x) \\ \text{unter} & g_i(x) \leq 0 \quad i=1,\ldots,m \quad x \in \mathbb{R}^n \\ & h_j(x) = 0 \quad j=1,\ldots,l \quad x \in \Gamma \subseteq \mathbb{R}^n. \end{array}$$

Definition 18.1 $f : \mathbb{R}^n \to \mathbb{R}$ sei stetig. Dann heißt eine Funktion $s : \mathbb{R}^n \to \mathbb{R}$ mit

$$\begin{array}{ll} s(x) = 0 & \forall\, x \in X \quad \text{(Zulässigkeitsbereich)} \\ s(x) > 0 & \forall\, x \notin X \end{array}$$

(äußere) Straffunktion oder Penalty-Funktion.
Die Funktionen $\varphi(x) = f(x) + s(x)$ bzw. $\varphi_\mu(x) = f(x) + \mu s(x)$ mit $\mu > 0$ heißen Hilfszielfunktionen.

Standardbeispiel

$$s(x) := \sum_{i=1}^{m} [\text{Max}\{0, g_i(x)\}]^p + \sum_{j=1}^{l} |h_j(x)|^p \quad \text{mit } p > 0.$$

Statt des restringierten Problems

$$\min f(x) \text{ unter } x \in X$$

ist nun zu lösen:

$$\min \varphi_\mu(x) \quad \text{unter } x \in \mathbb{R}^n.$$

Hat man das Penalty-Problem gelöst (φ_μ) und gilt für den Optimalpunkt $\bar{x} \notin X$, dann erhöht man den Strafparameter μ. Man löst dann das neu entstandene freie Optimierungsproblem und fährt entsprechend fort.

Beispiel 1 (nach [3], S. 362)

$$\min x \quad \text{unter } g(x) = -x + 2 \leq 0$$

Die Straffunktion sei $s(x) := [\text{Max}\{0, g(x)\}]^2$. Damit lautet unser unrestringiertes Problem mit der Hilfszielfunktion φ_μ wie folgt:

$$\min \varphi_\mu(x) = f(x) + \mu s(x) = x + \mu [\text{Max}\{0, 2-x\}]^2.$$

Für $x \geq 2$ gilt $\varphi_\mu(x) = f(x) = x$ und dies ist monoton wachsend in x.
Bei $x < 2$ beginnt die Straffunktion zu wirken, d.h. es gilt:

$$\varphi_\mu(x) = x + \mu(2-x)^2.$$

Eine Minimalstelle muss erfüllen: $1 - 2\mu(2-x) = 0$, d.h. $\bar{x}_\mu = 2 - \frac{1}{2\mu}$. Setzen wir für μ verschiedene Werte ein, so erhalten wir $\bar{x}_{0,5} = 1$, $\bar{x}_1 = \frac{3}{2}$, $\bar{x}_{1,5} = \frac{5}{3}$ und für $\mu \to \infty$: $\bar{x}_\mu = 2$.

Beispiel 2 (nach [3], S. 362)

$$\min f(x) = (x^1)^2 + (x^2)^2 \quad \text{unter } h(x) = x^1 + x^2 - 1 = 0.$$

18.1. Straffunktionsverfahren (Penalty-Verfahren)

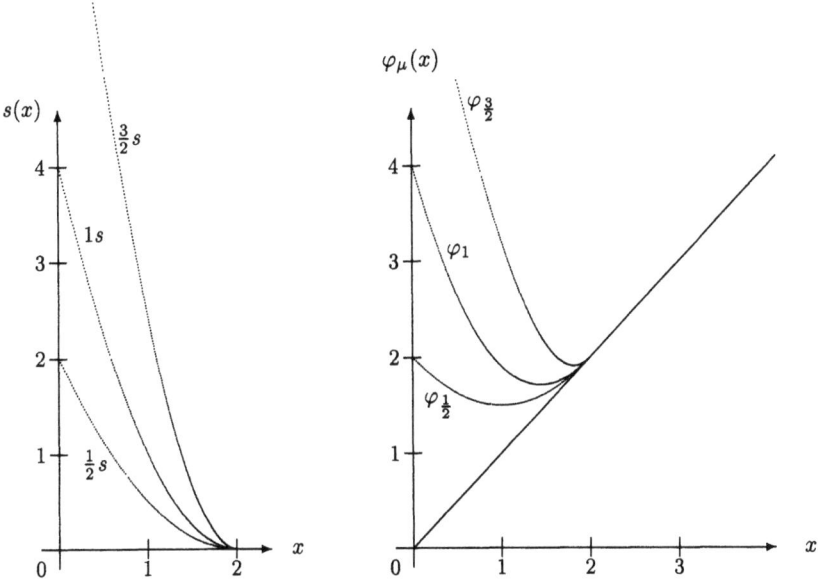

Abbildung 18.1: Illustration zu Beispiel 1

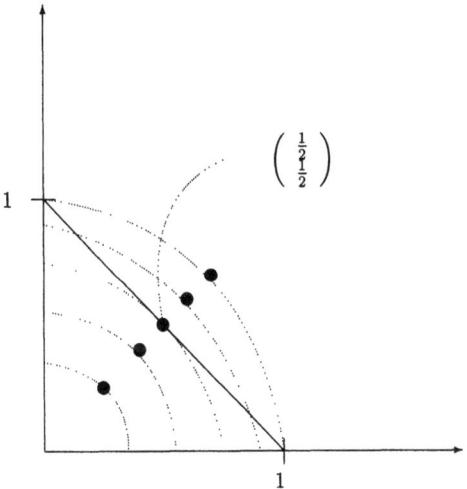

Abbildung 18.2: Illustration zu Beispiel 2

Die Straffunktion sei $s(x) := (x^1 + x^2 - 1)^2$. Damit lautet unser unrestringiertes Problem mit der Hilfszielfunktion φ_μ wie folgt:

$$\min \varphi_\mu(x) = f(x) + \mu s(x) = (x^1)^2 + (x^2)^2 + \mu(x^1 + x^2 - 1)^2.$$

Für $\mu \geq 0$ ist φ_μ konvex.

Somit ist folgende Bedingung notwendig und hinreichend:

$$\nabla \varphi_\mu(x) = 0 \iff \begin{pmatrix} 2x^1 + \mu 2(x^1 + x^2 - 1) \\ 2x^2 + \mu 2(x^1 + x^2 - 1) \end{pmatrix} = \begin{pmatrix} 0 \\ 0 \end{pmatrix}.$$

Folglich gilt: $2x^1 + \mu 2(x^1 + x^2 - 1) = 0 = 2x^2 + \mu 2(x^1 + x^2 - 1)$ und damit $x^1 = x^2$. Daraus folgt nun: $2x^1 + 4x^1\mu - 2\mu = 0$ und somit: $x^1 = \frac{\mu}{1+2\mu} = x^2$. Bei $\mu \to \infty$ gilt dann $\bar{x}_\mu^T = (\frac{1}{2}, \frac{1}{2})$.

Beispiel 3

Man kann eine Penalty-Funktion auch ungeschickt wählen:
$$\min x^3 \quad \text{unter } 0 \leq x \leq 1.$$
Die Straffunktion definieren wir wie folgt:

$$s(x) := \begin{cases} -x & \text{für } x < 0, \\ 0 & \text{für } 0 \leq x \leq 1, \\ x - 1 & \text{für } x > 1. \end{cases}$$

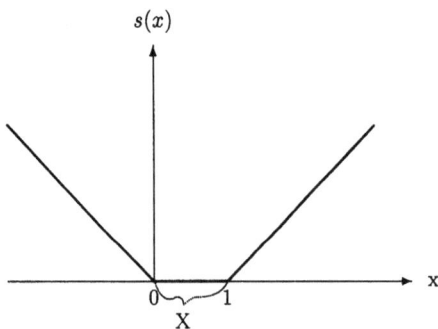

Abbildung 18.3: Illustration zu Beispiel 3

Damit erhalten wir: $\min \varphi_\mu(x) = x^3 + \mu s(x)$.
φ_μ hat kein Minimum, da $\varphi_\mu \to -\infty$ bei $x \to -\infty$
(bei $x \leq 0$ haben wir $\varphi_\mu(x) = x^3 + \mu|x|$).
Diese Schwäche könnte man heilen, indem wir $\tilde{s}(x) := s(x)^4$ setzen, da dann für $x \to -\infty$ gilt: $\mu|x|^4 + x^3 \to +\infty$.
Jedes freie Minimum wird jetzt negativ, denn für $-1 < x < 0$ gilt: $x^3 + x^4 < 0$.
Die Minimalpunktfolge konvergiert aber mit $\mu \to \infty$ gegen Null, denn es gilt:

$$\begin{aligned} \varphi'_\mu(x) &= 3x^2 + 4x^3 \cdot \mu = 0 \\ \Rightarrow \quad 3 + 4x\mu &= 0 \\ \Rightarrow \quad x &= -\frac{3}{4\mu} \\ \text{und} \quad \varphi''_\mu(-\tfrac{3}{4\mu}) &= (6x + 12x^2\mu)_{x=-\frac{3}{4\mu}} = -\frac{9}{2\mu} + \frac{27}{4\mu} = \frac{9}{4\mu} > 0. \end{aligned}$$

18.1. Straffunktionsverfahren (Penalty-Verfahren)

Vorgehensweise
Man löse eine Folge von Problemen der Form:

$$\min f(x) + \mu_k s(x) \quad \text{mit } \mu_k \to \infty \text{ für } k \to \infty.$$

Vorsicht: Die Numerik wird meist sehr anfällig bei großem μ.

Algorithmus 18.1 *Penalty-Verfahren*
Initialisierung: $\varepsilon > 0$, x_0, $\mu_0 > 0$, $\beta > 1$, $k := 0$ und f stetig.
Typischer Schritt:

(1) Starte mit x_k und löse $\min f(x) + \mu_k s(x)$.
    Der Optimalpunkt sei x_{k+1}.

(2) Falls $\mu_k s(x_{k+1}) < \varepsilon \longrightarrow$ STOP.
    Ansonsten setze $\mu_{k+1} := \beta \mu_k$, $k := k+1$ und gehe zu (1).

Man legt also großen Wert darauf, dass die Strafe so klein wird, dass sie das größer gewordene μ_k auffängt.

Definition 18.2 *Bestrafungsproblem*
Die Aufgabe: $\max \Theta(\mu)$ *unter* $\mu \geq 0$, *mit* $\Theta(\mu) := \inf_{x \in \mathbb{R}^n} \{\varphi_\mu(x)\}$
(der Infimalwert soll so groß wie möglich gemacht werden), nennen wir Bestrafungsproblem.

Wir kümmern uns jetzt also um modifizierte Probleme, die bei Variationen von μ entstehen (wie bei Dualität).

Lemma 18.1 *Seien f, g, h und s stetig und für alle μ gebe es ein $x_\mu \in \mathbb{R}^n$ mit $\Theta(\mu) = f(x_\mu) + \mu s(x_\mu) = \varphi_\mu(x_\mu)$. Dann gelten:*

(1) $\inf\{f(x) \mid g(x) \leq 0, h(x) = 0\} \geq \sup_{\mu \geq 0} \Theta(\mu)$.

(2a) $f(x_\mu)$ *ist monoton wachsend mit* μ.

(2b) $\Theta(\mu)$ *ist monoton wachsend mit* μ.

(2c) $s(x_\mu)$ *ist monoton fallend mit* μ.

Beweis:

(1) Betrachte $x \in X$, bei dem dann $s(x) = 0$ ist. Dann gilt:

$$f(x) = f(x) + \mu s(x) \geq \inf_{y \in \mathbb{R}^n} \{f(y) + \mu s(y)\} = \Theta(\mu) \quad \forall \mu \geq 0.$$

Folglich gilt: $f(x) \geq \sup_{\mu \geq 0} \Theta(\mu)$.

(2) Hier gelten:

$$f(x_\mu) + \lambda s(x_\mu) \geq f(x_\lambda) + \lambda s(x_\lambda) \quad (*)$$
$$f(x_\lambda) + \mu s(x_\lambda) \geq f(x_\mu) + \mu s(x_\mu).$$

Addiert man diese beiden Zeilen, so erhält man:

$$f(x_\mu) + f(x_\lambda) + \lambda s(x_\mu) + \mu s(x_\lambda) \geq f(x_\mu) + f(x_\lambda) + \lambda s(x_\lambda) + \mu s(x_\mu).$$

Daraus folgt nun: $\lambda s(x_\mu) + \mu s(x_\lambda) \geq \lambda s(x_\lambda) + \mu s(x_\mu)$.
Sei o.B.d.A. $0 \leq \lambda < \mu$. Dann gilt:

$$(\mu - \lambda)s(x_\lambda) \geq (\mu - \lambda)s(x_\mu) \stackrel{\mu > \lambda}{\Rightarrow} s(x_\lambda) \geq s(x_\mu).$$

Damit ist $s(x_\mu)$ monoton fallend in μ ($\to$ (2c)).
Setzen wir dies in $(*)$ ein, so erhalten wir:

$$f(x_\mu) + \lambda s(x_\mu) \geq f(x_\lambda) + \lambda s(x_\lambda) \geq f(x_\lambda) + \lambda s(x_\mu).$$

Damit folgt $f(x_\mu) \geq f(x_\lambda)$ und somit gilt (2a).
Nun betrachten wir:

$$\begin{aligned}
\Theta(\mu) &= f(x_\mu) + \mu s(x_\mu) \\
&\geq f(x_\mu) + \mu s(x_\mu) + (\lambda - \mu)s(x_\mu) \\
&= f(x_\mu) + \lambda s(x_\mu) \\
&\stackrel{wegen\ (*)}{\geq} f(x_\lambda) + \lambda s(x_\lambda) = \Theta(\lambda).
\end{aligned}$$

Damit ist $\Theta(\mu)$ monoton wachsend in μ und somit haben wir (2b). $\square$

Satz 18.1 f, g_i und h_j seien stetig. X sei nichtleer und s sei eine stetige Straffunktion. Für jedes μ existiere ein Minimalpunkt x_μ zur Aufgabenstellung: $\min f(x) + \mu s(x) = \varphi_\mu(x)$. Ferner seien alle x_μ in einer kompakten Teilmenge des $\mathbb{R}^n$ enthalten. Dann gilt:

$$\inf\{f(x) \mid x \in X\} = \sup_{\mu \geq 0} \Theta(\mu) = \lim_{\mu \to \infty} \Theta(\mu)$$

mit $\Theta(\mu) = \inf_{x \in \mathbb{R}^n}\{f(x) + \mu s(x)\}$.
Außerdem ist der Grenzpunkt $\bar{x}$ jeder konvergenten Teilfolge von (x_μ) optimal für das Originalproblem und bei $\mu \to \infty$ gilt: $\mu s(x_\mu) \to 0$.

Beweis:
$\Theta(\mu)$ ist monoton wachsend, also gilt bei Konvergenz:
$$\sup_{\mu \geq 0} \Theta(\mu) = \lim_{\mu \to \infty} \Theta(\mu).$$
Wir zeigen zunächst: $s(x_\mu) \to 0$ bei $\mu \to \infty$.

18.1. Straffunktionsverfahren (Penalty-Verfahren)

y sei ein beliebiger zulässiger Punkt und $\varepsilon > 0$ sei vorgegeben. x_1 sei optimal für $\mu = 1$. Falls dann $\mu > \frac{1}{\varepsilon}|f(y) - f(x_1)| + 1$ gewählt wird, dann muss nach Lemma 18.1 Teil (2a) gelten: $f(x_\mu) \geq f(x_1)$, denn es gilt:

$$\mu > \frac{1}{\varepsilon}|f(y) - f(x_1)| + 1 \geq 1 \ \Rightarrow \ \mu > 1.$$

<u>Annahme:</u> $s(x_\mu) > \varepsilon$.
Nach Teil (1) von Lemma 18.1 gilt:

$$\begin{aligned}
\inf\{f(x) \mid x \in X\} &\geq \Theta(\mu) = f(x_\mu) + \mu s(x_\mu) \\
&\geq f(x_1) + \mu s(x_\mu) \\
&> f(x_1) + (\frac{1}{\varepsilon}|f(y) - f(x_1)| + 1)s(x_\mu) \\
&> f(x_1) + |f(y) - f(x_1)| + \varepsilon > f(y).
\end{aligned}$$

Damit kann y kein zulässiger Punkt sein (WID).
Folglich gilt: $s(x_\mu) \leq \varepsilon$. Da nun $\varepsilon > 0$ beliebig war, gilt: $s(x_\mu) \xrightarrow{\mu \to \infty} 0$.
Nun sei (x_{μ_k}) eine konvergente Teilfolge von (x_μ) (existiert wegen Kompaktheit) und $\bar{x}$ sei der zugehörige Grenzpunkt. Dann gilt:

$$\begin{aligned}
\sup_{\mu \geq 0} \Theta(\mu) &\geq \Theta(\mu_k) = f(x_{\mu_k}) + \mu_k s(x_{\mu_k}) \\
&\geq f(x_{\mu_k}) \longrightarrow f(\bar{x}).
\end{aligned}$$

f ist stetig und wegen $x_{\mu_k} \to \bar{x}$ folgt somit: $\sup \Theta(\mu) \geq f(\bar{x})$.
Wegen $s(x_\mu) \to 0$ bei $\mu \to \infty$ folgt dann auch $s(\bar{x}) = 0$ und damit $\bar{x} \in X$.

$\Rightarrow \ f(\bar{x}) + 0 \ \leq \ \sup_{\mu \geq 0} \Theta(\mu) \ \leq \ \inf\{f(x) \mid x \in X\}$ Lemma 18.1
$\Rightarrow \ \ \ f(\bar{x}) \ \ = \ \sup_{\mu \geq 0} \Theta(\mu) \ = \ \inf\{f(x) \mid x \in X\}$, weil $\bar{x}$ zulässig ist.

Wegen $\mu s(x_\mu) = \Theta(\mu) - f(x_\mu)$ gilt für $\mu \to \infty$: $\Theta(\mu) \to f(\bar{x})$ und $f(x_\mu) \to f(\bar{x})$.
$\Theta(\mu)$ wächst gegen sein Supremum und dies ist größer (gleich) dem Grenzwert von $f(x_\mu)$. Nun ist aber: $f(\bar{x}) \geq \sup_{\mu \geq 0} \Theta(\mu) \Rightarrow f(\bar{x}) = \sup_{\mu \geq o} \Theta(\mu)$. Damit gilt: $\mu s(x_\mu) \to 0$. □

Korollar 18.1 Ist s eine stetige Penalty-Funktion und existiert $\text{Min}\{f(x) + \bar{\mu}s(x)\}$, dann existiert auch $\text{Min}\{f(x) + \mu s(x)\} \ \forall \mu \geq \bar{\mu}$.

Beweis:
Wenn bei $\bar{\mu}$ die Funktion Θ nach unten beschränkt war, d.h. wenn gilt: $f(x) + \bar{\mu}s(x) \geq C \ \forall x \in \mathbb{R}^n$; dann gilt erst recht $f(x) + \mu s(x) \geq C \ \forall x \in \mathbb{R}^n, \forall \mu \geq \bar{\mu}$.
Deshalb existiert ein Minimalwert, weil $(\mu - \bar{\mu})s(x)$ stetig ist. □

Korollar 18.2 Wenn $s(x_\mu) = 0$ für ein $\mu \geq 0$ gilt, dann ist x_μ optimal für (P).

Beweis:
Wenn $s(x_\mu) = 0$ ist, so gilt: $x_\mu \in X$. x_μ ist dann optimal wegen:
$\inf\{f(x) \mid x \in X\} \geq \Theta(\mu) = f(x_\mu) + \mu s(x_\mu) = f(x_\mu)$. □

Bemerkung
Man erreicht also durch Vergrößern von μ, dass gilt:
$$f(x_\mu) + \mu s(x_\mu) \approx f(x_{\text{opt}}).$$

Weitere Beispiele für Penalty-Funktionen
Setze $g_i^+(x) := \text{Max}\{0, g_i(x) \mid i = 1, \ldots, m\}$. Ist g_i stetig, dann auch g_i^+ und $g^+ = (g_1^+, \ldots, g_m^+)^T$. Verwende jetzt beispielsweise:

(a) $s(x) := \sum_{i=1}^{m} g_i^+(x)^p$ mit $p \in \mathbb{R}$ und $p > 0$. s ist differenzierbar, falls die g_i differenzierbar sind und $p > 1$ gilt.

(b) $s(x) := q(g^+(x))$, wenn q stetig und $q(y) \geq 0$ ist. Ferner muss gelten: $q(y) = 0 \iff y = 0$.
Eine mögliche Besetzung für (b) ist: $q(y) := y^T A y$ mit positiv definitem A.

Bei Gleichheitsrestriktionen hat man etwa:

(a) $s(x) := \left(\sum_{i=1}^{l}(h_i(x))^2\right)^{\frac{p}{2}}$ mit $p > 0$, $p \in \mathbb{R}$. s ist differenzierbar, falls die h_i differenzierbar sind und $p \geq 2$ gilt.

(b) $s(x) := \sum_{i=1}^{l} |h_i(x)|$.

Bei Ungleichungs- und Gleichheitsrestriktionen setzt man die Penalty-Funktion additiv aus den oberen Bestandteilen zusammen. Es ist auch möglich, gut behandelbare Nebenbedingungen als solche beizubehalten und die anderen Nebenbedingungen (also nur Teile der Restriktionsmenge) in die Zielfunktion zu übernehmen.

18.2 Barriere-Funktionen

Wie bei Penalty-Funktions-Verfahren wird hier ein restringiertes Problem in ein freies Problem (oder eine Folge von solchen) umgewandelt. Dabei verwendet man Barriere-Funktionen, welche eine Schwelle vor das Erreichen des Randes und das Verlassen des Zulässigkeitsbereiches setzen.

Der hiesige Ansatz läuft allerdings nur mit Ungleichungsrestriktionen und bei Vorliegen eines inneren Punktes.

Originalproblem (P): $\min f(x)$ unter $g(x) \leq 0$ $(x \in X)$ mit stetigem g.

Definition 18.3

(a) *Eine stetige Funktion $b : \text{Int}(X) \to \mathbb{R}$ mit folgenden Eigenschaften*

  (1) $b(x) \geq 0 \quad \forall x \in \text{Int}(X)$,

  (2) *Für jede Folge $(x_k)_{k \in \mathbb{N}}$ mit $x_k \in \text{Int}(X)$ und $x_k \to \bar{x} \in \partial X$ gilt: $b(x_k) \to \infty$,*

  heißt innere Straffunktion oder Barriere-Funktion.

18.2. Barriere-Funktionen

(b) Die Funktion $\psi : \mathbb{R}^n \times \mathbb{R}_+ \to \mathbb{R}$ mit $\psi(x,\mu) = f(x) + \mu b(x)$ heißt Barriere-Hilfsfunktion bzgl. f und b.

Statt des restringierten Problems (P) ist nun das sogenannte „Barriere-Problem" zu lösen:

$$\min_{\mu \geq 0} \Theta(\mu) \quad \text{mit } \Theta(\mu) = \inf\{f(x) + \mu b(x) \mid g(x) < 0\}.$$

Beispiele für Barriere-Funktionen
$b(x) = \sum_{i=1}^{m} q(g_i(x))$ mit stetigem q (über $\mathbb{R}$), $q(y) \geq 0 \,\forall\, y < 0$ und $\lim_{y \to 0-} q(y) = \infty$.

Eine typische Barriere-Funktion hat die Form: $b(x) = \sum_{i=1}^{m} \frac{-1}{g_i(x)}$.
Als Varianten wären denkbar:

$$b(x) = \sum_{i=1}^{m} \frac{-1}{(g_i(x))^p} \quad 0 < p \in \mathbb{R},$$

$$b(x) = -\sum_{i=1}^{m} \log\left(\frac{-g_i(x)}{M}\right) = m \log M - \sum_{i=1}^{m} \log(-g_i(x)).$$

Bei der letzteren Variante ist M so zu wählen, dass gilt:

$$\infty > M \geq \text{Max}\{-g_i(x) \mid x \in X, \, i = 1, \ldots, m\}.$$

Beispiel (nach [3], S. 387)
$$\min x \quad \text{unter } -x + 1 \leq 0.$$
Offensichtlich ist $\bar{x} = 1$ optimal mit $f(\bar{x}) = 1$; setze $b(x) := \frac{-1}{1-x}$ für $x \neq 1$. Wenn $\mu \to 0$ läuft, wohin geht dann $\mu b(x)$?

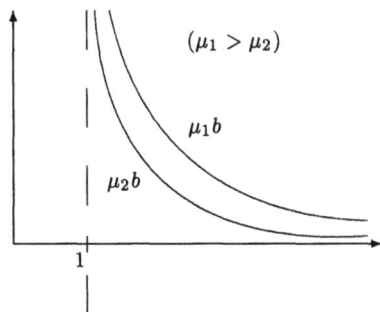

Abbildung 18.4: Barriere-Funktion

Die zu minimierende Funktion ist:

$$\psi(x,\mu) = x + \mu \frac{-1}{1-x} = x + \frac{\mu}{x-1}.$$

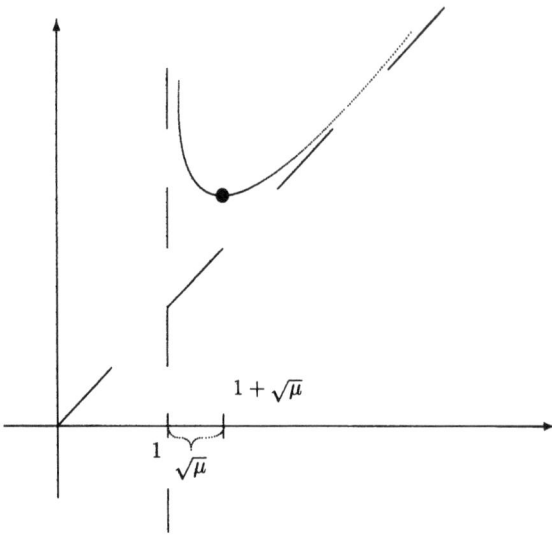

Abbildung 18.5: Illustration der Hilfsfunktion

Der Optimalpunkt ist charakterisiert durch:

$$0 = \psi' = 1 + \frac{-\mu}{(x-1)^2} \quad \Rightarrow \quad (x-1)^2 = \mu.$$

Folglich gilt $x - 1 = \pm\sqrt{\mu}$. $-\sqrt{\mu}$ scheidet aus, also gilt: $x - 1 = \sqrt{\mu}$ und damit $x_\mu = 1 + \sqrt{\mu}$. Daraus folgt nun:

$$\begin{aligned} f(x_\mu) + \mu b(x_\mu) &= 1 + \sqrt{\mu} + \mu \frac{-1}{1 - (1 + \sqrt{\mu})} \\ &= 1 + \sqrt{\mu} + \frac{\mu}{\sqrt{\mu}} = 1 + 2\sqrt{\mu}. \end{aligned}$$

Bei $\mu \to 0$ geht also $x_\mu \to 1 = \bar{x}$ und $\psi(x_\mu, \mu) \to f(\bar{x}) = 1$.

Algorithmus 18.2 Barriere-Verfahren
Initialisierung: $\varepsilon > 0$, x_0 mit $g(x_0) < 0$, $\mu_0 > 0$, $\beta \in (0,1)$ und $k := 0$.
Typischer Schritt:

(1) Starte mit x_k und löse die Minimierungsaufgabe
   min $f(x) + \mu_k b(x)$ unter $g(x) < 0$
   Der Lösungspunkt sei x_{k+1}.

(2) Falls keine Lösung vorliegt $\longrightarrow$ STOP.
   (Dann hat auch (P) keine Lösung).

(3) Falls $\mu_k b(x_{k+1}) < \varepsilon \longrightarrow$ STOP.

18.2. Barriere-Funktionen

(4) Setze $\mu_{k+1} := \beta\mu_k$, $k := k+1$ und gehe zu (1).

STOP mit <u>Output</u>: Unlösbar oder x_{k+1}, μ_k, $f(x_{k+1})$, $b(x_{k+1})$ und $g(x_{k+1})$.

Bemerkung
Die Optimierungsaufgabe in (1) zu lösen, erscheint nicht einfacher zu sein, als (P) zu lösen. Aber man kann die Optimierung starten von $x \in \text{Int}(X)$ aus, die Restriktionen vergessen und einen Optimalpunkt bestimmen (allerdings ist $\text{Int}(X) = \{x \mid g(x) < 0\} \neq \emptyset$ nötig).

Lemma 18.2 f und g seien stetig, $\{x \mid g(x) < 0\} \neq \emptyset$. b sei eine stetige und separable Barriere-Funktion (Einflüsse der g_i seien trennbar). Außerdem gelte: Für jede Folge (x_k) mit $g(x_k) < 0$, für die $f(x_k) + \mu b(x_k) \to \Theta(\mu)$ konvergiert (Kompaktheit ist hier hinreichend), hat (x_k) eine konvergente Teilfolge.
Dann gilt:

(1) $\forall \mu > 0 \, \exists x_\mu \in X$ mit $g(x_\mu) < 0$, so dass gilt:
$$\Theta(\mu) = \inf\{f(x) + \mu b(x) \mid g(x) < 0\} = f(x_\mu) + \mu b(x_\mu).$$

(2) $\inf\{f(x) \mid g(x) \leq 0\} \leq \inf\{\Theta(\mu) \mid \mu > 0\}$.

(3) Für $\mu > 0$ sind $f(x_\mu)$ und $\Theta(\mu)$ monoton wachsend mit μ, $b(x_\mu)$ ist monoton fallend mit μ.

Beweis:
Wir fixieren $\mu > 0$. Nach Definition von Θ gibt es eine Folge (x_k) mit $g(x_k) < 0$, so dass gilt: $f(x_k) + \mu b(x_k) \to \Theta(\mu)$ (dies ist das Infimum von Linearkombinationen stetiger Funktionen).
Nach Voraussetzung hat (x_k) eine konvergente Teilfolge $(x_k)_{k \in \mathcal{K}}$ mit Grenzpunkt $x_\mu \in X$. Die Stetigkeit von g liefert $g(x_\mu) \leq 0$. Wir zeigen nun $g(x_\mu) < 0$.
<u>Annahme</u>: $g(x_\mu) \not< 0$.
Folglich existiert ein i mit $g_i(x_\mu) = 0$.
Die Barriere-Funktion erfüllt $b(x) = \sum_{i=1}^m q(g_i(x))$ (separabel).
Damit geht für $k \in \mathcal{K}$ die Barriere-Funktion $b(x_k)$ gegen ∞ und, weil $\mu > 0$, sowie $\{x \mid g(x) < 0\} \neq \emptyset$ beschränkt ist, gilt dann auch $f(x_k) + \mu b(x_k) \to \infty$. Also ist auch $\Theta(\mu) = \lim[f(x_k) + \mu b(x_k)] = \infty$. Das ist ein Widerspruch zur Voraussetzung des Lemmas, wonach $\{x \mid g(x) < 0\} \neq \emptyset$. Denn dort ist ja $\Theta(\mu)$ gerade das Infimum über die Ausdrücke $f(\hat{x}) + \mu b(\hat{x})$ (bei $g(\hat{x}) < 0$). Jeder ist endlich, also auch das Infimum (WID).
Also ist jeweils $\Theta(\mu) = f(x_\mu) + \mu b(x_\mu)$, wobei $g(x_\mu) < 0 \Rightarrow (1)$.
Wegen $b(x) \geq 0$ haben wir (falls $g(x) < 0$ ist) für $\mu \geq 0$:

$$\begin{aligned}
\Theta(\mu) &= \inf\{f(x) + \mu b(x) \mid g(x) < 0\} \\
&\geq \inf\{f(x) \mid g(x) < 0\} \\
&\geq \inf\{f(x) \mid g(x) \leq 0\} \Rightarrow (2).
\end{aligned}$$

Sei nun $\mu > \lambda > 0$. Wegen $b(x) \geq 0$ bei $g(x) < 0$ folgt:
$$f(x) + \mu b(x) \geq f(x) + \lambda b(x) \quad \forall x \text{ mit } g(x) < 0.$$
Folglich ist $\Theta(\mu) \geq \Theta(\lambda)$ und damit ist Θ monoton wachsend.
Wegen (1) gibt es x_μ und x_λ, so dass gilt:
$$\begin{aligned} f(x_\mu) + \mu b(x_\mu) &\leq f(x_\lambda) + \mu b(x_\lambda), \\ f(x_\lambda) + \lambda b(x_\lambda) &\leq f(x_\mu) + \lambda b(x_\mu) \quad (*). \end{aligned}$$
Addiert man nun beide Ungleichungen, so erhält man:
$$\begin{aligned} \mu b(x_\mu) + \lambda b(x_\lambda) &\leq \mu b(x_\lambda) + \lambda b(x_\mu) \\ \iff \underbrace{(\mu - \lambda)}_{>0}(b(x_\mu) - b(x_\lambda)) &\leq 0 \\ \iff b(x_\mu) &\leq b(x_\lambda). \end{aligned}$$
Damit ist $b(x_\mu)$ monoton fallend mit μ. Setzt man dies in die Ungleichung $(*)$ ein, so erhält man $f(x_\lambda) \leq f(x_\mu)$ und somit ist f mit μ monoton wachsend $\Rightarrow$ (3). □

Satz 18.2 *f und g seien stetig, $\{x \mid g(x) < 0\}$ sei nicht leer. Das Originalproblem (P): $\min f(x)$ unter $g(x) \leq 0$ habe einen Optimalpunkt $\bar{x}$ mit folgender Eigenschaft: Für jede Umgebung U von $\bar{x}$ gibt es ein $x \in U$ mit $g(x) < 0$. Dann gilt:*
$\min\{f(x) \mid g(x) \leq 0\} = \lim_{\mu \to 0+} \Theta(\mu) = \inf_{\mu > 0} \Theta(\mu)$.

Setzen wir weiterhin $\Theta(\mu) = f(x_\mu) + \mu b(x_\mu)$, wobei $g(x_\mu) < 0$ ist, dann ist der Grenzpunkt jeder konvergenten Teilfolge von (x_k) Optimalpunkt für (P) und es geht $\mu b(x_\mu) \to 0$ für $\mu \to 0_+$.

Beweis:
$\bar{x}$ sei Optimalpunkt zum primalen Problem mit obiger Eigenschaft und $\varepsilon > 0$. Die Stetigkeit von f und die Annahme im Satz liefern immer ein $\hat{x}$ mit $g(\hat{x}) < 0$, so dass $f(\bar{x}) + \varepsilon > f(\hat{x})$ gilt.
Dann gilt für $\mu > 0$: $\quad f(\bar{x}) + \varepsilon + \mu b(\hat{x}) > f(\hat{x}) + \mu b(\hat{x}) \geq \Theta(\mu)$.
Wir nehmen hierfür den Grenzwert bei $\mu \to 0_+$. Dann gilt:
$f(\bar{x}) + \varepsilon \geq \lim_{\mu \to 0+} \Theta(\mu)$. Diese Ungleichung gilt $\forall \varepsilon > 0$, so dass wir sogar $f(\bar{x}) \geq \lim_{\mu \to 0+} \Theta(\mu)$ erhalten. Dadurch gilt mit Lemma 18.2 Teil (2):
$f(\bar{x}) = \lim_{\mu \to 0+} \Theta(\mu)$, weil $\inf\{f(x) \mid g(x) \leq 0\} \leq \inf\{\Theta(\mu) \mid \mu > 0\}$.
Weil $b(x_\mu) \geq 0$ und weil x_μ ein zulässiger Punkt für (P) ist, folgt für $\mu \to 0_+$:
$$\Theta(\mu) = f(x_\mu) + \mu b(x_\mu) \geq f(x_\mu) \geq f(\bar{x}).$$
Wir nehmen wieder den Grenzwert für $\mu \to 0_+$ und beachten, dass gilt: $f(\bar{x}) = \lim_{\mu \to 0+} \Theta(\mu)$. Es folgt dann, dass sowohl $f(x_\mu)$, als auch $f(x_\mu) + \mu b(x_\mu)$ den Wert $f(\bar{x})$ approximieren. Damit geht $\mu b(x_\mu) \stackrel{\mu \to 0+}{\to} 0$.
Falls nun (x_μ) eine konvergente Teilfolge mit Limes x' hat, so gilt: $f(x') = f(\bar{x})$. x_μ ist zulässig für das Originalproblem $\forall \mu$, damit ist auch x' zulässig und somit ist x' auch optimal für (P). □

Kritikpunkte

- Es kann sehr schwer werden, ein x mit $g(x) < 0$ zu finden.
- Nur Ungleichungen sind behandelbar.
- Mit kleiner werdendem μ treten immer stärker werdende Rundungsfehler auf. Die Probleme $\Theta(\mu)$ werden immer schlechter konditioniert.
- Diskretisierende Verfahren können leicht aus X herausführen.

18.3 Die Methode der zulässigen Richtungen von Zoutendijk

Jetzt wollen wir jeweils eine Bewegung von einem zulässigen Punkt zu einem besseren zulässigen Punkt ausführen. Folgendes Konzept steckt dahinter:
Gegeben sei x_k. Dann wird eine Richtung d_k bestimmt, so dass gilt:

(1) $x_k + \lambda d_k \in X \quad \forall\, 0 \leq \lambda \leq \bar{\lambda}$.

(2) $f(x_k + \lambda d_k) < f(x_k)$ für mindestens ein $\lambda \in [0, \bar{\lambda}]$.

Danach wird man mit Liniensuche anstreben, das optimale λ innerhalb von $[0, \bar{\lambda}]$ zu bestimmen. Der so gewonnene Punkt bekommt den Namen x_{k+1}.

Wir wollen generell wieder folgendes Problem lösen:
$$\min f(x) \quad \text{unter } g(x) \leq 0,\ h(x) = 0,\ \text{d.h. } x \in X.$$

Definition 18.4 d heißt zulässige Richtung bei $x \in X$, wenn es dort ein $\delta > 0$ gibt, so dass $\forall\, \lambda \in (0, \delta)$ gilt: $x + \lambda d \in X$.
d heißt verbessernde zulässige Richtung bei $x \in X$, wenn sogar ein $\delta > 0$ existiert, so dass $f(x + \lambda d) < f(x)$ und $x + \lambda d \in X\ \forall\, \lambda \in (0, \delta)$ gilt.

Betrachten wir nun speziell Probleme mit Ungleichungsrestriktionen:
$$\min f(x) \quad \text{unter } g(x) \leq 0.$$
Wie ermittelt man hierzu eine verbessernde Richtung?

Satz 18.3 x sei zulässig und $I = I(x)$ die Indexmenge der bei x straffen Restriktionen, so dass also $g_i(x) = 0\ \forall\, i \in I$ und $g_i(x) < 0\ \forall\, i \notin I$ gilt. g sei stetig bei x, f und g_I differenzierbar bei x.
Falls dann für ein $d \neq 0$ gilt: $\nabla f(x)^T d < 0$ und $\nabla g_I(x)^T d < 0$, dann ist d eine verbessernde zulässige Richtung.

Beweis: als Übungsaufgabe.

d muss im angegebenen Kegeldurchschnitt liegen. Hinreichend dafür ist $\nabla f(x)^T d < 0$ und $\nabla g_I(x)^T d < 0$, d.h. $\text{Max}_{i \in I}\{\nabla f(x)^T d, \nabla g_I(x)^T d\} < 0$.
Am besten wählt man dasjenige d aus, bei dem dieses Minimum so negativ wie möglich wird.

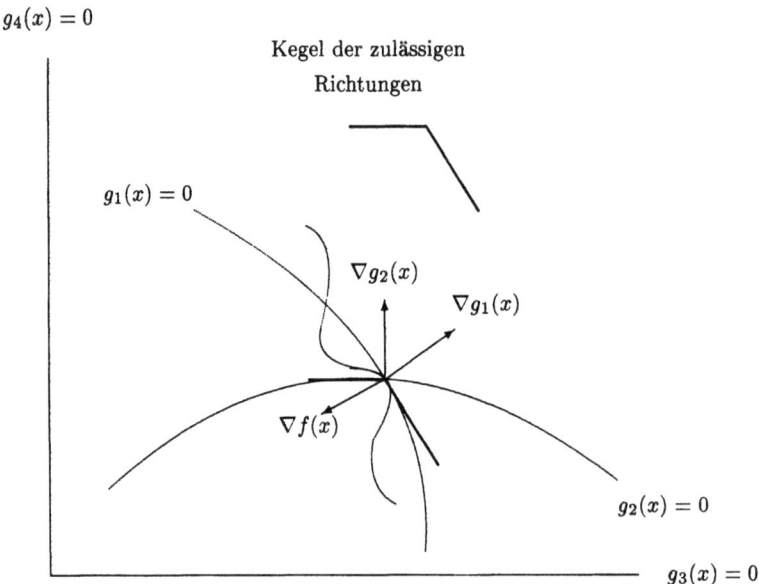

Abbildung 18.6: Zulässige Richtungen

Also wird gesucht:

$$\operatorname*{Min}_{d\neq 0}\left[\operatorname{Max}\{\nabla f(x)^T d,\ \nabla g_i(x)^T d | i \in I\}\right].$$

Dies ist, falls verbessernde zulässige Richtungen existieren, unbeschränkt. Deshalb normieren wir. Um die Normierung in ein LP einbetten zu können, verwenden wir die L_1-Norm und verlangen $-1 \leq d^j \leq 1\ \forall j = 1,\ldots,n$ (sonst hätte man schon wieder ein quadratisches MP mit Nebenbedingungen).

Bezeichnen wir die zu minimierende Größe mit z, dann lautet die hiesige Hilfsaufgabe:

$$\begin{array}{ll}
\min & z \\
\text{unter} & \nabla f(x)^T d \leq z \iff \nabla f(x)^T d - z \leq 0 \\
& \nabla g_i(x)^T d \leq z \iff \nabla g_i(x)^T d - z \leq 0 \quad \forall i \in I \\
& -1 \leq d \leq 1.
\end{array}$$

Dies kann mit dem Simplexverfahren gelöst werden. Ein Optimalpunkt für die Zielfunktion z existiert. Sei also $(\bar{d}, z)^T$ optimal ($\bar{d} \in \mathbb{R}^n$, $z \in \mathbb{R}$).
Ist $z < 0$, so ist $\bar{d}$ eine verbessernde zulässige Richtung.
Ist $z = 0$, so ist der vorliegende Punkt ein Fritz-John-Punkt (Folgerung aus dem Satz von Motzkin (Satz 2.4)).

Unseren Algorithmus über zulässige Punkte formulieren wir jetzt so:

18.3. Methode von Zoutendijk

Algorithmus 18.3 *Algorithmus von Zoutendijk*
Initialisierung: Wähle einen Startpunkt x_0 mit $g(x_0) \leq 0$ und setze $k := 0$.
Hauptschritt:

(1) Ermittle $I := \{i \mid g_i(x_k) = 0\} \subseteq \{1, \ldots, m\}$.

(2) Löse das LP:
$$\begin{array}{ll} \min & z \\ \text{unter} & \nabla f(x_k)^T d - z \leq 0 \\ & \nabla g_i(x_k)^T d - z \leq 0 \quad \forall i \in I \\ & -1 \leq d \leq 1 \end{array}$$
mit Optimalpunkt $\binom{d_k}{z_k}$.

(3) Falls $z_k = 0 \longrightarrow$ STOP.
(x_k ist Fritz-John-Punkt.)

(4) Führe auf $x_k + \mathbb{R}^+ d_k$ eine eingeschränkte Liniensuche durch und löse:
$\min f(x_k + \lambda d_k)$ unter $0 \leq \lambda \leq \lambda_{\max}$, wobei gilt:

$$\lambda_{\max} := \sup\{\bar{\lambda} \mid g_i(x_k + \lambda d_k) \leq 0 \, \forall i = 1, \ldots, m, \, \forall 0 \leq \lambda \leq \bar{\lambda}\}.$$

Der Ergebnispunkt sei $x_k + \lambda_k d_k$.

(5) Setze $x_{k+1} := x_k + \lambda_k d_k$, $k := k + 1$ und gehe zu (1).

Das Verfahren ist nicht notwendigerweise konvergent, da der Algorithmus nicht abgeschlossen ist. 0-Richtungen werden nämlich nicht akzeptiert. Deshalb erhält man nicht unbedingt Konvergenz gegen einen Fritz-John-Punkt (Näheres später). Diese Verbesserung wird im Verfahren von Topkins/Veinott erreicht.

Behandlung von nichtlinearen Gleichungen
Mit den bisherigen Überlegungen können wir Probleme mit nichtlinearen Gleichungen nicht angehen, weil die Tangentialrichtung u.U. den Zulässigkeitsbereich sofort verlässt.

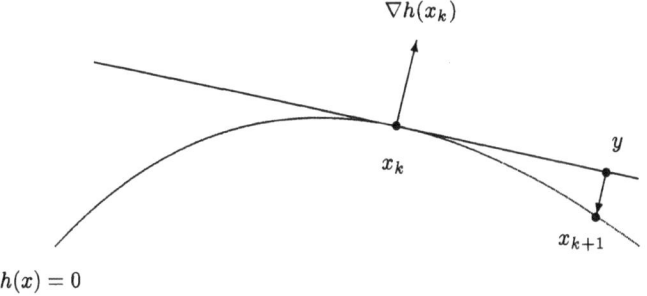

Abbildung 18.7: Tangentialrichtung und Korrekturbewegung

Gegeben sei $x_k \Rightarrow \not\exists d \neq 0$, so dass $h(x_k + \lambda d) = 0$ für $\lambda \in (0, \delta)$, $\delta > 0$.
Wir bewegen uns entlang einer Tangentialrichtung d_k mit $\nabla h(x_k)^T d_k = 0$, suchen dort einen Verbleibepunkt y und führen von da aus eine Korrekturbewegung zurück in den Zulässigkeitsbereich aus.

Allgemeiner: x_k sei zulässig. Löse nun:

$$\begin{aligned} \min \quad & \nabla f(x_k)^T d \\ \text{unter} \quad & \nabla g_i(x_k)^T d \leq 0 \quad \forall i \in I(x_k) \\ & \nabla h_j(x_k)^T d = 0 \quad \forall j = 1, \ldots, l. \end{aligned}$$

Die Lösungsrichtung d_k ist tangential zu allen Gleichungsgradienten und zu einigen der Ungleichungs-Gradienten, denjenigen zu straffen Restriktionen.
Man sucht entlang d_k und findet y, eine Rückkehrbewegung führt zu x_{k+1} (entlang $\nabla h(x_k)$). Nun soll wiederholt werden.

Benutzung der Fast-Straffen-Restriktionen
In der Nähe von Restriktionen können die Schrittweiten sehr kurz werden.
Empfehlung: Wähle I als $\{i \mid g_i(x) + \varepsilon \geq 0\}$.

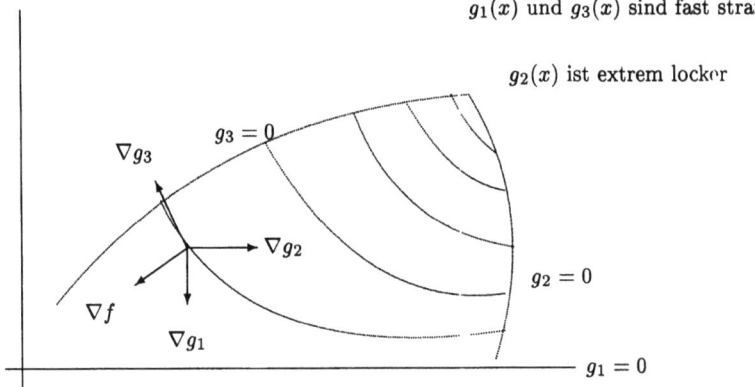

Abbildung 18.8: Benutzung der Fast-Straffen-Restriktionen

Hier gibt es mit ∇f, ∇g_1 und ∇g_3 mehr Spielraum.

Wesentlicher Nachteil: Nicht-Abgeschlossenheit.
Die algorithmische Abbildung ist zusammengesetzt aus D (Richtungssuche) und L (Liniensuche).

Beispiel: D ist nicht abgeschlossen. (nach [3], S. 424)

$$\begin{aligned} \min \quad & -2x^1 - x^2 \\ \text{unter} \quad & x^1 + x^2 \leq 2 \\ & x^1, x^2 \geq 0 \end{aligned}$$

18.3. Methode von Zoutendijk

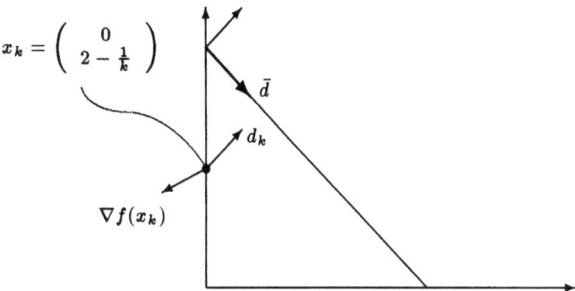

Abbildung 18.9: Illustration zum Beispiel

Straff in $x_k = \begin{pmatrix} 0 \\ 2 - \frac{1}{k} \end{pmatrix}$ ist jeweils $x^1 \geq 0$. Zu lösen ist dann:

$$\min -2d^1 - d^2 \quad \text{unter } 0 \leq d^1 \leq 1, \; -1 \leq d^2 \leq 1$$

oder:

$$\begin{aligned}
\min \quad & z \\
\text{unter} \quad & -2d^1 - d^2 - z \leq 0 \quad \Longleftrightarrow \quad z \geq -2d^1 - d^2 \\
& -d^1 \quad\quad\;\; - z \leq 0 \quad \Longleftrightarrow \quad z \geq -d^1
\end{aligned}$$

$$\begin{pmatrix} -1 \\ -1 \end{pmatrix} \leq \begin{pmatrix} d^1 \\ d^2 \end{pmatrix} \leq \begin{pmatrix} 1 \\ 1 \end{pmatrix}.$$

z wird minimal bei $d^1 = 1$ und $d^2 = 1$ (bel.) $\Rightarrow$

$$\underbrace{d^T = (1, \overbrace{1}^{\text{bel.}})}_{\text{Zoutendijkrichtung}}, \quad \text{also auch bei } d_k = \begin{pmatrix} 1 \\ 1 \end{pmatrix}.$$

Nun gehe $(x_k) \to \begin{pmatrix} 0 \\ 2 \end{pmatrix}$. Dort sind straff: $-\begin{pmatrix} 1 \\ 0 \end{pmatrix}^T d \leq 0$ und $\begin{pmatrix} 1 \\ 1 \end{pmatrix}^T d - 2 \leq 0$.

Alle Richtungen müssen jetzt zwischen $\begin{pmatrix} 1 \\ -1 \end{pmatrix}$ und $\begin{pmatrix} 0 \\ -1 \end{pmatrix}$ liegen. Zu diesem Kegel gehört aber $\begin{pmatrix} 1 \\ 1 \end{pmatrix}$ nicht.

Modifikation von Topkins und Veinott
Aufgabe: $\quad \min \quad f(x)$
$\quad\quad\quad\quad$ unter $\quad g_i(x) \leq 0 \quad \forall \, i = 1, \ldots, m.$

Generierung einer zulässigen Richtung $(DF(x))$:

$$\begin{aligned}
\min \quad & z \\
\text{unter} \quad & \nabla f(x)^T d - z \leq 0 \\
& \nabla g_i(x)^T d - z \leq -g_i(x) \quad \forall \, i = 1, \ldots, m \\
& -1 \leq d_j \leq 1 \quad\quad\quad\quad\;\;\; \forall \, j = 1, \ldots, n.
\end{aligned}$$

Alle Restriktionen werden berücksichtigt. Hierdurch entstehen keine plötzlichen Richtungswechsel am Rande einer neu aktiven Restriktion.

Algorithmus 18.4 *Topkins und Veinott*
Initialisierung: Wähle einen Punkt x_0, so dass $g_i(x_0) \leq 0 \; \forall \, i = 1, \ldots, m$ gilt und setze $k := 0$.
Typischer Schritt:

(1) $(z_{k+1}, d_{k+1})^T$ sei Optimallösung zu folgendem Problem:
$$\begin{array}{rl} \min & z \\ \text{unter} & \nabla f(x_k)^T d - z \leq 0 \\ & \nabla g_i(x_k)^T d - z \leq -g_i(x_k) \quad \forall \, i = 1, \ldots, m \\ & -1 \leq d_j \leq 1 \quad \forall \, j = 1, \ldots, n. \end{array}$$
Wenn $z_{k+1} = 0$ ist $\longrightarrow$ STOP (x_k = Fritz-John-Punkt).
Andernfalls (bei $z_{k+1} < 0$) gehe zu (2).

(2) λ_{k+1} löse folgendes Liniensuch-Problem:
$$\min f(x_k + \lambda d_{k+1}) \quad \text{unter} \; 0 \leq \lambda \leq \lambda_{max}$$
$$\text{mit } \lambda_{max} = \sup\{\lambda \mid g_i(x_k + \lambda d_{k+1}) \leq 0 \; \forall \, i = 1, \ldots, m\}.$$

Setze $x_{k+1} := x_k + \lambda_{k+1} d_{k+1}$, $k := k+1$ und gehe zu (1).

Bei dieser Methode sind folgende beiden Sätze beweisbar:

Satz 18.4 *x sei ein zulässiger Punkt zu dem Problem:*
$$\min f(x) \quad \text{unter} \; g_i(x) \leq 0 \; \forall \, i = 1, \ldots, m.$$
$(\bar{z}, \bar{d})^T$ sei Optimallösung zu $DF(x)$.
Wenn $\bar{z} < 0$ ist, dann ist $\bar{d}$ eine verbessernde Richtung.
$\bar{z} = 0$ tritt genau dann auf, wenn x ein Fritz-John-Punkt ist.

Neu und besser ist jetzt, dass die Konvergenz gegen einen Fritz-John-Punkt nun auch gewährleistet wird.

Satz 18.5 *Seien f und g_i ($i = 1, \ldots, m$) alle stetig differenzierbar. Die vom Algorithmus von Topkins und Veinott konstruierte Folge (x_k) hat als Häufungspunkte nur Fritz-John-Punkte.*

18.4 Die Gradienten-Projektionsmethode von Rosen

Den größten Abstieg erreicht man, wenn man dem negativen Gradienten entlangläuft. Dadurch kann man aber evtl. den Zulässigkeitsbereich verlassen. Rosen gibt ein Verfahren zur Projektion des Zielfunktionsgradienten an, so dass Verbesserung und Zulässigkeit erreicht werden können.

18.4. Die Gradienten-Projektionsmethode von Rosen

Definition 18.5 $\pi : \mathbb{R}^n \to \mathbb{R}^n$ heißt Projektionsabbildung, falls gilt:
$$\pi \cdot \pi = \pi \quad \text{und} \quad \pi = \pi^T.$$

Lemma 18.3 Sei π eine Abbildung von $\mathbb{R}^n$ nach $\mathbb{R}^n$ (bzw. eine zugehörige Matrix). Dann gelten:

(1) π ist positiv semidefinit, falls π eine Projektionsmatrix ist.

(2) π ist genau dann eine Projektionsmatrix, wenn $E - \pi$ eine Projektionsmatrix ist.

(3) π sei eine Projektionsmatrix und $Q := E - \pi$. Dann sind $L := \{\pi x \mid x \in \mathbb{R}^n\}$ und $L^\perp := \{Qx : x \in \mathbb{R}^n\}$ lineare Unterräume. Weiter ist jedes $x \in \mathbb{R}^n$ darstellbar als $p + q$ mit $p \in L$ und $q \in L^\perp$ (orthogonales Komplement).

Beweis: als Übungsaufgabe.

Behandlung von Problemen mit linearen Nebenbedingungen
Wir behandeln jetzt das Problem:
$$\min f(x) \quad \text{unter } Ax \le b,\ Bx = c;\quad f \text{ differenzierbar}.$$

Der steilste Abstieg wird bei $-\nabla f(x)$ erreicht.

Lemma 18.4 x sei zulässig mit $A_I x = b_I$, $A_{\bar{I}} x < b_{\bar{I}}$, $I \cup \bar{I} = \{1, \ldots, m\}$. f sei differenzierbar bei x und π sei eine Projektionsmatrix mit $\pi(\nabla f(x)) \ne 0$. Dann ist $d := -\pi(\nabla f(x))$ eine verbessernde Richtung von f.
Wenn $M := \begin{pmatrix} A_I \\ B \end{pmatrix}$ vollen Rang hat und $\pi = E - M^T(MM^T)^{-1}M$ gewählt wird, dann ist d eine verbessernde zulässige Richtung und π ist eine Projektionsmatrix.

Beweis:
Es gilt:
$$\begin{aligned}
\nabla f(x)^T d &= (-\nabla f(x))^T \pi(\nabla f(x)) \\
&= -\nabla f(x)^T \pi^T \pi \nabla f(x) \\
&= -\|\pi \nabla f(x)\|^2 < 0.
\end{aligned}$$

Man sieht leicht, dass d eine verbessernde Richtung ist. Zusätzlich ist d auch noch eine zulässige Richtung, denn mit $\pi = E - M^T(MM^T)^{-1}M$ haben wir:

$$\begin{aligned}
Md = -M\pi(\nabla f(x)) &= -M\left[E - M^T(MM^T)^{-1}M\right](\nabla f(x)) \\
&= (-M + M)(\nabla f(x)) = 0.
\end{aligned}$$

Also gilt: $A_I d = 0$ und $Bd = 0$.

Kapitel 18. Verfahren für restringierte Probleme

Des Weiteren gilt:

$$\pi^T = E^T - [M^T(MM^T)^{-1}M]^T = E - M^T\overbrace{[(MM^T)^{-1}]^T}^{\text{symmetrisch}}M$$
$$= E - M^T(MM^T)^{-1}M = \pi,$$
$$\pi \cdot \pi = E - 2M^T(MM^T)^{-1}M + M^T(MM^T)^{-1}MM^T(MM^T)^{-1}M$$
$$= E - 2M^T(MM^T)^{-1}M + M^T(MM^T)^{-1}M = \pi.$$

Somit ist π Projektionsmatrix. □

π projiziert alles auf den Kern von $\begin{pmatrix} A_I \\ B \end{pmatrix} = M$, denn es gilt:
$$M\pi = 0 \implies A_I\pi = B\pi = 0.$$

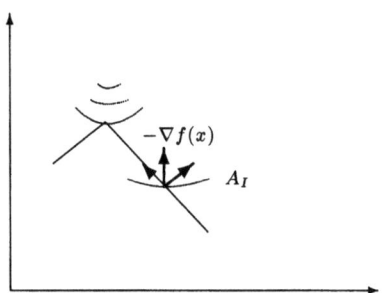

Abbildung 18.10: Projizierter Gradient

Die Projektion auf den Kern von A_I funktioniert so nur, wenn $\pi(\nabla f(x)) \neq 0$ ist. Was können wir andernfalls tun?
Sei also $\pi(\nabla f(x)) = 0$. Dann gilt:

$$0 = [E - M^T(MM^T)^{-1}M]\nabla f(x)$$
$$= \nabla f(x) + M^T w \quad (\text{mit } w = -(MM^T)^{-1}M\nabla f(x) \text{ und } w \triangleq (u,v)^T)$$
$$(u \text{ sei } A_I \text{ und } v \text{ sei } B \text{ zugeordnet})$$
$$= \nabla f(x) + A_I^T u + B^T v \quad (\text{Nähe zu KKT-Bedingungen}).$$

Falls $u \geq 0$ ist, dann haben wir erfüllte KKT-Bedingungen und wir können stoppen.
Ist $u \not\geq 0$, dann kann man eine neue Projektionsmatrix ($\hat{\pi}$) identifizieren, so dass $d := -\hat{\pi}\nabla f(x)$ verbessernde zulässige Richtung wird.

Satz 18.6 Zu lösen sei $\min f(x)$ unter $Ax \leq b$ und $Bx = c$. x sei eine zulässige Lösung mit $A_I x = b_I$, $A_{\bar{I}} x < b_{\bar{I}}$, $A = \begin{pmatrix} A_I \\ A_{\bar{I}} \end{pmatrix}$ und $b = \begin{pmatrix} b_I \\ b_{\bar{I}} \end{pmatrix}$.

18.4. Die Gradienten-Projektionsmethode von Rosen

Angenommen, $M = \begin{pmatrix} A_I \\ B \end{pmatrix}$ habe vollen Rang und es gelte:
$\pi = E - M^T(MM^T)^{-1}M$, sowie $\pi(\nabla f(x)) = 0$.
Sei jetzt $w := -(MM^T)^{-1}M\nabla f(x)$ und $w = \begin{pmatrix} u \\ v \end{pmatrix}$. Dann gilt:
Ist $u \geq 0$, so ist x ein Karush-Kuhn-Tucker-Punkt.
Ist $u \not\geq 0$ und u^j eine beliebige negative Komponente von u, so setze: $\hat{M} := \begin{pmatrix} \hat{A}_I \\ B \end{pmatrix}$,
wobei man $\hat{A}_I$ aus A_I erhält, indem man die zu u^j gehörende Zeile weglässt. Ferner setze: $\hat{\pi} := E - \hat{M}^T(\hat{M}\hat{M}^T)^{-1}\hat{M}$ und $d := -\hat{\pi}\nabla f(x)$.
Dann ist d eine verbessernde zulässige Richtung.

Beweis:
Nach Definition von π und wegen $\pi \nabla f(x) = 0$ bekommen wir:

$$\begin{aligned} 0 &= \pi \nabla f(x) = \left[E - M^T(MM^T)^{-1}M\right] \nabla f(x) \\ &= \nabla f(x) + M^T w = \nabla f(x) + A_I^T u + B^T v. \end{aligned}$$

Wenn nun $u \geq 0$ ist, so liegt ein KKT-Punkt vor.
Sei also nun $u \not\geq 0$ und u^j eine negative Komponente.
Wir zeigen zuerst, dass gilt: $\hat{\pi}\nabla f(x) \neq 0$.
Annahme: $\hat{\pi}\nabla f(x) = 0$.
Setzen wir $\hat{w} := -(\hat{M}\hat{M}^T)^{-1}\hat{M}\nabla f(x)$. Dann erhalten wir:

$$0 = \hat{\pi}\nabla f(x) = \left[E - \hat{M}^T(\hat{M}\hat{M}^T)^{-1}\hat{M}\right]\nabla f(x) = \nabla f(x) + \hat{M}^T \hat{w}$$
$$\Rightarrow \nabla f(x) = -\hat{M}^T \hat{w}.$$

Wir könnten für $A_I^T u + B^T v$ auch schreiben $\hat{M}^T \bar{w} + u^j (A_I^T)_{\cdot j}$, d.h. $\bar{w}$ lässt eine Komponente aus und die j-te Zeile wurde von A_I weggelassen.
Folglich gilt dann: $\quad 0 = \nabla f(x) + \hat{M}^T \bar{w} + u^j(A_I^T)_{\cdot j}$.
Subtraktion ergibt: $0 = \hat{M}^T(\hat{w} - \bar{w}) - u^j(A_I^T)_{\cdot j}$.
Zusammen mit $u^j \neq 0$ zeigt sich daraus, dass M nicht vollen Rang besitzt (WID zur Voraussetzung über M) $\Rightarrow \hat{\pi}\nabla f(x) \neq 0 \Rightarrow$ verbessernde Richtung d.
Nun zeigen wir, dass d zulässige Richtung ist.
Beachte, dass $\hat{M}\hat{\pi} = 0$ gilt, so dass $\begin{pmatrix} \hat{A}_I \\ B \end{pmatrix} d = \hat{M}d = -\hat{M}\hat{\pi}\nabla f(x) = 0$ ist. Wir bekommen nach Lemma 18.4 eine zulässige Richtung d, wenn $A_I d \leq 0$ und $Bd = 0$ ist. Deshalb muss nur noch $(A_I)_{j\cdot} d \leq 0$ nachgewiesen werden. Vormultiplikation mit $(A_I)_{j\cdot}\hat{\pi}$ und Berücksichtigung von $\hat{\pi}^T \hat{M}^T = 0$ ergibt:

$$0 = (A_I)_{j\cdot}\hat{\pi}\nabla f(x) + (A_I)_{j\cdot}\hat{\pi}\left(\hat{M}^T \bar{w} + u^j(A_I^T)_{\cdot j}\right) = -(A_I)_{j\cdot}d + u^j(A_I)_{j\cdot}\hat{\pi}(A_I^T)_{\cdot j}.$$

$\hat{\pi}$ ist aber positiv semidefinit, so dass $(A_I)_{j\cdot}\hat{\pi}(A_I^T)_{\cdot j} \geq 0$ gilt. Wegen $u^j < 0$ erhalten wir somit $(A_I)_{j\cdot}d \leq 0$ und damit ist d zulässig. □

Algorithmus 18.5 *Algorithmus von Rosen für lineare Nebenbedingungen*
Initialisierung: Wähle einen Punkt x_0 mit $Ax_0 \leq b$ und $Bx_0 = c$. Bestimme A_I und b_I und setze $k := 0$.
Typischer Schritt:

(1) Sei $M^T := (A_I^T, B^T)$.
 Falls M leer ist, setze $\pi := E$, sonst $\pi := E - M^T(MM^T)^{-1}M$.
 Setze $d_{k+1} := -\pi \nabla f(x_k)$. Falls $d_{k+1} \neq 0$ ist, gehe zu (2).
 Falls $d_{k+1} = 0$ und M leer ist $\longrightarrow$ STOP.
 Falls $d_{k+1} = 0$ und M nicht leer ist, dann setze:

$$w := -(MM^T)^{-1}M\nabla f(x), \quad \text{wobei} \quad w^T = (u^T, v^T).$$

 Falls $u \geq 0 \longrightarrow$ STOP; x_k ist KKT-Punkt.
 Wenn $u \not\geq 0$ ist, dann wähle eine negative Komponente von u, z.B. u^j.
 Bestimme A_I und verwerfe die zu u^j gehörende Zeile.
 Wiederhole (1).

(2) Bestimme ein optimales λ für das Liniensuch-Problem:
 minimiere $f(x_k + \lambda d_{k+1})$ unter $0 \leq \lambda \leq \lambda_{\max}$,
 wobei $\lambda_{\max} := \begin{cases} \text{Min}\{\frac{\hat{b}_i}{\hat{d}_i} \mid \hat{d}_i > 0\} & \text{für } \hat{d} \not\leq 0 \\ \infty & \text{für } \hat{d} \leq 0 \end{cases}$
 mit $\hat{b} = b_{\bar{I}} - A_{\bar{I}}x_k$ und $\hat{d} = A_{\bar{I}}d_{k+1}$.
 Setze $x_{k+1} := x_k + \lambda d_{k+1}$ und betrachte die neue Aufteilung von A und b bzgl. x_{k+1}.
 Setze $k := k+1$ und wiederhole (1).

Behandlung von nichtlinearen Nebenbedingungen
Im linearen Fall wird der Zielgradient auf den Kern der straffen Restriktionsvektoren projiziert. Dadurch kam man zu einem KKT-Punkt. Im nichtlinearen Fall kann man genauso vorgehen. Allerdings wird hier der projizierte Gradient u.U. nicht zu zulässigen Punkten führen, da dieser nur tangential zum Zulässigkeitsbereich ist.
Man schließt deshalb eine Korrekturbewegung in den Zulässigkeitsbereich an.

Sei also M die Matrix aus den $\nabla g_i(x_k)^T$ für $i \in I$ und den $\nabla h_j(x_k)^T$. Setze $\pi := E - M^T(MM^T)^{-1}M$; dadurch projiziert π in den Kern von M.
Setze $d_k := -\pi \nabla f(x_k)$.
Wenn $d_k \neq 0$ ist, dann minimiert man f von x_k aus in Richtung d_k. Man korrigiert diesen Schritt durch eine Bewegung zur Zulässigkeit.
Falls $d_k = 0$ ist, dann kalkuliert man: $\begin{pmatrix} u \\ v \end{pmatrix} = -(MM^T)^{-1}M\nabla f(x_k)$.
Wenn $u \geq 0$ ist, dann stoppt man mit einem Kuhn-Tucker-Punkt x_k.
Sonst verwirft man die Zeile von M, die zu einem $u_j < 0$ gehört und wiederholt.

18.4. Die Gradienten-Projektionsmethode von Rosen

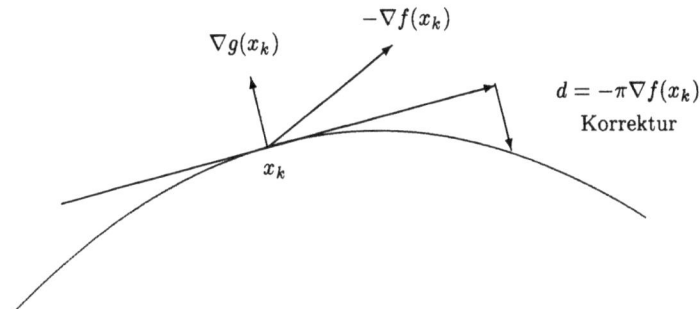

Abbildung 18.11: Behandlung von nichtlinearen Nebenbedingungen

Konvergenzanalyse
Die Richtungsbestimmung ist nicht unbedingt abgeschlossen, weil die Richtung abrupt verändert werden kann, wenn eine neue Restriktion aktiv wird oder der projizierte Gradient Null wird.
Dadurch wird eine Neuberechnung der Projektionsmatrix erforderlich. Nachdem die Liniensuche hier auch nicht abgeschlossen ist (siehe Beispiel mit $D_x \to 0$) können wir den GKS (Satz 15.1) hier nicht heranziehen.

Beispiel

$$\begin{aligned} \min \quad & x^1 - 2x^2 \\ \text{unter} \quad & x^1 + 2x^2 \leq 6 \\ & x^1, x^2 \geq 0 \end{aligned}$$

Betrachte die Folge: $(x_k) = \begin{pmatrix} 2 - \frac{1}{k} \\ 2 \end{pmatrix} \xrightarrow{k \to \infty} \begin{pmatrix} 2 \\ 2 \end{pmatrix}$.

Alle x_k sind zulässig. Definiere:

$$\pi := \begin{pmatrix} 1 & 0 \\ 0 & 1 \end{pmatrix} - \begin{pmatrix} 1 \\ 2 \end{pmatrix} \left[(1,2) \begin{pmatrix} 1 \\ 2 \end{pmatrix} \right]^{-1} (1,2) = \begin{pmatrix} \frac{4}{5} & -\frac{2}{5} \\ -\frac{2}{5} & \frac{1}{5} \end{pmatrix}$$

$$\Rightarrow d := -\pi \nabla f(\hat{x}) = -\pi \begin{pmatrix} 1 \\ -2 \end{pmatrix} = - \begin{pmatrix} \frac{8}{5} \\ -\frac{4}{5} \end{pmatrix}.$$

Bei jedem x_k gilt aber:

$$d_k = \begin{pmatrix} -1 \\ 2 \end{pmatrix} \quad \Longrightarrow \quad d_k \xrightarrow{k \to \infty} \not\to d.$$

Hinweis
Mit einer Variation der Bestimmung von d_k lässt sich zumindest für lineare Nebenbedingungen zeigen, dass Konvergenz gegen einen KKT-Punkt besteht oder immer wieder zulässige verbessernde Richtungen erzeugt werden.

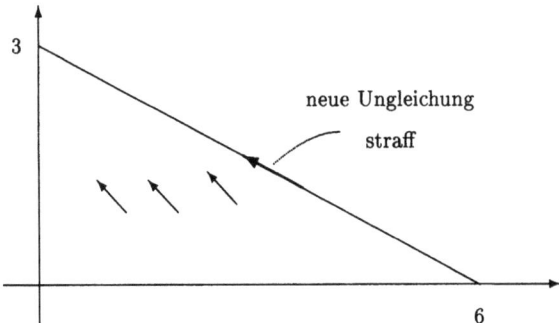

Abbildung 18.12: Illustration zum Beispiel

18.5 Übungsaufgaben

Aufgabe 18.1 Bestimmen Sie die Lösung des Optimierungsproblems:

$$\begin{aligned}\min\quad & (x^1)^2 + (x^2)^2 \\ \text{unter}\quad & 2x^1 + x^2 - 2 \leq 0 \\ & -x^2 + 1 \leq 0.\end{aligned}$$

a) Lösen Sie das Problem mit dem Penalty-Verfahren:
Starten Sie mit dem Punkt $x_0 = (2,6)$, $\mu_0 = 1$, $\beta = 2$, verwenden Sie die Standardstraffunktion mit Parameter $p = 2$ und lösen Sie die für jeden Penaltyparameter auftretenden unrestringierten Probleme mit dem zyklischen Koordinatenabstiegsverfahren (exakte Liniensuche).

b) Lösen Sie das Problem mit dem Barriere-Verfahren.
Starten Sie mit dem Punkt $x_0 = (-6,3)$, $\mu_0 = 1, \beta = 0.5$, verwenden Sie die Funktion $b(x) = -\frac{1}{g_1(x)} - \frac{1}{g_2(x)}$ als Barriere-Funktion und lösen Sie die für jeden Barriereparameter auftretenden unrestringierten Probleme mit dem zyklischen Koordinatenabstiegsverfahren (inexakte Liniensuche).

Aufgabe 18.2 Bei dem Verfahren von Rosen wird in jeder Iteration die Matrix $(MM^T)^{-1}$ berechnet, um die Projektionsmatrix zu bestimmen. Gewöhnlich ergibt sich die Matrix M in einer nachfolgenden Iteration durch Hinzufügen oder Weglassen einiger Zeilen. Statt nun $(MM^T)^{-1}$ komplett neu zu berechnen, kann man die alte Matrix $(MM^T)^{-1}$ verwenden.

a) Sei $C = \begin{pmatrix} C_1 & C_2 \\ C_3 & C_4 \end{pmatrix}$ und $C^{-1} = \begin{pmatrix} D_1 & D_2 \\ D_3 & D_4 \end{pmatrix}$.

Zeigen Sie, dass C_1^{-1} durch $C_1^{-1} = D_1 - D_2 D_4^{-1} D_3$ berechnet werden kann.
Zeigen Sie weiterhin, dass C^{-1} durch $D_1 = C_1^{-1} + C_1^{-1} C_2 C_0^{-1} C_3 C_1^{-1}$, $D_2 = -C_1^{-1} C_2 C_0^{-1}$, $D_3 = -C_0^{-1} C_3 C_1^{-1}$ und $D_4 = C_0^{-1}$ berechnet werden kann, wobei $C_0 = C_4 - C_3 C_1^{-1} C_2$.

b) Welche Vereinfachungen ergeben sich in a), wenn die neue Matrix M durch Hinzufügen bzw. Weglassen einer einzigen Zeile der alten Matrix M entsteht.

c) Lösen sie das folgende Optimierungsproblem mit dem Verfahren von Rosen:

$$
\begin{aligned}
\min \quad & (x^1)^2 + x^1 x^2 + 2(x^2)^2 + 2x^2 x^3 + 4x^1 + 6x^2 + 12x^3 \\
\text{unter} \quad & x^1 + x^2 + x^3 \leq 6 \\
& x^1 + x^2 - 2x^3 \leq -2 \\
& x^1, x^2, x^3 \geq 0.
\end{aligned}
$$

Starten Sie an dem Punkt $x_0 = (0, 0, 2)$.

Aufgabe 18.3 Das Problem min $(x)^3$ unter $x = 1$, $x \in \mathbb{R}$ soll mit der Hilfsfunktion $(x)^3 + \mu(x-1)^2$ gelöst werden. Finden Sie die Stellen, wo die erste Ableitung verschwindet. Warum löst hier eine Optimierungsfolge der Hilfsfunktion für $\mu \to \infty$ das ursprüngliche Problem nicht?

Aufgabe 18.4 Hier soll der Barriere-Parameter μ nach verschiedenen Gesichtspunkten modifiziert werden. Lösen Sie das Problem

$$\min (x^1 - 6)^2 + (x^2 - 8)^2 \quad \text{unter } (x^1)^2 - x^2 \leq 0$$

rechnerisch mit der Hilfsfunktion $(x^1 - 6)^2 + (x^2 - 8)^2 + \mu[1/((x^1)^2 - x^2)]$, die mit der zyklischen Koordinatenmethode zu minimieren ist. Startwert sei $x_1 = (0, 12)$. Probieren Sie folgende Strategien aus:

a) $x_1 \xrightarrow{10.0} x_2 \xrightarrow{1} x_3 \xrightarrow{0.1} x_4 \xrightarrow{0.01} ?$

b) $x_1 \xrightarrow{0.001} ?$

c) $(6, 8) \xrightarrow{0.01} ?$

Aufgabe 18.5 Optimieren Sie ausgehend vom Startpunkt $(0, 0)$ die Zielfunktionen

$$\min -x^1 - 3x^2 \qquad \text{bzw.} \qquad \min (x^1 - 3)^2 + (x^2 - 3)^2$$
$$\text{unter } x^1 + 2x^2 \leq 4, \quad -x^1 + 2x^2 \leq 2 \quad \text{sowie } x^1 \geq 0,\ x^2 \geq 0$$

mit der Gradienten-Projektionsmethode von Rosen.

Aufgabe 18.6 Zu lösen sei min $f(x)$ unter $Ax \leq b$.
Der Punkt $\hat{x}$ sei zulässig für $Ax \leq b$, wobei A_I die straffen Nebenbedingungen repräsentiert. P sei $E - A_I^T (A_I A_I^T)^{-1} A_I$, wie bei der Gradienten-Projektionsmethode. Was folgt aus den folgenden Aussagen und was bedeuten sie geometrisch?

a) $P \nabla f(\hat{x}) = 0$.
b) $P \nabla f(\hat{x}) = \nabla f(\hat{x})$.
c) $P \nabla f(\hat{x}) \neq 0$.

Aufgabe 18.7 Seien $f, g_i : \mathbb{R}^n \to \mathbb{R}$ differenzierbar, die g_i seien konkav. Zu lösen sei (M) $\min f(x)$ unter $g_i(x) \leq 0$ für $i = 1, \ldots, m$.
Sei $\bar{x}$ zulässig, und $I = \{i \mid g_i(\bar{x}) = 0\}$. Betrachten Sie:

$$\begin{aligned} \min \quad & \nabla f(\bar{x})^T d \\ \text{unter} \quad & \nabla g_i(\bar{x})^T d \leq 0 \text{ für } i \in I \quad \text{sowie} \quad -1 \leq d_j \leq 1 \text{ für } j = 1, \ldots, n. \end{aligned}$$

$\bar{d}$ sei dazu eine Optimallösung mit Zielfunktionswert $\bar{z}$.
Zeigen Sie zuerst $\bar{z} \leq 0$.
Es gelte nun $\bar{z} < 0$. Zeigen Sie, dass dann ein $\delta > 0$ existiert, so dass für alle $\lambda \in (0, \delta)$ gilt: $\bar{x} + \lambda \bar{d}$ ist zulässig für (M) und es gilt $f(\bar{x} + \lambda \bar{d}) < f(\bar{x})$.

Kapitel 19
Karmarkars Algorithmus aus nichtlinearer Sicht

In diesem Kapitel werden wir den Algorithmus von Karmarkar aus Kapitel 11 noch einmal, aber diesmal in der Sprache der nichtlinearen Optimierung, angelehnt an eine Arbeit von Gonzaga [18], darstellen. Die Methoden, die im zweiten Teil besprochen worden sind, versetzen uns in die Lage, einen Konvergenzbeweis und eine Komplexitätsanalyse durchzuführen.

19.1 Der skalierte steilste Abstieg (SSD)

Betrachte das folgende nichtlineare Optimierungsproblem mit linearen Nebenbedingungen

$$\min \quad \varphi(x)$$

$$\text{unter } Ax = b \text{ und } x \geq 0,$$

wobei $\varphi : \mathbb{R}^n_+ \to \mathbb{R}$ stetig differenzierbar und $b \in \mathbb{R}^m$ ist. A sei eine $m \times n$-Matrix mit $m < n$ von vollem Rang.

Der SSD-Algorithmus verfolgt von jedem Iterationspunkt aus die Richtung des steilsten Abstiegs, wobei aber jeder Iteration eine Skalierungs-Transformation vorausgeht. Eine Skalierung ist eine Transformation $x := Dy$ (y alte Variablen, x neue). Dabei ist D Diagonalmatrix mit positiven Diagonaleinträgen.

$$D := \text{diag}\begin{pmatrix} d^1 \\ \vdots \\ d^n \end{pmatrix} := \begin{pmatrix} d^1 & & 0 \\ & \ddots & \\ 0 & & d^n \end{pmatrix}, \quad d^i > 0, \, \forall i = 1, \ldots, n.$$

Die Iteration $k+1$ startet bei $x_{(k)}$, dem Ergebnispunkt der vorherigen Iteration, und die Skalierung wird jeweils sein:

$$x = X_{(k)} y \Leftrightarrow y = X_{(k)}^{-1} x \text{ mit } X_{(k)} = \begin{pmatrix} x_{(k)}^1 & & 0 \\ & \ddots & \\ 0 & & x_{(k)}^n \end{pmatrix}.$$

Deshalb können wir im Hilfsraum (der Punkte y) die Funktion $\varphi(x)$ simulieren mit Hilfe von $\overline{\varphi}(y) := \varphi(X_{(k)} y) = \varphi(x)$.

Auf diese Weise wird speziell der Ergebnispunkt $x_{(k)}$ immer überführt in

$$y(x_{(k)}) = X_{(k)}^{-1} x_{(k)} = \begin{pmatrix} \frac{1}{x_{(k)}^1} & & 0 \\ & \ddots & \\ 0 & & \frac{1}{x_{(k)}^n} \end{pmatrix} \begin{pmatrix} x_{(k)}^1 \\ \vdots \\ x_{(k)}^n \end{pmatrix} = \mathbf{1}.$$

Algorithmus 19.1 *Algorithmus des skalierten steilsten Abstiegs (SSD)*
Input: *Gegeben sind φ, A, b und ein zulässiges $x_{(0)} > 0$ sowie $\delta \in (0,1]$.*
Initialisierung: $k := 0$.

Typischer Schritt: *Wiederhole (so lange bis ein Abbruchkriterium erfüllt ist):*

1. *Skalierung:*

$$X_{(k)} := \text{diag}\begin{pmatrix} x_{(k)}^1 \\ \vdots \\ x_{(k)}^n \end{pmatrix}, \overline{A} := A X_{(k)}.$$

   Redefiniere $\overline{\varphi}(y) := \varphi(X_{(k)} y)$ $(= \overline{\varphi}_k(y) = \varphi(x))$.

2. *Bestimmung der Suchrichtung:*
   $h := -\Pi \nabla \overline{\varphi}(\mathbf{1})$, *wobei* $\Pi := E - \overline{A}^T (\overline{A} \overline{A}^T)^{-1} \overline{A}$
   die Projektion auf Kern $\overline{A}$ $(= \text{Kern } AX_{(k)} = X_{(k)}^{-1} \text{ Kern } A)$ ist.

3. *Liniensuche:*
   Finde (oder approximiere ausreichend genau)
   $\overline{\lambda} \in \arg\min\{\overline{\varphi}(\mathbf{1} + \lambda h) \mid \lambda \geq 0, \text{ wobei } \mathbf{1} + \lambda h \geq 0\}$.
   Das Resultat unserer Bemühung sei $\mathbf{1} + \overline{\lambda} h$. Verwenden werden wir allerdings
   $y^* := \mathbf{1} + \delta \overline{\lambda} h$ *(mit gewähltem δ, z.B. ≤ 1).*

4. *Rücktransformation in den Originalraum:*
   $x_{(k+1)} := X_{(k)} y^*$ *und $k := k + 1$.*

Die Konstante δ setzt man 1, wenn die Liniensuche gewiss einen strikt positiven Punkt liefert. Z.B. weiß man so etwas bei Funktionen, die am Orthantenrand unbeschränkt wachsen. Ist φ in diesem Fall eine lineare Funktion, dann haben wir den Affine-Scaling-Algorithmus, zuerst entwickelt von Dikin, wiederentdeckt von Vanderbei, Meketon, Friedman und Barnes. Von diesem ist die Polynomialität nicht erwiesen, aber die Rechenresultate mit $\delta = [0.95; 0.99]$ sind sehr gut.

19.2 Problemformulierung und Erfolgsmessung

Um die Wirksamkeit des früher schon vorgestellten Verfahrens von Karmarkar für lineare Optimierungsprobleme nachzuweisen, brauchen wir für unser LP eine spezielle Formulierung

$$\min c^T x$$
$$\text{unter} \quad Ax = 0, \mathbf{1}^T x = 1, x \geq 0,$$

wobei $c, \mathbf{1} \in \mathbb{R}^n, A \in \mathbb{R}^{(m,n)}$ von vollem Rang und $m < n$.

Voraussetzungen

i) Der Zulässigkeitsbereich $X_P = \{x \in \mathbb{R}^n \mid Ax = 0, \mathbf{1}^T x = 1, x \geq 0\}$ ist beschränkt.

ii) Ein zulässiger innerer Startpunkt x_0 ist bekannt, d.h. $x_0 > 0, x_0 \in X_P$.

iii) Der Minimalwert von $c^T x$ auf X_P ist exakt 0.

Mit den Methoden aus 11.3 lässt sich jedes allgemeine Problem

$$\max \quad c^T x$$
$$\text{unter} \quad Ax \leq b, \ x \geq 0$$

auf folgende Form bringen:

$\min e_{2n+2m+1}^T \chi \quad$ unter

$$\left(\begin{pmatrix} -c^T & b^T & 0 & 0 \\ A & 0 & E_m & 0 \\ 0 & A^T & 0 & -E_n \end{pmatrix} - \begin{pmatrix} -c^T & b^T & 0 & 0 \\ A & 0 & E_m & 0 \\ 0 & A^T & 0 & -E_n \end{pmatrix} \begin{pmatrix} 1 \\ \vdots \\ 1 \end{pmatrix} + \begin{pmatrix} 0 \\ b \\ c \end{pmatrix} \middle| - \begin{pmatrix} 0 \\ b \\ c \end{pmatrix} \right) \chi = 0$$

$\mathbf{1}^T \chi = 1$ und $\chi \geq 0, \chi \in \mathbb{R}^{2n+2m+2}$.

Diese Problemstellung erfüllt alle benötigten Voraussetzungen:

i) $\{\chi \mid \mathbf{1}^T \chi = 1, \chi \geq 0\}$ ist beschränkt.

ii) $\chi = \frac{1}{2n+2m+2} \mathbf{1}_{2n+2m+2} > 0$ ist zulässig.

iii) Der Minimalwert des obigen Problems ist 0, falls das Originalproblem Optimalpunkte hat, ansonsten positiv.

Ist nun der Optimalwert 0, dann läuft der Karmarkar-Algorithmus wie vorgesehen. Ist er positiv, dann kann die benutzte Potentialfunktion nicht immer wieder um den erwarteten konstanten Betrag abnehmen, denn $-\sum_{i=1}^{2n+2m+2} \log \chi^i$ kann nicht beliebig klein werden, wegen (i). Dieser Verlauf liefert uns die Meldung: Unzulässigkeit des zusammengesetzten Primal-Dual-Problems.

Da wir schon wissen, dass unsere Problemtransformation von harmloser Komplexität ist, ist nur noch interessant, ob der Algorithmus unter obigen Voraussetzungen in polynomialer Zeit läuft.
Zur Erfolgsmessung wird hier nicht die (hier ungeeignete) Zielfunktion $c^T x$ eingesetzt, sondern eine Potentialfunktion, welche mit Transformationen zwischen Original- und Hilfsraum besser klarkommt.

Definition 19.1 *Betrachte die sogenannte* Potentialfunktion

$$f : \mathbb{R}^n \to \mathbb{R}$$
$$f(x) = n \log(c^T x) - \sum_{i=1}^{n} \log x^i = \log \frac{(c^T x)^n}{\prod_{i=1}^{n} x^i}$$

und definiere folgendes Problem für ein gegebenes $L > 0, L \in \mathbb{N}$.

$$\text{Finde } x \in X \text{ mit } f(x) < -nL.$$

Ungefähre Begründung für diese Problemstellung: Wir wollen, dass $c^T x$ gegen 0 geht, deshalb soll $n \log(c^T x)$ so negativ wie möglich werden.
Der andere Teil der Potentialfunktion ist eine klassische logarithmische Barriere-Funktion für Ungleichungen $x \geq 0$, nämlich $p(x) = -\sum \log x^i$.
Barriere-Funktionen gehen gegen $+\infty$ am Rand des Zulässigkeitsbereiches (hier $\mathbb{R}_+^n$). $p(x)$ ist hier von unten beschränkt, weil X beschränkt sein sollte.
Also kann die Potentialfunktion nur dann gegen $-\infty$ gehen, wenn auch $c^T x_k$ gegen 0 geht.
Haben wir erst einmal erreicht, dass $n \log(c^T x) < -nL$, dann ist $c^T x < e^{-L}$.
L kann hierbei als die Präzision, auf die wir die Zielfunktion an 0 zurückführen wollen, interpretiert werden.

Homogenität der Potentialfunktion
Die Potentialfunktion ist homogen für positive α und x, weil nämlich

$$f(\alpha x) = n \log(c^T(\alpha x)) - \sum_{i=1}^{n} \log \alpha x^i = f(x) \quad \forall \alpha > 0, x > 0.$$

Dadurch erhalten wir die interessante Einsicht, dass die Nebenbedingung $\mathbf{1}^T x = 1$ bei der Minimierung der Potentialfunktion ignoriert werden kann. Denn findet man ein $\tilde{y} > 0$ mit sehr kleinem Potentialfunktionswert mit $A\tilde{y} = 0$, dann hat auch $\frac{1}{\mathbf{1}^T \tilde{y}} \tilde{y}$ einen entsprechend kleinen Wert, weil $f(\frac{1}{\mathbf{1}^T \tilde{y}} \tilde{y}) = f(\tilde{y})$. Es ist nämlich klar, dass $\mathbf{1}^T \tilde{y} > 0$.
Also haben wir die Gleichwertigkeit von

$$\text{Finde } x \text{ mit } Ax = 0, \text{ und } \mathbf{1}^T x = 1, x > 0, \text{ so dass } f(x) < -nL$$

und

$$\text{Finde } y \text{ mit } Ay = 0, y > 0, \text{ so dass } f(y) < -nL.$$

Definition 19.2 *Wir deklarieren unser Potentialunterbietungsproblem*

$$\text{Finde } x \text{ mit } Ax = 0, x > 0, \text{ so dass } f(x) < -nL.$$

Auf dieses Suchproblem könnte man den vorigen SSD-Algorithmus anwenden mit $\delta = 1$ unter Verwendung der Simulation von f im Hilfsraum $\overline{f}(y) := f(X_k y)(= f(x))$. Dann erhält man den Originalalgorithmus von Karmarkar.

19.3 Der Algorithmus von Karmarkar

Algorithmus 19.2 *Algorithmus von Karmarkar*
<u>Input</u>: $x_0 > 0$, $x_0 \in \text{Int}(X)$, $L > 0$.
<u>Initialisierung</u>: Setze $k := 0$.
<u>Typischer Schritt</u>: Wiederhole so lange bis $f(x_k) < -nL$:

1. Skalierung:
   $X := X_k = \text{diag}(x_{(k)}^1, \ldots, x_{(k)}^n)$, $\overline{A} := AX_k$, $\overline{c} := X_k c$.
   Redefiniere $\overline{f}(y) := f(X_k y)(= \overline{f}_k(y) := f(x))$.

2. Richtungsbestimmung:
   $h := -\frac{n}{\overline{c}^T \mathbf{1}}\Pi(\overline{c}) + \mathbf{1}$ mit
   $\Pi := E - \overline{A}^T(\overline{A}\overline{A}^T)^{-1}\overline{A}$, Π ist Projektionsmatrix auf Kern $\overline{A}(= AX_k)$.

3. Liniensuche:
   $\overline{\lambda} := \arg\min\{f(\mathbf{1} + \lambda h) \mid \lambda \geq 0, \mathbf{1} + \lambda h > 0\}$.
   Resultat der Liniensuche $y^* := \mathbf{1} + \overline{\lambda} h$.

4. Rücktransformation:
   $x_{(k+1)} := X_k y^*$, $k := k+1$.

<u>Ausgabe</u>: $\tilde{x} := \frac{x_k}{a^T x_k}$.

Bemerkungen

i) Die skalierte Funktion erfüllt $\overline{f}(y) = f(X_k y) = n\log(\overline{c}^T y) - \sum_{i=1}^n \log(y^i x_{(k)}^i)$
   $\Rightarrow \overline{f}(y) = n\log(\overline{c}^T y) - \sum_{i=1}^n \log(y^i) - \sum_{i=1}^n \log(x_{(k)}^i)$.
   Die letzte Summe ist eine Konstante in dieser Iteration. Diese Konstante wird in der Liniensuche ignoriert.
   Der Gradient wird (an der Stelle $y = \mathbf{1}$) gegeben durch $\nabla \overline{f}(\mathbf{1}) = \frac{n}{\overline{c}^T \mathbf{1}}\overline{c} - \mathbf{1}$.
   Wegen $x_k \in \text{Kern} A \Leftrightarrow \mathbf{1} \in \text{Kern}\overline{A}$ folgt $\Pi(\mathbf{1}) = \mathbf{1}$.
   $\Rightarrow \Pi(\nabla \overline{f}(\mathbf{1})) = \frac{n}{\overline{c}^T \mathbf{1}}\Pi(\overline{c}) - \Pi(\mathbf{1}) = \frac{n}{\overline{c}^T \mathbf{1}}\Pi(\overline{c}) - \mathbf{1}$.

ii) Die Liniensuche ergibt einen Linienminimalpunkt, weil $\overline{f}(\ldots)$ über alle Maßen an den Grenzen des Orthanten wächst. Es besteht kein Bedarf für präzise Liniensuche. Der unten folgende Konvergenzbeweis ist für jede Prozedur, die die Lösung bei $\lambda = \frac{0.2}{\|h\|}$ verbessert, gültig.

iii) Die Folge (x_k) kann man zulässig machen für das Originalproblem durch die Instruktion $\tilde{x}_k := \frac{x_{(k)}}{\mathbf{1}^T x_{(k)}}$ nach jeder Iteration.

In diesem Falle könnte man das Abbruchkriterium ändern zu: Solange bis $c^T \tilde{x}_{(k)} < \epsilon$.

Analyse des Algorithmus

Wir werden nun beweisen, dass jede Iteration eine Abnahme der Potentialfunktion um mindestens 0.1 bewirkt. Deshalb wird nach spätestens $30nL$ Iterationen die Potentialfunktion um $3nL$ reduziert worden sein. Das reicht aus, um eine Optimallösung zu entdecken. Wir beginnen mit einer Studie der Logarithmusfunktion nahe 1.

Lemma 19.1 *Es gilt* $-\log(1+\lambda) \leq -\lambda + 2\lambda^2$ *für* $|\lambda| \leq 0.5$.

Beweis:
Mit Taylorentwicklung bekommen wir für $\lambda > -1$

$$\log(1+\lambda) = \lambda - \frac{\lambda^2}{2(1+\mu)^2} \quad \text{mit einem } \mu \in [0,\lambda] \text{ bzw. } \mu \in [\lambda, 0].$$

Wenn wir einschränken auf $\lambda \geq -0.5$ und damit auch erreichen

$$\mu \geq -0.5 \Rightarrow 1+\mu \geq 0.5,$$

$$\text{dann folgt } \frac{-\lambda^2}{2(1+\mu)^2} \geq \frac{-\lambda^2}{2(0.5)^2} = -\lambda^2 \cdot 2.$$

Daraus folgern wir, dass

$$-\log(1+\lambda) = -\lambda + \frac{\lambda^2}{2(1+\mu)^2} \leq -\lambda + 2\lambda^2 \quad \text{für} \quad |\lambda| \leq 0.5.$$

□

Lemma 19.2 *Barriere-Funktion nahe bei* **1**:
Untersucht man bei $\mathbf{1} + \lambda h \subset \mathbb{R}^n$ *mit* $\|\lambda h\|_\infty < \frac{1}{2}$ *die Barriere-Funktion*

$$p(y) = -\sum_{i=1}^{n} \log(y^i),$$

so ergibt sich $-\sum_{i=1}^{n} \log(1+\lambda h^i) \leq \lambda [\nabla_y p(\mathbf{1})]^T h + 2\lambda^2 \|h\|_2^2$.

Beweis:

$$-\sum_{i=1}^{n} \log(1+\lambda h^i) \leq -\sum_{i=1}^{n} \lambda h^i + 2\lambda^2 \sum_{i=1}^{n}(h^i)^2$$

$$= -\lambda \mathbf{1}^T h + 2\lambda^2 \|h\|_2^2 = \lambda \nabla_y p(\mathbf{1})^T h + 2\lambda^2 \|h\|_2^2.$$

□

19.3. Der Algorithmus von Karmarkar

Lemma 19.3 *Potentialfunktion nahe bei **1***
Für $\|\lambda h\|_\infty \leq 0.5$ bekommen wir

$$\overline{f}(\mathbf{1} + \lambda h) = n\log \overline{c}^T(\mathbf{1} + \lambda h) - \sum_{i=1}^n \log(1 + \lambda h^i) - \sum_{i=1}^n \log x_k^i$$
$$\leq \overline{f}(\mathbf{1}) + \lambda \nabla_y \overline{f}(\mathbf{1})^T h + 2\lambda^2 \|h\|_2^2.$$

Beweis:
Wegen der Konkavität des Logarithmus gilt:

$$n\log \overline{c}^T(\mathbf{1} + \lambda h) \leq n\log \overline{c}^T \mathbf{1} + \lambda \nabla_y (n\log \overline{c}^T y)^T_{(y=1)} h.$$

Wir erhalten mit der Aussage von Lemma 19.2

$$\begin{aligned}
\overline{f}(\mathbf{1} + \lambda h) &\leq n\log \overline{c}^T \mathbf{1} + \lambda \nabla_y (n\log \overline{c}^T y)^T_{(y=1)} h \\
&\quad - \sum_{i=1}^n \log(1 + \lambda h^i) - \sum_{i=1}^n \log x_k^i \\
&\leq n\log \overline{c}^T \mathbf{1} + \lambda \nabla_y (n\log \overline{c}^T y)^T_{(y=1)} h \\
&\quad + \lambda \nabla_y p(\mathbf{1})^T h + 2\lambda^2 \|h\|_2^2 - \sum_{i=1}^n \log x_k^i \\
&\Rightarrow \overline{f}(\mathbf{1} + \lambda h) \leq \overline{f}(\mathbf{1}) + \lambda \nabla_y \overline{f}(\mathbf{1})^T h + 2\lambda^2 \|h\|_2^2,
\end{aligned}$$

wegen $\nabla_y \overline{f}(\mathbf{1}) = \nabla_y (n\log \overline{c}^T y)_{(y=1)} + \nabla_y p(\mathbf{1})$. □

Das bedeutet, dass bei der Tangentialvoraussage für $\overline{f}$ bei **1** der Fehler (nach oben) begrenzt ist durch eine quadratische Funktion in der Distanz zu **1**.

Beachte nun eine Iteration nach der Skalierung.
Die Liniensuche wählt einen Punkt auf der Linie $\mathbf{1} + \lambda h$, nämlich $\mathbf{1} + \overline{\lambda} h$ mit

$$h = -\Pi(\nabla \overline{f}(\mathbf{1})) = -\frac{n}{\overline{c}^T \mathbf{1}} \Pi(\overline{c}) + \mathbf{1} \text{ mit } \frac{n}{\overline{c}^T \mathbf{1}} > 0.$$

Lemma 19.4 $\Pi(\overline{c})$ *hat zumindest eine nichtpositive Komponente, d.h. $\Pi(\overline{c}) \not> 0$.*

Beweis:
Beachte zuerst, dass $\forall y \in \text{Kern}(\overline{A})$ gilt: $\overline{c}^T y = [\Pi(\overline{c})]^T y$.
An einer Optimallösung $\hat{x}$ des Hauptproblems bzw. einer des Hilfsproblems $\hat{y}$ mit $\hat{y} = X_k^{-1} \hat{x}$ gilt $(\Pi(\overline{c}))^T \hat{y} = 0$ und $\hat{y} \geq \neq 0$ wegen $\hat{y}^T \mathbf{1} = 1$. Das ist aber unmöglich, wenn $\Pi(\overline{c}) > 0$.
(Optimalpunkte existieren jeweils wegen Beschränktheit von X.) □

Lemma 19.5 *Es gilt $\|h\| = \|\Pi(\nabla \overline{f}(\mathbf{1}))\| \geq 1$.*

Beweis:
Aus obiger Formel entnehmen wir, dass $h = \mathbf{1} - \frac{n}{\bar{c}^T\mathbf{1}}\Pi(\bar{c})$ zumindest eine Komponente ≥ 1 hat $\Rightarrow \|h\| \geq 1$.   □

Lemma 19.6 *In Iteration k wird erreicht*

$$f(x_{k+1}) - f(x_k) = \bar{f}(\mathbf{1} + \bar{\lambda}h) - \bar{f}(\mathbf{1}) < -0.1.$$

Beweis: $\forall \lambda > 0$ mit $\lambda\|h\| \leq 0.5$ gilt

$$\bar{f}(\mathbf{1} + \bar{\lambda}h) \leq \bar{f}(\mathbf{1} + \lambda h) \leq \bar{f}(\mathbf{1}) + \lambda \nabla_y \bar{f}(\mathbf{1})^T h + 2\lambda^2\|h\|_2^2 \quad \text{(Lemma 19.3)}.$$

Aber für jeden Vektor $v \in \mathbb{R}^n$ ist $v^T \Pi(v) = (\Pi(v))^T(\Pi(v))$ und deshalb

$$\nabla_y \bar{f}(\mathbf{1})^T h = -\nabla_y \bar{f}(\mathbf{1})^T \Pi(\nabla_y \bar{f}(\mathbf{1})) = -\|h\|_2^2.$$

Es folgt daraus, dass $\bar{f}(\mathbf{1} + \bar{\lambda}h) \leq \bar{f}(\mathbf{1}) - \lambda\|h\|_2^2 + 2\lambda^2\|h\|_2^2$.
Man wähle nun speziell λ so, dass $\lambda\|h\| = 0.2$

$$\Rightarrow \bar{f}(\mathbf{1} + \bar{\lambda}h) \leq \bar{f}(\mathbf{1}) - 0.2\|h\| + 0.08.$$

Weil nach Lemma 19.5 gilt: $\|h\| \geq 1 \Rightarrow \bar{f}(\mathbf{1} + \bar{\lambda}h) \leq \bar{f}(\mathbf{1}) - 0.12$.   □

19.4 Die Komplexität des Karmarkar-Algorithmus

Betrachte ein LP in Standardform

$$\min c^T x$$
$$\text{unter } Ax = 0, \ \mathbf{1}^T x = 1, \ x \geq 0$$

mit $c \in \mathbb{Z}^n$, $A \in \mathbb{Z}^{(m,n)}$ mit Rang $A = m$, $m < n$.

Der zugehörige Zulässigkeitsbereich X_P sei beschränkt. Zur Vereinfachung nehme man an, dass die Zielfunktion an einem Optimalpunkt 0 sei und $\mathbf{1}$ zulässig sei (erreichbar durch Skalierung).
Definiere wieder L als Kodierungslänge des Gesamtinputs $L = \langle A \rangle + \langle c \rangle$ und $L^{\Delta^*} = \langle A_{\Delta^*} \rangle + \langle c \rangle$.
A_{Δ^*} sei die quadratische Untermatrix von A mit maximaler Kodierungslänge. Über die Ecken $v_1, \ldots, v_k$ unseres beschränkten Polyeders wissen wir dann:

i) Ist x eine Ecke, dann gilt für $i = 1, \ldots, n$ entweder $x^i = 0$ oder $x^i > 2^{-\langle A_{\Delta^*} \rangle} > 2^{-L^{\Delta^*}} > 2^{-L}$ (bekannt).

ii) Ist x eine Ecke, dann ist entweder $c^T x = 0$ oder $c^T x > 2^{-\langle A_{\Delta^*} \rangle} > 2^{-\langle A \rangle} > 2^{-L}$.

19.4. Die Komplexität des Karmarkar-Algorithmus

iii) Für jeden zulässigen Punkt x von $\text{KH}(v_1, \ldots, v_k)$ gilt
$c^T x \leq 2^{L^{\Delta^*}} \leq 2^L,\ \mathbf{1}^T x \leq 2^{L^{\Delta^*}},\ |x^i| \leq 2^{\langle A_{\Delta^*}\rangle + \langle b_{\Delta^*}\rangle - 2n}$,
$\log_2 x^i \leq \langle A_{\Delta^*}\rangle + \langle b_{\Delta^*}\rangle - 2n \leq L^{\Delta^*}$.

Das wissen wir aus Lemma 9.2/9.4 usw. Für $\text{KH}(v_1, \ldots, v_k)$ gilt außerdem der Satz 4.6 von Krein-Milman, und damit ist iii) richtig für diese ganze Menge.

Finden wir also eine Ecke x mit $c^T x < 2^{-L^{\Delta^*}}$ oder $c^T x < 2^{-L}$, dann muss es sich um eine Optimalecke handeln. Dass wir in polynomialer Zeit die erforderliche Genauigkeit erreichen, zeigt folgender Satz.

Satz 19.1 *Wende den Algorithmus von Karmarkar (startend mit $\mathbf{1}$) an auf*

$$\min c^T x$$
$$\text{unter } Ax = 0,\ \mathbf{1}^T x = 1,\ x \geq 0$$

unter Geltung der Annahmen

i) X_P *beschränkt*;

ii) $x_0 > 0$, $x_0 \in X_P$ *ist bekannt (o.B.d.A. ist $\mathbf{1}$ zulässig)*;

iii) *der Optimalwert für $c^T x$ ist 0.*

Dann erreicht man die gewünschte Genauigkeit $c^T x_k < 2^{-L^{\Delta^*}}$ innerhalb von $O(nL^{\Delta^*})$ Iterationen und innerhalb von $O(n^4 L^{\Delta^*})$ arithmetischen Operationen.

Beweis:
Sei $(x_k)_{k=0,1,\ldots}$ die vom Algorithmus erzeugte Punktfolge

$$\Rightarrow f(\mathbf{1}) = f(x_0) = n \log(c^T \mathbf{1}) \leq nL^{\Delta^*}.$$

Nach Lemma 19.6 gilt

$$f(x_k) = n \log(c^T x_k) - \sum_{i=1}^{n} \log x_k^i < f(x_0) - 0.1k.$$

Aus diesen beiden Ausdrücken erhalten wir

$$n \log(c^T x_k) < nL^{\Delta^*} + \sum_{i=1}^{n} \log x_k^i - 0.1k.$$

Und wir wissen $\mathbf{1}^T x < 2^{L^{\Delta^*}}$ und daraus

$$\sum_{i=1}^{n} \log x_k^i \leq n[\langle A_{\Delta^*}\rangle + \langle b_{\Delta^*}\rangle - 2n] \leq nL^{\Delta^*}.$$

Verwenden wir $k = 30nL^{\Delta^*}$, also $k = O(nL^{\Delta^*})$, dann bekommen wir

$$n\log(c^T x_k) < nL^{\Delta^*} + nL^{\Delta^*} - 3nL^{\Delta^*} = -nL^{\Delta^*}.$$
$$\Rightarrow \log(c^T x_k) < -L^{\Delta}.$$

Dies impliziert aber:

$$c^T x_k < e^{-L^{\Delta^*}} < 2^{-L^{\Delta^*}}.$$

$\Rightarrow x_k$ ist schon besser als die zweitbeste Ecke. Wir können abbrechen.

Die Anzahl der arithmetischen Operationen pro Iteration wird dominiert durch die Berechnung der jeweiligen Projektion, welche in $O(n^3)$ ausgeführt werden kann. Der Gesamtaufwand für den Algorithmus ist also $O(n^4 L)$ (arithmetische Operationen). (Würde man mit Rechengenauigkeit L rechnen, dann hieße das bereits $O(n^4 L^2)$.) □

Kapitel 20
Pfadverfolgungs-Methoden

In diesem Kapitel behandeln wir eine spezielle Sorte von Innere-Punkte-Verfahren. Diese konstruieren im Inneren des primalen (und ggfs. des dualen) Zulässigkeitsbereiches Iterationsfolgen, welche einer ausgezeichneten Trajektorie, die zum Optimalpunkt läuft, approximativ folgen. Diese Vorgehensweise bzw. die Nähe zu diesem sogenannten zentralen Pfad beschleunigt das Konvergenzverhalten erheblich. Wir werden diese Verfahren nun vorstellen (vgl. [54]). Im letzten Abschnitt dieses Kapitels wird gezeigt, wie man (ohne Problemtransformation) in die Nähe des zentralen Pfads gelangt.

20.1 Der zentrale Pfad eines LP

Betrachte das Problem

$$(P) \quad \min c^T x \text{ unter } Ax = b,\ x \geq 0,\ \text{mit } A \in \mathbb{R}^{(m,n)},\ \text{Rang}(A) = m,$$

und das hierzu gehörige duale Problem

$$(D) \quad \max b^T y \text{ unter } A^T y + z = c,\ z \geq 0.$$

Wir nehmen generell an, dass (P) und (D) innere zulässige Punkte besitzen.

Lemma 20.1 *Gibt es einen inneren Punkt x_* von (P) und einen inneren Punkt y_* von (D), dann sind die Optimalmengen beider Probleme beschränkt.*

Beweis:
Es kann in (P) keine Richtung $d_P \geq \neq 0$ geben mit $A d_P = 0$ und $c^T d_P = 0$, sonst würde mit dem inneren Punkt y_* von (D) gelten:
$0 = y_*^T A d_P = (A^T y_*)^T d_P < c^T d_P = 0$. (Widerspruch).
Ebenso gibt es keine Richtung $d_D \neq 0$ mit $A^T d_D \leq \neq 0$ und $b^T d_D = 0$, denn wegen $A x_* = b$, $x_* > 0$ gilt $0 = b^T d_D = (A x_*)^T d_D = x_*^T A^T d_D < 0$ (Widerspruch).
Da aber A^T vollen Rang hat, gibt es auch kein $d_D \neq 0$ mit $A^T d_D = 0$. Deshalb ist die duale Optimalmenge beschränkt. □

Notation: $X := \text{diag}\begin{pmatrix} x^1 \\ \vdots \\ x^n \end{pmatrix} = \begin{pmatrix} x^1 & & 0 \\ & \ddots & \\ 0 & & x^n \end{pmatrix}.$

Betrachte nun das Ungleichungssystem

$$(S_\mu) \quad \begin{array}{ll} Ax = b, & x \geq 0, \\ A^T y + z = c, & z \geq 0, \\ Xz = \mu \mathbf{1}. \end{array} \quad \Leftrightarrow \quad A^T y \leq c$$

Lemma 20.2 *Das System (S_μ) hat für jedes positive μ eine eindeutige Lösung $\bigl(x(\mu)^T, y(\mu)^T, z(\mu)^T\bigr)^T$.*

Beweis:
Auf dem Zulässigkeitsbereich von (P) kann man eine logarithmische Barriere-Funktion $f(x,\mu)$ erklären durch

$$f(x,\mu) = \frac{c^T x}{\mu} - \sum_{j=1}^n \ln x^j.$$

Diese nimmt auf dem Zulässigkeitsbereich ihr Minimum an, denn nach Lemma 20.1 ist die Optimalmenge beschränkt. Mit jedem unbegrenzt anwachsenden x^j würde dann auch $c^T x$ unbegrenzt (und zwar linear) anwachsen, was jedes logarithmische Wachstum in den Komponenten überwiegt. Diese Funktion ist außerdem strikt konvex in x, denn die zugehörige Hesse-Matrix ist positiv definit:

$$\nabla_x f(x,\mu) = \frac{1}{\mu} c - X^{-1} \mathbf{1} \quad \text{für } x > 0,$$

$$Hf(x,\mu) = X^{-2} = \begin{pmatrix} \frac{1}{(x^1)^2} & & \\ & \ddots & \\ & & \frac{1}{(x^n)^2} \end{pmatrix} \quad \text{für } x > 0.$$

Damit nimmt $f(x,\mu)$ auf (P) seinen Minimalwert sogar in einem eindeutigen Punkt an. Dieser Punkt ist eindeutige Lösung zu den Karush-Kuhn-Tucker-Bedingungen (siehe Satz 13.10) und sicherlich innerer Punkt. Er erfüllt deshalb

$$\frac{c}{\mu} - X^{-1} \mathbf{1} = -A^T \lambda + E^T u, \quad \lambda \in \mathbb{R}^m, u \in \mathbb{R}^n_+$$
$$Ax = b, \; x > 0$$
$$u \geq 0, \; Xu = 0 \Leftrightarrow u = 0 \quad (\text{also } \frac{c}{\mu} - X^{-1} \mathbf{1} = -A^T \lambda).$$

20.1. Der zentrale Pfad eines LP

Aus diesen Bedingungen lässt sich eine Lösung zu (S_μ) konstruieren. Setze

$y_1 := -\mu\lambda \quad (\mu > 0)$ und $z := \mu X^{-1}\mathbf{1}$ bzw. $Xz := \mu\mathbf{1}$
$c - z = -A^T\lambda \cdot \mu = A^T y_1 \Leftrightarrow A^T y_1 = c - z.$
$Ax = b, \; x > 0 \quad$ kann übernommen werden
$z \geq 0 \quad$ ist klar
$Xz = \mu\mathbf{1} \Leftrightarrow z > 0.$

$\Rightarrow$ Auch (S_μ) hat eine eindeutige Lösung bzgl. x und z. Weil dann auch noch A Rang m hat, bleibt auch y eindeutig. $\square$

Definition 20.1 Zentraler Pfad und Dualitätslücke
Wir definieren als zentralen Pfad von (P) die Menge $\{x \mid x = x(\mu), \; \mu > 0\}$, also die Menge aller x-Abschnitte in den eindeutigen Lösungen zu μ.
Ebenso ist der zentrale Pfad von (D) die Menge $\{y \mid y = y(\mu), \; \mu > 0\}$, also die Menge aller y-Abschnitte in den eindeutigen Lösungen zu μ.
Bei Vorgabe von μ ergibt sich eine Dualitätslücke zwischen $x(\mu)$ und $y(\mu)$ von

$$c^T x(\mu) - b^T y(\mu) = x(\mu)^T (c - A^T y(\mu)) = x(\mu)^T z(\mu) = n\mu.$$

Lemma 20.3 Wenn μ absteigt, dann nimmt auch $c^T x(\mu)$ monoton ab und die duale Zielfunktion $b^T y(\mu)$ steigt monoton.

Beweis:
$x(\mu)$ und $y(\mu)$ erfüllen die Bedingungen von (S_μ). Wir leiten nach μ ab:

$$x' = \frac{\partial x}{\partial \mu}, \; y' = \frac{\partial y}{\partial \mu}, \; z' = \frac{\partial z}{\partial \mu},$$

$$\frac{\partial Ax}{\partial \mu} = \frac{\partial b}{\partial \mu} = 0 \Leftrightarrow A\frac{\partial x}{\partial \mu} = 0 \Leftrightarrow Ax' = 0,$$

$$\frac{\partial(A^T y + z)}{\partial \mu} = \frac{\partial c}{\partial \mu} = 0 \Leftrightarrow A^T y' + z' = 0,$$

$$\frac{\partial Xz}{\partial \mu} = \frac{\partial \mu \mathbf{1}}{\partial \mu} = \mathbf{1} = X'z + Xz'.$$

Nun gilt aber für diese Lösungen von (S_μ)

$$\frac{\partial c^T x}{\partial \mu} = c^T x' = (A^T y + z)^T x' = y^T Ax' + z^T x'$$

$\quad$ (weil $Ay + z = c, \quad Ax' = 0$)
$= \mathbf{1}^T Zx' = (Zx')^T Zx' + x^T Z'Zx' \geq x^T ZZ'x' = x^T Z^T Z'x'$
$\quad$ (wegen $\mathbf{1} = Zx' + Z'x$)

$$= \mu \mathbf{1}^T Z'x' = \mu z'^T x' = -\mu y'^T Ax' = 0 \;\Rightarrow\; \frac{\partial c^T x}{\partial \mu} \geq 0.$$

(wegen $A^T y' + z' = 0$ und $Ax' = 0$)

$\Rightarrow\; c^T x(\mu)$ wächst monoton mit μ.

$$\frac{\partial(b^T y)}{\partial \mu} = b^T y' = +x^T A^T y' = -x^T z' = -\mathbf{1}^T X z'$$

(wegen $Ax = b$, $A^T y' + z' = 0$, $\mathbf{1} = Xz' + X'z$)
$$= -(Xz')^T(Xz') - z^T X'(Xz') \leq -z^T X' X z'$$
$$= -z^T X X' z' = -x^T Z Z' x' = \mu z'^T x' = 0 \quad \text{(wie oben schon)}$$

$\Rightarrow\; b^T y(\mu)$ fällt monoton mit μ

$\Rightarrow\; c^T x(\mu) - b^T y(\mu)$ wächst monoton mit μ

$\Rightarrow\;$ bei $\mu \to 0_+$ wird $c^T x(\mu) - b^T y(\mu)$ immer kleiner

und bei $\mu = 0$ ergibt sich Gleichheit.

Dieser Abstieg bei $\mu \to 0_+$ ist sogar strikt, weil wir in beiden Abschätzungen je einen Term unterdrückt haben, wobei die Summe dieser Terme aber immer positiv ist.
Wenn nicht, dann wäre $(Zx')^T(Zx') + (Xz')^T(Xz') = 0 \;\Rightarrow\; Zx' = 0 = Xz'$, aber bekanntlich ist $Zx' + Xz' = \mathbf{1}$. Das ist ein Widerspruch.

$$\Rightarrow\; \frac{\partial(c^T x - b^T y)}{\partial \mu} \geq \|Zx'\|^2 + \|Xz'\|^2 = \|Zx' + Xz'\|^2 = \|\mathbf{1}\|^2 = n,$$

denn $(Zx')^T(Xz') = z^T X' X z = 0$. $\square$

20.2 Distanzmessung zum zentralen Pfad

Nun geht es darum, die Distanz zum zentralen Pfad zu messen. Sei zunächst $Ax = b$, $x > 0$ und $\mu > 0$ gegeben.

Definition 20.2 Distanz zum zentralen Pfad
Wir setzen

$$\delta(x, \mu) := \text{Min}\{\|\frac{1}{\mu} \cdot Xz - \mathbf{1}\| \mid y, z \text{ so, dass } A^T y + z = c\}.$$

Da $A^T y + z = c$ einen affinen Unterraum beschreibt, x und μ fest sind, handelt es sich hier um ein quadratisches Optimierungsproblem auf dem genannten Unterraum.

Bezeichnung:
Die zu μ eindeutige Lösung für (S_μ) war $(x(\mu)^T, y(\mu)^T, z(\mu)^T)$. Nun betrachten wir zu x und μ die eindeutigen Lösungen zur $\delta(x, \mu)$-Minimierung $\begin{pmatrix} y(x, \mu) \\ z(x, \mu) \end{pmatrix}$. Die

Lösung ist eindeutig, weil hier eine strikt konvexe Funktion auf einer beschränkten konvexen Menge minimiert wird.

Lemma 20.4 *Bei $x > 0$, $\mu > 0$, $Ax = b$ sind die folgenden Aussagen i) und ii) äquivalent und beide implizieren iii):*

i) $x = x(\mu)$ liegt auf dem zentralen Pfad zu (P).

ii) $\delta(x, \mu) = 0$.

iii) $z(\mu) = z(x, \mu)$.

Beweis:

i) $\Rightarrow$ ii) wegen S_μ ist $A^T y + z = c$, $z \geq 0$, $Ax = b$, $x \geq 0$, $Xz = \mu \mathbf{1}$
für $y = y(\mu)$, $z = z(\mu) \Rightarrow$ für diese ist $\frac{1}{\mu} Xz = \mathbf{1} \Rightarrow \delta = 0$.

ii) $\Rightarrow$ i) Es ist $\frac{1}{\mu} Xz(x, \mu) = \mathbf{1}$, $\mu > 0$ und damit $Xz(x, \mu) = \mu \mathbf{1}$ und daraus ergibt sich sofort $z(x, \mu) > 0$. Weiter wissen wir, dass $A^T y(x, \mu) + z(x, \mu) = c$, $Ax = b$, $x > 0$.
Damit ist S_μ gelöst und $x = x(\mu)$, weil es nur eine Lösung geben kann.

ii) $\Rightarrow$ iii) Analog zum letzten Schritt ergibt sich aber auch $Xz(x, \mu) = \mu \mathbf{1}$ und $A^T y(x, \mu) + z(x, \mu) = c$, $Ax = b$, $x > 0$.
Dieses $z(x, \mu)$ ist eindeutig gleich $X^{-1} \mathbf{1} > 0$. Andererseits erfüllt es zusammen mit x und $y(x, \mu)$ gerade S_μ. □

20.3 Ein Newton-Verfahren auf Kern A

Wir entwerfen nun ein Newton-Verfahren auf $\{x \mid Ax = b\}$ zur Minimierung der logarithmischen Barriere-Funktion

$$f(x, \mu) = \frac{c^T x}{\mu} - \sum_{j=1}^{n} \ln x^j.$$

Dazu wollen wir $f(x, \mu)$ quadratisch approximieren und jeweils den Minimalpunkt der quadratischen Approximationsfunktion bestimmen.
Die quadratische Approximation bei x mit Distanzvektor q ergibt sich aus

$$\varphi(x, \mu, q) := f(x, \mu) + q^T \nabla_x f(x, \mu) + \frac{1}{2} q^T H_x f(x, \mu) q$$

wobei $A(x + q) = b$.

Also versuchen wir zu lösen

$$\min \; q^T \nabla_x f(x, \mu) + \frac{1}{2} q^T H_x f(x, \mu) q$$

unter $Aq = 0$.

Wir beachten, dass $\nabla_x f(x, \mu) = (\frac{1}{\mu} c - X^{-1} \mathbf{1})$ und $H_x f(x, \mu) = X^{-2}$.

Lemma 20.5 Den Minimalpunkt der quadratischen Approximation zur Barriere-Funktion

$$f(x,\mu) = \frac{c^T x}{\mu} - \sum_{j=1}^{n} \ln x^j \text{ erreicht man durch die Bewegung}$$

$$p(x,\mu) = q = X\Pi_{AX}(1 - \frac{1}{\mu}Xc).$$

Dies stimmt in unserem Distanzmessungsmodell überein mit

$$X(1 - \frac{1}{\mu}Xz(x,\mu)).$$

Beweis:
Unsere spezielle Optimierungsaufgabe zur Minimierung der Approximationsfunktion lautet:

$$\min \; q^T(\frac{1}{\mu}c - X^{-1}\mathbf{1}) + \frac{1}{2}q^T X^{-2} q$$
$$\text{unter } Aq = 0.$$

Optimalitätsbedingungen (KKT) hierfür sind

$$(\frac{1}{\mu}c - X^{-1}\mathbf{1}) + X^{-2}q = A^T\lambda, \; Aq = 0.$$

Aus der ersten Gleichung erhalten wir

$$q = X\mathbf{1} - \frac{1}{\mu}X^2 c + X^2 A^T \lambda = -H^{-1}(\frac{1}{\mu}c - X^{-1}\mathbf{1}) + H^{-1}(A^T\lambda).$$

Mit der Nebenbedingung gewinnen wir

$$0 = Aq = -AX^2(\frac{1}{\mu}c - X^{-1}\mathbf{1}) + AX^2 A^T \lambda$$
$$\Leftrightarrow AX^2 A^T \lambda = AX^2(\frac{1}{\mu}c - X^{-1}\mathbf{1})$$
$$\Rightarrow \lambda = (AX^2 A^T)^{-1} AX^2(\frac{1}{\mu}c - X^{-1}\mathbf{1}).$$

Somit ist

$$\begin{aligned} q &= X\mathbf{1} - \frac{1}{\mu}X^2 c + X^2 A^T(AX^2 A^T)^{-1} AX^2(\frac{1}{\mu}c - X^{-1}\mathbf{1}) \\ &= X \cdot [-X(\frac{1}{\mu}c - X^{-1}\mathbf{1}) + XA^T(AX^2 A^T)^{-1} AX^2(\frac{1}{\mu}c - X^{-1}\mathbf{1})] \\ &= X[E - XA^T(AX^2 A^T)^{-1} AX]X(X^{-1}\mathbf{1} - \frac{1}{\mu}c) \\ &= X\Pi_{AX}(1 - \frac{1}{\mu}Xc), \text{ wobei } \Pi_{AX} \text{ die Projektion auf Kern } AX \text{ ist.} \end{aligned}$$

Das beweist den ersten Teil der Behauptung.

Nun zum zweiten: $\begin{pmatrix} y(x,\mu) \\ z(x,\mu) \end{pmatrix}$ war definiert als eindeutige Lösung von

$$\min\{\,\|\frac{1}{\mu}Xz - \mathbf{1}\|\;|\;y,z\text{ so, dass }A^T y + z = c\}.$$

Der gesuchte Minimalabstand ist also

$$\|\frac{1}{\mu}Xz(x,\mu) - \mathbf{1}\| = \|\frac{1}{\mu}X(c - A^T y(x,\mu)) - \mathbf{1}\| = \|X(\frac{c}{\mu} - X^{-1}\mathbf{1}) - \frac{1}{\mu}XA^T y(x,\mu)\|.$$

Und der optimale Differenzvektor ist

$$X(\frac{c}{\mu} - X^{-1}\mathbf{1}) - \frac{1}{\mu}X(A^T y(x,\mu)).$$

$XA^T y = X^T A^T y$ kann variieren innerhalb des gesamten Bildes von $X^T A^T$. Deshalb erhalten wir den Minimalabstand durch Projektion auf Kern AX. Also brauchen wir nur

$$\frac{1}{\mu}Xz(x,\mu) - \mathbf{1} \;=\; \Pi_{AX}(X(\frac{c}{\mu} - X^{-1}\mathbf{1}))$$
$$= \Pi_{AX}(\frac{1}{\mu}Xc - \mathbf{1}) \;=\; -\Pi_{AX}((\mathbf{1} - \frac{1}{\mu}Xc)) = -X^{-1}p(x,\mu).$$

Dies kann man reduzieren zu

$$-\mathbf{1} + \frac{1}{\mu}Xz(x,\mu) = -X^{-1}p \quad \text{oder sogar zu}$$

$$p = X(\mathbf{1} - \frac{1}{\mu}Xz(x,\mu)).$$

$\square$

Korollar 20.1

$$p^T \nabla_x f(x,\mu) \;=\; (X(\mathbf{1} - \frac{1}{\mu}Xz(x,\mu)))^T(\frac{1}{\mu}c - X^{-1}\mathbf{1}) = -\delta^2,$$

$$\delta(x,\mu)^2 \;=\; \|\frac{Xz(x,\mu)}{\mu} - \mathbf{1}\|^2 = \|X^{-1}p(x,\mu)\|^2 = p(x,\mu)^T X^{-2} p(x,\mu).$$

20.4 Einige vorbereitende Lemmas

Nun erörtern wir drei für das Folgende fundamentale Lemmas. Zunächst geht es um die Dualitätslücke.

Lemma 20.6 *Wenn $\delta := \delta(x,\mu) < 1$, dann wird $y := y(x,\mu)$ dual zulässig. Zusätzlich wird*

$$\mu(n - \delta\sqrt{n}) \leq c^T x - b^T y \leq \mu(n + \delta\sqrt{n}).$$

Beweis:
Hier benutzen wir $s := \frac{1}{\mu} X z(x, \mu)$.
Aus $\delta(x, \mu) = \|s - \mathbf{1}\| < 1$ folgern wir, dass $s > 0 \Rightarrow z(x, \mu) > 0$, und daraus folgt, $y(x, \mu)$ ist dual zulässig.
Wenn wir $z := z(x, \mu)$ setzen, dann gilt

$$c^T x - b^T y = c^T x - x^T A^T y = c^T x - x^T (c - z) = x^T z.$$

Anwendung der Cauchy-Schwarzschen Ungleichung ergibt

$$\delta \sqrt{n} = \|\frac{1}{\mu} X z - \mathbf{1}\| \cdot \|\mathbf{1}\| \geq |\frac{1}{\mu} x^T z - n|,$$

was impliziert $n - \delta\sqrt{n} \leq \frac{1}{\mu} x^T z \leq n + \delta\sqrt{n}$. □

Ein weiterer Punkt von Wichtigkeit ist die quadratische Konvergenz.

Lemma 20.7 Wenn $\delta(x, \mu) < 1$, dann ist $x^* := x + p(x, \mu)$ ein strikt zulässiger Punkt für (P) und $\delta(x^*, \mu) \leq \delta(x, \mu)^2$.

Beweis:
Im Beweis benutzen wir den Vektor $s = \frac{1}{\mu} X z(x, \mu)$.
Beachte nun $x^* = x + p(x, \mu) = x + X(\mathbf{1} - s) = 2x - Xs$.
Wegen $\delta(x, \mu) < 1$ erhalten wir wieder $\|s - \mathbf{1}\| < 1 \Rightarrow 2 \cdot \mathbf{1} - s > 0$ und $s > 0$

$$\Rightarrow x^* = 2x - Xs = X(2 \cdot \mathbf{1} - s) > 0.$$

Somit ist x^* strikt zulässig wegen $Ax^* = Ax + Ap(x, \mu) = b$.
Nach Definition von $z(x^*, \mu)$ bekommen wir

$$\delta(x^*, \mu) = \|\frac{1}{\mu} X^* z(x^*, \mu) - \mathbf{1}\| \leq \|\frac{1}{\mu} X^* z(x, \mu) - \mathbf{1}\| = \|X^* X^{-1} s - \mathbf{1}\|.$$

Mit $x^* = 2x - Xs$ finden wir

$$X^* X^{-1} s - \mathbf{1} = (2X - XS) X^{-1} s - \mathbf{1} = 2s - Ss - \mathbf{1} = (E - S)(s - \mathbf{1}).$$

Hieraus folgt

$$\delta(x^*, \mu) \leq \max_i \{|1 - s_i| \cdot \|s - \mathbf{1}\|\} \leq \delta(x, \mu)^2.$$

Das zeigt, dass beim Newton-Schritt eine quadratische Verbesserung des Abstandsmaßes erreicht wird. □

Schließlich beachten wir die Reduktion der vorliegenden Potentialfunktion.

Lemma 20.8 Sei $p := p(x, \mu)$, $\delta := \delta(x, \mu) = \|X^{-1} p\|$ und weiterhin $f(x, \mu) = \frac{c^T x}{\mu} - \sum_{j=1}^{n} \ln x^j$. Es sei $\overline{\alpha} := \arg\min_{\alpha > 0} \{f(x + \alpha p(x, \mu), \mu) \mid x + \alpha p(x, \mu) > 0\}$, sowie $\Delta f := f(x, \mu) - f(x + \overline{\alpha} p, \mu)$.
Dann ist $\Delta f \geq \delta - \ln(1 + \delta)$.

20.4. Einige vorbereitende Lemmas

Beweis:
Bezeichne mit t_k den Koeffizienten zur Ordnung k in der Taylor-Entwicklung, dann gilt

$$f(x+\alpha p, \mu) = f(x,\mu) + \alpha p^T \nabla f(x,\mu) + \frac{1}{2}\alpha^2 p^T H f(x,\mu) p + \sum_{k=3}^{n} t_k.$$

Wegen $t_k = \frac{(-\alpha)^k}{k} \sum_{i=1}^{n} x_i^{-k} p_i^k$
ist $|t_k| \leq \frac{\alpha^k}{k} \sum_{i=1}^{n} |x_i^{-1} p_i|^k \leq \frac{\alpha^k}{k} \left(\sum_{i=1}^{n} |x_i^{-1} p_i|^2\right)^{\frac{k}{2}} \leq \frac{\alpha^k}{k} \delta^k$.
Weiter ist $p^T H f(x,\mu) p = p^T X^{-2} p = \|X^{-1} p\|^2 = \delta^2$ und mit
$AXX^{-1} p = Ap = 0$, also $X^{-1} p \in $ Kern AX folgt

$$p^T \nabla f(x,\mu) = (X^{-1} p)^T X \nabla f(x,\mu)$$
$$= (X^{-1} p)^T \Pi_{AX}(X \nabla f(x,\mu)) = (X^{-1} p)^T \Pi_{AX} \left[X \frac{c}{\mu} - 1\right]$$
$$= \left[-\Pi_{AX}(\frac{1}{\mu} Xc - 1)\right]^T \Pi_{AX}(X \cdot \frac{c}{\mu} - 1)$$
$$= -(X^{-1} p)^T (X^{-1} p) = -\delta^2.$$

Substitution ergibt

$$f(x+\alpha p, \mu) \leq f(x,\mu) - \alpha \delta^2 + \frac{1}{2}\alpha^2 \delta^2 + \sum_{k=3}^{n} \frac{\alpha^k}{k} \delta^k$$
$$= f(x,\mu) - \alpha \delta^2 - \ln(1-\alpha\delta) - \alpha\delta$$
$$\Rightarrow \Delta f \geq \alpha\delta^2 + \alpha\delta + \ln(1-\alpha\delta) \quad \text{für } |\alpha\delta| < 1.$$

Die rechte Seite wird maximal für $\alpha = (1+\delta)^{-1}$, denn beim Ableiten ergibt sich

$$\delta^2 + \delta = \frac{\delta}{1-\alpha\delta} \Rightarrow \delta+1 = \frac{1}{1-\alpha\delta} \Rightarrow \alpha\delta = \frac{\delta}{\delta+1} \Rightarrow \alpha = \frac{1}{1+\delta}.$$

Einsetzen liefert

$$\Delta f \geq \frac{\delta^2}{1+\delta} + \frac{\delta}{1+\delta} + \ln(1-\frac{\delta}{1+\delta}) = \frac{\delta(1+\delta)}{1+\delta} + \ln\left(1-\frac{\delta}{1+\delta}\right)$$
$$= \delta + \ln\left(\frac{1+\delta-\delta}{1+\delta}\right) = \delta - \ln(1+\delta).$$

□

20.5 Pfadfolgende Algorithmen und ihre Analyse

Wir diskutieren nun die algorithmische Umsetzung dieser Erkenntnisse.

Algorithmus 20.1 *Pfadverfolgungs-Methode mit kurzen Schritten*
Input: Ein Paar (x_0, μ_0), so dass $\delta(x_0, \mu_0) \leq \frac{1}{2}$. Ein Genauigkeitsparameter $t \in \mathbb{N}$.
Initialisierung: $x := x_0$; $\mu := \mu_0$; $\Theta := \frac{1}{6\sqrt{n}}$.
Typischer Schritt:

while $n\mu > e^{-t}$ **do**
$\qquad x := x + p(x, \mu)$;
$\qquad \mu := (1 - \Theta)\mu$;
end

Satz 20.1 *Bei $t_0 := -\ln(n\mu_0)$ stoppt Algorithmus 1 nach maximal $6(t - t_0)\sqrt{n}$ Schritten. Der letzte generierte Punkt x und $y(x, \mu)$ sind beide strikt zulässig, wobei*

$$c^T x - b^T y(x, \mu) \leq e^{-t}(1 + \frac{1}{2\sqrt{n}}) \leq \frac{3}{2}e^{-t}.$$

Bevor wir diesen Satz beweisen können, noch zwei Lemmas.

Lemma 20.9 *Sei $\mu^* := (1 - \Theta)\mu$ mit $0 < \Theta < 1$. Dann ist $\delta(x, \mu^*) \leq \frac{1}{1-\Theta}(\delta(x, \mu) + \Theta\sqrt{n})$.*

Beweis:
$z(x, \mu^*)$ ist so definiert, dass man mit $s = Xz(x, \mu)$ schreiben kann

$$\delta(x, \mu^*) = \|\frac{1}{\mu^*}Xz(x, \mu^*) - \mathbf{1}\| \leq \|\frac{1}{\mu^*}Xz(x, \mu) - \mathbf{1}\|$$

$$= \|\frac{1}{1-\Theta}s - \mathbf{1}\| = \frac{1}{1-\Theta}\|s - (1-\Theta)\mathbf{1}\| \leq \frac{1}{1-\Theta}(\|s - \mathbf{1}\| + \Theta\|\mathbf{1}\|).$$

Wegen $\|s - \mathbf{1}\| = \delta(x, \mu)$ und $\|\mathbf{1}\| = \sqrt{n}$ folgt daraus das Resultat. □

Lemma 20.10 *Sei $\delta(x, \mu) \leq \frac{1}{2}$. Wenn $x^* := x + p(x, \mu)$ und $\mu^* := (1 - \Theta)\mu$ mit $\Theta := \frac{1}{6\sqrt{n}}$, dann ist $\delta(x^*, \mu^*) \leq \frac{1}{2}$.*

Beweis:
Unter Benutzung des Resultats über quadratische Konvergenz (Lemma 20.7) und von Lemma 20.9 erhalten wir

$$\delta(x^*, \mu^*) \leq \frac{1}{1-\Theta}(\delta(x^*, \mu) + \Theta\sqrt{n})$$

$$\leq \frac{1}{1-\Theta}(\delta(x, \mu)^2 + \Theta\sqrt{n}) \leq \frac{1}{1-\Theta}(\frac{1}{4} + \frac{1}{6}) = \frac{5}{(1-\Theta) \cdot 12} \leq \frac{1}{2}.$$

□

20.5. Pfadfolgende Algorithmen und ihre Analyse

Beweis von Satz 20.1:
Nach jeder Iteration des Algorithmus wird x strikt zulässig sein. μ bleibt positiv und $\delta(x,\mu) \leq \frac{1}{2}$ nach Lemma 20.10. Nach der k-ten Iteration werden wir $\mu = (1-\Theta)^k \mu_0$ haben. Der Algorithmus stoppt, sobald k erfüllt

$$(1-\Theta)^k e^{-t_0} < e^{-t}.$$

Mit Logarithmen schreibt sich dies $-k\ln(1-\Theta) > t - t_0$.
Weil $\ln(1-\Theta) < -\Theta$, stimmt dies sicherlich, wenn

$$k\Theta > t - t_0 \Leftrightarrow k > 6(t-t_0)\sqrt{n} \Rightarrow \text{ erste Aussage.}$$

Sei nun x der letzte generierte Punkt. Dann impliziert Lemma 20.6, dass $y(x,\mu)$ dual zulässig ist.
Die Dualitätslücke erfüllt beim Abbruch

$$c^T x - b^T y \leq \mu(n + \delta(x,\mu)\sqrt{n}) \leq e^{-t}(1 + \frac{\delta(x,\mu)}{\sqrt{n}}) \leq e^{-t}(1 + \frac{1}{2\sqrt{n}}) \leq \frac{3}{2}e^{-t}.$$

□

Bemerkung
Für mehrere andere Potentialfunktionen gibt es entsprechende Versionen der drei fundamentalen Lemmas. Daraus lassen sich polynomiale Algorithmen entwickeln.

Bisher haben wir genau darauf geachtet, dass $\delta(x,\mu)$ unter Vorgabe von x kleiner als $\frac{1}{2}$ geblieben ist. Nun vergrößern wir unseren Abstieg in μ, nehmen aber dafür in Kauf, dass wir uns vom zentralen Pfad weiter wegbewegen. Dies muss durch Korrekturschritte ausgeglichen werden.

Algorithmus 20.2 *Pfadverfolgungs-Methode mit langen Schritten*
Input: x_0 sei ein gegebener innerer zulässiger Punkt, $x_0^i \geq 2^{-L}$, $1 \leq i \leq n$.
Q_u sei eine untere Schranke für den Optimalwert (min $c^T x$), also $|Q_u| = O(2^L)$.
t ist ein Genauigkeitsparameter mit $t \in \mathbb{N}$.
Initialisierung: $\mu_0 := c^T x_0 - Q_u$; $x := x_0$; $\mu := \mu_0$;
Typischer Schritt:

while $\mu > e^{-t}$ **do**
begin *(äußerer Schritt)*
    while $\delta(x,\mu) \geq 1$ **do**
    begin *(innerer Schritt)*
        $\overline{\alpha} := \arg\min\{f(x+\alpha p(x,\mu),\mu) \mid x + \alpha p(x,\mu) > 0, \alpha > 0\}$;
        $x := x + \overline{\alpha} p(x,\mu)$;
    end *(innerer Schritt)*
    $\mu := \mu \cdot e^{-1}$;
end *(äußerer Schritt)*.

Wir analysieren nun diesen Algorithmus.

Lemma 20.11 Sei $t_0 := -\ln \mu_0$. Dann stoppt Algorithmus 20.2 spätestens nach K äußeren Iterationen, wobei K die kleinste ganze Zahl mit $K \geq t - t_0$ ist.

Beweis:
Sei (μ_k), $k = 1, \ldots, K$, die Folge von Werten für den Parameter μ bei den aufeinanderfolgenden äußeren Iterationen. Klarerweise ist

$$\mu_k = e^{-k}\mu_0 = e^{-k-t_0}.$$

Der Algorithmus stoppt nach K äußeren Iterationen, wenn $e^{-K-t_0} \leq e^{-t}$. □

Lemma 20.12 Wenn $\delta(x,\mu) \geq 1$, dann gilt $\triangle f := f(x,\mu) - f(x + \overline{\alpha}p, \mu) > \frac{1}{4}$.

Beweis:
Als Konsequenz aus dem Potential-Reduktions-Lemma 20.8 haben wir

$$\triangle f \geq \delta - \ln(1 + \delta)$$

(monoton wachsend in δ bei $\delta > 1$, denn die Ableitung ist $1 - \frac{1}{1+\delta}$) und

$$\triangle f \geq 1 - \ln(2) > \frac{1}{4}.$$

□

Vorbemerkung zu Satz 20.2: (Beweis als Übungsaufgabe)
Mit den Kodierungslängenabschätzungen aus Kapitel 9, bzw. aus Kapitel 10 und mit unserer Grundannahme aus Kapitel 20.1, dass (P) und (D) innere zulässige Punkte haben, kann man folgern, dass die Potentialfunktion $f(x,\mu) = \frac{c^T x}{\mu} - \sum_{j=1}^{n} \ln x^j$ nach unten beschränkt ist durch $-nL$.
Dasselbe gilt für die im Beweis zu Satz 20.2 verwendete verschobene Potentialfunktion $g(x,\mu) := f(x,\mu) - \frac{Q^*}{\mu}$, wobei Q^* für den Optimalwert des Problems (P) steht. Es lässt sich also zeigen, dass gilt:

$$g(x,\mu) \geq -nL.$$

Satz 20.2 Algorithmus 20.2 stoppt nach höchstens $4[(t-t_0)(e-1)(n+\sqrt{n})+1+2nL]$ inneren Iterationen. Der letzte generierte Punkt x erfüllt

$$c^T x - b^T y(x,\mu) \leq e^{-t}(n + \sqrt{n}).$$

Damit ist die Größenordnung $O(nL)$.

Beweis:
Wir benutzen eine verschobene Version der logarithmischen Barriere-Funktion, $g(x,\mu) = f(x,\mu) - \frac{Q^*}{\mu}$, wobei $f(x,\mu) = \frac{c^T x}{\mu} - \sum_{j=1}^{n} \ln x^j$ und Q^* für den Optimalwert des Problems steht. x_k bezeichne den Iterationspunkt am Ende des k-ten äußeren Schrittes ($k = 1, 2, \ldots, K$).

20.5. Pfadfolgende Algorithmen und ihre Analyse

Dann ergibt sich

$$
\begin{aligned}
g(x_k, \mu_k) &= \frac{c^T x_k - Q^*}{\mu_k} - \sum_{j=1}^{n} \ln x_k^j = \frac{e}{\mu_{k-1}}[c^T x_k - Q^*] - \sum_{j=1}^{n} \ln x_k^j \\
&= (e-1)\frac{c^T x_k - Q^*}{\mu_{k-1}} + \frac{c^T x_k - Q^*}{\mu_{k-1}} - \sum_{j=1}^{n} \ln x_k^j \\
&= (e-1)\frac{c^T x_k - Q^*}{\mu_{k-1}} + g(x_k, \mu_{k-1}) \\
&\leq (e-1)\frac{c^T x_k - b^T y(x_k, \mu)}{\mu_{k-1}} + g(x_k, \mu_{k-1}) \\
&\leq (e-1)(n + \sqrt{n}) + g(x_k, \mu_{k-1}) \quad (\text{wegen } \delta < 1).
\end{aligned}
$$

Auch wissen wir, dass

$$g(x_k, \mu_{k-1}) \leq g(x_{k-1}, \mu_{k-1}) - \frac{1}{4}N_k,$$

wobei N_k die Zahl der inneren Iterationen in der k-ten äußeren Iteration angibt. Dies folgt aus Lemma 20.12, und

$$
\begin{aligned}
\Delta f &:= f(x, \mu) - f(x + \overline{\alpha}p, \mu) = g(x, \mu) - \frac{Q^*}{\mu} - g(x + \overline{\alpha}p, \mu) + \frac{Q^*}{\mu} \\
&= g(x, \mu) - g(x + \overline{\alpha}p, \mu) > \frac{1}{4}.
\end{aligned}
$$

Konsequenterweise ist

$$g(x_k, \mu_k) \leq (e-1)(n+\sqrt{n}) + g(x_{k-1}, \mu_{k-1}) - \frac{1}{4}N_k$$

$$\Rightarrow g(x_k, \mu_k) \leq k(e-1)(n+\sqrt{n}) + g(x_0, \mu_0) - \frac{1}{4}\sum_{j=1}^{k} N_j.$$

Nach K äußeren Iterationen – wenn der Algorithmus stoppt – werden wir haben

$$\frac{1}{4}N := \frac{1}{4}\sum_{j=1}^{K} N_j \leq K(e-1)(n+\sqrt{n}) + g(x_0, \mu_0) - g(x_K, \mu_K).$$

N ist dabei die Totalzahl der inneren Iterationen.
Nach der Definition von μ_0 und unserer Annahme über x_0 gilt

$$
\begin{aligned}
g(x_0, \mu_0) &= \frac{c^T x_0 - Q^*}{\mu_0} - \sum_{j=1}^{n} \ln x_0^j \leq \frac{c^T x_0 - Q_u}{\mu_0} - \sum_{j=1}^{n} \ln x_0^j \\
&= 1 - \sum_{j=1}^{n} \ln x_0^j \leq 1 + nL.
\end{aligned}
$$

Und es ist bekannt (siehe Vorbemerkung), dass

$$-g(x_K,\mu_K) = \sum_{j=1}^{n} \ln x_K^j - \frac{c^T x_K - Q^*}{\mu_K} \leq nL.$$

Substitution der letzten Abschätzungen in die N-Ungleichung ergibt

$$N \leq 4[K(e-1)(n+\sqrt{n})+1+2nL].$$

Benutzt man die obere Schranke für $K : (t - t_0)$, dann erhalten wir

$$N \leq 4[(t-t_0)(e-1)(n+\sqrt{n})+1+2nL] \leq 8[(t-t_0)(n+\sqrt{n})+nL].$$

Der zweite Teil der Behauptung resultiert aus $\delta(x_K, \mu_{K-1}) \leq 1$

$$c^T x - b^T y \leq \mu(n + \delta\sqrt{n}).$$

$\square$

Die Größenordnung der Schrittzahl ist $O(nL)$. Man kann den Algorithmus allerdings noch verfeinern, um $O(\sqrt{n}L)$ zu erreichen.

Algorithmus 20.3
Input: μ_0 ist Anfangs-Barriere-Wert, $\mu_0 \leq 2^L$.
Θ ist der Reduktions-Parameter mit $0 < \Theta < 1$.
t ist Genauigkeitsparameter mit $t \in \mathbb{N}$.
x_0 ist ein gegebener innerer zulässiger Punkt mit $\delta(x_0, \mu_0) \leq \frac{1}{2}$.
Initialisierung: $x := x_0$, $\mu := \mu_0$.

while $\mu > e^{-t}$ **do**
begin (äußerer Schritt)
    while $\delta(x,\mu) \geq \frac{1}{2}$ **do**
    begin (innerer Schritt)
        $\overline{\alpha} := \arg\min\{f(x+\alpha p(x,\mu),\mu) \mid x+\alpha p(x,\mu) > 0, \alpha > 0\}$;
        $x := x + \overline{\alpha} p(x,\mu)$;
    end (innerer Schritt)
    $\mu := (1-\Theta)\mu$;
end (äußerer Schritt).

Wir nähern uns also jetzt bei den Korrekturschritten dem zentralen Pfad so weit an, dass $\delta(x,\mu) < \frac{1}{2}$ wird.

Lemma 20.13 Sei $t_0 := -\ln\mu_0$. Dann stoppt Algorithmus 20.3 nach höchstens K äußeren Iterationen, wobei K der kleinste ganzzahlige Wert $\geq \frac{1}{\Theta}(t-t_0)$ ist.

20.5. Pfadfolgende Algorithmen und ihre Analyse

Beweis:
Sei $(\mu_k), k = 1, \ldots, K$, die Folge von Werten des Strafparameters μ bei den aufeinanderfolgenden äußeren Iterationen. Klar ist, dass
$$\mu_k = (1 - \Theta)^k \mu_0.$$
Der Algorithmus stoppt nach K äußeren Iterationen, wenn
$$(1 - \Theta)^K e^{-t_0} \leq e^{-t} \text{ bzw. wenn } K \ln(1 - \Theta) < -t + t_0.$$
Wegen $\ln(1 - \Theta) < -\Theta$ gilt dies sicherlich, wenn
$$K\Theta \geq t - t_0 \quad \Leftrightarrow \quad -K\Theta \leq t_0 - t \Rightarrow K \ln(1 - \Theta) \leq t_0 - t.$$
□

Lemma 20.14 Wenn $\delta(x, \mu) \geq \frac{1}{2}$, dann gilt $\triangle f := f(x, \mu) - f(x + \overline{\alpha} p, \mu) > \frac{1}{12}$.

Beweis:
Aus dem Potential-Reduktions-Lemma 20.8 folgt
$$\triangle f \geq \delta - \ln(1 + \delta) \geq \frac{1}{2} - \ln(1 + \frac{1}{2}) \geq \frac{1}{2} - \ln(\frac{3}{2}) > \frac{1}{12}.$$
□

Lemma 20.15 Wenn $\delta(x, \mu) \leq \frac{1}{2}$, dann gilt $f(x, \mu) - f(x(\mu), \mu) \leq \frac{1}{3}$.

Beweis:
Setze $\epsilon := \delta(x, \mu)$ und benutze die Taylor-Entwicklung von f
$$f(x, \mu) - f(x + p(x, \mu), \mu) \leq -\epsilon - \ln(1 - \epsilon) \leq \frac{\epsilon^2}{2(1 - \epsilon)} \leq \epsilon^2.$$
Setze $x_0 := x$ und bezeichne mit $x_0, x_1, x_2, \ldots$ die Folge von Punkten, die man durch Wiederholung der Newton-Schritte bekommt. Dann können wir schreiben
$$f(x, \mu) - f(x(\mu), \mu) = \sum_{i=0}^{\infty} (f(x_i, \mu) - f(x_{i+1}, \mu))$$
$$\leq \sum_{i=0}^{\infty} \delta(x_i, \mu)^2 \leq \sum_{i=0}^{\infty} \epsilon^{2(i+1)} \leq \frac{\epsilon^2}{1 - \epsilon^2} \leq \frac{1}{3}.$$
□

Lemma 20.16 Wenn $\delta(x, \mu) = \epsilon < 1$, dann ist $|c^T p(x, \mu)| \leq \epsilon(1 + \epsilon) \mu \sqrt{n}$.

Beweis:
Sei $p := p(x, \mu)$, $\epsilon = \|X^{-1}p\| = \delta(x, \mu)$ nach Lemma 20.8 und wegen
$$p^T \nabla f(x, \mu) = -\epsilon^2 \quad \text{(Korollar 20.1)}.$$

Andererseits haben wir

$$p^T \nabla f(x,\mu) = p^T(\frac{c}{\mu} - X^{-1}\mathbf{1}) = \frac{c^T p}{\mu} - \mathbf{1}^T X^{-1} p$$

$$\Rightarrow \frac{c^T p}{\mu} = -\epsilon^2 + \mathbf{1}^T X^{-1} p \text{ oder } c^T p = \mu(-\epsilon^2 + \mathbf{1}^T X^{-1} p).$$

Mit der Cauchy-Schwarzschen Ungleichung erhalten wir

$$|\mathbf{1}^T X^{-1} p| \le \|X^{-1} p\| \, \|\mathbf{1}\| = \epsilon \sqrt{n}.$$

Deshalb $\mu(-\epsilon^2 - \epsilon\sqrt{n}) \le c^T p \le \mu(-\epsilon^2 + \epsilon\sqrt{n})$

$$\Rightarrow |c^T p| \le \mu(\epsilon^2 + \epsilon\sqrt{n}) = \epsilon(1 + \frac{\epsilon}{\sqrt{n}})\mu\sqrt{n} \le \epsilon(1+\epsilon)\mu\sqrt{n}.$$

Zur Erinnerung: $\delta(x,\mu) = \text{Min}_{y,z} \, (\|\frac{Xz}{\mu} - \mathbf{1}\| \mid A^T y + z = c) = \|X^{-1} p(x,\mu)\|.$ □

Lemma 20.17 Wenn $\delta(x,\mu) = \epsilon$, dann gilt: $|c^T x - c^T x(\mu)| \le \frac{\epsilon(1+\epsilon)}{1-\epsilon}\mu\sqrt{n}$.

Beweis:
Wir können schreiben

$$|c^T x - c^T x(\mu)| = |\sum_{i=0}^{\infty}(c^T x_i - c^T x_{i+1})| \quad \text{(Lemma 20.7)}$$

$$\le \sum_{i=0}^{\infty} |c^T p(x_i,\mu)| \le \sum_{i=0}^{\infty} \epsilon^{2i}(1+\epsilon^{2i})\mu\sqrt{n}$$

$$\le (1+\epsilon)\mu\sqrt{n}\sum_{i=0}^{\infty}\epsilon^{2i} \le (1+\epsilon)\mu\sqrt{n}\sum_{i=0}^{\infty}\epsilon^i = \frac{\epsilon(1+\epsilon)}{1-\epsilon}\mu\sqrt{n}.$$

□

Korollar 20.2 Wenn $\delta(x,\mu) \le \frac{1}{2}$ ist, dann wird $|c^T x - c^T x(\mu)| \le \frac{3}{2}\mu\sqrt{n}$.

Lemma 20.18 Jede äußere Iteration braucht höchstens $\frac{12\Theta}{1-\Theta}(\Theta n + 3\sqrt{n}) + 4$ innere Iterationen.

Beweis:
Betrachte die $(k+1)$-te äußere Iteration mit $k > 0$.
Der Startpunkt ist $(x_k, \mu_k) =: (x, \mu)$. N_k sei die Zahl innerer Iterationen. Dann gilt

$$f(x_{k+1}, \mu_k) \le f(x_k, \mu_k) - \frac{1}{12} N_k \quad \text{(Lemma 20.14)}.$$

20.5. Pfadfolgende Algorithmen und ihre Analyse

Die Definition von $f(t,\mu)$ mit $t > 0$ impliziert, dass

$$\begin{aligned}f(t,\mu_k) &= f(t,\mu_{k-1}) + \frac{c^T t}{\mu_k} - \frac{c^T t}{\mu_{k-1}} \\ &= f(t,\mu_{k-1}) + \frac{c^T t}{\mu_{k-1}}\left(\frac{1}{1-\Theta} - 1\right) \\ &= f(t,\mu_{k-1}) + \frac{\Theta}{1-\Theta}\frac{c^T t}{\mu_{k-1}}.\end{aligned}$$

Nun erhalten wir

$$f(x_{k+1},\mu_{k-1}) + \frac{\Theta}{1-\Theta}\frac{c^T x_{k+1}}{\mu_{k-1}} \leq f(x_k,\mu_{k-1}) + \frac{\Theta}{1-\Theta}\frac{c^T x_k}{\mu_{k-1}} - \frac{1}{12}N_k$$

$$\Leftrightarrow \frac{1}{12}N_k \leq \frac{\Theta}{1-\Theta}[c^T x_k - c^T x_{k+1}] + [f(x_k,\mu_{k-1}) - f(x_{k+1},\mu_{k-1})].$$

Beachte, dass

$$\begin{aligned}c^T x_k - c^T x_{k+1} &\leq \\ &\leq c^T x(\mu_{k-1}) + \frac{3}{2}\mu_{k-1}\sqrt{n} - c^T x(\mu_k) + \frac{3}{2}\mu_k\sqrt{n} \\ &= c^T x(\mu_{k-1}) - c^T x(\mu_k) + \frac{3}{2}\sqrt{n}(2-\Theta)\mu_{k-1} \\ &\leq [c^T x(\mu_{k-1}) - b^T y(\mu_{k-1})] - [c^T x(\mu_k) - b^T y(\mu_k)] + 3\mu_{k-1}\sqrt{n} \\ &\quad (b^T y(\mu) \text{ ist monoton wachsend bei } \mu \to 0, k \to \infty) \\ &= \mu_{k-1}n - \mu_k n + 3\mu_{k-1}\sqrt{n} \\ &= \Theta\mu_{k-1}n + 3\mu_{k-1}\sqrt{n} \\ &= \mu_{k-1}(\Theta n + 3\sqrt{n}).\end{aligned}$$

Außerdem weiß man

$$\begin{aligned}f(x_k,\mu_{k-1}) &- f(x_{k+1},\mu_{k-1}) = \\ &= f(x_k,\mu_{k-1}) - f(x(\mu_{k-1}),\mu_{k-1}) + f(x(\mu_{k-1}),\mu_{k-1}) - f(x_{k+1},\mu_{k-1}) \\ &\leq f(x_k,\mu_{k-1}) - f(x(\mu_{k-1}),\mu_{k-1}) \leq \frac{1}{3} \quad \text{(nach Lemma 20.15)}.\end{aligned}$$

Hieraus folgt durch Substitution der letzten beiden Ungleichungen

$$\frac{1}{12}N_k \leq \frac{\Theta}{1-\Theta}(\Theta n + 3\sqrt{n}) + \frac{1}{3} \quad \text{bzw.} \quad N_k \leq \frac{12\Theta}{1-\Theta}(\Theta n + 3\sqrt{n}) + 4.$$

$\square$

Satz 20.3 *Algorithmus 20.3 stoppt nach höchstens*

$$12\left(\frac{\Theta n + 3\sqrt{n}}{1-\Theta} + \frac{1}{3\Theta}\right)(t-t_0) \text{ inneren Iterationen.}$$

Der letzte generierte Punkt x erfüllt
$$c^T x - b^T y(x,\mu) \le e^{-t}(n + \sqrt{n}).$$

Korollar 20.3 *Wenn $\Theta = \frac{1}{2}$, dann ist die Iterationszahl $O(nL)$.*
Wenn $\Theta = \frac{1}{\sqrt{n}}$, dann ist die Iterationszahl $O(\sqrt{n}L)$.

Durch kleinere Reduktion wird also das Gesamtverhalten besser.
Bemerkung
Es ist in jeder Iteration ein Gleichungssystem mit $\begin{pmatrix} X^{-2} & A^T \\ A & 0 \end{pmatrix}$ zu lösen.
Der Aufwand hierzu ist $O(n^3)$. Nutzt man aus, dass sich immer nur X ändert, dann vereinfacht sich dies zu $O(n^{2,5})$. Dies muss noch mit obigem Aufwand multipliziert werden.

20.6 Auffinden eines Startpunktes und Ansatz zu einer probabilistischen Analyse

Es bleibt zu klären, wie wir einen inneren Punkt finden, der einen Start (wie für die vorgestellten Algorithmen aus dem vorigen Abschnitt) erlaubt.
Wir wollen ähnlich wie beim Simplexverfahren vorgehen und in einer ersten Phase einen inneren Punkt des Original-Zulässigkeitsbereiches gewinnen. Die zweite Phase soll dann dem Optimierungsprozess im Originalproblem gewidmet sein.

Da es uns viel leichter fällt, für eine Phase I einen inneren Punkt vorzugeben, wenn das Problem kanonisch modelliert ist, gehen wir diesen Weg und befassen uns also mit der Aufgabenstellung

$$\max c^T y \quad \text{unter } Ax \le b.$$

Ein Wechsel zum Dualproblem in Standardform und zu den Methoden aus 20.5 ist, wenn der Start einmal gelungen ist, jederzeit möglich.
Wir werden nun die beiden Phasen zunächst strukturell beschreiben. Dabei lehnen wir uns an [26] und die hiesigen Untersuchungen zur probabilistischen Analyse von Innere-Punkte-Verfahren an.

In Phase I behandelt man statt des Zulässigkeitsbereiches $\{x \mid Ax \le b\}$ nach der Homogenisierungsmethode einen modifizierten Bereich gemäß
$$\begin{array}{rcl} Ax + \tilde{b}x^{n+1} & \le & \mathbf{1}_m \\ -x^{n+1} & \le & 1 \\ \frac{1}{3}x^{n+1} & \le & 1 \end{array} \quad \text{bzw. } \hat{A}\hat{x} \le \mathbf{1}_{m+2}$$

hier ist $A \in \mathbb{R}^{(m,n)}$, $\hat{A} \in \mathbb{R}^{(m+2,n+1)}$, $\hat{x} = \begin{pmatrix} x \\ x^{n+1} \end{pmatrix} \in \mathbb{R}^{n+1}$ und es gilt

$$\hat{A} = \begin{pmatrix} A & \tilde{b} \\ 0 & -1 \\ 0 & \frac{1}{3} \end{pmatrix}, \quad \tilde{b} = \mathbf{1}_m - b \text{ und } \Pi_n(\hat{x}) = x.$$

20.6. Auffinden eines Startpunktes und prob. Analyse

Es ist leicht zu erkennen, dass der Zulässigkeitsbereich von $Ax \leq b$ wiedererkennbar wird als Schnitt der Lösungsmenge von $\{\hat{x}|\hat{A}\hat{x} \leq \mathbf{1}_{m+2}\}$ mit der Hyperebene $\{\hat{x} \in \mathbb{R}^{n+1} \mid \hat{x}^{n+1} = 1\}$. Andererseits ist $0 \in \mathbb{R}^{n+1}$ sicher ein zulässiger, ja sogar innerer Punkt von $\{\hat{x} \mid \hat{A}\hat{x} \leq \mathbf{1}_{m+2}\}$.

Deshalb müsen wir feststellen, ob es überhaupt Punkte $\hat{x}$ mit $\hat{x}^{n+1} \geq 1$ gibt. Und das können wir, wenn wir die Zielfunktion $e_{n+1}^T \hat{x}$ maximieren.

Wir werden also Aufschluss über Zulässigkeit und gegebenenfalls einen inneren Punkt gewinnen durch Lösung von

$$\max\ e_{n+1}^T \hat{x} \text{ unter } \hat{A}\hat{x} \leq \mathbf{1}.$$

Zur Vereinfachung seien alle auftretenden Zulässigkeitsbereiche beschränkt. Erreicht man Level $\hat{x}^{n+1} = 1$, dann erhält man dort einen inneren Punkt $\hat{x}_0$ (evtl. aus Mischung zweier Iterationspunkte). Ignoriert man von diesem Punkt die letzte Komponente, dann erfüllt dieser Punkt x_0 die Bedingung $Ax_0 < b$.

Er ist somit wiederum als innerer Startpunkt geeignet. Mit ihm können wir dann Phase II starten; er spielt die gleiche Rolle wie 0 in Phase I. Wir gehen nun in beiden Phasen völlig analog vor.

1. Bestimme ausgehend vom Startpunkt einen Punkt in der Nähe des zentralen Pfades (von $\hat{X}$ bzw. von X), d.h. Punkte mit $\delta(\hat{x},1) < \frac{1}{2}$ bzw. $\delta(x,1) < \frac{1}{2}$. Dazu dienen sogenannte genormte Newtonschritte.

2. Von hier aus führt man volle Newtonschritte aus und führt folgendes Wechselspiel durch:

   - Einmal setzt man den Newtonschritt ein, um den δ-Wert sogar unter $\frac{1}{4}$ zu drücken.
   - Das andere Mal reduziert man den μ-Wert, der vorher 1 war, um einen konstanten Faktor und erreicht dort immer noch $\delta(\hat{x},\mu_{\text{neu}}) < \frac{1}{2}$ bzw. $\delta(x,\mu_{\text{neu}}) < \frac{1}{2}$.

3. Dieses Wechselspiel führt zur Annäherung an die Optimalecke. Rundung auf die nächsterreichbare Ecke (mit unserem Rundungsalgorithmus) liefert gewiss eine Ecke; war man schon besser im Zielfunktionswert als die zweitbeste Ecke, dann sogar die Optimalecke.

Die Machbarkeit dieses Vorgehens soll nun dargestellt werden. Wegen der völligen Analogie der beiden Phasen soll dies nur einmal, und zwar am Beispiel

$$\max\ c^T x \text{ unter } Ax \leq b$$

geschehen (in Phase I ersetzt man c durch e_{n+1}, A durch $\hat{A}$ und b durch $\mathbf{1}$).
Wir können in die Nähe des zentralen Pfades gelangen, wenn wir nur die Barriere-Funktion

$$\Phi(x,\mu) = -\frac{c^T x}{\mu} - \sum_{i=1}^{m} \ln s^i \quad \text{mit } s^i = b^i - a_i^T x$$

klein genug machen. (Dazu wähle man z.B. $\mu = 1$). Nun ist der Gradient von Φ

$$\nabla_y \Phi(y,\mu) = -\frac{c}{\mu} + A^T S^{-1} \mathbf{1}_m =: \nabla_\Phi$$

und die Hessematrix ist

$$H_y \Phi(y,\mu) = A^T S^{-2} A =: H_\Phi.$$

Wollen wir eine Newtonkorrektur zur Minimierung von Φ machen, dann ist die dazu erforderliche Bewegung

$$p_\Phi = -H_\Phi^{-1} \nabla_\Phi = -(A^T S^{-2} A)^{-1}(-\frac{c}{\mu} + A^T S^{-1} \mathbf{1}_m).$$

Durch p_Φ lässt sich aber auch das Abstandsmaß zum zentralen Pfad ausdrücken:

$$\delta(x,\mu) = \text{Min}\left\{ \|\frac{Sy}{\mu} - \mathbf{1}_m\| \mid A^T y = c \right\}.$$

Denn dieser Abstand wird gerade minimal bei Wahl von

$$y(x,\mu) = \mu S^{-1} \mathbf{1}_m + \mu S^{-2} A[-A^T S^{-2} A]^{-1} \left[-\frac{c}{\mu} + A^T S^{-1} \mathbf{1}_m \right].$$

Um dies einzusehen, substituiert man: $\frac{Sy}{\mu} = w \Rightarrow y = S^{-1} w \mu$ und sucht

$$\text{Min}\left\{ \|w - \mathbf{1}_m\| \mid A^T S^{-1} w = \frac{c}{\mu} \right\}.$$

Mit

$$w = \mathbf{1}_m - S^{-1} A [A^T S^{-2} A]^{-1} \cdot \left[-\frac{c}{\mu} + A^T S^{-1} \mathbf{1}_m \right]$$

hat man dann zunächst einmal $A^T S^{-1} w = \frac{c}{\mu}$, und $w - \mathbf{1}_m$ liegt im Bildbereich von $S^{-1} A$. Infolgedessen ist es senkrecht auf Kern $A^T S^{-1}$.
Folglich ist dieses w der Lotfußpunkt der Projektion auf dem affinen Unterraum mit $A^T S^{-1} w = \frac{c}{\mu}$ und $y = S^{-1} w \mu$ ist gerade der Optimalpunkt $y(x,\mu)$ bzw. $y(s,\mu)$. Der Abstand $\delta(x,\mu)$ ist dann gerade

$$\|S^{-1} A [A^T S^{-2} A]^{-1} [-\frac{c}{\mu} + A^T S^{-1} \mathbf{1}_m]\|.$$

Das Quadrat dieser Norm ist beschreibbar als

$$\delta(x,\mu)^2 = \left[-\frac{c}{\mu} + A^T S^{-1} \mathbf{1}_m \right]^T [A^T S^{-2} A]^{-1} \left[-\frac{c}{\mu} + A^T S^{-1} \mathbf{1}_m \right].$$

Das stimmt aber überein mit

$$p_\Phi^T H_\Phi p_\Phi = \left[-\frac{c}{\mu} + A^T S^{-1} \mathbf{1}_m \right]^T [A^T S^{-2} A]^{-1} \left[-\frac{c}{\mu} + A^T S^{-1} \mathbf{1}_m \right].$$

In Analogie zu Lemma 20.8 beweisen wir nun

20.6. Auffinden eines Startpunktes und prob. Analyse

Lemma 20.19 *Für alle $\delta = \delta(x,\mu) \geq 0$ ist $\Phi(x) - \Phi(x + \frac{1}{1+\delta}p_\Phi) \geq \delta - \ln(1+\delta)$. Das bedeutet: Für $\delta > 1$ ist dies größer als 0.3 und für $\delta > \frac{1}{2}$ größer als 0.09.*

Beweis:
Verwende statt $\frac{1}{1+\delta}$ den Wert α als beliebigen positiven Parameter. Aus der Taylorentwicklung ergibt sich

$$\Phi(x+\alpha p_\Phi) = \Phi(x) + \alpha \nabla_\Phi^T(x) p_\Phi + \frac{\alpha^2}{2} p_\Phi^T H_\Phi p_\Phi + \sum_{k=3}^{\infty} t_k$$

$$\text{mit} \quad t_k = \frac{\alpha^k}{k!} \sum_{i=1}^{m} (k-1)! \left|\frac{a_i^T p_\Phi}{s^i}\right|^k \leq \frac{\alpha^k}{k} \left(\sum_{i=1}^{m} \frac{a_i^T p_\Phi}{s^i}\right)^{\frac{k}{2}}$$

$$= \frac{\alpha^k}{k} \left(p_\Phi^T H_\Phi p_\Phi\right)^{\frac{k}{2}} = \frac{\alpha^k}{k} \delta^k.$$

Nun ist aber

$$\nabla_\Phi^T p_\Phi = -\nabla_\Phi H_\Phi^{-1} \nabla_\Phi = -p_\Phi^T H_\Phi p_\Phi = -\delta(x,\mu)^2$$

$$\Rightarrow \quad \Phi(x + \alpha p_\Phi) = \Phi(x) - \alpha \delta^2 + \frac{\alpha^2}{2}\delta^2 + \sum_{k=3}^{\infty} \frac{\alpha^k}{k} \delta^k$$

$$= \Phi(x) - \alpha\delta - \alpha\delta^2 - \ln(1-\alpha\delta) \quad \text{für } \alpha\delta < 1.$$

Der Abstieg $\alpha\delta + \alpha\delta^2 + \ln(1 - \alpha\delta)$ wird maximal für $\alpha = \frac{1}{1+\delta}$ und ist dort gerade $\delta - \ln(1+\delta)$. Dies ist > 0.09 für $\delta > \frac{1}{2}$ und > 0.3 für $\delta > 1$. □

Weil aber $\Phi(x)$ auf dem (beschränkten) Zulässigkeitsbereich $\{x \mid Ax \leq b\}$ von unten beschränkt ist, wird irgendwann mit Hilfe dieser genormten Newtonschritte $(y \to y + \frac{1}{1+\delta}p_\Phi)$ erreicht, dass $\delta(x,\mu) < 1$ bzw. $\delta(x,\mu) < \frac{1}{2}$.
Dort könnte man ins Standardproblem überwechseln und gemäß unseren Algorithmen aus dem vorigen Abschnitt vorgehen.
(**Übungsaufgabe:** Mit der Bestimmung von $x(y,\mu)$ erhält man $\delta(y,\mu) \leq \delta(x,\mu)$.)
Einfacher und natürlicher ist es aber, im kanonischen Problem zu bleiben und nun mit vollen Newtonschritten zu optimieren.

Lemma 20.20 *Führt man bei $\delta(x,\mu) < 1$ volle Newtonschritte durch, dann ergibt sich jeweils $y + p_\Phi \in \text{Int } X$.*

Beweis:

$$1 > \delta(x,\mu) = p_\Phi^T(A^T S^{-2} A) p_\Phi = [p_\Phi^T A^T S^{-1}][S^{-1} A p_\Phi]$$

$$= \|S^{-1} A p_\Phi\|^2 = \sum_{i=1}^{n}(s^{i^{-1}} a_i^T p_\Phi)^2.$$

Deshalb ist aber auf jeden Fall $a_i^T p_\Phi < s^i$ und das beweist die Zulässigkeit. □

Nun ist noch quadratische Konvergenz bei vollen Newtonschritten nachzuweisen.

Lemma 20.21 *Es gilt* $\delta(x + p_\Phi, \mu) \leq \delta(x, \mu)^2$, *wenn* $\delta(x, \mu) < 1$.

Beweis:

$$\begin{aligned}
\delta(x + p_\Phi, \mu) &= \|\frac{1}{\mu} \operatorname{diag}(s - Ap_\Phi) y(x + p_\Phi, \mu) - \mathbf{1}_m\| \\
&\leq \|\frac{1}{\mu} \operatorname{diag}(s - Ap_\Phi) y(x, \mu) - \mathbf{1}_m\| \\
&= \|\frac{1}{\mu} \operatorname{diag}(S - Ap_\Phi) \mu S^{-1} [\mathbf{1}_m + S^{-1} Ap_\Phi] - \mathbf{1}_m\| \\
&= \| - \operatorname{diag}(Ap_\Phi) S^{-2} Ap_\Phi \| \\
&\leq (S^{-1} Ap_\Phi)^T S^{-1} Ap_\Phi = p_\Phi^T H p_\Phi = \delta(x, \mu)^2.
\end{aligned}$$

$\square$

Wenn wir also bereits $\delta(x, \mu) < \frac{1}{2}$ haben, dann wird mit einer weiteren Iteration (Zentrierung) sogar $\delta(x_{\text{neu}}, \mu) < \frac{1}{4}$ erzielt. Dann aber können wir auch μ reduzieren.

Lemma 20.22 *Sei* $x_{\text{neu}} := x + p_\Phi$ *mit* $\delta(x, \mu) < \frac{1}{2}$ *und* $\delta(x_{\text{neu}}, \mu) < \frac{1}{4}$. *Dann ergibt die Reduktion* $\mu_{\text{neu}} := (1 - \theta) \mu$ *mit* $\theta \leq \frac{1}{6\sqrt{m}}$ *den Effekt* $\delta(x_{\text{neu}}, \mu_{\text{neu}}) < \frac{1}{2}$.

Beweis:

$$\begin{aligned}
\delta(x_{\text{neu}}, \mu_{\text{neu}}) &= \|\frac{1}{\mu_{\text{neu}}} S_{\text{neu}} y(x_{\text{neu}}, \mu_{\text{neu}}) - \mathbf{1}_m\| \\
&\leq \|\frac{1}{\mu_{\text{neu}}} S_{\text{neu}} y(x_{\text{neu}}, \mu_{\text{alt}}) - \mathbf{1}_m\| \\
&= \|\frac{1}{1 - \theta} \frac{1}{\mu_{\text{alt}}} S_{\text{neu}} y(x_{\text{neu}}, \mu_{\text{alt}}) - \frac{1}{1 - \theta} \mathbf{1}_m + \frac{\theta}{1 - \theta} \mathbf{1}_m\| \\
&\leq \frac{1}{1 - \theta} \delta(x_{\text{neu}}, \mu_{\text{alt}}) + \frac{\theta}{1 - \theta} \mathbf{1}_m.
\end{aligned}$$

Für θ in der angegebenen Größenordnung und $\delta(x_{\text{neu}}, \mu_{\text{alt}}) < \frac{1}{4}$ hat man mit

$$\frac{1}{1 - \frac{1}{6\sqrt{m}}} \left[\frac{1}{4} + \frac{1}{6}\right] < \frac{1}{2}.$$

eine Oberschranke für die Summe dieser beiden Terme. $\square$

Dies ermöglicht jetzt ein abwechselndes Zentrieren und Reduzieren, ganz wie wir es von Algorithmen zum Standardproblem aus dem vorigen Abschnitt kennen. Die Worst-Case-Komplexitäts-Überlegungen verlaufen für beide Phasen in gleicher Weise und ergeben die gleichen Größenordnungen, wie im vorigen Abschnitt.
Für die anfängliche Zentrierung braucht man eine Schrittzahl in der Größenordnung des Minimalwerts von Φ (wegen des konstanten Abstiegs). Danach kommen

so viele volle Newtonschritte, bis μ so klein ist, dass eine Rundung mit unserem Abbruchverfahren die Optimalecke ergibt. Das ist spätestens dann der Fall, wenn unser Iterationspunkt einen besseren Zielfunktionswert als die zweitbeste Ecke aufweist. Man kann damit nachweisen, dass die insgesamt dazu im Worst-Case benötigte Schrittzahl in der Größenordnung von $O(mL)$ liegt.

Eine probabilistische Analyse gemäß unserem Modell aus Kapitel 9.4 (Rotationssymmetrie) kann nun ausnutzen, dass der Unterschied zwischen den Zielfunktionswerten an der besten und zweitbesten Ecke stochastisch stark variiert, und dass er in der Regel erheblich größer ist als 2^{-L}.
Entsprechend kann man hier ausnutzen, dass der Tiefstpunkt der auftretenden Potentialfunktionen in der Regel deutlich höher als $-mL$ liegt.
Mit Hilfe einer Analyse der Verteilungen dieser beiden Größen, durchgeführt von Petra Huhn, gelang ihr der Nachweis, dass die mittlere Iterationszahl im Gegensatz zum Worst-Case-Ergebnis nicht mehr von L abhängt, sondern nur noch von einem Polynom in m und n von niedrigem Grad $(O(m+1)\sqrt{n-1})$. Das beweist die *starke* Polynomialität des Verfahrens in diesem Sinn [26].
Es bleibt eine noch ausstehende Herausforderung, diese Abschätzung so scharf wie möglich zu machen, damit auch an Hand der Average-Case-Analyse ein genauer Vergleich der Effizienz von Innere-Punkte-Verfahren und Simplexverfahren möglich wird.

Ausblick zum 2. Teil (Nichtlineare Optimierung)

Für eine elementare Darstellung der Theorie zur Nichtlinearen Optimierung, bei der die Lineare Optimierung als Spezialfall eingebettet ist, können wir verweisen auf [29].

Auch in diesem Teil wurde kaum eingegangen auf die hier ganz besonders wichtigen numerischen Aspekte von nichtlinearer Optimierung. Zu nennen sind hier z.B. die Numerische Differentiation, die Behandlung der Konditionszahl, die Numerische Lineare Algebra, die Beachtung von Sensitivität und Stabilität. Vieles dazu findet man z.B. bei Spellucci [57], Minoux [38], Gill et al. [17], sowie bei Großmann [19].

Es sei weiter verwiesen auf Spezialverfahren für spezielle Aufgabenstellungen, wie etwa quadratische Optimierung, separable Optimierung, fraktionale Optimierung und geometrische Optimierung (vgl. z.B. Bazaraa et al. [3] und wieder Spellucci [57]).
Des weiteren zerfließen natürlich die Grenzen zur Optimierung mit unendlich vielen Nebenbedingungen sowie zur optimalen Steuerung (vgl. Minoux [38]) in unbegrenzt vielen Dimensionen.
Bei den Innere-Punkte-Verfahren gibt es eine Vielfalt von Konzepten, die hier nicht angesprochen sind (vgl. Saigal [55], den Hertog [24], Terlaky [60]). Aus systematischen Gründen für Komplexitätsbeweise haben wir hier verzichtet auf alle Konzepte, die irgendwie nach dem Big-M-Prinzip arbeiten, wobei die Größe der

Konstanten M gesetzt (geschätzt) werden muss, aber nicht von vornherein festliegt. Diese Methoden sind praktisch sehr wirksam, aber komplexitätstheoretisch so gut wie nicht erfassbar.

Auch sollte noch erwähnt werden, dass die Innere-Punkte-Verfahren ebenso erfolgreich bei der Lösung von konvexen Optimierungsproblemen eingesetzt werden können (vgl. den Hertog [24]).

Teil 3
Ganzzahlige/Kombinatorische Optimierung

Überblick zum 3. Teil
(Ganzzahlige/Kombinatorische Optimierung)

In diesem Teil werden die Ganzzahlige und die Kombinatorische Optimierung eingeführt. Dabei geht es um die Ermittlung von ganzzahligen Lösungsvektoren bzw. um die Ermittlung bestmöglicher, zugelassener Kombinationen aus einer endlichen Menge von verfügbaren Elementen. Hier tritt deutlich die Diskretheit der in Frage kommenden Optionen auf. Und dies macht auch die hier auftretenden Problemarten schwieriger als z.B. die Lineare oder Nichtlineare Optimierung, weil jetzt die kontinuierlichen, gleitenden Übergänge von erreichter (suboptimaler) zu besserer oder bester Lösung fehlen. Die beiden angesprochenen Bereiche werden (auch) unter ihrem Komplexitätsaspekt gesehen und bewertet.

Die Behandlung dieses extrem umfangreichen, weil sehr vielschichtigen Gebietes kann im hier gesetzten Rahmen nur exemplarisch erfolgen. Wir beschränken uns deshalb in der Ganzzahligen Optimierung auf die Entwicklung des allgemeinen Branch- und Bound-Verfahrens, des Dakin-Verfahrens und der Schnittebenen-Verfahren von Gomory. Daneben werden die Polyedertheorie der konvexen Hüllen aus den zulässigen ganzzahligen Punkten und die größenordnungsmäßigen Abschätzungen besprochen, die aus der Kodierungslänge-Analyse von linearer Optimierung folgen. Damit lassen sich dann Beschränkungen herstellen und Endlichkeitsbeweise führen.

Das zweite Kapitel (Kapitel 22) macht – in Anlehnung an [21] – den Leser mit graphentheoretischen Objekten vertraut und führt somit in die Sprache der folgenden Kapitel ein.

Das dritte Kapitel (Kapitel 23) stellt die wichtigsten Begriffe der Worst-Case-Komplexitätstheorie von Problemen und Algorithmen zusammen.

Im vierten Teil (Kapitel 24) geht es um einfache Bearbeitungstechniken für Graphen und Digraphen, wie die Ermittlung von aufspannenden Bäumen, die Kreiskonstruktion, die topologische Sortierung und die Bestimmung kürzester Wege.

Danach wenden wir uns Flussproblemen auf Netzwerken zu, vorgestellt werden der Flussmaximierungsalgorithmus von Ford-Fulkerson und ein Minimalkostenflussalgorithmus, der auf der Analyse augmentierender Netzwerke beruht.

Schließlich erörtern wir schwere, NP-vollständige Probleme und ihre approximative Lösung durch Einsatz von Heuristiken. Dies geschieht beispielhaft am Knapsackproblem (als Repräsentant für ein typisches ganzzahliges) und am Traveling-Salesman-Problem (als Repräsentant für ein typisch graphentheoretisches Problem). Es wird Wert gelegt auf die Erörterung von polynomialen Approximationsverfahren, von Eröffnungs- und Verbesserungsverfahren und von primalen und dualen Heuristiken mit Relaxationsprinzipien.

Eine stark prägende Vorgabe für diese Darstellung gab das Augsburger Skript meines ehemaligen Kollegen Grötschel [20] ab, wobei hier nur ein Teil exemplarisch ausgewählt ist.

Die Ganzzahlige Optimierung orientiert sich zusätzlich an Schrijver [56] und Burkard [8], die Komplexitätstheorie an Aho, Hopcroft, Ullman [2].

In die Teile über Flüsse, Packungsprobleme und Rundreiseprobleme flossen viele Anregungen aus Jungnickel [28], Nemhauser, Wolsey [43], Lawler et al. [35] sowie Papadimitriou, Steiglitz [49] ein.

Kapitel 21
Ganzzahlige und gemischtganzzahlige lineare Optimierung

21.1 Problemstellung

Bisher haben wir uns mit linearen Optimierungsproblemen oder mit nichtlinearen Optimierungsproblemen beschäftigt. Implizit wurde dabei jeweils von der kontinuierlichen Variierbarkeit der Variablen Gebrauch gemacht. Diese Eigenschaft liegt aber bei praktischen Problemen oft nicht vor.

Beispiele

> Soll man k oder $k+1$ Arbeitskräfte einstellen?
>
> Peter Müller oder Paul Maier?
>
> Soll man ein Haus/eine Firma kaufen oder nicht?
>
> Soll man einem Verein/einer Partei beitreten oder nicht?
>
> Soll man einen Ausflug/eine Reise machen oder nicht?
>
> Soll man fliegen, Bahn fahren, Auto fahren, Bus fahren, zu Fuß gehen?

Die Entscheidung über einen Produktionsplan/eine Investition usw. ist meist nur unter Zuhilfenahme von ganzzahligen/gemischtganzzahligen Variablen beschreibbar. Wir wollen hier, um die Komplikationen nicht übermäßig werden zu lassen, unsere Betrachtungen darauf beschränken, dass die Zielfunktion und die sonstigen Nebenbedingungen linear sind.

Definition 21.1 *Ein Problem*
$$\max \ c^T x$$
$$\text{unter } Ax \leq b \text{ und } x \in \mathbb{Z}^n$$
mit $c \in K^n$, $A \in K^{(m,n)}$, $b \in K^m$, heißt ganzzahliges lineares Optimierungsproblem (ILP). (siehe auch Definition 1.3).

Definition 21.2 *Ein Problem*

$$\max\ c^T x + d^T y$$
unter $Ax + By \leq b$ und $x \in K^k$, $y \in \mathbb{Z}^{n-k}, 0 \leq k \leq n$,
mit $c \in K^k$, $d \in K^{(n-k)}$, $A \in K^{(m,k)}$, $B \in K^{(m,n-k)}$, $b \in K^m$,
heißt *gemischt-ganzzahliges (lineares) Optimierungsproblem (MixILP)*.

Definition 21.3 *Verlangt man speziell, dass in der Problemstellung*

$$\max\ c^T x \text{ unter } Ax \leq b$$

alle $x^i \in \{0,1\}$ sein sollen, dann spricht man von einem binären linearen Optimierungsproblem (BLP), bzw. wenn für einige x^i gefordert wird $x^i \in \{0,1\}$, von einem gemischt-binären linearen Optimierungsproblem.

Ein besonders anschauliches ganzzahliges Optimierungsproblem ist das sogenannte Knapsackproblem oder Rucksackproblem.

Beispiel
Ein Wanderer will seinen Rucksack packen. Jedem Objekt, das er mitnehmen möchte, misst er einen bestimmten Nutzen bei. Jedes Objekt hat auf der anderen Seite ein bestimmtes Gewicht und der Wanderer kann nur eine bestimmte (nach oben beschränkte) Last tragen.

Daten

Objekt	O_1	O_2	O_3	...	O_n
Gewicht	a^1	a^2	a^3	...	a^n
Nutzen	c^1	c^2	c^3	...	c^n
Kapazität	b				

Problemstellung

$$\begin{array}{ll} \max & c^1 x^1 + c^2 x^2 + \ldots + c^n x^n \\ \text{unter} & a^1 x^1 + a^2 x^2 + \ldots + a^n x^n \leq b \\ \text{mit} & x^i \geq 0 \text{ und } x^i \in \mathbb{Z} \quad \forall i = 1, \ldots, n \quad \text{(multiples KSP)} \\ \textbf{oder} & x^i \in \{0,1\} \quad \forall i = 1, \ldots, n \quad \text{(binäres KSP)} \end{array}$$

Man unterscheidet also, ob es um Objekttypen oder um Einzelobjekte geht.

21.2 Theorie der Ganzzahligen Optimierung

Zunächst sollen einige Bezeichnungen eingeführt werden.
Seien $A \in K^{(m,n)}$, $b \in K^m$. Dann setzen wir

(a) $IM(A, b) := \{x \mid Ax \leq b, x \in \mathbb{Z}^n\}$
als *zulässige Integermenge des kanonischen Problems*.
$IM^=(A, b) := \{x \mid Ax = b, x \geq 0, x \in \mathbb{Z}^n\}$
als *zulässige Integermenge des Standardproblems*.

21.2. Theorie der Ganzzahligen Optimierung

(b) $MixIM(A, b) := \{x \mid Ax \leq b, x^i \in \mathbb{Z} \quad \forall i \in \mathbb{N}_I\}$, $\mathbb{N}_I \subset \{1, \ldots, n\}$
als *zulässige Mixed-Integermenge des kanonischen Problems.*
$MixIM^=(A, b) := \{x \mid Ax = b, x \geq 0, x^i \in \mathbb{Z} \quad \forall i \in \mathbb{N}_I\}$, $\mathbb{N}_I \subset \{1, \ldots, n\}$
als *zulässige Mixed-Integermenge des Standardproblems.*

Hinweis:
IM, IM$^=$, MixIM, MixIM$^=$ bezeichnen Punktmengen, während *ILP, MixILP, LP*
Probleme bezeichnen sollen.

Beispiel

$$\begin{aligned}
\max \quad & 2x^1 + x^2 \\
\text{unter} \quad & x^1 + x^2 \leq 5 \\
& -x^1 + x^2 \leq 0 \\
& 6x^1 + 2x^2 \leq 21 \\
& x \geq 0 \text{ und } x \in \mathbb{Z}^2
\end{aligned}$$

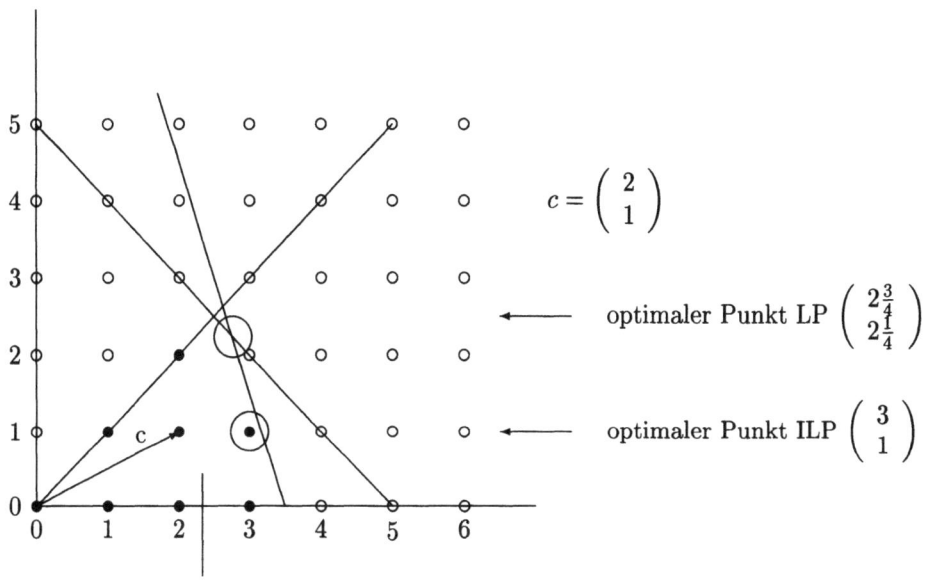

Abbildung 21.1: Zulässigkeitsbereich und Lösungspunkte von *LP* und *ILP*

Nur die schwarzen Punkte sind zulässig. Der Optimalpunkt des linearen Problems ist $x_{opt}^{LP} = \begin{pmatrix} 2\frac{3}{4} \\ 2\frac{1}{4} \end{pmatrix}$ mit $c^T x = 7\frac{3}{4}$. Der Optimalwert von *ILP* ist $x_{opt}^{ILP} = \begin{pmatrix} 3 \\ 1 \end{pmatrix}$ mit $c^T x = 7$.
Fordert man $x^1 \in \mathbb{R}$, $x^2 \in \mathbb{Z}$, dann hat man diesen Zulässigkeitsbereich. x_{opt}^{MixILP} ist $\begin{pmatrix} \frac{17}{6} \\ 2 \end{pmatrix}$ mit Zielfunktionswert $7\frac{2}{3}$. Die Lösungen sind also verschieden!

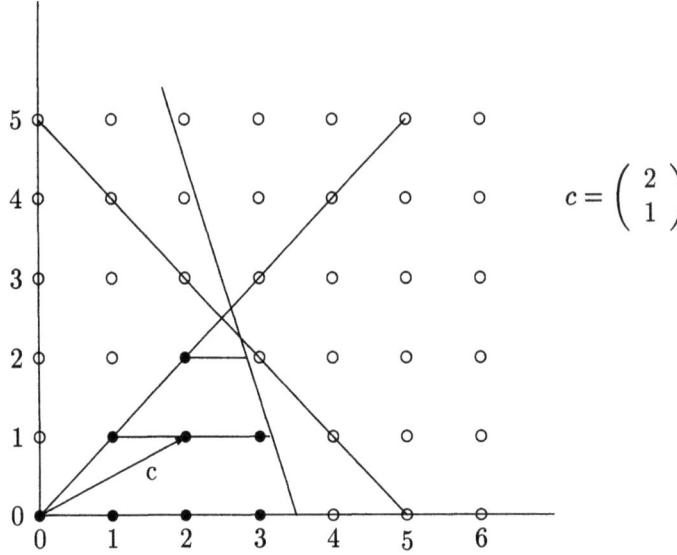

Abbildung 21.2: Zulässigkeitsbereich eines gemischtganzzahligen Problems

Die nun folgenden Abbildungen (vgl. 21.3) zeigen die konvexe Hülle der oben zulässigen Mengen. Wenn *IM* bzw. *MixIM* beschränkt sind, dann handelt es sich dabei um Polytope.

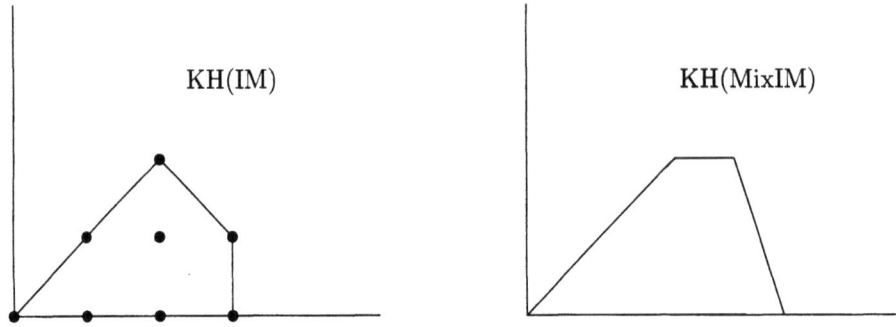

Abbildung 21.3: Unterschiede bei der Bildung der konvexen Hülle

Es stellt sich nun die Frage, ob KH($IM(A,b)$) oder KH($MixIM(A,b)$) denn überhaupt immer Polyeder sind.

Beispiel
Bekanntlich ist $M = \{z \in \mathbb{Q} \mid z \leq \sqrt{2}\}$ kein Polyeder über $\mathbb{Q}$.
Diese Erkenntnis kann man aber übersetzen in ein zweidimensionales Problem mit ganzzahligen Daten durch Setzen von $z = \frac{x}{y}$, $x, y \in \mathbb{Z}$, $y \geq 1 \Rightarrow z \leq \sqrt{2} \Leftrightarrow \frac{x}{y} \leq \sqrt{2} \Leftrightarrow x - \sqrt{2}y \leq 0$.

21.2. Theorie der Ganzzahligen Optimierung

Betrachte $X = \text{KH}((x,y) \in \mathbb{Z}^2 \mid y \geq 1, \; x - \sqrt{2}y \leq 0)$.
Dieses X ist kein Polyeder, denn

- X hat zulässige Punkte (z.B. $(0,1)$),
- die lineare Funktion $x - \sqrt{2}y$ ist durch 0 nach oben beschränkt,
- ein Maximalwert für $x - \sqrt{2}y$ auf X existiert nicht, 0 kann nicht angenommen werden bei $x - \sqrt{2}y$ (aber man kann Gleichheit approximieren).

Als Gründe, weshalb die konvexe Hülle einer Menge von ganzzahligen Punkten manchmal kein Polyeder ist, kommen in Frage:

- die Daten sind nicht rational,
- der Zulässigkeitsbereich ist unbeschränkt.

Wir werden zeigen, dass in allen anderen Fällen unsere Frage mit Ja beantwortet werden kann.

Satz 21.1 *Ist $B \subset K^n$ eine beschränkte Menge, dann ist $\text{KH}(x \in B \mid x \in \mathbb{Z}^n)$ ein Polytop. Dazu gibt es $m \in \mathbb{N}$, eine Matrix $D \in \mathbb{Z}^{(m,n)}$ und einen Vektor $d \in \mathbb{Z}^m$ mit $\text{KH}(x \in B \mid x \in \mathbb{Z}^n) = P(D,d)$.*

Beweis:
Ist B beschränkt, dann ist $\{x \in B \mid x \in \mathbb{Z}^n\}$ eine endliche Menge und die konvexe Hülle dieser Menge ist beschränkt. Daraus folgt, es kann nur endlich viele Eckpunkte von $\text{KH}(x \in B \mid x \in \mathbb{Z}^n)$ geben, letzteres ist ein Polytop mit endlich vielen Ecken aus $\mathbb{Z}^n$ bzw. $\mathbb{Q}^n$. Es gibt also eine Polyederdarstellung $P(D', d')$ mit $D' \in \mathbb{Q}^{(m,n)}$ und $d' \in \mathbb{Q}^m$. Werden die Restriktionen mit dem kleinsten gemeinsamen Vielfachen der Nenner der Koeffizienten multipliziert, so ergibt sich $P(D', d') = P(D, d)$ mit $D \in \mathbb{Z}^{(m,n)}$ und $d \in \mathbb{Z}^m$. □

Bezeichnung:
$P \subset K^n$ heißt *rationales Polyeder*, wenn es $m \in \mathbb{N}$, $A \in \mathbb{Q}^{(m,n)}$ und $b \in \mathbb{Q}^m$ gibt mit $P = P(A, b)$.
$C \subset K^n$ heißt *rationaler Kegel*, wenn es $m \in \mathbb{N}$, $A \in \mathbb{Q}^{(m,n)}$ gibt mit $C = P(A, 0)$.

Erinnerung an den Satz von Weyl
P ist genau dann rational, wenn es eine Darstellung $P = \text{KH}(v_1, v_2, \ldots, v_k) + \text{KK}(u_1, \ldots, u_l)$ mit $v_1, \ldots, v_k, u_1, \ldots, u_l \in \mathbb{Q}^n$ besitzt.

Bezeichnung:
Für Mengen der Bauart $\text{KH}(x \in P \mid x \in \mathbb{Z}^n)$ schreiben wir P_I, d.h. $P_I = \text{KH}(IM(A,b))$.
Entsprechend ist für polyedrische Kegel C die Menge C_I erklärt als $\text{KH}(x \in C \mid x \in \mathbb{Z}^n)$.

Lemma 21.1 *Ist C ein rationaler Kegel, dann gilt $C_I = C$.*

Beweis:
Alle Komponenten u_i^j der u_i (Erzeuger von C) mit $i = 1, \ldots l$ sind nach Voraussetzung rational, also gibt es eine Darstellung $u_i^j = \frac{p_i^j}{q_i^j}$ mit $p_i^j, q_i^j \in \mathbb{Z}$ ($q_i^j > 0$).
Durch Multiplikation mit dem $|kgV| = \lambda$ der q_i^j ($i = 1, \ldots, l, j = 1, \ldots, n$) erhält man ein ganzzahliges Vektorsystem $\{\lambda u_1, \ldots, \lambda u_l\} = \{u_1', \ldots, u_l'\}$ mit $\lambda > 0$. Somit ist $C = KK(u_1', \ldots, u_l') = KK(u_1, \ldots, u_l)$ ein ganzzahliger Kegel. Jeder Vektor $y \in C$ lässt sich also ausdrücken als Positivkombination der $u_1', \ldots, u_l'$, also $y = \sum_{i=1}^{l} \rho_i u_i'$ mit $\rho_i > 0$.
Betrachte nun $\lceil \sum_{i=1}^{l} \rho_i \rceil$ und den Vektor

$$y = \sum_{i=1}^{l} \rho_i u_i' = \frac{1}{\lceil \sum_{i=1}^{l} \rho_i \rceil} \left\{ \sum_{i=1}^{l} \rho_i \left(\left\lceil \sum_{j=1}^{l} \rho_j \right\rceil u_i' \right) + \left\langle \left\lceil \sum_{i=1}^{l} \rho_i \right\rceil - \sum_{i=1}^{l} \rho_i \right\rangle \cdot (0) \right\}$$

wobei die $\lceil \sum_{i=1}^{l} \rho_i \rceil u_i'$ und $0 \in \mathbb{Z}^n$ die Erzeugervektoren sind. Die Koeffizientensumme in dieser Darstellung ist 1, alle Koeffizienten sind $\geq 0 \Rightarrow y \in C_I \Rightarrow C \subset C_I$. Die umgekehrte Inklusion $C_I \subset C$ ist trivial. □

Lemma 21.2 *Sei P ein rationales Polyeder mit $P = B + C$, wobei B ein Polytop und C ein Kegel mit $C = KK(u_1', \ldots, u_l')$ ($u_i' \in \mathbb{Z}^n$) ist. Dann gilt $P_I = (B + \overline{B})_I + C_I$ mit $\overline{B} = \{\sum_{i=1}^{l} \rho_i u_i' \mid 0 \leq \rho_i \leq 1, i = 1, \ldots, l\}$.*

Beweis:
Wir zeigen zuerst $P_I \subset (B + \overline{B})_I + C_I$.
Sei $y \in IM(P) \Rightarrow y = b + c$ mit $b \in B$, $c \in C$ und y ganz. Für $c \in C$ gilt $c = \sum_{i=1}^{l} \rho_i u_i'$ mit $\rho_i \geq 0$. Setze $\overline{c} = \sum_{j=1}^{l} \lfloor \rho_j \rfloor u_j'$ und $\overline{b} = c - \overline{c}$, dann ist $\overline{c}$ ganzzahlig und nach Voraussetzung auch y und damit auch $y - \overline{c} = (b + c) - \overline{c} = b + \overline{b} \in \mathbb{Z}^n$. Letzterer Vektor $b + \overline{b}$ ist also in $(B + \overline{B})_I$ enthalten $\Rightarrow y = (b + \overline{b}) + \overline{c} \in (B + \overline{B})_I + C_I \Rightarrow IM(P) \subset (B + \overline{B})_I + C_I$. Die rechte Menge ist konvex $\Rightarrow$ alle Konvexkombinationen solcher y Punkte liegen auch in der rechten Menge $\Rightarrow P_I \subset (B + \overline{B})_I + C_I$.
Sei umgekehrt $y \in (B + \overline{B})_I + C_I$. Zu zeigen ist $y \in P_I$.
$y = \sum_{i=1}^{k} \lambda_i p_i + \sum_{j=1}^{l} \rho_j u_j'$ mit $p_i \in IM(B + \overline{B})_I$, $\sum_{i=1}^{k} \lambda_i = 1, \lambda_i, \rho_j \geq 0$.
Insbesondere ist $p_1 + R u_j' \in IM((B + \overline{B})_I + C_I) \; \forall R \in \mathbb{N}$. Also wähle man jetzt $R \in \mathbb{N}$ so groß, dass

$$\frac{\sum_{j=1}^{l} \rho_j}{R} \leq \lambda_1 \Rightarrow y = (\lambda_1 - \frac{\sum_{j=1}^{l} \rho_j}{R}) p_1 + \lambda_2 p_2 + \ldots + \lambda_k p_k + \sum_{j=1}^{l} \frac{\rho_j}{R}(R u_j' + p_1).$$

Die hier eingesetzte Koeffizientensumme ist 1, alle Koeffizienten sind nicht negativ. Deshalb ist y Konvexkombination aus $p_1, \ldots, p_k, p_1 + R u_1', \ldots, p_1 + R u_l'$. Diese Punkte sind alle aus P und ganzzahlig $\Rightarrow y \in P_I$. □

21.3. Abschätzungen

Satz 21.2 *Ist P rational, dann ist auch P_I rational.*

Beweis:
Ist P ein Polytop, dann folgt die Behauptung direkt aus Satz 21.1. Andernfalls liegt ein unbeschränktes Polyeder vor. Dies kann dargestellt werden als

$$P = \text{KH}(v_1,\ldots,v_k) + \text{KK}(u_1,\ldots,u_l) \quad \text{(letzter Summand} \neq \emptyset).$$

Nun ist $P_I = (B+\overline{B})_I + C_I$ und $(B+\overline{B})_I$ ist ein Polytop. C_I ist ein ganzzahliger Kegel. Nach dem Satz von Weyl 4.4 ist dann P_I rational. □

Korollar 21.1 *Für rationale Polyeder P ist der Rezessionskegel von P_I auch der Rezessionskegel von P.*

Analog beweist man den folgenden Satz.

Satz 21.3 *Sind $A \in \mathbb{Q}^{(m,n)}$ und $b \in \mathbb{Q}^m$, dann ist $\text{KH}(\text{MixIM}(A,B))$ rational.*

Bemerkung
Gegeben sei ein ganzzahliges Optimierungsproblem $\max c^T x$ unter $Ax \leq b, x \in \mathbb{Z}^n$.
Falls dann das *ILP* eine Lösung besitzt, gilt:
$\text{Max}\{c^T x \mid x \in IM(A,b)\} = \text{Max}\{c^T x \mid x \in \text{KH}(IM(A,b))\} = \text{Max}\{c^T x \mid x \in P_I\}$.
Im unbeschränkten Fall ist $\sup_{x \in IM} c^T x = \infty = \sup_{x \in P_I} c^T x$. Im unzulässigen Fall ist $IM = \emptyset = P_I$.
Weil $P_I = \text{KH}(IM(A,b))$ ein Polyeder ist (Satz 21.2), kann man theoretisch ein *ILP* (und auch ein *MixILP*) in ein *LP* transformieren. Problematisch ist dabei aber, dass die bestimmenden Ungleichungen sowie deren Anzahl unbekannt sind, nur ihre Existenz ist offensichtlich.
(Entsprechendes gilt für *MixIM(A,b)* und *MixILP*.)

21.3 Abschätzungen für ganzzahlige Optimierungsprobleme

Gegeben sei ein Polyeder $P(A,b)$ mit ganzzahligen Daten in $A \in \mathbb{Z}^{(m,n)}$ und $b \in \mathbb{Z}^n$. Wir wollen zur dadurch induzierten $IM(A,b)$ und zum dadurch vorliegenden Polyeder $P_I := \text{KH}(IM(A,b))$ die nötige Beschreibung durch Ungleichungen und die zugehörige Kodierungslänge wissen.

Definition 21.4 *Zu $A \in \mathbb{Z}^{(m,n)}, b \in \mathbb{Z}^m$ sei $\langle A,b\rangle$ die Kodierungslänge der erweiterten Matrixdarstellung $[A,b]$ des Polyeders $P(A,b)$. $\square(A,b)$ bezeichne den Maximalbetrag unter allen Subdeterminanten von (A,b) bis zur Größe $n \times n$.*

Hinweis: $\square$ kann durchaus von einer unterdimensionalen Submatrix $k \times k$ ($k \leq n$) stammen.

Bemerkung:
Es gilt $\square(A,b) \leq 2^{\langle A,b\rangle} - 1$. Ebenso gilt auch $\square(A,b,E_m) \leq 2^{\langle A,b\rangle} - 1$.

Lemma 21.3

(a) *Mit obigen Bezeichnungen gibt es zu vorgegebenem $(A, b) \in \mathbb{Z}^{(m,n+1)}$ eine Polyederdarstellung $P(A,b) = \text{KH}(v_1, \ldots, v_k) + \text{KK}(u_1, \ldots, u_l)$ (v_i, u_j rational) mit*
$|v_i^j|, |u_i^j| \leq \Box(A, b),$
$\langle v_i^j \rangle, \langle u_i^j \rangle \leq 2\langle \Box(A, b) \rangle,$
$\langle v_i \rangle, \langle u_i \rangle \leq n \cdot 2\langle \Box(A, b) \rangle.$

(b) *Zu einem System $\text{KH}(v_1, \ldots, v_k) + \text{KK}(u_1, \ldots, u_l)$ aus **ganzzahligen** Erzeugern gibt es immer Matrizen (A, b), so dass für die einzelnen Ungleichungen gilt:*

$$\langle a_i, b^i \rangle \leq 2n \cdot \left\langle \Box\left(\begin{pmatrix} v_1^T \\ \vdots \\ v_k^T \\ u_1^T \\ \vdots \\ u_l^T \end{pmatrix}, \begin{pmatrix} 0/1 \\ \vdots \\ 0/1 \\ 0/1 \\ \vdots \\ 0/1 \end{pmatrix} \right) \right\rangle$$

$$= 2n \cdot \left(\left\lfloor \log_2 \Box\left(\begin{pmatrix} v_1^T \\ \vdots \\ v_k^T \\ u_1^T \\ \vdots \\ u_l^T \end{pmatrix}, \begin{pmatrix} 0/1 \\ \vdots \\ 0/1 \\ 0/1 \\ \vdots \\ 0/1 \end{pmatrix} \right) + 1 \right\rfloor + 1 \right).$$

Beweis:

(a) $v_1, \ldots, v_k, u_1, \ldots, u_l$ lösen ein Gleichungssystem vom Typ $A_\triangle x = b^\triangle$ bzw. $A_\triangle x = -e_i$ (freie Richtung). Folglich erhält man nach der Cramer'schen Regel ihre Komponenten als Quotienten $x_i = \frac{\det D_i}{\det D}$ mit Unterdeterminanten des Typs D_i von (A, b, E_m) und D von A. Für den Nenner gilt jeweils $1 \leq |\det D| \leq \Box(A)$ und für den Zähler gilt $0 \leq |\det D_i| \leq \Box(A, b, E_m) = \Box(A, b)$. Deshalb ist $|x^i| \leq \Box(A, b)$ und $\langle x \rangle \leq n \cdot \{\langle \Box(A, b) \rangle + \langle \Box(A) \rangle\} \leq 2n \cdot \langle \Box(A, b) \rangle$.

(b) Betrachte nun eine Facette von $\text{KH}(v_1, \ldots, v_k) + \text{KK}(u_1, \ldots, u_l)$ und die zugehörige Normalengleichung oder eine singuläre Gleichung zu (A,b). Die Normale a_i ergibt sich als Lösung des Systems

$a_i^T v_1 = b^i \quad a_i^T u_1 = 0$
$\vdots \qquad\qquad \vdots \qquad$ mit $r + s \leq n \quad (r \leq k, s \leq l).$
$a_i^T v_r = b^i \quad a_i^T u_s = 0$

21.3. Abschätzungen

Normierung mit $x = \frac{1}{b_i} a_i$ (falls $b^i \neq 0$) führt dann zum GLS

$$\begin{pmatrix} v_1^T \\ \vdots \\ v_r^T \\ u_1^T \\ \vdots \\ u_s^T \end{pmatrix} x = \begin{pmatrix} 1 \\ \vdots \\ 1 \\ 0 \\ \vdots \\ 0 \end{pmatrix}.$$

Der Zähler und der Nenner von x^i sind dann betragsmäßig abschätzbar durch

$$|\text{Zähler von } x^i|, |\text{Nenner von } x^i| \leq \square \begin{pmatrix} v_1^T \\ \vdots \\ v_k^T \\ u_1^T \\ \vdots \\ u_l^T \end{pmatrix}$$

$$\Rightarrow \langle x \rangle \leq 2n \cdot \left\langle \square\left(\begin{pmatrix} v_1^T \\ \vdots \\ v_k^T \\ u_1^T \\ \vdots \\ u_l^T \end{pmatrix}, \begin{pmatrix} 0/1 \\ \vdots \\ 0/1 \\ 0/1 \\ \vdots \\ 0/1 \end{pmatrix} \right) \right\rangle.$$

$\square$

Satz 21.4 $P(A, b)$ sei ein Polyeder mit ganzzahligen Daten.

(a) P_I wird erzeugt in der Form $\text{KH}(z_1, \ldots, z_s) + \text{KK}(\tilde{u}_1, \ldots, \tilde{u}_l)$ mit ganzzahligen Erzeugervektoren $z_1, \ldots, z_s, \tilde{u}_1, \ldots, \tilde{u}_l$. Keine Komponente dieser Erzeuger hat einen höheren Betrag als $(n+1)\square(A, b)$.

(b) P_I ist definierbar durch lauter Ungleichungen mit Höchstkodierungslänge

$$2n + 2n \cdot \lfloor n \log_2(\sqrt{n}(n+1)) + n\langle A, b\rangle + 1\rfloor.$$

Beweis:

(a) Ist $P_I = \emptyset \Rightarrow$ Behauptung ist trivial.
Ist $P_I \neq \emptyset$, dann gibt es $v_1, \ldots, v_k, u_1, \ldots, u_l$ (alle rational) mit maximaler Komponente $\square(A, b)$, Maximalbetragsnorm $n \cdot \square(A, b)$ und maximaler Kodierungslänge $2n \cdot \langle \square(A, b)\rangle$, so dass gilt $P = \text{KH}(v_1, \ldots, v_k) + \text{KK}(u_1, \ldots, u_l)$. Wir wissen aber bereits, dass dann $P_I = (B + \overline{B})_I + C_I$. Um zu ganzzahligen Erzeugern von C_I zu kommen, multiplizieren wir ein $u \in \{u_1, \ldots, u_l\}$

mit dem (für alle seine Komponenten gleichen) Nenner det D und erhalten $\tilde{u} = (\det D_1, \ldots, \det D_n)^T$, also einen ganzzahligen Erzeugervektor, dessen Komponentenbeträge jeweils $\leq \Box(A,b)$ sind (vgl. Beweis zu Lemma 21.3(a)). Ein ganzzahliger Vektor aus $P_I \subset P$ hat nun die Darstellung:

$$\begin{aligned}
x &= \lambda_1 v_1 + \ldots + \lambda_k v_k + \mu_1 \tilde{u}_1 + \ldots + \mu_l \tilde{u}_l \\
&= \lambda_1 v_1 + \ldots + \lambda_k v_k + \mu_{i_1}\tilde{u}_{i_1} + \ldots + \mu_{i_r}\tilde{u}_{i_r} \quad (r \leq n \text{ nach Caratheodory}) \\
&= \lambda_1 v_1 + \ldots + \lambda_k v_k + (\mu_{i_1} - \lfloor\mu_{i_1}\rfloor)\tilde{u}_{i_1} + \ldots + (\mu_{i_r} - \lfloor\mu_{i_r}\rfloor)\tilde{u}_{i_r} \\
&\quad + \lfloor\mu_{i_1}\rfloor\tilde{u}_{i_1} + \ldots + \lfloor\mu_{i_r}\rfloor\tilde{u}_{i_r} \in (B+\overline{B})_I + C_I.
\end{aligned}$$

Nenne im letzten Ausdruck die erste Zeile z, dann ist $z \in (B+\overline{B})$ und weil die zweite Zeile einen ganzzahligen Vektor beschreibt, auch $z \in (B+\overline{B})_I$. Der Komponentenbetrag von dem so erklärten ganzzahligen Vektor z ist abschätzbar durch

$$\begin{aligned}
|z^j| &\leq |\sum_{i=1}^{k} \lambda_i v_i^j + \sum_{h=1}^{r} (\mu_{i_h} - \lfloor\mu_{i_h}\rfloor)\tilde{u}_{i_h}^j| \\
&\leq \sum_{i=1}^{k} \lambda_i \Box(A,b) + \sum_{h=1}^{r} \rho_i \Box(A,b) \leq (n+1)\Box(A,b).
\end{aligned}$$

Damit haben wir eine Darstellung für P_I gefunden durch Vektoren $z_1, \ldots, z_s$ vom z-Typ (endlich viele solcher ganzzahliger Vektoren reichen) und $\tilde{u}_1, \ldots, \tilde{u}_l$. Über diese Vektoren (Erzeuger) wissen wir, dass kein Komponentenbetrag $> (n+1)\Box(A,b)$ ist.

(b) Betrachtet man nun eine Facette von $\text{KH}(z_1, \ldots, z_s) + \text{KK}(\tilde{u}_1, \ldots, \tilde{u}_l)$, dann erhält man einen zugehörigen Normalenvektor als Lösung eines Gleichungssystems.

$$\begin{array}{ll}
a_i^T z_{i_1} = 1 & a_i^T \tilde{u}_{j_1} = 0 \\
\vdots & \vdots \\
a_i^T z_{i_r} = 1 & a_i^T \tilde{u}_{j_t} = 0
\end{array} \quad \text{mit } r+t \leq n \quad (r \leq s, t \leq l)$$

Setze $|x_i^j| = |a_i^j| \Rightarrow |x_i^j| \leq \Box \left(\begin{array}{c} z_1^T \\ \vdots \\ z_s^T \\ \tilde{u}_1^T \\ \vdots \\ \tilde{u}_l^T \end{array} \right), \left(\begin{array}{c} 0/1 \\ \vdots \\ 0/1 \\ 0/1 \\ \vdots \\ 0/1 \end{array} \right).$

Genau in den z-Zeilen steht rechts 1. Diese Determinante ist nach Hadamard abschätzbar durch das Produkt der Zeilennormen. Sondert man aus einer z-Zeile (maximal) n Komponenten aus und verwendet man $|z_i^j| \leq$

21.3. Abschätzungen

$(n+1)\Box(A,b)$, sowie $1 \leq (n+1)\Box(A,b)$ (Ganzzahligkeit von A,b), dann ergibt sich eine Abschätzung für die Determinante durch

$$\left[\sqrt{n}(n+1)\Box(A,b)\right]^n \quad \text{und daraus folgt } |x_i^j| \leq \left[\sqrt{n}(n+1)\Box(A,b)\right]^n.$$

Berücksichtigt man auch noch den Nenner, dann folgt

$$\begin{aligned}\langle x_i^j\rangle &\leq 2\{\lfloor n\log_2(\sqrt{n}(n+1)\Box(A,b))+1\rfloor+1\} \\ &= 2+2\{\lfloor n\log_2(\sqrt{n}(n+1)\Box(A,b))+1\rfloor\}.\end{aligned}$$

Die Kodierungslänge von x_i erfüllt

$$\begin{aligned}\langle x_i\rangle &\leq 2n+2n\{\lfloor n\log_2(\sqrt{n}(n+1)\Box(A,b))+1\rfloor\} \\ &\leq 2n+2n\{\lfloor n\log_2(\sqrt{n}(n+1)2^{\langle A,b\rangle})\rfloor\} \\ &\leq 2n+2n\{\lfloor n\log_2(\sqrt{n}(n+1))+n\langle A,b\rangle\rfloor\}.\end{aligned}$$

□

Bemerkung
Etwas schlechter schneidet man in dieser Rechnung ab, wenn nur rationale Daten vorhanden sind. Der folgende Satz zeigt, dass man sich um einen Faktor n verschlechtert.

Satz 21.5 *Sei $P(A,b)$ ein rationales Polyeder mit $\langle a_i, b^i\rangle \leq \varphi$ für $i=1,\ldots,m$. Dann ist P_I definiert durch Ungleichungen mit Höchstkodierungslänge*

$$4(n+1)+2n^3(n+1)\varphi+2(n+1)\lfloor\frac{n}{2}\log_2 n\rfloor = O(2n^3(n+1)\varphi).$$

Beweis:
Sei $P = \{x \mid Ax \leq b\}$ und $\langle a_i, b^i\rangle \leq \varphi \; \forall i=1,\ldots,m$. Um zu einem ganzzahligen System $(\overline{A}, \overline{b})$ zu kommen, multiplizieren wir jede Zeile $a_i^T x \leq b^i$ in ihren Daten mit dem kgV der Nenner in dieser Zeile. Seien $N_1, \ldots, N_{n+1}$ diese Nenner. Eine Kürzung wird möglich. Übrig bleiben die ganzen Zahlen
$Z_1 N_2 \ldots N_{n+1}, \ldots, N_1 \ldots N_{i-1} Z_i N_{i+1} \ldots N_{n+1}, \ldots, N_1 \ldots N_n Z_{n+1}$.
Wegen $\langle st\rangle \leq \langle s\rangle + \langle t\rangle$ (Logarithmus $\approx \langle\;\rangle$) bekommen wir eine Kodierungslänge für den Gesamtvektor von $\langle Z_1 N_2 \ldots N_{n+1}\rangle + \ldots + \langle N_1 \ldots N_{i-1} Z_i N_{i+1} \ldots N_{n+1}\rangle + \ldots + \langle N_1 \ldots N_n Z_{n+1}\rangle \leq n[\langle Z_1\rangle + \ldots + \langle Z_{n+1}\rangle + \langle N_1\rangle + \ldots + \langle N_{n+1}\rangle] \leq n\varphi \Rightarrow \langle\overline{A}, \overline{b}\rangle \leq n\langle A,b\rangle$. Für das neuentstandene System $(\overline{A}, \overline{b})$ ist dann nach Hadamard der Höchstwert für den Betrag einer Unterdeterminante $2^{(n\varphi)n}$. Wegen Lemma 21.3(a) gibt es dann für P_I Erzeuger $v_1, \ldots, v_k, u_1 \ldots, u_l$ mit $|v_i^j|, |u_i^j| \leq 2^{n^2\varphi}$ und

$$\Box\left(\begin{pmatrix}v_1^T\\ \vdots\\ v_k^T\\ u_1^T\\ \vdots\\ u_l^T\end{pmatrix}, \begin{pmatrix}0/1\\ \vdots\\ 0/1\\ 0/1\\ \vdots\\ 0/1\end{pmatrix}\right) \leq \left[\sqrt{n}2^{n^2\varphi}\right]^n = n^{\frac{n}{2}}2^{n^3\varphi}.$$

Deshalb ist die Kodierungslänge der P_I beschreibenden Ungleichungen

$$\leq 2(n+1) \cdot \left(\lfloor \log_2(n^{\frac{n}{2}} 2^{n^3 \varphi}) + 1 \rfloor + 1\right)$$
$$= 2(n+1) \cdot \left(\lfloor \tfrac{n}{2} \log_2 n + n^3 \varphi + 1 \rfloor + 1\right)$$
$$\leq 2(n+1)n^3 \varphi + 4(n+1) + 2(n+1)\lfloor \tfrac{n}{2} \log_2 n \rfloor.$$

□

Korollar 21.2 $P = P(A, b)$ sei ein rationales Polyeder mit Kodierungslänge von höchstens φ für jede Ungleichung. Falls $P_I \neq \emptyset$, dann gibt es $z \in IM(P)$ mit $|z^i| \leq \Box(\overline{A}, \overline{b})$, wobei $(\overline{A}, \overline{b})$ das entsprechende ganzzahlige System ist. Die Kodierungslänge von z^i ist dann $\langle z^i \rangle \leq n^2 \varphi + 2$. Für die Kodierungslänge von z bedeutet dies $\langle z \rangle \leq n^3 \varphi + 2n$ und $\langle z \rangle \leq O(n^3 \varphi)$.

Korollar 21.3 $P(A, b)$ sei ein rationales Polyeder von der Ungleichungskomplexität $\leq \varphi$. Sei $c \in \mathbb{Q}^n$. Wenn dann $\text{Max}\{c^T x \mid x \in P(A, b), x \in \mathbb{Z}^n\}$ existiert, dann gibt es einen Optimalpunkt von ILP (bzw. MixILP) mit Maximalkomponente $2^{n^2 \varphi}$ und Kodierungslänge $O(n^3 \varphi)$. Der Absolutwert dieses Optimalwertes ist höchstens

$$2^{\langle c \rangle + n^3 \varphi + 2n}.$$

Beweis:
Das Maximum wird bei einem ganzzahligen Vektor angenommen, der innerhalb von $KH(v_1, \ldots, v_k)$ liegt. Sonst wäre der Zielfunktionswert beliebig verbesserbar. Deshalb ist sein maximal möglicher Komponentenbetrag $2^{n^2 \varphi}$. Dessen Kodierungslänge ist $\leq n^2 \varphi + 2$ und die Kodierungslänge des Gesamtvektors $\leq 2n + n^3 \varphi$. Den Optimalwert schätzen wir mit Cauchy-Schwarz ab:

$$|c^T z| \leq \|c\|_2 \|z\|_2 \leq 2^{\langle c \rangle} \cdot 2^{\langle z \rangle} \leq 2^{\langle c \rangle + n^3 \varphi + 2n}.$$

□

21.4 Allgemeines Branch- und Bound-Verfahren

In der Regel ist der Lösungsbereich eines linearen Optimierungsproblems eingeschränkt. Legt man den Wert einer Variablen x^i irgendwie fest, dann wird der Bereich i.A. noch kleiner und überschaubarer. Dieses Prinzip wollen wir uns jetzt nutzbar machen und durch Lösen von vielen vereinfachten Unterproblemen an die Lösung des Gesamtproblems herankommen.

Gegeben und zu lösen sei ein Maximierungsproblem. Unterstellen wir nun, dass wir über Heuristiken verfügen, die eine obere Schranke (duale Heuristik) und eine untere Schranke (primale Heuristik) bereitstellen, dann bietet sich folgendes Vorgehen an:

- Lege den Wert einer oder mehrerer Variablen fest und berechne mit der primalen Heuristik eine untere Schranke für den Optimalwert.

- Probiere andere Werte für diese Variablen aus und berechne mit Hilfe der dualen Heuristik obere Schranken bei der jeweiligen Setzung.

21.4. Allgemeines Branch- und Bound-Verfahren

- Ist eine solche obere Schranke schlechter als die bisher beste bekannte untere Schranke, dann ist die bei der oberen Schranke zugrundeliegende Festlegung der Variable(n) redundant und suboptimal und somit nicht weiter erwägenswert.

- Ansonsten suche man mit Hilfe der primalen Heuristik und von weiteren Festlegungen (Teilungen des Untersuchungsbereiches) eine noch bessere als die bekannte untere Schranke. Erzielt man eine solche, dann tritt sie an die Stelle der bisher besten unteren Schranke.

- Fahre so fort (evtl. durch immer mehr Festlegungen), bis obere und untere Schranke „gleich" werden, also eine Lösung vorliegt.

Dieses Verfahrensprinzip nennt man Branch-und-Bound-Verfahren.

Algorithmus 21.1 *Allgemeines Branch-und-Bound-Verfahren*
Gegeben sei das Problem $\max c(s)$ *unter* $s \in S$. *Verfügbar sei eine Heuristik* $\overline{HO}$ *zur exakten Lösung des (relaxierten) Maximierungsproblems auf Obermengen* $\overline{M}^{(i)}$, *wobei* $M^{(i)}$ *eine Unterteilungsmenge ist und* $\overline{M}^{(i)}$ *die zugehörige Unterteilungsmenge ohne Zusatzbedingungen (Relaxierung) ist.*
(Falls verfügbar, verwenden wir auch eine Unterschrankenheuristik HU für generelle Einzelmengen.)

<u>Input:</u> *Implizite Angabe von S und Darstellung von c.*
<u>Output:</u> *Maximalwert und Optimalpunkt von $c(s)$ auf S.*
<u>Initialisierung:</u> *Berechne mit HU eine untere Schranke u für das Optimum auf S. Notiere $\bar{s}$ mit $c(\bar{s}) = u$. Setze $\mathcal{K} := \{S\}$ an als System möglicher Kandidatenmengen.*
<u>Typischer Schritt:</u>

1. *Falls* $\mathcal{K} = \emptyset \longrightarrow$ *Abbruch.*
   Der vorliegende beste Punkt ist optimal in S. Falls $\mathcal{K} \neq \emptyset$, wähle eine Menge $M \in \mathcal{K}$ (Branching).

2. *Wähle nun eine möglichst kleine Obermenge $\overline{M} \supset M$, so dass $\overline{HO}$ auf $\overline{M}$ anwendbar wird. Man findet so eine Lösung für $\overline{M}$, also für das relaxierte Problem. Diese ist Oberschranke für das ursprüngliche Problem auf M:*

$$\max_{s \in M} c(s) \leq \max_{s \in \overline{M}} c(s) = c(s^*).$$

3. *Ist $c(s^*) \leq u$, entferne M (als bearbeitet) aus $\mathcal{K}$ und gehe zu (1).*
   (In diesem Fall liefert M keine besseren Werte als der bisher bekannte zulässige Punkt $\bar{s}$). (Bounding)
   Ist die Oberschranke $c(s^*) > u$, dann gehe zu (4).

4. Ist s^* zulässig, d.h. $s^* \in S$ und gilt $c(s^*) > u$, dann haben wir eine bessere (neue) Unterschranke gefunden. Setze $u := c(s^*)$, $\overline{s} := s^*$, entferne M aus $\mathcal{K}$ und gehe zu (1).

5. Ist s^* nicht zulässig, aber $c(s^*) > u$, dann bestimme mit HU einen zulässigen Punkt $\tilde{s}$ und Unterschranke auf M. Falls diese die Unterschranke u verbessert, dann setze $u := c(\tilde{s})$, und $\overline{s} := \tilde{s}$.

6. Wegen $c(s^*) > u$ und $s^* \notin S$ zerlegen wir M in geeignete kleinere Mengen $M_1, \ldots, M_k$, entfernen M aus $\mathcal{K}$ und fügen dort $M_1, \ldots, M_k$ ein (Separation bzw. Branching).
Gehe zu (1).

Beispiel: Rucksackproblem

i	1	2	3	4	5	6	7	8	9	10
Objekte O_i	A	B	C	D	E	F	G	H	I	J
Gewichte a^i	16	5	8	9	1	12	10	5	6	7
Nutzenwerte c^i	22	6	11	11	1	16	13	5	7	5

$S = \left\{ (x^1, \ldots, x^{10})^T \mid x^i \in \mathbb{N}_0, \sum_{i=1}^{10} a^i x^i \leq 20 \right\}$

Problemstellung

max $c^T x$ unter $a^T x \leq 20$ und $x \geq 0$, $x \in \mathbb{N}_0^{10}$.

Zur Herstellung von Obermenge $\overline{M}$ aus M verzichten wir jeweils auf die Ganzzahligkeitsbedingung. Zum Beispiel wird somit die erste Obermenge:

$$\overline{S} := \left\{ (x^1, \ldots, x^{10})^T \mid x^i \in \mathbb{R}, x^i \geq 0, \sum_{i=1}^{10} a^i x^i \leq 20 \right\}.$$

Das relaxierte Problem lautet nun: max $c^T x$ unter $a^T x \leq 20$ und $x \geq 0$.
Dies ist leicht lösbar: Bestimme maximales Verhältnis $\frac{Nutzen}{Gewicht} = \frac{c^{\overline{i}}}{a^{\overline{i}}}$ für ein $\overline{i}$.
Optimal ist hier $\overline{i} = 1$ bzw. $\overline{i} = 3$ mit $\frac{c^i}{a^i} = \frac{22}{16} = \frac{11}{8}$. Wähle dann $x^{\overline{i}} = \frac{20}{20} = \frac{20}{16} = \frac{5}{4}$, $x^i = 0$ sonst (Restkapazität ohne Ganzzahligkeitsberücksichtigung durch bestes Objekt genutzt). Der Lösungswert ist dann mindestens so hoch wie bei Berücksichtigung der Ganzzahligkeit.

Nun zur Unterschrankenheuristik HU:
Bestimme jeweils sukzessiv nach Restkapazität $\Delta^i = \left\lfloor \frac{Restkapazität}{a^i} \right\rfloor$ beginnend vom lukrativsten Objekt bis zum wertlosesten (relativ).

Schritt 1: Bestimmung einer unteren Schranke:
Größter spezifischer Nutzen bei $x^1 \Rightarrow x^1 = \lfloor \frac{20}{16} \rfloor = 1$,
Restkapazität 4, $x^5 = 4$, $x^i = 0$ sonst, Nutzen 26.

21.4. Allgemeines Branch- und Bound-Verfahren

Schritt 2: Setze $\mathcal{K} = \{S\}$

(1) $\mathcal{K} \neq \emptyset \longrightarrow$ Wähle $M = S$.
(2) Obermenge nach Relaxierung sei $\overline{M}$ (ohne Ganzzahligkeit), hier $\overline{M} = \overline{S}$. Auf $\overline{S}$ ist s^* maximal mit $s^* = \{x^1 = \frac{5}{4}, x^i = 0 \text{ sonst}\} \Rightarrow c^T(s^*) = c^T s^* = 27.5$.
(3) $27.5 > 26$, also ist Oberschranke s^* größer als Unterschranke u.
(5) s^* ist unzulässig, weil $x^* \notin \mathbb{N}_0^{10}$. HU liefert $x^1 = 1, x^5 = 4, c^T s^* = 26$ (keine Verbesserung).
(6) Hier ist $c^T(s^*) > u$ und $s^* \notin S$. Zerlege M in die zwei Teilmengen $M_1 = \{x \in S \mid x^1 = 0\}$ und $M_2 = \{x \in S \mid x^1 = 1\}$ ($x^1 \geq 2$ ist unmöglich). Streiche M und setze $\mathcal{K} = \{M_1, M_2\}$.

(1) Betrachte $M_1 = \left\{x \mid x^1 = 0, x^i \in \mathbb{N}_0, x^i \geq 0, \sum_{i=1}^{10} a^i x^i \leq 20\right\} \in \mathcal{K}$;
  $\max c^T x$ auf $\overline{M_1} = \left\{x \mid x^1 = 0, x^i \geq 0, \sum_{i=1}^{10} a^i x^i \leq 20\right\}$.
(2) Lösung hierzu wird gefunden bei $x^3 = \frac{5}{2}, x^i = 0$ sonst mit $c^T s^* = 27.5$.
(5) $c^T(s^*) > u$ und $s^* \notin S$. HU liefert wie vorher 26 bei $x^3 = 2$ und $x^5 = 4$.
(6) SEPARATION
  Streiche M_1 und füge ein:
  $M_3 = \left\{x \mid x^1 = 0, x^3 = 0, x^i \in \mathbb{N}_0, \sum_{i=1}^{10} a^i x^i \leq 20\right\}$
  $M_4 = \left\{x \mid x^1 = 0, x^3 = 1, x^i \in \mathbb{N}_0, \sum_{i=1}^{10} a^i x^i \leq 20\right\}$
  $M_5 = \left\{x \mid x^1 = 0, x^3 = 2, x^i \in \mathbb{N}_0, \sum_{i=1}^{10} a^i x^i \leq 20\right\}$
  $\mathcal{K} = \{M_2, M_3, M_4, M_5\}$.

(1) Wähle M_2 aus: $M_2 = \left\{x \mid x^1 = 1, x^i \in \mathbb{N}_0, \sum_{i=1}^{10} a^i x^i \leq 20\right\}$.
(2) $\overline{M_2} = \left\{x \mid x^1 = 1, x^i \geq 0, \sum_{i=1}^{10} a^i x^i \leq 20\right\}$
  Lösung $x^1 = 1, x^3 = \frac{1}{2}, \quad c^T(s^*) = 27.5, \quad c^T(s^*) > u$.
(5) HU liefert $x^1 = 1, x^5 = 4, \quad c^T(\tilde{s}) = 26$.
(6) SEPARATION
  $M_6 = \{x \mid x^1 = 1, x^3 = 0, x^5 = 0, \quad \sum_{i=1}^{10} a^i x^i \leq 20, x^i \in \mathbb{N}_0\}$
  $M_7 = \{x \mid x^1 = 1, x^3 = 0, x^5 = 1, \quad \sum_{i=1}^{10} a^i x^i \leq 20, x^i \in \mathbb{N}_0\}$
  $M_8 = \{x \mid x^1 = 1, x^3 = 0, x^5 = 2, \quad \sum_{i=1}^{10} a^i x^i \leq 20, x^i \in \mathbb{N}_0\}$
  $M_9 = \{x \mid x^1 = 1, x^3 = 0, x^5 = 3, \quad \sum_{i=1}^{10} a^i x^i \leq 20, x^i \in \mathbb{N}_0\}$
  $M_{10} = \{x \mid x^1 = 1, x^3 = 0, x^5 = 4, \quad \sum_{i=1}^{10} a^i x^i \leq 20, x^i \in \mathbb{N}_0\}$
  $\mathcal{K} = \{M_3, \ldots, M_{10}\}$.

(1) Betrachte $M_3 = \left\{x \mid x^1 = 0, x^3 = 0, x^i \in \mathbb{N}_0, \sum_{i=1}^{10} a^i x^i \leq 20\right\}$.
(2) Auf $\overline{M_3}$ ist bestmöglich $x^6 = \frac{20}{12}, c^T(s^*) = \frac{20}{12} \cdot 16 = 26\frac{2}{3} > 26$.
(5) HU liefert uns $x^6 = 1, x^2 = 1, x^5 = 3, \quad c^T(\tilde{s}) = 25$.

388   Kapitel 21. Ganzzahlige lineare Optimierung

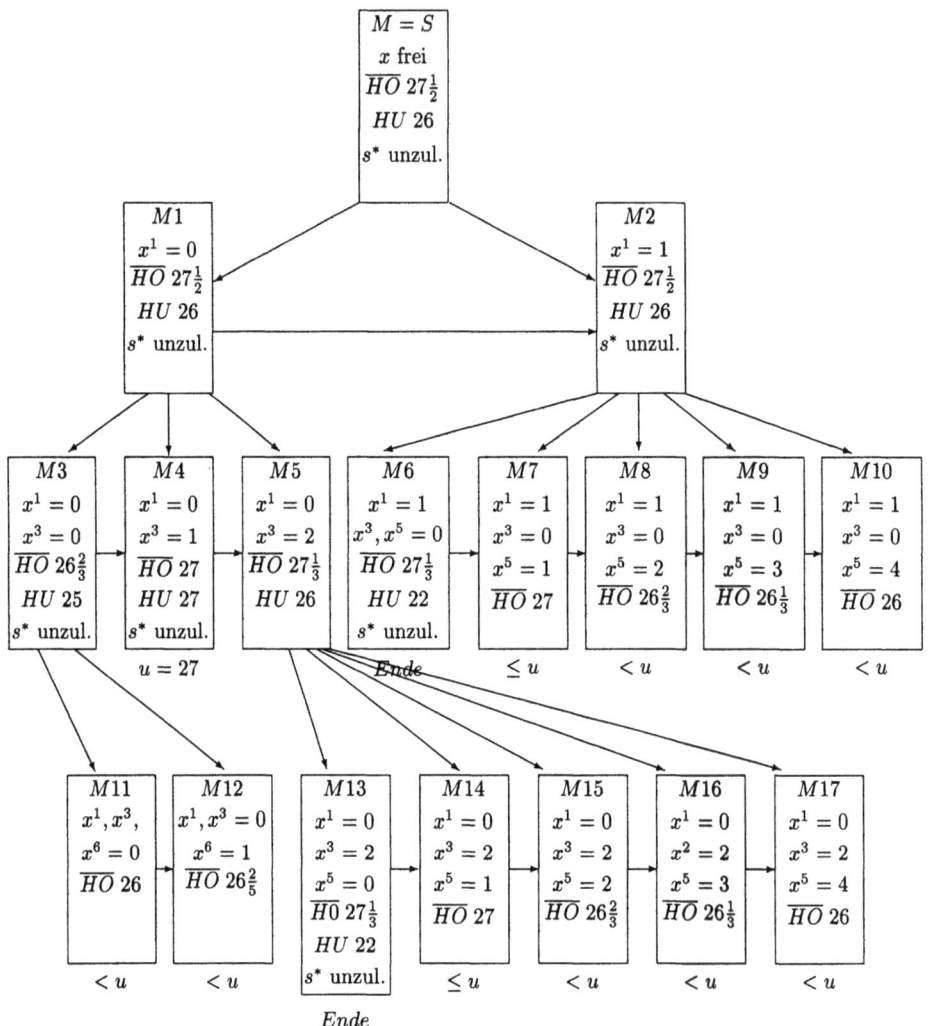

Abbildung 21.4: Lösungsbaum

(6) SEPARATION
$M_{11} = \{x \mid x^1 = x^3 = 0, x^6 = 0, \quad \sum_{i=1}^{10} a^i x^i \leq 20, \, x^i \in \mathbb{N}_0\}$
$M_{12} = \{x \mid x^1 = x^3 = 0, x^6 = 1, \quad \sum_{i=1}^{10} a^i x^i \leq 20, \, x^i \in \mathbb{N}_0\}$
$\mathcal{K} = \{M_4, \ldots, M_{12}\}$.

(1) Wähle $M_4 = \{x \mid x^1 = 0, x^3 = 1, \quad \sum_{i=1}^{10} a^i x^i \leq 20, \, x^i \in \mathbb{N}_0\}$ und $\overline{M_4}$.
(2) Bestmöglich ist $x^3 = 1, x^6 = 1, \, c^T(s^*) = 27$.
(4) $s^* = (x^3 = 1, x^6 = 1)$ ist zulässig und $c^T(s^*) > 26$
    $\Rightarrow$ **neues** $u = 27$ und **neues** $\bar{s} = (x^3 = 1, x^6 = 1)$
    $\mathcal{K} = \{M_5, \ldots, M_{12}\}$.

21.4. Allgemeines Branch- und Bound-Verfahren

(1) Wähle $M_5 = \{x \mid x^1 = 0, x^3 = 2, \ldots\}$.
(2) $\overline{M_5}$ liefert als beste Möglichkeit $x^3 = 2, x^6 = \frac{1}{3}$ $c^T(s^*) = 27\frac{1}{3} > u$.
(5) HU liefert $x^3 = 2, x^5 = 4$ mit $c^T(\tilde{s}) = 26$.
(6) SEPARATION
$M_{13} = \{x \mid x^1 = 0, x^3 = 2, x^5 = 0 \ldots\}$
$M_{14} = \{x \mid x^1 = 0, x^3 = 2, x^5 = 1 \ldots\}$
$M_{15} = \{x \mid x^1 = 0, x^3 = 2, x^5 = 2 \ldots\}$
$M_{16} = \{x \mid x^1 = 0, x^3 = 2, x^5 = 3 \ldots\}$
$M_{17} = \{x \mid x^1 = 0, x^3 = 2, x^5 = 4 \ldots\}$
$\mathcal{K} = \{M_6, \ldots, M_{17}\}$.

(1) Wähle $M_6 = \{x \mid x^1 = 1, x^3 = 0, x^5 = 0, \ldots\}$.
(2) $\overline{M_6}$ liefert $x^1 = 1, x^6 = \frac{1}{3} \Rightarrow c^T(s^*) = 27\frac{1}{3} > u$.
(5) HU liefert $x^1 = 1, x^i = 0$ sonst, $c^T(\tilde{s}) = 22$.
(6) Separation nicht mehr möglich. $\mathcal{K} = \{M_7, \ldots, M_{17}\}$.

(1) Wähle $M_7 = \{x \mid x^1 = 1, x^3 = 0, x^5 = 1, \ldots\}$.
(2) nur erreichbar 27 mit $x^1 = 1, x^5 = 1, x^6 = \frac{1}{4}$, $c^T(s^*) = 27 = u$.
(3) $\mathcal{K} = \{M_8, \ldots, M_{17}\}$.

(1) Wähle $M_8 = \{x \mid x^1 = 1, x^3 = 0, x^5 = 2\}$, (auf $\overline{M_8}$: $x^6 = \frac{1}{6}$, Wert $26\frac{2}{3}$) noch schlechter.

(1) Wähle $M_9 = \{x \mid x^1 = 1, x^3 = 0, x^5 = 3\}$ (auf $\overline{M_9}$: $x^6 = \frac{1}{12}$, Wert $26\frac{1}{3}$) dito.

(1) Wähle $M_{10} = \{x \mid x^1 = 1, x^3 = 0, x^5 = 4\}$ dito $= 26$.
$\mathcal{K} = \{M_{11}, \ldots, M_{17}\}$.

(1) Wähle $M_{11} = \{x \mid x^1 = x^3 = 0, x^6 = 0\}$.
(2) $\overline{M_{11}}$ erlaubt $x^7 = 2$, $c^T(s^*) = 26 < u$.
(3) $c^T(s^*) < u$.

(1) Wähle $M_{12} = \{x \mid x^1 = x^3 = 0, x^6 = 1\}$.
(2) $\overline{M_{12}}$ erlaubt $x^6 = 1, x^7 = \frac{8}{10} \Rightarrow c^T(s^*) = 16 + \frac{4}{5} \cdot 13 = 26\frac{2}{5} < u$.
(3) $c^T(s^*) < u$.
$K = \{M_{13}, \ldots, M_{17}\}$.

(1) Wähle $M_{13} = \{x \mid x^1 = 0, x^3 = 2, x^5 = 0\}$.
(2) $\overline{M_{13}}$ erlaubt $x^3 = 2, x^6 = \frac{1}{3} \Rightarrow 27\frac{1}{3} > u$.
(5) HU $x^3 = 2, x^5 = 0$ bewirkt 22.
(6) Separation nicht mehr möglich. $\mathcal{K} = \{M_{14}, \ldots, M_{17}\}$.

(1) Wähle $M_{14} = \{x \mid x^1 = 0, x^3 = 2, x^5 = 1\}$.
(2) $\overline{M_{14}}$ erlaubt $x^3 = 2, x^5 = 1, x^6 = \frac{1}{4}$ $27 = u$.
(3) $\mathcal{K} = \{M_{15}, M_{16}, M_{17}\}$.

(1) $\overline{M_{15}} = \{x \mid x^1 = 0, x^3 = 2, x^5 = 2\}$ erlaubt $24 + \frac{16}{6} = 26\frac{2}{3} < u$.

(1) $\overline{M_{16}} = \{x \mid x^1 = 0, x^3 = 2, x^5 = 3\}$ erlaubt $25 + \frac{16}{12} = 26\frac{1}{3} < u$.

(1) $\overline{M_{17}} = \{x \mid x^1 = 0, x^3 = 2, x^5 = 4\}$ erlaubt $26 < u$.

$\Longrightarrow \mathcal{K} = \emptyset$

Also $u = c^T s^* = 27$

$s^*:\ x^1 = 0,\ x^2 = 0,\ x^3 = 1,\ x^4 = 0,\ x^5 = 0,$
$\ \ \ \ x^6 = 1,\ x^7 = 0,\ x^8 = 0,\ x^9 = 0,\ x^{10} = 0$.

Siehe auch Abbildung 21.4.

21.5 Ganzzahlige Optimierung mit Branch und Bound

Wir betrachten nun ein Branch- und Bound-Verfahren, mit dem man allgemeine ganzzahlige und gemischt - ganzzahlige LP's lösen kann.

Algorithmus 21.2 *Verfahren von Dakin*
Input: (rationale) Daten zu folgendem (gemischt-) ganzzahligen Programm

$$\max\ c^T x$$
$$\text{unter } Ax \leq b,\quad x^i \in \mathbb{Z}\ \ \forall i \in N_I \subset \{1,\ldots,n\}.$$

Output: Lösungspunkt oder Information, dass keiner existiert.
Bezeichnungen: $M_0 := \{x \mid Ax \leq b, x^i \in \mathbb{Z}\ \forall i \in N_I\}$.
$M_i \longrightarrow \overline{M_i}$ beschreibt die Relaxierung durch den Verzicht auf die Ganzzahligkeitsbedingungen.
Initialisierung:
Setze die Unterschranke u auf $-\infty$. Setze das Kandidatensystem $\mathcal{K}$ auf $\{M_0\}$. Setze $k := 0$. Lege einen Speicherplatz $\bar{x}$ für die gegenwärtige Lösung an.
Typischer Schritt:

(1) Falls $\mathcal{K} = \emptyset$: Stoppe, abhängig von u, mit folgender Information.
$u = -\infty$: Es existiert keine Lösung.
$u > -\infty$: u ist Optimalwert.

(2) Wenn $\mathcal{K} \neq \emptyset$, dann wähle M_j aus $\mathcal{K}$ (BRANCHING).

(3) Löse das Maximierungsproblem auf $\overline{M_j}$ (BOUNDING).

(4a.) Ist $\overline{M_j} = \emptyset$ oder ist $c^T x$ auf $\overline{M_j}$ unbeschränkt, dann gibt es keinen endlichen Optimalwert $\Rightarrow$ STOPPE (die M_j-Bearbeitung) und gehe zu (1).

(4b.) Ist $\overline{M_j} \neq \emptyset$ und $c^T x$ auf $\overline{M_j}$ beschränkt, dann setze $x_* :=$ Optimalpunkt für das $LP(\overline{M_j})$ aus (3), und setze $c^* = c^T x_*$.

(5) Ist $c^T x_* \leq u$: Entferne M_j aus $\mathcal{K}$ und gehe zu (1).

21.5. Ganzzahlige Optimierung mit Branch und Bound

(6) Ist $c^T x_* \geq u$ und $x_*^i \in \mathbb{Z} \; \forall i \in N_I$, dann setze $u := c^T x_*$ (x_* ist zulässig) und $\bar{x} := x_*$. Entferne M_j aus $\mathcal{K}$ und gehe zurück zu (1).

(7) Ist $c^T x_* \geq u$ und $x_*^i \notin \mathbb{Z}$ für mindestens ein $i \in N_I$, dann entferne M_j aus $\mathcal{K}$, und setze
$M_{k+1} := M_j \cap \{x \mid x^i \leq \lfloor x_*^i \rfloor\}$
$M_{k+2} := M_j \cap \{x \mid x^i \geq \lceil x_*^i \rceil\}$.
Setze $k := k+2$ und gehe zu (1).

Endlichkeit des Dakin-Verfahrens

Wir verwenden Dakin's Branch-und-Bound-Methode zur Lösung des *ILP* (bzw. *MixILP*) max $c^T x$ unter $Ax \leq b$ $x \in \mathbb{Z}^n$ (bzw. $x_i^N \in \mathbb{Z}_I^N$). Um einem Abbruch auf jeden Fall zu erzwingen, fügen wir die folgenden Ungleichungen ein (wird erforderlichenfalls nach Lösung von $\overline{M_0}$ gemacht, wenn also Unbeschränktheit aufgetaucht ist):

$$-T \leq x^i \leq T \quad \forall i \in N_I, \text{ mit } T = 2^{n^2 \cdot \varphi}$$

φ ist die Maximalkodierungslänge für Ungleichungen.
Statt des *ILP* bearbeiten wir zunächst

$$\begin{aligned}\max \; & c^T x & (ILP(T))\\ \text{unter } & Ax \leq b, \; x \in \mathbb{Z}^n \\ & -T \leq x^i \leq T \quad \forall i = 1, \ldots, n.\end{aligned}$$

Lemma 21.4 *Jedes ILP mit beschränktem Zulässigkeitsbereich, also insbesondere ILP(T), wird von Dakin's Methode nach endlich vielen Schritten gelöst. Die Iterationszahl ist nicht größer als $2 \cdot 2^{2nT}$.*

Beweis:
Da es für jede Variable nur $4T$ Möglichkeiten gibt, eine Zusatzungleichung einzufügen, nämlich $x^i \geq \tau$ mit $\tau \in \{-T+1, \ldots, T\}$
$x^i \leq \phi$ mit $\phi \in \{-T, \ldots, T-1\}$,
muss Dakin nach endlich vielen Schritten abgebrochen haben. Jede Iteration bearbeitet eine Teilmenge von solchen Ungleichungen, wodurch jeweils M_j bestimmt ist. M_j ist dabei Teilmenge der zugehörigen Vorgänger (und Obermenge seiner Nachfolger), ist aber disjunkt zu allen anderen auftretenden Mengen. Keine Teilung tilgt einen ganzzahligen Punkt. Er wird nur nicht weiter separiert, wenn ein gleichguter ganzzahliger zulässiger Punkt vorliegt. Die Tiefe eines Teilungspfades kann $2nT$ nicht übersteigen, sonst wird die Teilungsmenge unweigerlich leer. Also gibt es maximal $2 \cdot 2^{2nT}$ zu untersuchende Teilmengen (Binärer Baum der Tiefe $2nT$ hat maximal $2 \cdot 2^{2nT}$ Knoten). Die Teilung wird ansonsten nur abgebrochen, wenn die Teilmenge leer war (oder $c^T x$ auf dem relaxierten Bereich unbeschränkt ist - dies ist aber hier ausgeschlossen). Nach Abarbeitung der vollen Tiefe ist ein zulässiger Punkt auf jeden Fall erkannt, er ist von jedem anderen getrennt worden. Ist schließlich $\mathcal{K} = \emptyset$, dann ist keine Teilung mehr sinnvoll. □

Algorithmus 21.3 *Zusatzalgorithmus*
$P(A,b)$ habe rationale Daten. Stelle zunächst fest, ob $LP(A,b)$

- einen Optimalpunkt hat,
- unbeschränkte Zielfunktion hat,
- leeren Zulässigkeitsbereich hat,

1. Falls $P(A,b)$ leer ist $\Rightarrow ILP(A,b)$ leer $\to$ STOP.

2. Löse nun $ILP(T)$ mit Dakin $(T = 2^{n^2\varphi})$.

3. Ist $ILP(T)$ unzulässig, dann auch $ILP \to$ STOP.

4. Hat $LP(A,b)$ unbeschränkte Zielfunktion und ist $ILP(T)$ zulässig $\Rightarrow ILP$ hat unbeschränkte Zielfunktion $\to$ STOP (Rezessionskegel stimmen überein).

5. Hat $LP(A,b)$ einen Optimalpunkt und ist $ILP(T)$ zulässig, dann ist der Optimalpunkt von $ILP(T)$ bereits optimal für ILP.

Satz 21.6 *Die Daten von ILP (bzw. MixILP) seien rational und φ sei die maximale Kodierungslänge einer Ungleichung von (A,b). Dann gilt mit $T = 2^{n^2\varphi}$: Die Methode von Dakin (inklusive Zusatzalgorithmus 21.3) löst ILP mit Hilfe der Lösung von $LP(A,b)$ und von $ILP(T)$ in folgender Weise.*

1. Ist $P(A,b)$ leer $\Rightarrow ILP$ ist ebenfalls leer.
   Löse nun $ILP(T)$ mit Dakin.

2. Ist $ILP(T)$ unzulässig, dann auch ILP.

3. Hat $LP(A,b)$ unbeschränkte Zielfunktion und ist $ILP(T)$ zulässig, dann hat ILP unbeschränkte Zielfunktion.

4. Hat $LP(A,b)$ einen Optimalpunkt und ist $ILP(T)$ zulässig, dann ist der Optimalpunkt von $ILP(T)$ bereits zulässig und optimal für $ILP(A,b)$.

21.6 Schnittebenenverfahren für ganzzahlige, kanonische Probleme

Wir wissen, dass für jedes rationale Polyeder P die Menge P_I ein rationales Polyeder ist. Also gibt es eine Darstellung $P_I = P(D,d)$ mit ganzzahligen Daten D und d. Offen bleibt, wie man D und d algorithmisch bestimmen kann.

Ausgangssituation:
Wir haben für ein ganzzahliges Problem die Lösung x_* des relaxierten LP-Problemes gefunden (z.B. mit Hilfe des Simplexverfahrens). Dieser Punkt x_* sei aber noch nicht ganzzahlig, denn sonst wäre ILP ja bereits gelöst. Wir sind nun daran interessiert, eine zusätzliche Ungleichung in das LP aufzunehmen, welche x_* verbietet (abschneidet), aber alle zulässigen ganzzahligen Punkte zulässig bleiben lässt. O.B.d.A. seien alle Daten ganzzahlig (gemacht).

21.6. Schnittebenenverfahren

Problemstellung
max $c^T x$
unter $Ax \leq b$, $x \in \mathbb{Z}^n$ mit $A \in \mathbb{Z}^{m,n}$, $b \in \mathbb{Z}^m$, $c \in \mathbb{Z}^n$

Definition 21.5 *Für obiges ILP sei ein Optimalpunkt (eine Ecke) x_* bekannt, der nicht ganzzahlig ist. Eine zusätzliche Ungleichung $d^T x \leq \rho$ induziert eine sogenannte Schnittebene $\{x \mid d^T x = \rho\}$ zu $P_I(A, b)$ und x_*, wenn gilt*

1. $d^T x_* > \rho$ *und*

2. $d^T x \leq \rho \quad \forall x \in P_I(A, b) \text{ bzw. } \forall x \in IM(A, b)$.

Lemma 21.5 *Falls x_* eine Ecke von $P(A, b)$ und $x_* \notin \mathbb{Z}^n$ (d.h. nicht ganzzahlig ist) gibt es Schnittebenen zu $P_I(A, b)$ und x_*.*

Beweis:
Wenn $x_* \notin IM(A, b)$, dann gilt $x_* \notin P_I$, denn $P(A, b)$ umfasst ganz P_I. Eine Ecke von P kann nur dann zu P_I gehören, wenn sie auch dort Ecke ist. In P_I sind aber nur ganzzahlige Punkte Ecken.
P_I ist also ein Polyeder, welches x_* nicht enthält. Nach dem Trennungssatz 3.3 existiert eine trennende Hyperebene $\{x \mid d^T x = \rho\}$ mit

$$d^T x \leq \rho \quad \forall x \in P_I \quad \text{und} \quad d^T x_* > \rho.$$

□

Bemerkung
Ist $d \in \mathbb{Z}^n$ und $d = \lambda_1 a_1 + \ldots + \lambda_m a_m$ mit $\lambda \geq 0$, dann liefert

$$d^T x \leq \rho := \lfloor \lambda_1 b_1 + \ldots + \lambda_m b_m \rfloor$$

eine gültige Ungleichung für P_I. Ist dann aber $d^T x_* > \rho$, dann liegt mit dieser Restriktion eine Schnittebene vor.

Beweis:
Jeder ganzzahlige Punkt aus $IM(A, b)$ erfüllt $d^T x \leq \lambda_1 b_1 + \ldots + \lambda_m b_m$. Die linke Seite ist aber ganzzahlig. Deshalb gilt sogar $d^T x \leq \lfloor \lambda_1 b_1 + \ldots + \lambda_m b_m \rfloor$. □

Algorithmus 21.4 *Eine Methode zur Lösung eines ganzzahligen Programms*

1. *Löse das zu ILP gehörige relaxierte lineare Problem $LP(A, b)$, bei dem die Ganzzahligkeitsbedingung ignoriert wurde. Hat das LP keine endliche Optimallösung, dann ist ILP unbeschränkt oder IM ist leer. In beiden Fällen brechen wir ab.*

2. *Andernfalls sei x_* der Optimalpunkt von LP. Ist x_* ganzzahlig, dann brechen wir mit der Ausgabe von x_* ab, denn x_* ist dann bereits optimal für ILP. Ist x_* jedoch nicht ganzzahlig, dann bestimmen wir eine neue Ungleichung (Schnittebene) mit $d^T x \leq \rho \quad \forall x \in P_I$ und $d^T x_* > \rho$.*

3. *Mit den Methoden der Postoptimierung wird nun die neue Ungleichung ins Tableau eingefügt. Wir geben dem neuen System den (neu benutzten) Namen ILP^{rel} und führen einen äußeren Algorithmus bis zur Wiederherstellung der Zulässigkeit - und damit Erreichen der Optimalität - durch. Nun beginnen wir wieder bei (1) unter Verwendung des neuen Optimalpunktes.*

Analog verlaufen auch die Verfahren zur Lösung gemischt-ganzzahliger Probleme. Wahlfreiheit besteht bei der Bestimmung einer eventuellen Schnittebene.
Eine Möglichkeit, aus dem restriktionsorientierten Tableau zu einer Schnittebene zu kommen, zeigt folgender Ansatz.

Lemma 21.6 *Seien A, b, c ganzzahlig. Zu lösen sei das ILP:*

$$\max c^T x$$
$$\text{unter } Ax \leq b, \, x \in \mathbb{Z}^n.$$

Das relaxierte LP-Problem $\max c^T x$ unter $Ax \leq b$ sei bereits gelöst und x_* liege als Optimalpunkt, sowie $A_\triangle$ als Optimalbasis vor. Das zugehörige restriktionsorientierte Tableau liege ebenfalls vor

	a_1	a_k	a_j	a_m	a_{m+1}	$-e_1$	$-e_n$	c
$a_{\triangle 1}$			α^1		$\alpha - \lfloor\alpha\rfloor$ oder			
$a_{\triangle l}$	$\alpha_{k-Spalte}^{l-Zeile}$		α^l	α_m^l	$\xi - \lfloor\xi\rfloor$ oder	γ_k^l		ξ^l
$a_{\triangle n}$			α^n		$\gamma - \lfloor\gamma\rfloor$			
	β^1	β^k	β^j	β^m		$x_\triangle^1$	$x_\triangle^n$	$-Q$

(a) Ist nun $\beta^j \notin \mathbb{Z}$, dann liefert folgende Ungleichung eine Schnittebene:

$$\sum_{i=1}^{n} [(\alpha_j^i - \lfloor\alpha_j^i\rfloor)a_{\triangle i}]^T x \leq \left\lfloor \sum_{i=1}^{n} (\alpha_j^i - \lfloor\alpha_j^i\rfloor)b^{\triangle i} \right\rfloor.$$

(b) Ist $Q \notin \mathbb{Z}$, dann kann man verwenden:

$$\sum_{i=1}^{n} [(\xi^i - \lfloor\xi^i\rfloor)a_{\triangle i}]^T x \leq \left\lfloor \sum_{i=1}^{n} (\xi^i - \lfloor\xi^i\rfloor)b^{\triangle i} \right\rfloor.$$

(c) Ist $x_k \notin \mathbb{Z}$, dann verwende:

$$\sum_{i=1}^{n} [(\gamma_k^i - \lfloor\gamma_k^i\rfloor)a_{\triangle i}]^T x \leq \left\lfloor \sum_{i=1}^{n} (\gamma_k^i - \lfloor\gamma_k^i\rfloor)b^{\triangle i} \right\rfloor.$$

21.6. Schnittebenenverfahren

Beweis:
Setze $\lambda := \alpha_j$ in (a), setze $\lambda := \xi$ in (b) und setze $\lambda := \gamma_k$ in (c). Es gilt $\alpha_j^T A_\triangle = a_j^T, \xi^T A_\triangle = c^T, \gamma_k^T A_\triangle = -e_k \in \mathbb{Z}^n$. Nun zeigen wir, dass die obigen Ungleichungen gültig sind für $IM(A,b)$ und damit für $P_I(A,b)$.
Bekannt ist $A_\triangle x \leq b^\triangle \quad \forall x \in P(A,b)$. Weiter gilt $\lambda - \lfloor \lambda \rfloor \geq 0$ und damit

$$(\lambda - \lfloor \lambda \rfloor)^T A_\triangle x \leq (\lambda - \lfloor \lambda \rfloor)^T b^\triangle.$$

Nun ist $(\lambda - \lfloor \lambda \rfloor)^T A_\triangle = \lambda^T A_\triangle - \lfloor \lambda \rfloor^T A_\triangle \in \mathbb{Z}^n$, denn $\lambda^T A_\triangle$ war a_j bzw. c bzw. $-e_k$, und $A_\triangle$ war auch ganzzahlig. Deshalb ist der linke Wert in obiger Ungleichung ganzzahlig, wenn x selbst ganzzahlig ist.
$\Longrightarrow$ Man kann beide Seiten abrunden und bewirkt dabei links nichts, rechts evtl. etwas, jedoch keine Verletzung der Ungleichung (bei ganzem x).
$\Longrightarrow \forall x \in \mathbb{Z}^n$ mit $x \in IM(A,b)$, d.h. $\forall x \in P_I$ gilt

$$(\lambda - \lfloor \lambda \rfloor)^T A_\triangle x \leq \lfloor (\lambda - \lfloor \lambda \rfloor)^T b^\triangle \rfloor \quad \text{(neue Ungleichung)}.$$

Der Optimalpunkt $x_* = A_\triangle^{-1} b^\triangle$ der bisherigen Relaxierung erfüllt diese Ungleichung genau dann nicht, wenn gilt

$$\begin{aligned}(\lambda - \lfloor \lambda \rfloor)^T A_\triangle x_* &= (\lambda - \lfloor \lambda \rfloor)^T b^\triangle = \lambda^T b^\triangle - \lfloor \lambda \rfloor^T b^\triangle \\ &> \lfloor \lambda^T b^\triangle - \lfloor \lambda \rfloor b^\triangle \rfloor = \lfloor \lambda^T b^\triangle \rfloor - \lfloor \lambda \rfloor^T b^\triangle.\end{aligned}$$

Diese strikte Ungleichung ist genau dann erfüllt, wenn $\lambda^T b^\triangle \notin \mathbb{Z}$, d.h. in einem der drei Fälle

(a) $\alpha_j^T b^\triangle \notin \mathbb{Z} \Leftrightarrow \beta^j = b^j - \alpha_j^T b^\triangle = b^j - \alpha_j^T A_\triangle x_* = b^j - a_j^T x_* \notin \mathbb{Z}$.

(b) $\xi^T b^\triangle \notin \mathbb{Z} \Leftrightarrow \xi^T A_\triangle x_* = c^T x_* \notin \mathbb{Z} \Leftrightarrow Q \notin \mathbb{Z}$,

(c) $\gamma_k^T b^\triangle \notin \mathbb{Z} \Leftrightarrow \gamma_k^T A_\triangle x_* = -e_k^T x_* \in \mathbb{Z} \Leftrightarrow x_*^k \notin \mathbb{Z}$. $\qquad \square$

Bemerkung 1
Somit liefert jeder Fehleintrag (Ganzzahligkeit verletzt) in der letzten (untersten) Tableauzeile den Ansatzpunkt für eine Schnittebene.

Bemerkung 2
Die neue Ungleichung lässt sich leicht ins Tableau eintragen. Die neue Spalte ist je nach Fall $\lambda - \lfloor \lambda \rfloor$, der neue Schlupf ist (wenn man die Spalte $m+1$ verwendet):

$$\begin{aligned}\beta^{m+1} = & \lfloor (\lambda - \lfloor \lambda \rfloor)^T b^\triangle \rfloor - (\lambda - \lfloor \lambda \rfloor)^T b^\triangle = \lfloor \lambda b^\triangle \rfloor^T - \lambda^T b^\triangle \\ = & \begin{cases} \lfloor a_j^T x_* \rfloor - a_j^T x_* = (b^j - a_j^T x_*) - (b^j - \lfloor a_j^T x_* \rfloor) = \beta^j - \lceil \beta^j \rceil. \\ \lfloor \xi^T b^\triangle \rfloor - \xi^T b^\triangle = \lfloor c^T x_* \rfloor - c^T x_* = \lfloor Q \rfloor - Q = (-Q) - \lceil -Q \rceil. \\ \lfloor \gamma_k^T b^\triangle \rfloor - \gamma_k^T b^\triangle = \lfloor -e_k^T x_* \rfloor + e_k^T x_* = \lfloor -x_*^k \rfloor + x_*^k = x_*^k - \lceil x_*^k \rceil. \end{cases}\end{aligned}$$

Beispiel

$$\begin{aligned}
\max \quad & x^1 + 2x^2 \\
\text{unter} \quad & x^1 \leq 4 \\
& 2x^1 + x^2 \leq 10 \\
& -x^1 + x^2 \leq 5 \\
& x \in \mathbb{Z}^2
\end{aligned}$$

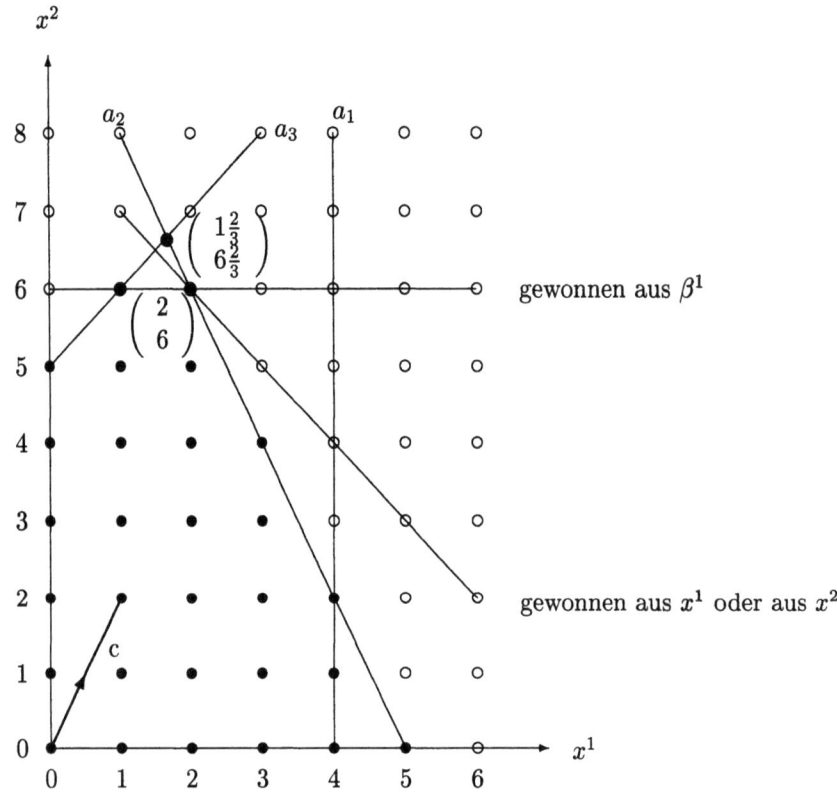

Abbildung 21.5: Illustration zum Beispiel

Das zugehörige Tableau ist

	a_1	a_2	a_3	$-e_1$	$-e_2$	c
$a_{\triangle^1} = a_2$	$+\frac{1}{3}$	1	0	$-\frac{1}{3}$	$-\frac{1}{3}$	1
$a_{\triangle^2} = a_3$	$-\frac{1}{3}$	0	1	$+\frac{1}{3}$	$-\frac{2}{3}$	1
	$+\frac{7}{3}$	0	0	$+\frac{5}{3}$	$+\frac{20}{3}$	-15

21.6. Schnittebenenverfahren

Schnitt aus β^1: $\lambda = \begin{pmatrix} \frac{1}{3} \\ -\frac{1}{3} \end{pmatrix}$, $\lfloor \lambda \rfloor = \begin{pmatrix} 0 \\ -1 \end{pmatrix}$

$\Rightarrow \lambda - \lfloor \lambda \rfloor = \begin{pmatrix} \frac{1}{3} - 0 \\ -\frac{1}{3} - (-1) \end{pmatrix} = \begin{pmatrix} \frac{1}{3} \\ \frac{2}{3} \end{pmatrix} \cong \frac{1}{3}a_2 + \frac{2}{3}a_3 \cong x^2$

$\beta^{m+1} = \beta^1 - \lceil \beta^1 \rceil = \frac{7}{3} - 3 = -\frac{2}{3}$

Neue Restriktion:

$$x^2 = \left[\left(\frac{1}{3} - 0\right)a_2 + \left(-\frac{1}{3} + 1\right)a_3\right]^T x \leq \left\lfloor \frac{1}{3} \cdot 10 + \frac{2}{3} \cdot 5 \right\rfloor = \left\lfloor \frac{20}{3} \right\rfloor = 6.$$

Schnitt aus x^1: $\lambda = \begin{pmatrix} -\frac{1}{3} \\ \frac{1}{3} \end{pmatrix}$, $\lfloor \lambda \rfloor = \begin{pmatrix} -1 \\ 0 \end{pmatrix}$

$\Rightarrow \lambda - \lfloor \lambda \rfloor = \begin{pmatrix} \frac{2}{3} \\ \frac{1}{3} \end{pmatrix} \cong \frac{2}{3}a_2 + \frac{1}{3}a_3 \cong x^1 + x^2$

$\beta^{m+1}_{neu} = x^1_* - \lceil x^1_* \rceil = -\frac{1}{3}$

Neue Restriktion:

$$x^1 + x^2 \leq \left\lfloor \frac{2}{3} \cdot 10 + \frac{1}{3} \cdot 5 \right\rfloor = \left\lfloor \frac{25}{3} \right\rfloor = 8.$$

Schnitt aus x^2: $\lambda = \begin{pmatrix} -\frac{1}{3} \\ -\frac{2}{3} \end{pmatrix}$, $\lfloor \lambda \rfloor = \begin{pmatrix} -1 \\ -1 \end{pmatrix}$

$\Rightarrow \lambda - \lfloor \lambda \rfloor = \begin{pmatrix} \frac{2}{3} \\ \frac{1}{3} \end{pmatrix} \cong \frac{2}{3}a_2 + \frac{1}{3}a_3 \cong x^1 + x^2$

$\beta^{m+1}_{neu} = x^2_* - \lceil x^2_* \rceil = \frac{20}{3} - 7 = -\frac{1}{3}$

Neue Restriktion:

$$x^1 + x^2 \leq \left\lfloor \frac{2}{3} \cdot 10 + \frac{1}{3} \cdot 5 \right\rfloor = \left\lfloor \frac{25}{3} \right\rfloor = 8$$

(analog zum Schnitt aus x^1).

Schnittebenenverfahren nach Gomory

Auf der Basis der Konzeption des Algorithmus 21.4 entwerfen wir nun ein Schnittebenenverfahren, das in endlicher Zeit eine Lösung liefert oder aber die Nichtexistenz einer Optimallösung bestätigt.

Vorbemerkung

Gemäß Korollar 21.2 nutzen wir folgendes Ergebnis aus. Entweder ist $IM(A,b)$ leer, oder aber es existiert ein ganzzahliger Punkt in $P(A,b)$ (d.h. in $IM(A,b)$) mit

$$|z^i| \leq 2^{n^2 \varphi} =: T,$$

wobei φ die maximale Kodierungslänge einer $P(A,b)$-Ungleichung ist.

Lemma 21.7 *Enthält $IM(A,b)$ kein z mit $c^T z \geq -\|c\|_1 \cdot T$, dann ist $IM(A,b) = \emptyset$.*

Beweis:
Innerhalb des T-Würfels gilt auf jeden Fall

$$|c^T z| \leq \sum_{i=1}^{n} |c^i z^i| = \sum_{i=1}^{n} |c^i||z^i| \leq \sum_{i=1}^{n} |c^i| \cdot T = T \cdot \|c\|_1.$$

Deshalb ist obige Situation nur erreichbar, wenn alle zulässigen Punkte außerhalb liegen. Dies bedeutet aber, dass $IM(A,b)$ total leer ist. □

Wir werden jetzt solange Schnittebenen generieren, bis

- ein ganzzahliger Optimalpunkt erreicht ist oder
- Unzulässigkeit der durch Schnittebenen verkleinerten relaxierten Menge feststeht oder
- der Optimalwert auf der verkleinerten relaxierten Menge $\leq -\|c\|_1 \cdot T$ wird.

Wir gehen wieder vor wie beim Zusatzalgorithmus 21.3. Das LP $\max c^T x$ unter $Ax \leq b$ habe rationale Daten. Stelle fest, ob dieses LP

- einen Optimalpunkt hat,
- unbeschränkte Zielfunktion hat,
- leeren Zulässigkeitsbereich hat.

1. Falls $P(A,b)$ leer ist $\Rightarrow$ $ILP(A,b)$ leer $\rightarrow$ STOP.

2. Löse nun $ILP(T)$ mit dem folgenden Schnittebenenverfahren

3. Ist $ILP(T)$ unzulässig, dann auch $ILP \rightarrow$ STOP.

4. Hat $LP(A,b)$ unbeschränkte Zielfunktion und ist $ILP(T)$ zulässig $\Rightarrow$ ILP hat unbeschränkte Zielfunktion $\rightarrow$ STOP.

5. Hat $LP(A,b)$ einen Optimalpunkt und ist $ILP(T)$ zulässig, dann ist der Optimalpunkt von $ILP(T)$ bereits optimal für ILP.

Um Schritt 2. auszuführen, wenden wir Algorithmus 21.5 an.

Algorithmus 21.5 *Endliches Schnittebenenverfahren für ganzzahlige Probleme des Typs* $\quad \max c^T x \quad\quad\quad\quad\quad\quad (ILP)$
$\quad\quad\quad$ *unter* $Ax \leq b, x \in \mathbb{Z}^n$.

Da wir in Schritt 2 des Zusatzalgorithmus sind, können wir $-T \leq x^i \leq T$ $\forall\, i = 1, \ldots, n$ unterstellen.
Wir modifizieren die Tableaureihenfolge:
c kommt zuerst. $\psi := -Q$ wird also in der Aufgabenstellung minimiert, bei Anwendung eines äußeren Algorithmus maximiert.

21.6. Schnittebenenverfahren

Initialisierung:
Wir haben bereits gelöst: $\max c^T x$ unter $Ax \leq b$ und kommen an diese Stelle nur, wenn $P(A,b) \neq \emptyset$. Damit hat $LP(T)$ Optimalpunkte. Wir lösen $LP(T)$.
Typischer Schritt:

1. Ist die Optimallösung x_* von $LP(T)$ ganzzahlig, dann ist sie auch für $ILP(T)$ optimal.
   Ordne nun das $LP(T)$ - Tableau so um, dass $a_1, \ldots, a_n$ die Basisvektoren werden.

2. Verwende in der letzten Tableauzeile den ersten (linkesten) nicht ganzzahligen Eintrag als Grundlage zur Schnittebenengenerierung. D.h. zuerst kommt ψ in Frage, danach kommen $\beta^1, \ldots, \beta^m, x^1 + T, \ldots, x^n + T, T - x^1, \ldots, T - x^n$ (nur der erste Teil ist relevant $\cong x^i$). Füge diese Schnittebenen (am besten nach dem Tableau als Restriktion Nr. $m + 2n + 1$) ein.

3. Verwende den äußeren Algorithmus zur Wiederherstellung der primalen Zulässigkeit (dies ist eine Anwendung der variablenorientierten Methode). Bei Entartung benutze die lexikographische Regel, d.h. benutze die lexikographisch kleinste $\frac{\alpha_k^j}{\alpha_i^j}$-Zeile mit möglichen Pivotelementen α_i^j.
   Tritt hierbei mit $\beta^j < 0$ der Effekt $\alpha_i^j \leq 0 \quad \forall i = 1, \ldots, n$ auf, dann hat ILP keine Lösung (STOP).
   Man kann folgende Vereinfachung durchführen: Verlässt eine Schnittungleichung die Basis, dann lösche die zugehörige Tableauspalte.
   Gehe zurück zu Schritt 1.

Bevor wir die Endlichkeit von Algorithmus 21.5 beweisen können, befassen wir uns mit der lexikographischen Simplexvariante.

Definition 21.6

1. Ein Vektor $a = (a^1, \ldots, a^n)$ heißt lexikographisch positiv, wenn es ein i gibt ($i = 1, \ldots, n$), so dass $a^k = 0 \quad \forall k < i$ und $a^i > 0$.

2. Ein Vektor b heißt lexikographisch größer als ein Vektor a, wenn der Vektor $b - a$ lexikographisch positiv ist. Analog heißt ein Vektor b lexikographisch kleiner als ein Vektor a, wenn der Vektor $a - b$ lexikographisch positiv ist.

Bemerkung
Ein $LP(A,b)$ sei bereits mit Optimalpunkt x_* gelöst. Man kann dann alle (Haupt-) Zeilen des x_* Tableaus lexikographisch positiv machen, indem man die c-Spalte voranstellt und dann die ersten n Spalten mit den Basisspalten besetzt. Es ergibt sich:

	c	a_1		a_n	a_{n+1}		a_m
$a_1 = a_{\triangle^1}$	ξ^1	1		0			
$a_2 = a_{\triangle^2}$	ξ^2	0	1	0			
$\vdots$	$\vdots$						
$a_n = a_{\triangle^n}$	ξ^n	0		1			
	ψ	0	$\cdots$	0	β^{n+1}	$\cdots$	β^m

In jeder Zeile kommt demnach noch eine 1 vor der ersten negativen Zahl.

Lemma 21.8 *Beachtet man die lexikographische Regel bei der Wahl des Pivotelements in der variablenorientierten Methode innerhalb einer Spalte, dann bleiben alle Hauptzeilen lexikographisch positiv (wenn sie es vorher waren).*

Beweis:
Wir verwenden das erste negative β^i (i-te Spalte) zum Auffinden des Pivotelements.

	a_i
ξ^1	α_i^1
$\vdots$	$\vdots$
ξ^k	α_i^k
$\vdots$	$\vdots$
ξ^j	α_i^j
$\vdots$	$\vdots$
ξ^n	α_i^n
	β^i

Als Pivotelemente in Frage kommen dann alle positiven α_i^j in der i-ten Spalte. Ausgewählt wird nach der Quotientenregel:

$$\arg\min_{\alpha_i^j > 0} \left\{ \frac{\xi^j}{\alpha_i^j} \right\}.$$

Ist dieses Minimum nicht eindeutig, dann verwendet man dasjenige (noch in Frage kommende j), für das gilt

$$\left(\frac{\xi^j}{\alpha_i^j}, \frac{\alpha_1^j}{\alpha_i^j}, \ldots, \frac{\alpha_i^j}{\alpha_i^j}, \ldots, \frac{\alpha_n^j}{\alpha_i^j} \right)$$

ist lexikographisch nicht größer als jede andere (genormte) Zeile

$$\left(\frac{\xi^k}{\alpha_i^k}, \frac{\alpha_1^k}{\alpha_i^k}, \ldots, \frac{\alpha_i^k}{\alpha_i^k}, \ldots, \frac{\alpha_n^k}{\alpha_i^k} \right).$$

21.6. Schnittebenenverfahren

Diese Regel wird durch das Quotientenkriterium sowieso schon erzwungen, wenn dort ein <u>eindeutiges</u> Minimum existiert. Allerdings haben wir nun auch eine Entscheidungsgrundlage bei Übereinstimmung (bei Entartung).

Sei also Zeile j so ausgewählt worden. (Zeile j ist lexikographisch positiv). Wird nun bei einem Pivotschritt ($\cong$ Gauß-Algorithmus) ein nichtnegatives Vielfaches dieser Zeile zu einer anderen addiert, dann ist das Ergebnis lexikographisch höher als vorher. Dies passiert immer wenn $\alpha_i^k \leq 0$.

Jedoch bei $\alpha_i^k > 0$ muss genauer überlegt werden. Die neue Zeile lautet:

$$\left(\xi^k - \frac{\xi^j \alpha_i^k}{\alpha_i^j}, \alpha_1^k - \frac{\alpha_1^j \alpha_i^k}{\alpha_i^j}, \ldots, \alpha_i^k - \frac{\alpha_i^j \alpha_i^k}{\alpha_i^j}, \ldots, \alpha_n^k - \frac{\alpha_n^j \alpha_i^k}{\alpha_i^j}\right).$$

Wenn $\frac{\xi^k}{\alpha_i^k} > \frac{\xi^j}{\alpha_i^j}$, dann ist schon der erste Eintrag positiv. Wenn nicht, dann bleibt nur $\frac{\xi^k}{\alpha_i^k} = \frac{\xi^j}{\alpha_i^j}$ und wir bekommen die Positivität, sobald $\frac{\alpha_r^k}{\alpha_i^k} > \frac{\alpha_r^j}{\alpha_i^j}$ (und vor r Übereinstimmung herrschte).

Durch die Auswahl der Pivotzeile wird aber gerade dafür gesorgt, dass bei erster Nichtübereinstimmung obige Ungleichung erfüllt ist. Die Pivotzeile selbst wird nur durch $\alpha_i^j > 0$ dividiert $\Rightarrow$ lexikographische Positivität gewahrt. □

Lemma 21.9 *Führt man wie in Lemma 21.8 einen Pivotschritt nach der lexikographischen Regel durch, dann wird dadurch die unterste Zeile (Zielfunktionszeile) lexikographisch größer.*

Beweis:
Man addiert wegen $\beta^i < 0$ auf jeden Fall ein positives Vielfaches der Pivotzeile auf die letzte Zeile $\psi, \beta^1, \ldots, \beta^m$ auf, diese wird dadurch lexikographisch größer, Q wird allenfalls kleiner, der äußere Algorithmus verschlechtert die Zielfunktion. □

Satz 21.7 *Die lexikographische Regel sorgt für lexikographischen (echten) Anstieg der untersten Zeile, wenn am Anfang alle Zeilen lexikographisch positiv waren. Weil damit keine solche Zeile noch einmal auftreten kann, kann auch kein Tableau wiederkehren. Deshalb vermeidet diese Variante Zyklen (auch bei Entartung).*

Satz 21.8 *Der Schnittebenenalgorithmus 21.5 endet nach endlich vielen Schritten.*

Beweis:
$LP(T)$ hatte auf jeden Fall, wenn wir zu Schritt 1 erst einmal kommen, eine Optimalecke (spitz, beschränkt).

Angenommen, der Algorithmus bräuchte von da an unendlich viele Iterationen mit Iterationsindex t (also $t \to \infty$). Dann nimmt in diesen Iterationen bei jedem Pivotschritt die unterste Zeile $\psi, \beta^1, \ldots, \beta^m, x^1+T, \ldots, x^n+T, T-x^1, \ldots, T-x^n$ lexikographisch zu.

Dies ist klar für jeden Schritt des äußeren Algorithmus (auch Schnittebenen haben negatives β und positives $\alpha^j = \lambda^j - \lfloor \lambda^j \rfloor$). Beim Einführen einer neuen Schnittebene wird aber der vordere Tableauanteil übernommen. Und zwischen zwei Schnittebenengenerierungen finden jeweils nur endlich viele Pivotschritte statt.

Nun wissen wir, dass auf dem T-Würfel $c^T x = Q$ nicht unter $-\|c\|_1 \cdot T$ sinken kann, d.h. $-Q = \psi$ kann $\|c\|_1 \cdot T$ nicht überschreiten. Ebenso bleiben die $\beta^i = b^i - a_i^T x, \ldots, x^j + T, T - x^j$ beschränkt.

Immer dann, wenn $\psi(t) \notin \mathbb{Z}$ bei einem LP-Optimalpunkt ist, wird daraus eine Schnittebene abgeleitet. Es ergibt sich bei Pivotisierung mit der j-ten Zeile nach Lemma 21.6 bzw. Bemerkung 2:

$$\psi(t+1) = \psi(t) - \frac{\psi(t) - (\lceil \psi(t) \rceil)\xi^j}{\xi^j - \lfloor \xi^j \rfloor} \geq \psi(t) - (\psi(t) - \lceil \psi(t) \rceil) = \lceil \psi(t) \rceil.$$

In der ersten Komponente der Ziel-Zeile mit den Werten $\psi(t)$ herrscht also monotones Wachstum gegen das endliche Supremum l dieser Folge. Wegen des beobachteten Sprunges auf die nächste ganze Zahl oder darüber hinaus kann ψ nur endlich oft zur Schnittebenengenerierung herhalten.

Außerdem ist auch noch klar, dass $l \in \mathbb{Z}$. Wäre nämlich $l = \lfloor l \rfloor + \lambda_l$ mit $0 < \lambda_l < 1$, dann würden ab einem Folgenindex $\bar{t}$ alle Werte $\psi(t)$ echt oberhalb von $\lfloor l \rfloor$ liegen. Da es dann jeweils nur endlich viele Schritte braucht, bis wieder eine Schnittebene zu generieren ist, wird dann ein $\psi(\tilde{t})$ mit $\tilde{t} \geq \bar{t}$ dazu benutzt.

Dies löst aber bereits einen Sprung auf $\lfloor l \rfloor + 1$ oder mehr aus, was den Wert des Supremums übertrifft. (WIDERSPRUCH).

Nun ist klar, dass $\psi(t)$ nach endlich vielen Iterationen bei seinem ganzzahligen Endwert angekommen ist.

Ab dem t, bei dem ψ sein ganzzahliges Supremum erreicht, können wir entsprechend für β^1 argumentieren. Auch dies kann nicht unbeschränkt wachsen. Nur endlich oft kann β^1 nicht ganzzahlig sein (jedesmal wird nächste ganze Zahl erreicht) und eine Schnittebene liefern. Das zugehörige $\lambda - \lfloor \lambda \rfloor$ ist irgendwo positiv, z.B. $\lambda^j - \lfloor \lambda^j \rfloor$. Dort ist $\xi^j = 0$, weil sich ja ψ nicht mehr verändert. Dies zwingt β^1 nach endlich vielen Schritten auf einen ganzzahligen, endgültigen Wert.

Induktiv fährt man so fort und ist fertig, wenn der Teilvektor

$$\psi = -Q, \beta^1, \ldots, \beta^m \quad (x^i + T, T - x^i)$$

schließlich ganz ist. Damit endet der Algorithmus auch in dieser Situation nach endlich vielen Iterationen. □

21.7 Schnittebenengenerierung bei Standardproblemen

Wir wollen nun noch ein Schnittebenenverfahren nach Gomory für Standardprobleme einführen.
Zu lösen sei jetzt das *ILP*: $\max c^T x$ unter $Ax = b$, $x \geq 0$, $x \in \mathbb{Z}^n$.

Lemma 21.10 *Sei x_* eine Optimalecke zu $LP(A, b)^=$, d.h. zu $\max c^T x$ unter $Ax = b$, $x \geq 0$. Weiter sei $\chi^i = x_{B^i}$ oder $Q = c^T x_*$ nicht ganzzahlig. $\chi = A_B^{-1} b = x_B$, $x_N = 0$, $\bar{A} = (\bar{a}_{ij})$ sei die aktuelle Version des Standardtableaus mit $\bar{c} = c_N^T - c_B^T A_B^{-1} A_N$. Dann bilden*

1. $\sum_{j \in N} (\lfloor \bar{a}_{ij} \rfloor - \bar{a}_{ij}) x^j \leq \lfloor \bar{\chi}^i \rfloor - \bar{\chi}^i$ *und*

2. $\sum_{j \in N} (\bar{c}^j - \lceil \bar{c}^j \rceil) x^j \leq \lfloor c^* \rfloor - c^*$

Schnittebenen, falls die rechten Seiten negativ sind.

Beweis:

1. Wir wissen, dass $x_B = A_B^{-1} b - A_B^{-1} A_N x_N = \bar{\chi} - \bar{A}_N x_N$. Also ist die aktuelle Basislösung $x_B = \bar{\chi}, x_N = 0$.
   Das ergibt sich so:
   $$x^i = \bar{\chi}^i - \bar{A}_{N^i} \cdot x_N \text{ bzw. } x^i + \sum_{j \in N} \bar{a}_{ij} x^j = \bar{\chi}^i \; \forall i \in B \quad (1).$$
   Dies ist immer eine gültige Gleichung mit derzeitigen Tableaueinträgen. Bei Zulässigkeit muss gelten $x^k \geq 0 \; \forall k$.
   $\Rightarrow$ Eine gültige Ungleichung ist $x^i + \sum_{j \in N} \lfloor \bar{a}_{ij} \rfloor x^j \leq \bar{\chi}^i$ ($x^j \geq 0$, Abrunden ist erlaubt).
   Bei ganzem x lässt sich dann die rechte Seite auch abrunden
   $$x^i + \sum_{j \in N} \lfloor \bar{a}_{ij} \rfloor x^j \leq \lfloor \bar{\chi}^i \rfloor \quad (2).$$
   Nun bilden wir die Differenz zwischen Ungleichung (2) und Gleichung (1):
   $$\sum_{j \in N} (\lfloor \bar{a}_{ij} \rfloor - \bar{a}_{ij}) x^j \leq \lfloor \bar{\chi}^i \rfloor - \bar{\chi}^i \quad \forall i \in B.$$
   Dies ist eine gültige Ungleichung für alle zulässigen, ganzen x. Diese Ungleichung ist jedoch verletzt bei x_*, wenn $\bar{\chi}^i \notin \mathbb{Z}$, denn dann steht rechts etwas Negatives, links aber 0, weil ja $x_*^j = 0 \; \forall j \in N$. Wenn also $x_* \notin \mathbb{Z}^n$, dann findet man eine solche Schnittebene.

2. Mit der Aufspaltung in (B, N) am Optimalpunkt x_* bekommt man
   $$c^T x = c_B^T x_B + (c_N^T - c_B^T A_B^{-1} A_N) x_N \;=\; c_B^T \bar{\chi} + \bar{c}^T x_N,$$
   $$\text{also} \quad c^T x - \bar{c}^T x_N \;=\; c^* \quad \forall x.$$

Es folgt $\forall x$

$$c^T x - \sum_{j \in N} \bar{c}^j x^j = c^* \quad (1).$$

Bei zulässigem x ($x \geq 0$) folgt außerdem

$$c^T x - \sum_{j \in N} \lceil \bar{c}^j \rceil x^j \leq c^*.$$

Falls dieses x nun ganzzahlig ist, wird die ganze linke Seite ganzzahlig, rechts darf deshalb abgerundet werden, d.h.

$$c^T x - \sum_{j \in N} \lceil \bar{c}^j \rceil x^j \leq \lfloor c^* \rfloor \quad (2).$$

Wir bilden die Differenz zwischen Ungleichung (2) und Gleichung (1).

$$\Rightarrow \sum_{j \in N} \bar{c}^j x^j - \sum_{j \in N} \lceil \bar{c}^j \rceil x^j \leq \lfloor c^* \rfloor - c^*$$

liefert eine gültige Ungleichung für P_I. Ist aber hier $Q = c^* \notin \mathbb{Z}$, dann ist die rechte Seite negativ und aus besagten Gründen verschwindet wieder die linke Seite bei x_*:

$$\sum_{j \in N} (\bar{c}^j - \lceil \bar{c}^j \rceil) x_*^j = 0.$$

Also wird bei x_* mit $c^* \notin \mathbb{Z}$ diese Ungleichung verletzt. $\square$

21.8 Übungsaufgaben

Aufgabe 21.1 Lösen Sie das folgende ganzzahlige Optimierungsproblem graphisch.

$$\begin{aligned}
\max \quad & x^1 + 2x^2 \\
\text{unter} \quad & x^1 - 3x^2 \leq 0 \\
& 2x^1 + x^2 \leq 7.25 \\
& x^1 + 3x^2 \leq 10.5 \\
& x^1, x^2 \geq 0 \\
& x^1, x^2 \in \mathbb{Z}
\end{aligned}$$

Aufgabe 21.2 Ein Papierfabrikant stellt Papierrollen mit einer Standardbreite von 105 cm und einer Länge von L cm her. Die Kunden verlangen jedoch Rollen mit geringerer Breite (aber derselben Länge L). Es liegen folgende Aufträge vor:

100 Rollen mit Breite 25 cm,
125 Rollen mit Breite 30 cm,
80 Rollen mit Breite 35 cm.

21.8. Übungsaufgaben

Zur Erledigung der Aufträge werden Standardrollen zerschnitten. Z.B. kann der Fabrikant aus einer Papierrolle mit Standardbreite zwei Rollen von je 35 cm Breite und eine Rolle von 30 cm Breite schneiden. Das ergibt einen Schnittverlust von 5 cm. Ziel ist die Minimierung der Schnittverluste für die vorliegenden Aufträge. Formulieren Sie dieses Problem als ganzzahliges, lineares Optimierungproblem.

Aufgabe 21.3 Formulieren Sie die folgenden „logischen" Bedingungen für $x \in K^n$ als Restriktionen eines gemischt-ganzzahligen Optimierungsproblems:

a) $x \geq \text{Min}\{y_1, y_2\}$, wobei y_1, y_2, x beschränkte Variablen sind (hier: $n = 1$).

b) $x \in P_1 \setminus \text{Int}(P_2)$ für zwei Polytope P_1, P_2.

c) $x \in S = \{s_1, \ldots, s_k\} \subset K^n$.

d) Wenigstens k der Bedingungen $h_i^T x \geq 0, i = 1, \ldots, m$, sollen erfüllt sein, wobei $|h_i^T x| \leq M$ für alle zu betrachtenden x gilt und $1 \leq k \leq m$.

Aufgabe 21.4 In einer Schneiderei müssen für bestimmte Schnittmuster K Rechtecke mit Breite b_k und Länge l_k ($k = 1, \ldots, K$) aus Stoffbahnen mit Breite B und Länge L zugeschnitten werden. Wegen des Stoffmusters ist es nicht erlaubt, die Rechtecke zu drehen, d.h. l_k als 'Breite' und b_k als 'Länge' zu betrachten. Es gelte $b_k \leq B$ und $l_k \leq L$, $k = 1, \ldots, K$, und es seien genügend Stoffbahnen vorhanden. Wie sollen die Rechtecke auf den Stoffbahnen platziert werden, damit die Anzahl der angeschnittenen Stoffbahnen minimal bleibt?

Aufgabe 21.5 Gesucht ist eine Rundreise minimaler Länge durch fünf Städte. Die Entfernungen zwischen den Städten sind in der Tabelle angegeben.

	A	B	C	D	E
A	-	1	5	4	2
B	1	-	2	1	4
C	5	2	-	5	3
D	4	1	5	-	6
E	2	4	3	6	-

Lösen Sie dieses Problem mit dem Branch & Bound-Verfahren beginnend mit der Tour ACDEB. Verwenden Sie als Heuristik für eine Unterschranke die folgende Methode: Sind bereits k Strecken festgelegt, so addiere man zu den Weglängen für diese Strecken noch die $5 - k$ kürzesten Wegstrecken aus den übrigen, nicht festgelegten Straßenverbindungen.

Aufgabe 21.6 Gegeben sei eine Landkarte mit N Regionen. Gesucht ist eine Färbung der Landkarte mit möglichst wenig Farben, so dass jeweils zwei benachbarte Regionen nicht gleich gefärbt sind.
Formulieren Sie dieses Problem als ganzzahliges, lineares Optimierungsproblem.

Aufgabe 21.7 Ein Gymnasium hat achtzehn Klassen $i = 1, \ldots, 18$, z.B. in jeder Jahrgangsstufe zwei Klassen. Jede dieser Klassen soll im angegebenen Umfang in folgenden Fächern unterrichtet werden.

Deutsch	4	Physik	2	Geographie	2	Sport	2
Englisch	4	Chemie	2	Geschichte	2	Musik	2
Mathematik	4	Biologie	2	Theologie	2	Bildende Kunst	2

An Lehrern stehen zur Verfügung (mit Fächerkombinationen):

2	Deutsch	1	Geographie und Geschichte
2	Englisch	1	Theologie
2	Mathematik und Physik	1	Sport und Geschichte
1	Physik und Chemie	1	Musik und Bildende Kunst
2	Chemie und Biologie	1	Bildende Kunst

Es stehen 35 verschiedene Stunden (Zeitpunkte) zur Wahl, pro Tag jeweils 7.
Formulieren Sie folgende Aufgabe als ganzzahliges Optimierungsproblem.
Jeder Klasse soll pro Fach genau ein Lehrer und dazugehörige Stunden im angegebenen Umfang (maximal) zugeordnet werden, so dass ein realisierbarer Stundenplan entsteht. Eine Klasse darf in keinem Unterrichtsfach von zwei oder mehr Lehrern unterrichtet werden und ein Lehrer darf nicht für ein Fach eingesetzt werden, das nicht seinem Unterrichtsfach bzw. seiner Fächerkombination entspricht. Außerdem soll jedes Fach höchstens eine Stunde pro Tag in einer Klasse unterrichtet werden.
Unter diesen Nebenbedingungen versuche man, den maximalen Stundenausfall (genommen über alle Klassen) so klein wie möglich zu halten.

Aufgabe 21.8 Gegeben sei das ganzzahlige Optimierungsproblem:

$$\begin{aligned} \max \quad & 2x^1 + x^2 \\ \text{unter} \quad & x^1 + x^2 \leq 5 \\ & -x^1 + x^2 \leq 0 \\ & 6x^1 + 2x^2 \leq 21 \\ & x^1, x^2 \geq 0, \ x^1, x^2 \in \mathbb{Z}. \end{aligned}$$

a) Lösen Sie das Problem mit dem Verfahren von Dakin.

b) Lösen Sie das Problem mit dem Schnittebenenverfahren für ganzzahlige kanonische Probleme.

Aufgabe 21.9 Ein Sultan aus Tausend-und-einer-Nacht hat vier sehr unterschiedlich gut aussehende Töchter $\alpha, \beta, \gamma, \delta$, die er gern verheiraten möchte. Es treten vier Freier A, B, C, D auf. Sie sind unterschiedlich reich. Jeder der Freier würde für jede der Töchter mit einer bestimmten Anzahl von Kamelen bezahlen.
Die Tabelle gibt die jeweils gebotene Anzahl Kamele an:

	α	β	γ	δ
A	25	21	12	6
B	10	12	11	5
C	8	7	9	8
D	17	10	5	6

Der Sultan beauftragt seinen Hofschreiber damit, diejenige eindeutige Zuordnung von Töchtern zu Freiern herauszufinden, die ihm die größte Anzahl von Kamelen einbringt.

a) Lösen Sie das Problem mit den Ihnen bekannten Verfahren.

b) Formulieren Sie das Heiratsproblem für die allgemeine Situation von n Töchtern und n Freiern als ganzzahliges, lineares Optimierungsproblem der Form $\max c^T x$ unter $Ax = b, x \geq 0, x \in \mathbb{Z}$.

c) Eine Matrix heißt *total unimodular*, wenn jede Unterdeterminate den Wert 0, 1 oder -1 hat. Speziell ist jeder Matrixeintrag 0, 1 oder -1.

   c1) Sei A eine total unimodulare Matrix und b und d ganzzahlige Vektoren. Zeigen Sie, dass die Polyeder $\{x \mid Ax = b, x \geq 0\}$ und $\{x \mid Ax \leq b, 0 \leq x \leq d\}$ nur ganzzahlige Ecken besitzen.

   c2) Zeigen Sie, dass die in Teil b) entstandene Matrix A total unimodular ist.

   c3) Welche algorithmischen Vorteile kann man aus den Erkenntnissen von Teil c2) ziehen?

Aufgabe 21.10 Es sei $A \in \mathbb{Z}^{m,n}$ eine Matrix mit Einträgen 0, 1 oder -1. In jeder Spalte von A mögen höchstens zwei Einträge ungleich 0 stehen. Des Weiteren sei $\{I, J\}$ eine Partition der Menge der Zeilen von A mit folgender Eigenschaft:

- Hat eine Spalte von A zwei Einträge ungleich 0 mit gleichen Vorzeichen, so liegt einer dieser Einträge in einer zu I gehörenden Zeile, der andere in einer zu J gehörenden Zeile.

- Hat eine Spalte von A zwei Einträge ungleich 0 mit verschiedenen Vorzeichen, so liegen beide Einträge in der gleichen Menge der Partition.

Zeigen Sie, dass A total unimodular ist.

Kapitel 22
Grundbegriffe der Graphentheorie

22.1 Graphen

Ein *Graph* ist ein Paar (V, E), bestehend aus einer nichtleeren endlichen Menge V von *Knoten* (vertices) und einer Menge E von *Kanten* (edges), d.h. ungeordneten Paaren von (nicht notwendig verschiedenen) Elementen von V. Zu jeder Kante $e \in E$ gibt es also Knoten $u, v \in V$ mit $e = \overline{uv}$.

Die Anzahl der Knoten eines Graphen heißt *Ordnung* des Graphen und wird für gewöhnlich mit n bezeichnet, d.h. $\#(V) = n$. Ebenso verwenden wir meist m für die Anzahl von Kanten, d.h $\#(E) = m$.

Ist $e = \overline{uv}$, dann heißen u und v *Endknoten* von e. Man sagt, dass

- u und v mit e *inzidieren* (oder *inzident* sind),
- u und v auf e liegen,
- u und v *Nachbarn* oder *adjazent* (*benachbart*) sind.

Eine Kante $e = \overline{uu}$ heißt *Schlinge*. Kanten $e = \overline{uv}$ und $e' = \overline{uv}$ heißen *parallel* bzw. *Mehrfachkanten*. Ein Graph ohne Mehrfachkanten bzw. Schlingen heißt *einfach*. $\Gamma(v)$ ist die *Menge der Nachbarknoten* zu einem Knoten v. Eventuell ist $v \in \Gamma(v)$ (bei Schlinge). Ist $W \subset V$, dann bezeichnet $\Gamma(W) = \bigcup_{v \in W} \Gamma(v)$ die Menge der Nachbarknoten zu W. Ein Knoten ohne Nachbar heißt *isoliert*. Zwei Graphen $G = (V, E)$ und $H = (W, F)$ heißen *isomorph*, wenn es eine bijektive Abbildung $\varphi : V \to W$ gibt, so dass $\overline{uv} \in E$ genau dann, wenn $\overline{\varphi(u)\varphi(v)} \in F$.

Eine Menge F von Kanten heißt *Schnitt*, wenn es eine Knotenmenge $W \subset V$ gibt, so dass $F = \{\overline{uv} \in E | u \in W, v \in V \backslash W\}$. Diese Menge nennt man auch $\delta(W)$ und man meint damit die Menge aller Verbindungskanten zwischen W und $V \backslash W$. $\delta(v)$ ist dann die Menge der zu v inzidenten Kanten. Ist oben $s \in W$ und $t \in V \backslash W$, dann ist $\delta(W)$ ein s und t trennender Schnitt.

Der *Grad* eines Knotens v, bezeichnet mit $d(v)$ oder $deg(v)$, ist die Anzahl von Kanten, mit denen er inzidiert (Schlingen zählen doppelt) $\Rightarrow d(v) = deg(v) = \#(\delta(v))$.

Ein Graph heißt *k-regulär*, wenn jeder Knoten Grad k hat und *regulär*, wenn jeder Knoten gleichen Grad hat.
Ist $W \subset V$ eine Knotenmenge, dann ist $E(W) \subset E$ die Menge aller Kanten, welche (ganz) zwischen Knoten von W verlaufen.
Ist $F \subset E$ eine Kantenmenge, dann ist $V(F)$ die Menge der hierzu inzidenten Knoten.
Sind $G = (V, E)$ und $H = (W, F)$ Graphen, so dass $W \subset V$ und $F \subset E(W) \subset E$ gilt, dann heißt H *Untergraph* oder *Teilgraph* von G. $G[W]$ ist der von W *induzierte Untergraph* $(W, E(W))$. Ein Untergraph $H = (W, F)$ von $G = (V, E)$ heißt *aufspannend*, wenn $V = W$ und $V(F) = W = V$, d.h. alle Knoten von V sind inzident zu mindestens einer Kante der Teilmenge F.
Ein einfacher Graph heißt *vollständig*, wenn jedes Knotenpaar durch eine Kante verbunden ist (K_n).
Ein Graph, dessen Knotenmenge in V_1, V_2 zerfällt, so dass keine Kante ganz in V_1 und keine ganz in V_2 verläuft, heißt *bipartit*. (V_1, V_2) nennt man *Bipartition*.
Vollständig bipartit heißt ein solcher Graph, wenn jeder V_1-Knoten mit allen V_2-Knoten verbunden ist und umgekehrt.
Eine *Clique* ist eine Knotenmenge $Q \subset V$, so dass $G[Q]$ vollständig ist.
Eine *stabile Menge* in G (oder *independent set*) ist eine Knotenmenge, innerhalb der kein Pärchen von Knoten benachbart ist.
Eine Knotenmenge K heißt *Knotenüberdeckung*, wenn jede Kante aus G mit mindestens einem Knoten aus K inzidiert. Eine schlingenlose Kantenmenge M in G heißt *Matching*, wenn je zwei Kanten aus M keinen gemeinsamen Endknoten haben. M heißt ein *perfektes Matching*, wenn auch noch jeder Knoten von V inzident zu einer Kante von M ist. Ein perfektes Matching heißt *1-Faktor*. Eine Kantenmenge heißt *k-Faktor*, wenn jeder Knoten zu genau k dieser Kanten gehört.
Eine Zerlegung der Knotenmenge in stabile Mengen heißt *Knotenfärbung*. Knoten kann man so färben, dass an jeder Kante zwei unterschiedliche Farben vorliegen. Eine Zerlegung der Kantenmenge in Matchings heißt *Kantenfärbung* (in entsprechender Weise). Die minimale Farbenzahl, die dies ermöglicht, heißt $\chi(G)$ bei Knotenfärbung und $\gamma(G)$ bei Kantenfärbung.
Einen Graph $G = (V, E)$ kann man in die Ebene zeichnen, indem man jeden Knoten als Punkt einzeichnet und Kanten durch Kurven darstellt. Ein Graph heißt *planar*, falls es möglich ist, ihn überschneidungsfrei (kreuzungsfrei) in die Ebene zu zeichnen.

Digraphen

Ein *Digraph* (oder *gerichteter Graph*) $D = (V, A)$ besteht aus einer endlichen, nichtleeren Knotenmenge V und einer endlichen Menge A (arcs) von *Bögen*. Letztere sind *gerichtete Paare* von Knoten, also $a = \overrightarrow{uv}$ bzw. $a = (u, v)$. Hier bezeichnet u den *Anfangsknoten*, v den *Zielknoten* von a. u nennt man den *Vorgänger* von v und v nennt man *Nachfolger* von u. a inzidiert mit u und v. Bögen $\overrightarrow{uv}$ und $\overrightarrow{vu}$ heißen *antiparallel*.
Die meisten Begriffsbildungen werden von (normalen) Graphen übernommen.

22.1. Graphen

Ein einfacher Digraph heißt *vollständig*, wenn je zwei Knoten $u \neq v$ durch beide Bögen $\vec{uv}$ und $\vec{vu}$ verbunden sind. Ein *Turnier* ist ein Digraph, bei dem pro Knotenpaar genau einer dieser beiden Bögen existiert.
Für $W \subset V$ sei

$\delta^+(W) := \{\vec{ij} \in A \mid i \in W, j \notin W\}$,
$\delta^-(W) := \{\vec{ij} \in A \mid i \notin W, j \in W\}$ und
$\delta(W) := \delta^+(W) \cup \delta^-(W)$.

Beide heißen *Schnitte*. Ist $s \in W, t \notin W$, dann heißt $\delta^+(W)$ ein (s,t)-Schnitt.
Der *Außengrad* oder *Ausgangsgrad* von v ist die Anzahl der Bögen mit Anfangsknoten v, der *Innengrad* oder *Eingangsgrad* ist die Anzahl der Bögen mit Endknoten v.
Der Außengrad von v ist dann $\#(\delta^+(v)) = deg^+(v)$
Der Innengrad von v ist dann $\#(\delta^-(v)) = deg^-(v)$.
Der *Grad* ist die Summe dieser beiden Größen. $d(v) = deg(v) = \#\delta(v) = deg^+(v) + deg^-(v) = d^+(v) + d^-(v)$.

Ketten, Wege, Kreise, Bäume und Netzwerke

Eine endliche Folge $v_0, \vec{v_0 v_1}, v_1, \vec{v_1 v_2}, \ldots, v_{k-1}, \vec{v_{k-1} v_k}, v_k$, bei der also aufeinanderfolgende Knoten durch die erwähnten Kanten verbunden sind, heißt eine *Kette* oder ein *Kantenzug* mit Anfang bei v_0 und Ende bei v_k. $v_1, \ldots, v_{k-1}$ sind innere Knoten. Solche Ketten werden abkürzend auch beschrieben als $(v_0, v_1, \ldots, v_k)$ oder $(\vec{v_0 v_1}, \vec{v_1 v_2}, \ldots, \vec{v_{k-1} v_k})$ und Ähnliches (Missverständnisse sind auszuschließen). Eine Kette mit lauter verschiedenen Knoten heißt *Weg*. Eine Kette mit lauter verschiedenen Kanten (Bögen) heißt *Pfad*. Ein Weg ist ein Pfad, aber nicht umgekehrt.

Eine Kette heißt *geschlossen*, falls ihre Länge (Kantenzahl) nicht Null ist und ihr Anfangsknoten mit dem Endknoten übereinstimmt.
Eine geschlossene Kette, in der also Anfangs- und Endknoten übereinstimmen, aber ansonsten alle Knoten verschieden sind, heißt *Kreis*. Seine Länge ist die Anzahl der Bögen oder Kanten. Eine Kette, die jede Kante genau einmal enthält, heißt *Eulerpfad*. Ist er geschlossen, so spricht man von einer *Eulertour*.
Ein Kreis (oder Weg) der Länge $\#(V)$ (bzw. $\#(V) - 1$) heißt *Hamiltonkreis* (*Hamiltonweg*). Hamiltonkreise heißen auch *Touren* (jeder Knoten wurde besucht).
Ein *Wald* ist ein kreisfreier Graph. Ein Graph heißt *zusammenhängend*, falls von jedem u zu jedem v ein Weg existiert, der beide verbindet.

Ein zusammenhängender Wald heißt *Baum*. Zusammenhängende Untergraphen heißen *maximal*, wenn es keine Kante gibt, die einen Knoten dieses Untergraphen mit einem sonstigen Knoten verbindet. Maximale zusammenhängende Untergraphen heißen *Komponenten* oder *Zusammenhangskomponenten* des Graphen.
Jeder Graph erlaubt eine eindeutige Partition in seine Komponenten und folglich besitzt er eine feste Komponentenzahl $\vartheta(G)$. Ein Baum ist demnach ein Wald mit einer Komponente, also $\vartheta(B) = 1$.

Ein aufspannender Baum eines Graphen (einer Komponente eines Graphen) G ist demnach ein Baum (kreisfreier, zusammenhängender Graph), zu dem alle Knoten von G (der Komponente von G) inzident sind.

Ein *Branching* ist ein Untergraph eines Digraphen, der die Eigenschaft eines Waldes besitzt, so dass jeder Knoten Zielknoten höchstens eines Bogens ist. Ein zusammenhängendes Branching heißt *Arboreszenz*. Eine Arboreszenz enthält eine *Wurzel*, von der aus jeder Knoten auf genau einem Wege erreicht werden kann.

In einem zusammenhängenden Graph G gilt: Eine Knotenmenge $W \subset V$ heißt *Zerfällmenge* oder *Trennung*, falls $(V \setminus W, E(V \setminus W))$ bzw. $G[V \setminus W]$ eine höhere Komponentenzahl als G besitzt. Ebenso heißt eine Kantenmenge F *trennend*, falls $\vartheta(G) < \vartheta(V, E \setminus F)$. Ein *Block* ist ein zusammenhängender Untergraph ohne Trennungsknoten. Eine Kante heißt *Brücke*, wenn ihre Entfernung die Komponentenzahl erhöht (Trennungskante).

Ein Graph G (oder Digraph) wird zu einem *Netzwerk* (G, w), wenn jede Kante (bzw. jeder Bogen) mit einer Bewertung $w : E \to \mathbb{R}$ (bzw. $w : A \to \mathbb{R}$) versehen wird.

22.2 Grundlegende Zusammenhänge

Zunächst sollen einige graphentheoretische Grundtatsachen über Bäume, Wege und Kreise bereitgestellt werden.

Lemma 22.1 *Gegeben sei ein zusammenhängender Graph $G = (V, E)$ mit n Knoten und m Kanten. Dann gelten folgende Aussagen*

a) *Das sukzessive Anfügen von Kanten $e = \overline{uv} \in E$ an eine wachsende Kantenmenge T (d.h. $u \in V(T)$, $v \notin V(T)$) ausgehend von $T = \emptyset$ führt nach $n - 1$ Anfügungen zu einem aufspannenden Baum von G.*

b) *Ein Graph (Teilgraph) mit lauter Knoten vom Grad ≥ 2 beinhaltet einen Kreis.*

c) *Der sukzessive Abbau eines Graphen durch Weglassen eines Knotens vom aktuellen Grad 1 und der dazu inzidenten Kante löscht genau dann alle Kanten, wenn der Graph kreisfrei ist.*

d) *Ein aufspannender Baum von G hat genau $n - 1$ Kanten. Und jede Kantenmenge von mehr als $n - 1$ Kanten beinhaltet einen Kreis.*

Beweis:

a) Man beginnt mit einem Knoten v_1 und fügt daran eine Kante $e_1 = \overline{v_1 v_2}$ an. Nun findet man (wegen des Zusammenhangs) eine Kante e_2, die einerseits zu v_1 oder v_2 und andererseits zu einem weiteren Knoten $v_3 \notin \{v_1, v_2\}$ inzident ist. Diesen Aufbau setzt man induktiv fort. Hat man bisher einen Baum T mit k

Knoten und $k-1$ Kanten zusammengefügt, dann gibt es wegen des Zusammenhangs bestimmt eine Kante $\overline{v_i v_j}$ mit $i \leq k$ und $j > k$ (wobei v_j nicht zu T, aber v_i zu T inzident ist). Diese Kante e_k füge man ein. Nach $n-1$ solchen Einfügungen sind alle Knoten in $V(T)$. T selbst ist kreisfrei geblieben, weil keine eingefügte Kante einen Kreis geschlossen hat. Also haben wir dann mit T einen aufspannenden Baum.

b) Man starte bei einem Knoten v_1, gehe zu v_2 und kann v_2 wieder auf einer anderen Kante verlassen, da $\deg(v_2) \geq 2$. So erreicht man v_3 usw. Induktiv kann man dies so lange fortsetzen wie nur neue, zusätzliche Knoten angelaufen werden. Deren Grad ist nämlich ≥ 2, deshalb können sie jeweils auch wieder verlassen werden. Löscht man bereits besuchte Kanten, dann sinken die Grade um jeweils 2. Diese Konstruktion muss irgendwann einmal stoppen, weil nicht mehr als $n-1$ neue Knoten vorhanden sind, und wenn sie stoppt, dann nur an einem bereits besuchten Knoten. Nur dort kann nämlich der Restgrad ≤ 1 sein. Also hat man einen Kreis durchlaufen.

c) Baut man einen Graphen in der beschriebenen Weise ab, dann sind zwei Endzustände denkbar:

　i) alle Kanten sind gelöscht,

　ii) es werden nicht alle Kanten gelöscht und alle inzidenten Knoten haben Grad ≥ 2.

Bei i) löst man mit jeder Entfernung einer Kante die Verbindung zu einem Knoten (umgekehrt wie in a)). Deshalb hat man auch keine Kreiskante gelöscht. Da am Schluss nichts mehr übrig ist, gibt es auch keine Kreiskanten. Bei ii) verbleibt ein Teilgraph mit lauter Knoten vom Grad ≥ 2. Darauf lässt sich aber das Ergebnis von b) anwenden.

d) Man braucht mindestens $n-1$ Kanten. Denn betrachtet man zunächst die n Knoten als Einzelkomponenten, dann kann eine eingefügte Kante die Komponentenzahl entweder um 1 senken oder sie lässt sie unverändert. Also wird bei weniger als $n-1$ Einfügungen die Komponentenzahl immer noch > 1 sein.
Man braucht höchstens $n-1$ Kanten. Hat man mehr Kanten, dann könnte man wie in c) abbauen, bis alle Knoten im Restgraphen Grad ≥ 2 haben. Dieser Abbau führt nicht zur völligen Löschung. Denn hier wird die Knotenzahl genauso wie die Kantenzahl gesenkt. Vor der Entfernung der letzten Kante müssten aber noch zwei Knoten vorhanden sein. Also tritt schon früher das (Grad ≥ 2) Kreisereignis ein. □

22.3 Übungsaufgaben

Aufgabe 22.1 Ein Dominostein enthält zwei quadratische Felder, auf denen je eine Anzahl von 0 bis n Punkten eingeprägt ist (üblich: $n = 6$). Ein Domino-Set enthält von jedem Stein genau ein Exemplar.
Kann man sämtliche Steine eines Sets so in einer geschlossenen Linie auslegen, dass immer Felder mit gleicher Punktezahl zusammenstoßen?
Übersetzen Sie diese Fragestellung in ein graphentheoretisches Problem.

Aufgabe 22.2 Ein Farmer steht mit einer Ziege, einem Kohlkopf und einem Wolf am Ufer eines Flusses. Er möchte diese drei und sich selbst mithilfe eines Bootes an das gegenüberliegende Ufer bringen. Er kann in dem Boot jedoch nur jeweils ein Tier bzw. den Kohlkopf transportieren. Außerdem können weder Ziege und Wolf, noch Ziege und Kohlkopf alleine, d.h. ohne seine Aufsicht, am gleichen Ufer bleiben.
Der Farmer möchte mit möglichst wenig Fahrten sich und die drei an das andere Ufer bringen.
Übersetzen Sie diese Fragestellung in ein graphentheoretisches Problem und lösen Sie es.

Aufgabe 22.3 Auf einem $n \times n$ Schachbrett sollen möglichst viele Läuferfiguren platziert werden, so dass sich die Figuren gegenseitig nicht schlagen können.
Übersetzen Sie diese Fragestellung in ein graphentheoretisches Problem und lösen Sie es für $n = 8$.

Aufgabe 22.4 An einem Fachbereich soll für das nächste Semester der Lehr- und Stundenplan erstellt werden. Es werden 6 Vorlesungen angeboten, die von Studenten aus verschiedenen Jahrgängen besucht werden.
Studenten des 1. Jahres besuchen die Vorlesungen V1, V2 und V3, Studenten des 2. Jahres besuchen V2, V4 und V5 und Studenten des 3. Jahres V4 und V6.
Wieviele Termine müssen für diese Vorlesungen angesetzt werden, damit sich die Vorlesungen für die Studenten der verschiedenen Jahrgänge nicht überschneiden? Formulieren Sie dies als graphentheoretisches Problem und lösen Sie es.

Aufgabe 22.5 Bestimmen Sie je einen 3-regulären einfachen Graphen mit 4, 6, 8, 10 Knoten.
Geben Sie ferner ein allgemeines Konstruktionsschema für 3-reguläre Graphen mit $2n$ Knoten an, wobei $n \geq 2$ ist.

Aufgabe 22.6 Gibt es einfache 3-reguläre Graphen mit einer ungeraden Anzahl von Knoten? Was kann man generell über die Anzahl von Knoten mit ungeradem Grad sagen?

Aufgabe 22.7 Ist K_4 (der vollständige Graph auf 4 Knoten) planar? Ist K_5 planar?

Kapitel 23
Komplexität von Problemen und Algorithmen

23.1 Kodierungslänge, Probleme und Algorithmen (Wiederholung)

Es geht in diesem Paragraphen und in weiteren Teilen um effiziente Verfahren für schwierige (endlich lösbare) Probleme und um die Einschätzung des Schwierigkeitsgrades dieser Probleme. Gütekriterien für Effizienz sollen hier sein: die Rechenzeit, der Speicherplatzbedarf und die Genauigkeit eines Algorithmus.

Bereits in Kapitel 9.1 hatten wir Probleme mit Hilfe von Symbolen und Strings formuliert (vgl. Definition 9.1). Darauf aufbauend hatten wir die Kodierungslänge (Definition 9.2) und allgemeine Problemklassen (Definition 9.3) eingeführt.
In diesem und den nachfolgenden Kapiteln werden wir eine Vielzahl von weiteren Problemtypen kennenlernen. Wir müssen bei unserer gegebenen Problemstellung darauf achten, was eigentlich verlangt wird. Deshalb unterscheidet man verschiedene Kategorien von „Aufträgen".
Beispiele sind:

Entscheidungsprobleme:	Es soll eine Entscheidung ja – nein über eine gestellte Frage gegeben werden.
Suchproblem:	Es soll ein Element gefunden werden, welches bestimmte (evtl. implizit beschriebene) Eigenschaften besitzt.
Optimierungsproblem:	Speziallfall des Suchproblems – es soll das beste unter allen zulässigen Elementen gesucht werden.

Auch bei diesen Kategorien finden wir Problemtypen und Problembeispiele.

Beispiele:

zu Problemtyp: Gib ein (gutes) Lösungsverfahren für lineare Gleichungssysteme an.

zu Problembeispiel: Löse das konkrete (explizite) Gleichungssystem $Ax = b$ mit
$A = \begin{pmatrix} 2 & 1 \\ 0 & -\frac{3}{2} \end{pmatrix}$ $b = \begin{pmatrix} 1 \\ 1 \end{pmatrix}$. Finde Lösung $x = \begin{pmatrix} \frac{5}{6} \\ -\frac{2}{3} \end{pmatrix}$
Formale Parameter sind durch aktuelle besetzt. (Spezifikation)

zu Problemtyp: Entwickle ein Lösungsverfahren für Rundreiseprobleme (TSP).

zu Problembeispiel: Finde die kürzeste Rundreise durch n gegebene Städte.

Definition 23.1 *Ein Problem Π heißt* Entscheidungsproblem, *wenn für jedes Problembeispiel $z \in \Sigma^*$ nach einer Antwort ja oder nein (ausschließend) gefragt wird. Formal: $\Pi \subset \Sigma^* \times \{ja, nein\}$, wobei $\forall\, z \in \Sigma^*$*

$$(z, ja) \in \Pi \iff (z, nein) \notin \Pi.$$

Beispiel: Gegeben sei ein Gleichungssystem $Ax = b$, gibt es eine Lösung?

Definition 23.2 *Ein Problem Π heißt* Suchproblem, *wenn es nach einer bestimmten Lösung fragt, wobei ein oder mehrere Parameter nur formal besetzt sind bzw. nicht konkret/explizit angegeben werden.*

Das Problem wird dadurch charakterisiert, dass man theoretische Eigenschaften der Antwort verlangt, die in Abhängigkeit von den Eingabeparametern bestehen sollen. Die Angabe von z spezifiziert das Problem zu einem Problembeispiel, das gesuchte y ist die Lösung des Problembeispiels.

Definition 23.3 *Ein Problem Π heißt* Optimierungsproblem, *wenn für das formale Problem*

$$\max c(x)$$
$$\text{unter } x \in S$$

bei Spezifikation von c und S nach dem Element aus S gesucht wird, das maximal bzgl. $c(x)$ wird.

Zur Lösung von Problembeispielen werden Algorithmen benutzt, wobei wir bisher nur eine informelle Definition angegeben hatten.

Definition 23.4 *Ein* Algorithmus *A ist ein endlicher String aus Σ^*.*
A löst ein Suchproblem, wenn er zu jedem $z \in \Sigma^*$ bei Übergabe von (A, z) an eine „universelle Turingmaschine" nach endlich vielen Schritten stoppt und dann entweder einen String y ausgibt, für den gilt $(z, y) \in \Pi$, oder die Nichtexistenz eines solchen y bekannt gibt bzw. bestätigt. A löst entsprechend ein Entscheidungsproblem, wenn er in jedem Fall ein $y \in \{ja, nein\}$ ermittelt.

23.2 Die Klassen $\mathbb{P}$ und $\mathbb{NP}$

Bei der Beurteilung der Effizienz von Algorithmen greifen wir auf die Laufzeit und den Speicherplatzbedarf der Algorithmen (Definitionen 9.4–9.7) zurück, die in Kapitel 9.1 eingeführt wurden.

Die Beurteilung und Effizienz von Algorithmen soll nun auch dazu dienen, die Schwierigkeit von verschiedenen Problemtypen einzuschätzen.

23.2 Die Klassen $\mathbb{P}$ und $\mathbb{NP}$

Um eine einfache Klasseneinteilung von Problemen nach ihrem Schwierigkeitsgrad vornehmen zu können, beschäftigen wir uns zunächst einmal mit Entscheidungsproblemen. Verlangt wird also eine Entscheidung für Ja oder Nein.

Beispiel
Hat ein Ungleichungssystem $Ax \leq b$ eine Lösung?
Ist ein Graph zusammenhängend?
Besitzt ein Graph eine Clique von k Knoten?

Nun sind wir in der Lage, polynomiale Probleme zu klassifizieren.

Definition 23.5 *Gegeben sei ein Entscheidungsproblem Π. Π gehört zur Klasse $\mathbb{P}$, wenn es einen Algorithmus A gibt, der alle $I \in \Pi$ in polynomialer Laufzeit (bzgl. $\langle I \rangle$) löst.*

Beispiel
„Enthält ein Graph G einen Kreis?" liegt in $\mathbb{P}$.

> Man vergebe an jeden Knoten eine Markierungszahl $(1, \ldots, n)$. Nun füge man sukzessive die Kanten ein und aktualisiere jeweils die Knotenmarkierung in folgender Weise: Tragen die Knoten an dieser Kante die Markierung i und j $(i < j)$, dann verändern wir die Markierung aller bisherigen j- Knoten zu i.
> Aufwand hierfür: jeweils maximal n Änderungen.
> Tragen die beiden Knoten an dieser Kante bereits die gleiche Markierung, dann sind beide auf eine neue zusätzliche Art miteinander verbunden, denn eine frühere Art war schon gegeben, sonst wäre es nicht zur gleichen Markierung gekommen. Damit ist aber ein Kreis nachgewiesen. Der Aufwand ist also $n + m \cdot n$.

Dagegen ist die Frage nach der Existenz eines Hamilton-Kreises schwieriger.

Nun ist nicht alles, was nicht zu $\mathbb{P}$ gehört, oder wofür der Nachweis der Zugehörigkeit zu $\mathbb{P}$ (noch) nicht geführt worden ist, über alle Maßen schwierig. Wir führen vor diesem Hintergrund eine „nichtdeterministische" Zeitmessung ein. Betrachtet wird dann die Menge der Probleme, die polynomial bzgl. dieser Zeitmessung sind. Wir stellen uns einen Algorithmus vor, der seine Suchprozedur von Anfang an immer wiederholen kann, allerdings unter Modifikation der Suchwege. Bei jedem Neuanfang des Suchweges beginnt die Zeitmessung wieder von vorn.

(Man ersetzt also eigentlich die Suchzeit durch die Holzeit.) Das Ganze entspricht einem Vervielfachen des Algorithmuszustandes an vorliegenden (bestimmten) Verzweigungsstellen. Man zählt nicht sequentiell die verstrichene Suchzeit, sondern die kürzeste Laufzeit einer erfolgreichen Wiederholung. Diese heißt dann nichtdeterministische Rechenzeit.

Definition 23.6 Π *gehört zur Klasse* $\mathbb{NP}$, *wenn es einen Algorithmus A und ein Polynom $g(n)$ mit lauter nichtnegativen Koeffizienten gibt, so dass die nichtdeterministische Rechenzeit durch dieses Polynom abgeschätzt werden kann, also wenn gilt*

$$t^{nd}_{A,\Pi}(n) \leq g(n) \quad \forall n \in \mathbb{N} \text{ mit } \quad t^{nd}_{A,\Pi}(n) = \sup_{I \in \Pi_n} \{t^{nd}_A(I)\}.$$

Eine äquivalente Definition beachtet die Möglichkeit, nachträglich einen Beweis für die Richtigkeit des Ergebnisses zu liefern (Holargument – Holzeit).

Definition 23.7 Π *gehört zur Klasse* $\mathbb{NP}$, *wenn die Richtigkeit einer Ja-Antwort auf ein Problembeispiel I für alle solchen $I \in \Pi$ mit einem Beweis von polynomialer Länge in Bezug auf $\langle I \rangle$ bestätigt werden kann.*

Andere Version dieser Definition
Π gehört zu $\mathbb{NP}$, wenn es einen in $\langle I \rangle$ polynomialen Algorithmus gibt, der die $I \in \Pi$ mit einem zusätzlichen Lösungselement $Q \in \Sigma^*$ derart verarbeitet, dass überprüft wird, ob mit „Q" die Ja-Antwort bestätigt werden kann.

Beispiele
Hat $G = (V, E)$ einen Kreis?
Hat $G = (V, E)$ einen Hamiltonkreis?
Beide gehören zu $\mathbb{NP}$, denn:
Hat man eine Kette von Kanten gegeben, so dient diese als zu prüfendes Objekt Q. Jetzt ist es möglich, in polynomialer Zeit zu überprüfen, ob Q Kreis oder Hamiltonkreis ist.
(Das Auffinden von Q zählte hier nicht mit bei der Zeitmessung.)

Bemerkung
Der Überprüfungsalgorithmus ist polynomial in $\langle I, Q \rangle$, denn er muss zuerst Q lesen.

Achtung
Nur Ja-Antworten müssen bestätigt werden. Der Nachweis, dass es keine Lösungselemente gibt, gelingt nicht immer in polynomialer Zeit.

Definition 23.8 *Mit* co $-$ $\mathbb{NP}$ *bezeichnet man die Klasse aller Entscheidungsprobleme, deren Negationen zu* $\mathbb{NP}$ *gehören. (Hier kann also „Nein" in nichtdeterministisch polynomialer Zeit nachgewiesen werden.)*

23.3. NP-vollständige Probleme

Beispiele
Hat G keinen Kreis? Hat G keinen Hamilton-Kreis? Gehören beide zu $co-\mathbb{NP}$. Die erste Frage gehört auch zu $\mathbb{P}$. Bei der zweiten Frage weiß man nichts über die Zugehörigkeit zu $\mathbb{NP}$.

Bemerkung
$\mathbb{P} \subset \mathbb{NP}$ und $\mathbb{P} \subset co-\mathbb{NP}$.

Beweis:
Sei A polynomial für Π. Dann liefert A in polynomialer Zeit die richtige Antwort für Π – ja oder nein. A kommt somit sogar ohne Angabe des Zusatzelements aus und entscheidet sowohl über Π als auch über die Negation von Π schon in polynomialer Zeit.

Bemerkung
$\mathbb{P} \subset \mathbb{NP}$ ist klar, aber $\mathbb{P} \stackrel{?}{=} \mathbb{NP}$ ist offen. Weit verbreitet ist die Vermutung, dass $\mathbb{P} \neq \mathbb{NP}$.

23.3 NP-vollständige Probleme

Innerhalb von $\mathbb{NP}$ hat man Probleme von größtmöglicher Schwierigkeit finden können. Dies beruht auf folgendem Satz:

Satz 23.1 *Jedes Problem in $\mathbb{NP}$ lässt sich in polynomialer Zeit auf das Satisfiability-Problem zurückführen, d.h. in polynomialer Zeit gelingt die Konstruktion eines Satisfiability-Problems, welches genau dann mit Ja entschieden werden kann, wenn dies für das Ausgangsproblem gilt.*

Definition 23.9 *Das Satisfiability-Problem fragt:*
Lässt sich ein beliebiger Boolescher Ausdruck $B(x_1, \ldots, x_n)$ aus Konjunktionen, Disjunktionen und Negationen dieser Variablen, so mit $x_i = \begin{cases} wahr \\ falsch \end{cases}$ besetzen, dass der gesamte Ausdruck $B(x_1, \ldots, x_n)$ wahr wird. Maßeinheit ist hier die Stringlänge.

Beispiel: $((x_1 \wedge x_2) \vee x_3) \wedge (x_1 \vee x_4) \wedge x_3 \wedge (\neg x_2 \vee x_1)$.

Definition 23.10 *Gegeben seien zwei Entscheidungsprobleme Π und Π'. Eine polynomiale Transformation von Π in Π' ist ein polynomialer Algorithmus, der jedes vorgegebene $I \in \Pi$ in ein $I' \in \Pi'$ umwandelt, so dass gilt:*

Die Antwort auf I ist die gleiche wie auf I'.

Beispiele für eine Transformation
Gegeben sei Π: Gibt es in einem Graphen eine Clique mit k Knoten? (vollständiger Untergraph)

Transformation in Π': Gibt es eine Knotenüberdeckung mit k' Knoten, (so dass jede Kante zumindest einen Endknoten unter diesen k' Knoten hat?)

Nachweis der polynomialen Transformierbarkeit
Betrachte das Problem Π. Eine Clique von k Knoten innerhalb von V liegt genau dann vor, wenn im Komplementärgraphen (zwei Knoten sind dort genau dann verbunden, wenn sie in G nicht verbunden sind) diese k Knoten untereinander keinerlei Verbindung haben, wenn also dort diese k Knoten eine stabile Menge bilden.

Also hat jede Kante im Komplementärgraphen (dann) zumindest einen Endknoten in der Menge der Restknoten $(n-k)$. Das heißt aber, diese $n-k$ Nichtcliquenmitglieder bilden eine Knotenüberdeckung im Komplementärgraphen. Dort heißt die Frage also: Gibt es in $\overline{G}$ (Komplementärgraph) eine Knotenüberdeckung mit $n-k$ Knoten. Setze $k' = n - k$.

Damit ist die Transformierbarkeit von Π auf Π' gezeigt (rückwärts geht es hier aus Symmetriegründen auch): Offen ist noch die Polynomialität dieser Transformation. Wir müssen $\overline{G}$ konstruieren, indem wir von den $\binom{n}{2}$ möglichen Kanten genau die einfügen, welche nicht in G sind. Dies ist aber polynomial in n.

Nehmen wir an, wir könnten Probleme vom Typ Π' lösen. Dann wäre Π bearbeitbar durch Transformation auf Π'-Form und anschließende Lösung des Hilfsproblems.

Bemerkung
Dass Symmetrie nicht immer vorliegt, verdeutlicht folgendes Beispiel:
Π : Enthält der Graph G einen Kreis?
Π' : Gibt es eine Lösung für ein Gleichungssystem mit den Variablen $x_i \in \{0,1\}$?

Eine Transformation von Π auf Π' ist möglich, denn Existenz eines Kreises in G ist äquivalent zu folgender Tatsache:

> Es gibt bei Kreisexistenz eine Teilmenge von Knoten (die Kreisknoten) und eine Teilmenge von Kanten (die Kreiskanten), so dass jeder Knoten zu genau zweien dieser Kanten inzident ist.

Formal kann man in einem Zeilenvektor mit $\binom{n}{2}$ Komponenten festlegen, welche der $\binom{n}{2}$ Knotenpaare durch eine G-Kante verbunden sind. Die so ausgewählten Knoten (Knotenpaare) bekommen jeweils eine 1, die anderen eine 0 zugewiesen. So entsteht ein Inzidenzvektor für den Graphen.

Durch n-malige Wiederholung dieser Zeile (zugeordnet zu den Knoten) können wir eine $n \times \binom{n}{2}$-Matrix anlegen, bei der wir die Ausgangseinträge mit 1 multiplizieren, wenn die entsprechende Kante zum Zeilenknoten inzident ist, und mit 0 anderenfalls. Dadurch verbleiben in jeder Zeile nur noch Einsen bei vorhandenen Inzidenzkanten. In jeder Spalte zu G-Kanten verbleiben zwei Einsen, da jede solche Kante zu zwei Knoten inzident ist.

23.3. NP-vollständige Probleme

Schließlich kann man dann jede Spalte zur Kante e zusätzlich mit einer unbekannten Variable $\chi_e \in \{0,1\}$ versehen, die andeutet, welche Kanten zu der betrachteten Knotenauswahl gehören sollen. Hat man auf diese Weise einen Kreis ausgewählt, dann gilt für jeden Knoten

$$\sum_{e\ G\text{-Kante und inzident zu } v_i} \chi_e = \begin{cases} 2 & \text{falls } v_i \text{ Kreisknoten ist,} \\ 0 & \text{sonst.} \end{cases}$$

Die Frage, ob solch eine Knotenteilmenge mit dieser Eigenschaft vorliegt, kann man mit Hilfe von Schlupfvariablen $s_i \in \{0,1\}$ so umschreiben

$$\sum_{e\ G\text{-Kante und inzident zu } v_i} \chi_e + 2s_i = 2 \quad \forall i = 1, \ldots, n.$$

Gibt es für dieses System eine Lösung, dann enthält die Menge der v_i mit $s_i = 0$ tatsächlich einen Kreis. Das Gleichungssystem hat n Gleichungen in maximal $\binom{n}{2} + n$ Variablen. $\binom{n}{2}$ sind Kantenvariablen und n Variablen sind für die Schlüpfe da.

Die Aufstellung des Gleichungssystems gelingt in polynomialer Zeit.

Umgekehrt klappt dies allerdings nicht. Man kann nicht jedes beliebige binäre Gleichungssystem stellvertretend durch ein Kreisexistenzproblem lösen lassen.

Lemma 23.1 *Ist Π polynomial in Π' transformierbar und gehört Π' zu $\mathbb{P}$, dann gehört auch Π zu $\mathbb{P}$.*

Beweis:
Man transformiert die Problembeispiele $I \in \Pi$ in Probleme $I' \in \Pi'$. Dazu sind nach Voraussetzung weniger als $g(\langle I \rangle)$ (g ist Polynom) Schritte notwendig. (g ist Polynom und $g(\langle I \rangle)$ beschränkt natürlich die Kodierungslänge des neu formulierten Problembeispiels der Klasse Π'.)

Anschließend löst man I' mit einem polynomialen Algorithmus. Dieser existiert, weil ja Π' zu $\mathbb{P}$ gehört. Also gibt es eine polynomiale Laufzeitbeschränkung durch $h(\langle I' \rangle)$ (h wieder Polynom).

O.B.d.A. haben h und g nur nichtnegative Koeffizienten. Außerdem gilt $\langle I' \rangle \leq g(\langle I \rangle)$, denn der Transformationsalgorithmus musste ja $\langle I' \rangle$ Stellen besetzen und er darf nur $g(\langle I \rangle)$ lang laufen.

Dann gilt für den Gesamtaufwand $\leq g(\langle I \rangle) + h(\langle I' \rangle) \leq g(\langle I \rangle) + h(g(\langle I \rangle)) \leq H(\langle I \rangle)$ für ein existentes Polynom $H \Rightarrow$ Laufzeit ist für beliebiges $I \in \Pi$ polynomial. □

Definition 23.11

(a) *Ein Entscheidungsproblem Π heißt NP-vollständig, wenn Π zu NP gehört und jedes Problem aus NP in polynomialer Zeit auf ein Π-Problem transformierbar ist.*

(b) *Ein Entscheidungsproblem Π heißt NP-bewältigend, wenn jedes Problem aus NP in polynomialer Zeit auf ein Π-Problem transformierbar ist.*

Folgerung
Ist Π $\mathbb{NP}$-vollständig und $\Pi \in \mathbb{P}$, dann gilt $\mathbb{P} = \mathbb{NP}$. Also kann es in $\mathbb{NP}$ überhaupt keine grundsätzlich schwereren Probleme mehr geben.

Satz 23.2 *Es gibt $\mathbb{NP}$-vollständige Entscheidungsprobleme.*
Nämlich (siehe Satz 23.1): das Satisfiability-Problem und z.B. das

- *Problem der Existenz eines Hamiltonkreises in Graphen.*

- *Färbbarkeitsproblem (reichen k Farben zur Färbung der Knoten, so dass keine benachbarten die gleiche Farbe tragen oder entsprechend zur Färbung der Kanten?)*

- *Cliquen-Problem (gibt es eine k - Clique?)*

- *Knotenüberdeckungsproblem (gibt es eine Knotenüberdeckung mit k Knoten, d.h. erreicht man mit k Knoten jede Kante?)*

- *Mengenüberdeckungsproblem (unter Mengen $S_1, \ldots, S_n$, gibt es eine Teilfamilie von k solchen Mengen, so dass die Vereinigungsmenge der Teilfamilien alle Mengen überdeckt?)*

- *Independent Set-Problem (gibt es k unabhängige Knoten, d.h. dass diese k Knoten untereinander nicht benachbart sind?)*

23.4 $\mathbb{NP}$-schwere und $\mathbb{NP}$-harte Probleme

In der Optimierung stehen meistens Suchprobleme und keine Entscheidungsprobleme an. Wie lassen sich nun unsere bisherigen Ergebnisse für Optimierungsprobleme verwenden?

Definition 23.12 *Ein Suchproblem Π heißt (polynomial) reduzierbar auf ein Problem Π', wenn es einen (in $\langle I \rangle$ polynomialen) Algorithmus gibt, welcher I löst, indem er (höchstens polynomial viele) Instanzen von Π' löst. Das heißt: ein Π' Lösungsalgorithmus wird eventuell mehrfach (höchstens polynomial oft) aufgerufen.*

In folgender Weise können viele Optimierungsprobleme auf Entscheidungsprobleme reduziert werden:
Π sei ein Maximierungs-(oder Minimierungs-)problem, bei dem der Zielfunktionswert nur polynomial viele Werte annehmen kann (Polynomialität gemessen bzgl. $\langle I \rangle$). Man betrachte als Entscheidungsproblem Π' die Frage:
Gibt es zu gegebener Schranke B für I ein zulässiges Objekt, dessen Zielfunktionswert mindestens B ist?
Diese Frage muss für alle Zielfunktionswerte beantwortet werden, aber dies sind ja nur polynomial viele. Man kann also die Reduzierbarkeit des Suchproblems auf ein Entscheidungsproblem folgern.

23.4. NP-schwere und NP-harte Probleme

Beispiel
Sei $G = (V, E)$ ein Graph und $u, v \in V$. Ist dann u von v aus über Kanten aus E in höchstens k Schritten erreichbar (Entscheidungsprobleme)? Mögliche Werte von k sind $m, m-1, \ldots, 1$ (oder umgekehrt). Also sind zur Optimierung nur polynomial viele Anwendungen erforderlich.

Definition 23.13

(a) *Ein Optimierungsproblem heißt NP-schwer, wenn das zugehörige Entscheidungsproblem NP-vollständig ist.*

(b) *Ein Optimierungsproblem heißt NP-hart, wenn das zugehörige Entscheidungsproblem NP-bewältigend ist.*

Bemerkung
Weiß man nichts über die Menge der annehmbaren Zielfunktionswerte, dann werden durch das Optimierungsproblem auch alle zugehörigen Entscheidungsprobleme gelöst. Deshalb lässt sich Entscheidung auf Optimierung reduzieren, aber nicht umgekehrt (nicht sicher in polynomialer Zeit). Also sind Optimierungsprobleme mindestens so schwer zu lösen, wie die zugehörigen Entscheidungsprobleme.

Beispiel
Suche den kürzesten Weg von einem Knoten u zu einem Knoten v in einem Graph von n Knoten.

Methode: Intervallschachtelung oder binäre Suche (vgl. Abb. 23.1)

Wird der Lösungsbereich durch Entscheidungsergebnisse der binären Suche immer weiter eingeschränkt, dann reichen bis zur Lösung $\log_2(n)$ Aufrufe des Algorithmus. Daran kann man erkennen, dass Optimierungsprobleme oft nicht nennenswert schwerer als die zugehörigen Entscheidungsprobleme in NP sind.

Definition 23.14 *Ein Optimierungsproblem Π heißt NP-leicht, wenn es ein Entscheidungsproblem Π' in NP gibt, auf das Π polynomial reduziert werden kann.*

Beispiel
Das *TSP* mit ganzzahligen Entfernungen ist NP-leicht.

Bezeichnung
Ist Π sowohl NP-hart als auch NP-leicht, dann spricht man von einem *NP-äquivalenten* Optimierungsproblem.
Schlampige Sprechweise: NP-vollständiges Optimierungsproblem.
Grund: Wird ein polynomialer Algorithmus für solch ein Optimierungsproblem gefunden, dann ist tatsächlich $\mathbb{P} = \mathbb{NP}$.

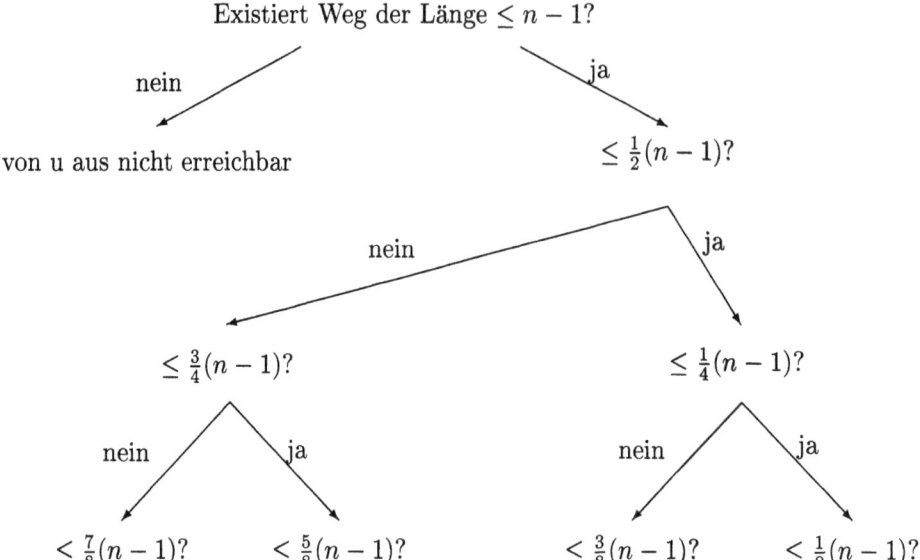

Abbildung 23.1: Ein Beispiel zur Intervallschachtelung

Liste von NP-harten Optimierungsproblemen

- Traveling-Salesman-Probleme
- Routenplanungsprobleme
- Max-Cut-Probleme
- Standortprobleme
- Cliquen-, Knotenüberdeckungs-, Stabile Mengen-Probleme
- Rucksackprobleme
- Scheduling-Probleme
- ganzzahlige/gemischt-ganzzahlige/binäre LP's
- Linear Ordering-Probleme

Alle müssen im Ernstfall heuristisch oder approximativ gelöst werden.

23.5 Übungsaufgaben

Aufgabe 23.1 Eine Firma hat zur Herstellung eines Gutes fünf Maschinen und fünf Arbeiter zur Verfügung. Die Arbeiter sind unterschiedlich ausgebildet. Der (i,j)-Eintrag der folgenden Matrix W gibt an, dass Arbeiter i eingesetzt an Maschine j in einer Zeiteinheit die Stückzahl $W_{i,j}$ des Gutes produzieren kann.

Versuchen Sie eine *optimale Zuordnung* zu finden, d.h., einen Belegungsplan (Arbeiter, Maschine), so dass die produzierte Stückzahl des Gutes pro Zeiteinheit maximiert wird.

$$W := \begin{pmatrix} 3 & 8 & 9 & 1 & 6 \\ 1 & 4 & 1 & 5 & 5 \\ 7 & 2 & 7 & 9 & 2 \\ 3 & 1 & 6 & 8 & 8 \\ 2 & 6 & 3 & 6 & 2 \end{pmatrix}$$

Aufgabe 23.2 Es sei $G = (V, E)$ ein einfacher Graph.

Zeigen Sie: Wenn es einen Algorithmus gibt, der das Traveling-Salesman-Problem in polynomialer Zeit löst, so gibt es auch einen Algorithmus, der in polynomialer Zeit entscheidet, ob ein Graph G einen Hamiltonschen Kreis hat, und ferner bei Existenz einen solchen findet.

Aufgabe 23.3 Es sei $G = (V, E)$ ein einfacher Graph mit n Knoten. Zu $k, l, m \in \mathbb{N}$ betrachten wir folgende Entscheidungsprobleme:

(VC) *Gibt es in G eine Knotenüberdeckung (Vertex Cover) W mit $\#(W) \leq k$?*

(IS) *Gibt es in G eine unabhängige Knotenmenge I (Independent Set) mit*
$$\#(I) \geq l?$$

(Clique) *Gibt es in G eine Clique C mit $\#(C) \geq m$?*

Zeigen Sie, dass diese drei Probleme ineinander polynomial transformierbar sind.

Aufgabe 23.4 Ein Traveling-Salesman-Problem: Suchen Sie eine möglichst kostengünstige Rundreise zu folgender „Entfernungsmatrix".

	a	b	c	d	e
a	0	3	4	2	7
b	3	0	1	5	4
c	4	1	0	6	2
d	2	5	6	0	5
e	7	4	2	5	0

Aufgabe 23.5 Betrachten Sie den durch unten stehende gewichtete Adjazenzmatrix gegebenen gewichteten Graph mit Knoten a, b, c, d, e, f. (Eine Null bedeutet

keine Kante, eine Zahl $x > 0$ bedeutet, dass die Kante vorliegt und das Gewicht x hat). Suchen Sie einen geschlossenen Kantenzug in diesem Graphen, der jede Kante wenigstens einmal durchläuft, und ein möglichst geringes Gewicht hat. (Das zugehörige allgemeine Problem nennt man das *Chinesische Postboten Problem*).

	a	b	c	d	e	f
a	0	2	0	0	3	0
b	2	0	3	0	0	1
c	0	3	0	4	0	2
d	0	0	4	0	2	1
e	3	0	0	2	0	4
f	0	1	2	1	4	0

Aufgabe 23.6 In einem Turnier haben acht Mannschaften jeweils einmal gegeneinander gespielt. In der unten angegebenen Tabelle sind die Ergebnisse abzulesen, dabei bedeutet (i,j) gleich $>$, falls Mannschaft i die Mannschaft j besiegt hat, und (i,j) gleich $<$, falls Mannschaft j die Mannschaft i besiegt hat ($*$ ist die Diagonale). Die Relation $<$ ist eine partielle Ordnung auf der Menge der 8 Mannschaften. Um einen Turniersieger festzulegen, geht der Veranstalter folgendermaßen vor: Er sucht eine totale Ordnung $<'$ der 8 Mannschaften, die die Relation $<$ möglichst gut repräsentiert, das heißt, die Anzahl der Paare (i,j) mit $i <' j$ und $i > j$ ist zu minimieren.

Versuchen Sie das Problem zu lösen.

$i \backslash j$	1	2	3	4	5	6	7	8
1	*	<	<	<	>	>	>	>
2		*	<	<	<	<	>	>
3			*	>	>	>	>	<
4				*	>	<	>	<
5					*	>	<	>
6						*	>	>
7							*	<
8								*

Kapitel 24
Aufspannende Untergraphen und Wege

24.1 Allgemeine kombinatorische Optimierungsprobleme

Wir kennen Algorithmen, die binär ganzzahlige und kombinatorische Optimierungsprobleme genereller Art in *endlich* vielen Iterationen lösen. Allerdings ist der Begriff „endlich" hier nicht sehr aussagekräftig, denn die worst-case-Rechenzeiten sind dabei gravierend hoch. Um effiziente Methoden zu gewinnen, muss man also auf spezielle Problemtypen eingehen und deren spezifische, insbesondere ihre kombinatorische Struktur ausnutzen. Also werden jetzt spezielle Klassen von ganzzahligen Problemen, insbesondere kombinatorisch oder graphentheoretisch induzierte Problemstellungen, untersucht.

Definition 24.1 *Allgemeines (kombinatorisches) Optimierungsproblem*
Gegeben sei eine endliche Menge X und eine Funktion $f : X \to K$. f ordnet jedem $x \in X$ einen Zahlenwert (Nutzen) zu. Gesucht wird $\bar{x} \in X$, so dass $f(\bar{x}) \geq f(x)\ \forall x \in X$ bei Maximierung bzw. $f(\bar{x}) \leq f(x)\ \forall x \in X$ bei Minimierung gilt.

Üblicherweise sind die Elemente von X nicht explizit gegeben, sondern man verfügt über Angaben zu den Eigenschaften von X. Ebenso ist f durch Formeln erklärt, nicht durch Angaben der Funktionswerte für spezielle Elemente.
Wir konzentrieren uns dabei auf solche Probleme, bei denen die Zielfunktion Additivitätseigenschaften oder Linearitätseigenschaften besitzt.

Definition 24.2 *Lineares kombinatorisches Optimierungsproblem*
Gegeben sei eine endliche Menge E, die sogenannte Grundmenge, eine Teilmenge Φ der Potenzmenge von E ($\wp(E)$) und eine Funktion $c : E \to K$.
Wir definieren eine Funktion $\mathcal{C}: \wp \to K$ durch

$$\mathcal{C}(\varphi) := \sum_{e \in \varphi} c(e) \quad \text{mit } \varphi \in \wp(E), d.h.\ \varphi \subset E.$$

Gesucht wird dann $\varphi^* \in \Phi$, so dass $\mathcal{C}(\varphi^*) \geq \mathcal{C}(\varphi)\ \forall \varphi \in \Phi$ (bei Maximierungsproblemen). (Minimierung geht analog.)

Dies nennt man lineares kombinatorisches Optimierungsproblem (vgl. Definition 1.4). (Abkürzend wird oft kombinatorisches Optimierungsproblem gesagt).

Ein solches Problem lässt sich also charakterisieren durch ein Tripel (E, Φ, c). Normalerweise ist Φ beschrieben in einer Form
$\Phi = \{\varphi \in E \mid \varphi$ *hat eine bestimmte Eigenschaft*$\}$. Ist $\#(E) = n$, dann hat man schon 2^n Teilmengen als Kandidaten für φ, welche ihrerseits wieder Einzelelemente aus E besitzen. Deshalb scheidet Enumeration als Lösungsmethode zunächst aus. Ziel der Theorie zur kombinatorischen Optimierung ist es deshalb, schnelle und nach Möglichkeit sichere Verfahren anzugeben.

Kombinatorische Optimierungsprobleme stehen in engem Zusammenhang zu ganzzahligen Optimierungsproblemen. Um dies einzusehen, betrachten wir einige Begriffsbildungen.

Bezeichnungen

Ist E eine endliche Menge, dann ist K^E der K-Vektorraum der $\#(E)$-Tupel bzw. der Spaltenvektor mit Länge $\#(E)$.

$$x = \begin{pmatrix} x_{e_1} \\ \vdots \\ x_{e_{\#(E)}} \end{pmatrix} = (x_e)_{e \in E}.$$

Hier ist jede Komponente mit einem Element von E inzident. Für $\varphi \subset E$ definiert man den *Inzidenzvektor* von φ als $\chi^\varphi \in K^{\#(E)} = K^E$ mit

$$\chi^\varphi_e = \begin{cases} 1, & \text{falls } e \in \varphi, \\ 0, & \text{falls } e \notin \varphi. \end{cases}$$

Umgekehrt ist jeder 0/1-Vektor $x \in K^E$ der Inzidenzvektor einer Teilmenge φ von E, nämlich $\varphi := \{e \in E \mid x_e = 1\}$. Also ist $x = \chi^\varphi$.

Liegt ein kombinatorisches Optimierungsproblem vor, dann erhält man ein ganzzahliges lineares Optimierungsproblem auf folgende Weise:
(E, Φ, c) sei gegeben. Setze $P_\Phi = \text{KH}\{x_\varphi \in K^E \mid \varphi \in \Phi\}$.
P_Φ ist die konvexe Hülle von endlich vielen Punkten, also ein Polytop. Die Ecken von P_Φ sind genau die Punkte χ_φ mit $\varphi \in \Phi$.
Wir fassen nun $\mathcal{C}$ als Funktion $c^T x$ mit $x \in K^E$ auf. Dann ist jede optimale Ecklösung des Problems   max $c^T x$
                                    unter $x \in P_\Phi$
der Inzidenzvektor eines Optimalpunktes von (E, Φ, c).
Wir können das (lineare) kombinatorische Optimierungsproblem also sogar auf ein lineares Optimierungsproblem zurückführen. (Aus der Beschäftigung mit der ganzzahligen Optimierung bekannt.)

Vorsicht: Der Zulässigkeitsbereich ist nur als konvexe Hülle von Punkten gegeben. Wir kennen allerdings die Restriktionen hierfür nicht.

24.2. Bäume und Wälder

Die Kunde von der Ermittlung, Erkennung und Erfassung dieser Restriktionen bzw. Facetten heißt *polyedrische Kombinatorik* und wird problemtypindividuell sehr erfolgreich zur Lösung großer Probleme eingesetzt.

24.2 Bäume und Wälder

Wir haben bereits im Kapitel über graphentheoretische Begriffe einiges über Bäume, Wege und Kreise in purer Form gelernt. Nun sollen diese Erkenntnisse noch verknüpft werden mit Bewertungen der Kanten, so dass man Objekte einer gewissen Struktur sucht, die von dieser Bewertung her optimal sind.

So beschäftigen wir uns nun mit dem Problem, in einem kantengewichteten Graphen einen (wert-)„maximalen" Wald bzw. einen (wert-)„minimalen" aufspannenden Baum zu finden. Der folgende einführende Satz liefert die Grundlage dafür, dass man solche Probleme oft von jeweils zwei Seiten angehen kann.

Satz 24.1 *Die beiden folgenden Probleme sind gegenseitig ineinander transformierbar.*

1. *Finde in G einen wertmaximalen Wald.*

2. *Finde in G einen aufspannenden Baum von minimalem Wert.*

Beweis:
„$\Leftarrow$": Es sei ein Algorithmus A zur Lösung des Problems vom wertmaximalen Wald gegeben. Gesucht wird ein wertminimaler aufspannender Baum im Graphen $G = (V, E)$ mit Kantengewichten c_e zu $e \in E$. Es sei $\#(V) = n$ und $\#(E) = m$. Setze nun $c'_e = M - c_e$ und sorge dafür, dass $M \geq \text{Max}\{|c_e| \mid e \in E\} + 1$. Dann ist $c'_e > 0 \ \forall e \in E$.

Der Algorithmus A liefert einen wertmaximalen Wald in G bzgl. c'. Wir nennen diesen Wald W. Ist G zusammenhängend, dann entsteht dabei ein aufspannender Baum. Sonst gäbe es nämlich immer noch eine Kante $e \in E$, so dass $W' = W \cup \{e\}$ immer noch ein Wald ist, aber dieser $c(W') = c(W) + c'(e) > c(W)$ aufweist. Entweder wäre dann mit W ein Knoten noch nicht erreicht gewesen oder W wäre noch nicht zusammenhängend gewesen. Beides zeigt die Erweiterungsfähigkeit ohne Kreiserzeugung. Aus der Definition von c' folgt dann: W ist ein wertminimaler aufspannender Baum von G bzgl. c (er war bzgl. c' wertmaximal).

Ist G nicht zusammenhängend, dann wird auch der wertmaximale Wald bzgl. c' unzusammenhängend, er wird also kein Baum sein. Deshalb ist das min-Baum-Problem komplett gelöst (hier Nichtexistenz).

„$\Rightarrow$": Umgekehrt sei ein Algorithmus A gegeben, der einen minimalen aufspannenden Baum findet. Gesucht ist ein c-wertmaximaler Wald von $G = (V, E)$.
Der c-wertmaximale Wald wird keine Kante mit $c_e < 0$ enthalten, denn diese ist überflüssig und belastet nur. Ebenso sind Kanten mit $c_e = 0$ verzichtbar, man findet also auch einen c−wertmaximalen Wald mit lauter positiven Gewichten.

Sei nun $G^+ = (V, E^+)$ der Untergraph von E mit allen Kanten, die positives c-Gewicht haben.

Betrachte $K_n = (V, E_n)$ (den vollständigen Graphen) mit folgenden Gewichten

$$c'_e = -c_e \quad \text{für alle Kanten } e \in E^+,$$
$$c'_e = M \quad \text{für alle Kanten } e \in E_n \backslash E^+,$$
$$\text{wobei } M = n(\text{Max}\{|c_e| \mid e \in E\} + 1).$$

A erzeugt einen minimalen aufspannenden Baum bzgl. c' auf (V, E^+), wenn ein solcher existiert. Dies tut er aber hier, weil E_n zusammenhängend ist. Dabei müssen so wenig wie möglich M-Kanten benutzt werden. Die hierfür nötigen Kosten könnten nämlich auch durch Einsparungen bei den c_e-Kanten (allenfalls n Stück) nicht mehr wettgemacht werden. Liegen die M-Kanten erst einmal fest und streicht man diese, dann entstehen (isolierte) Komponenten. In jeder Komponente hat A einen minimalen aufspannenden Baum bzgl. c' gefunden.

Liefert A insgesamt den Baum B, dann ist der maximale Wald bzgl. c gerade

$$W = B \backslash \{e \in B \mid c'_e = M\} = B \cap E^+.$$

Denn zunächst einmal können die obigen Komponenten nicht verbunden werden, weil in der c-Bewertung alle denkbaren Brücken (in der c'-Wertung tragen diese Wert M) negative Werte oder 0 tragen oder in E gar nicht vorkommen.

In den einzelnen Komponenten hat aber die Baumkonstruktion zur Minimierung von c' gleichzeitig zu einem maximalen Baum bzgl. c geführt. Die Kollektion dieser maximalen c-Komponenten-Bäume ist also ein maximaler Wald. □

Nun wissen wir, dass man bei der Lösung eines dieser Probleme das andere gleich mitlöst. Aber, wie geht das überhaupt? Hierzu einige Algorithmen.

Algorithmus 24.1 *Greedy-Max-Algorithmus zum Auffinden eines wertmaximalen Waldes*
Input: Graph $(G, E), c(e) \, \forall e \in E$.
Output: Wald $W \subset E$ mit maximalem Gewicht $C(W)$.

1. *Sortieren:* Nummeriere die m Kanten so, dass gilt

$$c(e_1) \geq c(e_2) \geq \ldots \geq c(e_k) \geq 0 \geq c(e_{k+1}) \geq \ldots \geq c(e_m).$$

2. *Setze* $W := \emptyset$

3. *Für* $i := 1, \ldots, k$ *führe aus:*

    Falls $W \cup \{e_i\}$ kreisfrei ist, setze $W := W \cup \{e_i\}$.

4. *Ausgabe von* W.

Satz 24.2 *Greedy-Max arbeitet korrekt.*

24.2. Bäume und Wälder

Beweis:
Der Abbruch bei k ist berechtigt, denn eine Hinzunahme von negativ bewerteten Kanten würde das Gewicht vermindern. Sei nun W' ein wertmaximaler Wald und W der Lösungsvorschlag von Greedy-Max (auch ein Wald).
Wir nehmen an, dass $W' \neq W$ und $\mathcal{C}(W') > \mathcal{C}(W)$. Dann gibt es eine Kante $e_l = \overline{uv} \in W'$ und $e_l \notin W$ mit $c(e_l) > 0$. Denn W und o.B.d.A. auch W' haben keine negativen Kanten.
Sei in obiger Wertsortierung (absteigend nach c) e_l diejenige Kante mit höchstem Gewicht.
In $W' \setminus \{e_l\}$ ist die Komponente, die in W' die Knoten u und v enthielt, in zwei Teile zerfallen. Der eine enthält u, der andere v. Somit gab es bei der Greedy-Max-Konstruktion, bei e_l angekommen, bereits einen Weg P von u nach v ohne e_l, sonst hätte man dort nämlich e_l aufgenommen. (Dies hat man ja deshalb nicht getan, weil ein Kreis entstanden wäre.)
Für alle Kanten e von P gilt sicher $c(e) \geq c(e_l)$. Eine dieser Kanten verbindet dann aber die beiden Teile der W'-Komponenten (bildet eine Brücke und gehört nicht zu W'), die durch den Wegfall von e_l entstanden sind. Ersetzen wir also schlichtweg in W' die Kante e_l durch diese Kante, dann vereinigt sich die Komponente wieder, es entsteht kein Kreis und das Gewicht ist nicht gefallen. Wegen der unterstellten Maximalität von W' ist dann das Gewicht sogar gleich geblieben.
Wir können diese Argumentation fortführen mit einer nächsten Kante, die in W', aber nicht in W liegt und positives Gewicht hat. Und wieder bemerkt man, dass diese ersetzbar ist durch eine Kante, die es nur in W gibt, und zwar ohne Gewichtsverlust. Usw.
Die Argumentation endet mit einem maximalen Wald W'''', der in W enthalten ist. Das bedeutet aber, dass $\mathcal{C}(W) \geq \mathcal{C}(W'''')$. WIDERSPRUCH. □

Bemerkung
Greedy heißt gefräßig. Diese Bezeichnung drückt aus, dass man immer zuerst die beste Kante (soweit möglich) zu erhaschen sucht.
Auf analoge Weise erhält man einen Algorithmus für das Minimum-Spanning-Tree-Problem, nämlich den Kruskal-Algorithmus.

Algorithmus 24.2 Greedy-Min (Kruskal-Algorithmus)
<u>Input:</u> Graph $G = (V, E)$ mit Kantengewichten $c(e) \; \forall e \in E$.
<u>Output:</u> Inklusionsmäßig maximaler Wald $T \subset E$ mit Minimalgewicht $\mathcal{C}(T)$.

1. Sortieren: Nummeriere die Kanten so, dass $c(e_1) \leq c(e_2) \leq \ldots \leq c(e_m)$.

2. Setze $T := \emptyset$

3. Für $i := 1, \ldots, m$ führe aus:

    Falls $T \cup \{e_i\}$ keinen Kreis enthält, setze $T := T \cup \{e_i\}$.

4. Gib T aus.

Satz 24.3 *Greedy-Min liefert einen inklusionsmaximalen Wald T, dessen Gewicht minimal ist. Falls G zusammenhängend ist, wird T zu einem aufspannenden Baum von G mit minimalem Gewicht.*

Beweis:
Definieren wir $c'(e_i) = 1 + c(e_m) - c(e_i)$, dann ist $c' \geq 0$. Bzgl. c' besteht jetzt eine absteigende Sortierung, so wie man sie im Greedy-Max-Algorithmus 24.1 brauchte. Schritt 3 stimmt in beiden Algorithmen überein, also läuft im Grunde Algorithmus 24.1 für c' ab. Man erhält einen inklusionsmaximalen Wald mit höchstmöglichem C'-Wert. Deshalb hat man unter allen inklusionsmaximalen Wäldern nun denjenigen mit dem geringsten Gewicht. □

Laufzeitüberlegungen
Mit gängigen Sortierverfahren der Informatik (Heap-Sort) werden die Kanten in $O(m \log_2 m)$ Schritten geordnet (1).
In (3) wird ein Unterprogramm m-mal aufgerufen. Dieses überprüft in $O(n)$ Schritten die Kreisfreiheit, also fallen insgesamt $O(mn)$ Schritte an. Mit informatischen Zusatztricks kann man sogar auf $O(m \log_2 m)$ kommen.

Lemma 24.1 *Ein Graph ist genau dann kreisfrei, wenn innerhalb jeder Teilmenge $W \subset V$ in $G[W]$ höchstens $\#(W) - 1$ Kanten verlaufen.*

Beweis:
„⇒": Sei W eine Teilmenge von $\#(W)$ Knoten mit mindestens $\#(W)$ internen Kanten.
Zu zeigen: diese Teilmenge schließt einen Kreis ein.
Entweder ist diese Teilmenge zusammenhängend oder aber sie zerfällt in k Komponenten $W_1, \ldots, W_k$ (ihrerseits zusammenhängend). Dann gilt aber wegen $\sum_{i=1}^{k} \#(W_i) = \#(W)$ und $\sum_{i=1}^{k} (\#(W_i) - 1) = \#(W) - k$, dass zumindest eine Komponente von W nicht weniger Kanten als Knoten aufweist.
Den Kreisnachweis kann man gemäß Lemma 22.1 d) führen.
„⇐": Nun habe umgekehrt jede Teilmenge W von G höchstens $\#(W) - 1$ interne Kanten. Wäre W ein Kreis, dann müssten $\#(W)$ interne Kanten vorhanden sein ⇒ es kann keinen Kreis geben. □

Zur Feststellung von Kreisfreiheit oder aber zum Nachweis einer kreishaltigen Komponente kann folgende Methode dienen.

Algorithmus 24.3 *Verschmelzungsalgorithmus*
<u>Zwecke:</u>

a) *Nachweis von Kreisfreiheit oder Konstruktion einer (sicher) kreishaltigen Komponente.*

b) *Konstruktion eines Waldes bzw. komponentenaufspannender Bäume.*

24.2. Bäume und Wälder

1. Definiere eine Komponente V_i für jeden Knoten v_i $(i = 1, \ldots, n)$ und setze $T := \emptyset$.

2. Für $i := 1, \ldots, m$ führe aus:
   Betrachte $e_i = \overline{uv}$, suche $V(u)$ und $V(v)$.

   (a) Sind beide verschieden, dann vereinige $V(u)$ und $V(v)$ zu einer gemeinsamen Komponente und füge e_i an T an.

   (b) Sind beide Komponenten gleich, dann ist klar, dass diese Komponente $V(u) = V(v)$ einen Kreis besitzt, welcher e_i enthält. Markiere V als kreishaltig.

3. Gib die jetzt noch vorhandenen Komponenten zusammen mit der Information über Kreishaltigkeit und die Gestalt von T aus.

Bemerkung
Der Aufbau von T führt zu einem Wald, in jeder Komponente zu einem aufspannenden Baum. Sind die Kanten wie vorher im Kruskals Algorithmus 24.2 sortiert, dann entsteht ein inklusionsmaximaler, aber gewichtsminimaler Wald.

Komplexität
Man organisiert am besten eine Pointer - Datenstruktur, d.h. Pointer von der verschwindenden Komponente in die aufnehmende Komponente. Zweckmäßig ist es, wenn jeweils die kleinere Komponente in der größeren aufgeht. Der Pointer zeigt dann von V_{klein} zu $V_{klein} \cup V_{groß}$.
Durch Verfolgung dieser Pointer kann erkannt werden, in welcher aktuellen Komponente u sich gerade befindet.

Die Kosten für eine solche Überprüfung sind allenfalls $\log_2 n$, denn die erreichte Komponente ist jeweils (mindestens) doppelt so groß wie die vorausgehende.
Die Gesamtarbeit zur Vereinigung (Pointersetzen) ist $O(n \log_2 n)$. Deshalb ist obiger Algorithmus von der Gesamtkomplexität $O(n \log_2 n + m \log_2 n)$.

Der folgende Algorithmus gibt in schneller Weise $O(n^2)$ die Möglichkeit, die Nachbarschaftsstrukturen, Zusammenhänge und Kreishaltigkeit zu erkennen.

Algorithmus 24.4 *Breitensuche*
Input: Graph $G = (V, E)$.
Zweck: Nachbarschaftserkundung, Kreiskonstruktion, Zusammenhangserkennung.
Initialisierung: Listen $L := [\emptyset], M := [\emptyset]$
und Vorgängereintrag $VOR(v) := \emptyset \quad \forall \ v \in V$.

1. Falls $V \neq \emptyset$, dann wähle $v \in V$ und setze $w_1 = v$. Falls $V = \emptyset$, dann gehe zu (11).

2. Trage w_1 in die Liste L ein, $L := [w_1]$.

3. Bestimme die direkten Nachbarn zu $w_1(w_{I_1}, \ldots, w_{I_r})$. Ergänze die Liste zu
   $L := [w_1, w_{I_1}, \ldots, w_{I_r}]$.

4. Lösche alle Kanten von w_1 zu seinen Nachbarn und markiere w_1, d.h. $M := [w_1]$.

5. Bestimme das erste unmarkierte Element u_1 in L. Gibt es kein solches, dann gehe zu (9). Ansonsten bestimme alle direkten Nachbarn zu $u_1(u_{I_1}, \ldots, u_{I_s})$. Ergänze die Liste zu $L := [L, u_{I_1}, \ldots, u_{I_s}]$.

6. Setze $\mathrm{VOR}(u_{I_1}) := \ldots := \mathrm{VOR}(u_{I_s}) := u_1$.
   Enthält L jetzt zweimal das gleiche Element, dann hat sich ein Kreis geschlossen.
   Gib diesen Kreis aus mit Vorgängerbestimmung. Lösche nun das Element beim zweiten Auftreten in L.

7. Lösche alle Kanten von u_1 zu seinen Nachbarn und markiere u_1, d.h. $M := [M, u_1]$.

8. Gehe zu (5).

9. Gib M als eine Komponente aus.

10. Setze $V := V \setminus M$ und $E := E(V \setminus M)$, $L := [\emptyset]$, $M := [\emptyset]$.
    Gehe damit zurück zu (1).

11. STOP nach völliger Abarbeitung von V.

Der Beweis zu Lemma 22.1 b) gibt eine Anregung zu folgendem Kreiskonstruktionsalgorithmus:

Algorithmus 24.5 *Algorithmus zum Auffinden eines Kreises in einer kreishaltigen Komponente*

1. Entferne sukzessive alle Knoten mit Grad ≤ 1 und ihre Kanten und reduziere die Grade.

2. Wähle im verbleibenden Graphen einen Startknoten v_0.

3. Tue Folgendes für $i = 1, \ldots, n-1$ (zu vergebende Indizes):
   Benutze eine von v_{i-1} ausgehende Kante (existiert, da $\deg \geq 2$) und knüpfe sie an v_{i-1} an. Der Endpunkt wird v_i.

   (a) Falls der Nachbar v_i übereinstimmt mit einem Element der Menge $\{v_0, \ldots, v_{i-1}\}$, schließt sich ein Kreis $\rightarrow$ Ausgabe des Kreises STOP.

   (b) Falls $v_i \notin \{v_0, \ldots, v_{i-1}\}$, dann entferne aus dem Vorrat $\overline{v_{i-1}v_i}$ (die Kante), senke $\deg(v_{i-1})$ und $\deg(v_i)$ ab. Streiche v_{i-1}, falls sein Grad nun 0 ist.

24.2. Bäume und Wälder

Wir haben jetzt mit dem Hilfsmittel der Kreisfreiheit (bzw. ihres Nachweises) einen gewichtsminimalen aufspannenden Baum für zusammenhängende Graphen (bzw. Komponenten) finden können. Ein alternativer Ansatz dazu ist die entsprechende Verwendung des Hilfsmittels Zusammenhang. Dieser soll bei Abbau des Ausgangsgraphen erhalten bleiben.

Algorithmus 24.6 *Dualer Greedy-Algorithmus*
Input: Zusammenhängender Graph G mit Kantengewichten.
Output: Aufspannender Baum mit minimalen Gewicht.

1. Sortiere, so dass $c(e_1) \leq \ldots \leq c(e_m)$.

2. Setze $T := E$.

3. Für $i := m, \ldots, 1$ führe aus:
   Falls $T \setminus \{e_i\}$ noch zusammenhängend bleibt, dann setze $T := T \setminus \{e_i\}$.

4. Ausgabe von T.

Dazu brauchen wir in (3) eine Prozedur, die ermittelt, ob der Zusammenhang noch gewährleistet ist. Dazu kann man auch wieder Breitensuche oder folgenden Algorithmus einsetzen.

Algorithmus 24.7 *Test auf Verlust des Zusammenhangs durch uv-Entfernung*
Input: Zusammenhängender Graph G und neuer Graph $G' := G \setminus \{\overline{uv}\}$.
Output: Aufspannender Baum für G', wenn G' zusammenhängt.

1. Wähle den Knoten u aus. Setze $T = \{u\}$.

2. Füge an T eine Kante an mit $e = \overline{aa'}, a \in T, a' \notin T, T := T \cup \{a'\}$. Wiederhole dies so lange wie möglich.

3. Befindet sich am Ende v in T, dann ist der Zusammenhang erhalten geblieben, ansonsten nicht.

Komplexität: $n-1$ Anfügungen, jeweils bis zu m Kanten durchchecken $\to O(mn)$.

Satz 24.4 *Der duale Greedy-Algorithmus arbeitet korrekt.*

Beweis:
Ein G-aufspannender Baum ist inklusionsmaximal und zusammenhängend (und umgekehrt), da ja G zusammenhängend war. Wir fragen nun nach der C-Güte und zeigen, dass hier der gleiche Baum konstruiert wird wie bei Kruskals Algorithmus 24.2.
Betrachte dazu T^{primal} (aus dem Algorithmus von Kruskal) und T^{dual}, sowie die Bearbeitungsweise der Kante e_k.

(i) e_k werde in T^p aufgenommen. Seien zu diesem Zeitpunkt $e_{i_1}, \ldots e_{i_r}$ mit $i_1 < \ldots < i_r < k$ die vorher aufgenommenen Kanten. Wird e_k in T^p aufgenommen, dann enthält der Teilgraph $e_{i_1}, \ldots e_{i_r}, e_k$ keinen Kreis $\Rightarrow$ insbesondere ist e_k keine Kreiskante in $G(e_{i_1}, \ldots, e_{i_r}, e_k)$. Wir weisen nach, dass e_k dann auch nicht Kreiskante von $G(e_1, \ldots, e_{k-1}, e_k)$ ist. Betrachte dazu die Komponente von $G(e_1, \ldots, e_{k-1}, e_k)$, zu der e_k gehört. Wäre es dort nämlich eine Kreiskante, dann wäre ohne e_k eine Verbindung seiner Endknoten immer noch gewährleistet, d.h. e_k würde keine Komponenten zusammenführen. $G(e_{i_1}, \ldots, e_{i_r})$ spannt aber diese Komponente bereits auf. Also müsste sich auch dort schon ein Kreis mit e_k schließen.

Angenommen, e_k wird in T^d nicht verwendet, also entfernt, dann bleibt bei Entfernung einiger Kanten $> k$ und von k immer noch der Zusammenhang gewahrt. D.h. es gibt eine Umgehung von e_k und mit e_k einen Kreis innerhalb von $G(e_1, \ldots, e_{k-1}, e_{j_1}, \ldots, e_{j_s})$ mit $k < j_1 < \ldots < j_s < m$ (nicht entfernte Kanten noch nicht untersucht).

$e_{j_1}, \ldots, e_{j_s}$ können aber nicht in einem Kreis dieses Teilgraphen vorkommen, sonst wären solche Kante nämlich vor e_k verzichtbar gewesen und entfernt worden.

$\Rightarrow e_k$ ist sogar Kreiskante in $G(e_1, \ldots, e_{k-1}, e_k)$. WIDERSPRUCH.

(ii) $e_k \in T^d \Rightarrow G(e_1, \ldots, e_k, e_{j_1}, \ldots, e_{j_s})$ ist zusammenhängend, jedoch $G(e_1, \ldots, e_{k-1}, e_{j_1}, \ldots, e_{j_s})$ nicht mehr. Also ist e_k keine Kreiskante von $G(e_1, \ldots, e_{k-1}, e_k) \Rightarrow e_k$ muss auch in T^p aufgenommen werden. □

Algorithmus 24.8 Gemeinsames Skelett für Greedy-Algorithmen
Input: Zusammenhängender Graph mit Kantengewichten.
Output: Aufspannender Baum minimalen Gewichts.
Initialisierung: Setze $V_i := \{i\}$ $\forall i \in V$ und $T_i := \emptyset$ (Kantenmenge).
Typischer Schritt: Führe $(n-1)$-mal aus

(a) Wähle nichtleere Menge V_i

(b) Wähle Kante $\overline{uv} \in E$ mit $u \in V_i, v \in V \setminus V_i$
 und $c(\overline{uv}) \leq c(\overline{pq})$ $\forall \overline{pq} \in E$ mit $p \in V_i$, $q \in V \setminus V_i$.

(c) Bestimme j so, dass $v \in V_j$.

(d) Setze $V_i := V_i \cup V_j$ (falls $\#(V_i) > \#(V_j)$),
 bzw. $V_j := V_i \cup V_j$ (falls $\#(V_j) > \#(V_i)$).
 Setze andere Menge auf $\emptyset$.

(e) Setze $T_i := T_i \cup T_j \cup \{\overline{uv}\}$ im ersten Fall
 oder $T_j := T_i \cup T_j \cup \{\overline{uv}\}$ im zweiten Fall.

Ausgabe: Gib T mit $T_i \neq \emptyset$ aus.

24.2. Bäume und Wälder

Bemerkung
Dieser Algorithmus ist weitgehend analog zu den Algorithmen im Beispiel in Paragraph 23.2, sowie zu Algorithmus 24.3 zur Erkennung von kreishaltigen Komponenten.

Satz 24.5 *Algorithmus 24.8 liefert einen gewichtsminimalen aufspannenden Baum zu jedem zusammenhängenden Graphen.*

Beweis:
Im Algorithmus werden sukzessive Kanten eingefügt. Nach $n-1$ Einfügungen sind alle Komponenten (kreisfrei) vereinigt. Wir werden gleich beweisen, dass alle Einfügungskanten zu einem bestimmten gewichtsminimalen aufspannenden Baum gehören.

Annahme: $\overline{uv}$ werde im $(k+1)$-ten Schritt eingefügt, und sei die erste Kante, welche nicht zu T (einem minimalen aufspannenden Baum) gehört und eingefügt wird. $\overline{uv}$ ist ermittelt worden als kürzeste Verbindung der Komponente V_i (die u enthält) mit $V \setminus V_i$ (was v enthält). Da $\overline{uv}$ nicht zu T gehören soll, steht fest, dass $T \cup \{\overline{uv}\}$ einen Kreis beinhaltet. Innerhalb dieses Kreises existiert also ein alternativer Weg von u nach v über Knoten $u = w_0, w_1, \ldots, w_r, v = w_{r+1}$. Sei auf diesem Weg w_{i+1} der erste Knoten, der nicht zu V_i gehört, dann ist $\overline{w_i w_{i+1}}$ eine Kante von V_i nach $V \setminus V_i$ und ist in (b) als Konkurrent von $\overline{uv}$ erschienen (war noch nicht eingefügt). Dort hatte sich aber herausgestellt, dass $c(\overline{uv}) \leq c(\overline{w_i w_{i+1}})$. Ersetzen wir also in T die Kante $\overline{w_i w_{i+1}}$ durch $\overline{uv}$, dann haben wir keine Verschlechterung erzielt. Folglich ist $T' = T \setminus \{\overline{w_i w_{i+1}}\} \cup \{\overline{uv}\}$ wieder minimaler aufspannender Baum, zu dem die ersten $k+1$ eingefügten Kanten gehören. Induktiv kommt man so zu einem minimalen aufspannenden Baum, der alle $n-1$ Kanten enthält. □

Für den Spezialfall von vollständigen Grundgraphen (häufig vorliegend) eignet sich besonders gut (gut implementierbar) der folgende Algorithmus, der als Spezialversion von Algorithmus 24.8 betrachtet werden kann. Die Modifikation zu Algorithmus 24.8 beruht darauf, dass hier immer die gleiche Komponente anzieht.

Algorithmus 24.9 *Prim-Verfahren für Graphen*
Input: Zusammenhängender Graph mit Kantengewichten.
Output: Aufspannender Baum von minimalem Gewicht.
Typischer Schritt:

1. Wähle $w \in V$ und setze $T := \emptyset, W := \{w\}, V := V \setminus \{w\}$.

2. Ist $V = \emptyset$, dann gib T aus. STOP.

3. Wähle eine Kante $\overline{uv} \in \delta(W)$ mit $c(\overline{uv}) = \text{Min}\{c(e) | e \in \delta(W)\}$.

4. Setze $T := T \cup \{\overline{uv}\}, W := W \cup \{v\}, V := V \setminus \{v\}$.
   Gehe zu (2).

Der Aufwand hierfür ist $O(n^2)$: n Iterationen, in jeder Iteration eine Aktualisierung der Distanz jedes Außenknotens zur Aufblähkomponente W (Mitberücksichtigung der Kante vom Außenknoten zu gerade in W hinzugekommenen Knoten).

24.3 Kürzeste Wege in Graphen

Bisher haben wir uns damit beschäftigt, einen Graphen unter minimalen Kosten (minimale Kantengewichte) aufzuspannen. Dabei waren alle Knoten angesprochen, d.h. sie mussten erreicht werden.

Nun soll es darum gehen, kostenminimal von einem Knoten u zu einem Knoten v zu gelangen. Wir beschränken unsere Überlegungen auf den Fall von gerichteten Graphen. Damit können ohne große Mühe (z.B. durch Verdoppelung der Kanten und entgegengesetzte Durchlaufrichtungen) auch Probleme in ungerichteten Graphen behandelt werden. Dazu ersetzt man den Graph $G = (V, E)$ mit Kantengewichten $c_e \geq 0 \ \forall e \in E$ durch den Digraphen $D = (V, A)$ mit $c(i,j) = c(j,i) = c_{ij}$, wobei $A = \{\vec{ij}, \vec{ji} \mid ij \in E\}$. Jedem ungerichteten $[u,v]$-Weg in G entspricht dann in D ein gerichteter $[v,u]$ - Weg. Die Längen beider Wege sind gleich. Kürzeste Wege im ungerichteten Fall sind dann auch kürzeste Wege im gerichteten Fall und umgekehrt.

Es gibt unseres Wissens keinen Algorithmus zur Bestimmung kürzester (s,t)-Wege, der nicht (wenigstens zum Teil) auch kürzeste Wege von s zu anderen Knoten berücksichtigen würde.

Interessant für die Konstruktion der Algorithmen ist jeweils die Frage, ob auch negative Bogengewichte zugelassen werden können.

Eine Variation der Aufgabenstellung ergibt sich dann, wenn man zu *allen* Knotenpaaren die kürzeste Verbindung sucht.

Wir betrachten zuerst einmal den Fall, dass ein Startknoten $s \in V$ gegeben und alle Kantengewichte nichtnegativ sind.

Algorithmus 24.10 *Algorithmus von Dijkstra*
Input: Digraph $D = (V, A)$, Bogengewichte $c(a) \geq 0 \ \forall a \in A$, Startknoten $s \in V$, Endknoten $t \in V \setminus \{s\}$.
Output: Kürzester gerichteter Weg von s nach t sowie kürzeste Wege von s zu allen anderen Knoten.
Bezeichnungen:
$DIST(v)$: Länge des bisher kürzesten (s,v)-Weges ,
$VOR(v)$: Vorgänger von v auf bisher kürzestem Weg,
$MARK(v)$: Kürzeste Weglänge von s nach v,
M: Menge der markierten Knoten,
U: Menge der nicht markierten Knoten.
Initialisierung:
$DIST(s) := 0$.
$DIST(v) := c(\vec{sv}) \ \forall v \in V \ mit \ \vec{sv} \in A$.

24.3. Kürzeste Wege in Graphen

$DIST(v) := \infty \ \forall v \in V$ mit $\vec{sv} \notin A$.
$VOR(v) := s \ \forall v \in V \setminus \{s\}$.
Markiere s und lasse alle übrigen Knoten unmarkiert.
$MARK(s) := DIST(s)$, $M := \{s\}$, $U := V \setminus \{s\}$.

Typischer Schritt:

1. Falls $U = \emptyset$, dann gehe zu (4) und stoppe. Ansonsten
   bestimme einen Knoten $u \in U$ mit
   $DIST(u) = \text{Min}\{DIST(v) \mid v \text{ ist nicht markiert }\}$.
   Ist $DIST(u) = \infty$, dann erfolgt Abbruch (gehe zu (4)).
   Markiere u, d.h. $M := M \cup \{u\}$ und $U := U \setminus \{u\}$ und setze $MARK(u) := DIST(u)$.
   Falls $u = t$, und wenn nur Distanz und Weg zu t interessieren, gehe zu (4).

2. Führe $\forall v \in U$ mit $\vec{uv}$ aus A folgende Schritte aus:
   Falls $DIST(v) > MARK(u) + c(\vec{uv})$,
   setze $DIST(v) = MARK(u) + c(\vec{uv})$ und $VOR(v) := u$.

3. Gehe zu (1).

4. STOP

Ausgabe:
$\overline{MARK(v)}$ ist die gesuchte Länge eines Weges bis zu einem Endknoten v. Es wird aber der Weg nach t gesucht, wir brauchen also $MARK(t)$.
Für jedes markierte v mit $MARK(v) < \infty$ liefert $VOR(v)$ den Vorgänger zu v auf einem kürzesten Weg von s nach v. Den kürzesten Weg von s nach t findet man also durch rekursiven Aufruf von

$$t, VOR(t), VOR(VOR(t)), VOR(VOR(VOR(t))), \ldots, s$$

Beispiel (vgl. Abb. 24.1).

Gesucht ist der kürzeste Weg von E nach F

1. $s := E$ Ausgangsknoten, D ist nichtmarkierter Knoten mit $\text{Min} DIST(u)$.
   $DIST(D) := 8$, $MARK(D) := 8$, $VOR(D) := E$, $DIST(C) := 10$,
   $VOR(C) := D$.

2. markiert sind $\{E, D\}$, C ist nichtmarkierter Knoten mit $\text{Min} DIST(u)$.
   $MARK(C) := 10$, $DIST(G) := 16$, $DIST(A) := 11$, $VOR(G) := C$,
   $VOR(A) := C$.

3. markiert sind $\{E, D, C\}$, A ist nichtmarkierter Knoten mit $\text{Min} DIST(u)$.
   $MARK(A) := 11$, $DIST(B) := 15$, $DIST(F) := 19$, $VOR(B) := A$,
   $VOR(F) := A$.

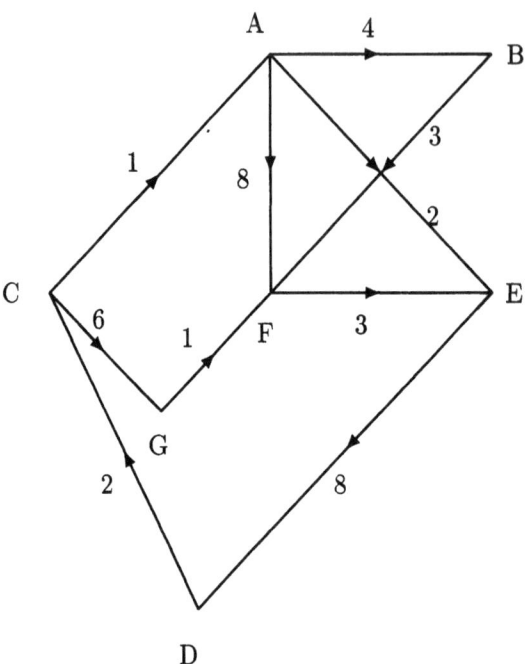

Abbildung 24.1: Beispiel zum Algorithmus von Dijkstra

4. markiert sind $\{E, D, C, A\}$, B ist nichtmarkierter Knoten mit
   Min$DIST(u)$ $MARK(B) := 15$, $DIST(F) := 18$ (neu), da
   $MARK(B) + c(\overrightarrow{BF}) = 15 + 3 = 18 < DIST(F)_{alt} = 19$ (alt).

5. markiert sind $\{E, D, C, A, B\}$, G ist nichtmarkierter Knoten mit
   Min$DIST(u)$
   $MARK(G) := 16$, $DIST(F) := 17$, $VOR(F) := G$.

6. Nächster Nachbar zu $\{E, D, C, A, G, B\}$ ist F.
   $MARK(F) := 17$, STOP.

Ausgabe:
Die Entfernung von E nach F ist 17 über folgenden Weg:
$VOR(F) = G$ (Länge 1), $VOR(G) = C$ (Länge 6), $VOR(C) = D$ (Länge 2),
$VOR(D) = E$ (Länge 8).

Satz 24.6 *Der Dijkstra-Algorithmus liefert zu jedem gewünschten t die kürzeste Distanz und den kürzesten Weg, der diese Distanz realisiert. Die Variable $DIST(v)$ gibt jeweils die kürzeste Entfernung zu einem Knoten v über die bereits markierten Knoten an.*

24.3. Kürzeste Wege in Graphen

Beweis:
Wir zeigen zuerst, dass sich bei Markierung von $v_0 = s, v_1, \ldots v_k$ in dieser Reihenfolge ergibt, dass $MARK(v_1) \leq \ldots \leq MARK(v_k)$.
Angenommen, für ein $i \in \{2, \ldots, k\}$ sei $MARK(v_i) < MARK(v_{i-1})$. Bei der $(i-1)$-ten Markierung müsste dann $DIST(v_{i-1}) \leq DIST(v_i)$ sein. Wir setzen nach Algorithmusvorschrift

$$MARK(v_{i-1}) := DIST(v_{i-1}).$$

$MARK(v_i)$ ergibt sich entweder aus $DIST(v_i)$ oder aus $MARK(v_{i-1}) + c(v_{i-1}, v_i)$, wenn dies kleiner als $DIST(v_i)$ ist.
Wir zeigen nun durch vollständige Induktion: Sind bisher s und weitere k Knoten markiert, dann geben $0 = MARK(s), MARK(v_1), \ldots, MARK(v_k)$ die Längen der kürzesten Wege zu $v_1, \ldots, v_k$ an.

Induktionsanfang: $k = 1$
v_1 ist markiert. $MARK(v_1)$ ist die Markierung des Knotens, welcher s am nächsten ist und wird deshalb im Lauf des Algorithmus auch nicht mehr verändert.

Induktionsannahme:
$s = v_0, v_1, \ldots, v_k$ seien markiert mit obiger Eigenschaft. v_{k+1} sei der nach v_k markierte Knoten.
Zu zeigen ist, dass tatsächlich $MARK(v_{k+1})$ die kürzeste Entfernung von v_0 zu v_{k+1} darstellt. Sicher ist $MARK(v_{k+1}) - c(\overrightarrow{v_l v_{k+1}}) \leq MARK(v_l) \; \forall v_l \in \{v_1, \ldots, v_k\}$, denn dies wurde bei der Aktualisierung garantiert.
Würde ein besserer Weg zu v_{k+1} nur bereits markierte Knoten benutzen, dann wäre der Vorgänger zu v_{k+1} wieder ein $v_l \in \{v_1, \ldots, v_k\}$. Dann ist nach k Iterationen

$$DIST(v_{k+1}) \leq MARK(v_l) + c(\overrightarrow{v_l v_{k+1}}) < MARK(v_{k+1}).$$

Dies ist falsch. WIDERSPRUCH
Angenommen, es gäbe einen besseren Weg von v_1 zu v_{k+1}, der als ersten unmarkierten Knoten v_r enthält. Das markierte v_l sei der Vorgänger von v_r auf diesem Weg ($v_l \in \{v_1, \ldots, v_k\}$). Dann ist nach k Markierungen $DIST(v_r) \leq MARK(v_l) + c(\overrightarrow{v_l v_r})$. Da v_{k+1} vor v_r markiert wird, gilt jedoch dann

$$DIST(v_{k+1}) = MARK(v_{k+1}) \leq DIST(v_r) \leq MARK(v_l) + c(\overrightarrow{v_l v_r}) < DIST(v_{k+1})$$

(Hier wurde das Endstück des besseren Weges weggelassen.) WIDERSPRUCH
Dass $DIST$ immer die Länge des kürzesten Weges über die markierten Punkte ausgibt, ergibt sich nach dem erfolgten Vergleich über alle Anfügungsmöglichkeiten $c(\overrightarrow{v_l v_r})$. ($v_l \in M, v_r \in U$). □

Konsequenz
$MARK$ gibt am Schluss die Weglänge für alle erreichbaren Punkte an. Ist am Ende $DIST(v) = \infty$, dann zeigt dies, dass v nicht erreichbar ist. Wird im Verlauf $\text{Min}\{DIST(v) \mid v \text{ unmarkiert }\} = \infty$, dann kann abgebrochen werden.

442   Kapitel 24. Aufspannende Untergraphen und Wege

Bemerkung
Die rekursive Vorschrift $VOR(VOR(\ldots))$ definiert eine Arboreszenz mit Wurzel s.

Beweis:
Sei u irgendein Knoten des durch die VOR-Rekursion definierten Graphen. Da $VOR(u)$ stets eindeutig bestimmt ist, bleibt der Eingangsgrad von $u \leq 1$. □

Satz 24.7 *Sei $D = (V,A)$ ein Digraph mit $c \geq 0$ und $s \in V$. Dann gibt es eine Aboreszenz B mit Wurzel s, so dass für jeden Knoten $v \in V$, der von s aus erreichbar ist, der eindeutige Arboreszenzweg auch der Kürzeste ist.*

Beliebige Kantengewichte, ein Startknoten

Wir betrachten jetzt den Fall beliebiger Kantengewichte. Bei beliebigen Kantengewichten ist das Problem des kürzesten Weges äquivalent zum Problem des längsten Weges. Gäbe es für letzteres einen polynomialen Algorithmus, dann wäre auch das Problem des Hamiltonschen Weges polynomial lösbar. Dies ist aber NP-vollständig und somit ist das Kürzeste-Wege-Problem in Allgemeinheit tatsächlich NP-schwer.

Die Idee des Verfahrens von Moore-Bellman

Gesucht ist der kürzeste Weg von s zu allen anderen Knoten. $DIST(v)$ wird wie oben initialisiert, enthält also jeweils die Länge des kürzesten, bis dahin bekannten Weges von s nach v.

$VOR(v)$ wird zunächst einmal $\forall v \in V\setminus\{s\}$ auf s gesetzt. $DIST(v)$ wird nun sukzessive reduziert. Findet man einen Bogen $(\overrightarrow{uv})$ mit $DIST(u)+c(\overrightarrow{uv}) \leq DIST(v)$, dann setzt man $DIST(v) := DIST(u) + c(\overrightarrow{uv})$ und $VOR(v) := u$. Nun gilt es, diese Verbesserungsmöglichkeiten effektiv durchzuchecken.
Dabei könnten Komplikationen auftreten, wie hier:

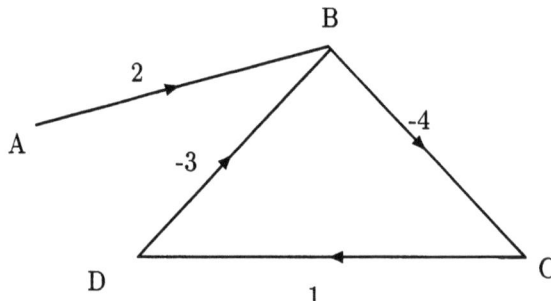

Abbildung 24.2: Komplikation durch Auftauchen eines negativ bewerteten Kreises

Gesucht ist der kürzeste Weg von A nach D.

Initialisierung
$DIST(A) := 0, DIST(B) := 2, DIST(C) := DIST(D) := \infty$

24.3. Kürzeste Wege in Graphen

Verbesserungsschritt

$DIST(C) = \infty > DIST(B) + c(\vec{BC}) = -2 \Rightarrow DIST(C) := -2$
$DIST(D) := DIST(C) + 1 = -1$
$DIST(B) = 2 > DIST(D) + c(\vec{DB}) = -4 \Rightarrow DIST(B) := -4$
$DIST(C) = -2 > DIST(B) + c(\vec{BC}) = -8 \Rightarrow DIST(C) := -8$ usw.

Durch Durchlaufen dieses Kreises können wir die Weglänge beliebig reduzieren und unsere Fragestellung wird sinnlos. Deshalb vereinbaren wir, dass Graphen mit Kreisen ausgeschlossen bleiben sollen.

Lemma 24.2 *In einem kreisfreien Digraphen lassen sich die Knoten so anordnen, dass nur noch Bögen $\vec{ij}$ mit $i < j$ existieren. Umgekehrt ist die Existenz einer solchen Anordnung ein Beleg für Kreisfreiheit des Graphen.*

Beweis:
Ist der Graph kreisfrei, dann gibt es einen Knoten mit Eingangsgrad 0. Angenommen, dies gelte nicht. Dann hat jeder Knoten einen Vorgänger und bei Zurückverfolgung stößt man wegen der Endlichkeit der Knotenzahl unausweichlich wieder auf einen schon bekannten (besuchten) Knoten. Dann aber liegt doch ein Kreis vor. (WID)
Diesem Knoten (einem solchen) mit Eingangsgrad 0 teilt man die Nummer 1 zu. Man entfernt dann alle inzidenten Kanten und setzt mit dem verbleibenden Graphen das Verfahren induktiv fort (Nummer 2 für Kante mit jetzigem Eingangsgrad 0). Usw.
Die Umkehrung ist trivial. □

Algorithmus 24.11 *Topologischer Sortieralgorithmus*
Input: kreisfreier Graph,
Output: Knotennummerierung, so dass nur noch Bögen $\vec{ij}$ mit $i < j$ auftauchen.
Initialisierung: Setze $i := 1$.
Typischer Schritt:

1. Wähle Knoten mit Eingangsgrad 0.

2. Gib ihm die Nummer $i \hat{=} v_i$.

3. Lösche alle zu v_i inzidenten Bögen $a \in \delta^+(v_i)$.

4. Falls $i < n$ setze $i = i + 1$ und gehe zu (1).

Algorithmus 24.12 *Algorithmus von Moore-Bellman für azyklische Digraphen*
Input: Kreisfreier Digraph $D = (V, A)$, Gewichte $c(a) \ \forall a \in A$,
alle Bögen aufsteigend $(a = \vec{ij}$ mit $i < j \ \forall a)$, Startknoten sei $s \in V$.
Output: Kürzeste gerichtete Wege von s nach v und ihre gerichtete Länge $\forall v \in V\setminus\{s\}$.

Initialisierung:

$$DIST(v) := \begin{cases} 0 & \text{falls } s = v \\ \infty & \text{falls } s \neq v \text{ und } \vec{sv} \notin A \\ c(\vec{sv}) & \text{sonst} \end{cases}$$

$$VOR(v) := s \quad \forall v \in V \setminus \{s\}$$

(1) Für $v := s+2$ bis n führe aus:

    (2) Für $u := s+1$ bis $v-1$ führe aus:

        Falls $\vec{uv} \in A$ und $DIST(u) + c(\vec{uv}) < DIST(v)$
        dann setze $DIST(v) = DIST(u) + c(\vec{uv})$
        und $VOR(v) := u$.
    Ende (2)

Ende (1)

Ausgabe: $DIST(v) \; \forall v \in V$, falls $DIST(v) < \infty$
Ausgabe der Vorgängerfolge von v.

Beispiel

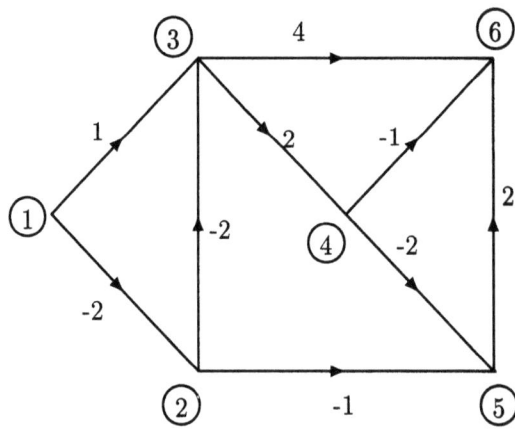

Abbildung 24.3: Beispiel zum Algorithmus von Moore-Bellman

$DIST(1) := 0, DIST(2) := -2, DIST(3) := 1, DIST(v) := \infty$ für $v = 4, 5, 6$

$v = 3, u = 2 \quad \vec{23} \in A \quad (-2) + (-2) < 1 \quad \Rightarrow DIST(3) := -4, \; VOR(3) := 2$
$v = 4, u = 2 \quad \vec{24} \notin A$
$v = 4, u = 3 \quad \vec{34} \in A \quad -4 + 2 < \infty \quad \Rightarrow DIST(4) := -2, \; VOR(4) := 3$
$v = 5, u = 2 \quad \vec{25} \in A \quad (-2) + (-1) < \infty \quad \Rightarrow DIST(5) := -3, \; VOR(5) := 2$

24.3. Kürzeste Wege in Graphen

$v = 5, u = 3 \quad \overrightarrow{35} \notin A$
$v = 5, u = 4 \quad \overrightarrow{45} \in A \quad (-2) + (-2) < -3 \quad \Rightarrow DIST(5) := -4, \; VOR(5) := 4$
$v = 6, u = 2 \quad \overrightarrow{26} \notin A$
$v = 6, u = 3 \quad \overrightarrow{36} \in A \quad -4 + 4 < \infty \quad \Rightarrow DIST(6) := 0, \; VOR(6) := 3$
$v = 6, u = 4 \quad \overrightarrow{46} \in A \quad (-2) + (-1) = -3 < 0 \quad \Rightarrow DIST(6) := -3, \; VOR(6) := 4$
$v = 6, u = 5 \quad \overrightarrow{56} \in A \quad -4 + 2 = -2 \geq -3.$

Satz 24.8 *Der Algorithmus von Moore-Bellman arbeitet korrekt auf beliebigen azyklischen Digraphen.*

Beweis:
Es gibt bekanntlich keine Bögen $\overrightarrow{vu}$, wenn $v > u$. Der Weg von s nach s hat Länge 0. Innere Knoten eines Weges von s nach v können deshalb nur diejenigen u mit $s < u < v$ sein. $\Rightarrow$ Es gibt höchstens einen Weg von s nach $s + 1$.

Induktionsanfang:
$t = s + 0$: hier liefert der Algorithmus das richtige Resultat 0.
$t = s + 1$: hier kann kein Zwischenknoten mehr eingefügt werden, die ursprüngliche Belegung $DIST(t) = c(\overrightarrow{st})$ bzw. $= \infty$, falls $st \notin A$ ist endgültig richtig.

Induktionsannahme:
Für $t = s + \kappa$ mit $\kappa \leq k$ seien durch den Algorithmus alle kürzesten Wege von s bis $s + \kappa$ richtig ermittelt worden.

Induktionsschritt:
Wir zeigen, dass auch der kürzeste Weg zu $t = s + k + 1$ richtig ermittelt wird. Wird in der äußeren Schleife $v = s + k + 1$ gesetzt, dann steht nach Induktionsannahme $DIST(u)$ bei $u = s + 1, \ldots, s + k$ auf seinen endgültigen Werten. Ein Weg von s zu $s + k + 1 = v$ führt entweder über den Bogen $\overrightarrow{sv}$ oder aber er benutzt solche inneren Knoten. Die schließliche Länge des kürzesten Weges zu $s + k + 1 = v$ ist also beschrieben durch

$$\text{Min}\{c(\overrightarrow{sv}), DIST(u) + c(\overrightarrow{uv}) \; \forall u \in \{s+1, \ldots, s+k\}, \infty\}.$$

Die innere Schleife des Algorithmus 24.12 (2) bestimmt aber gerade dieses Minimum. Also arbeitet der Algorithmus auch hier korrekt.
Die Vorgängerzuweisung ist sowieso richtig. □

Bemerkung:
Die Laufzeit dieses Algorithmus beträgt $O(n^2)$ (Doppelschleife).

Mit Variationen ist das Verfahren sogar bei Existenz von positiven Kreisen korrekt. Hierbei wird natürlich die Sortierung überflüssig.
Eine Variante hat in diesem Sinn eine Laufzeit von $O(n^3)$ bei beliebigen Graphen ohne Negativ-Kreise.

Man beachte, dass man bei dem hier vorgestellten Algorithmus massiv Gebrauch gemacht hat von dem bei kürzesten Wegen gültigen „Prinzip der dynamischen

Optimierung": Auf jedem Optimalweg ist ein jeder darin enthaltene Teilweg seinerseits ein kürzester Weg zwischen seinen beiden Endknoten. Dieses Prinzip ermöglicht in vielen Fällen die Lösung großer Probleme durch eine Zerlegung in mehrere kleine Probleme. Leider gilt das Prinzip aber nicht bei allen kombinatorischen Optimierungsproblemen.

Kürzeste Wege zwischen allen Knotenpaaren

Um kürzeste Wege zwischen allen Knotenpaaren zu finden, muss man bisherige Algorithmen n-mal anwenden und erhält somit eine Laufzeit von bis zu $O(n^3)$. Ein besser dazu geeigneter Algorithmus, der gleichzeitig auch noch Kreise auffindet und bei negativen Kreisen abbricht, ist der Floyd-Warshall-Algorithmus.

Algorithmus 24.13 *Algorithmus von Floyd-Warshall*
<u>Input</u>: Digraph $D = (V, A), V = \{1, \ldots, n\}$ mit beliebigen Bogengewichten $c(a)$.
<u>Output</u>: paarweise Angabe der kürzesten Weglängen w_{ij} mit Angabe der vorletzten Knoten p_{ij} auf diesen Wegen.
<u>Initialisierung</u>: Setze $\forall i, j \in \{1, \ldots, n\}$

$$w_{ij} := \begin{cases} c_{ij} \text{ falls } (\vec{ij}) \in A \\ \infty \text{ sonst} \end{cases}$$

und

$$p_{ij} := \begin{cases} i \text{ falls } (\vec{ij}) \in A \\ 0 \text{ sonst} \end{cases}$$

<u>Schritte</u>:

 Für $l := 1$ bis n führe aus:

  Für $i := 1, \ldots, n$ führe aus:

   Für $j := 1, \ldots, n$ führe aus:

   Falls $w_{ij} > w_{il} + w_{lj}$

    setze $w_{ij} := w_{il} + w_{lj}$

    sowie $p_{ij} := p_{lj}$.

   Falls $i = j$ und $w_{ii} < 0$ STOP.

  Ende der j-Schleife

 Ende der i-Schleife

Ende der l-Schleife

<u>Ausgabe</u>: Matrix W und Matrix P. Die Wege sind rekursiv ermittelbar

$$p_{iq} := v_q, \ p_{iv_q} := v_{q-1}, \ p_{iv_{q-1}} := v_{q-2}, \ldots, p_{iv_1} := i.$$

24.3. Kürzeste Wege in Graphen

Satz 24.9 *Sei $D = (V, A)$ ein Digraph mit Bogengewichten $c(a) \ \forall a \in A$. W und P seien die von obigem Algorithmus erzeugten neuen Matrizen. Dann gilt:*

(a) *Solange sich durch die l-Schleife noch keine negativen Kreise schließen, gibt W die korrekten Längen der kürzesten Wege und die korrekten Längen der positiven Kreise bei ausschließlicher Benutzung der bisher erlaubten Umsteigeknoten an.*

(b) *Ein negativ gewichteter Kreis führt zu einem negativen Hauptdiagonalelement und dient zum Abbruch.*

(c) *Bei $w_{ii} < 0$ liegt ein Negativkreis im Digraphen vor, wobei Umstiege nur über $1, \ldots, l$ möglich sind. (i ist dabei nicht notwendigerweise Kreisknoten.)*

Beweis:
Mit W^0 bezeichnen wir die Anfangsmatrix mit den einfachen Bogenlängen und mit W^l bezeichnen wir die Matrix nach Beendigung des l-ten Durchlaufs der äußeren Schleife.

(a) Wir führen den Beweis mit Hilfe einer vollständigen Induktion über l.
Induktionsbehauptung:
Wenn es keine negativen Kreise gibt, in denen als innere Punkte nur solche aus $\{1, \ldots, l\}$ vorkommen, dann gibt W^l die Länge der kürzesten Wege (bzw. der kürzesten (i, i)-Kreise) an, bei denen nur die Knoten $1, \ldots, l$ als innere Knoten vorkommen.
Induktionsanfang:
Für $l = 0$ ist die Behauptung sicher richtig.
Induktionsannahme:
Die Behauptung ist für l richtig.
Induktionsschluss: $l \to l+1$
In der $(l+1)$-ten Schleife wird überprüft, ob jeweils $w_{ij}^{(l)} > w_{i\,l+1}^{(l)} + w_{l+1\,j}^{(l)}$ gilt. $w_{i\,l+1}$ bzw. $w_{l+1\,j}$ können in dieser Stufe nur erneuert werden, wenn $w_{l+1\,l+1} < 0$ ist. So lange keine Negativkreise vorliegen, wie wir das von $W^{(l)}$ her wissen, geht das nicht. Also bleiben diese Einträge unverändert.

(i) Falls sich bei der Ungleichungsüberprüfung bzgl. $w_{ij} \leq$ ergeben hat, dann setzen wir $w_{ij}^{(l+1)} := w_{ij}^{(l)}$. In diesem Fall bringt eine Einführung von $l+1$ nichts, d.h. die Knoten $1, \ldots, l$ reichen als innere Knoten aus.

(ii) Falls sich $>$ herausgestellt hat, dann ersetzen wir den bisherigen Weg $[i, j]$ durch zwei aneinandergekoppelte Wege $[i, l+1]$ und $[l+1, j]$. Die zugehörigen Vorwerte $w_{i\,l+1}^{(l)}$ und $w_{l+1\,j}^{(l)}$ spiegeln noch immer die kürzesten Wege für diese Paare wieder, wenn nur $1, \ldots, l$ als innere Knoten davon zur Verfügung stehen. Nun können wir davon ausgehen, dass $l+1$ nur einmal auf dem tatsächlich kürzesten Weg vorkommt, da sich sonst ein Kreis um $l+1$ mit negativer Bewertung schließen muss, und das kann nicht sein. Infolgedessen reicht es zur Aktualisierung aus, die kürzesten Wege von i nach $l+1$ und von $l+1$ nach j zu verknüpfen, und dies als Alternative zu erwägen. Das genau macht aber der Algorithmus.

(b) Liegt bei Stufe $(l+1)$ zum ersten Mal ein Negativkreis vor mit inneren Knoten $1,\ldots,l+1$, dann muss der Anfangs- und Endknoten ein $i > l+1$ sein. Denn sonst hätte man diesen Kreis schon in der l-ten Stufe vorgefunden und nach (a) ist die l-te Stufe noch vollkommen korrekt. Andererseits sind alle anderen Kreisknoten $\leq l+1$. Dieser Kreis enthält $l+1$ nur einmal als Kreisknoten. Folglich setzt sich dieser Kreis zusammen aus Wegen $[i,l+1]$ und $[l+1,i]$ mit inneren Knoten aus $\{1,\ldots,l\}$. Hiervon sind $w^{(l)}_{il+1}$ und $w^{(l)}_{l+1i}$ exakte kürzeste Weglängen . Also muss gelten $w^{(l)}_{il+1} + w^{(l)}_{l+1i} < 0$. Also ist jetzt das i-te Hauptdiagonalelement $w^{(l+1)}_{ii} \leq w^{(l)}_{il+1} + w^{(l)}_{l+1i} < 0$.

(c) Taucht umgekehrt in der Hauptdiagonalen jemals ein Wert $w_{ii} < 0$ auf, dann zeigt das die Existenz einer geschlossenen Kette um i mit negativem Gewicht. Dies reicht zum Beweis von (c), wenn diese Kette ein Kreis ist.
Ist sie kein Kreis, dann enthält sie aber einen innersten Unterkreis $[r,r]$ innerhalb von $[i,i]$ mit $r \neq i$, so dass $[r,r]$ keinen eigenen Unterkreis mehr enthält.

   (i) Ist dieses $[r,r]$ nun ein Negativkreis, dann haben wir was wir wollen, allerdings enthält dieser nicht unbedingt i.

   (ii) Ist $[r,r]$ ein positiver Kreis, dann wird seine Vermeidung oder Umgehung die Länge der Kette $[i,i]$ senken und eine verkürzte geschlossene Kette $[i,r,i]$ erhalten.

Das Ereignis (ii) kann allerdings nur endlich oft eintreten, irgendwann sind alle Unterkreise entfernt. Deshalb entdeckt man zwingend irgendwann einen Negativkreis gemäß (i). □

Korollar 24.1 *Sind in der Stufe l noch keine negativen Hauptdiagonalelemente vorhanden, dann gibt die ganze Matrix die kürzesten Wege über die Knoten $1,\ldots,l$ an. Die Hauptdiagonalelemente beschreiben die kürzesten Kreise zum jeweiligen Knoten.*

Folgerung
Bei einem Digraphen mit Bogengewichten ohne negative Kreise kann die Länge des kürzesten Kreises und er selber in $O(n^3)$ Schritten berechnet werden.

Beweis:
w_{ii} gibt am Ende die Länge des kürzesten Kreises an, der i enthält. Wähle das minimale w_{ii} und rekonstruiere den zugehörigen Kreis aus der Matrix P. Dies ist der kürzeste gerichtete Kreis von D. Dies kostet $O(n)$. Also bleibt es bei $O(n^3)$ Schritten. □

24.4 Übungsaufgaben

Aufgabe 24.1 Wenden Sie den Topologischen Sortieralgorithmus an auf den gerichteten Graphen mit Knoten $a, b, c, d, e, f, g, h, i, j, k, l, m$ und mit folgenden Kanten:
$ac, ae, aj, bj, cd, ed, fd, fe, gm, gj,$
$hg, hi, hb, ia, ij, jl, je, jk, kd, ld, ml, mf$.

Aufgabe 24.2 Gegeben sei der folgende Digraph mit Knoten $1, 2, 3, 4, 5$ und Gewichtsfunktion w (dabei bedeutet $w(xy) = u$, falls xy kein Bogen ist). Wenden Sie den Algorithmus von Floyd-Warshall an, um in diesem Graphen den Abstand von je zwei Knoten zu berechnen.

w	1	2	3	4	5
1	0	2	4	u	3
2	2	0	8	u	1
3	6	2	0	4	3
4	1	u	u	0	5
5	u	u	u	1	0

Aufgabe 24.3

a) Sei $G = (V, E)$ ein zusammenhängender Graph mit Kantengewichten $c(e)$ $\forall e \in E$. Gesucht ist ein aufspannender Baum mit minimalem Gewicht.
Formulieren Sie dieses Problem als ganzzahliges, lineares Optimierungsproblem.

b) Sei $G = (V, E)$ ein Graph mit Kantengewichten $c(e) \forall e \in E$. Gesucht ist ein inklusionsmäßig maximaler Wald mit minimalem Gewicht.
Formulieren Sie dieses Problem als ganzzahliges, lineares Optimierungsproblem.

c) Sei $G = (V, E)$ ein Graph. Gesucht ist ein Kreis minimaler Länge.
Formulieren Sie dieses Problem als ganzzahliges, lineares Optimierungsproblem und interpretieren Sie die möglichen Lösungen des Problems.

Aufgabe 24.4 Sei $\mathcal{B}$ die Menge aller aufspannenden Bäume im zusammenhängenden Graphen G.
Zeigen Sie, dass der Greedy-Min Algorithmus für beliebige Gewichte c das folgende Bottleneck-Problem optimal löst:

$$\min_{B \in \mathcal{B}} \max_{e \in B} c(i)$$

Aufgabe 24.5 Gegeben sei ein (vollständiger) Graph mit den folgenden Kanten bzw. Kantengewichten $c(u, v)$:

	1	2	3	4	5	6	7	8	9	10
2	3									
3	4	16								
4	9	19	13							
5	8	20	1	16						
6	7	4	2	4	13					
7	6	12	5	9	3	6				
8	5	14	9	7	14	7	4			
9	4	17	14	6	5	9	5	7		
10	20	8	15	11	9	3	19	9	10	
11	15	3	20	12	19	12	6	19	15	20

Bestimmen Sie einen minimalen aufspannenden Baum. Liefern die drei Algorithmen (Greedy-Min, dualer Greedy, Primverfahren) dieselben Ergebnisse?
Bestimmen Sie mit dem Greedy-Max-Algorithmus einen wertmaximalen Wald.

Aufgabe 24.6 Gegeben sei der gerichtete Graph $G = (V, E)$ mit Gewichtsfunktion w:

$V = \{s, a, b, c, d, e, f, t\}$,
$E = \{sa, sb, sc, ad, ae, bd, ce, cf, dc, dt, ed, et, ft\}$,
$w(sa) = 4, w(sb) = 3, w(sc) = 2, w(ad) = 7, w(ae) = 7, w(bd) = 5$,
$w(ce) = 10, w(cf) = 2, w(dc) = 9, w(dt) = 3, w(ed) = 1, w(et) = 2$,
$w(ft) = 6$.

Verwenden Sie den Algorithmus von Dijkstra, um in diesem Graphen kürzeste Wege von s zu jedem anderen Knoten zu bestimmen.
Berechnen Sie das gleiche für den Graphen, der entsteht, wenn die gerichteten Kanten in G durch ungerichtete Kanten ersetzt und die Gewichte übernommen werden.

Aufgabe 24.7 Es sei $G = (V, E)$ ein einfacher Graph. Die *Taillenweite g* von G ist definiert als die Länge (gemessen als Kantenzahl) des kürzesten einfachen Kreises in G ($g := \infty$ falls kein Kreis in G existiert). Geben Sie einen Algorithmus an, der feststellt, ob ein gegebener Graph einen Kreis besitzt, und gegebenenfalls die Taillenweite von G bestimmt.

Kapitel 25
Flüsse in Netzwerken

25.1 Maximalflüsse

Graphentheoretische Konzepte finden häufig Anwendung bei Problemstellungen wie Transportsteuerung, Informationsweiterleitung, Rohstoffversorgung usw.
Die Knoten repräsentieren dabei die Stellen, an denen die Objekte vorbeigeleitet werden sollen und wo die Leitungen verzweigt werden können. Oft sind besondere Knoten ausgezeichnet, sogenannte Quellen und Senken, von denen aus und zu denen hin der Transport erfolgen muss. Die Bögen repräsentieren Kanäle oder Wege, auf denen der Transport oder Durchfluss erfolgt. Die Bogengewichte geben die Kapazitäten der Kanäle an.

Eine typische Fragestellung ist:
Gegeben ist das Rohrleitungssystem mit Rohrkapazitäten (Durchflussmenge pro Zeit/ Querschnitt). Wie hoch ist dann die maximale Durchflussmenge von der Quelle zur Senke?

Bezeichnungen
$D = (V, A)$ sei ein Digraph mit Bogenkapazitäten $c(a) \geq 0 \; \forall a \in A$. s und t seien zwei voneinander verschiedene Knoten aus V. s heißt *Quelle* und t heißt *Senke*.

Definition 25.1 *Eine Funktion $x : A \to \mathbb{R}$ (bzw. ein Vektor $x \in \mathbb{R}^A$) heißt zulässiger (s,t)-Fluss, wenn folgende Bedingungen erfüllt sind.*

1. $0 \leq x_a \leq c_a \; \forall a \in A$ *(Kapazitätsrestriktionen),*

2. $\sum_{a \in \delta^-(v)} x_a = \sum_{a \in \delta^+(v)} x_a \; \forall v \in V \setminus \{s, t\}$ *(Flusserhaltungsgleichungen).*

Ist $x \in \mathbb{R}^A$ ein zulässiger Fluss von s nach t, dann heißt
$val(x) = \sum_{a \in \delta^+(s)} x_a - \sum_{a \in \delta^-(s)} x_a$ der Wert des (s,t)-Flusses x.

Unsere Aufgabe ist es nun, den maximalen (s,t)-Fluss bzgl. val zu charakterisieren und dann auch zu finden.

Erinnerung
Ein (s,t)-Schnitt in D ist eine Bogenmenge der Form

$$\delta^+(W) = \delta^-(V\setminus W) = \{(i,j) \in A \mid i \in W, j \in V\setminus W\}$$

mit $s \in W$ und $t \in V\setminus W$. Die *Kapazität* eines Schnittes $\delta^+(W)$ wird gekennzeichnet durch $C(\delta^+(W)) = \sum_{a \in \delta^+(W)} c_a$.

Lemma 25.1

(a) Sei $s \in W$ und $t \notin W$, dann gilt für jeden zulässigen (s,t)-Fluss

$$val(x) = \sum_{a \in \delta^+(W)} x_a - \sum_{a \in \delta^-(W)} x_a.$$

(b) Der maximale Wert eines (s,t)-Flusses ist nicht größer als die minimale Kapazität eines (s,t)-Schnittes.

Beweis:

(a) Aus den Flusserhaltungsgleichungen folgt

$$val(x) = \sum_{a \in \delta^+(s)} x_a - \sum_{a \in \delta^-(s)} x_a$$

$$= \sum_{v \in W} \left(\sum_{a \in \delta^+(v)} x_a - \sum_{a \in \delta^-(v)} x_a \right) \quad \text{(Klammer} = 0 \text{ bei } v \in W, v \neq s\text{)}$$

$$= \sum_{a \in A_{W\overline{W}}} x_a + \sum_{a \in A_{WW}} x_a - \sum_{a \in A_{\overline{W}W}} x_a - \sum_{a \in A_{WW}} x_a$$

$$= \sum_{a \in A_{W\overline{W}}} x_a - \sum_{a \in A_{\overline{W}W}} x_a$$

$$= \sum_{a \in \delta^+(W)} x_a - \sum_{a \in \delta^-(W)} x_a$$

wobei $A_{W\overline{W}}$ die Bögen von W nach $V\setminus W$, A_{WW} die Bögen von W nach W, $A_{\overline{W}W}$ die Bögen von $V\setminus W$ nach W sind.

(b) $\delta^+(W)$ sei ein beliebiger (s,t)-Schnitt und x ein zulässiger (s,t)-Fluss. Dann gilt wegen (a)

$$val(x) = \sum_{a \in \delta^+(W)} x_a - \sum_{a \in \delta^-(W)} x_a \overset{(1)}{\leq} \sum_{a \in \delta^+(W)} x_a \overset{(1)}{\leq} \sum_{a \in \delta^+(W)} c_a = C(\delta^+(W))$$

$$\Rightarrow \operatorname*{Max}_{x}(val(x)) \leq \operatorname*{Min}_{W}(C(\delta^+(W))).$$

□

25.1. Maximalflüsse

Definition 25.2 P sei ein ungerichteter Weg von s nach t. Ein Bogen $\vec{ij}$ innerhalb von P heißt Vorwärtsbogen, wenn er von s aus in Richtung t verläuft, ansonsten heißt er Rückwärtsbogen. P heißt augmentierender Weg (oder ergänzender Weg) zu einem zulässigen Fluss x, wenn für alle Bögen $a \in P$ gilt
$x_a < c_a$ falls a Vorwärtsbogen ist und
$x_a > 0$ falls a Rückwärtsbogen ist.

Beispiel

X/Y entspricht den Angaben Kapazität/ Auslastung.

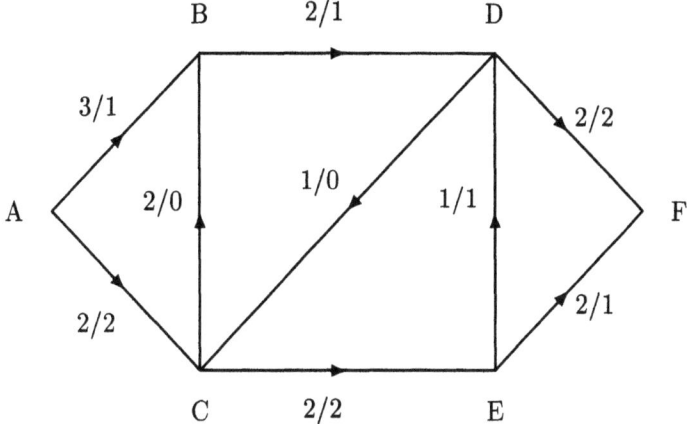

Abbildung 25.1: Ein Fluss in einem Netzwerk

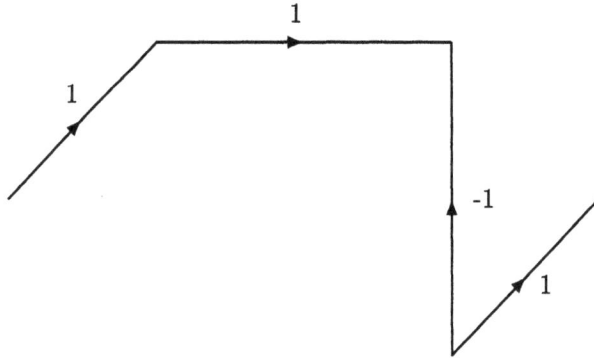

Abbildung 25.2. Der ergänzende Weg $ABDEF$ besorgt eine zusätzliche Flusseinheit. Nach Ergänzung stellt sich dies wie in Abb. 25.3 dar.

Satz 25.1 Ein Fluss ist genau dann maximal, wenn kein ergänzender Weg (augmentierender Weg) von s nach t existiert.

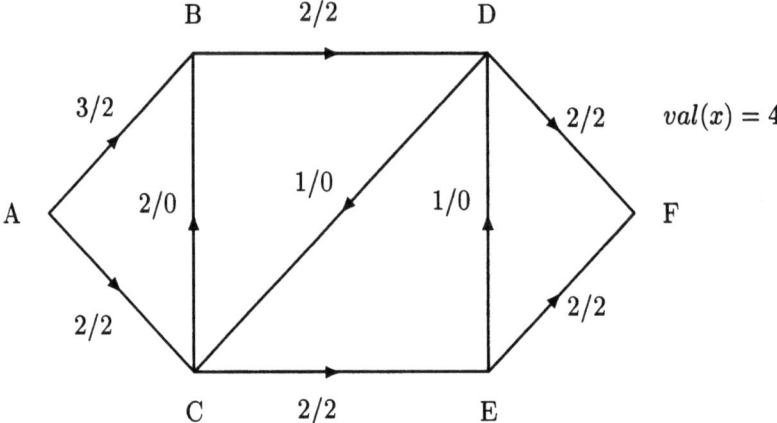

Abbildung 25.3. Der Maximalfluss ist erreicht, denn die Schnittkapazität ist 4 beim Schnitt aus $\langle A, B, C, D, E \rangle$ und $\langle F \rangle$.

Beweis:
$\Rightarrow$: Angenommen, es existiert ein augmentierender Weg P von s nach t. Wir wählen

$$\varepsilon := \mathrm{Min} \begin{cases} c_a - x_a & \text{falls } a \in P \text{ Vorwärtsbogen ist}, \\ x_a & \text{falls } a \in P \text{ Rückwärtsbogen ist} \end{cases}$$

auf diesem Weg und setzen dann

$$\bar{x}_a := \begin{cases} x_a + \varepsilon & \text{auf Vorwärtsbögen von } P, \\ x_a - \varepsilon & \text{auf Rückwärtsbögen von } P, \\ x_a & \text{für Bögen, die nicht zu } P \text{ gehören}. \end{cases}$$

Somit ist $\bar{x}$ immer noch zulässig, weil $0 \leq x_a \leq c_a \ \forall a \in A$ und weil gilt

$$\sum_{a \in \delta^-(v)} \bar{x}_a = \sum_{a \in \delta^-(v)} x_a + \sum_{\vec{a} \in \delta^-(v) \cap P} \varepsilon - \sum_{\overleftarrow{a} \in \delta^-(v) \cap P} \varepsilon = \sum_{a \in \delta^-(v)} x_a + I + II$$

$$\sum_{a \in \delta^+(v)} \bar{x}_a = \sum_{a \in \delta^+(v)} x_a + \sum_{\vec{a} \in \delta^+(v) \cap P} \varepsilon - \sum_{\overleftarrow{a} \in \delta^+(v) \cap P} \varepsilon = \sum_{a \in \delta^+(v)} x_a + III + IV$$

wobei $\vec{a}$ Vorwärts- und $\overleftarrow{a}$ Rückwärtsbogen auf P ist und I, II, III, IV die Ausdrücke

$$\sum_{\vec{a} \in \delta^-(v) \cap P} \varepsilon, \quad \sum_{\overleftarrow{a} \in \delta^-(v) \cap P} \varepsilon, \quad \sum_{\vec{a} \in \delta^+(v) \cap P} \varepsilon, \quad \text{bzw.} \quad \sum_{\overleftarrow{a} \in \delta^+(v) \cap P} \varepsilon$$

bezeichnen.

25.1. Maximalflüsse

Die ersten Summanden in beiden Zeilen waren schon als gleich bekannt. Wir müssen demnach noch zeigen, dass $I + II = III + IV$.
P durchläuft einmal den Knoten v. Möglich sind die Kombinationen

$\to v \to$ (2 Vorwärtsbögen)
         Beitrag: $+\varepsilon$ bei I und $+\varepsilon$ bei III,
$\to v \leftarrow$ (Vorwärts hinein, rückwärts hinaus)
         Beitrag: $+\varepsilon$ bei I und $-\varepsilon$ bei II,
$\leftarrow v \to$ (Rückwärts hinein, vorwärts heraus)
         Beitrag: $-\varepsilon$ bei IV und $+\varepsilon$ bei III,
$\leftarrow v \leftarrow$ (Rückwärts hinein, rückwärts heraus)
         Beitrag: $-\varepsilon$ bei IV und $-\varepsilon$ bei II.

Jede dieser vier Augmentierungsmaßnahmen führt also zu Gleichheit von $I + II$ und $III + IV$.
Nun ist nachzuweisen, dass sich der Wert erhöht hat.

$$val(\bar{x}) = \sum_{a \in \delta^+(s)} \bar{x}_a - \sum_{a \in \delta^-(s)} \bar{x}_a.$$

Zu s ist nur eine Kante aus P inzident.

$s \to$ Ist dies eine Vorwärtskante, dann wurde x_a um ε erhöht $\bar{x}_a = x_a + \varepsilon$
         $\Rightarrow$ positive Summe $+\varepsilon$, negative bleibt.
$s \leftarrow$ Ist dies eine Rückwärtskante, dann wurde x_a um ε gesenkt $\bar{x}_a = x_a - \varepsilon$
         $\Rightarrow$ positive Summe bleibt, negative Summe sinkt um ε.

$\Rightarrow$: Wachstum in beiden Fällen.

$$\Rightarrow val(\bar{x}) = val(x) + \varepsilon \Rightarrow x \text{ ist nicht maximal.}$$

$\Leftarrow$: Nun existiere kein augmentierender Weg von s nach t zum vorliegenden x.
Definiere W als die Knotenmenge, die aus s und allen Knoten besteht, bis zu denen ein augmentierender Weg $[s, v]$ verläuft. Nach Voraussetzung in diesem Teilbeweis gehört t nicht zu W. Also gilt $t \in V \backslash W = \overline{W}$.
Betrachte nun die Schnittbögen zwischen W und $\overline{W}$.
Für $a \in \delta^+(W)$, also einem Bogen von W nach $\overline{W}$ mit $a = (\overrightarrow{v_i, v_j})$, ist v_i augmentierend erreichbar, nicht jedoch $v_j \Rightarrow x_a = c_a$ (Erhöhung auf Vorwärtsbogen des Pfades nicht mehr machbar).
Für $a \in \delta^-(W)$ also einen Bogen von $\overline{W}$ nach W, kann eine Augmentierung dann erfolgen, wenn $x_a > 0$ ist mit $a = (\overleftarrow{v_i, v_j}), v_i \in W, v_j \notin W$ (Rückwärtsbogen auf P). Dies ist nicht der Fall $\Rightarrow x_a = 0$.
Es folgt auf diese Art:

$$\begin{aligned} val(x) &= \sum_{a \in \delta^+(W)} x_a - \sum_{a \in \delta^-(W)} x_a \\ &= \sum_{a \in \delta^+(W)} c_a - \sum_{a \in \delta^-(W)} 0 \\ &= \sum_{a \in \delta^+(W)} c_a. \end{aligned}$$

Nach Lemma 25.1(b) muss deshalb x optimal sein. □

Korollar 25.1

(a) Sind alle c_a ganzzahlig, dann ist auch der maximale Flusswert ganzzahlig (falls es einen gibt).

(b) Mit endlich vielen Augmentierungen erreicht man eine ganzzahlige Optimallösung.

Beweis:
Der Maximalwert ist beschränkt und existiert. 0 ist zulässiger Fluss. Ist ein ganzzahliger Fluss noch nicht maximal, dann existiert ein augmentierender Weg. Die dort mögliche Augmentierung (ja sicher positiv) ist dann auch ganz (Differenz aus ganzen Kapazitäten und ganzen Flusswerten). Die Augmentierung liefert somit erneut einen ganzzahligen Fluss $\bar{x}$ und steigert den Wert des Flusses mindestens um 1. Da der Maximalwert beschränkt ist, können wir deshalb endlich oft verbessern. Beginnt man bei $x_a = 0$, dann entstehen nur zulässige Flüsse. □

Satz 25.2 *Der Maximalwert eines (s,t)-Flusses ist gleich der Minimalkapazität eines (s,t)-Schnittes.*

Beweis:
Es gibt einen Maximalfluss, denn es handelt sich hier um eine beschränkte (endlichdimensionale) Maximierungsaufgabe. Bei diesem Maximalfluss ergibt sich Übereinstimmung mit einem Schnitt (siehe Beweis zu Satz 25.1). Dieser Schnitt muss minimal sein. Bei Existenz eines kleineren Schnittes wäre der Fluss überhaupt nicht realisierbar. □

Algorithmus 25.1 *Algorithmus von Ford-Fulkerson zum Auffinden eines maximalen Flusses*
Input: Digraph D, Bogenkapazität $c_a \in K, c_a \geq 0, s, t$ mit $s \neq t$.
Output: Zulässiger (s,t)-Fluss x mit maximalem Wert $val(x)$ und minimalem (s,t)-Schnitt $\delta^+(W)$.
Initialisierung:
W sei die Menge der markierten Knoten und U sei die Untermenge von W der markierten, aber noch nicht überprüften Knoten.
VOR sei ein Vektor, der jeweilige Vorgänger auf einem P-augmentierenden Weg bezeichnet.
EPS sei ein Vektor zur Berechnung der Steigerungsmöglichkeit ε auf einem augmentierenden Weg P. Wir setzen EPS für alle Knoten auf ∞.
Setze $x_a := 0 \; \forall a \in A$.
Markieren und Überprüfen

1. Setze $W := \{s\}$ und $U := \{s\}$.

2. Ist $U = \emptyset$, dann gehe zu (8).

25.1. Maximalflüsse

3. Wähle $i \in U$ und setze $U := U \setminus \{i\}$.

4. Für alle $\vec{ij} \in A$ mit $j \notin W$ führe aus:

   Falls $x_{ij} < c_{ij}$ setze $VOR(j) := +i$,
   $EPS(j) := \text{Min}\{c_{ij} - x_{ij}, EPS(i)\}$,
   $W := W \cup \{j\}$ und $U := U \cup \{j\}$.

5. Für alle $\vec{ji} \in A$ mit $j \notin W$ führe aus:

   Falls $x_{ji} > 0$ setze $VOR(j) := -i$,
   $EPS(j) := \text{Min}\{x_{ji}, EPS(i)\}$,
   $W := W \cup \{j\}$ und $U := U \cup \{j\}$.

6. Ist t bereits in W, dann gehe zu (7).
   Gehe zu (2).

Augmentierung

(7) Konstruiere einen augmentierenden Weg und erhöhe den Flusswert um $EPS(t)$, also:

   (a) Bestimme $j_1 = |VOR(t)|$.

   (b) Falls $VOR(t) > 0$ setze $x_{j_1 t} := x_{j_1 t} + EPS(t)$
   andernfalls (also bei $VOR(t) < 0$) $x_{t j_1} := x_{t j_1} - EPS(t)$ und wiederhole diese Prozedur für j_2 (Vorgänger von j_1), j_3 (Vorgänger von j_2), bis $j_k = s$ erreicht ist.
   Gehe zurück zu (1).

Bestimmung des minimalen Schnittes

(8) Der gegenwärtige (s,t)-Fluss ist maximal und $\delta^+(W)$ ist der (s,t)-Schnitt von minimaler Kapazität. Also erfolgt ein Abbruch.

Satz 25.3 Edmonds und Karp
Seien $c_a \geq 0$ alle beliebig (evtl. auch irrational). Falls jeder Augmentierungsschritt entlang eines Weges mit kürzestmöglicher Bogenzahl durchgeführt wird, erreicht man den Maximalfluss nach höchstens $\frac{mn}{2}$ Augmentierungen. Die Gesamtlaufzeit hierfür ist $O(m^2 n)$.

Bemerkung
Die Anforderung aus diesem Satz lässt sich erfüllen, wenn man die Menge U sukzessive nach dem Prinzip FIRST IN - FIRST OUT abarbeitet.
Grund: Diese Vorgehensweise führt zu Breitensuche. t wird dort zuerst erfasst, wo die bogenmäßig früheste Möglichkeit zur Augmentierung besteht.

25.2 Das Maximalflussproblem betrachtet als lineares Optimierungsproblem

Definition 25.3 *Maximalfluss-Problem*
Wir versuchen, über Variation des Flussvektors x^A den Ausdruck

$$val(x) = \sum_{a \in \delta^+(s)} x_a - \sum_{a \in \delta^-(s)} x_a$$

zu maximieren. Die Nebenbedingungen dabei sind:

$$-x(\delta^-(v)) + x(\delta^+(v)) = -\sum_{a \in \delta^-(v)} x_a + \sum_{a \in \delta^+(v)} x_a = 0 \quad \forall v \in V \setminus \{s,t\}$$

$$0 \leq x_a \leq c_a \quad \forall a \in A.$$

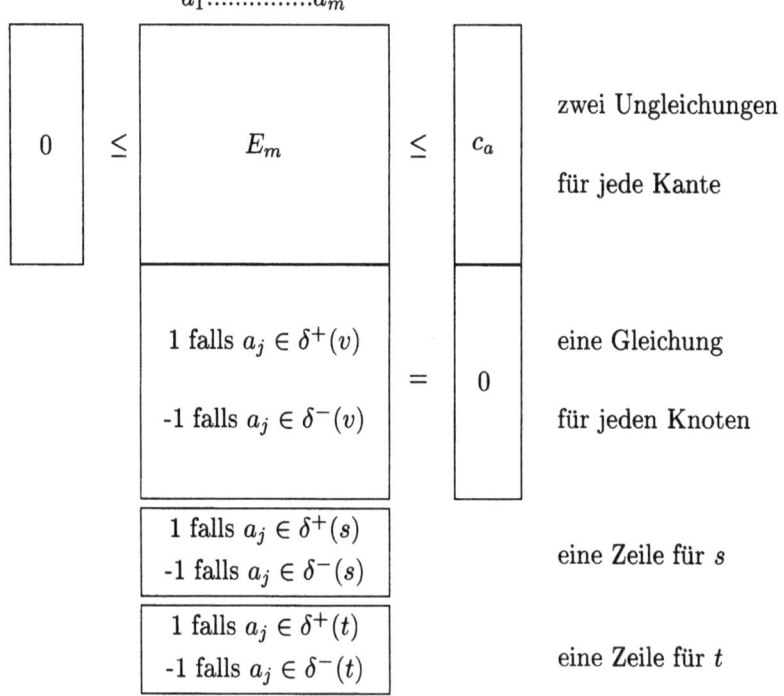

Abbildung 25.4: Die Restriktionen zum Flussmaximierungsproblem

Es liegen also $\#(V) - 2 + 2\#(A)$ Nebenbedingungen vor. Jede zulässige Lösung dieses Programms ist ein zulässiger (s,t)-Fluss, jede optimale Lösung ein optimaler (s,t)-Fluss. Wir versuchen, hierzu das duale Programm aufzustellen.

25.2. Das Maximalflussproblem als LP

$$\begin{array}{ll} \text{primal} & \\ \max & d^T x \\ \text{unter} & Ax \leq a \\ & Cx = b \\ & x \geq 0 \end{array} \qquad \begin{array}{ll} \text{dual} & \\ \min & u^T a + v^T b \\ \text{unter} & A^T u + C^T v \geq d \\ & u \geq 0 \end{array}$$

$\Rightarrow \min \sum_{a \in A} c_a y_a + \sum_{v \in V} z_v \cdot 0$
unter

y_a			≥ 0	$\forall a \in A$
y_a	$+z_u$	$-z_v$	≥ 0	für $a = \vec{uv}$, $u,v \notin \{s,t\}$
y_a		$-z_v$	≥ 1	für $a = \vec{uv}$, $u = s$, $v \neq t$
y_a	$+z_u$		≥ -1	für $a = \vec{uv}$, $v = s$, $u \neq t$
y_a		$-z_v$	≥ 0	für $a = \vec{uv}$, $u = t$, $v \neq s$
y_a	$+z_u$		≥ 0	für $a = \vec{uv}$, $u \neq s$, $v = t$
y_a			≥ 1	für $a = \vec{uv}$, $u = s$, $v = t$
y_a			≥ -1	für $a = \vec{uv}$, $u = t$, $v = s$

Wenn wir hier jeweils z_s und z_t als Konstanten mit $z_s = -1$ und $z_t = 0$ einführen, dann vereinfacht sich alles zu
$\min \sum_{a \in A} c_a y_a$ unter $y_a \geq 0 \; \forall a \in A$

$$\begin{array}{ll} y_a + z_u - z_v \geq 0 & \forall u, v \notin \{s, t\} \\ y_a + z_s - z_v \geq 0 & u = s, v \neq t \\ y_a + z_u - z_s \geq 0 & v = s, u \neq t \\ y_a + z_t - z_v \geq 0 & u = t, v \neq s \\ y_a + z_u - z_t \geq 0 & u \neq s, v = t \\ y_a + z_s - z_t \geq 0 & u = s, v = t \\ y_a + z_t - z_s \geq 0 & u = t, v = s \\ z_s = -1 & \text{und } z_t = 0. \end{array} \quad \Longleftrightarrow \quad \begin{array}{ll} \min & \sum_{a \in A} c_a y_a \\ \text{unter} & y_a \geq 0 \; \forall a \in A \\ & y_a + z_u - z_v \geq 0 \; \forall a \in A \\ & z_s = -1 \\ & z_t = 0 \end{array}$$

Satz 25.4 *Max-Flow-Min-Cut-Theorem (LP-Interpretation)*
Gegeben sei ein Digraph $D = (V, A)$ mit $c_a \geq 0 \; \forall a \in A$, sowie s, t mit $s \neq t$. Dann gilt:
Der maximale Flusswert ist gleich der minimalen Kapazität eines (s,t)-Schnittes.

Beweis:
Nach Lemma 25.1(b) müssen wir zeigen, dass es einen Schnitt gibt, dessen Wert mit dem des maximalen Flusses übereinstimmt. Ein maximaler Fluss existiert sicherlich, denn die Kapazitäten sind beschränkt (dies liefert eine Oberschranke) und es gibt zulässige Flüsse ($x^* = 0$ ist ein Beispiel).
Betrachte nun $\delta^+(s)$ und die Kapazität $\sum_{a \in \delta^+(s)} c_a$.
Sei x^* ein optimaler zulässiger Fluss mit $val(x^*)$ als Flusswert. Dann löst x^* natürlich das obige primale Problem aus Definition 25.3. Also gibt es nach dem Dualitätssatz 5.4 einen Optimalpunkt $\begin{pmatrix} y \\ z \end{pmatrix}^*$ für das duale Problem mit gleichem Optimalwert, d.h. $val(x^*) = \sum_{a \in A} c_a y_a^*$.

Setze nun $W := \{u \in V \mid z_u^* < 0\}$. Wir zeigen, dass $\delta^+(W)$ einen (s,t)-Schnitt mit $\mathcal{C}(\delta^+(W)) = val(x^*)$ bildet.
Offenbar ist $s \in W$ (nach Definition) und $t \notin W$ (wegen $z_t = 0$), also ist $\delta^+(W)$ ein (s,t)-Schnitt. Nachzuweisen bleibt noch die Optimalität.
Bei $a = \vec{uv} \in \delta^+(W)$ gilt $z_u < 0$ und $z_v \geq 0$. Aufgrund der Zulässigkeit ist dann $y_a + z_u - z_v \geq 0$, ja sogar $y_a \geq z_v - z_u > 0$.
Nach dem Satz vom schwachen komplementären Schlupf 5.5 gilt: Wenn $y_a > 0$, dann gilt in der zu y_a gehörigen Ungleichung des primalen Systems Gleichheit:

$$x_a = c_a, \text{ also } \sum_{a \in \delta^+(W)} x_a = \sum_{a \in \delta^+(W)} c_a.$$

$\Rightarrow$ Die Kapazität c_a für $a \in \delta^+(W)$ ist überall ausgelastet. Wir wollen jetzt $\sum_{a \in \delta^-(W)} x_a$ ermitteln.
Für $a = \vec{uv} \in \delta^-(W)$ gilt $z_u \geq 0, z_v < 0, y_a \geq 0$
$\Rightarrow y_a + z_u - z_v \geq z_u - z_v > 0$ (das entspricht der UGL: $A^T u + C^T v \geq d$) $\Rightarrow$ im primalen System muss auch hier bei der zugehörigen Primalvariable Übereinstimmung mit 0 bestehen $\Rightarrow x_a = 0 = x_{\vec{uv}}$.
Es folgt: $\mathcal{C}(\delta^+(W)) = x^*(\delta^+(W)) - 0 = x^*(\delta^+(W)) - x^*(\delta^-(W))$
$\phantom{\text{Es folgt: } \mathcal{C}(\delta^+(W))} = x^*(\delta^+(s)) - x^*(\delta^-(s)) = val(x^*).$

$\square$

Bemerkung
Demnach kann man aus jeder Optimallösung des dualen Programms einen (s,t)-Schnitt gewinnen, der den Optimalwert annimmt.

Umgekehrt lässt sich aus dem Schnitt auch die duale Optimallösung konstruieren. Dazu setzt man
$y_a = 1 \; \forall a \in \delta^+(W), y_a = 0$ sonst,
$z_v = -1 \; \forall v \in W, z_v = 0 \; \forall v \notin W$

$\Rightarrow z_s = -1, z_t = 0$, da $s \in W$ und $t \notin W$.
Wenn $a \in \delta^+(W) \Rightarrow y_a = 1, z_u = -1, z_v = 0 \Rightarrow y_a + z_u - z_v \geq 0$.
Wenn $a \in \delta^-(W) \Rightarrow y_a = 0, z_u = 0, z_v = -1 \Rightarrow y_a + z_u - z_v = 1 \geq 0$.
Wenn $a = \vec{uv}$ mit $u \in W, v \in W \Rightarrow y_a = 0, z_u = -1, z_v = -1 \Rightarrow y_a + z_u - z_v = 0 \geq 0$.
Wenn $a = \vec{uv}$ mit $u \notin W, v \notin W \Rightarrow y_a = 0, z_u = 0, z_v = 0 \Rightarrow y_a + z_u - z_v = 0 \geq 0$.
Also ist die Zulässigkeit gesichert und es gilt $\sum_{a \in A} y_a c_a = \sum_{a \in \delta^+(W)} c_a$.

Folgerung
Für das duale Problem existiert eine ganzzahlige Optimallösung.

25.3 Flüsse mit minimalen Kosten

Nun soll ein Fluss von vorgegebener Größe so durch ein Netzwerk geleitet werden, dass die anfallenden Kosten minimal werden. Diese Kosten fallen kantenweise an, und zwar wird dort die Durchflussmenge (in Vorwärtsrichtung) multipliziert mit einem bogenspezifischen Kostensatz. Man braucht also einen Digraphen $D = (V, A)$, Bogenkapazitäten $c(a) \geq 0$ und Kostenkoeffizienten $w(a) \; \forall a \in A$. Außerdem sind die Knoten s und t sowie der Flusswert φ vorgegeben.

Formale Problemstellung

$$
\begin{aligned}
\min \quad & \sum_{a \in A} w(a) x_a \\
\text{unter} \quad & 0 \leq x_a \leq c(a) \; \forall a \in A \\
& \sum_{a \in \delta^+(v)} x_a = \sum_{a \in \delta^-(v)} x_a \quad \forall v \in V \setminus \{s, t\} \\
& \sum_{a \in \delta^+(s)} x_a - \sum_{a \in \delta^-(s)} x_a = \varphi.
\end{aligned}
$$

Wir können dieses Problem also mit Algorithmen zur linearen Optimierung lösen. Jedoch gibt es wesentlich schnellere kombinatorische Spezialverfahren.

Definition 25.4 *x sei ein zulässiger (s,t)-Fluss in D. C sei ein (fiktiver) Kreis im zugehörigen ungerichteten Graphen (C muss also nicht orientierungstreu sein).*
Im Kreis sind zwei Orientierungen möglich, wir wählen eine davon. Betrachte nun einen einzelnen Bogen. Hat er die Richtung des Kreisumlaufs, dann ist es ein Vorwärtsbogen, ansonsten ein Rückwärtsbogen.
Den Kreis C nennt man augmentierend, wenn es eine Orientierung von C gibt, so dass $x_a < c_a$ für alle Vorwärtsbögen und $x_a > 0$ für alle Rückwärtsbögen gilt.

Definition 25.5 *Der Kostenfaktor eines augmentierenden Weges ist definiert als die Summe der Kostenfaktoren aller Vorwärtsbögen auf diesem Weg abzüglich der Summe aller Kostenfaktoren für Rückwärtsbögen. Die Kosten einer Augmentierung (Ergänzung) auf einem solchen Weg ergeben sich als Produkt aus dem Kostenfaktor des Weges und der Anzahl der Augmentierungseinheiten.*
Ein augmentierender Kreis ist ein geschlossener augmentierender Weg. Der Kostenfaktor eines augmentierenden Kreises ist die Summe aus den Kostenfaktoren aller Vorwärtsbögen abzüglich der Summe aller Kostenfaktoren für Rückwärtsbögen.
Die Kosten für eine Ergänzung auf diesem Kreis errechnen sich als Produkt von Kreisdurchlaufkostenfaktor und der Anzahl der Ergänzungseinheiten.

Satz 25.5 *Ein Fluss mit Wert φ hat genau dann minimale Kosten, wenn es keinen augmentierenden Kreis mit negativen Kosten gibt.*

Beweis:
„⇐": Wir beweisen zunächst die Rückrichtung.
Voraussetzung: Es gebe keinen augmentierenden Kreis mit negativen Kosten. Angenommen, ein zulässiger Fluss $\bar{x}$ habe geringere Kosten als x. Beide sollen jeweils den geforderten Flusswert φ aufweisen. $y = \bar{x} - x$ kann als Summe von augmentierenden Kreisen ausgedrückt werden, wenn $\bar{x}$ und x zwei beliebige Flüsse des

Wertes φ sind. Das zeigen wir durch Induktion über die Anzahl der Bögen a mit $\bar{x}_a \neq x_a$.
Induktionsbehauptung:
$y = \bar{x} - x$ ist die Summe augmentierender Kreise.
Induktionsanfang:
Es existieren zwei Bögen mit $\bar{x}_a \neq x_a$. Dann muss sich mit a und a' ein negativer augmentierender Kreis schließen, weil jeder Knoten zu 0 oder zwei Unterschiedsbögen inzident sein muss. Wir haben eine Schlinge $a = \overrightarrow{uv}$ und $a' = \overrightarrow{vu}$.
Induktionsannahme:
Gibt es k Bögen a mit $\bar{x}_a \neq x_a$, dann ist $y = \bar{x} - x$ Summe augmentierender Kreise.
Induktionsschluss: k nach $k+1$
Betrachte einen Knoten v_0 so, dass ein Bogen $\overrightarrow{v_0 v_1}$ existiert mit $\bar{x}(\overrightarrow{v_0 v_1}) \neq x(\overrightarrow{v_0 v_1})$. (O.B.d.A. gelte $>$)
Nach den Flusserhaltungsgleichungen muss dann ein Bogen $a = \overrightarrow{v_1 v_2}$ existieren mit $(\bar{x}_a - x_a) > 0$ oder ein Bogen $a = \overrightarrow{v_2 v_1}$ mit $(\bar{x}_a - x_a) < 0$. Denn

$$\sum_{a \in \delta^+(v)} (\bar{x}_a - x_a) - \sum_{a \in \delta^-(v)} (\bar{x}_a - x_a) = 0 \; \forall v \in V.$$

Insbesondere gilt diese Gleichung für v_1. Wir gehen nun vor wie bei der EPS-Errechnung bei augmentierenden Pfaden. Man minimiert die Größen $\bar{x}_a - x_a$ auf Vorwärtsbögen, bzw. $|\bar{x}_a - x_a|$ auf Rückwärtsbögen. Wir fahren nun von v_2 aus entsprechend fort und bestimmen einen Fortsetzungsknoten zu v_2. Bei diesem Vorgehen erreichen wir irgendwann einen Knoten, den wir bereits betrachtet hatten. Ein Kreis K ist somit geschlossen und wir sehen Vorwärts- bzw. Rückwärtsbögen. Sei $|\alpha|$ die betragsmäßig geringste Differenz zwischen $\bar{x}_a$ und x_a auf diesen Kreisbögen. Damit setzen wir

$x' := x + \alpha \quad \forall \alpha \in K \quad$ bei Vorwärtsbögen bzgl. K (dort war $\bar{x} > x$),
$x' := x - \alpha \quad \forall \alpha \in K \quad$ bei Rückwärtsbögen bzgl. K (dort war $\bar{x} < x$),
$x' := x \quad\quad\quad\;$ sonst.

Da sich jeder Wert des Flusses dadurch nicht geändert hat (an jedem Knoten wurde die Bilanz erhalten, insbesondere bei s oder t), gilt $val(x') = val(x) = val(\bar{x})$. Auf einem der Kreisbögen wird das Differenz-Betrags-Minimum angenommen, dort ist jetzt $x'_a = \bar{x}_a$. Wir haben aber nur Bögen betrachtet, bei denen $\bar{x} \neq x$ war, so dass die Zahl der neuerdings unterschiedlich belegten Bögen nun um eins geringer ist als vorher, also nicht mehr $k+1$, sondern jetzt k beträgt. Für diese k Bögen gilt die Induktionsbehauptung, was die Induktion nunmehr abschließt.
Beim Übergang von x nach $\bar{x}$ ist der Flusswert erhalten geblieben. Die Kostenänderung für die beschriebene Kreisaugmentierung ist $|\alpha| \cdot \gamma$, wobei γ den Kostenfaktor des Kreises darstellt. Da $\bar{x}$ besser sein soll als x, muss mindestens ein solches Produkt negativ sein. Also existiert unter den Augmentierungskreisen einer mit negativem Kostenfaktor, was der Annahme widerspricht.

25.3. Flüsse mit minimalen Kosten

„⇒": Betrachten wir nun die andere Richtung der Behauptung.
Es liege also ein Fluss mit minimalen Kosten vor. Wir nehmen an, K sei ein augmentierender Kreis mit negativem Kostenfaktor. Wir setzen dann

$$\alpha := \text{Min} \begin{cases} c_a - x_a & a \text{ ist Vorwärtsbogen} \\ x_a & a \text{ ist Rückwärtsbogen} \end{cases}$$

und definieren

$$\begin{aligned} x' &:= x + \alpha & \text{für Vorwärtsbögen,} \\ x' &:= x - \alpha & \text{für Rückwärtsbögen,} \\ x' &:= x & \text{sonst.} \end{aligned}$$

x' ist ein zulässiger (s,t)-Fluss mit $val(x') = val(x)$.
Hat der Kreis negativen Kostenfaktor γ, dann gilt:

$$\sum_{a \in A} w_a x'_a = \sum_{a \in A} w_a x_a + \sum_{a \in K} w_a (x'_a - x_a) < \sum_{a \in A} w_a x_a,$$

also war x nicht kostenminimal. Es kann demnach keinen augmentierenden Kreis mit negativen Kosten geben. □

Satz 25.6 *Sei x ein Minimalkostenfluss vom Wert φ. P sei ein (s,t)-augmentierender Weg zu x mit minimalen Kosten und mit Augmentierungswert $\delta > 0$. Dann liefert eine δ-Augmentierung auf P einen Minimalkostenfluss $x + \bar{x}$ unter allen (s,t)-Flüssen mit Flusswert $\varphi + \delta$.*

Beweis:
Ist eine Augmentierung des Flusses um den Wert δ möglich, dann erreicht man tatsächlich den Flusswert $\varphi + \delta$.
Wir wollen nun zeigen, dass die Kostenminimalität erhalten bleibt.
Sei also x optimal bzgl. des Flusswertes φ, aber $x + \bar{x}$ nicht optimal für $\varphi + \delta$. Dann gibt es zu $x + \bar{x}$ einen augmentierenden Kreis K mit negativen Gesamtkosten, der jedoch bzgl. x (noch) nicht augmentierend war, weil ja x damals (bzgl. φ) als optimal galt.
Vor der Augmentierung von φ auf $\varphi + \delta$ war also mindestens ein Bogen von K verstopft gewesen. Verstopfung bedeutet dabei, dass auf Vorwärtsbögen die Kapazitätsgrenze erreicht war, bzw. auf Rückwärtsbögen die Belegung 0 war. Geändert haben wir bei der δ-Augmentierung die Belegung von P. Wir zeigen nun, dass die „Verstopfung" sich bei einer Kante $\overline{vu}$ aus P mit $\overline{uv} \in K$ aufgelöst hat. (Die Reihenfolge gibt die Durchlaufrichtung an.)
Sei also $\overrightarrow{w_1 w_2}$ ein irgendwie durchlaufener Bogen auf dem Kreis und auf P, welcher beim Fluss x verstopft war. Dann können nur folgende Szenarien vorliegen:

Fall	Bogen $\overrightarrow{w_1w_2}$	Orientierung auf P	Orientierung auf K	Wirkung P-Erh. auf $\overrightarrow{w_1w_2}$	Wirkung auf K	Blockade auf K vorher durch	Konsequenz
(1.)	←K, w_1 w_2 P	+	+	erhöhend	erhöhend	Obergrenze erreicht	Unfug
(2.)	→K, w_1 w_2 P	+	−	erhöhend	senkend	Untergrenze erreicht	möglich
(3.)	→K, w_2 w_1 P	−	+	senkend	erhöhend	Obergrenze erreicht	möglich
(4.)	←K, w_2 w_1 P	−	−	senkend	senkend	Untergrenze erreicht	Unfug

(1.) und (4.) können als Fälle ausgeschlossen werden. Es bleiben (2) und (3).
Wir werden nun nachweisen, dass bei (2) und (3) sogar schon bzgl. x ein augmentierender Kreis mit negativem Kostenfaktor existiert hätte. Seien dazu $\overrightarrow{w_1^1 w_2^1}$,..., $\overrightarrow{w_1^k w_2^k}$ die Bögen in D, die von P und K benutzt werden, aber dies evtl. in unterschiedlicher Durchlaufrichtung.

Uns liegt jedoch P vor (der Augmentierungspfad von s nach t) und der Kreis K, der nach der P-Augmentierung, mit negativem Kostenfaktor augmentierbar wäre.

Würden wir nun die erwähnten Bögen einfach alle eliminieren, dann hätte unser Gesamtgebilde aus Pfad und Kreis vor der Elimination den gleichen Kostenfaktor, wie das was nach der Elimination noch übrig ist. Denn bei der Elimination trifft jeweils eine positive Bewertung mit einer negativen Bewertung zusammen.
Was also noch übrigbleibt, hat immer noch den Kostenfaktor $C(P)+C(K) < C(P)$, weil $C(K) < 0$ war.

Wir zeigen nun durch Induktion:
Die Elimination der gemeinsamen, aber gegenläufig benutzten Bögen von D erhält uns einen verallgemeinerten Pfad von s nach t und ggfs. eine Vereinigung von endlich vielen Kreisen. Ein *verallgemeinerter Pfad* sei eine zusammenhängende Kantenfolge, die Kreise enthalten kann.

Induktionsanfang: noch nichts eliminiert: Pfad + Kreis
Induktionsannahme: Die Aussage ist nach k Entfernungen noch richtig.
Induktionsschritt: Entfernung des $(k+1)$-ten Bogens
0.Fall: Der zu entfernende Bogen liegt auf dem verallgemeinerten Pfad. Es entsteht eine Schlaufe und ein (verallgemeinerter) Pfad.

1. Fall: Der zu entfernende Bogen liegt auf dem nach k Eliminationen noch vorhandenen Pfad und auf einem der vorhandenen Kreise. Dann laufen wir auf unserem Pfad so lange, bis w_1^{k+1} (bzw. w_2^{k+1}) erreicht ist. Da die Verbindung zu w_2^{k+1} (bzw. w_1^{k+1}) ja vernichtet wird, benutzen wir einen Kreis, der $w_1^{k+1}w_2^{k+1}$ auch enthält, und durchlaufen ihn außen herum, so dass wir an das andere Ende der eliminier-

25.3. Flüsse mit minimalen Kosten

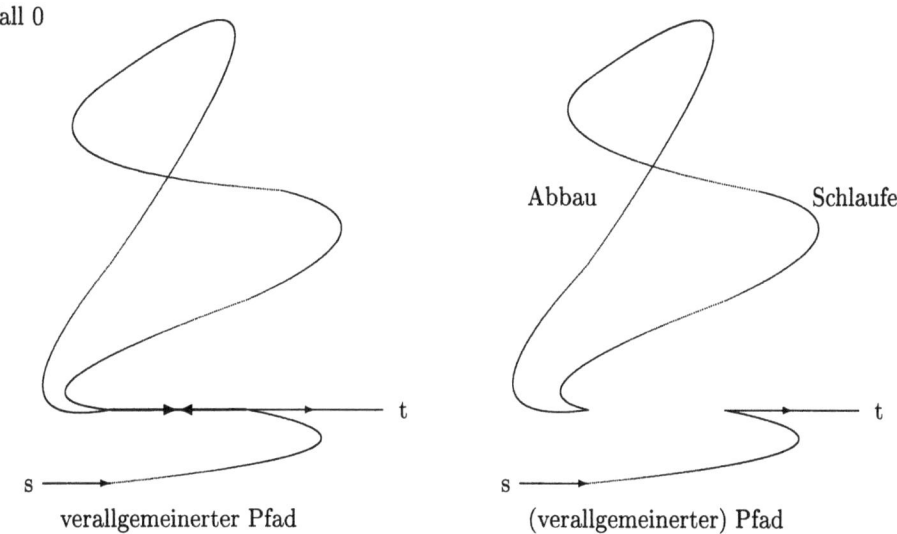

Abbildung 25.5: Pfadreduktion 1

ten Kante gelangen. Von dort setzen wir unsere Wanderung auf dem Pfad fort. Dadurch ist eine Kette von s nach t geschlossen worden. Diese lässt sich aber als neuer Pfad darstellen.

2. Fall: Der Bogen liegt mittlerweile nicht mehr auf dem noch vorhandenen Pfad, sondern nur noch auf einem geschlossenen Kantenzug, wird dort aber doppelt und entgegengesetzt durchlaufen.
Elimination des Bogens und Realisierung beider Kreise vereinigt die beiden Kreise zu einem geschlossenen Kantenzug. Der existierende Pfad bleibt erhalten. Der geschlossene Kantenzug ist wieder eine Summe von Kreisen.
$\bar{P}$ sei der nach $k+1$ Eliminationen noch vorhandene Pfad, $K_1, \ldots, K_r$ die vorhandenen Kreise

$$\Rightarrow \mathcal{C}(P) > \mathcal{C}(P) + \mathcal{C}(K) = \mathcal{C}(\bar{P}) + \sum_{i=1}^{r} \mathcal{C}(K_i) \quad \text{(Erhaltung)}.$$

Da aber $\mathcal{C}(P) \leq \mathcal{C}(\bar{P})$ (P sollte ja nach Voraussetzung optimal sein)
$\Rightarrow \sum_{i=1}^{r} \mathcal{C}(K_i) < 0$.
$\Rightarrow$ Unter den K_i kommt mindestens ein Negativ-Kostenfaktor vor.
Da alle „verstopften" Kanten eliminiert sind, bedeutet dies, dass schon bei x ein Negativ-Kreis da war, der augmentierbar gewesen wäre. WIDERSPRUCH. □

Es stellt sich nun die Frage, wie man einen kostenminimalen augmentierenden Weg überhaupt findet.
Sei x^A der gegebene Fluss.

Bild zum Abbau

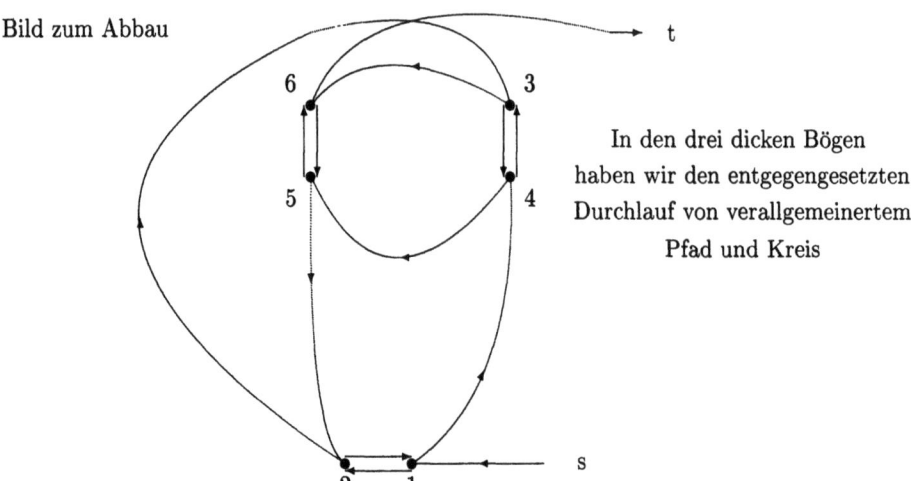

In den drei dicken Bögen haben wir den entgegengesetzten Durchlauf von verallgemeinertem Pfad und Kreis

Abbildung 25.6: Pfadreduktion 2

Abbau der ersten Kante

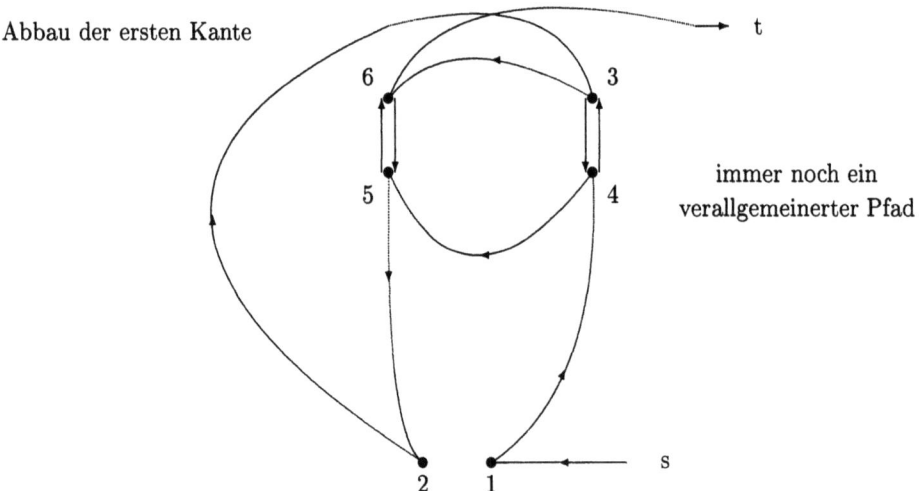

immer noch ein verallgemeinerter Pfad

Abbildung 25.7: Pfadreduktion 3

Wir bilden zu (D, c, x^A, w) ein *augmentierendes Netzwerk* $N = (V, \bar{A}, \bar{c}, \bar{w})$ wie folgt:
$\bar{A}$ enthält alle Bögen $(\vec{vu}) \in A$ mit $x_{uv} < c_{uv}$ (unter anderem). Es sei

$$\bar{A}_1 = \{\vec{uv} \mid x_{uv} < c_{uv}, \vec{uv} \in A\}.$$

$\bar{A}$ enthält außerdem alle Bögen $\vec{vu}$, für die $\vec{uv} \in A$ und $x_{uv} > 0$. Dazu sei

$$\bar{A}_2 = \{\vec{vu} \mid x_{uv} > 0, \vec{vu} \in A\}.$$

25.3. Flüsse mit minimalen Kosten

Abbau der zweiten Kante

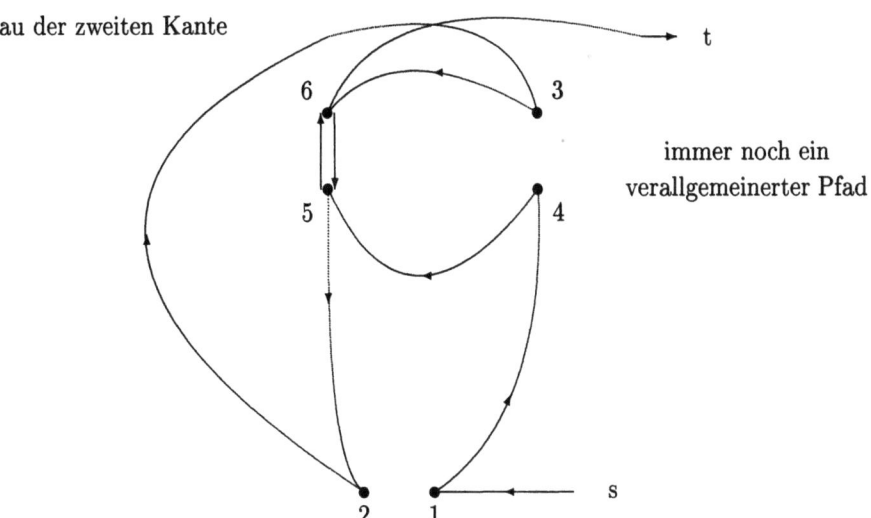

immer noch ein verallgemeinerter Pfad

Abbildung 25.8: Pfadreduktion 4

Abbau der dritten Kante

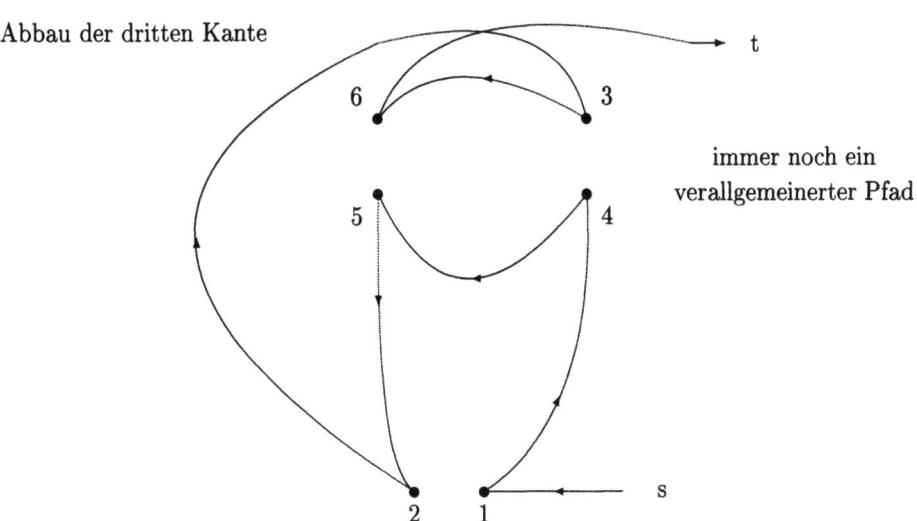

immer noch ein verallgemeinerter Pfad

Abbildung 25.9: Pfadreduktion 5

Zu $a \in A$ definieren wir überall dort Bögen $a_1 \in \bar{A}_1$ und $a_2 \in \bar{A}_2$, wo dies möglich ist. Hier kann es natürlich auch zu Parallelbögen in $\bar{A} = \bar{A}_1 \cup \bar{A}_2$ kommen, falls $a = \vec{uv} \in \bar{A}$ und gleichzeitig $a = \vec{vu} \in \bar{A}$ sind.

Die Kapazitäten sind

$$\bar{c}_{\bar{a}} = \begin{cases} c_a - x_a & \text{falls } \bar{a} \in \bar{A}_1 \text{ für } \bar{a} \in \bar{A}, \\ x_a & \text{falls } \bar{a} \in \bar{A}_2 \text{ für } \bar{a} \in \bar{A}. \end{cases}$$

Die Gewichte sind
$$\bar{w}_{\bar{a}} = \begin{cases} w_a & \text{falls } \bar{a} \in \bar{A}_1, \\ -w_a & \text{falls } \bar{a} \in \bar{A}_2. \end{cases}$$

Lemma 25.2 *Ist x ein zulässiger (s,t)-Fluss mit Wert φ und $N = (V, \bar{A}, \bar{c}, \bar{w})$ das bzgl. x und D augmentierende Netzwerk, dann gilt:*
x ist kostenminimal unter den φ-Flüssen genau dann, wenn es in N keinen gerichteten Kreis mit negativem Kostenfaktor gibt.

Lemma 25.3 *Ist D ein Digraph mit Kapazitäten $c \in K_+^A$ und Kosten $w \in K^A$, x ein zulässiger (s,t)-Fluss in D und $N = (V, \bar{A}, \bar{c}, \bar{w})$ das zugehörige augmentierende Netzwerk, dann entspricht jeder augmentierende Kreis in D genau einem gerichteten Kreis in N. Die Kosten dieses Kreises sind gleich dem Kostenfaktor des dazugehörigen gerichteten Kreises in N.*

Algorithmus 25.2 *Algorithmus zum Auffinden eines Minimalkostenflusses*
Input: $D = (V, A)$, Kapazitäten $c \in K_+^A$, Kosten $w \in K^A$, s, t, φ.
Output: Zulässiger (s,t)-Fluss mit Wert φ, der kostenminimal unter allen zulässigen (s,t)-Flüssen mit Flusswert φ ist oder aber Abbruch, wenn kein zulässiger φ-Fluss existiert.

1. Setze $x^A := 0$ auf ganz A.
2. Konstruiere das augmentierende Netzwerk $N := (V, \bar{A}, \bar{c}, \bar{w})$ für D und x.
3. Wende einen Kürzesten-Wege-Algorithmus (Floyd-Warshall) an, um in N einen negativ gerichteten Kreis zu finden.
   Gibt es keinen, dann gehe zu (5).
4. Augmentierung entlang des so gefundenen Kreises K.

    (i) Bestimme $\varepsilon := \text{Min}\{\bar{c}_{\bar{a}} \mid \bar{a} \in K\}$.

    (ii) Setze $x_a = \begin{cases} x_a + \varepsilon & \text{falls } a_1 \in K \cap \bar{A}_1 \\ x_a - \varepsilon & \text{falls } a_2 \in K \cap \bar{A}_2 \\ x_a & \text{sonst} \end{cases} \quad \forall a \in A.$

    (iii) Gehe zu (2).

5. Wenn $val(x) = \varphi$, dann gib x aus und breche ab.
6. Bestimme mit einem Kürzesten-Wege-Algorithmus einen (s,t)-Weg in N mit minimalen Kosten $\bar{w}(P)$.
7. Existiert in N kein (s,t)-Weg, dann existiert in D kein φ - Fluss, man kann demgemäß abbrechen.
8. Augmentierung entlang P

$$\alpha' := \text{Min}\{\bar{c}_{\bar{a}} \mid \bar{a} \in P\}, \quad \alpha = \text{Min}\{\alpha', \varphi - val(x)\}.$$

25.3. Flüsse mit minimalen Kosten 469

Setze für $a \in A$

$$x_a := \begin{cases} x_a + \alpha & \text{falls } a \in A_1 \cap P \\ x_a - \alpha & \text{falls } a \in A_2 \cap P \\ x_a & \text{sonst} \end{cases}.$$

9. Konstruiere nun das augmentierende Netzwerk für D und x und gehe zu (5).

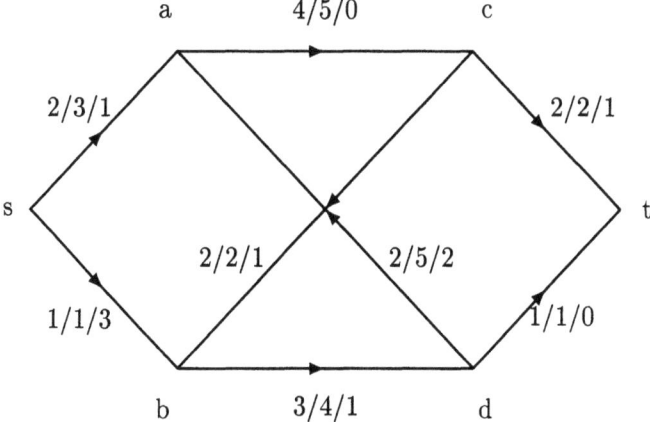

Abbildung 25.10. Beispiel mit $X|Y|Z$ für Flussbelegung — Kapazität — Kosten; Gesamtfluss ist 3; Kosten sind: $2 \cdot 1 + 1 \cdot 3 + 2 \cdot 2 + 2 \cdot 1 + 2 \cdot 1 + 3 \cdot 1 = 16$

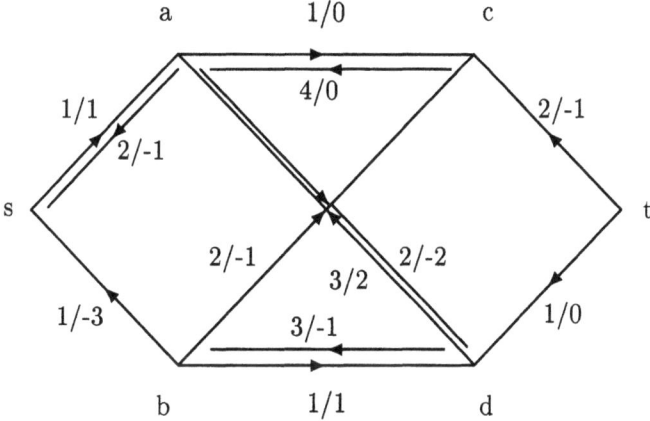

Abbildung 25.11. Augmentierendes Netzwerk: $Y|Z$ Restkapazität — Kosten; Kreis durch c,a,d,b,c, Minimalkapazität 2, Kostenfaktor -4 Ersparnis $2 \cdot (-4) = -8$

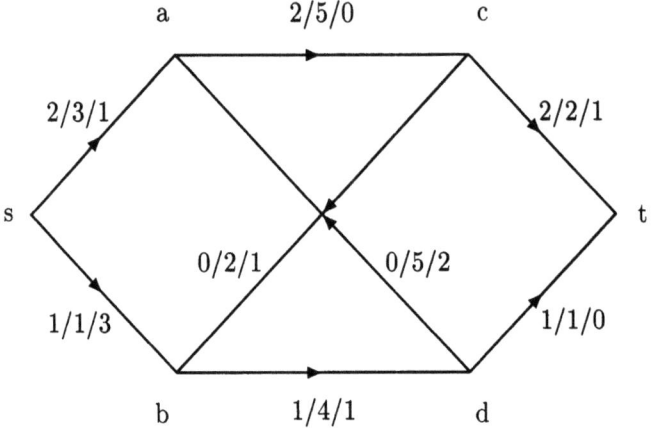

Abbildung 25.12: Neues Netzwerk: Kosten: $2 \cdot 1 + 1 \cdot 3 + 1 \cdot 1 + 2 \cdot 1 = 8$

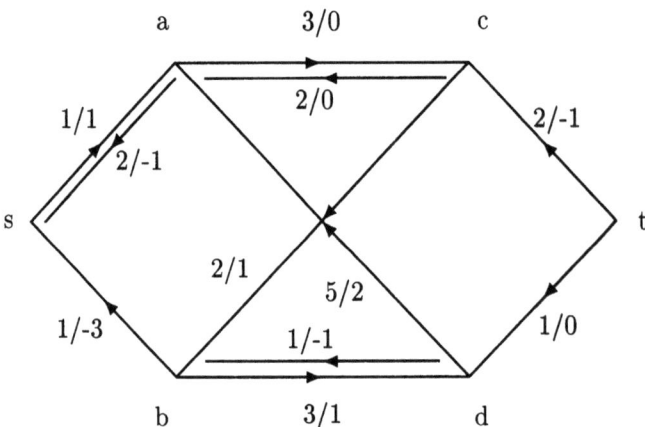

Abbildung 25.13. Neues augmentierendes Netzwerk: Kreis durch s,a,c,b,s. Durchfluss = 1, Kostenfaktor pro Einheit = −1, Ersparnis = 1

25.3. Flüsse mit minimalen Kosten 471

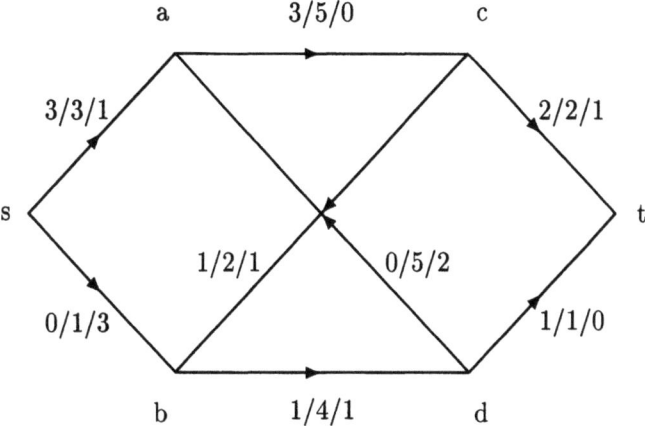

Abbildung 25.14: Neues Netzwerk

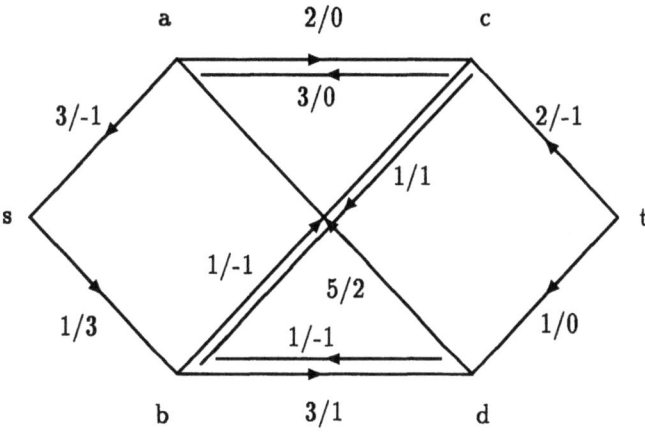

Abbildung 25.15. Neues augmentierendes Netzwerk: Dieses augmentierende Netzwerk enthält keine negativen Kreise mehr.

25.4 Übungsaufgaben

Aufgabe 25.1 Gegeben sei folgendes Problem (maximales Matching im bipartiten Graph):

In einem Graph $G = (V, A)$ zerfällt V in zwei Teilmengen V_1 und V_2, so dass $V = V_1 \cup V_2$ und $V_1 \cap V_2 = \emptyset$ und alle $a \in A$ von V_1 nach V_2 führen.

Man finde eine Teilmenge $\overline{A}$ von A, so dass $\#(\overline{A})$ maximal wird unter der Bedingung, dass jeder Knoten aus V höchstens zu einer Kante aus $\overline{A}$ inzident sein darf.

Zeigen Sie, dass man dieses Problem lösen kann, indem man mit dem Ford-Fulkerson-Algorithmus ein bestimmtes Flußmaximierungsproblem löst.

Aufgabe 25.2 Gegeben sei das folgende Flussnetzwerk (Eingangsknoten, Ausgangsknoten, Kapazität) mit Quelle s und Senke t:

$$(s,a,7), (s,d,8), (s,f,4), (a,b,6), (a,d,6), (d,e,6), (f,d,3), (f,e,1),$$
$$(f,g,3), (b,c,5), (e,b,4), (e,c,2), (e,i,5), (e,h,7), (g,e,2), (g,h,3),$$
$$(c,t,3), (c,i,2), (h,j,10), (i,h,10), (i,t,2), (j,t,10).$$

Verwenden Sie den Algorithmus von Ford-Fulkerson um einen maximalen Fluss von s nach t zu bestimmen. Geben Sie ferner einen minimalen Schnitt an.

Aufgabe 25.3 Bestimmen Sie einen kostenminimalen (s,t)-Fluss mit Wert 4 im folgenden Netzwerk.

Angegeben sind jeweils Fluß/Kapazität/Kosten

	S	1	2	3	4	5	6	7	8	9	10	T
S	-	4/4/3	0/6/1	0/2/3	0/2/2	-	-	-	-	-	-	-
1	-	-	-	-	0/2/2	-	4/7/2	-	-	-	-	-
2	-	0/3/1	-	-	-	0/5/2	-	-	-	-	-	-
3	-	-	0/1/2	-	0/2/1	-	-	-	0/3/1	-	-	-
4	-	-	0/4/2	-	-	-	-	-	0/1/3	0/6/1	-	-
5	-	-	-	0/2/1	-	-	0/3/1	-	-	-	-	0/3/3
6	-	-	-	-	-	-	-	2/3/1	-	2/2/3	-	-
7	-	-	-	-	-	-	-	-	2/2/3	-	-	-
8	-	-	-	-	0/1/2	-	-	-	-	0/2/1	2/3/2	-
9	-	-	-	-	-	-	0/2/2	-	-	-	0/1/1	2/5/2
10	-	-	-	-	-	-	-	-	-	-	-	2/4/2
T	-	-	-	-	-	-	-	-	-	-	-	-

Aufgabe 25.4 Überlegen Sie sich, wie man bei einem Netzwerk den Fall

a) mehrerer Quellen und mehrerer Senken,

b) kapazitätsbeschränkter Knoten

behandeln kann.

Als Veranschaulichung von b) kann man sich ein Bewässerungsnetz vorstellen, wo die Knoten Pumpstationen mit beschränkter Kapazität darstellen.

25.4. Übungsaufgaben

Aufgabe 25.5 An einer Tanzveranstaltung nehmen n Damen und m Herren teil. Es soll ein Tanz organisiert werden, an dem möglichst viele Paare teilnehmen. Allerdings sind nur solche Paare (Dame, Herr) erlaubt, bei denen sich die Dame und der Herr kennen. Formulieren Sie dieses Problem in der Sprache der Graphentheorie und zeigen Sie, dass man es im Rahmen der Flusstheorie lösen kann.

Aufgabe 25.6 Gegeben sei ein Fluss-Netzwerk G mit Quelle s, Senke t, und mit positiver Kapazitätsfunktion c auf der Menge der Bögen von G. Des Weiteren sei eine positive Kapazitätsfunktion d auf der Menge der Knoten von G gegeben. Gesucht ist ein maximaler Fluss von s nach t, der, neben der üblichen Flusserhaltung in allen von s und t verschiedenen Knoten v, erfüllt, dass der Gesamtfluss durch v durch $d(v)$ nach oben beschränkt ist. Zeigen Sie, dass sich dieses Problem als übliches Flussproblem formulieren lässt.

Aufgabe 25.7 Es sei (G, c) ein Netzwerk, wobei c eine positive Kapazitätsfunktion ist. Es seien S und T nichtleere disjunkte Teilmengen der Menge der Knoten von G (S ist die Menge der Quellen, und T ist die Menge der Senken). Ein Fluss von S nach T ist eine positive Funktion $f \leq c$, die in jedem Knoten von G, der nicht in $S \cup T$ liegt, die Flusserhaltung erfüllt. Der Wert des Flusses ist die Summe der Flusswerte der Kanten, die aus S hinaus führen. Wie kann man einen Fluss bestimmen, dessen Wert maximal ist?

Aufgabe 25.8 Gegeben sei das folgende Fluss-Netzwerk mit Quelle s und Senke t, sowie Kapazitätsfunktion c und Kostenfunktion w auf der Menge der Bögen:

Knoten sind $s, 1, 2, 3, 4, 5, 7, 8, 9, t$;

die Werte in der Tabelle geben 'Kapazität | Kosten' des entsprechenden Bogens an. Der Eintrag '−' bedeutet 'kein Bogen'.

Bestimmen Sie einen kostenminimalen (s,t)-Fluß mit Wert 11.

$c\|w$	s	1	2	3	4	5	7	8	9	t
s	−	7|3	4|4	6|1	−	−	−	−	−	−
1	−	−	3|1	−	3|2	−	−	−	−	−
2	−	−	−	4|2	3|4	2|1	−	−	−	−
3	−	−	−	−	−	6|3	−	−	−	−
4	−	−	−	−	−	−	6|3	3|3	−	−
5	−	−	−	−	9|2	−	−	2|4	8|2	−
7	−	−	−	−	−	−	−	2|1	−	3|1
8	−	−	−	−	−	−	−	−	6|3	4|4
9	−	−	−	−	−	−	−	−	−	8|2
t	−	−	−	−	−	−	−	−	−	−

Kapitel 26
Heuristiken für schwere kombinatorische Optimierungsprobleme

26.1 Das Rucksackproblem

Nachdem wir erkannt haben, dass es sehr schwere kombinatorische Optimierungsprobleme gibt, die wir nicht in angemessener Zeit exakt lösen können, müssen wir zu Approximationsmethoden greifen. Wir wollen in diesem Kapitel erörtern, wie man solche Heuristiken entwickelt und was man von ihnen erwarten kann. Als Beispiel diene zunächst das Rucksackproblem (Knapsackproblem).

Gegeben seien jeweils n verschiedene Gegenstandstypen, die in einen Rucksack gepackt werden sollen. Der Rucksack hat ein beschränktes Fassungsvermögen b. Ein Gegenstand vom Typ j habe das Gewicht a_j und den Nutzen c_j.

Definition 26.1 *Allgemeines Knapsack-Rucksack-Problem*

$$\max \quad \sum_{j=1}^{n} c_j x_j$$
$$\text{unter} \quad \sum_{j=1}^{n} a_j x_j \leq b,\ x_j \in \mathbb{N}_0 \quad \text{mit } a_j, c_j, b \in \mathbb{R}^+.$$

Definition 26.2 *Binäres Knapsack-Problem*

$$\max \quad \sum_{j=1}^{n} c_j x_j$$
$$\text{unter} \quad \sum_{j=1}^{n} a_j x_j \leq b,\ x_j \in \{0,1\} \quad \text{mit } a_j, c_j, b \in \mathbb{R}^+.$$

Definition 26.3 *Gleichungs-Knapsack-Problem*

$$\max \quad \sum_{j=1}^{n} c_j x_j$$
$$\text{unter} \quad \sum_{j=1}^{r} a_j x_j = b \quad \text{und} \quad (a)\ x_j \in \mathbb{N}_0 \text{ oder } (b)\ x_j \in \{0,1\}.$$

Definition 26.4 *Subset-Sum-Problem*

$$\max \quad \sum_{j=1}^{n} c_j x_j$$
$$\text{unter} \quad \sum_{j=1}^{n} c_j x_j \leq b \quad \text{und} \quad (a)\ x_j \in \mathbb{N}_0 \text{ oder } (b)\ x_j \in \{0,1\}.$$

Nachdem wir bereits wissen, dass Knapsackprobleme NP-hart sind, wollen wir nun fragen, ob es vielleicht möglich ist, in polynomialer Zeit wenigstens eine bestimmte Genauigkeit zu sichern.

Satz 26.1 *Genau dann, wenn $\mathbb{P} = \mathbb{NP}$ gilt, gibt es einen polynomialen Algorithmus A mit worst-case Ausgabefehler $\leq F \in \mathbb{Z}$ für das allgemeine oder binäre Knapsackproblem mit ganzzahligen Daten.*

Beweis:
$\Rightarrow$: trivial, wenn $\mathbb{P} = \mathbb{NP}$ gilt, dann kann der Fehler eines jeden Problems in polynomialer Zeit auf Null gesetzt werden.
$\Leftarrow$: Es wird angenommen, dass es einen polynomialen Algorithmus A mit garantierter Fehlerschranke F gibt, das heißt: für alle Knapsackprobleme (KSP) gilt:

$$C^* - C_A \leq F,$$

wobei C_A der vom Algorithmus gelieferte Nutzen und C^* der Nutzen in der tatsächlichen Optimallösung sei.
Wir zeigen nun, dass es für das KSP dann einen polynomialen Lösungsalgorithmus gibt.
Aus dem gegebenen KSP erzeugt man ein neues KSP durch Wahl von

$$c^{neu} = (F+1) \cdot c,\ a^{neu} = a.$$

Ist x für das ursprüngliche KSP optimal, dann auch für das $(F+1)$-KSP. Wenden wir den Algorithmus A auf das $(F+1)$-KSP an, dann bekommen wir eine Lösung $C^{neu*} - C_A^{neu} \leq F$. Die Besetzung x_A^{neu} muss auch beim alten KSP zulässig sein. Sie liefert dort einen Zielfunktionswert $\frac{C_A^{neu}}{F+1}$, der Optimalwert ist $\frac{C^{neu*}}{F+1}$. Der Fehler im alten System ist damit

$$\frac{C^{neu*}}{F+1} - \frac{C_A^{neu}}{F+1} \leq \frac{F}{F+1} < 1.$$

Da die Daten ganzzahlig sind, ist die errechnete Lösung optimal, denn der Fehler kann jetzt nur noch Null sein. Also löst A alle KSP exakt. □

Korollar 26.1 *Die Aussage des Satzes bleibt bestehen, wenn man nicht ganzzahlige oder irrationale Daten zulässt, aber dann in schwächerer Form:*

Kann eine F-Fehlergarantie gegeben werden, dann ist $\forall \varepsilon > 0$ eine Lösung mit ε-Fehlergarantie in polynomialer Zeit erreichbar. Allerdings ist dieser Algorithmus nun (nur) polynomial in $\langle KSP \rangle + |\log F| + |\log \varepsilon|$.

Wir können dieses Ergebnis verallgemeinern auf eine große Klasse von linearen, kombinatorischen Optimierungsproblemen, bei denen sich die Änderung der Zielfunktion nicht auf die Zulässigkeit auswirkt.

26.1. Das Rucksackproblem

Satz 26.2 *Ist P ein NP-hartes lineares kombinatorisches Optimierungsproblem der
Form: Gegeben sei eine endliche Menge E, $\mathcal{M} \subset \wp(E)$ sei ein System
von zulässigen Kombinationen und $c: E \to \mathbb{N}_0$.
Gesucht ist dann $M \in \mathcal{M}$, so dass $C(M) = \sum_{e \in M} c(e)$ optimal
wird. Dabei sei $\mathcal{M}$ nicht abhängig von der Realisierung von c.*

*Dann gibt es einen in $\langle F \rangle + \langle P \rangle$ polynomialen Approximationsalgorithmus für P
mit Differenzgarantie F genau dann, wenn $\mathbb{P} = \mathbb{NP}$.*

Bemerkung
Die Bedeutung der Zielfunktionsunabhängigkeit ist wichtig, vgl. z.B. die Subset-
Sum-Probleme. Dort ändern sich mit c_j die zulässigen Mengen.

Wir studieren zwei Greedy-Algorithmen für das Knapsackproblem.

Algorithmus 26.1
Input: $c_j, a_j \in \mathbb{R}^+, b \in \mathbb{R}^+, j = 1, \dots, n$
Output: Zulässiger Lösungsvorschlag für
$\max \sum_{j=1}^{n} c_j x_j$ unter $\sum_{j=1}^{n} a_j x_j \leq b$ und $x_j \in \mathbb{N}_0$ oder $x_j \in \{0,1\}$.

(1a) Zielfunktionsgreedy:
Ordne die Objekte so, dass $c_1 \geq c_2 \geq \dots \geq c_n$.

(1b) Gewichtsdichtengreedy:
Ordne die Objekte so, dass $\frac{c_1}{a_1} \geq \frac{c_2}{a_2} \geq \dots \geq \frac{c_n}{a_n}$.

(2) Für $j := 1, \dots, n$ führe aus:
Setze $x_j := \lfloor \frac{b^{alt}}{a_j} \rfloor$ und $b^{neu} := b^{alt} - a_j x_j$, falls $x_j \in \mathbb{N}$ verlangt ist.
Setze $x_j := \text{Min}\left\{\lfloor \frac{b^{alt}}{a_j} \rfloor, 1\right\}$ und $b^{neu} := b^{alt} - a_j x_j$, falls $x_j \in \{0,1\}$ verlangt ist.

Die Laufzeit des Algorithmus wird bestimmt durch die Sortierung, die $O(n \log_2 n)$
beansprucht.

Satz 26.3 *Der Zielfunktionsgreedy kann für das allgemeine und binäre KSP beliebig schlecht werden, denn der relative Fehler kann bis zu 1 anwachsen. Das heißt,
dass der absolute Fehler unbeschränkt groß werden kann.*

Beweis:

(a) Allgemeines KSP mit Zielfunktionsgreedy:
Betrachte die Familie von Problemen:
$\max \quad \alpha x_1 + (\alpha - 1) x_2$
$\text{unter} \quad \alpha x_1 + x_2 \leq \alpha \qquad \alpha \in \mathbb{N}, \alpha \geq 2.$
$C_{Greedy} = \alpha$ mit $\begin{pmatrix} x_1 \\ x_2 \end{pmatrix} = \begin{pmatrix} 1 \\ 0 \end{pmatrix}$, aber $C_{opt} = \alpha(\alpha - 1)$ bei $\begin{pmatrix} 0 \\ \alpha \end{pmatrix}$.

Gleichzeitig wird $\alpha(\alpha - 1) - \alpha = (\alpha - 2)\alpha$ beliebig groß und der relative Fehler wird
$$\frac{\mathcal{C}_{opt} - \mathcal{C}_{Greedy}}{\mathcal{C}_{opt}} = \frac{\alpha(\alpha - 2)}{\alpha(\alpha - 1)} = \frac{\alpha - 2}{\alpha - 1} \overset{\alpha \to \infty}{\to} 1.$$
Der absolute Fehler ist $\alpha(\alpha - 2)$ und somit unbeschränkt für $\alpha \to \infty$.

(b) Binäres KSP:
Betrachte folgende Familie von Problemen
$$\begin{array}{llll} \max & nx_1 + & (n-1)x_2 + & \ldots + & (n-1)x_{n+1} \\ \text{unter} & nx_1 + & x_2 + & \ldots + & x_{n+1} \leq n \quad x_j \in \{0,1\} \, \forall j. \end{array}$$

Optimal wäre $\begin{pmatrix} 0 \\ 1 \\ \vdots \\ 1 \end{pmatrix}$ mit $\mathcal{C}_{opt} = n(n-1)$. Aber $\begin{pmatrix} 1 \\ 0 \\ \vdots \\ 0 \end{pmatrix}$ wird vom

Zielfunktionsgreedy realisiert mit $\mathcal{C}_{Greedy} = n$.
$\Rightarrow$ absoluter Fehler ist $n(n-2)$ (unbeschränkt)
$\Rightarrow$ relativer Fehler $\frac{n(n-1) - n}{n(n-1)} = \frac{n-2}{n-1} \overset{n \to \infty}{\to} 1.$ □

Satz 26.4 *Beim Gewichtsdichtengreedy ist der relative Fehler beim allgemeinen KSP durch $\frac{1}{2}$ nach oben beschränkt.*

Beweis:
Sind alle $a_i > b, i = 1, \ldots, n$, dann ist Greedy sogar optimal.
Sei nun $\frac{c_1}{a_1} \geq \ldots \geq \frac{c_n}{a_n}$. Und O_k sei das erste Objekt mit $a_k \leq b$. Offensichtlich gilt $\mathcal{C}_{Greedy} \geq c_k x_k = c_k \lfloor \frac{b}{a_k} \rfloor$ und

$$\mathcal{C}_{opt} \leq c_k \cdot \frac{b}{a_k} \leq c_k (\lfloor \frac{b}{a_k} \rfloor + 1) \leq 2c_k \cdot \lfloor \frac{b}{a_k} \rfloor \leq 2\mathcal{C}_{Greedy}.$$

□

Bemerkung
Die obere Schranke $\mathcal{C}_{opt} \leq 2\mathcal{C}_{Greedy}$ wird asymptotisch angenommen.

Beweis:
Betrachte die Familie von Problemen:
$$\begin{array}{ll} \max & 2\alpha x_1 + 2(\alpha - 1)x_2 \\ \text{unter} & \alpha x_1 + (\alpha - 1)x_2 \leq 2(\alpha - 1) \text{ mit } \alpha \geq 2, x_1, x_2 \in \mathbb{N}_0. \end{array}$$
Dann ist $2 = \frac{c_1}{a_1} = \frac{2\alpha}{\alpha} \geq \frac{c_2}{a_2} = \frac{2(\alpha - 1)}{\alpha - 1} = 2$.
$\mathcal{C}_{Greedy}$ liefert $2\alpha \cdot \lfloor \frac{2(\alpha - 1)}{\alpha} \rfloor = 2\alpha \cdot 1$.
$\mathcal{C}_{opt}$ ist $2(\alpha - 1) \cdot \lfloor \frac{2(\alpha - 1)}{\alpha - 1} \rfloor = 2(\alpha - 1) \cdot 2 = 4(\alpha - 1)$
$\Rightarrow \frac{\mathcal{C}_{opt} - \mathcal{C}_{Greedy}}{\mathcal{C}_{opt}} = \frac{4(\alpha - 1) - 2\alpha}{4(\alpha - 1)} = \frac{2\alpha - 4}{4\alpha - 4} \overset{\alpha \to \infty}{\to} \frac{1}{2}$. □

Eine solche Schranke wie in Satz 26.4 lässt sich für das binäre KSP nicht bestätigen.

26.1. Das Rucksackproblem

Satz 26.5 *Beim binären KSP kann die Anwendung des Gewichtsdichten-Greedy zu einem relativen Fehler bis zu 1 führen.*

Beweis:
Wir konstruieren eine geeignete Problemfamilie. Sei $\frac{c_1}{a_1} \geq \frac{c_2}{a_2}$. Betrachte

max $\quad x_1 + \alpha x_2$
unter $\quad x_1 + \alpha x_2 \leq \alpha \quad x_1, x_2 \in \{0,1\}, \alpha > 1$.

Nach den Regeln des Gewichtsdichten-Greedy lautet die Lösung $\begin{pmatrix} x_1 \\ x_2 \end{pmatrix} = \begin{pmatrix} 1 \\ 0 \end{pmatrix}$

mit $C_{Greedy} = 1$.

Aber optimal ist $\begin{pmatrix} x_1 \\ x_2 \end{pmatrix} = \begin{pmatrix} 0 \\ 1 \end{pmatrix}$ mit $C_{opt} = \alpha$.

$\Rightarrow$ Der relative Fehler ist $\frac{\alpha-1}{\alpha} \stackrel{\alpha \to \infty}{\to} 1$. $\square$

Satz 26.6 *Für den Gewichtsdichten-Greedy-Algorithmus gilt im binären Problem (nach erfolgter Sortierung absteigend nach Gewichtsdichten):*

(a) Für alle $k \in \{0, 1, \ldots, n-1\}$ gilt: $C_{opt} \leq \sum_{j=1}^{k} c_j + \frac{c_{k+1}}{a_{k+1}}(b - \sum_{j=1}^{k} a_j)$.

(b) $C_{Greedy} > C_{opt} - c_{k+1}$, wobei $\sum_{j=1}^{k} a_j \leq b$, aber $\sum_{j=1}^{k+1} a_j > b$.

(c) $C_{Greedy} > C_{opt} - \text{Max}\{c_j, j=1, \ldots, n\}$.

Beweis:

(a) Sei $x^* = (x_1^*, \ldots, x_n^*)$ Optimallösung des binären Knapsackproblems, dann gilt für beliebige $k \in \{0, 1, \ldots, n-1\}$:

$$C_{opt} = \sum_{j=1}^{n} c_j x_j^* \leq \sum_{j=1}^{k} c_j x_j^* + \sum_{j=k+1}^{n} \frac{c_{k+1}}{a_{k+1}} a_j x_j^*$$

(wegen $c_j \leq a_j \frac{c_{k+1}}{a_{k+1}}$ bei $j \geq k+1$)

$$= \frac{c_{k+1}}{a_{k+1}} \sum_{j=1}^{n} a_j x_j^* + \sum_{j=1}^{k} (c_j - \frac{c_{k+1}}{a_{k+1}} a_j) x_j^*$$

$$\leq \frac{c_{k+1}}{a_{k+1}} b + \sum_{j=1}^{k} (c_j - \frac{c_{k+1}}{a_{k+1}} a_j) x_j^*$$

$$\leq \frac{c_{k+1}}{a_{k+1}} b + \sum_{j=1}^{k} (c_j - \frac{c_{k+1}}{a_{k+1}} a_j)$$

(wegen $c_j \geq a_j \frac{c_{k+1}}{a_{k+1}}$ bei $j \leq k$)

$$= \sum_{j=1}^{k} c_j + \frac{c_{k+1}}{a_{k+1}} (b - \sum_{j=1}^{k} a_j).$$

(b) Bei $\sum_{j=1}^{n} a_j \leq b$ liefert unser Algorithmus trivialerweise das korrekte Ergebnis. Sei nun aber k der größte Index mit $\sum_{j=1}^{k} a_j \leq b$. Dann gilt

$$0 \leq b - \sum_{j=1}^{k} a_j < a_{k+1},$$

und aus (a) folgt dann $\quad C_{opt} < \sum_{j=1}^{k} c_j + c_{k+1} \leq C_{Greedy} + c_{k+1}.$

(c) Folgt direkt aus (b) durch Abschätzung. $\qquad\square$

Definition 26.5 Ein Algorithmus, der eine relative Fehlergarantie von ε gibt, heißt Approximationsschema (AS). Hier gibt es zwei Inputgrößen, nämlich I und ε.
Ist dann obiger Algorithmus polynomial in $\langle I \rangle$, dann heißt er polynomiales Approximationsschema (PAS).
Ist dieser Algorithmus polynomial in den Inputgrößen $(\langle I \rangle, \frac{1}{\varepsilon})$, dann heißt er voll polynomiales Approximationsschema (FPAS).

Bemerkung
FPAS bedeutet noch keine Polynomialität in $\langle I, \varepsilon \rangle$, denn $\langle \varepsilon \rangle \sim \langle \frac{1}{\varepsilon} \rangle \sim \log_2 \frac{1}{\varepsilon} \ll \frac{1}{\varepsilon}$.
Ein PAS würde also ein Auftreten von $\frac{1}{\varepsilon}$ oder $\langle \frac{1}{\varepsilon} \rangle$ im Exponenten nicht ausschließen.

Algorithmus 26.2 Ein PAS für das binäre Subset-Sum-Problem
<u>Input:</u> $a_j \in \mathbb{Z}^+, j = 1, \ldots, n, b \in \mathbb{Z}^+, 0 < \varepsilon = \frac{p}{q} < 1.$
<u>Output:</u> Zulässiges $\bar{x}$ für das Problem

$$\max \sum_{j=1}^{n} a_j x_j \text{ unter } \sum_{j=1}^{n} a_j x_j \leq b \text{ und } x_j \in \{0,1\},$$

so dass $a^T \bar{x} \geq (1-\varepsilon) a^T x^*$, wobei x^* die Optimallösung ist.

1. Setze $C := \lceil \frac{1}{\varepsilon} \rceil = \lceil \frac{q}{p} \rceil.$

2. Teile die Indexmenge $\{1, \ldots, n\} = N$ auf in eine Menge L von „großen" Objekten und eine Menge S von „kleinen" Objekten mit

$$L = \{j \in N \mid a_j \geq \frac{b}{C}\} \text{ und } S = \{j \in N \mid a_j < \frac{b}{C}\}.$$

3. Löse ein Subset-Sum-Teilproblem SSP' exakt auf L (z.B. durch Enumeration, dynamische Optimierung oder Branch und Bound) mit
   SSP' $\max \quad \sum_{j \in L} a_j x_j$
   $ \text{unter} \quad \sum_{j \in L} a_j x_j \leq b$ und $x_j \in \{0,1\}, j \in L.$

26.1. Das Rucksackproblem

4. Verwende für das weitere Vorgehen eine Optimallösung $\bar{x}_j, j \in L$ mit Elementen aus L und setze
$$L' := \{j \in L \mid \bar{x}_j = 1\} \text{ und } \beta := \sum_{j \in L'} a_j \bar{x}_j.$$

5. Sortiere die Objekte aus S nach absteigendem Gewicht.

6. Wende den Zielfunktions-Greedy an (Gewichtsdichten-Greedy macht hier keinen Sinn).
   Setze nacheinander für jedes $j \in S$:
   $x_j := 0$ falls $b - \beta < a_j$ und
   $x_j := 1$ falls $b - \beta \geq a_j$.

   Im letzten Fall reduziere $b - \beta$ durch $\beta := \beta + a_j$, $L' := L' \cup \{j\}$, $S' := S' \setminus \{j\}$ und betrachte das nächste $j \in S$.

Beispiel

Objekte	1	2	3	4	5	6	7	8	9	10	11	12
Gewichte	10	4	8	5	8	14	5	18	5	8	8	2

- $b = 60$, $\varepsilon = \frac{1}{6}$, $C = \lceil \frac{1}{\varepsilon} \rceil = 6$, $\frac{b}{C} = 10$

- $L = \{1, 6, 8\}$, $S = \{2, 3, 4, 5, 7, 9, 10, 11, 12\}$

- Optimale Lösung auf L ist: $\bar{x}_1 = \bar{x}_6 = \bar{x}_8 = 1, \bar{x}_i = 0$ sonst
  Gewicht daher 42, Restkapazität 18

- Es wird noch $\bar{x}_3 = 1, \bar{x}_5 = 1$ und $\bar{x}_{12} = 1$, also ist $\{1, 3, 5, 6, 8, 12\}$ Optimallösung mit Gesamtgewicht 60.

Satz 26.7

(a) *Das obige Verfahren liefert ein PAS für das Subset-Sum-Problem.*

(b) *Die Laufzeit ist höchstens $O(n^C C) = O(n^{\lceil \frac{1}{\varepsilon} \rceil} \lceil \frac{1}{\varepsilon} \rceil)$.*

(c) *Es handelt sich hierbei um ein PAS, aber nicht um ein FPAS.*

Beweis:

(a) z.Z: Es liegt ein Approximationsschema vor. Wir sehen 3 Fälle:

   (i) Entweder ist $\sum_{i=1}^{n} a_j \leq b$, dann ist die Lösung stets optimal und der relative Fehler ist dann 0.

   (ii) Oder aber alle „kleinen" Elemente werden gepackt, d.h. alle diejenigen mit $a_j < \frac{b}{C}$. Hier können wir dann nichts mehr steigern.
   Angenommen x^*, wäre besser als das konstruierte $\bar{x}$, dann müsste gelten
   $$b \geq \sum_{j=1}^n a_j x_j^* > \sum_{j=1}^n a_j \bar{x}_j = \sum_{j \in L} a_j \bar{x}_j + \sum_{j \in S} a_j$$
   $$\Rightarrow \sum_{j \in L} a_j x_j^* + \sum_{j \in S} a_j x_j^* > \sum_{j \in L} a_j \bar{x}_j + \sum_{j \in S} a_j.$$

Da aber nach unserem Algorithmus bereits

$$\sum_{j \in L} a_j x_j^* \leq \sum_{j \in L} a_j \bar{x}_j$$

folgt $\sum_{j \in S} a_j x_j^* > \sum_{j \in S} a_j$. WIDERSPRUCH.
Also scheidet dieser Fall aus.

(iii) Oder aber es gibt ein $j_0 \in S$ mit $\bar{x}_{j_0} = 0$, dann folgt $\sum_{j=1}^{n} a_j \bar{x}_j \leq b$, aber $\sum_{j=1}^{n} a_j \bar{x}_j + a_{j_0} > b$. Somit ist

$$\sum_{j=1}^{n} a_j \bar{x}_j > b - a_{j_0} > b(1 - \frac{1}{C}) \geq \left(\sum_{j=1}^{n} a_j x_j^*\right)(1 - \frac{1}{C}).$$

Der relative Fehler ist hier also kleiner gleich $\frac{1}{C} \approx \epsilon$.

(b) Für Schritt (2) dieses Algorithmus werden $O(n)$ Schritte benötigt und für Schritt (3) maximal $O\left(n^{C-1}\right)$ Packungsauswertungen, weil nur Mengen mit weniger als C Elementen untersucht werden müssen, und weil es davon (bei $r \leq C - 1$) jeweils $\binom{n}{r}$ geben kann. Bei jeder solchen Menge ist eine Gesamtaddition ($r - 1$ Einzeladditionen) durchzuführen. Deshalb ist der Aufwand abschätzbar durch $\sum_{r=1}^{C-1} \binom{n}{r} \cdot (r - 1) \leq n \cdot \sum_{r=1}^{C-1} \binom{n-1}{r-1} \leq n \cdot (C - 1) \cdot \binom{n-1}{C-2} \leq n^{C-1} \cdot C$.
In (4) und (5) fällt maximal $n \log_2 n$ als Sortieraufwand an. (6) verlangt allenfalls $O(n)$.
Bei festem C ist also die Gesamtlaufzeit $O(n^{C-1})$.

(c) Da $C = \lceil \frac{1}{\epsilon} \rceil$ hier im Exponenten auftritt, haben wir keine volle Polynomialität bzgl. $\frac{1}{\epsilon}$ nachgewiesen, deshalb ist dies insoweit auch kein FPAS. □

Bevor wir ein FPAS entwickeln, müssen wir klären, wie man Rucksackprobleme eigentlich exakt löst. Dazu behandeln wir die

Variante von Gilmore und Gomory für das binäre Knapsackproblem

Die Variante von Gilmore und Gomory beruht auf dem Prinzip der dynamischen Optimierung (siehe auch Moore-Bellman-Algorithmus 24.12).
Die Daten $a_j, c_j > 0$ seien ganzzahlig, ebenso die y und k mit $0 \leq y \leq b$ und $0 \leq k \leq n$.

26.1. Das Rucksackproblem

Definiere die Funktion

$$F(k,y) := \text{Max}\{\sum_{j=1}^{k} c_j x_j \mid \sum_{j=1}^{k} a_j x_j \leq y, \, x_j \in \{0,1\}\},$$

$F(0,y) = 0$ für beliebiges $y \geq 0$,
$F(k,0) = 0$ für beliebiges k und
$F(k,y) = -\infty$ für $y < 0$.

Für F gilt die **Grundgleichung der dynamischen Optimierung**

$$F(k,y) := \text{Max}\{F(k-1,y), F(k-1, y-a_k) + c_k\}.$$

Das allgemeine Prinzip der dynamischen Optimierung besagt, dass für diejenigen Probleme, wo dynamische Optimierung möglich ist, Folgendes gilt: Hat man erst einmal eine Optimallösung für das Gesamtproblem, dann kann man das Gesamtproblem so in Teilprobleme zerlegen, dass die entsprechenden Teile der Optimallösung optimal werden für die Teilprobleme.

Erläuterung
Will man mit k Elementen und der Schranke y optimal sein, dann gibt es zwei Möglichkeiten

1. Das k-te Objekt wird nicht aufgenommen - man war vorher schon optimal (mit den $k-1$ ersten Objekten).

2. Das k-te Objekt wird aufgenommen, dann muss man mit den ersten $k-1$ Objekten für $y - a_k \geq 0$ optimal gewesen sein.

Wir wollen nun $F(n,b)$ bestimmen, dies gibt den gewünschten Optimalwert an. Das können wir mit obiger Rekursionsgleichung tun, wenn wir mit den Festlegungen $F(k,y) = -\infty \, \forall y < 0$ und $F(0,y) = 0 \, \forall y \geq 0$ und $F(k,0) = 0 \, \forall \, 1 \leq k \leq n$ unsere Rekursion verankern.

Nun seien die $F(k-1,y)$ für alle y bereits bestimmt. Dann berechnen wir $F(k,y)$ für aufsteigendes y. Dies ist möglich, weil die Rekursionsformel stets auf F-Werte mit kleinerem k-Wert zurückgreift.

Außerdem wird eine Tabelle $J(k,y)$ (für die zuletzt gepackten Objekte) angelegt, für die gilt $J(k,y) = 0$ genau dann, wenn $F(k,y) = 0$ und ansonsten

$$J(k,y) = \begin{cases} J(k-1,y) & \text{falls } F(k-1,y) \geq F(k-1, y-a_k) + c_k \\ k & \text{andernfalls} \end{cases}$$

Liegt erst einmal $F(n,b)$ vor, dann bestimmt man den höchsten Packungsindex gemäß

$$x_j = \begin{cases} 0 & \text{für } J(n,b) < j \leq n \\ 1 & \text{für } j = J(n,b) \end{cases}$$

Nun setzt man $b^{neu} := b - a_{J(n,b)}$ und $n^{neu} := J(n,b) - 1$ und bestimmt den nächsttieferen Index der Packung.

Algorithmus 26.3 von Gilmore und Gomory für binäres Knapsackproblem
Input: $a_j, c_j > 0$ seien ganzzahlig, ebenso die y und k mit $0 \leq y \leq b$ und $0 \leq k \leq n$.
Output: $F(k,y), J(k,y)$.
Initialisierung: $F(k,y) := -\infty \; \forall y < 0$ und $F(0,y) := 0 \; \forall y \geq 0$ und $F(k,0) := 0 \; \forall \; 1 \leq k \leq n$. $J(k,y) = 0$ genau dann, wenn $F(k,y) = 0$.
Schritte:

1. Für $k := 1$ bis n und $y =: 1$ bis b berechne:

    (a) $F(k,y) := \text{Max}\{F(k-1,y), F(k-1, y-a_k) + c_k\}$

    (b) $J(k,y) := \begin{cases} J(k-1,y) & \text{falls } F(k-1,y) \geq F(k-1, y-a_k) + c_k \\ k & \text{andernfalls} \end{cases}$

2. (a) Setze $x_j := \begin{cases} 0 & \text{für } J(n,b) < j \leq n \\ 1 & \text{für } j = J(n,b) \end{cases}$

    (b) setze $b^{neu} := b - a_{J(n,b)}$ und $n^{neu} = J(n,b) - 1$, gehe zu 2(a).

Beispiel

Objekt	1	2	3	4	5
Nutzen	2	3	1	4	3
Gewicht	1	4	2	3	5

Kapazität 8

$y\backslash k$	1	2	3	4	5
0	0	0	0	0	0
1	2	2	2	2	2
2	2	2	2	2	2
3	2	2	3	4	4
4	2	3	3	6	6
5	2	5	5	6	6
6	2	5	5	7	7
7	2	5	6	7	7
8	2	5	6	9	9

$F(k,y)$

$y\backslash k$	1	2	3	4	5
0	0	0	0	0	0
1	1	1	1	1	1
2	1	1	1	1	1
3	1	1	3	4	4
4	1	2	2	4	4
5	1	2	2	4	4
6	1	2	2	4	4
7	1	2	3	4	4
8	1	2	3	4	4

$J(k,y)$

Optimale Packung $\{4, 2, 1\}$, Optimaler Nutzen: 9.

Ein FPAS für das binäre KSP

Problem

$$\max \sum_{j=1}^{n} c_j x_j$$
$$\text{unter } \sum_{j=1}^{n} a_j x_j \leq b, \quad x_j \in \{0,1\}, \; a_j, c_j \in \mathbb{N}.$$

Die Objekte seien absteigend nach ihren Gewichtsdichten geordnet und es sei $a_j \leq b \; \forall j$, da sonst das Ungleichungssystem trivial reduzierbar ist.

Lemma 26.1 Sei $\sum_{i=1}^{k} a_i \leq b < \sum_{i=1}^{k+1} a_i$, $C_s = c_1 + \ldots + c_{k+1}$.
Dann gilt $C_{opt} \leq C_s \leq 2C_{opt}$.

26.1. Das Rucksackproblem

Beweis:
Zulässige Packung: $\begin{cases} \bar{x}_i = 1 \; \forall i = 1, \ldots, k \\ \bar{x}_i = 0 \; \forall i = k+1, \ldots, n \end{cases}$

$\Rightarrow \sum_{i=1}^{k} c_i \leq \mathcal{C}_{opt};$

ebenso wäre $\tilde{x}$ mit $\begin{cases} \tilde{x}_{k+1} = 1 \\ \tilde{x}_j = 0 \quad \text{sonst} \end{cases}$ zulässig und damit $c_{k+1} \leq \mathcal{C}_{opt}$.

$\Rightarrow \mathcal{C}_s = \sum_{i=1}^{k+1} c_i \leq \mathcal{C}_{opt} + c_{k+1} \leq \mathcal{C}_{opt} + \mathcal{C}_{opt} = 2\mathcal{C}_{opt}$

$\Rightarrow \mathcal{C}_{opt} \leq \sum_{j=1}^{k} c_j + \frac{c_{k+1}}{a_{k+1}}[b - \sum_{j=1}^{k} a_j] \leq \sum_{j=1}^{k+1} c_j = \mathcal{C}_s.$ □

Lösung von binären Gleichheits-KSP

Für den nachher zu besprechenden Algorithmus benötigt man die Lösung von Problemen der Form $SGKP_d$

$\min \sum_{j=1}^{m} a_j x_j$
unter $\sum_{j=1}^{m} w_j x_j = d, x_j \in \{0, 1\}, a_j, w_j \in \mathbb{N}, 0 \leq d \leq N, d \in \mathbb{N}.$

Diese Probleme sollen für alle Werte $d = 0, \ldots, N$ durch die rekursive Entwicklung $SGKP_{r,d}$ gelöst werden.

$SGKP_{r,d}:$ $\min \sum_{j=1}^{r} a_j x_j$
unter $\sum_{j=1}^{r} w_j x_j = d, \; x_j \in \{0, 1\}.$

Der erhaltene Optimalwert ist $f(r, d)$. Sind die Nebenbedingungen nicht erfüllbar, dann ist $f(r, d) = \infty$.

Lemma 26.2 *Für $f(r, d)$ mit $1 \leq r \leq m$ und $0 \leq d \leq N$ gilt:*

1. $f(r, 0) = 0 \quad \forall r$

2. $f(1, d) = \begin{cases} 0 & \text{falls } d = 0 \\ a_1 & \text{falls } d = w_1 \\ \infty & \text{sonst} \end{cases}$

3. $f(r, d) = \text{Min}\{f(r-1, d), (r-1, d - w_r) + a_r\}.$

Beweis:
(1) und (2) sind trivial, (3) folgt wie bisher. □

Man gewinnt aus der f-Tabelle eine Optimallösung von $SGK_{r,d}$, indem man von r nach unten (oben in der Tabelle) bis zu 2 läuft und fortsetzt.

Falls $f(j, d) = \infty$, dann wären auch die Vorgängerprobleme unlösbar.
Falls $f(j, d) = f(j - 1, d)$, dann ist $x_j^d = 0$.
Falls $f(j, d) = f(j - 1, d - w_j) + a_j$, dann wird $x_j^d = 1$ und $d = d - w_j$.
Gilt schließlich $d = 0$, dann ist $x_1^d = 0$, ansonsten $x_1^d = 1$.

Bemerkung

(a) Die Berechnung der f-Tabelle kann so geschehen, dass man nur zwei Spalten speichern muss.

(b) Der Aufwand zur Berechnung von $f(m, N)$ ist $O(mN)$. Also ist dieser Algorithmus polynomial in m und N, aber wie bekannt nicht unbedingt in $\langle N \rangle$.

Der folgende Algorithmus basiert darauf, dass eine Folge von SGKP's gelöst wird. Diese Anzahl von Problemen und der Lösungsaufwand sind polynomial im Input.

Algorithmus 26.4 *von Ibarra und Kim für das binäre Knapsackproblem*
Input: $a_j, c_j \in \mathbb{Z}^+, j = 1, \ldots, n, b \in \mathbb{Z}^+$, s Skalierungsgröße, t Zerlegungsgröße
Output: Lösungsvorschlag für

$$\max \sum_{j=1}^{n} c_j x_j \text{ unter } \sum_{j=1}^{n} a_j x_j \leq b,\ x_j \in \{0,1\}$$

0. Sortiere nach Gewichtsdichten und nummeriere entsprechend.

1. Abschätzung für den Optimalwert.
   Sei k der größte Wert mit $\sum_{j=1}^{k} a_j \leq b$. Setze $C_{est} := \sum_{j=1}^{k+1} c_j$.

2. Zerlegung:
   $L = \{j |\ c_j \geq t\}$, $S = \{j|\ c_j < t\}$.

3. Löse das Gleichheits-KSP für $d := 0, 1, \ldots, \lfloor \frac{C_{est}}{s} \rfloor$.
   $SGKP_d\quad \min \sum_{j \in L} a_j x_j$ unter $\sum_{j \in L} \lfloor \frac{c_j}{s} \rfloor x_j = d$, $x_j \in \{0,1\}, j \in L$.

4. Für $d := 0, 1, \ldots, \lfloor \frac{C_{est}}{s} \rfloor$ führe aus:

   (a) Ist $x^{d,L}$ optimal für $SGKP_d$ und $\sum_{j \in L} a_j x_j^{d,L} < b$, dann wende man den Gewichtsdichten-Greedy an auf

   $SKP_d:\ \max \sum_{j \in S} c_j x_j$
   unter $\sum_{j \in S} a_j x_j \leq b - \sum_{j \in L} a_j x_j^{d,L} =: b_d$

   (b) Sei $x^{d,S}$ die Greedy-Lösung für SKP_d, dann ist $(x^{d,L}, x^{d,S})$ ein Lösungsvorschlag für KSP_d zu d.

5. Wähle den besten der $\lfloor \frac{C_{est}}{s} \rfloor + 1$ gefundenen Vorschläge aus und erkläre ihn zur Gesamtlösung der Art $(x^{d,L}, x^{d,S})$.

Satz 26.8 *Sei C_{IK} der Nutzen aus dem Lösungsvorschlag des obigen Algorithmus, dann gilt*

$$C_{IK} \geq C_{opt} - (\frac{s}{t} C_{opt} + t).$$

26.1. Das Rucksackproblem

Beweis:
x^* sei die tatsächliche optimale Packung. Setze $d := \sum_{j \in L} \lfloor \frac{c_j}{s} \rfloor x_j^*$, dann gilt

$$d \leq \lfloor \frac{1}{s} \sum_{j \in L} c_j x_j^* \rfloor \leq \frac{1}{s} C_{opt} \leq \frac{1}{s} C_{est}.$$

Also kommt d unter den enumerierten Werten vor.
In Schritt 3 wurde eine Packung $x_1, \ldots, x_n$ betrachtet mit $\sum_{j \in L} \lfloor \frac{c_j}{s} \rfloor x_j = d$ und $\bar{x}^d$ wurde so ausgewählt, dass $\sum_{j \in L} a_j \bar{x}_j^d$ minimal war unter der Bedingung, dass eine Lösung existiert. Also gilt:

$$C_{IK} \geq \sum_{j=1}^{n} c_j \bar{x}_j^d = C_{opt} - (\sum_{j \in L} c_j x_j^* - \sum_{j \in L} c_j \bar{x}_j^d + \sum_{j \in S} c_j x_j^* - \sum_{j \in S} c_j \bar{x}_j^d).$$

Hierbei ist

$$\sum_{j \in L} c_j x_j^* - \sum_{j \in L} c_j \bar{x}_j^d$$

$$\leq s \cdot \sum_{j \in L} \lfloor \frac{c_j}{s} \rfloor x_j^* + \sum_{j \in L} (c_j - s \lfloor \frac{c_j}{s} \rfloor) x_j^* - s \cdot \sum_{j \in L} \lfloor \frac{c_j}{s} \rfloor \bar{x}_j^d$$

$$= \sum_{j \in L} (c_j - s \lfloor \frac{c_j}{s} \rfloor) x_j^* + s \sum_{j \in L} \lfloor \frac{c_j}{s} \rfloor (x_j^* - \bar{x}_j^d)$$

$$= \sum_{j \in L} (c_j - s \lfloor \frac{c_j}{s} \rfloor) x_j^* + s(d - d)$$

$$= \sum_{j \in L} s(\frac{c_j}{s} - \lfloor \frac{c_j}{s} \rfloor) x_j^* \leq s \sum_{j \in L} x_j^*$$

$$\leq \frac{s}{t} \sum_{j \in L} c_j x_j^* \leq \frac{s}{t} C_{opt}, \text{ weil in } L \text{ immer } \frac{c_j}{t} \geq 1 \text{ gilt.}$$

Außerdem ist $C_{Greedy} > C_{opt} - \text{Max}\{c_j \mid j = 1, \ldots, n\}$, womit sich Folgendes ergibt

$$C_{Greedy}^{SKP_d} = \sum_{j \in S} c_j \bar{x}_j^d > C_{opt}^{SKP_d} - \text{Max}\{c_j \mid j \in S\} \geq C_{opt}^{SKP_d} - t \quad (\text{Satz 26.6(c)}).$$

Es folgt

$$t > C_{opt}^{SKP_d} - C_{Greedy}^{SKP_d} \geq \sum_{j \in S} c_j x_j^* - \sum_{j \in S} c_j \bar{x}_j^d, \quad \text{also} \quad C_{IK} \geq C_{opt} - (\frac{s}{t} C_{opt} + t).$$

□

Satz 26.9 Für ein $\varepsilon > 0$ setze $s := (\frac{\varepsilon}{3})^2 C_{est}$, $t := \frac{\varepsilon}{3} C_{est}$. Dann gilt
(a) Die Laufzeit des Ibarra-Kim-Algorithmus ist $O(n \log_2 n) + O(n \frac{1}{\varepsilon^2})$.
    Der Algorithmus ist also ein FPAS.
(b) $C_{IK} \geq (1 - \varepsilon) C_{opt}$.

Beweis:

(a) Die Sortierung erfordert $O(n \log_2 n)$ Schritte, die Berechnung für s und t $O(\log_2\left(\frac{1}{\varepsilon}\right) + n)$ Schritte. Die (sukzessive) Lösung der $SGKP_d$-Probleme in (3) erfordert $O(n \lfloor \frac{C_{est}}{s} \rfloor) = O(n \lfloor \frac{1}{\varepsilon^2} \rfloor)$ Operationen.
Für Schritt (4) wendet man $O(\frac{1}{\varepsilon^2})$ mal Greedy (Gewichtsdichte) an, Bedarf ist jeweils $O(n)$. Somit ist der Gesamtaufwand $O(n \log_2 n) + O(\frac{n}{\varepsilon^2})$.

(b) Von Lemma 26.1 wissen wir $C_{est} \leq 2C_{opt}$ und daher

$$t = \frac{\varepsilon}{3} C_{est} \leq \frac{2\varepsilon}{3} C_{opt}.$$

Satz 26.8 liefert

$$C_{IK} \geq C_{opt} - (\frac{\varepsilon}{3} C_{opt} + \frac{\varepsilon}{3} C_{est})$$
$$\geq C_{opt} - (\frac{\varepsilon}{3} C_{opt} + \frac{2\varepsilon}{3} C_{opt})$$
$$\geq (1 - \varepsilon) C_{opt}.$$

□

26.2 Das Traveling-Salesman-Problem

Vorbemerkung

(a) Heuristiken, die zulässige Lösungen zu einem vorgegebenen Optimierungsproblem liefern, nennt man **primale Heuristiken**.

(b) **Duale Heuristiken** sollen den Optimalwert abschätzen und Schranken liefern (Schranke für höchste Güte des Optimalwertes), z.B. liefert eine primale Heuristik für ein Maximierungsproblem eine zulässige Lösung x und damit eine Abschätzung für den Optimalwert von unten $(C(x) \leq C(x^*))$. Demgegenüber soll eine duale Heuristik hierbei eine obere Abschätzung $C(x^*) \leq D$ für den Optimalwert liefern.

Wir beschäftigen uns zunächst mit primalen Heuristiken. Hier unterscheidet man:

1. **Eröffnungsverfahren:** Konstruktion einer zulässigen Lösung unter lokalen Optimierungsüberlegungen.

2. **Verbesserungsverfahren:** Verbesserung bereits gewonnener zulässiger Lösungen.

Wir studieren diese Konzepte exemplarisch am Traveling-Salesman-Problem (symmetrische Version). Das Problem lautet: Finde in einem vollständigen Graphen $K_n = (V, E)$ mit Kantengewichten einen Hamiltonkreis von minimalem Gewicht.

26.2. Das Traveling-Salesman-Problem

Eröffnungsverfahren

Für Eröffnungsverfahren ist die Wahl eines guten lokalen Optimierungskriteriums ausschlaggebend. Wir betrachten nun eine Reihe von Eröffnungsverfahren:

(a) **Methode des nächsten Nachbarn** (NN)

  (1) Wähle $i \in V$, markiere i und setze $T := \emptyset, p := i$.
  (2) Sind alle Knoten markiert, dann setze $T := T \cup \overline{ip} \to$ STOP.
  (3) Bestimme einen nicht markierten Knoten j so, dass
  $$c_{\overline{pj}} = \text{Min}\{c_{\overline{pk}} \mid k \text{ unmarkiert}\}$$
  (4) Setze $T := T \cup \{\overline{pj}\}$, markiere j, setze $p := j$, gehe zu (2).

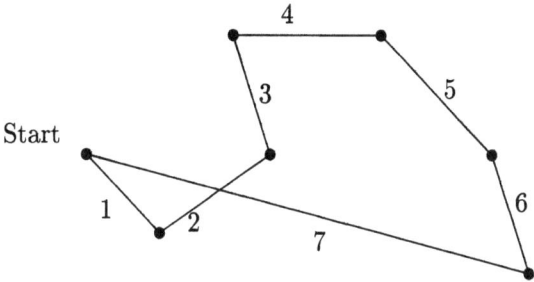

Abbildung 26.1: NN

(b) **Doppelseitiger nächster Nachbar** (DNN)

  (1) Wähle $i \in V$, markiere i, setze $T := \emptyset, p := i, q := i$.
  (2) Sind alle Knoten markiert, dann setze $T := T \cup \overline{pq} \to$ STOP.
  (3) Bestimme unmarkierte Knoten j_p und j_q mit
  $$c_{\overline{pj_p}} = \text{Min}\{c_{\overline{pk}} \mid k \text{ unmarkiert}\},$$
  $$c_{\overline{qj_q}} = \text{Min}\{c_{\overline{qk}} \mid k \text{ unmarkiert}\}.$$
  (4) Falls $c_{pj_p} < c_{qj_q}$, dann setze $T := T \cup \overline{pj_p}, p := j_p$, markiere j_p.
  Falls $c_{pj_p} \geq c_{qj_q}$, dann setze $T := T \cup \overline{qj_q}, q := j_q$, markiere j_q.
  (5) Gehe zu (2).

(c) **Nearest Addition** (NA)

  (1) Wähle Kreis K der Länge 3.
  (2) Ist $V \setminus V(K) = \emptyset \to$ STOP, K ist eine Tour.

490   Kapitel 26. Heuristiken

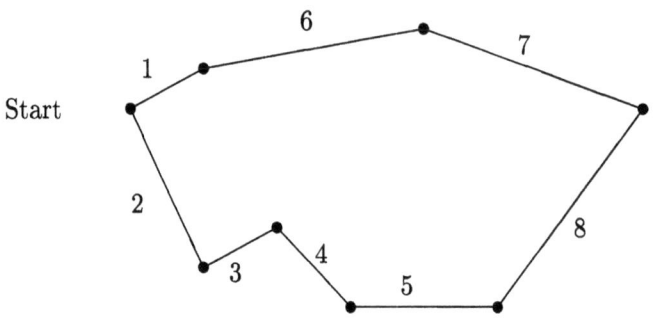

Abbildung 26.2: DNN

(3) Bestimme einen Knoten $p \in V\setminus V(K)$, so dass ein Knoten $q \in V(K)$ existiert mit
$$c_{\bar{q}p} = \operatorname*{Min}_{i \in V(K)}(\operatorname*{Min}_{j \in V\setminus V(K)} c_{\bar{i}j}).$$

(Hier zählt die Entfernung zu einem Knoten.)

(4) Vergleiche die beiden Ausdrücke
$c_{\overline{qp}} + c_{\overline{pq}} - c_{\overline{qq}}$, wobei $\bar{q}$ Nachfolger von q in $V(K)$ und
$c_{\overline{pq}} + c_{\overline{\tilde{q}p}} - c_{\overline{\tilde{q}q}}$, wobei $\tilde{q}$ Vorgänger von q in $V(K)$ ist.
Wähle hieraus das Minimum.
Im Fall $\bar{q}$ liefert Minimum, setze $K = K\setminus\{\overline{q\bar{q}}\} \cup \{\overline{qp}, \overline{pq}\}$.
Im Fall $\tilde{q}$ liefert Minimum, setze $K = K\setminus\{\overline{\tilde{q}q}\} \cup \{\overline{pq}, \overline{\tilde{q}p}\}$.
Gehe zu (2).

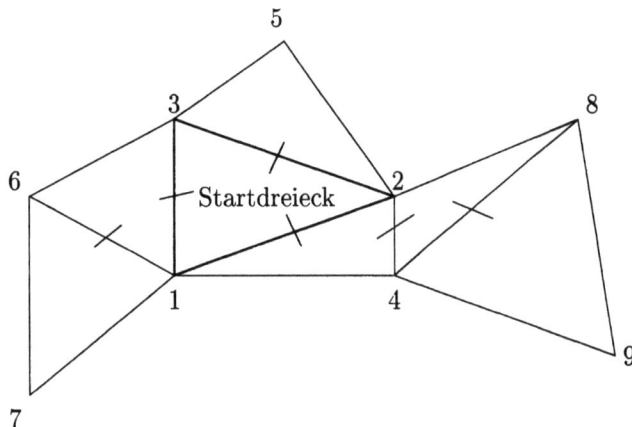

Abbildung 26.3: NA

(d) **Nearest Insert** (NI)

(1)–(3) läuft wie Nearest Addition.

26.2. Das Traveling-Salesman-Problem

(4) Bestimme die Kante $\overline{uv} \in K$, die am kostengünstigsten aufgegeben werden könnte, d.h. $\overline{uv} \in K$ mit

$$c_{\overline{up}} + c_{\overline{pv}} - c_{\overline{uv}} = \underset{i,j}{\text{Min}}\{c_{\overline{ip}} + c_{\overline{pj}} - c_{\overline{ij}}\}.$$

(5) Setze $K := K \setminus \{\overline{uv}\} \cup \{\overline{up}, \overline{pv}\}$ Gehe zu (2).
(Hier zählt die Entfernung zu einem Knoten, aber die zu ersetzende Kante wird ausgewählt.)

Im Beispiel wird keine der anliegenden Kanten ersetzt.

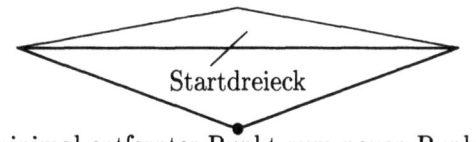

minimal entfernter Punkt zum neuen Punkt

Abbildung 26.4: NI

(e) **Cheapest Insert** (CI)
Wie Nearest Insert, bis auf Schritt (3) und (4)

(3) Bestimme einen Knoten $p \in V \setminus V(K)$ und eine Kante $\overline{uv} \in K$ mit

$$c_{\overline{up}} + c_{\overline{pv}} - c_{\overline{uv}} = \underset{p,i,j}{\text{Min}}\{c_{\overline{ip}} + c_{\overline{pj}} - c_{\overline{ij}}\}$$

(alle Punkte sind freigegeben und die Entscheidung über den neuen Knoten und die zu ersetzende Kante fallen in einem Zug).

(4) entfällt

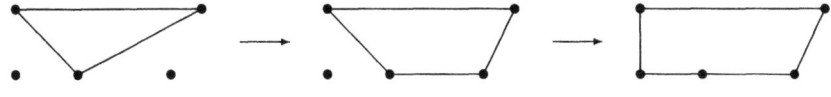

Abbildung 26.5: CI

(f) **Farthest Insert** (FI)
Wie Nearest Insert bis auf Schritt (3).

(3) Bestimme einen Knoten $p \in V \setminus V(K)$, so dass Knoten $q \in V(K)$ existiert mit

$$c_{\overline{pq}} = \underset{i \in V \setminus V(K)}{\text{Max}} \underset{j \in V(K)}{\text{Min}} c_{\overline{ij}}.$$

(entferntester Knoten wird eingefügt, und dies mit der besten Kante).

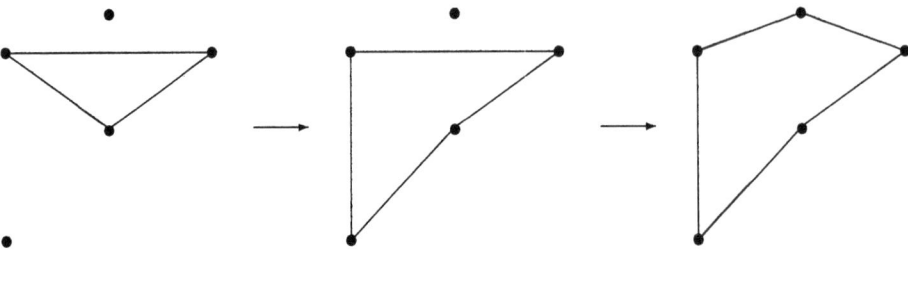

Abbildung 26.6: FI

Lemma 26.3 *Alle Knoten haben geraden Grad $\Rightarrow$ es existiert eine Eulertour durch jede Zusammenhangskomponente.*

Beweis: (Standardschluss der Graphentheorie)
Starte bei einem Knoten 1 in der ersten Zusammenhangskomponente und laufe fremde Knoten an bzw. verlasse sie wieder. Dabei verbrauchen wir an jedem Knoten Grad 2, so lange bis sich ein Kreis schließt. Nun entfernen wir diesen Kreis komplett. Der Restgraph erfüllt die gleichen Voraussetzungen. Wegen des Zusammenhangs enthält er auch Knoten aus dem ersten Kreis. Auch hier lässt sich wieder ein Kreis abspalten. Man erhält schließlich rekursiv eine Aufspaltung aller Kanten der Zusammenhangskomponente in k Kreise. Wegen des Zusammenhangs gibt es im ersten Kreis C_1 einen Knoten, der noch in einem zweiten Kreis C_2 vorkommt. Durchlaufe C_1 startend von diesem Knoten, bis du zurückkommst und füge dann C_2 an. Mit der geschlossenen Kette $C_{1,2} = C_1 \cup C_2$ folgt dieselbe Argumentation und die Aufnahme von C_3. Also kann man in einem geschlossenen Pfad alle Kanten der Zusammenhangskomponente ablaufen. $\square$

(g) **Spanning-Tree-Heuristik** (ST)

(1) Bestimme einen minimalen aufspannenden Baum B von K.

(2) Verdopple die Kanten von B, um $G = (V, B_2)$ zu erhalten.

(3) (Da jeder Knoten in $G = (V, B_2)$ geraden Grad hat und (V, B_2) zusammenhängt, enthält (V, B_2) eine Eulertour).
Bestimme eine Eulertour K, gib ihr eine Orientierung, wähle Knoten $i \in V$, markiere i und setze $p := i, T := \emptyset$.

(4) Laufe von p entlang der Orientierung von K, bis ein unmarkierter Knoten q erreicht ist. Setze $T := T \cup \overline{pq}$, markiere q, und setze $p = q$.

(5) Sind alle Knoten markiert, dann setze $T := T \cup \{\overline{ip}\} \to$ STOP, ansonsten gehe zu (4).

Lemma 26.4 *Die Summe der Grade aller Knoten ist gerade.*

26.2. Das Traveling-Salesman-Problem

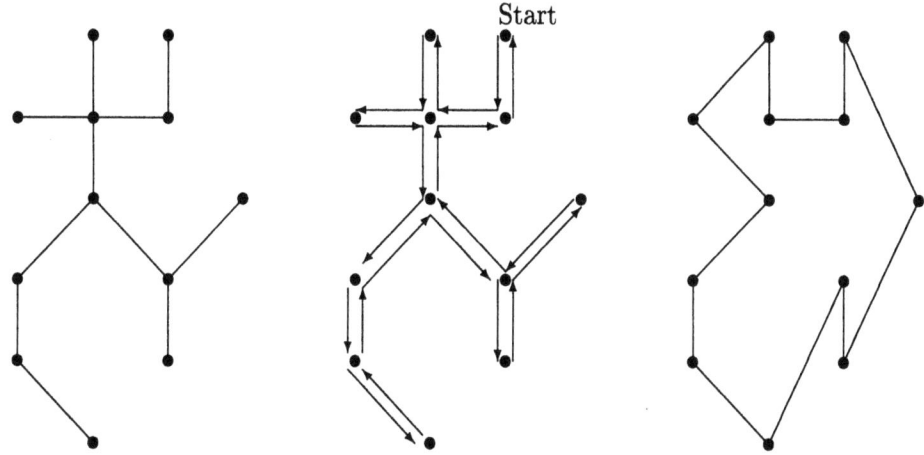

Abbildung 26.7: ST

Beweis:
Addiert man den Gradbeitrag aller Kanten, dann entsteht eine gerade Zahl (jede Kante verursacht 2). Dies liefert aber auch die Summe der Knotengrade. □

(h) **Christophides-Heuristik** (CH)
Wie (ST), aber Schritt (2) wird ersetzt durch:

(2) Sei W die Menge der Knoten in (V, B) mit ungeradem Grad ($\#(W)$ ist zwingend gerade).

(a) Bestimme im von W induzierten Untergraphen von K_n ein perfektes Matching M minimalen Gewichts.

(b) Setze $B_2 := B \cup M$ (einige Kanten können doppelt vorkommen). Alle Knoten haben geraden Grad, also ist eine Eulertour konstruierbar.

Satz 26.10 *Gibt es ein $\varepsilon > 0$ und einen polynomialen Algorithmus H, der für jedes symmetrische TSP die Tour T_H liefert mit*

$$\mathcal{C}(T_{opt}) \leq \mathcal{C}(T_H) \leq (1+\varepsilon)\,\mathcal{C}(T_{opt}),$$

dann ist $\mathbb{P} = \mathbb{NP}$.

Beweis:
Das Entscheidungsproblem „Gibt es einen hamiltonschen Kreis" (HAM) ist NP-vollständig. Das ε-Approximationsproblem für TSP gehört auf jeden Fall zu NP. Zu zeigen bleibt also, dass auch dieses Problem NP-vollständig ist.
Wir zeigen: Gibt es eine Heuristik mit obigen Eigenschaften, dann gibt es auch einen polynomialen Algorithmus für HAM.

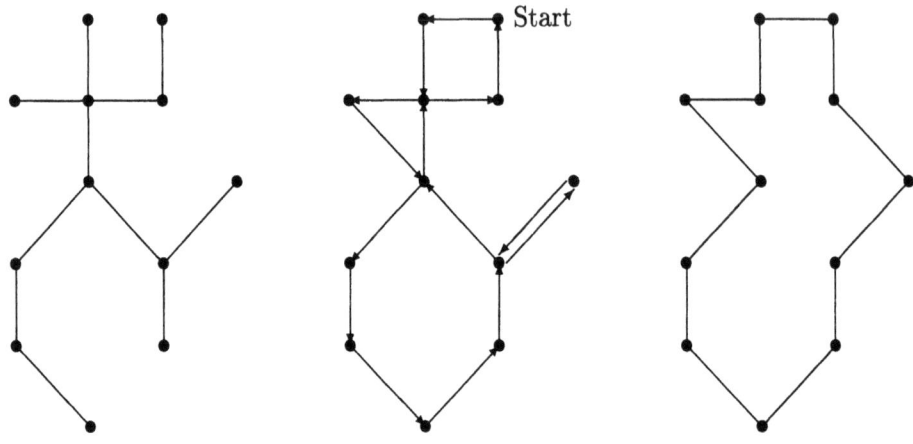

Abbildung 26.8: CH

Annahme: $\exists \varepsilon > 0$ und H wie im Satz.
$G = (V, E)$ sei beliebiger Graph der Ordnung n und $M := \varepsilon n + 2$. Definiere TSP mit n Knoten und Entfernungen $c_{\overline{ij}} := 1 \; \forall \overline{ij} \in E$ und $c_{\overline{ij}} := M$ sonst.
Aufgrund dieser Definition gilt:
G ist hamiltonsch genau dann, wenn $\mathcal{C}(T_{opt}) = n$. Ist dies nicht so, dann ist $\mathcal{C}(T_{opt}) \geq n + 1 + \varepsilon n$.
Ist T irgendeine Tour, die kein hamiltonscher Kreis in G ist, dann gilt

$$\mathcal{C}(T) \geq n - 1 + M = n + 1 + \varepsilon n > n(1 + \varepsilon).$$

Geringeres Gewicht als $n(1 + \varepsilon)$ haben also nur Hamiltonkreis-Touren.
Da unsere Heuristik aber eine relative Fehlerschranke von ε hat, erzeugt sie bei hamiltonschen Graphen bestimmt eine Hamiltontour. Denn sei T_H der Lösungsvorschlag und G hamiltonsch, dann gilt

$$\mathcal{C}(T_{opt}) = n \leq \mathcal{C}(T_H) \leq (1 + \varepsilon)\, \mathcal{C}(T_{opt}) = (1 + \varepsilon)n$$

und somit ist T_H ein Hamiltonkreis.
Andernfalls (wenn es keinen Hamilton-Kreis gibt) kann auch unsere Heuristik obige Schranke nicht unterbieten. Man erkennt also an $\mathcal{C}(T_H)$, ob ein Hamiltonkreis existiert. Also entscheidet T_H in polynomialer Zeit über HAM, was aber ja nur bei $\mathbb{P} = \mathbb{NP}$ möglich ist. □

Es gibt also nicht einmal ein PAS für das TSP. Dies liegt daran, dass wir die volle Allgemeinheit zulassen. In praktischen Situationen haben wir allerdings meist eine geometrische Zusatzvoraussetzung, die die Angelegenheit erleichtert.

Definition 26.6 *Ein TSP heißt* euklidisch, *wenn für die Entfernung $c_{\overline{ik}}$ die Dreiecksungleichung gilt, d.h. wenn*

$$c_{\overline{ik}} \leq c_{\overline{ij}} + c_{\overline{jk}} \quad \forall i, j, k.$$

26.2. Das Traveling-Salesman-Problem

Satz 26.11 *Für das euklidische TSP und die oben erwähnten Heuristiken gelten die folgenden Gütegarantien und Laufzeitordnungen (erstes hängt von der Dreiecksungleichung ab, letzteres nicht).*

Heuristik	Schranke für relativen Fehler	Laufzeit
NN	$\frac{1}{2}(\lceil \log n \rceil - 1)$	n^2
DNN	?	n^2
NA	1	n^2
NI	1	n^2
CI	?	$n^2 \log n$
FI	?	n^2
ST	1	n^2
CH	$\frac{1}{2}$	n^3

Bemerkung
Entfernt man aus einer Tour eine Kante, dann erhält man einen aufspannenden Baum B. Da $c \geq 0$ ist, gilt $\mathcal{C}(B) \leq \mathcal{C}(Tour)$.

Beweis zu Satz 26.11:

1. **ST:** Aus dem minimalen aufspannenden Baum B konstruiert man B_2 durch Verdoppelung aller Kanten. Es gilt dann:

$$\mathcal{C}(B) \leq \mathcal{C}(T_{opt}) \text{ und } \mathcal{C}(B_2) = 2\mathcal{C}(B) = \sum_{j \in B} 2c_j \leq 2\mathcal{C}(T_{opt}).$$

   T_{ST} wird aus B_2 so konstruiert, dass Wege aus B_2 durch abkürzende Kanten ersetzt werden. Somit gilt

$$\mathcal{C}(T_{ST}) \leq \mathcal{C}(B_2) \leq 2\mathcal{C}(T_{opt}).$$

2. **CH:** Wir schätzen das Gewicht eines minimalen perfekten Matchings ab. Dazu seien $i_1, \ldots, i_{2m}$ die Knoten von ungeradem Grad im minimalen aufspannenden Baum B. Ihre Reihenfolge entspreche ihrem Auftreten in der optimalen Tour.
   Betrachte die beiden Matchings

$$\begin{aligned} M_1 &= \overline{i_1 i_2} \quad \overline{i_3 i_4} \quad \overline{i_5 i_6} \quad \ldots \quad \ldots \quad \overline{i_{2m-1} i_{2m}} \\ M_2 &= \quad \overline{i_2 i_3} \quad \overline{i_4 i_5} \quad \overline{i_6 i_7} \quad \ldots \quad \overline{i_{2m-2} i_{2m-1}} \quad \overline{i_{2m} i_1}. \end{aligned}$$

$$\Rightarrow \mathcal{C}(T_{opt}) \geq \mathcal{C}(M_1) + \mathcal{C}(M_2).$$

   Denn die übrigen Knoten der Optimaltour erscheinen dort als Zwischenknoten zu unserer Teiltour über die $2m$ Knoten. Also verlängern sie nur noch die Länge der Tour.
   Ist nun M ein minimales Matching, dann gilt

$$\mathcal{C}(M) \leq \text{Min}\{\mathcal{C}(M_1), \mathcal{C}(M_2)\}, \text{ also } \mathcal{C}(M) \leq \frac{1}{2}\mathcal{C}(T_{opt}).$$

Betrachten wir nun die konstruierte Tour. Da der minimale aufspannende Baum keine höheren Kosten verursacht als jede Tour (auch die optimale), bekommen wir (weil die Tour ein aufspannender Baum mit Zusatzkante ist)

$$\mathcal{C}(T_{CH}) \leq \mathcal{C}(M) + \mathcal{C}(B) \leq \frac{1}{2}\mathcal{C}(T_{opt}) + \mathcal{C}(T_{opt}) = \frac{3}{2}\,\mathcal{C}(T_{opt}).$$

Denn T_{CH} benutzt ja nur die Kanten des Matchings und des minimalen aufspannenden Baumes.

3. **NA, NI:**
Zur Erinnerung: Das Primverfahren erzeugt einen minimalen aufspannenden Baum durch Hinzunahme des jeweils nächsten erreichbaren Punktes und der dazu benutzten Verbindungskante. Die Vorgehensweise hier bei der Bestimmung des aufzunehmenden Punktes ist entsprechend, da stets der nächste erreichbare Knoten in die Tour eingefügt wird. Nur wird hier noch eine Zusatzkante zum Schließen benötigt.

NA, NI suchen also die nächsten Nachbarn zur bisher erfassten Menge von Knoten. Sei dies Knoten k, er sei am schnellsten von i aus erreichbar. Wegen $c_{i-1,k} \leq c_{i,k} + c_{i-1,i}$ und $c_{i-1,k} - c_{i-1,i} \leq c_{i,k}$ gilt jeweils für die Touränderung:

$$NA: \quad c_{\overline{i,k}} + c_{\overline{i-1,k}} - c_{\overline{i-1,i}} \text{ oder } c_{\overline{i,k}} + c_{\overline{i+1,k}} - c_{\overline{i+1,i}} \quad \leq 2c_{\overline{i,k}},$$
$$NI: \quad c_{\overline{s,k}} + c_{\overline{k,t}} - c_{\overline{s,t}} \leq c_{\overline{i,k}} + c_{\overline{k,j}} - c_{\overline{i,j}} \leq c_{\overline{i,k}} + c_{\overline{i,k}} \quad = 2c_{\overline{i,k}},$$

wobei oben $\overline{i-1,i}$ oder $\overline{i,i+1}$ und unten $\overline{s,t}$ die ausgelöschte Kante ist. Der Zuwachs der Tourenlänge in Spanning-Tree ist $c_{\overline{i,k}}$, hier ist der Zuwachs allenfalls doppelt so groß.

$$\Rightarrow \mathcal{C}_{NI} \leq \mathcal{C}_{NA} \leq 2\mathcal{C}_{opt}.$$

4. **DNN, CI, FI:**
Bei diesen Verfahren erfolgt die Punktwahl nach einem anderen Prinzip und wir haben keinen Anhaltspunkt für das Verhalten im schlechtesten Fall. □

Austausch- und Verbesserungsverfahren

Idee: Entferne Elemente aus der vorliegenden Tour, um eine verbleibende feste Menge S zu erhalten. S soll danach wieder **auf optimale Weise** zu einer Tour ergänzt (verklebt) werden, wobei sich meist eine andere als die Ausgangstour ergibt. Alle Ergänzungsmöglichkeiten stehen zur Disposition und werden verglichen. Mit der neuen Tour verfährt man entsprechend mit Entfernung anderer Bestandteile. Dies soll enumerativ erschöpfend geschehen, d.h. alle Bestandteile sollen einmal zur Disposition stehen. Stellt man bei einem vollen Enumerationsumlauf keine Verbesserung mehr fest, dann bricht man ab.

26.2. Das Traveling-Salesman-Problem

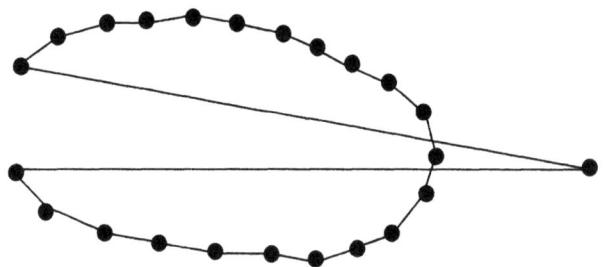

Abbildung 26.9: Beispiel für das extreme Versagen von NN

Die optimale Wiederergänzung kann schnell gefunden werden, wenn man jeweils nur wenig zerstört. Dann ist sowohl das Flicken schnell durchführbar als auch die Zahl der zusammenzusetzenden Teile gering gerechnet. Allerdings verschenkt man für diese Zeitersparnis evtl. eine grundlegende (fällige) Neustrukturierung der Tour.

(a) **Zweieraustausch (2-Opt)**

(1) Wähle eine beliebige Anfangstour $T = (1, \ldots, n)$.

(2) Setze $Z := \{p, p+1, q, q+1 \mid p+1 \neq q,\ p \neq q,\ q+1 \neq p,\ 1 \leq p, q \leq n\}$ als System von Vierer-Knotenmenge oder Kantenpaar an.

(3) Für alle Kantenpaare dieser Art führe aus:

Ist $c_{\overline{p,p+1}} + c_{\overline{q,q+1}} > c_{\overline{p,q}} + c_{\overline{p+1,q+1}}$, dann ändere T so:
$T := T \backslash \{\overline{p, p+1}, \overline{q, q+1}\} \cup \{\overline{p, q}, \overline{p+1, q+1}\}$.

(4) Gib T aus.

Beispiele Siehe Abb. 26.10.

(b) **r-Austausch (r-Opt)**

(1) Wähle beliebige Anfangstour T.

(2) Sei Z Menge aller r-elementigen Kanten-Teilmengen von T.

(3) $\forall R \in Z$ führe aus:
Setze $S := T \backslash R$ und konstruiere alle Touren, die S enthalten. Wähle die beste davon aus und arbeite mit ihr weiter.

(4) Falls T überhaupt nicht geändert wurde in (3) $\rightarrow$ STOP, ansonsten gehe zu (2).

Beispiele (3-Opt) Siehe Abb. 26.11

Dies erschöpft alle kombinatorischen Möglichkeiten.

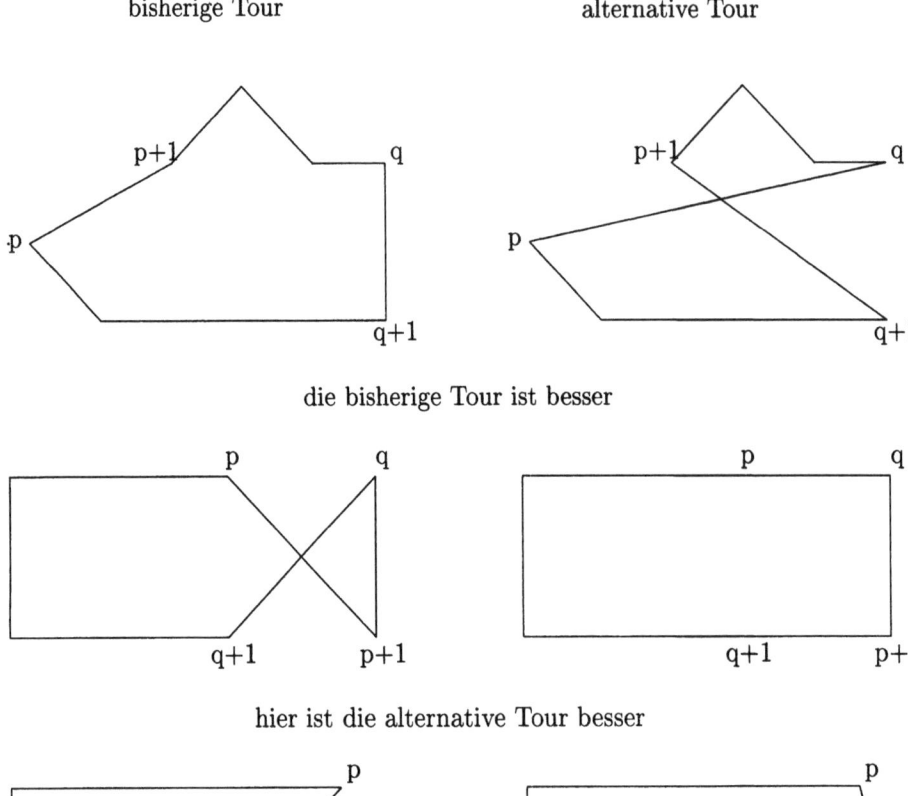

die bisherige Tour ist besser

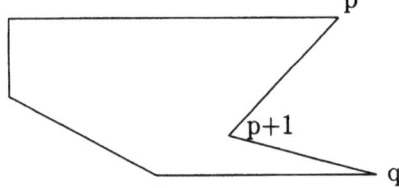

hier ist die alternative Tour besser

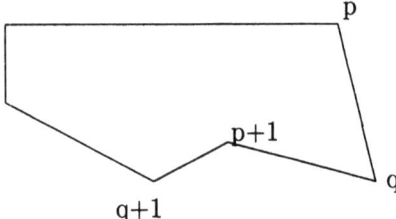

hier ist die alternative Tour besser

Abbildung 26.10: Zweieraustausch

(c) **Austausch zweier Knoten (2-Knoten-Opt)**

(1) Wähle eine beliebige Anfangstour T

(2) Sei $Z = \{(v, y) \mid v$ und y seien nicht benachbart in $T\}$

(3) Für alle Knotenpaare $(v, y) \in Z$ erzeuge aus der Grundtour die Variationen aus Abb. 26.12

Bemerkungen

(a) 2-Opt verursacht einen Anfangsaufwand von $O(n^2)$.
r-Opt hat einen Aufwand von $O(n^r)$ und 2-Knoten-Opt hat $O(n^2)$.

26.2. Das Traveling-Salesman-Problem

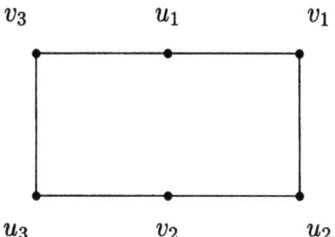

Es folgen alle Möglichkeiten zur Ergänzung.

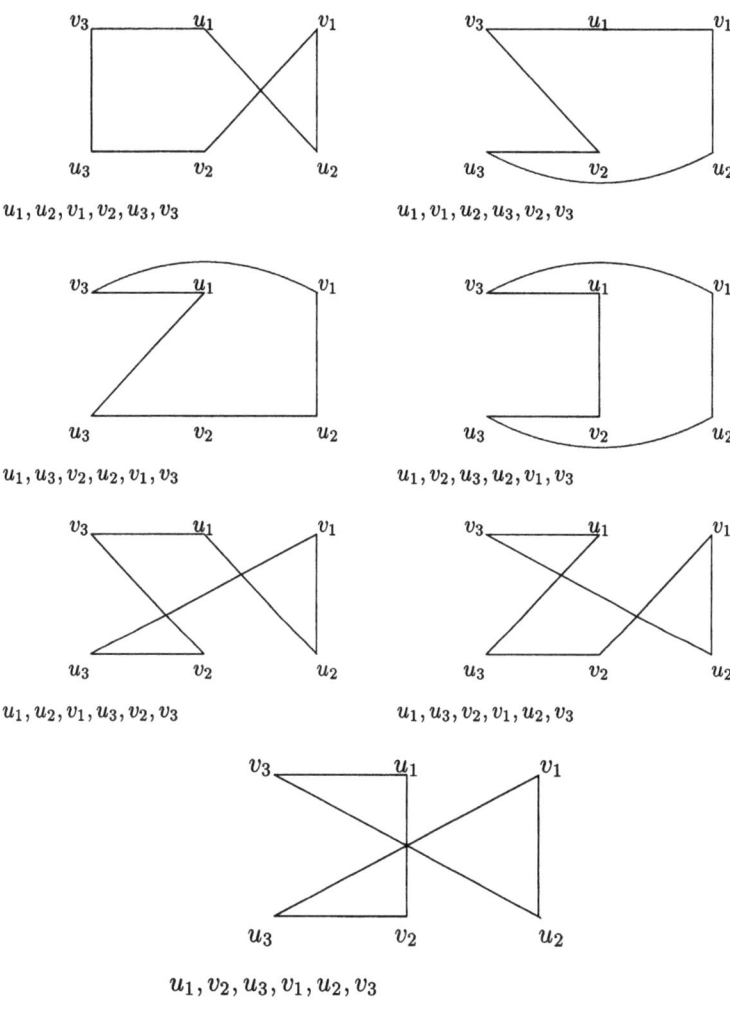

Abbildung 26.11: Beispiele zu 3-Opt

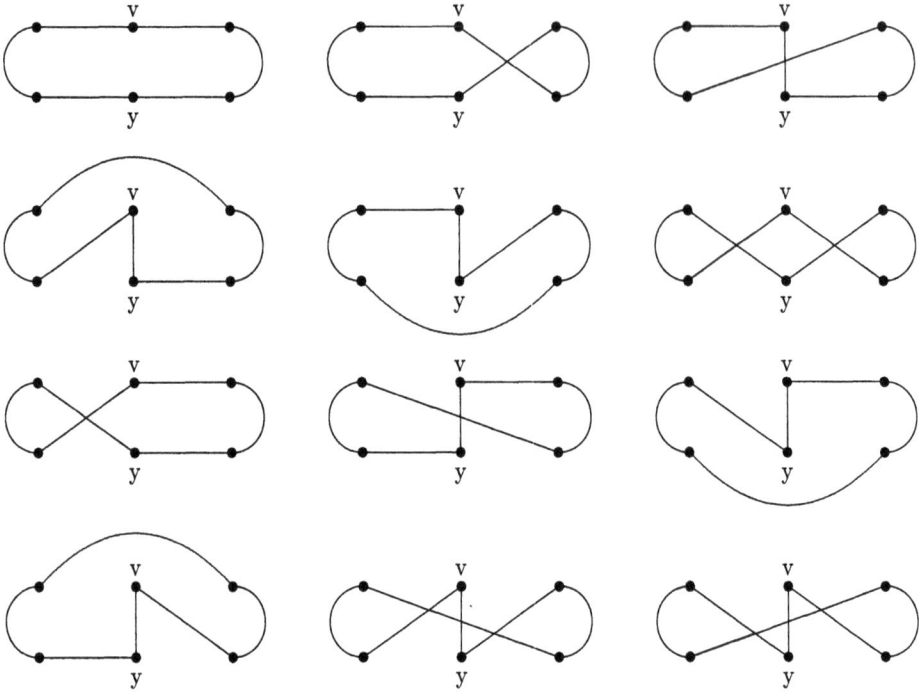

Abbildung 26.12: 2-Knoten-Opt

(b) Für das euklidische TSP gilt

$$\mathcal{C}(T_{opt}) \leq \mathcal{C}(T_{r-opt}) \leq (2 - \frac{2}{n})\mathcal{C}(T_{opt}).$$

(c) Eine Tour, die durch r-Austausch nicht mehr zu verbessern ist, nennen wir r-Austausch-optimal.

(d) Oft ist schlechter Start im Endeffekt günstiger.

Duale Heuristiken

Mit Hilfe von dualen Heuristiken versuchen wir zu beurteilen, wie gut primale Lösungsvorschläge sind. Hierzu benötigt man Relaxierungstechniken, mit denen wir das Problem in ein leicht zu lösendes mit größerem Zulässigkeitsbereich einbetten.

Definition 26.7 *Gegeben sei ein kombinatorisches Optimierungsproblem $(E, \mathcal{M}, c)$ mit $\mathcal{M} \subset \wp(E)$, $c : E \to \mathbb{R}^+$.*

(a) *Ein kombinatorisches Optimierungsproblem $(E', \mathcal{M}', c')$ heißt dann kombinatorische Relaxierung zu $(E, \mathcal{M}, c)$, wenn $(E, \mathcal{M}, c)$ in $(E', \mathcal{M}', c')$ eingebettet werden kann, d.h. wenn es eine injektive Abbildung $f : E \to E'$ gibt mit $f(M) \in \mathcal{M}'$ und $\mathcal{C}(M) = \mathcal{C}'(f(M)) \; \forall \, M \in \mathcal{M}$.*

26.2. Das Traveling-Salesman-Problem

(b) Ein lineares Problem der Form $\max c^T x$ unter $Ax \leq b, x \geq 0$ mit der Eigenschaft:
$\{x \in K^E \mid Ax \leq b, x \geq 0, x \text{ ganzzahlig (binär)}\} =$
$\{\text{Menge der Inzidenzvektoren zu den } M \in \mathcal{M}\}$
heißt eine LP-Relaxierung zu $(E, \mathcal{M}, c)$.

Bemerkung
$(E, \mathcal{M}, c)$ definiere ein Maximierungsproblem. Dann liefern (a) und (b) bei exakter Auswertung jeweils Oberschranken für den bestmöglichen Wert bzgl. $(E, \mathcal{M}, c)$.
Beweis:
$\text{Max}\{\mathcal{C}'(M') \mid M' \in \mathcal{M}'\} \geq \text{Max}\{\mathcal{C}(M) \mid M \in \mathcal{M}\}$, weil das optimale $\overline{M}$ aus $\mathcal{M}$ auf $\overline{M}' = f(\overline{M})$ mit $\mathcal{C}'(\overline{M}') = \mathcal{C}(\overline{M})$ und $\overline{M}' \in \mathcal{M}'$ abgebildet wird. Außerdem ist

$$\text{Max}\{c^T x \mid Ax \leq b, x \geq 0\} \geq \text{Max}\{c^T x \mid Ax \leq b, x \geq 0, x \text{ ganzzahlig (binär)}\}$$
$$\geq \text{Max}\{\mathcal{C}(M) \mid M \in \mathcal{M}\},$$

da alle Inzidenzvektoren zu $M \in \mathcal{M}$ in der mittleren Menge liegen. □

Bemerkung
Jeder Algorithmus, der ein relaxiertes Problem gemäß (a) und (b) exakt löst, ist eine Dualheuristik für $(E, \mathcal{M}, c)$. Es sollte hierbei $\#(\mathcal{M}') - \#(\mathcal{M})$ zur Erhaltung der Genauigkeit klein bleiben und der Algorithmus zur Lösung von $(E', \mathcal{M}', c')$ sollte schnell und exakt sein.

1. 2-Matching-Relaxierung für das symmetrische TSP

Ein *perfektes 2-Matching* ist eine Kantenmenge $M \subset E$, so dass jeder Knoten zu genau zwei Kanten von M inzident ist. Jede TSP-Tour stellt also ein perfektes 2-Matching dar.

Lemma 26.5 $\text{Min}\{\mathcal{C}(M) \mid M \text{ ist 2-Matching}\} \leq \text{Min}\{\mathcal{C}(T) \mid T \text{ ist TSP-Tour}\}$

Bemerkung

1. Die Bestimmung eines minimalen 2-Matchings ist polynomial.

2. Nicht jedes 2-Matching ist eine TSP-Tour, aber die optimale Tour muss in der Menge der 2-Matchings liegen.

Um eine Unterschranke zu finden, bestimmt man also das minimale 2-Matching.

Beispiel

Das beste 2-Matching ist oft keine Tour (vgl. Abb. 26.13).

2. Die 1-Baum-Relaxierung für das symmetrische TSP

Definition 26.8 $G = (V, E)$ sei ein zweifach zusammenhängender Graph, v ein beliebiger Knoten von G. Eine Kantenmenge von E, die aus einem aufspannenden Baum von $G \setminus \{v\}$ und zwei mit v inzidenten Kanten besteht, heißt 1-Baum von G.

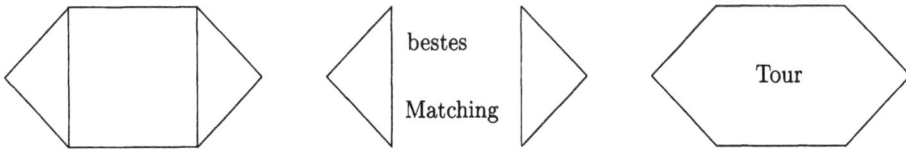

Abbildung 26.13: 2-Matching und Tour

Bemerkungen

1. Jede Tour ist ein 1-Baum von K_n, nämlich ein hamiltonscher Weg in $K_n \setminus v$, ergänzt um zwei zu v inzidente Kanten. Es gibt aber 1-Bäume, die keine Tour definieren, wie z.B. im folgenden Graphen, in dem die Kantengewichte den euklidischen Knotenabständen entsprechen.

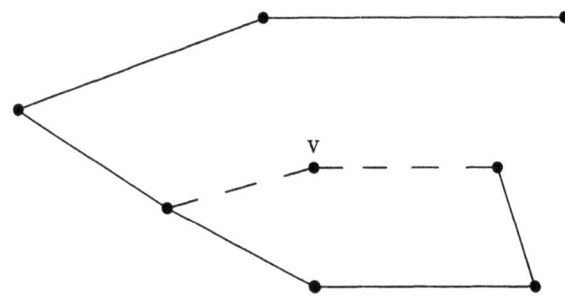

Abbildung 26.14: 1-Baum-Relaxierung

2. Um zu einer guten Unterschranke zu kommen, bestimmt man den minimalen 1-Baum zum vorliegenden Problem.

   Hierbei geht man folgendermaßen vor:

   - Für alle $v \in V$ bestimme den minimalen aufspannenden Baum zu $K_n \setminus \{v\}$.
   - Füge die zwei zu v inzidenten Kanten hinzu, die geringstes Gewicht aufweisen.
   - Unter den so gewonnenen 1-Bäumen bestimme denjenigen mit dem kleinsten Gewicht

   $$\Rightarrow \text{Min}\{\mathcal{C}(B) \mid B \text{ 1-Baum}\} \leq \text{Min}\{\mathcal{C}(T) \mid T \text{ ist Tour}\}.$$

3. Schnittebenenverfahren für das symmetrische TSP

Bei diesem Verfahren setzt man sich als Hilfsziel die polyedertheoretisch genaue Beschreibung der konvexen Hülle aller Inzidenzvektoren von Touren. Dazu wird zuerst das TSP als ganzzahliges Optimierungsproblem formuliert:

26.2. Das Traveling-Salesman-Problem

$$\begin{aligned}
\min \quad & c^T x \\
\text{unter} \quad & \sum_{e \in \delta(v)} x_e = 2 && \forall v \in V, e \in E \\
& && \text{(Facetten-liefernd bei } n \geq 5\text{)} \\
& \sum_{e \in E(W)} x_e \leq \#(W) - 1 && \forall W \subset V, 3 \leq \#(W) \leq n-3 \\
& && \text{(nahezu } 2^n \text{ UGL)} \\
& x \in \{0,1\}^{\#(E)}
\end{aligned}$$

Dies ist hinreichend und notwendig für eine TSP-Tour. Die erste Nebenbedingung betrifft den erforderlichen Knotengrad, und die zweite soll Untertouren vermeiden.

Die Bedingungen

(1) $0 \leq x_e \leq 1 \; \forall e \in E_n$ und

(2) $x(\delta(v)) = 2 \; \forall v \in V$ liefern alleingenommen

ein Polytop Q mit $\dim Q = \#(E_n) - \#(V)$.
Die Ecken des Polytops sind entweder Inzidenzvektoren von Touren oder von 2-Matchings oder von Vektoren mit Komponenten aus $\{0, \frac{1}{2}, 1\}$.

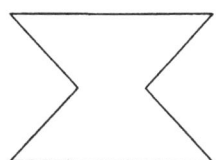 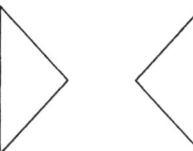 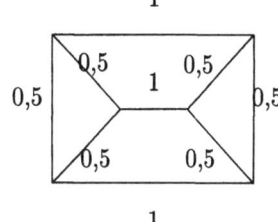

Abbildung 26.15: Touren, Untertouren und Teilbelegungen

Ist T eine Tour in $G = (V, E)$ und ist $W \subsetneq V$, dann gilt $\#(T \cap E(W)) \leq \#(W) - 1$ und somit

(3) $x(E(W)) \leq \#(W) - 1 \; \forall W \subsetneq V, \#(W) \geq 2$ (exponentiell viele).

Das Traveling-Salesman-Polytop Q_T^n, definiert als konvexe Hülle der Inzidenzvektoren von Hamiltonschen Kreisen (Touren), kann also beschrieben werden als

$$Q_T^n = \text{KH}\{x \in K^E \mid x \text{ erfüllt } (1), (2), (3), x \in \mathbb{Z}^n\}.$$

Lässt man die Ganzzahligkeitsbedingung weg, dann hat das zugehörige Polytop Ecken mit nichtganzzahligen Koordinaten (z.B. $x^i = \frac{1}{2}$) und diese Ecken müssen etwa mit dem Verfahren von Gomory eliminiert werden.

Schnittebenenverfahren

1. Bestimme Teilauswahl der bekannten Ungleichungen.

2. Löse das relaxierte LP optimal (beachte nur obige UGL).

3. Ist der Lösungsvorschlag ganzzahlig, dann überprüfe, ob die TSP-Eigenschaft vorliegt. Wenn ja, STOP mit Ausgabe. Sonst gehe zu (4).

4. Wenn der Vorschlag ganzzahlig ist, dann finde unter den ignorierten UGL eine verletzte. Füge diese in die Teilauswahl aus (1) ein.
Ansonsten finde unter den Ganzzahligkeitsbedingungen eine verletzte. Füge eine zugehörige Gomory-Schnittebene in die Teilauswahl ein.

5. Gehe zurück (mit der erweiterten Auswahl) zu (2).

So einfach dies klingt, und obwohl es oft funktioniert: Es entsteht ein gravierendes theoretisches Zusatzproblem, welches nun die Schwierigkeit birgt, nämlich das **Separierungsproblem**. Wie finde ich (in polynomialer Zeit) unter exponentiell vielen UGL eine verletzte UGL?

Mit der Erkennung von Facetten zu solchen Inzidenzpolytopen oder solchen Schnittebenen und verletzter Ungleichungen befasst sich die polyedrische Kombinatorik. Sie ist in den vergangenen zwanzig Jahren sehr erfolgreich zur Lösung praktischer Probleme eingesetzt worden. Dies ist deshalb sehr erstaunlich und erfreulich, weil von der theoretischen Analyse der Inzidenzpolytope her nur ein winziger Bruchteil der wirklichen Facetten bekannt ist. Ein Ansatzpunkt zur Erklärung dieses Erfolges könnte unter Umständen wieder in einer probabilistischen Analyse liegen.

26.3 Übungsaufgaben

Aufgabe 26.1 Gegeben sei ein vollständiger gerichteter Digraph (V, A) mit Bogengewichten $c_a \geq 0$ für alle $a \in A$. Gesucht ist eine Reihenfolge (Permutation) σ der Knoten, so dass die Summe aller aufsteigenden Bögen $\sum_{\sigma(i)<\sigma(j)} c_{ij}$ maximal wird.
Geben Sie dazu einen polynomialen Algorithmus mit 50% Fehlergarantie an.

Aufgabe 26.2

a) Transformieren Sie das ganzzahlige Knapsack-Problem in ein Kürzeste-Wege-Problem. Was sagt dies über die Komplexität des Knapsack-Problems aus?

b) Geben Sie eine polynomiale Transformation des ganzzahligen Knapsack-Problems auf das 0/1-Knapsack-Problem an.

Aufgabe 26.3 Lösen Sie das folgende binäre Knapsackproblem min $c^T x$ unter $a^T x \leq b$, $x \in \{0,1\}^n$ mit $b = 25$ exakt. Und vergleichen Sie damit die Ergebnisse des Zielfunktions- und Gewichtsdichten-Greedy.

c = 38 32 29 21 16 15 12 9 6 5
a = 17 15 14 11 9 8 5 4 3 1

Aufgabe 26.4 Zeigen Sie die Kreuzungsfreiheit von Minimaltouren für euklidische TSP.

Aufgabe 26.5 Gegeben sei ein vollständiger ungerichteter Graph K_n mit Kantengewichten $c_e \geq 0$ für alle $e \in E$. Gesucht ist ein Matching maximalen Gewichts. Entwerfen Sie eine Greedy-Heuristik für dieses Problem. Geben Sie ein Beispiel an, wo Ihre Heuristik eine Lösung liefert, die bis zu 50% vom Wert der Optimallösung abweicht.

Aufgabe 26.6 Gegeben sei die Entfernungsmatrix zwischen 11 Städten.

	1	2	3	4	5	6	7	8	9	10	11
1	0	3	4	9	8	7	6	5	4	20	15
2	3	0	16	19	20	4	12	14	17	8	3
3	4	16	0	13	1	2	5	9	14	15	20
4	9	19	13	0	16	4	9	7	6	11	12
5	8	20	1	16	0	13	3	14	5	9	19
6	7	4	2	4	13	0	6	7	9	3	12
7	6	12	5	9	3	6	0	4	5	19	6
8	5	14	9	7	14	7	4	0	7	9	19
9	4	17	14	6	5	9	5	7	0	10	15
10	20	8	15	11	9	3	19	9	10	0	20
11	15	3	20	12	19	12	6	19	15	20	0

Bestimmen Sie mit den verschiedenen Eröffnungsheuristiken eine möglichst gute Rundreise durch diese Städte. Beurteilen Sie die Güte Ihrer Lösung, indem Sie mit der 1-Baum-Relaxierung eine untere Schranke für die Länge der Tour bestimmen. Verbessern Sie Ihre Tour durch Anwendung von 2-Opt.

Aufgabe 26.7 Formulieren Sie das m-Traveling-Salesman-Problem als ganzzahliges lineares Programm:
Gegeben ist $m > 0$ und ein vollständiger Graph K_n mit Kantengewichten und ein Knoten $u_0 \in K_n$. Gesucht sind m Kreise durch u_0 minimaler Gesamtlänge, so dass jeder Knoten außer u_0 von genau einem der Kreise erreicht wird.

Ausblick zum 3. Teil
(Ganzzahlige/Kombinatorische Optimierung)

Fast uferlos wird das Vorhaben, hierin auf alles hinzuweisen, was noch wissenswert ist. Da es hier keinen Standardalgorithmus und kein Standardproblem gibt, konnten wir nur versuchen, eine einigermaßen typische Auswahl zu treffen.

Zur Erweiterung des Wissens über Ganzzahlige Optimierung sei auf Schrijver [56] hingewiesen. Von da ist es auch nicht weit zur polyhedrischen Kombinatorik (vgl. Grötschel et al. [22], Nemhauser [43]), wo durch die Kenntnis von genügend vielen gültigen Ungleichungen zu den Inzidenzpolytopen ein effizienter Einsatz von Linearer Optimierung erfolgen kann.

Zu einem breiteren Spektrum über Kombinatorische Optimierung gehören sicher zu allererst einmal weitere Fluss- und Netzwerkalgorithmen wie z.B. von Goldberg und Tarjan sowie die Behandlung von Matching-Algorithmen, siehe dazu Jungnickel [28]. Zu den unbedingt wichtigen Themenkreisen gehören auch Scheduling-Probleme, Chip-Design-Probleme, Routen-Algorithmen mit und ohne Nebenbedingungen und Code-Design-Fragestellungen sowie Fragen der Zusammenhangssicherung in Graphen. Informationen hierzu findet man z.B. in Aarts [1], Jungnickel [28], Reinelt [52], Lawler [35].

Wenn man zurückkehrt zu den verfügbaren Methodenprinzipien, dann scheinen mir folgende Bereiche auf jeden Fall erwähnenswert.
Die Theorie der Matroide (Unabhängigkeitssysteme) mit ihrer theoretischen Fundierung von Greedy-Algorithmen (siehe Oxley [47]).
Die dynamische Optimierung als Mittel zur Reduzierung des Problemumfangs ist in zwei Beispielen aufgetaucht, aber viel breiter anwendbar.
Die Unimodalität, die dafür sorgt, dass bei Modellierungen mit dieser Eigenschaft die LP-Lösungen auch gleich die ganzzahligen Lösungen sind.
Primal-duale Methoden, die jeweils eine Annäherung von Unter- und Oberschranke für das Optimum zum Ziel haben (siehe dazu Cook [11], Papadimitriou [49], Nemhauser [43]).

Will man Suchalgorithmen einsetzen, die wie in der Linearen oder Nichtlinearen Optimierung immer bessere Iterationspunkte erzeugen, dann fällt dies hier um einiges schwerer. Denn durch die diskrete Lage der in Frage kommenden Punkte gibt es kein klares, eindeutiges Konzept von Nachbarschaft und keine kontinuierlichen Übergänge. Wie schon von lokalen Optimalpunkten bekannt, muss man hier oft Verschlechterungen der Zielwerte in Kauf nehmen, um die Chance zum Auffinden eines besseren oder besten Punktes wahrzunehmen.
Mit dieser Problematik beschäftigt sich beispielsweise Simulated Annealing, wo ein Toleranzparameter darüber entscheidet, ob schlechtere Nachbarwerte für eine Weitersuche evtl. akzeptiert werden, wobei dieser Parameter im Verlauf immer weiter in Richtung Intoleranz reduziert wird.

Verwandt sind sogenannte Tabu-Search-Verfahren. Hier wird die verfügbare Nachbarschaft durch Erfahrungen bei der Konstruktion der bisherigen Iterationsfolge eingeschränkt und andererseits wird gewissen Nachbarelementen bei Erfüllung bestimmter Hoffnungskriterien doch eine Chance gegeben.
Auch mit Hilfe von sogenannten genetischen Algorithmen strebt man nach besseren Nachfolgepunkten. Unter versuchter Simulation der biologischen Evolution werden die Kombinationen einer aktuell bestehenden Gesamtheit in (zwei oder mehr) Teile zerlegt, alle anfallenden Teile werden vermischt und dann ohne Rücksicht auf ihre Herkunft wieder zusammengefügt. Ebenso werden Mutationen als spontane Änderungen von Einzelteilen dieser Kombinationen akzeptiert. Die „wertvollsten" Ergebnisse dieses Prozesses bilden dann die Ausgangsgesamtheit für den nächsten Schritt. Informationen über diese lokalen und verbessernden Suchverfahren geben Aarts et al. [1].

Ein weiteres Konzept liegt in der Randomisierung der Bearbeitung von Problemen. Durch stochastische Variation der Algorithmusparameter hofft man, deterministische Fallen und Blockaden von Problemen zu umgehen und vom Erwartungswert oder von der Mehrzahl der Fälle her, nahe ans Optimum zu gelangen (siehe dazu Motwani [40]).

Schließlich sei darauf hingewiesen, dass es auch in der Kombinatorischen Optimierung umfangreiche Bemühungen in Richtung „probabilistische Analyse" gibt. Hier werden im Gegensatz zur Randomisierung des Algorithmus allerdings die Daten variiert und der Bearbeitungsalgorithmus bleibt fest. Man interessiert sich für Mittelwerte, Varianzen der Rechenzeit, Genauigkeit usw. (siehe z.B. Hofri [25]).

Teil 4
Spieltheorie

Überblick zum 4. Teil (Spieltheorie)

Dieser vierte Teil widmet sich der Spieltheorie. Wir sehen darin die Variation der bisherigen Optimierungsphilosophie, dass die einzelnen Beteiligten sehr wohl noch optimieren wollen, dass aber keine Einigkeit, ja sogar ein Konflikt über die Optimierungsziele besteht.

In dieser Situation wird es notwendig, generell über die Lösungskonzepte und ihre Umsetzbarkeit nachzudenken. Darauf liegt die Konzentration in den Ausführungen, die sich stark an den Aufbau und viele Beispiele des Buches von Rauhut, Schmitz, Zachow [51], aber auch an Burger [7] und Owen [46] anlehnen. Weitere Anregungen kommen von Neumann, Morgenstern [45] sowie von neueren Büchern, wie z.B. Morris [39].

In diesem Gesamtbuch schlägt die Spieltheorie einerseits die Brücke zum stochastisch geprägten Teilbereich von Operations Research, zum anderen wird hier der ganzheitliche Aspekt, also auch das Nachfragen über Sinn und Zweck dessen, was getan wird, deutlich. Ein Hauptaugenmerk liegt hier auch auf der angemessenen Modellierung, d.h. der Absicherung von Realität in die Sprache der Mathematik. Infolgedessen tritt in diesem Teil der formalmathematische Aspekt in den Hintergrund gegenüber einer kritischen Diskussion dessen, was möglich ist und was nicht.

Wir werden über Spielmodelle sprechen, über Gleichgewichtspunkte, über Nullsummenspiele, Matrixspiele, Kooperationen, Drohungen, Koalitionen, und schließlich auch über Wertzuweisungen an Spieler in n-Personen-Spielen.

Erkennbar wird unser Eindruck, dass ein Nutzen von Spieltheorie auf der einen Seite in der expliziten Berechnung von gewissen Werten liegen mag, dass aber ein weit höherer Gewinn aus der strukturellen Analyse und Modellierung von Spielsituationen resultiert.

Kapitel 27
Einleitung und Begriffsbildung

27.1 Zweck der Spieltheorie

Ausgangspunkt unserer Überlegungen ist eine Konfliktsituation zwischen mehreren Beteiligten oder zwischen der Natur und mehreren Beteiligten.
In diesem Konflikt bestehen für alle Parteien Auswahlmöglichkeiten für Handlungen (Aktionen). Diese Entscheidungen sind ggfs. zu bestimmten Zeitpunkten und bei bestimmten Zuständen des Systems aus Konflikt und Handlungen zu fällen. Die Gesamtheit der Handlungen (bzw. der Entscheidungen) wird Auswirkungen haben auf Nutzen oder Schaden der Beteiligten. Deshalb gehen wir davon aus, dass jede Partei ihre Entscheidungen so gestaltet, dass ihr Nutzen unter Einkalkulation der voraussichtlichen Handlungen aller anderen Parteien bestmöglich ausfällt. Insofern kann die einzelne Partei durch ihre Entscheidungen ihren Nutzen positiv oder negativ beeinflussen. Der Nutzen wird quantifiziert und realisiert, indem man unterstellt, dass am Spielende – abhängig von der schlussendlichen Spielsituation – Auszahlungen erfolgen. Die Natur hat – obwohl sie als neutraler Spieler auftreten kann – kein Nutzeninteresse und handelt deshalb rein zufällig.

Also wird ein Spiel angesehen als ein mathematisches Modell für eine Konfliktsituation. Die Spieltheorie dient nun zur Analyse und Lösung solcher Modelle.

Man schränkt sich ein auf sogenannte *strategische Spiele*, das sind solche Spiele, bei denen der Ausgang (auch) vom Verhalten der Spieler, und nicht nur vom Glück abhängt. Gewünscht sind Beschreibungen der Gesamtsituation und/oder Empfehlungen für die einzelnen Spieler bezüglich ihrer Entscheidungen.

Vieles lässt sich treffend an Beispielen von Gesellschaftsspielen erläutern.

Beispiele für ganz durch Strategie und Taktik bestimmte Spiele: Schach, Mühle.
Beispiele für völlig zufallsbedingte „Spiele": Losen, Würfeln.
Beispiele für Mischung aus beiden: Skat, Kartenspiele.

Jedes Spiel besteht aus einer Folge von *Zügen* (Entscheidungen der Spieler oder Steueraktionen des Schicksals).

Eine *Strategie* eines Spielers ist eine vollständige Dokumentation oder eine vollständige Voraus-Festlegung des Verhaltens für alle denkbaren Spielkonstellationen. Das *Spielergebnis* wird beschrieben als *Zuordung von Auszahlungen* an die einzelnen Spieler.

Falls alle Spieler nur ihren eigenen Vorteil im Sinn haben, können daraus am Schluss Ausgänge resultieren, die für alle sehr ungünstig sind. Hier wäre *Kooperation* angebracht. Je nach Konfliktsituation und Spielregel muss eingestuft und festgelegt werden, ob solche Kooperationen erlaubt sind oder nicht.

Wesentlich für den Einzelspieler ist die jeweilige Einbeziehung der Interessenlage der Gegner und ein Einstellen auf deren zu erwartende oder mögliche Aktionen.

Aus globaler Sicht ist nach Gesamtverhaltensmustern zu fragen, bei denen sich für *alle* Spieler *zufriedenstellende Endzustände* ergeben (denkbare „Lösungen" des Spieles). Weil der Begriff „alle zufriedenstellend" mathematisch kaum zu fassen ist, sondern viele Variationen zulässt, existiert eine ganze Reihe von *Lösungskonzepten*. Diese stehen hier im Mittelpunkt. Mehr als deren mathematische Herleitung und algorithmische Realisierung wird uns ihre kritische Würdigung bedeuten. Erstrebenswert an diesen Lösungskonzepten wird sein, dass bei Erfüllung alle Parteien sie akzeptieren und, dass sie in diesem Falle auch eine Stabilität besitzen.

Die Spieltheorie hat insgesamt das Ziel, Vorhersagen, Erklärungen, Untersuchungen, Beschreibungen und Anweisungen für Spiele zu liefern. An Hand von mathematisch vereinfachten Spielmodellen lassen sich oft komplexe Zusammenhänge sehr effizient studieren. Neben dem Wert der quantitativen Empfehlungen liegt der Nutzen der Spieltheorie vor allem in der Formalisierung und Systematisierung und damit im Verstehbarmachen der Konfliktsituation.

27.2 Klassifikationen

Für die Darstellung eines Spieles verwendet man je nach Bedarf und Möglichkeit eine der drei folgenden Darstellungsarten:

- extensive Form;
- Normalform;
- charakteristische Funktionsform.

Die extensive Form
Hier gibt man eine Darstellung als topologischen Spielbaum vor (endlicher, zusammenhängender, kreisfreier Digraph). Dieser Spielbaum enthält als Information:

- wer am Zug ist;
- welche Handlungsmöglichkeiten ihm bleiben;
- über welche Informationen der Spieler verfügt;
- welche Auszahlungen bei gegebenen Endzuständen erfolgen.

27.2. Klassifikationen

Schema: Es zieht 0 oder I oder II

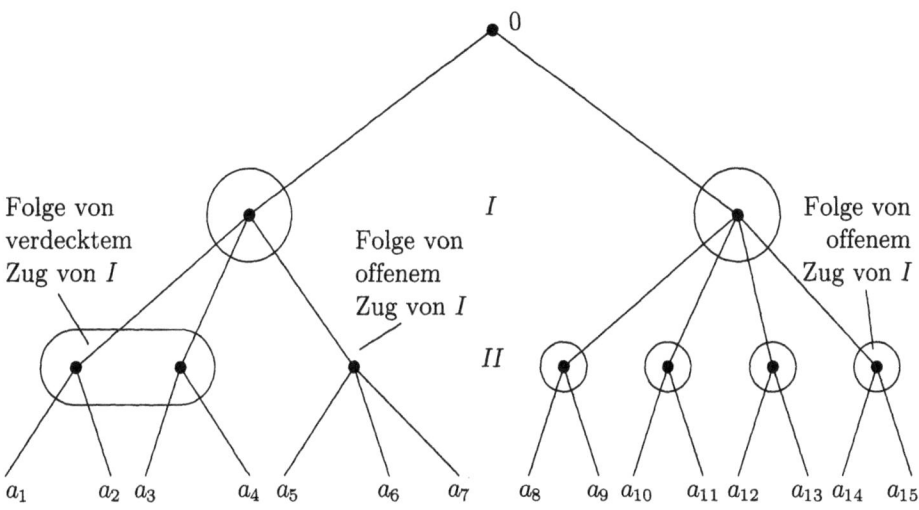

$a_1, ..., a_{15}$ sind Auszahlungsanweisungen für (I, II)

Abbildung 27.1: Spielbaum

Eingekreiste Punktmengen (Knotenmengen) symbolisieren Knotenmengen, die der Zugberechtigte nicht unterscheiden kann, dies sind sogenannte *Informationsmengen* (gleichviele Nachfolger, keine aufeinanderfolgenden Knoten in einer Menge).

Die Normalform
Hier werden alle Strategien der n Spieler (also die bedingten Handlungspläne) mit den Auszahlungen, die aus Strategie-Einsatz-Kombinationen resultieren, aufgelistet und erfasst. Dies bietet sich an, wenn eine explizite Darstellung an technischen Gegebenheiten scheitert und wenn die Rolle der Strategieauswahl betont werden soll.

Die Charakteristische Funktionsform
Diese Form eignet sich besonders für Spiele, bei denen Zusammenarbeit möglich und zugelassen ist. Sie gibt an, was Gruppen von Spielern erreichen können, wenn sie zusammenhalten.

Zur Spielermenge $N = \{1, \ldots, n\}$ gibt die charakteristische Funktion $\wp(N) \to \mathbb{R}$ für jede Teilmenge $S \subset N$ an, was die Koalition aus den Spielern S an Auszahlung erzwingen kann, wenn alle S-Mitglieder ihr Verhalten abstimmen, selbst wenn alle anderen Spieler boykottieren.

Man klassifiziert Spiele nach den folgenden Kriterien:

(i) Zahl der Spieler: 2-PS (Zweipersonenspiele),
   n-PS (n-Personenspiele):
   Bei zwei Spielern gibt es allenfalls die Möglichkeit einer großen Koalition, sonst Einzelkampf, bei n Spielern sind viele (2^n) Koalitionen denkbar.

(ii) Kooperative und nicht kooperative Spiele :
   Je nachdem, ob es das Recht bzw. die Möglichkeit zur Kommunikation und zur Koalitionsbildung (sowie die praktischen Möglichkeiten dazu) gibt.

(iii) Spiele mit und ohne Seitenzahlungen:
   Bei Seitenzahlungsmöglichkeit kann ein Spieler auf einen Teil seiner Auszahlung zu Gunsten eines anderen verzichten (Bestechung), damit dieser sich vorteilhaft, im Sinne des Gebers, verhält.

(iv) Nullsummen-, Konstantsummen- und Nichtnullsummenspiele:
   Diese Einteilung richtet sich nach der Summe der Auszahlungen. Strategisch sind Nullsummenspiele und Konstantsummenspiele äquivalent (die Konstante wird als Sockel angesehen, das was man *mehr* als die Konstante gewinnt, ist der effektive Gewinn).
   Ist die Auszahlungssumme nicht Null oder nicht konstant, dann redet man von Nichtnullsummenspielen oder Nichtkonstantsummenspielen.

(v) Die Strategienanzahl:
   Es kann endlich viele, abzählbar viele und überabzählbar viele Strategien geben.

(vi) Die Stufenzahl:
   Ein Spiel kann sich in einer Stufe, in endlich vielen Stufen oder in unendlich vielen Stufen abwickeln.

(vii) Grad der Information:
   Es gibt Spiele mit vollständiger Information und (je nach Grad) unvollständiger Information. Dies ist ein Maß dafür, wie gut die Spieler die derzeitige Spielsituation überblicken und über den Spielstand informiert sind.

Beispiele

Münzwurf, Knobeln und Würfeln sind keine strategischen Spiele.

Strategische Spiele sind Schach, Go, Mühle, Dame, Skat, Bridge, Poker.

11-er-Spiel: Zwei Spieler wählen abwechselnd je eine Zahl von 1, ... ,10. Diese Zahlen werden aufaddiert. Verloren hat derjenige, der die Summe als erster ≥ 100 macht.

25-er Hölzchen-Spiel: Von einem Haufen von ursprünglich 25 Hölzchen nimmt jeder Spieler Zug um Zug jeweils 1, ... ,6 Hölzchen. Wer das letzte nimmt, hat gewonnen.

6-er Hölzchen-Spiel: Von einem Haufen von ursprünglich 6 Hölzchen nimmt jeder Spieler Zug um Zug (1 oder 2) Hölzchen weg. Wer das letzte bekommt, ist Sieger.

27.3. Übungsaufgaben

Spielbaum zum vereinfachten Hölzchen-Spiel

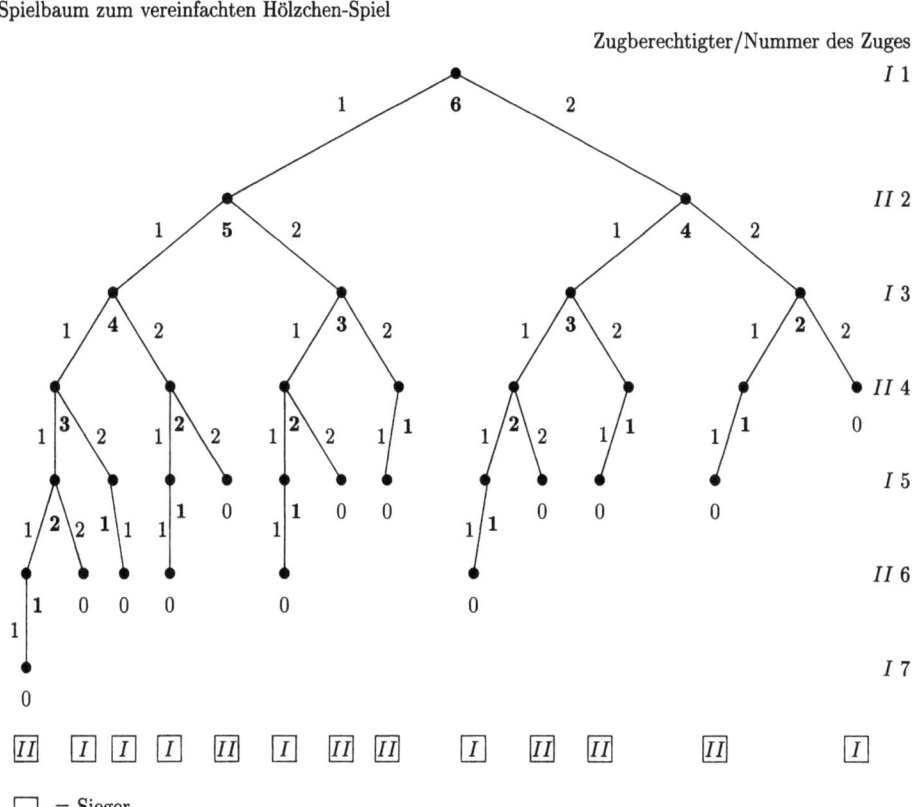

Abbildung 27.2: Vereinfachtes Hölzchen-Spiel

27.3 Übungsaufgaben

Aufgabe 27.1 Wir betrachten folgendes Streichholzspiel für 2 Personen. Dabei liegen 5 Reihen von Streichhölzern auf dem Tisch, wobei die i-te Reihe genau i Streichhölzer enthält ($1 \leq i \leq 5$). Spieler 1 beginnt. Der Spieler, der an der Reihe ist, darf aus einer beliebigen Reihe Streichhölzer entfernen. Er muss mindestens ein Streichholz nehmen und kann höchstens so viele nehmen, wie in der Reihe sind, die er sich ausgewählt hat. Derjenige Spieler, der das letzte Streichholz entfernt, hat verloren. Welcher Spieler gewinnt, wenn beide optimal spielen?

Aufgabe 27.2 Vereinfachtes Baseball-Spiel
Spielregeln: Während der betrachteten Spielphase ist eine Mannschaft am Schlagen und eine Mannschaft am Werfen. Es geht für 5 Spieler der schlagenden Mannschaft darum, nacheinander zu vier Ecken eines Quadrates (Bases) zu gelangen.
Jeder Spieler, der bis an Base IV gelangt, zählt als ein Erfolg.

Wenn der i-te Spieler am Schlag ist, dann stehen die Spieler $1,\ldots,i-1$ auf den Bases I, II, III (nie 2 auf dem gleichen) oder sie sind bereits bei IV angelangt oder sie sind ausgeschieden.

Der Spieler i kann nun beim Schlagen

- ausscheiden, wobei die anderen stehenbleiben,
- auf Base I vorrücken, wobei die anderen auch jeweils um ein Base vorrücken,
- einen Home-Run erzielen, wobei er und die anderen Spieler, die auf Bases I, II, III stehen, direkt auf Base IV gehen dürfen.

Wenn drei Schläger ausgeschieden sind, ist Schluss.

Versetzen Sie sich in die Situation des Trainers der schlagenden Mannschaft. Sie haben 5 unterschiedlich effiziente Spieler in ihrer Mannschaft mit folgenden Erfolgswerten beim Schlagen:

		I	II	III	IV	V
a)	Ausscheiden	60%	70%	50%	80%	20%
b)	1 Vorrücken	20%	10%	40%	0%	80%
c)	Home-Run	20%	20%	10%	20%	0%

Wie kann man aus einer (Wahrscheinlichkeits-)Baumstruktur (mit Hilfe eines Computerprogrammes) die Wahrscheinlichkeiten dafür bestimmen, dass $0, 1, \ldots, 5$ Spieler vor Beendigung der Spielphase Base IV erreichen.

Würde es sich lohnen, Spieler V als ersten schlagen zu lassen?

Aufgabe 27.3 Zwei Spieler P_1 und P_2 wählen jeweils eine ganze Zahl x_1, bzw. x_2 mit $1 \leq x_i \leq 1000$. P_1 gewinnt, falls $x_1 < x_2 - 1$ oder $x_2 + 1$. Das Spiel endet unentschieden, falls $x_1 = x_2$, andernfalls gewinnt P_2. Wie spielt man optimal?

Kapitel 28
Mathematische Modelle für Spiele

28.1 Der Informationsbegriff

Definition 28.1 *Ein Spiel ist ein Handlungssystem mit Auswahlmöglichkeit zwischen Aktionen. Es ist charakterisiert durch die Gesamtheit seiner Spielregeln.*

Definition 28.2

(i) *Eine einzelne Realisierung eines Spiels heißt* Partie.

(ii) *Ein strategisches Spiel zeichnet sich dadurch aus, dass die Spieler durch ihre Entscheidungen bei der Aktionsauswahl Einfluss auf das Ergebnis nehmen.*

(iii) *Entscheidungen der Spieler für Aktionen im Verlauf einer Partie heißen* Züge.

Man spricht von Schachpartien und vom 23. Zug in der letzten Partie.

Beispiel:
Strategie im Spezialfall 11er-Spiel: Hier hat der 2. Spieler einen Gewinn- oder Verhaltensplan, der ihn zum Sieg führt. Auf $x_i \in \{1, \ldots, 10\}$ des ersten Spielers möge er immer mit $y_i = 11 - x_i$ antworten. Dann wird nach 9 Zügen (Doppelzügen) 99 erreicht und der 1. Spieler *muss* 100 überschreiten.

Beim 25er-Hölzchen-Spiel kann sich Spieler I den Sieg sichern. Er sollte zuerst 4 Hölzchen nehmen und dann im i-ten Zug (21 sind übrig) jeweils $x_i = 7 - y_{i-1}$. $\implies x_1 + y_1 + x_2 + y_2 + x_3 = 18 \implies II$ kann nicht auf 25, sondern nur auf $\{19, \ldots, 24\}$ kommen. $\implies I$ siegt.

Entsprechend gewinnt beim 6er-Hölzchen-Spiel Spieler II, wenn er den ersten Zug mit 3 abschließt, $\implies y_1 = 3 - x_1$. Dann kann I 1 oder 2 nehmen. In beiden Fällen kann dann II abschließen.

Definition 28.3

(i) *Ein* bedingter Befehl *durch Spieler i ordnet bei einer gegebenen Spielsituation, bei der i zugberechtigt ist, jeder potentiellen Information über den Spielstand (bisheriger Verlauf) der Partie eine Anweisung zu, wie der nächste Zug auszuführen ist.*

(ii) *Eine* Strategie *des Spielers i ist ein Verhaltensplan, der für jede Zugposition von i einen bedingten Befehl enthält.*

Wir erörtern also eine Abbildung:
Potentielle Information $\longrightarrow$ Zulässige Entscheidungen.
Auffällig am 11er-, am 25er-Hölzchen- und am 6er-Hölzchen-Spiel ist die Tatsache, dass II immer in Kenntnis von $(x_1, y_1, x_2, \ldots, y_{k-1}, x_k)$, und I immer in Kenntnis von $(x_1, y_1, x_2, \ldots, y_{k-1})$ agiert und diese Kenntnis auch ausnutzen kann. Jeder Spieler ist über den bisherigen gesamten Verlauf vollständig informiert. Die Spieler müssen nicht im Trüben fischen (Beispiel: Schach).
Beim Skat ist es schon ganz anders. Der Extremfall wäre: „Du bist am Zug, die Spielsituation ist unbekannt, entscheide Dich".

Definition 28.4 *Ein Spiel besitzt* vollständige Information, *wenn jeder Spieler zu jedem Zeitpunkt (eigener Zugberechtigung) der Partie vollständig über den bisherigen Verlauf und Stand informiert ist. Andernfalls spricht man von einem Spiel mit* unvollständiger Information.

Unvollständige Information tritt insbesondere dann auf, wenn der Zufall mitspielt (z.B. beim Karten mischen) und der Gegner seine Züge/seine Position geheimhält (aber dies wird in der Praxis auch herbeigeführt, wenn man eigene Züge vergisst).

Oft unterstellt man bei Spielen, dass viele Partien gespielt werden (können). Um nicht in der eigenen Strategiewahl durchschaut zu werden, lohnt es sich abzuwechseln. So gelangt man von einer „reinen Strategie" zu einer „gemischten Strategie". Die konkret angewandte Strategie in dieser Partie wird dabei fiktiv aus einer bestimmten Verteilung von Strategien stochastisch gezogen.

Beispiele:

(a) Elfmeterschießen: Rechts – Links – Mitte und Hoch – Flach.

(b) Skat, hier gibt es zwei Arten von Zufall:

  (i) Den Einfluss der Natur (Schicksal) beim Mischen.
  (ii) Die gewollte – dem Zufall überlassene – Abwechslung in der Spielweise (zur Verwirrung der Gegner) – auch bei gleichem Mischergebnis.

28.2 Spiele in extensiver Form

Wir beschränken uns auf Spiele mit endlich vielen Spielern. Einwirkende, die nur über eine Aktionsmöglichkeit verfügen, werden nicht als Spieler betrachtet. Spieler, die kooperieren können, aber nicht müssen, werden als Einzelspieler angesehen.

Bezeichnung

$N = \{1, \ldots, n\}$ oder $\{I, II, III, \ldots\}$ bezeichnet die *Spielermenge*. Zufallszüge werden vom Spieler 0 (Natur oder Schicksal) ausgelöst.

Die eingängigste und klarste Darstellungsmöglichkeit ist der Spielbaum.
Beim 6-Hölzchen-Spiel ist ein solcher Spielbaum für ein Spiel von 2 Personen vorgestellt worden.
Auch Spiele mit mehr als 2 Spielern lassen sich in Baumform darstellen. Man notiert dazu an den Kanten durch $i \in N$ die Zugberechtigung. Die relevanten und möglichen Spielsituationen für Spieler i entsprechen also gerade den Knoten, bei denen i steht.
Ein Zufallsspieler ist aktiv an allen Knoten mit Indizierung 0.

Definition 28.5 *Ein n-Personenspiel in extensiver Form besteht aus*

(i) *einem Spielbaum mit Startknoten x_0;*

(ii) *einer Zerlegung der Knotenmenge in $(n+1)$ Mengen $U_0, U_1, \ldots, U_n$ (nach Zugberechtigung für die Spieler $1, \ldots, n$ und den Schicksalsspieler 0), so dass kein U_i adjazente Knoten enthält;*

(iii) *einer Wahrscheinlichkeitsverteilung auf die Ausgangskanten zu jedem Knoten aus U_0;*

(iv) *einer Indizierung oder Bezeichnung der einzelnen Kanten (Aktivitäten oder Entscheidungsalternativen), die von einem Knoten wegführen, zur Unterscheidung der Handlungsalternativen. Hierbei muss die Möglichkeit zur Mehrfachnennung bestehen bei Nichtunterscheidbarkeit von Knoten innerhalb der gleichen Informationsmenge;*

(v) *einer Zerlegung für jedes U_i ($i = 1, \ldots, n$) in disjunkte Teilmengen U_i^j, so dass*

- *kein Weg, der von x_0 ausgeht, zwei oder mehr Elemente von U_i^j enthält;*
- *alle Knoten aus U_i^j gleich viele und entsprechend übereinstimmend indizierte Nachfolgeknoten haben;*
- *die Zahl der Zugpositionen von i vor allen Knoten von U_i^j identisch ist;*
- *die von i auf dem Weg zum Knoten U_i^j gewählten Aktionen für alle solche Knoten übereinstimmen;*

(vi) *einer Auszahlungsfunktion $a = (a_1(x), \ldots, a_n(x))$, die jedem Endknoten x (bzw. Baumblatt in der graphischen Darstellung) eine Auszahlung $a_i(x)$ für jeden Spieler i zuordnet.*

Definition 28.6 *Eine Knotenmenge U_i^j wie in Definition 28.5(v), heißt Informationsmenge für Spieler i.*

Bemerkung
U_i^j stellt aus der Sicht des Spielers i eine Menge von Knoten dar (dies sind die Spielsituationen oder Spielkonstellationen), die er nicht unterscheiden kann (gegebenenfalls, weil er die gegnerischen Züge oder die Schicksalszüge nicht beobachten konnte). Der Grund kann sein: Er war bisher gleich oft dran, hat gleich gehandelt und die verfügbaren Aktionsmengen sind identisch.

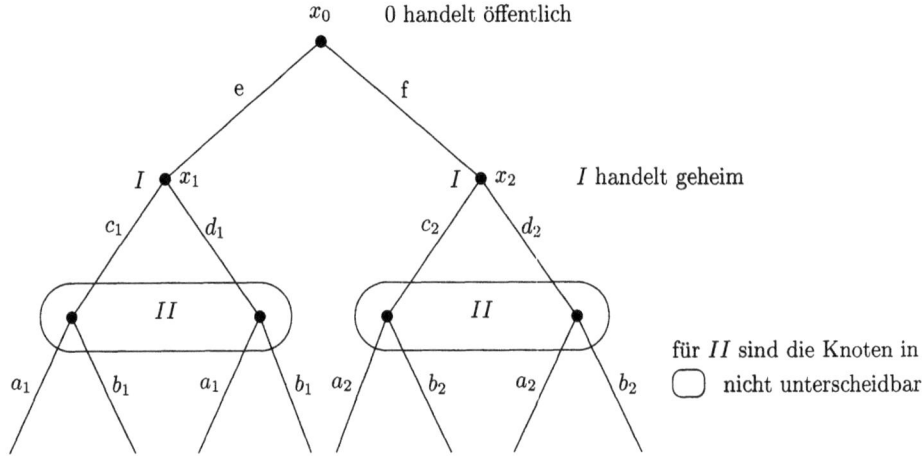

Abbildung 28.1: Informationsmengen 1

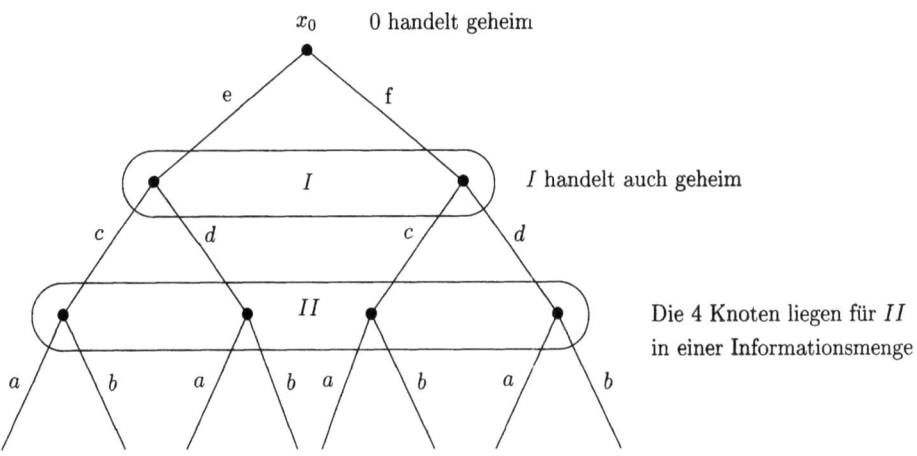

Abbildung 28.2: Informationsmengen 2

Der Verlauf einer speziellen Partie wird beschrieben durch einen Pfad bis zu einem Endknoten.

28.2. Spiele in extensiver Form

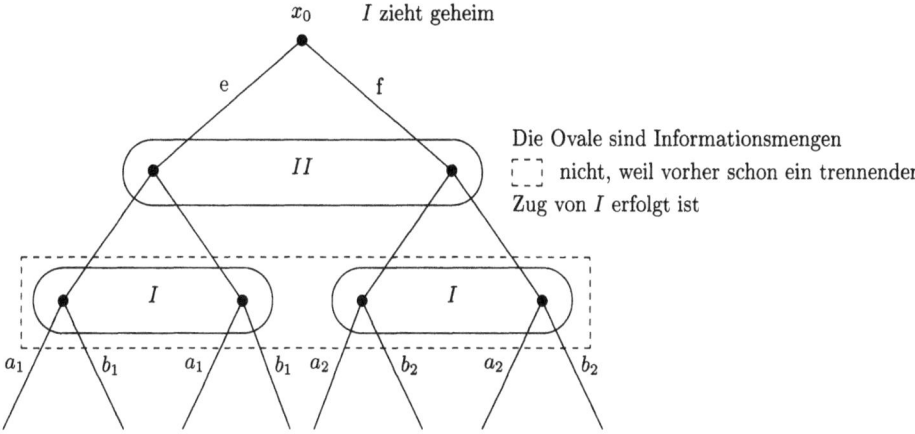

Abbildung 28.3: Informationsmengen 3

Definition 28.7

(i) *Ein Spieler i besitzt* vollständige Information, *wenn* $\#(U_i^j) = 1 \ \forall j$.

(ii) *Ein Spiel Γ hat* vollständige Information, *wenn dabei alle Spieler vollständige Information aufweisen.*

Definition 28.8 *Sei Γ ein n-Personen-Spielbaum. Sei weiter U_i^j eine Informationsmenge des Spielers i. Dann bezeichnen wir mit $A(U_i^j)$ die Menge der Aktionsmöglichkeiten, welche der Spieler i in allen Knoten von U_i^j – übereinstimmend – besitzt.*

Gemäß Definition 28.3 gewinnen wir nun eine Präzisierung des Strategiebegriffs.

Definition 28.9

(i) *Ein bedingter Befehl durch Spieler i ordnet einer gegebenen Informationsmenge U_i^j eine eindeutige Aktion aus $A_{U_i^j}$ zu.*

(ii) *Eine Strategie von Spieler i besteht in einer Zuordnung einer eindeutigen Aktion aus $A_{U_i^j}$ zu jeder Informationsmenge U_i^j.*

Definition 28.10 *Sei $U_i = U_i^1 \cup \ldots \cup U_i^r$. Dann nennen wir das kartesische Produkt $S_i := \bigotimes_{j=1}^{r} A_{U_i^j}$ die Menge der reinen Strategien für Spieler i.*
Mit 0 verfährt man analog, indem man setzt $S_0 := \bigotimes_{x_k \in U_0} A_{\{x_k\}}$.
Mit $\sum := \bigotimes_{i=0}^{n} S_i$ (bzw. $\bigotimes_{i=1}^{n} S_i$) bezeichnet man die Menge der Strategiekonstellationen *oder der* Strategieaufeinandertreffen *in Γ (je nachdem, ob 0 – die Natur – mitspielt oder nicht).*

Erklärung: Spieler i kann sich für jede seiner Informationsmengen aussuchen, was er tut. Die Zusammenfassung liefert dann Obiges. Für jede Informationsmenge ist eine Entscheidung auszuwählen.

Strategiezuordnung an einem einfachen Beispiel (Knobeln):

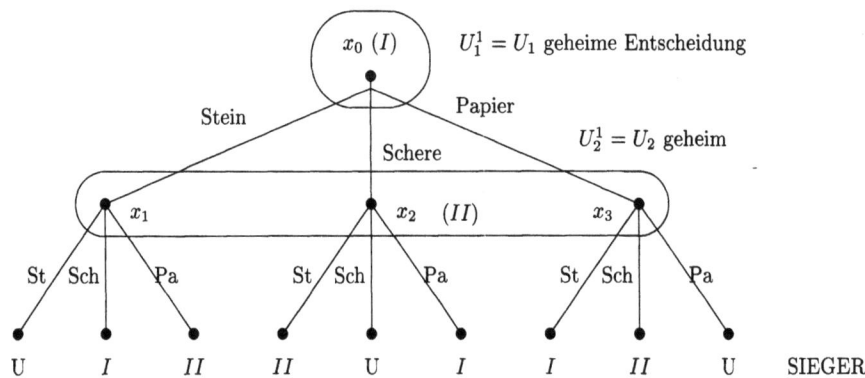

Abbildung 28.4: Strategiezuordnung

Hier sind Wiederholungen möglich.
Die reinen Strategien von I und II sind jeweils {St, Sch, Pa}. Bei k-facher Wiederholung ist die Menge von reinen Strategien {St, Sch, Pa}^{k}.
Informationsmengen sind jeweils $\{x_0\}$ und $\{x_1, x_2, x_3\}$ für die beiden Einzelspieler, falls Ergebnisse geheim gehalten werden, sowie alle Entscheidungen einer Stufe, also $\{x_0\}, \{x_1\}, \{x_2\}, \{x_3\}$, falls die Ergebnisse offengelegt werden.
Die Menge der Strategiekonstellationen in einer Stufe ist {(Stein, Stein), (Stein, Schere), (Stein, Papier), (Schere, Stein), (Schere, Schere), (Schere, Papier), (Papier, Stein), (Papier, Schere), (Papier, Papier)}.

28.3 Spiele in Normalform

Manche Spiele lassen sich nicht durch Spielbäume beschreiben. Beispiele sind:

1. Zwei Spieler besitzen v_I/v_{II} Einheiten Geld. Sie spielen solange um jeweils eine Geldeinheit (z.B. beim Knobeln) mit beidseitigem Einsatz von 1, wobei der Gewinner 2, der Verlierer nichts bekommt, bis einer der Spieler pleite ist. Das Spiel kann unendlich lang dauern, der „Spielbaum" wäre unendlich groß.

2. Zeitspiel (Zeit ist als kontinuierliche Größe einzuschätzen):
   Zwei Duellanten I und II gehen aufeinander zu. Die Entfernung verringert sich dadurch kontinuierlich mit der Zeit. Die Treffsicherheit steigt dabei kontinuierlich wegen der schwindenden Entfernung. Jeder hat nur einen Schuss. Wann soll I bzw. II schießen?
   Das Kontinuum von Zeitpunkten und Aktionen macht die Erstellung eines Spielbaums zunichte. Die Strategie besteht in der Angabe eines Zeitpunktes.

28.3. Spiele in Normalform

Einsicht: Für die Analyse sind nur die Resultate der Strategiebegegnungen wichtig.
Wunsch: Man will eine einfachere und allgemeinere Darstellung des Spiels haben.

Definition 28.11

(a) Ein *n-Personen-Spiel in Normalform* ist gegeben durch ein $(n+1)$-Tupel $(S_1, \ldots, S_n, (S_0, P))$ (*n-Personen-Strategie-Normalform*), wobei $S_1, \ldots, S_n$ die Strategiemengen der einzelnen Spieler sind und (S_0, P) die Kopplung der reinen Strategien des Zufallsspielers mit ihren Verwirklichungswahrscheinlichkeiten ist.

(b) Hier ist analog zum endlichen Fall jede Strategie für i definiert als Abbildung von der Menge U_i in den Aktionenraum. Dabei geht man von einer Partitionierung von U_i in Teilbereiche U_i^y (*Informationsmengen*) aus.
Jedem Element aus U_i^y wird dann durch die Strategie eine einheitliche Aktion $a \in A_{U_i^y}$ zugeteilt.
Die Strategiemenge für i bezeichnen wir wieder mit S_i.

Definition 28.12 Eine n-Personen-Strategie-Normalform $(S_1, \ldots, S_n, (S_0, P))$ heißt (a) *endlich*, wenn alle S_i endlich sind;
(b) *kontinuierlich*, wenn alle S_i kompakt sind.

Beispiel Knobeln ist endlich, Duell ist kontinuierlich.

Definition 28.13 Man spricht von einem *n-Personen-Spiel in expliziter Normalform* $\Gamma(S_1, \ldots, S_n, (S_0, P), U)$, wenn zu jedem n-Personen-Spiel in Normalform noch eine Auszahlungsfunktion U hinzukommt. Diese ordnet jeder Strategienkombination (-konstellation) $(s_1, \ldots, s_n, \omega_0)$ einen Auszahlungsvektor $u = \begin{pmatrix} u_1 \\ \vdots \\ u_n \end{pmatrix}$
zu, welcher die Auszahlungen an jeden Spieler bezeichnet.
Hier ist $\omega_0 \in \Omega$ eine der Strategiemöglichkeiten des neutralen (Zufalls-)Spielers 0. Ω steht für deren Gesamtmenge.
Also ist U eine vektorwertige Funktion $\begin{pmatrix} U_1 \\ \vdots \\ U_n \end{pmatrix}$ mit $U \colon (\bigotimes_{i=1}^n S_i) \times \Omega \to \mathbb{R}^n$.
Die Begriffe kontinuierlich und endlich übertragen sich.

Da wir nicht viel über das Verhalten des Spielers 0 (S_0) voraussagen können, müssen wir bei ihm mit der vollen Verhaltenspalette rechnen. Deshalb interessiert uns zu $s_1, \ldots, s_n$ der Erwartungswert, genommen über alle Zufallsvariablen $s_0(\omega)$, für die Auszahlung an Spieler i.

Definition 28.14 $(S_1, \ldots, S_n, P, U)$ sei ein n-Personen-Spiel in expliziter Normalform, so dass $\forall\ 1 \leq i \leq n$ und alle $(s_1, \ldots, s_n)$ der jeweilige Erwartungswert für die Zahlung an Spieler i existiert. Dies ist

$$\int u_i(s_1, \ldots, s_n, \omega) dP(\omega) = a_i(s_1, \ldots, s_n).$$

Fasst man dann $a = \begin{pmatrix} a_1 \\ \vdots \\ a_n \end{pmatrix}$ als vektorwertige Funktion auf, dann entsteht mit $\Gamma = (S_1, \ldots, S_n, a)$ ein zugehöriges n-Personen-Spiel in Normalform. Der Zufallseinfluss durch den neutralen Spieler wird in dieser Interpretation hinfällig.

28.4 Gemischte Strategien

Um nicht vom Gegner durchschaut zu werden, lohnt es sich oft, die eigenen Aktionen und damit auch die eigenen Strategien zu mischen. Bei mehreren Partien verhindert man damit, dass sich die Gegner auf das eigene Verhalten einstellen. Da man über keine weiteren Informationen über die Spiellage verfügt, als sie die Aufteilung in Informationsmengen hergibt, zieht man die verwendete Strategie zufällig aus der vorhandenen Strategienmenge. Dabei kann man unterstellen, dass ein Wahrscheinlichkeitsraum über dem Grundraum S_i definiert ist gemäß $WR = (S_i, \mathcal{A}_i, P)$. Hier ist P eine Wahrscheinlichkeitszuteilung und $\mathcal{A}_i$ eine σ-Algebra über S_i.

Definition 28.15

(a) Ein Wahrscheinlichkeitsraum $(S_i, \mathcal{A}_i, P)$ zu einem Spiel Γ in Normalform heißt gemischte Strategie für den Spieler i.

(b) Fasst man alle möglichen Wahrscheinlichkeitsbelegungen P dieser Art zusammen, dann erhält man als Menge der gemischten Strategien von Spieler i:

$$Q_i := \{(S_i, \mathcal{A}_i, P) \mid P \text{ ist Wahrscheinlichkeit auf } (S_i, \mathcal{A}_i)\}.$$

Definition 28.16 Seien U_i^y $(y = \ldots)$ die Informationsmengen des Spielers i und seien $A_{U_i^y}$ die jeweiligen Aktionsmengen von Spieler i und $\mathcal{A}_{U_i^y}$ feste, darüberliegende σ-Algebren, dann ist die Menge der Verhaltensstrategien von Spieler i:

$$\tilde{Q}_i := \bigotimes_{U_i^y} \{(A_{U_i^y}, \mathcal{A}_{U_i^y}, P) | P \text{ ist Wahrscheinlichkeit auf } (A_{U_i^y}, \mathcal{A}_{U_i^y})\}$$

Satz 28.1 *(ohne Beweis)*
Die Menge der Verhaltensstrategien umfasst die Menge der gemischten Strategien. Jede Verhaltensstrategie lässt sich aber auch deuten als gemischte Strategie.

Während also ein Spieler bei einer gemischten Strategie seine reinen Strategien mischt, wählt er bei einer Verhaltensstrategie in jeder Informationsmenge U getrennt die Alternative gemäß einer Wahrscheinlichkeitsverteilung p^U auf den dortigen Alternativen. Beides ist äquivalent.

28.5 Spiele in expliziter Form

Wir kümmern uns nun um Auszahlungen und deren Nutzen für den Spieler. Die gleiche Auszahlung kann von verschiedenen Spielern sehr unterschiedlich eingestuft werden. Wir wollen aber unsere Situation insofern vereinfachen, als wir fordern, dass für jeden Spieler individuell eine Nutzenfunktion besteht.

Definition 28.17 *Seien $(z_1, \ldots, z_n)$ die Auszahlungsvektoren an den speziellen Realisationen eines Spieles, d.h. an Spieler I wird z_1 gezahlt, an Spieler II z_2 usw. Dann kann jede monoton wachsende Funktion $u_i(z) : \mathbb{R} \to \mathbb{R}$ als Nutzenfunktion für den i-ten Spieler dienen.*

Hinweis: Eine solche Nutzenfunktion muss nicht linear sein. (Wenn jemand zweimal die gleiche Reise gewinnt, ist er im Allgemeinen nicht doppelt so froh.)
Die Komponente z_i repräsentiert die direkte Zahlung an Spieler i, u_i repräsentiert den dadurch gewonnenen Nutzen $WR = (\Omega, \mathcal{A}, P)$. Nun können wir Spiele in expliziter Normalform auch mit Nutzenfunktionen definieren.

Definition 28.18 *Ein n-Personen-Spiel in expliziter Normalform ist ein $(n+2)$-Tupel $\Gamma = (S_1, \ldots, S_n, WR, U)$, wobei*

$$U = (U_1, \ldots, U_n) : \bigotimes_{i=1}^{n} S_i \times \Omega \to \mathbb{R}^n$$

eine vektorwertige Funktion ist, welche komponentenweise die Präferenz der einzelnen Spieler auf die Menge der Spielausgänge widerspiegelt. Diese Spielausgänge werden beschrieben durch Strategiekombinationen $(s_1, \ldots, s_n, \omega) \in \bigotimes S_i \times \Omega$. Die Begriffe kontinuierlich und endlich übertragen sich in gewohnter Weise.

Wie soll man nun gemischte Strategien bewerten?
Betrachte dazu den Ablauf der Partie, bei der die einzelnen Spieler jeweils gemischte Strategien (mit Wahrscheinlichkeit p_i) einsetzen. Jeder Spieler führt ein Zufallsexperiment aus, bei dem mit Wahrscheinlichkeit $p_i(s_i)$ die Strategie s_i gewählt wird. Jedoch bleibt dies vor den anderen Spielern geheim.
Die realisierten Strategien $\hat{s}_1, \ldots, \hat{s}_n$ zusammen mit $\hat{\omega} \in \Omega$ (auch gezogen in einer Zufallsauswahl) werden nun als reine Strategien gespielt und dies führt zu der Nutzenverteilung $u_i(\hat{s}_1, \ldots, \hat{s}_n, \hat{\omega})$.

Beispiel (nach [51])
(S_1, S_2, U) sei das Zweipersonenspiel mit $S_1 = S_2 = \{1, 2\}$ und

$$u_1(i,j) := \begin{cases} 5 & \text{für } i = j \\ -10 & \text{für } i < j \\ -7 & \text{für } i > j \end{cases} \quad \text{und} \quad u_2(i,j) := -u_1(i,j).$$

Auf jede reine Strategie könnte der Gegner so antworten, dass er gewinnt. Deshalb werden die Spieler gemischte Strategien spielen wollen. Bei Einsatz der gemischten Strategien (p_1, p_2) bzw. (p'_1, p'_2) mit $p_1(1) = \frac{1}{3}$, $p_1(2) = \frac{2}{3}$, $p'_1(1) = \frac{2}{3}$, $p'_1(2) = \frac{1}{3}$, $p_2(1) = \frac{1}{3}$, $p_2(2) = \frac{2}{3}$ erhalten wir folgende Auszahlungsverteilungen

$(p_1, p_2):$ $+5$ mit Wahrscheinlichkeit $\frac{1}{3} \cdot \frac{1}{3} + \frac{2}{3} \cdot \frac{2}{3}$ $= \frac{5}{9}$

-10 mit Wahrscheinlichkeit $\frac{1}{3} \cdot \frac{2}{3}$ $= \frac{2}{9}$

-7 mit Wahrscheinlichkeit $\frac{2}{3} \cdot \frac{1}{3}$ $= \frac{2}{9}$

$(p'_1, p_2):$ $+5$ mit Wahrscheinlichkeit $\frac{2}{3} \cdot \frac{1}{3} + \frac{1}{3} \cdot \frac{2}{3}$ $= \frac{4}{9}$

-10 mit Wahrscheinlichkeit $\frac{2}{3} \cdot \frac{2}{3}$ $= \frac{4}{9}$

-7 mit Wahrscheinlichkeit $\frac{1}{3} \cdot \frac{1}{3}$ $= \frac{1}{9}$.

Der Erwartungswert der Zahlung an I ist also bei (p_1, p_2) $5 \cdot \frac{5}{9} - 10 \cdot \frac{2}{9} - 7 \cdot \frac{2}{9} = -1$ und bei (p'_1, p_2) ist er $5 \cdot \frac{4}{9} - 10 \cdot \frac{4}{9} - 7 \cdot \frac{1}{9} = -3$.
Folglich dürfte Spieler I lieber p_1 spielen.
Eine Bewertungsmöglichkeit besteht also in der Orientierung am Erwartungswert.

Definition 28.19 $(S_1, \ldots, S_n, P, U)$ sei ein n-Personen-Spiel in expliziter Normalform, so dass $\forall\, 1 \leq i \leq n$ und alle $(s_1, \ldots, s_n) \in S_1 \times \cdots \times S_n$ die Integrale

$$a_i(s_1, \ldots, s_n) := \int u_i(s_1, \ldots, s_n, \omega) dP(\omega) < \infty$$

existieren. Dann heißt $(S_1, \ldots, S_n, a)$ das zugehörige n-Personen-Spiel in Normalform. (Hier ist der Wahrscheinlichkeitseinfluss durch Integration verschwunden.)

Mischen auch noch die Spieler mit, dann ergibt sich die gemischte Erweiterung.

Definition 28.20

(a) $\Gamma = (S_1, \ldots, S_n, a)$ sei ein n-Personen-Spiel in Normalform mit endlichen Mengen $S_1, \ldots, S_n$. Dann wird die gemischte Erweiterung von Γ definiert als das n-Personen-Spiel $\Gamma_{mix} = (p_1, \ldots, p_n, A)$ in Normalform mit

$$P_i := \{p_i \mid p_i \text{ Wahrscheinlichkeitsmaß über } (S_i, \wp(S_i))\},$$

$$A_i(p_1, \ldots, p_n) := \int \cdots \int a_i(s_1, \ldots, s_n) dp_1(s_1) \ldots dp_n(s_n),$$

$$a := (a_1, \ldots, a_n), \quad A := (A_1, \ldots, A_n).$$

(b) Ein n-PS (n-Personen-Spiel) $\Gamma_m = (P_1, \ldots, P_n, A)$ in Normalform heißt gemischte Erweiterung des n-Personen-Spiels $\Gamma = (S_1, \ldots, S_n, a)$, wenn für $1 \leq i \leq n$ gilt:
P_i ist eine konvexe Menge von W-Maßen über $(S_i, \mathcal{A}(S_i))$, welche alle Einpunktmaße enthält und Folgendes erfüllt:

$$A_i(p_1, \ldots, p_n) = \int \cdots \int a_i(s_1, \ldots, s_n) dp_1(s_1) \ldots dp_n(s_n) \quad \forall i.$$

(c) Für ein n-PS (n-Personen-Spiel) $(S_1, \ldots, S_n, a)$ in Normalform heißt ein W-Maß p_i über S_i gemischte Strategie des Spielers i, wenn es eine gemischte Erweiterung $(P_1, \ldots, P_n, A)$ dazu gibt mit $p_i \in P_i$.

In Fällen ohne Gleichgewichtspunkt ist kaum damit zu rechnen, dass sich ein stabiler Zustand einstellt. Gerade hier wird es vorteilhaft sein, die eigenen Strategien geheimzuhalten.

Um mit Beispielen arbeiten und um diese verdeutlichen zu können, beschreiben wir bereits jetzt die Darstellung von endlichen 2-Personen-Spielen in Matrixform: Spieler I besitze eine Menge von m reinen Strategien. $S_I = \{x_1, \ldots, x_m\}$ und Spieler II besitze n reine Strategien $S_{II} = \{y_1, \ldots, y_n\}$. Dann kann die Auszahlungsfunktion eines 2-PS vollständig durch die Matrix $A \in \mathbb{R}^{m \times n}$ wie folgt beschrieben werden.

Die m Zeilen repräsentieren die Strategien von I, die n Spalten diejenigen von II. Wir unterscheiden dabei

1. 2-Personen-Nullsummenspiele (besonders einfach)

$$A = \begin{pmatrix} a_{11} & \cdots & a_{1n} \\ \vdots & \ddots & \vdots \\ a_{m1} & \cdots & a_{mn} \end{pmatrix} = \begin{pmatrix} a(x_1, y_1) & \cdots & a(x_1, y_n) \\ \vdots & \ddots & \vdots \\ a(x_m, y_1) & \cdots & a(x_m, y_n) \end{pmatrix}$$

beinhaltet die Auszahlungen an I, wenn er x_i und II y_j spielt. Weil ein Nullsummenspiel vorliegt, ergibt sich die Auszahlung an II implizit als $-a_{ij}$, somit enthält A schon alle Informationen (man nennt dies ein *Matrixspiel*).

2. 2-Personen-Nichtnullsummenspiele

Jetzt kann von der Auszahlung an I nicht mehr auf die an II geschlossen werden. Man braucht für jeden Spieler eine Auszahlungsmatrix oder eine Matrix mit Paareinträgen im sogenannten *Bimatrixspiel*.

$$A_I = \begin{pmatrix} a_{11} & \cdots & a_{1n} \\ \vdots & \ddots & \vdots \\ a_{m1} & \cdots & a_{mn} \end{pmatrix} \qquad A_{II} = \begin{pmatrix} b_{11} & \cdots & b_{1n} \\ \vdots & \ddots & \vdots \\ b_{m1} & \cdots & b_{mn} \end{pmatrix}$$

28.6 Übungsaufgaben

Aufgabe 28.1 Befassen Sie sich noch einmal mit dem vereinfachten Baseball-Spiel aus Aufgabe 27.2 des vorigen Abschnitts. Die werfende Mannschaft besitzt zwei einsetzbare Werfer, deren Wurfqualität die Ausprägung der bereits vorgestellten Erfolgsmatrix modifiziert. In der Grundversion war dies

		I	II	III	IV	V
a)	Ausscheiden	60%	70%	50%	80%	20%
b)	1 Vorrücken	20%	10%	40%	0%	80%
c)	Home-Run	20%	20%	10%	20%	0%

Außerdem ändert sich diese Matrix dadurch, dass der Werfer ermüdet, wenn er schon gegen einen oder mehrere Schläger angetreten ist. Jetzt muss der Trainer der werfenden Mannschaft entscheiden, welcher seiner Werfer jeweils gegen die einzelnen der fünf Schläger antritt. Er kann aber nur einmal auswechseln (also nach dem Kampf mit dem 1. oder dem 2. oder dem 3. oder dem 4. Schläger oder gar nicht). Sein Ziel ist es natürlich, die Anzahl der Erfolge der Schlägermannschaft gering zu halten.

Andererseits hat der Trainer der schlagenden Mannschaft die Entscheidung über die Reihenfolge, in der seine Schläger antreten.

Diskutieren Sie die Begriffe aus diesem Kapitel, wie Strategie, Information, erwartete Auszahlung usw. an Hand dieser Auseinandersetzung. Unterscheiden Sie dabei folgende Versionen.

(a) Beide Trainer müssen sich vorher festlegen. Keiner weiß, was der andere tut.

(b) Die Reihenfolge der Schläger wird vorher bekanntgegeben. Der Trainer der Werfermannschaft kann darauf reagieren und seine vorherige Festlegung danach ausrichten.

(c) Die Entscheidungen fallen verdeckt und dynamisch, d.h. für die erste Auseinandersetzung werden ein Werfer und ein Schläger nominiert, danach wird verdeckt entschieden, wer als zweiter Schläger kommt und ob der Werfer ausgewechselt wird. Und so geht es nach jedem Aufeinandertreffen weiter.

Kapitel 29
Gleichgewichtspunkte

29.1 Die Konzeption

Es geht jetzt um Kriterien für die Bewertung und Beurteilung von Strategien und damit um die Optimierung der eigenen Strategiewahl.

Völlig einfach ist die Situation bei Einpersonenspielen (Robinson-Crusoe-Spielen). Die Auszahlung hängt nur von der Entscheidung des Einzelspielers und von der Natur ab, über letztes wurde aber bereits gemittelt beim Übergang zu Auszahlungserwartungswerten.

Definition 29.1 *(S, a) sei ein Einpersonenspiel in Normalform. $\hat{s} \in S$ heißt* optimale Strategie *hierfür, wenn gilt $a(\hat{s}) = \text{Max}\{a(s) \mid s \in S\}$.*

Nun sind aber bei einem nichttrivialen Spiel auch noch andere Spieler beteiligt und beeinflussen das Spielgeschehen. Jeder Spieler sollte sich dessen bewusst sein und dies einkalkulieren und nicht nur egozentrisch eine eigene „Durch die Wand"-Strategie spielen.

Das primäre Interesse besteht darin, die eigene Auszahlung zu maximieren. Dabei kontrolliert man aber nur die eigene Strategiewahl. Die anderen Variablen sind fremdbestimmt von Spielern, die ihre Auszahlung maximieren wollen.

Hier ist es erforderlich, einen „Kompromiss" zu finden. Dies ist leicht möglich, wenn man kooperieren kann, aber schwer, wenn sich dieser Kompromiss implizit oder automatisch ergeben soll, wie im Fall von nicht kooperativen Spielen, die wir zuerst behandeln.

Einerseits sollen die eigenen Interessen gewahrt werden. Andererseits haben die Mit- oder Gegenspieler ein gewisses Maß an Spielbeeinflussungs-Macht. Es ist also die Kunst eines Spielers, diese Verhaltensweisen der anderen Spieler mit für sich nutzbar zu machen, oder aber zumindest so zu spielen, dass ihm gegnerische „feindselige" Verhaltensweisen möglichst wenig anhaben können.

Die obigen Überlegungen werden von **jedem** Spieler so oder ähnlich angestellt werden müssen. Dies gilt auch dann, wenn Spiele nicht symmetrisch sind, also den Spielern unterschiedliche Verhaltensalternativen zur Verfügung stehen. Uns interessieren jetzt Strategietupel, die eine gewisse Stabilität aufweisen. Sie sind in dem Sinne stabil, dass sich kein Spieler mehr durch separates Abweichen von einer Strategieauswahl-Stellung einen Vorteil sichern kann. Falls alle Spieler außer ihm gemäß diesem Tupel spielen, dann sollte dies der einzelne Spieler auch tun, bzw. er sollte bei der Gleichgewichtsstrategie dann auch bleiben. Solche Punkte wären eine Art Lösung für ein Spiel.

Definition 29.2 *Sei $\Gamma = (S_1, \ldots S_n, a)$ ein n-PS in Normalform.*
Ein Vektor $(s_1^*, \ldots, s_n^*) \in S_1 \times \cdots \times S_n$ heißt Gleichgewichtspunkt von Γ, wenn $\forall i \in \{1, \ldots, n\}$ gilt

$$a_i(s_1^*, \ldots, s_{i-1}^*, s_i, s_{i+1}^*, \ldots, s_n^*) \leq a_i(s_1^*, \ldots, s_n^*) \quad \forall s_i \in S_i.$$

Dabei heißt s_i^* Gleichgewichtsstrategie des Spielers i.

Beispiel 1
Betrachte das endliche Zweipersonen-Nullsummenspiel (2-PNSS) in Matrixform $A = \begin{pmatrix} 2 & 3 \\ 1 & -2 \end{pmatrix}$.
(x_1^*, y_1^*) ist ein Gleichgewichtspunkt in den reinen Strategien mit Auszahlung 2 an I und -2 an II. Denn es gilt $a_1(x_2, y_1^*) = 1 < 2$ und $a_2(x_1^*, y_2) = -3 < -2$.

Jede einseitige Abweichung verschlechtert also den Erfolg des Abweichers.

Beispiel 2
Betrachte das endliche 2-PNSS in Matrixform $A = \begin{pmatrix} 1 & 3 \\ 2 & -2 \end{pmatrix}$. Dieses Spiel besitzt keinen Gleichgewichtspunkt. (x_1, y_1) liefert 1 an I und -1 an II. Wenn I ausweicht auf x_2, dann bekommt er schon $2 \Longrightarrow (x_1, y_1)$ ist kein Gleichgewichtspunkt. (x_1, y_2) liefert 3 an I und -3 an II. Hier könnte II seinen Verlust reduzieren, indem er auf y_1 wechselt (zu -1). (x_2, y_1) liefert $(2, -2)$. Hier will wieder II weg zu y_2 $(-2, 2)$. Schließlich ist (x_2, y_2) aus Sicht von I schlechter als (x_1, y_2). Also ist keiner der Punkte Gleichgewichtspunkt.
Grund: Die Spaltenmaxima (Präferenz des Spielers I) sind immer auch Zeilenmaxima (und das passt II überhaupt nicht).

29.2 Existenz von Gleichgewichtspunkten bei endlichen Baumspielen

Es geht jetzt um die Frage, ob und wann Gleichgewichtspunkte existieren. Wir untersuchen dazu zunächst einmal endliche Baumspiele mit vollständiger Information.

Definition 29.3 *Ein endlicher Spielbaum Γ zerfällt bei einem Knoten $x \in \Gamma$ (man sagt: er ist zerlegbar bei x), wenn es keine Informationsmenge gibt, welche sowohl*

29.2. Existenz von Gleichgewichtspunkten I

Punkte aus Γ_x (Menge der Nachfolgeknoten von x) und Punkte aus $\Gamma \setminus \Gamma_x$ enthält (x gilt als Wurzel von Γ_x und gehört zu Γ_x).

$\Gamma_{/x}$ sei das sogenannte Quotientenspiel für x, das heißt es besteht aus $\Gamma \setminus \Gamma_x$ und zusätzlich x (diesmal als Endknoten). x gilt jetzt als Endknoten. Seine Auszahlung ist fiktiv die, welche man durch das „Endspiel" Γ_x erreichen würde. Im Grunde genommen erhält man bei x das Recht, Γ_x „spielen zu dürfen".

Beispiel: Bestimmte Stellungen im Schachspiel (noch nicht Matt) erlauben eine systematische (erfolgreiche) Beendigung durch Mattstellung bei optimaler Spielweise. Dies läuft unter dem Namen „Endspiel".

Auf die oben beschriebene Weise entsteht ein *reduziertes Spiel*. Entsprechend kann man Strategien zerlegen. Dann verwendet man $s_i^{\Gamma/x}$ im Quotientenspiel und $s_i^{\Gamma_x}$ im Nachfolgespiel.

Satz 29.1 *Γ sei zerlegbar bei x. Man ordne nun bei $s_i \in S_i$ dem Knoten x folgende Auszahlung zu $\forall\, i = 1, \ldots, n : a_i(s_1^{\Gamma_x}, \ldots, s_n^{\Gamma_x})$, also die Auszahlung des Restspiels, und man bezeichne dies als $a_i^{\Gamma/x}(s_1, \ldots, s_n)$.*
Dann ist wegen der Bedeutungslosigkeit des Endes

$$a_i(s_1, \ldots, s_n) = a_i^{\Gamma/x}(s_1^{\Gamma/x}, \ldots, s_n^{\Gamma/x}).$$

Auf diese Weise ist das Quotientenspiel festgelegt.

Satz 29.2 *Γ zerfalle bei x, $s_i \in S_i (i = 1, \ldots, n)$ seien alle so gewählt, dass*

(a) $(s_1^{\Gamma_x}, \ldots, s_n^{\Gamma_x})$ *ein Gleichgewichtspunkt für Γ_x ist.*

(b) $(s_1^{\Gamma/x}, \ldots, s_n^{\Gamma/x})$ *ein Gleichgewichtspunkt für $\Gamma_{/x}$ ist.*

Dann ist $(s_1, \ldots, s_n)$ ein Gleichgewichtspunkt.

Beweis
Induktion über die Länge l des Spiels (Tiefe des Spielbaums).
$l :=$ Maximalanzahl von Spielzügen bis zum Endknoten.
Induktionsanfang: $l = 0$: trivial
$l = 1$: Nur ein Spieler kann ziehen, er wählt die für ihn beste Aktion $\Longrightarrow$ wir haben ein Strategiespiel nach Robinson-Crusoe-Art.
Induktionsvoraussetzung: Bis zu $l = m$ hat das Spiel einen Gleichgewichtspunkt.
Induktionsschritt: $l = m + 1$:
Das Spiel zerfällt in ein Quotientenspiel der Länge m und einen Zusatzzug (evtl. mehrere parallele) durch einen Spieler (Nachfolgespiele der Länge 1).
Diese Aufteilung können wir künstlich vornehmen.
Jedes Nachfolgespiel besitzt wegen vollständiger Information einen Gleichgewichtspunkt. Dieser wird festgelegt als Maximalpunkt für den Zugberechtigten (es gibt

nur noch einen). Nach Satz 29.1 bilden diese Ergänzungsstrategien zusammen mit der Strategie im Quotientenspiel einen Gleichgewichtspunkt für das gesamte Spiel. (Spieler, die im Endspiel nur noch zuschauen, werden dort wie andere ausbezahlt, ihre Strategie muss nur fiktiv verlängert werden). □

Obiger Satz gilt insbesondere bei allen Spielen mit vollständiger Information. Dafür, dass das ganze Spiel diese Zerlegbarkeitseigenschaft überall gewährleistet, und damit die Existenz von Gleichgewichtspunkten garantiert, verwendet man den Begriff „Teilspiel-perfekt".

Definition 29.4 Sei Γ ein n-PS mit endlichem Spielbaum, $(S_1, \ldots, S_n, P)$ die zugehörige Strategien-Normalform und $(S_1, \ldots, S_n, P, U)$ dasjenige n-PS, bei dem der Auszahlungsvektor $u_i(\sigma_1, \ldots, \sigma_n, \omega)$ (σ_i sind die gewählten Strategien) gerade die Auszahlungen der Spielendknoten übernimmt.
$\Gamma' = (S_1, \ldots, S_n, a)$ sei das zu $(S_1, \ldots, S_n, P, U)$ gehörige Spiel in Normalform (Zufallseinfluss des neutralen Spielers bereits in a integriert).
Nun heißt $(\sigma_1^*, \ldots, \sigma_n^*) \in S_1 \times \cdots \times S_n$ Gleichgewichtspunkt von Γ, wenn $(\sigma_1^*, \ldots, \sigma_n^*)$ Gleichgewichtspunkt von Γ' ist, d.h. wenn $\forall i$ und $\forall \sigma_i \in S_i$ gilt

$$\sum_{x \in E} r(\sigma_1^*, \ldots, \sigma_{i-1}^*, \sigma, \sigma_{i+1}^*, \ldots, \sigma_n^*)[x] u_i[x] \leq \sum_{x \in E} r(\sigma_1^*, \ldots, \sigma_n^*)[x] u_i[x],$$

wobei r die Erreichbarkeitswahrscheinlichkeit für x ist.

Definition 29.5 Ein extensives m-PS mit endlichem Spielbaum Γ' heißt Teilspiel des extensiven n-PS Γ, wenn gilt:

(i) Γ' ergibt sich aus Γ als Abschnittsrest von einem Knoten (neuer Wurzelknoten) aus.

(ii) Die Auszahlungen U auf dem noch vorliegenden Endknoten an alle beteiligten Spieler werden von Γ übernommen.

(iii) Die internen Informationsmengen werden übernommen, übergreifende darf es nicht geben.

(Spieler, die am Teilspiel nicht mehr teilnehmen, werden dort nicht mehr beachtet, aber ausbezahlt.)

Definition 29.6 Ein Gleichgewichtspunkt $(\sigma_1^*, \ldots, \sigma_n^*)$ heißt Teilspiel-perfekt, wenn für jedes Teilspiel Γ' die Einschränkungen τ_j^* von σ_j^* auf Γ' einen Gleichgewichtspunkt $(\tau_1^*, \ldots, \tau_m^*)$ von Γ' liefern.

Satz 29.3 Jedes extensive n-PS Γ mit endlichem Baum und vollständiger Information besitzt mindestens einen Teilspiel-perfekten Gleichgewichtspunkt aus reinen Strategien.

29.2. Existenz von Gleichgewichtspunkten I

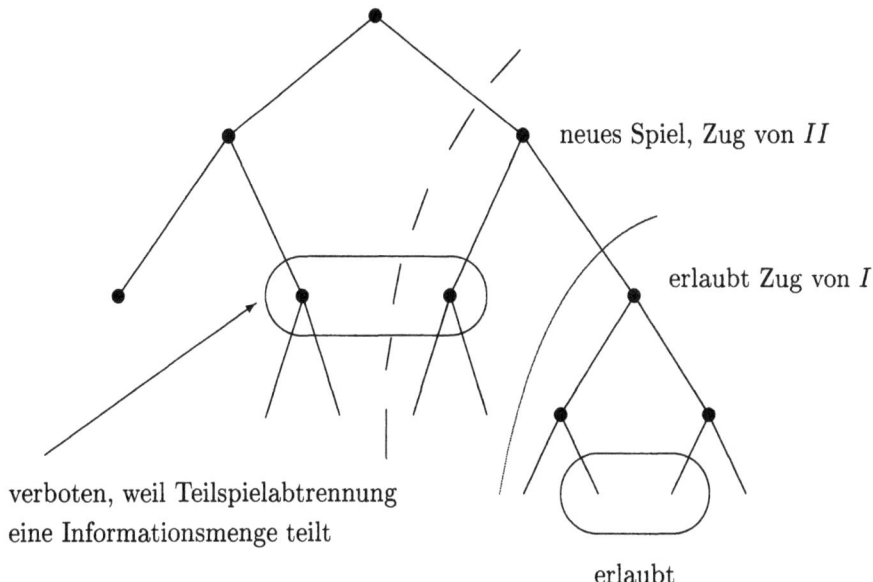

Abbildung 29.1: Teilspielabtrennung

Beweis:
Die Existenz eines Teilspiel-perfekten Gleichgewichtspunktes wird mit vollständiger Induktion über das Maximum der Ränge t (Länge der längstmöglichen Partie) bewiesen.

Idee wie oben: Betrachte die Teilspiele, die im Nachfolgeknoten von x_0 beginnen. Darauf kann man die Induktionsvoraussetzung anwenden. Man muss dazu noch beweisen, dass man diese zu einem Teilspiel-perfekten Gleichgewichtspunkt für ganz Γ zusammensetzen kann.

Induktionsanfang: $t = 1$.
Alle Nachfolgeknoten von x_0 sind bereits Endknoten. Dann ist Γ ein Einpersonenspiel. Man wählt die beste Auszahlung für den zugberechtigten Spieler und hat damit einen Gleichgewichtspunkt.

Induktionsannahme: Für Maximalrang $t = M$ sei die Behautpung richtig.

Induktionsschritt: Untersuche ein Spiel gemäß Voraussetzung mit Maximalrang $M + 1$.
Nach dem ersten Zug des Spielers k, der in x_0 entscheidet, sind wir in einem von m Nachfolgepunkten (o.B.d.A. $j = 1, \ldots, m$) (0 ist Zufallsspieler).
Betrachte die dadurch entstandenen Teilspiele $\Gamma^{(1)}, \ldots, \Gamma^{(m)}$ mit ihren jeweiligen Anfangspunkten. Jedes ist ein extensives $n-1$ oder n-Personenspiel mit vollständiger Information und Rang $\leq M$.

Nach Induktionsvoraussetzung gibt es für jedes der Teilspiele Γ_j nun einen Teilspiel-perfekten Gleichgewichtspunkt $(\sigma_1^{*(j)}, \ldots, \sigma_n^{*(j)})$ mit

$$\sum_{x \in E^{(j)}} r(\sigma_1^{*(j)}, \ldots, \sigma_{i-1}^{*(j)}, \sigma_i^{(j)}, \sigma_{i+1}^{*(j)}, \ldots, \sigma_n^{*(j)})[x] u_i^{(j)}(x)$$
$$\leq \sum_{x \in E^{(j)}} r(\sigma_1^{*(j)}, \ldots, \sigma_n^{*(j)})[x] u_i^{(j)}(x) \quad \forall \sigma_i^{(j)} \in S_i^{(j)}$$

$E^{(j)}$ ist Endknoten im Teilspiel j.

Wir unterscheiden nun, ob der erste Zug zufällig erfolgt oder, ob ein Spieler i ihn steuert.

1. Fall: Zufallsspieler ist dran.
σ_i^* wählt im erweiterten Spielbaum die gleichen Aktionen wie $\sigma_i^{*(j)}$ im Restspielbaum der Gleichgewichtsstrategie.
Wir zeigen, dass diese (erweiterten) σ_i^* zusammen einen Gleichgewichtspunkt definieren.
Sei dazu σ_i eine beliebige reine Strategie.

$$\implies r(\sigma_1, \ldots, \sigma_n)[x] = r_j(\sigma_1^{(j)}, \ldots, \sigma_n^{(j)})[x] \omega_j^{(x_0)}.$$

Das r_j beschreibt die Wahrscheinlichkeit, dass x innerhalb von $\Gamma^{(j)}$ realisiert wird.
Das $\omega_j^{(x_0)}$ beschreibt die Wahrscheinlichkeit, dass $\Gamma^{(j)}$ eintrifft.
E steht im Folgenden für Endknoten.
$\implies \forall i = 1, \ldots, n$ ist

$$\sum_{x \in E} r(\sigma_1^*, \ldots, \sigma_{i-1}^*, \sigma_i, \sigma_{i+1}^*, \ldots, \sigma_n^*)[x] u_i(x)$$
$$= \sum_{j=1}^{m} w_{(j)}^{(x_0)} \sum_{x \in E^{(j)}} r_j(\sigma_1^{*(j)}, \ldots, \sigma_i^{(j)}, \ldots \sigma_n^{*(j)})[x] u_i(x)$$
$$\leq \sum_{j=1}^{m} w_{(j)}^{(x_0)} \sum_{x \in E^{(j)}} r_j(\sigma_1^{*(j)}, \ldots, \sigma_n^{*(j)})[x] u_i(x)$$
$$= \sum_{x \in E} r(\sigma_1^*, \ldots, \sigma_n^*)[x] u_j(x)$$

$\implies \sigma_1^*, \ldots, \sigma_n^*$ ist Gleichgewichtspunkt und sogar Teilspiel-perfekt, denn jedes von Γ verschiedene Teilspiel ist Teilspiel von genau einem $\Gamma^{(j)}$.

2. Fall: Am Zug sei o.B.d.A. Spieler I (nicht 0).
Für $i = 2, \ldots, n$ bleibt σ_i^* die wie vorher definierte reine Strategie.

29.3. Existenz von Gleichgewichtspunkten II

Für Spieler I sei σ_1^* diejenige reine Strategie, die im Teilbaum wie dort vorgesehen verfährt und die in x_0 eine **bestimmte** Alternative j_0 so aussucht, dass

$$\sum_{x \in E^{(j_0)}} r_{j_0}(\sigma_1^{*(j_0)}, \ldots, \sigma_n^{*(j_0)})[x]u_1(x)$$
$$\geq \sum_{x \in E^{(j)}} r_j(\sigma_1^{*(j)}, \ldots, \sigma_n^{*(j)})[x]u_1(x) \quad \forall\, j \text{ (Auswahlmöglichkeiten)}.$$

Das heißt, es wird das Spiel gewählt, von dem sich Spieler I am meisten verspricht. Das Strategietupel $(\sigma_1^*, \ldots, \sigma_n^*)$ bildet dann einen Gleichgewichtspunkt von Γ. Es gilt nämlich bei $i \neq 1$:

$$\sum_{x \in E} r(\sigma_1^*, \ldots, \sigma_{i-1}^*, \sigma_i, \sigma_{i+1}^*, \ldots, \sigma_n^*)[x]u_i(x)$$
$$= \sum_{x \in E^{(j_0)}} r_{j_0}(\sigma_1^{*(j_0)}, \ldots, \sigma_i^{(j_0)}, \ldots, \sigma_n^{*(j_0)})[x]u_i(x)$$
$$\leq \sum_{x \in E^{(j_0)}} r_{j_0}(\sigma_1^*, \ldots, \sigma_n^*)[x]u_i(x).$$

Für Spieler I ergibt sich daraus (mit $k = \sigma_1^{(x_0)}$):

$$\sum_{x \in E} r(\sigma_1, \sigma_2^*, \ldots, \sigma_n^*)[x]u_1(x) \leq \sum_{x \in E^{(k)}} r_k(\sigma_1^{(k)}, \sigma_2^{*(k)}, \ldots, \sigma_n^{*(k)})[x]u_1(x)$$

k wäre die beste Auswahl bei σ_1, j_0 ist aber insgesamt am besten

$$\leq \sum_{x \in E^{(j_0)}} r_{j_0}(\sigma_1^{*(j_0)}, \ldots, \sigma_n^{*(j_0)})[x]u_1(x) = \sum_{x \in E} r(\sigma_1^*, \ldots, \sigma_n^*)[x]u_1(x).$$

Der Nachweis von Teilspiel-Perfektheit erfolgt analog. □

29.3 Existenz von Gleichgewichtspunkten (aus reinen Strategien) im allgemeinen Fall

Wir können aber die Existenz von Gleichgewichtspunkten auch unter sehr viel allgemeineren Szenarien nachweisen. So gilt der

Satz 29.4 *Nikaido-Isoda*

$$\Gamma = (S_1, \ldots, S_n, a = \begin{pmatrix} a_1 \\ \vdots \\ a_n \end{pmatrix})$$

sei ein explizites n-PS in Normalform und erfülle die folgenden Bedingungen:

(i) S_i ist eine kompakte und konvexe Teilmenge von $\mathbb{R}^{n_i}$ $\forall i$;

(ii) $a_i : S_1 \times \cdots \times S_n \to \mathbb{R}$ ist stetig $\forall i$;

(iii) Für jedes i und jedes feste $s_j \in X_j$ ($i \neq j$, $i,j \in \{1,\ldots,n\}$) ist
$a_i(s_1,\ldots,s_{i-1},\bullet,s_{i+1},\ldots,s_n) : S_i \to \mathbb{R}$ konkav.

Dann besitzt Γ mindestens einen Gleichgewichtspunkt.

Beweis: (mit dem Brouwerschen Fixpunktsatz)

Zu jeder stetigen Funktion $\varphi : K \to K$, die auf einer konvexen und kompakten Menge K, $\emptyset \neq K \subset \mathbb{R}^n$ definiert ist, gibt es einen Punkt $k \in K$ mit $\varphi(k) = k$.

Annahme:
Wir nehmen an, dass im Spiel Γ kein Gleichgewichtspunkt existiert.
$K = S_1 \times \cdots \times S_n$ ist wegen (i) eine konvexe und kompakte Teilmenge von $\mathbb{R}^m$
mit $m = \sum_{i=1}^{n} n_i$ (n_i = Dimension von S_i).
Um eine Charakterisierung von Gleichgewichtspunkten mit Hilfe von Funktionen zu erhalten, setzen wir für $x = (x_1,\ldots,x_n), y = (y_1,\ldots,y_n) \in K$ jeweils

$$G(x,y) := \sum_{i=1}^{n} a_i(x_1,\ldots,x_{i-1},y_i,x_{i+1},\ldots,x_n).$$

Dann gilt nämlich:
$x^* = (x_1^*,\ldots,x_n^*)$ ist Gleichgewichtspunkt von Γ
$\Leftrightarrow$ $a_i(x_1^*,\ldots,x_n^*) = \text{Max}_{y_i \in S_i} a_i(x_1^*,\ldots,x_{i-1}^*,y_i,x_{i+1}^*,\ldots,x_n^*)$ $\forall 1 \leq i \leq n$
$\Leftrightarrow$ $G(x^*,x^*) = \sum_{i=1}^{n} \text{Max}_{y_i \in S_i} a_i(x_1^*,\ldots,x_{i-1}^*,y_i,x_{i+1}^*,\ldots,x_n^*)$
$= \text{Max}_{y \in K} G(x^*,y)$.

Nach Voraussetzung ist $G : K \times K \to \mathbb{R}$ stetig. Gemäß der Annahme existierte kein Gleichgewichtspunkt.
$\Longleftrightarrow$ Zu jedem x gibt es ein y mit $G(x,x) < G(x,y)$.
$\Longrightarrow$ Die Mengen $U_y := \{x \in K | G(x,x) < G(x,y)\} \subset K$ bilden eine offene Überdeckung von K, $K = \bigcup_{k \in K} U_y$.
K ist aber kompakt. Nach dem Satz von Heine-Borel folgt daraus die Existenz von endlich vielen Punkten $y^{(1)},\ldots,y^{(k)} \in K$ mit $K = \bigcup_{j=1}^{k} U_{y^{(j)}}$.
Mit dieser Teilüberdeckung konstruieren wir eine Abbildung $\varphi : K \to K$.
Für $x \in K$ seien

$d_j(x) := \text{Max}\{0, G(x,y^{(j)}) - G(x,x)\}$ (größter Abstand) und

$g_j(x) := \dfrac{d_j(x)}{\sum_{i=1}^{k} d_i(x)}$ für $1 \leq j \leq k$ (der Nenner dient zur Normierung)

sowie $\varphi(x) = \sum_{j=1}^{k} g_j(x) y^{(j)}$.

Nach Definition ist $d_j(x) \geq 0 \;\forall 1 \leq j \leq k$.
Wegen $K = \bigcup_{j=1}^{k} U_{y^{(j)}}$ können für kein x alle $d_j(x)$ gleichzeitig 0 werden.
$\Longrightarrow$ Nennersumme $\neq 0$, also ist $\varphi(x)$ wohldefiniert,
$\Longrightarrow$ die $g_j(x)$ kann man als Konvexkombination betrachten, $\sum_{j=1}^{k} g_j(x) = 1$.
$\Longrightarrow \varphi(x) \in \mathrm{KH}(y^{(1)}, \ldots, y^{(k)}) \in K$.
$\varphi : K \to K$ ist demnach eine stetige Abbildung von K in K (alles stetig).
$\Longrightarrow$ nach dem Brouwerschen Fixpunktsatz existiert

$$x^* \in K \text{ mit } x^* = \varphi(x^*) = \sum_{j=1}^{k} g_j(x^*) y^{(j)}.$$

Wegen der vorausgesetzten Konkavität von $a_i(x_1, \ldots, x_n)$ gilt

$$\begin{aligned}
G(x^*, x^*) &= \sum_{i=1}^{n} a_i(x_1^*, \ldots, x_n^*) \\
&= \sum_{i=1}^{n} a_i(x_1^*, \ldots, x_{i-1}^*, \sum_{j=1}^{k} g_i(x^*) y_i^{(j)}, x_{i+1}^*, \ldots, x_n^*) \quad \text{(Konkavität)} \\
&\geq \sum_{i=1}^{n} \sum_{j=1}^{k} g_j(x^*) a_i(x_1^*, \ldots, x_{i-1}^*, y^{(j)}, x_{i+1}^*, \ldots, x_n^*) \\
&= \sum_{j=1}^{k} g_j(x^*) G(x^*, y^{(j)})
\end{aligned}$$

(wegen $G(x^*, y^{(j)}) > G(x^*, x^*)$ und $g_j(x^*) > 0$)

$$> \sum_{j=1}^{k} g_j(x^*) G(x^*, x^*) = G(x^*, x^*)$$

$\Longrightarrow G(x^*, x^*) > G(x^*, x^*)$ Widerspruch!

Mit dem Fixpunkt x^* erhalten wir also den Widerspruch $G(x^*, x^*) > G(x^*, x^*)$. Also muss die Annahme, es existiere kein Gleichgewichtspunkt, falsch gewesen sein. □

29.4 Existenz von Gleichgewichtspunkten bei gemischten Erweiterungen

Mit dem Satz von Nikaido-Isoda (Satz 29.4) kann man für jedes *endliche* Spiel die Existenz eines Gleichgewichtspunktes in der gemischten Erweiterung nachweisen.

Satz 29.5 *Nash*
$\Gamma = (S_1, \ldots, S_n, a)$ *sei ein endliches n-PS (d.h. jede der n gemischten Strategiemengen ist endlich). Dann besitzt die gemischte Erweiterung $\Gamma_{mix}(P_1, \ldots, P_n, A)$ von Γ mindestens einen Gleichgewichtspunkt.*

Beweis:
Wir identifizieren jedes W-Maß $p_i \in P_i$ mit dem Vektor

$$(p_i(s_{i_1}), p_i(s_{i_2}), \ldots, p_i(s_{i_{n_i}})) \in \mathbb{R}^{n_i}$$

mit $n_i = \#(S_i)$ und $S_i = \{s_{i_1}, \ldots, s_{i_{n_i}}\}$.
Damit sind die $p_i(s_{i_j})$ Konvexkombinationskoeffizienten aus dem kompakten und konvexen Einheitssimplex des $\mathbb{R}^{n_i}$:

$$\{p_i(s_{i_j}) | \sum_{i=1}^{n_i} p_i(s_{i_j}) = 1, p_i(s_{i_j}) \geq 0\}.$$

$$A = \begin{pmatrix} A_1 \\ \vdots \\ A_n \end{pmatrix} \text{ und die } A_i \text{ sind bezüglich jedes Koeffizienten der Konvexkom-}$$

bination linear. A ist der Vektor der Auszahlungserwartungen und damit auch insbesondere konkav. Als multilineare Funktion sind die $A_i : P_1 \times \cdots \times P_n \to \mathbb{R}$ auch noch stetig. Deshalb greift Satz 29.4: Γ_{mix} besitzt zumindest einen Gleichgewichtspunkt. □

Beispiel

$$\begin{array}{c} & y_1 & y_2 \\ x_1 & \begin{pmatrix} 1 & 3 \\ x_2 & 2 & -2 \end{pmatrix} \end{array}$$

Dieses Spiel hat keine Gleichgewichtspunkte aus reinen Strategien. Versuchen wir es mit gemischten Strategien, dann werden diese folgendermaßen charakterisiert: Die gemischte Strategie für I wird festgelegt durch einen Parameter $\alpha \in [0,1]$, so dass die gewählte Strategie sich schreiben lässt als $x = \alpha x_1 + (1-\alpha)x_2$. Entsprechend bestimmt ein Parameter $\beta \in [0,1]$ über die gemischte Strategie von II gemäß $y = \beta y_1 + (1-\beta)y_2$. Beim Aufeinandertreffen der Mischungsparameter kommt es zu einem paarweisen Aufeinandertreffen der reinen Strategien mit folgenden Wahrscheinlichkeiten:

$(x_1, y_1) : \alpha\beta \qquad (x_1, y_2) : \alpha(1-\beta)$
$(x_2, y_1) : (1-\alpha)\beta \qquad (x_2, y_2) : (1-\alpha)(1-\beta)$.

Damit realisieren sich die in der Matrix festgehaltenen Auszahlungen mit eben diesen Wahrscheinlichkeiten, nämlich

$$\begin{pmatrix} 1 \text{ mit } \alpha\beta & 3 \text{ mit } \alpha(1-\beta) \\ 2 \text{ mit } (1-\alpha)\beta & -2 \text{ mit } (1-\alpha)(1-\beta) \end{pmatrix}.$$

Soll ein Gleichgewichtspunkt vorliegen, dann muss die Summe der so erwarteten Auszahlungen an I maximal (bzgl. der Wahl von α) werden, wenn der jeweils andere Parameter fest ist.

I: Bei gegebenem β ist α^* so zu wählen, dass

$$\alpha \cdot \beta \cdot 1 + \alpha \cdot (1-\beta) \cdot 3 + (1-\alpha) \cdot \beta \cdot 2 - (1-\alpha) \cdot (1-\beta) \cdot 2$$

maximal wird.
Ableitung nach α: $\beta + 3(1-\beta) - 2\beta + 2(1-\beta) = 5 - 6\beta$.
$\Longrightarrow$ Die Funktion ist monoton wachsend für $\beta \in [0, \frac{5}{6})$, monoton fallend für $\beta \in (\frac{5}{6}, 1]$ und sie ist konstant bei $\beta = \frac{5}{6}$.
Entsprechend minimieren wir nun bzgl. β bei festem α. Die Funktion hat als Ableitung nach β: $\alpha - 3\alpha + 2(1-\alpha) + 2(1-\alpha) = -6\alpha + 4$.
Also ist die Funktion bzgl. β monoton wachsend für $0 \leq \alpha < \frac{2}{3}$, monoton fallend für $\frac{2}{3} < \alpha \leq 1$ und sie ist konstant bei $\alpha = \frac{2}{3}$.

Folglich liegt bei paarweiser Wahl von $\begin{pmatrix} \alpha = \frac{2}{3} \\ \beta = \frac{5}{6} \end{pmatrix}$ ein Gleichgewichtspunkt vor.

Bei einseitiger Abweichung hiervon kann sich nämlich kein Einzelner verbessern (noch nicht einmal verändern).
Dies ist aber hier auch der einzige Gleichgewichtspunkt.
Sei o.B.d.A. $\alpha < \frac{2}{3} \Longrightarrow \beta$ muss auf 0 gesetzt werden, um β-Minimalität zu erreichen. $\begin{pmatrix} \alpha \\ 0 \end{pmatrix}$ ist aber dann für I suboptimal, denn $\begin{pmatrix} \frac{2}{3} \\ 0 \end{pmatrix}$ wäre für ihn besser, noch besser wäre $\begin{pmatrix} 1 \\ 0 \end{pmatrix}$.

Ist $\alpha > \frac{2}{3} \Longrightarrow \beta$ ist auf 1 zu setzen, $\begin{pmatrix} \alpha \\ 1 \end{pmatrix}$ ist aber für I suboptimal, weil $\begin{pmatrix} \frac{2}{3} \\ 1 \end{pmatrix}$ besser ist für I, insbesondere ist $\begin{pmatrix} 0 \\ 1 \end{pmatrix}$ besser.

$\Longrightarrow \alpha$ ist erzwungenmaßen gleich $\frac{2}{3}$.

Sei nun aber $\beta < \frac{5}{6} \Longrightarrow \alpha = 1$ Widerspruch!
und $\beta > \frac{5}{6} \Longrightarrow \alpha = 0$ Widerspruch!

Also muss $\begin{pmatrix} \frac{2}{3} \\ \frac{5}{6} \end{pmatrix}$ der einzige Gleichgewichtspunkt sein. I spielt mit $\frac{2}{3}x_1$ und $\frac{1}{3}x_2$. II spielt mit $\frac{5}{6}y_1$ und $\frac{1}{6}y_2$. Die erwartete Auszahlung ist $(+\frac{4}{3}$ an $I, -\frac{4}{3}$ an $II)$.

29.5 Zweckdienlichkeit gemischter Strategien

Bis jetzt haben wir nur theoretische Gründe für die Verwendung von gemischten Strategien erörtert (z.B. Existenz von Gleichgewichtspunkten). Aber ob die Idee des „Mischens" überall so „furchtbar sinnvoll" ist, muss erst einmal diskutiert werden. Vom gesunden Menschenverstand her ist es nämlich etwas Anderes, ob ich bei einem Gesellschaftsspiel eine gewagte Aktion spiele, die evtl. (im ungünstigen Fall) zu meinem Ausscheiden oder zu einer Niederlage führt, oder ob es in diesem Spiel um „Alles oder Nichts" geht, was besonders deutlich bei Konfliktsituationen im militärischen Bereich gilt. Hier zu unterliegen oder „auszuscheiden", kann den Verlust von Leib und Leben bedeuten, und muss infolgedessen viel krasser bewertet werden als obige Niederlage. Da die Mathematik aber nur quantifizieren kann, ist sie eigentlich mit der Festlegung überfordert. Gleichwohl ist die ganze Menschheits- und Naturgeschichte aber doch wohl geprägt von Abwägungen von Erfolg und Risiko, auch im irrationalen Bereich. Also haben implizit doch immer wieder Quantifizierungen erwähnter Art stattgefunden.

Beispiel
Wenn ein Rudel von einzeln unterlegenen Tieren (Wölfe, Ameisen) ein viel stärkeres Tier angreift, dann tut es dies von allen Seiten. Die von vorne angreifenden haben dabei ein ungleich größeres Risiko als die von hinten angreifenden. Für den Einzelnen ist es also eine suboptimale Entscheidung, von vorne anzugreifen, nicht aber für das Rudel. Denn dadurch kann sich der angegriffene Gegner nicht drehen und alle Konzentration (nach vorne) auf eine Richtung lenken.
Spieltheoretisch modellieren kann man diesen Effekt durch eine probabilistische Mischung der Angriffsrichtungen.

Beispiel
Bei den berühmten Spielen vom General-Blotto-Typ geht es darum, eine belagerte Stadt mit einer gewissen Anzahl von Soldaten zu verteidigen. Es gebe nun nur zwei Stadttore, eines sei leichter einzunehmen, das andere sehr schwer. Ausgedrückt wird dies durch die notwendige Angreiferüberlegenheit am jeweiligen Tor. Wenn die Truppen der Verteidiger dazu ausreichen, das leichter einzunehmende Tor zu verteidigen, und zwar auch gegen die Gesamtheit der feindlichen Truppen, dann müssen sich die Angreifer die Option freihalten, auch das zweite Tor anzugreifen. Obwohl dies vielleicht ein Himmelfahrtskommando ist, werden so die Verteidiger gezwungen, ihre Kräfte zu verteilen. Dies könnte dann zu einer ad-hoc Überlegenheit der Angreifer an einem Tor führen.

Beispiel (nach [51], S. 97)
Im Kampf mit Artgenossen werden Waffenorgane umso seltener eingesetzt, je gefährlicher sie sind. Stattdessen kommt es meist zu Turnierkämpfen nach Ritual, bei denen aber der scharfe Gebrauch der Waffen immer im Raum steht und mit einer erkennbar positiven Wahrscheinlichkeit auch praktiziert wird.
Eine evolutionstheoretische Erklärung wäre die, dass die Art ein Interesse an der Selbsterhaltung hat. Charakteristisch hierfür ist die Mutter-(Vater-)Kampfbereitschaft für ihren Nachwuchs.
Wir versuchen hier eine Erklärung gemäß der *individuellen* Rationalität.

Annahme: n gleichstarke Individuen entscheiden in Kämpfen über Revier, Futter, Paarungsmöglichkeiten, usw. Kampfstrategien sind B (Beschädigungskampf), R (Ritualkampf).

Kampfkonstellationen:

$I \backslash II$	B	R
B	BB	BR
R	RB	RR

29.5. Zweckdienlichkeit gemischter Strategien

Ergebnis:

$I \backslash II$	B	R
B	einer verletzt oder tot	II flüchtet vor I
R	I flüchtet vor II	beide unverletzt aber einer „moralischer" Sieger

Siege oder Niederlagen kommen bei BB und RR mit Wahrscheinlichkeit $\frac{1}{2}$ vor. Modelliert man den Erfolg etwa nach der Fortpflanzungschance, dann ergibt sich vielleicht als Auszahlung an Spieler i
+7 für den Totalsieger aus BB, -10 für den schwer verletzten Verlierer,
+5 für den Sieger aus BR, 0 für den geflüchteten Verlierer,
+4 für den Sieger aus RR, -1 für den Verlierer (beide erschöpft, evtl. keiner verletzt)

Dies ist ein n-Personenspiel in Normalform $(S_1, \ldots, S_n(a_1, \ldots, a_n))$, mit $S_1 = \cdots = S_n = \{B,R\}$ und den erwarteten Punktzahlen $\prod_i$ für Spieler i in Höhe von

$$
\begin{array}{llll}
 & \sigma_i\ \sigma_j & & \\
\prod_i & (BB) & = \frac{1}{2} \cdot 7 - \frac{1}{2} \cdot 10 & = -\frac{3}{2} \\
\prod_i & (BR) & = 1 \cdot 5 & = 5 \\
\prod_i & (RB) & = 1 \cdot 0 & = 0 \\
\prod_i & (RR) & = \frac{1}{2} \cdot 4 - \frac{1}{2} \cdot 1 & = \frac{3}{2}.
\end{array}
$$

Folglich ist die Gesamtauszahlung an das Individuum i, wenn die n Beteiligten mit den reinen Strategien agieren:

$$a_i(\sigma_1, \ldots, \sigma_n) = \frac{1}{n-1} \sum_{\substack{j=1 \\ j \neq i}}^{n} \left[\prod_i (\sigma_i, \sigma_j) \right].$$

Setzt nun i als einziger Strategie R in Reinform ein, dann ergibt sich
$a_i(B, \ldots, B, R, B, \ldots, B) = 0$.
Alle anderen bekommen $a_j(B, \ldots, B, R, B, \ldots, B) = -\frac{3}{2}(n-2) + 5 = -\frac{3}{2}n + 8$.

Dies ist negativ bei $n \geq \frac{16}{3}$. Also fährt i bei mehr als 4 Konkurenten, d.h. bei $n \geq 6$ besser als die agressiven Mitstreiter, vorher schlechter.
Ist umgekehrt i der einzige, der echt kampfbereit ist, dann haben wir
$a_i(R, \ldots, R, B, R, \ldots, R) = 5(n-1)$,
$a_j(R, \ldots, R, B, R, \ldots, R) = \frac{3}{2}(n-2) + 1 \cdot 0 = \frac{3}{2}(n-2)$.

Also fährt hier der Agressive immer besser.
Jetzt muss i damit rechnen, dass einige Gegner kampfbereit und einige vorsichtig sind. Für ihn stellt sich das so dar, als würde jeder Gegner eine gemischte Strategie fahren. Demgemäß erwägt auch i, seine Strategie zu mischen. Diese Überlegungen gelten analog für alle Beteiligten. Und schon sind wir so weit, dass jeder mischt.

Jetzt spielt also i B mit p_i und R mit $(1-p_i)$. $\{1, \ldots, i-1, i+1, \ldots, n\}$ spielen gegen i (und nur dies interessiert i) B insgesamt mit Wahrscheinlichkeit q und R mit Wahrscheinlichkeit $1 - q$.

Die erwartete Auszahlung an i ergibt sich dann so:
(es wird auf $(n-1)$ verzichtet)

$$(n-1)p_iq\prod_i(\text{BB}) = p_iq\cdot(-\frac{3}{2})$$

$$+(n-1)p_i(1-q)\prod_i(\text{BR}) = p_i(1-q)\cdot 5$$

$$+(n-1)(1-p_i)q\prod_i(\text{RB}) = (1-p_i)q\cdot 0$$

$$+(n-1)(1-p_i)(1-q)\prod_i(\text{RR}) = (1-p_i)(1-q)\cdot\frac{3}{2}$$

$$\frac{3}{2}-\frac{3}{2}q+p_i(\frac{7}{2})+p_iq(-5) = \frac{3}{2}+q(-\frac{3}{2}-5p_i)+p_i(\frac{7}{2})$$

Jetzt muss i das für ihn beste p_i herausfinden. Er kennt aber q nicht. Bei $q<\frac{7}{10}$ sollte $p_i=1$ gewählt werden, bei $q>\frac{7}{10}$ entsprechend $p_i=0$.

Für jeden anderen Spieler stellt sich aber die Situation genauso dar. Deshalb kann man davon ausgehen, dass er die gleichen Ziele hat und infolgedessen auch gleichartig spielt.
Also setzen wir an: $p_i=q$.
Damit aber stellt sich für i (stellvertretend für alle) die Optimierungsaufgabe:

$$\max_{p_i}\frac{3}{2}-\frac{3}{2}p_i+\frac{7}{2}p_i-5p_i^2 = \max_{p_i}\frac{3}{2}+2p_i-5p_i^2.$$

Die Ableitung hiervon ist $2-10p_i$, die zweite Ableitung -10. Also liegt ein Maximum bei $+\frac{1}{5}\implies p_i=q=\frac{1}{5}$ ist optimal.
Für jeden Spieler empfiehlt es sich deshalb, mit $\frac{1}{5}$ B und mit $\frac{4}{5}$ R zu spielen. Seine Auszahlung wird dann sein

$$(n-1)\left[\frac{3}{2}-\frac{3}{2}\cdot\frac{1}{5}+\frac{1}{5}\left(\frac{7}{2}-1\right)\right] = (n-1)\left[\frac{3}{2}+\frac{2}{5}-\frac{1}{5}\right] = (n-1)\left[\frac{17}{10}\right].$$

Und dennoch ist der Punkt $(p_1,\ldots,p_n)=(\frac{1}{5},\ldots,\frac{1}{5})$ kein Gleichgewichtspunkt! Spielen nämlich alle $p_j=\frac{1}{5}$, geht aber dann davon abweichend Spieler i über zu $\frac{1}{5}+\varepsilon$, dann ergibt sich für ihn

$$(n-1)\left[\frac{17}{10}+\varepsilon\left(\frac{7}{2}-5\cdot\frac{1}{5}\right)\right] = (n-1)\left[\frac{17}{10}+\frac{5}{2}\cdot\varepsilon\right].$$

Also steigert er seinen Gewinn proportional zu ε und er maximiert ihn sogar bei $p_i=1$ $(\varepsilon=\frac{4}{5})$ mit $(n-1)[\frac{17}{10}+\frac{5}{2}\cdot\frac{4}{5}]=(n-1)(\frac{37}{10})$.
Ein Gleichgewichtspunkt entsteht aber doch, und zwar bei $p_i=q=\frac{7}{10}$.

29.6. Diskussion des Lösungskonzepts

Dort ist die Auszahlung $(n-1)[\frac{3}{2} - \frac{3}{2} \cdot \frac{7}{10} + \frac{7}{10}(\frac{7}{2} - 5 \cdot \frac{7}{10})] = (n-1)[\frac{9}{20}]$.
Variiert hier nämlich p_i etwas, dann bekommt er

$$(n-1)\left[\frac{3}{2} - \frac{3}{2}q + p_i\left(\frac{7}{2} - 5q\right)\right] = (n-1)\left[\frac{9}{20} + \left(\frac{7}{10} + \varepsilon\right) \cdot 0\right].$$

Also wirkt sich die Abweichung nicht verbessernd aus.

Man beachte aber, dass sich der Gleichgewichtspunkt mehr dadurch charakterisiert, dass er Abweichungen von Einzelspielern blockiert, als dass dies für alle – bei Kooperationsmöglichkeit – die beste Lösung wäre.

29.6 Diskussion des Lösungskonzepts Gleichgewichtspunkte

Sind Gleichgewichtspunkte das Non-Plus-Ultra? Wir sammeln Einwände.

1. Sei $\Gamma = (S_1, \ldots, S_n, A)$ ein n-PS in Normalform und seien $s_i^* \in S_i$ $\forall i$ eine Strategie zu **einem** Gleichgewichtspunkt für Spieler i. Dann ist noch lange nicht gesagt, dass $(s_1^*, \ldots, s_n^*)$ ein Gleichgewichtspunkt ist.
   Folgerung: Die Zusammensetzung von Komponenten aus (verschiedenen) Gleichgewichtspunkten ergibt noch keinen Gleichgewichtspunkt.

$I\backslash II$	y_1	y_2
x_1	3	0
x_2	1	2

$I\backslash II$	y_1	y_2
x_1	2	0
x_2	1	6

   Gleichgewichtspunkte sind:
   (x_1, y_1) mit 3/2,
   (x_2, y_2) mit 2/6,

   Aber (x_1, y_2) mit 0/0 und (x_2, y_1) mit 1/1 sind Unfug.

   Offenbar ist zur Realisierung einer vernünftigen Lösung ein Mindestkontakt notwendig, der wenigstens eine Reaktion auf das gegnerische Verhalten erlaubt.

2. Eine andere Komplikation kann dadurch entstehen, dass die Spieler die beiden Gleichgewichtspunkte unterschiedlich bevorzugen.
   Sind $(s_1^*, \ldots, s_n^*)$ und $(\tilde{s}_1^*, \ldots, \tilde{s}_n^*)$ Gleichgewichtspunkte, dann muss nicht unbedingt
   $a_i(s_1^*, \ldots, s_n^*) = a_i(\tilde{s}_1^*, \ldots, \tilde{s}_n^*)$ sein.

3. Gemeinsames Abweichen mehrerer Spieler von den Gleichgewichtsstrategien kann für beide gewinnbringend sein.

I		
3	2	5
1	4	1
3	3	0

II		
1	0	-1
0	2	4
2	5	0

   (x_1, y_1): 3/1 $\longrightarrow$ (x_3, y_2): 3/5
   $\downarrow$
   (x_2, y_2): 4/2.
   Das sind beides keine Gleichgewichtspunkte.

4. Das Konzept der Gleichgewichtspunkte versagt, wo Spieler kooperieren könnten (z.B. über die Aufteilung des Zusatzgewinns von (x_3, y_2) auf I und II).

5. Psychologische Gründe können dazu führen, dass die Gleichgewichtspunkte nicht angesteuert werden.

I			II	
1	−10		0	0
0	0		0	1

Ein Gleichgewichtspunkt ist (x_1,y_1) mit 1/0. II hat kein unbedingtes Interesse am Verbleib bei (x_1,y_1), denn er hat nichts zu verlieren. Ihm wäre y_2 genauso lieb. I hat jedoch große Angst vor einem solchen Wechsel von II. Deshalb geht I vielleicht eher auf x_2.

I			II	
2	6		−1000	5
10	3		8	4

(x_2,y_1) mit 10/8 wäre ja gut. Aber ohne Absicherung wird II Angst haben vor einem Wechsel von I zu x_1. II spielt deshalb y_2. Dann aber spielt I x_1. Und nun denkt sich II: „Wie recht hatte ich doch.".

6. Es gibt Spiele, da wollen die Spieler partout nicht verhandeln.

I			II		
1	5		2	1	Gleichgewichtspunkt
0	4		−200	−100	ist (x_1,y_1) mit 1/2.

I fühlt sich bei x_1/y_1 zu kurz gekommen. Er kann aber aus eigner Kraft nichts besseres erreichen. Also droht er damit, x_2 zu spielen. II andererseits ist es am liebsten, wenn I gar keinen Kontakt mit ihm aufnehmen kann, damit die Drohung nicht ausgesprochen werden kann. Während der eine also den Kontakt sucht, meidet ihn der andere.

29.7 Übungsaufgaben

Aufgabe 29.1 Man berechne für drei Spieler alle Gleichgewichtspunkte für die folgenden beiden Spiele. Sp. 1, Sp. 2, Sp. 3 verfügen jeweils über die Strategie I, II. Existieren solche Punkte überhaupt?

Sp. 1	I	0	I	0	I	1	I	0	II	1	II	2	II	1	II	−1
Sp. 2	I	0	I	−1	II	0	II	0	I	1	I	0	II	−1	II	1
Sp. 3	I	0	II	1	I	−1	II	0	I	−2	II	−2	I	0	II	0

und

Sp. 1	I	1	I	0	I	−1	I	0	II	1	II	−2	II	1	II	0
Sp. 2	I	−1	I	0	II	2	II	1	I	1	I	1	II	0	II	0
Sp. 3	I	1	II	0	I	0	II	−1	I	−2	II	0	I	1	II	1

Kapitel 30
Zweipersonen-Nullsummenspiele

30.1 Gleichgewichtsüberlegungen

Wir wollen nun Spiele analysieren, bei denen der Gewinn des einen Spielers automatisch zum Verlust des anderen Spielers wird. Dieses Konzept lässt sich auch übertragen auf Spiele mit konstanter Auszahlungssumme, indem man jedem Spieler zunächst einmal die halbe Summe zuerkennt. Das Spiel entscheidet dann darüber, wieviel noch dazukommt bzw. wieviel davon weggeht.

Im Hintergrund zur Motivation für Gleichgewichtspunkte schwang folgende Deutung mit: Jeder kann nichts Besseres tun, falls er nicht andere Spieler zu einer Abweichung überreden kann. Solche Absprachen sind aber von vornherein ausgeschlossen, wenn der Gewinn des einen der Verlust des anderen ist.

Definition 30.1 *Ein 2-PS* $\Gamma = (S_1, S_2, \begin{pmatrix} a_1 \\ a_2 \end{pmatrix})$ *in Normalform heißt* Zweipersonen-Nullsummenspiel, *wenn* $\forall x \in S_1, y \in S_2$ *gilt* $a_1(x,y) + a_2(x,y) = 0$.

Statt der Information $(S_1, S_2, \begin{pmatrix} a_1 \\ a_2 \end{pmatrix})$ braucht man nur die Information von (S_1, S_2, a) mit $a = a_1$. Daraus ergibt sich dann sofort $a_2 := -a_1 = -a$.
Hier liegt ein extrem starker Interessenkonflikt mit direkter Auseinandersetzung vor (Duopol, Gesellschaftsspiele). Verhandeln lohnt sich hier nie (in der Realität ist dies bei Tarifstreitigkeiten oder militärischen Konflikten gerade anders).

Bemerkung
Die Bedingungen für Gleichgewichtspunkte (x^*, y^*) lauten hier
$a_1(x, y^*) \leq a_1(x^*, y^*) \quad \forall x \in S_1$
$a_2(x^*, y) \leq a_2(x^*, y^*) \quad \forall y \in S_2$
mit $a_1 = -a_2 = a$ folgt daraus $\quad a(x, y^*) \leq a(x^*, y^*) \leq a(x^*, y) \quad \forall (x,y)$.

Definition 30.2 Ein Strategientupel (aus reinen Strategien) $(x^*, y^*) \in S_1 \times S_2$ heißt Sattelpunkt des 2-PS $\Gamma = (S_1, S_2, a)$, falls

$$a(x^*, y^*) = \underset{x \in S_1}{\text{Max}}\{a(x, y^*)\} = \underset{y \in S_2}{\text{Min}}\{a(x^*, y)\}.$$

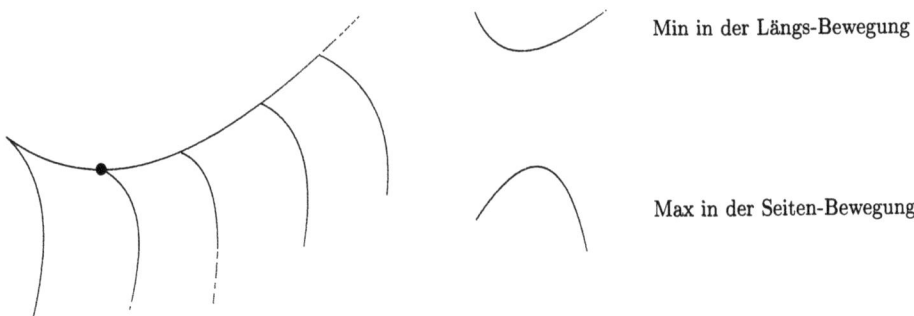

Abbildung 30.1: Sattelpunkt

Satz 30.1 Seien (σ_1, σ_2) und (τ_1, τ_2) Gleichgewichtspaare in einem Zweipersonen-Nullsummenspiel (2-PNSS). Dann sind auch (σ_1, τ_2) und (τ_1, σ_2) Gleichgewichtspunkte und es gilt:

$$a(\sigma_1, \sigma_2) = a(\tau_1, \tau_2) = a(\sigma_1, \tau_2) = a(\tau_1, \sigma_2).$$

Beweis:
Da (σ_1, σ_2) Gleichgewichtspunkt ist, gilt: $a(\sigma_1, \sigma_2) \geq a(\tau_1, \sigma_2)$.
Da (τ_1, τ_2) Gleichgewichtspunkt ist, gilt: $a(\tau_1, \tau_2) \leq a(\tau_1, \sigma_2)$.
Folglich gilt: $a(\sigma_1, \sigma_2) \geq a(\tau_1, \sigma_2) \geq a(\tau_1, \tau_2)$.
Nun gilt aber ebenso $a(\tau_1, \tau_2) \geq a(\sigma_1, \tau_2) \geq a(\sigma_1, \sigma_2)$
$\Longrightarrow a(\tau_1, \tau_2) = a(\sigma_1, \tau_2) = a(\sigma_1, \sigma_2)$ und $a(\sigma_1, \sigma_2) = a(\tau_1, \sigma_2) = a(\tau_1, \tau_2)$. □

Dieser Satz muss jedoch bei allgemeinen Spielen nicht gelten.

Beispiel

A_I		σ_2	τ_2
	σ_1	2	0
	τ_1	0	3

A_{II}		σ_2	τ_2
	σ_1	1	0
	τ_1	0	4

Nur (σ_1, σ_2) und (τ_1, τ_2) sind Gleichgewichtspaare. Sie unterscheiden sich in ihren Auszahlungen aber eklatant.

30.2 Reduktion von 2-PNSS

Um eine gute Spielübersicht zu erhalten, ist man an einer Vereinfachung der Spielkonstellation, d.h. am Verschwinden von redundanten Informationen aus der Spielcharakterisierung, interessiert.

30.2. Reduktion von 2-PNSS

Definition 30.3 $\Gamma_{mix} = (P_1, P_2, A)$ sei die gemischte Erweiterung eines 2-PNSS, $\Gamma(S_1, S_2, a)$ und $\emptyset \neq U \subset P_1$ sowie $\emptyset \neq V \subset P_2$.

(a) Zwei Elemente u und u' aus U heißen strategisch äquivalent bezüglich V ($u \overset{V}{\sim} u'$) genau dann, wenn $A(u,v) = A(u',v) \; \forall v \in V$.

(b) Zwei Elemente v und v' aus V heißen strategisch äquivalent bezüglich U ($v \overset{U}{\sim} v'$) genau dann, wenn $A(u,v) = A(u,v') \; \forall u \in U$.

Will man Auszahlungserwartungen durch Strategienwahl optimieren, dann braucht man jeweils nur einen Vertreter aus einer Äquivalenzklasse von $\sim$.

Festlegung

Wir identifizieren Strategien, welche bzgl. $U = S_1$, bzgl. $V = S_2$ strategisch äquivalent sind.

Dass die Konsequenzen zweier Strategien identisch sind, wird selten vorkommen. Häufig wird man aber offensichtlich schlechtere Strategien ignorieren können.

Definition 30.4 $\Gamma_{mix} = (P_1, P_2, A)$ sei die gemischte Erweiterung eines 2-PNSS und $\emptyset \neq U \subset P_1, \emptyset \neq V \subset P_2$.

(a) $u \in U$ dominiert $u' \in U$ bzgl. V (man schreibt $u \overset{V}{\trianglerighteq} u'$) genau dann, wenn $A(u,v) \geq A(u',v) \; \forall v \in V$.

(b) $v \in V$ dominiert $v' \in V$ bzgl. U ($v \overset{U}{\trianglerighteq} v'$) genau dann, wenn $A(u,v) \leq A(u,v') \; \forall u \in U$.

Analog definiert man strenge Dominanz ($\triangleright$) mit $A(u,v) > A(u',v) \; \forall v \in V$ bzw. $A(u,v) < A(u,v') \; \forall u \in U$.

Enthält U oder V *alle reinen* Strategien, dann kann man sich bei der Überprüfung auf diese beschränken (Konvexitätsargument).

Lemma 30.1 *(ohne Beweis)*

$\Gamma_{mix} = (P_1, P_2, A)$ sei gemischte Erweiterung des 2-PNSS $\Gamma = (S_1, S_2, a)$ und $S_1 \subset U \subset P_1, S_2 \subset V \subset P_2$.

(a) $\forall u, u' \in U : (u \overset{S_2}{\sim} u' \Leftrightarrow u \overset{V}{\sim} u')$
$\forall v, v' \in V : (v \overset{S_1}{\sim} v' \Leftrightarrow v \overset{U}{\sim} v')$

(b) $\forall u, u' \in U : (u \overset{S_2}{\trianglerighteq} u' \Leftrightarrow u \overset{V}{\trianglerighteq} u')$
$\forall v, v' \in V : (v \overset{S_1}{\trianglerighteq} v' \Leftrightarrow v \overset{U}{\trianglerighteq} v')$

(c) $\forall u, u' \in U : (u \overset{S_2}{\triangleright} u' \Leftrightarrow u \overset{V}{\triangleright} u')$
$\forall v, v' \in V : (v \overset{S_1}{\triangleright} v' \Leftrightarrow v \overset{U}{\triangleright} v')$

Definition 30.5 $\Gamma_{mix} = (P_1, P_2, A)$ sei gemischte Erweiterung des 2-PNSS Γ. Eine Strategiemenge $U_1 \subset P_1$ lässt sich bzgl. $V \subset P_2$ auf $U_2 \subset P_1$ reduzieren $(U_1 \supset\!\supset U_2)$ genau dann, wenn

$$U_1 \supset U_2 \text{ und } \forall u' \in U_1\backslash U_2: \exists u \in U_2: \quad u \overset{V}{\trianglerighteq} u'.$$

Entsprechend lässt sich $V_1 \subset P_2$ bzgl. $U \subset P_1$ auf $V_2 \subset P_2$ reduzieren genau dann, wenn

$$V_1 \supset V_2 \text{ und } \forall v' \in V_1\backslash V_2: \exists v \in V_2: \quad v \overset{U}{\trianglerighteq} v'.$$

Reduzieren darf man also nur, wenn jeweils eine mindestens gleichmäßig ebenso gute Strategie verbleibt.

Wir wollen die Reduktion am Beispiel von Matrixspielen erklären:

Beispiel 1

$I\backslash II$	y_1	y_2	y_3	y_4
x_1	2	-1	-1	-1
x_2	-2	1	3	3
x_3	-2	1	0	3

I denkt nach,
$x_2 \trianglerighteq x_3 \Rightarrow S_I \supset\!\supset S_I' := \{x_1, x_2\}$.

$I\backslash II$	y_1	y_2	y_3	y_4
x_1	2	-1	-1	-1
x_2	-2	1	3	3

II denkt nach,
$y_3 \overset{S_I'}{\sim} y_4$ und $y_2 \overset{S_I'}{\trianglerighteq} y_3$
$\Longrightarrow S_{II} \supset\!\supset S_{II}' = \{y_1, y_2\}$

$I\backslash II$	y_1	y_2
x_1	2	-1
x_2	-2	1

Eine weitere Reduktion ist nicht mehr möglich.

Es gibt keine Gleichgewichtspunkte, weil Spaltenmaxima keine Zeilenminima sind.

Beispiel 2

$I\backslash II$	y_1	y_2	y_3	y_4
x_1	4	-6	2	4
x_2	0	-2	1	5
x_3	-3	2	1	4

I denkt nach: In jeder Zeile gibt es ein Spaltenmaximum. Deshalb ist S_1 nicht reduzierbar.
II denkt nach:
$y_3 \trianglerighteq y_4 \Rightarrow S_2 \overset{S_1}{\supset\!\supset} S_2' := \{y_1, y_2, y_3\}$

$I\backslash II$	y_1	y_2	y_3
x_1	4	-6	2
x_2	0	-2	1
x_3	-3	2	1

Nach der Bewertung von reinen Strategien gibt es jetzt keine Reduzierbarkeit mehr. Aber eine hälftige Mischung aus x_1 und x_3 würde x_2 dominieren,

$P_1 \ni \frac{1}{2}x_1 + \frac{1}{2}x_3 \overset{P_2}{\trianglerighteq} x_2$, $(\frac{1}{2}, -2, \frac{3}{2}) \trianglerighteq (0, -2, 1)$.

Also ist die zweite Zeile (bei gemischter Erweiterung) streichbar.

$P_1 \overset{P_2}{\supset\!\supset} P[x_1, x_3]$

$I \backslash II$	y_1	y_2	y_3
x_1	4	-6	2
x_3	-3	2	1

Für II dominiert jetzt eine hälftige Mischung aus y_1 und y_2 über y_3, $\frac{1}{2}y_1 + \frac{1}{2}y_2 \trianglerighteq y_3$, da
$$\begin{pmatrix} -1 \\ -\frac{1}{2} \end{pmatrix} \trianglerighteq \begin{pmatrix} 2 \\ 1 \end{pmatrix} \implies y_3 \text{ entbehrlich.}$$

$I \backslash II$	y_1	y_2
x_1	4	-6
x_3	-3	2

reicht bei gemischter Erweiterung aus.

30.3 Bayes-Strategien

Definition 30.6 $\Gamma_{mix} = (P_1, P_2, A)$ sei eine gemischte Erweiterung eines 2-PNSS $\Gamma = (S_1, S_2, a)$ und es gelte $U \subset P_1$, $V \subset P_2$.

(a) $u' \in U$ heißt Bayes-Strategie in U gegen $v \in V$ genau dann, wenn $A(u,v) \leq A(u',v) \quad \forall u \in U$ gilt.
Mit $U(v)$ bezeichnet man die Menge aller Bayes-Strategien in U gegen v.

(b) $v' \in V$ heißt Bayes-Strategie in V gegen $u \in U$ genau dann, wenn $A(u,v) \geq A(u,v') \quad \forall v \in V$.
Mit $V(u)$ bezeichnet man die Menge aller Bayes-Strategien in V gegen u.

Achtung: Hier geht es also darum, welche Strategie ich einer bekannten (erspähten) Strategie des Gegners entgegensetze.

Satz 30.2 Sei $\Gamma_{mix} = (P_1, P_2, A)$ die gemischte Erweiterung des 2-PNSS $\Gamma = (S_1, S_2, a)$. U und V seien Strategiemengen mit $S_1 \subset U \subset P_1$, $S_2 \subset V \subset P_2$. Dann gilt $\forall u \in U, v \in V$:

(a) $S_1(v) \subset U(v)$ und $S_2(u) \subset V(u)$,

(b) $\sup_{x \in S_1} A(x,v) = \sup_{u \in U} A(u,v)$,
$\inf_{y \in S_2} A(u,y) = \inf_{v \in V} A(u,v)$,

(c) $S_1(v) \neq \emptyset \Leftrightarrow U(v) \neq \emptyset$ und $S_2(u) \neq \emptyset \Leftrightarrow V(u) \neq \emptyset$.

Kommentar: Der Satz zeigt, dass innerhalb der reinen Strategien die Extremalpositionen schon vorliegen (die besten Waffen gegen Einzelstrategien). Deshalb reicht es zumeist aus, die Palette der reinen Strategien zu untersuchen.

Beweis zum Satz:
Wegen $S_1 \subset U \subset P_1$ gilt

$$\sup_{x \in S_1} A(x,v) = \sup_{u \in U} \int_{S_1} \sup_{\tilde{x} \in S_1} A(\tilde{x},v) \, dP_u(x)$$

$P_u(x)$ gibt die von u geprägte Mischung an. Die Gleichung ist eine Tautologie, weil der Integrand rechts mit der linken Seite übereinstimmt.

Rechts erreicht man die linke Seite, indem man gar nicht mischt oder beliebig mischt.

$$\geq \sup_{u \in U} \int_{S_1} A(x,v) \, dP_u(x)$$

Jetzt sind wir vom Supremum heruntergegangen auf tatsächliche Ausprägungen. Wir beziehen jetzt schlechtere reine Strategien in die Mischung mit ein.

$$= \sup_{u \in U} A(u,v) \geq \sup_{x \in S_1} A(x,v).$$

Folglich gilt in dieser Ungleichungskette überall Gleichheit $\Longrightarrow$ (b).
Ist jetzt $x^* \in S_1(v)$, d.h. $A(x^*,v) = \text{Max}_{x \in S_1} A(x,v)$, dann folgt ebenfalls aus obiger Gleichungskette $x^* \in U(v) \Longrightarrow S_1(v) \subset U(v) \Longrightarrow$ (a).
Dies beweist aber auch die „$\Longrightarrow$"-Richtung von (c).
Noch zu zeigen: $\stackrel{(c)}{\Longleftarrow}$:
Sei $U(v) \neq \emptyset$. Dann gilt für ein $u^* \in U(v)$:

$$A(u^*, v) = \text{Max}_{u \in U} A(u,v) = \text{Max}_{u \in U} \int_{S_1} A(x,v) \, dP_u(x).$$

Die rechte Seite bliebe aber unter der linken, wenn einem x mit $x \in S_1$ und $A(x,v) < A(u^*,v)$ positives Gewicht zukäme. Folglich gilt für alle in die Mischung einbezogenen $x \in S_1$: $A(x,v) = A(u^*,v)$.
Und deshalb gibt es schon in S_1 bestmögliche Strategien
$\Longrightarrow P_{u^*}\{x' \in S_1(v), A(x',v) = \text{Max}_{x \in S_1} A(x,v) = A(u^*,v)\} = 1.$ □

Kennt man also die Gegner–Strategie, dann kann man getrost die beste reine Strategie entgegensetzen (Konvexitätsargument, Anwendung wird Lineare Optimierung).

Beispiel: (nach [51], S. 134)

	y_1	y_2	y_3
x_1	1	3	1
x_2	3	0	2
x_3	1	2	4

$S_1(y_1) = \{x_2\}, \quad S_1(y_2) = \{x_1\}, \quad S_1(y_3) = \{x_3\}$
$S_2(x_1) = \{y_1, y_3\}, \quad S_2(x_2) = \{y_2\}, \quad S_2(x_3) = \{y_1\}$

Da mit $u, u' \in U(v)$ auch $\alpha u + (1-\alpha) u' \in U(v)$ folgt für II:
$P_2(x_1) = \alpha y_1 + (1-\alpha) y_3 \ \forall \ 0 \leq \alpha \leq 1$, $P_2(x_2) = \{y_2\}$ und $P_2(x_3) = \{y_1\}$.
Spielt nun Spieler I mit $p = \frac{1}{3}$: x_1 und mit $(1-p) = \frac{2}{3}$: x_2

$$\Longrightarrow A(p, y_1) = \frac{7}{3}, \quad A(p, y_2) = 1, \quad A(p, y_3) = \frac{5}{3}.$$

Also gilt $P_2(p) = \{y_2\}$. (Darauf hätte I mit x_1 antworten sollen.)
Dies war die Erörterung der Situation, dass man die Handlungsweise des Gegners voll durchschaut. Oft ist dies aber unrealistisch und unzutreffend, zuweilen ist diese Unterstellung auch leichtsinnig bis tollkühn.

Eine wesentlich solidere, seriösere, konservativere Grundeinstellung ist es, daran zu glauben, dass man selbst vom Gegner durchschaut wird. Dann wird oder kann er mir jeweils die für mich schlimmste Antwort entgegensetzen.
Meine Aufgabe ist es dann aber, diesen Schaden zu begrenzen und durch Wahl meiner Strategie ihm geringstmögliche Ansatzpunkte zur Schädigung zu bieten. Damit kann ich mir einen gewissen Gewinnsockel sichern gemäß

$$\sup_{p \in P_1} \inf_{q \in P_2} A(p,q) = \sup_{p \in P_1} \inf_{y \in S_2} A(p,y).$$

30.4 Minimax-Strategien

Definition 30.7 $\Gamma_{mix} = (P_1, P_2, A)$ sei eine gemischte Erweiterung des 2-PNSS $\Gamma(S_1, S_2, a)$. Dann heißt

$$G_1(p) := \inf_{y \in S_2} A(p,y) \quad \text{Garantieschranke für } p \in P_1 \quad \text{und}$$

$$G_2(q) := \sup_{x \in S_1} A(x,q) \quad \text{Garantieschranke für } q \in P_2.$$

Setzt I die Strategie $p \in P_1$ ein, dann kann sein Gewinn $G_1(p)$ nicht unterschreiten. Setzt II die Strategie $q \in P_2$ ein, dann kann sein Verlust nicht höher sein als $G_2(q)$. Deshalb will I G_1 maximieren durch Variation von p und II will G_2 minimieren durch Variation von q.

Demgemäß lauten die beiden Aufgabenstellungen:

I: $\max_{p \in P_1} \inf_{y \in S_2} A(p,y)$,
II: $\min_{q \in P_2} \sup_{x \in S_1} A(x,q)$.

Definition 30.8 Sei $\Gamma_{mix} = (P_1, P_2, A)$ die gemischte Erweiterung von $\Gamma = (S_1, S_2, a)$. U und V seien Strategiemengen mit $\emptyset \neq U \subset P_1$, $\emptyset \neq V \subset P_2$.

(a) $u^* \in U$ heißt Minimax-Strategie in U genau dann, wenn

$$G_1(u^*) = \sup_{u \in U} G_1(u).$$

(b) $v^* \in V$ heißt Minimax-Strategie in V genau dann, wenn

$$G_2(v^*) = \inf_{v \in V} G_2(v).$$

Die Mengen der Minimax-Strategien in U bzw. V heißen U^* bzw. V^*.

Werden die Suprema und Infima tatsächlich angenommen und gilt zusätzlich $S_1 \subset U$, $S_2 \subset V$, dann folgt

$$u^* \in U^* \Leftrightarrow \inf_{y \in S_2} A(u^*, y) = \operatorname*{Max}_{u \in U} \inf_{y \in S_2} A(u, y),$$

$$v^* \in V^* \Leftrightarrow \sup_{x \in S_1} A(x, v^*) = \operatorname*{Min}_{v \in V} \sup_{x \in S_1} A(x, v).$$

Ist Γ sogar ein Matrixspiel, dann ist (weil sup bzw. inf angenommen wird)

$$u^* \in U^* \Leftrightarrow \min_{y \in S_2} A(u^*, y) = \max_{u \in U} \min_{y \in S_2} A(u, y),$$

$$v^* \in V^* \Leftrightarrow \max_{x \in S_1} A(x, v^*) = \min_{v \in V} \max_{x \in S_1} A(x, v).$$

Beispiel:

$$\begin{bmatrix} 1 & 3 \\ 2 & -2 \end{bmatrix} \quad \left.\begin{array}{l} G_1(x_1) = \text{Min}_{y \in S_2} a(x_1, y) = 1 \\ G_1(x_2) = \text{Min}_{y \in S_2} a(x_2, y) = -2 \end{array}\right\} \text{Max} = 1 \quad (x_1)$$

$$\left.\begin{array}{l} G_2(y_1) = \text{Max}_{x \in S_1} a(x, y_1) = 2 \\ G_2(y_2) = \text{Max}_{x \in S_1} a(x, y_2) = 3 \end{array}\right\} \text{Min} = 2 \quad (y_1)$$

$$\Longrightarrow \max_{S_1} \min_{S_2} = 1 < 2 = \min_{S_2} \max_{S_1}.$$

Deshalb ist die Realisierung $(x_1, y_1) \to A$ nicht stabil. Im Sinne der Dualitätstheorie gibt es eine Lücke. Gehen wir über zu gemischten Strategien.

Vorschlag für I: $\frac{2}{3}x_1 + \frac{1}{3}x_2 =: p \in P_1$ spielen.
Dann wird $G_1(p) = \text{Min}_{y \in S_2} A(p, y) = \text{Min}\{\frac{4}{3}, \frac{4}{3}\} = \frac{4}{3} > G_1(x_1) = 1$.
Vorschlag für II: $\frac{5}{6}y_1 + \frac{1}{6}y_2 =: q \in P_2$
$\Longrightarrow G_2(q) = \text{Max}_{x \in S_1} A(x, q) = \text{Max}\{\frac{4}{3}, \frac{4}{3}\} = \frac{4}{3} < G_2(y_1) = 2$.
Für beide Spieler ergibt sich so ein Vorteil: Der Punkt

$$\left\{ \begin{pmatrix} \frac{2}{3} \\ \frac{1}{3} \end{pmatrix}, \begin{pmatrix} \frac{5}{6} \\ \frac{1}{6} \end{pmatrix} \right\}$$

ist infolgedessen Sattelpunkt unter den gemischten Strategien wegen

$$\frac{4}{3} = A(p, q) = \text{Min}_{y \in S_2} A(p, y) = \text{Min}_{q' \in P_2} A(p, q')$$

$$= \text{Max}_{p' \in P_1} A(p', q) = \text{Max}_{x \in S_1} A(x, q) = A(p, q) = \frac{4}{3}.$$

Definition 30.9 $\Gamma_{mix} = (P_1, P_2, A)$ sei eine gemischte Erweiterung eines 2-PNSS $\Gamma = (S_1, S_2, a)$. U und V seien Strategiemengen mit $\emptyset \neq U \subset P_1$, $\emptyset \neq V \subset P_2$. Dann heißt $W_*(U, V) := \sup_{u \in U} \inf_{v \in V} A(u, v)$ unterer Spielwert von $\Gamma(U, V, A_{/U \times V})$, dem auf $U \times V$ eingeschränkten Spiel.
Entsprechend heißt $W^*(U, V) := \inf_{v \in V} \sup_{u \in U} A(u, v)$ oberer Spielwert zu $\Gamma(U, V, A_{/U \times V})$.

Satz 30.3 Ist $\Gamma_{mix} = (P_1, P_2, A)$ gemischte Erweiterung des 2-PNSS $\Gamma = (S_1, S_2, a)$ und sind U und V Strategiemengen mit $\emptyset \neq U \subset P_1$, $\emptyset \neq V \subset P_2$, dann gilt:

30.4. Minimax-Strategien

(a) $W_*(U, V) \leq W^*(U, V)$.

(b) Gilt zusätzlich $S_1 \subset U$, $S_2 \subset V$, dann folgt:

$$\begin{array}{rcccl}
W_*(U, S_2) & = & W_*(U, V) & = & W_*(U, P_2) \\
W^*(S_1, V) & = & W^*(U, V) & = & W^*(P_1, V) \\
W_*(S_1, S_2) & \leq & W_*(U, S_2) & \leq & W_*(P_1, S_2) \\
W^*(S_1, S_2) & \geq & W^*(S_1, V) & \geq & W^*(S_1, P_2)
\end{array}.$$

(c) Für Strategien $x^* \in S_1^*$, $p^* \in P_1^*$, $y^* \in S_2^*$, $q^* \in P_2^*$ ist

$$G_1(x^*) \leq G_1(p^*) \leq G_2(q^*) \leq G_2(y^*).$$

Beweis:

(a) $\forall u' \in U, v \in V$ gilt: $\inf_{v' \in V} A(u', v') \leq A(u', v)$

$\implies \sup_{u' \in U} \inf_{v' \in V} A(u', v') \leq \sup_{u' \in U} A(u', v)$ und daraus folgt

$$W_* = \sup_{u' \in U} \inf_{v' \in V} A(u', v') \leq \inf_{v \in V} \sup_{u' \in U} A(u', v) = \inf_{v' \in V} \sup_{u' \in U} A(u', v') = W^*$$

(b) Es ist

$$\begin{aligned}
W_*(U, V) & = \sup_{u \in U} \inf_{v \in V} A(u, v) = \sup_{u \in U} \inf_{y \in S_2} A(u, y) = W_*(U, S_2) \\
& = \sup_{u \in U} \inf_{q \in S_2} A(u, q) = W_*(U, P_2).
\end{aligned}$$

Analog verlaufen die W^*-Überlegungen. Weiter ist

$$\begin{aligned}
W_*(S_1, S_2) & = \sup_{x \in S_1} \inf_{y \in S_2} a(x, y) \leq \sup_{u \in U} \inf_{y \in S_2} A(u, y) = \\
W_*(U, S_2) & \leq \sup_{p \in P_1} \inf_{y \in S_2} A(p, y) = W_*(P_1, S_2).
\end{aligned}$$

(c) $\begin{aligned}
G_1(x^*) & = \sup_{x \in S_1} G_1(x) = \sup_{x \in S_1} \inf_{y \in S_2} a(x, y) \leq \sup_{p \in P_1} \inf_{y \in S_2} A(p, y) \\
& = \sup_{p \in P_1} \inf_{q \in P_2} A(p, q) \leq \inf_{q \in P_2} \sup_{p \in P_1} A(p, q) = \inf_{q \in P_2} \sup_{x \in S_1} A(x, q) \\
& \leq \inf_{y \in S_2} \sup_{x \in S_1} a(x, y) = \inf_{y \in S_2} G_2(y) = G_2(y^*).
\end{aligned}$

□

Korollar 30.1

$$\begin{array}{rcccll}
W_*(S_1, S_2) & = & W_*(S_1, V) & = & W_*(S_1, P_2) & \leq \\
W_*(U, S_2) & = & W_*(U, V) & = & W_*(U, P_2) & \leq \\
W_*(P_1, S_2) & = & W_*(P_1, V) & = & W_*(P_1, P_2) & \leq \\
W^*(P_1, P_2) & = & W^*(U, P_2) & = & W^*(S_1, P_2) & \leq \\
W^*(P_1, V) & = & W^*(U, V) & = & W^*(S_1, V) & \leq \\
W^*(P_1, S_2) & = & W^*(U, S_2) & = & W^*(S_1, S_2) &
\end{array}$$

ist richtig wenn $\emptyset \neq S_1 \subset U \subset P_1$ und $\emptyset \neq S_2 \subset V \subset P_2$.

Hier finden wir nochmal eine theoretische Rechtfertigung für unsere Vorgehensweise bei Reduktion in Abschnitt 30.2 (betrifft Lemma 30.1).

Satz 30.4 $\Gamma_{mix} = (P_1, P_2, A)$ sei die gemischte Erweiterung eines 2-PNSS $\Gamma = (S_1, S_2, a)$. Ist dann $U_1 \overset{V_1}{\supset\!\supset} U_2,\ V_1 \overset{U_1}{\supset\!\supset} V_2,\ U_2 \overset{V_2}{\supset\!\supset} U_3,\ \ldots, V_{k-1} \overset{U_{k-1}}{\supset\!\supset} V_k$ eine Folge von Reduktionen im erklärten Sinne, dann gilt:

$$W_*(U_1, V_1) = W_*(U_k, V_k) \text{ und } W^*(U_k, V_k) = W^*(U_1, V_1).$$

Beweis:
Wir betrachten o.B.d.A. den Schritt von U_i auf U_{i+1}, also $U_i \overset{V_i}{\supset\!\supset} U_{i+1}$.

$$W_*(U_i, V_i) = \sup_{u \in U_i} \inf_{v \in V_i} A(u,v) \geq \sup_{u \in U_{i+1}} \inf_{v \in V_i} A(u,v) = W_*(U_{i+1}, V_i)$$

$$W^*(U_i, V_i) = \inf_{v \in V_i} \sup_{u \in U_i} A(u,v) \geq \inf_{v \in V_i} \sup_{u \in U_{i+1}} A(u,v) = W^*(U_{i+1}, V_i)$$

Für beliebig vorgegebenes $\varepsilon > 0$ existiert immer $u_\varepsilon \in U_i$ mit $\inf_{v \in V_i} A(u_\varepsilon, v) \geq W_*(U_i, V_i) - \varepsilon$.
Zu u_ε gibt es aber in U_{i+1} eine Strategie u'_ε mit $u'_\varepsilon \unrhd u_\varepsilon$

$$\implies \inf_{v \in V_i} A(u'_\varepsilon, v) \geq \inf_{v \in V_i} A(u_\varepsilon, v) \geq W_*(U_i, V_i) - \varepsilon$$

$$\implies W_*(U_{i+1}, V_i) = \sup_{u \in U_{i+1}} \inf_{v \in V_i} A(u,v) \geq W_*(U_i, V_i) - \varepsilon.$$

Weil $\varepsilon > 0$ beliebig wählbar war, gilt demnach Gleichheit.
(Der Beweis für W^* geht analog.) □

Auf jeden Fall bleiben also bei der Reduktion die Minimax-Strategien erhalten.

30.5 Definite Zweipersonen-Nullsummenspiele

Besonders gut handhabbar sind 2-PNSS, wenn unterer Spielwert und oberer Spielwert zusammenfallen.

Definition 30.10 Ein 2-PNSS $\Gamma = (U, V, A)$ heißt definit, wenn $W_*(U,V) = W^*(U,V)$.
Ist Γ definit, dann heißt $W(\Gamma)$ der Wert des Spiels.

Wenn einer der Spieler keine Minimax-Strategie spielt, dann läuft er Gefahr, seine Auszahlung gegenüber Γ zu verschlechtern. Wenn ein Spiel definit ist, dann bezeichnen wir Minimax-Strategien als optimal. Der Gegner kann also, wenn er weiß, dass Minimax-Strategien gespielt werden, diese Information nicht zu seinen Gunsten ausnutzen. Denn ein isoliertes Abweichen bringt ihm nichts. Man ersieht daraus, dass in einem definiten Spiel ein Paar (u^*, v^*) von Minimax-Strategien Eigenschaften wie ein Gleichgewichtspunkt bzw. Sattelpunkt besitzt.

30.5. Definite Zweipersonen-Nullsummenspiele

Definition 30.11

(i) Ein Strategienpaar $(u^*, v^*) \in U \times V$ in einem 2-PNSS $\Gamma = (U, V, A)$ heißt Sattelpunkt von Γ, wenn gilt

$$A(u^*, v^*) = \operatorname*{Max}_{u \in U} A(u, v^*) = \operatorname*{Min}_{v \in V}(u^*, v).$$

(ii) Ein Strategienpaar $(\sigma_1^*, \sigma_2^*) \in S_1 \times S_2$ in einem 2-PNSS $\Gamma = (S_1, S_2, a)$ heißt Sattelpunkt aus reinen Strategien, wenn gilt

$$a(\sigma_1^*, \sigma_2^*) = \operatorname*{Max}_{\sigma_1 \in S_1} a(\sigma_1, \sigma_2^*) = \operatorname*{Min}_{\sigma_2 \in S_2} a(\sigma_1^*, \sigma_2).$$

((ii) ist schon bekannt aus Definition 30.2.)

Satz 30.5 *Sattelpunktkriterien*
$\Gamma = (U, V, A)$ sei ein 2-PNSS.

(a) (u^*, v^*) ist Sattelpunkt von Γ genau dann, wenn gilt Γ ist definit und $u^* \in U^*$, $v^* \in V^*$.

(b) Für einen Sattelpunkt (u^*, v^*) ist $A(u^*, v^*) = W(\Gamma)$.

Beweis:

(a) Ist (u^*, v^*) Sattelpunkt, dann gilt

$$\begin{aligned} W_*(U, V) &= \sup_{u \in U} \inf_{v \in V} A(u, v) \geq \inf_{v \in V} A(u^*, v) = A(u^*, v^*) \\ &= \sup_{u \in U} A(u, v^*) \geq \inf_{v \in V} \sup_{u \in U} A(u, v) = W^*(U, V). \end{aligned}$$

Aber weil ja $W_*(U, V) \leq W^*(U, V)$ gilt, muss überall Gleichheit vorliegen. Also ist Γ definit und $u^* \in U^*$, $v^* \in V^*$.

Nun wollen wir in (a) noch umgekehrt folgern:
Γ sei definit, $u^* \in U^*$, $v^* \in V^*$, dann erhält man für beliebig gewählte Strategien $u' \in U$, $v' \in V$:

$$\begin{aligned} A(u', v^*) &\leq \sup_{u \in U} A(u, v^*) = \inf_{v \in V} \sup_{u \in U} A(u, v) = \\ W^*(U, V) &= [A(u^*, v^*)] = W_*(U, V) = \\ \sup_{u \in U} \inf_{v \in V} A(u, v) &= \inf_{v \in V} A(u^*, v) \leq A(u^*, v') \end{aligned}$$

für beliebige u', v'. Also ist $A(u', v^*) \leq W(U, V) \leq A(u^*, v')$. Setzt man andererseits gleich $u' = u^*$, $v' = v^*$, dann gilt $A(u^*, v^*) \leq W(U, V) \leq A(u^*, v^*)$ und deshalb Gleichheit, daher ist die Einfügung [ ] berechtigt. Also ist (u^*, v^*) ein Sattelpunkt.

(b) ist eine simple Konsequenz aus dem Beweis zu (a) (erster Teil). □

Korollar 30.2 *Wenn beide Spieler Minimax-Strategien besitzen, dann gilt immer $W_*(U,V) \leq A(u^*, v^*) \leq W^*(U,V)$. Insbesondere bei Definitheit haben wir bei jedem Paar (u^*, v^*) von Minimax-Strategien $A(u^*, v^*) = W(\Gamma)$.*

Damit haben alle Sattelpunkte den gleichen Auszahlungswert. Einige Einwände, die wir vorher gegen Gleichgewichtspunkte als Lösungskonzept erhoben haben, greifen also in diesem Spezialfall nicht.

Unsere allgemeinen Sätze erlauben uns Folgerungen auf Spezialfälle.

Satz 30.6 *Jedes extensive 2-PNSS mit endlichem Spielbaum und vollständiger Information ist definit und jeder der beiden Spieler besitzt Minimax-Strategien.*

Beweis:
Wir haben in Satz 29.3 bereits nachgewiesen, dass in unserem Spiel ein Teilspielperfekter Gleichgewichtspunkt aus reinen Strategien vorliegt. Dieser Gleichgewichtspunkt ist in jetziger Sprache ein Sattelpunkt. Er hat als Auszahlung den Spielwert und Γ ist definit, u^*, v^* sind Minimax-Strategien. □

Entsprechend erhält man aus Satz 29.4 (von Nikaido–Isoda) folgende Spezialisierung auf 2-PNSS, die endlichdimensional sind.

Satz 30.7 $\Gamma = (S_1, S_2, a)$ *sei ein 2-PNSS mit*

(i) $S_1 \subset \mathbb{R}^{n_1}$, $S_2 \subset \mathbb{R}^{n_2}$, S_1 *und* S_2 *seien konvex und kompakt.*

(ii) a *ist als Funktion von* $S_1 \times S_2 \to \mathbb{R}$ *stetig und konkav in x (bei festem y) und konvex in y (bei festem x).*

Dann ist Γ definit und beide Spieler besitzen Minimax-Strategien.

Beweis:
Die Konvexität von $a(x_i)$ wird verlangt, weil $a_2(x_i) = -a_1(x_i)$, damit also $a_2(x_i)$ konkav wird.
Dann besitzt das Spiel nach Satz 29.4 einen Gleichgewichtspunkt (aus reinen Strategien). Ein Gleichgewichtspunkt ist hier aber Sattelpunkt und so liefert Satz 30.5 den Rest.
Schließlich nutzen wir noch unseren Satz über gemischte Erweiterungen aus (Satz 29.5 von Nash). □

Satz 30.8 $\Gamma_{mix} = (P_1, P_2, A)$ *sei die gemischte Erweiterung eines endlichen 2-PNSS $\Gamma = (S_1, S_2, a)$. Dann ist Γ_{mix} definit und beide Spieler besitzen Minimax-Strategien.*

Beweis:
Nach Satz 29.5 hat man Gleichgewichtspunkte, diese sind hier Sattelpunkte und nach Satz 30.5 wird das Spiel definit mit Minimax-Strategien. □

30.6 Übungsaufgaben

Zusammenfassung:
Die gemischte Erweiterung hat einen Sattelpunkt, Minimax-Strategien und ist definit.
Sattelpunkte/Gleichgewichtspunkte sind vertauschbar, d.h. (x_1, y_1) und (x_2, y_2) als Sattelpunkte garantieren die Sattelpunktseigenschaften von (x_1, y_2) und (x_2, y_1).
Alle Sattelpunkte haben identische Auszahlungen.
Setzen beide Spieler eine Minimax-Strategie ein, dann ist die Lösung stabil.

30.6 Übungsaufgaben

Aufgabe 30.1 Finden Sie alle Sattelpunkte von

$$\begin{pmatrix} 1 & -1 & 2 & 2 & 0 \\ -2 & 0 & 1 & 0 & 2 \\ -1 & 0 & -1 & -1 & 0 \\ 1 & 1 & -1 & 2 & 1 \\ 1 & -1 & 0 & -1 & 1 \end{pmatrix}.$$

Aufgabe 30.2 Reduzieren Sie folgende Auszahlungsmatrix durch Streichen von Zeilen und Spalten, so dass beide Spieler immer noch zu den für sie richtigen Entscheidungen kommen:

$$\begin{pmatrix} -1 & 3 & 0 & -6 & -3 \\ 0 & -4 & 9 & 2 & 1 \\ 6 & -2 & 7 & 4 & 5 \\ 7 & -3 & 8 & 3 & 2 \end{pmatrix}$$

Aufgabe 30.3 General Offenso möchte die Stadt Blottoheim mit vier Divisionen angreifen. General Blotto verteidigt die Stadt von innen mit fünf Divisionen. Die Stadt ist nur an zwei Toren zugänglich. Ein Angriff kann genau dann abgewehrt werden, wenn General Blotto an beiden Toren mindestens ebenso viel Divisionen platziert wie General Offenso.
Stellen Sie die Auszahlungsmatrix auf (der Sieg von General Blotto wird mit $+1$ bewertet, der Sieg von General Offenso mit -1), reduzieren Sie die Zeilen- und Spaltenanzahl durch Dominanz und bestimmen Sie die optimale Strategie und den Wert des „Spiels".

Aufgabe 30.4 Im folgenden Matrixspiel ist der Parameter α noch offen

$$\begin{pmatrix} \alpha & 2 \\ 1 & -1 \end{pmatrix}.$$

Bei welcher Besetzung von α wird der Wert des Spiels 0? Und wann ist I und wann ist II bevorzugt?

Aufgabe 30.5 Betrachten Sie das folgende Spiel (Skin-Spiel nach Kuhn, 1957): Zwei Spieler I und II haben je drei Spielkarten in der Hand, und zwar I die Karten Pik As, Karo As, Karo Zwei, und II die Karten Pik As, Karo As, Pik Zwei. Beide Spieler legen jeweils zugleich eine ihrer Karten auf den Tisch. I gewinnt, wenn die hingelegten Karten die gleiche Farbe haben, andernfalls gewinnt II. Die Höhe des Gewinns ist gleich dem Wert der Karte, die der Gewinner hingelegt hat. Als Auszahlungsmatrix ergibt sich somit

	$\Diamond$	$\spadesuit$	$\spadesuit\spadesuit$
$\Diamond$	1	-1	-2
$\spadesuit$	-1	1	1
$\Diamond\Diamond$	2	-1	-2

(a) Bestimmen Sie optimale Strategien für die beiden Spieler sowie den Wert des Spiels.

(b) Analysieren Sie das Spiel, wenn die folgende Zusatzregel eingeführt wird:
Zusatzregel: Wenn beide Spieler eine Zweierkarte hinlegen, so erfolgt keine Auszahlung.

Kapitel 31
Zweipersonen-Nullsummenspiele in Matrixform

Wir rollen nun die Theorie der 2-PNSS noch einmal auf unter der hilfreichen Annahme, dass ein Matrixspiel vorliegt (also endlich viele reine Strategien für jeden Spieler). Dabei nehmen wir Doubletten in Kauf, weil wir so auch die alten originalen Argumente aus der Spieltheorie kennenlernen.

31.1 Minimax-Strategien

Die Normalform eines endlichen 2-PNSS liegt in Matrixform vor. Die Zeilen stehen für die Strategien des 1. Spielers, die Spalten für die Strategien des 2. Spielers. Der Eintrag a_{ij} gibt den Gewinn von I bzw. den Verlust von II an für den Fall, dass I σ_i und II τ_j spielt.

A_I	τ_1	τ_2	τ_3
σ_1	5	1	3
σ_2	3	2	4
σ_3	−3	0	4

Hier ist (σ_2, τ_2) mit $a_{22} = 2$ Gleichgewichtspunkt.

Ein Strategiepaar (σ_i, τ_j) ist im *Gleichgewicht* genau dann, wenn a_{ij} maximal in seiner Spalte und minimal in seiner Zeile ist. a_{ij} heißt dann (wie erwähnt) *Sattelpunkt*.

A_I	τ_1	τ_2
σ_1	4	2
σ_2	1	3

hat keine Gleichgewichtspunkte.

Spielt man ein Spiel (wie letztes) unter eigener Ahnungslosigkeit bezüglich der gegnerischen Aktionen, aber unter der Befürchtung, dass einen der Gegner durchschaut, dann sollte vorsichtigerweise so agiert werden:

I spielt die Strategie, bei der II ihn am wenigsten tief drücken kann $\Longrightarrow I$ spielt σ_1, denn dann kann II ihn mit τ_2 nur auf 2 drücken (dort wäre dies 3). Bei τ_1 müsste II nämlich 4 befürchten.
II hat also einen erzwingbaren Verlustdeckel von $3 = \text{Min}_j\{\text{Max}_i\, a_{ij}\}$.

Definition 31.1 *Bei einem endlichen 2-PNSS besitzt Spieler I den* Gewinnsockel

$$v'_I := \text{Max}_i \{\text{Min}_j\, a_{ij}\}$$

und Spieler II den Verlustdeckel

$$v'_{II} := \text{Min}_j \{\text{Max}_i\, a_{ij}\}.$$

Lemma 31.1 *Es gilt stets $v'_I \leq v'_{II}$.*

Beweis:
Sei $a_{pq} = v'_I = \text{Max}_i\{\text{Min}_j\, a_{ij}\} \Longrightarrow a_{pq}$ ist ein Minimum in der p-ten Zeile $\Longrightarrow$ $a_{pq} \leq a_{pj}\ \forall j$.
Sei $a_{st} = v'_{II} = \text{Min}_j\{\text{Max}_i\, a_{ij}\} \Longrightarrow a_{st}$ ist ein Maximum in der t-ten Spalte $\Longrightarrow a_{st} \geq a_{it}\ \forall i$.
Insbesondere ist also $v'_{II} = a_{st} \geq a_{pt} \geq a_{pq} = v'_I$. □

Konsequenz:
Der Gewinnsockel von I liegt allenfalls so hoch wie der Verlustdeckel von II.

Lemma 31.2 *Gilt im speziellen Fall $v'_I = v'_{II}$, dann liegt ein Sattelpunkt bzw. ein Gleichgewichtspunkt vor.*

Beweis:
Es gelte also irgendwie $v'_I = a_{pq} = a_{st} = v'_{II}$.
Betrachte nun den Wert a_{pt}. Es gilt damit

$$a_{pq} \leq a_{pt} \leq a_{st}, \quad \text{also } a_{pq} = a_{pt} = a_{st}.$$

Verändert I die Zeile (Strategie) p, dann kann er sich allenfalls verschlechtern, denn $a_{st} = a_{pt}$ war ja ein Spaltenmaximum (in der Spalte von t).
Würde II die Spalte t verändern und ein $a_{pt'}$ spielen, dann würde gelten $a_{pt'} \geq a_{pt}$, denn $a_{pt} = a_{pq}$ war ein Zeilenminimum (in der Zeile p).
Also ist a_{pt} ein Gleichgewichtspunkt. □

31.2 Gemischte Strategien bei 2-PNSS in Matrixform

Gemischte Strategien bei 2-PNSS sind Wahrscheinlichkeitsbelegungen für die endlich vielen Strategien.
Die Charakterisierung erfolgt über einen Vektor $x \in \mathbb{R}^m$ mit $x_i \geq 0$ und $\sum_{i=1}^{m} x_i = 1$. Die x_i repräsentieren die Wahrscheinlichkeit, mit denen die i-te reine Strategie gewählt wird.

31.2. Gemischte Strategien bei 2-PNSS in Matrixform

Nun sei X die Menge aller so gemischten Strategien für I. Y sei die Menge aller so gemischten Strategien für II.

Lemma 31.3 *Bei einem Spiel mit Auszahlungsmatrix $A = (a_{ij})$ hat man bei Verwendung der Gewichtungen x_i durch I und y_j durch II und – voneinander – unabhängiger Wahl der Strategien die erwarteten Auszahlungen*

$$E[A,x,y] := A(x,y) = \sum_{i=1}^{m}\sum_{j=1}^{n} x_i a_{ij} y_j = x^T A y.$$

Beweis:
Wegen der stochastischen Unabhängigkeit hat man die Multiplikativität

$$P(I \text{ spielt } i \text{ und } II \text{ spielt } j) = P(I \text{ spielt } i) \cdot P(II \text{ spielt } j) = x_i \cdot y_j.$$

Alles weitere ist Gewichtung der Spielausgänge. □

Spieler I muss befürchten, dass II seine Strategie kennt. Gleiches gilt umgekehrt. Deshalb will sich I aus eigner Kraft einen möglichst hohen Gewinn sichern. Spielt er selbst, dann würde ein informierter Gegner für die Realisierung von

$$v_I(x) := \operatorname*{Min}_{y} x^T A y$$

sorgen. I will aber durch seine Entscheidung diesen Ausdruck maximieren, dh. seine Aufgabe ist

$$\max_{x \in X} v_I(x) = \max_{x \in X}(\operatorname*{Min}_{y \in Y} x^T A y).$$

Gehen wir davon aus, dass sich I für $\bar{x}$ entscheidet oder entschieden hat. Dann müsste doch II den Ausdruck $\bar{x}^T A y$ durch Wahl von $y \in Y$ minimieren.
Dies ist steuerbar als (durch Gewichtung mit y) kombinierte Auszahlung von $\bar{x}^T A e_1, \bar{x}^T A e_2, \ldots, \bar{x}^T A e_l$ (wenn II l reine Strategien hat). $\bar{x}^T A$ ist dann ein fester Vektor $\bar{d}$. Also hat II die Aufgabe, $\bar{d}^T y$ über dem Einheitssimplex $\{y | \sum_{i=1}^{l} y_i = 1, y^T \geq 0\}$ zu minimieren.
Der Minimalwert hierfür wird nach LP-Theorie an einer Ecke angenommen. Ecken sind aber die l Einheitsvektoren $e_1, \ldots, e_l$. Also gilt:

$$\operatorname{Min}\{\bar{x}^T A y, \sum_{i=1}^{l} y_i = 1, y_i \geq 0\} = \operatorname{Min}\{\bar{x}^T A e_1, \ldots, \bar{x}^T A e_l\}.$$

Demnach ist die Bestimmung des inneren Minimums an sich leicht:

$$v_I(x) := \operatorname*{Min}_{y} x^T A y = \operatorname{Min}\{x^T A e_1, \ldots, x^T A e_l\}.$$

Dies ist auf jeden Fall eine stetige Funktion. Außerdem ist X kompakt.

Deshalb existiert auf X ein Maximalpunkt für $v_I(x)$, der folgendes Problem löst:
$\max_{x \in X} v_I(x)$.
Umgekehrt handelt Spieler I aus Sicht von II wie folgt: Bietet ihm II eine feste Strategie $\bar{y}$ an, dann wird I versuchen: $\max_{x \in X} x^T A\bar{y}$.
Dies gelingt ihm wieder bei einer reinen Strategie, also

$$v_{II}(\bar{y}) = \underset{x \in X}{\text{Max}}\, x^T A\bar{y} = \text{Max}\{e_1^T Ay, \ldots, e_k^T Ay\}.$$

Somit stellt sich für II die Aufgabe, die stetige Funktion $v_{II}(y)$ auf dem Kompaktum Y zu minimieren.
Folglich existiert ein Minimalpunkt, der folgendes Problem löst

$$\min_{y \in Y}\{\text{Max}_{x \in X}\, x^T Ay\} = \min_{y \in Y}\{\text{Max}\{e_1^T Ay, \ldots, e_k^T Ay\}\}.$$

Man beweist nun völlig analog zum Lemma 31.1 die entsprechende Aussage für die gemischte Erweiterung von Γ_i. □

Lemma 31.4 $v_I = \underset{x \in X}{\text{Max}} \underset{y \in Y}{\text{Min}}\, x^T Ay \leq \underset{y \in Y}{\text{Min}} \underset{x \in X}{\text{Max}}\, x^T Ay = v_{II}$.

Beweis:
Wir haben schon geklärt, dass es Max-Min- und Min-Max-Punkte gibt. Sei also $(\bar{x}, \bar{y})$ ein Max-Min-Punkt und sei $(\hat{x}, \hat{y})$ ein Min-Max-Punkt.
Betrachte das Aufeinandertreffen von $\hat{x}$ und $\bar{y}$. Es gilt $(\bar{x}, \bar{y})$ ist ein Minimalpunkt für die „Zeile", die zu $\bar{x}$ gehört. Folglich gilt $\bar{x}^T A\bar{y} \leq \bar{x}^T A\hat{y}$.
Andererseits ist $(\hat{x}, \hat{y})$ ein Maximalpunkt für die „Spalte", die zu $\hat{y}$ gehört. Also hat man $\hat{x}^T A\hat{y} \geq \bar{x}^T A\hat{y}$.
Dies beweist $\bar{x}^T A\bar{y} \leq \bar{x}^T A\hat{y} \leq \hat{x}^T A\hat{y}$. □

Wir haben mit dem Beweis zum Satz von Nash (Satz 29.5) schon die Existenz von Gleichgewichtspunkten für endliche 2-PNSS nachgewiesen, Satz 30.8 lieferte dann auch noch die Definitheit. Wir geben hier eine elementare Original-Beweisform an, die sich nur auf 2-PNSS in Matrixform bezieht und den Zusammenhang zur Polyedertheorie wach werden lässt.

Satz 31.1 Neumann und Morgenstern [45]
Bei Zweipersonen-Nullsummenspielen mit gemischten Strategien gibt es Gleichgewichtspunkte und es gilt immer $v_I = v_{II}$.

Beweis:
Wir zeigen, dass die Spielwerte von I und II übereinstimmen. Ein Alternativsatz von Gordan (Satz 2.6) besagt, dass entweder

1. $0 \in \text{KH}\left(\begin{pmatrix} a_{11} \\ \vdots \\ a_{m1} \end{pmatrix}, \ldots, \begin{pmatrix} a_{1n} \\ \vdots \\ a_{mn} \end{pmatrix}, \begin{pmatrix} 1 \\ 0 \\ \vdots \\ 0 \end{pmatrix}, \ldots, \begin{pmatrix} 0 \\ \vdots \\ 0 \\ 1 \end{pmatrix} \right)$

31.2. Gemischte Strategien bei 2-PNSS in Matrixform

oder

2. $\exists x > 0$ mit $x \in \mathbb{R}^m$ und $\sum_{i=1}^m x_i = 1$, so dass $\sum_{i=1}^m a_{ij}x_i = (a_{.j})x > 0$
$\forall j = 1, \ldots, n$.

(2) bedeutet gerade, dass es eine strikt trennende Hyperebene durch den Nullpunkt gibt, die alle a_{ij} in einen Halbraum verlagert, und der Normalenvektor zu dieser Hyperebene ist strikt positiv, so dass auch die e_i dort liegen.

Gilt nun (1), dann gibt es eine y-Konvexkombination der n Spalten von A, so dass ein nicht positiver Vektor herauskommt. (Man addiere $y^{n+1}e_1 + \cdots + y^{n+m}e_m$ und hat dann 0). Durch noch so geschickte Wahl von $x \geq 0$ ist dann nicht erreichbar, dass $x^T Ay > 0$.

Also gilt $\forall x \; x^T Ay \leq 0$ und $v_{II}(y) \leq 0 \Longrightarrow v_{II} = \text{Min}_{y \in Y} v_{II}(y) \leq 0$.

Aber $v_I \leq v_{II} \leq 0$.

Falls (2) gelten sollte, dann kann I bei jeder Wahl von II (von y) einen positiven Ausgang erzwingen, wegen $x^T A > 0 \Longrightarrow x^T Ay > 0$.

Also ist $v_I(x) > 0$, und deswegen $v_I = \text{Max}_{x \in X} v_I(x) > 0$. Wieder gilt $0 < v_I \leq v_{II}$.

Also bleiben wegen des Alternativsatzes nur übrig $v_I \leq v_{II} \leq 0$ und $0 < v_I \leq v_{II}$. Ausgeschlossen ist $v_I \leq 0 < v_{II}$ oder $v_I < 0 < v_{II}$. Deshalb ist auch $v_I < v_{II}$ ausgeschlossen. Denn sei nun $v_I < K < v_{II}$ bei einem Spiel mit Auszahlungsmatrix A. Dann betrachten wir das entsprechende Spiel mit der Auszahlungsmatrix

$$A' = \begin{pmatrix} a_{11} - K & \cdots & a_{1n} - K \\ \vdots & \ddots & \vdots \\ a_{m1} - K & \cdots & a_{mn} - K \end{pmatrix} = A - K \begin{pmatrix} 1 & \cdots & 1 \\ \vdots & \ddots & \vdots \\ 1 & \cdots & 1 \end{pmatrix}.$$

Dann ist $v_I(A') = v_I(A) - K < 0 < v_{II}(A) - K = v_{II}(A')$. Das wäre ein Widerspruch. Also bleibt wegen $v_I \leq v_{II}$ nach Lemma 31.4 nur noch $v = v_I = v_{II}$ übrig.

v werde realisiert bei einem Max-Min-Punkt $(\bar{x}, \bar{y})$ und bei einem Min-Max-Punkt $(\hat{x}, \hat{y})$. Solche Punkte existieren. Dann ist $(\bar{x}, \bar{y})$ minimal bzgl. y und $(\hat{x}, \hat{y})$ maximal bzgl. x. Folglich gilt

$$v = \bar{x}^T A \bar{y} \leq \bar{x}^T A \hat{y} \leq \hat{x}^T A \hat{y} = v.$$

So ist $(\bar{x}, \hat{y})$ auch minimal bzgl. y und maximal bzgl. x, also ein Sattelpunkt. □

31.3 $k \times l$-Matrixspiele und ihre Lösung als LP

Den gemeinsamen Wert von v_I und v_{II} haben wir bekanntlich Spielwert genannt.

Bemerkung

x ist optimal für Spieler I, wenn

$$\underset{y \in Y}{\text{Min}}\, x^T A y = \text{Min}\{x^T A e_1, \ldots, x^T A e_l\} \geq v$$

bzw. wenn $\quad \sum_{i=1}^{k} x_i a_{ij} \geq v \,\forall\, j = 1, \ldots, l.$

y ist optimal für Spieler II, wenn

$$\underset{x \in X}{\text{Max}}\, x^T A y = \text{Max}\{e_1^T A y, \ldots, e_k^T A y\} \leq v$$

bzw. wenn $\quad \sum_{j=1}^{l} a_{ij} y_j \leq v \,\forall\, i = 1, \ldots, k.$

Daraus kann man Optimierungsaufgaben für beide Spieler ableiten.

Satz 31.2 *Die beiden Spieler haben folgende Aufgaben zu lösen:*

I: $\quad$ max $\quad \lambda$
$\qquad$ unter $\quad \sum_{i=1}^{k} x_i a_{ij} \geq \lambda \qquad \forall\, j = 1, \ldots, l$
$\qquad\qquad\quad x_i \geq 0$
$\qquad\qquad\quad \sum_{i=1}^{k} x_i = 1$

II: $\quad$ min $\quad \mu$
$\qquad$ unter $\quad \sum_{j=1}^{l} a_{ij} y_j \leq \mu \qquad \forall\, i = 1, \ldots, k$
$\qquad\qquad\quad y_j \geq 0$
$\qquad\qquad\quad \sum_{j=1}^{l} y_j = 1$

Beweis:
Kann man im ersten LP λ bis auf v steigern, dann hat man mit x eine Max-Min-Strategie für I.
Erreicht man im zweiten LP ein $\mu \leq v$, dann ist y eine Min-Max-Strategie für II. $\square$

Satz 31.3 *Die beiden obigen LP's sind zueinander dual.*

Beweis: als Übungsaufgabe

Unsere Erkenntnisse hätten wir auch mit der Theorie linearer Optimierung, besonders mit dem Dualitätssatz gewinnen können.

Satz 31.4 *Es gibt unter den gemischten Strategien Sattelpunkte und Gleichgewichtsstrategien und einen einheitlichen Spielwert.*

Beweis:
Nach dem Dualitätssatz können vier Fälle auftreten.

(1) Beide Probleme sind unzulässig.
    Dieser Fall scheidet aus, weil λ und μ frei wählbar sind.

(2), (3) Ein Problem hat unbeschränkte Zielfunktion, das andere ist unzulässig.
    Dies scheidet aus, weil es für beide Probleme zulässige Punkte gibt (wähle x und y und passe λ und μ an).

(4) Probleme I und II sind zulässig, beide haben Optimalpunkte, die Optimalwerte sind gleich. Dann sind aber auch λ^{opt} und μ^{opt} identisch. x^{opt} und y^{opt} sind Sattelpunkt-, Gleichgewichts- und Minimax-Strategien. □

Satz 31.5 *Alle gewonnenen Erkenntnisse gelten in gleicher Weise für Zweipersonen-Konstantsummenspiele.*

Beweis:
Teile die feste Auszahlungssumme in irgend einer fiktiven Weise auf die beiden Spieler auf und reduziere das Spiel auf eine Auseinandersetzung um Zusatzgewinn und Zusatzverlust gegenüber der schon erhaltenen Auszahlung. □

31.4 Elementare Lösungsmethoden bei Matrixspielen

Wir versuchen nun, rein rechnerisch Spielwerte und Minimax-Strategien zu ermitteln. Beginnen wollen wir mit der leichtesten Version, nämlich 2×2-Spielen. Jeder Spieler hat 2 Möglichkeiten. $A = \begin{pmatrix} a_{11} & a_{12} \\ a_{21} & a_{22} \end{pmatrix}$ sei gegeben.

1. Falls man einen Sattelpunkt unter den reinen Strategien findet, nimmt man diesen. Ein anderer ist dann nicht mehr möglich. Sei z.B. a_{11} SP $\Longrightarrow a_{21} \leq a_{11} \leq a_{12}$ (bei Verschiedenheit). Bliebe also nur noch a_{22}, wäre dieser SP, dann müsste gelten $a_{12} \leq a_{22} \leq a_{21}$. Bei „<" wäre dies ein Widerspruch (alles nur denkbar, wenn alle Einträge gleich sind).

2. Falls eine Dominanz besteht, streicht man die Zeile/Spalte und wählt dann das beste Element (für den Spieler, der dann noch entscheiden kann).

3. Wenn keine Dominanz besteht, dann müssen die beiden Zeilen und die beiden Spalten gegenläufig sein. Dabei ist allerdings die Aufteilung $\begin{array}{ccc} & > & \\ \wedge & & \vee \\ & < & \end{array}$

widersprüchlich (bei Verschiedenheit).

Es bleibt nur 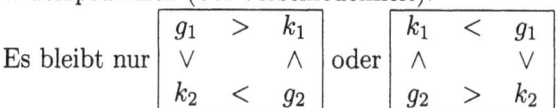.

In beiden Fällen existieren zwei kleine und zwei große Zahlen, die kleinere von den Großen größer als die größere von den Kleinen : Min$\{g_1, g_2\}$ > Max$\{k_1, k_2\}$.

Mischt man mit einem Mischungsparameter $y \in (0,1)$, dann gibt es ein „Schnittpunkts-$\bar{y}$", wo die Mischung der ersten Zeile, derjenigen der zweiten entspricht

II:
$$y^* = \frac{a_{22}-a_{12}}{a_{11}+a_{22}-a_{21}-a_{12}} \quad \text{für die erste Spalte.}$$
$$1-y^* = \frac{a_{11}-a_{21}}{a_{11}+a_{22}-a_{21}-a_{12}} \quad \text{für die zweite Spalte.}$$

Das Gleiche kann man mit Spalten machen.

I:
$$x^* = \frac{a_{22}-a_{21}}{a_{11}+a_{22}-a_{21}-a_{12}} \quad \text{für die erste Zeile.}$$
$$1-x^* = \frac{a_{11}-a_{12}}{a_{11}+a_{22}-a_{21}-a_{12}} \quad \text{für die zweite Zeile.}$$

Wegen

$$(a_{22}-a_{12})a_{11} + (a_{11}-a_{21})a_{12} = (a_{22}-a_{12})a_{21} + (a_{11}-a_{21})a_{22}$$

wird bei dieser y-Wahl die x-Entscheidung irrelevant.
Entsprechendes leistet die x-Wahl mit x^* wegen

$$(a_{22}-a_{21})a_{11} + (a_{11}-a_{12})a_{21} = (a_{22}-a_{21})a_{12} + (a_{11}-a_{12})a_{22}.$$

Also hat man einen Schnittpunkt in beiden Dimensionen.
Einzelabweichungen bringen nichts mehr.

Beispiel

$$\begin{pmatrix} 1 & 2 \\ 4 & 1 \end{pmatrix} \quad \begin{aligned} x^* &= (\ \tfrac{1-4}{-4} = \tfrac{3}{4},\ \tfrac{-1}{-4} = \tfrac{1}{4}\ ) \\ y^* &= (\ \tfrac{-1}{-4} = \tfrac{1}{4},\ \tfrac{-3}{-4} = \tfrac{3}{4}\ ) \end{aligned}$$

$$v = a_{11} \cdot x^* \cdot y^* + a_{21} \cdot (1-x^*) \cdot y^* + a_{12} \cdot x^* \cdot (1-y^*) + a_{22} \cdot (1-x^*) \cdot (1-y^*)$$

$$= 1 \cdot \frac{3}{4} \cdot \frac{1}{4} + 4 \cdot \frac{1}{4} \cdot \frac{1}{4} + 2 \cdot \frac{3}{4} \cdot \frac{3}{4} + 1 \cdot \frac{1}{4} \cdot \frac{3}{4} = \frac{3+4+18+3}{16} = \frac{7}{4}.$$

$2 \times l$-Matrixspiele

Spieler I hat die Macht, ein α zu bestimmen, mit dem er $p(\alpha) = \alpha x_1 + (1-\alpha)x_2$ spielt. Für festes y_j von II (l Spalten) ist dann $A(p(\alpha), y_j)$ eine affine lineare Funktion von α und zwar

$$A(p(\alpha), y_j) = \alpha a(x_1, y_j) + (1-\alpha)a(x_2, y_j).$$

Da II ja l Optionen hat, sind l solche Funktionen zu erörtern.

31.4. Elementare Lösungsmethoden bei Matrixspielen

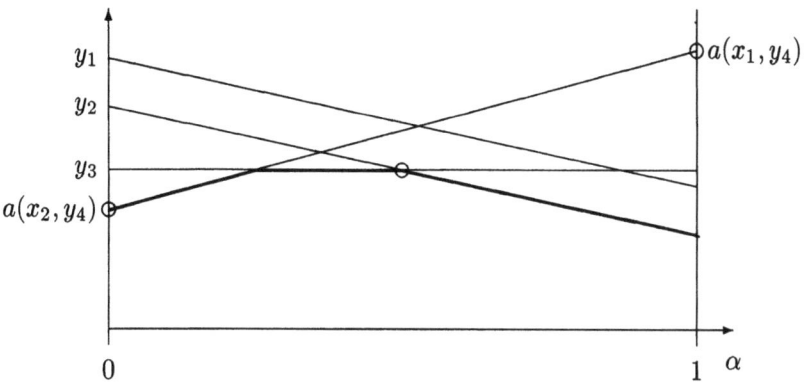

Abbildung 31.1: Graphische Darstellung von $2 \times l$-Spielen

Wir suchen für jede α-Stelle den minimalen Wert (das ist das Anliegen von II). Interessant ist also die fett gedruckte Funktion $v(\alpha) = \text{Min}\{A(p(\alpha), y_j) | j = 1, \ldots, l\}$ und dann wieder deren Maximalwert (das ist wiederum das Anliegen von I).

Weil ein Spielwert existiert und wir jetzt einen Max-Min-Punkt bestimmt haben, kriegen wir so auch den Spielwert. $\bar{\alpha}$ liefert eine gemischte Strategie mit $G_1(p(\alpha)) = v(\alpha) = v$. Spieler II wird eine der straffen reinen oder eine Mischung der straffen reinen Strategien y_j wählen.

Beispiel (nach [51], S. 197)

$$\begin{bmatrix} 3 & 4 & 2 & 6 \\ 4 & 2 & 5 & 0 \end{bmatrix} \quad \begin{array}{l} \alpha = 0,6 \\ 1-\alpha = 0,4 \end{array}$$

$A(p(\alpha), y_1) = 3\alpha + 4(1-\alpha) = 4 - \alpha$
$A(p(\alpha), y_2) = 4\alpha + 2(1-\alpha) = 2 + 2\alpha$
$A(p(\alpha), y_3) = 2\alpha + 5(1-\alpha) = 5 - 3\alpha$
$A(p(\alpha), y_4) = 6\alpha.$

Lösen wir das Problem von II.

Wähle eine Strategie, die bei $\alpha = 0,6$ ansteigt und eine, die fällt z.B. $A(p(\alpha), y_2)$ und $A(p(\alpha), y_3)$, beide müssen auch noch straff sein.

Somit kann man ausschließen, dass eine α-Variation lohnenswert für I wäre (nicht straffe würden Wert verderben). Nun liegt fiktiv nur noch ein 2×2-Spiel vor: I bestimmt α, II bestimmt die Mischung aus y_2 und y_3.

$$\begin{bmatrix} 4 & 2 \\ 2 & 5 \end{bmatrix} \quad \begin{array}{l} \alpha = \frac{3}{5} \\ 1-\alpha = \frac{2}{5} \end{array} \qquad \begin{array}{l} \beta^* = \frac{3}{9-4} = \frac{3}{5} \\ 1-\beta^* = \frac{2}{9-4} = \frac{2}{5} \end{array}$$

$$v^* = \frac{3}{5} \cdot \frac{3}{5} \cdot 4 + \frac{3}{5} \cdot \frac{2}{5} \cdot 2 + \frac{2}{5} \cdot \frac{3}{5} \cdot 2 + \frac{2}{5} \cdot \frac{2}{5} \cdot 5 = \frac{16}{5}.$$

Analog löst man $l \times 2$-Spiele.

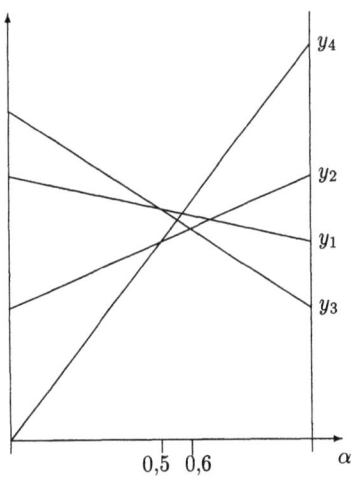

Minimal ist $A(p(\alpha), y_4)$ bis zur Ablösung bei $\alpha = 0,5$ durch $A(p(\alpha), y_2)$.

Dies bleibt minimal bis $\alpha = 0,6$ und wird dann abgelöst durch $A(p(\alpha), y_3)$.

Der Maximalwert wird bei $\alpha^* = 0,6$ angenommen. Dort ist $v(\alpha^*) = 5 - 3 \cdot 0,6 = 3,2 = W(\Gamma_{\text{mix}})$.

Abbildung 31.2: Darstellung zum obigen Beispiel

Fazit

2-PNSS bilden eine Klasse (die einzige) von Spielen, für die mit Gleichgewichtspunkten ein überzeugendes/optimales Lösungskonzept vorliegt. Theoretisch ist das sehr nützlich. Sattelpunkte und damit Gleichgewichtspunkte sind in den gemischten Erweiterungen abgesichert.

Die Querverbindungen zur linearen Optimierung und die formelmäßige Berechnungsmöglichkeit von Minimax-Strategien und des Spielwerts ergeben eine in sich geschlossene Theorie.

Allerdings muss man in der Praxis aufpassen, ob denn immer ein absoluter Konflikt vorliegt, oder ob es nicht doch Kooperationsmöglichkeiten gibt.

31.5 Übungsaufgaben

Aufgabe 31.1 Betrachten Sie das Nullsummenspiel

$$\begin{pmatrix} 2 & 3 & 5 & -1 \\ 4 & 3 & 4 & 0 \\ -1 & 2 & 3 & 2 \\ 0 & 2 & 2 & 5 \end{pmatrix}.$$

Wie soll I spielen?

Aufgabe 31.2 Warum sollte man in einem Matrixspiel mit zwei gleichen Zeilen (Spalten) nicht beide auf einmal streichen (auf beide verzichten)?

Kapitel 32
Zweipersonen-Nichtkonstantsummenspiele

Die Interessen der beiden Spieler laufen nun nicht mehr völlig entgegengesetzt. In vielen Fällen wäre es nun möglich, durch Kooperation einen (gemeinsamen) Vorteil zu erlangen. Unterscheiden muss man aber danach, ob dies denn faktisch auch erlaubt oder möglich sein wird. So gibt es Spielregeln oder Gesetze (Kartellgesetz), die eine – wenn lohnende – Kooperation untersagen. Kommen die Spieler dann aus eigenem Antrieb zu einer gemeinsam zufriedenstellenden Lösung, dann ist alles in Ordnung. Untersagt ist jedoch, dies mit Hilfe von Absprachen anzustreben. Deshalb unterscheiden wir:

- nichtkooperative Zweipersonen-Nichtkonstantsummenspiele,
- kooperative Zweipersonen-Nichtkonstantsummenspiele (exklusive oder inklusive Seitenzahlungen).

Innerhalb der letzten Gruppe muss man noch einmal unterscheiden, ob Drohungen erlaubt sein sollen oder nicht. Deshalb unterscheiden wir

- kooperative Spiele ohne Drohungen,
- kooperative Spiele mit Drohungen.

Drohungen sind dabei zu verstehen als Ankündigungen, eine für den Gegner ungünstige Strategie zu spielen, selbst wenn das die eigenen Interessen schädigt. Auf diese Weise will man ihn dazu bewegen, eine für einen selbst günstigere Strategie zu wählen. Anders gesagt, man will ihn auf diese Weise zu Kooperation zwingen.

32.1 Nichtkooperative Zweipersonen-Nichtkonstantsummenspiele

Die bereits von den Nullsummenspielen her bekannten Gleichgewichtskonzepte und Minimax-Strategien lassen sich analog für 2-PNKSS formulieren.

Definition 32.1 *Sei Γ ein beliebiges 2-PS in Normalform. Ein Strategienpaar $x^* \in S_1, y^* \in S_2$ ist ein Gleichgewichtspaar für Γ, falls für jedes $x \in S_1, y \in S_2$ gilt:*

$$a_I(x, y^*) \leq a_I(x^*, y^*) \text{ und } a_{II}(x^*, y) \leq a_{II}(x^*, y^*).$$

Definition 32.2 *Sei Γ ein beliebiges 2-PS in Normalform.*

(a) *$x^* \in S_1$ heißt Minimax-Strategie innerhalb von S_1 (d.h. $x^* \in S_1^*$), wenn*

$$\operatorname*{Inf}_{y \in S_2} a_1(x^*, y) = \operatorname*{Max}_{x \in S_1} \operatorname*{Inf}_{y \in S_2} a_1(x, y).$$

(b) *$y^* \in S_2$ heißt Minimax-Strategie in S_2 ($y^* \in S_2^*$), wenn*

$$\operatorname*{Inf}_{x \in S_1} a_2(x, y^*) = \operatorname*{Max}_{y \in S_2} \operatorname*{Inf}_{x \in S_1} a_2(x, y).$$

Das Gleichgewichtskonzept kann, wie wir bereits in Kapitel 29.3 gesehen haben, nicht immer angewandt werden, weil nicht immer Gleichgewichtspunkte existieren. Gleichzeitig muss man sehen, dass das Konzept als solches deutliche Schwächen aufweist, siehe dazu Kapitel 29.6. Dies wollen wir nochmals durch einige Negativsätze festhalten.

Satz 32.1 *In allgemeinen 2-PNKSS sind Gleichgewichtspunkte nicht vertauschbar, d.h. aus Gleichgewichtspunkten (x_1, y_1) und (x_2, y_2) lassen sich keine Gleichgewichtspunkte (x_1, y_2) bzw. (x_2, y_1) zusammensetzen.*
Die Gleichgewichtspunkte, die existieren, sind i.A. nicht auszahlungsäquivalent, d.h. es gilt weder $a_1(x_1, y_1) = a_1(x_2, y_2)$, noch $a_2(x_1, y_1) = a_2(x_2, y_2)$.

Auch aus Minimax-Strategien kann man oft nichts Vernünftiges machen.

Satz 32.2

(a) *Sei (x, y) ein Gleichgewichtspunkt, dann gilt i.A. weder $x \in S_1^*$ noch $y \in S_2^*$.*

(b) *Sind $x \in S_1^*$, $y \in S_2^*$ Minimax-Strategien, dann ist i.A. (x, y) kein Gleichgewichtspunkt von Γ.*

Verdeutlicht werden diese Schwierigkeiten am bekannten

Beispiel des Battle of Sexes
Ein Ehepaar kann am Abend ins Theater (Wunsch der Ehefrau) oder ins Fußballstadion (Wunsch des Mannes) gehen. Beim Theaterbesuch ist der Nutzen 4 für die Frau, 1 für den Mann. Beim Fußball ist es genau umgekehrt, 4 für den Mann und 1 für die Frau. Gehen beide getrennte Wege, dann ist der jeweilige Nutzen für beide nur 0. Gehen sie aus Trotz sogar vertauscht (also Frau zum Fußball, Mann ins Theater), dann sind sie getrennt, verärgert und kriegen etwas zu sehen, was sie nicht interessiert. Der jeweilige Nutzen ist dann -1.
Also hat man folgende Spielmatrizen in diesem Bimatrixspiel:

Frau:

F\M	Th	Fu
Th	4	0
Fu	-1	1

Mann:

F\M	Th	Fu
Th	1	0
Fu	-1	4

32.1. Nichtkoop. 2-PNKSS

Gleichgewichtspaare sind hier:

$x_{\text{Frau}} = \begin{pmatrix} 1 \\ 0 \end{pmatrix}$ (voll auf Theater) mit $y_{\text{Mann}} = \begin{pmatrix} 1 \\ 0 \end{pmatrix}$ (unwillig voll auf Theater),

aber auch $x_{\text{Frau}} = \begin{pmatrix} 0 \\ 1 \end{pmatrix}$ (unwillig voll auf Fußball) mit $y_{\text{Mann}} = \begin{pmatrix} 0 \\ 1 \end{pmatrix}$ (voll auf Fußball). Allerdings sind

$\left[x_{\text{Frau}} = \begin{pmatrix} 1 \\ 0 \end{pmatrix}, y_{\text{Mann}} = \begin{pmatrix} 0 \\ 1 \end{pmatrix} \right]$ bzw. $\left[x_{\text{Frau}} = \begin{pmatrix} 0 \\ 1 \end{pmatrix}, y_{\text{Mann}} = \begin{pmatrix} 1 \\ 0 \end{pmatrix} \right]$

keine Gleichgewichtspaare (letzteres sogar ganz schlecht).

Die beiden Gleichgewichtspaare sind allerdings auf Grund verschiedener Auszahlungskombinationen nicht attraktiv. Wer sich nämlich zuerst festlegt, der zwingt den Anderen zum Aufsuchen des selbst präferierten Gleichgewichtspunktes.

Außerdem stellt sich heraus, dass auch noch $\left[x_{\text{Frau}} = \begin{pmatrix} \frac{5}{6} \\ \frac{1}{6} \end{pmatrix}, y_{\text{Mann}} = \begin{pmatrix} \frac{1}{6} \\ \frac{5}{6} \end{pmatrix} \right]$ ein Gleichgewichtspaar ist.

Spielt der Mann mit Strategie $\begin{pmatrix} \bar{\mu} \\ 1 - \bar{\mu} \end{pmatrix}$, dann kann die Frau λ so bestimmen, dass $\begin{pmatrix} \lambda \\ 1 - \lambda \end{pmatrix}$ ihre eigene erwartete Auszahlung maximiert, nämlich

$$4 \cdot \lambda \cdot \bar{\mu} + (-1) \cdot (1 - \lambda) \cdot \bar{\mu} + 0 \cdot \lambda \cdot (1 - \bar{\mu}) + 1 \cdot (1 - \lambda) \cdot (1 - \bar{\mu}).$$

Die Ableitung hiervon (nach λ) ist $4\bar{\mu} + \bar{\mu} - (1 - \bar{\mu}) = 6\bar{\mu} - 1$. Diese wird 0 bei $\bar{\mu} = \frac{1}{6}$. Ansonsten ist die Ableitung positiv oder negativ. Positiv ist sie bei $\bar{\mu} > \frac{1}{6}$. Dort kann man der Frau nur die reine Strategie $\lambda = 1$ (d.h. voll auf Theater) empfehlen. Also eine Bereitschaft des Mannes, die größer als $\frac{1}{6}$ ist, ins Theater zu gehen, wird von der Frau gleich ausgenutzt und führt zu deren Sturheit.

Liegt die Bereitschaft des Mannes, ins Theater zu gehen, dagegen unter $\frac{1}{6}$, dann ist die λ-Ableitung negativ, man empfiehlt der Frau $\lambda = 0$ (voll auf Fußball). Auch hier wird durch kleinste Ursachen eine große Wirkung ausgelöst.

Nur bei $\bar{\mu} = \frac{1}{6}$, $(1 - \bar{\mu}) = \frac{5}{6}$ lohnt es sich für die Frau überhaupt, zu mischen. Eigentlich müsste man sagen, dann sind keine überlegenen reinen Strategien mehr vorhanden (weil alle Strategien der Frau gleich gut werden).

Oberflächlich gesehen ist es dann für sie ganz egal, wie sie mischt. Aber auf den zweiten Blick erkennt man Folgendes. Da ja hier alles spiegelbildlich ist, sollte sie durch ihre Mischungswahl den Mann nicht dazu veranlassen, von der eingeschlagenen Route $\begin{pmatrix} \bar{\mu} \\ 1 - \bar{\mu} \end{pmatrix}$ abzuweichen. Das schafft sie mit $\bar{\lambda}$, wenn seine erwartete Auszahlungsfunktion

$$1 \cdot \bar{\lambda} \cdot \mu + (-1) \cdot (1 - \bar{\lambda}) \cdot \mu + 0 \cdot \bar{\lambda}(1 - \mu) + 4 \cdot (1 - \bar{\lambda}) \cdot (1 - \mu)$$

gerade bei $\bar{\mu}$ maximal wird.

Die Ableitung hiervon ist $6\bar{\lambda} - 5$. Dies wird nur Null bei $\bar{\lambda} = \frac{5}{6}$. Also hält sie nur mit $\bar{\lambda} = \frac{5}{6}$ den Mann bei $\bar{\mu} = \frac{1}{6}$.

Wegen der Symmetrie der Gleichgewichtsmischung ergibt sich als Auszahlung an beide

$$\bar{\lambda} \cdot \bar{\mu} \cdot 4 + \bar{\lambda} \cdot (1-\bar{\mu}) \cdot 0 + (1-\bar{\lambda}) \cdot \bar{\mu} \cdot (-1) + (1-\bar{\lambda}) \cdot (1-\bar{\mu}) \cdot 1 =$$
$$\tfrac{5}{6} \cdot \tfrac{1}{6} \cdot 4 + \tfrac{5}{6} \cdot \tfrac{5}{6} \cdot 0 + \tfrac{1}{6} \cdot \tfrac{1}{6} \cdot (-1) + \tfrac{1}{6} \cdot \tfrac{5}{6} \cdot 1 = \tfrac{24}{36} =$$
$$\bar{\lambda} \cdot \bar{\mu} \cdot 1 + \bar{\lambda} \cdot (1-\bar{\mu}) \cdot 0 + (1-\bar{\lambda}) \cdot \bar{\mu} \cdot (-1) + (1-\bar{\lambda}) \cdot (1-\bar{\mu}) \cdot 4.$$

Beim ersten Gleichgewichtspunkt war die Auszahlung $\begin{pmatrix} 4 \\ 1 \end{pmatrix}$.

Beim zweiten Gleichgewichtspunkt war sie $\begin{pmatrix} 1 \\ 4 \end{pmatrix}$.

Also ergibt jede der beiden radikalen Lösungen etwas besseres als der (faule) Kompromiss.

Eine sinnvolle und faire Lösung wäre es hier, sich abzusprechen und die beiden Gleichgewichtspunkte $\begin{pmatrix} 1 \\ 0 \end{pmatrix}$ und $\begin{pmatrix} 0 \\ 1 \end{pmatrix}$ jeweils mit $p = \tfrac{1}{2}$ (aufeinander abgestimmt) zu spielen. Dann ergäbe sich $\begin{pmatrix} \tfrac{5}{2} \\ \tfrac{5}{2} \end{pmatrix}$ als erwartete Auszahlung. Das ist aber nur bei erlaubter Absprache durchführbar.

Kümmern wir uns nun darum, was bei der Max-Min-Regel herauskommt.
Der Mann wird hier $\bar{\mu}$ so bestimmen, dass

$$\mu = \mu \cdot 1 + (1-\mu) \cdot 0 = (-1) \cdot \mu + 4 \cdot (1-\mu) = 4 - 5 \cdot \mu, \text{ das heißt } \bar{\mu} = \frac{2}{3}.$$

Die Frau agiert mit λ so, dass

$$\lambda \cdot 5 - 1 = \lambda \cdot 4 + (1-\lambda) \cdot (-1) = \lambda \cdot 0 + (1-\lambda) \cdot 1 = 1 - \lambda$$
$$\Longrightarrow \lambda \cdot 6 = 2 \Longrightarrow \bar{\lambda} = \frac{1}{3} \text{ und } 1 - \bar{\lambda} = \frac{2}{3}.$$

Das erscheint verwunderlich, denn jeder präferiert damit sogar die ungeliebte Alternative.
Die Auszahlung wird dann an beide sein

$$\begin{array}{ccccccccc}
\bar{\lambda} & \bar{\mu} & 4 & + & (1-\bar{\lambda}) & \bar{\mu} & (-1) & + & (1-\bar{\lambda}) & (1-\bar{\mu}) & 1 & = \\
\tfrac{1}{3} & \tfrac{2}{3} & 4 & + & \tfrac{2}{3} & \tfrac{2}{3} & (-1) & + & \tfrac{2}{3} & \tfrac{1}{3} & 1 & = \tfrac{6}{9} = \tfrac{2}{3}.
\end{array}$$

Man erreicht also genauso viel wie beim schlechtesten Gleichgewichtspunkt.
Allerdings besteht hier kein Gleichgewicht und keine Stabilität mehr. Die Ableitung der Auszahlung an die Frau ist nämlich $\bar{\mu} \cdot 4 + \bar{\mu} - (1-\bar{\mu}) = \tfrac{2}{3} \cdot 4 + \tfrac{2}{3} + \tfrac{2}{3} - 1 = 3 > 0$, d.h. die Frau sollte $\bar{\lambda}$ steigen lassen bis auf 1 (solange sie sicher ist, dass $\bar{\mu} = \tfrac{2}{3}$ stehenbleibt).
Umgekehrt ist es aus der Sicht des Mannes genauso, er würde $\bar{\mu}$ auf 0 senken.
Also: Jeder kann durch sein Verhalten $\tfrac{2}{3}$ erzwingen *(aber nicht mehr)*.

32.1. Nichtkoop. 2-PNKSS

Wir verändern die Auszahlung an die Frau, so dass ein gemeinsamer Theaterbesuch ihr nun 5 (statt wie früher 4) wert ist.

Frau:

F\M	Th	Fu
Th	5	0
Fu	−1	1

Mann:

F\M	Th	Fu
Th	1	0
Fu	−1	4

Wieder liegen Gleichgewichtspunkte bei $\left[\begin{pmatrix}1\\0\end{pmatrix}, \begin{pmatrix}1\\0\end{pmatrix}\right]$ und $\left[\begin{pmatrix}0\\1\end{pmatrix}, \begin{pmatrix}0\\1\end{pmatrix}\right]$. Außerdem gibt es einen Gleichgewichtspunkt dort, wo gleichzeitig die λ-Ableitung von

$$5 \cdot \lambda \cdot \mu - 1 \cdot (1-\lambda) \cdot \mu + 1 \cdot (1-\lambda) \cdot (1-\mu)$$

und die μ-Ableitung von

$$1 \cdot \lambda \cdot \mu - 1 \cdot (1-\lambda) \cdot \mu + 4 \cdot (1-\lambda) \cdot (1-\mu)$$

verschwinden.

Also $\quad 5\mu + \mu - (1-\mu) = 0 \quad$ und $\quad \lambda - (1-\lambda) - 4(1-\lambda) = 0$
$\iff \quad \mu = \frac{1}{7} \quad$ und $\quad \lambda = \frac{5}{6}$

Damit wird realisiert

$$5 \cdot \tfrac{5}{6} \cdot \tfrac{1}{7} - 1 \cdot \tfrac{1}{6} \cdot \tfrac{1}{7} + 1 \cdot \tfrac{1}{6} \cdot \tfrac{6}{7} = \tfrac{30}{42} = \tfrac{5}{7} \quad \text{für F}$$
$$1 \cdot \tfrac{5}{6} \cdot \tfrac{1}{7} - 1 \cdot \tfrac{1}{6} \cdot \tfrac{1}{7} + 4 \cdot \tfrac{1}{6} \cdot \tfrac{6}{7} = \tfrac{28}{42} = \tfrac{2}{3} \quad \text{für M}$$

Die Frau hätte also hiervon einen Zusatznutzen.

Spielen beide nach dem Max-Min-Prinzip, so agiert der Mann wie oben, also kommt er zu $\bar{\mu} = \frac{2}{3}$ mit einer Garantieauszahlung an ihn von $\frac{2}{3}$.
Die Frau bestimmt ihr λ so, dass

$$6 \cdot \lambda - 1 = 5 \cdot \lambda - 1 \cdot (1-\lambda) \stackrel{!}{=} 0 \cdot \lambda + 1 \cdot (1-\lambda) = 1 - \lambda$$
$$\implies 7 \cdot \lambda = 2 \implies \bar{\lambda} = \frac{2}{7} \quad \text{(und nicht mehr } \tfrac{1}{3}\text{)}.$$

Die Auszahlung an den Mann ist dann $\frac{2}{3}$, an die Frau $\frac{5}{7}$.
(Das Ergebnis ist also das selbe, obwohl andere Strategiemischungen vorliegen.)
Aber die Frau ist wegen der höheren Theaterfreude sogar etwas nachgiebiger geworden. Nur hat der Mann sowieso eine Strategie gespielt, die die Frauenstrategie irrelevant macht.

Auch hier liegt kein Gleichgewichtspunkt vor, denn die Ableitung der Auszahlung an die Frau ist $\bar{\mu} \cdot 5 + \bar{\mu} - (1-\bar{\mu}) = 7 \cdot \frac{2}{3} - 1 = \frac{11}{3} > 0$. Auch hier lohnt es sich für sie, λ zu steigern auf 1.

Der Unterschied zwischen der Gleichgewichtsberechnung und der Max-Min-Rechnung muss so gesehen werden:

Gleichgewicht: Mann fragt: Bei welchem μ lohnt sich für die Frau (also in der Frauenbewertung) eine λ-Bewegung nicht mehr? (wird die λ-Ableitung 0?)

Max-Min: Mann fragt: Bei welchem μ kann eine λ-Bewegung nichts für mich Schädliches (in der Männerbewertung) mehr bewirken?

Spezialisiert auf Bimatrixspiele haben wir

Definition 32.3 *Ein Paar von gemischten Strategien (x^*, y^*) für das Bimatrixspiel (A, B) nennt man im Gleichgewichtszustand, wenn für alle anderen gemischten Strategien gilt:*

$$x^T A y^* \leq x^{*T} A y^* \quad \text{und} \quad x^{*T} B y \leq x^{*T} B y^*.$$

Satz 32.3 *Jedes Bimatrixspiel hat mindestens einen Gleichgewichtspunkt aus gemischten Strategien.*

Beweis:
Dies liefert bereits der Satz von Nash (Satz 29.5). □

Ein weiteres Beispiel:

I	A	B
A	11	1
B	2	6

II	A	B
A	4	1
B	2	8

(A, A) und (B, B) sind Gleichgewichtspunkte.

(A, B) mit $\begin{pmatrix} 1 \\ 1 \end{pmatrix}$ und (B, A) mit $\begin{pmatrix} 2 \\ 2 \end{pmatrix}$ sind keineswegs Gleichgewichtspunkte.

$x^* = B$ ist für I die einzige Max-Min-Strategie bei reinen Strategien, denn dort ist

$$\operatorname*{Inf}_{y \in S_2} a_1(x^*, y) = \operatorname{Max}\{1, 2\} = \operatorname*{Max}_{x \in S_1}\{\operatorname*{Inf}_{y \in S_2} a_1(x, y)\} = 2.$$

Ebenso liefert $y^* = A$ für II die einzige Max-Min-Strategie. (B, A) mit Auszahlung $(2, 2)$. Dies ist aber ganz schön schlecht.

Gehen wir nun zur gemischten Erweiterung über. Dort wird es aber auch nicht besser.

Jetzt stehen zur Verfügung: $p = (\alpha, 1 - \alpha)$ und $q = (\beta, 1 - \beta)$ mit dem Auszahlungspaar

$$\begin{bmatrix} 11\alpha\beta + 1\alpha(1-\beta) + 2(1-\alpha)\beta + 6(1-\alpha)(1-\beta) \\ 4\alpha\beta + 1\alpha(1-\beta) + 2(1-\alpha)\beta + 8(1-\alpha)(1-\beta) \end{bmatrix}$$
$$= \begin{bmatrix} 14\alpha\beta - 5\alpha - 4\beta + 6 \\ 9\alpha\beta - 7\alpha - 6\beta + 8 \end{bmatrix} = \begin{bmatrix} A_1 \\ A_2 \end{bmatrix}.$$

Die Ableitung nach α ergibt:

$$\frac{\partial A_1}{\partial \alpha} = 14\beta - 5 \quad \Longrightarrow \quad \text{setze } \beta = \frac{5}{14} \quad \text{(nur dies bremst } \alpha\text{)}.$$

32.1. Nichtkoop. 2-PNKSS

Die Ableitung nach β ergibt:

$$\frac{\partial A_2}{\partial \beta} = 9\alpha - 6 \implies \text{setze } \alpha = \frac{2}{3} \quad (\text{nur dies bremst } \beta).$$

$$\implies p = \begin{pmatrix} \frac{2}{3} \\ \frac{1}{3} \end{pmatrix}, q = \begin{pmatrix} \frac{5}{14} \\ \frac{9}{14} \end{pmatrix} \text{ und}$$

$$A_1 = 14 \cdot \frac{10}{42} - 5 \cdot \frac{2}{3} - 4 \cdot \frac{5}{14} + 6 = 4\frac{4}{7},$$

$$A_2 = 9 \cdot \frac{10}{42} - 7 \cdot \frac{2}{3} - 6 \cdot \frac{5}{14} + 8 = 3\frac{1}{3}.$$

Dies ist der einzige gemischte Gleichgewichtspunkt.
Es ergibt sich außerdem, dass

$$p^* = \begin{pmatrix} \frac{2}{7} \\ \frac{5}{7} \end{pmatrix} \text{ mit } \inf_{x_2 \in S_2} A_1(p^*, x_2) = \frac{32}{7} \text{ und}$$

$$q^* = \begin{pmatrix} \frac{7}{9} \\ \frac{2}{9} \end{pmatrix} \text{ mit } \inf_{x_1 \in S_1} A_2(x_1, q^*) = \frac{10}{3}$$

die einzigen gemischten Max-Min-Punkte sind, weil

$$\begin{aligned}\frac{\partial A_1}{\partial \beta} &= 14\alpha - 4 \implies \alpha = \frac{2}{7} \\ \frac{\partial A_2}{\partial \alpha} &= 9\beta - 7 \implies \beta = \frac{7}{9}\end{aligned} = (p^*, q^*),$$

Dabei ergeben sich die Auszahlungsgarantien:

$$\inf_{x_2 \in S_2} A_1\left(\begin{pmatrix} \frac{2}{7} \\ \frac{5}{7} \end{pmatrix}, x_2\right) = \frac{22}{7} + \frac{10}{7} = \frac{32}{7} = \frac{2}{7} + \frac{30}{7},$$

$$\inf_{x_1 \in S_1} A_2\left(x_1, \begin{pmatrix} \frac{7}{9} \\ \frac{2}{9} \end{pmatrix}\right) = \frac{28}{9} + \frac{2}{9} = \frac{30}{9} = \frac{14}{9} + \frac{16}{9}.$$

Beide Spieler können sich also risikolos diese Auszahlungen sicherstellen, ohne sich dem Risiko einer vielleicht nicht gelingenden freiwilligen Einigung auf (p,q) mit Auszahlungen $\begin{pmatrix} \frac{32}{7} \text{ an } I \\ \frac{10}{3} \text{ an } II \end{pmatrix}$ aussetzen zu müssen.

(p^*, q^*) ist selbst aber instabil, denn z.B.

$$A_1\left(\begin{pmatrix} 1 \\ 0 \end{pmatrix}, q^*\right) = \frac{79}{9} > \frac{32}{7}, \quad A_2\left(p^*, \begin{pmatrix} 0 \\ 1 \end{pmatrix}\right) = 6 > \frac{10}{3}.$$

Beide würden hier eine Änderung wollen.

Fazit:
Bei 2-PNKSS gibt es folgende Nachteile:

(a) Ist $\begin{pmatrix} x \\ y \end{pmatrix}$ Gleichgewichtspunkt, dann gilt i.A. weder $x \in S_1^*$ noch $y \in S_2^*$.

(b) Sind $x \in S_1^*$, $y \in S_2^*$ Max-Min-Strategien, dann ist i.A. $\begin{pmatrix} x \\ y \end{pmatrix}$ kein Gleichgewichtspunkt.

(c) Sind $\begin{pmatrix} x_1 \\ y_1 \end{pmatrix}$ und $\begin{pmatrix} x_2 \\ y_2 \end{pmatrix}$ Gleichgewichtspunkte, dann stimmen die Auszahlungen oft nicht überein.

(d) Sind $\begin{pmatrix} x_1 \\ y_1 \end{pmatrix}$ sowie $\begin{pmatrix} x_2 \\ y_2 \end{pmatrix}$ Gleichgewichtspunkte, dann ist nicht gesichert, dass $\begin{pmatrix} x_1 \\ y_2 \end{pmatrix}$ und $\begin{pmatrix} x_2 \\ y_1 \end{pmatrix}$ Gleichgewichtspunkte sind.

(e) Gleichgewichtspunkte können in 2-PNKSS durch psychologische Effekte dominiert werden. Spieler können aus Angst vor hohen Verlusten oder aus der Chance auf einen hohen Gewinn heraus doch vom Gleichgewichtspunkt abdriften.

I	y_1	y_2
x_1	3	10
x_2	8	4

II	y_1	y_2
x_1	-100	5
x_2	8	3

$\begin{pmatrix} x_2 \\ y_1 \end{pmatrix}$ Gleichgewichtspunkt

II könnte Angst haben, dass I doch zu x_1 übergeht, und deshalb y_2 spielen. Dies wäre ein Grund für I, tatsächlich x_1 zu spielen. II fühlt sich in seiner Angst bestätigt.

I	y_1	y_2
x_1	3	10
x_2	12	4

II	y_1	y_2
x_1	-100	5
x_2	8	3

$\begin{pmatrix} 12 \\ 8 \end{pmatrix}$ ist durchgängig besser als $\begin{pmatrix} 10 \\ 5 \end{pmatrix}$.

Beide sind Gleichgewichtspunkte. Mit (x_1, y_2) hat aber keiner Angst. Dieser Punkt wird bevorzugt.

Weitere Lösungskonzepte

Definition 32.4 *Ein nicht kooperatives 2-PS Γ heißt lösbar im Sinne von Nash, wenn gilt:*

(i) *Γ besitzt mindestens einen Gleichgewichtspunkt.*

(ii) *Alle Gleichgewichtspunkte sind vertauschbar, d.h. mit $\begin{pmatrix} x_1 \\ y_1 \end{pmatrix}$ und $\begin{pmatrix} x_2 \\ y_2 \end{pmatrix}$ sind auch $\begin{pmatrix} x_1 \\ y_2 \end{pmatrix}$ und $\begin{pmatrix} x_2 \\ y_1 \end{pmatrix}$ Gleichgewichtspunkte.*

Die Menge aller Gleichgewichtspunkte heißt Nash-Lösung.

Kritik daran: Die Vertauschbarkeit ist oft nicht gegeben, manchmal nicht einmal die Existenz. Es gibt meist Unterschiede in den Auszahlungen.

Definition 32.5 *Ein nicht kooperatives Spiel Γ sei gegeben.*

(a) Ein Strategiepaar $\begin{pmatrix} x \\ y \end{pmatrix}$ heißt gleichmäßig unzulässig, wenn es ein Paar $\begin{pmatrix} x' \\ y' \end{pmatrix}$ gibt mit $a_1 \begin{pmatrix} x' \\ y' \end{pmatrix} > a_1 \begin{pmatrix} x \\ y \end{pmatrix}$ und $a_2 \begin{pmatrix} x' \\ y' \end{pmatrix} > a_2 \begin{pmatrix} x \\ y \end{pmatrix}$. Anderenfalls heißt es gleichmäßig zulässig.

(b) Das Spiel heißt lösbar im strengeren Sinne von Luce, Raiffa, wenn gilt:

(i) Es gibt mindestens einen gleichmäßig zulässigen Gleichgewichtspunkt.
(ii) Alle gleichmäßig zulässigen Gleichgewichtspunkte sind vertauschbar.

Nach diesen Methoden werden aber die Klassen der lösbaren Spiele sehr klein.

I	y_1	y_2
x_1	1	0
x_2	0	2

II	y_1	y_2
x_1	1	0
x_2	0	2

Γ ist streng lösbar, weil $\begin{pmatrix} x_2 \\ y_2 \end{pmatrix}$ gleichmäßig zulässig ist.

I	y_1	y_2
x_1	2	6
x_2	10	3

II	y_1	y_2
x_1	-1000	5
x_2	8	4

Hier besitzt Γ das Paar $\begin{pmatrix} x_2 \\ y_1 \end{pmatrix}$ als gleichmäßig zulässigen Gleichgewichtspunkt. Die Angst von II macht ihn aber instabil.

I	y_1	y_2
x_1	1	5
x_2	0	4

II	y_1	y_2
x_1	2	1
x_2	-200	-100

$\begin{pmatrix} x_1 \\ y_1 \end{pmatrix}$ ist hier einziger Gleichgewichtspunkt. Er ist undominiert im Sinne von Nash und das Spiel ist auch im strengen Sinne lösbar.

Verhandlungen sind allerdings nachteilig für II. I könnte nämlich unter Drohung mit x_2 den Spieler II zwingen, auf y_2 umzusteigen. Also sollte II den Kontakt mit I meiden.

Bevor wir nun zu kooperativen Spielen übergehen, folgendes bekannte Beispiel für die Komplikationen, wenn keine Kooperationsmöglichkeit besteht.

Gefangenendilemma

Zwei voneinander isolierte Gefangene werden getrennt voneinander verhört. Sie stehen beide unter der Anklage, ein Verbrechen begangen zu haben. Bei beiden hat man Waffen gefunden, mit denen das Verbrechen ausgeführt worden sein könnte. Deshalb liegt bei beiden zumindest illegaler Waffenbesitz vor. Jedoch kann man ihnen nichts beweisen und ist deshalb auf Geständnisse oder Zeugenaussagen oder gegenseitige Anklagen angewiesen. Abhängig vom Verhalten der Angeklagten in den Verhören werden die Urteile in verschiedener Weise verhängt.

1. Wenn beide leugnen, werden beide wegen unerlaubten Waffenbesitzes bestraft, der Nutzen ist -2 für beide.

2. Wenn beide gestehen, schließt man auf Gemeinschaftstat und bestraft beide mit -8.

3. Wenn einer gesteht und der andere leugnet, dann bekommt der Geständige −8 und der Leugner −2.

4. Wenn einer gesteht und der andere klagt ihn an, dann wird der Geständige mit −8 und der Ankläger wegen einer Kronzeugenregelung nur mit −1 bestraft.

5. Wenn einer leugnet und der andere klagt ihn an, dann gibt es −10 für den Leugner und 0 für den Kronzeugen.

6. Wenn jeder den anderen anklagt, dann erhalten beide −5.

Auszahlungsmatrix

I	G	L	A
G	−8	−8	−8
L	−2	−2	−10
A	−1	0	−5

II	G	L	A
G	−8	−2	−1
L	−8	−2	0
A	−8	−10	−5

A dominiert für I und II über die anderen Verhaltensweisen. Ein Gleichgewichtspunkt ist tatsächlich $\begin{pmatrix} A \\ A \end{pmatrix}$ mit Auszahlung $\begin{pmatrix} -5 \\ -5 \end{pmatrix}$. Hätten beide geleugnet, also $\begin{pmatrix} L \\ L \end{pmatrix}$ mit $\begin{pmatrix} -2 \\ -2 \end{pmatrix}$ gespielt, dann wären sie viel besser gefahren (kein Gleichgewichtspunkt). Allerdings wäre der Zustand dann extrem labil gewesen, weil man befürchten muss, dass einer den anderen anklagt. Dieser für beide erträgliche Punkt kann also nur bei einer ganz festen Absprache (mit Kooperation) guten Gewissens gespielt werden.
(Die Max-Min-Lösung für Spieler I wäre selbstverständlich auch A, ebenso für II, also wird sich dies vielleicht einstellen.)

32.2 Kooperative Spiele ohne Drohungen

Jetzt darf kooperiert werden. Die Spieler können verbindliche Absprachen über ihr Verhalten treffen und Seitenzahlungen vereinbaren. Wir müssen deshalb die Normalform erweitern zu $\Gamma = (S_1, S_2, K, (a_1, a_2))$; K ist die *Menge der Kooperationsstrategien* mit $S_1 \times S_2 \subset K$.

Jede potentielle Einigung ist eine kooperative Strategie. $\begin{pmatrix} a_1 \\ a_2 \end{pmatrix} : K \to \mathbb{R}^2$ legt dann als Funktion die endgültigen Auszahlungen (unter Berücksichtigung von Seitenzahlungen) an die Spieler fest.

$$A(\Gamma) := \left\{ \begin{pmatrix} a_1(k) \\ a_2(k) \end{pmatrix}, k \in K \right\} \subset \mathbb{R}^2$$

heißt zulässige Menge von Auszahlungen.

32.2. Kooperative Spiele ohne Drohungen

Definition 32.6

(a) Die Normalform eines kooperativen 2-PS ist gegeben durch
$\Gamma = (S_1, S_2, K, \begin{pmatrix} a_1 \\ a_2 \end{pmatrix})$.

(b) $A(\Gamma) := \left\{ \begin{pmatrix} a_1(k) \\ a_2(k) \end{pmatrix}, k \in K \right\} \subset \mathbb{R}^2$ heißt zulässige Menge von Auszahlungspunkten.

(c) Der Minimalbetrag, den jeder Spieler für sich beanspruchen kann, ist der Max-Min-Wert des Spieles für den jeweiligen Spieler.

$$W_*^{(I)}(S_1, S_2) = \sup_{x \in S_1} \inf_{y \in S_2} a_1(x, y)$$
$$W_*^{(II)}(S_1, S_2) = \sup_{y \in S_2} \inf_{x \in S_1} a_2(x, y).$$

Dann heißt der Auszahlungspunkt $\begin{pmatrix} W_*^I \\ W_*^{II} \end{pmatrix}$ Garantiepunkt oder Status Quo des Spieles.

Zunächst verbieten wir Drohungen. (Ankündigungen von suboptimalem Verhalten, falls der Gegner nicht wie gewünscht spielt. Dahinter steht die Absicht, ihn umzustimmen, und, falls dies nicht gelingt, zu bestrafen.)
Die angestrebte Lösung sollte sich an $A(\Gamma)$, aber auch an $W_*^{(I)}$ und $W_*^{(II)}$ orientieren.

Definition 32.7 *Die Menge*

$$\mathcal{A}: \quad \{(x, A) : x \in \mathbb{R}^2, A \subset \mathbb{R}^2, \text{ wobei } \forall a \in A : x \leq a$$
$$\text{und } \exists a' \in A \text{ mit } x < a', A \text{ konvex, kompakt}\}$$

heißt Menge der Verhandlungssituationen.

Deutung: A ist die Menge von Auszahlungskombinationen, die beide Spieler für realistisch halten. x ist dann für beide ein Garantiepunkt, dessen Wert sie auf jeden Fall mindestens erzwingen können. Noch gibt es aber eine totale Verbesserungsmöglichkeit (für beide) hin zu a'. Die Frage ist, welches $a \in A$ man schließlich verwirklicht.

Definition 32.8 *Eine Verhandlungslösung auf A ist eine Funktion $\varphi : \mathcal{A} \to A \subset \mathbb{R}^2$, die jedem (x, A) einen Auszahlungspunkt $\bar{a} \in A$ zuordnet.*

Deutung: Ausgehend vom Garantiepunkt verhandeln beide über die Aufteilung des Mehrgewinns, der durch kooperative Strategiewahl erreicht werden kann. Einigen sie sich nicht, dann spielen beide ihre Max-Min-Strategie und realisieren damit $(W_*^{(I)}, W_*^{(II)})$ oder vielleicht auch mehr.

Man kann nun viele vernünftige Anforderungen an φ stellen, bis dies eindeutig festgelegt ist. Vorschläge dazu kamen ursprünglich von Nash (1950). φ sollte erfüllen:

(R1) **Schwache Individuelle Rationalität**
$$\varphi(x, A) \geq x, \quad \forall (x, A) \in \mathcal{A}$$

(R2) **Starke Individuelle Rationalität** (stärker)
$$\varphi(x, A) > x, \quad \forall (x, A) \in \mathcal{A}$$

Vernünftig ist auch die Forderung, dass es keine gleichzeitige echte Verbesserungsmöglichkeit für beide geben sollte.

(P1) **Schwache Pareto-Optimalität**
$$\varphi(x, A) \in P_W(A) = \{a \in A | \not\exists y \in A \text{ mit } y > a\}, \quad \forall (x, A) \in \mathcal{A}$$

(P2) **Starke Pareto-Optimalität**
$$\varphi(x, A) \in P_S(A) = \{a \in A | \not\exists y \in A \text{ mit } y \geq \neq a\}$$

Aus symmetrischen Verhandlungssituationen sollen sich symmetrische Konsequenzen ergeben.

(S1) **Schwache Symmetrie**
Sei $(x, A) \in \mathcal{A}$ eine symmetrische Verhandlungssituation, das heißt

$$x_1 = x_2 \quad \text{und} \quad \begin{pmatrix} a_1 \\ a_2 \end{pmatrix} \in A \iff \begin{pmatrix} a_2 \\ a_1 \end{pmatrix} \in A$$

$$\implies \varphi^{(1)}(x, A) = \varphi^{(2)}(x, A) \quad \text{(die Komponenten von } \varphi \text{ sind gleich).}$$

(S2) **Starke Symmetrie**
Ist $f : \mathbb{R}^2 \to \mathbb{R}^2$ die Abbildung $f \begin{pmatrix} x_1 \\ x_2 \end{pmatrix} = \begin{pmatrix} x_2 \\ x_1 \end{pmatrix}$, dann gilt

$$\forall (x, A) \in \mathcal{A} : \varphi(f(x), f(A)) = f(\varphi(x, A)).$$

(Auf verdrehten Punkten muss sich die verdrehte Lösung ergeben.)

32.2. Kooperative Spiele ohne Drohungen

(T1) **Unabhängigkeit von linearen Transformationen**
  (a) $\varphi(x, A) = \varphi(0, A - x) + x \quad \forall (x, A) \in \mathcal{A}$
  (b) $\varphi(0, \rho A) = \rho \cdot \varphi(0, A) \quad \forall \rho > 0$ und $\forall (0, A) \in \mathcal{A}$

(T2) **Unabhängigkeit von positiven linearen Transformationen**
Sind $\rho_1, \rho_2 > 0$, $\delta_1, \delta_2 \in \mathbb{R}$ und $T : \mathbb{R}^2 \to \mathbb{R}^2$ definiert durch
$$T(a_1, a_2) := (\rho_1 a_1 + \delta_1, \rho_2 a_2 + \delta_2),$$
dann gilt:
$$\forall (x, A) \in \mathcal{A}: \ \varphi(T(x), T(A)) = T(\varphi(x, A)).$$

(U) **Unabhängigkeit von irrelevanten Alternativen**
Sind (x, A), (x, B) Verhaltenssituationen mit $\varphi(x, A) \in B \subset A$, dann gilt
$$\varphi(x, B) = \varphi(x, A).$$

Interpretation:
Wenn $\begin{pmatrix} a_1 \\ a_2 \end{pmatrix}$ Lösungspunkt sein soll für (x, B) und wenn B zu A erweitert wird, dann soll der neue Lösungspunkt entweder in $A \backslash B$ liegen, also echten Zugewinn bringen, oder aber innerhalb von B liegen und dann genau der alte sein. Wenn der zugelassene Bereich also erweitert wird, dann darf das nicht dazu führen, dass unter den bisher und weiter zugelassenen Punkten nun ein anderer gewinnt.

Klassisches Beispiel:

  Tee oder Kaffee ⟶ Kaffee.
  Milch oder Tee oder Kaffee ⟶ Tee.

Nash zeigt, dass solche Axiome genügen, um eine eindeutige Verhandlungslösung φ_{Nash} festzulegen.

Satz 32.4 *Es gibt genau eine Verhandlungslösung $\varphi_{\text{Nash}} = a^*$, die gleichzeitig R1, P1, S1, T2 und U erfüllt.*

Diese eindeutige Lösung lässt sich folgendermaßen ermitteln.

Satz 32.5 *Sei $(x, A) \in \mathcal{A}$ eine Verhandlungssituation. Dann gibt es genau einen Punkt $a^* = \begin{pmatrix} a_1^* \\ a_2^* \end{pmatrix} \in A$, welcher die Funktion*
$$f : A \to \mathbb{R}, \ f\begin{pmatrix} a_1 \\ a_2 \end{pmatrix} := (a_1 - x_1)(a_2 - x_2) \text{ maximiert},$$
d.h. $f\begin{pmatrix} a_1^* \\ a_2^* \end{pmatrix} = (a_1^* - x_1)(a_2^* - x_2) \geq (a_1 - x_1)(a_2 - x_2).$

Definition 32.9 *Dieser Maximalpunkt a^* heißt Nash-Verhandlungslösung* $\varphi_{\text{Nash}}(x, A) = a^*$.

Bemerkung: a^* maximiert auch $(a_2^* - x_2)a_1 + (a_1^* - x_1)a_2$.

Beweis zum Satz 32.5

$A \neq \emptyset$ ist kompakt $\Longrightarrow f$ nimmt in A ihr Maximum an. Weil nach Definition 32.7 ein $a' \in A$ existiert mit $x < a'$, muss

$$M := \text{Max}\{f(a) | a \in A\} > 0 \text{ sein.}$$

Existieren nun zwei verschiedene Punkte $\begin{pmatrix} a_1' \\ a_2' \end{pmatrix}$ und $\begin{pmatrix} a_1'' \\ a_2'' \end{pmatrix}$, für die dieser Wert M angenommen wird, dann kann wegen $M > 0$ nicht gelten $a_1' = a_1''$, sonst müsste auch $a_2' = a_2''$ sein, damit gemeinsam M erreicht wird. O.B.d.A. sei also $a_1' < a_1'' \Longrightarrow a_2' > a_2''$.

Für $\begin{pmatrix} \tilde{a}_1 \\ \tilde{a}_2 \end{pmatrix} = \begin{pmatrix} \frac{a_1' + a_1''}{2} \\ \frac{a_2' + a_2''}{2} \end{pmatrix}$ (Konvexkombination) aus A gilt dann: $f\begin{pmatrix} \tilde{a}_1 \\ \tilde{a}_2 \end{pmatrix} > M$,

Widerspruch!

Das sehen wir wie folgt ein:

Sei jetzt $\xi = a' - x$ und $\eta = a'' - x$. Wir haben $\xi_1 \cdot \xi_2 = M = \eta_1 \cdot \eta_2 \Longrightarrow \tilde{a} - x = \frac{\xi + \eta}{2}$
und $(\tilde{a}_1 - x_1)(\tilde{a}_2 - x_2) = \frac{\xi_1 + \eta_1}{2} \cdot \frac{\xi_2 + \eta_2}{2} = \frac{1}{4}[\xi_1 \cdot \xi_2 + \eta_1 \cdot \eta_2 + \xi_1 \cdot \eta_2 + \eta_1 \cdot \xi_2] = \frac{1}{4}[M + M + \frac{M}{\xi_2} \cdot \eta_2 + \frac{M}{\eta_2} \cdot \xi_2] > M$ (wegen $\xi_2 \neq \eta_2$). □

Begründung der Bemerkung

Es gilt wegen der Konvexität $\forall \varepsilon \in [0, 1]$ und $\forall \hat{a} \in A$

$$(a_1^* - x_1)(a_2^* - x_2)$$
$$\geq (a_1^* + \varepsilon(\hat{a}_1 - a_1^*) - x_1)(a_2^* + \varepsilon(\hat{a}_2 - a_2^*) - x_2)$$
$$= (a_1^* - x_1)(a_2^* - x_2) + \underbrace{\varepsilon^2(\hat{a}_1 - a_1^*)(\hat{a}_2 - a_2^*)}_{\to 0} + \underbrace{\varepsilon(a_1^* - x_1)(\hat{a}_2 - a_2^*)}_{\to 0}$$
$$+ \underbrace{\varepsilon(a_2^* - x_2)(\hat{a}_1 - a_1^*)}_{\to 0}$$
$$\Longrightarrow (a_1^* - x_1)(\hat{a}_2 - a_2^*) + (a_2^* - x_2)(\hat{a}_1 - a_1^*) \leq 0$$
$$\Longrightarrow (a_1^* - x_1)\hat{a}_2 + (a_2^* - x_2)\hat{a}_1 \leq (a_1^* - x_1)a_2^* + (a_2^* - x_2)a_1^*, \forall \hat{a} \in A.$$

Größtes Rechteck, was man als Differenz zu x bilden kann.

Bemerkung:

Die Nash-Verhandlungslösung $\varphi_{\text{Nash}} : \mathcal{A} \to \mathbb{R}^2$ erfüllt neben den Axiomen aus Satz 32.4 (R1, P1, S1, T2, U) auch noch R2, P2, S2.

Beispiel:

$$x = \begin{pmatrix} 0 \\ 0 \end{pmatrix}, \quad A := \left\{ \begin{pmatrix} a_1 \\ a_2 \end{pmatrix} \geq \begin{pmatrix} 0 \\ 0 \end{pmatrix} \middle| \ 2a_1 + 3a_2 \leq 3, \ 3a_1 + 2a_2 \leq 3 \right\},$$
$$A' := \left\{ \begin{pmatrix} a_1 \\ a_2 \end{pmatrix} \geq \begin{pmatrix} 0 \\ 0 \end{pmatrix} \middle| \ a_1 + a_2 \leq 1 \right\}$$

32.2. Kooperative Spiele ohne Drohungen   583

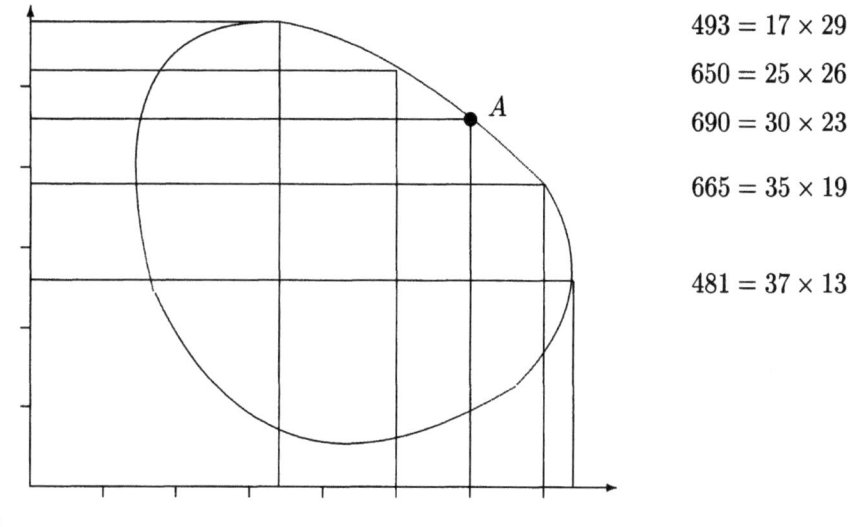

$493 = 17 \times 29$

$650 = 25 \times 26$

$690 = 30 \times 23$

$665 = 35 \times 19$

$481 = 37 \times 13$

Abbildung 32.1: Illustration zur Nash-Lösung

Psychologischer Einwand

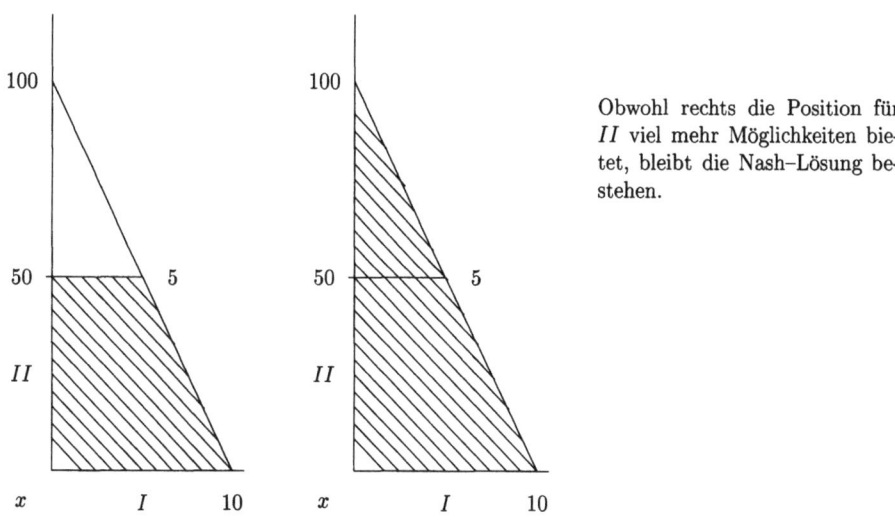

Obwohl rechts die Position für II viel mehr Möglichkeiten bietet, bleibt die Nash–Lösung bestehen.

Abbildung 32.2: Alternativen-Erweiterung

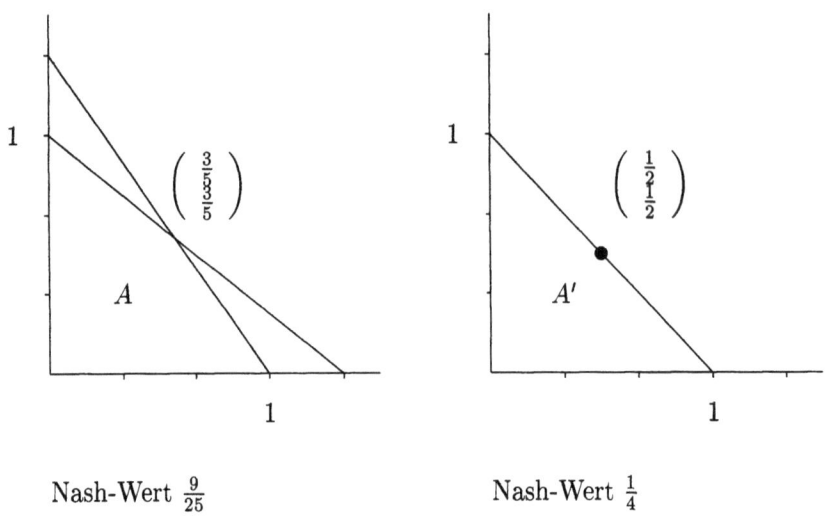

Abbildung 32.3: Die Bereiche A und A'

Die Transformation

$$T\left(\begin{pmatrix} a_1 \\ a_2 \end{pmatrix}\right) = \begin{pmatrix} \tfrac{7}{4}a_1 \\ a_2 \end{pmatrix} = \begin{pmatrix} a_1^{\text{neu}} \\ a_2^{\text{neu}} \end{pmatrix}$$

$$T(A') = \left\{ \begin{pmatrix} a_1^{\text{neu}} \\ a_2^{\text{neu}} \end{pmatrix} \geq 0 \mid 4a_1^{\text{neu}} + 7a_2^{\text{neu}} \leq 7 \right\}$$

reproduziert eigentlich A'

$$\varphi_N(x, T(A')) = T(\varphi(x, A')) = T\left(\begin{pmatrix} \tfrac{1}{2} \\ \tfrac{1}{2} \end{pmatrix}\right) = \begin{pmatrix} \tfrac{7}{8} \\ \tfrac{1}{2} \end{pmatrix}.$$

Betrachte nun die Teilmenge B von $T(A')$:

$$\left\{ \begin{pmatrix} b_1 \\ b_2 \end{pmatrix} \geq 0 \mid 4b_1 + 7b_2 \leq 7,\ 4b_1 + b_2 \leq 4 \right\}.$$

B ist eine Ausweitung von A.

Wegen Unabhängigkeit von irrelevanten Alternativen ergibt sich wieder $\begin{pmatrix} \tfrac{7}{8} \\ \tfrac{1}{2} \end{pmatrix}$.

Trotz Ausweitung des Zulässigkeitsbereiches hat sich II verschlechtert. Deshalb erhebt man Forderungen nach Monotonie (die Vergrößerung des Zulässigkeitsbereiches von A nach B soll niemand schaden).

(M1) **Monotonie**
$\forall (x, B), (x, A) \in \mathcal{A}$ soll gelten:

$$B \subset A \implies \varphi(x, B) \leq \varphi(x, A).$$

32.2. Kooperative Spiele ohne Drohungen

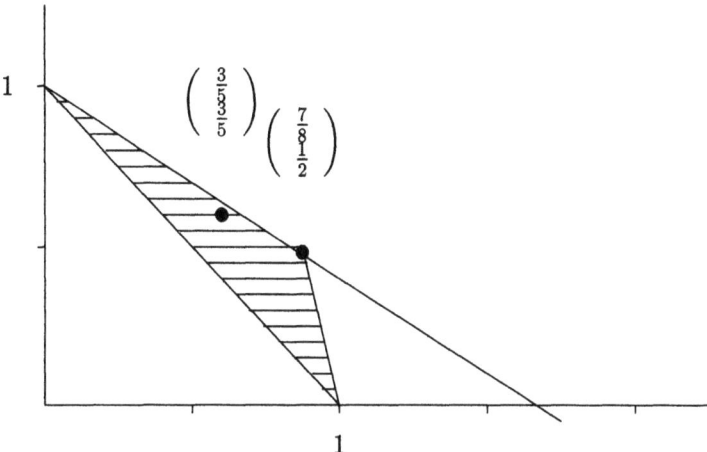

Abbildung 32.4: Situation nach Transformation

Bemerkung
Leider sind i.A. nicht kompatibel (also nicht zusammen erfüllbar):
Rationalität (R,•), Pareto-Optimalität (P,•), Symmetrie (S,•), Transformationsunabhängigkeit (T2), Monotonie (M1) und Unabhängigkeit von irrelevanten Alternativen (U).

Deshalb versucht man, (U) wegzulassen und eine bestimmte Monotonieforderung zu erfüllen:

(M2) **Normierte Monotonie**
Setze
$$a_i^*(A) = \sup\{a_i| \begin{pmatrix} a_1 \\ a_2 \end{pmatrix} \in A\} \qquad i = 1,2$$

(Maximalwerte, die a_i annehmen kann).
Sind $(0, B), (0, A) \in \mathcal{A}$ Verhandlungssituationen mit $a_i^*(B) = a_i^*(A) = 1$ für $i = 1, 2$ und ist $B \subset A \Longrightarrow \varphi(0, B) \leq \varphi(0, A)$.

(Maximalauszahlung für beide wäre immer 1, der Basis-Konfliktpunkt ist 0.)

Satz 32.6 *Es gibt genau eine Lösung φ_M, welche schwache Rationalität (R1), schwache Pareto-Optimalität (P1), schwache Symmetrie (S1), Unabhängigkeit von positiver linearer Transformation (T2) und normierte Monotonie (M2) erfüllt.*

Bemerkung
Dieser Punkt wird wie folgt charakterisiert:
Verbinde 0 mit $\begin{pmatrix} a_1^*(A) \\ a_2^*(A) \end{pmatrix}$ und schneide dabei den Paretorand von A in $\tilde{a}(A)$. Der Schnittpunkt ist die Lösung.

Definition 32.10 $\tilde{a}(A) = [0, a^*(A)] \cap \text{Paretorand}(A)$ heißt monotone Verhandlungslösung.

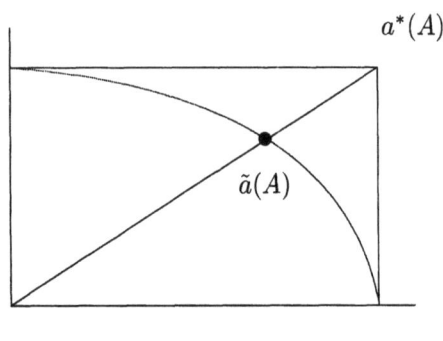

Abbildung 32.5: Paretorand und monotone Verhandlungslösung

Bemerkung
$\tilde{a}(A)$ erfüllt auch (R2), (P2), (S2), aber nicht i.A. (U) und (M1).

Beispiel: Reicher und armer Mann (nach [51], S. 280)
Einem reichen Spieler I mit Vermögen K und einem armen Spieler II mit Vermögen 100 DM werden zusammen 100 DM angeboten, für den Fall, dass sie sich über die Aufteilung dieses Betrages einigen können.
Der Nutzen jedes Spielers sei definiert als Logarithmus seines Vermögens.
x sei die Auszahlung an I, also bekommt II: $100 - x$.
Die Frage ist: Welches x ist angemessen?
Erzwingen können bei diesem Spiel beide ihren eigenen Vermögensstand (wenn der Partner nämlich „NEIN" sagt, bleibt es dabei).
Also ist der erzwingbare Nutzen von $I = \log K$
und der erzwingbare Nutzen von $II = \log 100$.
Wird $\begin{pmatrix} x \\ 100 - x \end{pmatrix}$ ausbezahlt, dann wächst der Nutzen von I um $\log(K + x) - \log K = \log(1 + \frac{x}{K}) \approx \frac{x}{K}$ (K groß), und der von II um $\log(100 + 100 - x) - \log(100) = \log(2 - \frac{x}{100})$.

(a) Wir müssen also, um die Nash–Lösung zu errechnen, folgendes Produkt maximieren:

$$(u - u^*)(v - v^*) = \frac{x}{K} \cdot \log(2 - \frac{x}{100}).$$

Die Ableitung ist $\frac{1}{K} \cdot \log(2 - \frac{x}{100}) - \frac{x}{K} \cdot \frac{1}{2 - \frac{x}{100}} \cdot \frac{1}{100}$.

Setzt man dies auf 0 $\implies \log(2 - \frac{x}{100}) = \frac{x}{200 - x}$.

x-Lösungen hierfür liegen bei $x = 54,4$ und $100 - x = 45,6$.

(b) Die monotone Lösung sieht so aus:
Maximalpunkt für I ist $\log(K+100)$ (Zusatznutzen $\log(1+\frac{100}{K})$)
Maximalpunkt für II ist $\log(200)$ (Zusatznutzen $\log 2$).
Die Gerade verläuft also von 0 zu $\begin{pmatrix}\log 1+\frac{100}{K}\\ \log 2\end{pmatrix} \approx \begin{pmatrix}\frac{100}{K}\\ \log 2\end{pmatrix}$.
Also Rechenaufgabe: $\lambda \begin{pmatrix}\frac{100}{K}\\ \log 2\end{pmatrix} = \begin{pmatrix}\frac{x}{K}\\ \log(2-\frac{x}{100})\end{pmatrix}$,
d.h. $\lambda = \frac{x}{100}$, $\frac{x}{100}\log 2 = \log(2-\frac{x}{100})$.
Lösung für x: 54,30, $1-x$=45,70.

I bekommt mehr als II, weil er nichts nötig hat und so mächtiger ist als II.

32.3 Kooperative Spiele mit Drohungen

Bei den vorherigen Überlegungen musste immer der Garantiepunkt bei $(x, A) \in \mathcal{A}$ bereits festliegen. Verhandlungen über die Konfliktsituation betrafen jeweils den Mehrgewinn gegenüber x. Nun kann ein Spieler natürlich sogar auf die x-Garantie für seine Auszahlung verzichten, d.h. diese freigeben.
Zweck einer solchen Freigabe könnte es sein, den Gegner bei nichtkooperativem Verhalten empfindlich zu bestrafen und damit evtl. schon von vornherein dessen Kooperationsbereitschaft zu erzwingen. Das ist nichts als eine Umschreibung von Drohung.

Beispiel (vgl. [46], S. 137)
Ein Arbeiter hat die Möglichkeit, unterbezahlt zu arbeiten oder aber zu hungern. Wenn er unterbezahlt arbeitet, bedeutet das für den Arbeitgeber einen Gewinn von 10 DM pro Stunde. Dieser könnte also dem Arbeiter vom Gewinn 0 – 10 DM pro Stunde abgeben.
Reine Strategien wären also $\begin{pmatrix}0\\10\end{pmatrix}$ für den Profit, obiges entspricht Nichtauszahlung. Der Arbeiter hat aber als Alternative, sich zu verweigern. Dann müsste er hungern. Es kommt darauf an, wie dies bewertet wird, z.B. mit $\begin{pmatrix}-500\\0\end{pmatrix}$.
Sein Schaden bei Nichtanstellung wäre also 500, sein Nutzen bei unterbezahlter Arbeit 0.

Der Arbeiter möchte verhandeln und verlangt Profitabgabe. Die Menge der gemischten Strategien umfasst alle Punkte mit $u + v = 10$ (u für Arbeiter, v für Unternehmer). Der Arbeiter kann mit Streik, der Arbeitgeber mit Aussperrung drohen. 0 kann jeder durch seine Strategiewahl erzwingen, der Arbeiter durch Annahme der Arbeit, der Arbeitgeber durch Weitergabe des Profits. Durch die Bewertung des Hungers mit -500 ist aber der Arbeitgeber in einer viel mächtigeren Position. Die Drohung des Arbeiters wirkt unglaubwürdig, er wird notfalls auch zu 0 unterbezahlt arbeiten. Er schädigt sich selbst nämlich viel stärker als seinen Gegner.

		Profit- Einbehaltung	Profit- Abgabe
Arbeiter	nein	-500	-500
	ja	0	10

		Profit- Einbehaltung	Profit- Abgabe
Chef	nein	0	0
	ja	10	0

Weiteres Beispiel (nach [51], S. 292)

Γ_0 sei ein Bimatrixspiel mit $\mathcal{A} = \begin{bmatrix} 4 & 8 \\ 0 & 6 \end{bmatrix}$ und $\mathcal{L} = \begin{bmatrix} 8 & 4 \\ -\frac{5}{2} & -2 \end{bmatrix}$ und $\Gamma = (P_1, P_2, P_K, (A_1, A_2))$ das mit $K = S_1 \times S_2$ gebildete kooperative Zweipersonenspiel.

$A(\Gamma)$ ist dann $KH\left\{\begin{pmatrix}4\\8\end{pmatrix}, \begin{pmatrix}8\\4\end{pmatrix}, \begin{pmatrix}0\\-\frac{5}{2}\end{pmatrix}, \begin{pmatrix}6\\-2\end{pmatrix}\right\}$

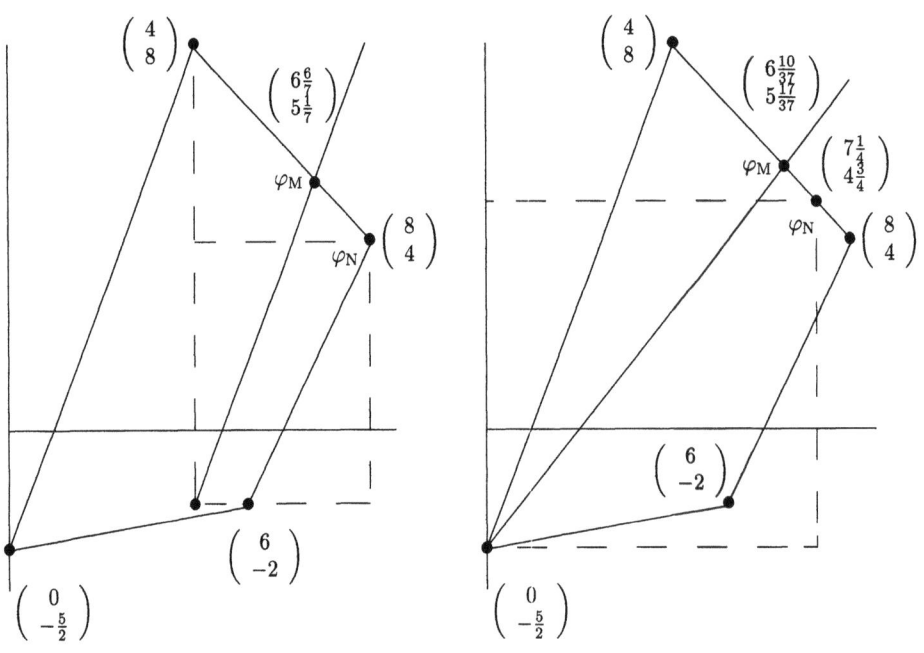

Abbildung 32.6: Die Verhandlungslösungen bei unterschiedlichen Basispunkten

(a) Einziger Gleichgewichtspunkt ist $\begin{pmatrix}4\\8\end{pmatrix}$. Dieser liegt auf dem Pareto–Rand und ist undominiert.

Nach Nash ist dieses Spiel im strengeren Sinne lösbar. Nehmen wir nun $\begin{pmatrix}4\\8\end{pmatrix}$

32.3. Kooperative Spiele mit Drohungen

als Garantiepunkt (das ist kein Max-Min-Punkt für II), dann bräuchten wir keine Verhandlung mehr.

(b) I passt dies aber nicht. Er bedeutet II, dass I sich über die Max-Min-Logik 4 erzwingen kann, während dies bei II nur -2 sind. ($W_*^{(I)} = 4$, $W_*^{(II)} = -2$).
Vereinbart man also nun $x = \begin{pmatrix} 4 \\ -2 \end{pmatrix}$ als Garantiepunkt, dann liegt eine für uns bekannte Situation vor.

Nash liefert dann $\varphi_N \left(\begin{pmatrix} 4 \\ -2 \end{pmatrix}, A(\Gamma) \right) = \begin{pmatrix} 8 \\ 4 \end{pmatrix}$ und I ist jetzt zufrieden.

Die monotone Verhandlungslösung ist

$$\varphi_M \left(\begin{pmatrix} 4 \\ -2 \end{pmatrix}, A(\Gamma) \right) = \overline{\begin{pmatrix} 4 \\ -2 \end{pmatrix}, \begin{pmatrix} 8 \\ 8 \end{pmatrix}} \cup \partial A(\Gamma)$$

$$= \begin{pmatrix} 4 \\ -2 \end{pmatrix} + \begin{pmatrix} 4 \\ 10 \end{pmatrix} \cdot \frac{5}{7} = \begin{pmatrix} 6\frac{6}{7} \\ 5\frac{1}{7} \end{pmatrix}.$$

Realisieren kann man diese Mischung durch $p_I = \begin{pmatrix} 1 \\ 0 \end{pmatrix}$ und $q_{II} = \begin{pmatrix} \frac{2}{7} \\ \frac{5}{7} \end{pmatrix}$.
Sowohl bei φ_N als auch bei φ_M schneidet I also deutlich besser ab.

(c) II wird das aber auch nicht hinnehmen wollen. Er sagt: I sichert sich doch 4 nur durch x_1 (erste Zeile), was ja günstig ist für II.
Wenn ich (II) mich aber auf -2 als Verhandlungsbasis einlasse (was für mich ja denkbar schlecht ist), dann ginge es auch mit $-\frac{5}{2}$ (nur unwesentlich schlechter). Also könnte ich auch y_1 spielen. Das würde I erst recht dazu zwingen, x_1 zu spielen (4 statt 0) und damit komme ich II auf 8. Das heißt II droht mit y_1.
Die Drohstrategie für I ist dagegen x_2. Dort rutscht II ab. Wird nun deren Mischung gespielt, also $\begin{pmatrix} x_2 \\ y_1 \end{pmatrix}$, dann ergibt sich $\begin{pmatrix} 0 \\ -\frac{5}{2} \end{pmatrix}$, also maximaler Schaden für beide.
Nähme man dies wieder als Garantiepunkt, dann erhielte man $\varphi_N = \begin{pmatrix} 7\frac{1}{4} \\ 4\frac{3}{4} \end{pmatrix}$ und jetzt $\varphi_M = \begin{pmatrix} 6\frac{10}{37} \\ 5\frac{17}{37} \end{pmatrix}$.
Für II hat sich die Droherei gelohnt, für I nicht.

Entscheidende Bedeutung kommt also der Wahl des Drohpunktes zu. Diese Wahl kann man selbst wieder als Spiel deuten (anders benannt: Garantiepunkt).

Damit eine Drohung überhaupt ernstgenommen wird, muss sie auch gegebenenfalls wahrgenommen werden.
Eine Drohung ist dann effektiv, wenn sie glaubwürdig ist und wenn sie die Position des Drohers relativ zu der des Bedrohten stärkt. Der Droher muss vorsichtig sein,

dass er nicht selbst unter den Konsequenzen seiner Drohung am meisten zu leiden hat.
Nash schlägt zur Auflösung dieser Problematik folgende obligatorische Verfahrensweise vor:

1. I verkündet geheim seine Drohstrategie x und II verkündet geheim seine Drohstrategie y (beides unabhängig voneinander).

2. I und II verhandeln nun. Sie einigen sich entweder auf eine Lösung $\begin{pmatrix} x' \\ y' \end{pmatrix}$ oder aber sie sind verpflichtet, ihre Drohstrategien wahrzumachen.

Akzeptieren beide Spieler φ_N oder φ_M, dann sind nur noch die Drohstrategien zu ermitteln. Also ist nur noch zu lösen

$$\tilde{\Gamma}_{N/M} = (X_I, Y_{II}, \varphi_{N/M}((a_1(\cdot,\cdot), a_2(\cdot,\cdot)), A(\Gamma))).$$

Nun präsentieren wir noch einige theoretische Resultate über Drohspiele.

Definition 32.11 *Man spricht von einem Konkurrenzspiel zwischen zwei Spielern, wenn*

(a) $\forall y \in S_{II}$ und $\forall x' \in S_I$ gilt:

$$a_1(x', y) = \underset{x \in S_1}{\text{Max}}\, a_1(x, y) \implies a_2(x', y) = \underset{x \in S_1}{\text{Min}}\, a_2(x, y).$$

(b) $\forall x \in S_I$ und $\forall y' \in S_{II}$ gilt:

$$a_2(x, y') = \underset{y \in S_2}{\text{Max}}\, a_2(x, y) \implies a_1(x, y') = \underset{y \in S_2}{\text{Min}}\, a_1(x, y).$$

Satz 32.7 $\Gamma = (S_I, S_{II}, K, (a_1, a_2))$ sei ein kooperatives 2-PS, zu dem $A(\Gamma)$ konvex und kompakt ist. Dann gilt:

(a) $\tilde{\Gamma}_N := (S_I, S_{II}, \varphi_N(a_1(\cdot,\cdot), a_2(\cdot,\cdot)), A(\Gamma))$ ist ein Konkurrenzspiel.

(b) $\tilde{\Gamma}_M := (S_I, S_{II}, \varphi_M(a_1(\cdot,\cdot), a_2(\cdot,\cdot)), A(\Gamma))$ ist ein Konkurrenzspiel.

Beweis zu (a):
Wir zeigen nur (a), da alles andere analog geht.
Wir gehen aus von:

$$\varphi_{N,I}\left(\begin{pmatrix} a_1(x', y) \\ a_2(x', y) \end{pmatrix}, A(\Gamma)\right) = \underset{x \in S_1}{\text{Max}}\, \varphi_{N,I}\left(\begin{pmatrix} a_1(x, y) \\ a_2(x, y) \end{pmatrix}, A(\Gamma)\right).$$

Nun erfüllt φ_N die starke Pareto-Optimalität und der starke Pareto-Rand ist konvex.

$$\Longrightarrow \varphi_{N,II}\left(\begin{pmatrix} a_1(x',y) \\ a_2(x',y) \end{pmatrix}, A(\Gamma)\right) \text{ muss unbedingt minimal bzgl. der Auszahlung}$$

an II sein ($\forall x \in S_1$), sonst bekäme man ein noch schlechteres Ergebnis für II, z.B. bei einem Punkt $\tilde{x}$, der aber für I auch nicht besser wäre als x'. Somit wäre die Wahl $\varphi_N\left(\begin{pmatrix} a_1(\tilde{x},y) \\ a_2(\tilde{x},y) \end{pmatrix}, A(\Gamma)\right)$ dominiert von $\varphi_N\left(\begin{pmatrix} a_1(x',y) \\ a_2(x',y) \end{pmatrix}, A(\Gamma)\right)$. Das ist aber beim starken Pareto-Rand verboten.

Alle anderen Teile des Beweises verlaufen analog. □

Aus diesem Satz ergibt sich Folgendes

Korollar 32.1 $\Gamma = (S_1, S_2, K, (a_1, a_2))$ sei ein kooperatives 2-PS, dessen zulässige Menge $A(\Gamma)$ konvex und kompakt ist. Dann gilt:
Sind (x_1, y_1), (x_2, y_2) Gleichgewichtspunkte von Drohstrategien von $\tilde{\Gamma}_N$ (bzw. von $\tilde{\Gamma}_M$), so gilt Gleichheit für die Auszahlungen

$$\varphi_N((a_1(x_1,y_1), a_2(x_1,y_1)), A(\Gamma)) = \varphi_N((a_1(x_2,y_2), a_2(x_2,y_2)), A(\Gamma)) =$$
$$\varphi_N((a_1(x_1,y_2), a_2(x_1,y_2)), A(\Gamma)) = \varphi_N((a_1(x_2,y_1), a_2(x_2,y_2)), A(\Gamma))$$

(entsprechendes gilt für $\tilde{\Gamma}_M$ und φ_M).
Diese Gleichgewichtsstrategien sind immer auch Max-Min-Strategien für $\tilde{\Gamma}_N$ bzw. $\tilde{\Gamma}_M$.

Hinweis:
Bei Konkurrenzspielen sind Gleichgewichtspunkte vertauschbar und äquivalent, sie sind Sattelpunkte und ihre Strategien sind Max-Min-Strategien. Die Spiele sind definit bzgl. a_1 und $-a_2$ mit entsprechenden Spielwerten.

Definition 32.12 Ein Paar von Gleichgewichtsstrategien $\tilde{\Gamma}_N$ (bzw. $\tilde{\Gamma}_M$) bezeichnet man als „optimale" Drohstrategien.

Der folgende, hier unbewiesene Satz gibt hinreichende Bedingungen für die Existenz von Gleichgewichtspunkten.
Bei Bimatrixspielen mit ihren gemischten Erweiterungen ersetzt man die Max-Min-Werte u^*, v^* (erzwingbar durch x^*, y^*), indem man Drohwerte x, y spielt. Diese führen dann zu (u,v). Daraus kann man mit φ_N oder φ_M wieder eine Lösung gewinnen.

Satz 32.8

(a) Jede gemischte Erweiterung eines Bimatrixspiels besitzt mindestens ein Gleichgewichtspaar von Drohstrategien, wenn $\tilde{\Gamma}_N$ bzw. $\tilde{\Gamma}_M$ gespielt wird.

(b) Gibt es mehrere Gleichgewichtspaare von Drohstrategien in diesem Fall, dann sind diese intern vertauschbar und alle Gleichgewichtspaare haben gleiche φ_N-, φ_M-Auszahlungen.

32.4 Übungsaufgaben

Aufgabe 32.1 Für das Bimatrix-Spiel

$$\text{I:} \begin{pmatrix} -2 & -1 & 1 \\ 0 & -1 & 1 \\ 2 & 2 & 0 \end{pmatrix} \quad \text{II:} \begin{pmatrix} 3 & 1 & -2 \\ 1 & -2 & 1 \\ 2 & -1 & 0 \end{pmatrix}$$

möge man die Max-Min-Werte beider Spieler berechnen.

Aufgabe 32.2

(a) Zwei Bauern streiten sich um ein 6ha großes Stück Land, das beide für ihr Eigentum halten. Sie haben sich mit ihrem Streit an einen Schiedsrichter gewandt. Beide wissen, dass der Schiedsrichter jede Partei unter vier Augen um einen Vorschlag bittet, wieviel sie von dem Land abtreten will, und dass er den Vorschlag annimmt, bei dem am meisten abgetreten wird. Wenn beide gar nichts oder gleich viel hergeben wollen, bekommt jeder die Hälfte.
Was sind die besten Vorschläge, wenn nur ganze Hektar vergeben werden können?

(b) Wie sieht die optimale Vorgehensweise aus, wenn nicht nur ganzzahlige Vorschläge, sondern alle reellen Zahlen aus $[0,6]$ akzeptiert werden? Beweisen Sie die Optimalität Ihrer Taktik.

Kapitel 33
n-Personenspiele

Wir lassen nun n Personen zum Spiel zu. Im nichtkooperativen Fall gibt es eigentlich keine aufsehenerregenden neuen Aufschlüsse mehr. Deshalb beschränken wir uns auf kooperative Spiele.

33.1 Kooperative n-Personenspiele

Um sich einen möglichst großen Nutzen zu sichern, wird der Einzelspieler versuchen, einer für ihn bestmöglichen Koalition beizutreten. Dabei erhebt sich sofort die Frage nach „stabilen" Koalitionen und damit nach „Lösungen" des Spiels. Daneben interessiert die Aufteilung der Einnahmen.
Beliebige Seitenzahlungen seien erlaubt. Eine Koalitionsteilnahme muss für einen Teilnehmer mindestens ebensoviel einbringen, wie er sich alleine sichern könnte.
Die geeignetste Darstellungsform ist die charakteristische Funktionsform.
Verschiedene Lösungskonzepte definieren Stabilität jeweils anders. Die charakteristische Funktionsform stellt die Stärke jeweiliger Koalitionen durch Angabe der maximal erzwingbaren Auszahlungen an diese Koalition dar.

Definition 33.1 *Sei $N = \{1, \ldots, n\}$ die Menge der Spieler. Dann heißt jede nichtleere Teilmenge $K \subset N$ eine Koalition.*

Definition 33.2 *Die charakteristische Funktion $v : 2^N \to \mathbb{R}$ eines n-PS ist definiert auf der Menge aller Koalitionen von Spielern. Sie ordnet jeder Koalition ihren Max-Min-Wert $v(K)$ zu. Dieser ergibt sich aus dem 2-PS zwischen K und $N \setminus K$. Der Wert von K ist erklärt als*

$$v(K) = \operatorname*{Max}_{x \in S_K} \operatorname*{Min}_{y \in S_{N \setminus K}} \sum_{k \in K} a_k(x, y),$$

wobei a_k die Auszahlung an Spieler k ($\in K$), S_K die Strategienmenge für die Gesamtgruppe K und $S_{N \setminus K}$ entsprechend die Strategienmenge für $N \setminus K$ ist.

Beispiel
3 Spieler werden zu einem Spiel aufgefordert, bei dem sich jeweils 2 auf eine Koalition einigen können, was den beiden Bündnispartnern je 1 als Auszahlung bringt. Der Alleinspieler muss dies bezahlen, er verdient also -2.
Mögliche Spielausgänge für Einzelpartien (wenn überhaupt keine Koalition zustande kommt) sind also $\begin{pmatrix} -2 \\ 1 \\ 1 \end{pmatrix}, \begin{pmatrix} 1 \\ -2 \\ 1 \end{pmatrix}, \begin{pmatrix} 1 \\ 1 \\ -2 \end{pmatrix}$ und $\begin{pmatrix} 0 \\ 0 \\ 0 \end{pmatrix}$.

Seien nun II und III verbündet. I bezahlt an II $0,1$ gegen das Versprechen, mit ihm zu koalieren. Verbünden sich nun I und II wirklich, dann ist das Ergebnis $\begin{pmatrix} 0,9 \\ 1,1 \\ -2 \end{pmatrix}$.

I und II haben sich verbessert, III hat sich verschlechtert. Nun könnte III dem Spieler II $0,2$ bieten. $\longrightarrow \begin{pmatrix} -2 \\ 1,2 \\ 0,8 \end{pmatrix}$ wäre die Folge.

Wann wird das jemals aufhören? Die Koalitionsbildung ist instabil.

Definition 33.3 *Ein kooperatives n-PS in charakteristischer Funktionsform ist definiert durch das Paar* (N, v).

Lemma 33.1 v *erfüllt* (a) $v(\emptyset) = 0$ *für* $K = \emptyset$

(b) $v(K_1) + v(K_2) \leq v(K_1 \cup K_2)$ *für* $K_1 \cap K_2 = \emptyset$, *falls* a_i *beschränkt ist* $\forall i \in N$.

Beweis:

(a) ergibt sich trivial über die leere Summe und deren Supremum /Infimum.

(b) $|v(K)| = |\sup_{x \in S_K} \inf_{y \in S_{N \setminus K}} \sum_{k \in K} a_k(x, y)| < \infty \; \forall K \subset N$.
Es gibt also zu jedem K eine approximativ optimale Strategie $\tilde{x}_K$ mit

$$\inf_{y \in S_{N \setminus K}} \sum_{k \in K} a_k(\tilde{x}_K, y) \geq \sup_{x \in S_K} \inf_{y \in S_{N \setminus K}} \sum_{k \in K} a_k(x, y) - \frac{\varepsilon}{2} = v(K) - \frac{\varepsilon}{2}.$$

Für $K = K_1 \cup K_2 = K_1 + K_2$ (weil disjunkt) ergibt sich mit $\tilde{x} := (\tilde{x}_{K_1}, \tilde{x}_{K_2}) \in S_K$:

$$\begin{aligned}
v(K) &\geq \inf_{y \in S_{N \setminus K}} \sum_{k \in K} a_k(\tilde{x}, y) \\
&\geq \inf_{y \in S_{N \setminus K}} \sum_{k \in K_1} a_k(\tilde{x}, y) + \inf_{y \in S_{N \setminus K}} \sum_{k \in K_2} a_k(\tilde{x}, y) \\
&\geq \inf_{y \in S_{N \setminus K_1}} \sum_{k \in K_1} a_k(\tilde{x}_{K_1}, y) + \inf_{y \in S_{N \setminus K_2}} \sum_{k \in K_2} a_k(\tilde{x}_{K_2}, y) \\
&\geq v(K_1) - \frac{\varepsilon}{2} + v(K_2) - \frac{\varepsilon}{2}
\end{aligned}$$

mit beliebig kleinem $\varepsilon > 0$. $\Longrightarrow v(K) \geq v(K_1) + v(K_2)$. $\square$

33.1. Kooperative n-Personenspiele

Korollar 33.1 *Bei gemischten Erweiterungen von Konstantsummenspielen für n Personen hat man*

$$v_{\text{mix}}(K) + v_{\text{mix}}(N\backslash K) = \text{Const} \quad \forall K \subset N \text{ und generell } v(K) + v(N\backslash K) \leq v(N).$$

Beweis:
$v(N) =$ Const, N kann sich die Konstante erzwingen, aber nicht mehr („>" kann nicht sein).
Zurückführung auf 2-PS-NSS: Die Spielwerte bei der gemischten Erweiterung von Nullsummenspielen ergänzen sich zu Null:

$$v(K) + v(N\backslash K) = \text{Const}.$$

□

Implizite Unterstellungen
Bei der Bildung einer Koalition wird bindend vereinbart, wie $v(K)$ aufgeteilt wird. (Jede Aufteilung ist gestattet, alle stimmen zu.) Die Koalition, die sich bildet, ist bekannt.

Definition 33.4

(a) *Ein kooperatives n-PS heißt Nullsummenspiel, wenn*

  (i) $v(N) = 0$,

  (ii) $v(K) = -v(N\backslash K) \; \forall \emptyset \neq K \subset N$.

(b) *Ein kooperatives n-PS heißt Konstantsummenspiel, wenn*

$$v(K) = v(N) - v(N\backslash K) \; \forall \emptyset \neq K \subset N.$$

Man kann kooperative n-PS in 2 disjunkte Klassen einteilen unter Berücksichtigung der Macht des Zusammenwirkens.

Definition 33.5

(a) *Ein Spiel (N,v) heißt wesentlich, falls $\sum_{i \in N} v(i) < v(N)$.*

(b) *Ein Spiel (N,v) heißt unwesentlich, falls $\sum_{i \in N} v(i) = v(N)$.*

(Unterteilungskriterium ist also, ob alle bei Zusammenhalten mehr herausholen können, als wenn jeder einzeln spielt.)

33.2 Koalitionsinterne Auszahlungsaufteilungen

Nun befassen wir uns mit der Frage, wie die Koalitionäre ihren Gewinn aufteilen. Dies ist bedeutungsvoll, weil alle Koalitionäre in der Koalition gehalten werden sollen.

Definition 33.6

(a) Ein Vektor $\begin{pmatrix} z_1 \\ \vdots \\ z_n \end{pmatrix} \in \mathbb{R}^n$ heißt Imputation (oder Zurechnungsvektor oder Zubilligungsvektor) zu einem n-PS (N, v), wenn gilt:

(i) $z_i \geq v(i) \; \forall i \in N$ (individuelle Rationalität),

(ii) $\sum_{i \in N} z_i = v(N)$ (kollektive Rationalität).

(b) Die Menge aller Imputationen heißt Imputationsraum (IR).

Das heißt also, dass jeder Spieler mindestens so viel bekommen soll, wie er selber erzwingen könnte, und dass die Gesamtzuteilungssumme so groß ist wie der erzwingbare Gewinn einer Gesamtkoalition (mehr geht ja nicht wegen der Oberadditivität).

Eine natürliche Anforderung an einen Lösungsvorschlag ist dann also, dass er im Imputationsraum liegen soll.

Definition 33.7 Eine Imputation z dominiert eine Imputation w bezüglich einer Koalition K, $\emptyset \neq K \subset N$, $\#(N) > \#(K) > 1$ (Schreibweise $z \overset{K}{\rhd} w$), wenn gilt:

(i) $z_i > w_i \; \forall i \in K$ (Überlegenheit),

(ii) $\sum_{i \in K} z_i \leq v(K)$ (Zulässigkeit).

Jede Imputation mit (ii) heißt K-effektiv. K heißt effektive Koalition für z.

Achtung:
$\#K = 1$ ergäbe Unsinn, weil dann $v(I) \geq z_1 > w_1 \geq v(I)$, also $v(I) > v(I)$.
$K = N$ geht sowieso nicht.

Definition 33.8 Eine Imputation z ist dominationsfähig gegenüber w (Schreibweise $z \overset{f}{\rhd} w$), wenn es mindestens eine effektive Koalition K gibt mit $z \overset{K}{\rhd} w$.

Anmerkung
$\overset{f}{\rhd}$ ist nicht transitiv. Die Dominanzrelation bleibt für strategisch äquivalente Spiele erhalten.

33.2. Koalitionsinterne Auszahlungsaufteilungen

Grundlegendstes Lösungskonzept ist der Kern.
Versucht wird, die Idee der Gleichgewichtspunkte von 2-PS auf n-PS zu übertragen. Kein Spieler soll durch alleiniges Abweichen von seiner Koalition seine Auszahlung verbessern können.

Definition 33.9 *Der Kern des kooperativen n-PS Γ ist*

$$\{z \in \mathrm{IR} \mid \not\exists w \in \mathrm{IR} \text{ mit } w \stackrel{f}{\triangleright} z\}.$$

Lemma 33.2 *Sei $w \in \mathrm{IR}(\Gamma)$. Dann gilt $\forall K \subset N$:*

$$\sum_{k \in K} w_k < v(K) \iff \exists z \in \mathrm{IR}(\Gamma) \text{ mit } z \stackrel{K}{\triangleright} w.$$

Beweis:
„$\Longleftarrow$": Gilt für $K : z \stackrel{K}{\triangleright} w \implies v(K) \geq \sum_{k \in K} z_k > \sum_{k \in K} w_k$.
„$\Longrightarrow$": Sei nun K eine Koalition mit $\sum_{k \in K} w_k < v(K)$. Dann ist
$\mathrm{IR} \ni d := v(K) - \sum_{k \in K} w_k > 0$ ($K \neq N$ notwendig, da w Imputation ist).
Nun setze an:

$$z_k := \begin{cases} w_k + \frac{d}{\#(K)} & \text{für } k \in K, \\ v(k) + \frac{1}{n - \#(K)} \left([v(N) - v(K)] - \sum_{j \in N \setminus K} v(j)\right) & \text{für } k \notin K. \end{cases}$$

Jeder Spieler in Koalition K bekommt zu w_k noch $\frac{d}{\#(K)}$, jeder Spieler in Koalition $N \setminus K$ bekommt zu $v(k)$ noch $\frac{1}{n - \#(K)} \left([v(N) - v(K)] - \sum_{j \in N \setminus K} v(j)\right)$
$\implies z_k > w_k \geq v(k) \; \forall k \in K$ und wegen Superadditivität $v(K) + \sum_{j \in N \setminus K} v(j) \leq v(N)$ und damit nach Setzung von z_k auch $z_k \geq v(k) \; \forall k \in N \setminus K$.
Da außerdem gilt

$$\sum_{k \in K} z_k = \sum_{k \in K} w_k + d = v(K) \quad \text{und}$$

$$\sum_{k=1}^{n} z_k = v(K) + \sum_{k \in N \setminus K} v(k) + v(N) - v(K) - \sum_{k \in N \setminus K} v(k) = v(N),$$

ist z eine Imputation mit $z \stackrel{K}{\triangleright} w$. □

Satz 33.1 *Für jedes kooperative n-PS gilt*

$$\mathrm{Kern}(\Gamma) = \{z \in \mathbb{R}^n \mid \sum_{k \in K} z_k \geq v(K) \; \forall K \subset N, \sum_{k=1}^{n} z_k = v(N)\}.$$

Beweis:

„⊃":
Sei $z \in \mathbb{R}^n$ mit obigen Bedingungen. Dann ist $z_k \geq v(k)$ $\forall i$ und $\sum_{k=1}^n z_k = v(N) \Longrightarrow z \in \text{IR}$.
z ist zusätzlich undominiert, da eine dominierende Imputation w mit einer effektiven Koalition K ergäbe: $w \overset{K}{\triangleright} z$. Dann wäre aber $\sum_{k \in K} w_k > \sum_{k \in K} z_k \geq v(K)$ und infolgedessen müsste w unzulässig sein.

„⊂":
Sei z eine Kern-Imputation und sei $\sum_{k \in K} z_k < v(K)$ für ein $K \subset N$ oder sei $\sum_{k=1}^n z_k < v(N)$.
Im letzten Fall kann z gar keine Imputation sein. Wenn $\sum_{k \in K} z_k < v(K)$ ist, dann verwenden wir $\varepsilon := v(K) - \sum_{k \in K} z_k$ und $d := v(N) - v(K) - \sum_{k \in N \setminus K} v(k) \geq 0$.
Wir setzen $w_k := \begin{cases} z_k + \frac{\varepsilon}{\#(K)} & \text{für } k \in K \\ v(k) + \frac{d}{n - \#(K)} & \text{für } k \in N \setminus K \end{cases}$
und erhalten $w_k > z_k \geq v(k)$ $\forall k \in K$, $w_k \geq v(k)$ $\forall k \in N \setminus K$ und $\sum_{k \in K} w_k = v(K)$.
Außerdem gilt: $\sum_{k=1}^n w_k = v(K) + \sum_{k \in N \setminus K} v(k) + d = v(N)$. $\Longrightarrow w \in \text{IR}$ mit $w \overset{k}{\triangleright} z \Longrightarrow z \notin \text{Kern}(\Gamma)$. Widerspruch! □

Damit erkennen wir einen wesentlichen Vorteil des Kerns als Lösungskonzept: Er ist in Polyederform (durch lineare Ungleichungen) beschreibbar und damit gut berechenbar.
Er ist stabil in dem Sinne, dass keine Koalition eine interne Aufteilungsänderung wünscht. Allerdings gibt es unter Umständen viele Kernlösungen. Andererseits kann der Kern auch leicht leer sein.

Beispiel 1
Man betrachte einen Markt mit einem Verkäufer (V) und zwei potentiellen Käufern (K_1, K_2). Eine Koalition kann sich bilden durch das Geschäft zwischen V und K_1 ⟶ Koalition (V, K_1) oder zwischen V und K_2 ⟶ Koalition (V, K_2).
Für V ist die Ware (selbst) a wert. Für K_1 ist das zu kaufende Gut b wert, und für K_2 beträgt der Wert c. O.B.d.A. sei $a < b \leq c$.

Koalitionsenumeration

$v(\emptyset) = 0;$ $\quad\quad\quad\quad\quad\quad v(\text{V}) = a,$
$v(K_1) = v(K_2) = v(K_1, K_2) = 0,$
$v(\text{V}, K_1) = a + b - a = b,$ $\quad v(\text{V}, K_2) = a + (c - a) = c.$

Bestimmung des Kerns durch ein UGLS

$x_\text{V} \geq a,$ $\quad\quad\quad\quad x_{K_1} \geq 0,$ $\quad\quad x_{K_2} \geq 0,$
$x_{K_1} + x_{K_2} \geq 0,$ $\quad x_\text{V} + x_{K_1} \geq b,$ $\quad x_\text{V} + x_{K_2} \geq c,$
$x_\text{V} + x_{K_1} + x_{K_2} = c.$

33.2. Koalitionsinterne Auszahlungsaufteilungen

Lösung: Kern $= \left\{ \begin{pmatrix} \delta \\ 0 \\ c-\delta \end{pmatrix} \mid b \leq \delta \leq c \right\}$.

V verkauft an K_2 zum Preis von δ (höher als K_1 bietet, tiefer als für K_2 wert). Denn wegen $x_V + x_{K_1} + x_{K_2} = c$ und $x_V + x_{K_1} \geq b$ kann x_{K_2} nur noch zwischen 0 und $b-c$ liegen.
Andererseits muss $x_V + x_{K_2} \geq c$ sein $\implies x_{K_1} = 0$. Alle obigen Vektoren sind aber zulässig.

Beispiel 2

$N = \{A, B, C\},$
$v(A) = 0, \qquad v(B) = 0, \qquad v(C) = 0,$
$v(A, B) = 18, \qquad v(A, C) = 16, \quad v(B, C) = 14,$
$v(A, B, C) = 24.$

$x_A \geq 0, \qquad\qquad x_B \geq 0, \qquad\quad x_C \geq 0,$
$x_A + x_B \geq 18, \qquad x_A + x_C \geq 16, \quad x_B + x_C \geq 14,$
$x_A + x_B + x_C = 24.$

Würden die Schranken zurückgenommen, ergäbe sich ein ganzes Lösungsdreieck. Würden sie aber hochgeschraubt, wäre der Kern leer. Schwäche des Konzepts: Kern oft leer.

Problematik von **Vetospielen**:
Ein Vetospieler bekommt nach Kernmethode alles, auch wenn er nichts erzwingen kann (sein Max-Min-Spielwert 0 ist).

Beispiel 3
$v(A) = v(B) = v(C) = v(B, C) = 0$
$v(A, B) = v(A, C) = v(A, B, C) = 50$
(ohne A geht nichts, aber allein schafft er auch nichts)

$x_A, x_B, x_C \geq 0$
$x_B + x_C \geq 0$
$x_A + x_B \geq 50$
$x_A + x_C \geq 50$
$x_A + x_B + x_C = 50$

B und C können zwar nichts erzwingen, aber sie können sich absprechen und A bestreiken (blockierende Koalition bilden). So können sie einen Anteil an der Auszahlung reklamieren und A von 50 evtl. bis auf 0 drücken.

Beispiel 4 Dreierknobeln (vgl. [7], S. 130)
Drei Spieler wählen je eine Zahl aus $\{0, 1\}$. Eine zweimal ausgewählte Zahl bringt ihren Auswählern je einen Gewinn von 1. Der Außenseiter bezahlt dies durch einen Verlust von 2. Wählen alle drei gleich, dann passiert nichts.

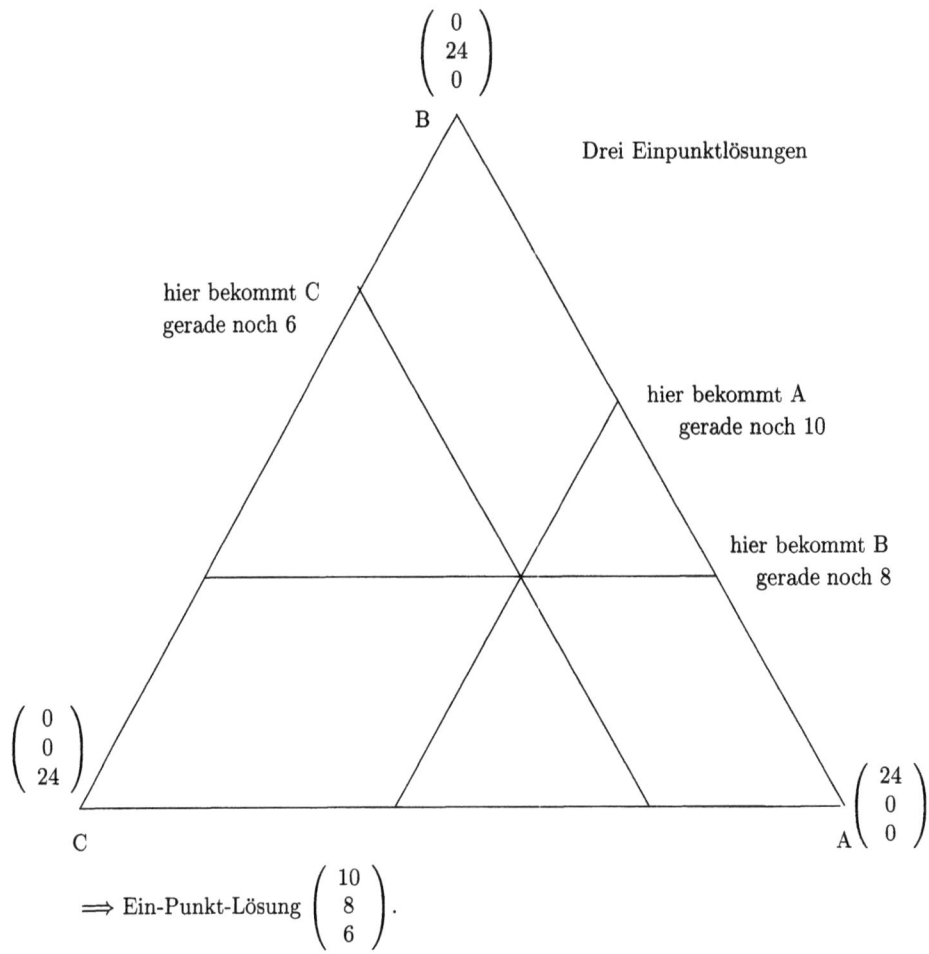

Abbildung 33.1: Illustration zum Beispiel 2

$a_i(0,0,0) = a_i(1,1,1) = 0$ für $i = I, II, III$,
$a_I(0,0,1) = a_I(0,1,0) = a_I(1,0,1) = a_I(1,1,0) = 1$ (analog für II und III),
$a_I(0,1,1) = a_I(1,0,0) = -2$ (analog für II und III).

Betrachte Koalition aus I und II

$K \setminus III$	0	1
00	0	2
01	-1	-1
10	-1	-1
11	2	0

$\longrightarrow$

$K \setminus III$	0	1
00	0	2
11	2	0

Beide reinen Strategien für K sind gleich gut.

33.3. Stabile Mengen

Unter den gemischten Strategien ist am besten

$$x = \begin{pmatrix} \frac{1}{2} \\ \frac{1}{2} \end{pmatrix} \text{ für } \begin{pmatrix} 00 \\ 11 \end{pmatrix} \quad \text{(Max-Min-Wert)}.$$

Egal, was III dann macht, es existiert ein erwarteter Gewinn von 1. $\Longrightarrow v(K) = v(I, II) = 1$.

Aus Symmetrie der Spielregeln hat man aber

$$v(I, II) = v(I, III) = v(II, III) = 1 = -v(I) = -v(II) = -v(III).$$

Kernbestimmung:

$$x_I + x_{II} + x_{III} = 0,$$

$$x_I \geq -1 \qquad x_{II} \geq -1 \qquad x_{III} \geq -1$$

$$x_I + x_{II} \geq 1 \quad x_I + x_{III} \geq 1 \quad x_{II} + x_{III} \geq 1$$

$$\Downarrow$$

$$2x_I + 2x_{II} + 2x_{III} \geq 3$$

Der Kern ist leer. Widerspruch!

33.3 Stabile Mengen

Von Neumann und Morgenstern [45] brachten 1944 ein erstes Lösungskonzept für kooperative n-PS auf, nämlich die stabile Menge oder die von Neumann-Morgenstern-Lösung. Auch hier werden nun Imputationen auf Dominanzen überprüft und verglichen.

Die stabile Menge ist komplizierter definiert, man hoffte aber, ein Lösungskonzept zu gewinnen, das immer eine Lösung liefert. Man will dabei eine stabile Menge von Lösungen auszeichnen.

Definition 33.10 *Für ein kooperatives n-PS heißt eine Menge $L \subset A$ von Imputationen* stabile Menge *oder von Neumann-Morgenstern-Lösung, falls folgende Eigenschaften erfüllt sind:*

(i) *Keine Imputation von L ist dominanzfähig über eine andere in L (interne Stabilität),*

(ii) *Für jede Imputation außerhalb von L gibt es mindestens eine Imputation in L, welche dominanzfähig ist gegenüber der ersten (äußeren).*

Psychologische Deutung

In L vereint sind alle Zuteilungen, die einen gesellschaftlichen Verhaltensstandard repräsentieren. Diese sind erlaubt und innerhalb von $L(!)$ nicht dominiert. (Das heißt aber nicht, daß sie nicht von außerhalb dominiert sein können.)

Alle Verhaltensstrategien außerhalb von L sind tabu, auch wenn sie bestimmte L-Imputationen selbst dominieren (würden).
Man braucht also immer wieder eine Koalition, die die Außenlösung „ausschaltet".
Dies geschieht bei verschiedenen Außenseitern aus unterschiedlichen Gründen.

(i) und (ii) sind Stabilitätsforderungen.
(i) belegt die Freiheit von inneren Widersprüchen.
(ii) drückt aus, dass jedes tabuisierte Verhalten diskreditiert werden kann durch **ein** zugelassenes Verhalten (aber nicht etwa das am Ende realisierte).

> Eine Durchgangsstraße wird nicht gebaut, weil die Anlieger argumentieren, dass der Bau eines Kindergartens wichtiger wäre und die Durchgangsstraße für die Kinder zu gefährlich ist. Unter den Anliegern befinden sich aber Golfspieler, denen es gar nichts ausmacht, wenn das Geld für den Bau eines Golfplatzes verwendet wird. Also gibt es am Ende auch keinen Kindergarten, aber einen Golfplatz.

Dieser Verhaltensstandard besitzt und erzeugt Stabilität.

Beispiel 3-PS
$v(A) = v(B) = v(C) = 0$
$v(A,B) = v(A,C) = v(B,C) = 1$
$v(A,B,C) = 1$

Dieses Spiel besitzt als stabile Menge $L = \left\{ \begin{pmatrix} \frac{1}{2} \\ \frac{1}{2} \\ 0 \end{pmatrix}, \begin{pmatrix} \frac{1}{2} \\ 0 \\ \frac{1}{2} \end{pmatrix}, \begin{pmatrix} 0 \\ \frac{1}{2} \\ \frac{1}{2} \end{pmatrix} \right\}$

(keiner soll mehr haben als die anderen zusammen).

$$L_{i_c} = \{z \in \mathbb{R}^3 | z_i = c, \ z_1, z_2, z_3 \geq 0, \ \sum_{i=1}^{3} z_i = 1\} \text{ für } c \in \left[0, \frac{1}{2}\right], \ (i \hat{=} A, B, C).$$

In L_{i_c} wird der i-te Spieler diskriminiert, weil er zwar c bekommt, aber am Rest nicht teilhaben kann. In L_{i_0} wäre er total diskriminiert.

Betrachte nun die Koalition $\{A, B\}$ mit Einigung $\begin{pmatrix} \frac{1}{2} \\ \frac{1}{2} \\ 0 \end{pmatrix} \in L$. C versucht, B herauszulösen mit dem Angebot $\begin{pmatrix} 0 \\ \frac{3}{4} \\ \frac{1}{4} \end{pmatrix}$. Dies bewirkt Dominanz bzgl. $\{B, C\}$.

Obwohl $\begin{pmatrix} 0 \\ \frac{3}{4} \\ \frac{1}{4} \end{pmatrix}$ nicht in L liegt, dominiert es also eine L-Imputation.

Aber es gibt in L eine, die diese wiederum dominiert, nämlich $\begin{pmatrix} \frac{1}{2} \\ 0 \\ \frac{1}{2} \end{pmatrix}$.

33.3. Stabile Mengen

Stabile Mengen

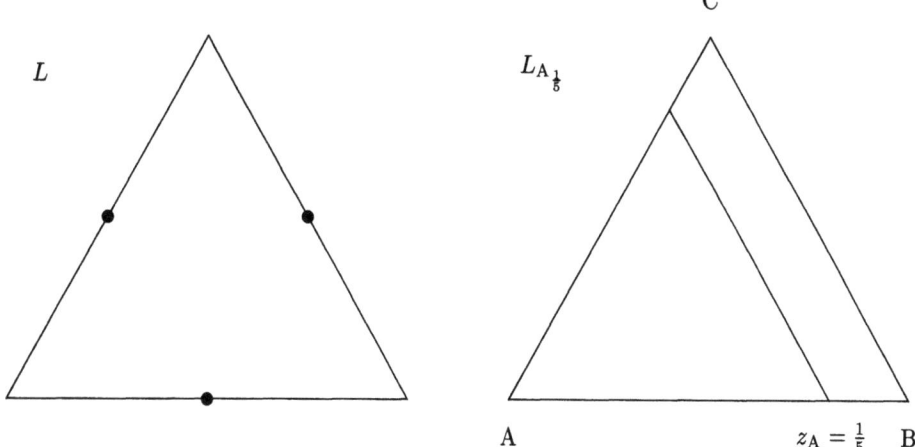

Abbildung 33.2: Stabile Mengen 1

In L können bei keinem Punkt Zweierkoalitionen dominieren.
In L_{i_c} wird immer i gleich gut bedient, die beiden restlichen spielen ein Konkurrenzspiel. Also gibt es keinen inneren Widerspruch.

L: Sei eine andere Imputation vorgeschlagen. Diese verteilt 1 entweder so, dass einer leer ausgeht $\begin{pmatrix} 0 \\ \gamma \\ 1-\gamma \end{pmatrix}$ (o.B.d.A $\gamma < \frac{1}{2}$), dann ist $\begin{pmatrix} \frac{1}{2} \\ \frac{1}{2} \\ 0 \end{pmatrix}$ besser (analog weiter), oder alle drei bekommen etwas $\begin{pmatrix} \alpha \\ \beta \\ \gamma \end{pmatrix}$ mit $\alpha + \beta + \gamma = 1$.

Sei $\alpha \leq \beta \leq \gamma \Longrightarrow \begin{pmatrix} \frac{1}{2} \\ \frac{1}{2} \\ 0 \end{pmatrix}$ ist besser als $\begin{pmatrix} \alpha \\ \beta \\ \gamma \end{pmatrix}$.

L_{i_c}: mit $\begin{pmatrix} \alpha \\ \beta \\ \gamma \end{pmatrix}$ und $\alpha < c$ ist I schlechter bedient.

Man schwäche auch noch das Max$\{\beta, \gamma\}$ und hat zwei Unzufriedene. Sei nun $\alpha > c$.
Man nehme diese Differenz bei den anderen (zusammen) weg $\longrightarrow$ Mindestens einer wird dabei geschädigt $\longrightarrow$ 2 Unzufriedene.

Nachteile des Konzepts „Stabile Menge"

(a) Es kann Spiele ohne stabile Menge geben. Der Nachweis kann erst ab 10-Personenspielen geführt werden.

(b) Oft gibt es eine Vielzahl stabiler Mengen.

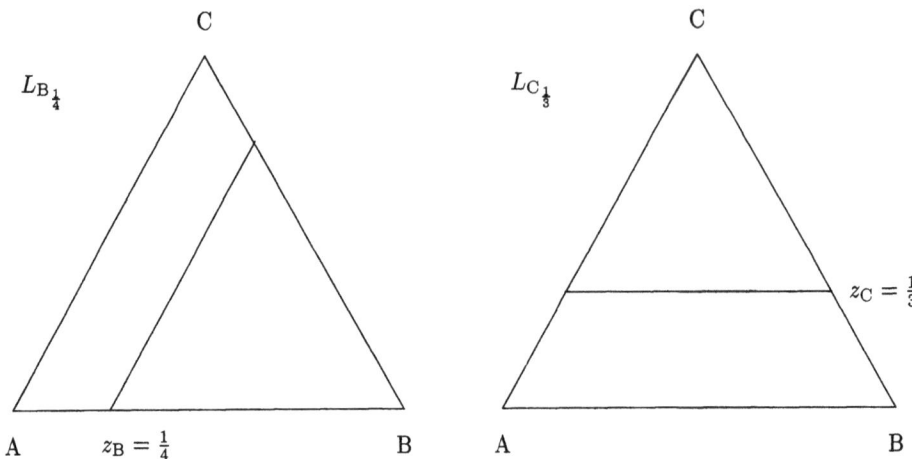

Abbildung 33.3: Stabile Mengen 2

(c) Stabile Mengen bestehen oft aus vielen Imputationen, das Problem ist nur verlagert.

(d) Stabile Mengen sind wesentlich komplizierter zu berechnen als der Kern.

33.4 Der Shapley-Wert

Kern und stabile Menge existieren nicht immer, andererseits kann es viele stabile Mengen und in allen viele Imputationen (wie im Kern) geben.

Shapley bewertet stattdessen die Verhandlungsposition der einzelnen Spieler und verteilt dementsprechend. Dabei bewertet man mit einer Funktion. Welche Funktionen eignen sich dafür? Wir versuchen, axiomatische Anforderungen zu stellen.

Wir sprechen über eine Funktion $\phi = \begin{pmatrix} \phi(1) \\ \vdots \\ \phi(n) \end{pmatrix}$.

Zugrunde gelegt wird eine Bewertung W aller möglichen Koalitionen $\mathcal{B}$ aus $\wp\{1,\ldots,n\}$, so dass $W(\emptyset) = 0$ und W oberadditiv ist.

ϕ macht also aus charakteristischen Funktionen Zuweisungen an die Spieler in Imputationsform

$$\phi(V) = \begin{pmatrix} \phi_1 \\ \vdots \\ \phi_n \end{pmatrix}(V) \in \mathbb{R}^n.$$

Der Raum, auf dem ϕ arbeitet, ist der Raum aller charakteristischen Funktionen, die denkbar sind.

33.4. Der Shapley-Wert

Axiom 1: Der Wert $\phi_i(V)$ eines Spielers i ergibt sich durch eine gewichtete Kumulation aller charakteristischen Funktionswerte von Koalitionen, zu denen i gehört. ϕ ist der Vektor aller sochen Werte.

Axiom 2: Symmetrie
Permutationen von Spielernummern dürfen keine Bedeutung haben.

Axiom 3: Effizienz
In einer Koalitionsaufteilung soll jeweils die Summe der Spielerwerte der Spieler in K dem charakteristischen Wert $v(K)$ der Koalition entsprechen, d.h.

$$\sum_{k \in K} \phi(k) = v(K) \ \forall K, \text{ die zulässig sind, } K \in \wp\{1, \ldots, n\};$$

„schwache" Spieler sollen wenig bekommen.

Definition 33.11 Ein Spieler i heißt Strohmann, wenn $\forall K \subset N$ bei $i \in K$ gilt:

$$v(K) = v(K \setminus \{i\}) + v(i);$$

(normalerweise ja $\geq$ wegen Oberadditivität).

[Dieser Spieler bringt jeweils gerade so viel an Mehrgewinn, wie er selber erzwingen kann, er ernährt sich also gerade selber und ist nicht besonders rentabel.]

Axiom 4: Für Strohmänner sollte $\phi(i) = v(i)$ sein. Also sollte unwesentliche Spieleinwirkung zu unwesentlicher Auszahlung führen.

Definition 33.12 Seien (N, v) und (M, w) kooperative Spiele und $N \cup M$ die Vereinigung beider Spielermengen. v und w seien die beiden charakteristischen Funktionen. Dann erklären wir das Spiel $(N \cup M, u := v + w)$ durch

$$u(K) = v(K \cap N) + w(K \cap M) \ \forall K \subset N \cup M.$$

(Also entsendet eine Koalition Delegationen in beide Spiele, diese gewinnen dort das, was die Koalition verdient.)

Axiom 5: Additivität
$(N \cup M, u = v + w)$ sei die Komposition der Spiele (N, v) und (M, w). Dann gelte

$$\phi_u(i) = \phi_v(i) + \phi_w(i) \ \forall i \in N \cup M.$$

(Die zusammengefasste Bewertung sollte sich aus den addierten Bewertungen ergeben.)

Satz 33.2 Es gibt zu $n \in \mathbb{N}$ genau eine Shapley-Funktion $\phi : \{w\} \to \mathbb{R}^n$, welche die Axiome A1-A5 erfüllt und den Wert eines Spielers i in einer großen Koalition klärt. Diese wird gegeben durch

$$\phi(k) = \sum_{\substack{K \subset N \\ k \in K}} \frac{(n - \#(K))!(\#(K) - 1)!}{n!} \left[v(K) - v(K \setminus \{k\}) \right].$$

Dies heißt Shapley-Wert des Spielers $i \in N$ im Spiel (N, v).

Interpretation

Der Shapley-Wert kommt also zustande durch Summation über alle Koalitionen, in denen k Mitglied ist. Es wird jeweils als Summand aufgeführt, welchen Zugewinn diese Koalition durch den Beitritt von k erzwingen kann. Außerdem wird bewertet (multiplikativ) mit einem kombinatorischen Faktor.

Dieser berechnet die Anzahl der Permutationen der K-Spieler vor dem Beitritt von k und die Anzahl der Permutationen der Spieler in der jeweiligen Gegenkoalition. Geteilt wird durch die Anzahl aller Permutationen. Da der Wertzuwachs jeweils von der Konstellation beim Eintritt abhängt, kommt es auf diese Gewichtung an. Die Division durch $n!$ steht für Normierung und symbolisiert die Gleichverteilung der Permutationen.

Satz 33.3 *Für jedes n-Personenspiel in charakteristischer Funktionsform lässt sich der Shapley-Wert ϕ_i berechnen als Erwartungswert der Zuwächse der Koalitionswerte $v(K) - v(K\setminus\{k\})$ bzgl. der Gleichverteilung auf der Menge der Permutationen der Beitritte zur (letztendlich) großen Koalition, also*

$$\phi_i = \sum_\pi \frac{1}{n!} \Delta_i(\pi) = \sum_\pi \frac{1}{n!} \bigl(v(K) - v(K\setminus\{i\})\bigr).$$

Erklärung:

Die Anzahl der Permutationen π, bei denen i gerade den Zuwachs von einer Menge $K\setminus\{i\}$ auf K auslöst, ist $(\#(K)-1)!(n-\#(K))!$.

Die Bereits-Koalitionäre können in allen Reihenfolgen beigetreten sein und die Noch-Nicht-Koalitionäre können dies in gleicher Weise tun.

Dies ist also ein Ergebnis für den Wert in der großen Koalition.

Schwieriger ist es, den Wert für eine beliebige Koalition zu erkennen. Hierzu noch ein Resultat:

Satz 33.4 *Sei $\mathcal{B} = (B_1 \ldots, B_m)$ mit $B_i \cap B_j = \emptyset$, $\bigcup_{i=1}^m B_i = N$ eine Koalitionsstruktur. Dann gibt es einen eindeutigen Wert, der dem Spieler k in der Koalition B_i in Shapleyschem Sinne zusteht, nämlich*

$$\phi_k^{\mathcal{B}, B_i} = \sum_{\substack{K \subset B_i \\ k \in K}} \frac{(\#(B_i) - \#(K))!(\#(K)-1)!}{\#(B_i)!} \left[v(K) - v(K\setminus\{k\})\right].$$

33.5 Übungsaufgaben

Aufgabe 33.1 Man beweise, dass ein Spiel mit einer stabilen Menge, die nur eine Inputation beinhaltet, unwesentlich ist.

Aufgabe 33.2 In einem Aufsichtsrat sitzen $2n$ normale Mitglieder und ein Vorsitzender. Berechnen Sie die Macht des Vorsitzenden an Hand des Shapley-Wertes,

wenn der Aufsichtsratsvorsitzende nur abstimmt, wenn bei den anderen Mitgliedern Stimmengleichheit herrscht. (Der Erfolg einer Koalition soll zu einer Auszahlung von 1 führen.)
Wie hoch ist der Shapley-Wert des Vorsitzenden, wenn man ein Mitglied rausnimmt, den Vorsitzenden immer mitstimmen lässt und seine Stimme entscheiden lässt, wenn Stimmengleichheit herrscht?

Aufgabe 33.3 Wie hoch ist der Shapley-Wert eines Spielers in einem unwesentlichen Spiel?

Aufgabe 33.4 Ein adliger Abgeordneter gehört dem Ober- und dem Unterhaus an. Das Oberhaus hat $2k+1$ und das Unterhaus $2l+1$ Mitglieder. Damit ein Gesetz durchkommt, muss es in beiden Häusern die Mehrheit haben. Wie hoch ist der Shapley-Wert unseres Abgeordneten? Wie hoch wäre er bei einem normalen Abgeordneten?

Aufgabe 33.5 Man stelle die charakteristische Funktion auf zum folgenden Spiel, bei dem Spieler 1, 2, 3 die Strategien I oder II spielen können. Angegeben sind die Strategiebesetzungen und die jeweiligen Auszahlungen

$Sp.1$	I (-2)	I (1)	I (0)	I (-1)	II (1)	II (0)	II (1)	II (1)
$Sp.2$	I (1)	I (1)	II (-1)	II (2)	I (-1)	I (0)	II (0)	II (2)
$Sp.3$	I (2)	II (-1)	I (2)	II (0)	I (1)	II (1)	I (0)	II (-2)

Aufgabe 33.6 Das Bevorzugungsspiel geht so:
Von drei Personen A, B, C schreibt jede auf einen Zettel, welchen von den beiden anderen sie bevorzugt. Dann werden die Zettel überprüft und es wird ausgezahlt:

a) Falls sich ein Pärchen (hin und zurück) gebildet hat: 1 an beide und -2 an den Außenseiter.

b) Falls sich kein Pärchen gebildet hat: 0 für alle.

Zeigen Sie, dass das Spiel wesentlich ist.

Ausblick zum 4. Teil (Spieltheorie)

Wir haben uns hier beschränkt auf die Behandlung von deterministischen Spielen. Wiederholungen wurden allenfalls dadurch modelliert, dass man mit Wahrscheinlichkeiten mischen konnte. Nun gibt es aber den weiten Bereich von Spielen, bei denen man bei Wiederholungen bereits den Ausgang der vorigen Durchgänge kennt und daraus Konsequenzen ziehen kann. Das Stichwort Lern-Spiele beschreibt diese Weiterentwicklung. Verwandt damit sind Stufen-Spiele, wo der Erfolg in einer Etappe darüber entscheidet, ob und wie man in den nächsten Stufen spielen kann.

Weiter müssen wir kontinuierliche Spiele, wie Differentialspiele, erwähnen, wo zu jedem Zeitpunkt auf Grund des bisherigen Spielverlaufs eine Taktik-Änderung erfolgen kann z.B. bei Verfolgungsspielen (siehe dazu Friedman [15]).

Und schließlich sei darauf hingewiesen, dass durch die Fülle von heute verfügbaren Computerspielen eine ganz neue Herausforderung an die Spieltheorie einsetzt, nämlich die effiziente und strategisch geschickteste Implementation solcher Spiele vorzunehmen. Hierzu gibt es mehrere Bücher, die sich mit der Programmierung von Spielalgorithmen befassen.

Informationen darüber und andere aktuelle Entwicklungen findet man beispielsweise in Morris [39], Creedy [12].

Die Spieltheorie kann hier nur als eine der möglichen Brücken zum stochastisch geprägten Teil von Operations Research gesehen werden. Ausführliches über stochastische Methoden des Operations Research findet man bei Kohlas [34].

Literaturverzeichnis

[1] Aarts, E., Lenstra, J.: Local Search in Combinatorial Optimization, Wiley-Interscience Series in Discrete Mathematics and Optimization, Chichester, 1997

[2] Aho, A., Hopcroft, J., Ullmann, J.: The Design and Analysis of Computer Algorithms, Addison-Wesley Publishing Company, Reading, Mass., 1974

[3] Bazaraa, M.-S., Sherali, H.D., Shetty, C.M.: Nonlinear Programming, Wiley, New York, 1993^2

[4] Bland, R. G., Goldfarb, D., Todd, M. J.: The Ellipsoid Method: A Survey, in: Operations Research, Vol. **29** No. 6, 1981, 1089–1091

[5] Borgwardt, K. H.: The Simplex Method – A Probabilistic Analysis, Springer Verlag, Berlin, Heidelberg, 1987

[6] Borgwardt, K. H.: A Sharp Upper Bound For The Expected Number Of Shadow Vertices In LP-Polyhedra Under Orthogonal Projection On Two-Dimensional Planes, Mathematics of Operations Research, Vol. **24** No. 3, 1999

[7] Burger, E.: Einführung in die Theorie der Spiele, De Gruyter, Berlin, 1966

[8] Burkard, R.: Methoden der Ganzzahligen Optimierung, Springer Verlag, Wien, 1972

[9] Chvátal, V.: Linear Programming, Freeman, New York, 1983

[10] Collatz, L., Wetterling, W.: Optimization Problems, Springer Verlag, New York, 1975

[11] Cook, W., Cunnigham, W., Pulleyblank, W., Schrijver, A.: Combinatorial Optimization, Wiley Interscience Series in Discrete Mathematics and Optimization, Wiley, New York, 1998

[12] Creedy, J., Borland, J., Eichberger, J.: Recent Developments in Game Theory, Edward Elgar Publishing Limited, Hants, 1992

[13] Dantzig, G. B.: Linear Programming and Extensions, Princeton University Press, Princeton, 1974

[14] Dennis, J.E. Jr., Schnabel, R. B.: Numerical Methods for Unconstrained Optimization and Nonlinear Equations, Prentice Hall Series in Computational Mathematics, Englewood Cliffs, 1983

[15] Friedman, A.: Differential Games, Wiley-Interscience New York, 1971

[16] Gács, P., Lovász, L.: Khachian's Algorithm for Linear Programming, Stanford University, 1979

[17] Gill, P., Murray, W., Wright, M.: Numerical Linear Algebra and Optimization, Vol. 1, Addison-Wesley Publishing Company, Redwood City, 1991

[18] Gonzaga, C. C.: A Simple Presentation of Karmarkar's Algorithm, Dept. of Systems Engineering and Computer Sciences, University of Rio de Janeiro, 1988

[19] Großmann, Ch., Terno, J.: Numerik der Optimierung, Teubner, Stuttgart, 1997

[20] Grötschel, M.: Optimierungsmethoden I, Skriptum zur Vorlesung im WS 1984/85, Institut für Mathematik der Universität Augsburg, 1984

[21] Grötschel, M.: Operations Research I, Skriptum zur Vorlesung im WS 1985/86, Institut für Mathematik der Universität Augsburg

[22] Grötschel, M., Lovász, L., Schrijver, A.: Geometric Algorithms and Combinatorial Optimization, Springer Verlag, Berlin, Heidelberg, 1988

[23] Grötschel, M., Colonius, F.: Optimierungsmethoden II, Skriptum zu Vorlesungen im SS 1989 und im SS 1991, Institut für Mathematik der Universität Augsburg

[24] den Hertog, D.: Interior Point Approach to Linear, Quadratic and Convex Programming, Kluwer Academic Publishers, Dordrecht, 1994

[25] Hofri, M.: Probabilistic Analysis of Algorithms, Springer Verlag, New York, Berlin, Heidelberg, 1987

[26] Huhn, P.: Schranken für die durchschnittliche Laufzeit des Simplexverfahrens und von Innere-Punkte-Verfahren, Wißner Verlag, Augsburg, 1997

[27] Jones, A. J.: Game Theory, Ellis Horwood Limited, Chichester, 1980

[28] Jungnickel, D.: Graphen, Netzwerke und Algorithmen, Spektrum Akademischer Verlag, Heidelberg, 1995

[29] Jungnickel, D.: Optimierungsmethoden, Springer Verlag, Heidelberg, 1999

[30] Kall, P. Mathematische Methoden des Operations Research, Teubner, Stuttgart, 1976

[31] Kall, P., Wallace, S.W.: Stochastic programming, Wiley-Interscience series in systems and optimization, Wiley, Chichester, 1997

[32] Karmarkar, N.: A New Polynomial-Time Algorithm for Linear Programming, in: Proceedings of the Sixteenth Annual ACM Symposium on Theory of Computing, The Association for Computing Machinery, New York, 1984, 302–311 (revised version: Combinatorica **4** (1984), 373–395)

[33] Klee, V., Minty, G. J.: How Good is the Simplex Algorithm?, in: Shisha, O. (ed.), Inequalities III, Academic Press, New York, 1972, 159–175

[34] Kohlas, J.: Stochastische Methoden des Operations Research, Teubner, Stuttgart, 1977

[35] Lawler, E., Lenstra, J., Rinnooy Kan, A., Shmoys, D.: The Traveling Salesman Problem, Wiley-Interscience Series in Discrete Mathematics, Wiley, Chichester, 1985

[36] Luenberger, D. G.: Linear and Nonlinear Programming, Addison-Wesley, Reading, Mass., 1989^2

[37] Mangasarian, O. L.: Nonlinear Programming, McGraw-Hill, New York, 1969

[38] Minoux, M. Mathematical Programming, Wiley, Chichester, New York, 1986

[39] Morris, P.: Introduction to Game Theory, Springer Verlag, New York, 1991

[40] Motwani, R., Raghavan, P.: Randomized Algorithms, Cambridge University Press, Cambridge, 1995

[41] Murty, K. G.: Linear Programming, John Wiley & Sons, New York, 1983

[42] Murty, K. G.: Linear Complementarity, Linear and Nonlinear Programming, Heldermann Verlag, Berlin, 1988

[43] Nemhauser, G., Wolsey, L.: Integer and Combinatorial Optimization, Wiley, New York, 1988

[44] Neumann, K.: Morlock, M.: Operations Research, Carl Hanser Verlag, München, Wien, 1993

[45] Neumann, J., Morgenstern, O.: Spieltheorie und wirtschaftliches Verhalten, Physica-Verlag, Würzburg, 1973

[46] Owen, G.: Game Theory, Academic Press, New York, London 1982

[47] Oxley, J.: Matroid Theory, Oxford University Press, Oxford, 1992

[48] Padberg, M.: Linear Optimization ad Extensions, Springer, Berlin, Heidelberg, 1995

[49] Papadimitriou, C., Steiglitz, K.: Combinatorial Optimization, Prentice Hall, Englewood Cliffs, 1982

[50] Prekopa,A.: Stochastic Programming, Kluwer, Dordrecht, 1995

[51] Rauhut, B., Schmitz, N., Zachow, E.-W.: Spieltheorie, Teubner Studienbücher Mathematik, Stuttgart, 1979

[52] Reinelt, G.: The Traveling Salesman, Lecture Notes in Computer Science **840**, Springer Verlag, Berlin, Heidelberg, New York, 1994

[53] Rockafellar, R. T.: Convex Analysis, Princeton University Press, Princeton, 1970

[54] Roos, K.: Interior Point Methods for Linear Programming, University of Delft, 1991

[55] Saigal, R.: Linear Programming. A Modern Integrated Analysis, International Series in Operations Research & Management Sciences, Kluwer Academic Publishers, Dordrecht, 1995

[56] Schrijver, A.: Theory of Linear and Integer Programming, Wiley, 1986

[57] Spellucci, P.: Numerische Verfahren der nichtlinearen Optimierung, Birkhäuser Verlag, Basel 1993

[58] Steuer, R.: Multiple Criteria Optimization. Wiley Series in Probability and Math. Statistics – Applied, Wiley, New York, Chichester, 1986

[59] Stoer, J., Witzgall, C.: Convexity and Optimization in Finite Dimensions I, Springer Verlag, New York, 1970

[60] Terlaky, T. (Ed.): Interior Point Methods of Mathematical Programming, Kluwer, Dordrecht 1996

[61] Williams, H. P.: Model Building in Mathematical Programming, Wiley, Chichester, New York, 1991

[62] Ziegler, G. M.: Lectures on Polytopes, Graduate Texts in Mathematics **152**, Springer Verlag, New York, Berlin 1995

Index

K-effektiv, 596
$\mathbb{NP}$, 418
$\mathbb{NP}$-äquivalent, 423
$\mathbb{NP}$-bewältigend, 421
$\mathbb{NP}$-hart, 423, 424, 477
$\mathbb{NP}$-leicht, 423
$\mathbb{NP}$-schwer, 423
$\mathbb{NP}$-vollständig, 421
$\mathbb{P}$, 417
k-Faktor, 410
k-regulär, 410
n-Personenspiel, 514, 519, 523
r-Austausch-Verfahren, 497
1-Baum, 501
1-Baum-Relaxierung, 501
1-Faktor, 410
2-Matching-Relaxierung, 501

Abadie-CQ, 227, 230, 232
Abbruchkriterium, 172, 249, 342
abgeschlossen, 247
Abstiegsfunktion, 246
Abstiegsrichtung, 217
Additivität, 605
adjazent, 409
affin
– Dimension, 15
– Hülle, 14
– Halbraum, 47
– Kombination, 14
– Rang, 15
– unabhängig, 15
Affine-Scaling-Algorithmus, 338
Affinkombination, 14
Aktion, 521
algorithmische Abbildung, 245
Algorithmus, 145, 245, 416

allgemeine Lage, 15
Alphabet, 143
Alternative, irrelevante, 581
Alternativsatz, 17–24
– konvexer, 238
antiparallel, 410
Approximation, 257, 277
– lineare, 279
– quadratische, 272, 293
Approximationsschema, 480
Arboreszenz, 412
Armijo's Regel, 279
Außengrad, 411
aufspannend, 410
augmentierend
– Kreis, 461
– Netzwerk, 466
– Weg, 453
Augmentierung, 463
Ausgangsgrad, 411
Auszahlung, 512, 519
– zulässige Menge von, 578
Auszahlungsfunktion, 519, 523
Auszahlungspunkt, 579
Auszahlungsvektor, 523

Barriere-Funktion, 318, 342, 348
Barriere-Verfahren, 320
Battle of Sexes, 570
Baum, 411, 429–438
– minimaler aufspannender, 429
Baumspiel, 530
Bayes-Strategie, 549
Befehl
– bedingter, 518, 521
Bellman, Algorithmus von Moore & B., 443

Bestrafungsproblem, 315
Bimatrixspiel, 527
– Beispiel, 570
binäre Suche, 258
bipartit, 410
– vollständig, 410
Bipartition, 410
Bisektionsmethode, 258
Block, 412
Bogen, 410
– Rückwärtsbogen, 453, 461
– Vorwärtsbogen, 453, 461
Bounding, 385
Brücke, 412
Branch-und-Bound-Verfahren, 385, 390
Branching, 385
– Digraph, 412
Breitensuche-Algorithmus, 433

Caratheodory
– Satz für konvexe Kegel, 35
– Satz für konvexe Mengen, 36
charakteristische Funktion, 593
charakteristische Funktionsform, 513
Cheapest Insert Heuristik, 491
Clique, 410
Cliquen-Problem, 422, 424
co-$\mathbb{NP}$, 418
Constraint Qualification, 224, 226–233
– Abadie-CQ, 227, 230, 232
– Cottle-CQ, 230, 232
– Kuhn-Tucker-CQ, 230, 232
– Lineare Unabhängigkeits-CQ, 224, 225, 230, 232
– Slater-CQ, 230, 232, 239
– Zangwill-CQ, 230
Cottle-CQ, 230, 232

Dakin
– Verfahren von, 390
    – Endlichkeit, 391–392
Davidon-Fletcher-Powell
– Methode von, 305
definierendes System, 38
definit, 554, 556
Differenzgarantie, 477
differenzierbar, 200
– zweimal, 202
Digraph, 410

– azyklisch, 443
– Turnier, 411
– vollständiger, 411
Dijkstra
– Algorithmus von, 438
– Beispiel, 439
Dimension, 15
– affine, 15
direkte Suchmethode, 266
Dominanz, 547, 596
dominationsfähig, 596
Doppelseitiger nächster Nachbar Heuristik, 489
Dreiecksmuster-Verkleinerung, 275
Drohstrategie
– optimale, 591
Drohung, 569, 587–591
dual
– direkt, 65
– Heuristik, 384
– Lagrange-duales Problem, 235
– Programm, 65–67
Dualitätslücke, 238, 349
Dualitätssatz, 69
– schwacher, 68, 237
– starker, 239
dynamische Optimierung, 445, 483

echte Seitenfläche, 46
Ecke, 33, 42
Edmonds, Satz von E. & Karp, 457
Effizienz, 605
einfach, 409
Eingangsgrad, 411
Ellipsoidmethode, 164
Endknoten, 409
endlich
– Spiel in Normalform, 523
entartet, 89
Entartung, 399
Entscheidungsproblem, 415, 416
– $\mathbb{NP}$-bewältigendes, 421
– $\mathbb{NP}$-vollständiges, 421
Epigraph, 196
Eröffnungsverfahren, 488
Erreichbarkeitswahrscheinlichkeit, 532
erwartete Schrittzahl, 160
Erzeugermenge

- endliche, 51
- Satz von der endlichen, 51
Eulerpfad, 411
Eulertour, 411, 492
exponiert, 46
extensive Form, 519
extremal
- Punkt, 32
- Richtung, 34
- Teilmenge, 41
Extremalpunkt, 32

Facette, 42
Farkas
- Lemma von, 18
- Satz für nichthomogenes UGLS, 22
Farthest Insert Heuristik, 491
Fibonacci-Suche, 266
Fibonacci-Zahlen, 266
Fletcher-Reeves
- Methode von, 304
Floyd-Warshall, Algorithmus von, 446
Fluss, 451–471
- maximaler, 456
- Minimalkosten-Fluss, 461
Fluss-Wert, 451
Flusserhaltungsgleichungen, 451
Ford-Fulkerson
- Algorithmus von, 456
freie Richtung, 33
Fritz-John-Bedingungen, 222

Gale, Satz von, 23
Garantiepunkt, 579
Garantieschranke, 551
Gefangenendilemma, 577
gemischt
- Erweiterung, 526
- Strategie, 524, 527
Gewichtsdichtengreedy, 477
Gewinnsockel, 560
Gilmore
- Verfahren von G. & Gomory, 484
Gleichgewichtspaar, 569
Gleichgewichtspunkt, 530, 532, 543–544, 559
- Existenz, 531, 535, 537, 574
Gleichgewichtsstrategie, 530
Gleichgewichtszustand, 574

gleichmäßig
- unzulässig, 577
- zulässig, 577
Gleichungsrestriktion, 185
Goldstein-Test, 279
Gomory
- Schnittebenenverfahren, 397, 403, 503
- Verfahren von Gilmore & G., 484
Gordan, Satz von, 23
Grad, 409, 411
- Außengrad, 411
- Innengrad, 411
Gradient, 200
- projizierter, 175
Gradientenabstiegsrichtung, 219
Graph, 409
- k-regulärer, 410
- bipartiter, 410
- einfacher, 409
- gerichteter, 410
- isomorpher, 409
- Komponente eines, 411
- Ordnung, 409
- planarer, 410
- Teilgraph, 410
- Untergraph, 410
- vollständig bipartit, 410
- vollständiger, 410
- zusammenhängender, 411
Greedy-Algorithmus
- dualer Greedy, 435
- gemeinsames Skelett, 436
- Gewichtsdichtengreedy, 477
- Greedy-Max, 430
- Greedy-Min, 431
- Zielfunktionsgreedy, 477
Hülle
- abgeschlossene, 188
- affine, 14
- konvexe, 14
- lineare, 14
Halbgerade, 33
Halbraum, 33
- affiner, 47
Hamiltonkreis, 411, 422, 488
Hamiltonweg, 411

Hesse-Matrix, 202
Heuristik
 – duale, 384, 488, 500
 – primale, 384, 488
 – spezielle, 475–504
Hilfszielfunktion, 312
Homogenisierung, 37, 364
Hooke und Jeewes
 – Methode von, 286
Hybrid-Algorithmus, 296
Hyperebene, 32
 – begrenzende, 33
 – Restriktionshyperebene, 41
 – Stützhyperebene, 41, 190
 – trennende, 41, 189
Hypograph, 196

Ibarra
 – Algorithmus von I. & Kim, 486
Imputation, 596
Imputationsraum, 596
Independent Set, 410
Independent Set Problem, 422
infinit
 – Optimierungsproblem, 6
Information, 514
 – unvollständige, 518
 – vollständige, 518, 521
Informationsmenge, 513, 520
Innengrad, 411
Innere-Punkte-Verfahren
 – Karmarkar-Algorithmus, 173, 341
 – Komplexität
  – durchschnittliche, 369
  – im worst-case, 356, 358, 363, 368
 – Pfadverfolgungs-Methode, 347–364
  – mit kurzen Schritten, 356
  – mit langen Schritten, 357, 360
 – Phase I, 364
 – skalierter steilster Abstieg, 338
innerer Punkt, 171, 175, 339, 347
Inneres, 188
 – relatives, 46
Intervallschachtelung, 423
inzident, 409
Inzidenzvektor, 428
irrelevant, 581
Isoda, Satz von Nikaido & I., 535

isoliert, 409
isomorph, 409
Kante, 42, 409
 – Brücke, 412
 – Mehrfachkante, 409
 – parallele, 409
 – Schlinge, 409
Kantenfärbung, 410
Kantenzug, 411
Kapazitätsrestriktionen, 451
Karmarkar
 – Algorithmus von, 171–175, 337–346
Karp, Satz von Edmonds & K., 457
Karush-Kuhn-Tucker-Bedingungen, 224–226, 348
Kegel, 15
 – der annehmbaren Richtungen, 229
 – der Gradientenabstiegsrichtungen, 219
 – der negativen Tangentialvoraussagen, 229
 – der verkleinernden Richtungen, 219
 – der zulässigen Richtungen, 219, 229
 – konvexer, 15, 34
 – Polarkegel, 53
 – polyedrischer, 38
 – rationaler, 377
 – Rezessionskegel, 40
 – spitzer, 57
 – Tangentialkegel, 226
Kern, 597
Kette, 143, 411
 – geschlossene, 411
Kim
 – Algorithmus von Ibarra & K., 486
KKT-Bedingungen, 224
Klee, Satz von, 47
Klee-Minty-Polyeder, 150
Knapsackproblem, 424, 475–488
 – allgemeines, 475
 – Beispiel, 374, 386
 – binäres, 475
 – Gleichheits-, 475
Knoten, 409
 – Anfangsknoten, 410
 – Endknoten, 409
 – innere, 411

Index 617

– Zielknoten, 410
Knotenüberdeckung, 410
Knotenüberdeckungsproblem, 422, 424
Knotenfärbung, 410
Koalition, 514, 593
– effektive, 596
Koalitionswert, 593
Kodierungslänge, 144, 177, 379
komplementärer Schlupf
– Satz vom schwachen, 71
– Satz vom starken, 71
– Verallg. Satz vom schwachen, 74
– Verallg. Satz vom starken, 74
Komplexität, 176, 415–424
– Innere-Punkte-Verfahren, 171, 175, 356–369
– Karmarkar-Algorithmus, 344–346
– Simplexverfahren, 149–160
Komponente eines Graphen, 411
konische Kombination, 14
konjugiert, 298
konjugierte Gradientenmethode, 302
konkav
– Funktion, 193
– Optimierungsproblem, 5
– strikt, 193
Konkurrenzspiel, 590
Konstantsummenspiel, 514, 595
kontinuierlich
– Optimierungsproblem, 6
– Spiel in Normalform, 523
Konvergenz
– globale, 264, 276
– kubische, 254
– lineare, 254, 264, 268, 269
– quadratische, 254, 261, 264, 271, 354
– superlineare, 254
Konvergenzordnung, 254
Konvergenzsatz
– für mehrdimensionale Suche, 252
– für mehrdimensionale Suche mit Goldstein-Regel, 282
– für zusammengesetzte Abbildungen, 251
– globaler, 247
konvex
– Funktion, 192

– bei einem Punkt, 213
– Hülle, 14
– Kegel, 15, 34
– Kombination, 14
– Menge, 31
– Optimierungsproblem, 5, 187
– strikt, 192
Konvexkombination, 14
Kooperation, 512
Kooperationsstrategie, 578
kooperativ, 569, 578–591, 593–595
Kostenfaktor, 461
Krein-Milman, Satz von, 55, 345
Kreis, 411
– augmentierender, 461
Kreisbestimmungsalgorithmus, 434
Kreisfreiheit, 432
Kruskal, Algorithmus von, 431
Kuhn-Tucker-CQ, 230, 232

lösbar (i.S. von Luce, Raiffa), 577
lösbar (i.S. von Nash), 576
Lösungsmenge, 246
Lagrangefunktion, 241
Laufzeit
– eines Algorithmus, 145
– exponentielle, 146
– kubische, 146
– lineare, 146
– polynomiale, 146
– quadratische, 146
– worst-case, 145
lexikographisch
– Auswahlregel, 399
– größer, 399
– kleiner, 399
– positiv, 399
linear
– Hülle, 14
– Kombination, 14
– Konvergenz, 254
– Optimierungsproblem, 5
– unabhängig, 15
Lineare Unabhängigkeits-CQ, 230, 232
Linearkombination, 14
Linienraum, 56
Liniensegment, 31
Liniensuch-Verfahren, 257–283

- allgemeines, 277
Lipschitzstetig, 260
locker, 42
LP-Relaxierung, 501

Matching, 410
- 2-Matching, 501
- perfektes, 410
Matrix
- Eta-Matrix, 127
- spezielle, 12–14
Matrixspiel, 527, 559
Max-Cut-Problem, 424
Max-Flow-Min-Cut Theorem, 459
maximal
- zusammenhängender Untergraph, 411
Maximalfluss-Problem, 458
Maximalpunkt, 186
Maximierungsproblem, 4
Mehrfachkante, 409
Menge
- exponierte, 46
- konvexe, 31
- spezielle, 12
- stabile, 410, 601
Minimalbetrag, 579
Minimalkosten-Fluss, 461–471
Minimalkosten-Fluss-Algorithmus, 468
Minimalpunkt, 186
- globaler, 186
- lokaler, 186
Minimax-Strategie, 551, 570
Minimierungsproblem, 4
Minkowski, Satz von, 52
Monotonie, 584
- normierte, 585
Moore-Bellman
- Algorithmus von, 443
Morgenstern, Satz von Neumann & M., 562
Motzkin, Satz von, 21

Nächster Nachbar Heuristik, 489
Nachbarknoten, 409
Nachfolger, 410
Nachfolgespiel, 531
Nash, Satz von, 537
Nash-Lösung, 576

Nash-Verhandlungslösung, 582
Nearest Addition Heuristik, 489
Nearest Insert Heuristik, 490
Negativkreis, 447
Netzwerk, 412, 451–471
- augmentierendes, 466
Neumann, Satz von N. & Morgenstern, 562
Neumann-Morgenstern-Lösung, 601
Newton-Verfahren, 294, 351
- zur Nullstellenbestimmung, 259
nichtdeterministische Rechenzeit, 417
nichtentartet, 89, 154
- stark, 90
Nichtkonstantsummenspiel, 569
nichtkooperativ, 569
nichtlinear
- Optimierungsproblem, 6, 185
nichttrivial, 46
Nikaido-Isoda, Satz von, 535
Niveaumenge, 193
Normalform, 523, 526
- explizite, 523, 525–527
- gemischte Erweiterung, 526
Nullsummenspiel, 514, 595

Optimalpunkt, 186
Optimierung
- dynamische, 445
Optimierungsproblem, 4–6, 415, 416
- NP-äquivalentes, 423
- NP-hartes, 423, 424
- NP-leichtes, 423
- NP-schweres, 423
- allgemeines kombinatorisches, 427
- Beispiel, 7
- gebrochen rationales, 188
- gemischt-binäres, 374
- gemischt-ganzzahliges, 374
- infinites, 6
- kombinatorisches, 427
- konkaves, 5
- kontinuierliches, 6
- konvexes, 5, 187
- lineares, 5, 186
  - binäres, 374
  - ganzzahliges, 5, 373
  - kanonische Form, 27

- kombinatorisches, 5, 427
- Standardform, 27
- nichtlineares, 6, 185
- quadratisches, 186
- separables, 188
- unrestringiertes, 188

Ordnung eines Graphen, 409
Orientierung, 461

parallel, 409
parametrische Optimierung, 136–140
Pareto-Optimalität, 580
Partie, 517
Penalty-Funktion, 312, 318
Penalty-Verfahren, 315
perfekt, 410
Pfad, 411
- verallgemeinerter, 464
- zentraler, 349

Pfadverfolgungs-Methode, 356, 357, 360
planar, 410
Polarkegel, 53, 105
Polarkegelsatz, 24
Polyeder, 37
- primitives, 47
- rationales, 377
- spitzes, 55, 60–62

polyedrische Kombinatorik, 429, 504
polynomial
- Transformation, 419

Polynomialität, 171, 174, 181
- starke, 369

Polytop, 37
positiv
- Kombination, 14

Postoptimierung, 133–136
Potentialfunktion, 174, 340, 354
Potentialunterbietungsproblem, 341
Prim-Verfahren, 437
primal
- Heuristik, 384
- Programm, 67

primitiv, 47
probabilistische Analyse
- Innere-Punkte-Verfahren, 369
- Simplexalgorithmus, 154–160

Problembeispiel, 144

Problemklasse
- NP, 418
- P, 417
- co-NP, 418

Problemtransformation, 177, 340
Problemtyp, 144
Projektion, 175, 338, 352
Projektionsabbildung, 329
Prozenttest, 278
pseudokonkav, 212
- strikt, 212

pseudokonvex, 212
- bei einem Punkt, 213
- strikt, 212

Punkt-Menge-Abbildung, 245
- zusammengesetzte, 250

quadratisch
- Approximation, 272, 293, 351
- Konvergenz, 254

quasikonkav, 208
- stark, 211
- strikt, 211

quasikonvex, 208
- bei einem Punkt, 213
- stark, 211
- strikt, 211

Quelle, 451
Quotientenspiel, 531

Rückwärtsbogen, 453, 461
Rand, 188
- relativer, 46

Rang, 15
- affiner, 15

Rationalität
- individuelle, 540, 580

Reduktion, 548
redundant, 38
Redundanzsatz, 24
reduzierbar, 422
- polynomial, 422

regulär, 410
Regula Falsi, 263
Relaxierung, 385
- 1-Baum, 501
- 2-Matching, 501
- kombinatorische, 500
- LP-Relaxierung, 501

Restriktion
- redundante, 38
Restriktionshyperebene, 41
Rezessionskegel, 40, 105, 379
Richtung
- annehmbare, 229
- des steilsten Abstiegs, 337
- extremale, 34
- freie, 33
- verbessernde, 323
- verkleinernde, 219
- zulässige, 219, 229, 323
Richtungsableitung, 195
Richtungsvektor, 33
Rosen, Algorithmus von, 332
Rosenbrock, Methode von, 290
Rotations-Symmetrie-Modell, 154
Rundungsalgorithmus, 175, 177, 365

Satisfiability-Problem, 419
Sattelpunkt, 241, 546, 555, 559
Sattelpunktfunktion, 241
Schattenecke, 156
Schattenpreise, 76
Schlinge, 409
Schnitt, 409, 411
- Kapazität eines, 452
- minimaler, 456
- trennender, 409
Schnittebene, 393
- für ganzzahlige kanonische Probleme, 394
- für ganzzahlige Standardprobleme, 403
Schnittebenenverfahren, 392–404
- für ganzzahlige kanonische Probleme, 398
- für TSP, 502–504
Seitenfläche, 42
- echte, 46
- Ecke, 42
- Facette, 42
- Kante, 42
- nichttriviale, 46
- singuläre, 46
Seitenzahlungen, 514
Sekantenmethode, 262
Senke, 451

Separation, 386
Separierungsproblem, 504
Shapley-Funktion, 605
Shapley-Wert, 605
Simplex, 172
Simplexalgorithmus
- äußerer, 119, 122
- innerer, 122
- Komplexität, 149–160
  - durchschnittliche, 158
  - im worst-case, 153
- lexikographische Auswahlregel, 399
- restriktionsorientierter, 88, 107, 119
- revidierter, 126
- Schatteneckenalgorithmus, 156
- variablenorientierter, 115, 120
- Variante, 93, 153
singulär
- Seitenfläche, 46
- Stützhyperebene, 41
Skalierter steilster Abstiegsalgorithmus, 338
Skalierungs-Transformation, 337
Slater-CQ, 232, 239
Spacer-Step-Theorem, 297
Spaltenraum, 15
Spanning Tree Heuristik, 492
Speicherplatz, 145
Speicherplatzbedarf, 145
Spiel, 517
- n-Personenspiel, 514, 519, 523
- Baumspiel, 530
- Bimatrixspiel, 527
- Darstellungsarten, 512
- gemischte Erweiterung, 526
- in charakteristischer Funktionsform, 513
- in expliziter Normalform, 525
- in extensiver Form, 512, 519
- in Normalform, 513, 523, 526
  - endliches, 523
  - kontinuierliches, 523
- Konkurrenzspiel, 590
- Konstantsummenspiel, 514
- kooperatives, 514, 569, 579, 587, 593, 594
- lösbares, 576

- Matrixspiel, 527
- mit vollständiger Information, 521
- Nichtkonstantsummenspiel, 569
- nichtkooperatives, 569
- Nullsummenspiel, 514, 595
- Quotientenspiel, 531
- reduziertes, 531
- strategisches, 511, 517
- unwesentliches, 595
- Vetospiel, 599
- wesentliches, 595
- Zweipersonen-Nullsummenspiel, 545
- Zweipersonenspiel, 514, 527

Spielbaum, 512, 519
- Beispiel, 513

Spielergebnis, 512
Spielermenge, 519
Spielwert, 554
- oberer, 552
- unterer, 552

spitz
- Kegel, 57
- Polyeder, 55

Stützhyperebene, 41, 190
- singuläre, 41

stabil, 410, 601
stark quasikonkav, 211
stark quasikonvex, 211
- bei einem Punkt, 213

steilste-Abstiegs-Verfahren, 291
Stiemke, Satz von, 23
straff, 42
Straffunktion
- äußere, 312
- innere, 318

Strategie, 512, 514, 518, 521, 523
- Drohstrategie, 591
- gemischte, 524, 527, 560
- Gleichgewichtsstrategie, 530
- kooperative, 578
- optimale, 529
- reine, 521
- Verhaltensstrategie, 524

strategisch äquivalent, 547
strikt
- konkav, 193
- konvex, 192

- bei einem Punkt, 213
- pseudokonkav, 212
- pseudokonvex, 212
- bei einem Punkt, 213
- quasikonkav, 211
- quasikonvex, 211
- bei einem Punkt, 213
- trennbar, 190

String, 143
Strohmann, 605
Subgradient, 196
- Existenzsatz, 197

Subset-Sum-Problem, 475
- Verfahren für, 480

Suchproblem, 415, 416
Supergradient, 196
Swan, Verfahren von, 272
Symmetrie, 580, 605

Tableaumethode, 90–94
Tangentialkegel, 226
Tangentialvoraussage, 229, 279
Teilgraph, 410
Teilspiel, 532
Teilspiel-perfekt, 532
Topkins-Veinott, Verfahren von, 328
topologische Sortierung, 443
topologischer Sortieralgorithmus, 443
total unimodular, 407
Tour, 411
Transformation, 25, 29, 64
- polynomiale, 419
- projektive, 173, 178
- Skalierung, 337

Transformationenunabhängigkeit, 581
transformationsidentisch, 25, 27, 65
Transformationsregeln zur
    Dualisierung, 67

Traveling-Salesman-Problem, 424,
    488–504
- euklidisches, 494
- Heuristiken für, 489–502

trennbar, 189, 190
trennend
- Kantenmenge, 412
- Knotenmenge, 412

Trennung, 412
Trennungssatz

- für konvexe Mengen, 191
- für Menge und Punkt, 190
- für Polyeder, 40

Turnier, 411

unbeschränkt, 10, 33

Ungleichung
- gültige, 41
- lockere, 42
- redundante, 38
- straffe, 42

Ungleichungsrestriktion, 185

Ungleichungssystem, 25

unimodal, 264

Untergraph, 410
- aufspannender, 410, 427–448
- induzierter, 410

unvollständig
- Information, 518

unwesentlich, 595

unzulässig, 9

Veinott, Verfahren von Topkins & V., 328

Vektor
- spezieller, 12–14

Verbesserungsalgorithmus, 88

Verbesserungsverfahren, 488, 496

Verfahren des goldenen Schnitts, 269

Verhaltensstrategie, 524

Verhandlungslösung, 579, 582
- monotone, 586

Verhandlungssituation, 579

Verlustdeckel, 560

Verschmelzungsalgorithmus, 432

Vetospiel, 599

vollständig
- Digraph, 411
- Graph, 410
- Information, 518

Vorgänger, 410

Vorwärtsbogen, 453, 461

Wald, 411, 429–438
- wertmaximaler, 429

Warshall, Algorithmus von Floyd & W., 446

Weg, 411, 427–448
- augmentierender, 453
- ergänzender, 453
- kürzester, 438–448

wesentlich, 595

Weyl
- Satz für konvexe Kegel, 53
- Satz für Polyeder, 54
- Satz von, 377

worst-case
- Komplexität, 176
- Laufzeit, 145
- Speicherplatz, 145

Wort, 143

Wurzel, einer Arboreszenz, 412

Zangwill-CQ, 230

Zeilenraum, 15

zentraler Pfad, 349
- Distanzmessung, 350

Zerfällmenge, 412

zerlegbar, 530

Zerlegungssatz für Polyeder, 58

Zielfunktion, 185

Zielfunktionsgreedy, 477

Zoutendijk
- Algorithmus von, 325

Zufallszug, 519

Zug, 511, 517

Zulässigkeitsbereich, 5, 9, 185

Zulässigkeitsproblem, 177

zusammenhängend, 411, 435

Zusammenhangskomponente, 411

Zusammenhangsprüf-Algorithmus, 435

Zwei-Knoten-Austausch-Verfahren, 498

Zweieraustausch-Verfahren, 497

Zweipersonen-Nullsummenspiel, 545

Zweipersonenspiel, 514, 527

Zyklisches Abstiegsverfahren, 285

MIX
Papier aus verantwortungsvollen Quellen
Paper from responsible sources
FSC® C105338

If you have any concerns about our products,
you can contact us on
ProductSafety@springernature.com

In case Publisher is established outside the EU,
the EU authorized representative is:
**Springer Nature Customer Service Center GmbH
Europaplatz 3, 69115 Heidelberg, Germany**

Printed by Libri Plureos GmbH
in Hamburg, Germany